"十二五"普通高等教育本科国家级规划教材

高等医药院校教材

供临床、预防、基础、口腔、麻醉、影像、
药学、检验、护理、法医等专业使用

生物化学与分子生物学

第 5 版

主　　审	黄诒森
主　　编	钱　晖　侯筱宇　何凤田
副 主 编	刘　载　李　冲　吕立夏　钱　慰　王黎芳

编　　者（按姓氏拼音排序）

陈利弘	四川大学	刘　永	徐州医科大学
程　宏	扬州大学	陆　梁	徐州医科大学
戴双双	陆军军医大学	吕立夏	同济大学
郭俊明	宁波大学	钱　晖	江苏大学
何凤田	陆军军医大学	钱　慰	南通大学
侯筱宇	中国药科大学	生秀梅	江苏大学
黄诒森	江苏大学	孙梓暄	江苏大学
金　晶	温州医科大学	王黎芳	杭州医学院
李　冲	徐州医科大学	徐　磊	同济大学
李　霞	空军军医大学	严永敏	江苏大学
李昌龙	四川大学	殷冬梅	南通大学
李红梅	贵州医科大学	袁　萍	华中科技大学
连继勤	陆军军医大学	翟旭光	南通大学
刘　载	四川大学		

编写秘书　孙梓暄　李晓曦

科 学 出 版 社

北　京

内 容 简 介

本书自 2003 年以来已出版 4 版，第 2 版和第 3 版获评"十一五"和"十二五"国家级规划教材，第 4 版为江苏省本科优秀培育教材。在前 4 版教材的基础上，新修订的第 5 版继承了前几版教材的基本框架和主要内容，梳理、增补了 4 个章节，以期更适应健康中国战略的新需求。全书四篇共 26 章，第一篇生物大分子的结构与功能，包括蛋白质、核酸、酶和糖复合体的分子结构、主要理化性质，并在分子水平上阐述其结构与功能、结构与理化性质的关系；第二篇物质代谢与调节，包括糖类、脂类、氨基酸、维生素、钙、磷等的代谢变化，重点阐述主要代谢途径、生物氧化与能量转换；物质代谢还包括核苷酸、血红素的代谢以及肝脏生物转化；第三篇生命信息的传递与调控，主要阐明中心法则所揭示的遗传信息流向，包括 DNA 复制、转录、翻译、基因、基因组及其表达调控和基因组学与后基因组学；第四篇分子生物学技术与应用，主要介绍分子生物学常用技术、基因工程、基因结构与功能分析技术、基因诊断与基因治疗等。各篇自成体系又相互关联。篇章的引言，各章开头的内容提要，结尾的思考题、案例分析题，旨在帮助学生理解和掌握全篇的主要内容和各章的要点。

全书力求定位准确，条理清晰，语言简练，图文并茂，适合医药院校本科生使用。

图书在版编目（CIP）数据

生物化学与分子生物学/钱晖，侯筱宇，何凤田主编 . —5 版 . —北京：科学出版社，2023.6

"十二五"普通高等教育本科国家级规划教材　高等医药院校教材

ISBN 978-7-03-074401-2

Ⅰ. ①生… Ⅱ. ①钱… ②侯… ③何… Ⅲ. ①生物化学-医学院校-教材②分子生物学-医学院校-教材 Ⅳ. ① Q5 ② Q7

中国版本图书馆 CIP 数据核字（2022）第 253018 号

责任编辑：王锞韫　胡治国/责任校对：宁辉彩
责任印制：赵　博/封面设计：陈　敬

科学出版社 出版

北京东黄城根北街 16 号
邮政编码：100717
http://www.sciencep.com

三河市宏图印务有限公司　印刷
科学出版社发行　各地新华书店经销

*

2003 年 8 月第　一　版　开本：787×1092　1/16
2023 年 6 月第　五　版　印张：37
2024 年 1 月第三十五次印刷　字数：1 065 600

定价：128.00 元

（如有印装质量问题，我社负责调换）

前　言

本书自 2003 年首次出版，已修订至第 4 版，2020 年底累计印数达 19.4 万余册。面对时代带来的新挑战、实施健康中国战略的新任务、世界医学发展的新要求，第 5 版教材的修订和更新势在必行。

第 5 版教材的编写全面贯彻落实了党的二十大精神与教育方针，紧扣立德树人根本任务，聚焦新医科发展，力求满足三个层次读者的需求：①适用于医药院校本科各专业，由于各专业培养目标不同，对生物化学和分子生物学的要求也不尽相同，各院校可根据各专业的课程设置情况，在应用本书时有些章节内容可酌情加以删减。②满足学生毕业后执业医师资格考试的需求，因而在编写过程中参照了临床执业医师《生物化学》考试大纲的要求。③满足相关专业硕士研究生入学考试的需求。为此，对教材内容进行了整合梳理，力争定位准确，突出基础理论、基础知识和基本技能，培养学生的创新意识和创新能力，引导学生全面发展，适应新时期对医学人才的要求，益于促进培育具有自主学习与终身学习态度的、会应用、可创新的医学领域人才，以优质教材资源建设，推进医学教育高质量发展。

全书力求语言流畅，图文并茂，基本概念、基本知识深入浅出，表述清楚，在章节安排上条理清晰，层次分明，循序渐进，各章开头有内容提要，结尾有思考题和案例分析题，首尾呼应，此外配套教学 PPT 及视频，旨在帮助学生更好地掌握各章节要点。2019 年 10 月在江苏大学，启动了第 5 版教材编写及教学研讨会，科学出版社责任编辑和 14 所院校的 20 余名编者参加会议并交流教材使用情况，提出了修订教材的建议，讨论、确定了修订第 5 版的编写大纲，落实分工编写任务及进度。2020 年 12 月，在初稿完成的基础上，于扬州大学召开了定稿会，逐章进行了稿件修订，确认了交稿时间节点、分组互审安排。随后主编、副主编们对书稿进行了统筹修订。原主编现主审黄诒森教授在新版修订的全过程给予了关心和指导，并亲自审阅了很多章节，他一贯严谨科学的治学态度、精益求精的工作作风，深深地感染和激励着全体编委，为第 5 版修订工作的顺利有序开展奠定了良好的基础。

本书的出版凝聚了全体编委会人员的大量心血，江苏大学领导和医学院也给予了大力支持，科学出版社社领导和责任编辑给予了精心指导，在此致以最诚挚的谢意。

钱　晖　侯筱宇　何凤田

2022 年 8 月 18 日

目　　录

绪　论

生物化学（biochemistry）是生命的科学，是研究生物体的化学组成和生命过程中的化学变化规律的一门科学，主要应用化学原理和方法来探讨生命的奥秘和本质，着眼于解析组成生物体物质的分子结构和功能，维持生命活动的各种化学变化及其与生理功能的联系。分子生物学（molecular biology）是在分子水平上研究生命现象的科学，主要是以核酸和蛋白质等生物大分子的结构及其在遗传信息传递和细胞信号转导过程中的作用为研究对象，通过研究生物大分子（核酸、蛋白质等）的结构、功能和生物合成等方面来阐明各种生命现象的本质，涉及各种生命过程。因此，分子生物学与生物化学密不可分，从广义的角度来看，分子生物学是生物化学的重要组成部分。

生物化学研究的对象是所有的生命形式，包括动物、植物、微生物等，人体是生物化学研究的重要对象。生物化学对医药学的发展起着重要的促进作用。生物化学在医药院校是一门重要的专业基础理论课。

第一节　生物化学与分子生物学发展简史

人类对生物体化学现象的研究，已有两百余年的历史。18 世纪后期化学及 19 世纪生物学的迅猛发展，为生物化学的起源奠定了基础。20 世纪初期生物化学这门新兴学科应运崛起，Neuberg C 在 1903 年首次使用 "生物化学" 这个词。生物化学在 20 世纪突飞猛进，新技术、新方法不断涌现，已成为令人瞩目的新学科。

一、蛋白质是生命的主要基础物质

20 世纪前半叶，科学家们致力于揭示生命体物质组成，物质的结构与功能，物质在体内的代谢过程及代谢多酶体系等重大问题。首先是 Fisher E 于 1902～1907 年证明蛋白质是由 L-α-氨基酸缩合成的多肽，组成蛋白质分子结构的这类氨基酸有 20 种。20 世纪 10～30 年代发现了许多已知功能的蛋白质，特别是各类酶。1926 年 Sumner JB 第一次提纯和结晶出脲酶，继而有学者获得胰蛋白酶、胃蛋白酶、黄酶、细胞色素 c 等，证明酶的化学本质是蛋白质。随后陆续发现生命的许多基本活动，如物质代谢、能量代谢、消化、呼吸、运动等都与酶和蛋白质相联系，可以用提纯的酶或蛋白质在体外实验中重复出来。在此期间，生物学家已逐渐认识到，要了解细胞功能的方方面面，就必须从生物分子着手进行研究，要进入构成细胞的分子世界，这样才能揭示生命的本质，这在很大程度上消除了生命的神秘色彩。

1953 年 Sanger F 首次测定了牛胰岛素的一级结构，这是确定氨基酸序列的第一个蛋白质，包含 2 条肽链、51 个氨基酸残基。Sanger 的工作还开辟了较长多肽链顺序分析的新途径。随后有两个研究团队各自报道了垂体前叶分泌的一种激素——促肾上腺皮质激素的氨基酸序列，其由含 39 个氨基酸残基的单一肽链组成。数年后 Moore S 和 Stein WH 完成了第一个酶蛋白核糖核酸酶的序列分析，其是包含一条 124 个氨基酸残基的肽链，链内有四个二硫键。同时 Anfinsen CB 对核糖核酸酶也独立地作了重要的研究，首次证明核糖核酸酶的氨基酸序列能决定天然酶分子的构象，而酶分子的天然构象对表达酶活性是必要的。由于结晶 X 射线衍射分析技术的发展，在 1950 年 Pauling L 和 Corey R 提出了 α-角蛋白的 α-螺旋结构模型。这一阶段对蛋白质一级结构和空间结构以及蛋白质在生命活动中的重要性都有了相当认识，也逐步确定了蛋白质是生命的主要基础物质。

二、物质代谢通路图的描绘

自从 Schoenheimer 及 Rittenberg 开展同位素示踪技术（1935 年）并以同位素标记代谢物进行示踪实验以来，作为营养素或能源物质的三大物质在细胞内代谢变化及能量转换的研究有了迅速发展。在获得丰富而翔实资料的基础上，已弄清各代谢物多酶反应体系及各代谢途径及其相互联系，构成了一幅较为完整的代谢通路图。这个图是由 Krebs H 于 1937 年提出的，以三羧酸循环为核心，汇集葡萄糖、脂肪酸氧化分解产生的乙酰辅酶 A 和蛋白质的氨基酸分解产生的 α- 酮酸，经周而复始的循环使其彻底氧化生成 CO_2，并与氧化磷酸化联合发生氢氧化生成 H_2O，同时产生高能磷酸化合物三磷酸腺苷。Kennedy E 和 Lehninger A 证实三羧酸循环、脂肪酸 β 氧化和氧化磷酸化等代谢通路都是在线粒体内进行的。进一步研究发现，不同多酶体系（分解与合成）所构成的代谢通路是在亚细胞间隔离分布的，并认为这是代谢调节的一种方式。

三、生物遗传的物质基础是核酸

虽然在 19 世纪 70 年代 Mieseher F 首次从外科绷带的脓血中分离出 "核素"（nuclein，核酸和蛋白质的复合体），但是在此后的半个多世纪中其并未被重视，相当一段时期总是把蛋白质和酶作为研究重点，大多数学者主张蛋白质（包括酶）是携带遗传信息的分子，阻碍了人们对核酸是遗传物质的深入研究。美国科学家（俄裔）Levene PA 在 20 世纪之初就采用化学方法研究核酸，贡献颇多，他的研究成果是确认核酸中有两种戊糖，确认自然界有 DNA 和 RNA 两类核酸，阐明了核苷酸的组成以及核苷酸之间以酯键连接等。但由于当时对核苷酸和碱基的定量分析不够精确，得出 DNA 中 A、G、C、T 含量是大致相等的结果，因而曾长期认为 DNA 结构只是 "四核苷酸" 为单位重复聚合成的大分子，不具有多样性，其可能载运的信息量是很有限的。20 世纪 40 年代以后，实验结果使人们对核酸的功能和结构两方面的认识都有了长足的进步。1944 年 Avery OT 等证明了肺炎球菌转化因子是 DNA；1952 年 Hershey AD 和 Chase M 用 ^{35}S 和 ^{32}P 分别标记 T_2 噬菌体的外壳蛋白和核酸，让该噬菌体感染大肠杆菌，然后将被感染菌破碎并离心分离，检测放射性元素的种类与分布，得出了是 DNA 进入菌体而外壳蛋白则留于菌体外的结论，进一步证明了遗传物质是 DNA 而不是蛋白质。1948～1953 年 Chargaff 运用紫外分光光度法结合纸层析技术对多种生物的 DNA 做碱基和核苷酸的定量分析，积累了大量数据，按照摩尔百分数计算，提出了 DNA 分子碱基组成 A=T、G=C、A+G=T+C（嘌呤核苷酸总数等于嘧啶核苷酸总数）的 Chargaff 法则，但 A+T 和 G+C 的比值在不同物种是不同的，且几乎没有等于 1 的情况，这才彻底否定了 Levene 的 "四核苷酸假说"，为碱基配对的 DNA 结构认识打下了基础。生物学家 Watson J 利用已知的 Chargaff 法则及参考 Wilkins 和 Franklin 等人拍得的 DNA X 射线衍射图，与物理学家 Crick F 合作终于创建了 DNA 双螺旋结构模型。Watson 和 Crick 于 1953 年发表于 *Nature* 杂志上只有短短一页的论文，是生物化学发展进入分子生物学时期的重要标志。DNA 双螺旋结构发现的重要意义在于确立了核酸作为信息分子的结构基础，提出了碱基配对是 DNA 复制及遗传信息传递的基本方式，从而最后确定了核酸是遗传的物质基础，为认识核酸与蛋白质的关系及其在生命活动中的作用打下了最重要的基础。

四、遗传信息传递中心法则的建立

在发现 DNA 双螺旋结构同时，Watson 和 Crick 就提出 DNA 复制的可能模型。其后在 1956 年 Kornberg A 首先发现 DNA 聚合酶，1958 年 Meselson M 和 Stahl F 用 ^{15}N 标记和超速

离心分离实验为 DNA 半保留复制提供了证据，1968 年 Okazaki R（冈崎）提出 DNA 不连续复制模型，1992 年证实了 DNA 复制开始需要 RNA 作为引物，70 年代初发现 DNA 拓扑异构酶，并对真核 DNA 聚合酶特性做了分析研究，这些都逐步完善了 DNA 复制机制的认识。

在研究 DNA 复制将遗传信息传递给子代的同时，Jacob 和 Monod 提出了在表达过程中有新 RNA 合成的假设，RNA 在遗传信息传递到蛋白质过程中起着中介作用。1958 年 Weiss 和 Hurwitz 等发现依赖于 DNA 的 RNA 聚合酶，1961 年 Hall B 和 Spiegelman S 发现转录中有 DNA-RNA 杂合双链的存在，证实 mRNA 与 DNA 序列互补，转录后解开的 RNA 分子就转录了 DNA 碱基序列信息，逐步阐明了 RNA 转录合成的机制。

RNA 的序列信息又是如何与氨基酸结合成肽链的序列信息相对应？当时 Crick 提出二者之间有"转接器"存在的设想，1957 年 Hoagland、Zamecnik 及 Stephenson 等分离了 tRNA，并对它们在合成蛋白质过程中转运氨基酸起转接器的功能提出了假设。1961 年 Brenner 及 Gross 等观察到了在蛋白质合成过程中 mRNA 与核糖体的结合，1965 年 Holley 首先测出了酵母丙氨酸 tRNA 的一级结构，特别是在 20 世纪 60 年代，由于 Nirenberg MW 构思巧妙的实验设计，加之 Khorana HG 发明的 RNA 合成法，相继合成 $(UG)_n$、$(GUA)_n$ 和 $(AGUC)_n$ 等大量聚合物进行密码解读，于较短的时间内破译了 RNA 上编码合成蛋白质的遗传密码，制成了三联体密码表。随后研究表明，这套遗传密码在生物界具有通用性，从而认识了蛋白质翻译合成的基本过程。至此，DNA-RNA 碱基序列信息—肽链的氨基酸序列信息—蛋白质（或酶）的功能信息传递的中心法则理论体系得以确立，表现型（phenotype）从基因型（genotype）的表达实质上就是将 DNA 的核苷酸序列翻译成蛋白质的氨基酸序列。1970 年 Temin HM 和 Baltimore D 又同时从鸡肉瘤病毒颗粒中发现依赖 RNA 合成 DNA 的逆转录酶，进一步补充和完善了遗传信息传递的中心法则。

五、基因工程技术的发展

分子生物学理论与技术的发展和积累使得基因工程技术的出现成为必然。1967 年 Weiss 发现了 T4 DNA 连接酶，1970 年 Smith HO 发现了限制性内切核酸酶，Temin 发现了逆转录酶，从而为基因工程从理论走向实践提供了有力的工具。1972 年 Berg P 等将 SV40 病毒 DNA 与噬菌体 P22 DNA 在体外重组成功，诞生了第一个重组 DNA 分子；1973 年，Cohen S 等在体外将酶切的 DNA 分子与质粒连接，构建出了含有抗生素抗性基因的重组质粒分子并导入大肠埃希菌，该重组质粒得以稳定复制，并赋予受体细胞相应的抗生素抗性，至此宣告了基因工程的诞生。至 1976 年，科学家们完成了重组 DNA 相关的载体与受体细胞的安全性改造。

基因工程技术的出现和成熟最终导致了基因工程产业的诞生和发展。1976 年 Boyer H 等成功地在大肠埃希菌中表达了人工合成的生长抑素基因（14 肽）；1978 年 Itakura（板仓）等在大肠埃希菌中成功表达人生长激素基因（191 肽）；1979 年美国基因技术公司开发出利用大肠埃希菌合成重组人胰岛素的先进生产工艺，从而揭开了基因工程产业化的序幕。至今我国已有人干扰素、人白细胞介素 2、人集落刺激因子、重组人乙型肝炎疫苗、基因工程幼畜腹泻疫苗等多种基因工程药物和疫苗进入生产或临床试用，越来越多的基因工程药物及其他基因工程产品在研制中，成为当今医药业和农业发展的一个重要的方向。

转基因和基因敲除动植物的成功是人类利用基因工程技术能动地改造生命的结果。1982 年，Palmiter 等将克隆的生长激素基因导入小鼠受精卵细胞核内，培育出比普通小鼠大几倍的转基因"硕鼠"；1983 年，携带有新霉素抗性基因的重组 Ti 质粒转化植物细胞获得成功，标志着高等植物转基因技术的问世。利用转基因技术，科学家们先后培育出了鼠、兔、牛、羊、猪等转基因动物以及玉米、大豆、油菜、番茄等转基因植物，从而改良了动植物品种与性状；同时，利用转基因和基因敲除动物建立了高血压、糖尿病、肿瘤等多种疾病动物模型，并利用转基因动植物进行药物、疫苗生产，获取移植器官等。例如，利用乳腺生物反应器技术，荷兰科学家于 1990 年培育出世界上第一头转基因牛，并成功地从牛奶中分泌出乳铁蛋白；英国罗斯林研究所和 PPL 公司于 1991 年培育出转基因羊，并成功地从羊奶中获取了抗胰蛋白酶，这种转基因羊的羊奶每升含有价值高达 6000 美元的蛋白酶。因此，这样的每一只转基因动物就是一个大工厂。1996 年，Wilmut I 等人利用体细胞克隆技术复制出克隆羊 Dolly（多莉），这使得现有的胚胎发育理论受到挑战。

基因诊断与基因治疗是基因工程用于医学领域的另一重要方面。基因诊断是利用分子生物学技术，从 DNA/RNA 水平检测分析基因的存在和结构、变异和表达状态，从而对疾病做出诊断的方法。目前基因诊断已广泛应用于遗传病、肿瘤、心血管疾病、感染性疾病等，除在早期诊断、预测预后中发挥作用外，在判断个体疾病易感性、器官移植组织配型和法医学等方面均发挥着重要作用。在我国用作基因诊断的试剂盒已逾百种之多。基因治疗是指将某种遗传物质转移到患者细胞内，使其在体内表达并发挥作用，从而达到治疗疾病的一种方法。1990 年，美国政府首次批准对一名因腺苷脱氨酶基因缺陷而患有重度联合免疫缺陷病的儿童进行基因治疗，从而开创了分子医学的新纪元。1991 年，我国首例 B 型血友病的基因治疗临床试验获得了成功。目前，p53 等基因治疗方案也已在我国进入临床。基因诊断和基因治疗仍在不断发展和完善之中。

基因工程的飞速发展得益于许多分子生物学新技术的不断涌现。例如，核酸的化学合成从手工发展到全自动合成；1977 年 Sanger，Maxam 和 Gibert 先后发明了三种测定 DNA 序列的快速方法；20 世纪 90 年代全自动核酸序列测定仪问世；1985 年 Mullis 发明了聚合酶链反应（PCR），可将特定的核酸序列扩增，这一技术以其高灵敏度和特异性被广泛应用于基因诊断和重组 DNA 研究的各个领域。特别值得一提的是，DNA 测序技术已经从第一代自动激光荧光 DNA 测序技术发展到目前的第三代基于纳米孔的单分子读取技术，相信，随着 DNA 测序技术的不断创新和发展，千美元（乃至百美元）即可测序基因组的目标将变得更加现实，快速、廉价的测序能力将使得基因诊断变得更加容易，进而使得基于每个人基因图谱的个体化医疗成为可能。

六、基因组研究的发展

目前分子生物学已经从研究单个基因发展到研究生物整个基因组的结构与功能，即在"组学"水平上对基因的结构和功能进行研究。这首先得益于分子生物学技术，尤其是 DNA 测序技术的建立和发展。1977 年 Sanger 测定了 φX174DNA 全部 5376 个核苷酸的序列；1978 年 Fiers 等测出 SV-40 DNA 全部 5224 对碱基序列；20 世纪 80 年代 λ 噬菌体 DNA 48 502 对碱基序列全部测出；一些小的病毒如乙型肝炎病毒、艾滋病病毒等基因组的全序列也陆续被测定；1996 年底，许多科学家共同努力测出了大肠埃希菌基因组 DNA 的全部序列，共 4×10^6 碱基对，测出一个生物基因组碱基的全序列无疑对认识这一生物的基因结构及其功能有极大的意义。1986 年，美国学者提出了人类基因组计划（human genome project，HGP）研究的设想。该项研究很快为各国科学家和各国政府所重视，攻克基因组结构的工作由世界各国合作展开，这是生命科学领域有史以来全球性最庞大的研究计划，我国的科学家也参加了这项工作。这项工作已在 2001 年提前完成，测出了 23 条染色体上人基因组全部 DNA，共 3×10^9 碱基对的全部序列，绘制出了人类基因组精确图谱。人类基因组计划启动，实施和完成促进了基因组学的形成和发展。基因组学的研究应该包括三方面的内容：以全基因组测序为目标的结构基因组学（structural genomics）和以基因功能鉴定为目标的功能基因组学（functional genomics）及以比较研究不同生物、不同物种之间在基因组结构和功能方面的亲源关系及其内在联系为目标的比较基因组学（comparative genomics）。

基因组学研究随着人类及一些重要模式生物基因组全序列测定的完成，已经由结构基因组学阶段发展到功能基因组学阶段，基因组学成为当今最为活跃、最有影响的前沿学科。以结构基因组学的研究成果为基础，功能基因组学中各学科因其原理不同及其关键技术的特点和优势，具有各自的应用范畴和发展趋势。功能基因组学不断渗透入现代科学的各领域，促成了适用于不同研究目的新兴学科和一系列"组学"的诞生。在此基础上，后基因组计划将进一步深入研究各种基因的功能与调节，这些研究结果必将进一步加深人们对生命本质的认识，也会极大地推动医学/生命科学的发展，即生命科学进入了后基因组时代（postgenome era），在学科上又促进了一个新的学科——后基因组学（post-genomics）的形成。基因组学和后基因组学实际上代表了分子生物学或者生命科学的发展方向和研究水平。

七、细胞信号转导机制的研究

细胞信号转导机制的研究可以追溯到 20 世纪 50 年代。1957 年 Sutherland 发现环腺苷酸（cAMP），1965 年提出第二信使学说，是人们认识受体介导的细胞信号转导的第一个里程碑。1977 年 Ross 等用重组实验证实 G 蛋白的存在，将 G 蛋白与腺苷酸环化酶的作用相联系起来，深化了对 G 蛋白偶联信号转导途径的认识。20 世纪 70 年代中期以后，癌基因和抑癌基因的发现，蛋白质酪氨酸激酶的发现及其结构与功能的深入研究，各种受体蛋白基因的克隆和结构功能的研究等，使近 10 年来细胞信号转导的研究有了很大的进展。目前，对于细胞中的信号转导途径已经有了初步的认识，胞内很多信号通路彼此间相互协同又相互制约，形成高度有序的信号网络。细胞信号转导不但在细胞正常生理活动，基因表达上起重要作用，而且许多疾病的发生与信号转导的异常有关。细胞信号转导的研究可为治疗疾病提供药物作用的靶点。

八、我国科学工作者对近代生物化学与分子生物学的贡献

20 世纪 20 年代后期，我国生物化学家吴宪等在血液化学分析方面创立了血滤液的制备和血糖测定等方法；在蛋白质研究中提出了蛋白质变性学说；在免疫化学方面，首先使用定量分析方法，研究抗原抗体反应的机制。我国生物化学家最突出的成果之一是人工合成蛋白质获得成功，1965 年有生物活性的蛋白质胰岛素，在我国实现了人工全合成，并在 1972 年，用 X 射线衍射分析技术研究胰岛素晶体结构，所得结果与国外研究相比，更为精确。1981 年我国在世界上首次人工全合成一个与天然酵母丙氨酸 tRNA 有完全相同组成和结构、具有全部生物活力的 tRNA，这是我国继在世界上首次人工全合成结晶牛胰岛素后，在生命科学史上竖起的又一座里程碑。近年来，我国在基因工程，蛋白质工程、人类基因组计划以及新基因的克隆与功能研究等方面均取得了重要成果。

以上简要介绍了生物化学和分子生物学的发展过程，可以看到一个多世纪以来，由于生物学家运用化学理论和实验技术开展对生物体的研究，以及众多的化学家、物理学家投身到生命科学领域，使得生物化学与分子生物学迅速发展，新技术、新成果不断涌现，是生命科学范畴发展最为迅速且最具活力的一个前沿领域，推动着整个生命科学的发展。自 20 世纪以来，生理学或医学奖、诺贝尔化学奖授予从事生物化学和分子生物学研究的科学家的频度越来越高，及至近 20 年来，几乎呈包揽趋势，这个事实本身就足以说明生物化学和分子生物学在生命科学中和在自然科学中的重要地位。

涉及生物化学与分子生物学研究的部分诺贝尔化学奖

时间	获奖者	获奖理由
1957 年	Todd AR	核苷酸和核苷酸辅酶的研究
1958 年	Sanger F	胰岛素序列测定
1962 年	Kendrew JC 和 Perutz MF	血红蛋白和肌红蛋白的三维结构的阐明
1964 年	Hodgkin DC	X 射线技术测定重要生化物质（甾族化合物、胰岛素及维生素 B_{12} 等）的结构

续表

时间	获奖者	获奖理由
1970 年	Leloir LF	糖核苷酸的发现及其在糖类生物合成中的作用
1972 年	Anfinsen CB	核糖核酸酶的研究，提出蛋白质的氨基酸序列与生物活性、构象间的联系
1975 年	Cornforth JW 和 Prelog V	酶催化反应的立体化学
1978 年	Mitchell PD	化学渗透学说解析生物膜上的能量转换
1980 年	Gilbert W	首次制备出混合脱氧核糖核酸
	Berg P 和 Sanger F	建立测定 DNA 碱基排列顺序的方法
1982 年	Klug A	开发了结晶学的电子显微镜技术，测定核酸蛋白质复合体的立体结构
1983 年	Taube H	电子传递链的反应机制，尤其是金属络合物
1984 年	Merrifield RB	建立了多肽固相化学合成法
1988 年	Huber R，Deisenhofer J 和 Michel H	首次确定了光合作用反应中心的三维结构
1989 年	Altman S 和 Cech TR	核酶的发现
1993 年	Mullis K	发明了聚合酶链反应（PCR）
	Smith M	建立了寡聚核苷酸定点诱变法
1997 年	Skou JC	输送离子的 Na^+, K^+-ATP 酶的发现
	Boyer PD 和 Walker JE	阐明 ATP 酶促合成机制
2002 年	Fenn JB，Tanaka K 和 Wathrich K	生物大分子结构、质谱分析和三维结构测定
2003 年	Mackinnon R 和 Agre P	细胞膜水通道及离子通道结构与机制研究
2004 年	Clechanover A，Hershko A 和 Rose I	泛素调节的蛋白质降解研究
2006 年	Kornberg RD	真核细胞转录的分子基础研究
2008 年	Shimomura O，Chalfie M 和钱永健	发现和研究绿色荧光蛋白
2009 年	Ramakrishnan V，Stoitz T 和 Yonath A	核糖体结构和功能的研究
2012 年	Lefkowitz RJ 和 Kobilka BK	G 蛋白偶联受体的研究
2015 年	Lindahl T，Modrich P 和 Sancar A	DNA 修复的机制研究
2018 年	Arnoid FH，Smith GP 和 Winter SGP	酶的定向分化研究以及肽类和抗体的噬菌体展示技术研究
2020 年	Charpentie E 和 Doudna JA	CRISPR/Cas9 基因编辑技术的研究
2021 年	List B 和 MacMillan DWC	不对称有机催化

涉及生物化学与分子生物学研究的部分诺贝尔生理学或医学奖

时间	获奖者	获奖理由
1931 年	Warburg OH	发现呼吸酶的性质和作用方式
1947 年	Cori CF 和 Cori GT	发现糖代谢中的酶促反应
1953 年	Krebs HA	发现三羧酸循环
	Lipmann FA	发现辅酶 A 及其在中间代谢中的重要性
1955 年	Theorell H	发现氧化酶的性质和作用方式
1958 年	Beadle GW 和 Tatum EL	发现基因功能受到特定化学过程的调控
	Lederverg J	发现细菌遗传物质及基因重组
1959 年	Ochoa S 和 Kornberg A	发现 RNA 和 DNA 生物合成机制

续表

时间	获奖者	获奖理由
1962 年	Crick FHC，Watson JD 和 Wilkins MHF	发现核酸的分子结构（DNA 双螺旋）与遗传信息的传递
1964 年	Bloch K 和 Lynen F	发现胆固醇和脂肪酸合成的机制和调节
1965 年	Jacob F，Lwoff AM 和 Monod JL	酶和病毒合成的基因调节
1968 年	Holley RW，Khorana HG 和 Nirenberg MW	阐明蛋白质生物合成中遗传密码的作用
1971 年	Sutherland EW	发现 cAMP 第二信使及激素作用机制
1972 年	Edelman GM 和 Porter RR	抗体的化学结构和功能的研究
1975 年	Baltimore D	肿瘤病毒和细胞遗传物质之间的相互作用
	Dulbecco R 和 Temin HM	提出前病毒理论
1977 年	Guillemin R 和 Schally AV	发现下丘脑多肽激素的生成
	Yalow RS	建立多肽激素的放射免疫测定法
1978 年	Arber W，Nathans D 和 Smith HO	发现限制性内切核酸酶并在分子遗传学中应用
1982 年	Bergstrom SK，Samuelsson BI 和 Vane JR	发现前列腺素和相关活性物质
1983 年	McClintock B	发现基因移动现象
1984 年	Jerne NK，Köhler GJF 和 Milstein C	确立免疫抑制机制的理论，单克隆抗体的研究
1985 年	Brown MS 和 Goldstein JL	发现胆固醇代谢调控机制
1986 年	Cohen S 和 Levi-Montalcini R	发现神经生长因子及上皮细胞生长因子
1987 年	Tonegawa S	发现抗体多样性的遗传学原理
1989 年	Varmus HE 和 Bishop JM	发现逆转录病毒癌基因源于细胞癌基因，即原癌基因
1990 年	Murray JE 和 Thomas ED	人体器官和细胞移植技术的研究
1991 年	Neher E 和 Sakmann B	发现细胞膜上离子通道的功能
1992 年	Fischer EH 和 Krebs EG	发现蛋白质可逆磷酸化是一种生物调控机制
1993 年	Roberts RJ 和 Sharp PA	发现断裂基因
1994 年	Gilman AG 和 Rodbell M	发现 G 蛋白及其在信号转导中的作用
1996 年	Doherty PC 和 Zinkernagel RM	细胞介导的免疫防御的特异性
1997 年	Prusiner SB	发现朊病毒（prion）
1998 年	Furchgott RF，Ignarro LJ 和 Murad F	发现 NO 在心脏血管中的信号传递功能
1999 年	Blobel G	发现蛋白质有内部信号支配其运输和细胞定位
2000 年	Carlsson A，Greengard P 和 Kandel ER	神经系统的信号传导研究
2001 年	Hartwell LH，Nurse PM 和 Hunt T	发现细胞周期中的关键调节因子
2002 年	Brenner S，Horvitz HR 和 Sulston JE	发现器官发育和细胞凋亡的遗传调控机制
2006 年	Fire AZ，Mello CC	发现 RNA 干扰——用双链 RNA 使基因沉默
2007 年	Capecchi MR，Smithies O 和 Evans MJ	胚胎干细胞和哺乳动物 DNA 重组（基因打靶技术）的研究
2009 年	Blackbum EH，Greider CW 和 Szostak JW	发现端粒和端粒酶保护染色体的机制
2012 年	Gurdon JB 和 Yamanaka S	细胞核重编程研究
2013 年	Rothman JE，Schekman RW 和 Südhof TC	发现细胞内部囊泡运输调控机制
2014 年	Keefe JO，Moser M 和 Moser EI	构建大脑定位系统细胞的发现
2015 年	Campbell WC，Ōmura S 和屠呦呦	发现抵御蛔虫感染的疗法以及发现抵御疟疾的疗法
2016 年	Ohsumi Y	细胞自噬机制的研究

续表

时间	获奖者	获奖理由
2017 年	Hall JC，Rosbash M 和 Young MW	调控昼夜节律机制的研究
2018 年	Allison JP 和 Honjo T	抑制负曼免疫调节癌症疗法的研究
2019 年	Kaelin Jr WG，Ratcliffe PJ 和 Semenza GL	细胞如何感知和适应氧气的可用性研究
2020 年	Alter HJ，Houghton M 和 Rice CM	发现丙型肝炎病毒
2021 年	Julius D 和 Patapoutian A	发现了温度和触觉受体

第二节　生物化学、分子生物学与其他学科的关系

生物化学与分子生物学关系最为密切。从历史上来看，生物化学形成于 19、20 世纪之交，1903 年 Neuberg C 首次使用生物化学这个名词，20 世纪 30 年代起各大学陆续开设生物化学课。分子生物学产生于 20 世纪 50 年代前后，到 60 年代才逐渐写入教科书。作为一门学科的建立，它需要有成熟而强劲的基础学科作为后盾，本身要具有较为稳固的理论体系且要拥有能进行实践和促进发展的技术手段。在上述时段内，蛋白质、DNA、RNA 等生物大分子的高级结构均已解决，遗传信息流向和基因表达也已初见端倪，此时分子生物学应运而生是自然而然的事。Kendraw J 在他主编的《分子生物学百科全书》中写道："在今天，生物化学、遗传学、分子生物学和生物物理学的界线已经变得越来越不明显了。"在我国教育部和科学技术部颁布的二级学科中，称为"生物化学与分子生物学"。原来的"国际生物化学学会"和"中国生物化学学会"现均已改名为"国际生物化学与分子生物学学会"和"中国生物化学与分子生物学学会"。从历史到现在，生物化学和分子生物学是密切而不可分了。要说两者的区别，生物化学是用化学的原理和方法研究生命现象的科学，着重研究生物体内各种生物分子的结构、转变与新陈代谢，传统生物化学的中心内容是代谢，包括糖、脂类、氨基酸、核苷酸以及能量代谢等与生理功能的联系；分子生物学则着重在高层次分子水平上研究生命现象的本质，主要研究核酸、蛋白质与多糖等生物大分子、分子缔合与其组装体的超微结构与功能，研究生物信息传递、信息网络及其调控机制。

分子生物学与细胞生物学关系也十分密切，传统的细胞生物学主要研究细胞和亚细胞器的形态、结构和功能。探讨组成细胞的分子结构比单纯观察大体结构能更加深入认识细胞的结构与功能，因此现代细胞生物学的发展越来越多地应用分子生物学的理论和方法。分子生物学则是从研究各个生物大分子的结构入手，并进一步研究各生物分子间高层次组织和相互作用，尤其是细胞整体反应的分子机制。这样，就产生了细胞分子生物学和分子细胞学等新学科。

近年来生物化学、分子生物学已渗透到基础医学各学科。生理学、药理学、微生物学、免疫学、遗传学及病理学等基础医学的研究均已深入到分子水平，并开始应用生物化学、分子生物学的理论与技术解决各学科的问题，由此产生了生化药理学、分子药理学、药物基因组学、分子免疫学、分子病毒学、分子遗传学、分子病理学、病理生化学等新学科。同样生物化学、分子生物学与临床医学各学科的关系也很密切，近代医学的发展经常需要运用生物化学、分子生物学的理论和技术来诊断、治疗和预防疾病，而且许多疾病的发生、发展机制也需要从分子水平加以探讨。例如，近年来由于生物化学与分子生物学的进展，大大加深了人们对恶性肿瘤、心血管疾病、神经系统疾病、免疫性疾病等重大疾病的认识，并出现了很多新的诊断、治疗方法。相信在生物化学与分子生物学，尤其是疾病相关基因克隆、基因诊断、基因治疗等研究成果的基础上，将会使医学的发展在新的世纪有新的突破。

综上所述，生物化学与分子生物学是一门重要的医学基础理论课程，是现代基础和临床医学理论及实践体系中的一个重要组成部分。在包括医学在内的生命科学研究上，生物化学

与分子生物学起着配合和驱动其他学科发展的作用。现在在学的医学生要成为新世纪的开拓性、创新性的人才，有扎实的生物化学与分子生物学基础是必要的条件之一。

第三节　本书的内容

人类正在进入一个"人机物"三元融合的万物智能互联时代。生物科学基础研究和应用研究快速发展，对生物大分子和基因的研究进入精准调控阶段，从认识生命、改造生命走向合成生命、设计生命。随着生物化学与分子生物学的飞速发展与其应用范围日益扩大，生物化学与分子生物学的内容在不断扩充和完善中。本教材主要介绍以下几方面内容：

（1）生物大分子的结构与功能：包括蛋白质、核酸、糖复合体的分子结构、主要理化性质，并在分子水平上阐述其结构与功能的关系，酶作为一类有催化功能的蛋白质，也包括在生物大分子的内容之中。

（2）物质代谢与调节：物质代谢包括营养物质糖类、脂类、氨基酸的代谢变化，重点阐述主要代谢途径、生物氧化、能量转换以及相互联系；物质代谢还包括含氮化合物、核苷酸的代谢，血红素的代谢和非营养物质的代谢，在血液的生物化学和肝胆生物化学章中叙述。

（3）生命信息的传递与调控：阐明遗传学中心法则所提示的信息流向，包括 DNA 复制、RNA 转录、蛋白质生物合成（翻译）及基因表达调控；还包括信号转导、细胞增殖、分化与凋亡的分子基础和基因组学及相关组学。

（4）分子生物学技术与应用：介绍分子生物学常用技术、基因工程、基因结构与功能分析技术，以及分子生物学在医学领域的应用如基因诊断和基因治疗等。

每章前有内容提要，文中有知识拓展框，正文后有思考题，新增了案例分析题。

（钱　晖　侯筱宇　何凤田）

第一篇 生物大分子的结构与功能

生命是物质的。生物体是由数以亿万计大小不一的分子组成，分子是生命活动的物质基础。本篇共 4 章，主要讨论参与机体构成并发挥重要生理功能的生物大分子，包括蛋白质、核酸和糖复合体等。这些生物大分子为有机分子且结构很复杂，分子量从几万到几百万以上。但基本的结构单位并不复杂，按一定的排列顺序和连接方式结合而形成。

蛋白质是生物体内主要的生物大分子，生物体的各项功能、各种性状都是由种类繁多、特定的蛋白质分子来实现的。酶是具有催化功能的一类蛋白质分子，体内几乎所有的化学反应都需由专一性的酶来催化，使生物体的新陈代谢得以进行，鉴于酶的重要性，所以单列一章在本篇中。

核酸是另一类生物体内重要的大分子化合物，具有储存和传递遗传信息等功能。核酸和蛋白质两类大分子相互配合，使遗传信息得以表达，使生物体的自我更新、自我复制得以实现，是生长、繁殖、物质代谢等生命现象的基础。

糖复合体是聚糖与蛋白质或脂类结合形成的一类大分子化合物，广泛分布于细胞表面和细胞间隙，担负着非常重要的生物学功能。聚糖的糖链已成为继肽链（蛋白质）、核苷酸链（核酸）之后具有重大生物意义的第三条链。糖与糖之间的连接方式多样，显示复杂的构型和分支，具有极高的多样性，在分子识别等方面发挥重要作用。

第一章　蛋白质的结构与功能

内容提要

蛋白质是生物大分子，广泛存在于生物体内，是生命活动的功能执行者。蛋白质约占人体固体成分的 45%，其主要元素组成为碳、氢、氧、氮和硫。人体内组成蛋白质的基本结构单位是 20 种 L-α- 氨基酸（甘氨酸除外），根据其 R 基团在中性溶液中的极性和解离状态的不同可分为非极性脂肪族氨基酸、极性中性氨基酸、芳香族氨基酸、酸性氨基酸和碱性氨基酸 5 类。氨基酸通过肽键相连而形成多肽链。多肽链中氨基酸从 N 端至 C 端的排列顺序称为蛋白质的一级结构。形成肽键的 4 个原子及其两侧相邻的两个 α 碳原子（C_α）处于同一平面而构成肽单元。在肽单元中，由于 N—C_α 及 C—C_α 两个单键可旋转，因此以肽单元为基本单位进行折叠和盘曲而形成相对的空间位置关系（空间结构）。空间结构包括蛋白质分子中某一段主链骨架原子的相对空间位置（二级结构）；多肽链主链和侧链的全部原子的空间排布（三级结构）以及两条链以上蛋白质中亚基之间的缔合（四级结构）。氢键等非共价键在空间结构的形成中具有重要作用。在许多蛋白质中，两个或三个具有二级结构的肽段在空间上相互接近，形成具有特定功能的空间构象，称为模体，模体是蛋白质发挥特定功能的结构基础。有些蛋白质还具有承担不同生物学功能的结构域。

蛋白质的结构与功能密切相关。一级结构是空间结构的基础（还需要分子伴侣等蛋白质参与），也是功能的基础，空间结构发生改变或破坏，其生物学功能也发生改变或功能丧失。

蛋白质和氨基酸均具有两性解离等性质，但蛋白质作为高分子化合物，又有不同于氨基酸的性质，如胶体性质、高分子性质、变性、沉淀等。在实际工作中，常运用蛋白质理化性质的不同对其进行分离纯化，或作为定性、定量的基础。

蛋白质（protein）普遍存在于生物界，是生物体的基本组成成分之一，也是体现生命活动的最重要的基础物质。早在 1838 年，荷兰科学家 G. J. Mulder 提出"protein"（源自希腊词 proteios，意为 primary，of first importance）。生物体内蛋白质的含量最为丰富，约占人体固体成分的 45%，在细胞中可达细胞干重的 70% 以上。蛋白质分布广泛、种类繁多，单细胞生物如大肠杆菌体内含 3000 多种不同的蛋白质，复杂的人体内蛋白质种类多达数以万计。蛋白质的结构和功能复杂，承担着生物体内各种生理功能。酶、抗体、大部分凝血因子、多肽激素、转运蛋白、收缩蛋白、基因调控蛋白等都是蛋白质，但结构与功能截然不同。它们在物质代谢、机体防御、血液凝固、肌肉收缩、细胞信号转导、个体生长发育、组织修复等方面发挥着不可替代的重要作用。要了解蛋白质的功能及其在生命活动中的重要性，必须首先了解蛋白质的化学组成与结构。本章主要阐述蛋白质的化学组成和基本结构特征，并在此基础上说明结构与功能以及与理化性质的关系。

第一节　蛋白质的分子组成

自然界中，尽管蛋白质种类繁多、结构各异，但元素组成相似，主要有碳（50% ～ 55%）、氢（6% ～ 7%）、氧（19% ～ 24%）、氮（13% ～ 19%）和硫（0% ～ 4%）。有些蛋白质还含有少量磷或金属元素铁、铜、锌、锰、钴、钼等，个别蛋白质还含有碘、硒。

蛋白质的元素组成中含有氮，这是糖、脂肪在营养上不能替代蛋白质的原因。各种蛋白质的含氮量很接近，平均为 16%，即 1g 蛋白质氮相当于 6.25g 蛋白质（6.25 即 16% 的倒数）。由于生物组织中绝大部分氮元素存在于蛋白质中，因此生物样品中蛋白质含量就可按下式推算：

$$样品中蛋白质含量 = 样品中氮含量 \times 6.25$$

一、氨基酸是蛋白质的基本组成单位

蛋白质在酸、碱或酶的作用下最终水解为氨基酸（amino acid），所以氨基酸是蛋白质的基本组成单位。存在于自然界中的氨基酸有 300 余种，但参与蛋白质合成的氨基酸一般有 20 种，这 20 种氨基酸在基因中有它们的对应序列，因而也称为编码氨基酸（coding amino acid）。20 种氨基酸有不同的中文名称和英文名称，英文名称的前 3 个字母为其三字符号缩写，现在更多地采用英文一字符号作为氨基酸的缩写（表 1-1）。除这 20 种基本的氨基酸外，近年还发现了硒代半胱氨酸和吡咯赖氨酸。硒代半胱氨酸存在于少数天然蛋白质中如过氧化物酶，吡咯赖氨酸发现于产甲烷菌的甲胺甲基转移酶中。

（一）组成人体蛋白质的 20 种氨基酸主要为 L-α- 氨基酸

组成人体蛋白质的 20 种氨基酸在结构上有共同的特点，即氨基都连接在与羧基相邻的 α-碳原子上（图 1-1），因此称为 α- 氨基酸（脯氨酸为 α- 亚氨酸）。R 基团为氨基酸的侧链基团，不同的氨基酸其侧链基团各异。因此，除了 R 为 H 的甘氨酸外，所有 α- 氨基酸中的 α- 碳原子均为不对称碳原子（手性碳原子），因此存在两种不能叠合的镜像立体异构体，氨基酸的一对镜像异构体分别为 L 型和 D 型异构体。天然蛋白质分子中的氨基酸通常是 L-α- 氨基酸，但自然界也有 D- 型氨基酸存在，如存在于脑组织中的 D- 丝氨酸和 D- 天冬氨酸，构成革兰氏阳性菌细胞壁的 D- 丙氨酸以及由细菌、真菌和其他非哺乳类动物产生的小肽和某些肽类抗生素分子中存在的 D- 氨基酸（如短杆菌肽含有 D- 苯丙氨酸）等。

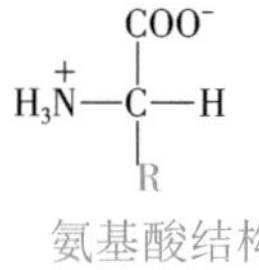

$$\begin{array}{c} COO^- \\ | \\ H_3\overset{+}{N}-C-H \\ | \\ R \end{array}$$

图 1-1　氨基酸结构通式

（二）R 侧链的结构和理化性质决定氨基酸的分类

根据氨基酸 R 侧链基团在中性溶液中的极性和解离状态，组成人体的 20 种氨基酸可分成主要的五大类，即非极性脂肪族氨基酸、极性中性氨基酸、芳香族氨基酸、酸性氨基酸和碱性氨基酸（表 1-1）。

表 1-1　氨基酸的分类

结构式	中文名	英文名	三字母符号	单字母符号	等电点（pI）
1. 非极性脂肪族氨基酸					
H—CHCOO⁻ 与 ⁺NH₃	甘氨酸	glycine	Gly	G	5.97
CH₃—CHCOO⁻ 与 ⁺NH₃	丙氨酸	alanine	Ala	A	6.02
CH₃—CH—CHCOO⁻，CH₃ ⁺NH₃	缬氨酸	valine	Val	V	5.96
CH₃—CH—CH₂—CHCOO⁻，CH₃ ⁺NH₃	亮氨酸	leucine	Leu	L	5.98
CH₃—CH₂—CH—CHCOO⁻，CH₃ ⁺NH₃	异亮氨酸	isoleucine	Ile	I	6.02
CH₃SCH₂CH₂—CHCOO⁻，⁺NH₃	甲硫氨酸	methionine	Met	M	5.74
脯氨酸环状结构 CHCOO⁻ ⁺NH₂	脯氨酸	proline	Pro	P	6.30
2. 极性中性氨基酸					
HO—CH₂—CHCOO⁻ 与 ⁺NH₃	丝氨酸	serine	Ser	S	5.68
CH₃，HO—CH—CHCOO⁻ 与 ⁺NH₃	苏氨酸	threonine	Thr	T	5.60
O=C(H₂N)—CH₂CH₂—CHCOO⁻ 与 ⁺NH₃	谷氨酰胺	glutamine	Gln	Q	5.65
O=C(H₂N)—CH₂—CHCOO⁻ 与 ⁺NH₃	天冬酰胺	asparagine	Asn	N	5.41
HS—CH₂—CHCOO⁻ 与 ⁺NH₃	半胱氨酸	cysteine	Cys	C	5.07
3. 芳香族氨基酸					
HO—⟨苯环⟩—CH₂—CHCOO⁻ 与 ⁺NH₃	酪氨酸	tyrosine	Tyr	Y	5.66

续表

结构式	中文名	英文名	三字母符号	单字母符号	等电点（pI）
CH_2—CHCOO⁻ 色氨酸结构	色氨酸	tryptophan	Trp	W	5.89
CH_2—CHCOO⁻ 苯丙氨酸结构	苯丙氨酸	phenylalanine	Phe	F	5.48
4. 酸性氨基酸					
$HOOCCH_2$—CHCOO⁻	天冬氨酸	aspartic acid	Asp	D	2.97
$HOOCCH_2CH_2$—CHCOO⁻	谷氨酸	glutamic acid	Glu	E	3.22
5. 碱性氨基酸					
$NH_2CH_2CH_2CH_2CH_2$—CHCOO⁻	赖氨酸	lysine	Lys	K	9.74
$NH_2CNHCH_2CH_2CH_2$—CHCOO⁻ 精氨酸结构	精氨酸	arginine	Arg	R	10.76
组氨酸结构	组氨酸	histidine	His	H	7.59

1. 非极性脂肪族氨基酸 这类氨基酸的 R 基团为非极性和疏水性，共有 7 种氨基酸。甘氨酸是结构最简单的氨基酸，虽然是一个疏水性氨基酸，但由于其 R 侧链为 H，使其在疏水作用中的贡献很小；在蛋白质分子中 4 种带有脂肪烃基侧链的氨基酸（丙氨酸、缬氨酸、亮氨酸和异亮氨酸）通过疏水作用簇集在一起发挥稳定蛋白质结构的作用；甲硫氨酸又称蛋氨酸，是一种含硫氨基酸，其 R 侧链中含有非极性的硫醚基团；脯氨酸是一种环状的亚氨基酸，其 N 原子在杂环中移动的自由度受限，但其亚氨基仍能与另一个羧基形成肽键，其独特的亚氨基环状结构赋予脯氨酸在胶原纤维结构的形成和球状蛋白 α- 螺旋结构中的阻断上发挥作用。通常疏水作用强的氨基酸处于蛋白质结构的内部，或在生物膜的疏水环境之中。

2. 极性中性氨基酸 这类氨基酸 R 侧链上有羟基、巯基或酰胺基等极性基团，在中性水溶液中虽然不解离，但可与水分子形成氢键，因而具有更好的极性和亲水性，易溶于水。这类氨基酸共有 5 种，包括 2 种含羟基氨基酸（丝氨酸和苏氨酸）；2 种酰胺类氨基酸（谷氨酰胺和天冬酰胺）及含巯基的半胱氨酸。

3. 芳香族氨基酸 芳香族氨基酸有 3 种，苯丙氨酸的 R 侧链是芳香苯环，属于非极性疏水侧链，因此可参与疏水作用的形成，常处于蛋白质结构的内部。酪氨酸的羟基既可形成氢键，也是许多酶的功能基团。酪氨酸的羟基和色氨酸吲哚环中的氮使得两者具有相对的极性和亲水性。

4. 酸性氨基酸 酸性氨基酸有 2 种，为谷氨酸和天冬氨酸，其 R 基团含有羧基，羧基解离而使分子带负电荷。

5. 碱性氨基酸 碱性氨基酸有 3 种，为赖氨酸、精氨酸和组氨酸，其 R 基团含有氨基、胍基或咪唑基，这些基团质子化而使分子带正电荷。

此外从营养学角度分类，还可将 20 种氨基酸分为营养必需氨基酸和非必需氨基酸（见第八章氨基酸代谢）。

蛋白质在翻译后加工修饰过程中一些氨基酸残基被修饰，脯氨酸和赖氨酸可被修饰成羟脯氨酸和羟赖氨酸，它们存在于骨胶原和弹性蛋白中。两分子半胱氨酸通过脱氢可以二硫键相结合形成胱氨酸（图 1-2），蛋白质中的半胱氨酸很多是以胱氨酸的形式存在。蛋白质分子中氨基酸残基的某些基团还可被甲基化、甲酰化、乙酰化、磷酸化、糖基化等。这些翻译后修饰可改变蛋白质的溶解度、稳定性、亚细胞定位和蛋白质相互作用的性质等，体现了蛋白质生物多样性。需要指出的是，体内尚存在一些非蛋白质氨基酸，如 γ-氨基丁酸、鸟氨酸、瓜氨酸等，它们并不参与蛋白质的组成而是出现于代谢过程中，有些在代谢中还具有重要作用。

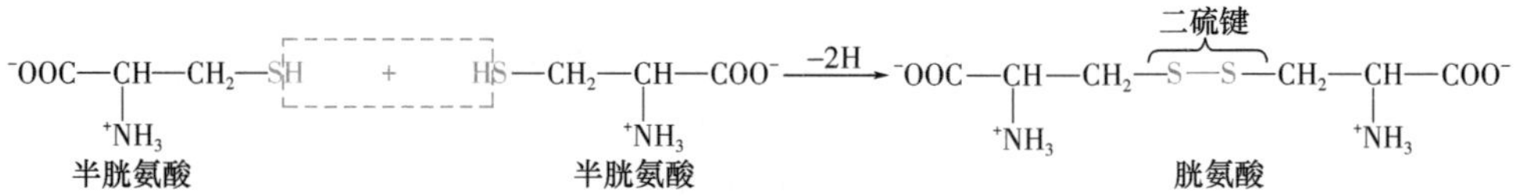

图 1-2　半胱氨酸和胱氨酸

生命体内的第 21 和 22 种天然氨基酸

以往一直认为，生物体内的所有蛋白质是由 20 种编码氨基酸组合而成。1986 年，英国的 I. Chambers 和德国的 F. Zinoni 等首先发现了硒代半胱氨酸（selenocysteine, Sec），并命名它为第 21 种天然氨基酸。2002 年，G. Srinivasan 和 B. Hao 等报道发现了第 22 种天然氨基酸——吡咯赖氨酸（pyrrolysine, Pyl）。研究表明，硒代半胱氨酸是由终止密码子 UGA 编码，吡咯赖氨酸则是由终止密码子 UAG 编码。这就意味，3 个终止密码子（UAA、UGA、UAG）中的两个密码子出现了新解释。

硒是人体必需的微量元素，硒的生物化学基础是抗氧化性，其生物学功能主要是抗氧化且以硒蛋白、硒酶的形式发挥作用。在硒酶中硒以硒代半胱氨酸的形式存在，硒代半胱氨酸位于酶的活性中心。硒代半胱氨酸的结构和半胱氨酸类似，只是其中的硫原子被硒取代。包含硒代半胱氨酸残基的蛋白质都称为硒蛋白。大量流行病学研究及动物实验研究结果表明，缺硒与许多疾病如癌症、心血管病等的发生发展密切相关。

吡咯赖氨酸也是一种自然界存在而少见的编码氨基酸。吡咯赖氨酸目前仅发现在产甲烷菌和细菌中存在，随着研究的不断深入，或许我们可以在越来越多的生物中发现它的踪迹。两种氨基酸的分子结构如下所示。

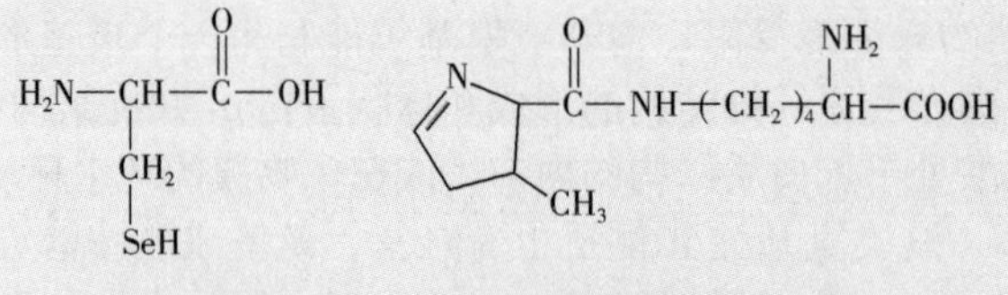

硒代半胱氨酸 (Sec)　　　　吡咯赖氨酸 (Pyl)

（三）20 种氨基酸具有共同或特异的理化性质

1. 氨基酸具有两性解离性质及等电点　所有氨基酸都含有酸性的 α-羧基和碱性的 α-氨基，使氨基酸在酸性溶液中与 H^+ 结合而带正电荷（$-NH_3^+$）；在碱性溶液中释出 H^+ 带负电荷（$-COO^-$），因此氨基酸是一种两性电解质，具有两性解离的特性，其解离方式取决于所处溶液的 H^+ 浓度，即 pH。在某一 pH 的溶液中，氨基酸解离成阳离子和阴离子的趋势及程度相等，呈兼性离子状态，所带净电荷为零，呈电中性，此时溶液的 pH 称为该氨基酸的等电点（isoelectric point, pI）（图 1-3）。

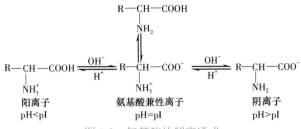

阳离子　　　　　　　　　氨基酸兼性离子　　　　　　　阴离子
pH<pI　　　　　　　　　　pH=pI　　　　　　　　　　pH>pI

图 1-3　氨基酸的解离通式

　　氨基酸的 pI 是由 α- 羧基和 α- 氨基解离常数的负对数 pK_{-COOH} 和 pK_{-NH_2} 决定的。pI 的计算公式为：$pI=1/2(pK_{-COOH}+pK_{-NH_2})$。如丙氨酸 $pK_{-COOH}=2.35$，$pK_{-NH_2}=9.69$，所以 $pI=1/2(2.35+9.69)=6.02$。碱性氨基酸和酸性氨基酸的 R 基团还分别含有可解离的氨基（亚氨基）和羧基，即含有 3 个可解离的基团。取兼性离子两个 pK 值的平均值，即是该氨基酸的 pI。酸性氨基酸即为两个羧基的 pK 值，而碱性氨基酸即为两个氨基的 pK 值。如天冬氨酸 $pK_1=2.09$，$pK_2=3.86$，所以 $pI=1/2(2.09+3.86)=2.975$。

　　2. 含共轭双键的芳香族氨基酸具有紫外吸收性质　色氨酸、酪氨酸和苯丙氨酸因含有共轭双键，可在波长 250～290nm 处有特征紫外吸收峰。在中性 pH 条件下，色氨酸和酪氨酸的紫外吸收峰在 280nm（图 1-4），而苯丙氨酸在 260nm 处。由于色氨酸对紫外线吸收的强度大约是酪氨酸和苯丙氨酸的十倍，因此色氨酸对蛋白质溶液在 280nm 的吸光度值贡献最大。由于大多数蛋白质含有芳香族氨基酸，所以测定蛋白质溶液 280nm 的吸光度值，利用 Lambert-Beer 定律可对溶液中蛋白质进行定性定量分析。

　　3. 氨基酸与茚三酮的呈色反应　在弱酸性溶液中，具有 α- 氨基的氨基酸与茚三酮水合物共加热，后者被还原，其还原物可与氨基酸加热分解产生的氨结合，再与另一分子茚三酮缩合成为蓝紫色的化合物，此化合物最大吸收峰在波长为 570nm 处（脯氨酸和羟脯氨酸与茚三酮反应产生黄色化合物）。由于该吸光度值的大小与氨基酸释放出的氨量成正比，因此可作为氨基酸定量分析的方法。

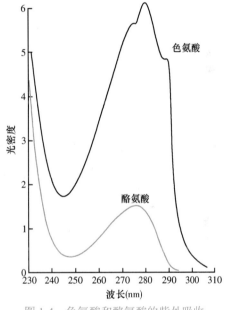

图 1-4　色氨酸和酪氨酸的紫外吸收

二、蛋白质是氨基酸通过肽键相连而成的生物大分子

（一）氨基酸之间通过肽键相连形成肽

　　在蛋白质分子中，氨基酸之间通过肽键（peptide bond）相连。肽键是由前一个氨基酸的 α- 羧基与后一个氨基酸的 α- 氨基脱水缩合形成的酰胺键（图 1-5）。这种由氨基酸通过肽键相连而形成的化合物称为肽（peptide）。肽中的氨基酸分子因脱水缩合形成肽键后已不是完整的氨基酸，故将肽中的氨基酸称为氨基酸残基（residue）。两个氨基酸脱水缩合形成二肽（dipeptide），这是最简单的肽。二肽通过肽键与另一分子氨基酸缩合生成三肽。此反应可继续进行，依次生成四肽、五肽……。一般由 2～20 个氨基酸聚合而成的肽称寡肽（oligopeptide），更多的氨基酸聚合而成的肽称多肽（polypeptide）或多肽链，蛋白质通常是指含有 50 个氨基酸残基以上的多肽链。关于肽的描述和表示有下述各点：

　　（1）肽的命名：按氨基酸残基数而不是按肽键数，如 10 个氨基酸通过 9 个肽键所合成的肽称 10 肽；亦可根据从 N 端至 C 端参与组成肽的氨基酸残基而命名，如由甘氨酸、丙氨酸和亮氨酸组成的 3 肽，称为甘氨酰丙氨酰亮氨酸。

（2）由于肽键形成的特点，多肽链具有方向性，多肽链有游离氨基的一端称氨基末端（N-terminal）或 N 端，有游离羧基的一端称羧基末端（C-terminal）或 C 端（图 1-5）。

（3）由肽键连接各氨基酸残基形成的长链骨架，即……N—C$_\alpha$—C—N—C$_\alpha$—C……，称为多肽链主链，而连接于 C$_\alpha$ 上的各氨基酸残基的 R 基团，统称为多肽链的侧链，不同的 R 基团使多肽链折叠成独特的空间结构，并赋予多肽或蛋白质不同的理化性质和功能。

（4）肽链的书写可用中文或英文缩写表示氨基酸残基，并规定从 N 端向 C 端书写，即多肽链中氨基酸残基的顺序编号从 N 端开始。

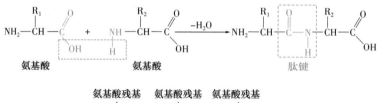

图 1-5　肽键和肽

（二）体内存在多种具有重要生物学功能的生物活性肽

生物活性肽（bioactive peptide）是指对机体的生命活动具有生理活性作用的低分子量肽类化合物，又称功能肽（functional peptide）。生物活性肽的来源主要有 3 种：①存在于生物体中的各类天然活性肽；②体内消化过程中产生的或体外水解蛋白质产生的；③通过化学方法、酶法、重组 DNA 技术合成的。随着生物活性物质的研究和开发，生物活性肽成为筛选药物、制备疫苗和食品添加剂的天然资源。重要的生物活性肽有：

1. 谷胱甘肽（glutathione，GSH）　是体内的重要还原剂，是由谷氨酸、半胱氨酸和甘氨酸组成的三肽。第一个肽键与普通的肽键不同，是由谷氨酸 γ- 羧基与半胱氨酸的氨基组成（图 1-6）。分子中半胱氨酸的巯基具有还原性，是该化合物的主要功能基团，所以GSH 又称为还原型谷胱甘肽。

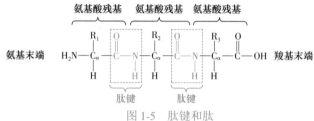

图 1-6　谷胱甘肽

GSH 作为体内重要的还原剂，保护体内蛋白质或酶分子中巯基免遭氧化，维持蛋白质或酶的活性状态。GSH 在 GSH 过氧化物酶的催化下，可还原细胞内产生的 H_2O_2 变成 H_2O，同时，GSH 被氧化成氧化型谷胱甘肽（GSSG），后者在 GSH 还原酶催化下，再生成 GSH（图 1-7）。此外，GSH 的巯基还有嗜核特性，能与外源的嗜电子毒物如致癌剂或药物等结合，从而阻断这些化合物与 DNA、RNA 或蛋白质结合，以保护机体免遭毒物损害。

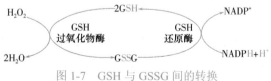

图 1-7　GSH 与 GSSG 间的转换

2. 多肽类激素及神经肽　体内有许多激素属寡肽或多肽，例如，催产素（9 肽）、加压素（9 肽）、促肾上腺皮质激素（39 肽）、促甲状腺素释放激素（3 肽）等。一类在神经传导过程中起信号转导作用的肽类被称为神经肽（neuropeptide）。较早发现的有脑啡肽（5 肽）、β- 内啡肽（31 肽）和强啡肽（17 肽）等。近年还发现孤啡肽（17 肽），其一级结构类似于强啡肽。这些神经肽与中枢神经系统产生痛觉抑制有密切关系，因此很早就被用于临床的镇痛治疗。内源性脑啡肽样结构的寡肽激素（5 肽）如甲硫氨酸 - 脑啡肽（Tyr-Gly-Gly-Phe-Met）和亮氨酸 - 脑啡肽（Tyr-Gly-Gly-Phe-Leu），具有短时的镇痛和欣快感，但没有成瘾性，是因为这些脑啡肽与细胞受体结合，引起细胞反应后，脑啡肽的肽键很快被脑内的酶水解，因此不能再诱导细胞的反应。除此以外，神经肽还包括 P 物质（10 肽）、神经肽 Y 等。随着神经科学及脑科学的发展，将有越来越多在神经系统中起重要作用的生物活性肽被发现。

第二节 蛋白质的分子结构

蛋白质是由多种氨基酸按照一定顺序通过肽键相连形成的生物大分子。每种蛋白质都有特定的氨基酸组成、排列顺序及其特定的空间构象（conformation）。因此，蛋白质的分子结构能够体现蛋白质的个性。蛋白质的分子结构分成 4 个层次，即一级、二级、三级、四级结构，后三者统称为高级结构或空间构象。蛋白质的空间构象涵盖了蛋白质分子中的每一原子在三维空间的相对位置，它们是蛋白质特有性质和生物学功能的结构基础。由一条肽链形成的蛋白质只有一级、二级和三级结构，通常由两条以上多肽链形成的蛋白质才可能有四级结构。

一、蛋白质的一级结构是指多肽链中氨基酸排列顺序

蛋白质的一级结构（primary structure）是指蛋白质多肽链中从 N 端至 C 端的氨基酸排列顺序，即氨基酸序列（amino acid sequence）。这种顺序由基因的碱基序列所决定。蛋白质一级结构中的主要化学键是肽键，肽键是共价键。蛋白质分子中的二硫键也是共价键，因而也属于一级结构的范畴。英国化学家 F. Sanger 于 1953 年首先测定完成胰岛素的一级结构（图 1-8）。牛胰岛素有 A 链和 B 链二条多肽链，A 链含有 21 个氨基酸残基，B 链含有 30 个氨基酸残基。分子中含有 3 个二硫键，一个位于 A 链内，称链内二硫键；两个位于 A、B 两链间，称链间二硫键。

图 1-8 牛胰岛素的一级结构

一级结构是蛋白质空间构象和特异生物学功能的基础。然而随着蛋白质结构研究的深入，人们已经发现蛋白质一级结构并不是决定蛋白质空间构象的唯一因素，如"分子伴侣"也对蛋白质空间构象的正确形成起着决定性作用。国际互联网提供了许多重要的蛋白质数据库（protein data bank）信息，例如，Swiss-Prot、RCSB（Research Collaboratory for Structural Bioinformatics）、EMBL（European Molecular Biology Laboratory Data Library），美国的 RCSB PDB、欧洲的 MSD-EBI 和日本的 PDBJ 一起构成了 wwPDB（Worldwide Protein Data Bank）数据库。这些数据库信息为蛋白质结构与功能的研究提供了有力工具。

组成蛋白质的氨基酸虽然只有 20 种，但蛋白质数目可达成百上千甚至更多，因为氨基酸排列顺序几乎无穷无尽，足以形成成千上万种蛋白质，以完成各种各样生理功能。

中国人的骄傲——纪念我国科学家人工合成结晶牛胰岛素

　　胰岛素是人和动物的胰腺分泌的一种蛋白质激素，具有降低血糖和调节体内糖类代谢的功能。科学家们一直想用人工方法合成有生命活力的蛋白质，因蛋白质中分子量较小的胰岛素的一级结构首先被 Sanger 阐明，胰岛素就成为人工合成蛋白质的首选，然而由于难度相当大，欧美许多国家的研究进展都不理想。英国《自然》杂志甚至预言："人工合成胰岛素在相当长的时间内，未必会实现。"但我国科学家在当时各种条件都比较困难的情况下，于 1958 年 12 月，由中国科学院上海有机化学研究所、北京大学化学系和中国科学院生物化学研究所等单位联合攻关。中国科学院上海有机化学研究所和北京大学化学系负责合成 A 链，中国科学院生物化学研究所负责合成 B 链。经历 600 多次失败、经过近 200 步合成，于 1965 年 9 月 17 日，终于率先合成具有生物活力的结晶牛胰岛素，为祖国赢得了荣誉。人工牛胰岛素的合成，标志着人类在认识生命，探索生命奥秘的征途中迈出了关键性的一步，其意义与影响是巨大的。

二、多肽链主链中的局部空间构象是蛋白质的二级结构

　　蛋白质分子的二级结构（secondary structure）是指蛋白质多肽链的主链中某一段肽链的局部空间构象，即指该段肽链主链骨架原子的相对空间排列位置。所谓肽链主链是指 N（氨基氮）、C_α（α- 碳原子）和 C_O（羧基碳）3 原子的依次重复排列所形成的骨架链；而连接在各氨基酸残基 C_α 上的 R 基团构成了多肽链的侧链。蛋白质的二级结构仅涉及主链构象而不涉及 R 侧链的空间排布。

（一）参与构成肽键的 6 个原子形成肽单元（又称肽键平面）

　　20 世纪 30 年代末 L.Pauling 和 R.B.Corey 用 X 线衍射分析技术分析了氨基酸和寡肽的晶体结构，发现了肽键与其周围相关原子的关系，提出了肽单元（peptide unit）的概念。他们发现构成肽键的 C—N 键长为 0.133nm，比相邻的 C_α—N 单键（0.145nm）短，而较 C≡N 双键（0.127nm）长，所以具有部分双键的性质，不能自由旋转，且围绕肽键 C 和 N 的三个键角之和均为 360°，说明构成肽键的 6 个原子 $C_{\alpha 1}$、C、O、N、H、$C_{\alpha 2}$ 同处在一个平面上，形成所谓的肽单元（图 1-9a）。由于肽键不能自由旋转，肽键平面上各原子可呈顺反异构关系，肽单元中 O 和 H 以及 $C_{\alpha 1}$ 和 $C_{\alpha 2}$ 所处的位置均为反式（*trans*）构型。C_α 与 N、C_α 与 C 相连的键都是单键，可自由旋转。C_α 与 C 的键旋转角度以 ψ 表示，C_α 与 N 的键角以 φ 表示。正是由于肽单元上 C_α 所连的两个单键的旋转角度，决定了两个相邻的肽单元平面的相对空间位置（图 1-9b），使主链以多样的构象出现。

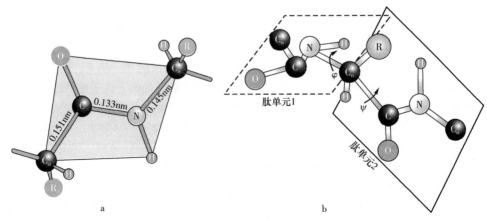

a　　　　　　　　　　b

图 1-9　肽单元

（二）二级结构包括 α- 螺旋、β- 片层和 β- 转角

虽然主链上的 C_α—N 及 C_α—C 键可以旋转，但并不是完全自由地旋转，它们的旋转受角度、侧链基团和肽键中氢及氧原子空间障碍的影响，使多肽链的构象受到一定的限制，从而形成特定的二级结构，常见的二级结构有 α- 螺旋（α-helix）、β- 折叠（又称 β- 片层，β-sheet）和 β-转角（β-turn）。

1. α- 螺旋是蛋白质最常见二级结构　Paulinghe 和 Corey 根据实验数据提出了两种肽链局部主链原子的空间构象的分子模型，即 α- 螺旋和 β- 折叠。在 α- 螺旋结构中，多个肽单元通过以 C_α 为节点的旋转，使多肽链的主链围绕中心轴呈有规律的螺旋式上升。由于组成蛋白质的氨基酸均是 L- 构型，为避免肽单元中 C＝O 与 C_α 所连的 R 基团太接近而发生空间干扰，影响其稳定性，故一般蛋白质中主链螺旋走向为顺时针方向，即右手螺旋，其 ψ 为 –47°，φ 为 –57°，仅个别蛋白质的局部出现少见的左手螺旋。在 α- 螺旋中，每 3.6 个氨基酸残基螺旋上升一圈（即旋转 360°），螺距为 0.54nm（图 1-10）。α- 螺旋中每个肽键的亚氨基氢（N—H）与第四个肽键的羰基氧形成氢键，氢键的方向与螺旋中心轴基本平行。肽链中的全部肽键都可形成氢键，使 α- 螺旋结构处于相当稳定的状态。

肽链中氨基酸残基的 R 基团分布在螺旋的外侧（图 1-10a）。α- 螺旋外侧的 R 基团的性质会影响 α- 螺旋的形成。若一段肽链有多个带负电荷或正电荷的 R 基团彼此相邻，由于同性电荷相互排斥，会妨碍 α- 螺旋的形成；脯氨酸的 N 原子在刚性的五元环中，它所形成的肽键 N 原子上没有 H，因此不能形成氢键；亮氨酸、异亮氨酸等 R 侧链较大，也会影响 α- 螺旋的形成。

肌红蛋白和血红蛋白分子中有许多肽链片段呈 α- 螺旋结构。毛发的角蛋白、肌肉的肌球蛋白以及血凝块中的纤维蛋白，它们的多肽链几乎全长都卷曲成 α- 螺旋。数条 α- 螺旋状的多肽链缠绕起来，形成缆索，从而增强了其机械强度，并具有可伸缩性（弹性）。由几个疏水氨基酸残基组成的肽段与亲水氨基酸残基组成的肽段交替出现，使 α- 螺旋形成两性 α- 螺旋，这类蛋白质在极性或非极性环境中存在。这种两性 α- 螺旋可见于血浆脂蛋白、多肽激素及钙调蛋白激酶等中。细胞膜跨膜蛋白结构域可由 1 个至多个疏水的 α- 螺旋构成。

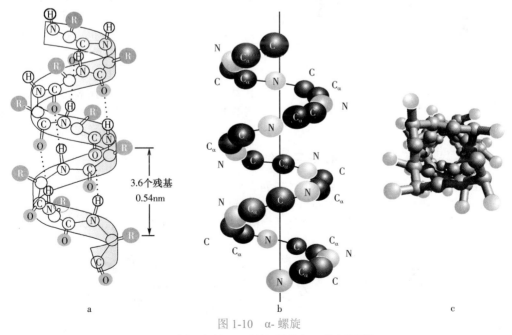

3.6 个残基
0.54nm

a
b
c

图 1-10　α- 螺旋
a. 空间构象和氢键；b. 主链原子的排布；c. 轴向俯视图

2. β- 折叠结构平行排列形成片层　β- 折叠是多肽链主链的另一种常见的有规律的结构单

元，多肽链充分伸展，每个肽单元以 C_α 为旋转点，依次折叠成锯齿状结构（呈折纸状），称 β- 折叠结构。在 β- 折叠结构中相邻两个肽单元间折叠成 110° 角，两个氨基酸残基占据 0.70nm 的长度，形成重复单位。氨基酸残基的 R 基团交替位于锯齿状结构的上下方。一条多肽链中所形成的锯齿状结构一般较短，只含 5 ～ 8 个氨基酸残基，但两条以上肽链或一条肽链内的若干肽段的锯齿状结构可平行排列形成 β- 折叠片层结构，走向可以相同（顺向平行，N 端至 C 端），也可反向平行。顺向平行时肽链的间距为 0.65nm，反向平行时为 0.70nm。两条链通过肽链间的肽键羰基氧和亚氨基氢形成氢键，以稳定 β- 折叠片层结构（图 1-11）。纤维状蛋白丝心蛋白是典型的 β- 折叠片层结构，主要是顺向平行式，由许多条多肽链形成 β- 折叠片层结构。这种多层重叠结构，其一级结构存在有大量的甘氨酸、丙氨酸和丝氨酸。球蛋白中也存在或多或少的 β- 折叠片层结构，顺向平行和反向平行都存在。许多蛋白质结构中既有 α- 螺旋又有 β- 折叠。

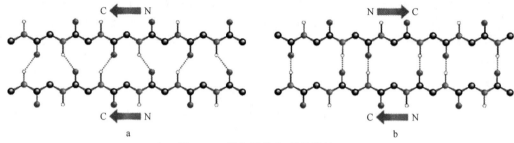

图 1-11　蛋白质的 β- 折叠结构

a. 顺向平行；b. 反向平行

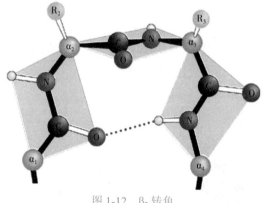

图 1-12　β- 转角

3. 多肽链中出现 180° 回折形成 β- 转角结构　多肽链中肽段出现 180° 回折时的结构称为 β- 转角。在 β- 转角中，伸展的肽链形成 U 形结构（图 1-12）。该结构通常由 4 个连续的氨基酸残基组成，第一个氨基酸残基的羰基氧与第 4 个残基的亚氨基氢可形成氢键，起到稳定 β- 转角的作用。β- 转角的结构较特殊，第二个氨基酸残基常为脯氨酸，其他常见残基有甘氨酸、天冬氨酸、天冬酰胺和色氨酸等。大多数 β- 转角处于蛋白质的表面，使蛋白质多肽链反向回折，有助于形成紧密球状结构。

（三）模体是具有特殊功能的超二级结构

在许多蛋白质分子中，常发现几个（多为 2 ～ 3 个）具有二级结构的肽段，在空间上相互接近、相互作用，形成一个具有特殊功能的空间结构，称为超二级结构（super-secondary structure），已知的有：αα、ββ、βαβ，这种结构称为模体、模序或基序（motif）（图 1-13）。

图 1-13　蛋白质超二级结构

a. αα；b. ββ；c. βαβ

每个模体总有其特征性的氨基酸序列，特定的空间排列，并有着特殊功能。例如，在许多钙结合蛋白分子中通常有一个结合钙离子的模体，它由 α- 螺旋 - 环 -α 螺旋三个肽段组成（图 1-14a），环中的谷氨酸和天冬氨酸的亲水侧链通过氢键提供了结合钙离子的部位。具有结合 Zn^{2+} 功能的锌指（zinc finger）结构也是一个常见的模体结构。它由 1 个 α- 螺旋和 2 个反向平行的 β 折叠组成（图 1-14b），形似手指。其 N 端有 1 对半胱氨酸残基，C 端有 1 对组氨酸残基，这 4 个残基在空间上形成一个洞穴，恰好容纳 1 个 Zn^{2+}。由于 Zn^{2+} 可稳固模序中的 α- 螺旋，致使此 α- 螺旋能镶嵌于 DNA 的大沟中，因此含锌指结构的蛋白质都能与 DNA 或 RNA 结合。模体的特征性空间构象是其特殊功能的结构基础。

亮氨酸拉链（leucine zipper）是 DNA 结合蛋白的一种结构模体，常出现在真核生物 DNA 结合蛋白的 C 端。同一个或不同肽链的两个 α- 螺旋的疏水面相互作用形成二聚体结构，亮氨酸规律地每隔 6 个氨基酸出现一次，即肽链每旋转两周就出现一个亮氨酸残基，且出现在 α- 螺旋的同一侧。这样的两个肽链能以疏水力结合成二聚体，形同拉链一样的结构（图 1-14c），与基因表达调控有关。

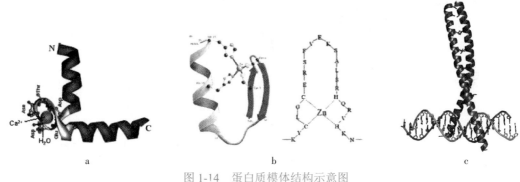

图 1-14 蛋白质模体结构示意图

a. α- 螺旋 - 环 -α- 螺旋；b. 锌指结构；c. 亮氨酸拉链

三、侧链 R 基团的相互作用形成蛋白质的三级结构

（一）三级结构是整条肽链所有原子的三维空间位置

蛋白质的三级结构（tertiary structure）是整条肽链所有原子在三维空间的整体排布。即在二级结构和模序等结构层次的基础上，由于侧链 R 基团的相互作用，整条肽链进行范围广泛的折叠和盘曲形成的三维空间构象。多肽链的侧链 R 基团按其极性分为两类：一类是没有极性基团的烃基、苯环等，这类侧链一般极性很小，与水的亲和力低，称为疏水侧链；另一类是带有极性基团如羟基、羧基、酰胺基、氨基、胍基、咪唑基等基团的侧链，这类侧链因极性较大，与水的亲和力也大，称为亲水侧链。

肽链在水溶液中，由于侧链基团的相互作用，疏水侧链（如 Leu、Ile、Val、Ala、Phe、Met 等侧链）尽可能地与水疏远，就像油滴般聚在一起，埋在蛋白质分子的内部，形成核心，称为疏水核；也有少数就在蛋白质分子表面，称为疏水区，其分子表面常会出现内陷（裂隙）的疏水"洞穴"，此"洞穴"往往是蛋白质表达功能的活性部位。疏水侧链的这种相互作用称为疏水作用。氨基酸残基带有极性基团（羟基、羧基、酰胺基、氨基、胍基等）的亲水极性侧链大多分布在分子表面，极性侧链相互之间可以形成氢键、离子键，蛋白质分子表面大多分布的极性侧链称为亲水区，这是球状蛋白质分子易溶于水的缘故。由于亲水侧链与疏水侧链的不同趋向，侧链之间的相互作用，使得多肽链在二级结构基础上，进一步盘曲、折叠，形成致密的球状结构，如同"极性外壳包裹着的油滴"。

1958 年，英国 John Kendrew 等阐明了抹香鲸肌红蛋白的三级结构（图 1-15）。肌红蛋白是哺乳动物肌肉中负责结合贮存氧的一种蛋白质，由含有 153 个氨基酸残基形成的一条肽链和一个血红素辅基构成。肽链中 α- 螺旋占 75%，形成 8 个 α- 螺旋区（A 至 H），两个螺旋区之间有一段柔性连接肽，脯氨酸位于转角处。由于侧链 R 基团的相互作用，多肽链缠绕，形成一个球状分子。

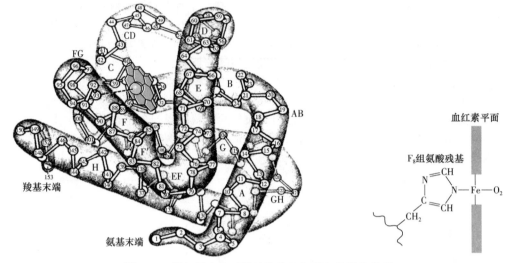

图 1-15　肌红蛋白的三级结构及血红素与肽链的关系

蛋白质三级结构的形成与稳定主要靠多肽链侧链 R 基团的相互作用，这种相互作用又称次级键，如疏水作用（主要作用力）、离子键（盐键）、氢键和范德瓦耳斯力（van der Waals force）等；有些蛋白质肽链中或肽链间两个半胱氨酸的巯基共价结合形成的二硫键也是维系蛋白质三级结构稳定的重要因素（图 1-16）。

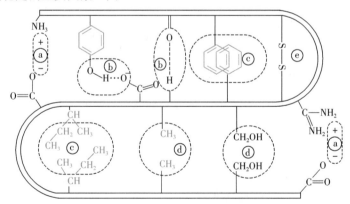

图 1-16　维持蛋白质分子构象的各种次级键

a. 离子键；b. 氢键；c. 疏水作用；d. 范德瓦耳斯力；e. 二硫键

（二）结构域是三级结构中的不同功能区

分子量大的蛋白质可在三级结构层次上形成多个结构较为紧密的独立折叠单位或局部区域，每个区域具有独立的功能，称为结构域（domain）。结构域可看作是几个超二级结构单元的组合。常见的结构域大都有 100 ～ 200 个氨基酸残基，直径不超过 2.5nm，各个结构域自身折叠得很紧密。若用蛋白酶水解，含多个结构域的蛋白质常分解出独立的结构域，而各结构域的构象可以基本不改变，并保持其功能。超二级结构则不具备这种特点。

不同的蛋白质分子中其结构域的数目不同，同一蛋白质中几个结构域可彼此相似或很不相同。纤连蛋白（fibronectin）是细胞外基质中的黏附蛋白，它由两条不完全相同的多肽链通过近 C 端的两个二硫键相连而成二聚体，每条多肽链含有 6 个结构域，各个结构域分别执行与细胞、胶原、DNA 和肝素等结合的功能（图 1-17）。

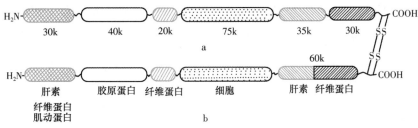

图 1-17 纤连蛋白分子结构域

30k 等表示各结构域的分子量

（三）分子伴侣参与蛋白质空间构象的正确形成

1978 年，Laskey 在进行组蛋白和 DNA 的体外生理离子强度实验时发现，必须要有一种细胞核内的酸性蛋白——核质蛋白（nucleoplasmin）存在时，两者才能组装成核小体，否则就发生沉淀，据此 Laskey 称它为"分子伴侣"。蛋白质空间构象的正确形成，除了一级结构为决定因素之外，还需要分子伴侣（molecular chaperone）的参与。分子伴侣是一大类参与蛋白质的转运、折叠、聚合、解聚、错误折叠后的重新折叠及原始蛋白质活性调控等一系列功能的保守蛋白质家族。分子伴侣是从功能上定义的，它们的结构可以完全不同。现已鉴定出来的分子伴侣主要属于三类高度保守的蛋白质家族：①热激蛋白 70（heat shock protein 70，Hsp70）；②伴侣蛋白（chaperonin）；③核质蛋白。Hsp70 在真核及原核生物中都是高度保守蛋白，可部分逆转变性蛋白或聚集的蛋白质。伴侣蛋白普遍存在于线粒体、叶绿体（称为Cpn60）、细菌（称为 GroEL）中。分子伴侣的作用机制见第十八章蛋白质的生物合成。

四、亚基缔合成分子——蛋白质的四级结构

某些蛋白质作为一个表达特定功能的单位时，由两条以上的肽链组成，这些多肽链各自有特定的构象，称为某蛋白质的亚基（subunit），这种由几个球状亚基缔合成一个功能性的聚集体称为蛋白质的四级结构（quaternary structure）。四级结构的定义是亚基的立体排布，亚基间相互作用与接触部位的布局，但不包括亚基内部的空间结构。

亚基都以 α、β、γ、δ 等命名，不同的蛋白质相同名称的亚基结构是不同的。因此，只说 α 亚基或β 亚基而不讲清楚是什么蛋白质，就将不知道是指什么。由相同类型的亚基构成的蛋白质称同聚体蛋白质，如烟草斑纹病毒的外壳蛋白是由 2120 个相同的亚基缔合成的多聚体；由不同亚基构成的蛋白质称异聚体蛋白质（表 1-2）。

表 1-2 几种蛋白质的亚基组成

蛋白名称	亚基组成
乳糖合成酶	$\alpha\beta$
促黄体生成激素	$\alpha\beta$
血红蛋白	$\alpha_2\beta_2$
神经生长因子	$\alpha\beta\gamma$
G 蛋白	$\alpha\beta\gamma$
RNA 聚合酶	$\alpha_2\beta\beta'\sigma$

具有四级结构的蛋白质，其亚基缔合的数目、种类、空间排布、相互作用和接触部位都是专一、有序的。亚基间借助于弱的非共价键，如疏水作用、氢键、盐键等缔合，在一定条件下（如尿素、胍等）可以解聚成各个独立的亚基。需要指出的是，有些蛋白质分子也有几条多肽链组成，但链间是以共价键（二硫键）连接的，这并不属于四级结构范畴。例如，胰岛素虽然由 A、B 两条链构成，但其链是以二硫键连接；再如免疫球蛋白由 2 条轻（L）链和 2 条重（H）链借二硫键结合构成，这些都非四级结构，A 链、

B 链、L 链和 H 链也不能称为亚基。

由亚基缔合形成具有四级结构的蛋白质分子能够产生极其重要的功能效果，亚基与亚基通过接触或通过解聚或聚合沟通了单个亚基之间的信息联系，一个配体（ligand）或底物分子与蛋白质分子中某一亚基结合产生的效果会传递、影响其他亚基进一步作用的进程。这种亚基间的相互作用为生化过程中的调节控制提供了一种作用模式，因而具有普遍的重要性，使得具有四级结构的蛋白质分子在表达其功能时可被调节、接受信息，这样就在更高的层次上、更完美地表达蛋白质的功能，从而适应机体的需要，一些实例在以后的章、节中将有具体叙述。

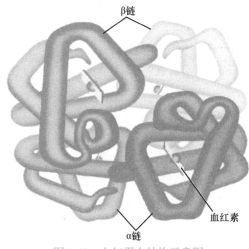

图 1-18　血红蛋白结构示意图

血红蛋白是具有四级结构的蛋白质，是由 2 个 α 亚基和 2 个 β 亚基组成的异四聚体，两种亚基的三级结构颇为相似，且每个亚基都结合有 1 个血红素（heme）辅基，见图 1-18。4 个亚基通过 8 个离子键相连，形成血红蛋白的四聚体，具有运输氧和二氧化碳的功能。但每 1 个亚基单独存在时，虽可结合氧且与氧亲和力增强，但在机体组织中难于释放氧。

第三节　蛋白质结构与功能的关系

体内蛋白质所具有的特定空间构象都与其发挥特殊的生理功能密切相关。研究蛋白质结构与功能的关系，是从分子水平上认识生命的一个极为重要的组成部分。

一、蛋白质的主要功能

蛋白质是细胞内含量最丰富的生物大分子，是生命活动的主要执行者。从机体的免疫防御到细胞的机械支撑，以及代谢反应的催化等基本生命活动，都离不开蛋白质的作用。蛋白质具有许多生物学功能，没有蛋白质，生命体将无法生存。

1. 调节细胞功能　蛋白质在细胞代谢和增殖方面具有调控作用。这种调控作用只在有限的范围内发挥功能，如在一定的温度、pH、血糖浓度等。一些多肽类激素具有调节作用，例如，胰岛素和胰高血糖素，可调节血糖在一定的生理范围内。

2. 构成细胞和生物体结构　蛋白质是细胞的重要结构组分。蛋白质提供了生物体的机械支撑和外层覆盖，如角蛋白组成机体的毛发和指甲，胶原蛋白赋予骨骼、肌腱和皮肤的支持和弹性。没有这些蛋白质，生物体将不可能存在。

3. 物质运输　体内物质需要蛋白质进行运送。运铁蛋白将铁离子从肝脏运输到骨髓，用于合成血红素。而血红蛋白和肌红蛋白则分别负责转运和贮存氧气。体内有许多营养素必须与某种特异的蛋白质结合，将其作为载体才能运送，如载脂蛋白、铜蓝蛋白、葡萄糖转运体等。

4. 催化功能　酶是生物催化剂，大部分酶的本质是蛋白质，能快速精准地催化各类生化反应。这些瞬间完成的反应，如果没有酶的参与，将是耗时（几天或几周）耗力（极高的温度）的反应。所有生命活动都离不开酶的参与。如胰蛋白酶、胰凝乳蛋白酶和弹性蛋白酶在肠道分解食物中的蛋白质，形成氨基酸，以便细胞吸收利用。

5. 免疫功能　保护机体抵抗病原体的感染而产生的抗体，也称为免疫球蛋白。每个抗体都有一段准确结合抗原的区域，通过特异性结合并摧毁抗原而终止感染。

6. 运动功能　机体的各种运动都需要运动蛋白，肌肉组织包括最为重要的心肌组织，其收缩与舒张是通过肌动蛋白和肌球蛋白的相互作用；精子游动是依靠蛋白组成的长鞭毛而实现。

7. 营养作用 食物中的蛋白质为机体提供了氨基酸来源。鸡蛋清蛋白和牛奶酪蛋白是营养学上的储备蛋白。

8. 维持正常的血浆渗透压 血浆渗透压主要由蛋白质分子构成，其中清蛋白分子量较小，数目较多，是决定血浆胶体渗透压大小的主要因素。血浆渗透压使血浆和组织之间的物质交换保持平衡，如果血浆蛋白质特别是清蛋白的含量降低，血液内的水分就会过多地渗入周围组织，造成临床上的营养不良性水肿。

二、蛋白质一级结构是蛋白质空间构象和功能的基础

（一）蛋白质一级结构是空间构象的基础

20世纪60年代，美国生物化学家 C. B. Anfinsen 通过研究牛核糖核酸酶变性和复性的经典实验证实，在蛋白质的氨基酸序列（一级结构）中必定含有装配三维蛋白质的所有信息。牛核糖核酸酶由124个氨基酸残基组成，有4个二硫键（Cys26 和 Cys84，Cys40 和 Cys95，Cys58 和 Cys110，Cys65 和 Cys72）（图1-19a）。用尿素（或盐酸胍）和 β-巯基乙醇处理该酶溶液，分别破坏次级键和二硫键，肽链完全展开，酶活性丧失，但由于肽键不受影响，故一级结构依然存在。当用透析方法去除尿素和 β-巯基乙醇后，伸展的多肽链又卷曲折叠成天然酶的空间构象，4对二硫键也正确配对，酶活性又恢复至原来水平（图1-19b）。这充分证明空间构象遭破坏的核糖核酸酶只要其一级结构未被破坏，就可能恢复到原来的空间结构和功能。C. B. Anfinsen 因对蛋白质分子结构及其生物作用之间关系的研究而获1972年诺贝尔化学奖。可见多肽氨基酸序列含有其三维结构的所有信息，证明蛋白质一级结构是空间构象的基础。

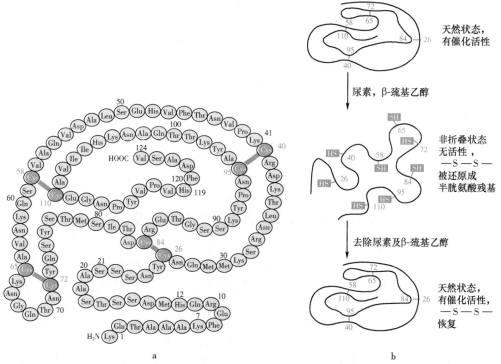

图 1-19 牛核糖核酸酶一级结构与空间构象的关系

a. 牛核糖核酸酶的氨基酸序列；b. 尿素和 β-巯基乙醇对核糖核酸酶的作用

（二）一级结构相似的蛋白质具有相似的空间构象及功能

已有大量的实验结果证明，一级结构相似的多肽或蛋白质，其空间构象以及功能也相似。

例如，不同哺乳动物来源的胰岛素，都是由 A、B 两条多肽链构成，A 链有 21 个氨基酸残基，B 链有 30 个氨基酸残基。在不同哺乳动物对比中，胰岛素的 51 个氨基酸残基中约有 22 个残基的种类和位置完全相同，它们的一级结构虽不完全相同，但与其空间结构形成有关的氨基酸残基却完全一致，且二硫键的配对和空间构象也极相似，因而都执行着相同的调节物质代谢和降血糖的作用（表 1-3）。基于此，人们利用牛胰岛素治疗人类糖尿病取得了满意的疗效。

表 1-3　几种哺乳动物胰岛素分子中氨基酸残基的差异

来源	氨基酸残基的差异部分			
	A8	A9	A10	B30
人	Thr	Ser	Ile	Thr
猪	Thr	Ser	Ile	Ala
犬	Thr	Ser	Ile	Ala
兔	Thr	Ser	Ile	Ser
牛	Ala	Ser	Val	Ala
羊	Ala	Gly	Val	Ala
马	Thr	Gly	Ile	Ala
抹香鲸	Thr	Ser	Ile	Ala

（三）蛋白质一级结构不同，生物学功能各异

加压素与催产素都是由垂体后叶分泌的九肽激素，它们分子中仅两个氨基酸有差异，但两者的生理功能却有根本的区别（图 1-20）。加压素能促进血管收缩，升高血压及促进肾小管对水分的重吸收，表现为抗利尿作用；而催产素则能刺激子宫平滑肌引起子宫收缩，表现为催产功能。其结构如下：

$$\text{加压素}\quad H_2N\text{-Cys-Tyr-phe-Glu-Asp-Cys-Pro-Arg-Gly} \;(\text{S—S})$$

$$\text{催产素}\quad H_2N\text{-Cys-Tyr-Ile-Glu-Asp-Cys-Pro-Leu-Gly} \;(\text{S—S})$$

图 1-20　加压素与催产素的一级结构

（四）一级结构中关键部位氨基酸残基改变会引起蛋白质功能异常

不同哺乳动物胰岛素的 51 个氨基酸残基中约有 22 个残基恒定不变，如将牛胰岛素分子中 A 链 C 端的天冬酰胺切去，其活性完全丧失；而去除 B 链 C 端的丙氨酸并不影响其活性。但如果去除 B 链中第 23 ～ 30 位氨基酸残基，其降低血糖的功能减少 85%。这说明一级结构中关键部位的氨基酸残基对维系空间结构和功能是必要的。

镰状细胞贫血（sickle cell anemia）是一种常染色体遗传病。镰状细胞贫血患者血红蛋白中有一个氨基酸残基发生了改变，即 HbA（正常血红蛋白）β 链的第 6 位为谷氨酸，而 HbS（患者血红蛋白）β 链的第 6 位是缬氨酸，谷氨酸的亲水侧链被缬氨酸的非极性疏水侧链所取代（图 1-21），这样在 β6Val 与 β1Val 之间出现了一个因疏水作用而形成的局部结构，这能使脱氧 HbS 进行线性缔合，导致氧结合能力过低，使得整个红细胞扭成镰刀状而极易破碎，导致溶血性贫血。可见一个氨基酸的变异，能引起空间结构改变，进而影响血红蛋白的正常功能。这种由蛋白质分子发生变异所导致的疾病，称为"分子病"，为基因突变所致。

N-val · his · leu · thr · pro · **glu** · glu······C(146) HbA β肽链
N-val · his · leu · thr · pro · **val** · glu······C(146) HbS β肽链

图 1-21 HbA 和 HbS 的 β 链 N 端氨基酸组成

血红蛋白病

血红蛋白病（hemoglobinopathy）是一类血红蛋白分子异常引起的遗传病，包括镰状细胞贫血（sickle cell anemia，HbS）、血红蛋白 C 病（hemoglobin C disease，HbC）、血红蛋白 SC 病（hemoglobin SC disease，HbSC）和地中海贫血。前三者是由于血红蛋白序列改变（质变）引起的疾病，而地中海贫血则是正常血红蛋白合成缺少或不足（量变）引起的血液疾病。

HbS 是最常见的红细胞镰刀状疾病，是血红蛋白 β 链上基因点突变引起的遗传病，突变的 β 链为 βS，因此这种疾病命名为 HbS。患病的婴幼儿并不出现骨痛、胸痛或溶血，直至有足够的 HbS 时才有症状。疾病特征是伴其一生的疼痛、慢性溶血、高胆红素血症及容易感染；还有一些急性胸痛、卒中、脾肾功能紊乱及骨髓增殖引起的骨骼改变。与正常红细胞 120 天寿命相比，镰状细胞的寿命低于 20 天。镰状细胞特征是指包含 HbS 和 HbA 杂合子形式，在非裔美国人中占 1/12，这些个体通常不会显示临床症状，拥有正常寿命。具有镰状细胞特征的父母，其子女有 25% 患有 HbS。

相比于 HbSβ 链上第六位缬氨酸代替谷氨酸，HbC 则是 β 链第六位的赖氨酸代替谷氨酸，这三种血红蛋白可在 pH 8.4 条件下的电泳结果予以区分。

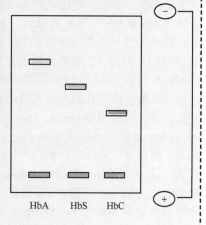

三、蛋白质功能依赖其特定的空间构象

体内各种蛋白质都有特殊的生理功能，这与其空间构象有着密切的关系，蛋白质的空间结构发生改变，可导致其理化性质和生物学活性的变化。

（一）血红蛋白亚基与肌红蛋白结构相似

1. 血红蛋白和肌红蛋白都含有血红素辅基 血红素是铁卟啉化合物（图 1-22），由 4 个吡咯环通过 4 个甲炔基相连成为一个环形，Fe^{2+} 居于环中央。Fe^{2+} 有 6 个配位键，其中 4 个与吡咯环的 N 配位结合，1 个配位键和血红蛋白 α 肽链 87 位（F8）或 β 肽链 92 位（F8）的组氨酸残基结合，氧则与 Fe^{2+} 可逆地结合形成第 6 个配位键。

肌红蛋白（myoglobin，Mb）是只具有三级结构，链长 156 个氨基酸残基的单链蛋白质。血红蛋白（hemoglobin，Hb）分子具有四级结构，是由 4 个亚基组成的四聚体，成年人的 Hb 由两条 α 肽链和两条 β 肽链组成（$\alpha_2\beta_2$），α 亚基由 141 个氨基酸残基组成，β 亚基有 146 个氨基酸残基，α 亚基和 β 亚基隔着一个空腔彼此相向（图 1-18），各亚基的三级结构与肌红蛋白相似，有 A 至 H 共 8 个 α 螺旋区，只

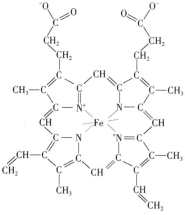

图 1-22 血红素结构

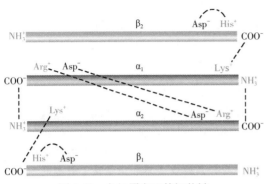

图 1-23 血红蛋白亚基间盐键

是肽链比肌红蛋白肽链稍短一点。每个亚基结构中间有一个疏水局部,可结合 1 分子血红素。因此 1 分子 Hb 共结合 4 分子氧。Hb 亚基之间通过 8 对盐键连接(图 1-23),使 4 个亚基处于受约束的强制状态,紧密结合形成亲水的球状蛋白质。由于 α 亚基和 β 亚基之间的相互作用比 α 与 α 以及 β 与 β 之间的相互作用强得多,因此血红蛋白也可看作一个 αβ 异二聚体蛋白。

2. 血红蛋白的构象变化影响与氧的结合能力 血红蛋白和肌红蛋白都能可逆地结合氧。血红蛋白与 O_2 可逆结合,形成氧合血红蛋白(HbO_2),HbO_2 占血液中总 Hb 的百分数称为氧饱和度。氧饱和度随氧分压改变而改变,图 1-24 为 Hb 和 Mb 的氧解离曲线。前者呈 S 形特征,后者为直角双曲线。可见 Mb 易与 O_2 结合,而 Hb 与 O_2 的结合在氧分压较低时较难。血红蛋白和肌红蛋白与氧亲和力的差异形成了一个有效地将氧从肺部转运到肌肉的氧转运系统:在肺部高氧分压下(约 100mmHg,1mmHg=0.133kPa),Hb 和 Mb 对氧的亲和力都很高,两者几乎均被饱和;而在低氧分压时,如肌肉等组织的毛细血管内,由于氧分压低(20~40mmHg),Hb 对氧的亲和力低,红细胞中 Hb 运载的氧被释放出来与肌肉中的 Mb 结合。故 Hb 主要承担着将氧由肺运输到外周组织的作用(氧运输者),而 Mb 主要是接收 Hb 释放的氧(氧贮存者)。

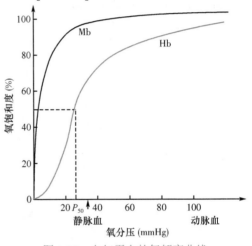

图 1-24 血红蛋白的氧解离曲线

Hb 的氧解离曲线呈 S 形,提示其 4 个亚基与 O_2 结合有 4 个不同的平衡常数。当第 1 个亚基与 O_2 结合后,促进第 2、第 3 个亚基与 O_2 结合,当第 3 个亚基与 O_2 结合后,又大大促进第 4 个亚基与 O_2 结合。这种一个亚基与其配体(Hb 的配体为 O_2)结合后,能影响此寡聚体中另一亚基与配体的结合能力的现象称为协同效应(cooperative effect)。如果是促进作用则称为正协同效应(positive cooperative effect);反之则为负协同效应(negative cooperative effect)。携 O_2 的 Hb 亚基促进不携 O_2 的亚基与 O_2 的结合,故为正协同效应。

Kendrew M.F. Perutz 等利用 X 射线衍射技术,分析 Hb 和 HbO_2 晶体的三维结构图谱,认为血红蛋白与 O_2 结合的正协同效应与其空间构象改变有关。未结合氧时,Hb 的 α_1/β_1 和 α_2/β_2 呈对角排列,结构较为紧密,称为紧张态(tense state,T 态),T 态的 Hb 与 O_2 的亲和力小。随着 O_2 的结合,4 个亚基之间的盐键断裂,使 α_1/β_1 和 α_2/β_2 的长轴形成 15° 的夹角,结构显得相对松弛,称为松弛态(relaxed state,R 态)(图 1-25),R 态的 Hb 与 O_2 的亲和力大。T 态转变成 R 态是在逐个结合 O_2 的过程中完成的。在脱氧 Hb 中,Fe^{2+} 的半径比卟啉环中间的孔大,因此 Fe^{2+} 不能进入卟啉环小孔,高出卟啉环平面 0.075nm。当第 1 个 O_2 与 Hb

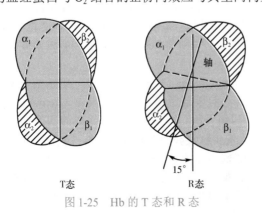

图 1-25 Hb 的 T 态和 R 态

第 1 个亚基结合时，Fe^{2+} 与 O_2 形成第 6 个配位键，这种结合使 Fe^{2+} 的自旋速率加快，其半径变小并落入到卟啉环内。Fe^{2+} 的移动使 F8 组氨酸向卟啉平面移动，同时带动 α 螺旋 F 做相应的移动（图 1-26）。F 螺旋的这一微小移动，首先引起 α-α 亚基间盐键的断裂，进而使亚基间结合松弛。这种构象的细微变化可促进第 2 个亚基与 O_2 结合，最后使 4 个亚基全处于 R 态。这种氧分子与 Hb 一个亚基结合后引起亚基构象变化的现象称别构效应或变构效应（allosteric

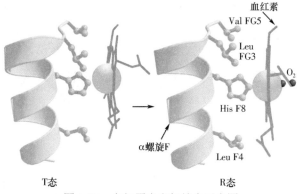

图 1-26　血红蛋白和氧结合示意图

effect）。具有别构效应的蛋白质称为别构蛋白（allosteric protein）。能引起蛋白质发生别构效应的物质称为别构剂或效应剂（allosteric effector）。小分子 O_2 为血红蛋白的别构剂或效应剂。别构效应不仅存在于 Hb 与 O_2 之间，在一些酶与别构剂的结合、配体与受体结合之间也存在着别构效应，因而具有普遍的生物学意义。

生活在高海拔地区，人体可通过多种调节适应低氧分压，如增加红细胞数量、Hb 浓度和 2,3- 二磷酸甘油酸（2,3-bisphosphoglycerate，2,3-BPG）浓度等，以提高组织的供氧量，保证正常代谢所需。升高的 2,3-BPG 可降低 Hb 与 O_2 的亲和力，使组织中氧的释放量增加。

（二）蛋白质空间构象改变可引起疾病

蛋白质在行使其生物功能时必须具有特定的空间构象。蛋白质折叠本质上是具有一定氨基酸序列的多肽链逐步折叠形成蛋白质的特定空间结构，从而表现其功能的过程。而蛋白质作为生命信息的表达载体，其折叠所形成的特定空间结构是蛋白质具有生物学功能的基础。蛋白质折叠不仅包括新合成肽链的折叠，也牵涉到诸如蛋白质在细胞中、跨膜运送前后的去折叠和再折叠过程。如果蛋白质的折叠发生错误，尽管一级结构未发生改变，但蛋白质构象的改变仍然影响蛋白质的功能，严重时可导致疾病的发生。这种由于相应蛋白质发生有害折叠、不能折叠或错误折叠导致的疾病，称为蛋白质构象病（protein conformational disease）。这些错误折叠的蛋白质会相互作用而聚集，形成抗蛋白水解酶的淀粉样纤维沉淀，产生毒性而致病，临床表现为蛋白质淀粉样纤维沉淀的病理性改变。此类疾病包括阿尔茨海默病（Alzheimer's disease，AD）、帕金森病（Parkinson disease，PD）、纹状体脊髓变性病、亨廷顿病（Huntington's disease，HD）等。一般来说，引起构象病的蛋白质分子与正常蛋白质同时存在于机体内，至少部分蛋白质具有正常折叠的空间构象，并以正常形态释放。

牛海绵状脑病，又称疯牛病，是由朊病毒蛋白（prion protein，PrP）感染引起的一组人和动物神经系统的退行性疾病，具有传染性、遗传性和散在发病的特点，其在动物间传播是由 PrP 组成的传染颗粒（不含核酸）完成的。其致病与 PrP 的构象转换有关，即由生理性 PrP^c 转换为病理性的 PrP^{sc}（scrapie，痒症）。PrP^c 为正常细胞表面蛋白，分子量为 28kDa，水溶性强，对蛋白酶敏感，二级结构包含约 40% α 螺旋和很少 β 折叠。PrP^{sc} 是 PrP^c 的构象异构体，两者之间没有任何一级结构的差异。其构象变化是 PrP^c 的 α 螺旋重新折叠成约 45% β 折叠的 PrP^{sc} 和 30% α 螺旋结构，PrP^{sc} 水溶性差，对热稳定，对蛋白酶不敏感；外源或新生的 PrP^{sc} 可以作为模板，诱导正常的 α 螺旋 PrP^c 重新折叠成富含 β 折叠的 PrP^{sc}，使肽链容易聚集形成不溶性淀粉样纤维沉淀而致病（图 1-27）。这种 PrP^c 转变成 PrP^{sc}，如一种多米诺骨牌效应，将越来越多的脑内正常蛋白变成致病形式。但导致海绵状脑病的 PrP^{sc} 出现机制至今尚未明了。

由于蛋白质折叠异常而造成分子聚集甚至沉淀或不能正常转运到位所引起的疾病还有囊性纤维病变、家族性高胆固醇症、家族性淀粉样蛋白症、某些肿瘤、白内障等。由于分子伴侣在蛋白质折叠中至关重要的作用，分子伴侣本身的突变也会引起蛋白质折叠异常而引起蛋白质构象病。

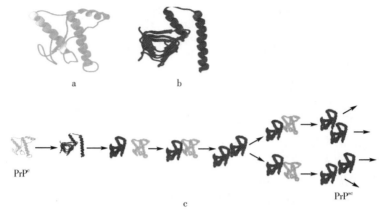

图 1-27　朊病毒蛋白结构及构象转变过程
a. PrP^c；b. PrP^{sc}；c. PrP^c 转变成 PrP^{sc}

Prions——没有核酸的传染源

　　S. Prusiner 的研究源于 1972 年一例纹状体脊髓变性病（Creutzfeldt-Jakob disease，CJD）患者因痴呆而死亡。当时，尽管已知克罗伊茨菲尔特 - 雅克布病（CJD）、库鲁病（Kuru disease）患者或羊瘙痒症的病脑提取物能传染疾病，但对其传染源性质仍众说纷纭。由于与传统的任何传染源都有遗传物质的核酸理论相悖，无核酸传染源的理论极具挑战性。1982 年，Prusiner 经过精细深入的研究，成功地从患病仓鼠脑中制备出单一传染制剂，并证实传染源仅为单一的蛋白质，不含核酸，将其命名为 Prion。现已证实生理型 PrP（PrPc）为正常细胞表面蛋白，不同种属成熟的 PrPc 蛋白全长约 210 个氨基酸残基，不同哺乳动物中 PrPc 序列同源性达到 70% 以上。Prusiner 不仅发现了一种全新的传染性疾病类型，而且为阐明各种类型痴呆相关的生物学机制及相关药物的开发奠定了基础。因其在朊病毒发现中的卓越贡献，Prusiner 于 1997 年荣获诺贝尔生理学或医学奖。

第四节　蛋白质的理化性质及其应用

一、蛋白质具有与氨基酸相同和特殊的理化性质

　　蛋白质由氨基酸组成，其理化性质也与氨基酸所具有的理化性质相同或相关，如两性电解质、等电点、紫外吸收、呈色反应等。同时蛋白质是氨基酸的聚合物，属于生物大分子，因而还具有氨基酸所没有的特殊性质。

（一）在特定条件下蛋白质可从溶液中沉淀析出

　　蛋白质从溶液中析出的现象称为蛋白质沉淀。常用的沉淀剂有中性盐、有机溶剂、重金属盐及生物碱试剂等。盐、有机溶剂沉淀蛋白质常被用于蛋白质的分离纯化。

　　蛋白质在 pH ＞ pI 的溶液中带负电荷，能与带正电荷的重金属离子如 Pb^{2+}、Hg^{2+}、Ag^+ 等结合，生成不溶性的蛋白质盐沉淀。此法沉淀蛋白质常使蛋白质变性。误食铅、汞等重金属盐化合物时，可用蛋白溶液灌胃，使之先与重金属离子结合，进而洗胃或催吐使结合物排出。眼结膜炎症患者常用稀硝酸银溶液涂擦结膜，使含有蛋白质的脓性分泌物凝聚沉淀，再用生理盐水冲洗，达到清除分泌物的目的。

蛋白质在 pH < pI 的溶液中带正电荷，能与某些生物碱试剂如鞣酸、苦味酸、钨酸、三氯乙酸等生物碱试剂结合成不溶性的盐沉淀出来。临床常用三氯乙酸等沉淀血液中的蛋白质，以制备血滤液。也可用这些酸检验尿中有无蛋白质存在。

（二）芳香族氨基酸使蛋白质具有紫外吸收的性质

蛋白质分子中含有共轭双键的酪氨酸和色氨酸，在 280nm 波长处有特征性紫外吸收峰。在此波长范围内，蛋白质的 A_{280}（280nm 的吸光度值）与其浓度成正比关系，因此可用于蛋白质的定性与定量分析，分析测定的范围可为每毫升溶液含 0.1 ～ 1mg 浓度的蛋白质。

（三）蛋白质空间结构被破坏引起蛋白质变性

1. 蛋白质变性及变性因素 在某些物理或化学因素作用下，蛋白质特定的空间构象被破坏，从而导致其理化性质改变和生物活性丧失的现象，称为蛋白质的变性（denaturation）。一般认为蛋白质的变性主要发生二硫键和非共价键的破坏，而不涉及一级结构中肽键的断裂和氨基酸序列的改变。

造成蛋白质变性的因素有多种，一类是化学因素，包括酸、碱、有机溶剂（如乙醇、甲醇、丙酮、乙醚等）、尿素、表面活性剂（如十二烷基磺酸钠）、生物碱试剂（如三氯乙酸）以及重金属离子等。另一类是物理因素，包括加热、紫外线、X 射线、超声波、高压以及剧烈振荡等。

2. 变性蛋白质的主要特征是生物学活性的丧失 生物活性的丧失是变性蛋白质的主要表现，而空间结构的破坏是蛋白质变性的本质和结构基础。变性蛋白质的主要特征是生物学活性丧失和一些理化性质的改变。蛋白质变性后，空间结构被破坏，盘曲肽链延伸，肽键外露，易被蛋白酶水解；疏水基团外露，原在表面的亲水基团被掩盖，蛋白质丧失水化膜，溶解度降低易发生沉淀；蛋白质分子的不对称性增加，扩散常数降低，黏度增加；各原子和基团的正常排布发生变化，造成吸收光谱改变等。诸如蛋白质类激素的调节作用、酶的催化作用、抗体的免疫防御能力、血红蛋白的运氧能力等，在蛋白质变性时，这些生物学功能全部丧失。在医学上，变性使蛋白质失活常被应用来消毒及灭菌；与此相反，在生产、储存和运送具有生物活性的蛋白质（如激素、酶、抗体、血清、疫苗等）时，均需在低温条件下以防止其变性失活。

3. 变性程度较低的蛋白质在一定条件下可复性 若蛋白质变性程度较轻，去除变性因素后，有些蛋白质仍可恢复或部分恢复其原有的构象和功能，称为复性（renaturation）。如前文所述核糖核酸酶的变性与复性。但是许多蛋白质变性后，空间构象破坏严重，不能复原，称为不可逆性变性。

蛋白质在强酸、强碱中虽然变性，但因其远离 pI，仍能溶解于强酸或强碱溶液中，此时若将 pH 调至 pI，则变性蛋白质立即结成絮状的不溶解物，但此絮状物仍可溶解于强酸和强碱中。此絮状沉淀可因加热而变成坚固的凝块，此凝块不再溶于强酸和强碱中，这种现象称为蛋白质的凝固作用（protein coagulation）。实际上凝固是蛋白质变性后进一步发展的不可逆的结果。

（四）蛋白质具有两性电离的性质

蛋白质分子除两端的氨基和羧基可解离外，侧链中某些基团，如谷氨酸、天冬氨酸残基中的 γ- 羧基和 β- 羧基，赖氨酸残基中的 ε- 氨基，精氨酸残基的胍基和组氨酸残基的咪唑基，在一定的溶液 pH 条件下都可解离成带负电荷或正电荷的基团。因此，蛋白质和氨基酸一样都是两性电解质。当蛋白质溶液处于某一 pH 时，蛋白质解离成正、负离子的趋势相等，即所带正、负电荷相等，成为兼性离子，净电荷为零，此时溶液的 pH 称为该蛋白质的等电点（pI）。各种蛋白质所含可解离基团的数目及其可解离基团的解离度不同，pI 也各不相同。蛋白质溶液的 pH 大于 pI 时，该蛋白质颗粒带负电荷，反之则带正电荷（图 1-28）。

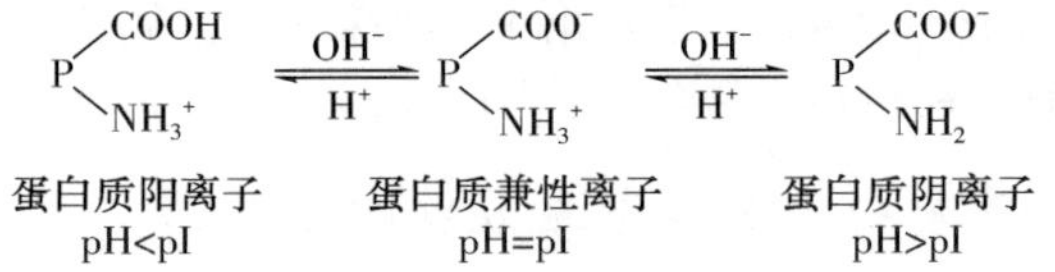

蛋白质阳离子	蛋白质兼性离子	蛋白质阴离子
pH<pI	pH=pI	pH>pI

图 1-28　蛋白质解离式及 pI

体内各种蛋白质的 pI 不同，但大多数接近于 pH 5.0，所以在人体体液 pH 7.4 的环境中大多数蛋白质解离为阴离子。少数含碱性氨基酸较多的蛋白质，其 pI 偏碱性，称为碱性蛋白质，如组蛋白、细胞色素 c 等。也有少数含酸性氨基酸较多的蛋白质，其 pI 偏酸性，被称为酸性蛋白质，如胃蛋白酶。

（五）蛋白质具有高分子化合物的胶体性质

蛋白质是高分子化合物，分子量在 1 万～ 100 万 Da，其分子颗粒的平均直径为 4.3nm，已达 1 ～ 100nm 胶粒范围之内。蛋白质疏水性的 R 基团多位于分子内部，颗粒表面大多为亲水基团，可吸引水分子，使颗粒表面形成一层水化膜，从而阻断蛋白质颗粒的相互聚集。同时，蛋白质分子表面的可解离基团的解离，使其在溶液中带有一定量的同种电荷，分子间相互排斥，从而使蛋白质分子之间不能相互聚集而沉淀析出，使蛋白质可溶于水。因此，蛋白质分子表面水化膜和电荷是蛋白质成为亲水胶体颗粒的两个稳定因素，当去除其水化膜、中和电荷时，蛋白质可从溶液中沉淀析出。

（六）呈色反应可用于蛋白质的定性和定量

蛋白质分子中的肽键及氨基酸残基的各种特殊基团，在一定的条件下可以和某些化学试剂呈现一定的颜色反应，颜色的深浅与蛋白质浓度成正比，故常用作蛋白质的定性与定量。

1. Folin- 酚试剂反应　蛋白质中含带有酚羟基的酪氨酸残基，在碱性条件下，能与酚试剂（磷钼酸与磷钨酸的混合物）反应生成蓝色化合物（钼蓝）。

2. 茚三酮反应（ninhydrin reaction）　在 pH 5 ～ 7 的溶液中，蛋白质分子中游离的 α- 氨基可与茚三酮反应生成蓝紫色化合物。蛋白质水解后产生的氨基酸也可发生茚三酮反应。

3. 双缩脲反应（biuret reaction）　蛋白质及多肽中的肽键在稀碱溶液与硫酸铜共热，可与 Cu^{2+} 作用生成紫红色产物。此反应除用作蛋白质及多肽的定量外，由于氨基酸不呈此反应，当蛋白质的水解不断加强时，氨基酸浓度上升，其双缩脲呈色的深度就逐渐下降，因此还可用于检查蛋白质的水解程度。

二、利用蛋白质的性质分离和纯化蛋白质

将溶液中的蛋白质相互分离而取得单一蛋白质组分的过程称为蛋白质的分离和纯化。蛋白质的各种理化性质和生物学性质是其分离和纯化的依据，事实上每一蛋白质的纯化过程常常是许多方法综合运用的过程。

（一）盐析、有机溶剂沉淀和免疫沉淀是常用沉淀蛋白质的方法

1. 盐析　在蛋白质溶液中加入大量中性盐使蛋白质从溶液中析出的现象称为蛋白质的盐析（salting-out）。常用的中性盐有硫酸铵、硫酸钠、氯化钠等。由于大量中性盐离子存在，夺去了蛋白质分子表面的水化膜，同时中和蛋白质分子所带的电荷，从而使蛋白质颗粒呈不稳定状态而凝聚下沉。各种蛋白质分子的大小和亲水性不同，所以，所需的盐浓度也不一样。调节不同的中性盐浓度可使各种蛋白质分别析出，称为分段盐析。例如，血浆中球蛋白可在半饱和硫酸铵溶液中析出，而清蛋白需要在饱和硫酸铵溶液中才能析出。用盐析法沉淀蛋白

质不会引起蛋白质变性，所以常用于分离各种天然蛋白质。盐析法仅可将蛋白质初步分离，欲得纯品，尚需用其他方法。有些蛋白质在纯化后，在盐溶液中长期放置逐渐析出，成为整齐的蛋白质结晶。

2. 有机溶剂沉淀蛋白质 某些有机溶剂如乙醇、丙酮等是脱水剂，能使蛋白质脱去水化膜而沉淀。溶液的 pH 在 pI 时，因蛋白质不带电荷，沉淀效果更佳。用丙酮沉淀蛋白质时，需在低温（0～4℃）条件下进行，丙酮用量一般 10 倍于蛋白质溶液的体积，快速低温干燥分离蛋白质，否则易导致蛋白质变性。

3. 免疫沉淀蛋白质 蛋白质都具有抗原性，将一种纯化的蛋白质免疫动物可获得特异的抗体。利用抗原与抗体特异识别形成抗原 - 抗体复合物的性质，可从蛋白质混合溶液中分离出特异的抗原蛋白，这就是免疫沉淀法。被广泛应用的免疫共沉淀技术就是利用该原理，将特定的抗体交联至一种固相化琼脂糖珠上，与含有特定抗原的混合蛋白质溶液作用，获得抗原 - 抗体复合物，再进一步用含有十二烷基磺酸钠和二巯基乙醇的缓冲液溶解复合物，使抗原从抗原抗体复合物分离而得到纯化。

（二）电泳法利用电荷性质将蛋白质分离

溶液中带电粒子在电场中向与其所带电荷相反的电极方向迁移的现象，称为电泳（electrophoresis）。蛋白质在高于或低于其 pI 的溶液中为带电颗粒，在电场中能向与其带电相反的电极移动。因此，可通过电泳技术分离各种蛋白质。根据支撑物的不同，电泳分为薄膜电泳、凝胶电泳等。薄膜电泳是将蛋白质溶液点样于薄膜上，薄膜两端分别加正负电极，此时带正电荷的蛋白质向负极泳动；带负电荷的向正极泳动；带电多，分子量小的蛋白质泳动速率快；带电少，分子量大的则泳动慢，于是不同蛋白质被分离。凝胶电泳是将凝胶置于玻璃板上或玻璃管中，两端加上正负电极，蛋白质即在凝胶中泳动而被分离。最常用的凝胶电泳是琼脂糖凝胶电泳（agarose gel electrophoresis）和聚丙烯酰胺凝胶电泳（polyacrylamide gel electrophoresis，PAGE）。不连续聚丙烯酰胺凝胶电泳由于同时兼有电荷效应、浓缩效应和分子筛效应，因此具有很高的分辨率。蛋白质在聚丙烯酰胺凝胶中电泳时，还可向凝胶及溶液系统中加入足够量的阴离子去污剂十二烷基硫酸钠（sodium dodecylsulfate，SDS）和巯基乙醇。巯基乙醇可使蛋白质分子中的二硫键还原，SDS 则可与蛋白质结合成蛋白质 -SDS 复合物，由于十二烷基硫酸根带负电，使各种蛋白质 -SDS 复合物都带上相同密度的负电荷，掩盖了不同种蛋白质间原有的电荷差别，使蛋白质 -SDS 复合物在凝胶中的迁移率，不再受蛋白质原有的电荷和形状的影响，仅取决于蛋白质分子量的大小，因而 SDS-PAGE 可用于测定蛋白质的分子量。

蛋白质还可利用等电聚焦的方法进行分离。等电聚焦是根据蛋白质 pI 的不同而进行分离的方法。该方法具有很高的分辨率，可以分辨出 pI 相差 0.01 的蛋白质，是一种分离蛋白质的理想方法。其原理是在凝胶中通过加入两性电解质形成一个 pH 梯度，蛋白质在电泳过程中，当其迁移到 pH 等于其 pI 的区域时，因其不带电荷而停止泳动，这样不同 pI 的蛋白质得到分离。

双向凝胶电泳是蛋白质组学研究的重要技术之一，其原理为第一向电泳采用的是蛋白质等电聚焦电泳，第二向电泳是 SDS-PAGE，通过被分离蛋白质 pI 和分子量的差异，将复杂蛋白质混合物在二维平面上分离（图 1-29）。

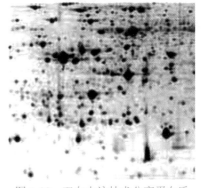

图 1-29 双向电泳技术分离蛋白质

（三）透析和超滤法可进行蛋白质的纯化

利用透析袋把大分子蛋白质与小分子化合物分开的方法称为透析（dialysis）。透析袋是用具有超小微孔的半透膜，如硝酸纤维素膜制成。微孔一般只允许分子量为 10kDa 以下的化合物通过。透析时将蛋白质样品溶液置入由半透膜制成的袋内，把此透析袋浸入水或缓冲液中，由于蛋白质是高分子化合物故留在袋内，而盐和小分子物质如硫酸铵、氯化钠等不断扩散透过薄膜到袋外，直到袋内外两边的浓度达到平衡为止。如果不断更换袋外的水，可把袋内小分子物质全部去除。

超滤（ultrafiltration）是一种加压膜分离技术，即在一定的压力下，使小分子溶质和溶剂穿过一定孔径的特制薄膜，而蛋白质不能透过，留在膜的一边，进而实现分离纯化目的的方法。该方法既可纯化蛋白质，又可达到浓缩蛋白质溶液的目的。超滤根据所加的操作压力和所用膜的平均孔径的不同，可分为微孔过滤、超滤和反渗透三种。

（四）层析技术可利用分配或亲和原理分离蛋白质

层析（chromatography）是蛋白质分离纯化的重要方法之一，该方法基于被分离物质的物理、化学及生物学特性的不同，使被分离物质在某种基质中移动速度不同而进行分离。当待分离蛋白质溶液（流动相）流经一种固态相物质（固定相）时，由于待分离蛋白质各组分的颗粒大小、电荷多少及与固定相和流动相的亲和力不同，在两相中反复分配，各组分以不同的速度流经固定相，从而达到分离的目的。层析种类很多，常用的有离子交换层析、凝胶层析和亲和层析等。

1. 离子交换层析（ion exchange chromatography，IEC）　其原理是依据各种离子或离子化合物与离子交换剂的结合力不同而进行分离纯化的。蛋白质和氨基酸一样，是两性电解质，在某一特定 pH 时，各蛋白质的电荷量及性质不同，故可以通过离子交换层析得以分离。

离子交换层析的固定相是离子交换剂，它是由一类不溶于水的惰性高分子聚合物基质通过一定的化学反应共价结合上某种带电基团形成的。如带有正（负）电荷的交联葡聚糖、纤维素或树脂等。根据交换剂的电荷性质不同，离子交换层析可分为阴离子交换层析和阳离子交换层析。

以阴离子交换层析为例（图 1-30）。将阴离子交换树脂颗粒填充在层析管内，由于阴离子交换树脂颗粒上带正电荷，能吸引溶液中带负电的蛋白质阴离子。用含不同浓度的阴离子（如 Cl^-）溶液洗柱，洗脱液中的阴离子取代蛋白质分子与交换剂结合。含负电少的蛋白质首先被洗脱下来，增加 Cl^- 浓度，含负电量多的蛋白质也被洗脱下来，于是两种蛋白质被分开。

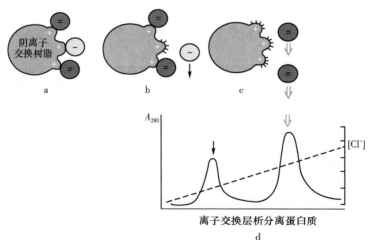

图 1-30　离子交换层析分离蛋白质

a. 样品全部交换并吸附到树脂上；b. 负电荷较少的分子用较稀的 Cl^- 或其他负离子溶液洗脱；c. 电荷多的分子随 Cl^- 浓度增加依次洗脱；d. 洗脱图；A_{280} 表示为 280nm 的吸光度

2. 凝胶层析（gel filtration chromatography）　是依据分子大小的性质进行分离纯化的。

凝胶层析的固定相是惰性的珠状凝胶颗粒，凝胶颗粒的内部具有立体网状结构，形成很多孔穴，一般由葡聚糖制成。当蛋白质溶液加入凝胶层析柱后，各个组分就向固定相的孔穴内扩散，扩散程度取决于孔穴的大小和组分分子大小。比孔穴孔径大的分子不能扩散到孔穴内部，完全被排阻在孔外，只能在凝胶颗粒外的空间随流动相向下流动，经历的流程短，流动速度快，首先流出；而较小的分子则可以完全渗透进入凝胶颗粒内部，经历的流程长，流动速度慢，所以最后流出；而分子大小介于两者之间的分子在流动中部分渗透，流出的时间介于两者之间。这样，样品经过凝胶层析后，各个组分便按分子从大到小的顺序依次流出，从而达到了分离的目的。

3. **亲和层析**（affinity chromatography） 是利用生物分子间所具有的专一亲和力而设计的层析技术。如抗原与抗体、酶与酶抑制物（或底物）、酶蛋白与辅酶、激素与受体、DNA与RNA等之间有特殊亲和力。当把可结合的一对分子的一方（称配体）结合在一种特殊的惰性载体上使其固相化（固定相），另一方随流动相流经该载体，双方即结合为一整体。然后设法将它们解离，从而分离纯化得到与配体有特异结合能力的某一特定的物质。亲和层析的固定相常用的有琼脂糖珠（sepharose 2B、4B、6B）、琼脂糖、聚丙烯酰胺、多孔玻璃球等。

（五）超速离心法利用蛋白质颗粒沉降速度不同分离蛋白质

用离心方法分离生物大分子的基本原理是根据蛋白质在特定液体介质中沉降速度不同而形成不同的区带，或者密度不同而停留在液体介质中不同的位置而分开。蛋白质分子比重略大于水，有下沉/沉降的趋势，但布朗运动又促使蛋白质扩散。欲使蛋白质分子下沉，在特定溶剂中，必须利用超速离心机，所用离心机的速度一般超过80 000转/分，即超过500 000×g的重力作用（g是重力加速度），故又称超速离心（ultracentrifugation）法。超速离心法既可用来分离纯化蛋白质也可用作测定蛋白质的分子量。蛋白质在高达500 000×g的重力作用下，在溶液中逐渐沉降，直至其浮力与离心所产生的力相等，此时沉降停止。不同蛋白质其密度与形态各不相同，因此可将它们分开。

蛋白质在离心场中的行为用沉降系数（sedimentation coefficient，S）表示，单位为秒（s）。通常情况下，分子量大、颗粒紧密者，沉降系数也大。沉降系数是指在离心速度恒定时，沉降速度与离心加速度之比，用公式表示如下：

$$S = \frac{dx/dt}{\omega^2 X}$$

式中，dx/dt代表颗粒在离心场中的沉降速率（cm/s），ω是转头的角速度（弧度/秒），X是沉降界面与中心轴的距离（cm），S为沉降系数（s）。

一般来说分子量大的沉降系数也大，分子量小的沉降系数也小，但分子量与沉降系数不成正比，因为沉降系数还受到蛋白质分子形状等因素的影响。

实验得知蛋白质的沉降系数在1×10^{-13}s至200×10^{-13}s之间，故以1×10^{-13}s为1个单位（以S表示）。如牛血清清蛋白的沉降系数为4.4×10^{-13}s，可简写为4.4S。在生物化学中有些高分子物质即以沉降系数来命名，例如，70S核蛋白体、5S tRNA、16S蛋白质等。

第五节 蛋白质的分类

蛋白质种类繁多，结构及功能复杂，因此有多种分类方法。根据组成，蛋白质可分为单纯蛋白质和结合蛋白质两类。蛋白质仅由氨基酸组成，不含其他化学成分则称为单纯蛋白质（simple protein）。例如，核糖核酸酶、清蛋白、球蛋白、肌动蛋白等。单纯蛋白质又可根据理化性质及来源分为清蛋白（又名白蛋白，albumin）、球蛋白（globulin）、谷蛋白（glutelin）、谷醇溶蛋白（prolamin）、精蛋白（protamine）、组蛋白（histone）、硬蛋白（scleroprotein）等。有的蛋白质除含有氨基酸外，还有其他化学成分作为其结构的一部分，这样的蛋白质称为结合蛋白质（conjugated protein）。结合蛋白质中的非蛋白质部分称为辅基，绝大部分辅基通过共价键与蛋白质部分相连。常见的辅基有色素化合物、寡糖、脂类、磷酸、金属离子甚至分子量较大的核酸。结合蛋白又可按其辅基的不同分为核蛋白（nucleoprotein）、脂蛋白（lipoprotein）、糖蛋白（glycoprotein）、磷蛋白（phosphoprotein）、金属蛋白（metalloprotein）、色蛋白（chromoprotein）等。例如，血红蛋白是含有色素为血红素的结合蛋白质，血红素铁卟啉环中的铁离子是血红蛋白的重要功能位点。细胞色素 c 也是含有色素的结合蛋白质，其铁卟啉环上的乙烯基侧链与蛋白质部分的半胱氨酸残基以硫醚键相连，铁卟啉环中的铁离子是细胞色素 c 的功能位点。免疫球蛋白是一类糖蛋白，作为辅基的数支寡糖链通过共价键与蛋白质结合，以保护机体免遭损害。

　　蛋白质还可根据其结构和溶解度分为纤维状蛋白质、球状蛋白质和膜蛋白质三大类（图 1-31）。一般来说，纤维状蛋白质形似纤维，其分子长短轴之比大于 10。纤维状蛋白质多数为结构蛋白，且较难溶于水，主要功能是作为细胞坚实的支架或连接各细胞、组织和器官。如皮肤、肌腱、软骨及骨组织中的胶原蛋白，动脉血管壁、韧带及结缔组织中的弹性蛋白等。软骨及骨组织中的胶原蛋白形成骨的支架，羟磷灰石沉着于此骨架上使骨成为坚硬的实体。肌腱中的胶原蛋白是由多股多肽链绞合，能耐受较强的拉力。再如毛发、指甲中的角蛋白，蚕丝中的丝蛋白等也均为纤维状蛋白质。球状蛋白质的形状近似于球形或椭圆形，其分子长短轴之比小于 10。球状蛋白质多数为功能蛋白，且多数可溶于水或稀中性盐溶液中。许多具有生理活性的蛋白质如酶、转运蛋白、蛋白质类激素、免疫球蛋白及补体等都属于球状蛋白质，而生物界中的蛋白质大多属球状蛋白质。膜蛋白质是指存在于细胞和细胞核脂质双层膜（线粒体膜也有）上的大型蛋白质。膜蛋白质从拓扑结构上可分为以下几种，即酶、7 次跨膜的 G 蛋白偶联受体、离子通道受体、激素受体等，膜蛋白是膜功能的主要体现者。根据膜蛋白质与脂分子的结合方式，可分为整合蛋白（integral protein）、周边蛋白质（peripheral protein）和脂锚定蛋白（lipid-anchored protein）。整合蛋白多为跨膜蛋白（transmembrane protein），为两性分子，疏水部分位于脂质双层内部，亲水部分位于脂质双层外部。由于存在疏水结构域，整合蛋白与膜的结合非常紧密。外周蛋白靠离子键或其他较弱的键与膜表面的蛋白质分子或脂分子的亲水部分结合。有时整合蛋白和外周蛋白很难区分，主要是因为一个蛋白质可以由多个亚基构成，有的亚基为跨膜蛋白，有的则结合在膜的外部。脂锚定蛋白可以分为两类，

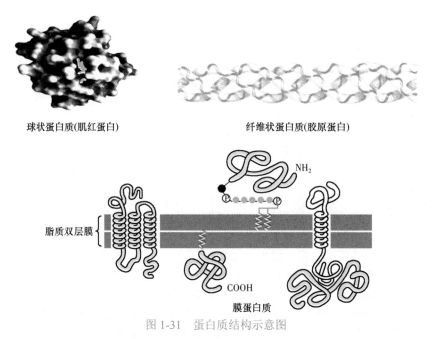

球状蛋白质(肌红蛋白)　　　　　　　　　纤维状蛋白质(胶原蛋白)

图 1-31　蛋白质结构示意图

一类是糖基磷脂酰肌醇（glycosylphosphatidyl inositol，GPI）连接的蛋白质，位于细胞膜的外表面。许多细胞表面的受体、酶、细胞黏附分子的蛋白质都属于这类。另一类脂锚定蛋白与插入质膜内表面的长碳氢链结合，如三聚体 GTP 结合蛋白的 α- 亚基和 γ- 亚基。

此外，还可以按蛋白质的功能将其分为活性蛋白质（active protein）和非活性蛋白质（passive protein）两类。活性蛋白质大多为球状蛋白质，其特性在于都有识别功能，包括在生命活动中一切有活性的蛋白质以及他们的前体，如酶、激素蛋白质、运输和贮存蛋白质、运动蛋白质、受体蛋白质、膜蛋白质等。非活性蛋白质主要包括一大类起保护和支持作用的纤维状蛋白质，如胶原蛋白、角蛋白等。

（殷冬梅）

思 考 题

1. 为什么说蛋白质是生命的物质基础，举例说明蛋白质的重要生物学功能。

2. 组成蛋白质的常见氨基酸只有 20 种，为什么蛋白质的种类极其多样？

3. 试举例说明蛋白质一级结构是空间结构和功能的基础。

4. 以血红蛋白为例说明蛋白质空间结构和功能的关系，并解释协同效应和变构效应。

5. 何谓蛋白质的变性作用？举例说明实际工作中应用和避免蛋白质变性的例子。

6. 分离纯化蛋白质的常用方法有哪些？其基本原理是什么？

7. 多肽 ala-arg-his-gly-glu 由肽酶降解成氨基酸，将氨基酸混合物在缓冲液 pH 7.0 的溶液中电泳，电泳结果如图所示，请根据极性分析电泳图从负极到正极的氨基酸排列顺序。

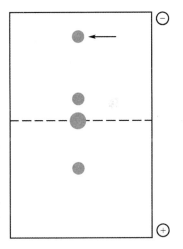

案例分析题

1. 一位 16 岁的非裔黑人少女，因两腿及臀部周期性疼痛 2 周，感觉疲乏，排尿困难且频繁而就诊。问诊得知：患者服用对乙酰氨基酚和布洛芬未能缓解症状，否认近期有外伤及剧烈运动，以往曾有过几次类似的疼痛发作，家族中无其他人有类似情况。体格检查：体温 37.1℃，结膜苍白，贫血面容，轻度黄疸，肝脾略肿大。实验室检查：血红蛋白 80g/L，红细胞比容 0.32L/L，红细胞总数 $3×10^{12}$/L，白细胞总数 $9×10^9$/L，粒细胞分类 80%。尿常规：尿胆原（++），白细胞镜检（++）。血清铁 21μmol/L；镰状细胞指数试验（次亚硫酸氢钠试验）阳性；血红蛋白电泳产生一条带，与 HbS 在同一位置，红细胞形态为镰形。诊断：镰状细胞贫血。

问题：

（1）如何诊断镰状细胞贫血？

（2）镰状细胞贫血发病的生化机制是什么？

（3）联系镰状细胞贫血发病机制，拟定治疗方案。

2. 患者，女，56 岁，因四肢无力步态不稳、进行性行为障碍 2 个月，记忆力明显衰退半月就诊。问诊发现患者精神涣散，言语不清，家属反映病情进展迅速，无法自行回家，时有痴呆、间歇性肌阵挛发生。体格检查：反应迟钝，理解力差，不能分辨左右，计算能力下降；小脑共济失调，腱反射亢进，肌力 3 级，双侧二头肌反射消失，双侧肌反射（+），双侧霍夫曼征（＋），肢体针刺觉存在，双侧克尼格征（＋），颈项轻度抵抗，闭目难立征阳性。

实验室检查：脑脊液（CSF）蛋白 0.6g/L，送检脑脊液 14-3-3 蛋白阳性。脑电图显示三相波和周期性同步发放（PSD）；头颅磁共振（MRI）提示"脑萎缩"。入院后经氯硝西泮、巴氯酚治疗，肌阵挛有所减轻，但痴呆症状无明显好转，且语言障碍加剧，1 个月后患者出现昏迷，半年后死亡。经家属同意对死者进行尸检，行脑组织切片后，发现空泡、淀粉样斑块，胶质细胞增生，神经细胞丢失；免疫组织化学染色检查 PrP^{SC} 阳性，确诊为克 - 雅病。

问题：

（1）克 - 雅病发病的生化机制是什么？

（2）联系克 - 雅病发病的生化机制，拟定治疗方案。

第二章 核酸的结构与功能

内容提要

核酸是由核苷酸通过 3′,5′- 磷酸二酯键相连的多聚物，可分为脱氧核糖核酸（DNA）和核糖核酸（RNA）两类。核苷酸由碱基、戊糖和磷酸连接而成。DNA 中的碱基为 A、G、C、T，戊糖为脱氧核糖；RNA 中的碱基为 A、G、C、U，戊糖为核糖。核糖或脱氧核糖与碱基通过糖苷键形成核苷，核苷与磷酸通过磷酸酯键形成核苷酸。

核酸的结构包括一级结构和高级结构。核酸的一级结构是指 DNA 和 RNA 分子中核苷酸的排列顺序。DNA 的二级结构是右手螺旋双链结构，两条链反向平行且具有严格的碱基互补配对关系（A-T，G-C）。互补碱基的氢键及碱基平面间的疏水性碱基堆积力维系着 DNA 双螺旋结构的稳定。DNA 在双螺旋结构的基础上，可进一步折叠为超螺旋结构。DNA 的基本功能是作为生物遗传信息的复制和基因转录的模板，是遗传信息的物质载体。RNA 以单链为主。直接参与蛋白质合成的 RNA 分子包括：在蛋白质合成中指导氨基酸排序的 mRNA、转运氨基酸的 tRNA、与蛋白质共同组成核糖体的 rRNA。另外还有其他非编码 RNA：核内小 RNA、核仁小 RNA、胞质小 RNA、核酶、长链非编码 RNA、环状 RNA、小干扰 RNA 等。

DNA 具有变性与复性的性质。变性是指 DNA 分子中的两条链分开形成单链的过程，而复性则是指分开的单链分子按照碱基互补配对原则重新形成双链的过程，该性质是核酸分子杂交的基础。链内配对的 RNA 也有变性和复性的性质。DNA 解链过程中 260nm 光吸收值增加，称为 DNA 的增色效应。DNA 在热变性过程中 260nm 光吸收值达到最大增值的 50% 时的温度称为 DNA 的解链温度，又称熔融温度（T_m），此时，DNA 分子内 50% 的双链结构被解开。DNA 分子 T_m 值的大小和分子中所含碱基 G+C 的含量呈正相关。酚/氯仿抽提、密度梯度离心、层析、电泳均可用于核酸的分离纯化。

核酸（nucleic acid）是以核苷酸为基本组成单位的生物大分子，广泛存在于所有生物细胞中。核酸可以分为脱氧核糖核酸（deoxyribonucleic acid，DNA）和核糖核酸（ribonucleic acid，RNA）两大类。DNA 主要存在于原核生物的拟核区或真核生物的细胞核和线粒体内，是遗传信息的携带者，与生物的繁殖、遗传与变异有密切的关系。DNA 分子通过自我复制，将遗传信息传给子代，蕴藏在 DNA 分子内的遗传信息通过转录作用传递给 RNA，RNA 存在于细胞质、细胞核和线粒体内，参与蛋白质的合成或基因的表达调控。但是，对于病毒来说，要么含有 DNA，要么含有 RNA，不可能既含有 DNA 又含有 RNA，因此，病毒分为 DNA 病毒和 RNA 病毒。

核酸的发现

1868 年，瑞士的内科医生 F.Miescher 从包扎伤口绷带上的脓细胞分离出细胞核，用碱抽提再加入酸，得到一种富含氮和磷元素的沉淀物质，将其称为核质（nucleoplasm）；后来他又从鲑鱼精子细胞核中分离出类似的物质。因为这类物质都是从细胞核中提取出来的、具有酸性，因此称为核酸。1880 ~ 1929 年，A. Kossel 和他的学生确定了核酸是由不同的碱基、核糖和磷酸等组成。1944 年，O. Avery 等发现，从一种有荚膜、具致病性的肺炎球菌中

提取的脱氧核糖核酸（DNA），可使另一种无荚膜、不具致病性的肺炎球菌的遗传性状发生改变，使其转变为有荚膜、具致病性的肺炎球菌，且转化率与DNA纯度呈正相关。若将DNA预先用DNA酶降解，转化就不会发生。该项实验确立了核酸是遗传物质的重要地位。1953年J. Watson和F. Crick提出的DNA双螺旋结构模型，阐明了DNA分子的结构特征，为遗传学进入分子水平奠定了基础，成为现代分子生物学发展史上最为辉煌的里程碑。

第一节 核酸的化学组成及一级结构

组成核酸的元素有C、H、O、N、P等，与蛋白质比较，其组成上有两个特点：一是核酸一般不含S元素；二是核酸中P元素的含量较多并且恒定，占9%～10%。因此，可以测定P含量来检测核酸的含量。

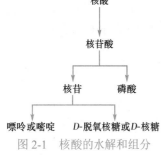

图2-1 核酸的水解和组分

一、核酸的基本组成单位是核苷酸

核酸经核酸酶作用水解成核苷酸（nucleotide），核苷酸是核酸的基本组成单位。DNA由4种脱氧核糖核苷酸（deoxynucleotide）组成，RNA由4种核糖核苷酸（ribonucleotide）组成。核苷酸水解生成核苷（nucleoside）和磷酸，核苷还可再水解，生成戊糖和碱基（图2-1）。

（一）碱基

1. 常见的碱基 核苷酸中的碱基均为含氮杂环化合物，它们分别属于嘌呤衍生物或嘧啶衍生物。核苷酸中的嘌呤碱（purine）主要是鸟嘌呤（guanine，G）和腺嘌呤（adenine，A），嘧啶碱（pyrimidine）主要是胞嘧啶（cytosine，C）、尿嘧啶（uracil，U）和胸腺嘧啶（thymine，T）。DNA和RNA都含有G、A和C，T一般只存在于DNA中，U只存在于RNA中。它们的化学结构如图2-2所示。

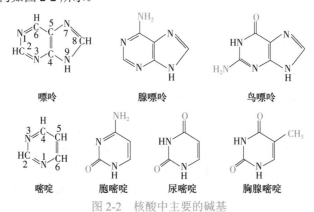

图2-2 核酸中主要的碱基

上述5种碱基中的酮基或氨基，均位于杂环上氮原子的邻位碳上，因此都能形成酮式-烯醇式的互变异构，或氨基-亚氨基的互变异构（图2-3）。这两种异构体的平衡关系可受介质酸碱环境的影响。

嘌呤和嘧啶环中含有共轭双键，对260nm左右波长的紫外光有较强的吸收。碱基的这一特性常被用来对碱基、核苷、核苷酸和核酸进行定性和定量分析。

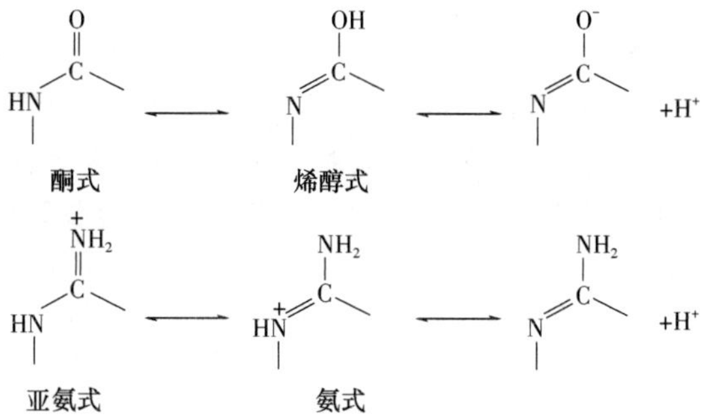

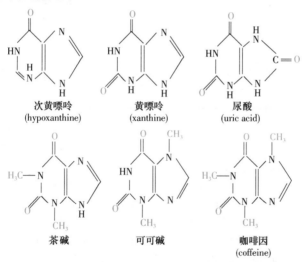

图 2-3 碱基的互变异构

2. 稀有碱基 除了上述的基本碱基外，RNA 中还有少量的稀有碱基（unusual base）。其中 tRNA 中含有较多的稀有碱基，含量可高达 10%。稀有碱基的种类很多，是常见碱基的衍生物，大多是甲基化碱基。例如，有些 DNA 分子中含有 7- 甲基鸟嘌呤、N^6- 甲基腺嘌呤、5- 甲基胞嘧啶等；有些 RNA 分子中含有 N^6，N^6- 二甲基腺嘌呤、5,6- 二氢尿嘧啶等。核酸中的碱基甲基化修饰过程发生在核酸大分子生物合成以后，这对核酸的生物学功能具有极其重要的意义。

3. 其他碱基衍生物 自然界存在的嘌呤碱基衍生物还有次黄嘌呤、黄嘌呤、尿酸、茶碱、可可碱和咖啡因等（图 2-4）。次黄嘌呤、黄嘌呤和尿酸是嘌呤核苷酸的代谢产物。茶叶、可可和咖啡中分别含有茶碱（1,3- 二甲基黄嘌呤）、可可碱（3,7- 二甲基黄嘌呤）和咖啡因（1,3,7- 三甲基黄嘌呤），它们都是黄嘌呤的甲基化衍生物，都有增强心脏活动的功能。而嘧啶衍生物如 5- 氟尿嘧啶则是抗癌药。

次黄嘌呤
(hypoxanthine)　　黄嘌呤
(xanthine)　　尿酸
(uric acid)

茶碱　　可可碱　　咖啡因
(coffeine)

图 2-4 嘌呤类衍生物

（二）戊糖

核酸中的戊糖有核糖（ribose）和脱氧核糖（deoxyribose）两种，分别存在于 RNA 和 DNA 中。为了与碱基标号相区别，通常将戊糖的 C 原子编号都加上"′"，如 C-1′ 表示糖的第一位碳原子。*D*-核糖和脱氧核糖均是呋喃型环状结构。糖环中的 C-1′ 是不对称碳原子，与碱基之间形成 β- 糖苷键（图 2-5）。

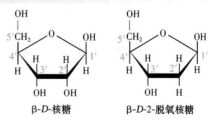

β-*D*-核糖　　β-*D*-2-脱氧核糖

图 2-5 核糖和脱氧核糖

（三）核苷

嘌呤碱或嘧啶碱和戊糖之间通过糖苷键相连形成核苷，通常是戊糖的 C-1′ 与嘧啶碱的 N-1 或嘌呤碱的 N-9 相连接（图2-6）。常见的核苷有腺嘌呤核苷（简称腺苷）、鸟嘌呤核苷（鸟苷）、胞嘧啶核苷（胞苷）和尿嘧啶核苷（尿苷）。脱氧核苷有腺嘌呤脱氧核苷（脱氧腺苷）、鸟嘌呤脱氧核苷（脱氧鸟苷）、胞嘧啶脱氧核苷（脱氧胞苷）和胸腺嘧啶脱氧核苷（脱氧胸苷）。X射线衍射分析技术已证明，核苷中的碱基平面与糖环平面互相垂直。

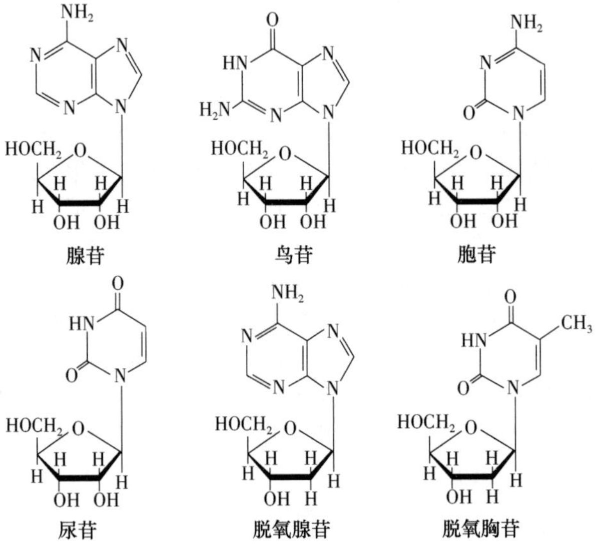

腺苷	鸟苷	胞苷
尿苷	脱氧腺苷	脱氧胸苷

图 2-6　核苷的结构式

（四）核苷酸

核苷中戊糖的羟基与磷酸通过磷酸酯键相连形成核苷酸。核糖核苷的糖基在 2′、3′、5′ 位上有羟基，故能分别形成 2′- 核苷酸、3′- 核苷酸或 5′- 核苷酸；脱氧核糖核苷的糖基上只有 3′ 和 5′ 两个羟基，所以只能形成 3′ 和 5′ 两个脱氧核糖核苷酸。生物体内游离存在的多是 5′- 核苷酸。常见的核苷一磷酸（nucleoside monophosphate，NM）有腺苷酸（adenosine monophosphate，AMP，又称为腺苷一磷酸或一磷酸腺苷，其他的核苷酸也是如此）、鸟苷酸（guanosine monophosphate，GMP）、胞苷酸（cytidine monophosphate，CMP）和尿苷酸（uridine monophosphate，UMP）。同样，脱氧核苷酸有脱氧腺苷酸（deoxyadenosine monophosphate，dAMP）、脱氧鸟苷酸（deoxyguanosine monophosphate，dGMP）、脱氧胞苷酸（deoxycytidine monophosphate，dCMP）和脱氧胸苷酸（deoxythymidine monophosphate，dTMP）。各种核苷酸的结构式见图 2-7。

核酸中主要的碱基、核苷、核苷酸的名称及其代号列于表 2-1。

NMP（dNMP）的磷酸基还可以再和磷酸相连形成 NDP（dNDP）或 NTP（dNTP）。以腺苷酸为例，AMP 与磷酸基团连接后可以形成腺苷二磷酸（adenosine diphosphate，ADP）和腺苷三磷酸（adenosine triphosphate，ATP）两种形式（图2-8）。多种 NTP 或 dNTP 都是高能磷酸化合物，它们是合成核酸的原料。NTP 在多种物质的合成中起活化或供能的作用（详见代谢各章），ATP 在细胞的能量代谢中起重要作用（见第六章生物氧化）。

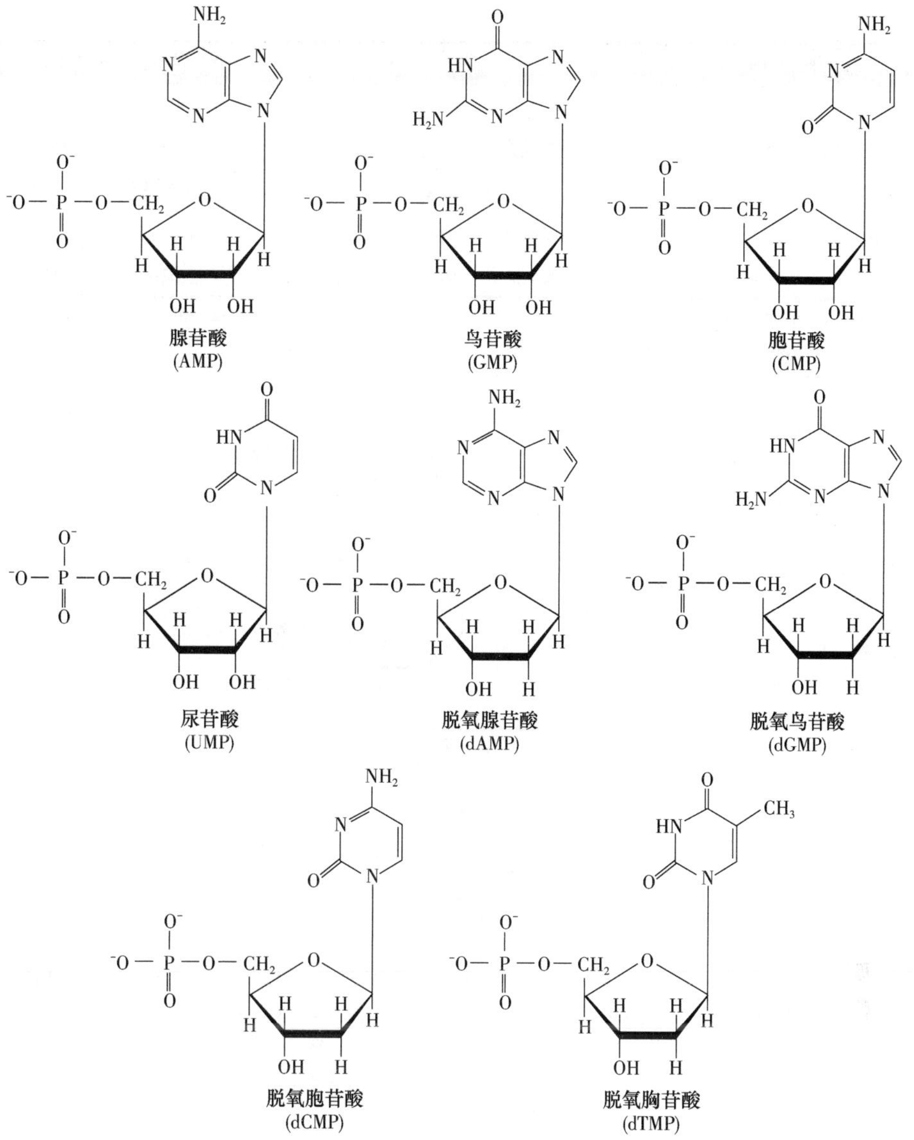

图 2-7　各种核苷酸的结构式

表 2-1　核酸中主要的碱基、核苷、核苷酸的名称及其代号

含氮碱基（base）	核苷（nucleoside）	核苷酸（nucleotide）
RNA	核糖核苷	5′- 核苷酸（NMP）
腺嘌呤（A* adenine）	腺苷（adenosine）	腺苷酸（AMP）
鸟嘌呤（G* guanine）	鸟苷（guanosine）	鸟苷酸（GMP）
胞嘧啶（C* cytosine）	胞苷（cytidine）	胞苷酸（CMP）
尿嘧啶（U* uracil）	尿苷（uridine）	尿苷酸（UMP）

续表

含氮碱基（base）	核苷（nucleoside）	核苷酸（nucleotide）
DNA	脱氧核糖核苷	5'- 脱氧核苷酸（dNMP）
腺嘌呤（A* adenine）	脱氧腺苷（deoxyadenosine）	脱氧腺苷酸（dAMP）
鸟嘌呤（G* guanine）	脱氧鸟苷（deoxyguanosine）	脱氧鸟苷酸（dGMP）
胞嘧啶（C* cytosine）	脱氧胞苷（deoxycytidine）	脱氧胞苷酸（dCMP）
胸腺嘧啶（T* thymine）	脱氧胸苷（deoxythymidine）	脱氧胸苷酸（dTMP）

*A、G、U、C、T 除了用来代表相应的碱基之外，还常常被用来表示相应的核苷和核苷酸（见本表右栏）；在脱氧核苷和核苷酸代号之前加上小写的 d 以表示脱氧型

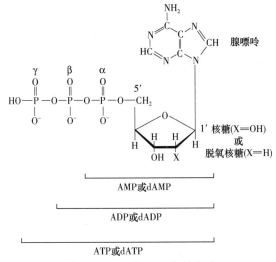

图 2-8　ADP 和 ATP 的结构式

核苷酸还有环化的形式，它们主要是 3',5'- 环腺苷酸（cyclic adenosine monophosphate，cAMP）和 3',5'- 环鸟苷酸（cyclic guanosine monophosphate，cGMP），其化学结构如图 2-9 所示。环化核苷酸可作为第二信使在细胞信号转导中起重要作用（见第二十章细胞信号转导）。

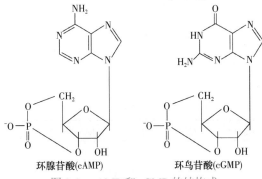

图 2-9　cAMP 和 cGMP 的结构式

核苷酸亦是某些辅酶的组成成分。例如，辅酶 A 含 3'- 磷酸 -5'- 二磷酸腺苷，辅酶 I（nicotinamide adenine dinucleotide，NAD+）含有 AMP，辅酶 II（oxidized nicotinamide adenine dinucleotide phosphate，NADP+）含 2',5'- 二磷酸腺苷等（见第三章酶和第十二章维生素代谢）。

二、核苷酸通过 3',5'- 磷酸二酯键连接成多聚核苷酸链

核苷酸分子中核糖或脱氧核糖的羟基可与另一分子核苷酸的磷酸基团形成磷酸酯键。在脱氧核糖核苷酸分子中只有 3' 游离羟基，因此相连的两个核苷酸只能形成 3',5'- 磷酸二酯键。虽然核糖核苷酸分子中含有 2',3' 两个游离羟基，但是相连的两个核苷酸都是通过 3',5'- 磷酸二酯键连接。许多核苷酸通过 3',5'- 磷酸二酯键连接成多（聚）核苷酸链，即核酸。核酸是不分

支的线型大分子，其中磷酸基和戊糖基构成核酸链的骨架，可变部分是碱基排列的顺序。一般由几个或几十个核苷酸连成的聚核苷酸分子称为寡（聚）核苷酸。多聚核苷酸链有方向性，其两个末端分别称为 5′ 端和 3′ 端（图 2-10）。

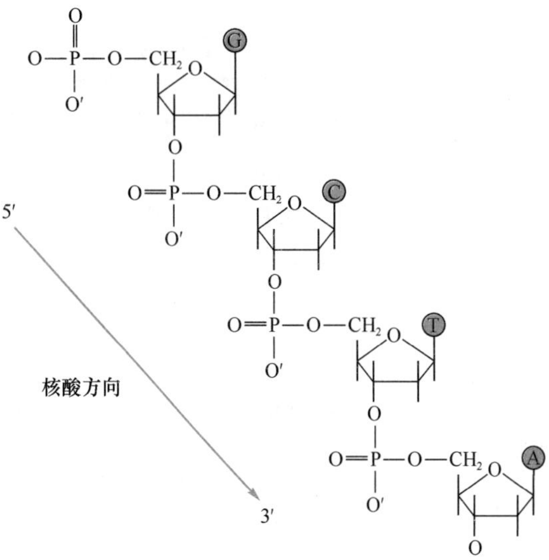

三、核酸的一级结构是核苷酸的排列顺序

核酸（DNA 和 RNA）的一级结构是指其核苷酸的排列顺序。由于核苷酸之间的差异仅仅是碱基的不同，故又可称为碱基的排列顺序。

表示一个核酸分子结构的方法由繁至简有许多种，图 2-11 中 b 是 a 的线条式的简化式。由于核酸分子结构除了两端和碱基排列顺序不同外，其他的均相同，因此，在核酸分子结构的简式表示方法中，各碱基用其英文字母缩写代表，碱基之下的垂直线表示糖的碳链，由上到下的 C-1′ 至 C-5′ 位置无须标出，斜线代表磷酸二酯键，最左方的磷酸只与第一个核苷酸的糖 C-5′ 相连，未形成磷酸二酯键，称为 5′ 磷酸端或 5′ 端；最右方的核苷酸，核糖上的 C-3′-羟基是游离的，称为 3′ 羟基端或 3′ 端。由于多核苷酸链的主链骨架都相同，都是由糖基和磷酸组成，所不同的只是侧链上的碱基排列顺序，所以 b 的简化式还可以简化成字母缩写式 c，c 中略去糖基，甚至磷酸二酯键也可省略，如未特别注明 5′ 端和 3′ 端，一般约定碱基序列的书写是由左向右书写，左侧是 5′ 端，右侧为 3′ 端。

图 2-10　DNA 多聚核苷酸的一个小片段

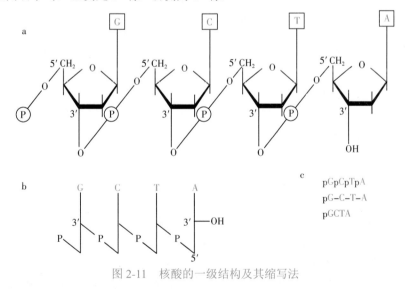

图 2-11　核酸的一级结构及其缩写法

第二节　DNA 的空间结构和功能

DNA 的空间结构是指构成 DNA 的所有原子在三维空间具有的相对位置关系。DNA 的空间结构又分为二级结构（secondary structure）和高级结构（senior structure）。

一、DNA 的二级结构是双螺旋结构

（一）DNA 双螺旋结构模型的实验证据

　　1950 年前后，Chargaff 应用紫外分光光度法结合纸层析等技术，对多种生物 DNA 的碱基作了定量分析，发现 DNA 碱基组成有如下规律：①几乎所有的 DNA，无论种属来源如何，其腺嘌呤摩尔数与胸腺嘧啶摩尔数相等（A＝T），鸟嘌呤摩尔数与胞嘧啶摩尔数相等（G＝C），即嘌呤的摩尔数与嘧啶的摩尔数相等（A＋G＝C＋T）；②DNA 的碱基组成有种属特异性，表现在 (A+T)/(G+C) 比值的不同；③同一生物个体的 DNA 碱基组成没有组织器官特异性；④一种生物 DNA 碱基组成不随生物体的年龄、营养状态或者环境变化而改变。1951 年，英国帝国学院的 Franklin 与 Wilkins 利用 X 射线衍射分析技术获得高质量的 DNA 分子衍射图谱。1953 年，Waston 和 Crick 在上述研究的基础上，提出了 DNA 双螺旋（DNA double helix）结构。DNA 双螺旋结构，揭示了遗传信息的储存及传递规律。此后，一个又一个生命的奥秘从分子角度得到了更清晰的阐明。DNA 双螺旋结构的发现被认为是现代生物学和医学发展史上的一个里程碑。

（二）DNA 的 B 型双螺旋结构模型的要点

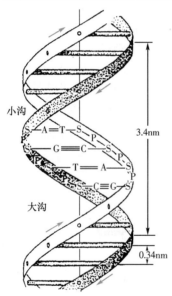

图 2-12　DNA 双螺旋结构示意图

　　1. DNA 是反向平行的右手双螺旋结构　在 DNA 分子中，两股 DNA 链围绕同一中心轴旋转形成右手双螺旋结构。DNA 双螺旋中的两股链走向是反平行的，一股链是 5′→3′ 走向，另一股链是 3′→5′ 走向。两股链之间在空间上形成一条大沟（major groove）和一条小沟（minor groove），这是蛋白质识别 DNA 的碱基序列，并与其发生相互作用的基础。Waston 和 Crick 提出的双螺旋的螺距为 3.4nm，直径为 2.0nm，每个螺旋含有 10 个碱基对（图 2-12）。后来发现双螺旋的螺距为 3.6nm，平均每个螺旋含有 10.5 个碱基对。

　　2. DNA 双链之间形成互补碱基对　DNA 链的主链（backbone）由交替出现的、亲水的脱氧核糖基和磷酸基构成，位于双螺旋的外侧，碱基位于双螺旋的内侧。两股链中的嘌呤和嘧啶碱基以其疏水的、近于平面的环形结构彼此密切相近，平面与双螺旋的长轴相垂直。一股链中的嘌呤碱基与另一股链中的嘧啶碱基之间以氢键相连，称为碱基互补配对或碱基配对（base pairing）。碱基互补配对总是出现于腺嘌呤与胸腺嘧啶之间（A＝T），形成两个氢键；或者出现于鸟嘌呤与胞嘧啶之间（G≡C），形成三个氢键（图 2-13）。碱基对平面之间的垂直距离为 0.34nm。

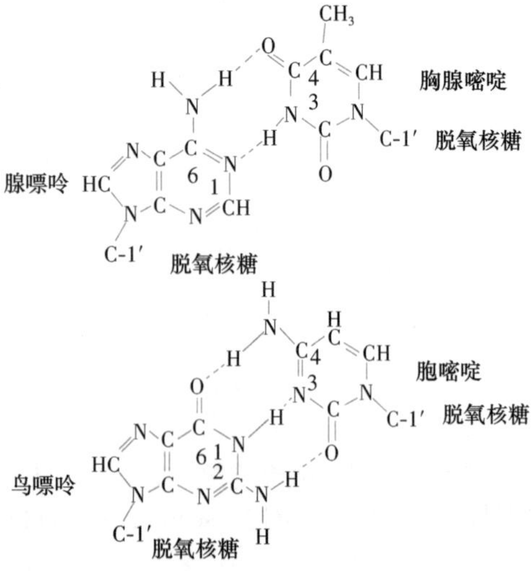

　　3. 氢键和碱基堆积力（base stacking force）维系 DNA 双螺旋的稳定　在双螺旋结构中碱基构成疏水的核心，配对碱基之间的氢键维系双螺旋的横向稳定；碱基平面之间形成的疏水作用力，即碱基堆积力，维系双螺旋的纵向稳定。

图 2-13　碱基配对

（三）DNA 双螺旋结构有 A、B、Z 型

Waston 和 Crick 提出的 DNA 双螺旋结构属于 B 型双螺旋，它是以在生理盐溶液中提取的 DNA 纤维在 92% 相对湿度下进行的 X 射线衍射图谱为依据推测出来的，这是 DNA 分子在水性环境和生理条件下最稳定的结构。然而，后来的研究表明 DNA 的结构是动态的。在以钾铯作反离子，相对湿度为 75% 时，DNA 分子的 X 射线衍射图给出的是 A 型结构。A-DNA 每个螺旋含 11 个碱基对，螺距为 2.5nm。而且变成 A-DNA 后，大沟变窄、变深，小沟变宽、变浅。由于大沟、小沟是 DNA 行使功能时蛋白质的识别位点，所以由 B-DNA 变为 A-DNA 后，蛋白质对 DNA 分子的识别也发生了相应变化。另外，还有一种被称为 Z-DNA 的左手螺旋，脱氧核糖磷酸骨架呈锯齿状排列，外面只有一条沟。每个 Z-DNA 螺旋含 12 个碱基对，螺距为 4.5nm。在高离子强度环境下，一条长的 DNA 片段中如有嘌呤嘧啶交替排列，即可呈 Z 型结构。某些证据表明 Z-DNA 可能影响基因的表达（图 2-14）。

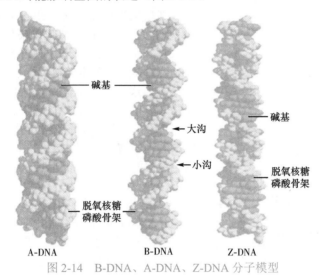

碱基

大沟

小沟

碱基

脱氧核糖磷酸骨架

脱氧核糖磷酸骨架

A-DNA　　　　　B-DNA　　　　　Z-DNA

图 2-14　B-DNA、A-DNA、Z-DNA 分子模型

二、DNA 双链经过折叠形成致密的高级结构

DNA 双螺旋分子在空间可进一步折叠或环绕成为更为复杂的结构，即 DNA 的高级结构。

（一）原核生物 DNA 的环状超螺旋结构

双螺旋 DNA 进一步扭曲盘绕形成超螺旋。自从 1965 年 Vinograd 等发现多瘤病毒环形 DNA 的超螺旋结构以来，现已知道绝大多数原核生物都是共价闭合环状（covalently closed circle）双链分子，这种双螺旋环状分子可以再度螺旋化成为超螺旋结构（superhelix 或 supercoil）。有些单链环状染色体（如噬菌体 ΦX174）或双链线形染色体（如噬菌体 λ），在其生活周期的某一阶段，也必须将其染色体变为超螺旋形式。

DNA 超螺旋结构可分为负超螺旋（negative supercoil）和正超螺旋（positive supercoil），如图 2-15 所示。负超螺旋是指顺时针右手螺旋的 DNA 双螺旋以相反方向围绕它的轴扭转而成。通过这种方式，调

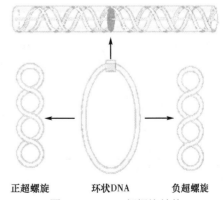

正超螺旋　　　环状DNA　　　负超螺旋

图 2-15　DNA 超螺旋结构

整了 DNA 双螺旋本身的结构，减弱了扭曲压力，使每个碱基对的旋转减少。天然的 DNA 均为负超螺旋。正超螺旋是指与 DNA 双螺旋内部缠绕相同方向扭转，使 DNA 的结构更加紧密。

（二）真核生物的线粒体及叶绿体 DNA 是环状双链超螺旋结构

叶绿体及线粒体是真核细胞中除细胞核外含有 DNA 的细胞器。线粒体 DNA（mito-chondrial DNA，mtDNA）是一个封闭双链环状分子，与细菌 DNA 相似。一个线粒体中可有 2～10 个 DNA 分子。各种生物的线粒体 DNA 大小不一样，大多数动物细胞线粒体 DNA 约为 16 000bp，分子量比核 DNA 分子小 100～1000 倍。

叶绿体 DNA 也呈双链环状，其大小差异较大（有 200 000～2500 000bp），每个叶绿体中平均约含 12 个叶绿体 DNA 分子。

（三）真核生物 DNA 与组蛋白组装成染色体

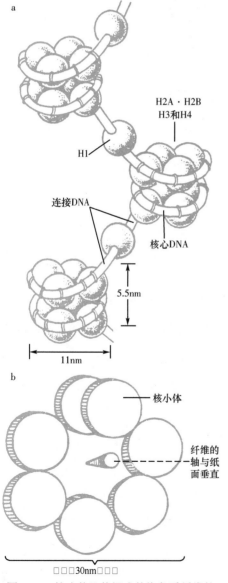

图 2-16　核小体及其组成的染色质纤维的横切面示意图

真核生物的染色体（chromosome）在细胞生活周期的大部分时间里都是以染色质（chromatin）的形式存在的。染色质是一种纤维状结构，也称染色质丝，它是由最基本的单位核小体（nucleosome）成串排列而成的。核小体由组蛋白和 DNA 共同组成。组蛋白（histone）是一种碱性蛋白质，等电点一般在 pH 10.0 以上，其特点是富含两种碱性氨基酸（赖氨酸和精氨酸），根据这两种氨基酸在蛋白质分子中的相对比例，将组蛋白分为五种类型，即 H1、H2A、H2B、H3 和 H4。核小体是构成染色质的基本结构单位，由核心颗粒（core particle）和连接区 DNA（linker DNA）两部分组成，在电镜下可见其呈念珠状，前者包括组蛋白 H2A、H2B、H3 和 H4 各两分子构成的致密八聚体（又称核心组蛋白），以及缠绕其上的 1.75 圈，长度为 146bp 的 DNA 链；后者包括两相邻核心颗粒间约 60bp 的连接 DNA 和位于连接区 DNA 上的组蛋白 H1（图 2-16a），连接区使染色质纤维获得弹性。核小体是 DNA 紧缩的第一阶段，在此基础上，串珠状的多核小体进一步折叠成每圈 6 个核小体，直径 30nm 的纤维状结构（图 2-16b），这种 30nm 纤维再扭曲成襻，许多襻环绕染色体支架（chromosome scaffold）形成棒状的染色体，最终压缩将近 1 万倍。这样，才使每个染色体中几厘米长的 DNA 分子容纳在直径数微米的细胞核中（图 2-17）。

三、DNA 的功能是携带遗传信息

DNA 是遗传信息的物质载体，基因（gene）是遗传学中的一个基本功能单位，是 DNA 分子中的一个区段。DNA 的基本功能是作为生物遗传信息复制的模板和基因转录的模板，它是生命遗传繁殖的物质基础，也是个体生命活动的基础。

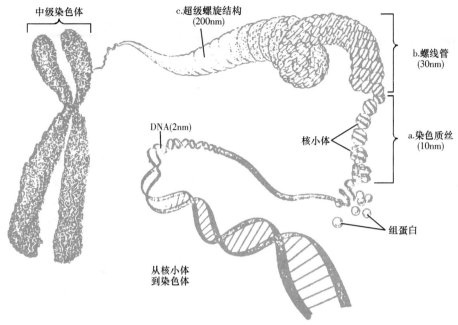

图 2-17　从核小体到染色体结构示意图

　　DNA 中的脱氧核糖和磷酸构成的分子骨架是没有差别的，不同区段的 DNA 分子只是 4 种脱氧核苷酸中碱基的排列顺序不同，因此不同基因间的差异是碱基排列顺序的差异。

　　一个细胞或生物所有遗传物质的总和称为基因组（genome），包括染色体和染色体外的所有基因和基因间隔区。最简单的生物如猴空泡病毒 40（SV40）的基因组仅含有 5244bp；大肠杆菌基因组全长 5.13×10^6bp，含有 4000 多个基因；人的基因组则大约由 3.16×10^9bp 组成，使可编码的信息量大大增加。一般来讲，基因组越大，其生物进化的程度也越高。

第三节　RNA 的结构与功能

　　RNA 通常以单链形式存在，但也可以有局部的二级结构或三级结构。其碱基组成特点是含有尿嘧啶而不含胸腺嘧啶，碱基配对发生于 C 和 G、U 和 A 之间。RNA 碱基组成之间无一定的比例关系，且稀有碱基较多。RNA 分子比 DNA 分子小得多，小的有数十个核苷酸，大的由数千个核苷酸组成。RNA 具有多种功能，所以它的种类、大小和结构都比 DNA 多样化。

　　RNA 在细胞核中合成，主要分布在胞质中。就目前而知，RNA 和蛋白质共同负责基因表达和表达调控的功能。RNA 分为编码 RNA（coding RNA）和非编码 RNA（non-coding RNA）（表 2-2）。编码 RNA 是指其核苷酸序列可以翻译成蛋白质氨基酸序列的 RNA，主要为信使RNA（messenger RNA，mRNA）。非编码 RNA 不编码蛋白质，分为两类：一类是组成性非编码 RNA（constitutive non-coding RNA），它们的丰度基本恒定，是确保实现基本生物学功能的RNA，包括转运 RNA（transfer RNA，tRNA）和核糖体 RNA（ribosomal RNA，rRNA）等；另一类是调控性非编码 RNA（regulatory non-coding RNA），它们的丰度随外界环境和细胞性状而发生改变，在基因表达调控中发挥重要作用，包括微 RNA（microRNA，miRNA）和长链非编码 RNA（long non-coding RNA，lncRNA）等。

表 2-2　RNA 的种类

类型	名称	功能
编码 RNA	信使 RNA（messenger RNA，mRNA）	蛋白质合成的模板

续表

类型	名称	功能
组成性非编码 RNA	转运 RNA（transfer RNA，tRNA）	蛋白质合成的接合器分子，转运氨基酸
	核糖体 RNA（ribosomal RNA，rRNA）	参与核糖体的组成，为蛋白质合成提供场所
	催化性小 RNA（small catalytic RNA 或 ribozyme）	催化特定 RNA 降解
	核小 RNA（small nuclear RNA，snRNA）	参与真核细胞 mRNA 前体的加工
	核仁小 RNA（small nucleolar RNA，snoRNA）	参与 rRNA 的修饰加工
	胞质小 RNA（small cytoplasmic RNA，scRNA）	与蛋白质结合成复合体后发挥生物学功能
调控性的非编码 RNA	长链非编码 RNA（long non-coding RNA，lncRNA）	具有调控多样性，可以从染色质重塑、转录调控及转录后加工等多个层面进行基因表达调控
	环状 RNA（circular RNA，circRNA）	通过结合 miRNA，解除 miRNA 对靶基因的抑制作用
	微 RNA（micro RNA，miRNA）	通过与靶 mRNA 互补，使靶 mRNA 沉默或者降解
	小干扰 RNA（small interfering RNA，siRNA）	与 AGO 蛋白结合诱导 mRNA 降解
	piRNA（Piwi-interacting RNA）	piRNA 在生殖细胞的生长发育中通过与 Piwi 蛋白家族形成 Piwi 复合体引起基因沉默

一、mRNA 从 DNA 转录遗传信息指导蛋白质合成

mRNA 作为指导蛋白质合成的模板，它相当于传递遗传信息的信使。mRNA 的含量较少，仅占细胞总 RNA 的 2%～5%，但作为不同蛋白质合成模板的 mRNA，种类却最多，其一级结构差异很大，核苷酸数的变动范围在 500～6000nt。

原核生物和真核生物的 mRNA 不同：①原核生物的 mRNA 是多顺反子，即一条 mRNA 可以编码几种蛋白质；而真核生物的 mRNA 是单顺反子，即一条 mRNA 只编码一种蛋白质。②在真核生物中，最初转录生成的 RNA 称为核不均一 RNA（heterogeneous nuclear RNA，hnRNA），hnRNA 是 mRNA 未成熟的前体。hnRNA 与 mRNA 两者之间的差别主要有两点：一是 hnRNA 核苷酸链中的一些片段将不出现于相应的 mRNA 中，这些片段称为内含子（intron），而那些保留于 mRNA 中的片段为外显子（exon）。即在 hnRNA 转变为 mRNA 的过程中经过剪接，去掉了内含子，并将外显子连接在一起。二是 mRNA 的 5′ 端被加上一个 m^7Gppp 帽子（图 2-18），在 mRNA 3′ 端多了一个多聚腺苷酸尾，简称多 A 尾 [poly(A)tail]。mRNA 从 5′ 端到 3′ 端的结构依次是 5′ 帽子结构、5′ 非翻译区、决定多肽氨基酸序列的编码区、3′ 非翻译区和 3′ 端的多 A 尾（图 2-19）。多 A 尾一般由数十个至一百几十个腺苷酸连接而成。随着 mRNA 存在时间的延续，多 A 尾慢慢变短。因此，目前认为这种 5′ 帽子及 3′ 端多 A 尾结构可能与 mRNA 从细胞核向细胞质定向转移、翻译的活性以及与 mRNA 的半衰期有关。原核生物的 mRNA 没有前体的拼接及 5′ 帽子结构，但有些原核生物 mRNA 的 3′ 端也有多 A 尾结构，虽然长度较短，但同样具有重要的生物学功能。

mRNA 的编码区是指从 5′ 端到核苷酸序列中第 1 个 AUG（即起始密码子）开始，每 3 个连续的核苷酸组成 1 个遗传密码子，每个密码子编码 1 个氨基酸，直到终止密码子（即 UAA，或 UAG，或 UGA）出现的这一区域。mRNA 的编码区也称为可读框（open reading frame，ORF）。

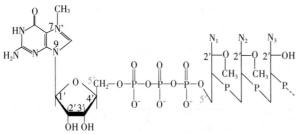

图 2-18　真核 mRNA 的 5′ 端的帽子结构

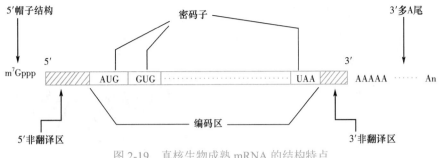

图 2-19　真核生物成熟 mRNA 的结构特点

二、tRNA 是蛋白质合成的接合器分子

tRNA 是蛋白质合成中的接合器分子。不同的 tRNA 分子可携带一种特定的氨基酸，将其转运到核糖体上，作为蛋白质合成的原料。tRNA 是细胞内分子量最小的一类核酸，由 74 ～ 95nt 组成，占细胞总 RNA 的 10% ～ 15%。各种 tRNA 无论在一级结构还是在二、三级结构上均有一些共同特点。

（一）tRNA 含有稀有碱基

tRNA 中含有 10% ～ 20% 的稀有碱基，如甲基化的嘌呤 ^mG、^mA，二氢尿嘧啶（DHU）、次黄嘌呤（hypoxanthine，I）等。此外，tRNA 内还含有一些稀有核苷，如胸腺嘧啶核糖核苷、假尿嘧啶核苷（ψ，pseudouridine）等。在假尿嘧啶核苷中，不是通常嘧啶环中的 1 位氮原子，而是嘧啶环中的 5 位碳原子与戊糖的 1′ 位碳原子之间形成糖苷键（图 2-20）。

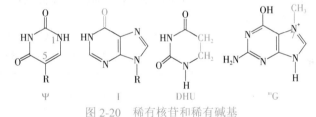

图 2-20　稀有核苷和稀有碱基

（二）tRNA 具有形似三叶草形的二级结构和倒 L 形的三级结构

tRNA 分子内的核苷酸可以通过碱基互补配对形成多处局部双螺旋结构，不配对的区域构成所谓的环和襻。现发现所有 tRNA 均可呈现图 2-21 所示的类似于三叶草形（cloverleaf-pattern）的二级结构。在此结构中，从 5′ 端起的第一个环是以含二氢尿嘧啶为特征的 DHU 环；第二个环为反密码子环，其环中部的三个碱基可以与 mRNA 中的三联体密码子形成碱基互补配对，构成反密码子（anticodon），在蛋白质合成中起解读密码子、把正确的氨基酸引入合成位点的作用；第三个环为 TψC 环，以含胸腺嘧啶核苷和假尿苷为特征；在反密码子环与 TψC 环之间，往往存在一个襻，称为额外环或附加叉，由数个乃至 20 余个核苷酸组成。所有 tRNA 的 3′ 端均有相同的 CCA-OH 结构，tRNA 所转运的氨基酸就连接在此末端上。

通过 X 射线衍射等结构分析发现，tRNA 的三级结构均呈倒 L 形（图 2-22），其中 3′ 端含 CCA-OH 的氨基酸臂位于一端，反密码子环位于另一端，DHU 环和 TψC 环虽在二级结构上各处一方，但在三级结构上却相互邻近。tRNA 三级结构的维系主要是依赖核苷酸之间形成的各种氢键。各种 tRNA 分子的核苷酸序列和长度虽有差异，但其三级结构均相似，提示这种空间结构与 tRNA 的功能有密切关系。

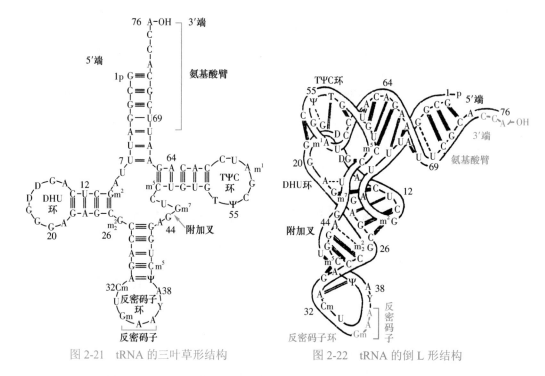

图 2-21　tRNA 的三叶草形结构　　　　图 2-22　tRNA 的倒 L 形结构

三、rRNA 参与蛋白质合成场所核糖体的组成

核糖体（ribosome）是蛋白质的合成部位，rRNA 是细胞内含量最多的 RNA，占总 RNA 的 75%～80%，是核糖体的组成成分。

原核生物和真核生物的核糖体均由易于解聚的大、小亚基组成。对大肠杆菌核糖体的研究发现，其组成中 2/3 是 rRNA，1/3 是蛋白质。rRNA 分为 5S、16S、23S 三种。S 是大分子物质的沉降系数，与分子的质量大小及形状密切相关。小亚基由 16S rRNA 和 21 种蛋白质（rps）构成，大亚基由 5S、23S rRNA 和 31 种蛋白质（rpl）构成。真核生物核糖体小亚基含 18S rRNA 和 33 种蛋白质（rps），大亚基含 28S、5.8S、5S 3 种 rRNA 及 49 种蛋白质（rpl）（表 2-3）。

表 2-3　核糖体的组成

	大肠杆菌		小鼠肝	
	小亚基（30S）		小亚基（40S）	
rRNA	16S	1542 个核苷酸	18S	1874 个核苷酸
蛋白质	21 种	占总质量的 40%	33 种	占总质量的 50%
	大亚基（50S）		大亚基（60S）	
rRNA	23S	2940 个核苷酸	28S	4718 个核苷酸
	5S	120 个核苷酸	5.8S	160 个核苷酸
			5S	120 个核苷酸
蛋白质	31 种	占总质量的 30%	49 种	占总质量的 35%

各种 rRNA 分子都是由一条多核苷酸链构成，它们所含核苷酸数量及其顺序都不相同。各种 rRNA 有特定的二级结构（图 2-23），也可以形成三级结构。

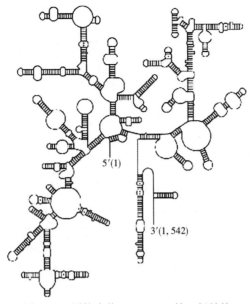

5'(1)

3'(1, 542)

图 2-23 原核生物 16S rRNA 的二级结构

四、细胞内其他的 RNA 参与体内重要的过程

（一）snRNA 参与 mRNA 前体的剪接过程

核小 RNA（small nuclear RNA，snRNA）存在于真核细胞的细胞核内，是核小核糖核蛋白颗粒（small nuclear ribonucleoprotein particle，snRNP）的组成成分，因富含 UMP 残基，故命名为 U-snRNA。已经研究比较清楚的有 U1、U2、U4、U5、U6 和 U7 等，均为小分子核糖核酸，长为 100～300nt，其功能是在 hnRNA 转变为成熟 mRNA 的过程中，参与 RNA 的剪接，并且在 mRNA 从细胞核运到细胞质的过程中起着十分重要的作用。

（二）snoRNA 参与 rRNA 的修饰

核仁小 RNA（small nucleolar RNA，snoRNA）存在于真核细胞的细胞核仁内，在 rRNA 前体的剪接加工和转录后修饰过程中起重要作用，主要与 2'-O- 核糖甲基化及假尿嘧啶化修饰有关。在动物中 snoRNA 的数目可达 200 个，已知酵母中 snoRNA 在 25 种以上，估计总数达 70 个。此外，人们发现还有相当数量的 snoRNA 功能不明，被称为孤儿 snoRNA（orphan snoRNA）。

（三）scRNA 参与分泌信号的识别

胞质小 RNA（small cytoplasmic RNA，scRNA）又称为 7S-RNA，长约 300nt，主要存在于细胞质中，是蛋白质定位合成于粗面内质网上所需的信号识别颗粒（signal recognition particle，SRP）的组成成分，在分泌蛋白质和膜蛋白跨膜转运中起重要作用。

（四）核酶是有催化活性的小分子 RNA

核酶（ribozyme）也称为催化小 RNA（small catalytic RNA），是细胞内具有催化功能的小分子 RNA 的统称，具有催化特定 RNA 降解的活性，主要参与 RNA 的加工与成熟。按其作用底物不同可分为：催化分子内反应（in cis）（如自我剪接和自我切割）的核酶和催化分子间反应（in trans）（如原核生物 RNaseP 中的 RNA）的核酶。催化分子内反应的核酶又可分为自我剪接（self-splicing）和自我切割（self-cleavage）核酶两种。核酶的发现对分子生物学乃至

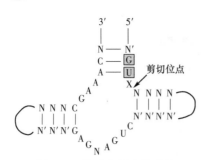

图 2-24　核酶的锤头状结构

整个生命科学领域都具有重要贡献。利用核酶的锤头结构就可以设计出自然界不存在的各种核酶。锤头结构由两部分组成，一部分是设计的核酶，另一部分是其底物（图 2-24）。利用具有锤头结构的核酶的 RNA 限制性内切酶活性，设计定点切割 tRNA、mRNA、病毒 RNA 等各种靶 RNA 分子。如果将核酶基因导入细胞或者体内可以阻断基因表达，作为抗病毒感染、抗肿瘤的有效药物，具有广泛的应用前景。

核酶的发现

核酶（ribozyme）是指具有催化活性的小分子 RNA 的统称。1981 年 Cech TR. 和他的同事在研究四膜虫的 26S rRNA 前体加工去除基因内含子时发现：内含子的切除反应发生在仅含有核苷酸和纯化的 26S rRNA 前体的溶液中。1982 年，Cech TR. 的研究组在 *Cell* 上发表了题为 "Self-splicing RNA: autoexcision and autocyclization of the ribosomal RNA intervening sequence of Tetrahymena" 的论文。1983 年，另一位科学家 Altman S. 和他的研究组在 *Cell* 上发表了论文 "The RNA moiety of ribonuclease P is the catalytic subunit of the enzyme"。这两篇文章的发表宣告了核酶的发现。核酶的发现突破了 "酶是蛋白质" 的传统概念，使得科学家对于生命起源这一问题有了新的认识，为生物化学做出了重要贡献。Cech TR. 和 Altman S. 也因为发现了核酶而共同获得了 1989 年诺贝尔化学奖。

（五）lncRNA 和 circRNA 参与基因表达调控

lncRNA 是一类长度大于 200 个核苷酸的 RNA 分子，和 mRNA 相类似，lncRNA 也由 RNA 聚合酶 Ⅱ 转录生成，经选择性切割以及 5′ 端加帽和（或）3′ 端加多 A 尾加工而成熟。相较于 mRNA，lncRNA 缺乏翻译所需的完整可读框。lncRNA 序列保守性差，但其分子内部含有一些相对高度保守的区段，这些相对保守的结构区域发挥其广泛的生物学功能。lncRNA 位于细胞核或细胞质中，可在多级水平即转录起始、转录后及表观遗传水平调控基因的表达，参与细胞分化、器官形成、胚胎发育、物质代谢等重要生命活动以及某些疾病（如肿瘤、神经系统疾病等）的发生和发展过程。

环状 RNA（circular RNA，circRNA）是环形的 RNA 分子，无游离的 5′ 端或 3′ 端，核酸分子间通过闭合的 3′-5′ 磷酸二酯键形成单链环形结构。大部分 circRNA 起源于蛋白质编码基因的外显子，通常由 1～5 个外显子或 1～2 个内含子组成，同时也可含有基因间区或非编码区成分。circRNA 因其环状结构失去了 RNA 酶（RNase）的特异水解位点，其生物学性质稳定。circRNA 可与 miRNA、包含转录因子在内的多种蛋白质相互作用，调节基因表达。

（六）siRNA 和 miRNA 可以使靶基因沉默

小干扰 RNA（small interference RNA，siRNA）是宿主生物对于外源侵入的基因所表达的双链 RNA 进行切割所产生的具有特定长度的小片段 RNA，可以与外源基因表达的 mRNA 互补结合，诱发 mRNA 的降解，使特异基因沉默，表达功能降低或丧失。由 siRNA 介导的基因表达抑制作用被称为 RNA 干扰（RNA interference，RNAi）。目前 RNAi 已被发展为人工使靶基因沉默的技术，是研究基因功能的有力手段。

miRNA 不编码蛋白质，是长为 20～25 个核苷酸的小 RNA，在真核生物中大量存在。miRNA 主要通过与细胞质中的靶 mRNA 的 3′ 端非翻译区（UTR）部分互补结合（少量与 5′-UTR 或编码区结合），从而调节 mRNA 的寿命或影响 mRNA 的翻译。

第四节 核酸的理化性质

一、核酸是具有酸性的生物大分子

核酸为多元酸，具有较强的酸性。DNA 是线状大分子，黏度很大；RNA 分子较小，因此黏度也小得多。DNA 分子在机械力的作用下易发生断裂。

二、核酸分子在紫外 260nm 处有强烈的吸收

DNA 和 RNA 分子中所含的碱基都有共轭双键的性质，故都具有紫外吸收特性，其最大吸收峰为 260nm（图 2-25）。该特征可以用来对核酸进行检测和定量，也可以分析核酸的纯度。

核酸定量分析：通常以 A_{260} =1.0 相当于 50μg/mL 双链 DNA，40μg/mL 单链 DNA 或 RNA，30μg/mL 寡核苷酸为标准，计算样品中核酸的含量。

核酸纯度分析：分别测定样品溶液的 A_{260} 和 A_{280}，取其比值 A_{260}/A_{280}。纯 DNA 溶液，$A_{260}/A_{280} \approx 1.8$；纯 RNA 溶液，$A_{260}/A_{280} \approx 2.0$。如待测 DNA 溶液 $A_{260}/A_{280} < 1.8$，说明 DNA 溶液中可能含有杂蛋白或苯酚。

核酸的紫外吸收值常比其水解产物各核苷酸成分的紫外吸收值之和少 30% ～ 40%。这是由于有规律的双螺旋结构中碱基借氢键与疏水键紧密地堆积在一起所造成的。

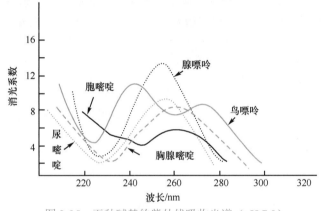

图 2-25 五种碱基的紫外线吸收光谱（pH 7.0）

三、核酸的变性是双链解离的过程

DNA 变性是指 DNA 分子由稳定的双螺旋结构松解为无规则单链结构的现象。变性时维持双螺旋稳定的氢键断裂，碱基间的堆积力遭到破坏，但不涉及其一级结构的改变。凡能破坏双螺旋稳定的因素，如加热、极端 pH、有机溶剂（如甲醇、乙醇）、尿素及甲酰胺等，均可引起核酸分子变性。由于 DNA 双螺旋是紧密的刚性结构，变性之后代之以柔软而松散的无规则单股线性结构，因此变性 DNA 常发生一些理化及生物学性质的改变，如 DNA 黏度明显下降。

增色效应（hyperchromic effect）是指变性后 DNA 溶液的紫外吸收作用增强的效应。在 DNA 双螺旋结构中碱基位于内侧，变性时 DNA 双螺旋解开，于是碱基外露，碱基中电子的相互作用更有利于紫外吸收，故而产生增色效应。例如，当浓度为 50μg/mL 时，双螺旋 DNA 的 A_{260}=1.00；完全变性的 DNA，即单链 DNA 的 A_{260}=1.37。对双链 DNA 进行加热变性，当温度升高到一定高度时，DNA 溶液在 260nm 处的吸光度突然明显上升至最高值，随后即使温度继续升高，吸光度也不再明显变化。若以温度对 DNA 溶液的紫外吸光率作图，得到典型的

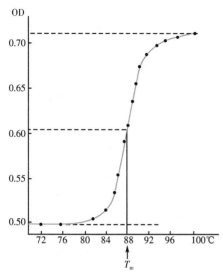

图 2-26　DNA 的溶解曲线和 T_m 值

DNA 变性曲线呈"S"形（图 2-26）。图 2-26 中可见 DNA 变性是在一个很窄的温度范围内发生的。通常将核酸加热变性过程中，50% DNA 变性时的温度称为核酸的解链温度，由于这一现象和结晶的熔解相类似，又称熔融温度（melting temperature，T_m）。在 T_m 时，核酸分子内 50% 的双螺旋结构被破坏。特定核酸分子的 T_m 值与其 G+C 所占总碱基数的百分比呈正相关，两者的关系可表示为：

$$T_m=69.3+0.41\times(G+C)\%$$

一定条件下（相对较短的核酸分子），T_m 值大小还与核酸分子的长度有关，核酸分子越长，T_m 值越大；另外，溶液的离子强度较低时，T_m 值较低，熔点范围也较宽，反之亦然。因此 DNA 制剂不应保存在离子强度过低的溶液中。

四、核酸的变复性是分子杂交技术的基础

复性是指变性 DNA 在适当条件下，两条互补链全部或部分恢复到天然双螺旋结构的现象，它是变性的一种逆转过程。热变性 DNA 一般经缓慢冷却后即可复性，此过程称之为退火（annealing）。这一术语也用于描述杂交核酸分子的形成（图 2-27）。复性要求环境有一定的盐浓度（0.15 ～ 0.50mol/L NaCl）溶液和适当的温度，一般比 T_m 值低 20 ～ 25℃。复性作用是一个缓慢的过程，因为互补链之间是通过碰撞而形成正确位置的，这是一种随机运动的结果，与浓度有关。

DNA 的变性和复性为分子生物学提供了一个有价值的工具，分子杂交技术即是在此基础上发展的。

将含有同源序列的核酸分子变性后，合并在一起就可进行复性。复性也会发生于不同来源的核酸链之间，形成所谓的异源双链（heteroduplex），这个过程称为杂交（hybridization）。杂交可以发生于 DNA 与 DNA 之间，也可以发生于 RNA 与 RNA 之间和 DNA 与 RNA 之间。核酸杂交技术是目前研究核酸结构及功能常用手段之一，不仅可用来检验核苷酸的缺失、插入，还可用来考察不同生物种类在核酸分子中的共同序列和不同序列，以确定它们在进化中的关系。

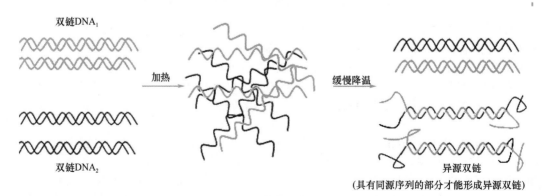

图 2-27　核酸分子杂交和复性示意图

Southern 印迹法和 Northern 印迹法

1975 年，英国爱丁堡大学的 Southern EM. 建立了用于检测 DNA 的核酸杂交技术，该技术是利用探针对基因组 DNA 进行定位的通用方法，大体可分为酶解、电泳、转移、杂交及显影几个步骤。主要原理是：具有同源性的两条核酸单链在一定的条件下可按照碱基互补配对的原则特异性地杂交形成双链。该技术可用于分析基因组的结构、基因的同源性、基因的拷贝数。因为 Southern EM. 对该技术的贡献，它被广泛地称为 Southern 印迹法。此后，1977 年斯坦福大学的 Alwine JC、Kemp DJ 和 Stark GR 利用 DNA 探针来检测特异 mRNA 分子，以分析该基因在转录水平上的表达情况。由于该方法与 Southern 印迹法相类似，因此被称为 Northern 印迹法。

第五节 常用的核酸分离纯化技术

核酸在细胞中总是与各种蛋白质结合在一起，无论是进行核酸结构还是功能研究，首先需要对核酸进行分离和纯化。核酸的分离主要是将核酸与蛋白质、多糖、脂肪等生物大分子物质分开。核酸分离纯化的原则是保持核酸分子一级结构的完整性，因为遗传信息全部储存在一级结构之中。核酸的一级结构还决定其高级结构的形式，以及和其他生物大分子结合的方式。核酸的高电荷磷酸骨架使其比蛋白质、多糖、脂肪等其他生物大分子物质更具亲水性，因此可以根据它们理化性质的差异，用沉淀、层析、密度梯度离心等方法将核酸分离、纯化。

一、酚 / 氯仿抽提法可分离核酸

核酸分离的一个经典方法是酚：氯仿抽提法。细胞裂解后离心分离含核酸的水相，加入等体积的酚：氯仿：异戊醇（25：24：1 体积）混合液。依据应用目的，两相经涡旋振荡混匀（适用于分离小分子量核酸）或简单颠倒混匀（适用于分离高分子量核酸）后离心分离，核酸被留于上层水相。水相中的核酸可在一定盐的存在下，被一些有机溶剂沉淀，如乙醇或异丙醇可沉淀核酸。

二、层析法可分离核酸

层析法是利用不同物质某些理化性质的差异而建立的分离分析方法，被广泛应用于核酸的纯化，包括离子交换层析、凝胶层析、亲和层析等方法。

离子交换层析以具有离子交换性能的物质为固定相，其与流动相中的离子能进行可逆交换，从而能分离离子型化合物。用离子交换层析纯化核酸是因核酸为高负电荷的线性多聚阴离子，在低离子强度缓冲液中，利用目的核酸与阴离子交换柱上功能基团间的静电反应，使带负电荷的核酸结合到带正电的基团上，杂质分子被洗脱。然后提高缓冲液的离子强度，将核酸从基团上洗脱，经乙醇或异丙醇沉淀即可获得纯化的核酸。

凝胶层析（或凝胶过滤）是利用分子大小的不同来分离混合物，常用的介质是琼脂糖或聚丙烯酰胺。浓度不同的琼脂糖和聚丙烯酰胺可形成分子筛网孔大小不同的凝胶，当核酸混合液通过凝胶层析柱时，大于凝胶孔径的核酸分子不能进入凝胶孔内，被凝胶排阻（即大分子先通过凝胶层析柱）。

亲和层析是利用待分离物质与它们的特异性配体间所具有的特异性亲和力来分离物质的一类层析方法。亲和层析应用于核酸分离纯化的一个例子是将短链 oligo(dT) 共价结合至介质上，当样本经过 oligo(dT) 柱时，mRNA 因其多 A 尾可与 oligo(dT) 形成稳定的 RNA-DNA 杂合链而被连接到介质上，从而与其他 RNA 分离，在适当的条件下（低盐、加热），多 A mRNA 可被水洗脱而得以纯化。

三、密度梯度离心法可分离核酸

密度梯度离心又称超速离心法，也常用于核酸的分离和分析。双链 DNA、单链 DNA、RNA 和蛋白质具有不同的密度，因而可经密度梯度离心形成不同密度的纯样品区带。该法适用于大量核酸样本的制备，其中氯化铯 - 溴化乙啶梯度平衡离心法被认为是纯化大量质粒 DNA 的首选方法。氯化铯是核酸密度梯度离心的标准介质，梯度液中的溴化乙啶与核酸结合，离心后形成的核酸区带经紫外灯照射，产生荧光而被检测，用注射针头穿刺回收后，通过透析或乙醇沉淀除去氯化铯而获得纯化的核酸。

四、凝胶电泳法可分离核酸

核酸是具有较强酸性的两性电解质，其解离状态随溶液的 pH 而改变，但通常显负电性，故可用电泳法分离核酸。核酸电泳是进行核酸研究的重要手段，是核酸探针、核酸扩增和序列分析等技术所不可或缺的组成部分。核酸电泳通常在琼脂糖凝胶或聚丙烯酰胺凝胶中进行。

（李红梅）

思 考 题

1. 比较 DNA 和 RNA 在组成、结构、分布和功能上的特点。
2. DNA 双螺旋结构有哪些基本要点？这与 DNA 的功能有何联系？
3. 直接参与蛋白质合成的 RNA 有哪些？比较其结构特点与功能。
4. 叙述核酸分子杂交的原理及其在基因诊断中的应用。
5. 如何对提取的 DNA 或 RNA 进行定量及检验其纯度？

案例分析题

患儿，男，3 岁 2 个月，因"体检发现转氨酶升高一周"入院。10 天前患儿体检发现"谷草转氨酶、谷丙转氨酶异常"，患儿父母自述其容易疲劳。体格检查：患儿可独立独行，独行时双足扁平外翻、稳定性差，易摔倒；不能独自上下楼梯，不能自行蹲起。脊柱负重能力及稳定性欠佳，未见明显畸形。四肢关节无畸形、脱位等。实验室检查示心功能三项升高：肌酸激酶（CK）> 16 000U/L，肌钙蛋白 I（cTnI）< 0.05ng/mL，肌红蛋白（Myo）> 500ng/mL。谷丙转氨酶（GPT）升高（477U/L），谷草转氨酶（GOT）升高（555U/L），乳酸脱氢酶升高（LDH）（2808U/L）。入院诊断：肝功能损害；心肌损害；进行性肌营养不良；后送检示家系增强子全外显子组突变，检查结果为 Xp21.1 外显子为 48 ～ 52 缺失，片段大小 201.59kb，诊断为杜氏肌营养不良症。

结合本章及第三篇遗传信息传递的相关内容，并查阅相关文献，试分析：杜氏肌营养不良症的发病机制。

第三章 酶

内容提要

酶是细胞合成的以蛋白质为主的一类大分子生物催化剂，具有精确的空间构象，分子表面存在裂隙状活性中心。大多数酶发挥催化功能需要辅酶、辅基等非蛋白成分。酶的催化作用与其空间构象密切相关，具有高效、专一和可调节性。酶的催化机制呈多样化。根据催化反应的性质，酶可分为氧化还原酶、转移酶、水解酶、裂合酶、异构酶和合成酶六大类。

酶促反应动力学是研究酶促反应的速率以及各种因素对酶促反应速率的影响及其机制的科学。米氏方程式可反映底物浓度对反应速率的影响，米氏常数 K_m 是酶的特征性常数，反映酶对底物的亲和力。此外，酶浓度、温度、pH、抑制剂和激活剂也是影响酶促反应速率的因素。抑制剂对酶的抑制作用有可逆和不可逆之分。可逆抑制又分为竞争性抑制、非竞争性抑制和反竞争性抑制。

酶的调节包括酶活性和酶含量的调节。酶活性的调节方式主要有酶原的激活、同工酶的形成、酶的共价修饰和别构调节。多种蛋白激酶顺序作用可产生酶的级联放大效应。酶含量的调节主要是对酶的合成和降解过程的调节。

许多疾病的发生和发展与酶的异常有关，测定血清酶可用于某些疾病的诊断。酶可作为药物的作用靶点，也可以作为药物来治疗疾病，还可作为工具用于生产和科学研究。

维持生命活动的化学反应是在一个较为温和的环境中进行的，几乎都离不开催化剂的催化作用。细胞内的催化剂以生物大分子为主，由细胞自身合成，称为生物催化剂。绝大多数生物催化剂的化学本质是蛋白质，少数为核酸。化学本质为蛋白质的生物催化剂，称为酶（enzyme）；化学本质为核酸的生物催化剂，称为核酶（ribozyme）。

人们对酶的认识起源于生产实践。我们的祖先早在几千多年前就开始制作发酵饮品及食品。夏禹时代，酿酒已经出现，周代已能制作饴糖和酱。春秋战国时期已知用曲治疗消化不良。西方国家到 17 世纪才有关于酶的记载。1857 年，法国微生物学家 Pasteur L 等人提出乙醇发酵是酵母细胞生命活动的结果。1878 年，德国科学家 Kühne R 首先提出"酶"这个名称。Liebig JV 等人提出发酵现象是溶解于细胞液中的酶引发的。1897 年，Büchner E 兄弟成功地用酵母提取液实现了无细胞发酵，证明了发酵与细胞的活动无关。1926 年，Sumner JB 第一次从刀豆中提出了脲酶（urease）蛋白质结晶，从此确立了酶的化学本质是蛋白质的观点。此后发现的近万种酶，其化学本质均为蛋白质，因此，人们一直认为生物催化剂的化学本质就是蛋白质。直到 20 世纪 80 年代初，Cech T 和 Altman S 等人在研究中发现，部分核酸也具有催化功能，提出了核酶的概念，进一步扩展了生物催化剂的范围。

酶学研究与诺贝尔奖

迄今为止，已有十多位科学家因在酶学研究方面做出的突出贡献而获得诺贝尔奖。

1907 年德国科学家爱德华·比希纳（Büchner E）因发现无细胞发酵现象获诺贝尔化学奖。

1929 年英国科学家亚瑟·哈登（Harden SA）与瑞典科学家汉斯·奥伊勒 - 克尔平（Euler-chelpin HV）因有关糖类的发酵及发酵机制的研究共同获得诺贝尔化学奖。

1931年德国科学家奥托·海因里希·瓦尔堡（Warburg OH）因发现呼吸酶的性质和作用方式获得诺贝尔生理学或医学奖。

1946年美国科学家詹姆斯·B.萨姆纳（Summer JB）、约翰·霍华德·诺思罗普（Northrop JH）和温德尔·梅雷迪思·斯坦利（Stanley WM）因发现酶的本质是蛋白质并制备了高纯度的酶和病毒蛋白质结晶共同获得诺贝尔化学奖。

1955年瑞典科学家阿克塞尔·胡戈·特奥多尔·西奥雷尔（Theorell AHT）因发现氧化酶的性质和作用方式获得诺贝尔生理学或医学奖。

1957年英国科学家亚历山大·R.托德（Todd AR）因在核苷酸和核苷酸辅酶方面的研究获得诺贝尔化学奖。

1959年美国科学家阿瑟·科恩伯格（Kornberg A）和塞韦罗·奥乔亚·德阿尔沃诺斯（Albornoz SOD）因发现RNA聚合酶和DNA聚合酶共同获得诺贝尔生理学或医学奖。

1972年美国科学家克里斯蒂安·B.安芬森（Anfinsen CB）、斯坦福·摩尔（Moore S）和威廉·霍华德·斯坦（Stein WH）因核糖核酸酶的氨基酸序列、催化活性及化学结构的研究共同获得诺贝尔化学奖。

1975年英国科学家约翰·康福思（Cornforth JW）和瑞士科学家弗拉基米尔·普雷洛（Prelog V）因研究有机分子和酶催化反应的立体化学共同获得诺贝尔化学奖。

1975年美国科学家戴维·巴尔的摩（Baltimore D）、霍华德·马丁·特明（Temin HM）和美籍意大利科学家罗纳托·杜尔贝科（Dulbecco R）因发现逆转录酶共同获得诺贝尔生理学或医学奖。

1978年瑞士科学家沃纳·亚伯（Arber W）和美国科学家丹尼尔·那森斯（Nathans D）及汉密尔顿·史密斯（Smith H）因发现限制性内切核酸酶及其在分子遗传学方面的应用共同获得诺贝尔生理学或医学奖。

1989年美国科学家悉尼·奥尔特曼（Altman S）和托马斯·切赫（Cech T）因发现RNA（核酶）的催化作用共同获得诺贝尔化学奖。

1993年美国科学家卡内·穆雷思（Mullis KB）因发明聚合酶链反应（PCR）方法而获得诺贝尔化学奖。

1997年美国科学家保罗·博耶（Boyer PD）、英国科学家约翰·沃克（Walker JE）及丹麦科学家延斯·克里斯蒂安·斯科（Skou JC）因发现ATP合成中的酶催化机制、首次发现钠钾ATP酶共同获得诺贝尔化学奖。

2009年美国科学家伊丽莎白·布莱克本（Blackburn EH）、卡罗尔·格雷德（Greider C）和杰克·绍斯塔克（Szostak JW）因发现端粒和端粒酶以及保护染色体的原理共同获得诺贝尔生理学或医学奖。

2018年美国的弗朗西斯·阿诺德（Arnoid FH）、乔治·史密斯（Smith GP）和英国的格雷戈里·温特尔（Winter GP）因酶定向进化及肽类和抗体噬菌体呈现技术共同获得诺贝尔化学奖。

被酶作用的物质称为底物（substrate）。底物被酶作用后，生成的具有不同结构的物质称为产物（product）。在单一生物细胞内，酶的种类有上千种之多，有些酶可协同作用，催化的反应呈有序组合，即一个酶的产物成为另一个酶的底物，多种反应串联构成代谢途径。酶的催化活性有高低之分，在某一代谢途径中，活性较低的酶控制着整个代谢途径的反应速率，该酶称为关键酶（key enzyme）。因其催化的反应速率最慢，因此也称为限速酶（rate-limiting enzyme）。生物可以根据环境变化和生理需求，通过信息分子的作用，调节关键酶的活性，从而实现代谢调控。

酶在人体不同组织器官内的分布是有差别的，有些酶只存在于特定组织中，因而赋予了组织器官某些特定的代谢功能。例如，生成尿素的酶主要存在于肝脏，使得肝脏具备了把氨代谢生成尿素的功能。酶在细胞内的定位分布，也决定了某些代谢只能在特定的场所进行，例如，糖的有氧氧化只能在细胞的线粒体内进行。

在已知的生物催化剂中，无论是种类还是分布，以蛋白质为核心的酶占绝对优势。本章将重点介绍酶的结构与功能、催化特性、催化反应的动力学特征及活性调节等内容。

第一节 酶的分子结构与功能

同其他蛋白质一样，酶由氨基酸组成，具有两性解离的性质。酶蛋白有一、二、三级结构，部分还有四级结构，也受某些物理因素（加热、紫外线照射等）及化学因素（酸、碱、有机溶剂等）的影响而变性或沉淀，从而丧失酶的活性。酶的水溶液具有亲水胶体的性质，不能通过透析膜，体外易被胰蛋白酶等水解而失活。

根据酶蛋白分子的特点可将酶分为三类。第一类为单体酶（monomeric enzyme），单体酶只有一条多肽链，属于这一类的酶很少，多为催化水解反应的酶，如溶菌酶、胰蛋白酶等；第二类为寡聚酶（oligomeric enzyme），寡聚酶由两个或两个以上亚基组成，这些亚基之间通常是非共价结合，彼此很容易分开，如磷酸化酶 a 和 3- 磷酸甘油醛脱氢酶等；第三类为多酶体系（multienzyme system），多酶体系是由几种酶彼此嵌合形成的复合体，有利于一系列反应的连续进行，如在脂肪酸合成中的脂肪酸合成酶复合体。有些酶虽然只含有一条多肽链，却具有多种不同的催化功能，称为多功能酶（multifunctional enzyme），这种酶多是因为在进化过程中，因结构相近、功能相关的几种基因融合，表达生成一条含有多种功能的多肽链。多功能酶和多酶复合体都有利于提高物质代谢速率和调节效率。

一、酶的分子组成

根据酶的分子组成，可将酶分为单纯酶（simple enzyme）和缀合酶（conjugated enzyme）两大类。单纯酶分子结构中仅含蛋白质成分，属于单纯蛋白质，如脲酶、蛋白酶、淀粉酶、脂肪酶及核糖核酸酶等；缀合酶属于结合蛋白质，分子结构中除蛋白质成分外，还含有非蛋白质成分，缀合酶的非蛋白质成分称为辅因子（cofactor）。酶蛋白与辅因子结合形成的复合体又称为全酶（holoenzyme），即全酶 = 酶蛋白 + 辅因子。

常见的酶辅因子按化学本质可分成无机离子和有机化合物两大类。无机离子主要包括金属离子和铁硫簇（iron-sulfur cluster），金属离子有 Ca^{2+}、Mg^{2+}、Cu^{2+}（Cu^{+}）、Zn^{2+} 等。有些金属离子直接与酶蛋白紧密结合，为酶活性所必需，这类酶称为金属酶，如黄嘌呤氧化酶（xanthine oxidase）、超氧化物歧化酶（superoxide dismutase，SOD）等；有些金属离子不直接与酶蛋白结合，而是先结合底物后再与酶形成复合体，可显著提高酶的活性，这类酶称为金属激活酶，如己糖激酶（hexokinase）、肌酸激酶（creatine kinase，CK）等。

根据与酶蛋白结合紧密程度不同，酶的有机辅因子可分为辅酶（coenzyme）和辅基（prosthetic group）两类。辅酶与酶蛋白疏松结合，可以通过透析或超滤的方法除去，常作为穿梭分子，在酶促反应过程中传递电子、质子或相应基团。例如，脱氢酶作用所需的烟酰胺腺嘌呤二核苷酸（NAD^{+}），在反应过程中起传递氢和电子的作用。辅酶在酶完成对底物的转化作用前后，因接受或失去某种基团发生结构变化，并离开酶蛋白，因此本质上辅酶属于酶的底物。辅基与酶蛋白紧密结合，甚至是共价结合，不易透析除去，为酶的活性所必需。辅基与酶蛋白一样在催化反应前后结构不发生改变，因此本质上辅基属于酶的结构成分。

人体内的辅酶、辅基常由 B 族维生素（vitamin）代谢转变生成。人体所需主要的辅酶、辅基与酶促反应转移基团的关系见表 3-1。另外，某些醌类衍生物、卟啉环衍生物等也是特殊氧化还原酶的辅酶或辅基。

表 3-1　主要辅酶或辅基及其在酶催化过程中转移的基团

被转移基团	辅酶或辅基	所含维生素
氢原子	NAD$^+$（烟酰胺腺嘌呤二核苷酸）	烟酰胺（维生素 PP）
	NADP$^+$（烟酰胺腺嘌呤二核苷酸磷酸）	烟酰胺（维生素 PP）
	FMN（黄素单核苷酸）	核黄素（维生素 B$_2$）
	FAD（黄素腺嘌呤二核苷酸）	核黄素（维生素 B$_2$）
醛基	TPP（焦磷酸硫胺素）	硫胺素（维生素 B$_1$）
酰基	辅酶 A（CoASH）	泛酸
	硫辛酸	硫辛酸
烷基	钴胺素辅酶类	钴胺素（维生素 B$_{12}$）
二氧化碳	生物素	生物素
氨基	磷酸吡哆醛	吡哆醛（维生素 B$_6$）
碳单位	四氢叶酸	叶酸

二、酶的活性中心

　　酶的活性中心，是显示酶催化功能的区域。根据一些酶的催化反应实例推测，无论底物是小分子化合物还是大分子化合物，酶与之接触的部位，均局限于几个或十几个氨基酸残基，这些为酶发挥催化活性所必需的氨基酸残基，称为酶的必需残基，也称为酶的必需基团（essential group）。就体积而言，活性中心仅占酶分子的 1% ～ 2%。就面积而言，一般不到酶分子表面积的 5%。酶的必需基团在一级结构上可能相距很远，但在空间结构上彼此靠近，组成具有特定动态构象的局部空间结构，形状如口袋或裂隙，与环境相通，能与底物特异性结合并将底物转化为相应的产物，此区域称为酶的活性中心（active center）或活性部位（active site）。缀合酶中的辅基常参与酶活性中心的形成。

　　酶活性中心的必需基团按其功能可分为结合基团（binding group）和催化基团（catalytic group）。直接参与酶对底物的结合，使酶和底物形成酶底物复合体（ES complex）的基团称为结合基团。通过影响底物中某些化学键的稳定性或直接与底物发生化学反应，从而促进底物转变成中间产物或产物的基团称为催化基团。活性中心的有些必需基团可同时具有这两方面的功能。另外，酶活性中心外有些基团也是酶发挥催化功能所必需的，其作用主要是维持酶分子特定的空间构象，这类基团属于酶活性中心外的必需基团。

　　酶活性中心具有精确的构象，这种构象是一种动态结构，存在一定的可塑性。酶活性中心构象的这种可塑性为酶发挥催化作用及其活性的调节所必需。

第二节　酶催化作用的特点与机制

　　酶作为生物催化剂，具有一般催化剂的共性。通常在化学反应前后质和量都不改变，也不改变化学反应的平衡点，可以显著降低反应的活化能。但酶作为生物催化剂，因其化学本质绝大多数是蛋白质，故又具备一般催化剂所没有的特性及特殊的催化机制。

一、酶催化作用的特点

（一）酶催化作用的效率高

　　酶催化作用的效率极高。酶的催化反应速率比非酶催化反应的速率高 $10^7 ～ 10^{13}$ 倍。酶催化反应的效率之所以这么高，是由于酶催化反应可以使反应所需的活化能显著降低。通常底物分子要发生反应，首先要吸收一定的能量成为活化分子。活化分子进行有效碰撞才能发生反应，形成产物。在一定的温度条件下，1 摩尔的初态分子转化为活化分子所需的自由能称为活化能（activation energy，$\Delta G^{\neq}$）。如图 3-1 所示，酶催化和非酶催化反应所需的活化能有显著差别，酶催化反应比非酶催化反应所需的活化能要低得多。

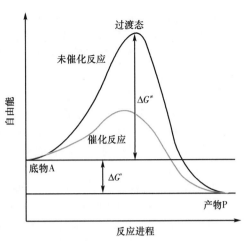

图 3-1　酶催化反应的自由能变化

例如，脲酶催化尿素的水解速率比 H^+ 催化的水解速率高 7×10^6 倍。α 胰凝乳蛋白酶催化苯甲酰胺的水解速率比 H^+ 催化的水解速率高 6×10^6 倍。

酶的催化活性比一般催化剂高很多，降低反应活化能只是其原因之一。事实上，各种酶可通过各种不同的机制，使底物结合在酶的活性中心，形成过渡态，从而实现高效的催化作用。

（二）酶催化作用的专一性强

酶催化作用的专一性是酶作为生物催化剂最重要的特性之一，也是酶与一般催化剂最主要的不同之处。酶对底物具有严格的选择性，一种酶只能催化一种或一类结构相似的底物进行某种类型的反应，这种性质称为酶的专一性或特异性（specificity）。

酶的专一性按其严格程度，可分成绝对专一性和相对专一性两类。也可根据酶对底物结构的选择性，分为立体专一性和旋光专一性两类。

1. 绝对专一性和相对专一性　有些酶只能催化一种底物进行一种反应，这种高度的专一性称为绝对专一性。如脲酶只能催化尿素水解生成 CO_2 和 NH_3。有些酶对底物的选择性不高，可作用于一类结构相似的底物进行某种相同类型的反应，这种专一性称为相对专一性。相对专一性又可分为键专一性和基团专一性。键专一性的酶能够作用于一类具有相同化学键的底物，如酯酶可催化所有含有酯键的物质水解生成醇和酸；基团专一性的酶则要求底物含有某一相同的基团，如胰蛋白酶选择性水解蛋白质中赖氨酸或精氨酸的羧基与其他氨基酸的氨基形成的肽键。

酶的专一性是由酶的空间结构决定的，尤其是酶活性中心的结构。即使是专一性低的酶，可以结合的底物也是有限的。如胰蛋白酶、胰凝乳蛋白酶和弹性蛋白酶，都是属于水解蛋白多肽链中间肽键的内肽酶，对作用的肽键却有不同的选择。如图 3-2 所示，在胰蛋白酶的活性中心区域，有一较深内陷的口袋，底部有一带负电荷的天冬氨酸残基，适宜与较长且带正电的精氨酸或赖氨酸残基结合，故能选择性水解多肽链中精氨酸或赖氨酸的羧基肽键；胰凝

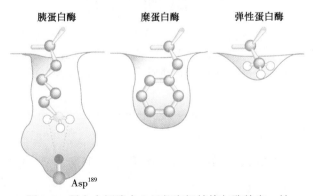

图 3-2　蛋白水解酶中心局部空间结构与酶的专一性

乳蛋白酶（糜蛋白酶）的活性中心内陷适中且宽，周围由疏水性氨基酸残基构成，宜与芳香族氨基酸的残基结合，故能选择性水解肽链中芳香族氨基酸（如苯丙氨酸、酪氨酸和色氨酸）残基的羧基肽键；弹性蛋白酶的活性中心内陷更浅，所以只能作用于侧链较短的氨基酸残基参与的羧基肽键。

2. 立体专一性和旋光专一性　绝大多数酶只能作用于立体异构体的其中一种，生成的产物也只具有相应的某种立体结构，这种专一性称为立体专一性（stereospecificity）。例如，丁烯二酸有顺反两种立体异构体，延胡索酸酶只能催化反丁烯二酸（即延胡索酸）水化成苹果酸，对顺丁烯二酸无作用；延胡索酸酶催化逆反应时使苹果酸脱水也只生成反丁烯二酸，而不生成顺丁烯二酸。

当酶作用的底物含有不对称碳原子时，通常酶只能作用于旋光异构体的其中一种，生成的产物也只具有相应的某种旋光活性，这种专一性称为旋光专一性（optical specificity）。例如，乳酸脱氢酶（lactate dehydrogenase，LDH）只能催化 L- 乳酸脱氢生成丙酮酸，而不能作用于 D- 乳酸；LDH 催化丙酮酸还原生成乳酸时，也只生成 L- 乳酸而不生成 D- 乳酸。

（三）酶催化作用的条件温和，对环境因素敏感

酶催化作用与非酶催化作用的另一个显著差别在于酶催化作用的条件温和。酶催化作用一般都在常温、常压、pH 近中性的条件下进行。而一般非酶催化作用往往需要高温、高压和极端的 pH 条件。

大多数酶的化学本质是蛋白质。所有改变蛋白质构象的物质和环境条件，如溶液的 pH、反应体系的温度、有机溶剂、氧化剂等，对酶的活性都有明显影响。酶的稳定性通常较低，即使在最适宜的条件下储存，原有活性也会逐渐降低。

（四）酶的催化活性可被调节控制

在生命活动过程中，机体可根据需求对某些代谢途径进行调节和控制。通常机体对代谢的调控是通过对酶活性的调节来实施的，尤其是对关键酶活性的调节。机体对酶活性的调节可通过改变酶蛋白的构象和改变酶蛋白的量来实现（详见本章第五节酶的调节）。对酶蛋白构象的调节主要有两种方式：一种是通过变构效应物与酶结合改变酶的结构以调节酶的活性，如许多代谢产物可反馈调节相关代谢途径的关键酶活性；另一种是通过化学共价修饰改变酶的结构以调节酶的活性，如在激素等生理信号驱动下，有些酶可发生磷酸化或去磷酸化的共价修饰而改变活性。对酶蛋白量的调节则主要是通过对酶生物合成的诱导与阻遏作用来实现，这种调节方式效果缓慢但持久。体内各种生理信号和代谢物，与不同代谢途径关键酶的复杂相互作用，构成了体内酶活性调节和代谢调节的复杂网络，而种类繁多、活性可变的酶是机体内代谢调节网络的物质基础，可使机体适应内外环境的不断变化。

二、酶的催化机制

酶的催化作用具有专一性强、催化效率高的特点，这是由于酶在催化过程中，与底物之间通过某种方式相互作用，形成酶 - 底物中间复合体（ES complex），然后再转变成产物，并重新释放出游离的酶，释放出的酶可进行另一次催化反应，此过程称为酶的催化循环（catalytic cycle），即：

$$E+S \rightleftharpoons ES \longrightarrow E+P$$

目前对酶的催化机制主要有以下认识。

（一）酶的高度专一性取决于酶可与底物诱导变形契合形成酶底物复合体

酶与底物形成复合体的过程涉及酶与底物的相互识别、相互结合等作用，这是酶具有专

一性的原因之一。早期 Fisher E 曾用"锁钥学说"（lock and key theory）来解释酶作用的专一性，认为酶与底物之间的关系像锁与钥匙的关系一样，属于"刚性模板假说"。但是越来越多的事实证明，酶与底物的结合过程不是锁与钥匙之间的那种简单机械关系。Koshland DE 提出了"诱导契合"学说（induced fit theory）：酶与底物相互接近时，通过相互诱导、相互变形和相互适应后，才能相互结合形成酶底物中间复合体，进行反应。如己糖激酶与葡萄糖的结合（图 3-3）。在没有与底物结合时，酶蛋白的邻近两个区域间有一凹陷，此凹陷为酶的活性中心，当葡萄糖结合到该区域后，诱使酶蛋白结构发生改变，活性中心周围的两个区域变得更加紧密。而酶的变构可以在不同方向对底物施加作用，从而使需要断裂的化学键拉伸或扭曲变形，处于能量较高的过渡态，易与酶活性中心的催化基团发生相互作用。这也是酶发挥作用依赖于活性中心构象可塑性的原因所在。

活性中心

葡萄糖

图 3-3　己糖激酶与葡萄糖结合的诱导契合

（二）与酶的高效率有关的因素

1. 邻近效应（proximity effect）与定向排列（orientation arrangement）　在多底物反应中，底物之间必须以正确的方向发生有效碰撞，才有可能形成相应的过渡态。酶将底物和辅因子按特定顺序定向结合到酶的活性中心，使它们相互接近并获得正确的定向，提高底物分子间发生有效碰撞的概率，这种作用称为邻近效应。底物分子在酶活性中心的定向排列，使原来分子间反应变得类似于分子内反应。分子内反应所需活化能明显低于分子间反应活化能，如咪唑催化的乙酸对硝基苯酯的水解反应，分子内反应速率为分子间反应速率的 24 倍（图 3-4）。因此，酶可通过邻近效应和定向排列显著提高反应速率。

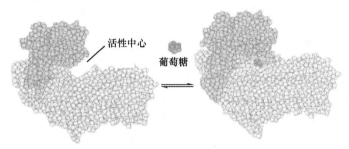

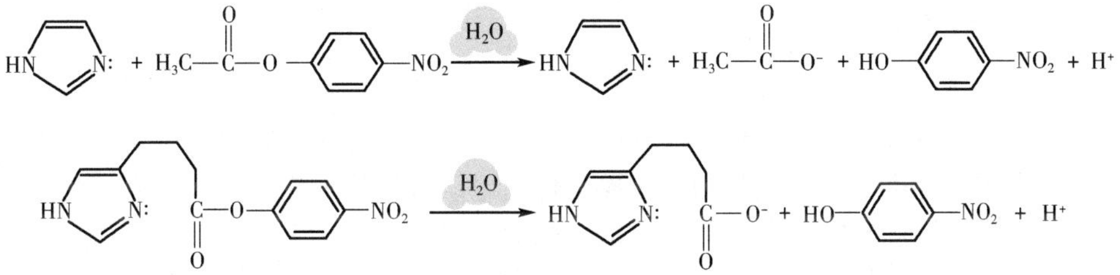

图 3-4　邻近效应

2. 表面效应（surface effect）　酶的活性中心多为内陷性的疏水"口袋"。酶促反应在此疏水环境中进行，使底物去溶剂化（desolvation），排除周围水分子对酶和底物中功能基团的干扰性吸引或排斥，防止水化膜的形成，有利于酶与底物的密切接触和结合，这种机制称为表面效应。

3. 共价催化　有些酶在催化反应过程中，首先与底物分子共价结合，形成反应活性很高的中间产物，该产物很易变成过渡态，因此反应的活化能大大降低，底物可以越过较低的"能阀"而形成产物。共价催化也常发生在双底物反应中，通常酶与某一底物形成共价结合的酶底物中间产物，再和第二种底物分子发生结合反应。共价催化主要有两种形式：亲核共价催化（covalent nucleophilic catalysis）和亲电共价催化（covalent electrophilic catalysis）。亲核共价催化是由酶活性中心的亲核基团，如咪唑基（图 3-5）、羟基、巯基等，首先攻击底物分子上的亲电基团，如磷酸基、酰基、糖基等，形成共价结合。亲电共价催化常发生在有辅酶参与的反应中，由辅酶作亲电中心，接受底物分子提供的电子，如一系列的脱氢酶催化的反应。

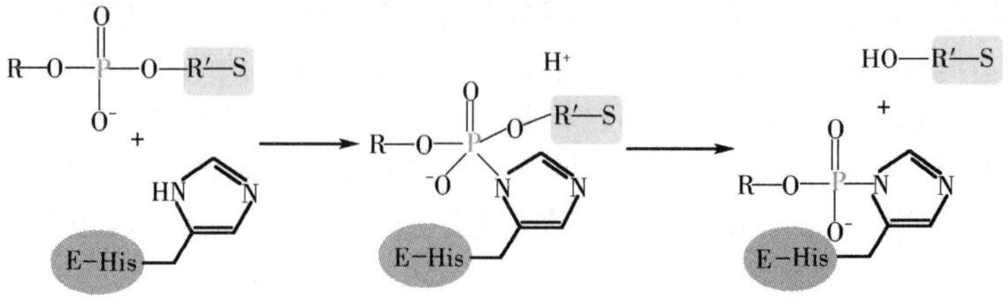

图 3-5　亲核共价催化酶 - 底物共价复合体的形成

4. 酸 - 碱催化　一般催化剂通常只有一种解离状态，只能进行酸催化或碱催化。酶是两性解离物质，所含的多种功能基团具有不同的解离常数。因此，同一种酶常常兼有酸、碱双重催化作用。几乎所有的酶促反应都涉及一定程度的酸或碱催化。酸碱催化可分为两类，特异酸碱催化（specific acid-base catalysis）和一般酸碱催化（general acid-base catalysis）。特异酸碱催化是指那些由氢离子和氢氧根离子进行的催化（图 3-6a），酶的催化速率常数受缓冲溶液 pH 的影响，但不受缓冲容量的影响。一般酸碱催化是指那些由酸碱分子而不是氢离子和氢氧根离子参与的催化（图 3-6b），在催化反应跃迁过程中，缓冲溶液可作为质子的受体或供体，因此酶的催化速率常数受缓冲容量的影响，如酯的水解反应。

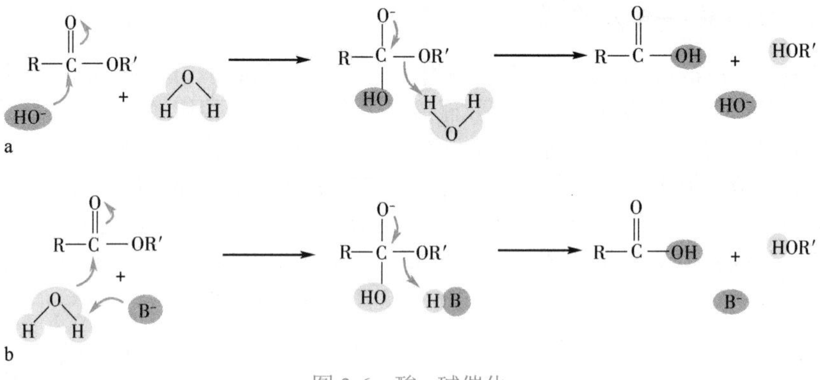

图 3-6　酸 - 碱催化

5. 金属离子催化　对于缀合酶中金属离子的作用机制，目前主要有以下几种认识：①金属离子可作为酶活性中心的催化基团直接参与传递电子等催化反应；②金属离子与酶蛋白结合后，可稳定酶的活性构象；③金属离子结合在酶蛋白上，通过中和酶与底物结合局部环境的负电荷，降低静电排斥力从而促进酶与底物的结合；④金属离子与底物结合后，再与酶活性中心结合，随后与底物解离而促发反应。有些特殊的酶蛋白需要结合两个或多个相同的金属离子，但是所结合的金属离子起的作用不一定相同。

6. 酶使底物分子中的敏感键发生"变形"（或张力）（strain 或 distortion）　酶和底物相互作用时，彼此结构会发生变化。酶分子中的某些基团或离子可以使底物分子内敏感键中的某些基团的电子云密度增高或降低，产生"电子张力"，使敏感键的一端更加敏感，更易于发生反应。有时甚至使底物分子发生变形，如图 3-7 所示，这样就使酶底物复合体易于形成。

尽管酶确切的催化机制至今尚有许多不明之处，但普遍认为在催化过程中酶可通过多种因素协调作用以提高催化效率。

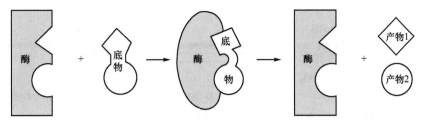

图 3-7 底物和酶结合时的构象变化示意图

第三节 酶的分类与命名

一、酶的分类

国际系统分类法中分类的原则是将所有的酶促反应按反应性质分为六大类，分别用1、2、3、4、5、6的编号来表示。再根据底物中被作用的基团或键的特点又可将每一大类分为若干个亚类，每一个亚类又可再分为若干个亚 - 亚类。六大类酶介绍如下：

1. 氧化还原酶类（oxidoreductases） 可催化底物进行氧化还原反应。如乳酸脱氢酶、琥珀酸脱氢酶、细胞色素氧化酶、过氧化氢酶、过氧化物酶等。

2. 转移酶类（transferases） 可催化功能基团的转移反应。如甲基转移酶、氨基转移酶、己糖激酶、磷酸化酶等。

3. 水解酶类（hydrolases） 可催化底物发生水解反应。如淀粉酶、蛋白酶、脂肪酶、磷酸酶等。

4. 裂解酶类（或裂合酶类，lyases） 可催化从底物上移去某个基团而形成双键的反应或其逆反应。如脱羧酶、碳酸酐酶、醛缩酶等。

5. 异构酶类（isomerases） 可催化各种同分异构体的相互转变。如丙糖磷酸异构酶、消旋酶等。

$$\text{CH}_2\text{OH} - \text{C}=\text{O} - \text{CH}_2\text{OPO}_3^{2-} \xrightleftharpoons{\text{磷酸丙糖异构酶}} \text{H}-\text{C}=\text{O} - \text{H}-\text{C}-\text{OH} - \text{CH}_2\text{OPO}_3^{2-}$$

6. 合成酶类（或连接酶类，ligases） 可催化两种物质（双分子）合成为一种物质的反应，多数同时偶联有 ATP 的磷酸键断裂。例如，谷氨酰胺合成酶等。

$$\text{H}_3^+\text{N}-\text{C}-\text{H}（\text{COO}^-，\text{CH}_2，\text{COO}^-） + \text{NH}_4^+ + \text{ATP} \xrightarrow{\text{谷氨酰胺合成酶}} \text{H}_3^+\text{N}-\text{C}-\text{H}（\text{COO}^-，\text{CH}_2，\text{C}=\text{O}，\text{NH}_2） + \text{ADP} + \text{Pi}$$

最近，有学者建议把位于细胞膜上，利用水解 ATP 等高能化合物中高能磷脂键释放的能量实现离子或其他物质跨膜转运等作用的酶归为新的一类。

二、酶 的 命 名

根据国际酶学委员会（International Commission of Enzymes）的建议，每一种具体的酶都有其推荐名和系统名。目前主要有以下两种命名法。

（一）习惯命名法

1961 年以前使用的酶的名称都是习惯沿用的，称为习惯名。习惯命名的原则有：①根据酶所作用的底物来命名，如淀粉酶、蔗糖酶、蛋白酶等；②根据所催化反应的类型命名，如脱氢酶、转甲基酶、羧化酶、转氨酶等；③结合上述两个原则命名，如乳酸脱氢酶、琥珀酸脱氢酶、丙酮酸脱羧酶等；④在上述命名原则的基础上加上酶的来源或酶的其他特点命名，如胃蛋白酶、胰蛋白酶等。

习惯命名比较简单，应用历史较久，但由于没有严格的分类法作基础，所以缺乏系统性，有时出现一酶数名或一名数酶的情况。为了适应酶学的发展需要，国际酶学委员会于 1961 年提出了一个新的系统命名及系统分类的原则，现已为国际生化学会以及各国普遍采用。

（二）系统命名法

根据国际系统命名法原则，每一种酶有一个系统名和一个习惯名。系统名应明确表明酶的底物及催化特性，习惯名则应简短而便于使用。系统名应包括底物名称、反应性质以及反应名称，最后加一"酶"字。若底物有两种及以上，则须同时列出，并用"："将其隔开；若底物之一为水，则可略去。因许多酶促反应是双底物或多底物反应，且许多底物的化学名称太长，造成酶的系统名称使用不方便，国际酶学委员会又从每种酶的原有习惯名称中选定一个简便实用的推荐名称。常见酶的系统名称和推荐名称举例列于表 3-2。

表 3-2　酶的命名举例

编号	推荐名称	系统名称	催化反应
EC1.1.1.1	醇脱氢酶	乙醇：NAD^+ 氧化还原酶	乙醇 +NAD^+ ——→乙醛 +$NADH+H^+$
EC2.6.1.2	谷丙转氨酶	Glu：丙酮酸转氨酶	Glu+ 丙酮酸 ——→Ala+α- 酮戊二酸
EC3.1.1.7	乙酰胆碱酯酶	乙酰胆碱水解酶	乙酰胆碱 +H_2O ——→胆碱 + 乙酸
EC4.2.1.2	延胡索酸酶	延胡索酸水化酶	延胡索酸 +H_2O ——→琥珀酸
EC5.3.1.1	丙糖磷酸异构酶	丙糖磷酸异构酶	3- 磷酸甘油醛——→磷酸二羟丙酮
EC6.3.1.1	天冬酰胺合成酶	Asp：NH_3：ATP 合成酶	Asp+ATP+NH_3 ——→Asn+ADP+Pi

另外，每一个酶根据其分类标准，都有一个特定的编号。每种酶的分类编号均由四个数字组成，数字间由"."隔开，数字前冠以 EC（enzyme commission）（表 3-2）。编号中第一个数字表示该酶属于六大类中哪一类；第二个数字表示该酶属于哪一亚类；第三个数字表示亚 - 亚类；第四个数字是该酶在亚 - 亚类中的排序。

第四节　酶促反应动力学

酶促反应动力学（enzyme kinetics）是研究酶促反应的速率以及各种因素对酶促反应速率的影响及其机制的一门科学。酶促反应速率可受到多种因素的影响，包括底物浓度、酶浓度、温度、pH、抑制剂、激活剂等。在研究酶的结构与功能的关系以及探讨酶的作用机制时，需要酶促反应动力学的数据加以支撑和说明。酶促反应动力学的研究可以反映酶的本质特性，是酶学研究的最基本工作，具有重要的理论和实践意义。

一、酶活性与酶促反应初速率

（一）酶活性

研究酶促反应动力学经常涉及酶的活性。酶活性是指酶催化化学反应的能力，通常用酶促反应速率的大小来衡量。酶促反应速率可用单位时间内底物的消耗量或产物的生成量来表示。由于底物的消耗量不易测定，所以实际工作中通常测定产物的生成量来反映酶的活性。

酶的活性单位是人为规定的，与酶促反应的速率相关，也与检测方法相关。不同的测定条件和方法，酶的活性单位的标准不同。为了统一标准，1961 年国际生化学会（IUB）酶学委员会规定统一采用国际单位（international unit，IU）表示酶的活性。在标准反应条件下，每分钟催化 1μmol 底物转变为产物所需的酶量定义为一个国际单位。1979 年酶学委员会又推荐用催量单位（katal）来表示酶的活性。1 催量（1kat）是指在对应条件下，每秒钟将 1mol 底物转变为产物所需的酶量。国际单位和催量之间关系为 $1kat=6.0 \times 10^7 IU$。

酶活性可通过实验测定，决定酶活性的要素有两方面：一是酶蛋白的含量；二是酶蛋白的分子构象。在生物组织样品中，酶蛋白的含量通常很低，很难通过将其和其他蛋白质分离后来直接测定含量。因此，实际工作中通常通过测定样品中某种酶的活性，来间接反映样品中酶的含量，如血清酶的测定。在酶的纯化过程中常用比活性（specific activity）来显示酶的纯度。比活性单位是指每毫克蛋白质所含酶的单位数。比活性越高，表示其纯度也越高。

（二）酶促反应初速率

简单酶促反应体系中底物和产物的浓度变化如图 3-8 所示。此变化曲线又称酶促反应进程曲线（progress curve）。在某一反应体系中，底物浓度的下降会导致反应速率的降低。因此，通常通过测定酶促反应的初速度（initial velocity）来排除底物的消耗对酶促反应速率的影响。酶促反应初速率是指反应刚刚开始（底物浓度消耗 < 5%），各种因素尚未发挥作用时的酶促反应速率，即反应时间进程曲线为直线部分时的反应速率（图 3-8）。

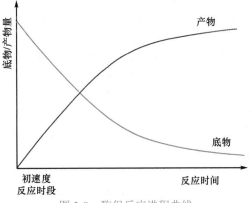

图 3-8　酶促反应进程曲线

二、底物浓度对酶促反应速率的影响

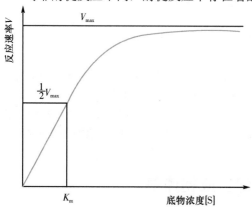

与非酶促反应不同，酶促反应中存在着酶被底物饱和的现象。后来发现底物浓度的改变，对酶反应速率的影响非常复杂。在一定的酶浓度下，酶促反应速率随底物浓度的变化大致呈双曲线型（图 3-9）。在底物浓度较低时，反应速率随底物浓度的增加而增加，成正比关系，表现为一级反应。随着底物浓度的增加，反应速率不再按正比升高，而是缓慢增加，表现为混合级反应。当底物浓度达到一定数值后，继续加大底物浓度，反应速率不再增加，表现为零级反应，此时酶已被底物完全饱和，这种现象称为酶促反应速率的底物饱和现象。所有的酶都有此饱和现象，但各自达到饱和时所需的底物浓度不同。

图 3-9　底物浓度对酶促反应速率的影响

（一）根据酶促反应中间产物假说推导获得酶反应速率方程——米氏方程

科学家们曾提出各种假说，试图解释上述现象，其中比较合理的是"中间产物"假说。该假说认为：酶与底物先结合成一个中间产物，然后中间产物进一步分解，成为产物和游离态酶。该中间产物被人们看作为稳定的过渡态物质。因此，按照"稳态平衡"学说（steady-state theory）的设想，推测酶促反应分两步进行，反应方程为：

$$E+S \underset{k_{-1}}{\overset{k_1}{\rightleftharpoons}} ES \xrightarrow{k_2} E+P \tag{3-1}$$

基于中间产物假说，1913 年前后 Michaelis 和 Menten 提出酶促反应动力学的基本原理，并推导出一个数学式来表述：

$$V = \frac{V_{max} \times [S]}{K_m + [S]}$$

该方程式称为米氏方程（Michaelis-Menten equation），它的前提是酶与底物反应的"快速平衡说"——开始，两者反应速率较快，迅速地建立平衡。米氏方程表明了底物与酶反应速率间的定量关系。

米氏方程推导如下：由于酶促反应的速率与酶底物中间物（ES）的形成与分解直接相关，所以必须先考虑 ES 的形成速率及分解速率。在一个催化反应体系中，酶有两种存在形式，分别为游离酶（E）和结合酶（ES），游离酶的浓度等于酶的总浓度（[Et]）减去结合酶的浓度（[Et]–[ES]）。在酶促反应过程中，如式（3-1）所示，k_1 为游离酶与底物结合生成 ES 复合体的反应速率常数，k_{-1} 为 ES 复合体解离成游离酶和底物的反应速率常数，k_2 为 ES 复合体分解生成酶和产物的反应速率常数。在此反应体系中，由于 $k_{-1} \gg k_2$，即 ES 解离成 E+S 的速度显著快于 ES 生成 E+P 的速度，因此 E+S $\rightleftharpoons$ ES 能快速取得平衡，而 ES $\longrightarrow$ E+P 是整个过程的限速步骤，酶促反应速率 V，也即单位时间产物的生产量取决于结合酶的浓度 [ES] 和反应率度常数 k_2，即：

$$V = k_2 \times [ES] \tag{3-2}$$

据质量作用定律，中间产物 ES 生成速率为：

$$\frac{d[ES]}{dt} = k_1 \times ([Et] - [ES]) \times [S] \tag{3-3}$$

ES 分解速率由两部分构成：

$$\frac{-d[ES]}{dt} = k_{-1} \times [ES] + k_2 \times [ES] \tag{3-4}$$

当反应相对于 ES 复合体达到稳态时，ES 的生成速率等于 ES 的分解速率，即：

$$k_1 \times ([Et]-[ES]) \times [S] = k_{-1} \times [ES] + k_2 \times [ES] \tag{3-5}$$

经整理可得：

$$\frac{([Et]-[ES]) \times [S]}{[ES]} = \frac{k_{-1}+k_2}{k_1} \tag{3-6}$$

令 $K_m = \dfrac{k_{-1}+k_2}{k_1}$，即米氏常数，则 $[Et] \times [S] - [ES] \times [S] = K_m \times [ES]$，可转变成：

$$[Et] \times [S] = K_m \times [ES] + [ES] \times [S]$$

$$[Et] \times [S] = [ES](K_m + [S])$$

$$[ES] = \frac{[Et] \times [S]}{K_m + [S]} \tag{3-7}$$

将式（3-7）代入式（3-2）得：

$$V = \frac{k_2 \times [Et] \times [S]}{K_m + [S]} \tag{3-8}$$

当底物浓度很高时，酶被底物饱和，相当于所有酶都与底物结合成 ES，即 [ES] 等于酶的总浓度 [Et]，则反应达最大速率。故最大反应速率为：

$$V_{max} = k_2 \times [Et] \tag{3-9}$$

将式（3-9）代入式（3-8），得酶反应的动力学方程为：

$$V = \frac{V_{max} \times [S]}{K_m + [S]} \tag{3-10}$$

这就是米氏方程，其中 [S] 为底物浓度；V 是酶促反应速率；V_{max} 为最大反应速率，与酶的总浓度 [Et] 成正比例关系；K_m 为米氏常数（Michaelis constant）。这个方程式表明了当已知 K_m 和 V_{max} 时，酶反应速率与底物浓度之间的定量关系。实践证明，绝大多数酶的动力学行为都可以用米氏方程来描述，但也有少数特殊酶例外。动力学行为可以用米氏方程描述的酶又称为米氏酶。

（二）用米氏方程解释酶反应速率的底物饱和现象

当底物浓度很低（$[S] \leqslant 0.1 \times K_m$ 时，米氏方程可以简化成，$V=(V_{max}/K_m) \times [S]$，酶的总量不变，$V_{max}/K_m$ 为常数，因此，底物浓度足够低时，酶反应初速率与底物浓度成正比。

当底物浓度很高（$[S] \geqslant 10 \times K_m$）时，米氏方程可以简化成 $V \approx V_{max}$，反应速率达到最大反应速率时，再增加底物浓度也不再增加反应速率，即酶被底物饱和，反应速率达到最大值。

当底物浓度和酶的 K_m 值之间相差不大，即浓度处于相同数量级时，底物浓度对酶反应速率的影响表现为双曲线型（图 3-9 的中间部分）。

（三）米氏方程中动力学参数的意义

1. 米氏常数 K_m 反映酶与底物的亲和力　当反应初速率为最大反应速率一半时，米氏方程式为：

$$V = \frac{V_{max}}{2} = \frac{V_{max} \times [S]}{K_m + [S]} \tag{3-11}$$

整理得 K_m=[S]。因此，K_m 在数值上等于酶促反应速率为最大反应速率一半时对应的底物浓度。它的单位是摩尔/升，与底物浓度的单位一样。

米氏常数是酶学研究中的一个极其重要的数据，关于 K_m 还可以有以下几点分析：

（1）K_m 值是酶的特征性常数之一。一般只与酶的性质有关，与酶的浓度无关。K_m 可受反应环境（如温度、pH、离子强度）的影响。

（2）K_m 值反映了酶对底物的亲和力，K_m 值越大，反应达最大反应速率所需的底物浓度越大，因此酶对底物的亲和力越小。反之，K_m 值越小，酶与底物的亲和力越高。

（3）如果一个酶有几种底物，则对每一种底物，都有一个特定的 K_m 值，其中 K_m 值最小的底物一般被认为是该酶的最适底物或天然底物。

（4）K_m 值与米氏方程的实际应用：可由所要求的酶的反应速率（应达到 V_{max} 的百分数），求出应当加入底物的合理浓度；反过来，也可以根据已知的底物浓度，求出该条件下的反应速率。

2. V_{max} 和 k_2（$kcat$）的意义 在特定的酶促反应体系中，最大反应速率 V_{max} 是酶完全被底物饱和时的反应速率，从式（3-9）$V_{max}=k_2$[Et] 可看出 V_{max} 和 [Et] 呈线性关系，所以 V_{max} 同酶浓度 [Et] 成正比例关系，与底物浓度无关，增加底物浓度不会改变该酶促反应体系的最大反应速率。直线的斜率为 k_2，为一级反应速率常数，它的单位为 S^{-1}，k_2 表示当酶被底物饱和时每秒钟每个酶分子转换底物的分子数，实际上表示酶的催化效率，k_2 值越大，酶的催化效率越高。k_2 又称为转换数，或催化常数（catalytic constant，K_{cat}）。

（四）酶动力学参数的测定

从图 3-9 可以看出，V_{max} 是一个渐近的值，无法直接从双曲线上测得，K_m 在数值上等于反应速率达到最大反应速率一半时的底物浓度，因此也测不到准确的 K_m 值。为了得到准确的 K_m 值，可以把米氏方程的形式加以改变，使之变成相当于 $y=ax+b$ 的直线方程，然后用图解法求出 K_m 值。

1. 双倒数作图法（double-reciprocal plot 法，Lineweaver-Burk 法） 这是最常用的方法。将米氏方程式两边取倒数，得到对应的双倒数方程：

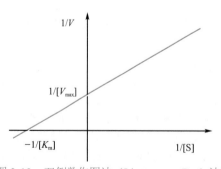

$$\frac{1}{V} = \frac{K_m}{V_{max}} \times \frac{1}{[S]} + \frac{1}{V_{max}} \tag{3-12}$$

实验时选择不同浓度的 [S] 测定相对应的 V，求出两者的倒数，以 $1/V$ 为因变量对自变量 $1/[S]$ 作图（图 3-10），绘出直线，得到横轴上的截距为 $-1/K_m$，纵轴上的截距为 $1/V_{max}$，斜率为 K_m/V_{max}。该方法因为方便而应用最广，但因实验点过于集中在直线的左端，作图不易准确。

图 3-10 双倒数作图法（Lineweaver-Burk 法）

2. Hanes-Woolf 作图法 在双倒数作图法的基础上，方程式两边同时乘以 [S]，可得如下方程：

$$\frac{[S]}{V} = \frac{K_m}{V_{max}} + \frac{1}{V_{max}}[S] \tag{3-13}$$

以 [S]/V 为因变量对自变量底物浓度 [S] 作图（图 3-11），得一直线，其横轴截距为 $-K_m$，纵轴截距为 K_m/V_{max}，斜率为 $1/V_{max}$。所用底物浓度成等差数列时应用此方法所得参数更可靠。

除上述作图法外，还有其他对米氏方程进行数据转换后的作图法测定酶动力学参数，如 Eadic-Hofstee 作图法和积分法等。手工作图法简单易行，但是容易带来误差。利用计算机分析，可减少误差，提高所得参数的精度和可靠性。

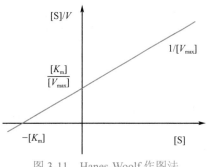

图 3-11　Hanes-Woolf 作图法

三、酶浓度对酶促反应速率的影响

在酶促反应中，如果底物浓度足够大，足以将酶饱和，则反应速率与酶浓度成正比例关系（图 3-12）。从米氏方程，即式（3-10）可知，当 $[S] \gg K_m$ 时，式中 K_m 可以忽略不计，其关系式可简化为 $V = k_2 \times [Et]$（k_2 为对应的比例系数）。

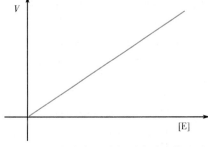

图 3-12　酶浓度对酶促反应速率的影响

在临床检验中通常用高浓度底物测定血清酶活性。但实验中由于底物溶解度、底物抑制或成本等原因，有时所用底物浓度只是略大于酶的 K_m，甚至小于酶 K_m。由米氏方程可知，只要定量方法灵敏度足够高，初速率测定足够准确可靠，所得酶反应初速率仍然和反应体系中的酶量成正比。

四、温度对酶促反应速率的影响

温度对酶反应速率有很大的影响，如图 3-13 所示，温度对酶促反应速率的影响呈现为钟形曲线。通常每个酶都有一个最适温度（optimum temperature），在最适温度的两侧，反应速率都比较低。在达到最适温度前，提高温度，可以增加酶促反应的速率。反应温度每升高 10℃，其反应速率可增加 1 ～ 2 倍。但因酶的化学本质是蛋白质，故温度对酶促反应速率的影响有两个方面。一方面当温度升高时，反应速率也加快。另一方面，随温度的升高，酶会逐步变性而失活，从而降低酶促反应速率。酶反应的最适温度就是这方面平衡的结果，在低于最适温度时，前一种效应为主，在高于最适温度时，则后一种效应为主。大部分酶在 60℃ 左右就开始发生快速变性失活；温度达到 80℃ 时，酶的变性速率更快且已不可逆。从温血动物组织中提出的酶，最适温度一般在 35 ～ 40℃，少数酶能耐受较高的温度，如嗜热菌的 DNA 聚合酶，其最适温度在 72℃ 左右，Taq DNA 聚合酶对高温的耐受能力使其成为 DNA 扩增的重要工具。

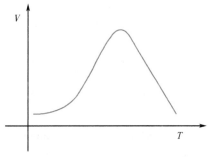

图 3-13　温度对酶促反应速率的影响

最适温度不是酶的特征性物理常数，而是上述影响的综合结果，它不是一个固定值，与酶作用时间的长短有关，酶可以在短时间内耐受较高的温度，但是当酶反应时间在已经规定了的情况下，才有最适温度。

酶在干燥状态下，比在潮湿状态下，对温度的耐受力要高，这一点已用于指导酶的保藏。由于低温下酶活性很低，临床上常用低温进行麻醉，通过降低组织细胞酶活性，减慢组织细胞代谢速度，提高机体对氧和营养物质缺乏的耐受性。动物细胞、菌种的长期保存通常应用低温或超低温。实验测定酶活性时，应严格控制反应体系温度，尤其样品从保存所用的低温下取出后应立即测定，以免酶在温度升高后的保存期内发生变性失去活性。

五、pH 对酶促反应速率的影响

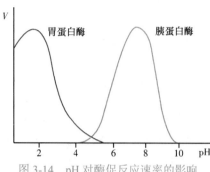

图 3-14　pH 对酶促反应速率的影响

大部分酶的活性受其环境 pH 的影响，在一定 pH 下，酶反应具有最大速率，高于或低于此值，反应速率下降，此 pH 称为酶的最适 pH（optimum pH）。pH 对酶促反应速率的影响也呈现为钟形曲线（图 3-14）。最适 pH 因底物种类、浓度及缓冲液的成分不同而不同。而且常与酶的等电点不一致，因此酶的最适 pH 并不是一个常数，只是在一定条件下才有意义。pH 影响酶活性的原因可能有以下几个方面：①过酸、过碱会影响酶蛋白的构象，甚至使酶变性失活。② pH 会影响到 ES 的形成，从而降低酶活性。pH 会影响到底物分子的解离状态；也会影响酶分子的解离状态，最适 pH 与酶活性中心结合基团及催化基团的 pH 有关，往往只有一种解离状态最有利于与底物的结合，在此 pH 下酶活性最高；也可影响到 ES 的解离状态。③ pH 影响分子中另一些基团的解离，这些基团的离子化状态与酶的专一性及酶分子活性中心的构象有关。

不同的酶往往有不同的最适 pH，胃蛋白酶的最适 pH 接近 2.0，而胰蛋白酶的最适 pH 接近 7.7。不同来源的酶最适 pH 通常接近于其生理环境的 pH。如来源于细胞液的酶，大多数的最适 pH 接近中性；来源于动物胃组织的胃蛋白酶的最适 pH 为 1.8。在测定酶的活性时，宜选用酶的最适 pH 以保证测定的灵敏度。

六、抑制剂对酶促反应速率的影响

凡能使酶蛋白变性而引起酶活性丧失的作用称为失活作用。凡能使酶活性下降，但不引起酶蛋白变性的作用称为抑制作用（inhibition）。所以，抑制作用与变性作用是不同的。能够使酶分子上的某些必需基团发生变化，引起酶活力下降，甚至丧失，但不改变酶蛋白构象的物质称为酶的抑制剂（inhibitor）。根据抑制剂与酶结合的紧密程度和相互作用的化学本质，可将抑制作用分为不可逆性抑制（irreversible inhibition）与可逆性抑制（reversible inhibition）两大类。

（一）不可逆性抑制作用

这类抑制剂通常通过共价键与酶蛋白中的必需基团结合，使酶失去活性，不能用透析、超滤等方法除去抑制剂而恢复酶活性，这类作用称为不可逆性抑制作用，对应的抑制剂称为不可逆抑制剂（irreversible inhibitor）。通常不可逆抑制剂和酶分子上的一类氨基酸残基发生反应，形成对应的共价化合物。根据不可逆抑制剂的选择性不同，又可以分为专一性的不可逆抑制剂（specific irreversible inhibitor）和非专一性的不可逆抑制剂（non-specific irreversible inhibitor）。专一性的不可逆抑制剂只和酶活性部位的有关基团发生反应。如对巯基专一的不可逆抑制剂只和酶分子的半胱氨酸残基发生反应。非专一性不可逆抑制剂可以和一类或几类基团发生反应。如碘乙酰胺可以和同一酶分子上的氨基、巯基发生反应。

有机磷农药中毒是一种典型的不可逆性抑制作用。有机磷农药，如敌百虫、敌敌畏等，可专一性地与胆碱酯酶活性中心的丝氨酸残基的羟基结合，使胆碱酯酶失活导致乙酰胆碱堆积，引起胆碱能受体兴奋、心功能紊乱等中毒症状。可采用解磷定治疗，解磷定可和有机磷农药修饰的乙酰胆碱酯酶发生反应，使磷酰基团同解磷定结合而使酶蛋白恢复原有结构，从而解除有机磷农药对乙酰胆碱酯酶的抑制作用，消除其毒性（图3-15）。

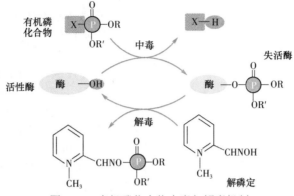

图 3-15　有机磷化合物中毒与解毒机制

此外，低浓度重金属离子及砷化合物可与酶分子的必需巯基作用，使酶失活，从而引起神经系统、皮肤、黏膜、毛细血管等病变和代谢功能紊乱。二巯基丙醇可以解除这种抑制。

（二）可逆性抑制作用

这类抑制剂与酶蛋白的结合是可逆的，可用透析法或超滤法除去抑制剂，恢复酶的活性。可逆抑制剂一般为完全抑制剂，即只要结合了抑制剂，酶就不能催化底物转变成产物。有抑制剂存在时，酶的米氏常数称为表观米氏常数（apparent K_m），最大反应速率对应为表观最大反应速率（apparent V_{max}）。根据抑制剂与底物的关系，可逆抑制作用可分为以下三种类型。

1. 竞争性抑制作用　抑制剂（I）与底物（S）有相似的化学结构，能与底物竞争性结合酶的活性中心，造成酶活性下降，此类抑制作用称为竞争性抑制作用（competitive inhibition）。如图3-16所示，竞争性抑制剂与酶形成可逆的 EI 复合体，但 EI 不能分解成产物，酶反应速率因此下降。竞争性抑制作用的抑制程度既随抑制剂与酶的亲和力升高而增加，也随抑制剂浓度与底物浓度的比例增加而增加，可以通过增加底物浓度而解除这种抑制。

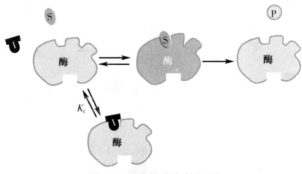

图 3-16　酶的竞争性抑制

在竞争性抑制中，底物或抑制剂与酶的结合都是可逆的，各存在着一个平衡，根据米氏方程的推导方法，可以推导出酶促反应速率与底物浓度变化的动力学关系，为：

$$V = \frac{V_{max}[S]}{K_m\left(1+\dfrac{[I]}{K_i}\right)+[S]}$$

（3-14）

其双倒数方程式为：

$$\frac{1}{V} = \frac{K_m}{V_{max}} \times \left(1 + \frac{[I]}{K_i}\right) \times \frac{1}{[S]} + \frac{1}{V_{max}} \tag{3-15}$$

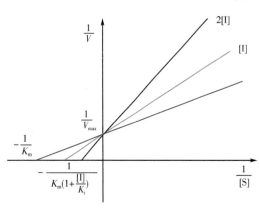

图 3-17　酶的竞争性抑制作用的双倒数作图

在不同抑制剂浓度下，用双倒数作图法分析 $1/V$ 对 $1/[S]$ 变化，可得到一簇相交于纵轴的直线（图 3-17）。竞争性抑制剂浓度不同时，各直线在纵轴上的截距与无抑制剂时相同，为 $1/V_{max}$，表明竞争性抑制剂不改变酶的表观 V_{max}。但竞争性抑制剂使横轴上的截距减小，即竞争性抑制使酶表观 K_m 增大，这与抑制剂发挥作用时竞争结合酶活性中心的机制一致。可见，竞争性抑制的动力学特点是表观 K_m 值增大，表观 V_{max} 不变。

最典型的例子是丙二酸对琥珀酸脱氢酶的抑制，丙二酸和琥珀酸均为结构相似的二羧酸，丙二酸对酶活性中心的亲和力远高于琥珀酸与酶的亲和力。当丙二酸的浓度仅为琥珀酸浓度的 1/50 时，酶活性就可被抑制 50%；在相同丙二酸浓度下若增大琥珀酸的浓度，此抑制作用可减轻。磺胺类药物抑菌的机制亦属于酶的竞争性抑制作用。细菌利用对氨基苯甲酸、谷氨酸和二氢蝶呤为底物，在菌体内二氢蝶酸合酶（dihydropteroate synthase）的催化下先合成 7,8- 二氢蝶酸，随后进一步合成二氢叶酸（dihydrofolate，FH_2）及四氢叶酸（tetrahydrofolate，FH_4）。磺胺类药物与对氨基苯甲酸的化学结构相似，竞争性结合二氢蝶酸合酶的活性中心，抑制 FH_2 及 FH_4 的合成，影响细胞内核酸的合成，从而达到抑制细菌生长的目的。人类可直接利用食物中的叶酸，体内核酸合成不受磺胺类药物的干扰。

2. 非竞争性抑制作用　酶可以同时与底物及抑制剂结合，两者没有竞争关系。这类抑制剂与酶活性中心外的基团结合。如图 3-18 所示，通常酶与抑制剂结合后，还可以和底物结合形成 ESI；或酶和底物结合后，也还可以与抑制剂结合形成 ESI。但 ESI 不能进一步分解为产物，因此酶活性降低，这种抑制作用称为非竞争性抑制（noncompetitive inhibition）。

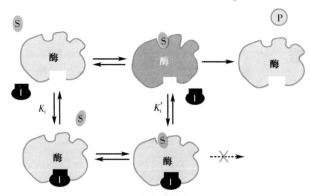

图 3-18　酶的非竞争性抑制

非竞争性抑制作用的抑制程度与底物浓度无关，取决于抑制剂的浓度 [I] 以及酶与抑制剂结合的亲和力。如果 I 和 E 的亲和力与 I 和 ES 的亲和力相同（$K_i=K_i'$），这种非竞争性抑制称为纯非竞争性抑制（pure noncompetitive inhibition），如果两种亲和力不同，则称为混合非竞争性抑制（mixed noncompetitive inhibition）。应用稳态假设，可得出纯非竞争性抑制的酶促反应速率与抑制剂浓度的关系方程，为：

$$V = \frac{V_{\max}\,[\text{S}]}{\left(1+\dfrac{[\text{I}]}{K_i}\right)\!(K_m+[\text{S}])} \tag{3-16}$$

其双倒数方程为：

$$\frac{1}{V} = \frac{K_m}{V_{\max}}\left(1+\frac{[\text{I}]}{K_i}\right)\frac{1}{[\text{S}]} + \frac{1}{V_{\max}}\left(1+\frac{[\text{I}]}{K_i}\right) \tag{3-17}$$

同样以 $1/V$ 对 $1/[\text{S}]$ 进行双倒数作图分析，可得到相交于横轴的一簇直线（图 3-19）。

由图 3-19 可见，纯非竞争性抑制的动力学特点为表观 $V_{\max}$ 降低，表观 K_m 不变。

混合型非竞争性抑制的酶促反应速率与抑制剂的关系比较复杂，不仅表观 $V_{\max}$ 会发生改变，酶的表观 K_m 也会发生改变。

自然界中酶的非竞争性抑制作用也比较常见，如哇巴因（ouabain，乌本箭毒苷）对细胞膜上 Na^+-K^+-ATP 酶的抑制，酵母乙醇脱氢酶的产物乙醛对酶的抑制，D- 苏糖 -2,4-二磷酸对兔骨骼肌 3- 磷酸甘油醛脱氢酶的抑制等。

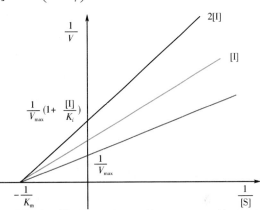

图 3-19 酶的纯非竞争性抑制作用的双倒数作图

3. 反竞争性抑制作用　酶只有在与底物结合后，才能与抑制剂结合，形成 ESI 复合体（图 3-20）。ESI 不能转变成产物，这种抑制作用称为反竞争性抑制（uncompetitive inhibition）作用。反竞争性抑制作用的抑制程度与底物浓度、抑制剂浓度 [I] 以及酶与抑制剂结合的亲和力有关。

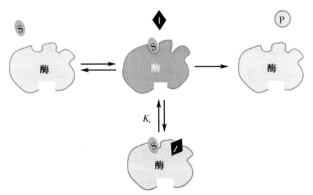

图 3-20 酶的反竞争性抑制

酶促反应速率同抑制剂的关系方程为：

$$V = \frac{V_{\max}\,[\text{S}]}{K_m + \left(1+\dfrac{[\text{I}]}{K_i}\right)[\text{S}]} \tag{3-18}$$

其双倒数方程为：

$$\frac{1}{V} = \frac{K_m}{V_{\max}}\frac{1}{[\text{S}]} + \frac{1}{V_{\max}}\left(1+\frac{[\text{I}]}{K_i}\right) \tag{3-19}$$

其双倒数方程作图可得到一簇平行直线（图 3-21）。可见，反竞争性抑制作用以相同的比例降低酶的表观 V_{max} 和表观 K_m 值。反竞争性抑制剂在自然界很少见，典型代表为 L- 苯丙氨酸对兔子小肠黏膜碱性磷酸酶的抑制作用。

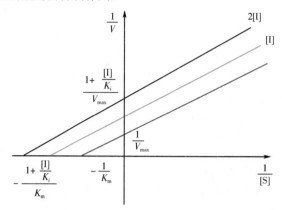

图 3-21　酶的反竞争性抑制作用的双倒数作图

三种可逆性抑制作用总结于表 3-3。

表 3-3　各种可逆性抑制作用特点的比较

作用特征	无抑制剂	竞争性抑制	纯非竞争性抑制	反竞争性抑制
结合 I 的酶	游离 E	游离 E 或 ES 等效	ES	
动力学参数的变化				
表观 K_m	K_m	增大	不变	降低
表观 V_{max}	V_{max}	不变	降低	降低
双倒数作图变化（Lineweaver-Burk）				
斜率	K_m/V_{max}	增大	增大	不变
纵轴截距	$1/V_{max}$	不变	增大	增大
横轴截距	$-1/K_m$	降低	不变	增大
直线之间的关系	交于纵轴	交于横轴	平行	
抑制程度与底物浓度的关系	负相关	不相关	正相关	

七、激活剂对酶活性的影响

通过特定机制使酶由无活性变为有活性或使酶活性增加的物质称为酶的激活剂（activator）。最常见的激活剂是金属阳离子，如 Mg^{2+}、K^+、Mn^{2+} 等；少数为阴离子，如 Cl^- 等。也有一些有机化合物是酶的激活剂，如胆汁酸盐等。甚至还有蛋白质或多肽类的酶激活剂，如钙调蛋白（calmodulin）等。

有些酶没有激活剂则没有活性，此类激活剂是酶发挥催化作用所必需的，称为必需激活剂，常见的金属离子激活剂属于这类必需激活剂，它们与酶、底物或酶底物复合体结合，在酶促反应前后，自身结构和性质无变化。实际上这类金属离子激活剂相当于酶的辅因子。例如，己糖激酶催化的反应中，Mg^{2+} 与底物 ATP 结合生成 Mg^{2+}-ATP，后者作为酶的真正底物参加反应。钙调蛋白是磷酸二酯酶同工酶 I 等的必需激活剂。有些酶在没有激活剂时仍有一定的催化活性，这类激活剂称为非必需激活剂。非必需激活剂通过与酶或底物或酶底物复合体结合发挥作用，如 Cl^- 对淀粉酶的激活。

第五节　酶的调节

　　机体新陈代谢的基础是多个有序的、依次衔接的、连续不断的酶促化学反应。随着体内、体外环境的改变，机体通过精确调节自身代谢速率，以维持机体内环境的相对稳定。对机体代谢途径速率的调节主要是对代谢途径中关键酶的调节。改变原有酶的结构或酶的含量是体内对酶进行调节的基本方式。细胞可通过改变酶蛋白的结构来调节酶的活性，如酶原的激活，同工酶的形成，化学修饰和别构效应等；细胞还可通过改变酶蛋白的合成和降解来对关键酶进行调节。

一、酶活性的调节

（一）酶原的激活

　　有的酶当其肽链在生物合成之后，即可自发地折叠成特定的构象，从而表现出全部酶的活性，如溶菌酶。然而有些酶在细胞内合成或初分泌时是无活性的酶的前体，称为酶原（zymogen）。例如，胃肠道的蛋白水解酶、凝血相关的蛋白因子及免疫系统的补体等在初分泌时均以酶原的形式存在。这些酶在一定的条件下，去掉一个或几个特殊的肽段，从而使酶的构象发生改变，暴露或形成酶的活性中心，才有活性，这个过程称为酶原激活（activation of zymogen）。酶原的激活过程实际上是酶活性中心的形成或暴露的过程。这种调节方式的特点是：无活性状态变成有活性状态的过程是不可逆的，是共价调节的一种特殊形式——造成不可逆的酶活性变化，转变成有活性的酶。例如，胰蛋白酶原（trypsinogen）进入小肠后，在肠激酶的作用下，第 6 位赖氨酸残基与第 7 位异亮氨酸残基之间的肽键被水解切断，释放一个六肽，其余蛋白部分的构象发生改变，形成酶的活性中心，从而成为具有催化活性的胰蛋白酶（trypsin）（图 3-22）。

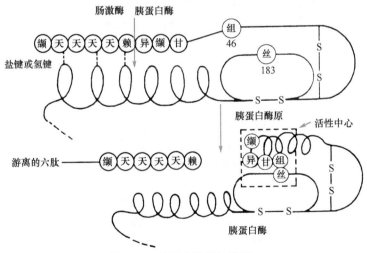

图 3-22　胰蛋白酶原的激活

　　酶原的存在和激活具有重要的生理意义。首先，酶原形式是物种进化过程中出现的一种自我保护现象。如胰腺合成的蛋白酶以酶原形式合成和分泌，可以避免胰腺组织细胞本身遭受蛋白酶的水解破坏。当分泌进入肠道后，再被激活发挥其催化功能，可保证酶在特定环境和部位发挥作用。如果胰蛋白酶在胰腺组织中即被异常激活，就会造成对胰腺组织的破坏，这也是急性胰腺炎发生和发展的重要原因。其次，酶原相当于酶的贮存形式，可以在需要的时候快速启动发挥其催化作用，以适应机体的需要。如凝血和纤维蛋白溶解类蛋白酶，都以酶原的形式在血液中循环，一旦血管破损，一系列凝血因子被激活，凝血酶原被激活生成凝血酶，催化纤维蛋白原转变成纤维蛋白，产生血凝块以阻止机体大量出血。

（二）同工酶

同工酶（isoenzyme）是指能催化相同的化学反应，但其酶蛋白本身的分子结构、组成、理化性质及免疫学特性却有所不同的一组酶。之所以在此处介绍同工酶，是因为它对细胞的发育及代谢的调节都很重要。同工酶是生物进化适应环境的产物，由不同基因或等位基因编码，或从同一基因转录后，因翻译差异所得的不同多肽链组成。同工酶由于多肽链或亚基的特性差别，通常动力学特征不同。同工酶在机体内的分布存在明显的组织特异性或亚细胞结构特异性。通常同工酶在组织或细胞内的定位与其对应组织或细胞区域的代谢作用一致，但这些部位对代谢速率的需求有一定差异。同工酶的形成是机体适应组织细胞代谢需要的进化结果，也是机体调节酶活性的一种特殊形式。

同工酶在自然界很普遍。根据同工酶结构差异对应的结构层次，可以将同工酶分成单体同工酶（monomeric isozyme）和寡聚体同工酶（oligomeric isozyme）。单体同工酶相对较为少见，通常只有一条多肽链，差异在于它们多肽链的氨基酸序列不同。红细胞磷酸酶、葡萄糖磷酸变位酶、碳酸酐酶、腺苷脱氨酶、腺苷激酶、甘油磷酸激酶等属于一组单体同工酶。寡聚体同工酶较为常见，通常具有多条多肽链，差异在于它们的亚基组成或结构不同。由不同亚基组成的寡聚体称为杂化体。寡聚体同工酶主要是偶数亚基同工酶，且亚基一般不多于4个。例如，LDH同工酶是一种含锌的四聚体酶，其亚基类型有骨骼肌型（M型）和心肌型（H型）两种，分别由11号染色体的基因 a、12号染色体的基因 b 编码。两型亚基以不同的比例任意混合，组成5种同工酶（图3-23）：$LDH_1(H_4)$、$LDH_2(H_3M)$、$LDH_3(H_2M_2)$、$LDH_4(HM_3)$、$LDH_5(M_4)$。在不同组织中，因两种基因的表达不同，合成这两种亚基的速度不同从而导致同工酶在不同组织器官中的含量与分布有明显差异。

图 3-23　LDH 同工酶及其亚基组成

（三）酶的共价修饰调节

酶分子中的某些基团可在其他酶的催化下，共价结合某些化学基团，在另一种酶的催化下，又可将结合的化学基团去掉，引起酶分子构象的改变从而改变酶的活性，这种调节方式称为酶的共价修饰（covalent modification）或化学修饰（chemical modification）。通过共价修饰调节，酶蛋白可在活性形式和非活性形式之间相互转变。

催化酶蛋白发生共价修饰调节的酶的活性通常受到激素的调控。酶的共价修饰方式主要有小分子化学基团介导的共价修饰，如磷酸化与去磷酸化、乙酰化与去乙酰化、甲基化与去甲基化、腺苷化与去腺苷化等；以及一些多肽链通过肽键与酶蛋白共价连接介导的共价修饰，如泛素化、类泛素化等。其中以磷酸化与去磷酸化最为常见，由 ATP 或 GTP 供应活性磷酸基团，由蛋白激酶（protein kinase）催化酶蛋白磷酸化，由磷蛋白磷酸酶（phosphoprotein phosphatase）催化酶蛋白水解去除磷酸根（图3-24），两种类型的反应基本不可逆。

在一个连锁反应中，一个酶被磷酸化或去磷酸化激活后，后续的其他酶可同样依次被上游的酶共价修饰而激活，引起原始信号

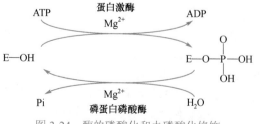

图 3-24　酶的磷酸化和去磷酸化修饰

的放大，这种多步共价修饰的连锁反应称为酶的级联效应（enzyme cascade effect）。级联效应的主要作用是产生快速、高效的放大效应，在通过信号转导调节物质代谢的过程中起着十分重要的作用。例如，肾上腺素、胰高血糖素等对血糖浓度的调节，最终可使信号放大 10^8 倍（图 3-25）。

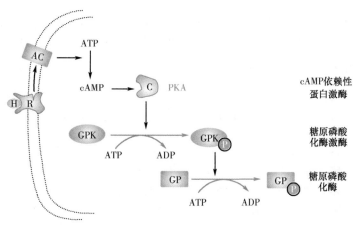

图 3-25　酶的级联放大效应

（四）酶的别构调节

体内一些代谢物可与酶的活性中心外的某个部位非共价可逆结合，引起酶的构象改变，从而改变酶的活性，这种调节方式称为酶的别构调节（allosteric regulation），亦曾称为变构调节。受别构调节的酶称为别构酶（allosteric enzyme），引起别构效应的物质称为别构效应剂（allosteric effector）。酶分子与别构效应剂结合的部位称为别构部位（allosteric site）或调节部位（regulatory site）。有些酶的调节部位与催化部位存在于同一个亚基上；有的则分别存在于不同的亚基上，从而有催化亚基和调节亚基之分。根据别构效应剂对别构酶的调节效果，可将之分为别构激活剂（allosteric activator）和别构抑制剂（allosteric inhibitor）。别构效应剂可以是代谢途径的终产物、中间产物、酶的底物或其他物质。

别构酶分子中通常含有多个亚基，且多为偶数，具有多亚基的别构酶与血红蛋白一样，存在着协同效应，包括正协同效应和负协同效应。如果效应剂与酶的一个亚基结合，可使其他亚基构象发生变化，并增加对此效应剂的亲和力，这种协同效应称为正协同效应（positive cooperative effect）；如果后续亚基构象的改变会降低酶对此效应剂的亲和力，则称为负协同效应（negative cooperative effect）。别构酶的动力学行为不同于米氏酶。米氏酶的反应速率 - 底物浓度曲线为双曲线形，而别构酶的反应速率 - 底物浓度曲线为 S 形曲线（图 3-26），这是区分别构酶和米氏酶的重要特征。例如，反映细胞内能量供求状态的ATP 和 ADP、AMP 等可作为别构效应剂，调节能量代谢途径中关键酶的活性，产生不同效应，从而使代谢途径整体保持一致以符合生理需要。

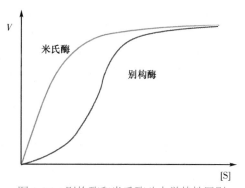

图 3-26　别构酶和米氏酶动力学特性区别

通过别构效应调节酶的活性最为快速，且较为精细。人体内许多代谢物可以作为别构效应剂，反馈作用于自身代谢途径的关键酶，形成反馈调节，也可作用于其他物质代谢途径的关键酶，协调相关的物质代谢。这些不同代谢途径的代谢物相互作为别构效应剂，使体内代谢途径构成相互调节的网络，从而保证对应代谢途径步调一致，尽可能有效地利用能量，避免无效循环或代谢物堆积造成浪费。

二、酶含量的调节

酶是机体的组成成分，各种酶都处于不断合成与降解的动态平衡中。因此改变酶的活性外，细胞也可通过改变酶蛋白合成与降解的速率来调节酶的含量，进而影响酶促反应速率。

（一）酶蛋白合成的诱导与阻遏

某些底物、产物、激素、生长因子以及某些药物等可以在转录水平上影响酶蛋白的生物合成。在转录水平上促进酶蛋白生物合成的物质称为诱导剂（inducer），诱导剂诱发酶蛋白生物合成的作用称为诱导作用（induction）；反之，在转录水平上减少酶蛋白合成的物质称为阻遏物或阻遏蛋白（repressor）。通常存在辅阻遏物（co-repressor），辅阻遏物与无活性的阻遏蛋白结合，从而抑制基因的转录，此过程称为阻遏作用（repression）。诱导剂诱导酶蛋白的生物合成涉及转录、翻译和翻译后加工等过程，所以其效应出现较慢，一般需要几小时以上方可见效。但是，一旦酶被诱导合成后，即使除去诱导因素，酶的活性仍然持续存在，直到该酶被降解或抑制。因此，酶的诱导与阻遏是一种缓慢而长效的调节。例如，胰岛素可诱导合成HMG-CoA 还原酶，促进体内胆固醇合成，而胆固醇则阻遏 HMG-CoA 还原酶的合成。镇静催眠类药物苯巴比妥可诱导肝微粒体加单氧酶的合成。

（二）酶蛋白降解的调控

细胞内各种酶的半衰期相差很大。胞内酶蛋白的降解主要有两种途径：一是不依赖于ATP 的溶酶体降解途径，由溶酶体内的蛋白酶非选择性地降解一些膜结合蛋白、长半寿期蛋白和细胞外的蛋白；二是胞液中的泛素 - 蛋白酶体途径（ubiquitin-proteasome pathway），主要降解异常或损伤的蛋白质，以及短半寿期的蛋白质（10 分钟至 2 小时）。通过影响酶蛋白的降解来调节酶的活性也比较缓慢。

第六节　酶与生物医学的关系

一、酶与疾病的发生

体内所有的反应几乎都是在酶的催化下进行的，任何酶的异常均可引起代谢障碍而致病。特定酶活性的先天性缺乏、酶活性的异常增高、酶活性抑制等都可以导致或者加剧相应疾病的发生和发展。酶的先天性缺乏导致的代谢缺陷性疾病通常称为代谢缺陷病，目前已发现 140多种。如酪氨酸酶缺乏引起白化病；苯丙氨酸羟化酶缺乏使苯丙氨酸和苯丙酮酸堆积，进一步造成对 5- 羟色胺的生成抑制，导致精神幼稚化。

酶活性在特定组织细胞内的异常增高有时会使病情加重。如急性胰腺炎时，胰蛋白酶原在胰腺中被激活，导致胰腺组织被水解破坏。炎症反应可使弹性蛋白酶从浸润的白细胞或巨噬细胞中释放，进一步加重炎症反应，对组织产生破坏作用。

中毒是酶活性受到抑制而导致疾病最常见的例子，如有机磷农药中毒、重金属盐中毒以及砷化物中毒等。有机磷农药等毒物，如敌百虫、敌敌畏等，能够与乙酰胆碱酯酶活性中心丝氨酸残基的羟基通过共价键不可逆结合，使酶失去活性。乙酰胆碱酯酶失活会造成神经递质乙酰胆碱的堆积，引起胆碱能受体兴奋、心功能紊乱等中毒症状。解磷定可用来治疗有机磷农药中毒。重金属离子 Hg^{2+} 和 Ag^+ 等以及砷化合物可与酶分子的必需巯基作用，使酶失活，可用二巯基丙醇解毒。

二、酶与疾病的诊断

（一）体液中的酶活性异常可作为疾病的诊断指标

引起体液中酶活性异常的主要原因有：①组织器官的细胞受到损伤，使细胞膜通透性增高，其组织特异性的酶释放入血。如急性胰腺炎时血清和尿中淀粉酶活性升高；急性肝炎时血清谷丙转氨酶（glutamic-pyruvic transaminase，GPT）升高；心肌炎时血清谷草转氨酶（glutamic-oxaloacetic transaminase，GOT）活性升高等。②细胞的半衰期缩短或细胞的增殖增快，特异性分布在这些细胞内的标志酶释放入血。如前列腺癌患者有大量酸性磷酸酶释放入血。③酶蛋白因诱导合成而增多。如巴比妥盐类或乙醇可诱导肝中的 γ- 谷氨酰转移酶生成增多。④血清中酶不能正常清除，半衰期延长，引起血清酶的活性增高。⑤肝功能严重障碍时，某些酶合成减少，如血中凝血酶原、因子Ⅶ等含量下降。

（二）同工酶与疾病诊断

由于同工酶在个体内分布存在明显的组织特异性或亚细胞结构特异性，同工酶在疾病的鉴别诊断上具有重要作用。

最先在临床上开展检测的同工酶主要有两种，即 LDH 和肌酸激酶（CK）同工酶。LDH和 CK 都属于可形成杂化体的同工酶。LDH 同工酶中两种不同亚基的合成受不同基因控制，不同组织器官合成这两种亚基的速度不同，因此 LDH 同工酶含量与分布有明显差异，见表3-4。

表 3-4　人体各组织器官中 LDH 同工酶的分布

组织器官	LDH 同工酶活性的百分比				
	LDH_1	LDH_2	LDH_3	LDH_4	LDH_5
心	67	29	4	< 1	< 1
肾	52	28	16	4	< 1
肝	2	4	11	27	56
肺	10	20	30	25	15
脑	21	26	26	20	8
脾	10	25	40	25	5
胰腺	30	15	50	—	5
子宫	5	25	44	22	4
骨骼肌	4	7	21	27	41
红细胞	42	36	15	5	2
白细胞	8	12	50	18	12
淋巴结	10	25	60	—	5
血小板	12	18	15	30	25

肌酸激酶（CK）是二聚体酶，其亚基有 M 型（肌型）和 B 型（脑型）两种。脑中含CK_1（BB 型）；骨骼肌中含 CK_3（MM 型）；CK_2（MB 型）仅见于心肌。心肌梗死后 6 ～ 18小时，CK 释放入血，而 LDH 的释放比 CK_2 迟 1 ～ 2 天（图 3-27）。正常血浆 LDH_2 的活性高于 LDH_1，心肌梗死时可见 LDH_1 大于 LDH_2。

84

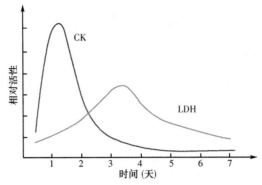

图 3-27　心肌梗死后血清 CK 和 LDH 总活性的变化

目前临床检验中可用于疾病鉴别诊断的同工酶种类逐渐增多，如血清 γ- 谷氨酰基转移酶同工酶、血清碱性磷酸酶同工酶、糖原磷酸化酶同工酶、淀粉酶同工酶等。

三、酶与疾病的治疗

（一）酶作为药物用于临床治疗

酶作为药物最早用于助消化，如胃蛋白酶、胰蛋白酶、胰脂肪酶、胰淀粉酶等可帮助消化。有些酶可用于清洁伤口和抗炎，如胰蛋白酶、胰凝乳蛋白酶、溶菌酶、木瓜蛋白酶、菠萝蛋白酶等可加强伤口的净化、抗炎和防止浆膜粘连。有些酶具有溶解血栓的疗效，如链激酶、尿激酶及纤溶酶等用于治疗心、脑血管栓塞等疾病。

（二）酶作为药物靶点用于临床治疗

酶作为药物靶点用于临床治疗的策略通常是针对代谢途径中关键酶设计相应竞争性抑制剂类药物来抑制酶的活性。如磺胺类药物可竞争性抑制细菌二氢蝶酸合酶的活性，从而抑制叶酸的合成，造成核苷酸合成障碍，抑制细菌细胞的生长。许多抗癌药是核酸和蛋白生物合成中酶的抑制剂。肿瘤细胞快速分裂增殖需要旺盛的核酸与蛋白质合成能力。氨甲蝶呤（MTX）、5- 氟尿嘧啶（5-FU）、6- 巯基嘌呤（6-MP）等，都是核酸和蛋白的合成代谢途径中酶的竞争性抑制剂，分别抑制四氢叶酸、脱氧胸苷酸及嘌呤核苷酸的合成，以抑制肿瘤细胞的核酸和蛋白的合成速度，从而抑制肿瘤细胞的生长。

酶抑制剂与艾滋病治疗

艾滋病又称获得性免疫缺陷综合征（acquired immunodeficiency syndrome，AIDS），是由人类免疫缺陷病毒（human immunodeficiency virus，HIV）感染引起，曾被视为不治之症。HIV 属于逆转录病毒，其基因组包含逆转录酶（reverse transcriptase）、整合酶（integrase）和蛋白酶（protease）等十余种蛋白质编码基因。HIV 进入人体 $CD4^+$ 免疫细胞后，经蛋白质生物合成产生几种重要的酶，帮助病毒进行复制、增殖。研究人员在研究酶与底物结构基础上设计开发了一些酶抑制剂以对抗病毒，如逆转录酶抑制剂叠氮脱氧胸苷酸（3'-azidodeoxythymidine，AZT），蛋白酶抑制剂英地那韦（indinavir）等。目前已有十多种针对 HIV 蛋白酶和逆转录酶的抑制剂应用于艾滋病的临床治疗。

AZT结构　　　　　　　　　　　　　　Indinavir结构

　　1995 年，在纽约艾伦·戴蒙德艾滋病研究中心工作的美籍华人何大一博士发明了治疗艾滋病的"鸡尾酒"疗法，即联合应用蛋白酶抑制剂与逆转录酶抑制剂，以降低 HIV 的抗药性，能有效减少病毒在体内的复制。1996 年何大一被美国《时代》周刊评选为年度风云人物，同年 12 月，"鸡尾酒"疗法被美国《科学》杂志评为年度最有影响的十大科研突破之首。

四、酶在临床检验和生物医学研究等方面的应用

（一）酶在临床检验方法中的应用

　　1. 酶偶联测定法　有些反应的底物或产物含量极低，不易直接测定。此时，可偶联另一种或两种酶，使初始反应产物定量地转变为另一种较易测定的产物，从而测定初始反应中的底物、产物或初始酶活性。这种方法称为酶偶联测定法。若偶联一种酶，这个酶即为指示酶（indicator enzyme）；若偶联两种酶，前一种酶称为辅助酶（auxiliary enzyme），后一种酶为指示酶。很多脱氢酶所催化的反应需要 NAD^+ 或 $NADP^+$ 作辅酶。还原型辅酶（NADH 和 NADPH）在 340nm 处有强吸收峰，而氧化型（NAD^+ 和 $NADP^+$）在此波长下吸收非常微弱。利用此特性，将脱氢酶反应与待测靶酶的反应相偶联，可测定靶酶活性，应用该法测定酶活性是临床检验的常规技术。例如，可利用 LDH 为工具酶测定谷丙转氨酶（GPT）的活性，于 340nm 波长处监测 NADH 消耗速度，从而计算谷丙转氨酶的活性（图 3-28）。

图 3-28　酶偶联法测定谷丙转氨酶活性的原理

　　2. 酶标记测定法　临床上经常需要检测一些微量分子，过去一般采用免疫同位素标记法。鉴于同位素的半衰期短和对人体的伤害大，近年来多以酶标记法代替同位素标记。例如，酶联免疫吸附测定（enzyme-linked immunosorbent assay，ELISA）利用抗原 - 抗体特异性结合的特点，将标记酶与抗体偶联后，对抗原或抗体进行检测。此外，在 ELISA 基础上结合发光设计或双酶 - 底物循环，分别建立的增强发光酶免疫测定（enhanced luminescence enzyme immunoassay，ELEIA）和 ELISA- 双酶循环扩增法，灵敏度远超过同位素标记法。

（二）酶作为工具用于科学研究和生产

　　1. 工具酶　由于酶的高度特异性，多种酶现已作为工具酶常规用于基因工程。例如，各种限制性内切酶、连接酶、逆转录酶以及聚合酶链反应中的 DNA 聚合酶等。
　　2. 固定化酶　酶经物理或化学方法处理后，连接在载体（如凝胶、琼脂糖、树脂和纤维素等）上形成固定化酶（immobilized enzyme），然后装柱使其反应管道化和自动化。在固定

的反应条件下，只要定速地灌入底物，即可自动流出和收集产物。

3. 抗体酶　具有催化功能的抗体称为抗体酶（abzyme），又称为酶性抗体。底物与酶的活性中心结合可诱导底物发生构象改变，形成过渡态底物。用这样的过渡态底物连上载体蛋白后免疫动物可以制备抗体酶。抗体酶是酶工程研究的前沿内容之一。制造抗体酶的技术比蛋白质工程甚至比生产酶制剂简单，又可大量生产。因此，可通过设计和制造抗体酶来制备自然界不存在的新酶种和不易获得的酶类。

（生秀梅）

思　考　题

1. 如何从分子结构特点认识酶的催化作用特性？

2. 什么是酶的活性单位？如何测定酶的活性？

3. 目前对酶催化机制有哪些认识？

4. 什么是酶级联放大效应及意义？

5. 在酶的纯化过程中通常会丢失一些活力，但偶尔可能会出现在某一纯化步骤中酶活得率超过 100%，产生这种活力增高的原因是什么？

6. 如果从刀豆中得到了一种物质，很可能是脲酶，怎样确定它是蛋白质，如何判断它是否是酶？

7. 在一个符合米氏方程的酶促反应体系中，已知：无抑制剂时，双倒数图中横轴的截距是 -5L/mmol，纵轴的截距是 $4\text{min}\cdot\text{L/mmol}$，当加入可逆抑制剂后，纵轴的截距没有变，而横轴的截距是 $-4\text{min}\cdot\text{L/mmol}$。问：

（1）无抑制剂时的双倒数方程式是什么？

（2）无抑制剂时，最大反应速度和米氏常数各是多少？

（3）有抑制剂时，表观最大反应速率和表观米氏常数又分别是多少？

（4）该抑制剂是何种类型的？此种抑制剂的作用特点是什么？

案例分析题

患者，女，34 岁。患者与家人争吵后口服甲胺磷原液约 100mL，30 分钟后送入医院。查体：神志不清，面色苍白，大汗淋漓，双侧瞳孔缩小，对光反射消失，两肺布满湿啰音，血压：120/76mmHg，呼吸：10 次 / 分钟，脉搏：58 次 / 分钟，急查血胆碱酯酶：6U/L（正常参考值：130～310U/L）。入院后立即给予胃插管清水反复洗胃，胃灌注 20% 甘露醇致泻，静脉推注阿托品 10mg，同时静脉滴注解磷定 2g、阿托品 100mg，鼻导管吸氧。

问题：

（1）入院后为何要急查血胆碱酯酶？该患者诊断为何种疾病？

（2）试述甲胺磷中毒的生化机制。

（3）试述使用解磷定、阿托品 2 种药物治疗的依据及其作用机制。

第四章 糖复合体

内容提要

糖蛋白和蛋白聚糖都是由糖与蛋白质两部分共价键连接而成。一般来说，糖蛋白分子中的蛋白质百分比大于糖，而蛋白聚糖则相反。两者的糖链结构迥然不同，功能也有很大差异。

糖蛋白的糖链主要有 N- 糖链和 O- 糖链两种类型。N- 糖链与肽链中 Asn-X-Ser/Thr 模序的天冬酰胺残基的酰胺基连接，O- 糖链与肽链中特定丝氨酸或苏氨酸残基侧链上的羟基连接。N- 糖链可分成高甘露糖型、复杂型和杂合型三种类型，它们有相似的核心结构，合成过程中有共同的含 14 个糖基的长萜醇前体。O- 糖链则没有这样的共同前体和核心结构。糖链的合成在内质网和高尔基体中进行，需要多种特异性的糖基转移酶或糖苷酶的参与。糖蛋白中的糖链可以维持蛋白的正常生理活性，参与分子识别，担负多种重要功能。

蛋白聚糖由核心蛋白结合糖胺聚糖而成。糖胺聚糖由重复的二糖单位组成，包括透明质酸、硫酸软骨素、硫酸皮肤素、肝素、硫酸乙酰肝素和硫酸角质素等。蛋白聚糖是细胞外基质的主要成分，除支持、填充等作用外，还具有一些特殊的生物学功能。

糖脂可分为 4 类：分子中含鞘氨醇的鞘糖脂、含甘油的甘油糖脂、由磷酸多萜醇衍生的糖脂及由类固醇衍生的糖脂。糖脂是一类两亲化合物，在细胞中主要是作为膜的重要组分，其脂质部分包埋在脂双层内，亲水的部分伸在膜外。

细胞外基质成分主要包括各类糖胺聚糖和蛋白聚糖、结构蛋白以及黏着蛋白。胶原蛋白是细胞外基质的主要结构蛋白，胶原蛋白纤维交错成网格状，是细胞外基质的主要支持物。纤连蛋白和层粘连蛋白则是细胞外基质中主要的黏着蛋白，它们可以与细胞、胶原蛋白、糖胺聚糖等结合，将细胞外基质的各种成分黏着在一起。

传统的生物化学往往从细胞能量代谢的角度研究糖类，但糖的功能绝不仅限于能量的储存者和提供者，它们可以形成多种多样的聚合物，并且能够与蛋白质、脂类等结合，广泛分布于细胞表面和细胞间隙，担负着非常重要的生物学功能。20 世纪 90 年代以来，随着相关研究的技术方法日趋成熟，人们逐渐认识到糖的聚合物和核酸、蛋白质一样，都是含有极为丰富生物信息的"信息分子"，糖生物学（glycobiology）也应运而生，成为生物化学最新的一个广袤研究领域。

单糖、寡糖或多糖以共价键与蛋白质或脂类结合形成糖复合体（glycoconjugate，又称糖缀合物），包括糖蛋白、蛋白聚糖和糖脂。大多数真核细胞都能合成相应的糖蛋白（glycoprotein）和蛋白聚糖（proteoglycan，PG）。人体内大多数的胞外蛋白质都是糖蛋白，包括可溶性糖蛋白和膜糖蛋白两类，部分存在于细胞外基质。蛋白聚糖又称蛋白多糖，广泛存在于各种生物体中，是构成细胞外基质的主要成分之一。糖蛋白和蛋白聚糖都是由糖与蛋白质两部分通过共价键相连接而成，但糖蛋白分子中的蛋白质质量百分比往往大于糖，而蛋白聚糖则常常相反。此外，两者的糖链结构差异很大，在代谢途径与生理功能等方面也完全不同。糖脂是糖类通过还原末端以糖苷键与脂类连接而成的化合物，是细胞膜的重要组成成分，广泛地分布于生物界。

各种各样的聚糖、蛋白聚糖、糖蛋白与胶原蛋白等共同构成动物细胞的细胞外基质

（extracellular matrix，ECM），又称细胞外间质。细胞外基质不仅仅是细胞间的连接者与填充者，又是构成细胞生长的重要外环境，与细胞的生长、分化、运动、迁移等密不可分。

第一节　糖　蛋　白

糖蛋白是由一种或多种糖通过共价键与多肽链的氨基酸残基连接而形成的结合蛋白质。不同的糖蛋白含糖量差别很大，一般是糖含量小于蛋白质含量。糖蛋白遍布于自然界各种生物，它在细胞内合成后，一部分分泌到细胞外，另一部分作为生物膜的结构成分留在细胞表面或细胞内。人体的很多蛋白质，如血液中的各种血浆蛋白、生长因子与激素，细胞外基质中的各类蛋白质以及细胞质膜、高尔基复合体膜、内质网膜上的蛋白质往往都是糖蛋白（表 4-1）。

表 4-1　糖蛋白种类

部位	类型	糖蛋白
膜蛋白	细胞表面抗原	ABO、MN 血型糖蛋白、MHC
	受体	胰岛素受体、NGF 受体、LDL 受体
分泌蛋白	血浆蛋白	免疫球蛋白、运铁蛋白、凝血因子、血浆脂蛋白
	激素	绒毛膜促性腺激素、促甲状腺素、促卵泡激素
	酶	糖基转移酶、核糖核酸酶、淀粉酶
	细胞外基质	胶原蛋白、纤连蛋白、层粘连蛋白

一、糖蛋白的结构

糖蛋白分子中蛋白质部分的结构与一般蛋白质类似，只是肽链中具有与糖链相连的特殊氨基酸残基。糖链则是由几种单糖及其衍生物通过多种方式连接而成寡聚物。当单糖之间通过糖苷键相互连接时，糖分子中可以参与形成糖苷键的羟基较多，一个糖分子可以与多个糖分子连接，从而形成分支。当糖成环状半缩醛结构时，其 C_1 原子上的羟基可形成 α、β 两种构型，故 C_1 被称为异头碳，所形成的糖苷键也有 α、β 两种构型。因此，糖蛋白的寡糖链虽然不长，其结构却非常复杂多样。

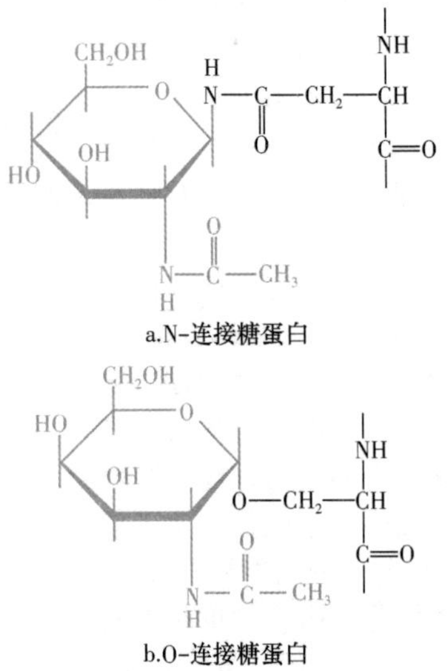

糖蛋白中糖链的结构大小不一，少者仅有一个单糖，复杂的寡糖链可由 12 ～ 15 个单糖组成，甚至可多达 20 ～ 30 个单糖。组成糖蛋白分子中糖链的单糖有 8 种：葡萄糖（glucose，Glc）、半乳糖（galactose，Gal）、甘露糖（mannose，Man）、N- 乙酰半乳糖胺（N-acetyl-galactosamine，GalNAc，又名 N- 乙酰氨基半乳糖）、N- 乙酰葡糖胺（N-acetylglucosamine，GlcNAc，又名 N- 乙酰氨基葡萄糖）、岩藻糖（fucose，Fuc）、木糖（xylose，Xyl）和 N- 乙酰神经氨酸（N-acetylneuraminic acid，NeuAc，NANA）。N- 乙酰神经氨酸又被称为唾液酸（sialic acid，SA）。

通过对糖蛋白肽链分解产生的糖肽进行结构分析，可以测出糖与多肽链连接的方式。目前所知的糖肽连接主要有 N- 糖苷键与 O- 糖苷键两种常见方式（图 4-1），近年来还陆续发现糖基磷脂酰肌醇（GPI）连接等新的连接方式。

a.N- 连接糖蛋白

b.O- 连接糖蛋白

图 4-1　N- 连接糖蛋白与 O- 连接糖蛋白

（一）N-连接糖蛋白

1. 糖基化位点 寡糖中的 N-乙酰葡糖胺的异头碳以 β 构型与多肽链中天冬酰胺残基的酰胺氮原子共价连接，形成 N-连接糖蛋白。并非糖蛋白分子中所有天冬酰胺残基都可连接寡糖，只有特定的氨基酸序列，即 Asn-X-Ser/Thr（其中 X 为脯氨酸以外的任何氨基酸）这 3 个氨基酸残基组成的天冬酰胺序列段才有可能，这一序列被称为糖基化位点。1 个糖蛋白分子可存在若干个这样的序列段，这些序列段只能视为潜在糖基化位点，能否连接上寡糖还取决其在蛋白整体空间结构中所处的位置。

2. N-连接聚糖的结构 在脊椎动物中，细胞外 N-连接聚糖有高甘露糖亚型、复杂亚型和杂合亚型（图 4-2，图 4-3）三种形式。三类 N-连接聚糖都有一个由 2 分子 GlcNAc 和 3 分子 Man 组成的五糖核心。高甘露糖亚型在核心五糖上连接了 2～9 个 Man（图 4-2a），复杂亚型是指那些 α3- 和 α6- 连接的甘露糖残基都被 GlcNAc 部分所取代的 N-聚糖（图 4-2b）。复杂亚型在核心五糖上可连接 2、3、4 或 5 个分支糖链，如天线状，天线末端常连有 N-乙酰神经氨酸。分析来自各种细胞的 N-聚糖时，可以发现脊椎动物细胞外的 N-聚糖大多数是复杂亚型。杂合亚型则兼有高甘露糖型与复杂型的特点，即一半为高甘露糖型天线，另一半为复杂型天线（图 4-2c）。

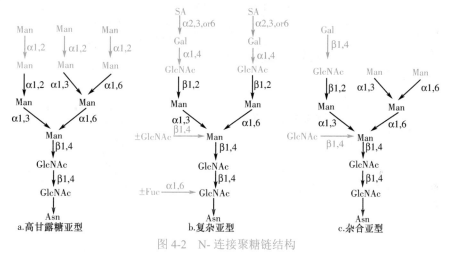

图 4-2 N-连接聚糖链结构

Man：甘露糖；GlcNAc：N-乙酰葡糖胺；SA：唾液酸；Gal：半乳糖；Fuc：岩藻糖；Asn：天冬酰胺；±：为可有可无糖基

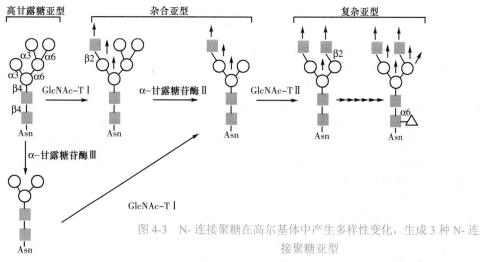

图 4-3 N-连接聚糖在高尔基体中产生多样性变化，生成 3 种 N-连接聚糖亚型

■：GlcNAc；○：Man；△：Fuc

3. N- 连接聚糖的合成　N- 连接聚糖的合成场所是在粗面内质网和高尔基体，可与蛋白质肽链的合成同步进行。在内质网上以多萜醇（dolichol，又称长萜醇）作为糖链载体，在糖基转移酶的作用下先将 UDP-GlcNAc 分子中的 GlcNAc 转移至多萜醇，再逐个添加糖基，糖基的供体是活化的连接 UDP 或 GDP 等的衍生物。每一步反应都必须有特异性的糖基转移酶催化，直至形成含有 14 个糖基的多萜醇焦磷酸寡糖结构。随后，含 14 个糖基的寡糖被整体转移至肽链糖基化位点中的天冬酰胺的酰胺氮上（图 4-4）。寡糖链再依次在内质网和高尔基体进行加工，先由糖苷水解酶除去葡萄糖和部分甘露糖，然后添加不同的单糖，成熟为各型 N- 连接聚糖（图 4-3）。

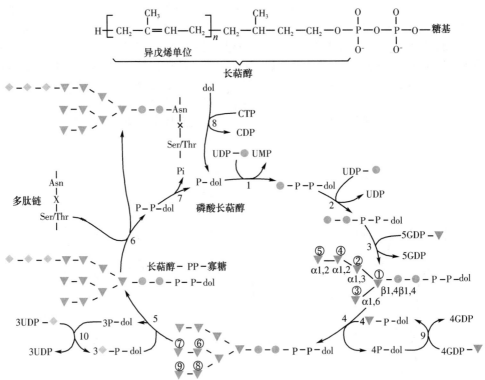

图 4-4　长萜醇 -P-P- 寡糖的合成

◆: Glc；▼: Man；●: GlcNAc；dol: 长萜醇

糖基转移酶

　　糖基转移酶（glycosyltransferase，GT）是一系列参加双糖、聚糖和糖复合体中糖链合成或催化糖基和蛋白质或脂类结合的酶类，它们催化转移活化的糖基供体上的糖基到糖类或非糖类受体上，并形成特殊的糖苷键。在生物体内它们显示了明显的多样性，包括对供体、受体和产物的特异性。大部分的 GT 为 II 型膜结合蛋白，即较短的 N 端在胞质，穿膜部分通过内质网或高尔基体膜，很长的 C 端在内质网或高尔基体的管腔内。但也有少数 GT 是 I 型膜结合蛋白，还有少数的 GT 为多次跨膜蛋白，个别 GT 不是跨膜蛋白。不同的 GT 在各细胞和组织中的分布相差悬殊，呈现很大的组织特异性，导致各组织或细胞中同一种糖蛋白的糖链结构有很大不同。

（二）O- 连接糖蛋白

1. O- 连接聚糖的结构　O- 糖链的结构比 N- 糖链短小，不具有共同的核心结构，种类更为多样。O- 糖链可连接于糖蛋白丝氨酸、苏氨酸、酪氨酸或羟脯氨酸的羟基上，但目前还没有发现存在明确序列特征的 O- 糖基化位点。但糖基化位点通常存在于糖蛋白分子表面，丝氨酸和苏氨酸比较集中，且周围常有脯氨酸序列。GalNAc-α-Ser/Thr 是最常见的连接方式，Gal-GalNAc 是较多见的核心结构，在此结构上还可添加岩藻糖、唾液酸等糖基，但往往不会形成很复杂的分支。一个糖蛋白分子，经常可以连接很多的 O- 糖链。

2. O- 连接聚糖的合成　与 N- 连接聚糖合成不同，O- 连接聚糖合成在多肽链合成之后进行，而且不需要糖链载体。在 GalNAc 糖基转移酶作用下，UDP-GalNAc 中的 GalNAc 基被转移至多肽链的丝氨酸或苏氨酸的羟基上，形成 O- 连接，再逐个加上糖基。每一种糖基都有其相应的专一性糖基转移酶。整个过程从内质网开始，在高尔基体内完成。

（三）其他糖基化方式

蛋白质与糖基磷脂酰肌醇（glycosylphosphatidylinositol，GPI）的连接是又一类较为广泛存在的方式。GPI 是位于质膜上的连接有糖基的磷脂酰肌醇分子，糖基连接在肌醇的 C^6 位上。蛋白质的末端羧基通过一个乙醇胺分子连接于 GPI 的糖核心上，并以此将蛋白质锚定在质膜上，因此又称为 GPI 锚定（GPI anchor）。此外，糖蛋白中还存在一些较为少见的连接方式，如在个别糖蛋白中发现的色氨酸残基的 C2 原子与甘露糖的连接，在低等生物中发现的糖基通过磷酸基团与蛋白质的丝氨酸羟基的连接等。

二、糖蛋白中寡糖链的功能

1. 糖链与蛋白质的生物活性　糖蛋白中的糖链担负着多种多样的功能。黏蛋白（mucin）是唾液、胃液、消化道表面的重要蛋白，含有大量的唾液酸，在生理条件下完全解离形成很强的负电荷区，从而可以大量结合水分，起到防止水分丧失和润滑等作用。糖蛋白中寡糖还有助于稳定蛋白质的构象，防止糖蛋白在细胞内沉积，或保护蛋白质免于蛋白酶水解等作用。含糖丰富的蛋白质，对蛋白酶的水解具有相当的抵御能力，这可能是位于蛋白质表面的糖基阻止了蛋白酶与肽链的结合。大多数糖蛋白的生物学活性并不需要其寡糖部分，如未糖基化的纤连蛋白在促使细胞铺开，介导细胞黏着于胶原基质等方面的功能与其天然糖基化产物没有明显区别。人绒毛膜促性腺素（human chorionic gonadotropin，HCG）与受体的结合、干扰素的抗病毒作用等都不需要蛋白分子中的寡糖参与。但对少数糖蛋白，其寡糖链对于维持生物学活性却是必需的，如运铁蛋白受体、红细胞生成素等在去糖基化后完全丧失活性。

2. 生物识别功能　生物识别是重要的生命现象，它包括三个范畴的识别：分子 - 分子、细胞 - 分子、细胞 - 细胞之间的识别。例如，糖基可以参与受体与相应细胞因子的识别；红细胞 ABO 血型抗原、MN 血型抗原的免疫决定簇就是其糖基，它介导红细胞与相应抗体之间的识别；糖链还参与受精过程，卵细胞表面的透明带糖蛋白 3（zona pellucida glycoprotein 3，ZP3）是精子的特异性受体，而 ZP3 的糖链在其中扮演关键性的作用；细胞表面的糖蛋白是很多病原体的受体，流感病毒的表面有一种称为血凝素（hemagglutinin）的糖蛋白，它可以特异性识别细胞表面糖链上的唾液酸，启动病毒对细胞的感染过程。

血凝素是一类凝集素（lectin），这类糖蛋白广泛分布于动物、植物和微生物中，因能够导致红细胞凝聚而得名。不同类型的凝集素往往含有糖识别功能域（carbohydrate recognition domain，CRD），可以特异性识别某种糖基，如 P- 型凝集素的配体是甘露糖 -6- 磷酸，Ⅰ 型 - 凝集素的配体是唾液酸。

很多植物凝集素在植物的确切生理功能还不清楚，但往往能够作用于动物细胞，例如，伴刀豆球蛋白 A（concanavalin A）能够促进 T 细胞增殖；大豆凝集素（soybean agglutinin）能够结合小肠黏膜上皮细胞，导致炎症发生。

动物中的凝集素则担负着蛋白质的靶向转运、细胞黏附等多种功能，例如，内质网膜上的钙连蛋白（calnexin）特异性识别糖链末端的葡萄糖残基，阻止未成熟蛋白的转运；高尔基体膜上的甘露糖 -6- 磷酸受体（mannose-6-phosphate receptor，MPR）识别溶酶体酶糖链上特

有的甘露糖 -6- 磷酸，介导其特异性转运；选凝素（selectin）则是一类细胞黏附分子，包括 L-选凝素、E- 选凝素和 P- 选凝素，分别分布于白细胞、内皮细胞和血小板中，在炎症发生时，它们都参与了白细胞与血管内皮细胞的黏附。

糖链结构具有种属专一性，例如，从牛血清纯化的纤连蛋白（fibronectin，FN）含有四种不同的 N- 糖链，而从人血清分离到的 FN 只有两种复杂型的 N- 糖链。种属间的糖链差异是异种器官移植时发生免疫排斥的重要原因。猪是异种器官移植的最适宜供体，但猪血管内皮细胞表面的糖链含有大量的 Gal-α1,3-Gal 结构，而人类细胞因不存在相应的糖基转移酶，不会出现这样的结构，反而会有相应的抗体，从而导致对猪器官的排异反应。

3. 糖链与疾病　很多人类疾病与糖基化异常有关，最典型的就是先天性糖基化病（congenital disorders of glycosylation，CDG），这是一类由 N- 糖链合成相关酶缺陷导致的罕见遗传病，根据所缺陷酶的不同，患者会出现各种不同类型的糖链合成障碍，并表现出多种器官组织的异常，往往在婴幼儿期夭折。包涵体细胞病（inclusion-cell disease）则是乙酰氨基葡萄糖磷酸转移酶（GlcNAc phosphotransferase）缺陷导致的糖蛋白靶向转运障碍，患者糖蛋白糖链上的甘露糖不能正常磷酸化，无法定位到溶酶体，造成溶酶体酶缺陷，细胞内大量无法降解的蛋白堆积成为包涵体（inclusion body）。

各种获得性的糖基化异常更为普遍，一些自身免疫病就与糖链异常有关。免疫球蛋白 G（IgG）具有一个 N- 糖链和五个 O- 糖链，是维持 IgG 功能所必需的。自身免疫病患者，由于清除机制等的异常，导致 N- 糖链末端缺少半乳糖残基的异常 IgG 的积累。正是这种异常抗体诱发了患者的自身免疫反应。

肿瘤的发生往往伴随着糖基化的异常。肿瘤细胞异常快速增殖，与此相关的一些酶类活性相应增高。在很多肿瘤细胞中，都会出现 N- 乙酰氨基葡萄糖基转移酶、岩藻糖基转移酶等的增高，造成糖链天线数增多、岩藻糖基增多等各种异常。在临床上，可以通过探测血清中甲胎蛋白（α-fetoprotein）、运铁蛋白（transferrin）、谷氨酰转肽酶（γ-glutamyltranspeptidase）、人绒毛膜促性腺激素等标志物的糖基化状况，对肿瘤做出早期诊断。各种可以与糖基特异性结合的凝集素就是检测糖链结构的有力武器。

O- 糖链合成异常与肿瘤抗原的形成

在肿瘤细胞中，O- 糖链生物合成往往在早期提前终止，出现正常细胞罕见的糖链结构，即肿瘤相关抗原（tumor-associated antigen，T antigen）。较为常见的异常 O- 糖链包括：单糖的 GalNAc-α1-Ser/Thr，也称 Tn 抗原；双糖的 Neu5Ac-α2-6-GalNAc-Ser/Thr，也称唾液酸化 Tn 抗原；Gal-β1-3-GalNAc-α1-Ser/Thr，也称 TF 或 T 抗原。T 抗原的产生可能与多个糖基转移酶对同一底物的竞争有关，肿瘤细胞中特定糖基转移酶的异常高表达导致异常糖链的产生。

第二节　蛋白聚糖

蛋白聚糖（proteoglycan）旧称黏蛋白，是细胞外基质主要成分之一。它是由蛋白质与糖胺聚糖（glycosaminoglycan，GAG）共价结合形成的一类糖蛋白。但它与一般的糖蛋白又有区别，蛋白聚糖含糖百分率比糖蛋白高，往往为 95% 以上。蛋白聚糖的糖链称糖胺聚糖。糖胺聚糖分子中含有大量的羧基、硫酸基等负电基团，因此是一种负电性较强的生物大分子。在组织中，蛋白聚糖因吸收大量的水而被赋予黏性和弹性，具有稳定和支持细胞的作用，有较强的亲水性。

一、糖胺聚糖的结构

糖胺聚糖往往有 100 个以上的糖基，呈不分支的线状，由重复二糖单位组成。二糖重

复单位中一个是己糖胺，另一个是己糖醛酸。机体内重要的糖胺聚糖有 6 种：硫酸软骨素
（chondroitin sulfate）、硫酸皮肤素（dermatan sulfate）、硫酸角质素（keratan sulfate）、透明质
酸（hyaluronic acid，hyaluronan，HA）、肝素（heparin）和硫酸乙酰肝素（heparan sulfate）。
除透明质酸外，其他的糖胺聚糖都带有硫酸。它们的二糖单位如表 4-2 所示。

表 4-2　糖胺聚糖的种类、组成与分布

种类	己糖醛酸	己糖胺	硫酸化	分布
硫酸软骨素	GlcA	GalNAc	主要发生在 GalNAc 的 4-OH 或 6-OH	骨骼、软骨、皮肤、角膜、动脉
硫酸皮肤素	IdoA	GalNAc	主要发生在 GalNAc 的 4-OH 或 6-OH	皮肤、血管、心脏瓣膜
硫酸角质素	Gal	GlcNAc	主要发生在 GalNAc 的 6-OH	角膜、软骨
透明质酸	GlcA	GlcNAc	无	结缔组织、皮肤、软骨、滑液
肝素	IdoA 与较少的 GlcA	GluNS 与较少的 GlcNAc	主要发生在 GalNAc 的 6-OH 和 IdoA 的 2-OH	肥大细胞
硫酸乙酰肝素	IdoA 与较少的 GlcA	GlcNAc 与较少的 GluNS	主要发生在 GalNAc 的 6-OH 和 IdoA 的 2-OH	细胞表面、肺、动脉

注：GlcA：葡糖醛酸；IdoA：艾杜糖醛酸；Gal：半乳糖；GlcNAc：N- 乙酰葡糖胺；GluNS：N- 硫酸葡萄糖胺；GalNAc：N-
乙酰半乳糖胺

与糖胺聚糖共价结合的蛋白质称为核心蛋白，两者结合形成蛋白聚糖。软骨蛋白聚糖的结
构很典型（图 4-5），它由硫酸软骨素、硫酸角质素和透明质酸等许多糖胺聚糖链连接到核心蛋
白而形成。核心蛋白含有相应的结合糖胺聚糖的结构域，一些蛋白聚糖还可以通过核心蛋白的
特殊结构域锚定在细胞表面或与细胞外基质的大分子相结合。丝甘蛋白聚糖（serglycin）是核
心蛋白最小的蛋白聚糖，含有肝素，主要存在于造血细胞和肥大细胞的储存颗粒中，是一种典
型的细胞内蛋白聚糖。饰胶蛋白聚糖（decorin）的核心蛋白相对分子质量为 3.6 万，富含亮氨
酸重复序列的模体，因能够修饰胶原蛋白而得名。黏结蛋白聚糖（syndecan）是细胞膜表面的
主要蛋白聚糖之一，其核心蛋白相对分子质量为 3.2 万，含有胞质结构域、插入膜质的疏水结
构域和胞外结构域，胞外结构域连有硫酸肝素和硫酸软骨素。核心蛋白种类多样，与核心蛋白
相连的糖胺聚糖链的种类、长度以及硫酸化程度等各不相同，使蛋白聚糖的种类更为繁多。

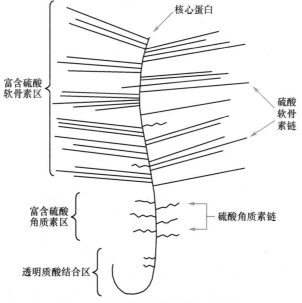

图 4-5　软骨蛋白聚糖单体结构模型

二、蛋白聚糖的生物合成

蛋白聚糖核心蛋白的合成与其他蛋白质相同，在粗面内质网进行。新生肽链在翻译的同时，切除 N 端的信号肽，以 O- 连接或 N- 连接的方式在丝氨酸或天冬酰胺残基上进行糖链加工。糖链的延伸和加工修饰主要在高尔基体内进行，以单糖的 UDP 衍生物为供体，在多肽链上逐个加上单糖，不需要先合成二糖单位。每一单糖都有其特异性的糖基转移酶，催化糖链依次延伸。糖链的修饰在合成后进行，糖胺的氨基来自谷氨酰胺，硫酸来自"活性硫酸"，即 3′- 磷酸腺苷 -5′- 磷酰硫酸（PAPS）。葡糖醛酸在差向异构酶的作用下，转变为艾杜糖醛酸。

三、蛋白聚糖的功能

除少数膜结合的蛋白聚糖，大部分的蛋白聚糖都位于细胞外，与胶原蛋白、弹性蛋白等构成了细胞外基质。细胞外基质的各种成分共同组成细胞生存的内环境，影响着细胞的增殖、分化、迁移和黏附等生物学行为。

蛋白聚糖的分子有大量的羧基和硫酸基，使之成为含高密度负电荷的多阴离子物质，赋予蛋白聚糖高黏度和高弹性，在细胞外基质中担负重要的结构作用。例如，软骨中的聚集蛋白聚糖（aggrecan）是一种毛刷状的大型聚集体，给予软骨组织抗压缩的复原力。基膜中的串珠蛋白聚糖（perlecan）、脑组织中的神经蛋白聚糖（neurocan）等也各有其功能特点，以适应不同组织的结构需求。

蛋白聚糖能够结合大量的水，从而控制细胞外的含水量。特别是糖胺聚糖中的透明质酸，它们与水的结合能力非常强，每克透明质酸能结合 500mL 水，可促进水的保留并维持结缔组织的弹性。老年人皮肤中糖胺聚糖逐渐解聚，分子量减小，皮肤中水分也随着减少。而雌激素则增加皮肤中糖胺聚糖聚合程度，因此可以促进水的保留，提高皮肤弹性。蛋白聚糖所形成的网格状结构还构成了机体的天然防御系统，可阻止细菌等病原体通过。有些毒性强的细菌能产生透明质酸酶，分解透明质酸，从而侵入机体。

部分蛋白聚糖位于细胞表面，其核心蛋白直接嵌入细胞膜，或者通过 GPI 连接锚定于细胞膜。这些蛋白聚糖可以与细胞外基质结合，从而发挥细胞黏附的作用。一些细胞表面的蛋白聚糖还有辅受体的功能。例如，黏结蛋白聚糖能够参与 EGF、FGF、VEGF 等多种生长因子与其受体的结合，稳定配体与受体的复合体，促进信号向胞内传递。

不同类型的糖胺聚糖或蛋白聚糖往往具有一些特殊的活性。例如，关节腔、胸腔、心包腔中的透明质酸具有润滑作用；硫酸角质素对维持角膜的透明度具有重要作用；肝素能使凝血酶原失活，具有抗凝血作用；肝素还能够结合血管内皮细胞表面的脂蛋白脂肪酶，促进其释放入血。

第三节 糖 脂

糖脂是糖类通过还原末端以糖苷键与脂类连接起来的化合物。糖脂是一类两亲化合物，其脂质部分是亲脂（lipophilic）的，而糖链部分是亲水（hydrophilic）的。在细胞中，糖脂主要是作为膜（特别是质膜）的组分而存在，其脂质部分包埋在脂双层内，而亲水的糖链部分则伸在膜外。鉴于脂质部分的不同，糖脂可分为 4 类：分子中含鞘氨醇（sphingosine）的鞘糖脂（glycosphingolipid，GSL）；分子中含甘油脂（glycerolipid）的甘油糖脂（glyceroglycolipid）；由磷酸多萜醇衍生的糖脂（polyprenol phosphate glycoside）；由类固醇衍生的糖脂（steryl glycolipid）。

糖脂广泛地分布于生物界。哺乳动物的组织和器官中所含的糖脂主要是鞘糖脂，鞘糖脂的组成、结构与分布具有种属和组织专一性。鞘糖脂在植物界的分布不很普遍，而甘油糖脂则主要存在于植物界和微生物中，哺乳动物虽然含有甘油糖脂，但分布不普遍，主要存在于睾丸和精子的质膜以及中枢神经系统的髓磷脂（myelin，又称髓鞘脂）中。本章仅讨论医学上较重要的鞘糖脂。

一、鞘　糖　脂

（一）鞘糖脂的分类

鞘糖脂按其所含的单糖的性质可分为两大类，即中性鞘糖脂（neutral glycosphingolipid）和酸性鞘糖脂（acidic glycosphingolipid）。前者糖链中只含中性糖类，比如脑苷脂（cerebroside）和红细胞糖苷脂（globoside）；后者糖链中除了中性糖以外，还含有唾液酸或硫酸化的单糖，比如含唾液酸的神经节苷脂（ganglioside，Gg）和含硫酸化单糖的硫脑苷脂（sulfatide）。

（二）鞘糖脂的结构

鞘糖脂的分子由糖链、脂肪酸和鞘氨醇组成。鞘氨醇分子的氨基被脂肪酰化就形成亲脂的神经酰胺（ceramide，Cer），亲水的糖链则以 β-1,1'- 糖苷键与神经酰胺的伯醇羟基相连接。鞘糖脂的分子结构见图 4-6。

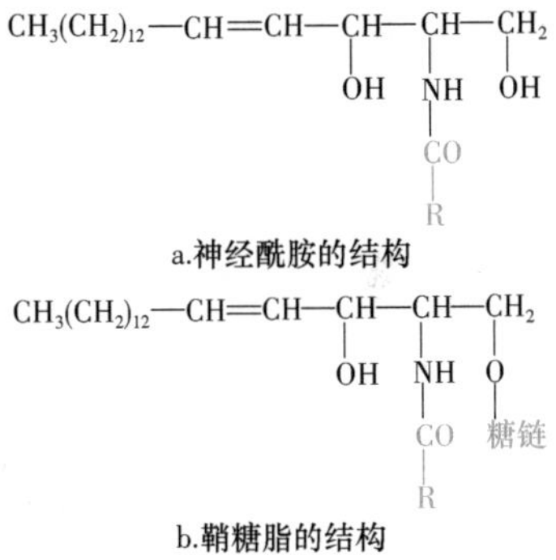

1. 疏水部分的结构

（1）鞘氨醇：目前已知天然存在的同系物有 60 种以上。在动物鞘糖脂中最常见的是具有 18 个碳原子的、不饱和的 4- 烯鞘氨醇（4-sphingenine），就是通常所说的鞘氨醇；其次是饱和的二氢鞘氨醇（dihydrosphingosine，或 D-sphinganine）和 4- 羟双氢鞘氨醇（4-hydroxysphinganine）以及不饱和的二十碳鞘氨醇（eicosasphingenine）（图 4-7）。由于真菌和植物鞘糖脂中主要是 4- 羟双氢鞘氨醇，所以这种鞘氨醇又称植物鞘氨醇（phytosphingosine）。

图 4-6　神经酰胺和鞘糖脂的结构

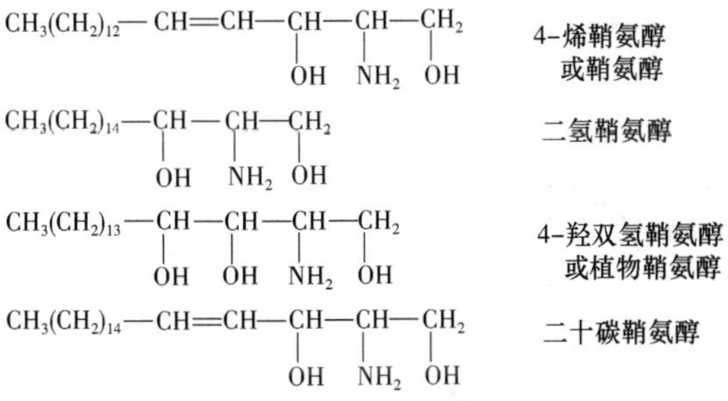

图 4-7　几种常见的鞘氨醇

（2）脂肪酸：鞘糖脂分子中的脂肪酸一般是碳原子数在 14 ～ 26 的长链脂肪酸，可以为饱和，也可以为不饱和。与甘油脂类相比，鞘糖脂所含的不饱和脂肪酸较少，因此也比较稳定。此外，在脑、肾和小肠等组织中还发现鞘糖脂中含有相当数量的 α- 羟基脂肪酸。

不同的鞘氨醇和不同的脂肪酸相互组合，可形成多种神经酰胺，所以鞘糖脂的神经酰胺部分可以呈现出一定的不均一性。

2. 糖链的结构

鞘糖脂分子亲水的糖链部分结构复杂多变。糖链的长短、组成和结构可以相差很大。有的糖链很短，只含有 1 个单糖，例如，脑苷脂，其糖链部分仅由 1 个半乳糖或葡萄糖基构成，而有的鞘糖脂含单糖高达 20 ～ 30 个，因而被称为聚糖脂（macroglycolipid，或 megaloglycolipid）。

自然界中已发现的单糖多达 200 种以上，但通常出现在脊椎动物鞘糖脂中的单糖只有 6 种，它们是：D- 葡萄糖、D- 半乳糖、N- 乙酰氨基葡萄糖、N- 乙酰氨基半乳糖、L- 岩藻糖和唾液酸。近年来发现在无脊椎动物的鞘糖脂中还含有甘露糖、木糖和糖醛酸，但这些糖并不普遍。

（三）鞘糖脂的代谢

鞘糖脂分子是由神经酰胺和糖链两部分组成。除 Cer 的生物合成外，糖链的合成都需要糖基转移酶的参与。糖基转移酶可将特异性糖基核苷酸上的糖转移到 Cer 或与 Cer 相连的寡糖上。UDP-Gal、UDP-Glc、UDP-GalNAc、UDP-GlcNAc、CMP-SA 和 GDP-Fuc 等是活化的糖基供体。大多数糖基转移酶存在于高尔基体膜上。

1. 脑苷脂　是神经髓鞘的重要组分，是神经酰胺的衍生物。它的化学结构是只有一个半乳糖基或葡萄糖基结合于神经酰胺，神经酰胺部分的脂肪酰基由二十四碳烷酸构成。肝、脑和乳腺内的糖基转移酶能催化 UDP-Gal 或 UDP-Glc 的糖基转移到神经酰胺分子上，即可合成半乳糖或葡萄糖脑苷脂。己糖异构酶还能使 UDP-Gal 和 UDP-Glc 相互转变。若糖基的 C-3 上结合一分子硫酸即生成硫脑苷脂。硫酸需由 PAPS 提供。脑组织的髓鞘含有硫脑苷脂（图 4-8）。

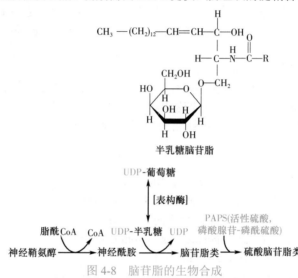

图 4-8　脑苷脂的生物合成

2. 神经节苷脂　是含有唾液酸残基的酸性鞘糖脂。在脑组织内，以神经酰胺为基础，逐步由 UDP-Glc 和 UDP-Gal 将葡萄糖和半乳糖糖基转入，再由 CMP-SA 将唾液酸转入，由 UDP-GalNAc 将乙酰半乳糖胺代入，即生成神经节苷脂（图 4-9）。

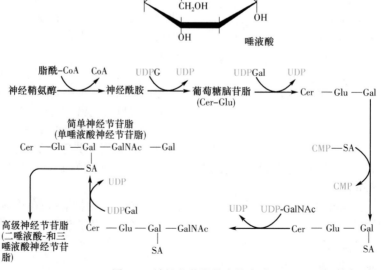

图 4-9　神经节苷脂的生物合成

神经节苷脂含唾液酸数目不等，结构复杂，种类繁多。已从脑组织中分离出 30 种以上的神经节苷脂，其在脑灰质中含量最高。神经节苷脂亦是神经原细胞膜突触的重要成分，参与神经传导过程。由于神经节苷脂中糖基和唾液酸含有带电荷的亲水基团，向细胞膜表面外侧突出的糖基能形成许多结合位点，可作为激素受体（hormone receptor）影响细胞内的各种生理和代谢活动。

鞘糖脂的降解是逐步进行的，细胞溶酶体中的各种特异糖苷酶（glycosidase）能水解脑苷脂和神经节苷脂中的糖基，神经氨酸酶（neuraminidase）能使神经节苷脂水解除去乙酰氨基糖类。先天性缺乏这些酶者，即可引起神经节苷脂沉积病（gangliosidosis），出现肌肉软弱，脑组织膨胀，视力损伤等症状。

二、鞘糖脂的功能

鞘糖脂是生物膜的重要组分。尽管对各种鞘糖脂的确切功能还缺乏深入的了解，但从现有资料可知它们往往担负某种特别的功能。

鞘糖脂在神经细胞中含量很高。它是髓鞘的重要成分，有保护和隔离神经纤维的作用。神经节苷脂在神经末梢含量非常丰富，现已证明神经节苷脂选择性定位于富含乙酰胆碱酯酶的神经末梢膜上，这表明它可能参与神经冲动的传导。

鞘糖脂含有的寡糖链都突出于细胞质膜的外侧面，糖链的这种特殊的分布和细胞的许多功能有关。天线状的糖链可以感知外界的信息，参与细胞识别。神经节苷脂 GM1 作为霍乱毒素的受体已被证实。除此之外，神经节苷脂也是破伤风毒素、肉毒杆菌毒素、肠炎弧菌毒素等的受体。脑垂体分泌的一些糖蛋白激素的受体，如促甲状腺素受体、促黄体生成素受体、促卵泡激素受体均可与神经节苷脂结合，并且对其功能发挥调控作用。有些鞘糖脂是细胞的表面抗原，如嗜异性抗原（Forssman antigen）。在肿瘤细胞中，鞘糖脂也往往像糖蛋白一样会发生异常的糖基化。

三、鞘糖脂与疾病

在各种不同的疾病状态下，细胞中鞘糖脂的含量和组成都会发生明显的改变。有些改变是遗传性的，如各种鞘糖脂贮积症；也有些是获得性的，如恶性肿瘤和神经疾病。糖脂组成的改变会导致细胞功能的失常，出现特征性的病理变化和临床症状，而其机制是糖脂代谢酶系中某个或某些酶的先天性或后天性异常。先天性异常往往是酶或其调节物基因的缺陷引起，而后天性异常则主要是基因表达调控的异常引起。恶性肿瘤发生时，糖脂的代谢异常和糖蛋白的糖链异常具有同样重要的意义，它们和肿瘤的某些恶性行为有密切关系，并可作为肿瘤的诊断标志。又因糖脂和细胞黏附及信号传导有关，某些糖脂或其降解产物还有望用于抑制肿瘤的转移。另外，神经系统是最富含糖脂的组织，很多神经疾病都有糖脂代谢的紊乱，或者糖脂代谢失常本身就是某些神经疾病的病因。

第四节 细胞外基质成分

细胞是生物体的基本组成单位，而细胞与细胞之间需要有连接者和填充者。在哺乳动物，这些细胞间的复杂成分称为细胞外基质（extracellular matrix，ECM）。ECM 的主要成分可分为三类：①结构蛋白，如纤维状的胶原蛋白、弹性蛋白等；②专一蛋白，如纤连蛋白（fibronectin，FN）、层粘连蛋白（laminin，LN）和原纤蛋白（fibrillin）等；③蛋白聚糖。这些组分按不同比例形成生物体内多种类型的 ECM，每一类型执行着特定的功能。随着 ECM 功能研究的日臻深入，其在生理和病理过程中的重要作用不断被发现。ECM 绝不仅仅是细胞间隙的填充者，而是细胞外环境的构成者，细胞的形态、功能、运动和分化均与 ECM 密切相关。胚胎发育过程中，许多胚胎细胞都要迁移并通过 ECM 最终到达适合的部位，在 ECM 构成的适宜环境中发生增殖和分化。ECM 提供了细胞的黏附环境，也能够结合多种生长因子和激素，调节细胞的功能。本节重点介绍 ECM 的主要成分：胶原、纤连蛋白和层粘连蛋白。

一、胶　　原

胶原是结缔组织的主要蛋白质成分，约占机体总蛋白的 25%。不同类型胶原有截然不同的形态和功能。在骨和牙等硬质结构，胶原和钙、磷形成坚硬的聚合物。更多的胶原具有柔韧性，所构成的胶原纤维具有很强的抗张力作用。如皮肤胶原蛋白编织成疏松的纤维网状结构，而血管壁胶原排列成螺旋网状结构，执行着各自的特有功能。几乎所有类型的胶原都是由结缔组织的成纤维细胞所分泌，某些上皮细胞也能分泌少量的胶原。

（一）胶原的分子组成和分型

目前已经发现至少 28 种不同类型的胶原，编码胶原蛋白多肽链的基因则超过 50 个。人体中含量最多的是 I 型胶原，占胶原总量的 90%，它是由 α1(I) 和 α2(I) 两种多肽链按照不同比例组成的三聚体，广泛分布在皮肤、肌腱、骨骼等组织。基膜中的 IV 型胶原和平滑肌等组织中的 V 型胶原组成更为复杂，分别含有 6 种和 3 种多肽链。软骨中的 II 型胶原和动脉壁等组织中的 III 型胶原则是由 1 种多肽链组成。

（二）胶原分子结构特点

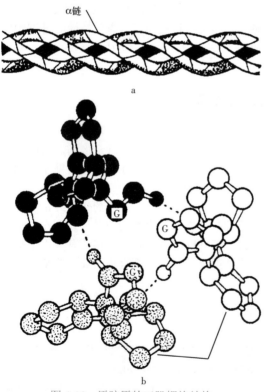

图 4-10　原胶原的三股螺旋结构

a. 原胶原分子的右手三股螺旋；b. 三股螺旋轴顶面观的棒 - 球模型，G 为甘氨酸的 α- 碳原子，点状线代表氢键

分析大鼠肌腱组织中提纯获得的 I 型胶原的结构，发现它是由 2 个 α1(I) 肽链和 1 个 α2(I) 肽链组成，每一股链均含有 1050 氨基酸残基，相互盘绕形成长 300nm、直径 1.5nm 的三股右手螺旋（图 4-10a），这就是所谓的原胶原（tropocollagen）。此后的研究发现，所有不同类型的胶原均以三股螺旋的方式形成，不同之处仅仅在于组成的多肽链有所差异。

胶原中有大量反复出现的 Gly-Pro-X（X 为任意氨基酸）序列，这是形成三股螺旋所依赖的一级结构基础。原胶原三股螺旋的每一螺距由 3.3 个氨基酸残基所组成，螺旋半径很小，在三股螺旋中心的空间不能容纳氢原子以外的任何氨基酸侧链，所以交替出现的甘氨酸是形成三股螺旋的重要条件。甘氨酸还通过其 α- 氨基的氢原子与相邻肽链的 α- 羧基的氧原子形成氢键，稳定空间构象（图 4-10b）。胶原中富含的另两种氨基酸残基分别是脯氨酸和羟脯氨酸，其结构中具有刚性的吡咯环，只能存在于三股螺旋的外侧面。值得注意的是，脯氨酸或羟脯氨酸的 α- 氨基参与形成的肽键的键角大小，虽不利于形成 α- 螺旋，却恰好适合形成三股螺旋。

原胶原纤维相互平行交错排列，原纤维末端间相差 64nm，可形成直径 50～200nm，长达数毫米的胶原原纤维（collagen fibril）。微纤维再进一步平行排列，形成胶原纤维（collagen fiber）。胶原蛋白赖氨酸残基的氨基在氧化酶作用下形成醛基，相邻原纤维的醛基与醛基相互发生醇醛缩合，形成分子间的共价连接，赋予胶原更强的韧性。

（三）胶原的生物学功能

胶原是机体最主要的结构蛋白，主要功能是作为组织的支持物和填充物，广泛分布于皮肤、骨和软骨、肌腱等组织。此外，胶原分子及胶原纤维在生物体的发育、生长以及细胞分化、黏附、运动等方面均起重要作用。

实验证实，在进行干细胞的体外培养时，如在培养皿表面覆盖胶原，则可促进细胞的黏附和分化。不同类型的胶原可诱导干细胞发生定向分化，例如，Ⅰ型胶原可促进骨髓间充质干细胞（MSC）向成骨细胞分化，Ⅱ型胶原则可促进 MSC 向软骨细胞分化。

胶原在结缔组织损伤后修复过程中起重要作用。皮肤受伤后，主要损坏上皮基膜及邻近结缔组织，内皮形成肉芽肿，此时血管内皮细胞等都可合成胶原，可见Ⅲ型胶原出现。一旦肉芽中毛细血管连通后，即伴有成纤维细胞增生，并出现以Ⅰ型胶原组成为主的粗大纤维，最后在瘢痕表面覆盖一层修复的上皮，既无细胞也无血管，含有大量Ⅰ型胶原，中间夹杂一些Ⅲ型胶原。

二、纤连蛋白

纤连蛋白（FN）是一种糖蛋白，具有结合与黏附等重要的生物学功能，并能影响细胞生长和分化。FN 在体内分布广泛。血浆中的 FN 以可溶的形式存在，称为血浆 FN，主要由肝细胞和内皮细胞合成。存在于细胞外基质、基膜、细胞之间以及某些细胞表面的 FN 以不溶的形式存在，总称为细胞 FN。细胞 FN 可由多种类型的细胞合成分泌，成纤维细胞分泌最多，星型胶质细胞、早期间充质细胞、巨噬细胞、肥大细胞等也能合成分泌。

（一）FN 的肽链结构

血浆 FN 是由 A 链及 B 链两条肽链形成的二聚体，A 链 235kDa，B 链 230kDa，约各含 1880 个氨基酸残基，二链之间在 C 端借二硫键相连。细胞 FN 也有 A、B 两种肽链，分子量稍大，分别为 245kDa 和 240kDa，常以多聚体形式存在。

无论是 A 链或 B 链，FN 均可区分为 7 个结构和功能相对独立的结构域，见图 1-17。从 N 端起，结构域 1 可与纤维蛋白、肝素、肌动蛋白、凝血因子ⅧⅢ（转谷氨酰胺酶）等结合。凝血因子ⅧⅢ可因此而被 FN 激活，其作用是催化纤维蛋白单体形成稳定的交联纤维蛋白，这在凝血和伤口愈合方面均有重要意义。结构域 1 与肝素结合需 Ca^{2+}，但结合作用较弱。

结构域 2 是与胶原结合的部位，有 12 ～ 14 个二硫键。结构域 3 可与纤维蛋白结合，但较弱。结构域 4 是结合细胞的活性部位，含有 Arg-Gly-Asp（RGD）序列，能与细胞膜上整联蛋白（integrin）的互补部位结合。整联蛋白是一类受体家族，与 FN 结合的是其中一个亚家族，在哺乳动物细胞中至少有 4 种这样的整联蛋白，可以与 FN 分子的不同位点结合而传递不同的信息，可能参与基因表达的调控，影响细胞在间质中的行为。

结构域 5 是肝素的强结合位点，且不受 Ca^{2+} 的影响。多种糖胺聚糖及蛋白聚糖都可与此部位结合，例如，细胞表面的黏结蛋白聚糖与此部位的结合，即可促进细胞与基质的黏附。结构域 6 是纤维蛋白结合位点，但结合力弱于结构域 1。结构域 7 位于羧基端，含 2 个二硫键，借此将 A、B 两条肽链共价连接起来，形成二聚体结构。

（二）FN 的糖链结构

FN 的含糖量因组织来源不同而异，通常在 5% ～ 20%，如羊膜 FN 的含糖量几乎是其他来源 FN 的 2 倍。FN 主要含 N- 糖链，每分子 FN 可有 8 ～ 10 条之多，比较集中在肽链结构域 2 的胶原结合部位。不同组织来源 FN 的 N- 糖链结构也有差异，羊膜 FN 寡糖链的末端不发生唾液酸化，核心区发生岩藻糖基化，而血浆 FN 寡糖链的末端发生唾液酸化，且无核心区岩藻糖化。FN 的糖基化与其溶解度和抵抗蛋白酶的作用有关，也影响与胶原结合的亲和力。

（三）FN 的功能

对 FN 功能的早期研究发现，它可以与细胞表面和 ECM 中的多种生物分子相结合，从而促进细胞与细胞外基质之间的相互黏合。进一步研究则发现，它还在细胞的生长、分化、迁移中发挥作用，并且能够增强巨噬细胞及网状内皮细胞的内吞。

FN 的所有功能都可以认为是通过其介导的细胞与细胞、细胞与基质的相互作用来完成的。分析 FN 分子的结构域可以发现，它对肝素、纤维蛋白、胶原、糖胺聚糖、蛋白聚糖、肌动蛋白乃至细胞都有很高的亲和力。FN 作用于细胞膜表面的整联蛋白，可增强细胞间粘连。而 FN 结合细胞后再与胶原结合，又可将细胞和胶原连在一起。事实上，FN 的粘连作用及其与多种物质的结合与胚胎发育、形态发生、细胞分化及生长调节等生理过程都有密切的关系。细胞黏着的异常还与多种病理过程相关，特别是肿瘤的转移。细胞癌变时，FN 明显减少，这是由于合成减少或降解增加所致，由此可使间质中蛋白聚糖及胶原等不能有效地通过 FN 介导交联成网状结构，这可能加速了恶性肿瘤的转移。

巨噬细胞能合成分泌 FN，而 FN 结合在巨噬细胞上可以促进巨噬细胞清除异物的吞噬功能。伤口出血时，FN 在血小板表面与胶原结合，加强胶原对血小板的作用，促进血小板的聚集。血液凝固时，FN 与纤维蛋白凝块结合，并促进成纤维细胞、巨噬细胞、上皮细胞等移向受伤部位，产生胶原纤维，吞噬局部组织碎片，参与肉芽组织形成，从而促进伤口愈合。

三、层粘连蛋白

层粘连蛋白（LN）是一种由多结构域构成的糖蛋白，分子量高达 900kDa，结构复杂，功能多样，除了构成基膜的片层网状结构之外，还与细胞的分化、黏附、迁移和增殖有关。

LN 存在于动物胚胎及成年组织的各种基膜中，是基膜中的主要结构糖蛋白和黏附糖蛋白。它主要位于基膜的透明层，紧贴细胞基底的表面，在恶性转化细胞及恶性肿瘤细胞则不限于基底表面，而且具有高转移潜能的肿瘤细胞表面的 LN 较多。LN 在血液及组织液中的浓度极低，这一点与 FN 不同。

（一）LN 的分子结构

LN 是由三条不同肽链组成的三聚体，包含一条重链（α 链）和两条轻链（β、γ 链）。到目前为止，已鉴定出至少 5 种 α 链、4 种 β 链和 3 种 γ 链，所组成的 LN 至少有 16 种。以其中由 α1、β1、γ1 构成的 LN-1 为例：α1 链分子量 400kDa，β1 链分子量 220kDa，γ1 链分子量 200kDa，肽链间有二硫键连接，排列成十字架形，包括一条长臂和三条短臂。FN 分子的长臂和短臂上分别有结合Ⅳ型胶原、硫酸肝素等的结构域，十字架中心区域则含有 RGD 序列，可与细胞表面的整联蛋白结合（图 4-11）。

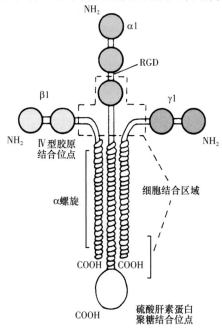

图 4-11　层粘连蛋白分子结构

（二）LN 的糖链

LN 是一个含糖达 13%～15% 的糖蛋白，其中中性糖占 4.8%，氨基糖占 4.3%，唾液酸占 3.8%。小鼠 LN 分子大约有 68 条 N- 寡糖链，大部分分布在 LN 的长臂结构区，绝大部分的糖链为复杂型 N- 糖链，结构形式多样，基本特征为末端存在半乳糖，也有唾液酸和多聚乙酰氨基乳糖结构，具有组织和种属特异性。

（三）LN 的功能

LN 由上皮细胞、内皮细胞、平滑肌细胞等合成，而成纤维细胞、软骨细胞不能合成。LN 的生物学功能首先表现为细胞粘连作用，通过细胞表面的 LN 特异受体（整联蛋白家族）介导，能结合于细胞表面或胶原，通过对上皮细胞和Ⅳ型胶原的结合，以及与基质中的其他非胶原糖蛋白结合，将基膜中的各种大分子连成一个整体。因此，LN 在维持基质的稳定以及将细胞黏着于基膜上起重要作用。LN 可介导上皮细胞、内皮细胞、某些成纤维细胞、神经鞘细胞及肿瘤细胞黏着于胶原并铺展。若无 LN 存在，则某些细胞只能黏着于胶原而不能充分铺展，而铺展对于细胞的正常生理、生化活动都是必要的。

LN 在胚胎发育及组织分化中的作用也受到重视。在胚胎发育过程中最早出现的细胞外基质蛋白质是 LN，卵母细胞和受精卵都表达 LN 的 β1。4～8 个细胞阶段的胚胎表达 β1 和 γ1 链，至 16 个细胞的桑葚期则 α1、β1、γ1 链全都表达，在细胞间出现 LN。随后 LN 出现在最原始的基膜、卵黄囊、体壁和内脏内胚层、绒毛膜和羊膜中，进而出现在发育中的神经系统和晶体。

新近发现，LN 可能与某些疾病，如糖尿病、肾病、类风湿关节炎、感染、抗感染等有关，在肿瘤细胞的浸润、转移等方面也有重要作用。

（徐　磊）

思　考　题

1. 如何理解糖是"第三大类生物信息分子"这一观点？

2. 糖蛋白和蛋白聚糖都是蛋白质的糖复合体，两者在结构上有什么差异？这与它们各自不同的功能之间有什么联系？

案例分析题

1. 各种糖基转移酶基因缺陷的小鼠曾用于寡糖功能的研究。敲除 N- 乙酰葡糖胺转移酶（GlcNAcT1）基因的小鼠在胚胎阶段就会死亡，而敲除 α-2,6- 唾液酸转移酶 1（ST6Gal1）基因缺陷的小鼠可以存活和繁育，仅出现免疫应答能力的缺陷。其中 GlcNAcT1 催化 GlcNAc 通过 β-1,2- 糖苷键连接于甘露糖，ST6Gal1 催化唾液酸通过 2-6 糖苷键连接于半乳糖。为什么这两种基因缺陷所造成影响的严重程度会有如此显著的差异？

2. 一个 3 岁的小孩因语言发育障碍前来求医。医生诊断发现，患儿有听力障碍，皮肤粗糙，面容丑陋，骨骼发育异常。尿液检查发现硫酸皮肤素和肝素显著增高。医生判断这可能是某种糖胺聚糖分解代谢酶缺陷导致的遗传性疾病。

问题：请查阅文献，推测与此相关的缺陷基因，探讨疾病发生的机制。

第二篇　物质代谢与调节

物质是运动的、变化的。运动是物质的本质属性。构成生物体或从环境中摄取的各种物质，都在不断地发生变化，机体的内部与外部环境不断地进行物质交换，实现生物体的自我更新以及内环境的恒定。人类所处的环境千变万化，内环境保持恒定生命才得以存在和繁衍，代谢和信息的调控都是围绕这个目的展开的。

本篇共 10 章，将分类讨论各类物质在生物体内的变化过程及其调节和相互联系，以化学反应的方式来表示物质变化的过程。物质代谢中绝大部分化学反应是在细胞内由酶催化的，这些变化过程和规律是在演化过程中逐步形成的。

本篇主要讨论有机化合物的代谢，也就是碳氢化合物的代谢，这些化合物中碳、氢最终都氧化成水和二氧化碳并回归到环境中。物质的变化总是伴随着有能量形式的转化，这也是实现各种生命活动的基础。体内能量形式的转化、能量的载体与利用等将在生物氧化这章中讨论。

含氮的有机化合物在生命活动中占有重要位置，如构成蛋白质的氨基酸，构成核酸大分子中的嘌呤、嘧啶环，血红蛋白的辅基血红素等都是含氮的有机化合物。这些物质在体内的合成和分解过程（氮代谢的终末产物和排泄不同于碳氢）将在相关章节中讨论，血红素的合成和分解将分别在血液生物化学和肝胆生物化学章节中讨论。在肝胆生物化学章的生物转化一节中还将介绍生物体从环境中获取的众多外来物质在体内的变化过程。

在生物体内发生的物质变化，尽管物质种类繁多、变化方式多样、但都是有序进行的，并遵循着物质不灭，能量守恒的基本定则。

第五章　糖　代　谢

内容提要

糖是一类重要的营养物质，在为人体提供能源与碳源的同时也是体内组织结构及一些重要活性物质的组成成分。食物中的糖类主要是在小肠中被消化后以葡萄糖等单糖形式吸收。人体内的糖代谢以葡萄糖为中心，分解代谢途径主要有糖的无氧分解、糖的有氧氧化、磷酸戊糖途径和糖原分解等；合成代谢有糖原合成和糖异生作用等。

糖的无氧分解是指葡萄糖或糖原在无氧或缺氧的条件下分解生成乳酸并产生 ATP 的过程。反应在细胞质中进行，其最主要的生理意义是在相对缺氧的情况下为机体迅速提供能量。糖的有氧氧化指的是葡萄糖或糖原在有氧条件下氧化生成 CO_2 和 H_2O 并产生大量能量的过程。反应在细胞质和线粒体两个部位完成。在生理条件下，机体绝大多数组织及细胞都通过糖的有氧氧化获得能量。三羧酸循环是体内糖、脂肪和蛋白质 3 种主要有机物相互转变的枢纽。

磷酸戊糖途径发生在许多组织细胞的细胞质，其关键酶是葡糖 -6- 磷酸脱氢酶。该途径的重要生理意义是生成 5- 磷酸核糖和 NADPH+H$^+$ 两种中间产物。5- 磷酸核糖是合成核酸的重要原料，而 NADPH+H$^+$ 则广泛参与体内多种代谢反应。葡糖醛酸途径在糖代谢中仅占很小一部分，其重要的生理意义是生成 UDP- 葡糖醛酸，它是葡糖醛酸的供体，可形成许多重要的糖胺聚糖，也是肝进行生物转化作用的重要物质。

糖异生作用是指非糖物质（如甘油、丙酮酸、乳酸和生糖氨基酸等）合成葡萄糖或糖原的过程，主要在肝、肾中进行。该途径基本上是糖酵解的逆过程。其中糖酵解途径中的三个关键酶催化的反应不可逆，需要另外的酶催化完成。糖异生是一个消耗能量的过程。糖原是体内糖的一种储存形式，主要以肝糖原、肌糖原形式存在。肝糖原的合成与分解主要是为了维持血糖浓度的相对恒定。糖原合成的关键酶是糖原合酶，糖原分解的关键酶是糖原磷酸化酶，可以通过别构调节和共价修饰调节两种方式对这两种酶进行活性的调节。

糖是自然界中的一大类有机化合物，其化学本质为多羟醛或多羟酮类及其衍生物或多聚糖，因其结构通式是 $C_m(H_2O)_n$，故也称为碳水化合物。但也有例外，如脱氧核糖（$C_5H_{10}O_4$）及鼠李糖（$C_6H_{12}O_5$）等虽然不符合该结构通式，但也属于糖类，而有些化合物如甲醛、乙酸（$C_2H_4O_2$）及乳酸（$C_3H_4O_2$）等虽然符合结构通式，但不属于糖类化合物。根据能否被水解和水解后的产物情况可将糖分为单糖、寡糖和多糖三大类。常见的单糖有葡萄糖（glucose）、果糖（fructose）、核糖和脱氧核糖等；寡糖有蔗糖（sucrose）、麦芽糖（maltose）和乳糖（lactose）等；多糖有淀粉（starch）、糖原（glycogen）和纤维素（cellulose）等。

糖的分布很广泛，以植物中含糖量最丰富，为 85% ～ 95%。植物通过光合作用合成糖，动物则直接或间接地从植物获得所需能量。人体每日摄入的糖比蛋白质、脂肪多，占食物总量的 50% 以上。糖在体内以葡萄糖形式运输，以糖原形式贮存。葡萄糖和糖原都可以氧化供能，人体所需能量约有 70% 来源于糖。此外，糖类也可以参与机体一些重要生理物质的组成，并在细胞识别、信息传递、免疫等过程中发挥作用。

糖类被人体摄入后，经消化吸收，然后通过血液输送到各组织细胞进行中间代谢，最后转变为生物大分子（合成代谢）或被分解为小分子并释放能量（分解代谢）。人体内糖的中间代谢主要包括糖的无氧酵解、有氧氧化、磷酸戊糖途径、糖原的合成与分解、糖异生等。

第一节 概　述

一、糖的生理功能

糖在体内的主要生理功能可归纳为以下几方面：①氧化提供能量：这是糖类最主要生理功能。成人主要依靠食物中的淀粉提供基本能量，婴儿从乳汁中得到乳糖。糖分解产生能量供给机体各种组织生命活动的需要，人体所需能量约有 70% 来源于糖。1mol 葡萄糖完全氧化分解可产生 2840kJ（679kcal）能量。②提供碳源：合成其他的含碳化合物，如氨基酸、脂肪酸、核苷酸等。③组成人体组织结构的重要成分：如蛋白聚糖和糖蛋白构成结缔组织、软骨和骨的基质；糖蛋白和糖脂参与构成细胞膜的成分等。④参与构成体内一些重要的生物活性物质：如激素、酶、免疫球蛋白、血浆蛋白等均为一些具有生理功能的糖蛋白，可参与细胞识别、生物信息传递、免疫应答等过程。糖的磷酸衍生物是形成许多重要生物活性物质的原料，如 NAD^+、FAD、DNA、RNA、ATP 等。

二、糖的消化、吸收与转运

人类食物中的糖主要是淀粉，这是由许多葡萄糖分子组成的带分支的大分子多糖。此外还有少量乳糖、蔗糖等二糖。这些糖都必须消化成葡萄糖、果糖、半乳糖等单糖才能被吸收利用。

（一）糖的消化

中国人的主食如水稻、小麦、红薯等食物中含有大量淀粉。唾液和胰液中都有 α- 淀粉酶

（α-amylase），但由于食物在口腔中停留时间很短，故小肠为消化淀粉的主要部位。淀粉在 α- 淀粉酶的作用下分解成麦芽糖、麦芽三糖、异麦芽糖和 α- 极限糊精，随后在小肠黏膜刷状缘上的 α- 葡糖苷酶（包括麦芽糖酶）以及 α- 极限糊精酶（包括异麦芽糖酶）的作用下，水解为葡萄糖。

小肠黏膜细胞中还有蔗糖酶和乳糖酶等分别水解蔗糖、乳糖。有些成人食用牛奶后腹胀、腹泻，是由于缺乏乳糖酶，导致乳糖消化吸收障碍所致。糖类在肠腔中的消化见表 5-1。

表 5-1　肠腔中糖类的消化

酶	酶的来源	作用物	产物
淀粉酶	胰腺	淀粉、糖原	葡萄糖、麦芽糖、麦芽三糖、α- 极限糊精
α- 糊精酶	小肠上皮细胞刷状缘	α- 极限糊精	葡萄糖
糖淀粉酶	小肠上皮细胞刷状缘	麦芽三糖、麦芽糖	葡萄糖
麦芽糖酶	小肠上皮细胞刷状缘	麦芽糖	葡萄糖
蔗糖酶	小肠上皮细胞刷状缘	蔗糖	葡萄糖、果糖
乳糖酶	小肠上皮细胞刷状缘	乳糖	葡萄糖、半乳糖

（二）糖的吸收

食物中的糖类被消化成单糖后可被小肠黏膜吸收进入血液。吸收部位在小肠上段，这是一个主动耗能的过程，需要特定的载体参与（图 5-1）：在小肠上皮细胞刷状缘上有与膜相结合的载体，该载体被称为 Na^+ 依赖型葡萄糖转运蛋白（sodium-dependent glucose transporter, SGLT），葡萄糖与 Na^+ 分别结合在载体的不同部位，一起进入细胞，从而使葡萄糖逆浓度梯度而吸收。当 Na^+ 进入细胞后，启动钠钾泵（Na^+，K^+-ATP 酶），将 Na^+ 排出细胞。各种单糖吸收速度不一样，果糖的吸收较慢，由一种不需 Na^+ 的易化扩散方式吸收，这种吸收过程不需要耗能，直接通过一种特异载体蛋白顺浓度梯度进行转运。

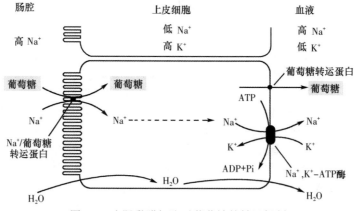

图 5-1　小肠黏膜细胞对葡萄糖的转运机制

（三）糖向细胞内的转运

葡萄糖可通过两种转运方式进入细胞：一种是与 Na^+ 共转运方式，是耗能逆浓度梯度的转运过程，主要发生在小肠黏膜细胞和肾小管上皮细胞等部位（如前述）；另一种方式是通过细胞膜上特定的葡萄糖转运体（glucose transporter，GLUT）将葡萄糖转运入细胞内，它是一个不耗能顺浓度梯度的转运过程。GLUT 由一个多基因家族编码，目前已知在人体中 GLUT

至少有 14 种，其中 GLUT1 ～ 5 这几种生理功能较为明确。GLUT1 几乎存在于人体每一个细胞中，是细胞的主要葡萄糖转运蛋白，对于维持血糖浓度的稳定和大脑供能起关键作用。在已知的人类遗传疾病中，导致 GLUT1 功能异常的突变会影响葡萄糖的正常吸收，导致大脑萎缩、智力低下、发育迟缓、癫痫等一系列疾病；另一方面，葡萄糖是肿瘤细胞最主要的能量来源，但肿瘤细胞因缺氧而主要通过无氧酵解获取能量，此过程所提供的能量不到正常细胞的 10%，因而对葡萄糖的需求剧增，由此可将 GLUT1 的表达量作为检测癌变的一个指标。GLUT2 主要表达于肾脏和小肠上皮细胞内，参与葡萄糖的吸收、释放或重吸收过程，此外，在肝、大脑和胰岛 β 细胞中也有 GLUT2 的表达，有助于肝从餐后血中摄取葡萄糖，并参与调节胰岛素的分泌。GLUT3 广泛分布于全身各组织中，是主要的神经元葡萄糖转运体，与葡萄糖有最高的亲和力。GLUT4 主要介导骨骼肌、心脏和脂肪组织对胰岛素刺激的葡萄糖的摄取。GLUT5 主要分布于小肠，是果糖转运进入细胞的重要转运体。

第二节 糖的无氧分解

糖的分解代谢在很大程度上受氧供应状况的影响。人及动物体内糖的分解代谢主要有 3 条途径：①葡萄糖有氧氧化，生成 CO_2 和 H_2O；②葡萄糖在缺氧或无氧条件下糖酵解生成乳酸；③葡萄糖进入磷酸戊糖途径，提供机体合成代谢所需的还原当量（图 5-2）。其中有氧氧化是葡萄糖或糖原分解代谢的主要途径。

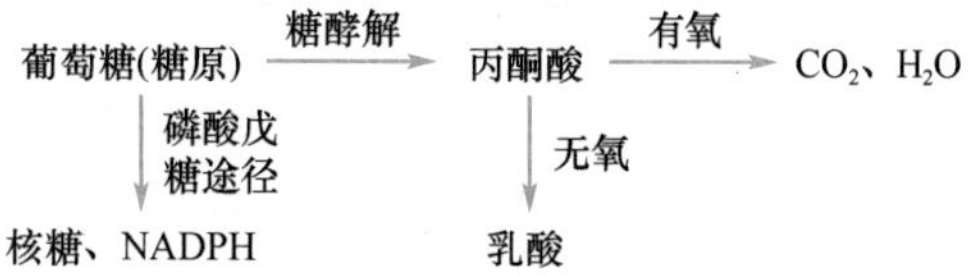

图 5-2 体内糖的主要分解代谢途径

一、糖的无氧分解过程

当机体处于相对缺氧情况（如剧烈运动）时，葡萄糖或糖原分解生成乳酸，并产生能量的过程称之为糖的无氧分解。这个代谢过程与酵母的生醇发酵非常相似，故又称为糖酵解（glycolysis）。糖酵解途径在生物界（除蓝细菌外）普遍存在，是生物在长期进化过程中保留下来的最古老的糖代谢途径。参与糖酵解反应的一系列酶存在于细胞胞质中，因此糖酵解的全部反应过程均在胞质中进行。糖酵解反应过程可分为两个阶段：葡萄糖分解为丙酮酸的过程及丙酮酸还原为乳酸的过程。前一阶段称为糖酵解途径（glycolytic pathway），是糖的无氧分解和有氧氧化的共有途径。

（一）葡萄糖分解为丙酮酸（糖酵解途径）

1. 葡萄糖或糖原磷酸化生成 6- 磷酸葡萄糖（glucose-6-phosphate，G-6-P）

（1）葡萄糖首先在第 6 位碳上被磷酸化生成 6- 磷酸葡萄糖（现规范名为葡糖 -6- 磷酸），磷酸根由 ATP 供给，这一过程不仅活化了葡萄糖，有利于它进一步参与合成与分解代谢，同时还能使进入细胞的葡萄糖不再逸出细胞。此反应不可逆，并需要消耗能量 ATP，Mg^{2+} 是反应的激活剂。

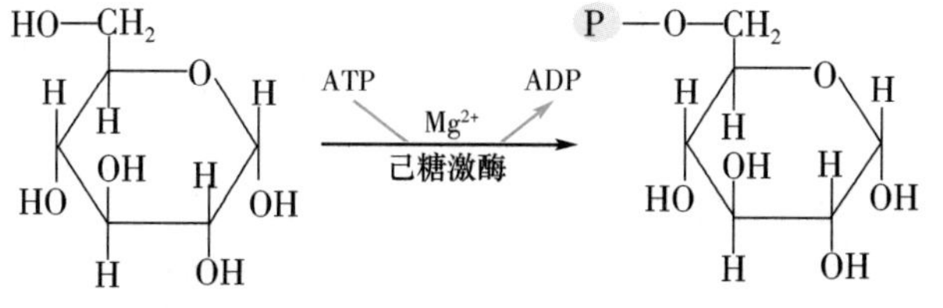

葡萄糖　　　　　　6-磷酸葡萄糖

催化此反应的酶是己糖激酶（hexokinase，HK）。此酶是糖酵解过程的第一个关键酶。HK 催化的反应不可逆，反应过程需要 ATP 提供磷酸基，并以 Mg-ATP 复合体的形式参与反应，

因此 Mg^{2+} 是此酶促反应的必需激活剂，6- 磷酸葡萄糖是 HK 的反馈抑制物。

己糖激酶在生物组织中分布很广，专一性较低，它能催化多种己糖如葡萄糖、甘露糖、氨基葡萄糖、果糖等进行不可逆的磷酸化反应。现已发现在哺乳动物体内有四种己糖激酶的同工酶，分别称为 I～IV 型。其中的 IV 型亦称为葡糖激酶（glucokinase，GK）。I～III 型己糖激酶分布在全身各组织，对底物亲和力较高，K_m 值在 0.1mmol/L 左右，但对底物的特异性不强，除能催化葡萄糖外，也能催化其他己糖的磷酸化反应，生成相应的 6- 磷酸酯。而 GK 主要存在于肝脏，对葡萄糖的 K_m 值为 10mmol/L，故需要在较高的葡萄糖浓度时才能充分发挥作用。该酶对葡萄糖具有专一性。当血糖浓度升高时，GK 活性增加。葡萄糖和胰岛素能诱导肝脏合成 GK。HK 与 GK 两者区别见表 5-2。

表 5-2　己糖激酶（HK）和葡糖激酶（GK）的区别

	HK	GK
组织分布	绝大多数组织	肝脏
K_m	低	高
6- 磷酸葡萄糖的抑制	有	无

（2）若从糖原开始分解，则是糖原先在磷酸化酶的作用下生成 1- 磷酸葡萄糖（G-1-P），再变位生成为 G-6-P。此过程不消耗 ATP。

$$糖原 \xrightarrow[磷酸]{磷酸化酶} 1-磷酸葡萄糖 \xleftrightarrow{变位酶} 6-磷酸葡萄糖$$

2. 6- 磷酸葡萄糖转变为 6- 磷酸果糖（fructose-6-phosphate，F-6-P）　6- 磷酸葡萄糖在磷酸己糖异构酶催化下，转变生成 6- 磷酸果糖（fructose-6-phosphate，F-6-P），此反应可逆，反应的方向由底物与产物含量来控制。反应需 Mg^{2+}。

6-磷酸葡萄糖　　　　　6-磷酸果糖

3. 6- 磷酸果糖生成 1,6- 二磷酸果糖（Fructose l,6 bisphosphate，F-1,6-BP）　在磷酸果糖激酶 -1（phosphofructokinase 1，PFK1）的催化下，6- 磷酸果糖第一位上的 C 进一步磷酸化生成 1,6- 二磷酸果糖（1,6-fructose-biphosphate，F-1,6-2P，FDP），此反应需要消耗 ATP 及 Mg^{2+}，反应不可逆。该反应是糖酵解中的第二步关键步骤，催化此反应的 6- 磷酸果糖激酶 -1 是糖酵解过程的第二个关键酶。

6-磷酸果糖　　　　　1,6-二磷酸果糖

4. 1,6- 二磷酸果糖裂解为 2 个磷酸丙糖　1,6- 二磷酸果糖在醛缩酶（aldolase）的催化下，裂解生成磷酸二羟丙酮（dihydroxyacetone phosphate）和 3- 磷酸甘油醛（glyceraldehyde-3-phosphate）。此反应为醇醛缩合反应，标准自由能 $\Delta G^{\circ\prime}$ 很大，倾向于 1,6- 二磷酸果糖的合成。

但是正常生理条件下，细胞内进行糖酵解的时候，3-磷酸甘油醛不断被消耗，从而使反应向裂解方向进行。

5. 磷酸二羟丙酮和 3-磷酸甘油醛的异构互变 磷酸二羟丙酮和 3-磷酸甘油醛在丙糖磷酸异构酶（triose-phosphate isomerase）的催化下相互转变。由于反应中 3-磷酸甘油醛不断移去，使磷酸二羟丙酮迅速转变为 3-磷酸甘油醛，以利于代谢继续进行。这样 1 分子 1,6-二磷酸果糖相当于生成 2 分子 3-磷酸甘油醛。

上述 5 步反应为糖酵解过程中的耗能阶段。1 分子葡萄糖分解消耗 2 分子 ATP，同时产生 2 分子 3-磷酸甘油醛，而从糖原开始则消耗 1 分子 ATP。

6. 3-磷酸甘油醛脱氢氧化成为 1,3-二磷酸甘油酸 此反应由 3-磷酸甘油醛脱氢酶（glyceraldehyde 3-phosphate dehydrogenase，GAPDH）催化脱氢并磷酸化，该酶是由四个相同亚基组成的四聚体，其辅酶为 NAD^+，反应脱下的氢交给 NAD^+ 生成 $NADH+H^+$；反应时释放的能量储存在产物 1,3-二磷酸甘油酸的 1 位羧酸与磷酸构成的混合酸酐内，此高能磷酸基团可将能量转移给 ADP 形成 ATP。本反应是糖酵解中的第一个含高能键化合物的形成步骤。

7. 1,3-二磷酸甘油酸转变成 3-磷酸甘油酸 1,3-二磷酸甘油酸在磷酸甘油酸激酶（phosphoglycerate kinase，PGK）催化下，生成 3-磷酸甘油酸，C_1 上的高能磷酸根转移给 ADP 生成 ATP。

这是糖酵解过程中第一次产生 ATP 的反应，这种底物氧化过程中产生的能量直接将 ADP 磷酸化生成 ATP 的过程，称为底物水平磷酸化（substrate level phosphorylation）。此激酶催化的反应可逆。

1,3-二磷酸甘油酸的另一代谢途径是通过磷酸甘油酸变位酶催化，生成 2,3-二磷酸甘油酸（2,3-BPG），人红细胞中 2,3-BPG 含量高，在调节血红蛋白结合与释放氧的过程中起十分重要的作用（详见第十章血液生物化学）。

8. 3- 磷酸甘油酸转变成 2- 磷酸甘油酸　　在磷酸甘油酸变位酶（phosphoglycero mutase）催化下，3- 磷酸甘油酸 C_3 位上的磷酸基转变到 C_2 位上生成 2- 磷酸甘油酸，此反应需 Mg^{2+}，反应可逆。

3- 磷酸甘油酸　　　　　　　　　　2- 磷酸甘油酸

9. 2- 磷酸甘油酸脱水生成磷酸烯醇式丙酮酸（phosphoenolpyruvate，PEP）　　该反应由烯醇化酶（enolase）催化，2- 磷酸甘油酸脱水的同时，能量重新分配生成含高能磷酸键的磷酸烯醇式丙酮酸（PEP），此反应可逆。烯醇化酶是由两个亚基组成的二聚体，需 Mg^{2+} 或 Mn^{2+}，可被 F^- 抑制。所以氟化物可抑制糖酵解。

2- 磷酸甘油酸　　　　　　　　磷酸烯醇式丙酮酸

10. 磷酸烯醇式丙酮酸转变丙酮酸　　在丙酮酸激酶（pyruvate kinase，PK）催化下，磷酸烯醇式丙酮酸上的高能磷酸根转移至 ADP 生成 ATP，而磷酸烯醇式丙酮酸转变为烯醇式丙酮酸，后者不稳定，可自发转变成稳定的丙酮酸。

这是糖酵解过程第二次底物水平磷酸化反应。此反应不可逆，需 K^+、Mg^{2+} 或 Mn^{2+} 参加。催化此反应的丙酮酸激酶是糖酵解过程中的第三个关键酶。

磷酸烯醇式丙酮酸　　　　　　　　　丙酮酸

至此，磷酸丙糖转变成丙酮酸，在此过程中有 2 次底物水平磷酸化反应，是糖酵解过程中的产能阶段。由于 1 分子葡萄糖产生 2 分子丙酮酸，所以在这一过程中，1 分子葡萄糖可产生 2 分子 ATP。

（二）丙酮酸还原为乳酸

在无氧条件下，丙酮酸被还原为乳酸。此反应由乳酸脱氢酶（LDH）催化，其辅酶为 NADH，由第一阶段中 3- 磷酸甘油醛脱氢时产生。NADH 脱氢后成为 NAD^+，再作为 3- 磷酸甘油醛脱氢酶的辅酶。因此，NAD^+ 来回穿梭，起着递氢作用，使无氧酵解过程持续进行。

丙酮酸　　　　　　　　　　　　乳酸

LDH 是由 H 亚基和 M 亚基组成的四聚体，组成五种同工酶。不同组织含有不同类型的 LDH 同工酶，且与各组织的功能活动相一致。心肌进行功能活动是在有氧状态下，其 LDH 以含有 4 个 H 亚基的 LDH_1 为主，此酶催化丙酮酸转变为乳酸的能力不强，而且当丙酮酸浓度增大时酶活性迅速被抑制，有利于催化乳酸氧化成丙酮酸；只是在供氧不足的紧急情况下，LDH_1 可使心肌借无氧酵解提供能量。骨骼肌经常在缺氧的条件下进行功能活动，其 LDH 以含有 4 个 M 亚基的 LDH_5 为主，催化丙酮酸还原成乳酸的能力特别高（低的 K_m 及高的 V 值），又不受过量丙酮酸抑制，因此骨骼肌可以在缺氧条件下激烈运动。在静止的骨骼肌中由于供氧较多，肌肉细胞有氧供能，此时在乳酸脱氢酶的催化下又可使一小部分乳酸重新氧化成丙酮酸参加有氧分解。

葡萄糖酵解的总反应式为：葡萄糖 +2Pi+2ADP ——→ 2 乳酸 +2ATP+2H$_2$O

从葡萄糖开始的糖酵解反应的全过程总结见图 5-3。

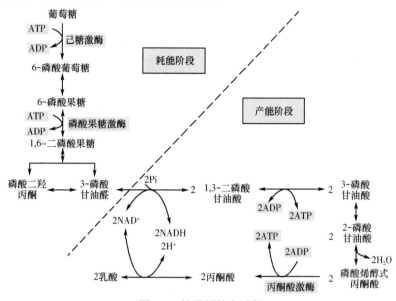

图 5-3　糖酵解的全过程

二、糖的无氧分解反应特点

1. 糖酵解过程中无需氧的参与　反应在细胞质中进行，3- 磷酸甘油醛脱氢虽是氧化反应，但其中的 NADH+H$^+$ 用于丙酮酸还原为乳酸，故糖酵解是一个无需氧的过程。

2. 糖酵解释放少量能量　1 分子葡萄糖可产生 2 分子乳酸，经 2 次底物水平磷酸化，可产生 4 分子 ATP，减去葡萄糖活化时消耗的 2 分子 ATP，净生成 2 分子 ATP。若从 1 分子糖原开始分解，则净生成 3 分子 ATP。

3. 糖酵解中有 3 个关键酶　己糖激酶（葡糖激酶）、磷酸果糖激酶 -1 和丙酮酸激酶为糖酵解过程中的关键酶，分别催化了 3 步不可逆的单向反应。其中磷酸果糖激酶 -1 的催化活性最低，是最重要的限速酶，对糖分解代谢的速度起着决定性的作用。

三、对糖的无氧分解过程的调节

糖酵解途径中有 3 个不可逆反应：是分别由己糖激酶（葡糖激酶）、磷酸果糖激酶 -1 和丙酮酸激酶催化的反应。它们是糖无氧酵解途径的三个调节点，其中磷酸果糖激酶 -1 的活性是该途径中的主要调节点。

（一）己糖激酶活性的别构调节

骨骼肌中己糖激酶的 K_m 相对较小，在血糖达到一定浓度后，活性就能达到最高，它是一种别构酶，其活性受到自身反应产物 6- 磷酸葡萄糖的抑制。肝内的葡糖激酶的直接调节因素是血糖浓度，由于葡糖激酶 K_m 相对较大，在餐后、血糖浓度很高时，过量的葡萄糖运输到肝内，肝内的葡糖激酶激活；葡糖激酶也是别构酶，活性受到 6- 磷酸果糖的抑制，而不受 6- 磷酸葡萄糖的抑制，这样可保证肝糖原顺利合成。

（二）磷酸果糖激酶 -1 的别构调节

　　磷酸果糖激酶 -1 是糖酵解途径中最重要的一个调节点，它是别构酶，由 4 个亚基组成，有很多激活剂和抑制剂。高浓度 ATP、柠檬酸是此酶的变构抑制剂。ADP、AMP、2,6- 二磷酸果糖（Fructose 2,6-bisphosphate，F-2,6-BP）是此酶的变构激活剂（图 5-4）。F-2,6-BP 尽管和 F-1,6-BP 结构相似，但 F-2,6-BP 不是磷酸果糖激酶 -1 的产物，而是磷酸果糖激酶 -1 最强烈的激活剂、最重要的调节因素。

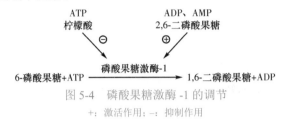

图 5-4　磷酸果糖激酶 -1 的调节
+：激活作用；-：抑制作用

　　F-2,6-BP 的生成是以 6- 磷酸果糖为底物，在磷酸果糖激酶 -2（phosphofructokinase 2，PFK2）催化下产生（图 5-5）。磷酸果糖激酶 -2 是双功能酶，包括磷酸果糖激酶 -2 与果糖 2,6-二磷酸酶活性，它们同时存在于一条 55×10^3（55kDa）的多肽链中。磷酸果糖激酶 -2 的别构激活剂是底物 F-6-P，在糖供应充分时，F-6-P 激活双功能酶中的磷酸果糖激酶 -2 的活性、抑制果糖 2,6- 二磷酸酶活性，产生大量 F-2,6-BP，进而激活磷酸果糖激酶 -1。相反，在葡萄糖供应不足的情况下，胰高血糖素刺激产生 cAMP，激活 A 激酶，使双功能酶磷酸化后，双功能酶中的磷酸果糖激酶 -2 活性被抑制而果糖 2,6- 二磷酸酶活性被激活，减少 F-2,6-BP 产生。

图 5-5　2,6- 二磷酸果糖的生成与分解

　　由此可见，在高浓度葡萄糖的情况下，F-2,6-BP 浓度提高，可激活磷酸果糖激酶 -1，促进糖酵解过程进行。F-2,6-BP 在参与糖代谢调节中起着重要作用。

（三）丙酮酸激酶的别构调节

　　丙酮酸激酶是糖酵解过程的第二个重要调节点，1,6- 二磷酸果糖是此酶的别构激活剂，而 ATP 是该酶的别构抑制剂，ATP 能降低该酶对底物磷酸烯醇式丙酮酸的亲和力；乙酰辅酶 A 及游离长链脂肪酸也是该酶抑制剂，它们都是产生 ATP 的重要物质。

四、糖的无氧分解的生理意义

　　（1）糖的无氧分解主要的生理功能是在缺氧（应激状态）时迅速提供能量。这对肌肉收缩尤为重要，肌肉内 ATP 含量很低，当剧烈运动时肌肉内局部血流相对不足，此时的能量主要通过糖酵解获得。又如人们从平原地区进入高原的初期，由于缺氧，组织细胞也往往通过增强糖酵解获得能量。

　　（2）糖的无氧分解在正常情况下也要为一些细胞提供部分能量。如成熟红细胞没有线粒体，完全依赖糖酵解提供能量。还有少数组织，如视网膜、睾丸、肾髓质和红细胞等组织细胞，即使在有氧条件下，仍需从糖酵解获得能量。在某些病理情况下（如严重贫血、大量失血、呼吸障碍等），组织细胞处于缺血缺氧状态，这时也需通过糖酵解来获取能量。倘若糖酵解过度，可因乳酸产生过多导致酸中毒。肿瘤细胞也以糖酵解作为主要的供能途径，并表现出酵解抑制氧化的现象。

（3）糖酵解途径是糖有氧氧化的第一阶段，其中某些中间代谢物是脂类、氨基酸等合成的前体。

第三节 糖的有氧氧化

葡萄糖或糖原在有氧条件下，彻底氧化成 H_2O 和 CO_2 并产生大量能量的反应过程，称为有氧氧化（aerobic oxidation）。有氧氧化在细胞的细胞质和线粒体中进行，是糖分解代谢的主要方式，体内大多数组织通过有氧氧化获得能量。

一、糖的有氧氧化的反应过程

糖的有氧氧化可分为 3 个阶段：①葡萄糖或糖原在细胞质中循糖酵解途径分解成丙酮酸；②丙酮酸进入线粒体，氧化脱羧生成乙酰 CoA；③乙酰 CoA 进入三羧酸循环彻底氧化生成 H_2O 和 CO_2 并释放大量能量。

$$葡萄糖 \xrightarrow[\text{细胞质}]{} 2×丙酮酸 \xrightarrow[\text{线粒体}]{} 2×乙酰\,CoA \xrightarrow[\text{线粒体}]{\text{TAC}} CO_2+H_2O+ATP$$
（糖原）

（一）葡萄糖生成丙酮酸

此反应过程与糖酵解基本相同。不同的是在有氧条件下，3-磷酸甘油醛氧化产生的 $NADH+H^+$ 不用于还原丙酮酸，而是通过穿梭机制进入线粒体氧化。

（二）丙酮酸氧化脱羧生成乙酰 CoA

细胞质内生成的丙酮酸经线粒体内膜上特异载体转运进入线粒体，在丙酮酸脱氢酶复合体的催化下进行氧化脱羧，生成乙酰 CoA，此反应不可逆。总反应式为：

$$丙酮酸 \xrightarrow[\text{丙酮酸脱氢酶复合体}]{\overset{NAD^+,HSCoA \qquad CO_2,NADH+H^+}{\qquad}} 乙酰CoA$$

丙酮酸脱氢酶复合体由 3 种酶和 5 种辅酶或辅基组成（表 5-3）。在整个反应过程中，中间产物不离开多酶复合体，使紧密相连的连锁反应迅速完成，催化效率高，最终使丙酮酸脱羧、脱氢生成乙酰 CoA 及 $NADH+H^+$。丙酮酸脱氢酶复合体是糖有氧氧化过程中的关键酶。

表 5-3 丙酮酸脱氢酶复合体的组成

酶		辅酶（辅基）	所含维生素
E1	丙酮酸脱羧酶	硫胺素焦磷酸（TPP）	维生素 B_1
E2	二氢硫辛酸乙酰转移酶	二氢硫辛酸、辅酶 A	硫辛酸、泛酸
E3	二氢硫辛酸脱氢酶	黄素腺嘌呤二核苷酸（FAD）、尼克酰胺腺嘌呤二核苷酸（NAD^+）	维生素 B_2、维生素 PP

该酶复合体的各组分紧密相连，在整个丙酮酸氧化脱羧反应过程中，中间产物不离开酶复合体，使得催化效率大大提高。丙酮酸脱氢酶复合体催化的反应如图 5-6 所示，反应不可逆。

（三）三羧酸循环

乙酰 CoA 进入由一连串反应构成的循环体系，被氧化生成 H_2O 和 CO_2。由于这个循环反应开始于乙酰 CoA 与草酰乙酸缩合生成的含有三个羧基的柠檬酸，因此称之为三羧酸循环或柠檬酸循环（citric acid cycle）。这一学说是由 Krebs 正式提出，1953 年他为此获诺贝尔奖，

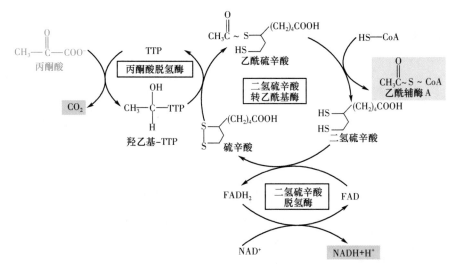

图 5-6　丙酮酸脱氢酶复合体催化的丙酮酸氧化脱羧

故又称为 Krebs 循环。三羧酸循环在线粒体中进行，其中氧化反应脱下的氢在线粒体内膜上经呼吸链传递生成 H_2O，氧化磷酸化生成 ATP；而脱羧反应生成的 CO_2 则通过血液运输到呼吸系统被排出，是体内 CO_2 的主要来源。

1. 柠檬酸的形成　乙酰 CoA 与草酰乙酸在柠檬酸合酶催化下缩合生成柠檬酸，此酶是三羧酸循环的关键酶，对草酰乙酸的 K_m 值很低，故草酰乙酸浓度很低时反应也能进行。反应所需的能量来源于乙酰 CoA 中高能硫酯键的水解，此反应不可逆。

$$\underset{\text{乙酰CoA}}{CH_3-\overset{O}{\overset{\|}{C}}-S-CoA} + \underset{\text{草酰乙酸}}{O=\overset{}{\overset{}{C}}-COO^-\ |\ CH_2-COO^-} \xrightarrow[\text{柠檬酸合酶}]{H_2O\quad CoASH} \underset{\text{柠檬酸}}{CH_2-\overset{O}{\overset{\|}{C}}-O^-\ |\ HO-\overset{}{\overset{}{C}}-COO^-\ |\ CH_2-COO^-}$$

2. 异柠檬酸的形成　由顺乌头酸酶（aconitase）催化柠檬酸脱水，然后又加水，从而使柠檬酸异构化为异柠檬酸（isocitric acid）。顺乌头酸酶催化的此反应为一可逆反应。由于异柠檬酸不断减少，从而推动反应不断进行。

$$\underset{\text{柠檬酸}}{\begin{array}{l}CH_2-COO^-\\ HO-C-COO^-\\ H-C-COO^-\\ \ \ \ \ H\end{array}} \underset{H_2O}{\overset{}{\rightleftharpoons}} \underset{\text{顺乌头酸}}{\left[\begin{array}{l}CH_2-COO^-\\ C-COO^-\\ C-COO^-\\ \ \ H\end{array}\right]} \underset{H_2O}{\overset{}{\rightleftharpoons}} \underset{\text{异柠檬酸}}{\begin{array}{l}CH_2-COO^-\\ H-C-COO^-\\ HO-C-COO^-\\ \ \ \ \ H\end{array}}$$

3. 第一次氧化脱羧　此反应在异柠檬酸脱氢酶作用下进行脱氢、脱羧，生成 α- 酮戊二酸，这是三羧酸循环中第一次氧化脱羧。异柠檬酸脱氢酶是三羧酸循环的限速酶，是最主要的调节点，辅酶是 NAD^+，脱氢生成的 $NADH+H^+$ 经线粒体内膜上呼吸链传递生成 H_2O，氧化磷酸化生成 2.5 分子 ATP。

$$\underset{\text{异柠檬酸}}{\begin{array}{l}CH_2-COO^-\\ H-C-COO^-\\ HO-C-COO^-\\ \ \ \ \ H\end{array}} \xrightarrow[\text{异柠檬酸脱氢酶}]{NAD(P)^+\quad NAD(P)H+H^+} \underset{\text{α-酮戊二酸}}{\begin{array}{l}CH_2-COO^-\\ CH_2\\ C-COO^-\\ \ O\end{array}} + CO_2$$

4. 第二次氧化脱羧 由 α- 酮戊二酸脱氢酶复合体催化 α- 酮戊二酸脱氢、脱羧生成琥珀酰辅酶 A，这是三羧酸循环中第二次氧化脱羧。α- 酮戊二酸脱氢酶复合体也是三羧酸循环的关键酶。α- 酮戊二酸脱氢酶复合体的组成及反应方式都与丙酮酸脱氢酶复合体相似。它所含的三种酶是 α- 酮戊二酸脱氢酶（需 TPP）；硫辛酸琥珀酰基转移酶（需硫辛酸和辅酶 A）；二氢硫辛酸脱氢酶（需 FAD、NAD^+）。脱氢生成 $NADH+H^+$，经线粒体内膜上呼吸链传递生成 H_2O，氧化磷酸化生成 2.5 分子 ATP。反应中分子内部能量重排，因此产物琥珀酰辅酶 A 中含有一个高能硫酯键，此反应不可逆。

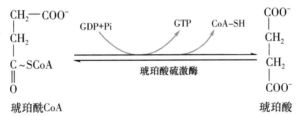

5. 底物水平磷酸化反应 在琥珀酸硫激酶作用下，琥珀酰辅酶 A 中的高能硫酯键释放能量，转移给 GDP 形成 GTP。形成的 GTP 可在二磷酸核苷激酶催化下，将高能磷酸基团转移给 ADP 生成 ATP。这是三羧酸循环中唯一的一次底物水平磷酸化，生成 1 分子 ATP，也是三羧酸循环中唯一直接生成高能磷酸键的反应。

6. 琥珀酸脱氢生成延胡索酸 由琥珀酸脱氢酶催化，辅酶是 FAD，脱氢后生成 $FADH_2$，经线粒体内膜上呼吸链传递生成 H_2O，氧化磷酸化生成 1.5 分子 ATP。该酶结合在线粒体内膜上，而其他三羧酸循环的酶则都是存在线粒体基质中的。

$$
\begin{array}{c}
COO^- \\
| \\
CH_2 \\
| \\
CH_2 \\
| \\
COO^-
\end{array}
\quad
\xrightarrow[\text{琥珀酸脱氢酶}]{FAD \quad FADH_2}
\quad
\begin{array}{c}
COO^- \\
| \\
CH \\
\| \\
HC \\
| \\
COO^-
\end{array}
$$

琥珀酸 　　　　　　　 延胡索酸

7. 延胡索酸生成苹果酸 此反应由延胡索酸酶催化，加 H_2O 生成苹果酸，反应可逆。

$$
\begin{array}{c}
COO^- \\
| \\
CH \\
\| \\
HC \\
| \\
COO^-
\end{array}
\quad
\xrightarrow[\text{延胡索酸酶}]{H_2O}
\quad
\begin{array}{c}
COO^- \\
| \\
HO-CH \\
| \\
HC-H \\
| \\
COO^-
\end{array}
$$

延胡索酸 　　　　　　 苹果酸

8. 苹果酸脱氢生成草酰乙酸 此反应由苹果酸脱氢酶催化，辅酶是 NAD^+，脱氢后生成 $NADH+H^+$，经线粒体内膜上呼吸链传递生成 H_2O，氧化磷酸化生成 2.5 分子 ATP。生成的草酰乙酸，则不断用于柠檬酸的合成，故这一可逆反应向生成草酰乙酸的方向进行。

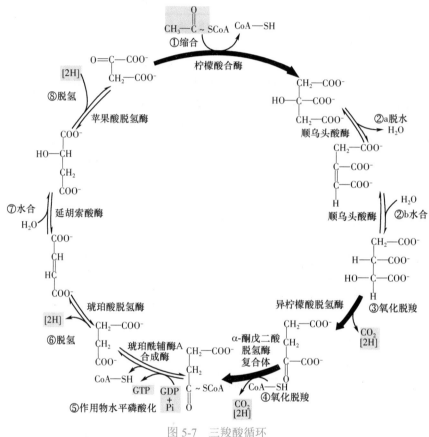

三羧酸循环的总反应方程式为：

$$乙酰 CoA+3NAD^++FAD+GDP+Pi+2H_2O \longrightarrow 2CO_2+3NADH+FADH_2+GTP+3H^++CoASH$$

三羧酸循环的反应过程如图 5-7 所示。

图 5-7 三羧酸循环

（四）三羧酸循环的反应特点与生理意义

（1）三羧酸循环中有两次脱羧产生 CO_2 的反应，同时都伴有脱氢作用，但作用机制不同。其中由异柠檬酸脱氢酶所催化的是 β- 氧化脱羧，辅酶是 NAD^+，它先使底物脱氢生成草酰琥珀酸，然后在 Mn^{2+} 或 Mg^{2+} 的协同下，脱去羧基生成 α- 酮戊二酸。而 α- 酮戊二酸脱氢酶复合体所催化的是 α- 氧化脱羧反应，与丙酮酸脱氢酶复合体所催化的反应基本相同。

（2）三羧酸循环中有四次脱氢反应，其中异柠檬酸、α- 酮戊二酸和苹果酸脱下的三对氢原子以 NAD^+ 为受氢体，琥珀酸脱下的一对氢原子以 FAD 为受氢体，因此生成 3 分子 $NADH+H^+$ 和 1 分子 $FADH_2$。它们经线粒体内递氢体系传递，最终与氧结合生成 H_2O，在此过程中释放出来的能量使 ADP 和 Pi 结合生成 ATP。凡 $NADH+H^+$ 参与的递氢体系，每 2H 氧化成一分子 H_2O，生成 2.5 分子 ATP；而 $FADH_2$ 参与的递氢体系则生成 1.5 分子 ATP。再加上三羧酸循环中有一次底物水平磷酸化产生 1 分子 GTP（相当于 1 分子 ATP），因此 1 分子乙酰 CoA 进入三羧酸循环氧化分解共生成 10 分子 ATP。

（3）三羧酸循环每转一圈，消耗掉一个乙酰基。乙酰 CoA 进入循环，与 4 碳受体分子草酰乙酸缩合，生成 6 碳的柠檬酸。在三羧酸循环中有两次脱羧反应生成 2 分子 CO_2，与进入循环的乙酰基的碳原子数相等，但用同位素示踪法发现：以 CO_2 方式失去的碳原子并非直接来自乙酰基，而是来自草酰乙酸，这是由于反应过程中的碳原子置换所致。

（4）三羧酸循环中，柠檬酸合酶、异柠檬酸脱氢酶和 α- 酮戊二酸脱氢酶系催化的三步反应不可逆，从而保证三羧酸循环向一个方向进行。从理论上讲，三羧酸循环的中间产物可以循环不消耗，但是由于循环中的某些组成成分还可参与合成其他物质，而其他物质也可不断通过多种途径而生成循环中的中间产物，所以三羧酸循环组成成分处于开放和不断更新之中。增加循环中的中间产物量，可加速三羧酸循环的运行。其中草酰乙酸的含量多少，直接影响着循环的速度，因此不断补充草酰乙酸是使三羧酸循环得以顺利进行的关键，这一过程被称为回补反应。

（5）三羧酸循环的生理意义：三羧酸循环是生物体内一个极其重要的代谢途径。三羧酸循环的起始物乙酰 CoA，不仅来自糖的氧化分解，也可来自脂肪水解后产生的甘油、脂肪酸的分解代谢和蛋白质水解后产生的某些氨基酸的分解代谢。因此三羧酸循环实际上是糖、脂肪和蛋白质三种主要有机物在体内彻底氧化分解供能的共同代谢途径。

二、对糖的有氧氧化过程的调节

糖有氧氧化中，葡萄糖生成丙酮酸过程的调节和糖酵解中一样，这里主要讨论丙酮酸脱氢酶复合体和三羧酸循环的调节。

（一）丙酮酸脱氢酶复合体的调节

对丙酮酸脱氢酶复合体有别构调节和共价调节两种。别构调节的抑制剂有 ATP、乙酰辅酶 A、NADH、脂肪酸等，而别构激活剂是 ADP、CoA、NAD^+ 和 Ca^{2+} 等。当 [ATP]/[ADP]、[NADH]/[NAD^+] 和 [乙酰 CoA]/[CoA] 很高时，提示能量足够，丙酮酸脱氢酶复合体活性被别构抑制。

丙酮酸脱氢酶复合体还存在共价修饰调节机制：组成成分之一的丙酮酸脱氢酶中的丝氨酸残基可被特定的磷酸激酶磷酸化而使丙酮酸脱氢酶失活；相应的磷酸酶可使磷酸化的丙酮酸脱氢酶去磷酸化而恢复其活性。这个特定的磷酸激酶又受到 ATP 的别构激活：当 ATP 浓度高时，特定的磷酸激酶别构激活，使丙酮酸脱氢酶被磷酸化抑制其活性。

（二）三羧酸循环的调节

三羧酸循环的三个调节点是：柠檬酸合酶、异柠檬酸脱氢酶、α- 酮戊二酸脱氢酶复合体这三个限速酶，最重要的调节点是异柠檬酸脱氢酶，其次是 α- 酮戊二酸脱氢酶复合体；最主要的调节因素是 ATP 和 NADH 的浓度。当 [ATP]/[ADP]，[NADH]/[NAD^+] 很高时，提示能量足够，三个限速酶活性被抑制；反之，这三个限速酶的活性被激活。此外，底物乙酰 CoA、草酰乙酸的不足，产物柠檬酸、ATP 产生过多，都能抑制柠檬酸合酶。

三、糖的有氧氧化的生理意义

（一）糖的有氧氧化是机体获取能量的主要方式

1 分子葡萄糖经无氧酵解仅净生成 2 分子 ATP，而有氧氧化可净生成 30 或 32 分子 ATP（在肝、肾、心等组织中 1 分子葡萄糖彻底氧化可生成 32 分子 ATP，而骨骼肌及脑组织中只能生成 30 分子 ATP，这一差别的原因是葡萄糖到丙酮酸这阶段的反应是在胞质中进行，3- 磷酸甘油醛脱氢酶的辅酶 NADH+H^+ 必须在线粒体内进行氧化磷酸化，因此 NADH+H^+ 通过不同的穿梭系统进入线粒体，获得的 ATP 数目亦不同），其中三羧酸循环生成 20 分子 ATP。在一般生理条件下，许多组织细胞皆从糖的有氧氧化获得能量。糖的有氧氧化不但释能效率高，而且逐步释能，并逐步储存于 ATP 分子中，因此能量利用率也很高。葡萄糖有氧氧化时产生的 ATP 可见表 5-4。

表 5-4　葡萄糖有氧氧化时 ATP 的生成

反应过程	生成 ATP 的数目
胞质内反应阶段	
葡萄糖 → 葡糖 -6- 磷酸	−1
果糖 -6- 磷酸 → 果糖 -1,6- 二磷酸	−1
甘油醛 -3- 磷酸 →1,3- 二磷酸甘油酸	2×2.5 或 $2 \times 1.5^*$
1,3- 二磷酸甘油酸 →3- 磷酸甘油酸	2×1
磷酸烯醇式丙酮酸 → 烯醇式丙酮酸	2×1
线粒体内反应阶段	
丙酮酸 → 乙酰 CoA	2×2.5
异柠檬酸 →α- 酮戊二酸	2×2.5
α- 酮戊二酸 → 琥珀酰 CoA	2×2.5
琥珀酰 CoA→ 琥珀酸	2×1
琥珀酸 → 延胡索酸	2×1.5
草果酸 → 草酰乙酸	2×2.5
	净生成 32 或 30 分子 ATP

注：* 胞质中每生成 1 分子 NADH+H$^+$，如经苹果酸穿梭进入线粒体，可生成 2.5 分子 ATP；如经 α- 磷酸甘油穿梭进入线粒体，则生成 1.5 分子 ATP（详见第六章生物氧化）

（二）糖的有氧氧化途径是三大营养物质代谢相互联系的枢纽

糖的有氧氧化是体内糖、脂肪和蛋白质三种主要有机物相互转变的联系体系。例如，葡萄糖通过磷酸二羟丙酮转变为 α- 磷酸甘油，以及通过乙酰辅酶 A 合成脂肪酸，从而合成脂肪；葡萄糖和脂肪分解后产生的甘油在体内通过代谢可生成三羧酸循环的中间产物，这些中间产物可以转变成为某些氨基酸；而有些氨基酸又可通过不同途径变成丙酮酸或三羧酸循环的中间物，再经糖异生的途径生成糖或转变成甘油。

四、糖的有氧氧化与糖的无氧分解之间的相互调节

Pasteur 在研究酵母发酵时发现，在供氧充足的条件下，细胞内糖酵解作用受到抑制，葡萄糖消耗和乳酸生成减少，这种有氧氧化对糖酵解的抑制作用称为巴斯德效应（Pasteur effect）。

巴斯德效应主要是由于供氧充足的条件下，细胞内 ATP/ADP 比值升高，抑制了 PK 和 PFK，使 6- 磷酸果糖和 6- 磷酸葡萄糖含量增加，后者反馈性抑制 HK 的活性，使葡萄糖利用减少，呈现有氧氧化对糖酵解的抑制作用。

该效应也存在于人体组织中。当肌组织氧气供应充足时，有氧氧化抑制糖的无氧分解，产生大量能量供肌肉活动所需；缺氧时，由于 NADH+H$^+$ 不能被氧化，而以丙酮酸作为受氢体，使丙酮酸在胞质中转变成乳酸。

在肿瘤细胞中，给予葡萄糖时不论供氧充足与否都呈现很强的糖酵解反应，而糖的有氧

氧化受抑制，称为 Crabtree 效应或反巴斯德效应。这种现象较普遍地存在于癌细胞中，此外也存在于一些正常组织细胞如视网膜、睾丸、粒细胞等中。

有关糖的无氧分解和糖有氧氧化代谢的比较见表 5-5。

表 5-5　糖的无氧分解和糖有氧氧化的比较

	糖的无氧分解	糖的有氧氧化
反应部位	胞质	胞质和线粒体
需氧条件	无氧或缺氧	有氧
底物、产物	糖原、葡萄糖 → 乳酸	糖原、葡萄糖 →H_2O+CO_2
产能	1 分子葡萄糖净生成 2 分子 ATP	1 分子葡萄糖净生成 30 或 32 分子 ATP
产能方式	底物水平磷酸化	氧化磷酸化、底物水平磷酸化
关键酶	己糖激酶，6- 磷酸果糖激酶 -1，丙酮酸激酶	糖酵解关键酶（3 个），丙酮酸脱氢酶复合体：柠檬酸合成酶，异柠檬酸脱氢酶，α- 酮戊二酸脱氢酶复合体
生理意义	迅速供能	机体产能的主要方式

第四节　磷酸戊糖途径

磷酸戊糖途径（pentose phosphate pathway）是指从 6- 磷酸葡萄糖（G-6-P）脱氢反应开始，经一系列代谢反应生成磷酸戊糖等中间代谢物，然后再重新进入糖氧化分解代谢途径的一条旁路代谢途径。它的功能不是用于产生 ATP，而是产生细胞所需的具有重要生理作用的特殊物质，如 NADPH+H^+ 和 5- 磷酸核糖。这条途径存在于肝脏、脂肪组织、甲状腺、肾上腺皮质、性腺、红细胞等组织中。

一、磷酸戊糖途径的反应过程

磷酸戊糖途径在胞质中进行，总反应式为：

$$G\text{-}6\text{-}P+12NADP^++7H_2O \longrightarrow 6CO_2+12NADPH+12H^++H_3PO_4$$

反应可分为两个阶段：第一个阶段是氧化反应，产生 NADPH 及 5- 磷酸核糖；第二个阶段是非氧化反应，是一系列基团的转移过程。

（一）氧化阶段——NADPH+H^+ 和磷酸戊糖的生成，此阶段反应不可逆

（1）6- 磷酸葡萄糖在葡糖 -6- 磷酸脱氢酶（glucose-6-phosphate dehydrogenase）催化下脱氢生成 6- 磷酸葡萄糖酸内酯，反应以 $NADP^+$ 为受氢体生成 NADPH+H^+。

（2）6- 磷酸葡萄糖酸内酯在内酯酶（lactonase）催化下水解成 6- 磷酸葡萄糖酸。

（3）在 6- 磷酸葡萄糖酸脱氢酶（6-phosphogluconate dehydrogenase）催化下，6- 磷酸葡萄糖酸脱氢、脱羧生成 5- 磷酸核酮糖、NADPH+H^+ 和 CO_2。

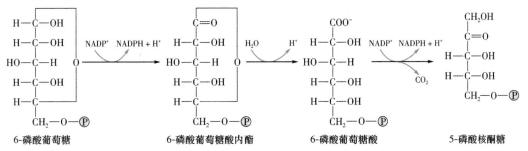

葡糖 -6- 磷酸脱氢酶是磷酸戊糖途径的关键酶，此酶活性受 NADPH+H$^+$ 反馈抑制性调节。在氧化阶段通过两个脱氢酶催化的两步脱氢氧化反应，生成了还原当量供氢体 NADPH，脱羧生成 CO_2 的同时使 6C 的磷酸己糖生成了 5C 的磷酸戊糖。

（二）非氧化阶段——基团转移反应，此阶段的反应均为可逆反应

　　1. 生成 5- 磷酸核糖及 5- 磷酸木酮糖　5- 磷酸核酮糖在磷酸戊糖异构酶（phosphopentose isomerase）、磷酸戊糖差向酶（phosphopentoseepimerase）催化下同分异构化生成 5- 磷酸核糖及 5- 磷酸木酮糖。

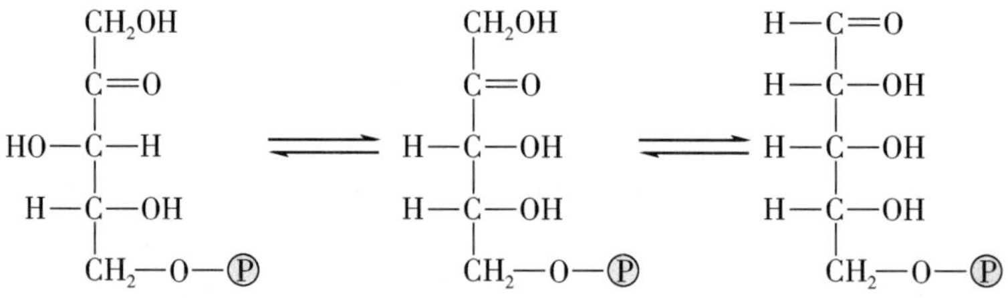

5-磷酸木酮糖　⇌　5-磷酸核酮糖　⇌　5-磷酸核糖

　　2. 转酮基反应　酮糖上的二碳单位（羟乙醛基）经转酮酶（transketolase）催化转移到醛糖的 C_1 上，即 5- 磷酸木酮糖将二碳单位转给 5- 磷酸核糖形成 3- 磷酸甘油醛和 7- 磷酸景天酮糖。转酮酶需要焦磷酸硫胺素（TTP）为辅酶，其作用与丙酮酸脱氢酶中的 TPP 类似。

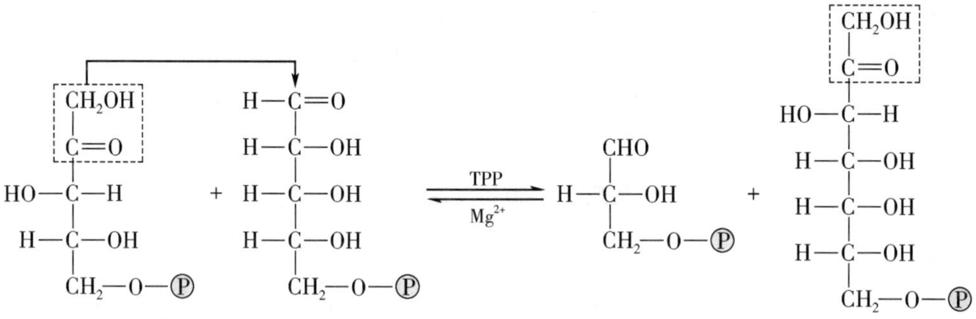

5-磷酸木酮糖　+　5-磷酸核糖　$\xrightarrow[Mg^{2+}]{TPP}$　3-磷酸甘油醛　+　7-磷酸景天酮糖

　　3. 转醛基反应　由转醛酶（transaldolase）催化使磷酸酮糖上的三碳单位（二羟丙酮基）转到另一个磷酸醛糖的 C_1 位上去。因此 7- 磷酸景天酮糖经转醛反应将三碳单位转移到 3- 磷酸甘油醛的 C_1 位上，生成 4- 磷酸赤藓糖和 6- 磷酸果糖。

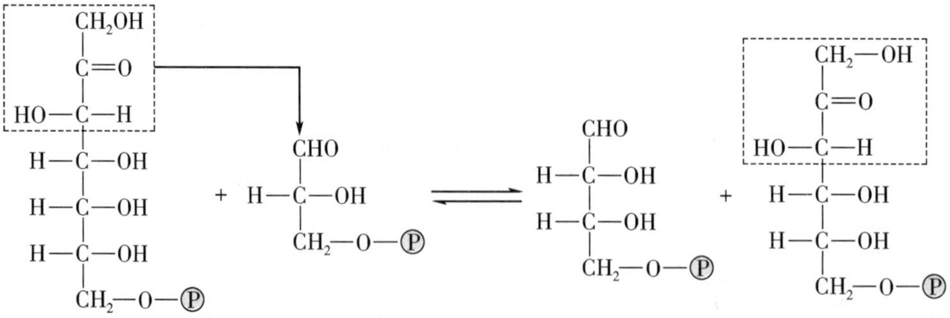

7-磷酸景天酮糖　+　3-磷酸甘油醛　⇌　4-磷酸赤藓糖　+　6-磷酸果糖

　　4. 转酮反应　4- 磷酸赤藓糖经转酮反应接受 5- 磷酸木酮糖上的二碳单位形成 6- 磷酸果糖及 3- 磷酸甘油醛。

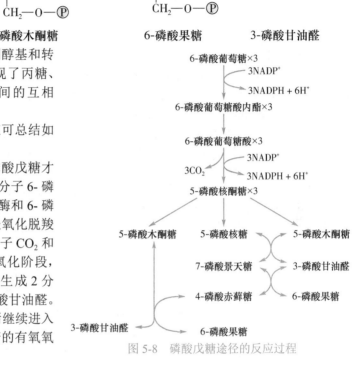

4-磷酸赤藓糖　　　5-磷酸木酮糖　　　　　6-磷酸果糖　　　3-磷酸甘油醛

图 5-8　磷酸戊糖途径的反应过程

在非氧化阶段，通过转酮醇基和转醛醇基等基团转移反应，实现了丙糖、丁糖、戊糖、己糖、庚糖之间的互相转换。

磷酸戊糖途径的整个反应可总结如图 5-8 所示。

在氧化阶段，需 3 分子磷酸戊糖才能完成所有基团转移反应。3 分子 6- 磷酸葡萄糖在葡糖 -6- 磷酸脱氢酶和 6- 磷酸葡萄糖酸脱氢酶等催化下经氧化脱羧生成 6 分子 NADPH+H$^+$、3 分子 CO_2 和 3 分子 5- 磷酸核酮糖；在非氧化阶段，通过化学基团的转移，最终生成 2 分子 6- 磷酸果糖和 1 分子 3- 磷酸甘油醛。它们可转变为 6- 磷酸葡萄糖后继续进入磷酸戊糖途径，也可以进入糖的有氧氧化或糖酵解途径。

二、磷酸戊糖途径的生理意义

磷酸戊糖途径不是供能的主要途径，它的主要生理作用是生成 5- 磷酸核糖和 NADPH+H$^+$，提供生物合成所需的一些原料。

（1）产生 5- 磷酸核糖，参加核酸的生物合成。体内的核糖并不依赖从食物摄取，磷酸戊糖途径是葡萄糖在体内生成 5- 磷酸核糖的唯一途径。5- 磷酸核糖是合成核酸基本组成单位核苷酸的主要原料，故损伤后修复、再生的组织（如梗死的心肌、部分切除后的肝脏），此代谢途径都比较活跃。体内需要的 5- 磷酸核糖可通过磷酸戊糖途径的氧化阶段的反应生成，也可经非氧化阶段的基团转移反应生成。在体内主要由氧化阶段生成，而肌肉组织中由于缺乏葡糖 -6- 磷酸脱氢酶，故 5- 磷酸核糖靠基团转移生成。

（2）产生 NADPH+H$^+$，参与多种代谢反应。NADPH+H$^+$ 与 NADH+H$^+$ 不同，它携带的氢不是通过呼吸链氧化磷酸化生成 ATP，而是作为供氢体参与体内多种代谢反应，具有重要的生理意义。

1）作为供氢体，参与体内多种生物合成反应。脂肪酸、胆固醇和类固醇激素的生物合成，都需要大量的 NADPH+H$^+$，因此磷酸戊糖途径在合成脂肪及固醇类化合物的肝、肾上腺、性腺等组织中代谢特别旺盛。

2）NADPH+H$^+$ 是谷胱甘肽还原酶的辅酶，对维持还原型谷胱甘肽（GSH）的正常含量有重要的作用。GSH 能保护某些蛋白质中的巯基，如红细胞膜和血红蛋白上的 -SH，因此缺乏葡糖 -6- 磷酸脱氢酶的患者，因 NADPH+H$^+$ 缺乏，GSH 含量过低，红细胞易于破坏而发生溶血性贫血。这类患者常在食用蚕豆以后发病，故又称为蚕豆病。

3）NADPH+H^+参与肝脏生物转化反应。肝细胞内质网含有以 NADPH+H^+ 为供氢体的加单氧酶体系，参与激素、药物、毒物的生物转化过程（详见第十一章肝胆生物化学）。

4）NADPH+H^+参与体内嗜中性粒细胞和巨噬细胞产生离子态氧的反应，因而有杀菌作用。

（3）通过转酮醇基及转醛醇基反应，使丙糖、丁糖、戊糖、己糖、庚糖互相转换。

第五节　糖原的合成与分解

糖原（glycogen）是动物体内糖的储存形式。当细胞中能量供应充足时，葡萄糖进行糖原合成而储存能量；当能量供应不足时，糖原分解，供应生命活动所需的能量。体内肝脏、肌肉和肾脏都能合成糖原。食物来源的糖类在体内大部分转变成脂肪后储存于脂肪组织内，只有一小部分以糖原形式储存。糖原作为葡萄糖储备的生物学意义在于它可以迅速被用于供能或补充血糖以满足机体的需要；而脂肪则较慢，且基本不能转变为血糖。肝脏中糖原占肝总重量的 6%～8%，约为 100g。肌糖原占肌肉重量的 1%～2%，总量为 300g，肾糖原含量极少（主要参与肾酸碱平衡的调节），因此肌肉和肝脏是储存糖原的主要组织器官。人体糖原总量约为 400g，如只靠糖原供能，仅能维持 8～12 小时。

糖原是由多个葡萄糖分子聚合而成带有分支的大分子多糖。糖原分子的直链部分借 α-1,4- 糖苷键将葡萄糖残基连接起来，其支链部分则是借 α-1,6- 糖苷键形成分支。一个糖原分子有 1 个还原端，多个非还原端，糖原的合成与分解都从非还原端开始（图 5-9）。

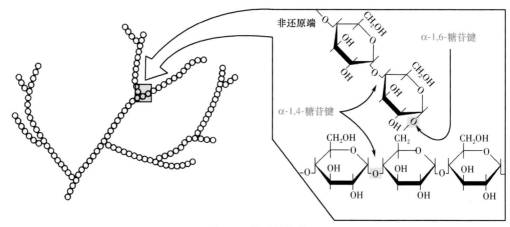

图 5-9　糖原的结构

一、糖原的合成代谢

由单糖（主要是葡萄糖）合成糖原的过程称为糖原合成（glycogenesis），反应在胞质中进行，需要消耗 ATP 和 UTP。

（一）反应过程

1. 葡萄糖磷酸化生成 6- 磷酸葡萄糖　在葡糖激酶（GK，肝脏）或己糖激酶（HK，肌肉组织）的作用下，葡萄糖磷酸化生成 6- 磷酸葡萄糖（G-6-P）。

$$\text{葡萄糖} \xrightarrow[\substack{\text{己糖激酶}\\(\text{葡萄糖激酶})}]{\overset{\text{ATP} \quad \text{ADP}}{Mg^{2+}}} \text{6-磷酸葡萄糖}$$

2. 6- 磷酸葡萄糖转变成 1- 磷酸葡萄糖　G-6-P 在磷酸葡萄糖变位酶作用下，经过 1,6- 二磷酸中间产物生成 1- 磷酸葡萄糖（G-1-P），反应可逆。

$$6\text{-磷酸葡萄糖} \xrightleftharpoons{\text{磷酸葡萄糖变位酶}} 1\text{-磷酸葡萄糖}$$

3. 1- 磷酸葡萄糖转变成尿苷二磷酸葡萄糖 G-1-P 与尿苷三磷酸（UTP）反应生成尿苷二磷酸葡萄糖（uridine diphosphate glucose，UDPG）。反应由 UDPG 焦磷酸化酶（UDPG pyrophosphorylase）催化。因焦磷酸迅速被水解，从而促进 UDPG 的形成。

4. 糖链的延伸 UDPG 在体内作为葡萄糖的供体，在糖原合酶（glycogen synthase）作用下，葡萄糖基转移到较小糖原分子（糖原引物）的非还原末端形成 α-1,4- 糖苷键，上述反应反复进行可使糖链不断延伸。

5. 糖原分支的形成 糖原合酶只能催化生成 α-1,4- 糖苷键形成直链的多糖分子。当糖链长度达到 12 ～ 18 个葡萄糖基时，由分支酶（branching enzyme）催化，将 5 ～ 8 个葡萄糖残基寡糖直链转移到另一链的葡萄糖基的 C_6 位，以 α-1,6- 糖苷键相连，生成分支糖链。分支糖原的形成不仅使其水溶性增加，有利于储存，而且可以增加非还原末端，在糖原合成或分解时可从多个非还原性末端同时开始，以提高合成和分解速度（图 5-10）。

（二）糖原合成的特点

1. 糖原合酶催化的糖原合成反应不能从头开始，糖原合酶催化合成反应时，需要至少含 4 个葡萄糖残基的 α-1,4- 多聚葡萄糖作为引物（primer），在其非还原性末端与 UDPG 反应，使糖链不断延伸。而糖原引物是以一种特殊的糖原蛋白（glycogenin）作为葡萄糖基的受体，从头开始合成第一个糖原分子的葡萄糖，反应是由糖原起始合成酶（glycogen initiating synthetase）催化，进而合成一寡糖链作为引物，再继续由糖原合酶催化合成糖原。

2. 葡萄糖合成糖原时必须先进行活化，UDPG 是合成糖原时活泼葡萄糖基的供体。

3. 糖原合成是一个耗能的过程，直接供能物质除 ATP 外还需要 UTP。糖原分子每增加一个葡萄糖残基，相当于消耗 2 分子 ATP，因 UTP 中的高能磷酸基是由 ATP 提供的。

4. 糖原合酶是糖原合成的关键酶，受共价修饰和别构调节两种方式的调节。

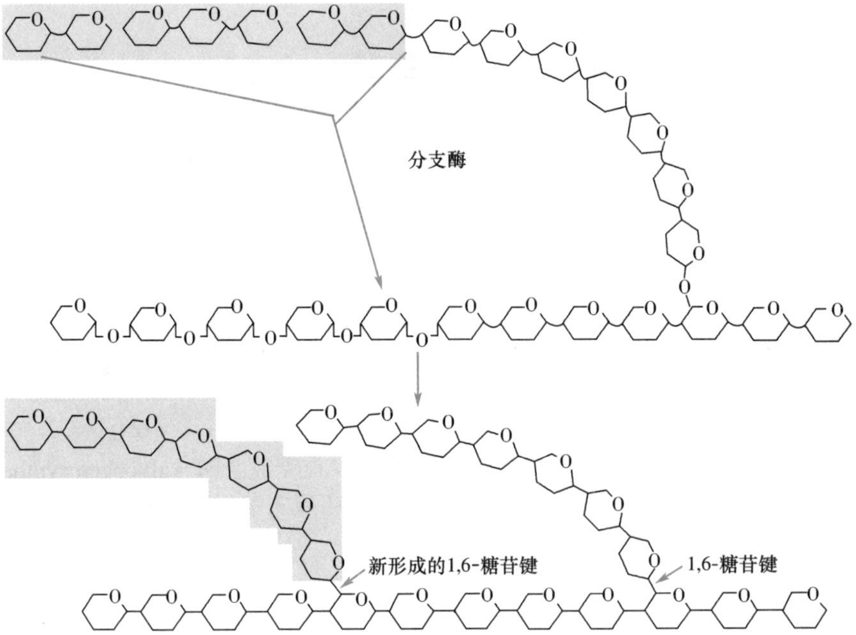

图 5-10　糖原分支的形成

二、糖原的分解代谢

糖原分解（glycogenolysis）习惯上指肝糖原分解成为葡萄糖的过程，但并不是糖原合成的逆反应。反应在细胞质中进行，无须消耗能量。

（一）反应过程

1. 1- 磷酸葡萄糖的生成　糖原的降解是从糖原的非还原性末端开始，在糖原磷酸化酶（glycogen phosphorylase）催化下，连接葡萄糖残基的 α-1,4- 糖苷键断裂，生成 1- 磷酸葡萄糖（G-1-P）和少 1 个葡萄糖基的糖原分子。

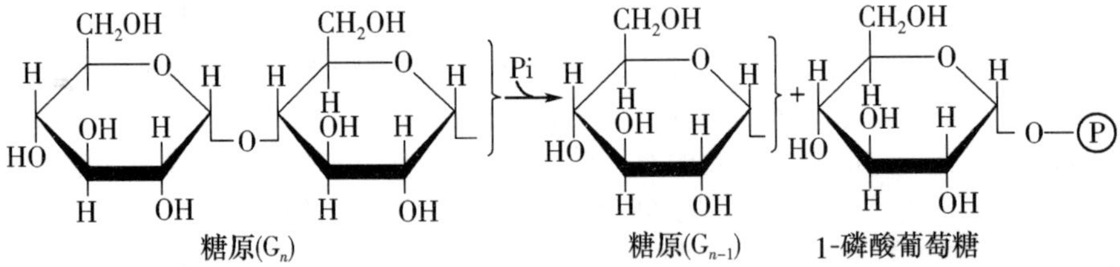

糖原(G_n)　　　　　　　　　　　糖原(G_{n-1})　1-磷酸葡萄糖

2. 6- 磷酸葡萄糖的生成　G-1-P 在磷酸葡萄糖变位酶的作用下，转变生成 6- 磷酸葡萄糖（G-6-P）。

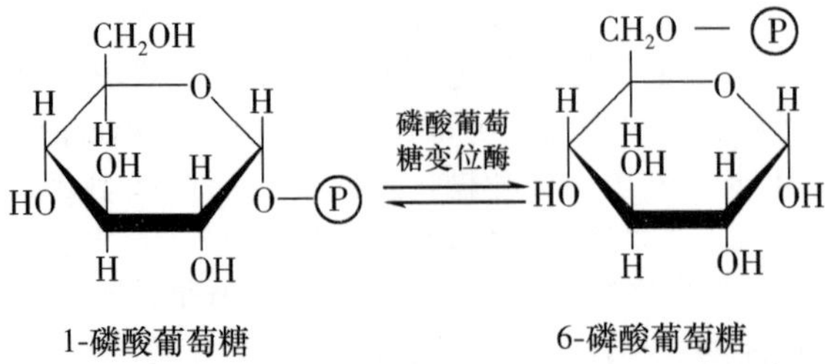

1-磷酸葡萄糖　　　　　　　　　　　6-磷酸葡萄糖

3. 葡萄糖的生成　G-6-P 在葡糖 -6- 磷酸酶的作用下被水解成葡萄糖，进入血液循环。

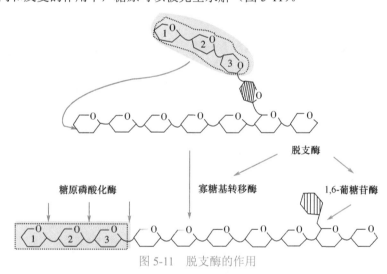

6-磷酸葡萄糖　　　　　　　　　　葡萄糖

经过上述反应将糖原中 1 个糖基转变为 1 分子葡萄糖，但是磷酸化酶只作用于糖原上的 α-1,4- 糖苷键，并且催化至距 α-1,6- 糖苷键 4 个葡萄糖残基时由于位阻效应，不能继续起作用，这时需要有脱支酶（debranching enzyme）的参与才可将糖原完全分解。

4. 糖原脱支反应　　脱支酶是一种双功能酶，催化糖原脱支的两个反应。它第一种功能是 4-α- 葡聚糖基转移酶（4-α-D-glucanotransferase）活性，即将糖原上四葡聚糖分支链上的三葡聚糖基转移到酶蛋白上，然后再交给同一糖原分子或相邻糖原分子末端具有自由 4- 羟基的葡萄糖残基上，并以 α-1,4- 糖苷键相连。剩下分支处以 α-1,6- 糖苷键相连的 1 个葡萄糖残基，在脱支酶另一酶活性 α-1,6- 葡糖苷酶的催化下，被水解脱下成为游离的葡萄糖。在磷酸化酶与脱支酶的协同和反复的作用下，糖原可以被完全水解（图 5-11）。

图 5-11　脱支酶的作用

（二）糖原分解代谢的特点

1. 糖原磷酸化酶是糖原分解的关键酶，受共价修饰和别构调节两种方式的调节。

2. 葡糖 -6- 磷酸酶可以分解糖原，补充血糖，但此酶只存在于肝脏和肾脏中，而肌肉组织中没有葡糖 -6- 磷酸酶，因此肌糖原不能直接分解为葡萄糖。肌肉组织中产生的 G-6-P 在有氧的条件下通过有氧氧化彻底分解，在无氧的条件下通过糖酵解生成乳酸，后者通过乳酸循环，再生成葡萄糖或糖原。

从前述糖的各代谢途径可看出，6- 磷酸葡萄糖是糖代谢中的一个重要中间代谢产物，是众多糖代谢途径（糖的有氧氧化、糖酵解、糖异生、磷酸戊糖途径、糖原合成和分解）的连接点。

三、糖原合成与糖原分解的生理意义

糖原是葡萄糖在体内的一种储备形式，当机体需要葡萄糖时可迅速被动用以供应急需。肌肉和肝脏是糖原储存的主要组织器官，但两者的生理意义却有很大的不同：肌糖原的分解为肌肉自身收缩提供能量，而肝糖原的合成与分解则实现了维持血糖浓度的相对恒定。

四、对糖原合成与糖原分解的调节

糖原的合成和分解不是简单的可逆反应，而是通过两条途径进行，便于进行精细调节。糖原合酶和磷酸化酶分别是糖原合成与分解代谢中的关键酶，它们均受到别构调节与共价修饰调节。

（一）别构调节

6-磷酸葡萄糖可激活糖原合酶，刺激糖原合成。抑制糖原磷酸化酶阻止糖原分解；ATP和葡萄糖是糖原磷酸化酶抑制剂。磷酸化酶 b 是别构酶，在有高浓度正效应物 AMP 时，磷酸化酶 b 构象发生变化，成为有活性的酶。ATP 则是酶的负效应物，与 AMP 竞争抑制磷酸化酶 b 的活性，6-磷酸葡萄糖也是此酶的别构抑制剂。Ca^{2+} 可激活磷酸化酶激酶进而激活磷酸化酶，促进糖原分解（图 5-12）。

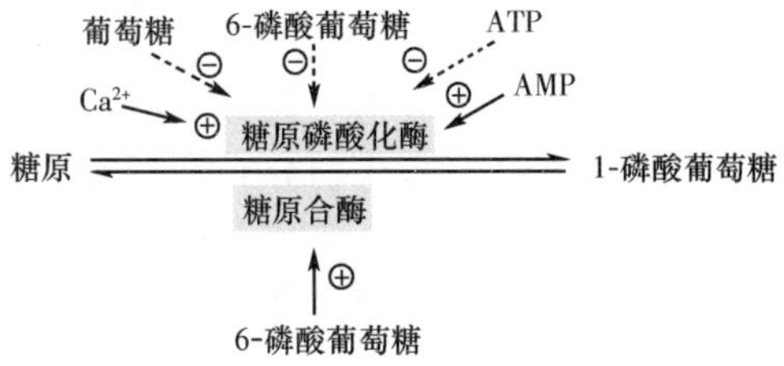

图 5-12　糖原合成和分解的变构调节

（二）共价修饰调节

磷酸化酶和糖原合酶均有 a、b 两种存在形式，a 为有活性形式，b 是非活性形式，两者通过磷酸化与去磷酸化的共价修饰实现互变。两种酶的磷酸化与去磷酸化方式类似，但结果相反：磷酸化酶去磷酸化后活性被抑制，而糖原合酶去磷酸化后才有活性。两个酶不会同时被激活或同时被抑制。两者磷酸化与去磷酸化共价修饰调节见图 5-13。

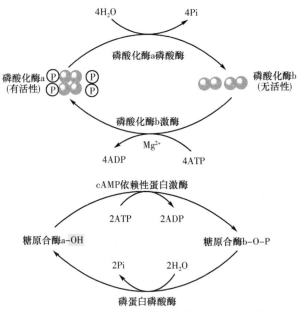

图 5-13　磷酸化酶、糖原合酶的共价修饰调节

磷酸化酶和糖原合酶的共价修饰均受激素的影响。体内肾上腺素和胰高血糖素等激素可通过 cAMP 连锁酶促反应逐级放大，构成一个调节糖原合成与分解的控制系统（图 5-14），其中肾上腺素主要影响肌糖原的代谢，而肝糖原的代谢则主要受胰高血糖素的影响。例如，血糖浓度下降和剧烈活动时，肾上腺素和胰高血糖素分泌增加。这两种激素与肌肉或肝脏等组织细胞膜受体结合，由 G 蛋白介导活化腺苷酸环化酶，使 cAMP 生成增加；cAMP 使 cAMP 依赖性蛋白激酶（cAMP-dependent protein kinase）活化；活化的蛋白激酶一方面使有活性的

糖原合酶 a 磷酸化为无活性的糖原合酶 b，另一方面使无活性的磷酸化酶激酶磷酸化为有活性的磷酸化酶激酶，活化的磷酸化酶激酶进一步使无活性的糖原磷酸化酶 b 磷酸化转变为有活性的糖原磷酸化酶 a，最终结果是抑制糖原合成，促进糖原分解，从而使血糖浓度升高或肌糖原分解用于肌肉收缩。

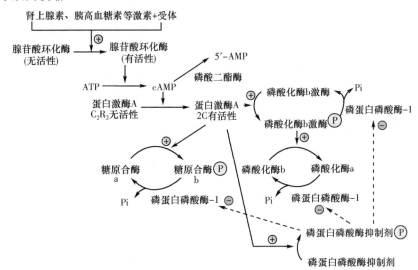

图 5-14　糖原合成和分解的共价修饰调节

第六节　糖的其他代谢途径

一、糖醛酸代谢途径

糖醛酸途径（glucuronate pathway）指的是葡萄糖经过葡糖醛酸衍生物，最终转变为木酮糖的代谢途径，其在葡萄糖代谢中仅占很小一部分。糖醛酸代谢主要在肝脏和红细胞中进行，从 6- 磷酸葡萄糖开始，先转变为尿苷二磷酸葡萄糖（uridine diphosphate glucose，UDPG），UDPG 作为葡萄糖的供体，上连糖原合成途径（见糖原合成过程）。另一方面，UDPG 在 UDPG 脱氢酶催化下氧化成为尿苷二磷酸葡糖醛酸（uridine diphosphate glucuronic acid，UDPGA），再经过一系列反应后生成磷酸戊糖而进入磷酸戊糖途径，从而构成糖分解代谢的

另一条途径，其代谢途径可以见图 5-15。此途径不仅提供葡糖醛酸，而且还提供细胞代谢所必需的维生素 C。但在人和其他灵长类动物以及豚鼠体内，因为缺乏 *L*- 古洛糖酸内酯氧化酶，所以不能合成维生素 C，而必须从食物中摄取。在人体，糖醛酸代谢的主要生理意义在于反应过程中生成的重要物质 UDPGA，它作为葡糖醛酸的供体，可参与体内许多代谢过程。

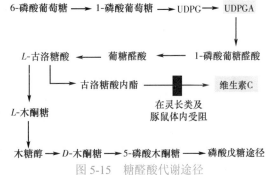

图 5-15　糖醛酸代谢途径

（1）在肝脏 UDPGA 作为生物转化结合反应中的常见供体，其糖醛酸可与许多代谢产物、药物或毒物等结合，生成可溶于水的化合物，从而促进其排泄，具体内容可见第十一章肝胆生物化学。

（2）UDPGA 作为糖醛酸基的供体，参与体内许多重要蛋白聚糖如硫酸软骨素、透明质酸以及肝素等物质的生物合成。

二、其他单糖的代谢途径

除上述内容以外，其他单糖通过转变为磷酸己糖后也可以进入葡萄糖的代谢途径。人体可吸收利用的单糖除了葡萄糖以外，还有果糖、半乳糖和甘露糖等单糖，他们均可以通过转变为磷酸己糖而进入葡萄糖的代谢途径。例如，果糖可被己糖激酶磷酸化生成 6- 磷酸果糖而进入葡萄糖的代谢途径，也可由果糖激酶催化生成 1- 磷酸果糖，再由磷酸果糖醛缩酶催化生成磷酸二羟丙酮和甘油醛，甘油醛经丙糖激酶催化生成 3- 磷酸甘油醛，而磷酸二羟丙酮也可以转变为 3- 磷酸甘油醛，最后都转变为丙酮酸；半乳糖由半乳糖激酶催化生成 1- 磷酸半乳糖，经过 1- 磷酸半乳糖尿苷酰转移酶、磷酸葡萄糖变位酶催化后生成 6- 磷酸葡萄糖而进入葡萄糖的代谢途径；甘露糖则先由己糖激酶催化生成磷 6- 磷酸甘露糖，再在磷酸甘露糖异构酶催化下生成 6- 磷酸果糖而进入葡萄糖的代谢途径，各种己糖进入葡萄糖代谢途径可以见图 5-16。

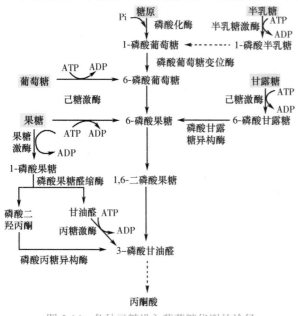

图 5-16　各种己糖进入葡萄糖代谢的途径

第七节　糖　异　生

体内糖原储备有限，若没有补充，10 多个小时肝糖原即被耗尽，血糖主要来源断绝。但事实上，即使禁食 24 小时，血糖仍维持正常水平。此时，除了周围组织减少对葡萄糖的摄取利用外，一些非糖物质也可以转变成葡萄糖，以补充血糖。这种从非糖物质，如生糖氨基酸、乳酸、丙酮酸及甘油等转变为葡萄糖或糖原的过程，称为糖异生（gluconeogenesis）。糖异生的主要器官是肝脏，长期饥饿或酸中毒时，肾脏的糖异生能力也大大加强。

一、糖异生反应途径

糖异生的途径基本上是糖酵解的逆过程，糖酵解通路中大多数的酶促反应是可逆的，但是己糖激酶、磷酸果糖激酶和丙酮酸激酶三个限速酶催化的三个反应过程，都有相当大的能量变化，因为己糖激酶（包括葡糖激酶）和磷酸果糖激酶所催化的反应都要消耗 ATP 而释放能量，丙酮酸激酶催化的反应使磷酸烯醇式丙酮酸转移其能量及磷酸基生成 ATP，这些反应的逆过程就需要吸收相等量的能量，因而构成"能障"。为越过障碍，实现糖异生，可以由另外不同的酶来催化逆行过程。而绕过各自能障，这种由不同的酶催化的单向反应，造成两个作用物互变的循环称为底物循环。糖异生是耗能的合成过程，反应在胞质和线粒体中进行。

（一）主要反应途径

1. 丙酮酸转变为磷酸烯醇式丙酮酸（PEP）　丙酮酸生成 PEP 的反应包括丙酮酸羧化酶和磷酸烯醇式丙酮酸羧激酶催化的两步反应，构成一条所谓"丙酮酸羧化支路"使反应进行。这个反应是糖酵解过程中丙酮酸激酶催化的磷酸烯醇式丙酮酸生成丙酮酸的逆过程。这个过程中消耗两个高能键（一个来自 ATP，另一个来自 GTP），而由磷酸烯醇式丙酮酸分解为丙酮酸只生成 1 个 ATP。

（1）丙酮酸转变为草酰乙酸：由丙酮酸羧化酶催化，辅酶是生物素，在 ATP、CO_2 存在条件下，丙酮酸羧化生成草酰乙酸。

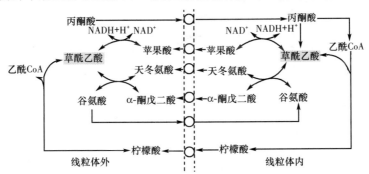

（2）草酰乙酸转变为磷酸烯醇式丙酮酸（PEP）：由磷酸烯醇式丙酮酸羧激酶催化，由 GTP 提供能量，释放 CO_2。

由于丙酮酸羧化酶仅存在于线粒体内，胞质中的丙酮酸必须进入线粒体，才能羧化生成草酰乙酸；而磷酸烯醇式丙酮酸羧激酶在线粒体和胞质中都存在（人类此酶细胞质 / 线粒体分布比值为 67/33）。因此，草酰乙酸可在线粒体中直接转变为磷酸烯醇式丙酮酸再进入胞质中，也可在进入胞质以后再被转变为磷酸烯醇式丙酮酸。但草酰乙酸不能自由通过线粒体内膜，其可通过以下两种方式进入胞质。一种是经苹果酸脱氢酶作用，将其还原成苹果酸，然后通过线粒体内膜进入胞质，再由胞质中 NAD^+- 苹果酸脱氢酶将苹果酸脱氢氧化为草酰乙酸而进入糖异生反应途径。由此可见，以苹果酸代替草酰乙酸透过线粒体内膜不仅解决了糖异生所需要的碳单位，同时又从线粒体内带出一对氢，通过 $NADH+H^+$ 的形成，使 1,3- 二磷酸甘油酸生成 3- 磷酸甘油醛，从而保证了糖异生顺利进行。另一种方式是经谷草转氨酶的作用，生成天冬氨酸后再逸出线粒体，进入胞质中的天冬氨酸再经胞质中谷草转氨酶催化而重新生成草酰乙酸。实验表明，以丙酮酸或能转变为丙酮酸的某些生糖氨基酸作为原料生糖时，以苹果酸通过线粒体方式进行糖异生；乳酸进行糖异生反应时，它在胞质中变成丙酮酸时脱氢生成的 $NADH+H^+$，可供利用，故常在线粒体内生成草酰乙酸后，再变成天冬氨酸而出线粒体内膜进入胞质；另外草酰乙酸与乙酰 CoA 缩合生成柠檬酸后可直接逸出线粒体（图 5-17）。

图 5-17 草酸乙酸逸出线粒体的方式

2. 1,6- 二磷酸果糖转变为 6- 磷酸果糖 反应是由果糖二磷酸酶（fructose diphosphatase）催化的水解反应。

$$1,6- 二磷酸果糖 + H_2O \longrightarrow 6- 磷酸果糖 + Pi$$

果糖二磷酸酶是异构酶，可被 AMP、2,6- 二磷酸果糖强烈抑制；ATP、柠檬酸、3- 磷酸甘油酸可激活其活性。

　　3. 6- 磷酸葡萄糖水解生成葡萄糖　此反应是由葡糖 -6- 磷酸酶所催化。

$$6\text{-}磷酸葡萄糖 + H_2O \longrightarrow 葡萄糖 + Pi$$

这个反应是糖酵解过程中己糖激酶催化葡萄糖生成 6- 磷酸葡萄糖的逆过程。

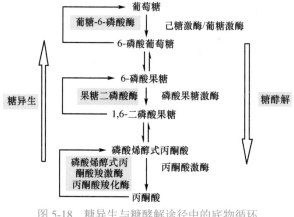

图 5-18　糖异生与糖酵解途径中的底物循环

　　糖异生途径的三个"能障"反应总结如图 5-18 所示。除上述几步反应以外，糖异生的其他反应均为糖酵解途径的逆反应过程。例如，乳酸在乳酸脱氢酶作用下转变为丙酮酸，经前述糖异生途径生成糖；甘油被磷酸化生成磷酸甘油后，氧化成磷酸二羟丙酮，再循糖酵解逆行过程合成糖；氨基酸则通过多种渠道成为糖酵解或糖有氧氧化过程中的中间产物，然后生成糖；三羧酸循环中的各种羧酸则先转变为草酰乙酸，然后再异生为糖。

（二）乳酸、甘油和生糖氨基酸的糖异生途径

　　糖异生作用的几种主要原料异生为糖的途径参见图 5-19。

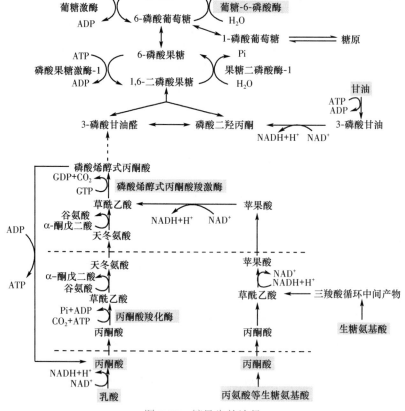

图 5-19　糖异生的途径

二、对糖异生途径的调节

糖异生途径的关键酶为催化不可逆反应的四个酶，包括丙酮酸羧化酶、磷酸烯醇式丙酮酸羧激酶、果糖二磷酸酶和葡糖 -6- 磷酸酶，机体主要通过影响这几个关键酶的活性和含量而调节糖异生。

（一）激素对糖异生的调节

激素对糖异生调节实质是调节糖异生和糖酵解这两个途径的关键酶。胰高血糖素和胰岛素是调节糖异生的主要激素。胰高血糖素与受体结合后激活腺苷酸环化酶以产生 cAMP，进而激活 cAMP 依赖的蛋白激酶 A，后者使丙酮酸激酶磷酸化而抑制其活性，阻止磷酸烯醇式丙酮酸向丙酮酸转变，从而刺激糖异生途径。同时使 6- 磷酸果糖激酶 -2 磷酸化后活性降低，进而降低 2,6- 二磷酸果糖的浓度。2,6- 二磷酸果糖是果糖二磷酸酶的别构抑制剂，又是 6- 磷酸果糖激酶的别构激活剂。因此胰高血糖素在抑制糖酵解过程的同时可促进糖异生作用，而胰岛素具有相反的调节作用。

除上述胰高血糖素和胰岛素对糖异生和糖酵解的快速调节外，它们还可分别诱导或阻遏糖异生和糖酵解的关键酶的生成，胰高血糖素 / 胰岛素比例高可诱导大量磷酸烯醇式丙酮酸羧激酶、果糖二磷酸酶等糖异生酶的合成，而阻遏葡糖激酶和丙酮酸激酶的合成。

（二）代谢物对糖异生的调节

1. 糖异生原料的浓度对糖异生作用的调节　血浆中甘油、乳酸和氨基酸浓度增加时，使糖异生作用增强。例如，饥饿情况下，脂肪动员增加，组织蛋白质分解加强，血浆甘油和氨基酸增高；激烈运动时，血乳酸含量剧增等，都可促进糖异生作用。

2. 乙酰 CoA 浓度对糖异生的影响　乙酰 CoA 决定了丙酮酸代谢的方向，脂肪酸氧化分解产生大量的乙酰 CoA 可以抑制丙酮酸脱氢酶系，使丙酮酸大量蓄积，为糖异生提供原料，同时又可激活丙酮酸羧化酶，加速丙酮酸生成草酰乙酸，使糖异生作用增强。此外乙酰 CoA 与草酰乙酸缩合生成柠檬酸由线粒体内透出而进入细胞质中，可以抑制磷酸果糖激酶 -1，使果糖二磷酸酶活性升高，促进糖异生。

三、糖异生的生理意义

（一）在饥饿情况下，保持血糖浓度的相对恒定

在空腹条件下，机体主要靠肝糖原分解来维持血糖相对恒定，但体内肝糖原储备有限，用肝糖原的储存量来维持血糖浓度最多不超过 12 小时，而储糖量最多的肌糖原仅供本身氧化供能，不能补充血糖。但事实上即使禁食 24 小时，通过糖异生仍可使血糖维持正常水平。因此在饥饿状态下，糖异生对血糖浓度的相对恒定起着十分重要的作用，这对保证某些主要依赖葡萄糖供能的组织（如脑组织）的功能具有重要意义。

（二）促进乳酸的再利用

体内的乳酸大部分是在肌肉组织和红细胞中经糖酵解生成的，由于乳酸分子很容易透过肌细胞膜，在强烈的肌肉活动时，所产生的大量乳酸迅速扩散到血液，并且转运入肝脏。高浓度的乳酸在肝细胞中可转变成丙酮酸继而代谢生成葡萄糖。这种由肌肉糖酵解产生的乳酸，经血液转入肝脏，肝脏又将乳酸通过糖异生补充血糖，可再被肌肉利用的现象被称为乳酸循环或 Cori 循环（lactate cycle 或 Cori cycle）（图 5-20）。在安静状态下产生乳酸的量甚少，此途径意义不大。但在某些生理或病理情况下，如在激烈运动时，肌肉糖酵解生成大量乳酸，

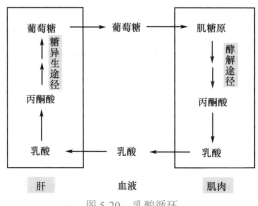

图 5-20　乳酸循环

后者经血液运到肝脏可再合成肝糖原和葡萄糖，因而使不能直接产生葡萄糖的肌糖原间接变成血糖，并且有利于回收乳酸分子中的能量，更新肌糖原，防止乳酸酸中毒的发生。

（三）协助氨基酸代谢

实验证实进食蛋白质后，肝脏中糖原含量增加；禁食晚期、糖尿病或皮质醇过多时，由于组织蛋白质分解，血浆氨基酸增多，糖异生作用增强，因而氨基酸异生成糖可能是氨基酸代谢的主要途径。

（四）促进肾小管泌氨，调节酸碱平衡

长期禁食后肾脏的糖异生可以明显增加，发生这一变化的原因可能是饥饿造成的代谢性酸中毒，体液 pH 降低可以促进肾小管中磷酸烯醇式丙酮酸羧激酶的合成，使糖异生作用增强。当肾脏中 α- 酮戊二酸经糖异生为糖而减少后，可促进谷氨酰胺脱氨生成谷氨酸及谷氨酸的脱氨反应，肾小管细胞随之将 NH_3 分泌入管腔中，与原尿中 H^+ 结合，降低原尿 H^+ 的浓度，有利于排 H^+ 保 Na^+ 作用的进行，对于防止酸中毒有重要作用。

第八节　血糖及糖代谢障碍

血糖（blood glucose）是指血液中的葡萄糖。正常情况下，血糖浓度在一定的范围内波动，在进食后，由于大量葡萄糖吸收入血，血糖可一过性升高，但一般在 2 小时后又可恢复到正常范围。在轻度饥饿初期，血糖可以稍低于正常下限，但在短期内即使不进食物，血糖也可恢复并维持在正常水平。正常人的空腹血糖浓度为 3.89 ～ 6.11mmol/L。当血糖的浓度高于 8.89 ～ 10.00mmol/L，超过肾小管重吸收的能力，就可出现糖尿。通常将出现糖尿时的血糖浓度称为肾糖阈（renal threshold for glucose）。

血糖是反映体内糖代谢状况的一项重要指标。血糖含量维持一定水平，对于保证人体各组织器官，特别是脑组织的正常功能活动极为重要。脑组织主要依靠糖有氧氧化供能，所以脑组织在血糖低于正常值的 1/3 ～ 1/2 时，即可引起功能障碍，在动物甚至引起死亡。

一、血糖的来源和去路保持动态平衡

血糖浓度的相对恒定依赖于血糖来源与代谢去路的平衡。

1. 血糖的来源

（1）食物中的糖类物质经消化吸收进入血中，这是血糖的主要来源。

（2）肝脏储存的糖原分解成葡萄糖入血，这是空腹时血糖的直接来源。

（3）在禁食情况下，以甘油、某些有机酸及生糖氨基酸为主的非糖物质，通过糖异生作用转变成葡萄糖，以补充血糖。

2. 血糖的去路

（1）葡萄糖在各组织细胞中氧化分解供能，这是血糖的主要去路。

（2）餐后肝脏、肌肉等组织可将葡萄糖合成糖原进行储存。

（3）转变为非糖物质，如脂肪、非必需氨基酸等。

（4）转变成其他糖及糖衍生物，如核糖、脱氧核糖、氨基多糖和糖醛酸等。

（5）当血糖浓度高于 8.9mmol/L（160mg/dl）时，则随尿排出，形成糖尿（glucosuria）。

正常人血糖虽然经肾小球滤过，但几乎全部都被肾小管吸收，故尿中糖的含量极微，

常规检查为阴性。只有在血糖浓度高于 8.9mmol/L，即超过肾小管重吸收能力时，尿糖检查才为阳性。糖尿多见于某些病理情况，如糖尿病等。

血糖的来源与去路总结为图 5-21。

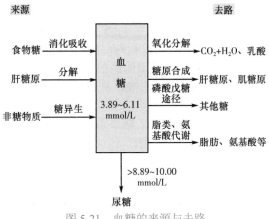

图 5-21　血糖的来源与去路

二、对血糖浓度的调节

正常人体内存在着精细的调节血糖来源和去路动态平衡的机制，保持血糖浓度的相对恒定是组织器官、激素及神经系统共同调节的结果。

（一）肝脏对血糖的调节

肝脏是调节血糖浓度的主要器官，这不仅仅是因为肝内糖代谢的途径很多，而关键还在于有些代谢途径为肝脏所特有。

餐后食物中糖类经消化吸收，以葡萄糖形式大量进入血液，使血糖浓度暂时轻度升高。此时葡萄糖直接促进肝脏等组织摄取葡萄糖，使肝细胞内糖原合成明显增加，同时抑制肝糖原的分解，减少其向血中释放葡萄糖，同时还使糖转变为脂肪，结果是餐后血糖浓度仅轻度升高，并很快恢复至正常范围。饥饿时肝脏通过自己特有的葡糖-6-磷酸酶，将储存的肝糖原分解成葡萄糖以补充血糖的不足，而肌糖原则不能转为葡萄糖。

肝脏还是糖异生的主要器官。在生理情况下，甘油、氨基酸等非糖物质主要在肝细胞转变成葡萄糖，以补充因空腹所致的血糖来源不足。饥饿或剧烈运动时，肝脏利用非糖物质转变成糖的作用尤为显著。此外，肝脏还是其他单糖（果糖、半乳糖等）代谢和转变为葡萄糖的主要部位。

由此可见，肝脏在血糖的来源与去路方面所发挥的作用较其他器官全面，所以它是维持血糖恒定的关键器官。当机体需要时，通过神经-激素的作用，使肝细胞内各种糖代谢途径的酶活性改变，以维持血糖浓度的相对恒定。当肝功能严重受损时，进食糖类或输注葡萄糖液都可发生一时性高血糖甚至糖尿，而饥饿时则也可出现低血糖症状。

（二）激素对血糖的调节

调节血糖的激素有两大类：一类是降低血糖的激素，即胰岛素；另一类是升高血糖的激素，包括胰高血糖素、糖皮质激素、肾上腺素、生长激素等。

1. 胰岛素的调节作用　胰岛素由胰岛 β 细胞合成，为含 51 个氨基酸残基的肽类激素，是体内唯一降低血糖的激素，也是唯一促进糖原、脂肪和蛋白质合成的激素。血糖升高时胰岛素分泌增加。胰岛素降低血糖有多方面的机制：①胰岛素可通过调节细胞膜葡萄糖转运载体的数量，促进葡萄糖的利用；②胰岛素通过增强糖原合成酶活性，抑制磷酸化酶活性，从而加速糖原合成，抑制糖原分解；③胰岛素通过诱导糖酵解途径的关键酶，激活丙酮酸脱氢酶而加快糖的氧化分解过程；④胰岛素可抑制糖异生关键酶磷酸烯醇式丙酮酸羧激酶的合成，减少异生原料，抑制糖异生作用；⑤胰岛素抑制脂肪动员，增加葡萄糖利用，促进葡萄糖转变成脂肪。

2. 胰高血糖素的调节作用　胰高血糖素由胰岛 α 细胞合成，为 29 个氨基酸残基的肽类激素，有升高血糖的作用，其升血糖机制为：①通过抑制糖原合酶，激活糖原磷酸化酶，抑制糖原合成，促进糖原分解；②通过抑制 6- 磷酸果糖激酶，抑制糖分解的糖酵解途径，减少糖的氧化；③促进磷酸烯醇式丙酮酸羧激酶合成，并加速肝摄取氨基酸原料，加强糖异生；

④加速脂肪动员，抑制周围组织摄取利用葡萄糖。

3. 糖皮质激素的调节作用　糖皮质激素为肾上腺皮质分泌的类固醇激素，如皮质醇，有升高血糖的作用，其机制为：①促进肌肉蛋白分解成氨基酸，并使之转移入肝中，增加糖异生；②促进糖异生途径关键酶磷酸烯醇式丙酮酸羧激酶的合成；③抑制肝外组织摄取、利用葡萄糖，抑制丙酮酸氧化脱羧，从而抑制葡萄糖的氧化。

4. 肾上腺素的调节作用　肾上腺素为强有力的升血糖激素，主要在应激状态下发挥作用，其作用机制主要为激活糖原磷酸化酶，加速肝糖原分解为葡萄糖；肌糖原分解为乳酸后，通过糖异生间接升高血糖。

激素对血糖浓度的调节见表5-6。

表5-6　激素对血糖浓度的调节

降低血糖的激素			升高血糖的激素		
激素	对糖代谢影响	促进释放的主要因素	激素	对糖代谢影响	促进释放的主要因素
胰岛素	（1）餐时肌肉、脂肪组织细胞膜对葡萄糖通透性，使血糖容易进入细胞内（肝、脑例外） （2）促进肝葡糖激酶活性。使血糖易进入肝细胞内合成肝糖原 （3）促进糖氧化分解 （4）促进糖转变成脂肪 （5）抑制糖异生	高血糖、高氨基酸、迷走神经兴奋、胰泌素、胰高血糖素	肾上腺素	（1）促进肝糖原分解为血糖 （2）促进肌糖原酵解 （3）促进糖异生	交感神经兴奋，低血糖
			胰高血糖素	（1）促进肝糖原分解成血糖 （2）促进糖异生	低血糖、低氨基酸、促胰酶素
			糖皮质激素	（1）促进肝外组织蛋白质分解生成氨基酸 （2）促进肝内糖异生	应激
			生长激素	早期：有胰岛素样作用（时间很短） 晚期：有抗胰岛素作用（主要作用）	低血糖，运动，应激

（三）神经系统对血糖的调节

神经系统对血糖浓度的调节作用主要通过下丘脑和自主神经系统影响所控制激素的分泌，后者再通过调节血糖来源与去路代谢途径的关键酶的活性和含量来实现。神经系统的调节最终通过细胞水平的调节来达到目的。

三、糖代谢障碍

（一）高血糖

临床上将空腹血糖浓度高于 7.22 ～ 7.78mmol/L 称为高血糖（hyperglycemia）。当血糖浓度高于 8.89 ～ 10.00mmol/L 时，超过了肾小管的重吸收能力，则可出现糖尿。这一血糖水平称为肾糖阈。

1. 高血糖与糖尿

（1）生理性高血糖和糖尿：生理情况下，情绪激动或一次摄入大量葡萄糖，可引起血糖短暂升高，也可出现糖尿，并按原因不同分为情感性糖尿和饮食性糖尿。

（2）病理性高血糖和糖尿：主要见于糖尿病（diabetes mellitus，DM），表现为持续性高血糖和糖尿。

（3）肾性糖尿：血糖正常而出现糖尿，见于慢性肾炎、肾病综合征等引起肾对糖的吸收障碍。

2. 糖尿病　糖尿病是一种由于胰岛素相对或绝对缺乏、或细胞胰岛素受体减少、或受体敏感性降低导致的疾病，它是除了肥胖症之外人类最常见的内分泌紊乱性疾病。糖尿病的临床特征是血糖浓度持续升高，主要临床表现在以下四方面：①糖代谢紊乱——高血糖和糖尿；②脂类代谢紊乱——高脂血症、酮症酸中毒；③体重减轻和生长迟缓；④微血管病变、神经病变、肾脏病变等并发症。

临床上将糖尿病分为二型：1 型（胰岛素依赖型），多发生于青少年，主要与遗传有关，定位于人类组织相容性复合体上的单个基因或基因群，为自身免疫病。2 型（非胰岛素依赖型），和肥胖关系密切，可能是由细胞膜上胰岛素受体丢失所致。我国以成人多发的 2 型糖尿病为主。

（二）低血糖

低血糖症（hypoglycemia）是指空腹血糖浓度低于某一极限，临床出现一系列因血糖浓度过低引起的综合征。一般认为成人血浆葡萄糖浓度低于 2.8mmol/L（50mg/dl），全血葡萄糖浓度低于 2.2mmol/L（40mg/dl）称为低血糖。

引起低血糖的原因很多，较常见的原因有：①胰岛 β 细胞增生和肿瘤等病变使胰岛素分泌过多，导致血糖来源减少，去路增加，造成血糖降低；②使用胰岛素或降血糖药物过多；③垂体前叶或肾上腺皮质功能减退，使肾上腺皮质激素分泌减少；④肝严重损害时不能有效地调节血糖，当糖摄入不足时很易发生低血糖；⑤长期饥饿、剧烈运动或高热患者因代谢率增加，血糖消耗过多。

低血糖时可出现饥饿感，四肢无力及交感神经兴奋而发生的面色苍白、心慌、出冷汗等症状。因脑组织主要以葡萄糖作为能源，对低血糖比较敏感，即使轻度低血糖就可以发生头昏、倦怠等，严重时可出现昏迷。

（三）糖原贮积症

糖原贮积症（glycogen storage disease）是一类遗传性代谢病，以体内某些组织器官中有大量糖原累积为主要特征（表 5-7）。发病原因是患者先天性缺乏与糖代谢相关的酶类。由于缺陷酶在糖原代谢中的作用、受累器官部位的不同，及糖原结构的差异，因此对健康及生命的影响程度也不同。由于肝脏和骨骼肌是糖原代谢的重要部位，因此糖原贮积症的最主要贮积部位为肝脏和肌肉。糖原贮积症可分为不同类型。如肝磷酸化酶缺陷，使肝糖原累积造成肝大；葡糖 -6- 磷酸酶缺乏使肝糖原不能动用维持血糖，引起严重低血糖。

表 5-7　糖原贮积症及其临床体征

分型	酶的缺陷	受累器官	临床表现
Ⅰ（von-Gierke 病）	葡糖 -6- 磷酸酶	肝、肾	肝明显肿大、发育受阻、严重低血糖、酮症、高尿酸血症伴有痛风性关节炎、高脂血症
Ⅱ（Pompe 病）	1,4-α-D- 葡糖苷酶〔溶酶体〕	肝、心、肌肉等	常在 2 岁前因心力、呼吸衰竭致死
Ⅲ（Cori 病）	脱支酶	肌肉、肝	类似 Ⅰ 型，但程度较轻
Ⅳ（Andersen 病）	分支酶	肝、脾	进行性肝硬化，常在 2 岁前因肝功能衰竭死亡
Ⅴ（McArdle 病）	磷酸化酶	肌肉	由于疼痛，肌肉剧烈运动受限；患者可以正常发育
Ⅵ（Hers 病）	磷酸化酶	肝	类似 Ⅰ 型。但程度较轻
Ⅶ	磷酸果糖激酶	肌肉	与 Ⅴ 型类似
Ⅷ	磷酸化酶激酶	肝	轻度肝大和轻度低血糖
Ⅸ	糖原合酶	肝	

（程　宏）

思 考 题

1. 请从反应部位、关键酶、底物、终产物、能量计算及生理意义等方面比较糖无氧分解与有氧氧化反应过程。

2. 三羧酸循环是体内重要的代谢过程，请说明其作用特点及生理意义。

3. 磷酸戊糖途径的生理意义主要体现在哪里？与哪些代谢过程有关？

4. 糖异生是体内补充血糖的重要过程，其主要原料和关键酶有哪些？是否是糖酵解的逆过程？

5. 糖原合成与糖原分解的关键酶分别受到哪些方式的调控？

6. 血糖水平是人体是否健康的重要指标？其来源与去路分别包括哪些？

案例分析题

45 岁男性患者半年前无明显诱因逐渐食量增加，而体重逐渐下降，半年内下降达 5kg 以上，同时出现多饮、多食，伴尿量增多。近半个月来出现双下肢麻木，有时呈针刺样疼痛。查体：双下肢无水肿，感觉减退，膝腱反射消失，其他体征均正常。实验室检查：尿常规示尿蛋白（ － ），尿糖（ +++ ），镜检（ － ）；空腹血糖（ 11mmol/L ）。

问题：

（1）请根据该患者的临床表现及化验结果给出临床初步诊断结果。

（2）请结合糖代谢及相关知识，解释该患者的主要临床表现及化验结果产生的原因。

第六章　生物氧化

内容提要

物质在生物体内的氧化分解过程称为生物氧化。生物氧化在细胞的线粒体内外均可进行，但氧化过程及意义不同。线粒体内的生物氧化产生二氧化碳和水的同时释放的能量生成 ATP 以供生命活动之需。

生物氧化过程中水的生成是由底物脱氢，经呼吸链传递，最后交给氧生成。呼吸链由 4 个酶复合体和 2 个分离存在的传递体组成。体内有 NADH 氧化呼吸链和 $FADH_2$ 氧化呼吸链两条呼吸链。

ATP 是生物细胞内能够直接利用的能量形式。体内生成 ATP 的主要方式是氧化磷酸化，即底物氧化脱氢经呼吸链传递给氧生成 H_2O 并释放能量的同时偶联 ADP 磷酸化生成 ATP 的过程。复合体 I、III、IV 是氧化磷酸化的偶联部位。每 2 个 H 经 NADH 氧化呼吸链生成 2.5 分子 ATP，经 $FADH_2$ 氧化呼吸链生成 1.5 分子 ATP。化学渗透学说是被普遍接受的氧化磷酸化的机制。氧化磷酸化受许多因素的影响，包括 ADP 浓度、甲状腺素、呼吸链抑制剂和解偶联剂等。

生物体内能量的转化、储存和利用均以 ATP 为中心。ATP 生成时接受物质分解释放的能量，ATP 分解释放能量供肌肉收缩、合成代谢、物质转运和神经传导等。在肌肉和脑组织中，磷酸肌酸可作为能源的储存形式。

线粒体外的 $NADH+H^+$ 所携带的 2 个 H 通过 α-磷酸甘油穿梭或苹果酸-天冬氨酸穿梭进入线粒体内进行氧化磷酸化，分别生成 1.5 分子或 2.5 分子 ATP。非线粒体氧化体系包括微粒体和过氧化物酶体等，其特点是不伴有 ATP 的生成，主要参与体内代谢物、药物和毒物的生物转化。

物质在生物体内的氧化体系有两大类：一是在线粒体内膜上进行的氧化体系，与 ATP 的生成密切相关；二是非线粒体氧化体系，如微粒体（microsome）氧化体系，主要在光滑内质网中进行，与 ATP 生成无关，但具有其他功能如进行生物转化，它是机体对非营养物质进行化学转变以利于进一步排出到体外的过程。此外，还有过氧化物酶体（peroxisome）氧化体系。本章重点介绍线粒体氧化体系及能量的产生机制。

第一节　生物氧化概述

一、生物体内氧化反应不同于体外氧化

（一）生物氧化的概念

糖、脂、蛋白质等营养物质在生物体内可彻底氧化生成 CO_2 和 H_2O，同时释放能量。储存在 ATP 中，供给机体肌肉收缩、物质转运等各种生命活动的需要，另一部分能量则以热能的形式散发。物质在生物体内氧化分解产生 CO_2 和 H_2O，并释放出大量能量的过程称为生物氧化（biological oxidation）。生物氧化的主要场所是线粒体、微粒体和过氧化物酶体。由于线粒体中的生物氧化在组织细胞中进行，并消耗氧产生 CO_2，故生物氧化又称为组织呼吸（tissue respiration）或细胞呼吸（cellular respiration）。

（二）生物氧化的特点

在化学本质上，生物氧化和物质在体外的氧化（燃烧）均遵循氧化还原反应的一般规律，在氧化时所消耗的氧量、最终产物和释放能量相同，但两者所进行的方式却大不相同。生物氧化是一系列酶促反应；是在体温和近于中性 pH 环境中进行；广泛的加水脱氢反应使物质能间接获得氧，并增加脱氢的机会；生物氧化中生成的 H_2O 是由脱下的氢与氧结合产生的，CO_2 由有机酸脱羧产生；反应过程中能量逐步释放，且释放的部分能量是以化学能的方式储存在高能磷酸化合物 ATP 中。而体外氧化条件剧烈，产生的 CO_2 和 H_2O 由物质中的碳和氢直接与氧结合生成，能量以光和热的形式瞬间释放。

二、生物氧化的酶以不需氧脱氢酶最常见

生物体内的氧化反应是在一系列酶的催化下进行的。催化生物氧化的酶有氧化酶类、脱氢酶类、加氧酶类和过氧化物酶类等。

（一）氧化酶类

催化底物脱氢并且只能以氧为受氢体的酶类称为氧化酶（oxidase）。氧化酶一般是含 Cu^{2+} 的结合蛋白质，有的是含铁卟啉辅基的结合蛋白质。这类酶能激活氧，把来自传递体的氢传给活化的氧而生成 H_2O（图 6-1）。但单胺氧化酶和尿酸氧化酶所催化的产物之一是 H_2O_2 而不是 H_2O。

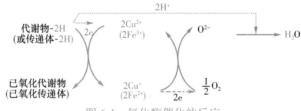

图 6-1　氧化酶催化的反应

例如，酚氧化酶类都含有铜原子，其中的酪氨酸酶、多元酚氧化酶、儿茶酚胺氧化酶能使一元酚或邻位二酚转化为邻醌。肾上腺线粒体内能氧化肾上腺素及酪胺的单胺氧化酶，以及能氧化尿酸成尿囊素的尿酸氧化酶，还有植物中常见的抗坏血酸氧化酶等都是含铜的氧化酶。广泛存在于动、植物中的细胞色素氧化酶是一种血红素蛋白质，此酶还含有与酶活性有关的 Cu^{2+}。

（二）需氧脱氢酶

与上述氧化酶类不同，需氧脱氢酶（aerobic dehydrogenase）除能利用氧作为受氢体外，还能利用其他人工化合物，如亚甲蓝（或称美蓝，methylene blue，MB）等作受氢体，以催化底物脱氢，其反应产物之一不是 H_2O 而是 H_2O_2。故称为需氧脱氢酶。

黄素蛋白（flavoprotein）就是这类酶中的典型，它们又称黄酶（yellow enzyme）。其辅基或为黄素单核苷酸（flavin mononucleotide，FMN）或为黄素腺嘌呤二核苷酸（flavin adenine dinucleotide，FAD）。例如，D- 氨基酸氧化酶（D-amino acid oxidase）或称 D- 氨基酸脱氢酶，是以 FAD 为辅基的黄酶，主要存在于肝和肾。L- 氨基酸氧化酶以 FMN 为辅基，主要分布在肾脏。两者分别催化 D- 型及 L- 型氨基酸氧化脱氨基。黄嘌呤氧化酶（xanthine oxidase）广泛分布于肝、肾、小肠及乳汁中，分子中含金属钼，在促进嘌呤碱转变为尿酸中起重要作用。醛脱氢酶或称醛氧化酶主要存在于哺乳动物肝中，以 FAD 为辅基，还含有钼及非血红素铁，

属于金属黄素蛋白，催化醛及含氮杂环化合物脱氢。

需氧脱氢酶作用于底物后，使氢活化（即氢原子失去电子变成 H^+）并传递给氧生成 H_2O_2（图 6-2）。

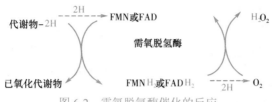

图 6-2　需氧脱氢酶催化的反应

（三）不需氧脱氢酶

凡能使底物的氢活化，而又不以氧为直接受氢体的酶都称为不需氧脱氢酶（anaerobic dehydrogenase）。这类酶为数颇多，它们的作用主要有两个方面：一方面在偶联的氧化还原反应中将一个底物脱下的氢传递给另一个底物；另一方面作为呼吸链的一个组分，将电子从底物传到氧（图 6-3）。

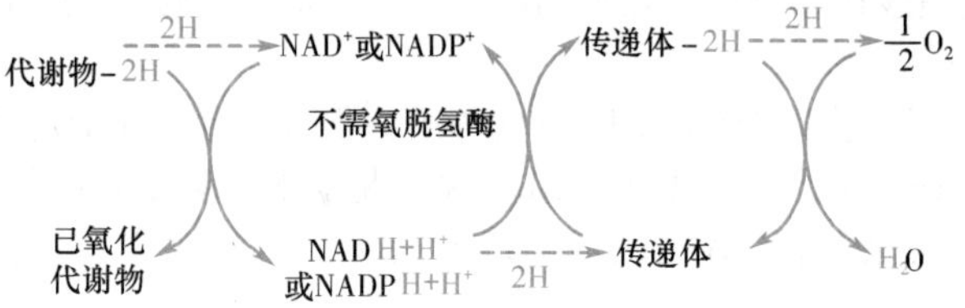

图 6-3　不需氧脱氢酶催化的反应

不需氧脱氢酶在生物氧化尤其是在能量代谢方面是最重要的酶类。这类酶的辅酶包括烟酰胺腺嘌呤二核苷酸（nicotinamide adenine dinucleotide，NAD^+）和烟酰胺腺嘌呤二核苷酸磷酸（nicotinamide adenine dinucleotide phosphate，$NADP^+$）（图 6-4）。

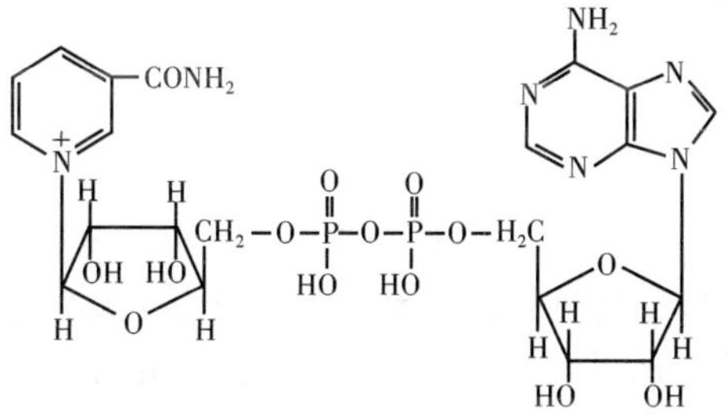

NAD^+ 的结构

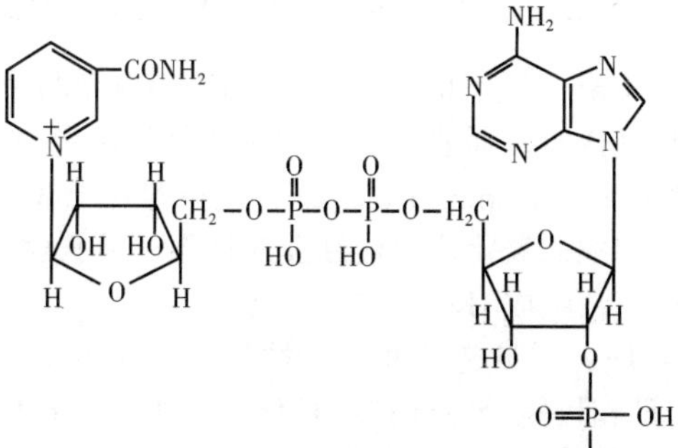

$NADP^+$ 的结构

图 6-4　NAD^+ 和 $NADP^+$ 的结构

NAD$^+$ 是连接底物与呼吸链的环节。当不需氧脱氢酶催化底物分子脱下氢后，NAD$^+$ 接受氢。NAD$^+$ 烟酰胺中的吡啶氮为五价，它可接受电子而成为三价氮，与氮对位的碳则被加氢还原。因此，NAD$^+$ 中的烟酰胺（niacinamide）部分可接受一个氢原子及一个电子，另一个质子（H$^+$）则留在介质中（图6-5）。

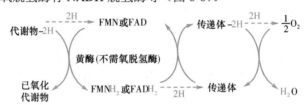

NAD$^+$（或NADP$^+$）　　　　　NADH（或NADPH）
氧化型辅酶Ⅰ（或辅酶Ⅱ）　　　还原型辅酶Ⅰ（或辅酶Ⅱ）
R代表NAD$^+$中除烟酰胺以外的其他部分

图 6-5　NAD$^+$ 或 NADP$^+$ 的作用机制

需要 NAD$^+$ 为辅酶的脱氢酶通常催化氧化代谢途径，特别是催化发生在糖酵解和三羧酸循环中的氧化反应，以及线粒体内呼吸链上的氧化还原反应。而以 NADP$^+$ 为辅酶的脱氢酶类则不同，它们通常是在线粒体外面，在脂肪酸及胆固醇等还原性生物合成途径中起催化作用，或在磷酸戊糖途径中充当辅酶。

还有些不需氧脱氢酶则以 FMN 或 FAD 为辅基。例如，需要 FAD 为辅基的不需氧脱氢酶有琥珀酸脱氢酶、脂酰 CoA 脱氢酶和 α- 磷酸甘油脱氢酶（以 FAD 或 NAD$^+$ 为辅基）。需要 FMN 为辅基的不需氧脱氢酶有 NADH 脱氢酶等（图6-6）。

图 6-6　以 FMN 或 FAD 为辅基的不需氧脱氢酶催化的反应

第二节　氧化呼吸链

线粒体是细胞内的"动力工厂"。因为糖类、脂类及蛋白质分解代谢的最后阶段都在线粒体内经过三羧酸循环及呼吸链彻底氧化，产生 CO_2 和 H_2O 并释放出大量能量，这些能量相当一部分以 ATP 形式保存下来。所以线粒体最主要的功能是供能。

一、氧化呼吸链由四种具有传递能力的复合体组成

营养物质被氧化时常脱下氢，脱下的氢被 NAD$^+$ 或 FAD 所接受，分别形成 NADH+H$^+$ 或 FADH$_2$，它们在线粒体内被氧化时，需要一系列的酶催化，逐步脱氢、失电子，最终将 H$^+$ 和电子传递给氧生成 H_2O。呼吸链（respiratory chain）是指存在于线粒体内膜上，由一系列具有传递氢或电子的酶和辅酶所构成的氧化还原连锁反应体系。从代谢物脱下的氢原子（2H），经呼吸链逐步传递，最终与氧结合生成 H_2O，并释放能量。

线粒体内膜经胆酸等处理，呼吸链分离出 4 种具有传递电子功能的酶复合体（complex）（表6-1），其中复合体 Ⅰ、Ⅲ和Ⅳ完全镶嵌在线粒体内膜中，复合体Ⅱ在内膜的内侧，细胞色素 c 和辅酶 Q 则游离存在（图6-7）。

表 6-1 呼吸链中 4 种酶复合体

酶复合体	分子量（kDa）	多肽链数	辅基	结合部位位置		
				线粒体基质侧	脂质核心	细胞质侧
复合体Ⅰ，NADH- 辅酶 Q 还原酶	850	43	FMN Fe-S	NADH	Q	
复合体Ⅱ，琥珀酸 - 辅酶 Q 还原酶	140	4	FAD Fe-S	琥珀酸	Q	
复合体Ⅲ，辅酶 QH_2- 细胞色素 c 还原酶	250	11	血红素 b-562 血红素 b-566 血红素 c_1 Fe-S		Q	细胞色素 c
复合体Ⅳ，细胞色素氧化酶	162	13	血红素 a 血红素 a_3 Cu_A 和 Cu_B			细胞色素 c

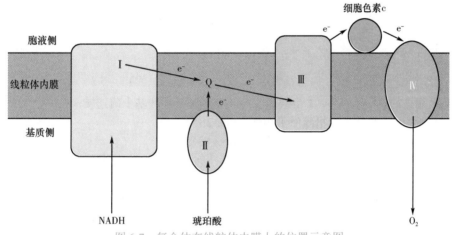

图 6-7 复合体在线粒体内膜上的位置示意图

（一）复合体Ⅰ将 NADH+H^+ 的电子传递给辅酶 Q

复合体Ⅰ又称 NADH- 辅酶 Q 还原酶，所含的辅基有以下几种。

1. 黄素单核苷酸（FMN） FMN 中含有核黄素（维生素 B_2），其发挥功能的结构是异咯嗪环（isoalloxazine）。氧化型 FMN 可接受 1 个质子和 1 个电子，形成不稳定的 FMNH·，再接受 1 个质子和 1 个电子转变成还原型 FMN（$FMNH_2$）（图 6-8）。

FMN　　半醌中间体　　$FMNH_2$

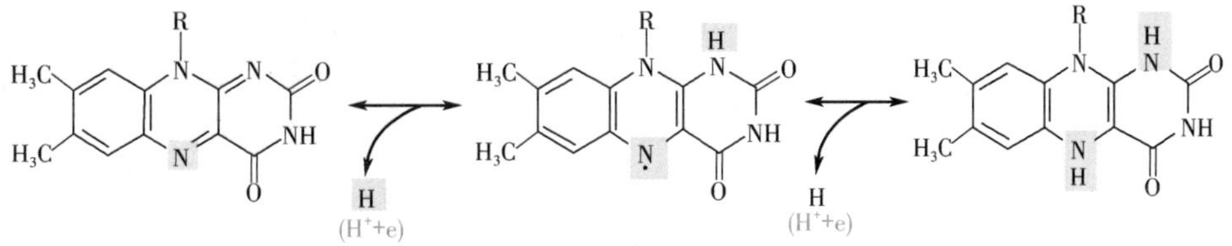

图 6-8 FMN 接受氢被还原为 $FMNH_2$

2. 铁 - 硫中心（iron sulfur center，Fe-S） 含有铁原子和硫原子，与蛋白质相结合构成铁 - 硫蛋白（iron-sulfur protein）。铁 - 硫中心有几种不同的类型，有的只含有 1 个铁原子，有的含有 2 个铁原子（2Fe-2S），有的含有 4 个铁原子（4Fe-4S）（图 6-9）。

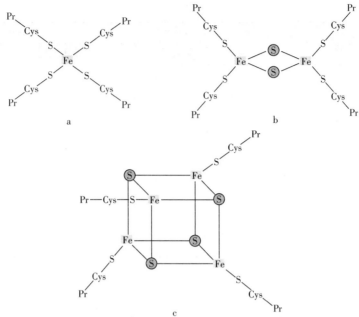

图 6-9　三种类型铁 - 硫中心的铁原子与硫原子关系示意图

Fe= 铁原子；Ⓢ = 无机硫原子；S= 半胱氨酸中硫原子

（1）最简单的铁 - 硫中心，1 个铁原子与 4 个半胱氨酸残基上硫连接。

（2）2 个铁原子与 2 个无机硫原子相连（2Fe-2S）。

（3）4 个铁原子与 4 个无机硫原子相连（4Fe-4S）。

铁 - 硫中心的铁原子可进行 $Fe^{2+}\rightleftharpoons Fe^{3+}+e$ 反应而传递电子。在复合体 I 中，其功能是将 $FMNH_2$ 的电子传递给辅酶 Q。

复合体 I 在传递电子过程中，可同时偶联质子的泵出过程，将 4 个 H^+ 从线粒体内膜基质侧泵到胞质侧，具有质子泵功能，泵出质子所需能量来自电子传递过程。

（二）复合体 II 将琥珀酸上的电子传递给辅酶 Q

复合体 II 又称琥珀酸 - 辅酶 Q 还原酶（succinate-Q reductase），完整的酶还包括三羧酸循环中使琥珀酸氧化为延胡索酸的琥珀酸脱氢酶。该酶的辅基 FAD 在结构上比 FMN 多含 1 分子腺苷酸，具有与 FMN 相同的催化机制。FAD 在传递电子时并不与酶分离，只是将电子传递给琥珀酸 - 辅酶 Q 还原酶中的铁 - 硫中心。电子经过铁 - 硫中心又传给辅酶 Q，从而进入电子传递链。

琥珀酸 - 辅酶 Q 还原酶及其他的酶，将电子从 $FADH_2$ 转移到辅酶 Q 上的标准氧还电位变化不能产生足够的自由能将 H^+ 从线粒体内膜基质侧泵到胞质侧，因此没有质子泵功能。但这一步反应的重要意义在于它保证 $FADH_2$ 上的具有相对高转移势能的电子进入电子传递链。其他含 FAD 的脱氢酶，如脂酰辅酶 A 脱氢酶、α- 磷酸甘油脱氢酶、胆碱脱氢酶，可以不同方式将相应底物脱下的氢经 FAD 传递给辅酶 Q。

（三）复合体 III 将电子从辅酶 QH_2 传到细胞色素 c

复合体 III 又称辅酶 QH_2- 细胞色素 c 还原酶（coenzyme QH_2-cytochrome c reductase），或细胞色素 bc_1，含有细胞色素 b、细胞色素 c_1 和 Fe_2-S_2。

细胞色素（cytochrome，Cyt）是一类含有血红素辅基的电子传递蛋白质的总称，因含有血红素所以显红色或褐色。血红素中的铁原子，可通过 $Fe^{2+}\rightleftharpoons Fe^{3+}+e$ 反应而传递电子。

Keilin D 于 1925 年发现细胞色素，根据吸收光谱的不同将动物线粒体的细胞色素分为 a、

b、c 三类及不同亚类。不同类型的细胞色素分子内卟啉环上的取代基团各不相同，这与铁原子的氧化 - 还原活性相关。a 型细胞色素辅基的结构是血红素 A。b 型细胞色素的血红素是铁 - 原卟啉Ⅸ。铁 - 原卟啉Ⅸ也存在于血红蛋白和肌红蛋白分子中，这种血红素又称为 b 型血红素（图 6-10）。c 型细胞色素的血红素和铁 - 原卟啉Ⅸ的区别是血红素上的乙烯基通过其双键与蛋白质的半胱氨酸的巯基作用，形成硫醚键与蛋白质相连。

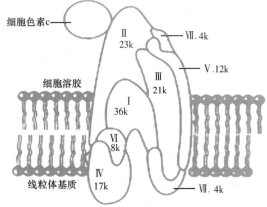

b 型血红素
铁-原卟啉Ⅸ的结构

c 型血红素
在铁-原卟啉Ⅸ结构基础上血红素的—CH＝CH₂
与蛋白质分子半胱氨酸的 — SH 基作用形成硫醚
键与蛋白质相连

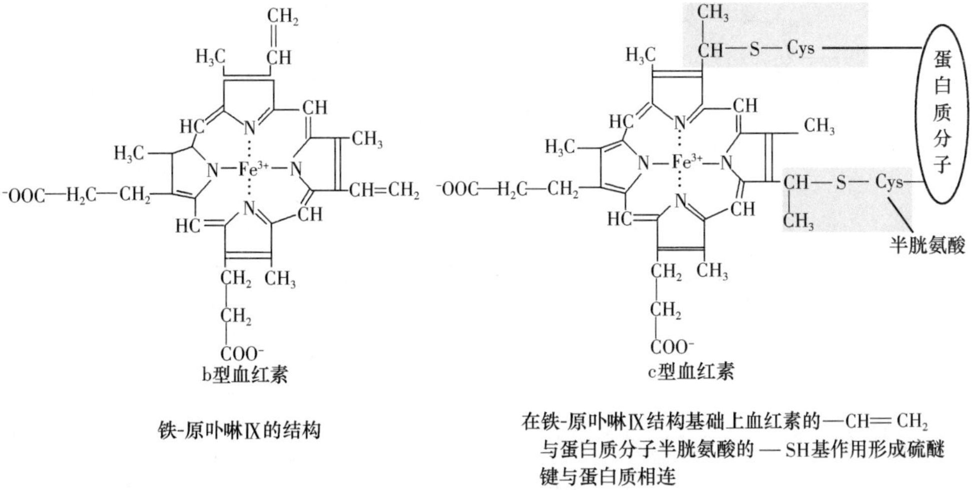

图 6-10   b 型 Cyt 的辅基血红素基本结构及差异

    细胞色素 b 亚基结合的两个血红素，根据其最大吸收光谱不同分别称为 b_{562} 和 b_{566}。由于 b_{562} 电位较高又称为 b_H，而 b_{566} 电位低又称为 b_L。这两种细胞色素 b 对电子的亲和力不同，主要是因为环绕它们的多肽链环境不同。

    细胞色素 c（cytochrome c，Cyt c）是一个分子量为 13kDa 的较小球形蛋白质，由 104 个氨基酸残基构成一条单一的多肽链。它是唯一能溶于水的细胞色素，位于线粒体胞质侧，能自由扩散。Cyt c 交互地与复合体Ⅲ的 Cyt c_1 和复合体Ⅳ接触，起到在复合体Ⅲ和Ⅳ之间传递电子的作用。

    复合体Ⅲ的作用是催化辅酶 QH_2 中的电子经铁硫蛋白、细胞色素 b、细胞色素 c_1 传递到细胞色素 c。在传递电子过程中也可将 4 个 H^+ 从线粒体内膜基质侧泵到胞质侧，具有质子泵功能。

（四）复合体Ⅳ将电子从还原型细胞色素 c 传到氧

    复合体Ⅳ又称细胞色素氧化酶（cytochrome oxidase）。哺乳动物的细胞色素氧化酶的分子量大约为 200kDa，是嵌在线粒体内膜的跨膜蛋白（图 6-11）。

    细胞色素氧化酶由 10 个亚基构成，分别称为Ⅰ、Ⅱ、Ⅲ⋯⋯。该酶共有 4 个氧化 - 还原活性中心，都集中在亚基Ⅰ和亚基Ⅱ上。这 4 个氧化 - 还原活性中心是 2 个 a 型血红素和 2 个铜离子。a 型血红素与其他血红素的不同点是：①由一个甲酰基取代一个甲基；②由一个 15 碳原子长的聚异戊烯碳氢链连在修饰的乙烯基上；③血红素和蛋白质不是以共价键相连（图 6-12）。两个 a 型血红素因处在酶的不同部位，还原电位不同，分别命名为 Cyt

图 6-11   细胞色素氧化酶结构示意图

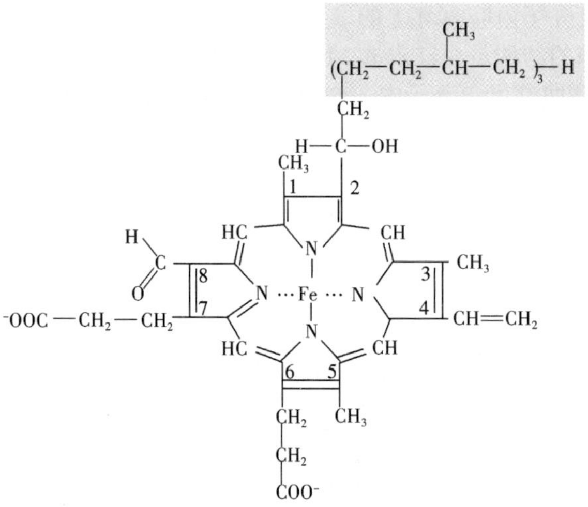

图 6-12　血红素 a 的结构示意图

a 和 Cyt a_3，两者很难分开是一个复合体（Cyt aa_3），它是唯一能将电子传递给氧的细胞色素。两个铜离子分别称为 Cu_A（或 Cu_a）和 Cu_B（或 Cu_b），由于它们所结合的蛋白质不同，其性质也有差异。Cu_A 的势能较低（～0.24V），Cu_B 的势能较高（～0.34V）。

细胞色素氧化酶接受和传递电子的顺序如下：Cyt c（还原型）→Cu_A→Cyt a→Cyt a_3→Cu_B→O_2。O_2 是呼吸链最终的电子受体，1 分子 O_2 经还原与来自线粒体基质的 H^+ 结合生成 2 分子 H_2O，同时细胞色素氧化酶的铜原子和铁原子又回到原来的氧化态。复合体Ⅳ也具有质子泵功能，每传递 2 个电子可使 2 个 H^+ 从线粒体内膜基质侧转移到胞质侧。

（五）辅酶 Q（coenzyme Q，CoQ）

辅酶 Q（coenzyme Q，CoQ）：又称泛醌（ubiquinone），是脂溶性的醌类化物，结构中含有异戊二烯（isoprene）单位。作为非极性化合物，泛醌能在线粒体内膜的脂质双分子层中自由扩散。人体内的泛醌是具有 10 个异戊二烯单位的长链。

辅酶 Q 以不同的形式在电子传递链中起传递电子的作用。它不仅接受 NADH- 还原酶催化脱下的氢原子，还接受其他黄素酶类催化脱下的氢原子。例如，琥珀酸 - 辅酶 Q 还原酶、脂酰 CoA 脱氢酶等。辅酶 Q 在电子传递链中处于中心地位。它在呼吸链中是一种和蛋白质结合不紧密的辅酶，这使它在黄素蛋白类和细胞色素类之间能够作为一种特殊灵活的电子载体起作用。

辅酶 Q 可接受一个电子和一个质子还原成半醌型（$CoQH^-$）（semiquinone），再接受一个电子和一个质子成还原型（$CoQH_2$），后者又可脱去电子和质子而被氧化为 CoQ（图 6-13）。

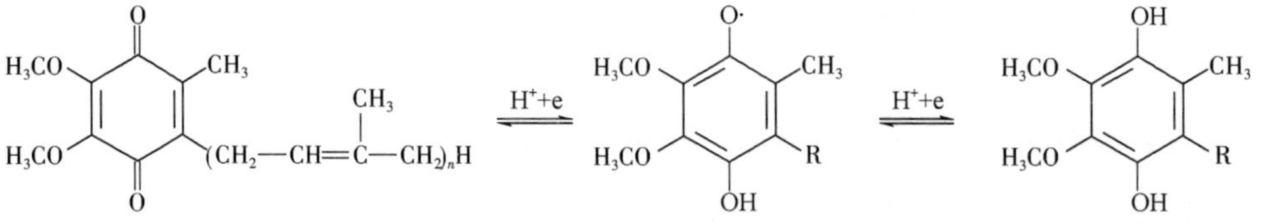

（醌型或氧化型）　　　　　　　　　（半醌型）　　　　　　　　　（氢醌型或还原型）

图 6-13　辅酶 Q 递氢反应

二、代谢物脱氢经呼吸链传递给氧生成水

机体内代谢物脱下的成对氢原子（2H）通过上述多种酶和辅酶逐步传递，最终与氧结合生成 H_2O。这些酶和辅酶按照一定顺序排列在线粒体内膜上起到递氢或递电子的作用，从而构成了一条连锁的氧化还原体系。

（一）呼吸链的组分按氧化还原电位由低到高排列

呼吸链组分的排列顺序是由下列实验确定的：①根据呼吸链各组分的标准氧化还原电位，由低到高的顺序排列（电位低容易失去电子）（表 6-2）。②在体外将呼吸链拆开和重组，鉴定

4 种复合体的组成与排列。③利用呼吸链电子传递抑制剂阻断某一组分的电子传递，在阻断部位以前的组分处于还原状态，后面组分处于氧化状态。④利用呼吸链各组分特有的吸收光谱。由于呼吸链每个组分的氧化状态和还原状态吸收光谱不相同，故可根据吸收光谱的改变进行检测。以离体线粒体无氧时处于还原状态作为对照，缓慢给氧，观察各组分被氧化的顺序。

表 6-2　呼吸链中各氧化还原对的标准氧化还原电位

氧化还原对	$E^{o'}$（V）	氧化还原对	$E^{o'}$（V）
$NAD^+/NADH+H^+$	-0.320	Cyt c_1Fe^{3+}/Fe^{2+}	0.22
$FMN/FMNH_2$	-0.219	Cyt c Fe^{3+}/Fe^{2+}	0.254
$FAD/FADH_2$	-0.219	Cyt a Fe^{3+}/Fe^{2+}	0.29
Q/QH_2	0.06	Cyt a_3 Fe^{3+}/Fe^{2+}	0.35
Cyt b_L（b_H）	0.05（0.10）	$1/2O_2/H_2O$	0.816

注：$E^{o'}$ 值为 pH 7.0，25℃，1mol/L 反应物浓度条件下，和标准氢电极的构成的化学电池的测定值

（二）NADH 和 FADH$_2$ 是氧化呼吸链的电子供体

体内存在两条呼吸链（图 6-14）：NADH 氧化呼吸链和 FADH$_2$ 氧化呼吸链。

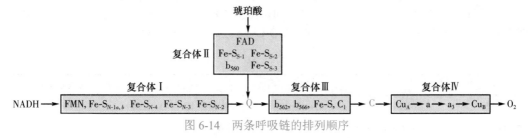

图 6-14　两条呼吸链的排列顺序

1. NADH 氧化呼吸链　是指从 NADH+H$^+$ 开始到还原 O$_2$ 生成 H$_2$O 的过程。生物氧化中大多数脱氢酶如乳酸脱氢酶、异柠檬酸脱氢酶、苹果酸脱氢酶和 β- 羟丁酸脱氢酶等都是以 NAD$^+$ 为辅酶。NAD$^+$ 接受氢生成 NADH+H$^+$，然后通过 NADH 氧化呼吸链将脱下的 2H 经复合体 I 传给 CoQ，再经复合体 III 传至 Cyt c，然后传至复合体 IV，最后将 2e$^-$ 交给 O$_2$。NADH 氧化呼吸链是体内最主要的氧化呼吸链。

2. FADH$_2$ 氧化呼吸链（琥珀酸氧化呼吸链）　由琥珀酸脱氢酶、α- 磷酸甘油脱氢酶和脂酰 CoA 脱氢酶等催化代谢物脱下的氢可直接或间接交给 FAD 生成 FADH$_2$，从 FADH$_2$ 到 H$_2$O 生成的过程称为 FADH$_2$ 氧化呼吸链。最早发现的是琥珀酸脱氢生成 FADH$_2$ 参与呼吸链的电子传递，因此该呼吸链又被称为琥珀酸氧化呼吸链。

第三节　氧化磷酸化

细胞内 ATP 的生成方式有两种：一种是底物水平磷酸化，底物分子中的能量直接转移至 ADP（或 GDP）生成 ATP（或 GTP）。另一种是氧化磷酸化，NADH 和 FADH$_2$ 通过电子传递链，生成 H$_2$O 的同时伴随有能量的逐步释放，此过程驱动 ADP 磷酸化成 ATP；即 NADH 和 FADH$_2$ 的氧化过程与 ADP 的磷酸化相偶联。

一、氧化磷酸化是电子经呼吸链传递产生的能量与 ADP 磷酸化偶联的过程

氧化磷酸化（oxidative phosphorylation）是指底物氧化脱氢经呼吸链传递给氧生成 H$_2$O 并

释放能量的同时，偶联 ADP 磷酸化生成 ATP 的过程。氧化磷酸化是产生 ATP 的主要方式。真核生物的电子传递和氧化磷酸化都是在细胞的线粒体内膜发生的，而原核生物则是在质膜上进行。

（一）氧化磷酸化偶联部位在复合体 Ⅰ、Ⅲ、Ⅳ

根据下述实验结果可以大致确定氧化磷酸化的偶联部位。

1. P/O 比值　于密闭小室内，在模拟细胞内液的环境中，将底物、ADP、H_3PO_4、Mg^{2+} 和分离得到的较完整的线粒体相互作用，发现消耗氧气的同时消耗磷酸。测定氧和无机磷（或 ADP）的消耗量，即可计算出 P/O 比值。P/O 比值是指物质氧化时，每消耗 1 摩尔氧原子所消耗无机磷的摩尔数（或 ADP 摩尔数），即生成 ATP 的摩尔数。已知 β- 羟丁酸的氧化是通过 NADH 呼吸链，测得 P/O 比值接近 2.5，即该呼吸链每传递 2H 可能存在 3 个 ATP 生成部位。琥珀酸氧化时，测得 P/O 比值接近 1.5，即该呼吸链每传递 2H 可能存在 2 个 ATP 生成部位。因此表明，在 NADH 与 CoQ 之间（复合体 Ⅰ）存在一个偶联部位。此外，测得维生素 C 氧化时 P/O 比值接近 1，还原型 Cyt c 氧化时 P/O 比值也接近 1，即两者均可能有 1 个生成 ATP 部位；此两者的不同在于，抗坏血酸通过 Cyt c 进入呼吸链被氧化，而还原型 Cyt c 则经复合体 Ⅳ 被氧化，表明复合体 Ⅳ 也存在一偶联部位（表 6-3）。从 β- 羟丁酸、琥珀酸和还原型 Cyt c 氧化时 P/O 比值的比较表明，在 CoQ 与 Cyt c 之间（复合体 Ⅲ）存在另一偶联部位。因此氧化呼吸链存在三个偶联部位，也就是在 NADH-CoQ 之间、CoQ-Cyt c 之间和 Cyt aa₃-O₂ 之间；琥珀酸氧化呼吸链存在两个偶联部位，即 CoQ-Cyt c 之间和 Cyt aa₃-O₂ 之间。

表 6-3　线粒体离体实验测得的一些底物的 P/O 比值

底物	呼吸链的组成	P/O 比值	可能生成的 ATP 数
β- 羟丁酸	NAD^+→ 复合体 Ⅰ →CoQ→ 复合体 Ⅲ →Cyt c→ 复合体 Ⅳ →O_2	2.4 ～ 2.8	2.5
琥珀酸	复合体 Ⅱ →CoQ→ 复合体 Ⅲ →Cyt c→ 复合体 Ⅳ →O_2	1.7	1.5
抗坏血酸（维生素 C）	Cyt c→ 复合体 Ⅳ →O_2	0.88	1.0
Cyt c（Fe^{2+}）	复合体 Ⅳ →O_2	0.61 ～ 0.68	1.0

2. 自由能变化　在电子传递过程中，自由能变化（$\Delta G^{o'}$）与电位变化（$\Delta E^{o'}$）之间有如下关系：$\Delta G^{o'}=-nF\Delta E^{o'}$。式中，$n$= 传递电子数；$F$ 为法拉第常数（96.5kJ/mol·V）。从 NAD^+ 到 CoQ、CoQ 到 Cyt c、Cyt aa₃ 到分子氧三个区段（对应复合体 Ⅰ、复合体 Ⅲ 和复合体 Ⅳ）测得的电位差分别为 0.36V、0.19V 和 0.58V。通过计算，它们相应释放的 $\Delta G^{o'}$ 分别为 69.5kJ/mol、36.7kJ/mol 和 112.0kJ/mol，而生成 ATP 所需能量为 30.5kJ/mol，以上三处提供了足够合成 ATP 所需的能量，是 ATP 的偶联部位。这里讲的偶联部位并不意味着这三个复合体是直接生产 ATP 的部位，而是指经由这三个复合体的电子传递所释放的能量具有合成 ATP 的能力。由上述实验可知每 2H 经 NADH 氧化呼吸链可产生 2.5 分子 ATP，每 2H 经琥珀酸氧化呼吸链可产生 1.5 分子 ATP。

（二）氧化磷酸化偶联机制是跨线粒体内膜的质子梯度

1961 年，英国科学家 Mitchell.P 在对氧化磷酸化偶联机制进行大量研究的基础上，提出了化学渗透学说，阐明了氧化磷酸化的偶联机制。该学说认为，电子经呼吸链传递释放出的自由能驱动 H^+ 从线粒体基质跨过内膜进入到膜间隙，从而形成跨线粒体内膜的 H^+ 电化学梯度（electrochemical H^+ gradient）储存能量。当 H^+ 顺此梯度经 ATP 酶的 F_0 部分回流时，F_1 部分催化 ADP 和 Pi 合成 ATP（图 6-15）。

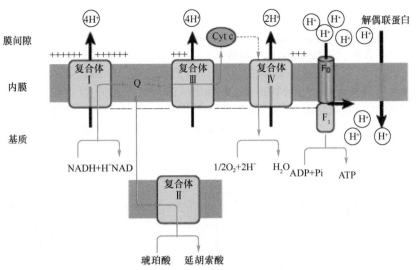

图 6-15　氧化磷酸化的偶联部位

图 6-15 表明电子传递链是一个质子泵（proton pump），能使 H^+ 从线粒体基质排到内膜外，在内膜外面的 H^+ 浓度比膜内高，即形成一种 H^+ 浓度梯度。所产生的电化学电势驱动 H^+ 通过 ATP 合酶的质子通道回流到线粒体基质，同时释放出自由能推动 ADP 与 Pi 合成 ATP。

化学渗透学说的提出基于以下实验。包括：①氧化磷酸化的进行需要封闭的线粒体内膜存在。②线粒体电子传递所形成的电子流能够将 H^+ 从线粒体内膜逐出到膜间隙。复合体 I、III、IV 均具有质子泵的作用，每传递 2 个电子，它们分别向线粒体膜间隙泵出 4 个 H^+、4 个 H^+ 和 2 个 H^+。③线粒体外 H^+ 浓度增加，可诱发线粒体内的 ATP 生成。④ H^+ 从线粒体内膜基质逐出和由 ATP 合酶将膜外 H^+ 又吸收到膜内的速度是相当的。⑤破坏 H^+ 浓度梯度的形成（用解偶联剂或离子载体抑制剂等）都必然破坏氧化磷酸化作用的进行。

（三）质子顺浓度梯度回流释放能量用于合成 ATP

ATP 合酶（ATP synthase）存在于所有的传导膜中，包括线粒体膜、叶绿体膜和细菌的质膜。线粒体内膜的基质侧有 ATP 合酶的球形结构突起，这些球形单位可通过相对温和的处理，如胰蛋白酶或尿素的处理而与内膜分离开。ATP 合酶由亲水性的 F_1 和疏水性的 F_0 两部分组成（图 6-16）。F_1 组分由 5 种亚基组成，分别是 α（56kDa）、β（53kDa）、γ（33kDa）、δ（14kDa）和 ε（6kDa）。这 5 个亚基构成 $\alpha_3\beta_3\gamma\delta\epsilon$ 亚基复合体，其功能是催化生成 ATP，催化部位在 β 亚基中，但 β- 亚基必须与 α- 亚基结合后才有活性。构成 F_0 复合体的亚基呈疏水性，跨膜形成质子传递通道，并将质子梯度与 ATP 合成相偶联。F_0 和 F_1 之间由一个大约 5nm 的柄相连。柄包含两种蛋白质。一种称为寡霉素敏感蛋白（oligomycin-sensitivity-conferring protein，OSCP），因这种蛋白质对寡霉素产生敏感性而得名。寡霉素

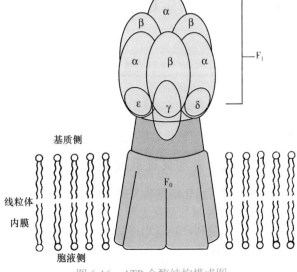

图 6-16　ATP 合酶结构模式图

是一种抗生素，它干扰质子梯度的利用从而抑制 ATP 的合成。柄的另一种蛋白质称为偶合因子 6（coupling factor 6，F6）。

由 F_0 复合体的质子传递及 ATP 合酶的 X 线晶体分析，得出 ATP 合酶的 β 亚基最可能的作用机制。三个 β 亚基以三种独立的状态存在：紧密状态 T，与 ATP 紧密连接；松弛状态 L，可与 ADP 及无机磷酸连接；开放状态 O，释放出 ATP。一旦 ADP 和 Pi 结合到 L 状态上，由质子传递引起的构象变化将 L 状态转换为 T 状态，生成 ATP。同时，相邻的 T 状态转换为 O 状态，使生成的 ATP 释出。第三个 β- 亚基又将 O 状态转换为 L 状态，使 ADP 结合上来，以便进行下一轮的 ATP 合成（图 6-17）。

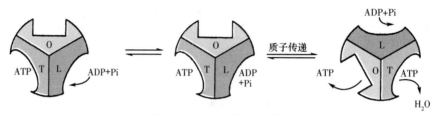

图 6-17　ATP 合酶的作用机制

ATP 的合成在 T 状态下进行并从 O 状态下释出。电化学梯度的能量使 T 状态转换为 O 状态。L 状态可结合 ADP

二、氧化磷酸化的速率受多种因素调节

氧化磷酸化主要受细胞对能量需求的调节。ATP 多时抑制氧化磷酸化，ATP 少时氧化磷酸化速度则加快。有以下因素影响氧化磷酸化的速率。

（一）机体根据能量需求调节氧化磷酸化速率

ADP 是调节正常人体氧化磷酸化速率的主要因素。正常生理情况下，氧化磷酸化的速率主要受 ADP 的调节，这可通过测定离体肝线粒体悬液中氧消耗的速度而观察到（图 6-18）。

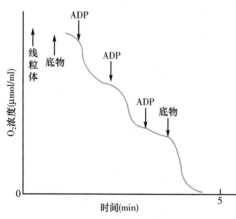

图 6-18　氧化磷酸化受 ADP 的调节

向离体肝线粒体悬液中加入底物（电子供体）时氧耗量变化不大，这时加入 ADP 后则氧消耗迅速增加，电子传递快速进行，ATP 合成增多；在一定时间内当所加的 ADP 全部转变为 ATP 时，则氧消耗减慢、电子传递速度降回到没加 ADP 以前的速度，这种相互制约的关系称为呼吸控制（respiratory control）或受体调节（acceptor regulation）。再向体系中加入 ADP 又可促进氧化磷酸化，直到底物或氧耗尽为止。当细胞内需能过程速度加快，ATP 分解为 ADP 和 Pi，ADP 浓度增高，转运入线粒体后使氧化磷酸化速度加快；反之 ADP 不足，使氧化磷酸化速度减慢，这种调节作用可使 ATP 的生成速度适应生理需要。

（二）甲状腺素可促进氧化磷酸化及产热

甲状腺素可活化细胞膜上的 Na^+-K^+ ATP 酶，使 ATP 水解为 ADP 和 Pi 的速度加快，ADP 进入线粒体数量增加而促进氧化磷酸化。另外甲状腺素（T_3）还可使解偶联蛋白表达增强，因而引起耗氧量和产热量均增加，基础代谢率提高。基础代谢率偏高是甲状腺功能亢进患者主要的临床指征之一。

（三）抑制剂阻断氧化磷酸化过程

抑制剂可阻断电子传递链的任何环节，或抑制 ADP 的磷酸化，导致 ATP 合成减少。

1. 呼吸链抑制剂阻断电子传递的过程 该类抑制剂能在特定部位阻断呼吸链中电子的传递。常见的抑制剂有以下几种（图 6-19）。

（1）鱼藤酮（rotenone）、安密妥（amytal）和粉蝶霉素（piericidine）：它们的作用是阻断电子在 NADH- 辅酶 Q 还原酶内的传递，因此阻断电子由 NADH 向 CoQ 的传递。鱼藤酮是一种极毒的植物成分，常用作杀虫剂。

（2）抗霉素 A（antimycin A）：它是由链霉素分离出的抗生素，通过干扰细胞色素还原酶中电子从 $Cyt\ b_{562}$ 的传递而抑制电子从还原型 CoQ（QH_2）到 $Cyt\ c_1$ 的传递作用。维生素 C 可以缓解这种抑制作用，因为维生素 C 可直接还原 Cyt c，电子流可从维生素 C 传递到 O_2 从而可消除抗霉素 A 的抑制作用。

（3）氰化物（cyanide，CN^-）、叠氮化物（azide，N_3）和一氧化碳（carbon monoxide，CO）：它们都有阻断电子在细胞色素氧化酶中的传递作用。氰化物和叠氮化物与血红素 a_3 的高铁形式作用，而 CO 则是抑制血红素 a_3 的亚铁形式。目前发生在城市的火灾事故中，由于装饰材料中的 N 和 C 经高温可形成 HCN，因此伤员除因燃烧不全造成 CO 中毒外，还存在 CN^- 中毒。呼吸链抑制剂可使细胞呼吸中断而危及生命。

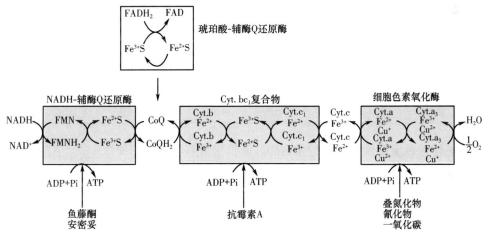

图 6-19　各种呼吸链抑制剂的作用位点

2. 解偶联剂使氧化与磷酸化脱偶联 解偶联剂可分离氧化与磷酸化的偶联。具体机制是使呼吸链传递电子过程中泵出的 H^+ 不经 ATP 合酶 F_0 质子通道回流，而通过其他途径返回线粒体基质，从而破坏了内膜两侧的电化学梯度，使 ATP 的生成受到抑制，质子电化学梯度储存的能量以热能形式释放。例如，2,4- 二硝基苯酚（dinitrophenol，DNP）是一种解偶联剂，在线粒体内膜中可自由移动，进入基质侧释出 H^+，返回膜间隙结合 H^+，从而破坏了电化学梯度。

机体内源性解偶联剂能使组织产热，如新生儿体内的棕色脂肪组织。棕色脂肪组织细胞含大量三酰甘油和线粒体，线粒体内膜上有丰富的解偶联蛋白，它可在内膜上形成质子通道，使内膜膜间腔的 H^+ 通过该通道返回线粒体基质而释放热能。新生儿可通过这种机制产热以维持体温。新生儿硬皮病就是因为缺乏棕色脂肪组织，不能维持正常体温而使皮下脂肪凝固所致。

3. ATP 合酶抑制剂同时抑制电子传递和 ATP 的生成 ATP 合酶抑制剂对呼吸链电子传递及 ADP 的磷酸化均有抑制作用。例如，寡霉素和二环己基碳二亚胺都能结合 F_0，从而阻止质子回流，抑制 ATP 合酶的活性。这种抑制导致线粒体内膜两侧质子的电化学梯度增高，从而影响复合体的质子泵功能，进一步抑制电子的传递。

三、能量的生成、利用、储存是以 ATP 为中心

生物体所需的能量，主要来自糖、脂类等物质的分解代谢，但都必须转化成 ATP 的形式才能被利用，所以 ATP 是能量的直接供给者。

（一）高能磷酸化合物与 ATP

高能磷酸化合物是指水解时释放能量大于 21kJ/mol 的磷酸化合物，将这些水解时释放能量较多的磷酸酯键称为高能磷酸键，用符号"～Ⓟ"表示。生物化学中所说的"高能键"是指该键水解时所释放出的大量自由能。生物体内常见的高能化合物包括高能磷酸化合物和高能硫酯化合物（表 6-4）。

表 6-4　一些高能化合物水解的标准自由能变化

化合物	$\Delta G^{o'}$	
	kJ/mol	kcal/mol
磷酸烯醇式丙酮酸	-61.9	-14.8
氨甲酰磷酸	-51.4	-12.3
1,3- 二磷酸甘油酸	-49.3	-11.8
磷酸肌酸	-43.1	-10.3
ATP→AMP+PPi	-32.2	-7.7
乙酰 CoA	-31.5	-7.5
ATP→ADP+Pi	-30.5	-7.3
焦磷酸	-19.2	-4.6

ATP 是体内最重要的高能磷酸化合物，是细胞可直接利用的能源形式。ATP 的高能键及相应的自由能可被分解或转移，生成 ADP，或 AMP 和 PPi。ATP 的磷酸基团转移势能（phosphate-group transfer potential）处于所列磷酸化合物的中间部位，这一点具有重要的生物学意义。ATP 末端的高能磷酸键直接水解释放能量，以驱动需能的反应，同时也能从释能更高的化合物中获得能量由 ADP 生成 ATP。

（二）ATP 的转换储存和利用

1. ATP 通过转移自身基团提供能量　ATP 有 3 个磷酸基，它们形成的 2 个高能酸酐键都可利用。最常见的是末端磷酰基被转移，生成 ADP。例如：

$$ATP+6- 磷酸果糖 \longrightarrow 1,6- 二磷酸果糖 +ADP$$

这时 ATP 的末端磷酰基与部分能量同时转移给 6- 磷酸果糖。

有些反应利用 ATP 的另一个高能酸酐键，生成焦磷酸。例如：

$$ATP+ 脂酸 + 辅酶 A \longrightarrow 脂酰辅酶 A+AMP+PPi$$
$$ATP+ 氨基酸 \longrightarrow 氨酰 \sim AMP+PPi$$

在这类反应中，焦磷酸迅速被焦磷酸酶水解，驱使反应向右进行，这在合成代谢中常可见到。

2. ATP 是能量转移和核苷酸相互转变的核心　ATP 参与糖、脂类及蛋白质的生物合成过程。糖原合成除直接消耗 ATP 外，还需要 UTP 参加；磷脂合成需要 CTP；蛋白质合成还需要 GTP。所有的 5′- 三磷酸核苷的高能磷酸基团都由 ATP 转移而来。催化转移反应的酶称为核苷二磷酸激酶，这种酶在细胞质和线粒体中都存在。它的专一性不强，对除 ATP 以外的其他核苷三磷酸（NTP）和核苷二磷酸（NDP）之间的高能磷酸基团转移都有可逆的催化作用。

3. 转变为磷酸肌酸储存能量　神经和肌肉等细胞活动的直接供能物质是 ATP。但 ATP 在细胞中的含量很低，在哺乳动物的脑和肌肉中为 3 ～ 8mmol/kg。这么微小的含量只能提供肌肉剧烈活动 1 秒左右的消耗。而肌肉和脑中的磷酸肌酸（creatine phosphate，CP）的含量都远远超过 ATP。在脑中大约相当于 ATP 的 1.5 倍。在肌肉中则相当于 ATP 的 4 倍。受过良好训练的运动员其肌肉中磷酸肌酸的含量可高达 30mmol/kg。磷酸肌酸是细胞内首先供应 ADP 使之再合成 ATP 的能源物质。

磷酸肌酸在肌酸激酶（CK）的催化下，很容易将其磷酸基团传递给 ADP，从而使 ATP 再生（图 6-20）。

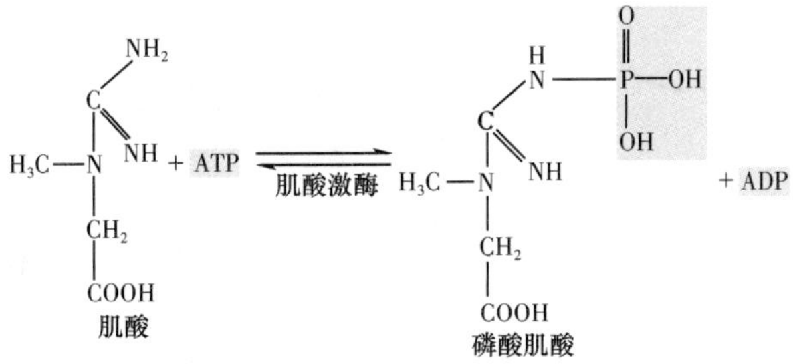

在运动后的恢复期，细胞内积累的肌酸又可由其他途径来源的 ATP 提供高能磷酸基团，重新合成磷酸肌酸。当细胞处于静息状态时，ATP 的浓度较高，反应向合成磷酸肌酸的方向进行。当细胞处于活动状态时，ATP 的浓度下降，

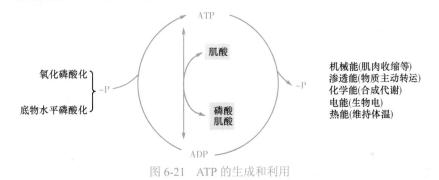

图 6-20　磷酸肌酸的生成

反应即转向合成 ATP 的方向进行。因此磷酸肌酸有"ATP 缓冲剂"之称。生物体内能量的产生储存和利用都是以 ATP 为中心的（图 6-21）。

图 6-21　ATP 的生成和利用

四、线粒体内膜对氧化磷酸化相关代谢物的转运具有选择性

线粒体基质（matrix）与细胞质之间有线粒体内外膜相隔。线粒体外膜与一般生物膜相似，但其通透性较高。大多数小分子化合物和离子可以自由通过进入膜间隙。与外膜相反，内膜对各种物质的通过有严格的选择性。几乎所有离子和不带电荷的小分子化合物都不能自由通过。线粒体内膜两侧物质的通过依赖内膜上的转运蛋白（载体）体系。重要的转运蛋白有腺苷酸转运蛋白、谷氨酸/天冬氨酸转运蛋白、二羧酸转运蛋白、α- 酮戊二酸转运蛋白等。这些转运蛋白体系共同协作，从而完成转运任务。

（一）两个穿梭机制使胞质中 NADH 通过进入线粒体氧化

线粒体内生成的 $NADH+H^+$ 可直接参加氧化磷酸化过程，但在胞质中生成的 $NADH+H^+$ 不能自由透过线粒体内膜，故线粒体外 $NADH+H^+$ 所携带的氢必须通过某种转运机制才能进入线粒体，再经呼吸链进行氧化磷酸化。这里有两种转运机制：α- 磷酸甘油穿梭（glycerophosphate shuttle）和苹果酸 - 天冬氨酸穿梭（malate-aspartate shuttle）。

1. α- 磷酸甘油穿梭主要存在于脑和骨骼肌中　胞质中的 $NADH+H^+$ 在 α- 磷酸甘油脱氢酶催化下，使磷酸二羟丙酮还原成 α- 磷酸甘油，后者通过线粒体外膜，再经位于线粒体膜间隙的 α- 磷酸甘油脱氢酶（辅基是 FAD）催化生成磷酸二羟丙酮和 $FADH_2$。磷酸二羟丙酮可穿出线粒体外膜至胞质，继续进行穿梭，而 $FADH_2$ 则进入琥珀酸氧化呼吸链，生成 1.5 分子 ATP（图 6-22）。

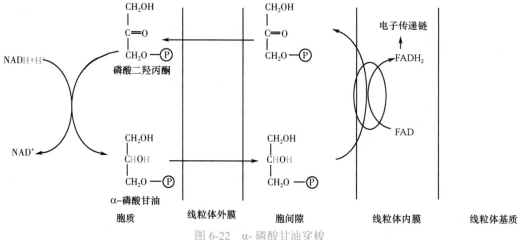

图 6-22　α- 磷酸甘油穿梭

2. 苹果酸 - 天冬氨酸穿梭主要存在于肝和心肌中　胞质中的 NADH+H⁺ 在苹果酸脱氢酶的作用下，使草酰乙酸还原成苹果酸，后者通过线粒体内膜上的 α- 酮戊二酸转运蛋白进入线粒体，又在线粒体内苹果酸脱氢酶的作用下重新生成草酰乙酸和 NADH+H⁺。NADH+H⁺ 进入 NADH 氧化呼吸链，生成 2.5 分子 ATP。线粒体内生成的草酰乙酸经谷草转氨酶的作用生成天冬氨酸，后者经酸性氨基酸转运蛋白出线粒体再转变成草酰乙酸，继续进行穿梭（图 6-23）。

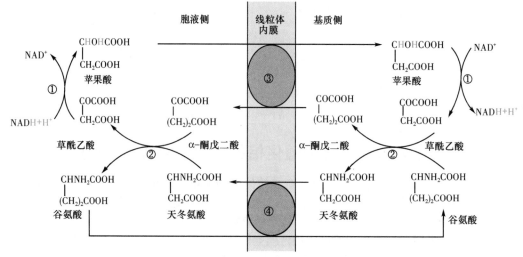

图 6-23　苹果酸 - 天冬氨酸穿梭
①苹果酸脱氢酶；②谷草转氨酶；③α- 酮戊二酸转运蛋白；④酸性氨基酸转运蛋白

（二）腺苷酸转运蛋白使 ADP 进入、ATP 移出线粒体

　　ATP、ADP 和 Pi 都不能自由通过线粒体内膜，必须依赖载体转运，其载体称为腺苷酸转运蛋白（adenine nucleotide transporter），又称 ATP-ADP 载体（ATP-ADP carrier）。ATP 与 ADP 经该转运蛋白反向转运，当胞质内游离 ADP 水平升高时，ADP 进入线粒体，而 ATP 则自线粒体转运到胞质，同时胞质中的 H₂PO₄⁻ 经磷酸盐载体与 H⁺ 同向转运到线粒体基质内（图 6-24），结果线粒体基质内 ADP/ATP 值升高，促进氧化磷酸化。

　　每 1 分子 ATP 从线粒体基质转运入胞质侧要消耗 1 个 H⁺，每合成 1 分子 ATP 并转运到胞质侧需 4 个 H⁺ 回流进入线粒体基质中。因此，每 2H 经 NADH 氧化呼吸链传递共泵出 10 个

H^+，生成约 2.5 分子 ATP[(4+2+4)/4=2.5]，而经琥珀酸氧化呼吸链则有 6 个 H^+ 泵出，生成约 1.5 分子 ATP[(2+4)/4=1.5]。

第四节 其他氧化体系

除线粒体外，细胞的微粒体和过氧化物酶体也是生物氧化的场所。其中存在一些不同于线粒体的氧化酶类，组成特殊的氧化体系，其特点是在氧化过程中不伴有偶联磷酸化，没有 ATP 的生成，但在体内代谢物、药物和毒物的生物转化及活性氧的清除等方面有重要作用。

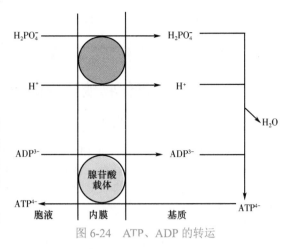

图 6-24 ATP、ADP 的转运

一、微粒体中的细胞色素 P450 单加氧酶使底物羟基化

微粒体内有一种重要的氧化酶体系，可为相关底物分子加上一个氧原子使其羟化（加氧氧化），故称为单加氧酶（monooxygenase）或羟化酶（hydroxylase）。由于这个酶能使 O_2 中一个氧原子加入底物，而另一个氧原子被电子传递系统传来的 e^- 还原并与 $2H^+$ 结合成 H_2O，因此有时又称此酶为混合功能氧化酶（mixed functional oxidase，MFO）。其催化反应可表示如下：

$$RH+NADPH+H^++O_2 \longrightarrow ROH+NADP^++H_2O$$

参与该酶催化的电子传递系统比较复杂。首先，氧化型细胞色素 P450（P 代表色素，450 表示还原型结合 CO 后的光吸收峰在 450nm，P450-Fe^{3+}）结合底物（A-H）形成 P450-Fe^{3+}-A-H 复合体，继而在 NADPH-CytP450 还原酶催化下，由 NADPH 供给电子（H^+ 留于介质中），经 FAD、$Fe_2S_2^{3+}$ 传递，接受一个电子被还原成 P450-Fe^{2+}-A-H，加入 O 并再接受一个电子使氧分子活化，结果底物被羟化（AOH）并释出，而另一个氧原子接受 e^- 还原成氧离子，并与介质中 $2H^+$ 结合成 H_2O（图 6-25）。如此可周而复始进行底物加氧反应的循环。

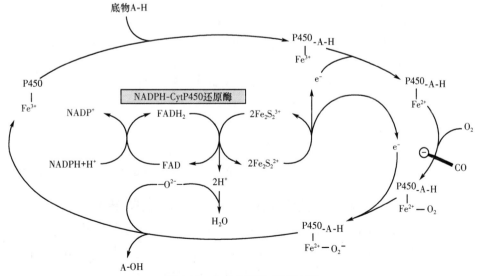

图 6-25 加单氧酶的反应过程

该氧化途径远比以上所描述的复杂，有些成分和作用的细节也尚未彻底弄清。但它对体

内一些正常代谢物的加氧或羟化有重要意义，如肾上腺皮质类固醇的羟化与该类固醇激素的合成，维生素 D_3 的羟化，胆汁酸、胆色素的形成等都与该酶促反应有关。此外，该酶系统对脂溶性药物、毒物等生物转化以促进其排除也起重要作用。

二、过氧化物酶体中的氧化体系可分解过氧化氢

（一）体内过氧化氢的生成

过氧化物酶体（peroxisome）内含一组需氧脱氢酶，如 D- 氨基酸氧化酶、L- 羟酸氧化酶、脂酰辅酶 A 氧化酶、尿酸氧化酶、D- 葡萄糖氧化酶等，它们都属黄素蛋白，能直接作用于底物而获得两个氢原子，然后将氢交给氧生成 H_2O_2。此外细胞内产生的超氧阴离子 $O_2^- \cdot$ 可通过歧化反应生成 H_2O_2。此反应受超氧化物歧化酶催化，$O_2^- \cdot$ 的损伤作用也往往是由歧化反应生成的 H_2O_2 所介导。

生理量的 H_2O_2 对机体无害，并有一定生理功能。例如，在粒细胞和吞噬细胞中，H_2O_2 可氧化杀死入侵的细菌；甲状腺细胞中产生的 H_2O_2 可使 2I 氧化成 I_2，进而使酪氨酸碘化生成甲状腺素。过多的 H_2O_2 可以氧化巯基酶和具有活性巯基的蛋白质，使之丧失生理活性。但体内过氧化氢酶的催化效率极高，在正常情况下不会发生 H_2O_2 的蓄积。

（二）过氧化氢酶

过氧化氢酶（catalase）广泛分布于血液、骨髓、黏膜、肾脏及肝脏等组织。其化学本质为血红素蛋白质，每个酶分子含 4 个血红素。它的功能是分解 H_2O_2，即利用一分子 H_2O_2 提供电子（作为还原剂）而被氧化，另一分子 H_2O_2 接受电子（作为底物）而被还原。

$$H_2O_2+H_2O_2 \longrightarrow 2H_2O+O_2$$

（三）过氧化物酶

在乳汁、白细胞、血小板等体液或细胞中含有过氧化物酶（peroxidase）。该酶的辅基为血红素，与酶蛋白结合疏松，这和其他血红素蛋白质有所不同。它催化 H_2O_2 直接氧化酚类或胺类化合物，反应如下：

$$R+H_2O_2 \longrightarrow RO+H_2O \text{ 或 } RH_2+H_2O_2 \longrightarrow R+2H_2O$$

临床上判断粪便中有无隐血时，就是利用白细胞中含有过氧化物酶的活性，将联苯胺氧化成蓝色化合物。此外，在红细胞及其他一些组织中存在有谷胱甘肽过氧化物酶（glutathione peroxidase），此酶含硒（selenium）。它利用还原型谷胱甘肽（GSH）使 H_2O_2 或过氧化脂质等（ROOH）还原生成水或醇类（ROH），从而保护膜脂质及血红蛋白等免受氧化。

$$H_2O_2+2GSH \xrightarrow{\text{谷胱甘肽过氧化物酶}} 2H_2O+GS\text{-}SG$$
$$\text{（还原型）} \qquad\qquad\qquad \text{（氧化型）}$$

$$ROOH+2GSH \xrightarrow{\text{谷胱甘肽过氧化物酶}} H_2O+ROH+GS\text{-}SG$$

生成的氧化型谷胱甘肽，在谷胱甘肽还原酶催化下，由 NADPH 供氢重新还原生成 GSH。

三、超氧化物歧化酶可清除超氧阴离子

生物氧化过程中，氧分子必须接受 4 个电子才能完全还原形成 $2O^{2-}$，再与 H^+ 结合成 H_2O。如果电子供给不足，就形成超氧阴离子自由基（$O_2^- \cdot$）或氧阴离子自由基（$O_2^{2-} \cdot$）。超氧阴离子自由基，化学性质活泼，与 $H_2O_2^-$ 作用可生成性质更活泼的羟基自由基 $HO \cdot$。

$$H_2O_2+O_2^- \cdot \longrightarrow O_2+OH^-+HO \cdot$$

自由基可使 DNA 分子氧化、修饰甚至断裂，可氧化蛋白质的巯基、生物膜的脂肪酸等，

破坏核酸结构甚至诱发疾病，如癌、动脉粥样硬化等。

1968 年，McCord 与 Fridovich 发现生物体内广泛存在着超氧化物歧化酶（superoxide dismutase，SOD）。SOD 是金属酶，包括三种同工酶。在真核细胞胞质中，该酶以 Cu^{2+}、Zn^{2+} 为辅基，称为 CuZn-SOD；在原核细胞和真核细胞线粒体内以 Mn^{2+} 为辅基，称为 Mn-SOD；在原核细胞还有以 Fe^{2+} 为辅基的 Fe-SOD。

细胞内的 SOD 可有效清除 $O_2^-\cdot$，催化 1 分子 $O_2^-\cdot$ 氧化生成 O_2，另一分子 $O_2^-\cdot$ 还原成 H_2O_2，此反应称为歧化反应。生成的 H_2O_2 可被活性极强的过氧化氢酶分解。SOD 可防御人体内、外环境中超氧阴离子自由基对人体的侵害。

$$2O_2^-\cdot +2H^+ \longrightarrow H_2O_2+O_2$$

（王黎芳）

思　考　题

1. 写出呼吸链的组成顺序，产生 ATP 的偶联部位及作用于不同部位的抑制剂的名称及作用点。
2. 人体生成 ATP 的方式有哪几种？请叙述生成过程。
3. 试述机体调节氧化磷酸化的因素及其机制。
4. 胞质中的 NADH 是如何参与氧化磷酸化过程的。
5. 试述环境温度过低时，新生儿发生硬皮病的机制。
6 试述非线粒体氧化体系的特点，体系中主要酶的名称及其作用。

案例分析题

1. 苦杏仁中约含3%的苦杏仁苷，后者在苦杏仁酶的催化下可生成氢氰酸。患者过量服食苦杏仁，出现头晕、头痛、呼吸速率加快等症状，动静脉血氧分压差缩小。血中检出氰基，于尿液中发现硫氰酸盐浓度增加。

问题：初步判断患者为哪种中毒？请分析该中毒的生化机制。还有哪些抑制剂引起机体中毒的机制与此类似？影响氧化磷酸化的因素除了上述的呼吸链抑制剂以外还有哪些？

2. 患者为装卸工人，承接了 2,4- 二硝基苯酚（DNP）的装车业务。由于缺乏必要的防护，操作时吸入飞扬的 DNP 粉尘。次日出现中毒症状送入急诊就诊。

问题：2,4- 二硝基苯酚曾用作减肥药，其原理是什么？但现已不再使用，因为大剂量摄入后会引起生命危险，如上述患者，这又是什么道理？

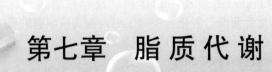

第七章 脂质代谢

内容提要

脂质是人体重要的营养素之一，包括三酰甘油（脂肪）、类脂及其衍生物。

小肠是脂质消化吸收的部位。在肠腔内，食物中的脂质先在胆汁酸盐的协助下由多种脂肪酶水解为甘油、脂肪酸和一些不完全水解产物，再由十二指肠下段和空肠上段的肠黏膜上皮细胞吸收，甘油、短链脂肪酸（2C～4C）和中链脂肪酸（6C～10C）通过门静脉进入血液循环；而长链脂肪酸（12C～26C）在细胞内与甘油重新合成脂肪，并与磷脂、胆固醇和载脂蛋白等组成乳糜微粒，然后经淋巴管进入血液循环。

体内的三酰甘油分解成甘油和脂肪酸。甘油经活化、脱氢生成磷酸二羟丙酮，然后进入糖酵解途径继续代谢。脂肪酸在胞质中活化后进入线粒体进行 β- 氧化，经脱氢、加水、再脱氢和硫解等步骤彻底氧化分解，并产生能量。在肝脏中，脂肪酸经 β- 氧化后生成酮体（乙酰乙酸、β- 羟丁酸和丙酮），然后运输到肝外组织，用于供能等。

脂肪酸的合成需要由 NADPH 供氢、ATP 供能和乙酰 CoA 提供原料。在胞质中，乙酰 CoA 经脂肪酸合酶（6 个组分的多酶复合体）催化合成 16 碳的棕榈酸（软脂酸）；在此基础上，在线粒体或内质网内进行碳链的缩短或延伸。除必需脂肪酸（亚油酸、亚麻酸和花生四烯酸）必须由食物提供外，体内其他的不饱和脂肪酸可由饱和脂肪酸脱氢生成。

含有磷酸的脂质称磷脂，由甘油磷脂和鞘磷脂两大类组成。它们的基本骨架分别为 3- 磷酸甘油和鞘氨醇或二氢鞘氨醇。磷脂分子的共同结构特点是具有亲水的头部和疏水的尾部，这种特点为维持生物膜和血浆脂蛋白的结构及功能奠定了基础。甘油磷脂的合成可通过二酰甘油途径或 CDP- 二酰甘油途径。两条途径的共同起始物均为磷脂酸。甘油磷脂的水解是在多种磷脂酶的作用下水解为它们的各组成成分。

胆固醇是重要的类脂，主要由机体合成，也可由食物提供。胆固醇的合成主要在肝脏进行，其合成的原料有乙酰 CoA、NADPH 和 ATP。乙酰 CoA 先缩合为羟甲戊二酰 CoA（HMG-CoA），再经多步反应缩合成鲨烯，最后环化成胆固醇。胆固醇是两性分子，是生物膜的重要组成部分。胆固醇在体内可转变为胆汁酸、类固醇激素和维生素 D_3。

血浆脂质与载脂蛋白结合形成脂蛋白，它可分为乳糜微粒（CM）、极低密度脂蛋白（VLDL）、低密度脂蛋白（LDL）和高密度脂蛋白（HDL）等四类。各类脂蛋白中的蛋白质和脂质组成、比例和含量相差很大。CM 在小肠黏膜细胞内合成，主要转运外源性三酰甘油和胆固醇；VLDL 主要在肝脏合成，主要转运内源性三酰甘油和胆固醇；LDL 在血浆中生成，主要将肝脏合成的内源性胆固醇转运到肝外组织；而 HDL 由肝脏合成，主要功能是逆向转运肝外组织胆固醇到肝脏。

脂质代谢异常与人类多种疾病有密切关系，如肥胖、糖尿病酮症酸中毒、动脉粥样硬化、冠心病和高脂血症等。纠正脂质代谢异常是治疗这些疾病的重要手段之一。

脂质（lipid）是一类不溶于水而易溶于乙醚、氯仿、丙酮等有机溶剂并能被机体利用的有机化合物。脂质的主要组成元素有碳、氢和氧，其他元素有氮、磷和硫。脂质结构复杂，种类繁多，决定其在生命体内功能的多样性和复杂性。

第一节　脂质概述

一、脂质包括脂肪、类脂及其衍生物

脂质是脂肪（fat）和类脂（lipid）及其衍生物的总称。

脂肪是由甘油的三个羟基与三个脂肪酸分子通过酯键连接而成的化合物，又称三酰甘油（triacylglycerol，TG）或甘油三酯。三酰甘油分子内的三个脂酰基可以相同，也可以不同。

被 1 个和 2 个脂肪酸酯化的甘油酯，分别称为单酰甘油（monoacylglycerol，MAG）和二酰甘油（diacylglycerol，DAG）。

$$
\begin{array}{cccc}
\text{CH}_2\text{—OH} & \text{CH}_2\text{—O—C—R}_1 & & \\
| & | & & \\
\text{CH—OH} & \text{CH—OH} & & \\
| & | & & \\
\text{CH}_2\text{—OH} & \text{CH}_2\text{—OH} & & \\
\text{甘油} & \text{单酰甘油} & \text{二酰甘油} & \text{三酰甘油}
\end{array}
$$

天然三酰甘油中的脂肪酸，大多数是含偶数碳原子的长链脂肪酸，其中饱和脂肪酸以软脂酸（16：0）和硬脂酸（18：0）为最常见；不饱和脂肪酸以软油酸（16：1，Δ^9）、油酸（18：1，Δ^9）和亚油酸（18：2，$\Delta^{9,12}$）为常见。

人体内不能合成，必须由食物提供的脂肪酸称为人体必需脂肪酸（essential fatty acid），包括亚油酸、亚麻酸（18：3，$\Delta^{9,12,15}$）和花生四烯酸（20：4，$\Delta^{5,8,11,14}$）等 3 种。

类脂主要包括磷脂（phospholipid，PL）、糖脂（glycolipid）、胆固醇（cholesterol）及胆固醇酯（cholesterol ester，CE）。磷脂是含有磷酸的脂质，而糖脂中含有糖基。

二、可变脂和固定脂在人体内的分布

按体重计算，正常人体含脂质 14%～19%。成年男子脂肪含量占体重的 10%～20%，而女子脂肪含量稍高。肥胖者脂肪含量超过 30%，过度肥胖者可高达 60% 左右。

动物体内三酰甘油主要分布于脂肪组织中。脂肪组织存在于皮下、肾周围、肠系膜、大网膜和腹后壁等处，所以这些部位称为脂库。

人体内脂肪含量变动较大，受营养状况和活动量等因素的影响，所以又称为可变脂（variable lipid）。

体内类脂的含量不受营养状况和活动量的影响，故称固定脂（fixed lipid）或基本脂。类脂是生物膜的重要成分。生物膜主要由磷脂、胆固醇、蛋白质和少量的糖组成，磷脂是生物膜的结构基础。各种生物膜中类脂含量和种类有显著差异，如线粒体内膜中类脂占膜干重的20%～25%；神经髓鞘膜中类脂可高达 75%。磷脂中不饱和脂肪酸有利于膜的流动性，而饱和脂肪酸和胆固醇则有利于膜的刚性。类脂与蛋白质形成复合体是生物膜发挥其生理功能的重要方式。

三、膳食中的脂质经小肠吸收

（一）脂质的消化

膳食中脂肪的消化在脂肪酶催化和胆汁酸盐的帮助下完成。小肠是脂质消化吸收的部位，它含有来自胰液的多种脂肪酶和来自胆汁的胆汁酸盐。婴儿时期，胃液 pH 近中性，脂肪尤其是乳脂（milk fat）能在胃中被部分消化。

在小肠上段，通过小肠蠕动和胆汁酸盐的作用，食物中的脂质被乳化，不溶于水的脂质分散成水包油的细小微团（micelle），提高了溶解度并增加了酶与脂质的接触面积，利于被酶消化。

胰腺分泌到小肠中用于消化脂质的酶有胰脂酶（pancreatic lipase）、磷脂酶 A_2（phospholipase A_2）、胆固醇酯酶（cholesterol esterase）和辅脂酶（colipase）。胰脂酶特异性催化三酰甘油的 1 和 3 位酯键的水解，辅脂酶是胰脂酶的必需辅因子。磷脂酶 A_2 催化磷脂第 2 位酯键的水解，生成脂肪酸和溶血磷脂。胆固醇酯酶催化胆固醇酯水解为胆固醇和脂肪酸。

$$三酰甘油 \xrightarrow[\text{小肠}]{\text{胰脂酶（辅脂酶）}} 2\text{-单酰甘油}+2\times脂肪酸$$

$$磷脂 \xrightarrow[\text{小肠}]{\text{磷脂酶 } A_2} 溶血磷脂+脂肪酸$$

$$胆固醇酯 \xrightarrow[\text{小肠}]{\text{胆固醇酯酶}} 胆固醇+脂肪酸$$

食物中的脂质在小肠经上述胰液中的酶类消化后，生成单酰甘油、脂肪酸、胆固醇和溶血磷脂等。这些产物与胆汁酸盐乳化成直径约 20nm 的混合微团（mixed micelle），该微团极性大，易于穿过小肠黏膜细胞表面水屏障，被肠黏膜细胞吸收。

（二）脂质的吸收

脂质吸收的部位在十二指肠下段和空肠上段。

甘油、短链和中链脂肪酸易被肠黏膜吸收，直接进入门静脉。一部分未被消化的由短链和中链脂肪酸构成的三酰甘油，被胆汁酸盐乳化后被肠黏膜细胞吸收，然后在肠黏膜细胞脂肪酶的作用下水解为脂肪酸和甘油，通过门静脉进入血液循环。

长链脂肪酸、2- 单酰甘油和其他脂质消化产物随微团直接吸收入小肠黏膜细胞。长链脂肪酸在脂酰 CoA 合成酶（fatty acyl-CoA synthetase）催化下，消耗 ATP 生成脂酰 CoA。脂酰 CoA 可在转酰基酶（transacylase）作用下，将单酰甘油、溶血磷脂和胆固醇分别酯化生成相应的三酰甘油、磷脂和胆固醇酯，它们再与细胞内粗面内质网合成的载脂蛋白（apolipoprotein，Apo）构成乳糜微粒（chylomicron，CM）通过淋巴管最终进入血液，被其他细胞所利用（图 7-1）。

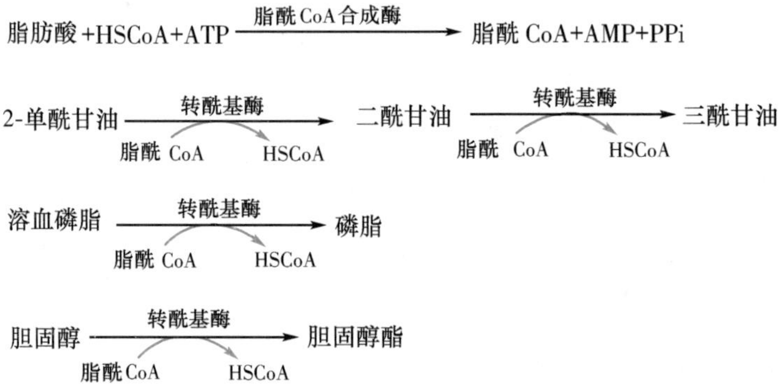

$$脂肪酸+HSCoA+ATP \xrightarrow{\text{脂酰 CoA 合成酶}} 脂酰 CoA+AMP+PPi$$

$$2\text{-单酰甘油} \xrightarrow[\substack{脂酰\ CoA\quad HSCoA}]{\text{转酰基酶}} 二酰甘油 \xrightarrow[\substack{脂酰\ CoA\quad HSCoA}]{\text{转酰基酶}} 三酰甘油$$

$$溶血磷脂 \xrightarrow[\substack{脂酰\ CoA\quad HSCoA}]{\text{转酰基酶}} 磷脂$$

$$胆固醇 \xrightarrow[\substack{脂酰CoA\quad HSCoA}]{\text{转酰基酶}} 胆固醇酯$$

图 7-1　脂肪的消化吸收

四、脂质具有重要的生理功能

脂肪在体内最主要的生理功能是储能和供能。1g 脂肪在体内完全氧化时可释放出 38kJ（9.1kcal）能量，比等量糖或蛋白质多 1 倍。体内脂库中储存的脂肪，结合水很少，体积小（1.2cm³/g），仅为糖原所占体积的 1/4，因此，在单位体积内它储能较多。脂肪是机体长期饥饿或禁食时供应能量的主要原料。

分布于人体皮下的脂肪组织不易导热，可防止热量散失而保持体温。内脏周围的脂肪组织能缓冲外界的碰撞，使内脏免受损伤。脂肪还能促进脂溶性维生素的吸收。因此，消瘦或过度减肥都有害健康。

类脂是维持生物膜正常结构和功能必不可少的成分。类脂还能促进脂肪和脂溶性维生素的吸收及转运。胆固醇除了与磷脂和蛋白质共同构成生物膜外，还可在体内转变为多种具有生物活性的物质，如类固醇激素、维生素 D_3 和胆汁酸。磷脂分子中的花生四烯酸是合成前列腺素和血栓烷等重要活性分子的原料。磷脂酰肌醇代谢的中间代谢产物是重要的信号分子。

第二节 脂肪代谢

脂肪代谢包括脂肪分解和脂肪合成，主要在脂肪组织和肝脏中进行。

一、脂肪分解代谢产生大量 ATP

（一）脂肪动员

储存于脂肪细胞中的脂肪被脂肪酶水解为甘油和游离脂肪酸（free fatty acid，FFA），并释放入血供全身各组织利用的过程称为脂肪动员（fat mobilization）。

$$三酰甘油 \xrightarrow[\substack{H_2O \qquad 脂肪酸}]{\substack{三酰甘油\\脂肪酶}} 二酰甘油 \xrightarrow[\substack{H_2O \qquad 脂肪酸}]{\substack{二酰甘油\\脂肪酶}} 单酰甘油 \xrightarrow[\substack{H_2O \qquad 脂肪酸}]{\substack{单酰甘油\\脂肪酶}} 甘油$$

催化脂肪动员第一个反应的酶——脂肪组织三酰甘油脂肪酶（adipose triglyceride lipase，ATGL）的活性是这一过程中活性最小的，所以它是脂肪动员的关键酶。ATGL 催化脂肪分解为二酰甘油和脂肪酸。第二步在激素敏感性脂肪酶（hormone-sensitive lipase，HSL）催化下二酰甘油水解为单酰甘油和脂肪酸。最后单酰甘油在单酰甘油脂肪酶（monoacylglycerol lipase，MGL）的催化下生成甘油和脂肪酸。机体对脂肪动员的调控通过激素调节 HSL 活性来实现。当禁食、饥饿或交感神经兴奋时，肾上腺素、去甲肾上腺素、胰高血糖素等分泌增加，通过 PKA 信号通路，激活 ATGL，同时使得 HSL 从胞质转位至脂滴表面，促进脂肪分解，这类激素称为脂解激素。相反，胰岛素、前列腺素 E_2 等对抗脂解激素的作用，抑制脂肪动员，称为抗脂解激素。

脂解激素作用于脂肪细胞膜表面受体，激活腺苷酸环化酶，使 cAMP 生成增加；cAMP 继而激活蛋白激酶，使 HSL 磷酸化而活化；最后加速三酰甘油水解为二酰甘油和脂肪酸。甲状腺素、生长激素和肾上腺皮质激素等与脂解激素具有协同作用。胰岛素的作用则相反，它既能抑制腺苷酸环化酶活性又能增强磷酸二酯酶活性，所以分别减少 cAMP 生成和促进 cAMP 的水解，结果抑制蛋白激酶，从而使 HSL 保持脱磷酸化状态而失活，最终抑制脂肪动员（图 7-2）。当机体处于禁食、饥饿或兴奋状态时，肾上腺素和胰高血糖素等分泌增加，脂解作用加强，通过脂肪动员增加供能；相反，进食后，胰岛素分泌增加，脂解作用降低，此时机体主要利用葡萄糖供能。

（二）脂肪酸氧化与分解

在供氧充足的条件下，脂肪酸在体内分解成 CO_2 和 H_2O，并产生大量能量。除脑组织和成熟红细胞外，大多数组织细胞均能氧化脂肪酸，但以肝和肌肉组织最为活跃。

1. 脂肪酸的活化 在胞质中，脂肪酸由脂酰 CoA 合成酶（又称脂酰 CoA 硫激酶）催化，活化形成脂酰 CoA（acyl-CoA）。

$$R—COOH+ATP+HSCoA \xrightarrow[Mg^{2+}]{脂酰\ CoA\ 合成酶} R—CO{\sim}SCoA+AMP+PPi$$

此反应过程中生成的 PPi 立即被焦磷酸酶水解，阻止了逆向反应的进行。1 分子脂肪酸活

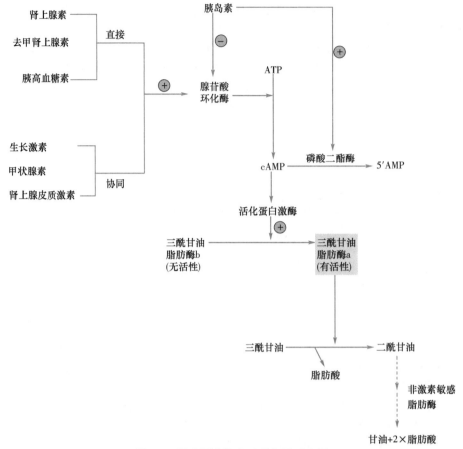

图 7-2　激素调节脂肪动员作用示意图

化成脂酰 CoA 消耗了 2 个高能磷酸键。脂酰 CoA 含有高能硫酯键，极性较大，易溶于水，性质活泼。

2. 脂酰 C_OA 转运入线粒体　催化脂肪酸氧化分解的酶系存在于线粒体基质中，活化的脂酰 CoA 需要由胞质转运至线粒体才能被分解。长链脂酰 CoA 不能直接透过线粒体膜，需肉碱（carnitine，也称 L-3- 羟基 -4- 三甲基胺 - 丁酸）转运才能进入线粒体基质。

$$(CH_3)_3 \overset{+}{N} - \overset{4}{CH_2} - \overset{3}{CH} - \overset{2}{CH_2} - \overset{1}{COO^-}$$
$$\underset{OH}{|}$$

在位于线粒体外膜面的肉碱脂酰转移酶Ⅰ催化下，脂酰基从 CoA 上转至肉碱的羟基上生成脂酰肉碱，后者通过膜上载体的作用转运至线粒体基质；随后，在位于线粒体内膜的肉碱脂酰转移酶Ⅱ催化下，脂酰基从肉碱转移至基质内的 CoA 分子上，并释放出肉碱。线粒体内膜上转运肉碱和脂酰肉碱的载体又称肉碱 - 脂酰肉碱转位酶（图 7-3）。

脂酰 CoA 进入线粒体是脂肪酸 β- 氧化（β-oxidation of fatty acid）的关键步骤，肉碱脂酰转移酶Ⅰ是控制脂肪酸 β- 氧化的关键酶。胰岛素通过丙二酰 CoA 调控该酶活性，胰岛素激活乙酰 CoA 羧化酶因而使丙二酰 CoA 合成增加。饱食后胰岛素分泌增加，丙二酰 CoA 合成增加，抑制肉碱脂酰转移酶Ⅰ，脂肪酸的 β- 氧化也被抑制。相反，在禁食和饥饿等胰岛素分泌下降情况下，丙二酰 CoA 合成降低，解除对肉碱脂酰转移酶Ⅰ的抑制作用，脂酰 CoA 进入线粒体氧化增加。

3. 脂肪酸 β- 氧化　偶数脂酰 CoA 进入线粒体基质后，在脂肪酸 β- 氧化多酶复合体催化下，进行氧化分解。从脂酰基的 β- 碳原子开始，经过脱氢、加水、再脱氢和硫解等四步连续反应，

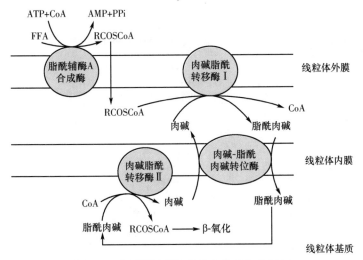

图 7-3　肉碱转运脂酰基进入线粒体的机制

脂酰基断裂产生 1 分子乙酰 CoA 和 1 分子比原来少两个碳原子的脂酰 CoA，如此反复进行，直到脂酰 CoA 全部变成乙酰 CoA。

脂肪酸的 β- 氧化学说

　　脂肪酸 β- 氧化方式是由德国化学家 Knoop 于 1904 年根据动物实验结果提出的一个学说，后经酶学和放射性同位素标记技术的研究得到验证。

　　在 Knoop 的实验进行之前已经证明，苯基化合物苯甲酸和苯乙酸在体内不能直接被氧化分解，但它们可通过与甘氨酸反应形成无毒衍生物马尿酸或苯乙尿酸排出体外。Knoop 将不同长度脂肪酸的 ω 碳原子与苯基相连接，然后将这些带有苯基的脂肪酸喂饲犬。在检查尿中的产物时发现，不论脂肪酸碳链长短，用苯基标记的奇数碳脂肪酸喂饲的动物尿中都能找到苯甲酸衍生物马尿酸；而用苯基标记的偶数碳脂肪酸喂饲的动物尿中都能检测到苯乙酸衍生物苯乙尿酸。他根据这一结果提出了脂肪酸的 β- 氧化学说，即：脂肪酸在体内的氧化分解是从羧基端 β- 碳原子开始，每次水解 2 个碳原子。偶数碳脂肪酸最终形成苯乙酸，而奇数碳脂肪酸最终形成苯甲酸。

　　（1）脱氢（dehydrogenation）：在脂酰 CoA 脱氢酶催化下，脂酰 CoA 的 α，β- 碳原子上各脱去 1 个 H 原子，生成反式 Δ^2β- 反烯脂酰 CoA。脱下的 2 个 H 由辅基 FAD 接受，还原为 $FADH_2$。

　　（2）水合（hydration）：在烯脂酰 CoA 水合酶催化下，烯脂酰 CoA 加 1 分子 H_2O 生成 L-(+)-β- 羟脂酰 CoA。

　　（3）再脱氢：在 β- 羟脂酰 CoA 脱氢酶催化下，β- 羟脂酰 CoA 脱下 2 个 H，生成 β- 酮脂酰 CoA，脱下的 2 个 H 由辅酶 NAD^+ 接受，还原为 NADH。至此，β- 碳原子从 $-CH_2-$ 氧化为 $-CO-$。

　　（4）硫解（thiolysis）：在硫解酶（thiolase）催化下，β- 酮脂酰 CoA 在 α,β 碳原子之间断裂，加入 1 分子 HSCoA，生成 1 分子乙酰 CoA 和 1 分子比原来少两个碳原子的脂酰 CoA。

　　脂肪酸 β- 氧化的全过程见图 7-4。

　　脂肪酸 β- 氧化后生成的乙酰 CoA，可进入三羧酸循环彻底氧化为 CO_2 和 H_2O，也可转变为其他代谢中间产物。

　　4. 脂肪酸氧化时的能量生成　脂肪酸氧化可为机体提供大量能量，现以 16C 软脂酸（棕榈酸）的 β- 氧化为例加以说明。

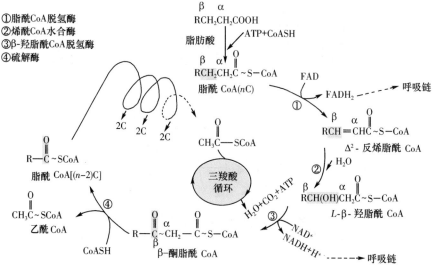

①脂酰CoA脱氢酶
②烯酰CoA水合酶
③β-羟脂酰CoA脱氢酶
④硫解酶

图 7-4　脂肪酸 β- 氧化过程

1 分子 16C 软脂酸 β- 氧化需经 7 次循环，产生 8 分子乙酰 CoA，7 分子 FADH$_2$ 和 7 分子 NADH+H$^+$，氧化的总反应为：

$$CH_3(CH_2)_{14}CO \sim SCoA + 7HSCoA + 7FAD + 7NAD^+ + 7H_2O \longrightarrow 8CH_3CO \sim SCoA + 7FADH_2 + 7NADH + 7H^+$$

8 分子乙酰 CoA 进入三羧酸循环可生成 8×10=80 个 ATP 分子，7 分子 FADH$_2$ 进入呼吸链产生 7×1.5=10.5 个 ATP 分子；7 分子 NADH+H$^+$ 进入呼吸链产生 7×2.5=17.5 个 ATP 分子，故 1 分子软脂酸彻底氧化共生成（8×10）+（7×1.5）+（7×2.5）=108 个 ATP 分子。因脂肪酸活化为脂酰 CoA 时消耗了 2 个 ATP，故净生成 108–2=106 个 ATP 分子。每 1mol ATP 水解释放的自由能为 30.5kJ，1mol 软脂酸在体内彻底氧化为水时释放的自由能为 106×30.5=3233kJ。1mol 软脂酸在体外彻底氧化成 CO$_2$ 和 H$_2$O 时，释放自由能为 9791kJ，故其能量利用率为 33%（3233÷9791×100%），其余以热能形式释放。

5. 奇数碳原子脂肪酸的氧化　奇数碳原子的脂酰 CoA，经多次 β- 氧化，最后生成多个乙酰 CoA 分子和 1 分子丙酰 CoA，丙酰 CoA 可通过羧化反应和分子内重排转变为琥珀酰 CoA（图 7-5）进入三羧酸循环进一步氧化分解，或经草酰乙酸异生为糖，也可经脱羧反应生成乙酰 CoA。

6. 不饱和脂肪酸的氧化　体内脂肪酸约 50% 以上为不饱和脂肪酸。不饱和脂肪酸 β- 氧化途径与饱和脂肪酸的基本相同，它们的区别在于：天然不饱和脂肪酸中的双键为顺式，且多在第 9 位，而烯脂酰 CoA 水化酶和羟脂酰 CoA 脱氢酶具有高度立体异构专一性，故不饱和脂肪酸的氧化除需 β- 氧化的全部酶外，还需异构酶和还原酶的参加，使其转变为 Δ^2 反式构型，β- 氧化才能继续进行。

以棕榈油酸（16- 碳 -Δ^9- 顺单烯脂酸）为例说明：棕榈油酸经 3 次 β- 氧化后，9 位顺式双键转变为 3 位顺式双键，在异构酶作用下，被转变为 2 位反式双键后才能继续进行 β- 氧化（图 7-6）。

（三）酮体

酮体（ketone body）是乙酰乙酸（acetoacetic acid）、β- 羟丁酸（β-hydroxybutyric acid）和丙酮（acetone）三种物质的总称。它们是脂肪酸在肝脏进行分解代谢所产生的中间产物。

1. 酮体的生成　肝细胞中有活性较强的合成酮体的酶系，β- 氧化反应生成的乙酰 CoA，大都转变成为酮体，这是肝脏脂肪酸分解代谢的特点；而在心肌和骨骼肌等组织中，β- 氧化产生的乙酰 CoA 经三羧酸循环彻底氧化为 CO$_2$ 和 H$_2$O。

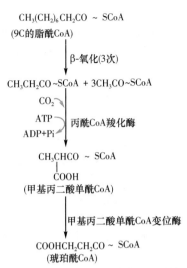

图 7-5　奇数碳原子脂肪酸的氧化举例

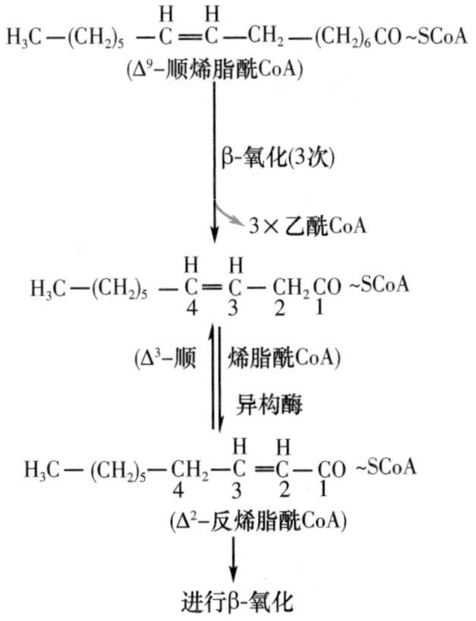

图 7-6　不饱和脂肪酸的氧化

合成酮体的原料是乙酰 CoA，全过程在肝细胞线粒体内进行，共 5 步反应，需要 4 种酶催化，其中羟甲戊二酸单酰 CoA 合酶是关键酶。

酮体生成的具体过程见图 7-7。

（1）2 分子乙酰 CoA 在硫解酶（thiolase）催化下缩合为 1 分子乙酰乙酰 CoA。

（2）乙酰乙酰 CoA 在 β- 羟 -β- 甲戊二酸单酰 CoA 合酶（HMG-CoA synthase，HMG-CoA 合酶）催化下，再与 1 分子乙酰 CoA 缩合生成 β- 羟 -β- 甲戊二酸单酰 CoA（β-hydroxy-β-methylglutaryl-CoA，HMG-CoA），并释放出 1 分子 HSCoA。该反应是酮体生成的限速步骤。

（3）HMG-CoA 经裂解酶催化分解为乙酰乙酸和乙酰 CoA。

（4）乙酰乙酸在 β- 羟丁酸脱氢酶（β-hydroxybutyrate dehydrogenase）催化下，NADH 提供 H，还原为 β- 羟丁酸，另外还有少量自发脱羧生成丙酮。

2. 酮体的利用 酮体中的 β- 羟丁酸可在脱氢酶的作用下生成乙酰乙酸，后者可经一些酶的作用最终转化为乙酰 CoA，乙酰 CoA 可进入三羧酸循环氧化供能，因此酮体可作为能源物质而被利用。但肝细胞内缺乏转化乙酰乙酸的酶类，故酮体在肝内生成后随血液运输到其他组织而被利用。丙酮产生的量很少，大部分随尿排出。丙酮容易挥发，如血液中丙酮浓度过高时，可从肺呼出，所以糖尿病酮症酸中毒的患者呼出的气体中可有丙酮特有的烂苹果气味。

肝外组织（如脑、心、肾和骨骼肌）线粒体中有活性很强的利用酮体

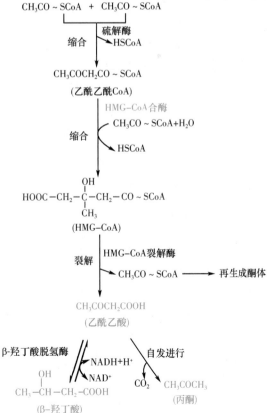

图 7-7　酮体的生成

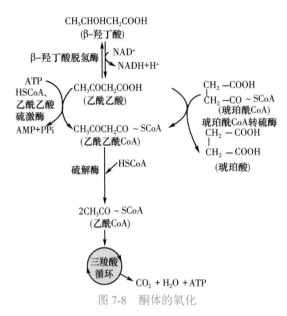

图 7-8 酮体的氧化

的酶，如琥珀酰 CoA 转硫酶（succinyl CoA thiophorase）、乙酰乙酸硫激酶（acetoacetate thiokinase）和硫解酶，可将酮体氧化利用（图 7-8）。

3. 酮体生成的意义 酮体是脂肪酸在肝脏分解代谢的正常产物，是肝脏输出能源的一种形式。酮体分子量小、溶于水，在血液中运输不需载体，能通过血脑屏障和肌肉毛细血管壁，是脑组织和肌肉的重要能量来源。正常情况下，脂肪酸不易通过血脑屏障，脑组织主要利用血糖供能。饥饿或糖供应不足时，一方面，肝外组织利用酮体氧化供能，减少了对葡萄糖的需求，保证了脑组织和红细胞等对葡萄糖的需要；另一方面，酮体替代葡萄糖，成为脑组织的能量来源，保证脑的正常功能。

在正常情况下，肝内生成的酮体能被肝外组织及时氧化利用。血中酮体维持在低水平（0.03～0.05mmol/L），其中 β- 羟丁酸约占 70%，乙酰乙酸约占 30%，丙酮极少。但在饥饿、低糖饮食或糖尿病时，糖的供给不足或利用障碍，脂肪动员加强，肝脏中酮体生成过多，超过肝外组织的利用能力时，可引起血中酮体升高，造成酮血症（ketonemia）。血中酮体经肾小球的滤过量超过肾小球的重吸收能力时，尿中出现酮体，称酮尿症（ketonuria）。由于 β- 羟丁酸和乙酰乙酸是酸性物质，当其在血中浓度过高时，可导致酮症酸中毒，属于代谢性酸中毒。

4. 酮体生成的调节 肝脏中酮体的生成量与糖的利用密切相关。首先，在饱食和糖利用充分的情况下，酮体生成减少，此时胰岛素分泌增加，抑制脂肪动员，进入肝内脂肪酸减少；其次，由于糖代谢旺盛，甘油磷酸和 ATP 生成充足，进入肝细胞的脂肪酸主要用于酯化生成三酰甘油和磷脂；最后，糖代谢产生的乙酰 CoA 和柠檬酸促进丙二酸单酰 CoA 的合成，丙二酸单酰 CoA 是肉碱脂酰转移酶 I 的抑制剂，阻止长链脂酰 CoA 进入线粒体进行 β- 氧化，还有利于脂肪酸的合成。

相反，在饥饿、胰高血糖素等脂解激素分泌增加、或者患糖尿病等糖的供应不足或利用受阻的情况下，脂肪动员加强，进入肝细胞脂肪酸增多，而此时肝内糖代谢受阻，甘油磷酸和 ATP 减少，脂肪合成受抑制，脂肪酸进入线粒体 β- 氧化增强，酮体生成增多。

（四）甘油的氧化分解

脂肪动员时除产生脂肪酸外，另一产物是甘油（glycerol）。在甘油激酶的催化下，甘油与 ATP 作用生成甘油磷酸，后者再在甘油磷酸脱氢酶催化下生成磷酸二羟丙酮。磷酸二羟丙酮可循糖分解代谢途径继续氧化分解，释放能量。在肝细胞中，磷酸二羟丙酮也可经糖异生途径转变为葡萄糖或糖原。

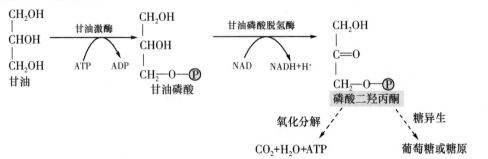

肝、肾和小肠黏膜细胞富含甘油激酶，而肌肉和脂肪细胞中这种激酶活性很低，利用甘油的能力很弱。脂肪组织中产生的甘油主要经血液运输进入肝脏后进行氧化分解。

二、脂肪由脂肪酸和甘油磷酸合成

脂肪是机体储存能量的重要形式。机体可利用摄入的糖和脂肪酸等合成脂肪（三酰甘油）储存在脂肪组织，作为"燃料"供应机体所需。

（一）脂肪酸的合成

1. 脂肪酸合成的部位 人体内许多组织都能合成脂肪酸，小肠、肝脏和脂肪组织是主要的合成场所，其中以肝脏的合成能力最强。

2. 脂肪酸合成的原料 脂肪酸的合成是还原和耗能反应，需要 NADPH 和 ATP 分别供氢和供能。合成脂肪酸的原料是乙酰 CoA，它主要来自糖分解代谢，部分来自一些氨基酸的分解。

脂肪酸合成的全过程在胞质进行，但生成乙酰 CoA 的反应均发生在线粒体内，而乙酰 CoA 不能自由透过线粒体膜进入胞质。

柠檬酸 - 丙酮酸循环（citrate-pyruvate shuttle）是乙酰 CoA 转运出线粒体的途径（图 7-9）。在线粒体中，乙酰 CoA 先与草酰乙酸缩合成柠檬酸，后者通过线粒体内膜上的载体转运到胞质。在胞质中，柠檬酸在 ATP- 柠檬酸裂解酶催化下，裂解为乙酰 CoA 和草酰乙酸，乙酰 CoA 即可用于脂肪酸合成；而草酰乙酸则在苹果酸脱氢酶作用下还原为苹果酸，苹果酸即可经线粒体内膜载体转运进入线粒体，脱氢后生成草酰乙酸；也可在胞质中由苹果酸酶催化氧化脱羧反应生成丙酮酸。此反应中脱下的氢由辅酶 $NADP^+$ 接受而生成 $NADPH+H^+$，丙酮酸则通过载体转运入线粒体内，然后羧化成草酰乙酸，进而再与乙酰 CoA 结合生成柠檬酸。此循环不仅为脂肪酸合成提供原料，还是除磷酸戊糖途径外的另一条提供还原物质 $NADPH+H^+$ 的途径（图 7-9）。

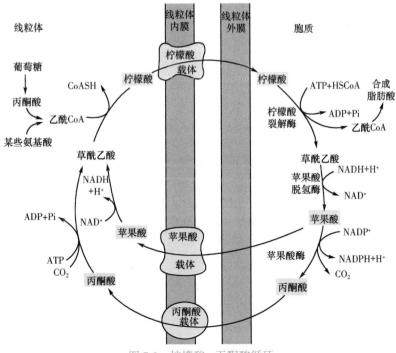

图 7-9 柠檬酸 - 丙酮酸循环

3. 参与脂肪酸合成的酶

（1）乙酰 CoA 羧化酶：脂肪酸的合成由乙酰 CoA 与丙二酰 CoA 逐步缩合而成。仅有 1 分子乙酰 CoA 直接参与合成反应，充当起始的"引物"；而其他乙酰 CoA 都要先羧化为丙二酰 CoA，由它充当底物二碳单位的"活化形式"进入脂肪酸合成途径。

由乙酰 CoA 羧化酶催化乙酰 CoA 羧化为丙二酰 CoA 催化反应如下：

$$CH_3CO\sim SCoA + HCO_3^- + ATP \xrightarrow[\text{生物素 Mn}^{++}]{\text{乙酰 CoA 羧化酶}} \begin{array}{c} CH_2\text{—}CO\sim SCoA \\ | \\ COOH \end{array} + ADP + Pi$$

乙酰 CoA　　　　　　　　　　　　　　　　　　丙二酰 CoA

乙酰 CoA 羧化酶的辅基是生物素，它在羧化反应中起固定 CO_2 和转移羧基的作用，其反应如下：

$$\text{酶-生物素} + HCO_3^- + ATP \longrightarrow \text{酶-生物素-COOH} + ADP + Pi$$
$$\text{酶-生物素–COOH} + \text{乙酰 CoA} \longrightarrow \text{酶-生物素} + \text{丙二酰 CoA}$$

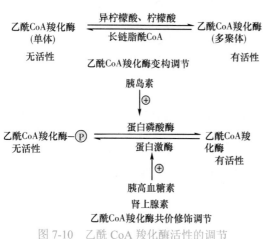

图 7-10　乙酰 CoA 羧化酶活性的调节

乙酰 CoA 羧化酶存在于胞质中，是脂肪酸合成途径中的关键酶。该酶的活性可通过变构调节和化学修饰调节来改变。①变构调节，真核生物中乙酰 CoA 羧化酶有两种形式，一种是无活性单体，分子量约 40kDa；另一种是有活性的多聚体，通常由 10～20 个单体组成。柠檬酸、异柠檬酸可使该酶由无活性的单体聚合成有活性的多聚体，长链脂酰 CoA 则可使其解聚而失活。②化学修饰调节，乙酰 CoA 羧化酶可被磷酸化而失活，其磷酸化反应由一种依赖于 cAMP 的蛋白激酶所催化。胰高血糖素和肾上腺素可激活该蛋白激酶而使乙酰 CoA 羧化酶变成无活性的磷酸化形式；胰岛素则可通过蛋白磷酸酶的催化使磷酸化的乙酰 CoA 羧化酶脱磷酸而恢复活性（图 7-10）。

（2）脂肪酸合成酶系：脂肪酸合成酶系催化乙酰 CoA 和丙二酰 CoA 合成长链脂肪酸。该酶系由丙二酰基（乙酰基）转移酶、β- 酮脂酰合酶、β- 酮脂酰还原酶、β- 羟脂酰脱水酶、Δ^2-烯脂酰还原酶和长链脂酰硫酯酶等 6 种酶蛋白和脂酰基载体蛋白（acyl carrier protein，ACP）组成。

ACP 是一个分子量为 10kDa 的多肽，与 CoA 相似，含有 4′- 磷酸泛酰氨基乙硫醇（4′-phosphopantetheine）基团，该基团的 4′- 磷酸与 ACP 分子中丝氨酸残基通过磷酸酯键相连，其末端的巯基称中心巯基（图 7-11），可与脂酰基结合形成硫酯键。此外，该酶系中 β- 酮脂酰合酶分子中含有半胱氨酸残基，其半胱氨酸中的巯基称为外周巯基，也能与脂酰基结合。

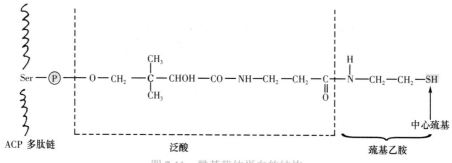

图 7-11　酰基载体蛋白的结构

在哺乳动物中，脂肪酸合成酶是一个分子量为 534kDa 的多功能酶，由两条相同的多肽链组成。两条链首尾相连组成的二聚体具有酶活性，而二聚体解聚则酶活性丧失。二聚体的每一条链中含有 6 种酶的结构域，一条链具有 6 种酶活性，都有一个 ACP 结构域。

4. 软脂酸合成的过程

（1）乙酰 CoA 羧化为丙二酰 CoA：参与软脂酸合成的 8 分子乙酰 CoA 分子中，有 7 分子需先羧化为丙二酰 CoA 才能参与合成反应。

（2）脂肪酸合成的 4 个步骤：由乙酰 CoA 和丙二酰 CoA 合成软脂酸的过程在脂肪酸合成酶系上进行，具体过程如下。

1）乙酰基和丙二酰基转移：在丙二酰基（乙酰基）转移酶催化下，乙酰 CoA 分子中乙酰基先转移到脂肪酸合成酶系的 ACP 中心巯基上，再转移到该酶系中的外周巯基（β- 酮脂酰合酶分子中的半胱氨酸巯基）上；最后在该酶的进一步催化下，丙二酰基转移到脂肪酸合成酶系中心巯基上，形成乙酰、丙二酰 - 酶复合体。

2）缩合反应生成 β- 酮脂酰基：在 β- 酮脂酰合酶催化下，外周巯基上的乙酰基转移到丙二酰基的第二个碳原子上并脱去羧基，生成 β- 酮脂酰（乙酰乙酰）∼ S-ACP，β- 酮脂酰基连接在 ACP 巯基上。

3）乙酰乙酰∼ S-ACP 经还原、脱水和再还原成为丁酰∼ S-ACP。

经过上述酰基转移、缩合、还原、脱水和再还原等步骤，生成丁酰∼ S-ACP，脂酰基由 2 个碳原子增加到 4 个碳原子，完成了脂肪酸合成的第 1 轮循环。丁酰基又在脂酰转移酶催化下，从 ACP 中心巯基转移到外周巯基上，ACP 上中心巯基再与新的丙二酰基结合，继续第 2 轮循环，再增加 2 个碳原子，经 7 次循环之后，生成 16 碳的软脂酰∼ S-ACP，经硫酯酶水解而释放出软脂酸。

软脂酸合成的总反应式为：

$$CH_3CO{\sim}SCoA+7HOOCCH_2CO{\sim}SCoA+14NADPH+14H^+ \xrightarrow{\text{脂肪酸合成酶系}}$$
$$CH_3(CH_2)_{14}COOH+14NADP^++8HSCoA+7CO_2+6H_2O$$

脂肪酸合成时需消耗 ATP 和 NADPH+H$^+$。NADPH 主要来源于磷酸戊糖途径，苹果酸氧化脱羧时也可产生少量 NADPH。

脂肪酸合成的过程不是 β- 氧化的逆过程，两个过程在细胞定位、脂酰基携带者、质子受体 / 供体、水合或脱水反应等方面均有区别（图 7-12）。

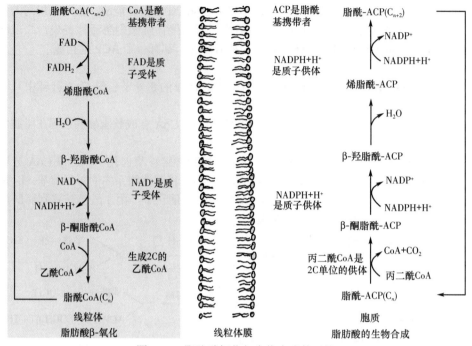

图 7-12　脂肪酸氧化与生物合成的对比

5. 碳链缩短或延伸　脂肪酸碳链的缩短在线粒体中经过 β- 氧化完成，经过一次 β- 氧化就减少 2 个碳原子。脂肪酸碳链的延伸可由位于内质网和线粒体内的 2 个酶体系催化完成。在内质网中，由碳链延伸酶体系催化，以丙二酰 CoA 为二碳单位的供体，由 NADPH+H$^+$ 供氢，经缩合、加氢、脱水、再加氢等反应延伸碳链，与胞质中脂肪酸合成过程基本相同，但酰基载体不是 ACP 而是 CoA。在肝细胞内质网中，一般以合成硬脂酸（18C）为主，在脑组织中，可延伸到 24 碳的脂肪酸。在线粒体内，软脂酸经脂肪酸延伸酶系的作用，与乙酰 CoA 缩合逐步延伸碳链，这一过程基本上是 β- 氧化的逆过程，每一次缩合反应可加入 2 个碳原子，一般可延伸到 24C ～ 26C 的脂肪酸。

6. 不饱和脂肪酸合成　人体脂质中的不饱和脂肪酸有软油酸（16：1，Δ^9）、油酸（18：1，Δ^9）、亚油酸（18：2，Δ$^{9, 12}$）、亚麻酸（18：3，Δ^{9,12,15}）和花生四烯酸（20：4，Δ$^{5,8,11, 14}$）等。人体不能合成亚油酸、亚麻酸和花生四烯酸；但可以合成软油酸和油酸，它们分别由软脂酸和硬脂酸经脱饱和作用生成。脱饱和作用主要在肝微粒体内由混合功能氧化酶（即 Δ^9 脱饱和酶）催化完成。

$$硬脂酰 \ CoA+NADH+H^++O_2 \longrightarrow 油酰 \ CoA+NAD^++2H_2O$$
$$软脂酰 \ CoA+NADH+H^++O_2 \longrightarrow 软油酰 \ CoA+NAD^++2H_2O$$

亚油酸、亚麻酸和花生四烯酸在人体内不能合成，必须由食物摄取，称为必需脂肪酸（essential fatty acid）。由于这些脂肪酸碳链上有多个双键，所以又称为多烯脂肪酸或多不饱和脂肪酸（polyunsaturated fatty acid，PUFA）。

花生四烯酸

前列腺酸

7. 多不饱和脂肪酸的重要衍生物　哺乳动物体内有几种来源于花生四烯酸的二十碳多烯脂肪酸衍生物，例如，前列腺素、凝血噁烷和白三烯。细胞膜上的磷脂含有丰富的花生四烯酸，当细胞受到一些外界刺激时，细胞膜中的磷脂酶 A$_2$ 被激活，水解磷脂释放出花生四烯酸，后者在一系列酶的作用下合成这些衍生物。

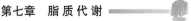

它们生理活性很强，对细胞功能调节有重要作用，也与多种病理过程有关。

（1）前列腺素（prostaglandin，PG）：由一个五碳环和两条侧链构成，是二十碳不饱和脂肪酸（前列腺酸）的衍生物，其结构如下：

按五碳环上取代基团和双键位置的不同，PG 可分为 9 型，分别命名为 PGA、PGB、PGC、PGD、PGE、PGF、PGG、PGH 和 PGI，体内 PGA、PGE 和 PGF 含量较多。

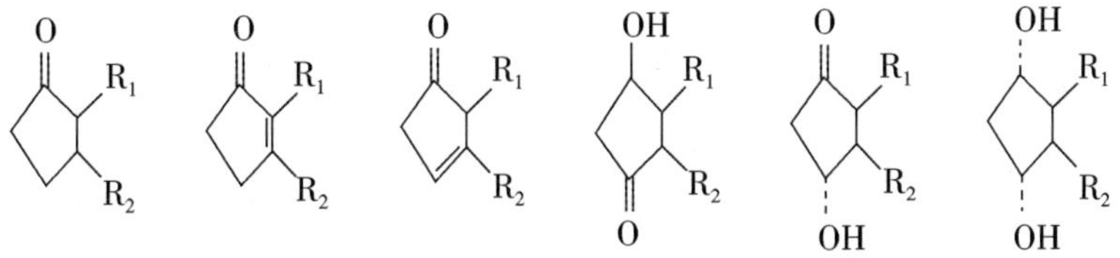

A B C D E F

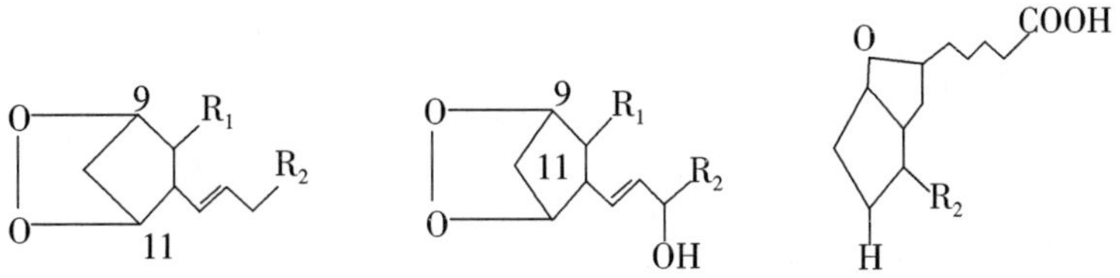

G H I

根据 R_1 和 R_2 两条链中双键数目的多少，PG 又分为 1、2、3 类，在字母的右下角表示。

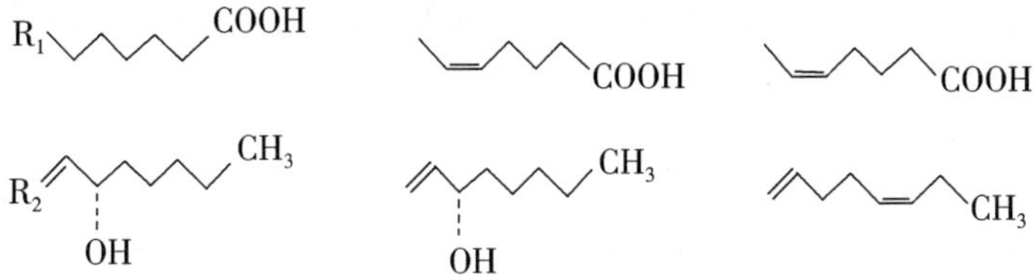

1类 2类 3类

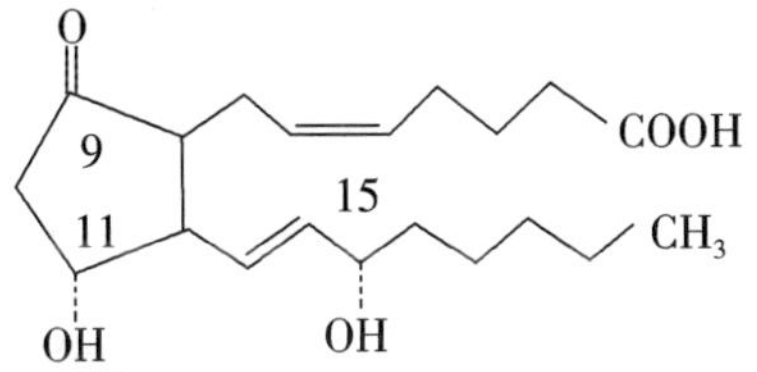

前列腺素E_2(PGE$_2$)

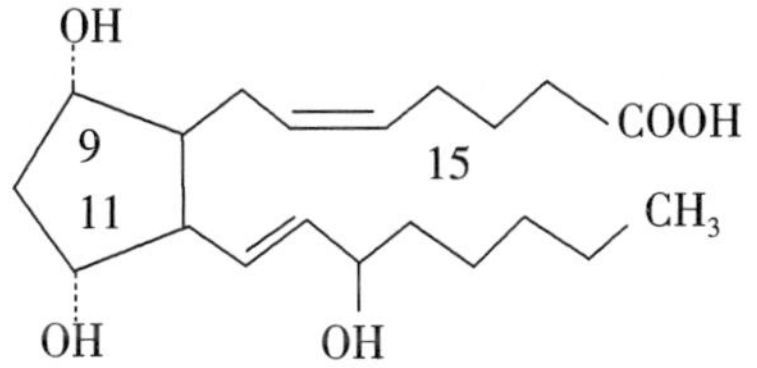

前列腺素F_2(PGF$_2$)

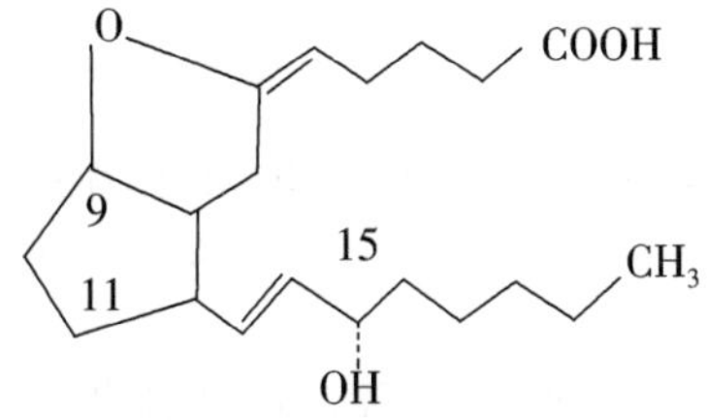

前列腺素I_2(PGI$_2$，又称前列环素)

PG 的主要生理功能：PGE$_2$ 是诱发炎症的主要因素之一，它能扩张局部血管和增加毛细血管通透性，引起红、肿、热、痛等症状。PGE$_2$、PGA$_2$ 能使动脉平滑肌舒张，从而使血压下降；PGE$_2$、PGI$_2$ 能抑制胃酸分泌，促进胃肠平滑肌蠕动。PGI$_2$ 由血管内皮细胞合成，是使血管平滑肌舒张和抑制血小板聚集最强的物质。PGF$_2$ 能使卵巢平滑肌收缩引起排卵，加强子宫收缩，促进分娩等。

（2）凝血恶烷（thromboxane，TX）：又称血栓烷，也是二十碳不饱和脂肪酸衍生物，与

PG 不同的是五碳环由一个环醚结构所取代。TXA_2 是主要的活性形式，结构如下：

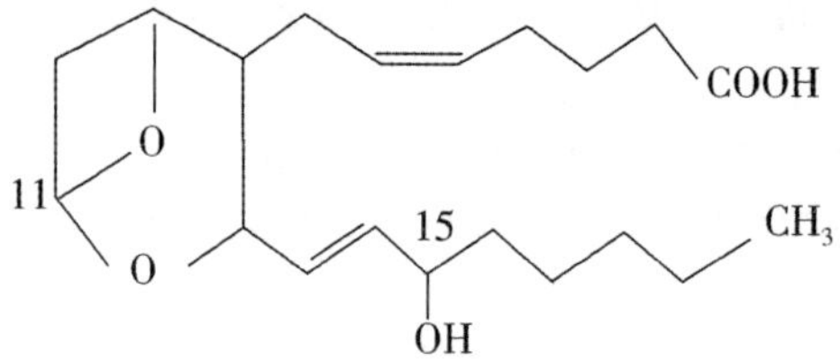

凝血噁烷A_2(TXA_2)

TXA_2 可由血小板产生，它能强烈地促进血小板聚集，并使血管收缩，是促进凝血和血栓形成的重要因素。前述 PGI_2 有很强的舒血管和抗血小板聚集作用，因此 PGI_2 与 TXA_2 的平衡是调节小血管收缩和血小板黏聚的重要因素，它们的失衡与心脑血管病有密切的关系。

（3）白三烯（leukotriene，LT）：是另一类二十碳多不饱和脂肪酸的衍生物，主要在白细胞内合成，其结构如下：

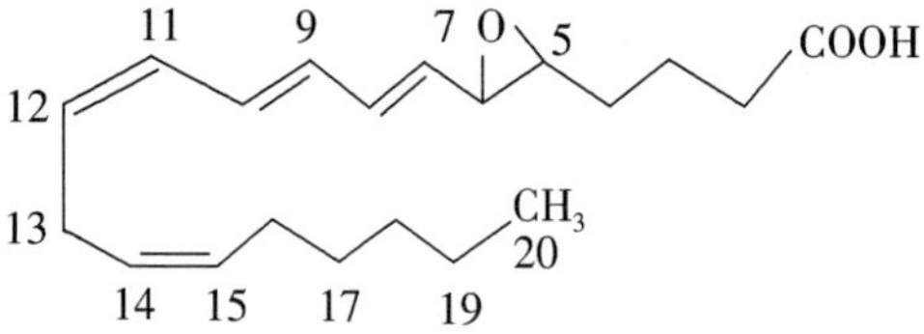

白三烯A_4(LTA_4)

LT 是一类过敏反应的慢反应物质，能使支气管平滑肌收缩，作用缓慢而持久。LT 还能促进白细胞游走和调节其趋化作用；通过激活腺苷酸环化酶，使多核白细胞脱颗粒，促进溶酶体释放水解酶类，使炎症过敏反应加重。

（二）甘油磷酸的生成

合成脂肪需要甘油磷酸，又称甘油 -3- 磷酸，其来源有两方面：

1. 糖代谢　在胞质中，糖酵解途径产生的磷酸二羟丙酮可由 3- 磷酸甘油脱氢酶催化下还原为甘油 -3- 磷酸，此反应普遍存在于人体内各组织中，它是甘油磷酸的主要来源。

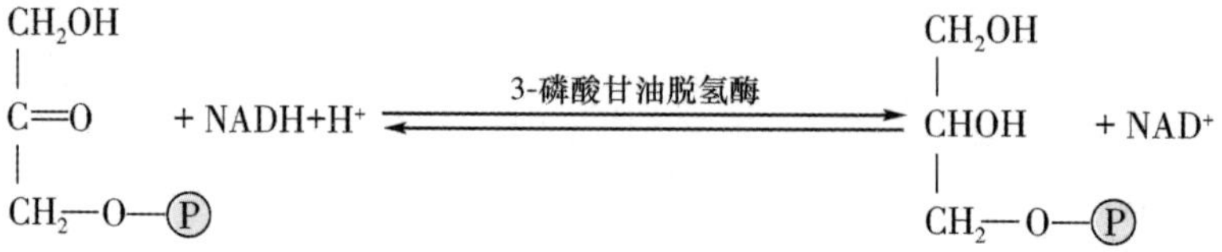

2. 甘油再利用　在肝、肾、哺乳期乳腺和小肠黏膜富含甘油激酶，在该酶催化下，可将甘油活化形成甘油 -3- 磷酸。

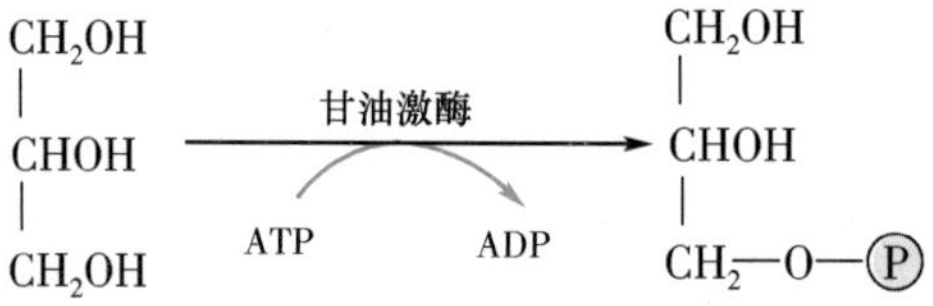

脂肪组织和肌肉组织中甘油激酶活性很低，因而不能利用甘油来合成脂肪。

（三）三酰甘油的合成

1. 合成场所　肝脏、脂肪组织和小肠是人体合成三酰甘油的主要场所，以肝脏的合成能力最强。

2. 合成原料　合成三酰甘油需要甘油 -3- 磷酸和脂肪酸。脂肪酸需先活化为脂酰 CoA（RCO ～ SCoA）。

3. 合成过程　体内合成三酰甘油有 2 条途径：

（1）单酰甘油途径：该途径的特点是以单酰甘油为起始物，在脂酰转移酶催化下，加上 2 分子脂酰基，生成三酰甘油。

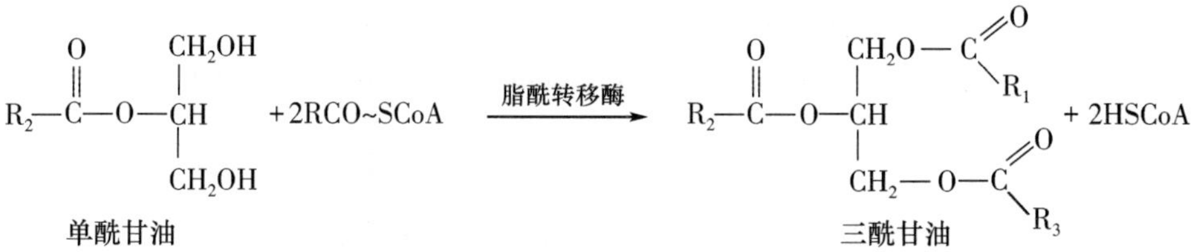

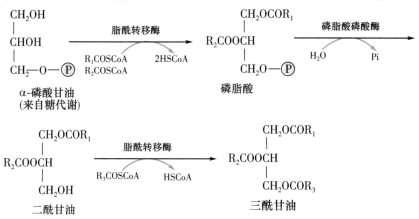

（2）二酰甘油途径（磷脂酸途径）：该途径的特点是利用糖代谢生成的甘油 -3- 磷酸，在脂酰转移酶催化下，加上 2 分子脂酰基生成磷脂酸。后者在磷脂酸磷酸酶作用下，水解脱去磷酸生成 1,2- 二酰甘油，再在脂酰转移酶催化下，加上 1 分子脂酰基生成三酰甘油。

（3）不同组织合成三酰甘油的特点：小肠、肝脏和脂肪组织在合成三酰甘油时各有特点（表 7-1）。

表 7-1　不同组织合成三酰甘油的特点

组织	小肠黏膜上皮细胞		肝脏	脂肪组织
	进餐后	空腹		
合成途径	单酰甘油途径	磷脂酸途径	磷脂酸途径	磷脂酸途径
糖代谢生成 3- 磷酸甘油	否	可	可	可
甘油再利用生成 3- 磷酸甘油	否	可	可	否
主要中间产物	二酰甘油	磷脂酸	磷脂酸	磷脂酸
三酰甘油可否储存	否	否	否	可
动员或分泌形式	CM	VLDL	VLDL	FFA+ 甘油
生理功能	合成外源性 TG	合成内源性 TG	合成内源性 TG	储存 TG

4. 三酰甘油合成的调节

（1）代谢物调节脂肪酸合成：进食高脂食物或脂肪动员加强时，肝细胞内脂酰 CoA 增多，可变构抑制脂肪酸合成的关键酶乙酰 CoA 羧化酶，使丙二酸单酰 CoA 生成减少，从而抑制脂肪酸的合成。进食糖类后，糖代谢加强，导致细胞内 ATP 生成增多，可抑制异柠檬酸脱氢酶，造成柠檬酸和异柠檬酸堆积，变构激活乙酰 CoA 羧化酶，使丙二酸单酰 CoA 生成增加，脂肪酸合成增强。

（2）激素的调节作用：胰岛素通过以下机制促进脂肪的合成。①促进葡萄糖进入细胞分解，使乙酰 CoA 生成增多；②诱导乙酰 CoA 羧化酶和脂肪酸合成酶等的合成，从而使脂肪酸合成增加；③增强磷酸甘油酯酰转移酶活性，使磷脂酸合成增加，脂肪合成增加。因此，胰岛素是调节三酰甘油合成的主要激素。

抑制脂肪酸合成的激素有胰高血糖素、肾上腺素和生长激素。它们能增加细胞内的 cAMP 水平，而 cAMP 可使乙酰 CoA 羧化酶磷酸化而降低活性，从而抑制脂肪酸的合成。

第三节 磷脂代谢

一、磷脂是含有磷酸的脂质

（一）磷脂的分类和结构

磷脂（phospholipid）是指含有磷酸的脂质，包括甘油磷脂和鞘磷脂。

甘油磷脂（glycerophosphatide）的核心结构是甘油磷酸，分子中还含有脂肪酸和含氮化合物等。其基本结构如下：

$$\begin{array}{c} O \\ \| \\ CH_2-O-C-R_1 \\ O \\ \| \\ R_2-C-O-CH \quad O \\ \| \\ CH_2-O-P-O-\boxed{X} \\ \| \\ OH \end{array}$$

从结构式可见，在甘油磷脂分子中，甘油 C_1 位和 C_2 位上的羟基（—OH）都被脂肪酸酯化，C_3 位上的磷酸基团被其他羟基化合物酯化。根据与磷酸相连的取代基的不同，可将甘油磷脂分为以下类别：

		X
磷脂酰胆碱(卵磷脂)	胆碱	—$CH_2CH_2N^+(CH_3)_3$
磷脂酰乙醇胺(脑磷脂)	乙醇胺	—$CH_2CH_2NH_2$
磷脂酰丝氨酸	丝氨酸	—CH_2CHNH_2COOH
磷脂酰肌醇	肌醇	
磷脂酰甘油	甘油	—$CH_2CHOHCH_2OH$
二磷脂酰甘油(心磷脂)	磷脂酰甘油	

各种甘油磷脂如脱去一个脂酰基（通常是 C_2 位上的脂酰基）则产生相应的溶血磷脂。

鞘磷脂（sphingomyelin）以鞘氨醇或二氢鞘氨醇为基本骨架形成。鞘氨醇是一种 18C 长链不饱和氨基二元醇。分子中 C_1、C_2 和 C_3 位上分别有功能基团 -OH、-NH_2 和 -OH。二氢鞘氨醇与鞘氨醇的区别是其 18C 长碳氢链中的双键被氢饱和了，两者结构如下：

$$CH_3-(CH_2)_{12}-CH=CH-CHOH$$
$$CHNH_2$$
$$CH_2OH$$
鞘氨醇

$$CH_3-(CH_2)_{12}-CH_2-CH_2-CHOH$$
$$CHNH_2$$
$$CH_2OH$$
二氢鞘氨醇

鞘氨醇 C_2 位上的氨基（-NH_2）通过酰胺键结合脂酰基后生成神经酰胺（ceramide），也即 N- 脂酰鞘氨醇；若 C_1 位羟基（-OH）再结合磷酸胆碱或磷酸乙醇胺，即成为鞘磷脂。

$$CH_3-(CH_2)_{12}-CH=CH-CHOH$$
$$CH_3-(CH_2)_{22}-CO-NH-CH$$
$$CH_2OH$$

$$CH_3-(CH_2)_{12}-CH=CH-CHOH$$
$$CH_3-(CH_2)_{22}-CO-NH-CH \quad O$$
$$CH_2-O-P-O-CH_2-CH_2-N^+(CH_3)_3$$
$$OH$$

神经酰胺 鞘磷脂

甘油磷脂和鞘磷脂尽管在组成上有差别，但在分子构型与电荷分布方面却十分相似。它们的分子中都有亲水的头部和疏水的尾部。甘油磷脂 C_3 位上的磷酸含胆碱或羟基是亲水的极性头部，C_1 和 C_2 位上的长链脂酰基是两个疏水的非极性尾；鞘磷脂分子中 C_1 位上荷电的磷酸胆碱是极性亲水头头部，而两条烃链是非极性尾。这样的结构特点使磷脂在水和非极性溶剂中都有很大的溶解度，能同时与极性和非极性物质结合，最适于作为水溶性蛋白质与非极性脂质之间的结构桥梁，因而磷脂是构成生物膜和血浆脂蛋白的重要成分。

（二）磷脂的功能

磷脂具有广泛的生物学功能。磷脂酰肌醇及其衍生物参与细胞信号传导，三磷酸肌醇（inositol triphosphate，IP_3）是胞内重要的信使分子；心磷脂是线粒体内膜和细菌膜的重要成分；二软脂酰胆碱（C_1 和 C_2 位上均为饱和的软脂酰基，C_3 位上是磷酸胆碱）是肺表面活性物质的重要成分，能保持肺泡表面张力，防止气体呼出时肺泡塌陷，早产儿由于这种磷脂的合成和分泌缺陷而患呼吸困难综合征。血小板激活因子也是一种特殊的磷脂酰胆碱，具有极强的生物活性。此外，甘油磷脂分子上 C_2 位的脂酰基多为不饱和必需脂肪酸，因而存在于膜结构中的甘油磷脂还是必需脂肪酸储库。

二、甘油磷脂的合成与分解

（一）甘油磷脂的合成

1. 合成场所 全身各组织细胞的内质网中均含有合成甘油磷脂的酶系，故各组织均可合成甘油磷脂。肝、肾、肠等组织中甘油磷脂合成均很活跃，又以肝脏为最强。

2. 合成原料 合成甘油磷脂需甘油、脂肪酸、磷酸盐、胆碱、丝氨酸和肌醇等原料。甘油和脂肪酸主要由糖代谢转化而来，C_2 位上多为不饱和脂肪酸，主要是必需脂肪酸，由食物提供。肌醇主要由食物提供；胆碱和乙醇胺可从食物摄取，也可由丝氨酸转变而成。丝氨酸脱羧后生成乙醇胺，乙醇胺从 *S*- 腺苷甲硫氨酸获得 3 个甲基即合成胆碱。

$$HOCH_2CHCOOH \xrightarrow{\quad\quad} HOCH_2CH_2NH_2 \longrightarrow HOCH_2CH_2N^+(CH_3)_3$$
$$|\ \ NH_2 \qquad CO_2$$

丝氨酸 乙醇胺 胆碱

合成磷脂所需的能量主要由 ATP 提供，另外还需要 CTP 参加。CTP 主要用于合成 CDP- 乙醇胺和 CDP- 胆碱等重要活性中间产物（图 7-13）。

3. 合成过程 合成甘油磷脂有二酰甘油途径和 CDP- 二酰甘油途径，而磷脂酸是它们的共同起始反应物。

二酰甘油合成途径：磷脂酰胆碱和磷脂酰乙醇胺主要通过此途径合成，这两类磷脂占血液和组织中磷脂的 75% 以上。该途径的特点是参与合成的胆碱和乙醇胺需先分别活化为 CDP- 胆碱和 CDP- 乙醇胺，再转移到二酰甘油分子上（图 7-13、图 7-14）。

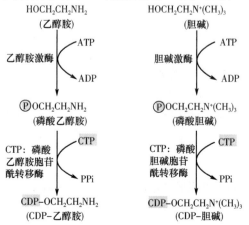

图 7-13 CDP- 乙醇胺和 CDP- 胆碱的合成

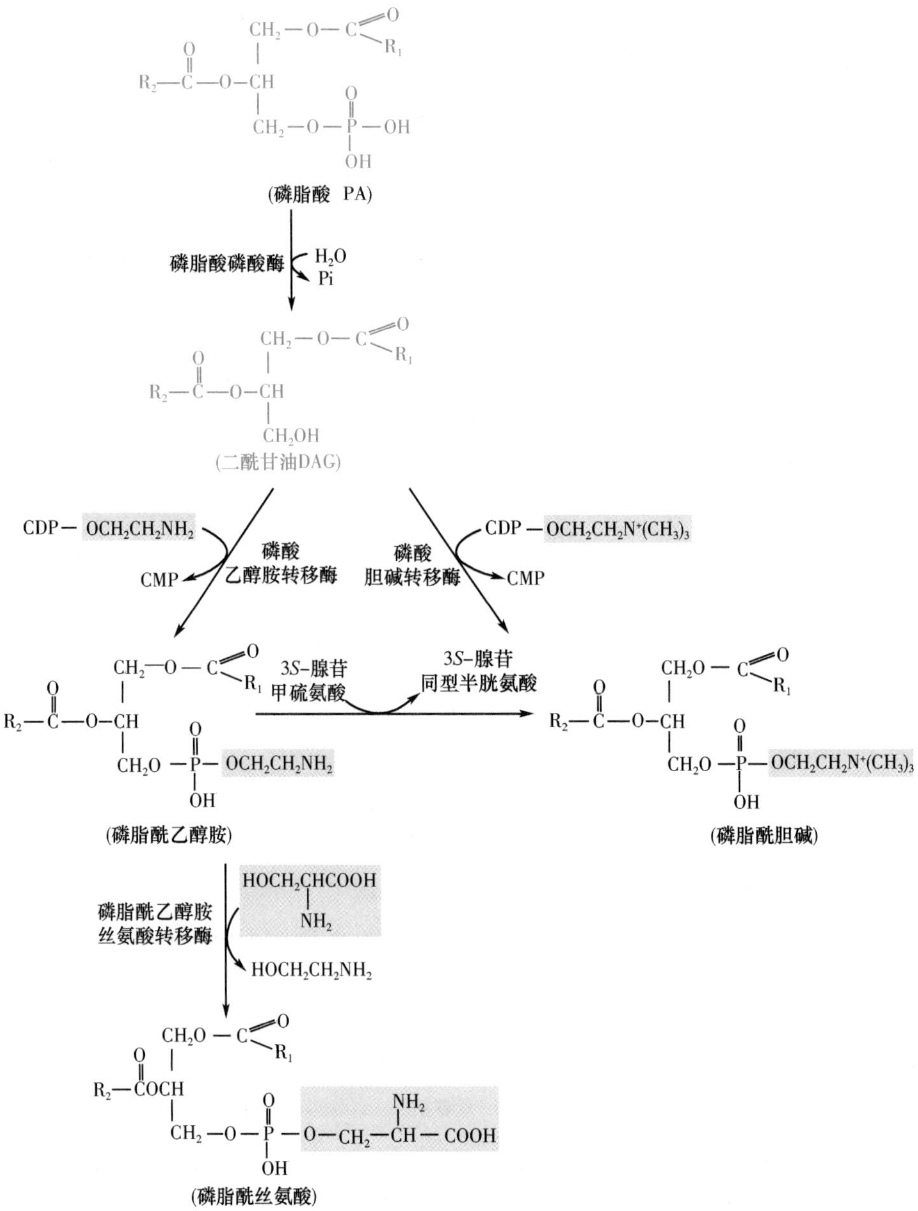

图 7-14　合成甘油磷脂的二酰甘油途径

　　CDP- 二酰甘油途径：磷脂酰肌醇、磷脂酰丝氨酸和二磷脂酰甘油由此途径合成。该途径的特点是磷脂酸先与 CTP 在磷脂酸胞苷酰转移酶的催化下，生成 CDP- 二酰甘油；后者再分别与肌醇、丝氨酸和磷脂酰甘油反应，在合酶催化下生成相应的磷脂。

　　图 7-15 介绍了合成磷脂酰丝氨酸、磷脂酰肌醇的 CDP- 二酰甘油途径。哺乳动物缺乏磷脂酰丝氨酸合成酶系，故哺乳动物体内的磷脂酰丝氨酸只能由磷脂酰乙醇胺分子中乙醇胺被丝氨酸置换生成（图 7-14）。

（二）甘油磷脂的分解

　　甘油磷脂在多种磷脂酶的作用下，水解为它们的各组成成分，此过程即为甘油磷脂的分解。生物体内有多种磷脂酶（phospholipase），根据其作用部位的不同，分为磷脂酶 A_1、磷脂

酶 A_2、磷脂酶 B_1、磷脂酶 B_2、磷脂酶 C 和磷脂酶 D 等。

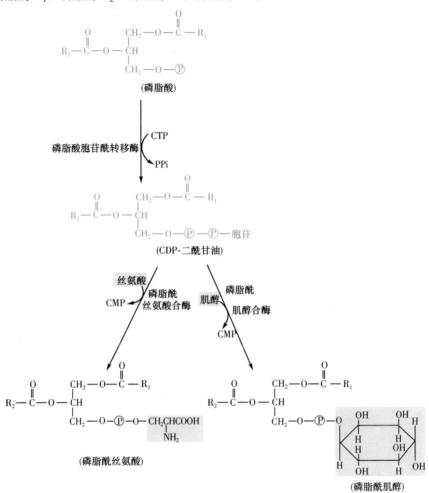

图 7-15 CDP-二酰甘油途径

（1）磷脂酶 A_1：主要存在于动物细胞溶酶体中，蛇毒和某些微生物中也含有。催化甘油磷脂第 1 位酯键断裂，产物为脂肪酸和溶血磷脂 2。

（2）磷脂酶 A_2：普遍存在于动物各组织细胞膜和线粒体膜，催化甘油磷脂分子中第 2 位酯键水解，产物为多不饱和脂肪酸和溶血磷脂 1。Ca^{2+} 为该酶的激活剂。

（3）磷脂酶 B_1：催化溶血磷脂 1 第 1 位酯键水解。

（4）磷脂酶 B_2：催化溶血磷脂 2 第 2 位酯键水解。

（5）磷脂酶 C：存在于细胞膜和某些细菌中，特异水解甘油磷脂分子中第 3 位磷酸酯键。

（6）磷脂酶 D：催化磷脂分子中磷酸与取代基团之间的酯键水解，释放出取代基团。

各种磷脂酶作用的化学键及产物见图 7-16。

甘油磷脂水解的一些产物有较强的生物活性。磷脂酰胆碱被磷脂酶 A_2 水解后生成的溶血磷脂酰胆碱 1 的表面活性较强，能使红细胞膜等膜结构破坏，引起溶血或细胞坏死。溶血磷脂酰胆碱 1 经磷脂酶 B_1 作用脱去 C_1 位的脂肪酸后，转变为甘油磷酸胆碱，即失去溶解细胞膜的作用。甘油磷脂水解产物甘油、脂肪酸、磷酸、胆碱和乙醇胺等，可分别进行有关合成和分解代谢。

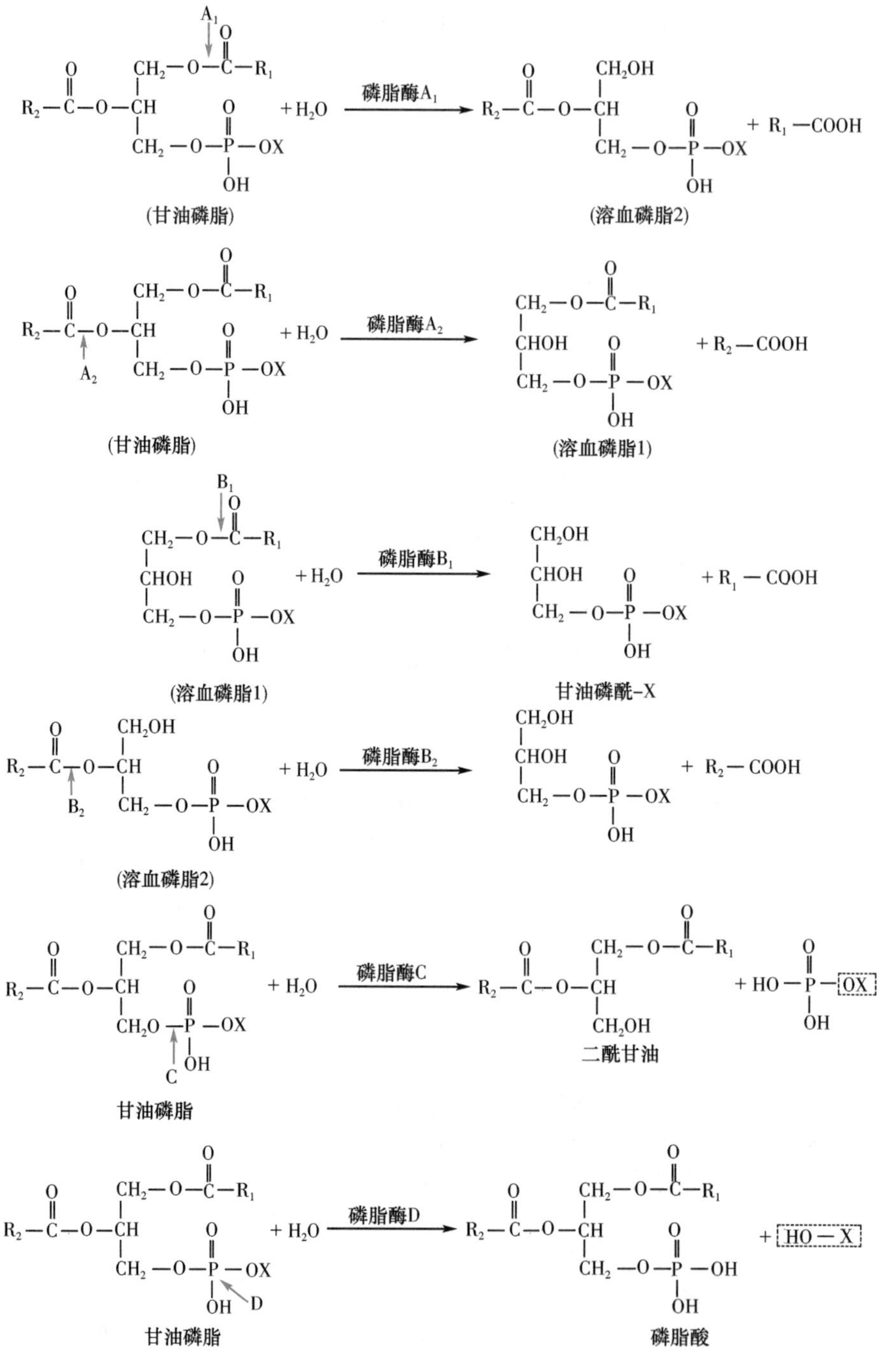

图 7-16　磷脂酶的作用位点

三、鞘磷脂的合成与分解

人体内含量最多的鞘磷脂是神经鞘磷脂，由神经酰胺和磷酸胆碱组成。

（一）鞘磷脂的合成

1.合成场所　全身各组织细胞的内质网中含有合成鞘氨醇的酶，故各组织均能合成神经鞘磷脂，以脑组织最为活跃。

2.合成原料　以脂酰 CoA 和丝氨酸为基本原料，还需长链脂肪酸、CDP- 胆碱等原料。另外还需要磷酸吡哆醛、NADPH 和 FAD 等辅酶。

3.合成过程　软脂酰 CoA 和丝氨酸在鞘氨醇合成酶系的催化下先合成鞘氨醇；鞘氨醇再在脂酰基转移酶的催化下，使其氨基与脂酰 CoA 进行酰胺缩合，生成神经酰胺；最后由 CDP- 胆碱供给磷酸胆碱，即生成神经鞘磷脂。

（二）鞘磷脂的分解

水解鞘磷脂的酶是鞘磷脂酶（属磷脂酶 C 类），它催化鞘磷脂的磷酸酯键水解为磷酸胆碱和神经酰胺。鞘磷脂酶存在于脑、肝和肾等组织细胞的溶酶体中。如果先天缺乏此酶，鞘磷脂不能降解而在细胞内堆积，可导致鞘磷脂沉积病，表现为肝肿大、脾肿大和中枢神经系统退行性变等。

第四节　胆固醇代谢

一、胆固醇是机体重要的组成成分

（一）胆固醇的化学结构和性质

胆固醇（cholesterol）是重要的类脂之一，最初从动物胆石中分离出来，故称为胆固醇。

胆固醇是含有 27 个碳原子的环戊烷多氢菲衍生物，其结构特点是环戊烷多氢菲第 3 位碳上有 1 个 β- 羟基，第 5、6 位碳之间有 1 个双键，第 17 位碳上有 1 个含 8 个碳原子的饱和烃链。胆固醇 C_3 位上的羟基可与脂肪酸以酯键相连形成胆固醇酯（cholesterol ester，CE），而没有与脂肪酸结合者称为游离胆固醇（free cholesterol，FC），两者结构式如下：

胆固醇　　　　　　　　　　　胆固醇酯

胆固醇是两性分子，由 27 个碳原子形成的烃核及侧链为非极性部分，而第 3 位碳上的羟基是极性部分。

（二）胆固醇的分布和生理功能

在人体内，胆固醇广泛分布于全身各组织。健康成人体内胆固醇含量为 140g 左右，其中 25% 分布在脑和神经组织，胆固醇约占脑组织重量的 2%。内脏（肝、肾、肠等）、皮肤和脂肪组织中含有的胆固醇为组织重量的 0.2%～0.5%，其中肝内含量较多，肌肉组织含量较低。在肾上腺和卵巢等合成类固醇激素的内分泌腺中，胆固醇含量可达 1%～5%。胆固醇在组织中一般以非酯化的游离状态存在于细胞膜中，但在肾上腺、血浆和肝脏中，则以胆固醇酯为主，而又以胆固醇油酸酯为最多，也有少量胆固醇亚油酸酯和胆固醇花生四烯酸酯。

胆固醇在体内具有重要的生理功能。胆固醇是生物膜的重要组成成分，由于它是两性分子，第 3 位碳上的羟基极性端指向膜的亲水界面，而疏水的母核和侧链因具有一定刚性则深入至膜双脂层，这对控制生物膜的流动性具有重要作用。另外，胆固醇是合成胆汁酸、类固醇激素和维生素 D_3 等重要生理活性物质的原料。所以，体内胆固醇太少将不利于身体健康。

（三）胆固醇的消化吸收

人体内的胆固醇来源于食物和体内合成。从食物中摄取的胆固醇主要来自动物内脏、蛋类、奶油和肉类；成人每天合成约 700mg 胆固醇。

食物中的胆固醇多为游离胆固醇，胆固醇酯占 10% ～ 15%。胆固醇酯需经胰腺分泌的胰胆固醇酯酶水解生成游离胆固醇方能吸收。

影响胆固醇吸收的因素很多，其中胆汁酸是调控胆固醇吸收的主要因素。胆汁酸缺乏时，明显降低胆固醇的吸收。许多因素能促使胆汁酸排出体外，造成胆汁酸缺乏，显著减少胆固醇吸收，乃至降低血中胆固醇水平。食物中的纤维素、果胶、植物固醇和某些药物（如考来烯胺等）有降低血脂的作用，这是因为它们能在肠道中与胆汁酸结合，促使其从粪便排出，从而减少胆固醇吸收。

二、胆固醇的合成与转化

（一）胆固醇生物合成

1. 合成场所　成年动物除脑组织和成熟红细胞外，几乎全身各组织细胞均可合成胆固醇。肝脏合成胆固醇的能力最强，小肠次之，两者合成量占总合成量的 10%。胆固醇合成酶系存在于胞质和滑面内质网膜上，所以胆固醇合成主要在这些场所进行。

2. 合成原料　乙酰 CoA 是合成胆固醇的原料。每合成 1 分子胆固醇需 18 分子乙酰 CoA、36 分子 ATP 和 16 分子 NADPH+H^+，它们分别提供碳源、能量和氢。乙酰 CoA 来自葡萄糖、脂肪酸和某些氨基酸在线粒体内的分解代谢，经柠檬酸 - 丙酮酸循环（图 7-9）进入胞质。NADPH+H^+ 主要来自胞质中磷酸戊糖代谢途径。糖是合成胆固醇原料乙酰 CoA 的主要来源，故高糖饮食的人也可能出现血浆胆固醇增高的现象。

3. 合成过程　胆固醇合成过程有近 30 步酶促反应，可概括为 3 个阶段。

（1）合成甲羟戊酸：在胞质中，两分子乙酰 CoA 在硫解酶催化下，缩合成乙酰乙酰 CoA，然后在羟甲戊二酸单酰 CoA 合酶催化下，再与 1 分子乙酰 CoA 缩合生成羟甲戊二酸单酰 CoA（HMG-CoA）。这些反应与肝内生成酮体的前几步反应相同，但场所不同。HMG-CoA 再在 HMG-CoA 还原酶催化下，由 NADPH+H^+ 供氢生成甲羟戊酸（mevalonic acid，MVA）。催化此反应的 HMG-CoA 还原酶是胆固醇合成的关键酶。

（2）生成鲨烯：在 ATP 供能条件下，MVA 先经磷酸化，再经脱羧、脱羟基而生成 5 碳的异戊烯焦磷酸。随后异戊烯焦磷酸异构化为二甲基丙烯焦磷酸，而二甲基丙烯焦磷酸与异戊烯焦磷酸缩合成 10 碳中间物，这一中间物再与 5 碳的异戊烯焦磷酸合成为 15 碳的中间物焦磷酸法尼酯。最后，两分子焦磷酸法尼酯通过缩合和还原反应生成 30 碳的多烯烃鲨烯。

（3）形成胆固醇：鲨烯与胞质中固醇载体蛋白（sterol carrier protein，SCP）结合进入内质网，经加氧酶、环化酶等催化的多步反应，先环化成羊毛固醇，再经过一系列氧化、脱羧、还原等反应，脱去 3 分子 CO_2，形成 27 碳的胆固醇。胆固醇合成基本过程简示于图 7-17。

4. 胆固醇酯化　虽然细胞内和血浆中的游离胆固醇都可以被酯化成胆固醇酯，但催化反应进行的酶不同。

（1）细胞内胆固醇的酯化：在组织细胞内，游离胆固醇可在脂酰 CoA 胆固醇脂酰转移酶（acyl-CoA-cholesterol acyltransferase，ACAT）的催化下，接受脂酰 CoA 的脂酰基形成胆固醇酯。

（2）血浆内胆固醇的酯化：血浆中，在卵磷脂胆固醇酰基转移酶（lecithin-cholesterol acyltransferase，LCAT）的催化下，卵磷脂（即磷脂酰胆碱）第 2 位碳原子的脂酰基（主要为不饱和脂酰基）转移至胆固醇第 3 位碳的羟基上，生成胆固醇酯和溶血磷脂酰胆碱。LCAT 由肝实质细胞合成，合成后分泌入血，在血浆中发挥催化作用。

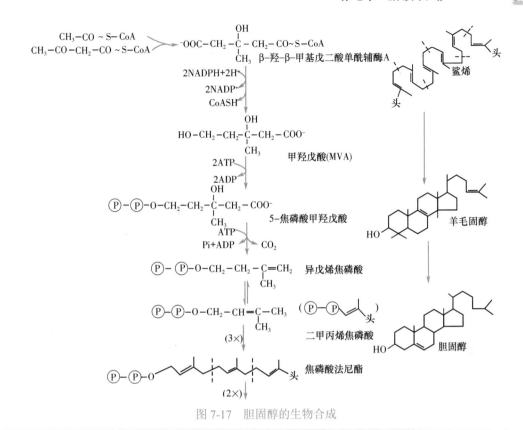

图 7-17 胆固醇的生物合成

（二）胆固醇合成的调节

HMG-CoA 还原酶是胆固醇合成的关键酶，多种因素可通过调节该酶的活性来影响胆固醇合成的速率。

1. 激素调节 胰岛素和胰高血糖素通过化学修饰方式调节 HMG-CoA 还原酶的活性。HMG-CoA 还原酶有磷酸化和脱磷酸化两种形式，分别为无活性和有活性。胰高血糖素通过第二信使 cAMP 激活蛋白激酶，加速 HMG-CoA 还原酶磷酸化而失活，从而减少胆固醇的合成；胰岛素则促进该酶的脱磷酸作用，使酶活性增加；并能诱导 HMG-CoA 还原酶的合成，因而胰岛素能促进胆固醇的合成。甲状腺素亦可促进该酶的合成，使胆固醇合成增多，但同时又促进胆固醇转变为胆汁酸，增加胆固醇的转化，后者作用强于前者，故当甲状腺功能亢进时，患者血清胆固醇含量反而下降。

2. 饥饿与饱食 饥饿与禁食不仅使肝脏 HMG-CoA 还原酶合成减少和酶活性降低，还引起乙酰 CoA、ATP、NADPH+H$^+$ 的不足，故可抑制肝内胆固醇的合成，但肝外组织的胆固醇合成减少不多。相反，摄入高糖、高脂肪等饮食后，肝脏 HMG-CoA 还原酶活性增加，胆固醇合成也增加。所以，合理饮食是保证体内胆固醇水平稳定的重要因素之一。

3. 食物胆固醇 食物胆固醇可反馈抑制 HMG-CoA 还原酶的活性，从而使胆固醇合成下降；反之，降低食物胆固醇的含量，则可解除此作用，使合成增加，但食物胆固醇不能阻遏小肠黏膜细胞合成胆固醇。此外，胆固醇的一些衍生物还能直接抑制 HMG-CoA 还原酶活性。

（三）胆固醇的转化与排泄

胆固醇的母核在人体内不能被降解，但其侧链可被氧化或还原为其他含环戊烷多氢菲母核的生理活性化合物，参与体内的代谢和调节。另外，有些胆固醇不经变化，直接被排出体外。

1. 合成胆汁酸　在肝脏转化为胆汁酸是体内胆固醇的主要代谢去路（见第十一章肝胆生物化学）。正常人每天合成的胆固醇总量中约有 40% 在肝内转变为胆汁酸，大部分胆汁酸以胆汁酸盐的形式随胆汁排入肠道；还有一部分胆固醇可与胆汁酸盐结合形成混合微团而"溶"于胆汁内直接随胆汁排出。进入肠道的胆固醇可随同食物胆固醇被重吸收，未被吸收的部分可以原形或经肠道细菌还原为粪固醇后随粪便排出。

2. 合成类固醇激素　胆固醇是肾上腺皮质激素、雌激素、孕激素和雄激素等类固醇激素的前体。

肾上腺皮质以胆固醇为原料，在一系列酶的催化下，在球状带细胞主要合成醛固酮，而在索状带细胞则主要合成皮质醇和少量皮质酮。醛固酮主要调节水盐代谢，而皮质醇和皮质酮在调节糖、脂和蛋白质代谢中均发挥作用。

在睾丸间质细胞特异酶催化下，以胆固醇为原料合成睾酮。在卵巢中，以胆固醇为原料可合成雌二醇和孕酮。这些性激素有维持副性器官分化、发育和第二性征的作用。它们对全身代谢也有影响。所以，过度减肥、摄入太少胆固醇将影响身体健康。

3. 合成维生素 D_3　人体所需维生素 D_3 可由食物提供，也可在体内合成。皮肤中的胆固醇先经酶促氧化生成 7- 脱氢胆固醇，再在紫外线照射下，形成维生素 D_3。维生素 D_3 经肝细胞微粒体 25- 羟化酶催化生成 25- 羟维生素 D_3，后者经血浆转运至肾，再在第 1 位碳上羟化形成具有生理活性的 1,25- 二羟维生素 D_3[1,25-$(OH)_2$-D_3]。活性维生素 D_3 具有调节钙磷代谢的作用（图 7-18）。如果先天性缺乏这些羟化酶，人体将出现缺钙问题。这类患者需要补充活性维生素 D_3，而补充非活性的普通维生素 D_3 效果是不明显的。

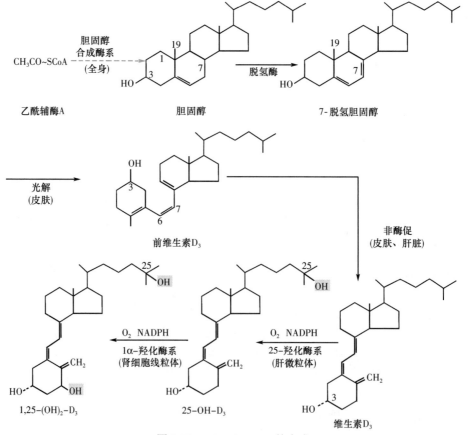

图 7-18　1,25-$(OH)_2$-D_3 的合成

第五节 血浆脂蛋白代谢

一、血浆中脂质统称血脂

（一）血脂的组成与含量

血浆中所含的脂质统称血脂（blood lipid），包括血浆中的三酰甘油、磷脂、胆固醇和胆固醇酯以及非酯化脂肪酸。各种脂质在血脂中所占比例不同，正常人血脂含量见表 7-2。

表 7-2 正常成人空腹时血浆中脂类的主要组成和含量

脂类物质	含量	
	mmol/L	mg/dl
脂类总量		400 ～ 700（500）
三酰甘油	0.11 ～ 1.81（1.13）	10 ～ 160（100）
磷脂	48.44 ～ 80.73（64.58）	150 ～ 250（200）
磷脂酰胆碱	25.84 ～ 72.68（35.53）	80 ～ 225（110）
磷脂酰乙醇胺	0 ～ 9.69（3.23）	0 ～ 30（10）
鞘磷脂	3.23 ～ 16.15（9.96）	10 ～ 50（30）
总胆固醇	3.88 ～ 6.47（5.17）	150 ～ 250（199）
胆固醇酯	3.23 ～ 5.18（3.76）	90 ～ 200（145）
游离胆固醇	1.04 ～ 1.82（1.43）	40 ～ 70（55）
脂肪酸总量		110 ～ 485（300）
非酯化脂肪酸		5 ～ 20

注：表中括号内的数值为均值

由表 7-2 可见，血脂含量波动范围较大，其原因是血脂水平受膳食、年龄、性别和代谢等因素影响。食用高脂膳食后，血脂含量短时间内大幅度上升，通常在进食 3 ～ 6 小时后逐渐趋于正常，故测定血脂时，需在空腹 12 ～ 14 小时后采血，才能比较可靠地反映血脂水平。

血脂含量只占全身脂质总量的小部分，但外源性和内源性脂质物质都需经过血液转运于各组织之间，因此血脂的含量可以反映体内脂质代谢的情况。

（二）血脂的来源与去路

血脂的来源与去路可概括如图 7-19。

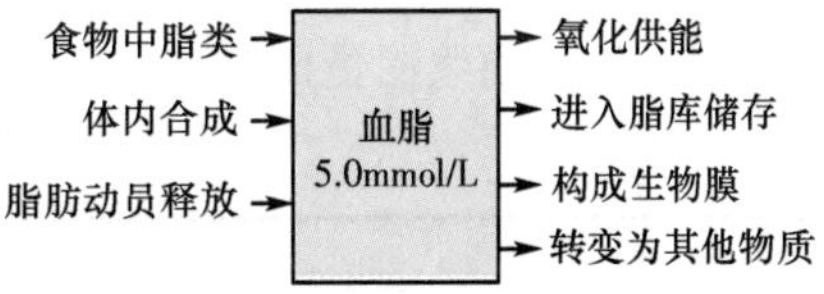

正常情况下，机体通过多种机制调控血脂的来源与去路，使之处于平衡。如果这些机制稍有改变，打破了这种平衡，则会影响血脂水平。血浆胆固醇和三酰甘油水平的升高与动脉粥样硬化、高血压等心脑血管疾病的发生有密切关系，因此了解正常血脂含量和动态变化对这些疾病的防治很有必要。

食物中脂类 → 血脂 5.0mmol/L → 氧化供能
体内合成 → → 进入脂库储存
脂肪动员释放 → → 构成生物膜
→ 转变为其他物质

图 7-19 血脂的来源与去路

> **降血脂药通过调控三酰甘油或胆固醇代谢发挥作用**
>
> 　　能降低血浆三酰甘油或血浆胆固醇的药物统称为降血脂药。降血脂药的主要作用有：阻止胆酸或胆固醇从肠道吸收，促进胆酸或胆固醇随粪便排出；抑制胆固醇的体内合成，促进胆固醇的转化；加速脂蛋白分解；激活脂蛋白代谢酶类，促进三酰甘油的水解；阻止其他脂质的体内合成；促进其他脂质的代谢等。
>
> 　　他汀类药物是目前在临床上使用较广的降血脂药，其药理机制是酶的竞争性抑制作用。他汀类药物化学结构中的开放酸部分与 HMG-CoA 极为相似，两者竞争性结合胆固醇合成关键酶——HMG-CoA 还原酶的活性中心。

二、血脂以血浆脂蛋白形式运输和代谢

　　血浆脂蛋白（lipoprotein）是血浆中脂质与蛋白质结合的复合体，是血浆中脂质物质的存在和运输形式。脂蛋白中的蛋白质部分称为载脂蛋白（Apo）。

（一）血浆脂蛋白的分类

　　血浆中各种脂蛋白因所含脂质和蛋白质种类和数量的不同，其密度、颗粒大小、表面电荷、电泳行为和免疫性均不同，采用超速离心法可将其分为 4 类：乳糜微粒（chylomicron，CM）、极低密度脂蛋白（very low density lipoprotein，VLDL）、低密度脂蛋白（low density lipoprotein，LDL）和高密度脂蛋白（high density lipoprotein，HDL）。采用电泳法，血浆脂蛋白可分为乳糜微粒、β- 脂蛋白（相当于 LDL）、前 β- 脂蛋白（相当于 VLDL）和 α- 脂蛋白（相当于 HDL）。

> **脂蛋白有多种亚型**
>
> 　　除 4 类主要的脂蛋白外，体内还有密度介于 VLDL 和 LDL 之间的中密度脂蛋白（intermediate density lipoprotein，IDL），它是 VLDL 在血浆中的代谢物。
>
> 　　每一类脂蛋白中根据其颗粒大小和密度不同还可分成若干种亚型，例如，VLDL 有 $VLDL_1$ 和 $VLDL_2$ 亚型；LDL 有 LDL_A 和 LDL_B 亚型；HDL 有 HDL_1、HDL_2 和 HDL_3 亚型，正常人血浆中主要含 HDL_2（成熟的 HDL）和 HDL_3。

（二）血浆脂蛋白的化学组成

　　在各种血浆脂蛋白中，蛋白质和脂质的组成比例和含量相差很大。随着密度的增大，蛋白质的含量增加，而脂质的含量减少。CM 含三酰甘油最多，可达 80% ～ 95%，蛋白质仅占约 1%。VLDL 中含三酰甘油多达 50% ～ 70%，蛋白质含量约占 10%。LDL 中含胆固醇和胆固醇酯最多，为 45% ～ 50%，蛋白质含量为 20% ～ 25%。HDL 含蛋白质最多，约占 50%。表 7-3 介绍了血浆脂蛋白的分类、性质、组成和功能。

表 7-3　血浆脂蛋白的分类、性质、组成及功能

密度法（电泳法）		分类			
		CM	VLDL（前 β- 脂蛋白）	LDL（β- 脂蛋白）	HDL（α- 脂蛋白）
性质	密度	< 0.95	0.95 ～ 1.006	1.006 ～ 1.063	1.063 ～ 1.210
	S_f 值	> 400	20 ～ 400	0 ～ 20	沉降
	电泳位置	原点	$α_2$- 球蛋白	β- 球蛋白	$α_1$- 球蛋白
	颗粒直径（nm）	80 ～ 500	25 ～ 80	20 ～ 25	7.5 ～ 10
组成（%）	蛋白质	0.5 ～ 2	5 ～ 10	20 ～ 25	50

续表

密度法（电泳法）		分类			
		CM	VLDL（前β-脂蛋白）	LDL（β-脂蛋白）	HDL（α-脂蛋白）
组成（%）	脂类	98～99	90～95	75～80	50
	三酰甘油	80～95	50～70	10	5
	磷脂	5～7	15	20	25
	胆固醇	1～4	15	45～50	20
	游离胆固醇	1～2	5～7	8	5
	胆固醇酯	3	10～12	40～42	15～17
载脂蛋白组成（%）	ApoA I	7	<1	—	65～70
	ApoA II	5	—	—	20～25
	ApoA IV	10	—	—	—
	ApoB100	—	20～600	95	—
	ApoB48	9	—	—	—
	ApoC I	11	3	—	6
	ApoC II	15	6	微量	1
	ApoC III 0～2	41	40	—	4
	ApoE	微量	7～15	<5	2
	ApoD	—	—	—	3
合成部位		小肠黏膜细胞	肝细胞	血浆	肝、肠、血浆
功能		转运外源性三酰甘油及胆固醇	转运内源性三酰甘油及胆固醇	转运内源性胆固醇	逆向转运胆固醇

（三）脂蛋白的结构特点

　　血浆中各种脂蛋白的结构基本相似，均为球状颗粒，但不同脂蛋白的颗粒大小不同。颗粒内核由疏水性较强的三酰甘油和胆固醇酯组成，其外包裹着由磷脂、游离胆固醇和载脂蛋白等两性分子组成的单层结构。外层两性分子的亲水极性基团朝外，突入周围水相中；而非极性的疏水基团向内与内部的疏水基团相容，从而使脂蛋白颗粒能够稳定地悬浮于水溶性的液相之中。CM 与 VLDL 主要以三脂酰甘油为内核，LDL 和 HDL 则主要以胆固醇酯为内核。HDL 的蛋白质/脂质比值最高，故大部分表面被蛋白质分子所覆盖，并与磷脂交错穿插。LDL 结构见图 7-20。

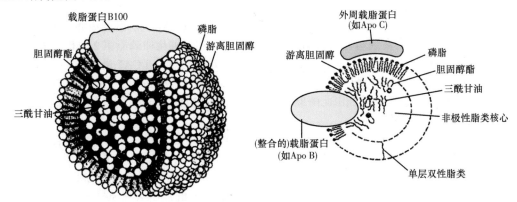

图 7-20　脂蛋白颗粒的结构示意图

（四）载脂蛋白的功能

迄今已从人血浆中分离出 18 种载脂蛋白，主要有 ApoA、ApoB、ApoC、ApoD 和 ApoE 等 5 类，其中 ApoA 又分为 ApoA Ⅰ、ApoA Ⅱ 和 ApoA Ⅳ；ApoB 分为 ApoB100 和 ApoB48；ApoC 分为 ApoC Ⅰ、ApoC Ⅱ 和 ApoC Ⅲ等亚类。每种脂蛋白含有多种载脂蛋白，但多以某一种为主，且各种载脂蛋白之间维持一定比例。例如，HDL 主要含 ApoA Ⅰ 和 ApoA Ⅱ；LDL 几乎只含 ApoB100；VLDL 除含 ApoB100 外，还有 ApoC Ⅰ、ApoC Ⅱ、ApoC Ⅲ 和 ApoE；CM 含 ApoB48、ApoC Ⅱ 和 ApoA 族，而不含 ApoB100。

载脂蛋白是决定脂蛋白结构、功能和代谢的主要因素，其主要功能有：①参与脂蛋白的合成和分泌。②作为增溶剂，利于脂质在血液中运输。③协同调节脂蛋白代谢酶活性，如 ApoA Ⅰ 能激活卵磷脂胆固醇脂酰基转移酶，ApoA Ⅱ 能激活肝脂肪酶，而 ApoA Ⅳ 能辅助激活脂蛋白脂肪酶等。④介导脂蛋白颗粒之间相互作用，促进脂质转化或转运。⑤介导脂蛋白颗粒与细胞膜上脂蛋白受体结合，使之与细胞进行脂质交换或被摄入细胞内进行分解代谢。

三、不同来源脂蛋白的功能和代谢过程不相同

（一）血浆脂蛋白代谢中的主要酶

在血浆脂蛋白代谢过程中，有三种酶起重要作用（表 7-4），它们是脂蛋白脂肪酶（lipoprotein lipase，LPL）或称脂蛋白脂酶、卵磷脂胆固醇脂酰基转移酶（lecithin cholesterol acyltransferase，LCAT）和肝脂肪酶或称肝脂酶（hepatic lipase，HL）。

1. LPL 催化 CM 和 VLDL 中的三酰甘油水解　人的 LPL 定位于全身毛细血管内皮细胞表面，其主要功能是催化 CM 和 VLDL 中的三酰甘油水解为甘油和脂肪酸，供细胞代谢或储存，使大颗粒脂蛋白逐渐转变为直径较小的残粒。ApoC Ⅱ 是它的激活剂，当 ApoC Ⅱ 缺乏或缺陷时，LPL 活力大为降低；ApoA Ⅳ 有辅助激活 LPL 的作用；ApoC Ⅲ 则有抑制作用。

表 7-4　参与血浆脂蛋白代谢三种主要酶的比较

	LPL	LCAT	HL
合成部位	心、脂肪、骨骼肌、乳腺	肝实质细胞	肝实质细胞
作用部位	毛细血管内皮细胞表面	血浆	肝窦内皮细胞表面
肝素	激活、使之释放入血	－	激活，使之释放入血
分子结构	475 个氨基酸残基构成	416 个氨基酸残基构成	476 个氨基酸残基构成
分子量（kDa）	54	47	51
基因位点	第 8 号染色体	第 16 号染色体	第 15 号染色体

2. LCAT 通过转脂酰作用形成溶血卵磷脂和胆固醇酯　LCAT 由肝脏合成并分泌入血，在血液中发挥作用，以游离或与脂蛋白结合的形式存在，它能催化卵磷脂第 2 位碳上的脂酰基转移到胆固醇的第 3 位碳上的羟基，形成溶血卵磷脂和胆固醇酯。LCAT 最优作用的底物是新生 HDL 中的卵磷脂和少量未酯化的胆固醇，它通过转脂酰作用促进新生 HDL 向成熟 HDL 转化。血浆中 90% 以上的胆固醇酯由此酶催化生成，LCAT 在机体胆固醇逆向转运中起重要作用。ApoA Ⅰ 是该酶的必需激活剂。

3. HL 催化 CM 和 VLDL 残粒中的三酰甘油水解　人 HL 主要在肝实质细胞合成，转运到肝窦内皮细胞表面发挥作用，肝素可使之从肝细胞释放入血。HL 在脂蛋白代谢中主要有两方面的功能：①水解脂蛋白中的三酰甘油和磷脂。血浆中的 HL 主要是继续 LPL 的脂解作用，进一步水解 CM 和 VLDL 残粒中的三酰甘油，使其中的三酰甘油水解 80% ～ 90%。②作为

脂蛋白与细胞结合的配体蛋白，介导脂蛋白与其受体结合，参与细胞对脂蛋白的结合和摄取。HL 介导肝细胞选择性地摄取 HDL 中的胆固醇酯，在机体胆固醇逆向转运中可能有重要作用。

（二）血浆脂蛋白的代谢

1. 乳糜微粒的代谢 CM 是运输外源性三酰甘油和胆固醇的主要形式，由小肠黏膜细胞合成，在血浆中转化为残粒，然后在肝脏清除。

食物中的脂肪在肠道被分解为甘油和脂肪酸，被小肠黏膜细胞吸收后在细胞内重新酯化，合成三酰甘油和胆固醇酯，同时肠黏膜细胞能合成载脂蛋白 ApoB48 和 ApoA，连同合成和吸收的磷脂和胆固醇，在高尔基体内将脂质和载脂蛋白组装成 CM，经淋巴进入血液循环。

进入血液循环的新生 CM 很快从 HDL 获得 ApoC 和 ApoE，并将部分 ApoA Ⅰ、ApoA Ⅱ、ApoA Ⅳ 转移给 HDL，形成成熟的 CM。成熟的 CM 经过毛细血管时，与附在血管壁上的 LPL 接触，CM 中的 ApoC Ⅱ 激活肌肉、心脏和脂肪等组织毛细血管内皮细胞表面的 LPL，而 LPL 使 CM 中的三酰甘油和磷脂逐步水解，产生甘油、脂肪酸和溶血磷脂等。在 LPL 作用下，CM 内核 90% 以上的三酰甘油被水解，释放出的脂肪酸被心脏、肌肉和脂肪组织等肝外组织所摄取和利用。CM 表面的 ApoA Ⅰ、ApoA Ⅱ、ApoA Ⅳ、ApoC 等连同表面的磷脂和胆固醇离开 CM 颗粒，参与形成新生的 HDL，同时 CM 接受血浆中 HDL 和 LDL 中的胆固醇酯。随着 CM 颗粒内核的三酰甘油被水解和交换，成熟的 CM 颗粒逐渐变小，转变为富含胆固醇酯、ApoB48 和 ApoE 的 CM 残粒（remnant）。CM 残粒与肝细胞膜 ApoE 受体结合并被肝细胞摄取代谢。CM 残余颗粒在肝细胞内与细胞溶酶体融合，载脂蛋白被水解为氨基酸，而胆固醇酯被水解为胆固醇和脂肪酸，进而被肝脏利用和分解（图 7-21）。正常人 CM 在血浆中代谢迅速，半衰期为 5～15 分钟，故正常人空腹血浆中不含 CM。

2. 极低密度脂蛋白的代谢 VLDL 是运输内源性三酰甘油的主要形式，大部分在肝细胞合成，少量在小肠细胞合成。VLDL 在血浆中代谢形成中密度脂蛋白（IDL），大部分 IDL 继续分解代谢转变成 LDL 颗粒，小部分被肝细胞摄取。

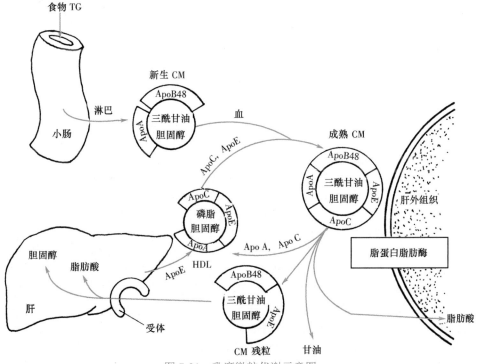

图 7-21 乳糜微粒代谢示意图

肝细胞利用糖、食物和脂肪动员获得的脂肪酸合成三酰甘油，加上 ApoB100、ApoE、磷脂和胆固醇等合成 VLDL。

　　VLDL 由肝脏和小肠合成后进入血液循环，从 HDL 获得胆固醇酯和 ApoC。ApoC 激活肝外组织毛细血管内皮细胞表面的 LPL，进而水解 VLDL 中的三酰甘油。在 LPL 的作用下，VLDL 逐步被脂解。与此同时，VLDL 表面的 ApoC、磷脂和胆固醇向 HDL 转移，而 ApoB100 则保留在颗粒中。在胆固醇酯转移蛋白（cholesterol ester transfer protein，CETP）的催化下，VLDL 中的三酰甘油与 HDL 中的胆固醇酯发生相互交换，随着脂解和交换的进行，VLDL 中的三酰甘油逐渐减少，其密度逐渐加大，胆固醇酯、ApoB100 和 ApoE 的含量相对增加，VLDL 转变为 IDL。部分 IDL 继续代谢转变为 LDL，有些被肝细胞摄取（图 7-22）。VLDL 在血浆中的半衰期为 6 ～ 12 小时。

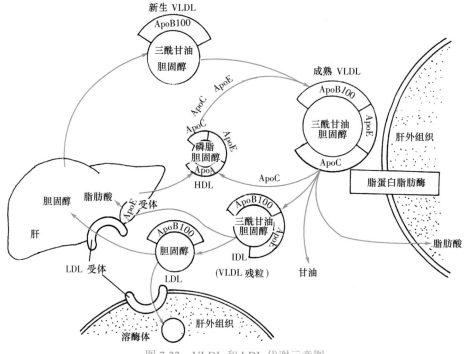

图 7-22　VLDL 和 LDL 代谢示意图

　　3. 低密度脂蛋白的代谢　LDL 是转运肝脏合成的内源性胆固醇及其酯的主要形式。LDL 在血浆中由 VLDL 转变而来，肝脏是降解 LDL 的主要器官，肾上腺皮质、卵巢和睾丸等组织摄取和降解 LDL 的能力也较强。

　　VLDL 在血浆中转变形成 IDL。在人体内，约 50% 的 IDL 被肝细胞摄取；另外的 50% 在血浆中继续代谢，其中含量已不多的三酰甘油被 LPL 和 HL 进一步水解，最后剩下胆固醇和胆固醇酯，同时其表面的 ApoE 转移至 HDL，仅剩下 ApoB100，IDL 就转变为 LDL 了。

　　肝脏、动脉壁细胞和全身各组织细胞表面均存在 LDL 受体。LDL 受体能特异识别并结合含 ApoE 或 ApoB100 的脂蛋白，故又称 ApoB、ApoE 受体。LDL 经 LDL 受体介导进入细胞内，与溶酶体融合，在其中的蛋白水解酶作用下，载脂蛋白被降解为氨基酸，而胆固醇酯被胆固醇酯酶水解为游离胆固醇和脂肪酸，这一代谢过程称为 LDL 的受体代谢途径（图 7-23）。游离胆固醇在调节细胞胆固醇代谢方面有重要作用：①抑制内质网 HMG-CoA 还原酶，从而抑制胆固醇的合成；②在转录水平抑制细胞 LDL 受体的合成，减少细胞对 LDL 的摄取；③激活内质网 ACAT 的活性，使游离胆固醇酯化成胆固醇酯，并储存在胞质中。游离胆固醇被细胞膜摄取后，可用于构成细胞膜的重要成分；在肾上腺和卵巢等组织中则用以合成类固醇激素。除 LDL 受体代谢途径外，血浆中的 LDL 约有 1/3 被吞噬细胞直接吞噬后清除，与 LDL 受体介导无关。LDL 在血浆中的半衰期为 2 ～ 4 天。

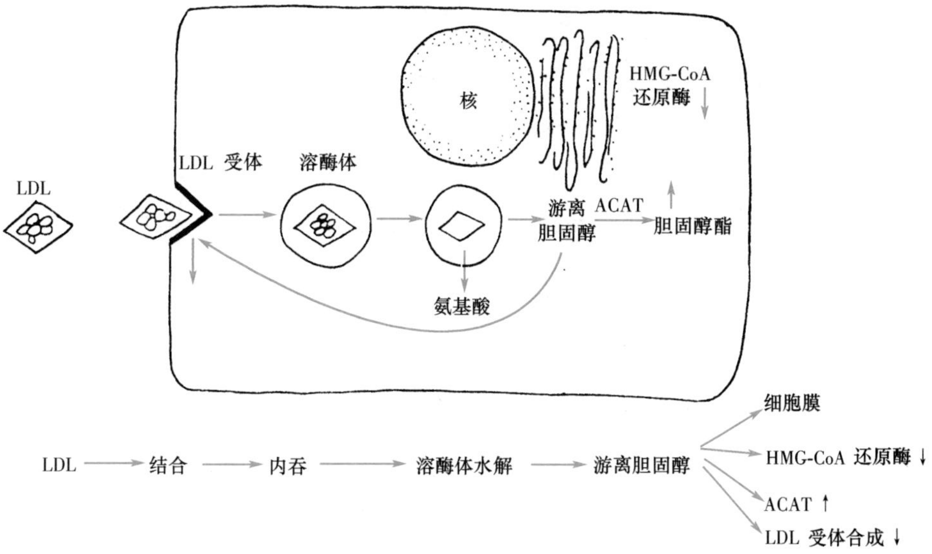

图 7-23　LDL 的受体代谢途径

4. 高密度脂蛋白的代谢　HDL 的主要功能是逆向转运胆固醇，即从肝外组织将胆固醇转运到肝脏代谢。肝脏和小肠黏膜细胞均可合成 HDL，但以肝脏为主。HDL 在血浆中代谢转变后，主要在肝脏中降解。

HDL 按其密度大小可分为 HDL_1、HDL_2 和 HDL_3。HDL_1 仅在高胆固醇膳食诱导后才在血浆中出现；未进食高胆固醇膳食时，正常人血浆中，仅含 HDL_2 和 HDL_3。现将 HDL_2 和 HDL_3 的合成和转变介绍如下。

在肝细胞内，由磷脂、少量胆固醇、ApoA、ApoC 和 ApoE 组成新生 HDL，在小肠黏膜细胞合成的新生 HDL 除脂质外仅含 ApoA，入血后再获得 ApoC 和 ApoE。新生 HDL 呈盘状双脂层结构，在肝和小肠细胞合成后分泌入血。血浆中新生 HDL 还有一条来源，即在 CM 和 VLDL 中的三酰甘油水解时，其表面的 ApoA Ⅰ、ApoA Ⅱ、ApoA Ⅳ 以及磷脂、胆固醇脱离 CM 和 VLDL 后，亦可在血浆中形成新生 HDL。

新生 HDL 在 LCAT 催化下，颗粒表面卵磷脂第 2 位碳上的脂酰基转移到胆固醇第 3 位碳的羟基上生成溶血卵磷脂和胆固醇酯，此过程消耗的卵磷脂和游离胆固醇不断从细胞膜、CM 和 VLDL 得到补充。在 LCAT 的催化下，生成的胆固醇酯转运入 HDL 核心，新生 HDL 在 LCAT 的反复催化下，酯化胆固醇进入 HDL 内核逐渐增多，使双脂层的盘状 HDL 被逐步膨胀为单脂层的球状 HDL，同时其表面的 ApoC 和 ApoE 又转移到 CM 和 VLDL 上，最后新生 HDL 转变为成熟的密度较高的 HDL_3。

HDL_3 在 LCAT 的催化下，胆固醇酯化继续增加，再接受 CM 和 VLDL 水解过程中释放出的磷脂、ApoA Ⅰ 和 ApoA Ⅱ 等转变为密度较小，颗粒较大的 HDL_2。HDL_2 在 HL 催化下，其中磷脂和三酰甘油水解，胆固醇含量又相对增加，HDL_2 即转变为 HDL_3。

HDL 主要在肝脏降解，成熟的 HDL 与肝细胞膜 HDL 受体结合，然后被肝细胞摄取，其中的胆固醇可用于合成胆汁酸或直接随胆汁排出体外。HDL 在血浆中的半衰期为 3 ～ 5 天。

血浆中 90% 以上胆固醇酯来自 HDL，其中约 70% 的胆固醇酯在胆固醇酯转移蛋白（cholesterol ester transfer protein，CETP）作用下由 HDL 转移至 VLDL 和 LDL 后被清除，10% 的胆固醇酯则通过肝的 HDL 受体清除（图 7-24）。

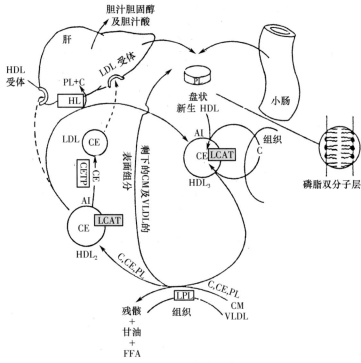

图 7-24　HDL 代谢示意图

综上所述，HDL 在 LCAT、ApoA I 和 CETP 等的作用下，从外周组织细胞表面摄取胆固醇，经过颗粒内胆固醇酯化和颗粒间脂质交换，最终将胆固醇从肝外组织转运到肝脏进行代谢。机体通过 HDL 逆向转运胆固醇的机制，便将外周组织衰老细胞膜中的胆固醇运到肝脏代谢，避免了胆固醇在局部组织细胞中的大量堆积。

另外，HDL 还是 ApoC II 的储存库。当 CM 和 VLDL 进入血液后，需从 HDL 获得 ApoC II 以激活 LPL，从而水解三酰甘油；而一旦三酰甘油完全水解后，ApoC II 又回到 HDL。

（三）血浆脂蛋白代谢异常

血脂高于正常参考值的上限称为高脂血症。常见的高脂血症有高三酰甘油血症和高胆固醇血症。由于血脂在血浆中以脂蛋白形式运输，实际上高脂血症也可认为就是高脂蛋白血症（hyperlipoproteinemia）。高脂蛋白血症是由于血中脂蛋白合成与清除平衡紊乱所致。

世界卫生组织（World Health Organization，WHO）建议将高脂蛋白血症分为 6 型，各型的脂蛋白和血脂改变参考表 7-5。

表 7-5　高脂蛋白血症分型

分型	脂蛋白变化	血脂变化
I	乳糜微粒增高	三酰甘油↑↑↑，胆固醇↑
IIa	低密度脂蛋白增加	胆固醇↑↑
IIb	低密度及极低密度脂蛋白同时增加	胆固醇↑↑，三酰甘油↑↑
III	中密度脂蛋白增加（电泳出现宽β带）	胆固醇↑↑，三酰甘油↑↑
IV	极低密度脂蛋白增加	三酰甘油↑↑
V	极低密度脂蛋白及乳糜微粒同时增加	三酰甘油↑↑↑，胆固醇↑

血脂异常与多种常见病密切相关

血脂异常（dyslipidemia）是动脉粥样硬化、冠心病和脑卒中等心脑血管疾病的重要危险因素，也与糖尿病、肾病、高血压、肿瘤和代谢综合征等诸多重大疾病密切相关。血脂异常是脂代谢紊乱引起的，与人体多种系统（呼吸系统、消化系统、神经系统、泌尿生殖系统、运动系统和免疫系统等）疾病的发生、发展和预后均有密切关系。为此，有专家认为"脂代谢紊乱是当今对人类健康最大的威胁"。

（郭俊明）

思 考 题

1. 乙酰 CoA 是体内重要的中间代谢产物，请问它与哪些代谢途径有关联？

2. 血脂升高日趋普遍，这类人群可以通过饮食调理、增加运动和药物治疗来降低血脂。请问他汀类药物降低血脂的生化机制是什么？服用该类药物时的注意事项有哪些？

3. 为什么过多吃糖会发胖？

4. 糖尿病是一种常见病，它是由胰岛素绝对或相对缺乏引起。糖尿病患者可能出现代谢异常，产生一些并发症（如酮症酸中毒），严重时可导致昏迷甚至死亡。试分析糖尿病患者出现酮症酸中毒的原因。

5. 动脉粥样硬化以动脉壁胆固醇增多而增厚，引起动脉狭窄和形成血凝块为特征。如果这些血栓阻断了给心脏供血的冠状动脉，可以引起心肌梗死或心脏病发作。请问如何预防动脉粥样硬化？

案例分析题

1. 患者，男，48 岁。因担心患心脏病来就诊。主诉：当在小区散步时，偶然有胸痛；不能爬楼梯，但没有明显胸痛和呼吸短促。家族史：父亲 46 岁时因心肌梗死而病故；哥哥健在，但在 46 岁时也出现过一次心肌梗死，一直口服降血脂药。查体：全身状态正常，心电图（ECG）和血压均正常。生化检查：血总胆固醇 9.1mmol/L（参考值 3.3～5.7mmol/L）。初步诊断：冠心病、家族性高胆固醇血症。治疗：瑞舒伐他汀钙片，5mg，口服，一天一次。

问题：

（1）胆固醇合成过程的关键酶是哪一种酶？

（2）医生为患者使用了哪种类型的药物？

2. 患者，男，10 岁，因严重恶心、呕吐和腹痛 2 天到急诊室就诊。主诉：腹痛位于上腹部并放射到背部。既往史：有数次类似腹痛经历，但没有这次严重；父母否认发热、寒颤和大便习惯改变。家族史：患者父亲血三脂酰甘油升高，母亲家族中有几位患有早期心脏病。查体：无发热，呈中度痛苦状，肝脾触诊均肿大，上腹部压痛明显，背部和臀部见数个黄白色丘疹。生化检查：血清胰淀粉酶 210U/L（参考值 20～90U/L，酶速率法），血清脂肪酶 253U/L（参考值＜79U/L，比色法），血清三脂酰甘油 4.67mmol/L（参考值＜1.13mmol/L），血清脂蛋白脂酶（LPL）112nmol（参考值 315～477U/L，加肝素）。初步诊断：急性胰腺炎、家族性脂蛋白脂酶缺乏症（familial LPL deficiency）。

问题：

（1）患儿腹痛的病因是什么？

（2）患儿可能的生化异常有哪些？

（3）脂蛋白脂酶有何功能？

第八章 氨基酸代谢

内容提要

　　氨基酸是合成蛋白质、核苷酸等多种生命物质不可或缺的重要原料，也是生命体供能物质之一。蛋白质的营养价值主要取决于食物蛋白质中必需氨基酸的种类、数量和比例。机体自身不能合成，必须由食物供给的氨基酸，称营养必需氨基酸。营养必需氨基酸有 10 种，它们是影响和评价食物蛋白营养价值的决定因素，是机体非常敏感的营养信号因子。蛋白质在体内的代谢状况可通过氮平衡描述。人体内氨基酸的来源包括食物蛋白质的消化吸收、组织蛋白质的分解和体内生物合成。食物蛋白的消化吸收是在多种蛋白水解酶和肽酶的协同作用下，水解成氨基酸和二、三肽后，被小肠黏膜中的相应载体主动吸收。体内原有的各种蛋白质，随时都在以不同的速率进行降解、合成而更新。降解的主要方式有不依赖 ATP 的非特异性溶酶体途径和依赖 ATP 与泛素的特异性蛋白酶体途径。

　　人体只能合成 10 种营养非必需氨基酸，主要凭借谷氨酸脱氢酶、谷氨酰胺合成酶和氨基转移酶的单独或联合作用。人体内的氨基酸约有 3/4 用于合成蛋白质，其余进入分解代谢，生成多种具有重要生理功能的含氮化合物，每天有不到 1g 的氨基酸从尿中排出。分解代谢包括一般分解代谢和转化代谢。氨基酸的一般分解代谢，是针对氨基酸的 α- 氨基和 α- 酮酸的共性结构的分解。氨基酸经转氨、氧化脱氨、联合脱氨而脱去氨基；有毒的氨以丙氨酸和谷氨酰胺的形式转运至肝脏，经鸟氨酸循环合成尿素而解氨毒，或经肾脏形成铵盐后排出体外；脱去氨基的 α- 酮酸，或生糖、或转脂、或再生成氨基酸、或彻底氧化供能。因各种氨基酸侧链 R 基团不同，使一些氨基酸具有其特殊的代谢特点和途径。氨基酸脱羧基作用后生成的胺类物质在体内具有重要的生理功能；一碳基团代谢与四氢叶酸参与核苷酸合成，是氨基酸代谢与核酸代谢的枢纽；含硫氨基酸代谢为机体提供活性甲基（甲基供体 SAM），参与体内重要物质的合成；苯丙氨酸和酪氨酸是两种重要的芳香族氨基酸，参与儿茶酚胺、黑色素等物质的代谢。

　　蛋白质是三大营养物质之一，蛋白质的代谢在生命活动过程中占据十分重要的地位，包括合成代谢和分解代谢。蛋白质的生物合成将在第三篇生命信息的传递与调控中专列一章介绍。蛋白质分解首先生成氨基酸，氨基酸的重要性不仅在于它是蛋白质的组成单位，而且还在于它在机体代谢过程中以各种方式转变，或作为体内其他重要生物分子的前体，如激素、嘌呤、嘧啶、卟啉和某些维生素等（见其他有关章节）。氨基酸在体内的代谢包括分解代谢和合成代谢。本章将主要讨论蛋白质在体内的降解及体内氨基酸的代谢。

第一节　蛋白质的生理功能和营养价值

一、体内蛋白质具有重要的生理功能

　　体内蛋白质的重要意义在于蛋白质几乎涉及所有生命活动的生理生化过程，是生命体生长、繁殖、运动、遗传、物质代谢等生命现象的基础。蛋白质的生理功能可概括为：①参与细胞组织结构和支持作用；②参与机体生化反应的催化作用；③参与机体生理生化过程的调

节作用；④参与机体免疫防御作用和凝血功能；⑤参与细胞内外的运输作用；⑥参与机体的运动功能；⑦作为能源氧化供能。

氨基酸作为组成蛋白质的基本单位，其重要生理功能除了合成蛋白质之外，氨基酸还是合成许多具有重要生理功能的含氮化合物的原料，如儿茶酚胺类激素、甲状腺激素等。有些氨基酸本身具有特殊的生理功能，如甘氨酸是抑制性神经递质，还参与生物转化作用；谷氨酸及天冬氨酸是兴奋性神经递质；丙氨酸和谷氨酸参与组织间的运氨作用；精氨酸可防止胸腺退化；牛磺酸能促进中枢神经系统发育；氨基酸可脱去氨基直接氧化供能。

成人所需能量约有 18% 来自蛋白质的分解代谢，但是氧化供能只是蛋白质的次要功能，糖代谢和脂代谢可代替蛋白质氧化供能。

二、蛋白质的营养价值与营养必需氨基酸的种类、数量和比例有关

蛋白质的营养价值（protein nutrition value）是指食物蛋白质在体内的利用率。其高低主要取决于食物蛋白质中必需氨基酸的种类、数量和比例。

（一）氨基酸可分为必需氨基酸、营养非必需氨基酸和半必需氨基酸

营养学上把机体需要而不能自身合成，必须由食物提供的氨基酸称为营养必需氨基酸（nutritionally essential amino acid）。它们是：缬氨酸（Val）、异亮氨酸（Ile）、亮氨酸（Leu）、苏氨酸（Thr）、甲硫氨酸（Met）、赖氨酸（Lys）、苯丙氨酸（Phe）、色氨酸（Trp）、精氨酸（Arg）、组氨酸（His），计 10 种。前 8 种人体或动物体完全不能合成是绝对的必需氨基酸；后 2 种氨基酸也就是精氨酸和组氨酸，人体虽然可以合成，但合成的量不多，不能满足特定阶段（如青少年发育和妇女怀孕期间）的正常需要，也需要从食物中得到补充，这两种氨基酸也称为半必需氨基酸（semiessential amino acid）。机体能够自身合成，不一定由食物供应，称为营养非必需氨基酸（nutritionally nonessential amino acid）。

（二）营养必需氨基酸是影响和评价蛋白质营养价值的决定因素

1. 氨基酸模式〔amino acid pattern，AAP〕　某种蛋白质中各种营养必需氨基酸的构成比例称为氨基酸模式。食物蛋白质的氨基酸模式与人体蛋白质的氨基酸模式越接近，越能为机体充分利用，其营养价值也相对越高。以人的氨基酸模式为标准，与人的氨基酸模式符合度越高，食物蛋白质质量就越高。当食物中任何一种营养必需氨基酸缺乏或过量，均可造成体内氨基酸的不平衡，使其他氨基酸不能被利用，影响蛋白质的合成。因此，蛋白质的营养价值取决于营养必需氨基酸的数量、种类及其构成比例。表 8-1 比较了不同年龄段人群的营养必需氨基酸的需要量模式及常见的鸡蛋、牛奶和牛肉中蛋白质的营养必需氨基酸含量。

表 8-1　不同人群的营养必需氨基酸需要量模式和几种食物蛋白质的营养必需氨基酸含量

必需氨基酸	人群（mg/g 蛋白质）				食物（mg/g 蛋白质）		
	婴儿（人乳）1 岁以下	学龄前儿童（2～5 岁）	学龄儿（10～12 岁）	成人	鸡蛋	牛乳	牛肉
组氨酸	26	19	19	16	22	27	34
异亮氨酸	46	28	28	13	54	47	48
亮氨酸	93	66	44	19	86	95	81
赖氨酸	66	58	44	16	70	78	89
甲硫氨酸＋半胱氨酸	42	25	22	17	57	33	40
苯丙氨酸＋酪氨酸	72	63	22	19	93	102	80

续表

必需氨基酸	人群（mg/g 蛋白质）				食物（mg/g 蛋白质）		
	婴儿（人乳） 1 岁以下	学龄前儿童 （2～5 岁）	学龄儿 （10～12 岁）	成人	鸡蛋	牛乳	牛肉
苏氨酸	43	34	28	9	47	44	46
色氨酸	17	11	9	5	17	14	12
缬氨酸	55	35	25	13	66	64	50
总计	460	339	241	127	512	504	480

2. 食物蛋白质的互补作用　将几种营养价值较低的蛋白质混合食用，则营养必需氨基酸可以互相补充，取长补短，提高膳食蛋白质的生理价值，此即食物蛋白质的互补作用（complementation）。例如，谷类蛋白质含赖氨酸少，而含色氨酸较多；豆类蛋白质含赖氨酸较多，而色氨酸较少，两者混合食用即可提高营养价值。

（三）蛋白质在体内的代谢状况可通过氮平衡描述

氮平衡（nitrogen balance）是指每日氮的摄入量与排出量之间的关系。蛋白质的含氮量平均约为 16%，由于蛋白质是体内的主要氮源，故氮平衡可基本反映体内蛋白质合成（储氮）、分解（排氮）代谢的状况。人体氮平衡状况有以下三种。

1. 氮的总平衡　摄入氮量＝排出氮量，反映体内蛋白质合成与分解处于动态平衡。正常成人不再生长，每日进食的蛋白质主要用于维持组织结构、功能蛋白的更新。

2. 氮的正平衡　摄入氮量＞排出氮量，表示体内蛋白质合成大于分解，以满足生长发育的需要，如儿童、孕妇及恢复期的患者。

3. 氮的负平衡　摄入氮量＜排出氮量，表明机体蛋白质摄入量不足，见于饥饿或过度消耗的重体力劳动；运动量大而补充不足；或食物蛋白营养价值太低乃至缺失营养必需氨基酸；或蛋白质分解大于合成，如厌食、消耗性疾病、恶病质患者。

当一个正常成人食用不含蛋白质的膳食约 8 天后，每天排出的氮量逐渐趋于恒定，约 3.8g，相当于分解蛋白质 20g（最低分解量）。由于食物蛋白质与人体蛋白质的组成差异，不能全部被利用，为维持氮的平衡，成人每日蛋白质的最低生理需要量为 30～50g，要长期保持氮平衡，我国营养学会推荐成人每日蛋白质需要量为 80g。

蛋白质 - 能量营养不良

蛋白质 - 能量营养不良（protein-energy malnutrition，PEM）有两种临床类型：一种是水肿型（Kwashiorkor）——能量基本满足需求而蛋白质摄入不足的儿童营养性疾病，主要表现为腹水、四肢水肿、虚弱、表情淡漠、生长滞缓、头发干且脆、易感染疾病等。基因调控分析的可能原因是非必需氨基酸缺乏。因非必需氨基酸缺乏不影响脂肪酸合酶（fatty acid synthase，FAS）表达，故能量代谢水平基本正常。另外一种是消瘦型（marasmus）——以热量缺乏为主，能量和蛋白质摄入全都严重不足的儿童重度营养不良，而且蛋白质摄入不足常常发生在能量不足之前。主要表现为生长不佳、瘦弱无力、血浆蛋白质低、肌肉被消耗、水肿、腹泻，因缺乏必需氨基酸，各组织蛋白合成减少，肝脏因脂肪浸润而肥大，胃肠功能有损害。基因调控分析显示患儿因必需氨基酸缺乏，FAS 基因表达明显下降，导致能量储备下降，表现为蛋白质和能量均摄入不足。PEM 发生的主要诱因为摄入蛋白质的质和量的缺陷。两种疾患破坏性最严重的结果是抗感染能力大为下降，多数患儿会死于继发感染。

第二节　体内氨基酸的来源

一、食物蛋白质的消化、吸收和腐败

（一）食物蛋白质在胃肠道被酶消化成寡肽和氨基酸

　　食物蛋白质的消化、吸收是人体内氨基酸的主要来源。蛋白质分子巨大，结构复杂，未经消化不易被吸收，而且蛋白质有种属特异性，有些蛋白质若未经消化即被吸收入体内，会引起过敏反应。一般来说，食物蛋白质需经消化道中一系列蛋白水解酶的作用，分解为寡肽及氨基酸才能被吸收。因唾液中无水解蛋白的酶，故蛋白质的消化自胃开始，主要在小肠中完成。胃、肠道中的蛋白水解酶根据对蛋白质水解的部位可分为内肽酶（endopeptidase）和外肽酶（exopeptidase）。内肽酶催化肽链内部的肽键水解；外肽酶自肽链的 N 端（称氨肽酶）或 C 端（称羧肽酶）的氨基酸开始水解肽链，每次水解 1 个氨基酸残基（图 8-1）。这些蛋白水解酶的催化作用对肽键两侧的氨基酸具有一定的专一性（表 8-2）。通过各种蛋白水解酶的协同作用，提高食物蛋白质在消化道的消化效率。

　　1. 蛋白质经胃蛋白酶水解成多肽和少量氨基酸　胃黏膜主细胞合成分泌胃蛋白酶原，经胃液中的 HCl 激活或胃蛋白酶（pepsin）自催化（autocatalysis），去除 N 端 42 个氨基酸残基后，转变成有活性的胃蛋白酶。胃蛋白酶的最适 pH 为 1.5 ～ 2.5，对肽键的特异性较低，主要水解由芳香族氨基酸、甲硫氨酸或亮氨酸等残基形成的肽键（表 8-2）。在酸性胃液环境中，蛋白质变性容易被胃蛋白酶水解，生成多肽及少量的氨基酸。胃蛋白酶对乳蛋白中的酪蛋白有凝乳作用，使乳中的酪蛋白凝结成块，使蛋白质在胃中的停留时间延长，有利于蛋白质在婴儿胃中充分消化。

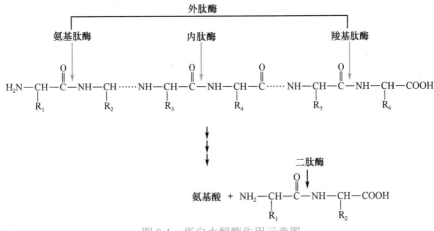

图 8-1　蛋白水解酶作用示意图

　　2. 蛋白质经小肠中多种酶水解成寡肽和氨基酸　食物蛋白质在胃中的消化是不完全的。胃中消化不完全及未被消化的蛋白质进入小肠，由胰腺及肠黏膜细胞分泌的多种蛋白水解酶及肽酶的共同作用，进一步水解成寡肽和氨基酸。小肠是蛋白质消化的主要部位。

　　（1）胰液中的蛋白酶及其作用：进入小肠的蛋白质消化主要靠胰液中的胰酶来完成，这些酶的最适 pH 为 7.0 左右。胰液中的蛋白酶包括胰蛋白酶（trypsin）、胰凝乳蛋白酶（chymotrypsin）、弹性蛋白酶（elastase）及羧肽酶 A 和羧肽酶 B（carboxypeptidase A and B），它们对不同氨基酸组成的肽键有一定的专一性（表 8-2）。蛋白质在胰液蛋白酶的作用下的最终产物为氨基酸和一些寡肽。

表 8-2　蛋白水解酶作用的专一性

酶	专一性	
内肽酶		
胃蛋白酶	R_3=Trp、Phe、Ala、Tyr、Met、Leu	R_4=任何氨基酸残基
胰蛋白酶	R_3=Arg、Lys	R_4=任何氨基酸残基
胰凝乳蛋白酶	R_3=Phe、Tyr、Trp	R_4=任何氨基酸残基
弹性蛋白酶	R_3=脂肪族氨基酸残基	R_4=任何氨基酸残基
外肽酶		
氨肽酶	R_1=任何氨基酸残基	R_2=除 Pro 外任何氨基酸残基
羧肽酶 A	R_5=任何氨基酸残基	R_6=除 Arg、Lys、Pro 外任何氨基酸残基
羧肽酶 B	R_5=任何氨基酸残基	R_6=Arg、Lys

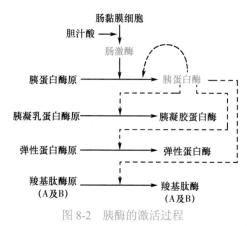

图 8-2　胰酶的激活过程

胰腺细胞最初分泌的各种蛋白酶和肽酶均以酶原的形式分泌到十二指肠，之后迅速被十二指肠黏膜细胞分泌的肠激酶（enterokinase）激活。肠激酶也是一种蛋白水解酶，特异地作用于胰蛋白酶原。在人体，胰蛋白酶对胰蛋白酶原的自身激活作用很弱，但能迅速激活胰凝乳蛋白酶原、弹性蛋白酶原及羧肽酶原，同时胰腺中还存在胰蛋白酶抑制剂，以避免胰腺组织受蛋白酶的自身消化。图 8-2 表示胰酶的激活过程。

（2）小肠黏膜细胞寡肽酶的作用：蛋白质经胃液及胰液中各种酶的催化，所得到的产物仅 1/3 为氨基酸，其余 2/3 为寡肽。寡肽的水解主要在小肠黏膜细胞内进行。小肠黏膜细胞中存在两种寡肽酶（oligopeptidase），氨肽酶（aminopeptidase）和二肽酶（dipeptidase）。氨肽酶从肽链的氨基末端逐个水解出氨基酸。剩下的二肽，再经二肽酶最终水解成氨基酸。

食物蛋白质在胃和小肠中各种蛋白水解酶的协同作用下，消化效率很高，95% 可被完全水解成氨基酸和少量的二肽和三肽，直接被机体吸收。

（二）氨基酸和低分子肽通过主动转运机制被吸收

食物蛋白质消化水解出的氨基酸和低分子肽，主要在小肠中通过主动转运的机制被吸收，转运蛋白参与氨基酸和小肽的吸收。实验证明，肠黏膜细胞膜上至少有七种转运蛋白（transporter）参与氨基酸和低分子肽（主要是二、三肽）的转运。这些转运蛋白能与被转运的对象及 Na^+ 结合形成三联复合体，经膜的变构转位，将氨基酸或小肽和 Na^+ 同向转入细胞内。进入小肠上皮细胞内的游离氨基酸和低分子肽水解出的氨基酸，随即入血，再经血液转运到氨基酸代谢库（amino acid metabolic pool）中参加代谢。Na^+ 则借钠泵消耗 ATP 排出细胞外，以维持细胞的内钾外钠的阳离子分布平衡。此过程与葡萄糖的载体吸收相类似。

由于氨基酸结构的差异，各种载体蛋白对不同性状的氨基酸和低分子肽的转运吸收效率不同，如表 8-3 所示。

表 8-3　氨基酸及低分子肽转运载体蛋白类型及转运效率

AA 载体类别	主要转运的对象	转运效率
中性 AA 载体（含极性和疏水性两种）	R 基为中性，如 Ala、Phe、Ser、Leu 等也能转运 His	是主要载体；对 R 为脂肪族的尤为有效
碱性 AA 载体	Arg、Lys、Orn；也能转运一些中性 AA，如 Leu、Met 等	转运效率仅为中性 AA 载体的10%，且可被中性 AA 竞争抑制
酸性 AA 载体	Glu、Asp	效率很低
亚氨酸及 Gly 载体	Pro、Hyp、Gly 等；也转运 GABA、Tau	效率也很低
β- 氨基酸转运载体	β- 氨基丙酸、β- 氨基异丁酸等	只对 β- 氨基酸有效
寡肽转运载体	二肽、三肽	只对二肽、三肽有效

注：AA：氨基酸；GABA：γ- 氨基丁酸；Hyp：羟脯氨酸；Tau：牛磺酸；Orn：鸟氨酸

某些氨基酸由于在结构上有一定的相似性，它们共用同一种转运载体，在吸收过程中彼此竞争，这对于细胞内富集氨基酸的作用，具有普遍意义。转运蛋白吸收氨基酸的方式不仅存在于小肠黏膜细胞，还存在于肾小管细胞、肌细胞、白细胞、网织红细胞、成纤维细胞等的细胞膜上。寡肽转运载体主要分布于小肠近端，故二肽、三肽先于游离氨基酸进入细胞内，被水解成氨基酸。

（三）腐败作用是肠道细菌对未消化蛋白产物的分解

1. 腐败作用的含义　肠道细菌对肠道中未消化的蛋白质及未吸收的氨基酸的分解作用称为腐败作用（putrefaction）。腐败作用是肠道细菌本身的代谢过程，以无氧分解为主，包括脱羧基作用和脱氨基作用。腐败作用的产物大多数对人体有毒，如胺、氨、酚类、吲哚、硫化氢等；但也有小部分产物如脂肪酸和某些维生素等物质有益于人体，可被机体利用。

2. 肠道细菌通过脱羧基作用生成胺类物质　肠道细菌蛋白酶水解未被消化的蛋白质生成氨基酸，氨基酸再经细菌氨基酸脱羧酶作用脱羧产生有毒的胺类（amines）物质。例如，赖氨酸、组氨酸、鸟氨酸脱羧生成相应尸胺、组胺、腐胺，尸胺和组胺有降低血压的作用，而色氨酸脱羧生成的色胺有升高血压作用。这些有毒物质通常经肝生物转化为无毒形式排出体外。酪氨酸及苯丙氨酸脱羧分别生成的酪胺及苯乙胺，若不能被肝转化分解，则易进入脑内，在β-羟化酶作用下生成 β- 多巴胺（羟酪胺）和苯乙醇胺。由于它们的分子结构与脑内的一类神经递质——儿茶酚胺相类似，故称假神经递质（false neurotransmitter）。假神经递质增多会竞争性干扰脑内儿茶酚胺的合成及作用，影响神经冲动的传递，引起大脑产生异常抑制。临床上严重肝病患者发生肝性脑病症状可能与此有关。

苯乙胺　　　　苯乙醇胺　　　　酪胺　　　　β-羟酪胺

3. 肠道细菌通过脱氨基或脲酶作用生成氨　肠道氨的重要来源之一是肠道细菌通过脱氨基作用产生氨（ammonia）。此外，肠道氨的另一来源是肠道菌的脲酶分解来自血液扩散进入肠腔的尿素产生的氨。肠道内产生的氨进入血液，成为血液氨（血氨）的主要来源之一。

部分尿素经血液入肠道，受肠道细菌作用分解为氨，氨又重吸收入血，进入肝，再合成尿素，最后经血液排入肠道，形成尿素的肠肝循环（urea enterohepatic circulation）。

$$R-\underset{\underset{NH_2}{|}}{CH}-COOH \xrightarrow[+2H]{肠菌} R-CH_2-COOH +NH_3$$

$$O=C\underset{NH_2}{\overset{NH_2}{\big\langle}} + H_2O \xrightarrow[肠道]{肠菌脲酶} CO_2 + 2NH_3$$

尿素

$$H_2N-CO-NH_2 \xrightarrow[+H_2O]{肠菌} CO_2+2NH_3$$

肝脏鸟氨酸循环 ← 血液

肠道氨主要在结肠吸收入血，且分子氨（NH_3）比离子铵（NH_4^+）易于吸收。由于 NH_3 与 NH_4^+ 的相互转变受 pH 的影响，所以降低肠道的 pH，可以减少肠道氨的吸收。临床上常用酸性灌肠液和服用肠道酸化药物，弱化乃至阻断尿素的肠肝循环，防止血氨升高。

4. 腐败作用生成其他有害物质　除胺和氨外，在相关肠菌酶作用下，酪氨酸可产生苯酚、甲苯酚；色氨酸可产生吲哚及甲基吲哚，导致粪便臭味；半胱氨酸可分解生成硫化氢，导致消化吸收不良、腹胀等。正常情况下，腐败作用产生的大部分有害物质随粪便排出，只有小部分被吸收入血液，经肝脏解毒，故很少发生中毒现象。但习惯性便秘、肠梗阻、蛋白质食用过量或消化吸收障碍者，腐败产物吸收增加，严重时可产生中毒现象。

二、体内蛋白质的降解是体内氨基酸另一重要来源

正常情况下的成人体内，每天有 1% ～ 2% 的组织蛋白质因转换更新（turn over）而被降解（degradation），其中主要是肌肉蛋白质。在特殊生理状况下的组织，诸如怀孕期间的子宫、严重饥饿和长期大量体能消耗下的骨骼肌组织、蝌蚪变形期间的尾巴等，其蛋白质会发生快速降解。这些降解作用产生的氨基酸，有 75% ～ 80% 被利用合成新的蛋白质，其余 20% ～ 25% 机体不予储存，全部进入氨基酸代谢库，参加氨基酸的分解与转化代谢。

（一）不同蛋白质降解的速率不同，蛋白质寿命由结构信号决定

蛋白质降解速度可用半衰期（half 1ife，$t_{1/2}$）表示，即指蛋白质降解其原浓度一半所需要的时间。蛋白质的"寿命"在各种蛋白质之间有很大的差异。细胞内必要的结构蛋白寿命都比较长，而负责细胞特殊应变的调节蛋白，其寿命往往比较短。例如，肝中大部分蛋白质的 $t_{1/2}$ 为 1 ～ 8 天，人血浆蛋白质的 $t_{1/2}$ 约为 10 天，结缔组织中一些蛋白质的 $t_{1/2}$ 可达 180 天以上，眼晶体蛋白的 $t_{1/2}$ 更长。而关键性酶蛋白的 $t_{1/2}$ 都很短，如 HMG-CoA 还原酶的 $t_{1/2}$ 一般在 0.5 ～ 2 小时，鸟氨酸脱羧酶的 $t_{1/2}$ 约 11 分钟。

细胞内蛋白质的寿命到底是如何决定的？该问题对生物化学家来说，一直是一项重大的挑战课题。科学家们经研究发现细胞内蛋白质寿命与其结构有关，即所谓结构信号。这些与降解速率有关的结构信号有以下两个规律。

1. N 端规则　该规则指出，蛋白质在细胞内的降解速率是由其 N 端氨基酸的种类决定。科学家采用鼠肝细胞蛋白质作为试验材料，实验结果表明，如果蛋白质的 N 端氨基酸残基是 Ser、Ala、Thr、Val 或 Gly，那么它们的半衰期会大于 20 小时；如果 N 端氨基酸残基是 Phe、Leu、Asp、Lys 或 Arg，那么这些蛋白质的半衰期在 3 分钟左右。

20 世纪末，美籍俄罗斯科学家 Alex Varshavsky 研究小组根据一系列 N 端为不同氨基酸残基的 β- 半乳糖苷酶在酵母中被降解的实验结果，把 N 端不同的氨基酸残基分别分为稳定氨基酸残基和不稳定氨基酸残基。例如，N 端稳定氨基酸残基有 Val、Gly、Pro、Ala、Ser、Thr、Met。N 端不稳定氨基酸残基又分为三个不同的级别，其中，一级不稳定氨基酸残基有 Phe、Leu、Ile、Tyr、His、Trp、Lys 或 Arg；二级不稳定氨基酸残基有 Glu、Asp；三级不稳定氨基酸残基有 Asn、Gln、Cys。

2. PEST 规则　研究者还发现，如果一些蛋白质的结构域中存在丰富的 Pro(P)-Glu(E)-Ser(S)-Thr(T) 序列，那么，这些蛋白质比结构域中比较少的含有以上氨基酸残基序列的其他蛋白质能更加快地被降解。因此，这一规则称为 PEST 规则，这个片段称 PEST 序列，如果删除 PEST 序列的片段，可延长蛋白质的半衰期（图 8-3）。

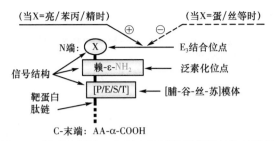

图 8-3　短寿命靶蛋白分子上快速降解信号结构示意图

（二）真核生物细胞内蛋白质降解有两条主要途径

1. 蛋白质通过不依赖 ATP 的溶酶体途径降解　溶酶体（lysosome）是细胞内的消化器官，其内含有多种酸性蛋白水解酶，又称组织蛋白酶（cathepsins，最适 pH 5 左右），与肽酶共同发挥酸性水解作用。主要降解膜蛋白、细胞内长半衰期蛋白质及细胞外来源的蛋白质。其降解作用既不依赖 ATP，也无严格选择性。

2. 蛋白质通过依赖 ATP 的泛素 - 蛋白酶体途径降解　泛素 - 蛋白酶体途径广泛存在于胞质和细胞核内，主要降解短寿命蛋白质、癌基因产物和异常蛋白质。此途径需要泛素、蛋白酶体和 ATP 的参与。

（1）泛素对靶蛋白的泛素化：泛素（ubiquitin，Ub）是由 76 个氨基酸残基组成的耐热小分子蛋白质，分子量为 8.5kDa，因其普遍存在于真核细胞内而得名。泛素分子的一级结构序列高度保守，其 N 端为蛋氨酸残基，C 端为甘氨酸残基，链中有多个赖氨酸残基（位于 6、11、27、29、33、48 和 63 位）。泛素分子中的 C 端甘氨酸残基和第 48 位的赖氨酸残基与泛素的活化、转运、靶蛋白泛素化和多聚泛素化密切相关（图 8-4）。

靶蛋白的泛素化过程包括三种酶参与的反应过程，并消耗 ATP。

1）泛素的活化：泛素由泛素活化酶

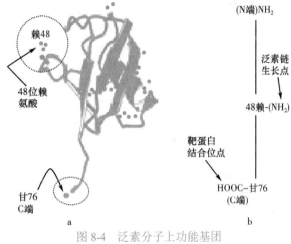

图 8-4　泛素分子上功能基团
a. 空间结构；b. 链中的功能基团

（ubiquitin-activating enzyme，E1）催化，消耗 ATP，泛素的 C 端（甘 76）羧基与 E1 的巯基通过高能硫酯键结合形成 E1-S ～ Ub 而被活化。

$$Ub\overset{O}{\underset{\|}{C}}\!-\!OH + ATP \longrightarrow PPi + Ub\overset{O}{\underset{\|}{C}} \sim AMP$$

$$Ub\overset{O}{\underset{\|}{C}} \sim AMP + E_1\!-\!SH \longrightarrow AMP + E_1\!-\!S \sim \overset{O}{\underset{\|}{C}}\!-\!Ub$$

然后泛素由 E1 转移到泛素载体蛋白（ubiquitin-carrier protein，E2）分子上，生成 E2-S ～ Ub，完成泛素的活化。

$$E_1\!-\!S \sim \overset{O}{\underset{\|}{C}}\!-\!Ub + E_2\!-\!SH \longrightarrow E_1\!-\!SH + E_2\!-\!S \sim \overset{O}{\underset{\|}{C}}\!-\!Ub$$

2）靶蛋白在 E3 催化下被泛素化：要降解的靶蛋白被泛素 - 蛋白连接酶（ubiquitin-protein ligase，E3）识别，E3 结合到靶蛋白 N 端的氨基酸残基上，在 E3 的催化下，将结合在 E2-

S～Ub 上已活化的泛素，转移到靶蛋白链的赖氨酸残基的 ε-NH$_2$ 上，使泛素与靶蛋白连接，形成 Ub-NH-protein。泛素 C 端甘氨酸残基的—COOH 与靶蛋白链上赖氨酸残基的 ε-NH$_2$ 结合形成的肽键称为异肽键（isopeptide bond）。

$$E_2\text{-S-}\overset{\overset{\displaystyle C}{\|}}{C}\text{-Ub} \xrightarrow[E_3]{\quad Pro \qquad E_2\text{-SH}\quad} Ub\text{-NH-Pro}$$

3）靶蛋白的降解需要聚泛素化：靶蛋白结合一个泛素分子称单泛素化，单泛素化只能调节靶蛋白的功能而不能使之降解。靶蛋白的降解尚需进行聚泛素化（poly-ubiquitination）。继续在 E$_3$ 的协助下，由 E$_2$-S～Ub 将活化的泛素转移到已连接在靶蛋白上的泛素分子上的第 48 位赖氨酸残基的 ε-NH$_2$ 上，如此进行多次泛素连接，形成聚泛素链（图 8-5）。聚泛素链如同贴在靶蛋白上的"死亡"标签。标签有长有短，在酵母细胞中一般是 4 聚泛素链，在哺乳动物一般为 6 或 7 聚泛素链。

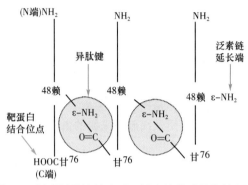

图 8-5　泛素链的连接方式：泛素彼此以异肽键相连

（2）聚泛素化的靶蛋白在蛋白酶体中降解：蛋白酶体（proteasome）是真核细胞主要的 ATP- 依赖性蛋白酶。蛋白酶体存在于细胞核和胞质内，数量众多。蛋白酶体分子巨大，分子量约 2500kDa，是有 64 个亚基构成的 26S 蛋白质复合体，由一个 20S 的核心颗粒（core particle，CP）和 2 个 19S 的调节颗粒（regulatory particle，RP）组成（图 8-6），长约 45nm。CP 是由 4 个环（2 个 α 环和 2 个 β 环）叠起组成的圆柱体，中心是空腔。两个 α 环分别位于圆柱体的上下两端，每个 α 环由 7 个不相同的 α- 亚基构成；两个 β 环夹在两个 α 环之间，每个 β 环由 7 个不相同的 β- 亚基构成，其中有 3 个 β- 亚基具有蛋白酶活性。两个 19S 的 RP 分别位于柱形 CP 的两端，形成空心圆柱的帽盖。每个 RP 由 18 个亚基构成，其中某些亚基识别、结合待降解的聚泛素化蛋白，有 6 个亚基具有 ATP 酶的活性，与蛋白质的去折叠、解聚合有关。蛋白酶体 CP 的晶体结构显示，α- 亚基的 N 端结构域就像门一样关住了圆柱体的两端，当它与 RP 的帽子相互作用后，引起 CP 的构象改变，开启通向 CP 的通道。

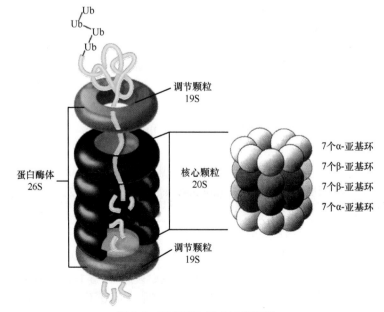

图 8-6　蛋白酶体组成结构概貌

聚泛素化靶蛋白质在蛋白酶体中的降解过程：聚泛素化靶蛋白质首先被 RP 识别、结合、释放泛素链，泛素链可被再利用；而靶蛋白进入到 RP 内部，受 RP 底部的 ATP 酶作用，耗能除去分子折叠而成变性蛋白，随即在 CP 两端 α- 亚基的协同作用下，打开 CP 通道，变性靶蛋白被转位至 CP 的活性中心腔，接受 β- 亚基内表面部位蛋白酶活性的特异水解，产生一些 7～9 个氨基酸残基的寡肽，寡肽被寡肽酶彻底水解生成氨基酸。

整个降解过程在碱性（pH 7.8）条件下进行，历经两个阶段、五步反应，即泛素化阶段和蛋白酶体降解阶段；五步反应：活化，传递，泛素化，聚泛素化和降解（图 8-7）。

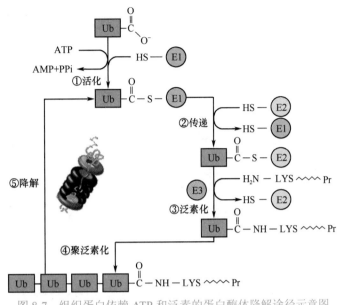

图 8-7　组织蛋白依赖 ATP 和泛素的蛋白酶体降解途径示意图

三、体内自身可合成的氨基酸称营养非必需氨基酸

人类能合成 20 种编码氨基酸中的 12 种，碳骨架主要来自糖酵解和柠檬酸循环的中间代谢产物（图 8-8），合成流程短，合成中谷氨酸脱氢酶、谷氨酰胺合成酶和氨基酸转移酶的作用占据中心地位。用纯化的氨基酸代替蛋白质喂养动物，可鉴定出 12 种人类可以合成的氨基酸。

本节内容只是讨论这 12 种氨基酸，而不涉及能在植物、低等原核生物或真核生物中可以合成的另 8 种人类必需氨基酸。

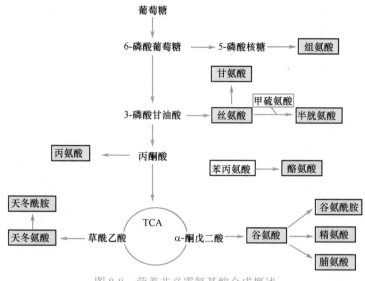

图 8-8　营养非必需氨基酸合成概述

四、体内氨基酸代谢库由外源性和内源性氨基酸组成

外源性氨基酸，即食物蛋白质经消化而被吸收的氨基酸，与内源性氨基酸，即体内组织蛋白质降解产生的氨基酸及体内合成的非必需氨基酸，混合在一起，分布于机体各部，参与体内氨基酸的代谢，称为氨基酸代谢库（amino acid metabolic pool）。由于氨基酸不能自由通过细胞膜，所以氨基酸代谢库在体内的分布是不均一的，肌肉中的氨基酸占代谢库的 50% 以上，肝中约占 10%，肾中占 4%，血浆中占 1% ～ 6%。

氨基酸代谢库中的氨基酸有四条去路：①合成蛋白质和多肽是体内氨基酸的主要代谢去路，正常成人体内约有 75% 的氨基酸用于合成蛋白质。②参与许多含氮化合物的合成，或合成营养非必需氨基酸。③进入氨基酸的分解代谢，转变成糖或脂肪，氧化供能。平均成年人所需能量的 18% 来自氨基酸的分解代谢。④每天自尿排出的氨基酸有 1g 左右。

体内氨基酸代谢的概况见图 8-9。正常情况下，体内氨基酸通过三个来源四个去路保持体内氨基酸的动态平衡。

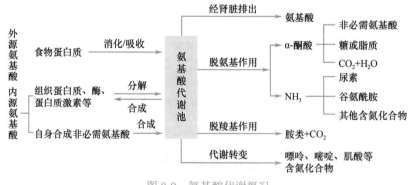

图 8-9　氨基酸代谢概况

五、氨基酸代谢中各组织器官的相互联系

在进食状态下，食物蛋白质消化释放出的氨基酸进入肝脏，用于蛋白质、葡萄糖和三酰甘油的合成。空腹状态下，肌肉蛋白质分解，主要以丙氨酸和谷氨酰胺的形式释放入血。

支链氨基酸在肌肉中氧化分解供能，其中部分碳骨架转化为谷氨酰胺和丙氨酸。来自肌肉蛋白质的氨基酸可作为许多其他组织的能量来源。支链氨基酸特别是缬氨酸由肌肉释放并主要被脑组织吸收，在饥饿状态下，它们是脑组织的能量来源。

肠吸收血液中的谷氨酰胺，将其转变为丙氨酸、瓜氨酸并释放出氨。

肾吸收血液中的谷氨酰胺，释放氨入尿液，释放丙氨酸和丝氨酸入血。

肝吸收血液中的丙氨酸和其他氨基酸，氮转变为尿素，碳骨架转变为葡萄糖和酮体并释放入血，为其他组织氧化供能。

即使在饥饿状态下，机体也保持一个较大的血液游离氨基酸库，各组织器官可用以合成蛋白质及重要的氨基酸衍生物，如各种神经递质。肌肉产生超过机体游离氨基酸库 50% 的氨基酸，肝脏含有参与尿素循环所有的酶，用于处理多余的氮。所以肌肉和肝脏在维持氨基酸的动态平衡中发挥主要作用，见图 8-10。

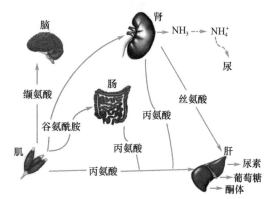

图 8-10 各组织器官间氨基酸代谢的联系

第三节 氨基酸的一般代谢

机体由氨基酸产生的能量比例取决于机体的代谢状况。一般在下列代谢状况下，氨基酸才会氧化分解：①组织细胞的蛋白质进行正常合成和降解时，蛋白质合成不需要的某些氨基酸，这些氨基酸会进行氧化分解；②食物富含蛋白质，消化产生的氨基酸超过蛋白质合成的需要，由于氨基酸不能在体内储存，过量的氨基酸在体内被氧化分解；③机体处于饥饿状态或未控制的糖尿病状态时，机体不能利用或不能合适地利用糖能源，细胞的蛋白质被用作重要的能源。

由于氨基酸具有共同的结构特点，因此它们的代谢途径有共同之处。氨基和 α- 酮酸是氨基酸最具代表性的共性结构，本节展开的氨基酸分解代谢的讨论便是氨基酸最有代表性和共性的内容，也称氨基酸的一般代谢。

本节主要讨论氨基酸的脱氨、运氨、解除氨毒及氨基酸骨架 α- 酮酸的代谢。

一、氨基酸脱氨的方式有转氨、氧化脱氨和联合脱氨

（一）转氨作用是氨基酸与 α- 酮酸之间的氨基转移

1. 转氨基作用和氨基转移酶 转氨基作用（transamination）是指氨基酸在氨基转移酶催化下，将其 α- 氨基转移至另一种 α- 酮酸的酮基上，生成相应的氨基酸，而原来的氨基酸转变成相应 α- 酮酸的过程。

$$\underset{\underset{\text{COOH}}{|}}{\overset{\overset{R_1}{|}}{H_2N-CH}} + \underset{\underset{\text{COOH}}{|}}{\overset{\overset{R_2}{|}}{C=O}} \xrightleftharpoons{\text{转氨酶}} \underset{\underset{\text{COOH}}{|}}{\overset{\overset{R_1}{|}}{C=O}} + \underset{\underset{\text{COOH}}{|}}{\overset{\overset{R_2}{|}}{H-C-NH_2}}$$

从反应式中可见，转氨作用无游离氨生成，无氨基酸的数量增减，只有氨基酸种类的更新（$R_1 \rightarrow R_2$）。大多数转氨反应的平衡常数接近于 1，所以转氨反应是可逆的。

用 ^{15}N 标记的同位素示踪实验证明，组成蛋白质常见的 20 种 L-α- 氨基酸中，除甘氨酸、赖氨酸、苏氨酸、脯氨酸外，其余的氨基酸均可以参加转氨反应。

氨基转移酶（aminotransferase）也称转氨酶，具有底物专一性，不同氨基酸与 α- 酮酸之间的转氨作用必须由不同的氨基转移酶催化。体内各种氨基转移酶，其活性及分布各有不同，致使各组织器官在氨基酸代谢种类和强度上有一定差别和特点。例如，支链氨基酸（亮氨酸、异亮氨酸和缬氨酸）的分解主要在骨骼肌中进行，这是由于骨骼肌中这些氨基酸的氨基转移酶活性较高；而芳香族氨基酸和丙氨酸的氨基转移酶活性在肝中较高，故芳香族氨基酸和丙氨酸主要在肝中分解。这种差异，正是各组织器官通过转运环节彼此连接，互通有无，发挥优势互补调节作用的基础。这种特点，也是临床探讨氨基酸异常代谢，实施定位诊断检查的基础。

　　体内各种转氨酶中尤以 *L*- 谷氨酸与 α- 酮酸氨基转移酶最为重要。例如，体内广泛存在的谷丙转氨酶（GPT），以及谷草转氨酶（GOT），在氨基酸代谢中最为活跃，但在各组织中含量不同，尤其在肝脏、心脏、肾组织中活性最高（表 8-4）。

（化学反应式：谷氨酸 + 丙酮酸 ⇌ GPT(ALT) ⇌ α-酮戊二酸 + 丙氨酸）

（化学反应式：谷氨酸 + 草酰乙酸 ⇌ GOT(AST) ⇌ α-酮戊二酸 + 天冬氨酸）

表 8-4　正常成人组织中 GOT > GPT 活性

组织	GOT（单位 / 克湿组织）	GPT（单位 / 克湿组织）	组织	GOT（单位 / 克湿组织）	GPT（单位 / 克湿组织）
心	156 000	7100	胰腺	28 000	2000
肝	142 000	44 000	脾	14 000	1200
骨骼肌	99 000	4800	肺	10 000	700
肾	91 000	19 000	血清	20	16

　　氨基转移酶主要存在于组织细胞内，分布在线粒体基质中，正常人血清中活性很低。当某些原因使细胞膜通透性增高，或因组织坏死，细胞破裂，大量氨基转移酶从细胞内释放入血，导致血中氨基转移酶活性升高，临床上以此作为疾病诊断和预后的参考指标之一。例如，急性肝炎患者血清中 GPT 活性明显上升；心肌梗死患者血清中 GOT 活性显著增高，故临床上以检测血清 GPT 诊断急性肝炎，检测 GOT 诊断心肌梗死。

　　2. 转氨基作用的机制　氨基转移酶的辅酶是磷酸吡哆醛（pyridoxal phosphate，PLP），由维生素 B_6 磷酸化生成。磷酸吡哆醛作为氨基的中间载体，与转氨酶活性中心的赖氨酸残基的 ε- 氨基结合。在转氨基过程中，磷酸吡哆醛从氨基酸接受 α- 氨基转变成磷酸吡哆胺，氨基酸则变成相应的 α- 酮酸。进而在酶的作用下，磷酸吡哆胺以相同方式将氨基转移给另一种 α- 酮酸，使后者接受氨基形成另一种氨基酸。磷酸吡哆胺转出氨基后又转变为磷酸吡哆醛（图 8-11）。

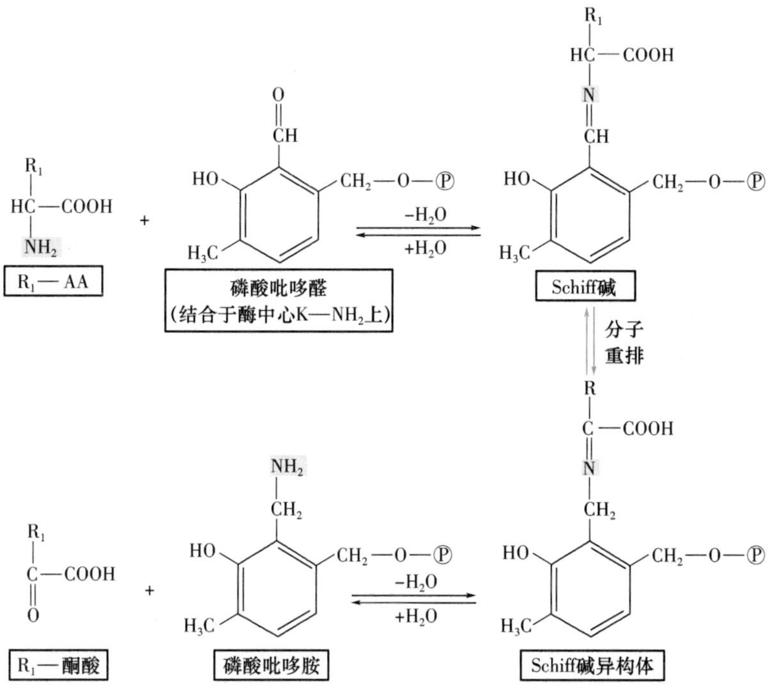

图 8-11 辅酶磷酸吡哆醛在酶活性中心的递氨作用

（二）L- 谷氨酸在 L- 谷氨酸脱氢酶催化下氧化脱氨

L- 谷氨酸在 L- 谷氨酸脱氢酶催化下脱氢生成不稳定的亚氨基酸，然后水解产生 α- 酮戊二酸和氨，该反应称氧化脱氨基作用。

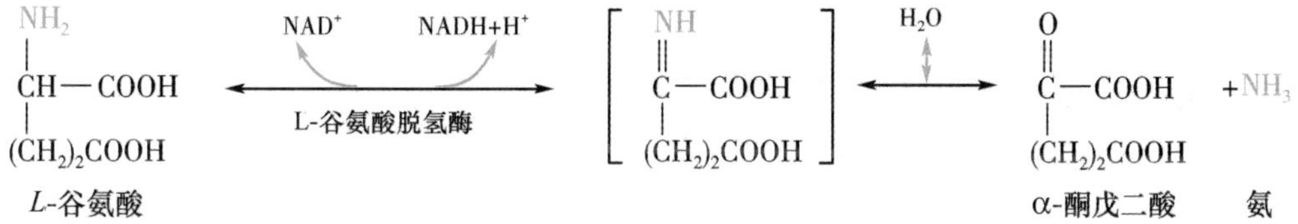

L- 谷氨酸脱氢酶是唯一一种既能利用 NAD^+ 又能利用 $NADP^+$ 作为辅酶的不需氧脱氢酶，催化的是可逆反应。L- 谷氨酸脱氢酶是一种变构酶，GTP 和 ATP 是此酶的变构抑制剂，而 GDP 和 ADP 则是变构激活剂。因此当体内 GTP 和 ATP 不足时能促进氨基酸的氧化，对机体的能量代谢起重要的调节作用。

转氨作用可以将许多氨基酸的氨基转移给 α- 酮戊二酸生成 L- 谷氨酸，而 L- 谷氨酸是哺乳动物组织内唯一能以相当高的速率进行氧化脱氨反应的氨基酸，脱下的游离氨进一步代谢排出体外。L- 谷氨酸脱氢酶广泛存在于肝、肾和脑组织中，它与氨基转移酶的协同作用（联合脱氨作用），几乎可催化所有氨基酸的脱氨基作用，对体内营养非必需氨基酸的合成起重要作用。

（三）联合脱氨作用是体内氨基酸主要的脱氨基途径

转氨基作用只是将氨基酸上的氨基转移给 α- 酮戊二酸或其他 α- 酮酸，并没有真正脱氨。体内实现真正意义上的脱氨基主要是通过联合脱氨作用完成。

转氨基偶联谷氨酸氧化脱氨进行联合脱氨作用：α- 氨基酸与 α- 酮戊二酸通过转氨作用生成 L- 谷氨酸，后者在 L- 谷氨酸脱氢酶作用下，经氧化脱氨作用释放出游离的 NH_3，即转氨作用与谷氨酸氧化脱氨作用偶联实现氨基酸的脱氨基作用，称为联合脱氨作用或称转脱氨基作用（transdeamination），见图 8-12。

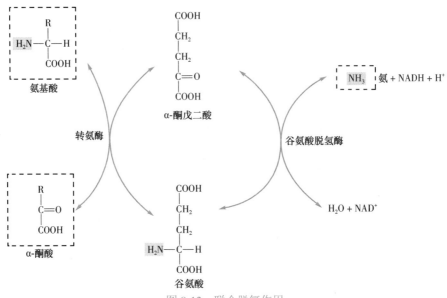

图 8-12 联合脱氨作用

转氨 - 氧化脱氨的特点是：①对于多数氨基酸的脱氨作用，偶联的顺序是先转氨，然后氧化脱氨。②转氨作用的氨基受体是 α- 酮戊二酸，因为对于氧化脱氨，L- 谷氨酸脱氢酶活性高，特异性强，其他 α- 酮酸虽可参与转氨作用，但生成的相应氨基酸因缺乏相应的酶，而不易进一步氧化脱氨。

由于 L- 谷氨酸脱氢酶在肝、肾、脑中的活性最强，因此，该方式的联合脱氨作用主要是在肝、肾、脑组织内进行得比较活跃。

在骨骼肌和心肌组织中 L- 谷氨酸脱氢酶活性较弱，难以进行转氨 - 氧化脱氨基作用，在这些组织中氨基酸主要通过转氨 - 嘌呤核苷酸循环偶联达到脱氨基的目的。

（四）L- 氨基酸氧化酶催化氨基酸脱氨

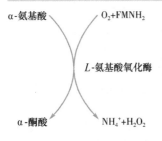

机体中大多数 L-α- 氨基酸释放氨基是通过转氨 - 氧化脱氨的联合脱氨方式。在肝肾组织中还存在一种 L- 氨基酸氧化酶，其辅基是 FMN 或 FAD，属于黄素蛋白酶类。黄素蛋白将氨基酸氧化成 α- 亚氨基，再加水分解生成相应的 α- 酮酸，并释放 NH_4^+，还原型的黄素蛋白被分子氧氧化，生成 H_2O_2，H_2O_2 被过氧化氢酶裂解成氧和 H_2O。过氧化氢酶存在于大多数组织中。

二、氨基酸脱下的氨有毒，需要安全转运和解毒

（一）体内血氨的来源与去路保持动态平衡

体内氨基酸分解代谢产生的氨及肠道吸收的氨进入血液形成血氨。正常人生理状态下的血氨浓度为 47 ~ 65μmol/L。氨是有毒的，脑组织对氨的作用尤为敏感。因此，体内血氨的来源与去路需要保持动态平衡，氨基酸脱下的氨需要安全转运和解毒。

1. 血氨有三个重要来源

（1）氨基酸脱氨及胺类物质的分解产生氨：其中以氨基酸联合脱氨作用产生的氨为主；体内的胺类物质分解也产生氨，如肾上腺素、去甲肾上腺素及多巴胺等化合物在胺氧化酶的催

$$RCH_2NH_2 \xrightarrow{\text{胺氧化酶}} RCHO + NH_3$$

化下产生氨。

（2）肠道菌腐败作用和尿素分解产生氨：肠道氨主要包括蛋白质腐败作用产生的氨，还有尿素渗入肠道经细菌脲酶水解产生的氨。肠道产生氨的量较多，每日约4g；肠道腐败作用增强时产生氨的量增多，肠道内产生的氨经血液运至肝脏合成为尿素，相当于正常人每天排出尿素总量的1/4。NH_3比NH_4^+容易穿过细胞膜而被吸收入细胞，NH_3与NH_4^+的互变受肠液pH的影响，肠液pH > 6时，NH_3大量扩散入血；反之pH < 6时氨以NH_4^+盐形式排出体外。临床上对于高血氨患者应用弱酸性结肠透析液做透析以减少NH_3的吸收。

（3）肾小管上皮细胞水解谷氨酰胺产生氨：谷氨酰胺酶催化谷氨酰胺水解生成谷氨酸和氨。这部分氨分泌进入肾小管管腔中，与尿中的H^+结合成NH_4^+，以铵盐的形式排出体外，这对调节机体的酸碱平衡起重要作用。但碱性尿液妨碍肾小管细胞中的NH_3分泌，这些氨部分进入血液，成为血氨的一个来源。因此，当原尿中碱性物质过多时，不利于氨的排出，可引起血氨升高。故对肝硬化腹水患者不宜用碱性利尿剂。

2. 血氨主要有四个去路

（1）在肝中合成尿素，肝细胞通过鸟氨酸循环将有毒的氨转变成无毒的尿素，经肾脏排出体外，这是体内氨的主要去路。

（2）氨与谷氨酸在谷氨酰胺合成酶的催化下合成无毒的谷氨酰胺。

（3）通过 α- 酮酸再氨基化合成营养非必需氨基酸，或合成其他含氮化合物。

（4）由肾小管分泌的氨与尿中 H^+ 结合，以铵盐形式排出体外。

血氨的三个来源四个去路保持血氨的动态平衡（图 8-13）。

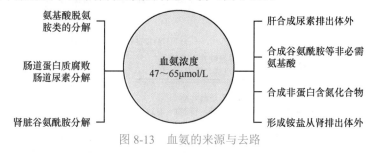

图 8-13　血氨的来源与去路

（二）血氨以丙氨酸和谷氨酰胺的形式进行转运

氨的毒性很强，人在正常生理 pH 时，血氨呈痕量。各组织产生的有毒氨是以无毒的形式经血液运输到肝脏合成尿素，或转运到肾脏以铵盐的形式排出体外。血液中的氨主要以丙氨酸和谷氨酰胺两种形式转运。

1. 氨通过丙氨酸 - 葡萄糖循环从肌肉运至肝脏　肌肉蛋白质降解生成的氨基酸，经分解代谢产生的氨，通过转氨基作用转给丙酮酸，生成丙氨酸，丙氨酸经血液转运到肝脏。在肝脏中，丙氨酸通过联合脱氨作用生成丙酮酸和氨。氨通过尿素循环合成尿素，丙酮酸则沿糖异生途径生成葡萄糖。葡萄糖由血液输送至肌肉组织，通过糖酵解途径转变成丙酮酸，丙酮酸又可再接受氨基成为丙氨酸。如此，丙氨酸和葡萄糖在肌肉和肝脏之间反复进行氨的转运，故将这一过程称为丙氨酸 - 葡萄糖循环（alanine-glucose cycle）（图 8-14）。

丙氨酸 - 葡萄糖循环的意义在于：①通过此循环使肌肉的氨以无毒的丙氨酸形式运输到肝脏合成尿素；②为肝脏的异生糖作用提供了最优质最关键的丙氨酸，并为肌肉提供生成葡萄糖的丙酮酸。实验研究表明，肝脏利用丙氨酸异生葡萄糖的速率远超过其他氨基酸。当丙氨酸浓度达到生理水平的 20 ～ 30 倍时，肝脏将丙氨酸异生为糖的能力才全部发挥。丙氨酸 - 葡萄糖循环除了在肌肉与肝脏之间进行，肠及其他器官也都不同程度地释放丙氨酸，经血流入肝脏代谢。

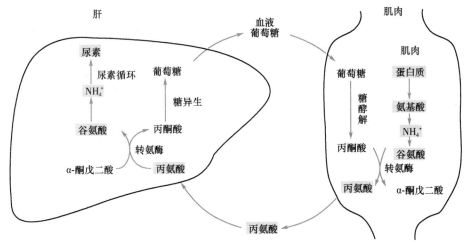

图 8-14 丙氨酸 - 葡萄糖循环

2. 氨以谷氨酰胺形式从脑和肌肉转运至肝脏和肾脏 谷氨酰胺是安全转运氨的另一种形式。脑和肌肉等组织中存在的谷氨酰胺合成酶（glutamine synthetase），催化谷氨酸与氨生成谷氨酰胺（固氨），后者由血液输送到肝脏或肾脏（运氨）。而肝脏、肾脏组织中存在的谷氨酰胺酶（glutaminase），可将谷氨酰胺水解为谷氨酸和氨，氨在肝脏中生成尿素经肾脏排出体外。谷氨酰胺的合成与分解是由存在于不同组织的两种不同的酶催化的不可逆反应，其合成需消耗 ATP。

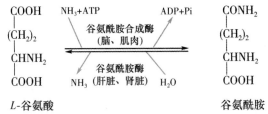

L-谷氨酸　　　　　　　　　　　　　　　　　　谷氨酰胺

谷氨酰胺转运氨的生理意义在于：①解除氨毒，以无毒的谷氨酰胺的形式运输氨。②谷氨酰胺也是体内储氨和供氨的形式，在脑中的固氨和运氨过程中起重要作用。③谷氨酰胺的酰胺氮能掺入嘌呤和嘧啶碱中，参与核苷酸的合成；谷氨酰胺也是合成蛋白质的 20 种氨基酸原料之一和糖异生的原料之一。④在肾脏中谷氨酰胺分解放出的氨通过 NH_3-Na^+ 交换，泌入尿中，中和原尿中的 H^+，形成铵盐（NH_4^+），从尿中排出，起调节酸碱平衡的重要作用。

此外，机体内合成蛋白质所需的天冬酰胺，可由谷氨酰胺提供酰胺基，使天冬氨酸转变成天冬酰胺。但白血病细胞却不能或很少能合成天冬酰胺，必须由血液中提供。因此，临床上应用天冬酰胺酶（asparaginase）减少血中天冬酰胺浓度，可达到治疗白血病的目的。

天冬酰胺　　　　　　　　　　　　　　　　　　天冬氨酸

（三）肝脏合成尿素是氨的主要代谢去路

正常人体内的氨主要在肝脏中合成尿素，再经肾脏排出体外。仅少部分氨在肾脏以铵盐的形式随尿排出。正常成人排出的尿素占排氮总量的 80% ～ 90%。因此，尿素是人体氨基酸分解代谢的主要终产物。

1. 尿素合成机制的乌氨酸循环学说　动物实验和临床观察证明，肝脏是尿素合成的主要器官。肾脏及脑等其他组织虽然也能合成尿素，但合成量甚微。

肝脏合成尿素的机制早在 20 世纪 30 年代已阐明，德国科学家 Hans Krebs 和 Kurt Henseleit 根据一系列实验研究，首次提出了合成尿素的乌氨酸循环（ornithine cycle），也称为尿素循环（urea cycle）或 Krebs-Henseleit 循环。乌氨酸循环学说的实验依据是：①通过组织切片技术，将大鼠肝脏的薄切片置于有氧条件下与铵盐混合，保温数小时后，铵盐的含量减少，尿素生成增多；②在切片中分别加入多种可能有关的化合物，发现精氨酸、乌氨酸或瓜氨酸能够大大加速尿素的合成；③从这三种氨基酸的结构分析，乌氨酸是瓜氨酸的前体，瓜氨酸是精氨酸的前体；④早有实验证明，肝脏含有精氨酸酶，此酶能催化精氨酸水解生成乌氨酸及尿素；⑤对实验结果的进一步分析发现，尿素的生成量与铵盐的减少量相当，而加入的 3 种氨基酸则无量的明显变化，只是起催化剂的作用。上述实验证明了尿素合成机制的乌氨酸循环学说，如图 8-15 所示。

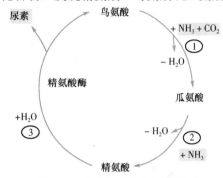

图 8-15　合成尿素的乌氨酸循环

2. 乌氨酸循环合成尿素通过五步主要反应过程　尿素合成的全程可分两个阶段，即线粒体阶段和胞质反应阶段，总共五步反应，详细反应历程如下所述。

（1）NH_3、CO_2 和 ATP 缩合生成氨基甲酰磷酸：在肝细胞线粒体中，氨基甲酰磷酸合成酶Ⅰ（carbamoyl phosphate synthetase，CPS-Ⅰ）在 Mg^{2+} 及 *N*- 乙酰谷氨酸（*N*-acetyl glutamatic acid，AGA）存在下，催化 NH_3、CO_2 和 ATP 缩合生成氨基甲酰磷酸（carbamoyl phosphate）。

$$CO_2+NH_3+H_2O+2ATP \xrightarrow[Mg^{2+},AGA]{\text{氨基甲酰磷酸合成酶Ⅰ}} \text{氨基甲酰磷酸} +2ADP+Pi$$

氨基甲酰磷酸

N-乙酰谷氨酸(AGA)

此反应不可逆，AGA 作为 CPS-Ⅰ 的变构激活剂，增加酶对 ATP 的亲和力。氨基甲酰磷酸是高能化合物，性质活泼，易与乌氨酸反应生成瓜氨酸。

（2）氨基甲酰磷酸与乌氨酸反应生成瓜氨酸：在肝细胞线粒体中，乌氨酸氨基甲酰转移酶（ornithine carbamoyl transferase，OCT）催化氨基甲酰基从氨基甲酰磷酸分子上转移至乌氨酸分子上生成瓜氨酸。此反应不可逆。

乌氨酸　氨基甲酰磷酸　　$\xrightarrow{\text{乌氨酸氨基甲酰转移酶}}$　　$+H_3PO_4$

瓜氨酸

（3）瓜氨酸与天冬氨酸生成精氨酸代琥珀酸：瓜氨酸在线粒体合成后，随即被转运到胞质中，在胞质中的精氨酸代琥珀酸合成酶（argininosuccinate synthetase，ASS）的催化下，瓜氨酸与天冬氨酸反应生成精氨酸代琥珀酸，此反应也需要 ATP 供能。ASS 是尿素合成的关键酶。

（4）精氨酸代琥珀酸裂解生成精氨酸和延胡索酸：在精氨酸代琥珀酸裂解酶（argininosuccinate lyase，ASL）的催化下，精氨酸代琥珀酸裂解生成精氨酸及延胡索酸。产物精氨酸分子中包含了来自游离氨和天冬氨酸分子中的氮，即天冬氨酸提供了尿素分子中的第二个氮原子。

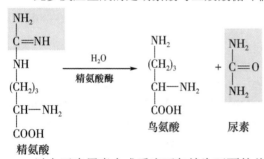

此步反应生成的延胡索酸与三羧酸循环偶联，转变成草酰乙酸，后者与谷氨酸经转氨作用，又可重新生成天冬氨酸，而谷氨酸的氨基可来自体内多种氨基酸。由此可见，体内多种氨基酸的氨基可通过天冬氨酸的形式参与尿素合成。

（5）精氨酸水解生成尿素及鸟氨酸：精氨酸在精氨酸酶催化下水解生成尿素及鸟氨酸，鸟氨酸可通过线粒体内膜上载体的转运再进入线粒体，参与新一轮鸟氨酸循环。

以上五步尿素合成反应可归结为下面的总反应式：

$$2NH_3 + CO_2 + 3ATP + 3H_2O \longrightarrow \underset{NH_2}{\overset{NH_2}{C=O}} + 2ADP + AMP + 4Pi$$

尿素生物合成过程及其在细胞的定位总结于图 8-16。

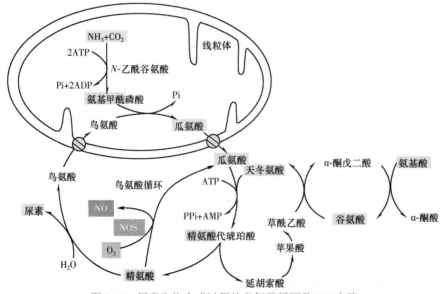

图 8-16　尿素生物合成过程的鸟氨酸循环及 NO 支路

3. 尿素合成要点总结

（1）合成场所：肝细胞线粒体和胞质中。

（2）合成机制：以鸟氨酸开始和结束，跨亚细胞器的不可逆循环。组成循环机构的主要成员鸟氨酸、瓜氨酸、精氨酸，反应前后不增减，起传递体和催化剂的作用。

（3）基本过程：历经线粒体、胞质两个反应阶段，共五步反应过程。

（4）关键反应关键酶：第1、3步反应是两步关键反应。催化这两步反应的酶分别是CPS-Ⅰ和ASS，分别是关键酶，对尿素合成起重要的调控作用。

（5）能量消耗：尿素合成是一个耗能的过程，每次循环消耗3分子ATP的4个高能磷酸键。

（6）尿素分子中N来源：每循环一次产生1分子尿素。尿素分子中的两个N，一个来自游离的NH_3，另一个则来自天冬氨酸，而天冬氨酸的α-氨基又可从其他氨基酸的转氨基作用而来。

（7）关联作用及意义：尿素合成可通过延胡索酸与三羧酸循环偶联，形成产能、耗能紧密偶联的Krebs双循环，确保机体解毒——尿素合成的能量供给。延胡索酸通过三羧酸循环再转变成草酰乙酸，草酰乙酸被谷氨酸转氨作用再生成天冬氨酸，天冬氨酸/延胡索酸中的碳骨架充当了谷氨酸的氨基转变成尿素的转运体，不断地向尿素合成提供氨基，确保尿素合成的原料供给。

4. 鸟氨酸循环的一氧化氮（NO）支路　20世纪90年代初，研究发现少量的精氨酸可通过一氧化氮合酶（nitric oxide synthase，NOS）作用，在鸟氨酸循环中直接被氧化成瓜氨酸，并产生NO，使天冬氨酸携带的氨基最终不形成尿素，而是被氧化为NO，称之为"鸟氨酸循环的NO支路"（图8-16）。该支路处理氨的数量远不如生成尿素，但生成的NO是一种重要的信号转导分子，NO是体内发现的第一个气体信号分子，近年来受到高度关注。现已证实，NO对心血管、消化道等平滑肌的松弛、感觉传入及学习记忆有重要作用。先天性精氨酸代琥珀酸合成酶或其裂解酶缺乏，可见严重的精神障碍。

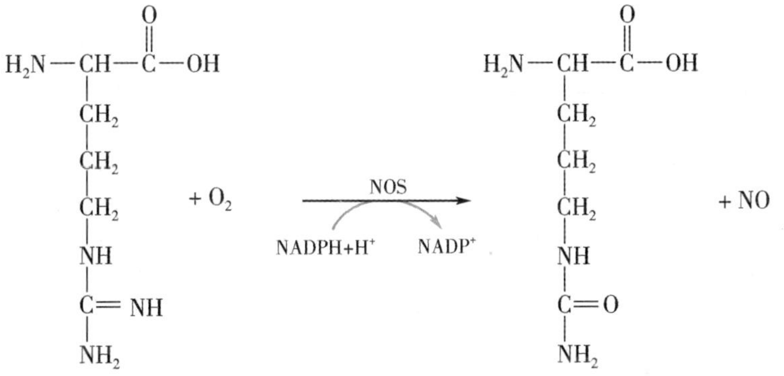

精氨酸　　　　　　　　　　　瓜氨酸　　　一氧化氮

5. 尿素合成受关键酶和膳食蛋白质的调节　机体能及时充分解除氨的毒性，与肝中尿素合成是否正常密切相关。尿素合成速度可受体内多种因素的调节。

（1）AGA变构激活关键酶CPS-Ⅰ：AGA是谷氨酸和乙酰辅酶A经AGA合成酶催化而生成，精氨酸是AGA合成酶的激活剂，精氨酸浓度增加，加速尿素合成。因此，临床上用精氨酸治疗高氨血症。

（2）精氨酸代琥珀酸合成酶活性调节尿素合成：尿素合成酶系中共有五种酶，各种酶的活性相差很大，其中精氨酸代琥珀酸合成酶的活性最低，是尿素合成的关键酶，可调节尿素合成的速度。

（3）膳食高蛋白质加速尿素合成：正常人高蛋白膳食时尿素合成的速度增加，反之，尿素合成速度减慢。

6.尿素合成障碍可引起高氨血症及氨中毒　　肝脏合成尿素是维持血氨浓度的关键。肝功能受损害时，尿素合成发生障碍，血氨浓度升高，称为高氨血症。临床表现为中枢神经系统紊乱症状，如呕吐、厌食、间歇性共济失调、嗜睡甚至昏迷。高氨血症的生化机制可能是由于血氨增高时引起脑氨增多，使脑中谷氨酰胺合成酶活性增高，催化谷氨酸与氨结合生成谷氨酰胺，但如果血氨、脑氨持续增高，使得 L-谷氨酸脱氢酶催化 α-酮戊二酸与 NH_3 结合生成谷氨酸，而 α-酮戊二酸的消耗致使三羧酸循环受抑，脑中 ATP 生成降低，从而引起大脑功能障碍，严重时患者可发生昏迷。另一种可能机制是谷氨酸和谷氨酰胺浓度增加导致渗透压增大引起脑水肿。肝性脑病的生化机制较复杂，因血氨增高导致氨中毒是其重要发病机制之一。

三、氨基酸脱氨后的 α-酮酸进行转变或分解

氨基酸脱氨基后生成的碳骨架，即 α-酮酸（α-keto acid），在体内主要有以下代谢去路。

（一）α-酮酸转变成糖和脂类化合物

营养学研究发现，有 13 种氨基酸在体内可以转变成糖，这些可转变成糖的氨基酸称为生糖氨基酸（glucogenic amino acid）；有 2 种氨基酸在体内能转变为酮体，称之为生酮氨基酸（ketogenic amino acid）；有 5 种氨基酸在体内既能转变成糖又能转变为酮体，称这些氨基酸为生糖兼生酮氨基酸（glucogenic and ketogenic amino acid）（表 8-5）。

表 8-5　氨基酸生糖，生酮或两者兼生的分类

类别	氨基酸
生糖氨基酸	甘氨酸、丝氨酸、缬氨酸、组氨酸、精氨酸、半胱氨酸、脯氨酸、丙氨酸、谷氨酸、谷氨酰胺、天冬氨酸、天冬酰胺、甲硫氨酸
生酮氨基酸	亮氨酸、赖氨酸
生糖兼生酮氨基酸	异亮氨酸、苯丙氨酸、酪氨酸、苏氨酸、色氨酸

上述三类氨基酸脱氨基后产生的 α-酮酸结构差异很大，其代谢途径也不尽相同，但在 α-酮酸转变成糖及（或）酮体的过程中，所涉及的中间产物不外乎是乙酰辅酶 A（生酮氨基酸）、丙酮酸及三羧酸循环中的中间代谢物：琥珀酰辅酶 A、延胡索酸、草酰乙酸及 α-酮戊二酸等（生糖氨基酸）。通过这些中间产物使 α-酮酸纳入糖代谢途径或纳入脂肪（或酮体）代谢途径（图 8-17）。

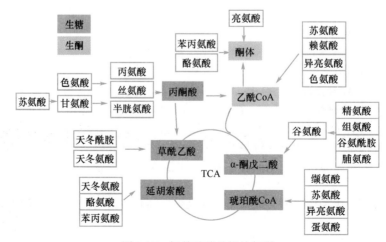

图 8-17　氨基酸碳骨架的代谢

（二）α- 酮酸通过氨基化生成营养非必需氨基酸

如前所述，转氨作用和氧化脱氨基作用都是可逆的，顺其逆反应使 α- 酮酸氨基化再合成相应的氨基酸。但体内只能净合成营养非必需氨基酸，而不能净合成营养必需氨基酸。因为所有的营养非必需氨基酸均为生糖氨基酸，这些氨基酸转变为糖的过程是可逆的，由糖提供相应的 α- 酮酸或来自糖代谢和三羧酸循环的产物。而营养必需氨基酸的生糖或生酮的过程是不可逆的，相应的 α- 酮酸除来自其本身外，在体内不可能由糖、脂肪等其他物质提供。

（三）α- 酮酸可被彻底氧化分解供能

氨基酸作为能源物质是其重要的生理功能之一。氨基酸脱氨后生成的 α- 酮酸在体内可通过三羧酸循环及生物氧化体系被彻底氧化生成 CO_2 和 H_2O，同时释放能量供机体生理活动的需要。

第四节　氨基酸的分类代谢

组成人体蛋白质常见的 20 种氨基酸，由于化学结构上的共性，表现出共同代谢规律（如前所述）；但因氨基酸侧链 R 基团的不同，使它们又具有特殊的代谢特点和途径，并具有重要的生理意义。本节将对氨基酸的分类代谢途径进行描述。

一、氨基酸的脱羧基作用产生特殊的胺类物质

有些氨基酸在体内相应的脱羧酶（decarboxylase）催化下，脱去羧基生成胺类物质，称脱羧基作用（decarboxylation）。氨基酸脱羧酶的辅酶是磷酸吡哆醛，不同的氨基酸必须由不同的脱羧酶催化，即氨基酸脱羧酶具有底物专一性。氨基酸脱羧基作用并非氨基酸主要的分解途径，但其产物胺常具有重要的生理功能。然而，胺若在体内蓄积，会引起神经和心血管系统功能紊乱，体内广泛存在单胺氧化酶类，可将胺氧化为相应的醛、NH_3 和 H_2O_2，醛再进一步氧化为羧酸，从尿中排出，或氧化成 CO_2 和 H_2O，从而避免胺类的蓄积。

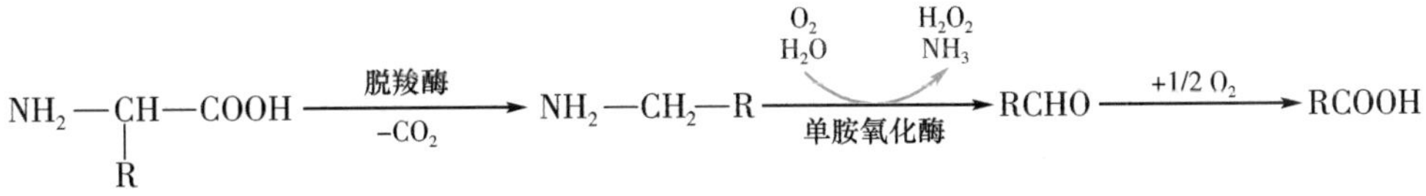
NH₂—CH—COOH
R
脱羧酶
-CO₂
NH₂—CH₂—R
O₂
H₂O
H₂O₂
NH₃
单胺氧化酶
RCHO
+1/2 O₂
RCOOH

（一）谷氨酸脱羧生成 γ- 氨基丁酸

L- 谷氨酸由 *L*- 谷氨酸脱羧酶催化脱去羧基生成 γ- 氨基丁酸（γ-aminobutyric acid,GABA），GABA 是一种重要的中枢神经系统抑制性神经递质。由于 *L*- 谷氨酸脱羧酶在脑组织中活性较高，因此脑中 GABA 浓度较高，GABA 的降解首先通过转氨基作用生成琥珀酸半醛，然后再转变成琥珀酸，进入三羧酸循环彻底氧化分解。

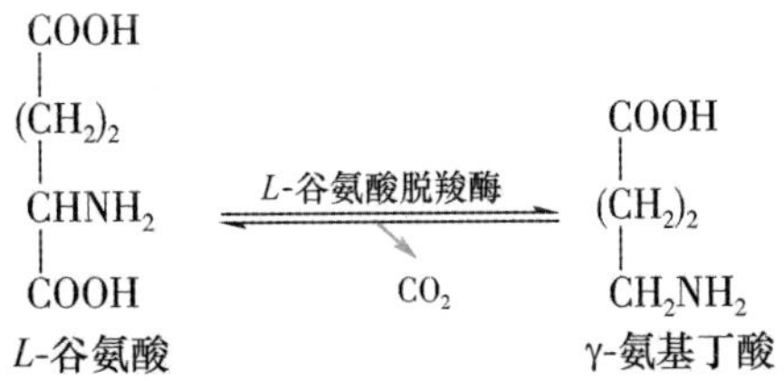
COOH
(CH₂)₂
CHNH₂
COOH
L-谷氨酸
L-谷氨酸脱羧酶
CO₂
COOH
(CH₂)₂
CH₂NH₂
γ-氨基丁酸

由于 GABA 的生成与降解均需磷酸吡哆醛参与，故维生素 B_6 缺乏，首先影响谷氨酸脱羧酶，使 GABA 生成不足，引起中枢过度兴奋。临床上使用异烟肼（雷米封）治疗结核病时，需注意同时补充维生素 B_6，因为异烟肼与维生素 B_6 结合后，加速维生素 B_6 从尿中排出，而降低其在体内浓度，有可能诱发惊厥等神经症状。

（二）组氨酸脱羧生成组胺

组氨酸在组氨酸脱羧酶催化下，脱羧生成组胺（histamine）。

$$\text{L-组氨酸} \xrightarrow[CO_2]{\text{组氨酸脱羧酶}} \text{组胺}$$

组胺在体内分布广泛，主要存在于人体多种组织，如脑、肺、肝、肌肉、肠黏膜和结缔组织的肥大细胞及嗜碱性细胞中。组胺具有强烈的血管舒张作用，增加毛细血管通透性，可诱发荨麻疹等过敏反应；组胺还可以促进胃黏膜分泌胃蛋白酶原及胃酸；此外，组胺也可能是脑内的一种神经递质，目前认为它与觉醒状态、情绪控制等有关。组胺可经氧化或甲基化被灭活。

（三）色氨酸经羟化、脱羧生成 5- 羟色胺

色氨酸先经色氨酸羟化酶作用生成 5- 羟色氨酸，然后再脱羧生成 5- 羟色胺（5-hydroxy-tryptamine，5-HT）。

$$\text{色氨酸} \xrightarrow{\text{色氨酸羟化酶}} \text{5-羟色氨酸}$$

$$\xrightarrow[CO_2]{\text{5-羟色氨酸脱羧酶}} \text{5-羟色胺}$$

5- 羟色胺最早从血清中发现，故又得名血清素（serotonin）。实际上，5- 羟色胺在体内分布广泛，神经组织、胃肠道、血小板、乳腺细胞等都可以生成 5- 羟色胺。在脑内 5- 羟色胺作为神经递质，具有抑制作用，其量不足可影响睡眠，但过多时可升高体温，导致焦虑；在外周组织 5- 羟色胺可引起小动脉和支气管平滑肌收缩。

5- 羟色胺降解的主要途径是经单胺氧化酶作用生成 5- 羟色醛，继而再氧化成 5- 羟吲哚乙酸。恶性肿瘤和嗜银细胞瘤能产生大量 5- 羟色胺，因而患者尿中常排出大量 5- 羟吲哚乙酸等代谢产物。

（四）有些氨基酸在体内脱羧产生多胺

多胺（polyamine）是一类含多个氨基的化合物。有些氨基酸在体内经脱羧作用可以产生多胺。例如，精氨酸水解生成的鸟氨酸经脱羧作用生成腐胺（putrescine），腐胺是亚精胺（spermidine）及精胺（spermine）的前体。腐胺、亚精胺、精胺统称为多胺。多胺生成的过程如下：

$$\text{L-鸟氨酸} \xrightarrow[-CO_2]{\text{鸟氨酸脱羧酶}} H_2N(CH_2)_4NH_2(\text{腐胺})$$

$$\text{S-腺苷甲硫氨酸(SAM)} \xrightarrow[-CO_2]{\text{S-腺苷甲硫氨酸脱羧酶}} \text{腺苷}-S^+-(CH_2)_3-NH_2(\text{脱羧基SAM})$$
$$| $$
$$CH_3$$

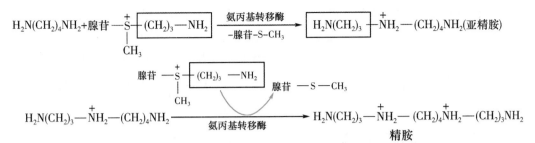

精胺与亚精胺（精脒）是调节细胞生长的重要物质。凡属生长旺盛的组织，如胚胎、再生肝、肿瘤组织、或给予生长激素后的实验动物等，多胺合成的关键酶——鸟氨酸脱羧酶（orinithine decarboxylase）的活性增强，多胺的含量也增多。多胺促进细胞增殖的机制可能与其能稳定细胞结构，促进核酸和蛋白质的合成有关。人体每日合成约 0.5mmol 多胺。在体内多胺小部分氧化为 NH_3 及 CO_2，大部分多胺与乙酰基结合由尿排出。目前临床上测定患者血或尿中多胺的水平作为肿瘤辅助诊断及病情变化的生化指标之一。

二、体内有些氨基酸分解代谢产生一碳单位

（一）一碳单位的概念及其运载体

有些氨基酸在代谢过程中可分解产生含有一个碳原子的有机基团，称为"一碳单位"（one-carbon unit）又称一碳基团（one-carbon group），一碳单位包括：甲基（$-CH_3$，methyl）、亚甲基（$-CH_2-$，methylene）、甲炔基（$-CH=$，methenyl，又称次甲基）、甲酰基（$O=CH-$，formyl）和亚氨甲基（$HN=CH-$，formimino）。氨基酸分解代谢产生的一碳单位不能游离存在，需与载体结合参与"一碳单位"的代谢。四氢叶酸（tetrahydrofolic acid，FH_4）是"一碳单位"的载体或传递体。一碳单位通常结合在 FH_4 分子的 N^5 和 N^{10} 上。在体内，四氢叶酸由叶酸经二氢叶酸还原酶（dihydrofolate reductase）催化经两步还原反应生成。

四氢叶酸(FH_4)

$$\text{叶酸} \xrightarrow[\substack{\text{二氢叶酸还原酶}}]{} \text{二氢叶酸} \xrightarrow[\substack{\text{二氢叶酸还原酶}}]{} \text{四氢叶酸}$$

$NADPH + H^+ \quad NADP^+ \qquad NADPH + H^+ \quad NADP^+$

（二）某些氨基酸产生一碳单位并可相互转变

产生一碳单位的氨基酸有甘氨酸、丝氨酸、甲硫氨酸和组氨酸。色氨酸在分解代谢过程中产生的甲酸也参加一碳单位的代谢。

（1）由丝氨酸和甘氨酸生成 N^5,N^{10}- 亚甲基四氢叶酸。

$$\underset{\text{丝氨酸}}{HO-CH_2-\underset{\substack{|\\NH_2}}{CH}-COOH} + FH_4 \xrightarrow{\text{羟甲基转移酶}} \underset{N^5,N^{10}\text{-亚甲基四氢叶酸}}{\boxed{N^5,N^{10}-CH_2-FH_4}} + \underset{\text{甘氨酸}}{H_2N-CH_2-COOH}$$

$$\underset{\text{甘氨酸}}{H_2N-CH_2-COOH} + FH_4 + NAD^+ \xrightarrow{\text{甘氨酸裂解酶系}} NH_3 + CO_2 + \underset{N^5,N^{10}\text{-亚甲基四氢叶酸}}{\boxed{N^5,N^{10}-CH_2-FH_4}} + NADH + H^+$$

（2）由组氨酸生成 N^5-亚氨基甲基四氢叶酸和（或）N^5,N^{10}-次甲基四氢叶酸。

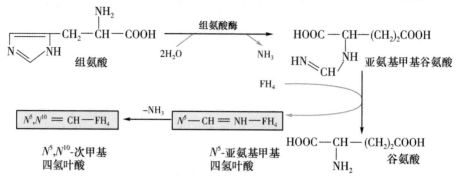

（3）由色氨酸代谢生成 N^{10}-甲酰四氢叶酸。

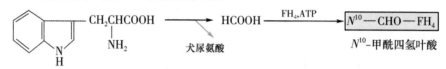

FH$_4$ 一方面在不同酶催化下接受来源不同的各种形式的一碳单位，另一方面它所结合的一碳单位可以在酶的催化下相互转变，但生成 N^5-甲基四氢叶酸的反应为不可逆，见图 8-18。

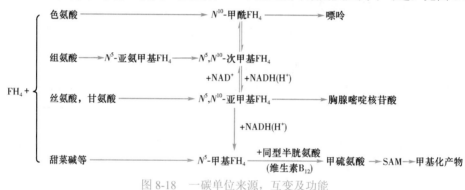

图 8-18　一碳单位来源，互变及功能

（三）一碳单位的主要功能是参与嘌呤和嘧啶的合成

一碳单位在核酸合成中占有重要的地位，可作为嘌呤和嘧啶的合成原料。一碳单位代谢是氨基酸代谢和核酸代谢相互联系的重要途径。一碳单位代谢障碍或 FH$_4$ 不足会引起巨幼红细胞性贫血病。一碳单位还参与体内许多重要的化合物的合成。N^5-甲基四氢叶酸通过 S-腺苷甲硫氨酸向许多化合物提供甲基，参与体内许多重要化合物的合成和修饰（如儿茶酚胺类、胆碱、核酸等）。

临床上应用磺胺类药物抑制细菌合成叶酸而杀菌；用叶酸类似药物如甲氨蝶呤等抑制 FH$_4$ 的生成，从而抑制核酸合成而抗癌。

三、含硫氨基酸的代谢相互联系且有差别

含硫氨基酸包括甲硫氨酸（或称蛋氨酸）、半胱氨酸和胱氨酸。在体内，甲硫氨酸可以转变为半胱氨酸和胱氨酸，半胱氨酸和胱氨酸之间可以互变，但后两者不能转变为甲硫氨酸，甲硫氨酸是营养必需氨基酸。

（一）甲硫氨酸是体内甲基的重要来源

1. 甲硫氨酸参与体内多种转甲基作用　甲硫氨酸分子中含有 S-甲基，在腺苷转移酶

（adenosyl transferase）催化下与 ATP 反应生成 S- 腺苷甲硫氨酸（S-adenosylmethionine，SAM），SAM 中的甲基与有机四价硫结合而被高度活化，故称为活性甲基。

$$COOH \quad + \quad \textcircled{P} \sim \textcircled{P} \sim \textcircled{P} \quad \xrightarrow[\text{PPi+Pi}]{\text{腺苷转移酶}} \quad COOH$$

甲硫氨酸   ATP S-腺苷甲硫氨酸

SAM 也被称为活性甲硫氨酸，是体内最重要、最直接的甲基供体，参与体内多种转甲基作用，其活性甲基在不同的甲基转移酶催化下，可以将甲基转移给各种甲基受体而形成许多甲基化合物，如肾上腺素、胆碱、肉碱、肌酸等均是含甲基的重要生理活性物质。甲基化作用是体内具有广泛生理意义的重要代谢反应。

2. 甲硫氨酸通过甲硫氨酸循环再生 甲硫氨酸活化生成 SAM，SAM 通过转甲基作用，将甲基转移给甲基接受体，其本身转变为 S- 腺苷同型半胱氨酸，后者进一步转变成同型半胱氨酸，同型半胱氨酸可接受 N^5-CH_3-FH_4 分子中的甲基再生成甲硫氨酸。从甲硫氨酸活化为SAM 到转出甲基再生成甲硫氨酸的全过程称为甲硫氨酸循环（图 8-19）。

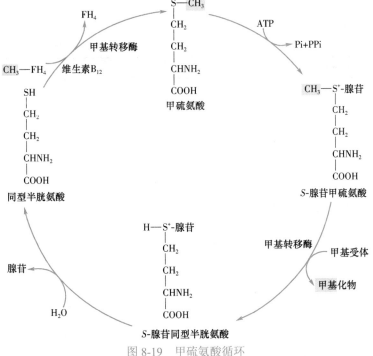

图 8-19 甲硫氨酸循环

甲硫氨酸循环的生理意义是：①通过循环，为体内广泛存在的甲基化反应提供甲基。循环中的 N^5-CH_3-FH_4 可看成体内甲基的间接供体。②通过循环 N^5-CH_3-FH_4 释放出甲基，使 FH_4 再生。③通过循环可减少体内甲硫氨酸的消耗，反复利用满足机体甲基化的需求。

N^5-CH$_3$-FH$_4$ 甲基转移酶的辅酶是维生素 B$_{12}$。因此，维生素 B$_{12}$ 缺乏时，N^5-CH$_3$-FH$_4$ 上的甲基不能转移给同型半胱氨酸，这不仅影响甲硫氨酸的合成，同时也妨碍叶酸的再利用，使一碳单位代谢障碍，导致核酸合成障碍，从而影响细胞的分裂，临床上患者出现巨幼红细胞性贫血。虽然同型半胱氨酸接受甲基生成甲硫氨酸，但同型半胱氨酸在体内不能合成，只能由甲硫氨酸通过该循环转变而来，所以甲硫氨酸不能在体内合成，必须从食物中摄取。

3. 甲硫氨酸代谢障碍导致高同型半胱氨酸血症　体内同型半胱氨酸主要通过两种代谢途径进行代谢，一是前述的经甲硫氨酸循环甲基化途径生成甲硫氨酸；二是经转硫途径，通过以磷酸吡哆醛为辅酶的胱硫脒合酶（cystathionine sythase）催化，与丝氨酸缩合成胱硫脒，后者又可水解为半胱氨酸和同型丝氨酸，半胱氨酸可进一步代谢为硫酸盐经肾排泄。

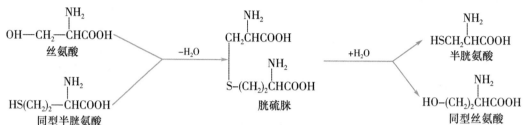

1969 年 McCully 发现高同型半胱氨酸尿症和胱硫醚尿症的患者早期即可发生全身动脉粥样硬化和血栓形成，动物实验证实同型半胱氨酸在血中蓄积可导致类似血管损害。因此，近年来科学家将高同型半胱氨酸血症和高胆固醇症归为动脉粥样硬化和冠心病的独立危险因素。甲硫氨酸代谢障碍会导致高同型半胱氨酸血症，引起甲硫氨酸代谢障碍的原因主要有遗传（酶基因缺陷）和环境营养（叶酸、维生素 B$_{12}$ 或维生素 B$_6$ 缺乏）两大因素（表 8-6）。目前科学家们正试图用转硫途径等多种手段降低血中同型半胱氨酸浓度，达到预防心血管疾病等的作用。

表 8-6　导致高同型半胱氨酸血症的原因、机制和疾病

浓度升高原因	致病机制	所致疾病
遗传性疾病	损伤血管内皮细胞	心脏病
B 族维生素缺乏	促进血小板激活	卒中
（叶酸、维生素 B$_6$、维生素 B$_{12}$）	增强凝血功能	静脉栓塞
雌激素缺乏	促进血管平滑肌增殖	反复流产
咖啡摄入过度	刺激 LDL 氧化	神经管缺陷、新生儿缺陷
吸烟	细胞毒作用	老年痴呆

（二）半胱氨酸代谢产生多种生理活性物质

1. 半胱氨酸与胱氨酸可互变　半胱氨酸含有巯基（—SH），胱氨酸含有二硫键（—S—S—），两者可通过氧化还原反应而互变。

蛋白质分子中半胱氨酸的—SH 是许多蛋白质或酶的活性基团，如琥珀酸脱氢酶、乳酸脱

氢酶等均含—SH，称为巯基酶。两个半胱氨酸形成的二硫键对于维持蛋白质分子构象起着重要作用。体内存在的还原型谷胱甘肽对维持巯基酶的活性和红细胞膜的稳定性有重要意义。

2. 半胱氨酸代谢可产生硫酸根 含硫氨基酸氧化分解均可产生硫酸根，半胱氨酸是体内硫酸根的主要来源。通过双加氧酶催化的直接氧化途径或通过脱氨、脱巯基反应转变为丙酮酸、氨和 H_2S。H_2S 经氧化产生 H_2SO_4，部分 SO_4^{2-} 以无机盐的形式从尿中排出，另部分 SO_4^{2-} 被 ATP 活化成"活性硫酸根"，即 3'- 磷酸腺苷 -5'- 磷酰硫酸（3'-phosphoadenosine-5'-phospho-sulfate，PAPS），生成 PAPS 的反应过程如下。

$$ATP+SO_4^{2-} \xrightarrow{-PPi} AMP-SO_3^- \xrightarrow{+ATP} 3'-PO_3H_2-AMP-SO_3^-+ADP$$

腺苷-5'-磷酰硫酸　　　　　　　　PAPS

PAPS结构

PAPS 的化学性质活泼，可以使某些物质形成硫酸酯，在肝脏的生物转化中有重要作用。例如，类固醇激素被结合成硫酸酯后失活，并能增加其溶解性以利于从尿中排出（见第十一章肝胆生物化学）。此外，PAPS 还可参与蛋白聚糖分子中硫酸化氨基糖的合成。

3. 半胱氨酸经氧化脱羧产生牛磺酸 在体内半胱氨酸先氧化成磺酸丙氨酸，再脱羧生成牛磺酸（taurine）。

L-半胱氨酸　　　磺酸丙氨酸　　　　　　　牛磺酸

牛磺酸是体内重要的生理物质，是构成牛磺胆酸（一种结合胆汁酸）的成分。现发现脑组织含有较多的牛磺酸，婴幼儿脑中含量尤高。牛磺酸可能具有促进婴幼儿脑组织细胞和功能的发育，提高神经传导和视觉功能等作用，还可能是一种抑制性神经递质。

四、肌酸和磷酸肌酸的代谢

肌酸（creatine）在肝脏和肾脏中合成，以甘氨酸为碳骨架，精氨酸提供脒基，SAM 提供甲基，在脒基转移酶和甲基转移酶的催化下合成肌酸。肌酸广泛分布于心肌、骨骼肌和大脑等组织中。在体内 ATP 富足时，可在肌酸磷酶（CK）催化下将 ATP 中的高能磷酸基团转移到肌酸分子中形成磷酸肌酸（creatine phosphate，C～P）。磷酸肌酸是脑、神经和肌肉等组织贮能的主要形式。临床上常检测血或尿中 CK 活性作为辅助诊断依据之一（见第三章中的同工酶）。

肌酸和磷酸肌酸经脱水或脱磷酸即产生肌酐，肌酐为含氮代谢终产物随尿排出体外。正常人每日随尿排出的肌酐量恒定。肾功能障碍时，可引起肌酐排泄受阻，血中肌酐浓度升高。血肌酐正常参考值为 44 ～ 115μmol/L，可作为肾功能测定指标。图 8-20 总结了肌酸的代谢。

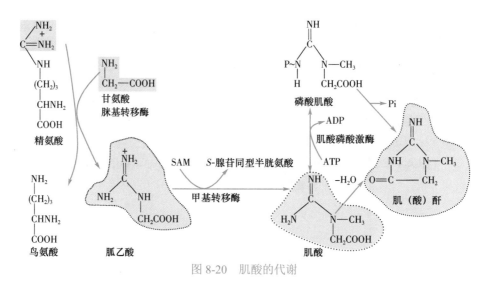

图 8-20　肌酸的代谢

五、芳香族氨基酸代谢可转变成重要的神经递质

芳香族氨基酸包括苯丙氨酸、酪氨酸和色氨酸。苯丙氨酸和色氨酸是营养必需氨基酸。酪氨酸可由苯丙氨酸羟化生成，酪氨酸的摄入可减少苯丙氨酸的消耗，故酪氨酸在这种情况下也被认为是半必需氨基酸。

（一）苯丙氨酸在羟化酶作用下生成酪氨酸

苯丙氨酸在体内的主要代谢途径是在苯丙氨酸羟化酶（phenylalanine hydroxylase）的催化下转变成酪氨酸。该反应不可逆，故酪氨酸不能转变为苯丙氨酸。苯丙氨酸羟化酶属于单加氧酶，以四氢生物蝶呤为辅酶，主要存在于肝脏中。正常人体内少量苯丙氨酸可经氨基转移酶的催化生成苯丙酮酸。

$$苯丙氨酸 \xrightarrow[\text{四氢生物蝶呤}]{\substack{O_2 \quad \text{苯丙氨酸羟化酶} \quad H_2O}} 酪氨酸$$

（反应图示：苯丙氨酸 CH₂—CH—COOH，NH₂；经苯丙氨酸羟化酶、O₂、四氢生物蝶呤→二氢生物蝶呤、FH₂还原酶、NADP⁺、NADPH+H⁺，生成酪氨酸 OH—CH₂—CH—COOH，NH₂）

（二）酪氨酸代谢产生儿茶酚胺和黑色素或氧化分解

1. 酪氨酸经羟化生成儿茶酚胺　在不同的组织中，催化酪氨酸羟化反应的酶不同。神经组织和肾上腺素髓质中的酪氨酸羟化酶是一种不依赖 Cu^{2+}，并需以四氢生物蝶呤为辅酶的单加氧酶，反应产物是 3,4- 二羟苯丙氨酸（3,4-dihydroxy phenylalanine，DOPA），简称多巴。多巴再经过多巴脱羧酶的作用脱羧生成多巴胺（dopamine）。多巴胺是一种重要的神经递质，帕金森病（Parkinson disease）患者因多巴胺生成减少导致神经系统功能障碍。在肾上腺髓质，多巴胺在多巴胺 β- 羟化酶催化下，其侧链 β- 碳再次被羟化生成去甲肾上腺素（norepinephrine），后者进一步经苯乙醇胺转甲基酶催化，由 SAM 提供甲基，使去甲肾上腺素甲基化生成肾上腺素（epinephrine）。因多巴胺、去甲肾上腺素和肾上腺素分子中都含有邻苯二酚，即儿茶酚，故将这三种物质统称为儿茶酚胺（catecholamine）。酪氨酸羟化酶是儿茶酚胺合成的关键酶，受终产物的反馈调节。

2. 酪氨酸另一条代谢途径是合成黑色素　在皮肤黑色素细胞中催化酪氨酸羟化反应的酶是一种依赖 Cu^{2+} 的酪氨酸酶，反应的产物也是多巴。在黑色素细胞中多巴经氧化、脱羧等反应转变成吲哚醌，吲哚 -5,6- 醌可聚合生成黑色素（melanin）。

3. 酪氨酸可氧化分解　酪氨酸可在酪氨酸转氨酶的催化下，转变成对羟苯丙酮酸，经氧化酶催化生成尿黑酸，最终转变成延胡索酸和乙酰乙酸，两者分别进入糖和脂肪酸的代谢途径。因此，苯丙氨酸和酪氨酸是生糖兼生酮氨基酸。苯丙氨酸和酪氨酸的代谢转变见图 8-21。

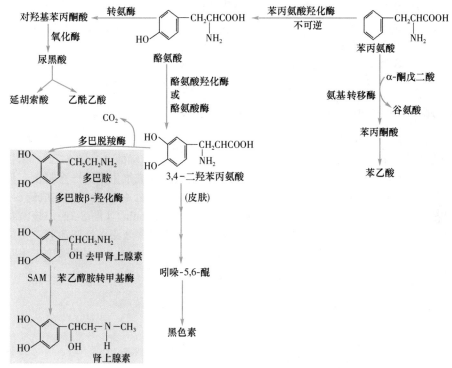

图 8-21　苯丙氨酸和酪氨酸的代谢转变

4. 酪氨酸参与甲状腺激素的合成　甲状腺激素是酪氨酸的碘化衍生物，是由甲状腺球蛋白（thyroglobulin）分子中的酪氨酸残基经碘化后生成。甲状腺激素有两种：3,5,3′- 三碘甲腺原氨酸（triiodothyronine，T_3）和 3,5,3′,5′- 四碘甲腺原氨酸（甲状腺素，thyroxine，T_4），它们在物质代谢的调控中起重要作用。

甲状腺素(T_4)　　　　　3,5,3′- 三碘甲腺原氨酸(T_3)

（三）苯丙氨酸和酪氨酸代谢障碍导致先天性遗传疾病

1. 苯丙酮酸尿症　正常人肝脏的苯丙氨酸羟化酶能将苯丙氨酸羟化生成酪氨酸。苯丙酮酸尿症为常染色体隐性遗传。先天性苯丙氨酸羟化酶缺陷的患者，不能将苯丙氨酸羟化为酪氨酸，堆积的苯丙氨酸则在氨基转移酶的催化下生成大量的苯丙酮酸、苯乳酸和苯乙酸等产物，并从尿中排出，临床上称之为"苯丙酮酸尿症"（phenyl ketonuria，PKU）。血液中升高的苯丙氨酸和其他氨基酸进入神经细胞是竞争转运系统，致使神经细胞内氨基酸不平衡，抑制蛋白质合成和神经突触的形成。因此苯丙酮酸对中枢神经系统有毒，使脑发育障碍，患者智力低下。同时，由于酪氨酸来源减少，致使甲状腺素、肾上腺素和黑色素等合成也不足。患者出生时多正常，通常在 3 ～ 6 个月出现症状，1 岁时症状明显。患儿身体有类似鼠尿的霉臭味。因黑色素缺乏，患儿虹膜及皮肤色素很淡，毛发多为棕黄或黄色。有明显智力障碍，行为异常，如多动、肌痉挛、癫痫样发作、腱反射亢进、有攻击行为、不会走路及说话。治疗原则是早期发现，适当控制膳食中苯丙氨酸的含量，并增加饮食中酪氨酸的供给。

2. 尿黑酸尿症　　酪氨酸在分解过程中生成的对羟苯丙酮酸，在其氧化酶催化下经脱羧和再羟化等反应生成尿黑酸。尿黑酸在尿黑酸氧化酶催化下进一步转变成乙酰乙酸和延胡索酸。如尿黑酸氧化酶先天性缺陷，则尿黑酸降解受阻，大量尿黑酸排入尿中，经空气氧化使尿呈现黑色，称为尿黑酸尿症（alkaptonuria）。

3. 白化病　　在酪氨酸转变为黑色素的过程中，若酪氨酸酶先天性缺陷，则黑色素形成障碍，患者皮肤、毛发呈现白色，故得名为白化病（albinism）。白化病患者畏光，易患皮肤癌。

（四）色氨酸代谢可产生多种生物活性物质

色氨酸除脱羧生成 5- 羟色胺外，还可以：①在肝脏中通过色氨酸双加氧酶作用产生甲酸，后者可产生 N^{10}- 甲酰四氢叶酸。②分解产生丙酮酸和乙酰乙酰辅酶 A（图 8-22），所以色氨酸是一种生糖兼生酮氨基酸。③转变为维生素 PP，这是人体合成维生素的一个特例，但合成量很少，人类必须不断从食物中摄取维生素 PP 才能满足生理需要。④由色氨酸生成的 5- 羟色胺，在松果体中可进一步经乙酰化、甲基化生成褪黑激素（melatonin）（图 8-22），该激素进入血液后可被其他组织吸收。在哺乳动物，褪黑激素能抑制腺垂体分泌促性腺激素，可能与防止性早熟有关。近年来的研究表明，褪黑激素具有增强机体免疫功能，促进睡眠的作用。

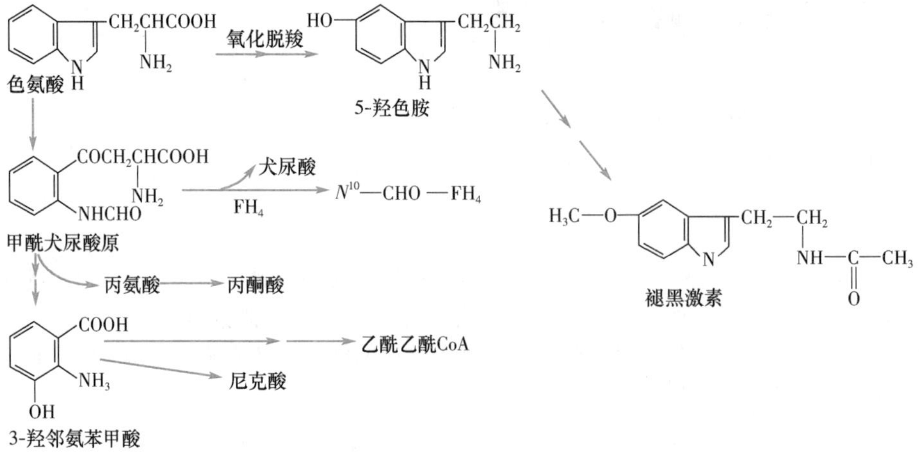

图 8-22　色氨酸的分解代谢

六、支链氨基酸分解代谢途径相似

支链氨基酸包括亮氨酸、异亮氨酸和缬氨酸，这三种氨基酸都是营养必需氨基酸。支链氨基酸异生为糖或转变为酮体的过程很复杂，一般可分为两个阶段。第一阶段为共同反应阶段，即三种氨基酸经历的反应性质相同，产物类似，分别生成相应的 α,β- 烯脂酰辅酶 A；第二阶段为不同反应阶段，生成的不饱和脂酰辅酶 A 再进入各自的分解代谢途径，缬氨酸分解产生琥珀酰辅酶 A；亮氨酸产生乙酰辅酶 A 和乙酰乙酸；异亮氨酸产生乙酰辅酶 A 和琥珀酰辅酶 A。所以缬氨酸为生糖氨基酸，亮氨酸为生酮氨基酸，异亮氨酸为生糖兼生酮氨基酸（图 8-23）。

在体内，肌肉组织是支链氨基酸分解代谢的主要场所，三种支链氨基酸经转氨作用生成的支链酮酸，大部分运往肝脏等组织利用；肌肉组织仅部分利用作为能源。临床上给肝功能不良者输入支链氨基酸相应的 α- 酮酸，经体内转氨可以合成支链氨基酸，同时可以抑制自由 NH₃ 的释放，有利于降低血氨。正常人血中支链氨基酸含量与芳香族氨基酸中的苯丙氨酸和酪氨酸含量有一定比例关系，称为支 / 芳比，其值变动范围为 2.3 ～ 3.5，当该比值低于 2 时，有可能产生肝性昏迷，此时给患者输入以支链氨基酸为主的氨基酸制剂，能收到一定的治疗效果。

（钱　慰）

图 8-23　支链氨基酸的分解代谢

思　考　题

1. 简述体内氨基酸的来源与去路。
2. 简述体内蛋白质泛素化降解途径、基本特点和主要生物学意义。
3. 氨基转移酶的辅酶是何物质？体内重要的氨基转移酶是哪两种？测定血清中这两种酶的意义如何？
4. 试述人体如何把代谢产生的毒性氨保持在正常范围内。
5. 试述引起血氨升高的主要原因、主要临床表现、主要的降血氨措施。
6. 谷氨酰胺生成与降解有何重要的生物学意义？
7. 简述鸟氨酸循环概念、要点及其与 TCA 循环的联系及意义。
8. 试述一碳单位的概念、转运形式和重要生物学意义。

案例分析题

1. 两岁患儿，母亲代主诉：患儿常呕吐，尤其是进食后；体重发育落后于正常儿童，黑色的头发上有白斑。患儿尿液用 FeCl₂ 处理后，出现苯丙酮特有的绿色。

问题：

（1）患儿临床表现与哪种酶缺陷有关？

（2）叙述患儿氨基酸代谢缺陷。

2. 一位 38 岁的素食白种妇女向其主治医师诉说她感觉疲劳，双侧刺痛麻木，这种症状在过去的一年中渐趋加剧。经过进一步询问，她表述了经常腹泻和体重减轻的情况。检查中发现她苍白而且心动过速。她的舌呈现牛肉红，神经测试发现她的四肢麻痹，震感降低。全血细胞计数显示巨幼红细胞性贫血。

问题：

（1）患者最可能的诊断是什么？

（2）这位患者最大的潜在问题是什么？

（3）巨幼红细胞性贫血的两个最常见诱因是什么？如何根据患者的病史和检查甄别其病因？

第九章 核苷酸代谢

内容提要

核苷酸不仅是组成 DNA 和 RNA 的基本单位，还具有多种其他生物学功能。核苷酸不是营养必需物质。

核苷酸的合成代谢有两条途径。一条是利用氨基酸、CO_2、一碳单位及 5- 磷酸核糖等小分子物质合成核苷酸的从头合成途径。另一条是利用游离的碱基或核苷合成核苷酸的补救合成途径。

嘌呤核苷酸降解产生的嘌呤碱在人体内分解的终产物是尿酸，随尿液排出体外。嘧啶核苷酸分解产生 NH_3、CO_2 及溶于水的 β- 丙氨酸或 β- 氨基异丁酸，可进一步代谢或排出体外。

脱氧核糖核苷酸的生成：由 NDP 经核糖核苷酸还原酶还原而生成相应的 dNDP。NMP 或 dNMP 可进一步转变为 NDP 或 dNDP 乃至 NTP 或 dNTP。

核苷酸代谢异常可导致疾病，干扰核苷酸代谢可用于治疗疾病。

核苷酸是一类包含嘌呤碱或嘧啶碱、核糖或脱氧核糖和磷酸的化合物。体内核苷酸的生物学功能见于表 9-1。

表 9-1 核苷酸的生物学功能

生物学功能	核苷酸
核酸合成原料	NTP，dNTP
体内能量的利用形式	ATP，GTP，UTP，CTP
参与酶活性的调节	AMP、ADP、ATP 等
生物合成代谢的活性中间产物	UDP- 葡萄糖，CDP- 二酰甘油，CDP- 胆碱等
参与细胞间信息传递	cAMP，cGMP 等
参与辅酶组成	腺苷酸参与组成 NAD^+、FAD、CoA 等

食物来源的核酸利用率很低，人体内的核苷酸主要由机体细胞自身合成，不依赖食物供给，因此核苷酸不是营养必需物质。食物中含有的核酸多以核蛋白形式存在，在肠道内被胰腺分泌的核糖核酸酶和脱氧核糖核酸酶作用，分解为核苷酸。核苷酸被肠黏膜细胞吸收后，在核苷酸酶的作用下被转变为核苷和磷酸，其中绝大部分被分解或转变而排出体外；少量被重新合成为核苷酸，供肠黏膜细胞合成核酸所用；仅有 5% 左右以碱基或核苷的形式进入血液循环，运输至其他组织。

生物体内核苷酸代谢分为合成代谢和分解代谢。本章将主要介绍核苷酸的合成代谢。体内有两条途径可以合成核苷酸：①从头合成途径（de novo synthesis pathway）：是体内核苷酸的主要合成途径，是指以 5- 磷酸核糖、氨基酸、一碳单位及 CO_2 等简单物质为原料，经过一系列酶促反应合成嘌呤核苷酸或嘧啶核苷酸的过程。②补救合成途径（salvage pathway）：是指利用体内游离的碱基或核苷，经简单反应过程生成嘌呤核苷酸或嘧啶核苷酸的过程。肝、小肠黏膜及胸腺组织主要进行从头合成途径，而脑、骨髓等组织则主要通过补救合成途径来合成核苷酸。

第一节　嘌呤核苷酸代谢

一、嘌呤核苷酸的合成代谢

（一）嘌呤核苷酸从头合成代谢途径

嘌呤核苷酸从头合成在胞质中进行，可分为两个阶段：首先，在磷酸核糖基焦磷酸（phosphoribosyl pyrophosphate，PRPP）的基础上逐步合成嘌呤环而生成次黄嘌呤核苷酸（IMP）；然后，IMP 分别转变为 AMP 及 GMP。

1. PRPP 在核苷酸合成代谢中具有重要地位　PRPP 是核苷酸合成过程中核糖的来源，参与嘌呤核苷酸和嘧啶核苷酸的合成。PRPP 以 5- 磷酸核糖（R-5′-P）及 ATP 为原料，在磷酸核糖焦磷酸激酶（phosphoribosyl pyrophosphokinase，又称 PRPP 合成酶）催化下生成。反应过程中，ATP 的焦磷酸基团被转移到 5- 磷酸核糖第一位碳原子相连的羟基上（图 9-1）。

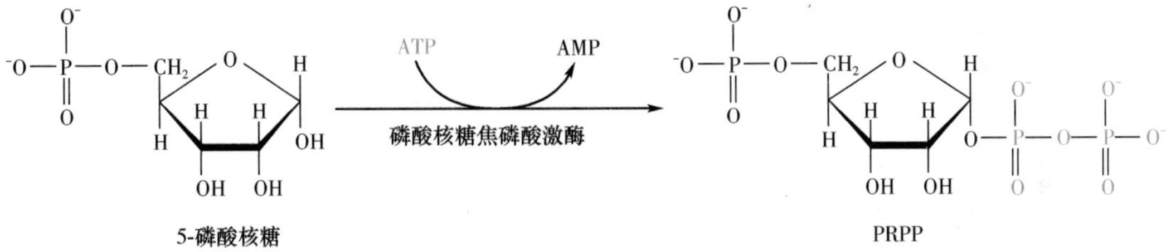

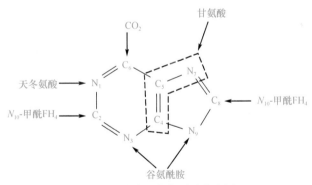

图 9-1　PRPP 的生成

2. 在 PRPP 基础上经多步反应合成嘌呤环而生成 IMP　嘌呤环上共有 9 个原子，分别来自甘氨酸、天冬氨酸、谷氨酰胺、一碳单位和 CO_2 等。同位素示踪试验结果显示各原子来源如图 9-2 所示。

图 9-2　嘌呤环中各原子的来源

（1）获得嘌呤的 N_9 位原子：由谷氨酰胺提供酰胺基取代 PRPP 的焦磷酸基团，形成 5- 磷酸核糖胺（5-phosphoribosylamine，PRA）。此步反应是嘌呤核苷酸从头合成的限速步骤，PRPP 酰胺转移酶为关键酶（图 9-3）。

（2）获得嘌呤的 C_4、C_5 和 N_7 位原子：甘氨酸与 PRA 缩合，生成甘氨酰胺核糖核苷酸（glycinamide ribonucleotide，GAR），此步反应由 ATP 水解供能，为可逆反应，是合成过程中唯一可同时获得多个原子的反应。

（3）获得嘌呤的 C_8 位原子：由 N_{10}- 甲酰 FH_4 提供甲酰基，GAR 的自由 α- 氨基甲酰化生成甲酰甘氨酰胺核糖核苷酸（formylglycinamide ribonucleotide，FGAR）。

（4）获得嘌呤的 N_3 位原子：第二个谷氨酰胺的酰胺基转移到 FGAR 上，生成甲酰甘氨脒核苷酸（formylglycinamidine ribonucleotide，FGAM），需 ATP 水解供能。

（5）咪唑环的形成：FGAM 经过耗能的分子内重排，环化生成 5- 氨基咪唑核苷酸（5-aminoimidazole ribonucleotide，AIR），需 ATP 水解供能。

（6）获得嘌呤的 C_6 位原子：C_6 位原子由 CO_2 提供，由 AIR 羧化酶（AIR carboxylase）催化生成羧基氨基咪唑核苷酸（carboxyaminoimidazole ribonucleotide，CAIR），需生物素参加反应。

（7）获得嘌呤的 N_1 位原子：由天冬氨酸与 AIR 缩合，生成 5- 氨基咪唑 -4-N- 琥珀基甲酰胺核苷酸（5-aminoimidazole-4-N-succinylocarboxamide ribonucleotide，SAICAR），需 ATP 水解供能。

（8）去除延胡索酸：SAICAR 在 SAICAR 裂解酶（SAICAR lyase）催化下脱去延胡索酸生成 5- 氨基咪唑 -4- 甲酰胺核苷酸（5-aminoimidazole-4-carboxamide ribonucleotide，AICAR）。

（9）获得嘌呤的 C_2 位原子：由 N_{10}- 甲酰 FH_4 提供甲酰基，将 AICAR 甲酰化生成 5- 甲酰胺基咪唑 -4- 甲酰胺核苷酸（5-formamide imidazole-4-carboxyamide ribonucleotide，FAICAR）。

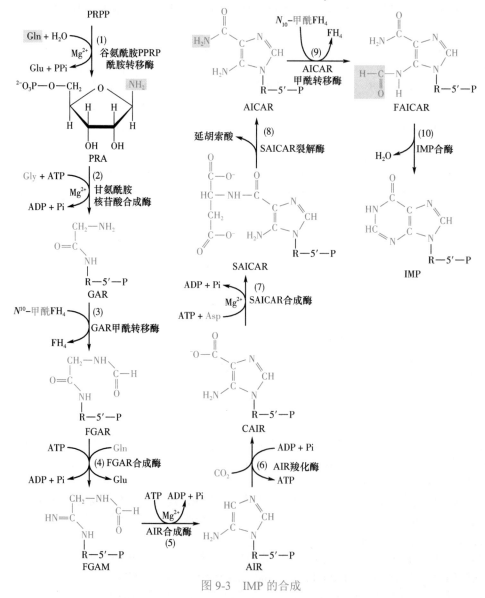

图 9-3　IMP 的合成

（10）环化生成 IMP：FAICAR 在次黄嘌呤核苷酸合酶（IMP synthase）催化下脱水环化，生成 IMP。

3. IMP 转变为 AMP 或 GMP　IMP 在细胞内迅速被转变为 AMP 或 GMP（图 9-4）。

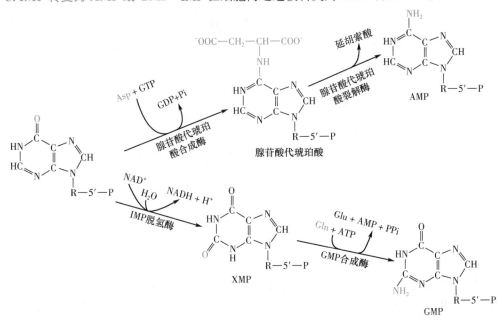

图 9-4　IMP 合成 AMP 和 GMP

AMP 与 IMP 的差别在于 IMP 6 位的氧被氨基取代，此过程由两步反应完成：①在腺苷酸代琥珀酸合成酶（adenylosuccinate synthetase）的催化作用下，天冬氨酸的氨基与 IMP 的 C_6 相连生成腺苷酸代琥珀酸，该反应由 GTP 水解供能；②在腺苷酸代琥珀酸裂解酶（adenylosuccinate lyase）作用下，腺苷酸代琥珀酸脱去延胡索酸生成 AMP。

GMP 和 IMP 的差别在于 IMP 上 C_2 位的氢被氨基取代。GMP 的生成也由两步反应完成：① IMP 由 IMP 脱氢酶（IMP dehydrogenase）催化，以 NAD^+ 为受氢体，脱氢氧化生成黄嘌呤核苷酸（XMP）；②谷氨酰胺的酰胺基作为氨基供体取代 XMP 中 C_2 位上的氧生成 GMP，此反应由 GMP 合成酶（GMP synthetase）催化，由 ATP 水解供能。

4. 嘌呤核苷酸从头合成受到精细的调控　从 PRPP 开始每合成 1 分子 IMP 需要消耗 5 分子 ATP，从 IMP 到 AMP 或 GMP 分别还需要消耗 1 分子 GTP 或 ATP。由于从头合成途径要消耗大量的 ATP 及其他原料，机体对从头合成途径有着精细的调节，既要满足机体对核苷酸的需要，同时又避免物质和能量的过多消耗。

嘌呤核苷酸从头合成途径的调节主要通过下述三种反馈抑制来实现。

（1）PRPP 酰胺转移酶是从头合成途径的关键酶。该酶是别构酶，有两种形式：单体为活性形式，二聚体为非活性形式。AMP、GMP、IMP 均可使其由单体转变为二聚体，从而反馈抑制该酶；PRPP 则可促使其从二聚体转变为单体而激活该酶。

（2）GMP 反馈抑制 IMP 向 XMP 转变，进而减少 GMP 的合成，但不影响 AMP 的合成；AMP 则反馈抑制 IMP 转变为腺苷酸代琥珀酸，从而防止生成过多的 AMP，但不影响 GMP 的合成。

（3）催化 PRPP 合成的磷酸核糖焦磷酸激酶受到 ADP 和 GDP 的反馈抑制。由于 PRPP 参与嘌呤和嘧啶核苷酸的从头合成途径和补救合成途径，因此当细胞内能量供给有限时（ATP/ADP 值和 GTP/GDP 值降低），核苷酸的合成代谢就会整体下降。

嘌呤核苷酸合成调节网见图 9-5。

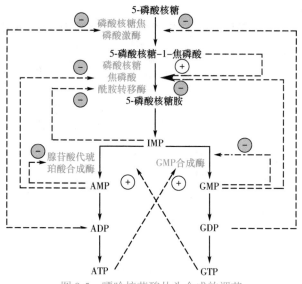

图 9-5   嘌呤核苷酸从头合成的调节

除前述反馈抑制外，从头合成途径还受到 GTP 和 ATP 的交叉激活调控，即 GTP 加速 IMP 向 AMP 转变，而 ATP 则可促进 GMP 的生成，这种交叉调节可使腺苷酸和鸟苷酸的水平保持相对平衡。

（二）嘌呤核苷酸补救合成途径

补救合成途径的净合成量占体内嘌呤核苷酸合成总量的 10% 左右。补救合成途径所需的游离碱基或核苷主要来自细胞内核酸（尤其是 RNA）的降解产物，也可以从血液中直接摄取碱基或核苷。血液中的碱基或核苷有两个来源：一是来自食物中外源性核酸的消化吸收；二是来自肝脏向血液中释放的碱基或核苷。

细胞内嘌呤核苷酸的主要补救合成途径如下所述。

1. 由嘌呤碱基补救合成嘌呤核苷酸   腺嘌呤磷酸核糖基转移酶（adenine phosphoribosyl transferase，APRT）可专一催化腺嘌呤与 PRPP 反应生成 AMP，次黄嘌呤鸟嘌呤磷酸核糖基转移酶（hypoxanthine-guanine phosphoribosyl transferase，HGPRT）则可催化鸟嘌呤转变为 GMP 或者次黄嘌呤转变为 IMP。

$$腺嘌呤 + PRPP \xrightarrow{APRT} AMP + PPi$$

$$次黄嘌呤 + PRPP \xrightarrow{HGPRT} IMP + PPi$$

$$鸟嘌呤 + PRPP \xrightarrow{HGPRT} GMP + PPi$$

2. 腺苷激酶催化腺苷生成腺苷酸   腺苷在腺苷激酶催化下，与 ATP 作用生成 AMP。

$$腺苷 + ATP \xrightarrow{腺苷激酶} AMP + ADP$$

嘌呤核苷酸补救合成的生理意义在于：①补救合成过程较简单，利用细胞内游离的碱基或核苷，可以节省能量及减少氨基酸等原料的消耗；②有些组织缺乏从头合成途径所需的酶，如人的红细胞、多形核白细胞、血小板、骨髓、脑及脾脏等，对这些组织而言，补救合成更加重要。

Lesch-Nyhan 综合征

　　Lesch-Nyhan 综合征是由于 HGPRT 缺陷所致的一种 X 染色体连锁的遗传代谢病，常见于男性。由于 *HGPRT* 基因缺陷或突变，导致该酶缺乏，不能通过补救合成途径合成 GMP 和 IMP；同时影响代谢物的浓度而干扰嘌呤核苷酸代谢：一方面，核酸或核苷酸分解产生的鸟嘌呤和次黄嘌呤不能被利用，而是转变为尿酸；另一方面，由于补救合成缺陷，对 PRPP 的消耗减少，造成 PRPP 的累积，进而促进嘌呤的从头合成，从而使嘌呤分解产物——尿酸进一步增高。患者表现为尿酸增高及神经异常，如脑发育不全、智力低下、攻击和破坏性行为，常咬伤自己的嘴唇、手和足趾，故亦称自毁容貌症。患者大多死于儿童时代。现在科学家正研究将 *HGPRT* 基因借助基因工程的方法转移至患者的细胞中，以达到基因治疗的目的。

二、嘌呤核苷酸的分解代谢

（一）嘌呤核苷酸分解为尿酸

　　体内嘌呤核苷酸的分解代谢主要在肝脏、小肠及肾脏中进行。尿酸是人、猿及鸟类体内嘌呤碱基的最终排泄形式。正常生理情况下，嘌呤合成与分解处于相对平衡状态，所以尿酸的生成与排泄也较恒定。正常人血浆中尿酸含量为 0.12 ～ 0.36mmol/L（2 ～ 6mg/dl）。男性平均为 0.27mmol/L（4.5mg/dl），女性平均为 0.21mmol/L（3.5mg/dl）左右。

　　体内核苷酸的分解代谢过程类似于食物中核苷酸的消化过程。首先，细胞中的核苷酸在核苷酸酶的作用下水解成核苷。然后，核苷经核苷磷酸化酶的作用生成游离碱基及 1- 磷酸核糖。1- 磷酸核糖经磷酸核糖变位酶催化生成 5- 磷酸核糖，可以作为原料合成 PRPP 而被利用。生成的腺嘌呤或鸟嘌呤碱基都可转变成黄嘌呤，最终在黄嘌呤氧化酶（xanthine oxidase）的作用下生成尿酸（uric acid）。

　　鸟嘌呤或腺嘌呤在转变为尿酸的过程中，都需要经过脱氨基作用。其中，鸟嘌呤在鸟嘌呤脱氨酶催化下脱氨，而腺嘌呤主要是腺苷酸或腺苷水平上进行脱氨，其原因：体内腺嘌呤脱氨酶活性很低，而腺苷酸脱氨酶和腺苷脱氨酶（adenosine deaminase，ADA）活性相对较高。

　　嘌呤核苷酸分解代谢的具体过程见图 9-6。

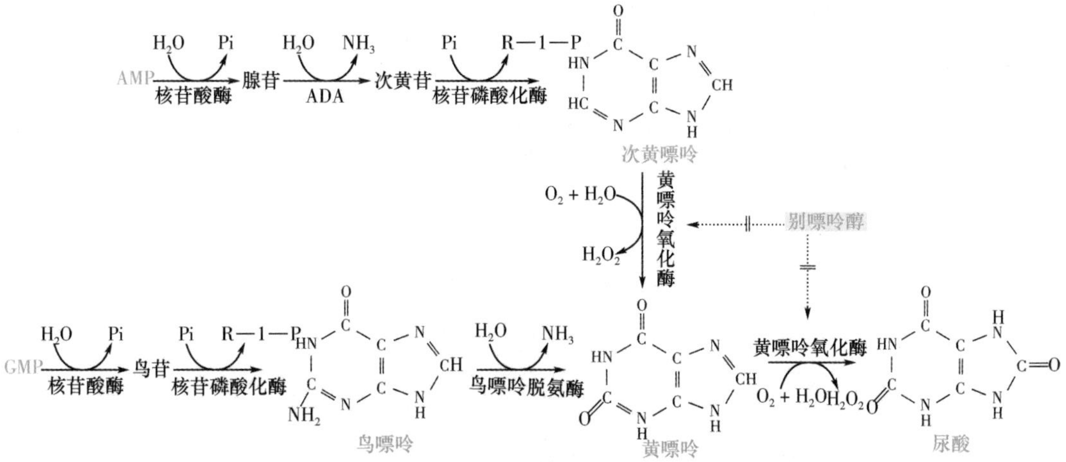

图 9-6　嘌呤核苷酸的分解代谢

　　除了人类与猿类之外，其他大多数哺乳动物体内含有分解尿酸的酶类，可以将尿酸继续分解成尿囊素，进一步生成尿素、CO_2 和 H_2O 等再排出体外。

（二）嘌呤核苷酸分解代谢异常与疾病

1. *ADA* 基因缺陷可致重症联合免疫缺陷病　*ADA* 基因缺陷是一种常染色体隐性遗传病，由于 *ADA* 基因缺陷造成酶活性下降或消失，常导致 AMP、dAMP 和 dATP 蓄积。dATP 是核糖核苷酸还原酶的别构抑制剂，能抑制 NDP 转变为 dNDP，进而影响 dGTP、dCTP 和 dTTP 合成，从而阻碍 DNA 合成。由于正常情况下淋巴细胞中 ADA 活性较高，当 *ADA* 基因缺陷时，可导致细胞免疫和体液免疫反应均下降，甚至死亡，即重症联合免疫缺陷病（severe combined immunodeficiency，SCID）。

2. 体内尿酸浓度过高导致痛风　当体内核酸大量分解（白血病、恶性肿瘤等）或食入高嘌呤食物时，可导致血中尿酸水平升高。由于尿酸溶解度较低，当血中尿酸水平超过 0.48mmol/L（8mg/dl）时，尿酸盐将过饱和而形成结晶，沉积于关节、软组织、软骨及肾等处，从而导致关节炎、尿路结石及肾疾病，称为痛风（gout）。痛风多见于成年男性，其发病机制尚未完全阐明，可能与尿酸盐刺激组织发生炎症反应有关。

临床上常用别嘌呤醇（allopurinol）治疗痛风。别嘌呤醇与次黄嘌呤结构类似，故可竞

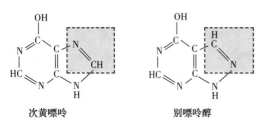

图 9-7　别嘌呤醇与次黄嘌呤的结构比较

争性抑制黄嘌呤氧化酶的活性，从而抑制尿酸的生成（图 9-7）。同时，别嘌呤醇在体内经补救合成途径，与 PRPP 结合生成别嘌呤醇核苷酸，该过程需要消耗 PRPP，致使其含量下降，PRPP 浓度的降低可有效抑制嘌呤核苷酸的从头与补救合成途径。此外，生成的别嘌呤醇核苷酸还能反馈抑制 PRPP 酰胺转移酶，阻断嘌呤核苷酸的从头合成。

第二节　嘧啶核苷酸代谢

一、嘧啶核苷酸合成代谢

嘧啶核苷酸的合成也有两条途径：即从头合成和补救合成。本节主要论述其从头合成途径。与嘌呤核苷酸的从头合成途径不同，嘧啶核苷酸的合成是先合成嘧啶环，然后再与 PRPP 的磷酸核糖基结合生成相应的嘧啶核苷酸。

（一）嘧啶核苷酸从头合成途径

同位素示踪表明，构成嘧啶环的 N_1、C_4、C_5 及 C_6 均由天冬氨酸提供，C_2 来源于 CO_2，N_3 来源于谷氨酰胺，C_2 和 N_3 以氨基甲酰磷酸的形式掺入嘧啶环中（图 9-8）。

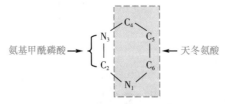

图 9-8　嘧啶环中的原子来源

1. 经乳清苷酸（OMP）生成尿苷酸（UMP）

（1）氨基甲酰磷酸（carbamoyl phosphate，CAP）：由氨基甲酰磷酸合成酶Ⅱ（carbamoyl phosphate synthetase Ⅱ，CPS-Ⅱ）催化 CO_2 与谷氨酰胺缩合生成 CAP。

该反应也是尿素合成的起始步骤，但尿素合成时，该步反应由肝细胞线粒体中的 CPS-Ⅰ催化。CPS-Ⅰ和 CPS-Ⅱ在分布、所需氮源等多方面有着明显差异，两者比较见表 9-2。

表 9-2　两种 CAP 合成酶的比较

	CPS-Ⅰ	CPS-Ⅱ
分布	线粒体（肝）	胞质（所有细胞）
氮源	NH_3	谷氨酰胺
变构激活剂	N-乙酰谷氨酸	无
反馈抑制剂	无	UMP（哺乳动物）
功能	尿素合成	嘧啶合成

　　此外，肝细胞线粒体内的 CPS-Ⅰ催化合成 CAP，参与尿素的合成，这是肝细胞独特的一种重要功能，是细胞高度分化的表现，因而 CPS-Ⅰ的活性可作为肝细胞分化程度的指标之一。而存在于所有细胞包括肝细胞胞质中的 CPS-Ⅱ催化合成的 CAP，参与嘧啶核苷酸的从头合成，与细胞增殖过程中核酸的合成有关，因而 CPS-Ⅱ的活性是细胞增殖程度的指标。

　　（2）合成氨基甲酰天冬氨酸：由天冬氨酸氨基甲酰转移酶催化天冬氨酸与 CAP 缩合，生成氨基甲酰天冬氨酸。

　　（3）生成二氢乳清酸（dihydroorotate，DHOA）：由二氢乳清酸酶（dihydroorotase）催化氨基甲酰天冬氨酸脱水、环化形成具有嘧啶环的 DHOA。

　　（4）DHOA 脱氢氧化生成乳清酸（orotic acid，OA）：DHOA 由二氢乳清酸脱氢酶（dihydroorotate dehydrogenase，DHODH）催化生成 OA。

　　（5）生成乳清苷酸（orotidine-5′-monophosphate，OMP）：由乳清酸磷酸核糖转移酶（orotate phosphoribosyltransferase）催化，OA 与 PRPP 反应，生成 OMP。

　　（6）OMP 脱羧生成 UMP：由 OMP 脱羧酶（OMP decarboxylase）催化 OMP 脱羧生成 UMP（图 9-9）。

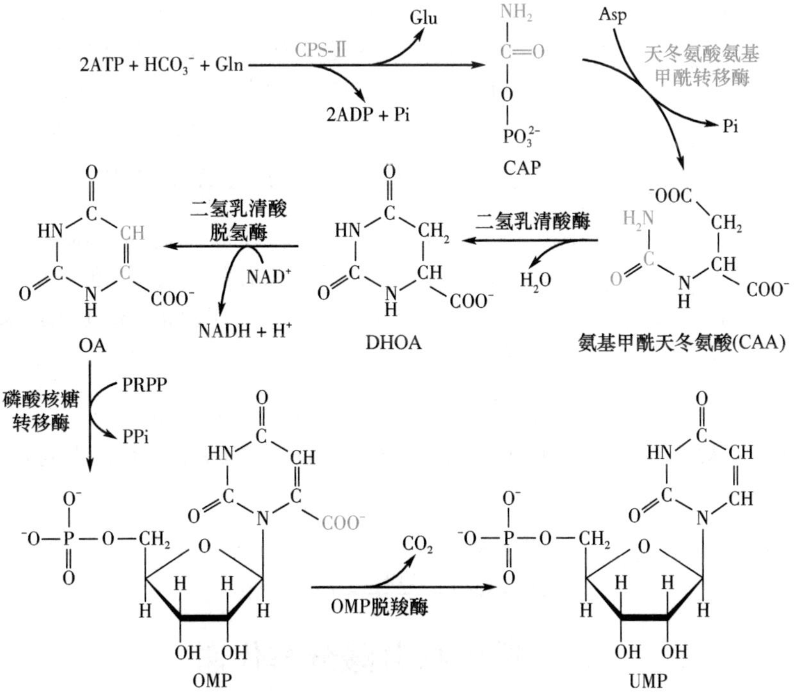

图 9-9　UMP 的生成

　　在真核生物体内，催化上述嘧啶合成的前三个酶，即 CPS-Ⅱ、ATCase 和二氢乳清酸酶，位于分子量约 210kDa 的同一多肽链上，是一个多功能酶。与此相类似，反应（5）和（6）的酶（乳清酸磷酸核糖转移酶和 OMP 脱羧酶）也位于同一条多肽链上。这些多功能酶的中间产物并不释放到介质中，而是连续进行反应，这种机制能加快多步反应的总速度。

乳清酸尿症

乳清酸尿症（orotic aciduria）是一种遗传性疾病，是乳清酸磷酸核糖转移酶和 OMP 脱羧酶缺失导致，导致机体不能正常合成尿苷。主要表现为尿中排出乳清酸、生长发育迟缓和血液异常（贫血、白细胞减少和中性粒细胞减少）等。临床可用尿嘧啶治疗，尿嘧啶磷酸化可生成 UMP，抑制 CPS-Ⅱ 的活性，从而抑制嘧啶核苷酸从头合成。

---

2. CTP 由 UTP 氨基化生成　UMP 通过激酶的连续作用，生成 UTP。UTP 在 CTP 合成酶（CTP synthetase）的催化下加氨生成 CTP（图 9-10）。动物体内，氨基由谷氨酰胺提供。此反应需要消耗 1 分子 ATP。

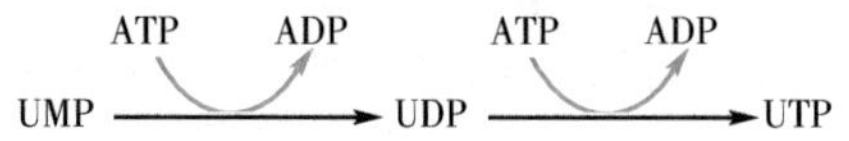

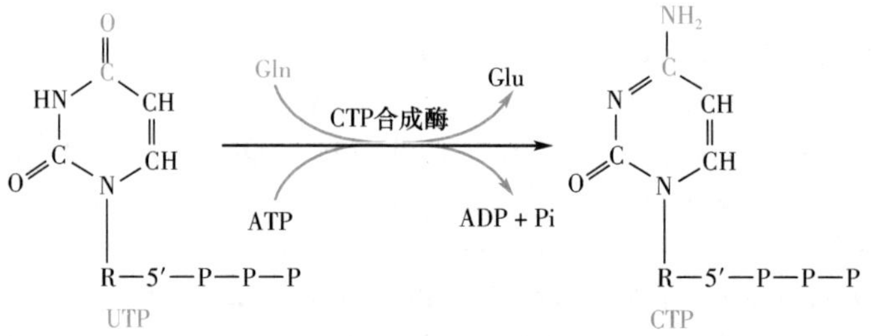

$$UMP \xrightarrow[ATP \quad ADP]{} UDP \xrightarrow[ATP \quad ADP]{} UTP$$

图 9-10　CTP 的生成

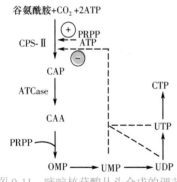

图 9-11　嘧啶核苷酸从头合成的调节

3. 嘧啶核苷酸从头合成途径受反馈抑制调节　在动物细胞中，嘧啶核苷酸合成主要由 CPS-Ⅱ 调控。UMP、UDP 和 UTP 抑制其活性，而 ATP 和 PRPP 为其激活剂。此外，OMP 的生成受 PRPP 的影响（图 9-11）。

（二）嘧啶核苷酸补救合成途径

嘧啶磷酸核糖转移酶（uracil phosphoribosyltransferase，UPRT）是嘧啶核苷酸补救合成的主要酶，它能利用尿嘧啶、胸腺嘧啶及 OA 作为底物，生成相应的嘧啶核苷酸。反应通式如下：

$$嘧啶 + PRPP \xrightarrow{嘧啶磷酸核糖转移酶} 嘧啶核苷酸 + PPi$$

尿苷或胞苷可被尿苷胞苷激酶（uridine-cytidine kinase，UCK）催化，生成 UMP 或 CMP。催化的反应如下：

$$尿苷 + ATP \xrightarrow{UCK} UMP + PPi$$
$$胞苷 + ATP \xrightarrow{UCK} CMP + PPi$$

二、嘧啶核苷酸分解代谢

嘧啶的分解代谢主要在肝脏中进行。嘧啶核苷酸的分解代谢途径与嘌呤核苷酸相似。首先通过核苷酸酶及核苷磷酸化酶的作用，分别除去磷酸和核糖，产生的嘧啶碱基再进一步分解。胞嘧啶脱氨基被转变为尿嘧啶。尿嘧啶和胸腺嘧啶先在二氢嘧啶脱氢酶的催化下，由

NADPH+H$^+$ 供氢，分别还原为二氢尿嘧啶和二氢胸腺嘧啶。二氢嘧啶酶催化嘧啶环水解，分别生成 β- 脲基丙酸和 β- 脲基异丁酸，继之再水解脱氨、脱羧生成 β- 丙氨酸和 β- 氨基异丁酸（图 9-12）。

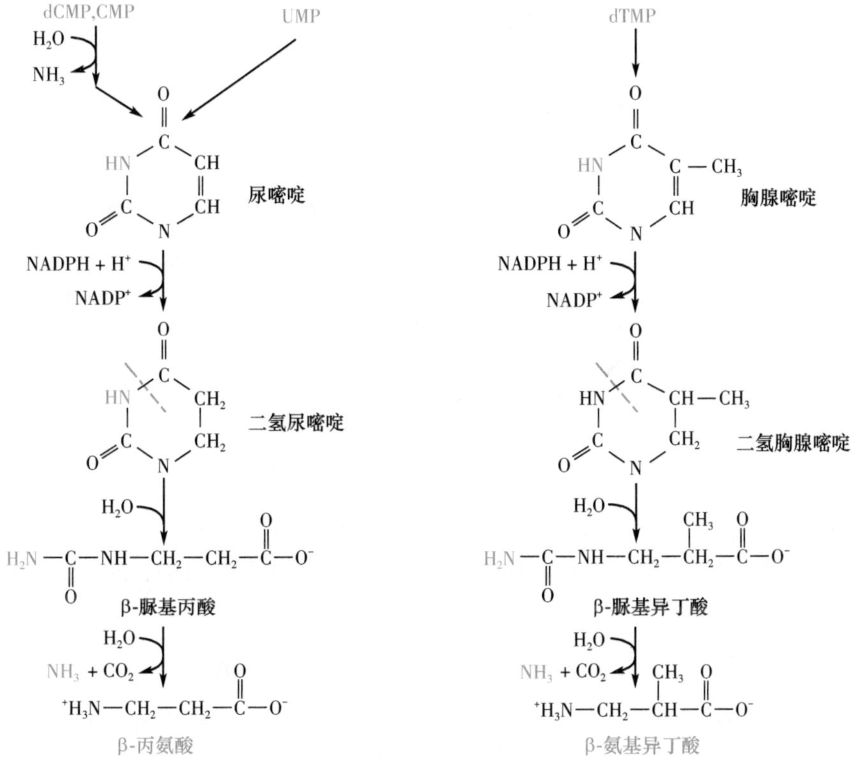

图 9-12　嘧啶碱的分解代谢

β- 丙氨酸和 β- 氨基异丁酸可继续代谢，β- 丙氨酸是鹅肌肽、肌肽及泛酸的组成成分。β- 氨基异丁酸经过转氨基作用而成为甲基丙二酸半醛，再被转变为甲基丙二酸单酰 CoA，并最终生成琥珀酰 CoA 而进入三羧酸循环；β- 氨基异丁酸亦可随尿排出体外。食入 DNA 丰富的食物后，正在进行放疗或化疗的患者，以及白血病患者，尿中 β- 氨基异丁酸排出量增多。

与嘌呤碱的分解产物尿酸不同，嘧啶碱的降解产物均易溶于水。

第三节　脱氧核糖核苷酸及核苷三磷酸的生成

一、脱氧核糖核苷酸的生成

（一）脱氧核糖核苷酸由相应的核糖核苷酸经脱氧还原而生成

核糖核苷酸是 RNA 合成的原料，而 DNA 是由各种脱氧核糖核苷酸组成的。脱氧核糖核苷酸由相应的核糖核苷酸经脱氧还原而生成。此还原作用是在核苷二磷酸（NDP）水平上进行的（此处 N 代表 A、G、U、C 碱基）。总反应为

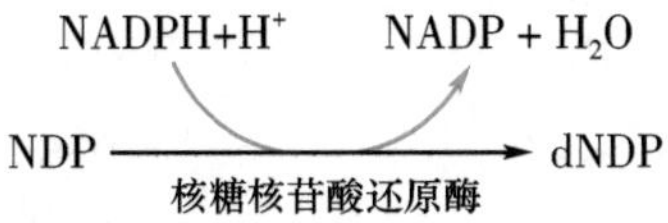

$$NDP \xrightarrow[\text{核糖核苷酸还原酶}]{NADPH+H^+ \qquad NADP + H_2O} dNDP$$

这一反应过程较复杂，由核糖核苷酸还原酶（ribonucleotide reductase，RR，或称核苷二磷酸还原酶，nucleoside diphosphate reductase，NDPR）催化。RR 广泛存在于各种生物，是生物体内唯一的催化四种核糖核苷酸还原，生成相应脱氧核糖核苷酸的酶。

硫氧还蛋白（thioredoxin）是此酶的一种生理还原剂，含有一对邻近的半胱氨酸残基，所含巯基在核糖核苷酸还原酶作用下氧化为二硫键。后者再在硫氧还蛋白还原酶（thioredoxin reductase）催化下，由 NADPH+H$^+$ 供氢重新还原为还原型的硫氧还蛋白（图 9-13）。

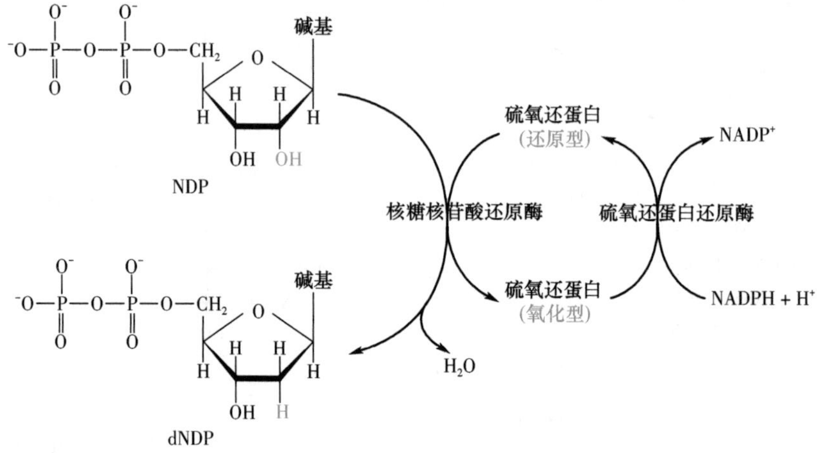

图 9-13　脱氧核糖核苷酸的合成

核糖核苷酸还原酶是一种变构酶，该酶活性受到复杂的反馈调节。这种调节一方面控制酶的催化活性，同时也调控酶对底物的特异性，因而可以使四种 dNTP 的生成量得以平衡，以满足 DNA 合成的需要。

（二）脱氧胸苷酸可通过 dUMP 甲基化或补救途径合成

核糖核苷酸还原酶只能催化产生包含 A、G、C、U 四种碱基的 dNDP。其中 dUDP 是 DNA 合成所不需要的，同时还缺少脱氧胸苷酸（dTMP/dTDP/dTTP）。脱氧胸苷酸在体内可经两条主要途径合成：其一，通过 dUMP 甲基化生成；其二，利用胸腺嘧啶或脱氧胸苷补救合成 dTMP。

1. 由 dUMP 甲基化生成 dTMP　dUMP 在胸苷酸合酶（thymidylate synthase，TS）的作用下，由 N_5,N_{10}- 亚甲基 FH$_4$ 提供甲基而生成 dTMP（图 9-14）。

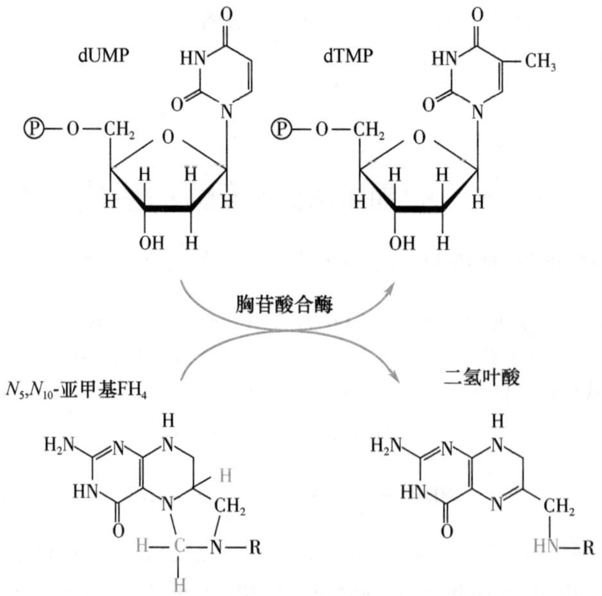

图 9-14　dUMP 甲基化生成 dTMP

dUMP 可来自三个不同的途径：

（1）由 dUTP 生成：dUTP 在 dUTP 酶的催化下，水解生成 dUMP 及焦磷酸。

$$dUTP + H_2O \xrightarrow{\text{dUTP 酶}} dUMP + PPi$$

（2）由 UDP 生成：UDP 在核苷二磷酸还原酶作用下还原为 dUDP，然后 dUDP 在核苷酸酶作用下水解生成 dUMP 及无机磷酸。

$$dUDP + H_2O \xrightarrow{\text{核苷酸酶}} dUMP + PPi$$

（3）由 dCMP 生成：dCMP 在 dCMP 脱氨酶的作用下生成 dUMP。

$$dCMP + H_2O \xrightarrow{\text{dCMP 脱氨酶}} dUMP + NH_3$$

同位素示踪实验证明：在绝大多数细胞中，经 dCMP 脱氨是生成 dUMP 的主要来源。

2. 利用胸腺嘧啶或脱氧胸苷补救合成 dTMP dTMP 也可经补救途径合成，胸腺嘧啶与脱氧核糖 -1- 磷酸在胸苷磷酸化酶的作用下生成脱氧胸苷，再由脱氧胸苷激酶催化，ATP 供能，生成 dTMP。

$$胸腺嘧啶 + 脱氧核糖\text{-}1\text{-}磷酸 \xrightarrow{\text{胸苷磷酸化酶}} 脱氧胸苷 + Pi$$

$$脱氧胸苷 + ATP \xrightarrow{\text{脱氧胸苷激酶}} dTMP + ADP$$

由于 DNA 在合成中的直接前体为 dNTP，所以还原作用生成的 dNDP 及 dTMP 还需要借助激酶的作用，再磷酸化为四种 dNTP（见下述），才能用于 DNA 的合成。胸苷激酶在正常肝中活性很低，而再生组织中活性高；在恶性肿瘤中该酶活性明显升高，并与恶性程度有关。

二、核苷一磷酸或核苷二磷酸可磷酸化生成核苷三磷酸

前述核苷酸合成途径中生成的核苷酸多是核苷一磷酸或核苷二磷酸，但是 DNA 和 RNA 合成过程中所需要的核苷酸都是核苷三磷酸，即 dNTP 或 NTP。因此，将核苷一磷酸或核苷二磷酸转变为核苷三磷酸就显得尤为重要。

（一）NMP（dNMP）磷酸化生成 NDP（dNDP）

核苷（脱氧核苷）一磷酸（NMP 或 dNMP）可以在核苷一磷酸激酶（nucleoside monophosphate kinases，NMPK）的作用下磷酸化生成相应的核苷（脱氧核苷）二磷酸，一般由 ATP 提供磷酸基团和能量。反应式为

$$NMP\,(dNMP) + ATP \xrightleftharpoons{\text{NMPK}} NDP\,(dNDP) + ADP$$

催化上述反应的 NMPK 对底物 NMP（dNMP）中的碱基具有特异性，但对戊糖无特异性，即同一种激酶既可以催化 NMP 生成相应的 NDP，也可以催化 dNMP 生成相应的 dNDP。NMPK 家族分为四个亚型：腺苷酸激酶、尿苷酸 - 胞苷酸激酶、鸟苷酸激酶、脱氧胸苷酸激酶，分别催化相应的 NMP（dNMP）发生磷酸化。

由于细胞中可以不断将该反应产物中的 ADP 磷酸化为 ATP（通过底物水平磷酸化或氧化磷酸化），即 ATP 浓度总是高于 ADP 浓度，因而推动整个平衡向右移动。

（二）NDP（dNDP）磷酸化为 NTP（dNTP）

NDP（dNDP）在核苷二磷酸激酶（nucleoside diphosphate kinase，NDPK）的作用下，生成 NTP（dNTP）。该酶对碱基和戊糖都没有特异性，也就是说，该酶既可以催化 NDP 的磷酸化，也可以催化 dNDP 的磷酸化反应。

$$NDP\,(dNDP) + ATP \xrightleftharpoons{\text{NDPK}} NTP\,(dNTP) + ADP$$

第四节　核苷酸代谢与疾病的药物治疗

前述章节中，介绍了由于代谢酶的缺陷导致的遗传性疾病，如 ADA 缺陷导致 SCID、HGPRT 缺陷导致 Lesch-Nyhan 综合征，以及乳清酸磷酸核糖转移酶和 OMP 脱羧酶缺失导致的乳清酸尿症等。对于这些遗传性疾病，除了对症治疗以外，基因治疗是很有希望的策略。

此外，由于酶的缺陷或者代谢物增多使尿酸生成过多，而尿酸溶解度低，因而在关节等组织沉积导致痛风，在临床则较为常见。治疗策略包括限制嘌呤摄入、减少尿酸生成（别嘌醇等）和促进尿酸排出等。

有些疾病，与核苷酸代谢过度活跃有关，如肿瘤等，需要通过药物干预或抑制核苷酸代谢进行治疗。参与核酸代谢的酶，在肿瘤中异常表达，与细胞增殖、转移和耐药等有关。核酸代谢物除了作为原料参与 DNA 和 RNA 合成以外，还可以调节信号转导通路而参与肿瘤发生。由于不同肿瘤的代谢特征不同，因此本章节不探讨核酸代谢参与肿瘤发生发展的机制，只讨论几类通过抑制核苷酸代谢而治疗肿瘤的药物。

一、有些抗肿瘤药物可抑制嘌呤核苷酸合成代谢

嘌呤核苷酸抗代谢物是指一些人工合成的化合物，在结构上分别与嘌呤、氨基酸或叶酸类似。它们主要以竞争性抑制或以"以假乱真"等方式干扰或阻断嘌呤核苷酸的合成代谢，从而进一步阻断核酸及蛋白质的合成。肿瘤细胞的核酸及蛋白质的合成十分旺盛，因此，这些抗代谢物能通过阻断肿瘤细胞中嘌呤核苷酸的合成，进而阻断核酸和蛋白质生物合成，并最终抑制肿瘤细胞的生长和增殖，起到抗肿瘤的作用。

嘌呤核苷酸抗代谢物中，嘌呤类似物有 6- 巯基嘌呤（6-mercaptopurine，6-MP）、6- 巯基鸟嘌呤、8- 氮杂鸟嘌呤（8-azaguanine，8-AG）等，它们分子结构式如下：

6-MP　　　　　　6-巯基鸟嘌呤　　　　　　8-氮杂鸟嘌呤

临床上常将 6-MP 用作抗肿瘤药物或免疫抑制药物。6-MP 的化学结构与次黄嘌呤相似，唯一不同的是由巯基取代了羟基。6-MP 的可能作用机制包括：① 6-MP 通过竞争性抑制HGPRT，使 PRPP 分子中的磷酸核糖不能向鸟嘌呤及次黄嘌呤转移，阻断嘌呤核苷酸的补救合成途径。② 6-MP 可在体内经磷酸核糖化而生成 6-MP 核苷酸，并以这种形式抑制 IMP 转变为 AMP 及 GMP。③由于 6-MP 核苷酸结构与 IMP 相似，故可反馈抑制 PRPP 酰胺转移酶而干扰磷酸核糖胺的形成，从而阻断嘌呤核苷酸的从头合成。

氨基酸类似物有氮杂丝氨酸（azaserine）及 6- 重氮 -5- 氧正亮氨酸（diazonorleucine）等。它们的化学结构与谷氨酰胺相似，可干扰嘌呤核苷酸合成中需要谷氨酰胺的步骤，从而抑制嘌呤核苷酸的合成。

谷氨酰胺

氮杂丝氨酸（重氮乙酰丝氨酸）

6-重氮-5-氧正亮氨酸

叶酸类似物有氨基蝶呤（aminopterin）及甲氨蝶呤（methotrexate，MTX）等，能竞争性抑制二氢叶酸还原酶，使叶酸不能还原成 FH_2 及 FH_4。由于 FH_4 是一碳单位的载体，当 FH_4 缺乏时，就会导致一碳单位生成障碍。而嘌呤核苷酸从头合成时嘌呤环中 C_8 及 C_2 都来自一碳单位，所以，当一碳单位生成障碍或不足时，就会导致嘌呤核苷酸的合成障碍，进而抑制核酸和蛋白质的合成。目前，MTX 已在临床上用于白血病等肿瘤的治疗。

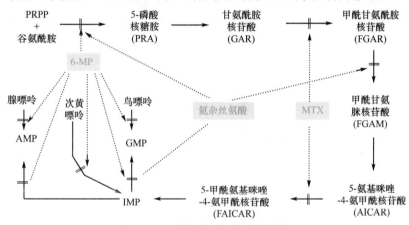

6-MP、氮杂丝氨酸及 MTX 对嘌呤核苷酸从头及补救合成代谢的抑制如图 9-15 所示。

图 9-15　嘌呤核苷酸抗代谢物的作用

二、有些抗肿瘤药物可抑制嘧啶核苷酸合成代谢

与嘌呤核苷酸抗代谢物一样，嘧啶核苷酸抗代谢物也是一些嘧啶、氨基酸或叶酸的类似物。

嘧啶类似物有 5- 氟尿嘧啶（5-fluorouracil，5-FU），它的结构与胸腺嘧啶相似。5-FU 本身并无生物学活性，必须在体内转变成氟尿嘧啶脱氧核苷一磷酸（5-FdUMP）及氟尿嘧啶核苷三磷酸（5-FUTP）后，才能发挥作用。5-FdUMP 与 dUMP 的结构相似，是胸苷酸合酶的抑制剂，使 dUMP 转变为 dTMP 的反应受阻，dTMP 生成减少而 dUMP 堆积。而 5-FUTP 可以掺入 RNA 分子，这种异常核苷酸的掺入会破坏 RNA 的结构与功能（图 9-16）。

氮杂丝氨酸类似谷氨酰胺，可以抑制 CTP 的生成；MTX 干扰叶酸代谢，使 dUMP 不能利用一

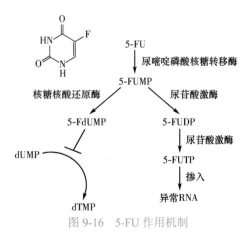

图 9-16　5-FU 作用机制

图 9-17　嘧啶核苷酸抗代谢物的作用机制

碳单位甲基化而生成 dTMP，进而影响 DNA 的合成。另外，某些改变了核糖结构的核苷类似物，如阿糖胞苷和环胞苷也是重要的抗癌药物，阿糖胞苷能抑制 CDP 还原成 dCDP，也能影响 DNA 的合成。

嘧啶核苷酸抗代谢物的结构及作用机制如图 9-17 所示。

三、抑制核苷酸代谢酶类的其他抑制剂

上述抗代谢物主要通过与底物竞争酶的底物结合位点而抑制酶的活性。除了上述抗代谢物以外，针对这些酶类的小分子抑制剂，通过别的机制抑制关键酶的活性，也被应用于抗肿瘤治疗研究。例如，嘧啶从头合成途径中的 DHODH 在许多肿瘤中升高，近年来科学家尝试采用 DHODH 抑制剂来抑制肿瘤。又如，胸苷酸合成酶（TS）是催化 dUMP 转变为 dTMP 关键酶。细胞在没有外源性的胸腺嘧啶供应时，这一限速反应是体内 dTMP 的唯一来源。因此采用特异性 TS 抑制剂将引起胞内胸腺嘧啶的缺失，从而使胞内的 DNA 合成不能正常进行，从而抑制肿瘤。

（袁　萍）

思　考　题

1. 核苷酸在体内有哪些生物学功能？
2. 在从头合成途径中，嘌呤及嘧啶环上的原子分别来自何种物质？嘌呤及嘧啶核苷酸分解代谢的终产物是什么？
3. 试述嘌呤核苷酸从头合成途径的调节机制。
4. 嘌呤核苷酸代谢与痛风有何联系？试述用别嘌呤醇治疗痛风的原理。
5. 什么是抗代谢物？试述核苷酸抗代谢物 6-MP、氮杂丝氨酸、MTX 及 5-FU 的作用机制及临床意义。

案例分析题

一名 16 岁男孩小利因为半夜突然出现左脚大拇指红肿热痛而被父母送到医院。医生为他检查后发现，血尿酸高达 600μmol/L（男性正常值为 149 ～ 416μmol/L）。CT 显示左脚大拇指骨关节处有许多结晶，被确诊为痛风。

医生仔细询问了他的病史、饮食习惯和生活作息等情况，发现他的痛风很可能与他长期喝果汁有关。小利从小不爱喝水，渴了就喝甜的饮料。因为担心其他饮料中含有添加剂，所以家人只让他喝果汁类饮料或者鲜榨果汁，每天小利最少喝 1 杯，最多时可喝上 4 ～ 5 杯。

问题：

（1）痛风的发病机制是什么？

（2）为什么常喝果汁容易引发痛风？

第十章 血液生物化学

内容提要

　　血液在心血管系统内流动，正常人体的血液总量大约占体重的8%。血液由血浆和红细胞、白细胞、血小板等有形成分组成。溶解在血液中的物质有蛋白质、非蛋白含氮物质、糖类、脂类等有机化合物，无机盐及 O_2、CO_2 等气体。这些物质的含量相对稳定，是内环境相对稳定的基础。通过这些物质随血液的流动，体内各器官组织联系成一个整体，并与外界环境进行物质交换。

　　血浆蛋白质是血浆中含量最多的一类化合物，包括凝血系统蛋白质、纤溶系统蛋白质、补体系统蛋白质、免疫球蛋白、脂蛋白、血浆蛋白酶抑制剂、载体蛋白等。血浆蛋白质除了执行各自的专一功能外，还具有维持血浆胶体渗透压、调节体液的 H^+ 浓度和营养作用等非专一的功能。

　　机体凝血系统由凝血与抗凝两方面组成。血浆中有 14 种凝血因子，组成内源性和外源性凝血系统，共同介导纤维蛋白的生成。抗凝血系统包括细胞抗凝和体液抗凝，体液抗凝通过下调凝血蛋白进而抑制凝血反应的抗凝蛋白起作用，主要包括抗凝血酶系统、蛋白 C 系统和组织因子途径抑制物系统等。纤溶过程可分为血纤维蛋白溶解酶原激活和纤维蛋白溶解两个阶段。在正常人体内凝血和纤溶两个过程相互制约，处于动态平衡。

　　红细胞占全血体积的 40%～50%。血红素是含铁卟啉化合物，其合成发生在幼红细胞和网织红细胞阶段，合成的原料是甘氨酸、琥珀酰 CoA、Fe^{2+} 等简单的小分子物质。成熟红细胞丧失了合成核酸和蛋白质的能力，不能进行有氧氧化，但保留了糖酵解和磷酸戊糖途径，并具有生成高浓度 2,3- 二磷酸甘油酸的能力，以维持和调节红细胞（膜）及血红蛋白的完整与功能。

　　血红蛋白为四聚体结构，每一亚基都结合一分子血红素，成人血红蛋白主要为 HbA（$\alpha_2\beta_2$）。血红蛋白除了运输 O_2，还参与 CO_2 运输和体内 H^+ 代谢的调节，H^+、CO_2 和 2,3-BPG 等调节物可通过 Hb 的别构效应来调节 Hb 结合 O_2 的能力。

　　血液是在心脏和血管系统里流动的红色、不透明、具有黏性的液体，在正常成人其总量大约占体重的8%。血液由液态的血浆和具有细胞形态的成分（简称有形成分）组成，血浆占全血容积的 55%～60%，有形成分包括红细胞、白细胞和血小板等。离体的血液，如加入适量的抗凝剂后静置或离心，可使血细胞下沉，上清液呈浅黄色，即为血浆；如不加抗凝剂，静置数分钟后很快形成凝块，再继续静置，可见凝块收缩，析出淡黄色、清澈、不再凝固的液体，称为血清。血清与血浆的主要区别是血清不含有纤维蛋白原。

　　正常人血液的比重为 1.050～1.060，血浆比重为 1.025～1.030，血清比重为 1.024～1.029，红细胞的比重约为 1.090。全血比重取决于所含有形成分和血浆蛋白的量，血浆比重主要决定于血浆蛋白的含量，红细胞比重与其所含血红蛋白量成正比。全血和血浆 pH 为 7.40 ± 0.05（$[H^+]$35.5～44.7nmol/L），静脉血 pH 比动脉血稍低。血浆渗透压在 37℃时相当于 7.6 个大气压，即 7.7×10^5Pa，或约 300mOsm/L。

　　血细胞体积较大不易透出血管，而血浆则可以透过毛细血管壁与血管外的组织间液进行物质交换。组织间液是存在于各种组织细胞间隙的液体，既能与血浆交换物质，又能与各种组织细胞交换物质。血浆、组织间液及其他细胞外液一起，构成机体的内环境，是体内细胞直接生活的环境，以区别于整个机体所生存的外部环境。细胞与外环境之间的物质交换只能通过细胞外液（内环境）间接地进行。血液循环联系着体内各组织器官，同时又通过呼吸、消化、排泄等系统，保持着个体与外界环境的联系。因此，血液在沟通内外环境、维持内环境的相对稳定（如 pH、渗透压、各种化学成分的浓度等）、物质的运输（营养物、代谢调节物、代谢中间物、代谢终末产物等）、异物的防御（免疫）及出血的防止（血液凝固）等方面都起着重要作用。

第一节　血液的化学成分

体内新陈代谢过程中生成的各种物质不断地进入血液，又不断地从血液离开，所以血液的化学成分含量是相对恒定的，仅在有限范围内变动。若血液的某些化学成分在较长时间或较大幅度地超出正常值范围，则反映体内某些代谢失常，所以通过血液化学成分的分析，可以间接地了解体内物质代谢的状况，这为诊断临床疾病、了解病情进展和估计预后等都能提供有用的信息。

血液化学成分分为无机物和有机物两大类。无机物主要以电解质为主，重要的阳离子有 Na^+、K^+、Ca^{2+}、Mg^{2+} 等，重要的阴离子有 Cl^-、HCO_3^-、HPO_4^{2-} 等。有机物包括蛋白质、非蛋白含氮化合物、糖类和脂类等。

一、血液的水和电解质

体液（body fluid）是指机体内存在的液体，包括水和溶解于其中的电解质、小分子有机物和蛋白质等。正常情况下，人体通过许多非常精细的调控系统，与环境之间不断地进行着物质交换和能量传递，但体液及其组分的波动范围很小，以保持体液容量、电解质、渗透压和酸碱度的相对稳定，保持着内环境的稳定，为细胞生存和行使其正常生理功能提供了重要条件。体液以细胞膜为界分为细胞内液（intracellular fluid，ICF）和细胞外液（extracellular fluid，ECF）。细胞外液因存在部位不同分为血浆和组织间液（interstitial fluid）。在成人体内，细胞内液、血浆和组织间液分别约占体重的 40%、5% 和 15%。

血浆和血细胞的含水量都很高。正常人血浆含水 93% ～ 95%，红细胞含水 65% ～ 68%，全血含水 81% ～ 86%。

血液中的水分具有重要的生理功能。水的比热大，可以吸热、散热，有助于调节体温。水是血浆和血细胞内所含各种物质的溶剂，参与血液与其他体液间的物质交换。血液含水量是维持体液平衡的重要因素，反映了人体进水量与排水量之间的动态平衡关系。若血浆中水分过多或过少，而不能经生理调节机制恢复平衡时，需要采取治疗措施来纠正。

血液中的电解质大部分是以离子状态存在的无机盐，血浆和其他体液中电解质分布见表 10-1，各部分体液中阳离子当量总数和阴离子当量总数相等，保持电中性。

表 10-1　体液中电解质与水的分布

阳离子成分（单位）	血浆	组织间液	细胞内液	阴离子成分（单位）	血浆	组织间液	细胞内液
Na^+（mEq/L）	142	147	15	Cl^-（mEq/L）	103	114	1
K^+（mEq/L）	5	4	150	HCO_3^-（mEq/L）	27	30	10
Ca^{2+}（mEq/L）	5	2.5	2	蛋白质（mEq/L）	16	1	63
Mg^{2+}（mEq/L）	2	2	27	有机酸（mEq/L）	5	7.5	—
—	—	—	—	$H_2PO_4^-$（mEq/L）	2	2	100
—	—	—	—	SO_4^{2-}（mEq/L）	1	1	20
总阳离子（mEq/L）	154	155.5	194	总阴离子（mEq/L）	154	155.5	194
水（L）	3.5	10.5	28				

正常情况下，血浆和血细胞中各种离子的浓度在一定范围内保持动态平衡。在血浆中，Na^+ 是维持血浆量和渗透压的主要离子；在红细胞中，K^+ 是维持细胞内液量和渗透压的主要离子。血浆中 Na^+、K^+、Ca^{2+} 保持适当比例，维持着神经肌肉的正常兴奋性。有些疾病可使血浆电解质浓度发生变化，反映体内存在电解质代谢平衡紊乱。常见的电解质代谢平衡紊乱为钠代谢平衡紊乱和钾代谢平衡紊乱。成人血清钠浓度为 135～145mmol/L，如血清钠浓度＜135mmol/L 为低钠血症（hyponatremia），可由钠减少或水增多引起；血清钠浓度＞145mmol/L 时则为高钠血症（hypernatremia），可因摄入钠过多或水丢失过多而引起。成人血清钾浓度为 3.5～5.5mmol/L，如血清钾浓度低于 3.5mmol/L 称为低钾血症（hypokalemia），常见原因有摄入不足、排出增多和细胞外钾进入细胞内等；血清钾浓度高于 5.5mmol/L 为高钾血症（hyperkalemia），常见原因有摄入过多、排泄障碍和细胞内钾向细胞外转移等。

二、血浆蛋白分类和功能

血浆蛋白（plasma protein）是血浆中各种蛋白质的总称，是血浆中除水分外含量最多的一类化合物，正常人血浆蛋白总含量为 60～80g/L。

（一）血浆蛋白的分类

血浆蛋白包括很多分子大小不同和结构功能有差异的蛋白质，目前有所了解的约有500 种。

血浆蛋白最简单的分类方法是利用硫酸铵盐析法将其分为清蛋白（albumin，A）和球蛋白（globulin，G）两大类，正常成人血浆中清蛋白含量为 36～55g/L，球蛋白含量为 20～30g/L，两者比值为 1.5～2.5（A/G=1.5～2.5）。目前多用电泳法进行分类，利用醋酸纤维素薄膜或琼脂糖凝胶为支持物进行电泳时，可将血浆蛋白分为清蛋白和 α₁、α₂、β、γ- 球蛋白及纤维蛋白原六条区带，如标本为血清则可分离出五条区带，因血清中不含纤维蛋白原；如优化条件，可在清蛋白区带前出现前清蛋白。如果采用聚丙烯酰胺凝胶电泳，在适当条件下可以分出 30 多条区带。血清蛋白醋酸纤维素薄膜电泳参考区间见表 10-2，各区带包含的主要蛋白质见表 10-3。

表 10-2　血清蛋白醋酸纤维素薄膜电泳参考区间

清蛋白	α₁- 球蛋白	α₂- 球蛋白	β- 球蛋白	γ- 球蛋白
67%～71%	3%～4%	6%～10%	7%～11%	9%～18%

表 10-3　电泳区带与血浆蛋白的关系

电泳区带	蛋白质种类	半衰期（天）	分子量（kDa）	等电点	含糖量（%）	成人参考区间（g/L）
前清蛋白	前清蛋白	0.5	54	—	—	0.2～0.4
清蛋白	清蛋白	15～19	66.3	4.7	0	35～55
α₁- 球蛋白	α₁- 抗胰蛋白酶	4	51	4.8	10～12	0.9～2.0
	α₁- 酸性糖蛋白	5	40	2.7～3.5	45	0.5～1.5
	甲胎蛋白	—	69	—	—	3×10⁻⁵
	高密度脂蛋白	—	200	—	—	1.7～3.25
α₂- 球蛋白	结合珠蛋白	2	85～400	4.1	12	0.3～2.0
	α₂- 巨球蛋白	5	725	5.4	8	1.3～3.0
	铜蓝蛋白	4.5	132	4.4	8～9.5	0.1～0.4
β- 球蛋白	转铁蛋白	7	79.5	5.5～5.9	6	2.0～3.6

续表

电泳区带	蛋白质种类	半衰期（天）	分子量（kDa）	等电点	含糖量（%）	成人参考区间（g/L）
	低密度脂蛋白	—	300	—	—	0.6～1.55
	C_4	—	206	—	7	
	$β_2$-微球蛋白	—	11.8	—	—	0.001～0.002
	纤维蛋白原	2.5	340	5.5	3	2.0～4.0
	C_3	—	185	—	2	0.9～1.8
γ-球蛋白	IgA	6	160～170	—	8	0.7～4.0
	IgG	24	160	6～7.3	3	7.0～1.6
	IgM	5	900	—	12	0.4～2.3
	C-反应蛋白	0.8	115～140	6.2	0	0.008

血浆中每种蛋白质都有其特定的功能，因此也可按照血浆蛋白的功能进行分组，以强调属于同一组的一些血浆蛋白从其执行功能上的相互联系，血浆蛋白的功能分类见表10-4。

表 10-4　血浆蛋白的功能分类

功能分类	蛋白质	功能特征
运输载体类	载脂蛋白、转铁蛋白、甲状腺素结合球蛋白等	运载、营养等
补体蛋白类	C_{1q}、C_{1r}、C_{1s}、C_2、C_3、C_4、C_5、C_6、C_7、C_8、C_9、B因子、D因子、备解素等	参与机体的防御效应和自身稳定
免疫球蛋白类	IgG、IgA、IgM、IgD、IgE	排除外来抗原
凝血蛋白类	除Ⅳ因子（Ca^{2+}）外的13种凝血蛋白	血液凝固作用
蛋白酶抑制物	包括 $α_1$-胰蛋白酶抑制剂、$α_1$-胰凝乳蛋白酶抑制剂、$α_2$-巨球蛋白等	抑制蛋白酶作用
蛋白类激素	胰岛素、胰高血糖素、生长激素等	多种代谢调节作用
纤溶蛋白类	包括纤溶酶原、纤溶酶等	纤维蛋白溶解

（二）血浆蛋白的功能

血浆蛋白种类很多，除各具特定的功能外，还具有多项共同的非专一的功能。

1. 血浆蛋白的特定功能

（1）凝血与抗凝血系统蛋白质：血液凝固系统是很复杂的多酶体系，血浆中至少有14种因子参与血液凝固过程，除因子Ⅳ为 Ca^{2+} 外，其余13种都属蛋白质（多数为糖蛋白），其中有7种是丝氨酸蛋白水解酶原，在血凝过程中被先后激活，继之发挥其催化蛋白水解的作用。机体内也存在抗凝成分，和纤溶系统一起与凝血系统处于动态平衡，保证了血流的畅通，主要包括抗凝血酶-Ⅲ、蛋白C系统和组织因子途径抑制物等。

（2）纤溶系统蛋白质：凝固了的血液再次溶解的现象称为纤维蛋白溶解（纤溶）。人体血液中所含有的参与纤溶或影响纤溶的成分称为纤溶系统，参与纤溶系统的主要成分可大致分为纤溶酶原及纤溶酶，激活剂和抑制剂三类。激活剂都属于丝氨酸蛋白酶，而抑制剂都是蛋白酶的抑制剂，其化学本质也都是蛋白质。

（3）补体系统蛋白质：补体成分也是正常血浆中存在的一组蛋白酶体系，不包括抑制剂或灭活剂在内，该系统包含有17种蛋白质。补体激活过程包括一系列蛋白酶原的激活作用和放大效应，其重要性在于体液免疫和细胞免疫中的"互补"作用，即在体内免疫反应的效应阶段杀伤携带抗原的细胞。

（4）免疫球蛋白：机体对入侵的病原体或异体蛋白质（抗原）能产生特异的抗体，血液中具有抗体作用的球蛋白称为免疫球蛋白（immunoglobulin, Ig）。Ig 能识别特异性抗原并与之结合，形成抗原抗体复合物，消除抗原的危害。Ig 在电泳时主要出现于 γ- 球蛋白部分，但也有一小部分 Ig 可出现于 β- 或 α- 球蛋白部分。Ig 共分五大类，即 IgG、IgA、IgM、IgD 及 IgE。

（5）脂蛋白：已在脂类代谢章节详细叙述了各种脂蛋白的组成、结构和功能。

（6）血浆蛋白酶抑制剂：蛋白酶抑制剂都是糖蛋白，属于 α- 球蛋白。这类抑制剂的功能是抑制血浆中的蛋白酶、凝血酶系、纤溶酶、补体成分及白细胞在吞噬或破坏时释放出的组织蛋白酶等，对体内的一些重要生理过程起着调节作用，因而与临床关系密切。

（7）载体蛋白：血浆中有一些内源性和外源性物质是和血浆中一些蛋白质结合在一起的，这些血浆蛋白质称为载体蛋白，如皮质激素传递蛋白、甲状腺素结合球蛋白、结合珠蛋白、血红素结合蛋白、转铁蛋白等都是专一性较强的载体蛋白。载体蛋白通过与不同物质的结合发挥不同的作用：①结合、运输血浆中某些物质，将所携带的物质运到作用部位，防止从肾滤过而丢失；②某些专一载体蛋白为结合的物质提供特异的微环境，保护维生素 A 之类易受氧化的物质不被氧化；③运输类固醇激素、脂肪酸及胆红素之类难溶于水的化合物，起着生理增溶剂的作用；④结合运载某些药物等，具有解毒和帮助排泄的作用；⑤对运输物质起调节作用，如游离型甲状腺素易被组织细胞摄取，但与载体蛋白结合后，可防止组织过多摄取，结合型与游离型之间的平衡对组织细胞的摄取量起着调节作用。

（8）酶：血浆中的酶称为血浆酶。根据酶的来源和功能，血浆酶可分为两大类：血浆固有酶和非血浆固有酶。①血浆固有酶：在血浆中发挥特定催化作用，是血浆固有的成分。例如，凝血酶原、纤溶酶原、脂肪酶（lipase, LPS）、卵磷脂胆固醇酰基转移酶（LCAT）、胆碱酯酶（cholinesterase, ChE）、多铜氧化酶（multicopper oxidase）等，它们大多数在肝脏合成，在生理情况下发挥一定功能。当肝脏合成功能减退时，酶含量降低。②非血浆固有酶：生理情况下，当细胞更新时释放入血液，在血浆中含量很低，无特殊生理功能。根据来源酶可分为外分泌酶和细胞酶。外分泌酶指来源于消化腺或其他外分泌腺的酶，如胰（唾液腺）淀粉酶、胰脂肪酶、胃（胰）蛋白酶、前列腺酸性磷酸酶等。它们在血液中含量与相应分泌腺的功能有关。细胞酶指在生理情况下存在于各组织细胞中，参与物质代谢的酶类。这类酶种类繁多，大部分无器官专一性，称非器官特异酶；只有小部分来源于特定的组织，称器官特异酶。这类酶在细胞内外浓度差异悬殊，细胞损伤可导致其在血浆中浓度显著升高，尤其是肌肉、骨骼、心、肝、肾、红细胞等占人体比重大，诊断灵敏度较高。

2. 血浆蛋白的非专一功能

（1）维持血浆胶体渗透压：虽然血浆胶体渗透压只占总渗透压的极小部分（1/230），但是对血管内外的血浆和组织液的交换及分布影响极大。血浆胶体渗透压的大小，取决于血浆蛋白的浓度。由于血浆蛋白中清蛋白浓度最高且分子较小，在生理 pH 条件下电负性高，故清蛋白能有效地维持胶体渗透压，血浆胶体渗透压的 75% ～ 80% 由清蛋白维持。任何病因引起的血浆总蛋白含量减少，或血浆总蛋白含量虽属正常，但清蛋白浓度明显降低时，将引起血浆胶体渗透压下降，导致过多水分潴留于组织间隙而产生水肿。

（2）调节体液的 H^+ 浓度：正常血浆的 pH 为 7.4±0.05，而血浆蛋白的等电点大多在 pH 4.0 ～ 7.3，因此血浆中的蛋白质多数以负离子的形式存在，是血液中缓冲碱的一部分，能结合细胞代谢所产生的 H^+，在维持体液正常 H^+ 浓度中发挥作用。

（3）营养作用：在生命活动过程中，组织细胞中的蛋白质不断地进行新陈代谢。血浆蛋白在体内分解产生的氨基酸可参与氨基酸代谢池，用于组织蛋白质的合成，参与维持体内蛋白质的动态平衡。在血浆蛋白中，以清蛋白对组织细胞的营养价值较高，这不仅由于清蛋白含量最高，还由于清蛋白含有较多的必需氨基酸，能提供齐全的、均衡的氨基酸来源，而且肝每天合成 14 ～ 17g 清蛋白，源源不断地补充到血液中。

（4）急性期反应：在急性炎症性疾病如感染、手术、创伤、心肌梗死、恶性肿瘤等，血浆 α_1- 胰蛋白酶抑制剂（AAT）、α_1- 酸性糖蛋白（AAG）、结合珠蛋白（Hp）、铜氧化酶（Cp）、C- 反应蛋白（CRP）、α_1- 胰凝乳蛋白酶抑制剂、血红素结合蛋白、C_3、C_4、纤维蛋白原等浓度显著升高或升高；而血浆前清蛋白（PA）、清蛋白（Alb）、转铁蛋白（TRF）浓度则出现相应下降。这种现象称为急性期反应（acute phase reaction，APR），这些血浆蛋白统称为急性期反应蛋白（acute phase reaction protein，APP），急性期反应是对炎症的一般反应，不是对某一疾病的特异性反应。在炎症和损伤时释放的某些细胞因子，如白介素、肿瘤坏死因子 α 及 β 干扰素和血小板活化因子等，引发肝细胞中上述蛋白质合成量发生改变。检测 APR 有助于监测炎症进程和判断治疗反应，尤其是检测那些升高最早和最多的蛋白质（如 CRP 等）。

三、血液中的非蛋白含氮化合物

除蛋白质以外的含氮物质称为非蛋白含氮化合物，在血液中主要是尿素，还有尿酸、肌酸、肌酐、氨基酸、胆红素、氨等。临床上把这些化合物中所含的氮称为非蛋白氮（nonprotein nitrogen，NPN），正常人血中 NPN 含量为 14.3 ～ 25.0mmol/L（20 ～ 35mg/dl）。这些含氮化合物中绝大多数是蛋白质和核酸的分解代谢终产物，由血液运输到肾而排出体外。当肾功能严重损害时，因排出受阻而使血中 NPN 升高，临床上常通过测定血中 NPN 含量以了解肾的排泄功能。

尿素是非蛋白含氮化合物中含量最多的一种物质，尿素氮的含量占 NPN 总量的 1/3 ～ 1/2，正常人血中尿素含量为 1.78 ～ 7.14mmol/L，临床上常测定尿素以了解肾功能。

血中尿酸是嘌呤化合物代谢的终产物，正常人血清中含量：男性 0.21 ～ 0.43mmol/L，女性～ 0.36mmol/L（尿酸氧化酶法）。当体内存在嘌呤化合物分解过多或经肾排出障碍及痛风等情况时，血中尿酸含量均可升高。

肌酸是由精氨酸、甘氨酸和甲硫氨酸在体内合成的产物，正常人血中含量为 228.8 ～ 533.8μmol/L。存在肌萎缩等广泛性肌病时，血中肌酸增多，尿中排出也增加。

肌酐是由肌酸脱水或由磷酸肌酸脱磷酸而生成的产物，因此，它是肌酸代谢的终产物，并全部由肾排出。正常人血液中肌酐含量为 88.4 ～ 176.8μmol/L，不受食物蛋白质多少的影响。

正常血氨含量为 47 ～ 65μmol/L。在生理 pH 条件下以 NH_3 形式存在的只占 2%，其余的 98% 以 NH_4^+ 形式存在。NH_4^+ 能扩散通过血脑屏障而对脑细胞呈现毒性。NH_3 在肝中合成尿素，故肝功能严重损伤时，血氨量升高，而血中尿素含量可下降。

四、气体和其他有机化合物

血液中含有一定量的 O_2 和 CO_2，称为血气（blood gas）。O_2 和 CO_2 通过血液运输，将细胞呼吸与肺呼吸联系起来。

氧在血液中以化学结合和物理溶解两种方式进行运输。其中主要以与血红蛋白（hemoglobin，Hb）化学结合的方式运输，占血液中总氧量的 98.5%；物理溶解在血液中的氧量极少，约占血液总氧量的 1.5%，但决定了氧分压（PO_2）大小。在肺泡和组织进行 O_2 交换时，均需 O_2 首先溶解在血液中，再与 Hb 结合或释放，而且血液中 PO_2 的改变将直接影响 Hb 与 O_2 结合。

血液中 CO_2 由物质代谢产生，有三种存在形式：①物理溶解（占总量的 8.8%）；②HCO_3^- 结合形式（占总量的 77.8%）；③与 Hb 结合成氨基甲酸血红蛋白（占总量的 13.4%）。CO_2 从组织进入血液后溶解于血浆中，血浆中 PCO_2 随即提高，其中少量 CO_2 与水作用生成 H_2CO_3（血浆中无碳酸酐酶），大部分 CO_2 向红细胞内扩散。进入红细胞中的 CO_2 有两种代谢方式：①在碳酸酐酶（carbonic anhydrase，CA）作用下，与 H_2O 反应生成 H_2CO_3，H_2CO_3 再迅速解离成

H^+ 和 HCO_3^-。HCO_3^- 通过红细胞膜进入血浆，它是血液运输 CO_2 的最主要形式。②与 Hb 结合成氨基甲酸血红蛋白（HbNHCOOH）。

血液中还含有含氮化合物以外的其他有机化合物，如葡萄糖、乳酸、三酰甘油、磷脂、胆固醇、游离脂肪酸等脂类。

第二节　凝血系统和纤维蛋白溶解系统

机体凝血系统由凝血与抗凝两方面组成，正常生理状态下二者维持着动态平衡，使血液在血管中维持着流动状态，而血管损伤时便快速形成凝块。纤溶系统的主要作用是使沉积在血管和间质内的纤维蛋白溶解而保持血管及腺体管道畅通、血管新生、防止血栓形成，或使已形成的血栓溶解，血流复通。

一、凝血因子

参与血液凝固的因子统称凝血因子（blood coagulation factor），也称凝血蛋白（coagulation protein）。目前已知血浆和组织中的凝血因子主要有 14 种，其中除 Ca^{2+} 外，都是蛋白质。按国际凝血因子命名委员会规定，以罗马数字命名除激肽系统以外的凝血因子，现已命名到 XIII，其中 Ca^{2+} 为因子IV，因子VI因被证实是因子V的活化形式而被废除。凝血因子及其部分特点见表 10-5。

因子II、因子VII、因子IX和因子X是依赖维生素 K 的凝血因子，为丝氨酸蛋白酶的前体，必须经过蛋白酶作用活化才能呈现酶的活性。以维生素 K 为辅酶的维生素 K 依赖性 γ- 羧化酶催化这些凝血因子中的某些谷氨酸残基羧化，形成在各自因子的 N 端有 9 ～ 12 个 γ- 羧基谷氨酸（γ-carboxyl glutamic acid）。γ- 羧基谷氨酸有较大的电负性，能与 Ca^{2+} 形成盐键。Ca^{2+} 在凝血过程中起"搭桥"作用，其一侧与凝血因子带负电荷的 γ- 羧基谷氨酸连接，另一侧与带负电的磷脂连接，形成的多酶复合体是凝血反应的基础。如缺乏维生素 K 或上述 4 个因子 N 端无 γ- 羧基谷氨酸，则无凝血酶活性，从而导致新生儿出血或获得性的成人出血性疾病。

因子XII、因子XI、前激肽释放酶（prekallikrein，PK）及高分子量激肽原（high molecular weight kininogen，HMWK）等参与接触活化，称为接触激活因子。当血浆暴露在带负电荷物质表面时，这些凝血因子在其表面发生一系列水解反应，除去一些小肽段而转变成活化的因子XIIa、因子XIa、激肽释放酶和高分子量激肽，启动血液凝固。因子XI是丝氨酸蛋白酶前体酶原，有高分子激肽原、凝血酶原（因子II）、血小板、因子XII及凝血酶等的结合位点。临床上，这些因子缺乏不出现出血现象（因子XII或 PK 缺乏）或有轻度出血（因子XI缺乏）。

凝血因子 I（纤维蛋白原，Fg）、因子V、因子VIII和因子XIII的共同特点就是对凝血酶敏感。纤维蛋白原是一种大分子糖蛋白，是凝血酶的底物。因子Va是因子Xa的辅因子，加速因子Xa对凝血酶原的激活。因子VIIIa是因子IXa的辅因子，参与因子IXa对因子X的激活。因子XIII是一种半胱氨酸转谷氨酰胺酶原，被凝血酶激活成为因子XIIIa，后者使纤维蛋白多聚体交联形成稳固血栓。

因子III分布于各种不同的组织细胞中，是唯一不存在于健康人血浆中的凝血因子，又称组织因子（tissue factor，TF），在脑、胎盘和肺组织中含量极为丰富，组织受损时，释放到血液中。此外，单核 - 巨噬细胞和血管内皮细胞均可表达 TF，在血管内皮受损时被释放至血液循环中，是血液凝固的始动因子。TF 的 N 端伸展在细胞外，起到因子VII受体的作用。

Ca^{2+} 作为因子IV存在于血浆中，可能与其他二价金属离子（如 Mg^{2+} 和 Zn^{2+}）共同参与凝血过程。血管性血友病因子 vWF 是一巨大的分子结构多聚体，作为VIII因子的载体，保护因子VIII不被破坏而顺利完成凝血过程，是一个重要的凝血辅因子。

表 10-5 凝血因子的部分特征

凝血因子	同义名	合成场所	分子量（Da）	氨基酸残基数	亚基数目	含糖量（%）	血浆浓度（mg%）	衍生物	功能
I	纤维蛋白原（fibrinogen）	肝	340 000（人、牛）	2964	3×2	3～4	200～400	纤维蛋白	形成凝胶
II	凝血酶原（prothrombin）	肝	68 700（人） 72 000（牛）	579	1	8.2（人） 10～14（牛）	10～15	凝血酶	蛋白酶
III	组织凝血激酶（tissue thromboplasmin） 组织因子（tissue factor, TF）	组织细胞	33 000 220 000（牛）	263					辅因子
IV	Ca²⁺（calcium ion）								辅因子
V	前加速素（proaccelerin）	肝	290 000～400 000（人）	2196	多聚	11～18	5～10	VI（Va）	辅因子
VII	血清凝血活酶转变加速素（convertin）又称 SPCA	肝	63 000（人）	406	1	9.1	0.4～0.7	VIIa	蛋白酶
VIII	抗血友病球蛋白（antihemophilic globulin, AHG）	肝为主	1 100 000（人、牛）	2332	?	6（人） 9（牛）	15～20	VIIIa	辅因子
IX	血浆凝血激酶（plasma thromboplastin component, PTC）又名抗乙种血友病因子	肝	55 400（人、牛）	415	1	26	3～5	IXa	蛋白酶
X	斯图亚特因子（Stuart-Power factor）	肝	55 000（人、牛）	448	1	10	5～10	Xa	蛋白酶
XI	血浆凝血激酶前质（plasma thromboplastin antecedent, PTA）又名抗丙种血友病因子	肝？单核 - 吞噬细胞系统？	160 000（人、牛）	1214	2	12	0.5～0.9	XIa	蛋白酶
XII	接触因子（hageman 因子）	单核 - 吞噬细胞系统？	9 000（牛） 82 000（人）	596	3	15	0.1～0.5	XIIa	蛋白酶
XIII	纤维蛋白稳定因子（fibrin stabilizing factor, FSK）	血小板？肝？	146 000～165 000	2744	5（血浆）	1～2		XIIIa	形成交联键
	前激肽释放酶（prekallikrein, PK）	肝	80 000	619	1	10	1～2	激肽释放酶	蛋白酶
	高分子量激肽原（high molecular weight kininogen, HMWK）		110 000～15 000	626	1	?	7	高分子激肽	辅因子

二、凝 血 途 径

凝血因子Ⅹ被激活成因子Ⅹa是使凝血酶原活化的关键步骤。激活因子Ⅹ有如下两条途径。

（一）内源性途径

内源性途径（intrinsic pathway）是指参与凝血的因子全部来自正常血液中存在的凝血蛋白和Ca^{2+}，是血管内膜受损或在血管外与异物表面接触时触发的凝血过程。该凝血过程可人为地分为三个阶段：①接触活化阶段，在此阶段因子Ⅻ和因子Ⅺ得以活化；②因子Ⅸ的激活；③因子Ⅹ的激活。

（二）外源性途径

外源性途径（extrinsic pathway）是指参与凝血的因子不完全来自血液中，部分由组织中进入血液而启动的凝血过程。在正常情况下，组织因子Ⅲ并不与血液接触，但在血管损伤或血管内皮细胞及单核细胞受到细菌内毒素、补体C_{5a}、免疫复合物、白介素-1和肿瘤坏死因子等因子刺激时，组织因子得以与血液接触并形成因子Ⅶ-组织因子复合物。因子Ⅶ一旦和组织因子结合就能被血液中痕量的因子Ⅹa激活，而成为因子Ⅶa-组织因子复合物，能快速激活因子Ⅹ。这是体内凝血的主要途径，也是发生止血血栓病理改变的主要部分。

（三）共同凝血途径

无论内源性凝血途径还是外源性凝血途径，一旦形成因子Ⅹa，就进入共同的通路——凝血酶（thrombin）的生成和纤维蛋白（fibrin）的形成。整个凝血过程见图10-1。

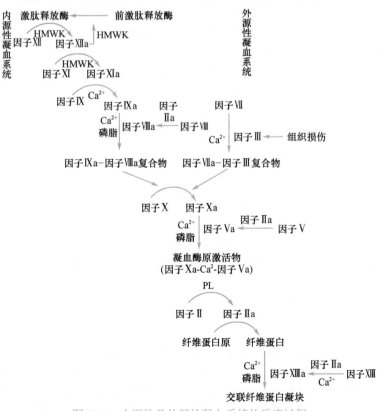

图 10-1　内源性及外源性凝血系统的反应过程

因子Ⅸa的作用是激活因子Ⅹ转变成因子Ⅹa，但单独的因子Ⅸa转变因子Ⅹ的能力很低，它需与因子Ⅷa形成1∶1的复合物并在酸性磷脂表面（包括血小板、单核-巨噬细胞和血管内皮细胞表面），有 Ca^{2+} 存在的情况下才能有效地激活因子Ⅹ。同样，因子Ⅹa在有 Ca^{2+} 存在的情况下，在血小板等磷脂膜的表面与因子Ⅴa形成1∶1的复合物——凝血酶原激活物，水解凝血酶原为凝血酶。

血凝块的主要成分是纤维蛋白，它在损伤处形成一个网架，封住伤口。纤维蛋白在血浆中以纤维蛋白原（fibrinogen）形式存在。纤维蛋白原溶于水且不会聚合，凝血酶使它降解成为纤维蛋白并聚合成不溶于水的网状结构。

纤维蛋白原占血浆总蛋白的2%～3%。纤维蛋白原分子由两条α链、两条β链和两条γ链组成，每三条肽链（α、β、γ肽链）绞合成索状，形成两条索状肽链，两者的N端通过二硫键相连，整个分子成纤维状。α及β链的N端分别有一段16个和14个氨基酸残基组成的一段小肽，称为纤维肽A及B。凝血酶原的作用就是切除这两段小肽。失去纤维肽A及B后，纤维蛋白原就转变成纤维蛋白，纤维蛋白间能横向黏合形成更大的纤维。

刚形成的纤维蛋白所产生的血块很不牢固，很快在纤维蛋白稳定因子（因子ⅩⅢa）催化下交联。因子ⅩⅢa是一个转酰胺酶，它催化γ肽链C端上的谷氨酰胺残基与邻近γ肽链上的赖氨酸残基的ε氨基共价结合。α链之间也同样发生交联，经过共价交联的纤维蛋白网非常牢固。因子ⅩⅢ存在于血小板及血浆中，经凝血酶切除部分肽段后即被激活成因子ⅩⅢa。

三、体内抗凝血系统与凝血系统的动态平衡

血液凝固是机体防止出血的重要防御功能，但是必须适度。过度血凝可引起心肌梗死、脑血栓等严重疾病。但体内抗凝血系统与其处于动态平衡，以保证血流的畅通。

抗凝血系统可使血液凝固系统改变凝血性质，减少纤维蛋白的形成，降低各种凝血因子的活化水平，包括细胞抗凝和体液抗凝两方面。细胞抗凝作用主要包括血管内皮细胞合成分泌抗凝物质、光滑内皮阻止血小板的黏附活化和单核-巨噬细胞对活化凝血因子清除作用等。体液抗凝主要通过下调凝血蛋白，进而抑制凝血反应的抗凝蛋白起作用，主要包括抗凝血酶系统、蛋白C系统和组织因子途径抑制物系统等。

1. 抗凝血酶（antithrombin，AT） 是主要的生理性血浆抗凝物质，尤其对凝血酶的灭活能力占所有抗凝蛋白的70%～80%。AT除能持久地灭活凝血酶外，还具有抑制凝血因子Ⅹa、因子Ⅸa、因子Ⅺa、因子Ⅻa、纤溶酶、胰蛋白酶和激肽释放酶的作用，引起抗凝。抗凝血酶分子上的精氨酸残基可以与这些酶活性中心的丝氨酸残基结合，这样就"封闭"了这些酶的活性中心而使之失活。在血液中，每一分子抗凝血酶可以与一分子凝血酶结合形成凝血酶-抗凝血酶（TAT）复合物，从而使凝血酶失活。AT主要由肝合成，肺、脾、心、肠、脑、血管内皮细胞和巨核细胞也可合成AT。

2. 蛋白C系统 蛋白C系统包括蛋白C（protein C，PC）、蛋白S（protein S，PS）、凝血调节蛋白（thrombomodulin，TM）和内皮细胞蛋白C受体（endothelial protein C receptor，EPCR）。

人PC分子量为62 000Da，血浆含量为2～6mg/L。PC由肝细胞合成，是一个依赖维生素K的蛋白质，分子结构分为γ-羧基谷氨酸区、EGF区（PC有两个EGF结构）及含有活性位点的丝氨酸蛋白酶区段。

凝血酶、胰蛋白酶和高浓度因子Ⅴa均可激活PC。激活的PC（APC）具有多方面的抗凝血、抗血栓功能，主要的作用：①灭活因子Ⅴa和因子Ⅷa；②限制因子Ⅹa与血小板结合；③增强纤维蛋白的溶解。APC能刺激纤溶酶原激活物的释放，从而增强纤溶活性。APC可以被 α_2-抗纤溶酶、α_1-抗胰蛋白酶、α_2-巨球蛋白和3型纤溶酶原激活抑制物所灭活，若上述物质缺乏，尤其是3型纤溶酶原激活抑制物的缺乏，可导致因子Ⅴa和因子Ⅷa的减少而引起严重出血。

相反，不论是 PC 成分的减少或活化受阻都会增加形成血栓的倾向。

PS 也是由肝合成的依赖维生素 K 的蛋白质，含糖量 7.8%。成熟 PS 共有 635 个氨基酸残基，分子量为 48 000Da。它能作为 APC 的辅因子，加速 APC 对因子 Va 的灭活。

TM 是分子量为 74 000Da 的单链糖蛋白，与 PC 分子具有同源性，分子从 N 端起依次为信号肽（21aa）、配体结合段（223aa）、EGF 区（共 6 个，236aa，凝血酶的结合点即位于该区）、Ser/Thr 富含区（34aa）、跨膜区（23aa）、C 端 38aa 的胞内区。

EPCR 是一种完整的膜蛋白，分子量为 46 000Da，主要位于大血管表面。

3. 组织因子途径抑制物　组织因子途径抑制物（tissue factor pathway inhibitor，TFPI）是一种单链糖蛋白，成熟分子含有 276 个氨基酸残基。由于结合有脂蛋白，因此血浆 TFPI 表现分子量不尽相同，大多为 36 000 及 43 000，也有少量高分子形式。血浆含量为 54 ～ 142μg/L，均值 100μg/L。凝血因子 Ⅲ 能与因子 Ⅶ（或因子 Ⅶa）形成复合物，并使此复合物中的因子 Ⅶ 能更有效地被血液中痕量的因子 Xa 激活，从而激活外源性凝血途径。TFPI 能直接抑制活化的因子 X 而抑制凝血。

四、纤维蛋白溶解系统

纤维蛋白溶解系统（fibrinolytic system）简称纤溶系统，是指纤溶酶原（plasminogen）在特异性激活物的作用下转化为纤溶酶（plasmin，PL），从而降解纤维蛋白和其他蛋白质的过程。

纤溶过程可分为纤溶酶原激活和纤维蛋白溶解两个阶段。纤溶酶原可在内源性（因子 Ⅻa、前激肽释放酶、因子 Ⅺa 等）、外源性（血管、血液、组织激活剂）或外来的激活剂（尿激酶、链激酶）的作用下，转变为纤溶酶。后者特异地催化纤维蛋白或纤维蛋白原中由精氨酸或赖氨酸残基的羧基构成的肽键水解，产生一系列纤维蛋白降解产物（图 10-2）。但血中还存在纤溶酶原活化剂抑制物和纤溶酶抑制物，从而使凝血和纤溶两个过程在正常人体内相互制约，处于动态平衡。如果这种动态平衡破坏，将会发生血栓形成或出血现象。

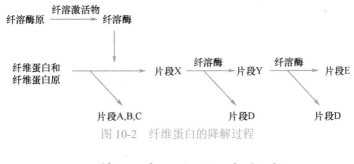

图 10-2　纤维蛋白的降解过程

第三节　红细胞代谢

血液内的红细胞是在骨髓中由造血干细胞定向分化而成的红系细胞。红系细胞发育过程中，经历了原红细胞、早幼红细胞、中幼红细胞、晚幼红细胞、网织红细胞等阶段，最后成为成熟红细胞，同时伴随着一系列形态结构和代谢的改变。原红细胞、早幼红细胞、中幼红细胞、晚幼红细胞称为有核红细胞，各发育阶段红细胞的主要代谢变化见表 10-6。

表 10-6　红细胞成熟过程中的代谢变化

代谢能力	有核红细胞	网织红细胞	成熟红细胞
分裂增殖能力	+	−	−
DNA 合成	+（晚幼红细胞除外）	−	−
RNA 合成	+	−	−

续表

代谢能力	有核红细胞	网织红细胞	成熟红细胞
RNA 存在	+	+	–
蛋白质合成	+	+	–
血红素合成	+	+	–
脂类合成	+	+	–
三羧酸循环	+	+	–
氧化磷酸化	+	+	–
糖酵解	+	+	+
磷酸戊糖途径	+	+	+

注:"+"和"–"分别表示该途径有或无

Hb 是由珠蛋白（globin）与血红素（heme）结合而成，构成珠蛋白的每一条肽链都结合有一个血红素分子。

血红素也是其他一些蛋白质，如肌红蛋白（myoglobin）、过氧化氢酶（catalase）、过氧化物酶（peroxidase）等的辅基，这些蛋白质统称血红素蛋白质（hemoprotein）。因而，几乎所有生物的大多数组织细胞中都有血红素的合成，且合成血红素的通路也是相同的。在人的红细胞系统中，血红素的合成和珠蛋白的合成一样，都发生在骨髓中的幼红细胞和网织红细胞阶段，进入循环的成熟红细胞不再有血红素的合成。由于珠蛋白的合成过程与一般蛋白质相同，因此下面着重介绍血红素的合成。

一、卟啉及卟啉类化合物

（一）卟啉和卟啉原的结构

血红素是一种含铁卟啉化合物。卟啉类化合物普遍存在于自然界，由卟啉环螯合铁、铜、镁等多种金属离子组成。除血红素外，植物界的叶绿素也是卟啉类化合物（含镁）。

卟啉可视为四吡咯化合物——卟吩（porphin）的衍生物。卟吩中的 4 个吡咯环通过 α、β、γ、δ 4 个碳原子，以亚甲基或次甲基桥相连成卟吩环。4 个吡咯环上，8 个位置上的氢，被不同的取代基取代，就形成各种卟啉化合物。其基本结构和结构简式见图 10-3。

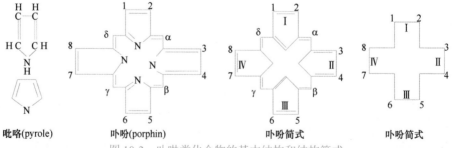

吡咯(pyrole)　　卟吩(porphin)　　卟吩简式　　卟吩简式

图 10-3　卟啉类化合物的基本结构和结构简式

各卟啉化合物中，若 α、β、γ、δ 4 个碳原子以次甲基桥（=CH—）连接相邻的 2 个吡咯环，为卟啉类化合物（porphyrins）。若以亚甲基桥（—CH₂—）连接相邻 2 个吡咯环，则为卟啉原类化合物（porphyrinogens）。各种卟啉原很易氧化为相应的卟啉化合物。

（二）卟啉类化合物的命名和分类

卟啉类化合物是以卟吩 8 个位置上的侧链取代基为基础进行命名和分类的。临床上最感兴趣的三类卟啉化合物是尿卟啉（uroporphyrin）、粪卟啉（coproporphyrin）和原卟啉（protoporphyrin），前两种卟啉因首先从尿和粪便中发现和分离出来而得名。由于原卟啉侧链取代基有三种（其余多为两种），所以种类最多。原卟啉的侧链取代基含 4 个甲基、2 个乙烯基、2 个丙酸基。这 8 个基团在 8 个位置上排列不同，可有 15 种异构体，但在自然界仅发现原卟啉Ⅸ。这三类卟啉的结构简式见图 10-4。

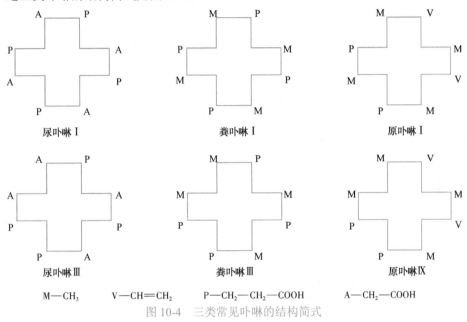

M—CH₃　　V—CH=CH₂　　P—CH₂—CH₂—COOH　　A—CH₂—COOH

图 10-4　三类常见卟啉的结构简式

这三类卟啉化合物，凡取代基对称分布属Ⅰ型；取代基不对称分布属Ⅲ型。自然界中仅发现Ⅰ型和Ⅲ型，Ⅲ型远比Ⅰ型丰富和重要。

血红素的卟啉属于Ⅲ型。原卟啉Ⅲ是血红素的直接前体，通常将原卟啉Ⅲ称为原卟啉Ⅸ（根据血红素研究的先驱者 Hans Fischer 的分类而命名）。卟啉类化合物中 4 个吡咯环间通过次甲基桥相连，若为亚甲基桥相连就为相应的卟啉原，如原卟啉原Ⅸ、尿卟啉原Ⅲ、粪卟啉原Ⅲ等。

（三）卟啉类化合物的光谱特性

卟啉化合物都是有色的。卟啉及卟啉衍生物在紫外和可见光区有其特征性的吸收光谱。图 10-5 为 0.01% 铁卟啉溶液（用 5% HCl 溶液配制）的吸收光谱。从图可见，在波长 400nm 附近，有最大的吸收峰。这是所有卟啉类化合物的特征性吸收带，称为索雷谱带（Soret band）。

卟啉类化合物溶于无机酸或有机溶剂，在紫外光照射下，可发出强烈的红色荧光，这是由 4 个次甲基桥上的双键引起。利用这种特性，可检测出少量的卟啉类化合物。值得指出的是，卟啉原类化合物都是无色的，由于吡咯环间的连接键桥没有双键，用紫外光

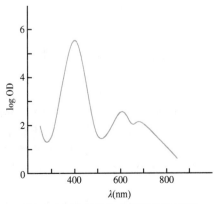

图 10-5　卟啉类化合物的吸收光谱

照射时，不会产生红色荧光。不过，卟啉原在生成过程中或在光照下，很易自动氧化，转变成对应的有色卟啉类化合物。

二、血红素的生物合成

用标记的甘氨酸喂饲动物或在体外培养的有核红细胞（鸡或鸭红细胞）中加入标记的甘氨酸，其示踪实验表明，血红素合成的原料是甘氨酸、琥珀酰 CoA、Fe^{2+} 等简单的小分子物质，先合成血红素的直接前体——原卟啉IX，再螯合 Fe^{2+}，生成血红素。

（一）血红素合成途径

血红素合成是从细胞的线粒体开始，由甘氨酸和琥珀酰 CoA 合成 δ- 氨基 -γ- 酮戊酸，后者进入胞质合成尿卟啉原、粪卟啉原，又回到线粒体合成血红素。合成过程可分为以下四个步骤。

1. δ- 氨基 -γ- 酮戊酸的合成 在线粒体内，由甘氨酸与三羧酸循环生成的琥珀酰 CoA 缩合生成 δ- 氨基 -γ- 酮戊酸（δ-aminolevulinic acid，ALA）。催化此反应的酶是 ALA 合酶（ALA synthase）。反应中，甘氨酸脱羧，琥珀酰 CoA 脱去 CoA-SH，在酶的参与下，二者缩合生成 ALA。ALA 合酶的辅酶为磷酸吡哆醛，该酶对甘氨酸和琥珀酰 CoA 有绝对的专一性。

$$
\begin{array}{ccc}
\text{COOH} & \text{CH}_2\text{NH}_2 & \text{COOH} \\
| & | & | \\
\text{CH}_2 & \text{COOH} & \text{CH}_2 \\
| & + & | \\
\text{CH}_2 & & \text{CH}_2 \\
| & & | \\
\text{CO}\sim\text{SCoA} & & \text{CO} \\
& & | \\
& & \text{CH}_2\text{NH}_2
\end{array}
$$

$$\xrightarrow[\text{磷酸吡哆醛}]{\text{CO}_2+\text{CoA-SH}\quad\text{ALA合酶}}$$

琥珀酰CoA　甘氨酸　　　　　　　ALA

该步反应是血红素合成过程中的限速步骤。ALA 合酶则是关键酶，也是调节血红素合成的调节酶，受多种因素的调节、控制。

2. 卟胆原的生成 线粒体内生成的 ALA 转运入胞质，在胞质 ALA 脱水酶（ALA dehydratase）的催化下，2 分子 ALA 脱水缩合生成吡咯衍生物——卟胆原（porphobilinogen，PBG）。

$$\xrightarrow[\text{ALA脱水酶}]{2\text{H}_2\text{O}}$$

卟胆原　　　　简式

ALA 脱水酶为含锌的金属酶，对铅敏感。在铅中毒时，该酶活性明显被抑制。

3. 粪卟啉原III 的合成 在胞质中，4 分子卟胆原在卟胆原脱氨酶（PBG deaminase，又称尿卟啉原 I 合酶，uroporphyrinogen I synthase）催化下，头尾连接，生成线状四吡咯（linear tetrapyrrole）。在尿卟啉原III 合酶（uroporphyrinogen III synthase）催化下，线状四吡咯环化，生成尿卟啉原III。线状四吡咯不稳定，若无尿卟啉原III 同合酶催化，可自行环化生成尿卟啉原 I。由于尿卟啉原III 同合酶活性很高，在生理状况下，尿卟啉原 I 生成极少，只有当此酶缺陷或不足时，才有大量的尿卟啉原 I 生成。尿卟啉原 I 不能被用来合成血红素，只能从尿中排出。

尿卟啉原III 在尿卟啉原III 脱羧酶（uroporphyrinogen decarboxylase）催化下，4 个乙酰基

（A）侧链脱羧，转变为甲基（M），生成粪卟啉原Ⅲ。该步骤反应如图 10-6 所示。

4.血红素的生成　胞质中生成的粪卟啉原Ⅲ，返回线粒体。在线粒体中，由粪卟啉原Ⅲ氧化酶（copro porphyrinogen Ⅲ oxidase）催化，第 2、4 位上的 2 个丙酸基氧化脱羧为乙烯基，变为原卟啉原Ⅸ。原卟啉原Ⅸ在原卟啉原Ⅸ氧化酶（protoporphyrinogen oxidase）的作用下，其连接 4 个吡咯的亚甲基桥氧化为次甲基桥，转变为原卟啉Ⅸ。

原卟啉Ⅸ是血红素的直接前体，由亚铁螯合酶（ferrochelatase）催化与 Fe^{2+} 螯合，生成血红素。血红素生成后，从线粒体转运到胞质，在骨髓的幼红细胞和网织红细胞中，与珠蛋白结合，合成 Hb。在肝脏或其他组织细胞胞质中，与相应蛋白质结合，合成各种含血红素蛋白质。血红素合成的全过程见图 10-7。

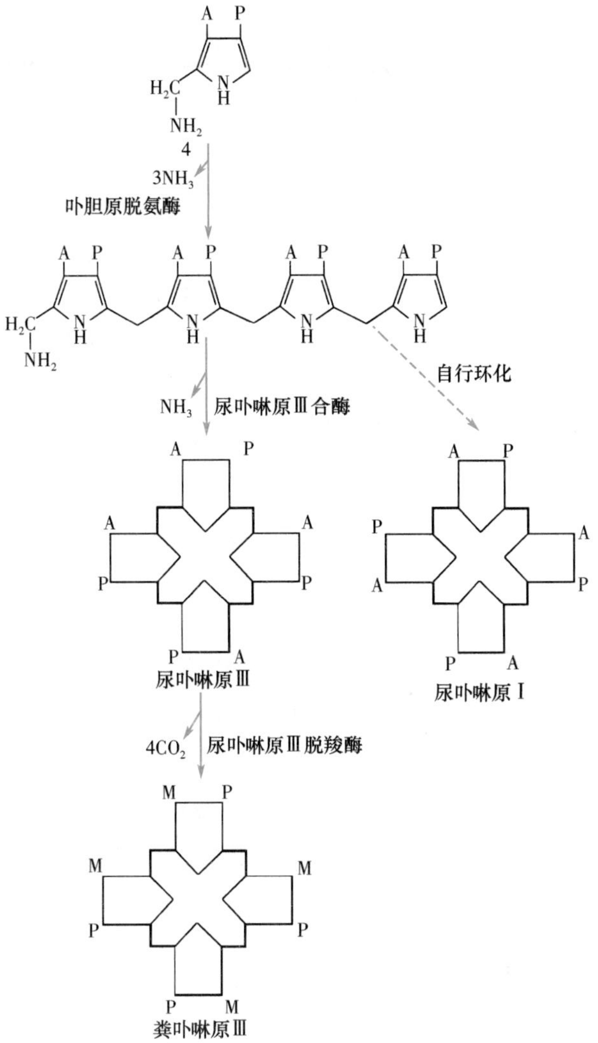

图 10-6　粪卟啉原Ⅲ的合成

（二）血红素合成的调节

ALA 的合成是整个血红素合成的限速步骤，ALA 合酶则是调节血红素生物合成的关键酶。该酶由 2 个亚基组成，在体内代谢转换很快。哺乳动物肝脏中的 ALA 合酶，半衰期仅 1 小时左右。

1.血红素　血红素既是 ALA 合酶的抑制剂，又可在转录水平与一种蛋白结合，形成活性阻遏物，对 ALA 合酶起负调节作用。所以，正常生理状况下生成的血红素是过量还是不足，是调节 ALA 合酶的主要因素。通常状况下，合成的血红素迅速进入胞质，与蛋白质结合，生成含血红素蛋白质。血红素的生成和需求保持一定的平衡，ALA 合酶活性保持在一定水平上。如血红素合成速率大大超过与蛋白质结合的速率，过多的血红素堆积在线粒体，对 ALA 合酶的抑制和阻遏加强，使血红素合成减慢。过多的血红素还可氧化成高铁血红素（hematin），高铁血红素对 ALA 合酶的抑制更加强烈。缺铁性贫血时，血红素合成不足，ALA 合酶活性增强，导致血红素前体在细胞内大量堆积。

ALA 合酶的辅酶为磷酸吡哆醛。辅酶直接参与甘氨酸和琥珀酰 CoA 的缩合反应。若维生素 B_6 缺乏，将影响血红素的合成。

2.促红细胞生成素　当机体缺氧时（如高山反应），肾脏产生的促红细胞生成素（erythropoietin，EPO）分泌增加。EPO 促进骨髓原红细胞增殖分化，促进 ALA 合酶的合成，增加血红素及 Hb 的合成和幼红细胞如网织红细胞的成熟。

3.雄性激素　雄性激素如睾酮，在肝 5β- 还原酶作用下，转变成 5β- 氢睾酮，可诱导 ALA 合酶的生成，促进血红素和 Hb 的合成。

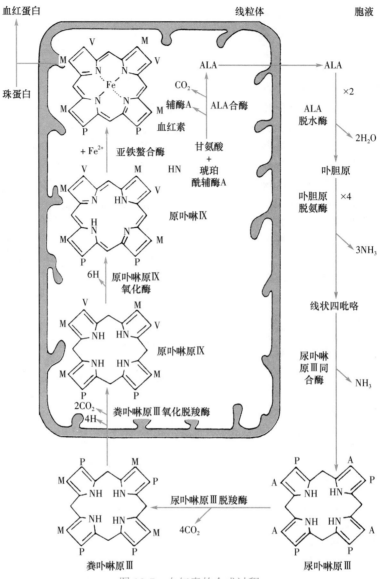

图 10-7　血红素的合成过程

A. —CH₂COOH; P. —CH₂CH₂COOH; M. —CH₃; V. —CHCH₂

4.其他　许多在肝脏进行生物转化的药物，如苯基保泰松、戊巴比妥、可待因、吲哚美辛（消炎痛）等可显著增加肝脏细胞色素的需要量和消耗率，从而减少细胞内血红素的浓度，使 ALA 合酶去阻遏，酶合成增加，相应使血红素合成增加。这是在治疗紫质症（又名血卟啉病）患者时，给药应注意之处。铅中毒时，体内高水平的铅可结合 ALA 脱水酶和亚铁螯合酶，抑制这些酶的活性，可导致红细胞中尿卟啉水平升高，大量尿卟啉从尿中排出，常作为铅中毒的特征之一。

（三）临床联系

卟啉病是血红素合成过程中，由于缺乏某种酶或酶活性降低，而引起的一组卟啉代谢障碍性疾病，可为先天性疾病，也可后天出现，主要临床症状包括光敏感、消化系统症状和精神神经症状。如果影响神经系统也被称为急性卟啉病，起病快，持续时间短。发作症状包括腹痛、胸痛、呕吐、困惑、便秘、发热、高血压和心率增快。发作通常持续几天到几周，可并发瘫痪、低血钠水平、癫痫发作。乙醇、吸烟、激素的变化、禁食、压力或某些药物等可能为其诱因。患者暴露于阳光后可出现水疱或瘙痒。急性发作是由于 ALA 合酶过度表达同时伴有下游通路酶的缺陷。慢性卟啉病或迟发性皮肤卟啉病（porphyria cutanea tarda，PCT）是最常见的卟啉病亚型，表现为光敏感性，发作性皮肤症状，尿液因含有尿卟啉暴露于空气后粉色尿颜色加深，主要由于尿卟啉IX脱羧酶的缺乏或活性降低导致。

三、铁 的 代 谢

铁是人体 Hb 的重要组成成分，也是肌红蛋白、细胞色素、过氧化物酶和过氧化氢酶等的组成成分。正常成年男子体内含铁总量为 3 ~ 4g，女子稍低。其中 Hb 铁占 60% ~ 70%，肌红蛋白铁约占 4%，人体内储存铁主要以铁蛋白和含铁血黄素形式存在。人体内各种铁的存在形式见表 10-7。

表 10-7　人体内铁的分布及含量（以 70kg 体重计算）

含铁化合物	含铁化合物总量（g）	每克含铁化合物铁的含量（mg）	含铁总量（mg）	占全身总铁量的百分比（%）
Hb				
外周血液	650.0	3.4	2210	67.58
骨髓	25.0	3.4	85	2.59
肌红蛋白	40.0	3.4	136	4.15
细胞色素	0.8	4.2	3	0.09
过氧化氢酶	5.0	0.9	4	0.12
转铁蛋白	10.3	0.5	5	0.15
储存铁				
铁蛋白	1.9	230	440	13.45
含铁血黄素	1.2	330	390	11.92
含铁总量		3270		

（一）铁的摄取与排泄

人体铁的来源有二：一是食物中的铁；二是红细胞破坏释放出的 Hb 铁。由于红细胞破坏释放出的铁绝大部分可被机体储存，并再用于血红素的合成，很少丢失，因此正常成人对食物铁的需要量一般很少，并因机体丢失铁的情况不同而不同。成年男子和绝经期妇女每天生理需铁量为 0.5 ~ 1.0mg，主要用于补充因胃肠道黏膜脱落（失铁约 0.6mg/d）、皮肤落屑（失铁约 0.2mg/d）及泌尿道（失铁约 0.1mg/d）所丢失的铁，月经期、妊娠期、哺乳期妇女及处于生长发育期的儿童少年，均需要更多的铁。胃肠道铁的吸收率一般在 10% 以下，通常每天膳食中含铁 10 ~ 15mg，即可满足人体的需要。

（二）铁的吸收

胃肠道内铁的吸收与铁的存在状态有密切关系，只有溶解状态的铁才可被吸收。酸性条件有利于铁盐溶解，促进吸收，故胃液中的 HCl 及食物中的有机酸有利于铁的吸收，在胃大部分切除和萎缩性胃炎时，胃酸分泌减少及腹泻等消化道功能紊乱均影响铁的吸收。Fe^{2+} 的溶解度比 Fe^{3+} 大，容易吸收，食物中的还原性物质如维生素 C、谷胱甘肽、半胱氨酸等能使 Fe^{3+} 还原成 Fe^{2+}，促进铁的吸收。柠檬酸、氨基酸、胆汁酸等可与铁结合成可溶性螯合物，也有利于吸收。相反，铁与磷酸的化合物是不溶的，所以高磷酸膳食时铁的吸收减少，若膳食中磷酸根减少，则铁的吸收明显增多。植物性食品中的植酸、草酸、鞣酸等也以同样的原理干扰铁的吸收。口服碱性药物可降低铁化合物的溶解度妨碍铁的吸收。食物中所含 Hb 及其他铁卟啉蛋白在胃肠道中分离出血红素，血红素可直接被黏膜细胞吸收，并在细胞内氧化开环释放铁。

铁的吸收主要在十二指肠及空肠上段，且吸收较快，胃及小肠其他部位虽也能吸收，但吸收较慢。肠黏膜对铁的吸收率受体内储铁量及造血速度影响，体内储铁量低或造血速度快时，铁吸收速度加快，如缺铁时铁吸收可加快 2 ～ 4 倍。

（三）铁的运输

由小肠吸收入血的铁是 Fe^{2+}，在血液中 Fe^{2+} 被血浆铜蓝蛋白（ceruloplasmin，是一种含铜的亚铁氧化酶）氧化成 Fe^{3+} 而运输。游离的铁是有毒性的，体内的铁都以与蛋白结合的形式存在，在血液中运输的 Fe^{3+} 与转铁蛋白（transferrin，TRF）结合。血清中铁的总量很低，成年男性为 11 ～ 30μmol/L，成年女性为 9 ～ 27μmol/L。正常情况下血清铁仅能与 1/3 的转铁蛋白结合而运输，与未饱和的转铁蛋白全部结合所需的铁量称为未饱和铁结合力（unsaturated iron binding capacity，UIBC）；血清铁和未饱和铁结合力之和称为总铁结合力（total iron binding capacity，TIBC），血清铁与总铁结合力的比值称为铁饱和度，后者能更灵敏地反映机体的缺铁情况。

（四）铁的储存

血浆转铁蛋白将 90% 以上的铁运到骨髓，用于合成 Hb，小部分运到各组织细胞，用于合成其他血红素蛋白质，或与脱铁铁蛋白（apoferritin）结合成铁蛋白（ferritin）储存于肝（星形细胞）、脾、骨髓等单核 - 吞噬细胞系统。铁的另一种储存形式是含铁血黄素（hemosiderin），其功能与铁蛋白相同，但不如铁蛋白易被动员利用。

（五）血红素中的铁

血红素是由原卟啉IX螯合 Fe^{2+} 而成。铁为第四周期过渡性元素，其 3d 轨道上有 6 个电子，可形成 6 个配位键。其中 4 个与原卟啉分子中 4 个吡咯环上的 N 原子相连。这 4 个配位键与 Fe^{2+} 形成一个近正方形的平面，称血红素平面。剩下的第 5、第 6 位配位键在不同的血红素蛋白质中有所不同。在血红蛋白和肌红蛋白中，第 5 个配位键与蛋白质肽链上组氨酸残基的咪唑基相连。第 6 个配位键则是与 O_2 可逆地进行结合。在细胞色素内，第 5、第 6 位配位键几乎被蛋白质肽链上的氨基酸残基所占据（细胞色素 aa_3 除外），这些细胞色素不能再与其他配位体，如 CO、O_2、CN^- 等相结合。

正常情况下，Hb、肌红蛋白中的血红素，无论结合氧与否，都不会引起 Fe^{2+} 价态的变化。一旦 Fe^{2+} 被其他氧化剂氧化成 Fe^{3+}，变成高铁血红蛋白（methemoglobin，MHb）或高铁肌红蛋白，就不能再与氧可逆性结合。在细胞色素中的血红素，Fe^{2+} 与 Fe^{3+} 互变，起传递电子的作用。

（六）临床联系

缺铁性贫血是最常见的营养障碍，由很多原因引起，包括膳食铁缺乏；促进铁吸收的物质（维生素 C、氨基酸、琥珀酸）缺乏；存在限制铁吸收的化合物（植酸盐、草酸盐、过量磷酸盐、鞣酸盐）；胃肠道紊乱导致的铁吸收不足（吸收不良综合征，胃切除术）；或由于月经、妊娠、分娩、哺乳、胃肠道消化性溃疡、痔疮、癌症、结肠溃疡或钩虫感染引起的慢性出血引起的铁流失；对生长或新血液形成的需求增加；从母亲到胎儿的铁转运缺乏；铁储存异常；网状内皮系统铁释放不足（感染、癌症）；铁与 Hb 结合的抑制（铅中毒）；罕见的遗传条件（转铁蛋白缺乏，红细胞前体对铁的摄取受损）。在人体铁含量耗尽的初始阶段，储存的铁维持 Hb 和其他铁蛋白的正常水平。随着储存铁的耗尽，低色素和小细胞性贫血变得明显。儿童早期缺铁性贫血可能导致认知异常。

四、成熟红细胞的代谢通路

外周成熟的红细胞在完成其氧的结合、运输和释放的主要功能时，并不直接消耗能量；成熟红细胞除了细胞质和细胞膜外，无细胞核和线粒体等细胞器，其代谢比一般细胞单纯。葡萄糖是成熟红细胞的主要能量物质。成熟红细胞每天大约从血浆中摄取 30g 葡萄糖进入细胞内被代谢，其中 90% ~ 95% 葡萄糖经酵解通路和红细胞特有的 2,3- 二磷酸甘油酸（2,3-biphosphoglycerate，2,3-BPG）支路进行代谢，5% ~ 10% 通过磷酸戊糖途径进行代谢。通过这些代谢过程释出能量（ATP）、产生还原力（NADH，NADPH）和一些重要的代谢物如 2,3-BPG 和磷酸戊糖等。

（一）糖酵解

糖酵解是成熟红细胞获得能量的唯一途径。红细胞中生成的 ATP 主要用于下述几个方面以维持红细胞的结构和功能。

（1）维持红细胞膜上钠泵的运转，保持红细胞内高 K^+ 和低 Na^+ 状态，从而保持红细胞双凹盘状外形。如果红细胞内缺乏 ATP，则钠泵功能受阻，Na^+ 进入红细胞内多于 K^+ 排出，红细胞内吸入更多水分而成球形，容易溶血。

（2）红细胞膜上的钙泵（Ca^{2+}-ATP 酶）也需要消耗 ATP，缺乏 ATP 时，Ca^{2+} 进入细胞内超过了钙泵的能力，将使细胞内 Ca^{2+} 积聚，Ca^{2+} 沉积在细胞膜上，使红细胞膜丧失其柔韧应变的性质，变得僵硬不易变形，这样的红细胞不能压挤自身以通过直径比它更小的毛细血管腔（如通过脾窦时），容易引起溶血和被吞噬。

（3）维持红细胞膜脂质的不断更新，ATP 缺乏时，膜脂质更新受阻，红细胞膜变形能力降低，易被破坏。

（4）启动糖酵解通路，糖酵解的起始阶段是消耗 ATP 的，红细胞内 ATP 降低时，葡萄糖的磷酸化受阻，糖酵解不能启动，ATP 水平将更衰减。

（5）成熟红细胞中谷胱甘肽和 NAD^+ 等的生物合成，也需消耗少量 ATP。

红细胞糖酵解通路中生成的 NADH，除用于丙酮酸还原成乳酸外，还参与 MHb 的还原。

（二）2,3-BPG 支路

在糖酵解通路中，1,3- 二磷酸甘油酸（1,3-BPG）在 3- 磷酸甘油酸激酶催化下生成 3- 磷酸甘油酸，并使 ADP 磷酸化成 ATP。在红细胞内 1,3-BPG 也可以转变成 2,3-BPG（由二磷酸甘油酸变位酶催化），2,3-BPG 再水解生成 3- 磷酸甘油酸（由二磷酸甘油酸磷酸酶催化），这样又回到了糖酵解通路，构成了红细胞中所特有的 2,3-BPG 支路（图 10-8）。由于磷酸酶活性甚低，致使 2,3-BPG 生成大于分解，红细胞内 2,3-BPG 的浓度较糖酵解其他中间产物的有机磷酸酯浓度高出数十倍甚至数百倍，几乎与 Hb 浓度相等（浓度以 mol/L 计）。红细胞内 2,3-BPG 的重要功能是和 Hb 相互作用并影响 Hb 对 O_2 的亲和力，调节其带氧功能。

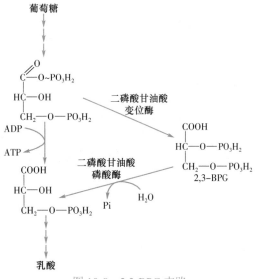

图 10-8 2,3-BPG 支路

（三）磷酸戊糖通路

红细胞内利用的葡萄糖有 5% ～ 10% 通过磷酸戊糖通路进行代谢，主要功能是产生 NADPH。NADPH 在红细胞的氧化还原系统中起重要作用，具有对抗氧化剂，保护细胞膜蛋白、Hb 及酶蛋白的巯基不被氧化，从而维持红细胞的正常功能。

1. NADPH 和谷胱甘肽代谢　红细胞中含有高浓度的谷胱甘肽，约为 2×10^{-3}mol/L，含量远高于各种游离氨基酸，并且多以还原型（GSH）的形式存在，氧化型（GSSG）不到总量的 0.2%。GSH 在红细胞内的主要功能是保护红细胞免受外源性和内源性氧化剂的损害。氧化剂如超氧阴离子（$O_2^- \cdot$）可以在细胞内自发产生，也可以是感染时的吞噬作用和某些药物的结果，可被超氧化物歧化酶（superoxide dismutase，SOD）催化而生成另一氧化剂 H_2O_2。

$$2O_2^- \cdot + 2H^+ \longrightarrow H_2O_2 + O_2$$

过氧化氢酶能分解 H_2O_2，但在生理条件下作用不大。正常情况下，H_2O_2 是在谷胱甘肽过氧化物酶（glutathione peroxidase）催化下，通过 GSH 还原成 H_2O，GSH 被氧化成 GSSG，以消除氧化剂对蛋白质的氧化作用。

因此必须保持红细胞内的 GSH 水平，以不断清除氧化剂对细胞的损伤。红细胞具有还原 GSSG 成 GSH 的有效机制，谷胱甘肽还原酶是一个黄素酶，能催化 GSSG 的还原，氢传递体是 NADPH。NADPH 氧化成 NADP⁺ 能刺激磷酸戊糖通路的活性，使 NADPH 重生，因此磷酸戊糖通路的一个主要功能是维持红细胞内 NADPH 的水平。磷酸戊糖通路和谷胱甘肽代谢紧密相连，保护红细胞免受氧化剂的损害（图 10-9）。

图 10-9　NADPH 和谷胱甘肽代谢

如葡糖 -6- 磷酸脱氢酶缺乏症（俗称蚕豆病），则红细胞中 NADPH 生成受阻，GSH 减少，含巯基的膜蛋白和酶得不到保护，因此在接触强氧化因子时，红细胞细胞膜破裂，容易发生溶血。

2. MHb 的还原　由于各种氧化作用，红细胞内经常有少量 MHb 产生。MHb 分子中铁为三价，不能带氧，如果 MHb 不能及时还原，以致在红细胞中 MHb 过多，则妨碍运氧能力，可出现发绀等症状。

红细胞中存在有一系列酶促及非酶促的还原 MHb 的系统，使正常红细胞内 MHb 只占 Hb 总量的 1% ～ 2%。在非酶促系统中，GSH 和维生素 C 发挥主要作用，直接还原 MHb，脱氢维生素 C 也可被 GSH 还原再生成维生素 C。红细胞内存在 NADH-MHb 还原酶和 NADPH-MHb 还原酶，都能催化 MHb 还原生成 Hb。上述各还原系统中，以 NADH-MHb 还原酶催化的反应最为重要，约占总还原能力的 60%。

（四）临床联系

MHb 血症是指 MHb 在血液中增高。中毒性 MHb 血症较常见，有接触某些药物或毒物（如亚硝酸盐、非那西汀、普鲁卡因、苯胺等）的病史，婴儿腹泻也是常见的诱因。先天性 MHb 血症较罕见，主要因细胞色素 b₅ 还原酶缺乏所致。亚甲基蓝用于中毒引起的 MHb 血症的治疗，还原 Fe^{3+} 为 Fe^{2+}。

第四节　血红蛋白的结构和功能

Hb 以高浓度（34%）存在于红细胞中，约占红细胞中蛋白质总量的 90%，每一个红细胞约含 2.8×10^9 个 Hb 分子。下面将以 Hb 的结构为基础，讨论 Hb 的功能及其调节的各个方面。

一、Hb 的 结 构

（一）α 链和非 α 链的一级结构的差异

早在 20 世纪 60 年代就已测知，人类正常 Hb 是由 2 条 α 链和 2 条非 α 链缔合成的四聚体，分子量为 64 500Da。例如，正常成人的血红蛋白 HbA（占 Hb 的 97%）为 $\alpha_2\beta_2$，HbA$_2$（占 Hb 的 2% ~ 3%）为 $\alpha_2\delta_2$，HbF（占 Hb 的 0.5%）是 $\alpha_2\gamma_2$。

α 链由 141 个氨基酸残基组成，β、γ 和 δ 等非 α 链都是由 146 个氨基酸残基组成。从已知顺序可见 β、γ 和 δ 链较为近似，α 和非 α 链之间差异较大。

（二）珠蛋白的结构

通过 X 线对蛋白质晶体结构分析技术，已阐明了 Hb 空间结构，发现 Hb 的几种珠蛋白链及肌红蛋白（myoglobin，Mb）链的空间结构都非常相似（图 10-10）。整条肽链由 75% 的残基形成右手 α- 螺旋，共有 8 个长短不一的螺旋段，分别命名为 A、B、C、D、E、F、G 及 H 肽段；还有 7 个非螺旋段，其中 5 个非螺旋段分别命名为 AB、CD、EF、FG 及 GH 肽段，还有 2 个是肽链的末端非螺旋段，命名为 NA（与 A 肽段相连的 N 端肽段）和 HC（与 H 肽段相连的 C 端肽段）。

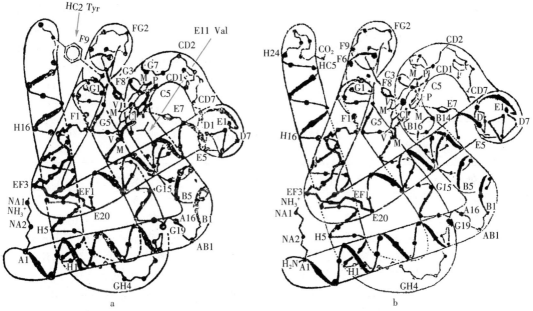

图 10-10　Hb 珠蛋白链（a）和肌红蛋白链（b）的空间结构

珠蛋白的每条肽链盘曲、折叠形成致密、坚实的空间结构，分子内部空间很小，包裹的几乎都是非极性残基侧链，分子表面覆盖的都是极性侧链，因此 Hb 和肌红蛋白都是溶于水的。

（三）珠蛋白与血红素的结合

珠蛋白的每一条链都结合一个血红素，血红素位于每条肽链靠近表面的裂隙内，称为血红素口袋（pocket），珠蛋白的 E 段、F 段螺旋构成血红素口袋的两壁。血红素分子的极性丙酸基侧链伸向表面，其余的非极性部分则埋入口袋的内部与围绕在周围的非极性氨基酸残基形成疏水相互作用。在血红素周围的残基中，F8 组氨酸在血红素平面的一侧与铁原子配价结合，称近心组氨酸，E7 组氨酸在血红素平面的另一侧，离铁原子较远，不直接接触，故称为远心组氨酸。在氧合血红蛋白分子中，血红素铁可通过氧分子与远心组氨酸保持联系（图 10-11）。

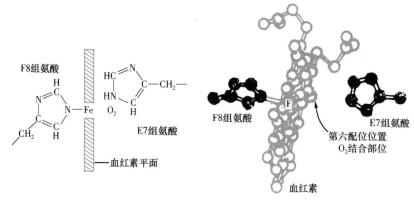

图 10-11　血红素近心组氨酸（F8）、远心组氨酸（E7）在空间的相互关系

图 10-12　结合 2,3-BPG 的部位

（四）Hb 的两对亚基沿对称轴对称排布

Hb 的分子形状如椭圆球形，分子中 2 对亚基占据相当于四面体的 4 个角上，呈对称排布。在分子的对称中心，有一空穴，是结合 2,3-BPG 的部位（图 10-12）。4 个亚基的缔合在空间位置上是相嵌互补的，在亚基和亚基之间的接触面上有许多氨基酸残基，其间多借范德瓦耳斯力相连，还有氢键和盐键，在氧合以后这些盐键因亚基发生转动与移动，将全部断裂。

Hb 被誉为"20 世纪分子"

从生物化学与分子生物学的发展历史来看，Hb 具有特殊重要的地位，Hb 是最易获得大量纯品的蛋白质，人们总喜欢最先用它作为蛋白质和分子生物学的研究对象，它是最早获得结晶的蛋白质之一，是第一个与专一的生理功能相联系的蛋白质，又是第一个用无细胞制剂合成的真核细胞的蛋白质。在蛋白质的分子量测定中，Hb 第一个得到了精确的数据，它也是第一个用 X 线分析法阐明完整的空间结构的蛋白质，由于 Perutz 与 John Kendrew 首次卓越地分别阐明了 Hb 和 Mb 的空间结构，他俩分享了 1962 年诺贝尔化学奖。此外，Hb 与 O_2 结合具有协同效应，是一种典型的别构蛋白质，协同效应与别构现象就是从 Hb 的研究中发现的。以上都支持 Hb 在生物化学发展史上的突出地位。每年美国 *Scienc* 都要选一种对近代化学和生物学特别重要的物质作为"年分子"（Molecule of the Year），在进入新世纪时，Hb 被誉为"20 世纪分子"（Molecule of the 20th Century）。

二、Hb 特定的生理功能

Hb 的生理功能是和它的结构相关联的，除了运输 O_2 以外，还参与 CO_2 运输和体内 H^+ 代谢的调节。同时，Hb 对 O_2 的结合受到 H^+、CO_2 和 2,3-BPG 等的调节，这些调节物通过改变 Hb 分子的构象来调节 Hb 结合 O_2 的能力。

（一）Hb 的运氧功能

O_2 与 Hb 结合形成氧合血红蛋白（以 HbO_2 表示）。O_2 与 Hb 能够迅速结合，也能迅速解离，结合与解离取决于血液中 PO_2 的高低。当血液流经肺部时，O_2 从肺泡弥散进入血液，血

液 PO_2 增高，血液中绝大部分的 Hb 与 O_2 结合成 HbO_2；当血液流经组织时，O_2 从血液弥散进入组织细胞，血液 PO_2 降低，使一部分（$1/4 \sim 1/3$）HbO_2 解离成 Hb 和 O_2，O_2 供组织细胞利用。以上过程可用下式表示：

$$Hb + O_2 \underset{PO_2 低时（组织）}{\overset{PO_2 高时（肺部）}{\rightleftharpoons}} HbO_2$$

1 分子 Hb 能和 4 分子 O_2 结合生成 Hb$(O_2)_4$（仍以 HbO_2 表示）。血液中所有 Hb 分子上的 4 个部位都与 O_2 结合，Hb 全部变成 HbO_2，此时血液与 O_2 的结合达到最大量，氧饱和度为 1。正常人动脉血的氧饱和度为 $0.93 \sim 0.98$，静脉血的氧饱和度为 $0.6 \sim 0.7$。

氧结合曲线反映了氧饱和度和 PO_2 之间的关系，表明 Hb 的氧饱和度随着 PO_2 的升高而增加（图 10-13），呈 S 形曲线。曲线的两端斜率较小，中段坡度较大。形成 S 形曲线的原因，是 Hb 分子中的一个血红素与 O_2 结合会使得血红素平面另一侧的近心组氨酸残基位置发生改变，引起这条肽链构象的变化，随之使连接肽链之间的盐键断裂，4 条多肽链彼此松开，这种空间构象的改变增加了其余 3 个血红素和 O_2 结合的速度。这是 Hb 表现出的变构效应的一个方面。反之，HbO_2 中释出一个 O_2，又引起分子构象变化，导致另 3 个亚基上的 O_2 加速解离，这种在同一 Hb 分子内部对结合 O_2 的合作表现有时也被称为协同效应（cooperative effect）。

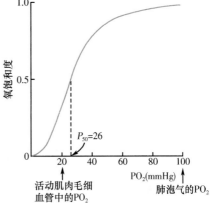

图 10-13　Hb 氧结合曲线
（1mmHg=0.1333kPa）

Hb 氧结合曲线的 S 形特征具有重要的生理意义，S 形曲线的上部较为平坦，PO_2 从 13.3kPa（100mmHg）降至 10.7kPa（80mmHg）时，氧饱和度下降 0.02（从 0.95 降至 0.93），故当血液流经 PO_2 高的肺部时，即使 PO_2 可能有相当大的改变（如从平原进入高原地区），仍然能保证较多的 Hb 和 O_2 结合。但 S 形曲线中段坡度较大，PO_2 自 5.3kPa（40mmHg）降至 2.7kPa（20mmHg）时，氧饱和度可自 0.6 降到 0.3，保证了血液在流经 PO_2 低的组织时，HbO_2 的解离明显增加，从而释出更多的 O_2 供组织需要。

（二）波尔效应——Hb 结合 O_2、CO_2 和 H^+ 的相互影响

Hb 分子 α 链末端氨基和 β 链 146 位的组氨酸残基的异吡唑环能和 H^+ 结合。

$$-NH_2 + H^+ \rightleftharpoons -NH_3^+$$

α链末端氨基　　β146

H^+ 和 Hb 的结合影响 Hb 的构象，使 Hb 对 O_2 的亲和力（即结合 O_2 的能力）降低，如图 10-14 所示，当 H^+ 浓度增高（pH 7.2）时，Hb 对 O_2 的亲和力降低，氧结合曲线向右下方移动（简称右移），故在同样的 O_2 分压下，pH 越低，Hb 对氧的亲和力越小，O_2 饱和度也越小。H^+ 浓度对氧结合曲线的影响在曲线中段尤为明显。

PCO_2 对 Hb 结合 O_2 的影响基本上和 H^+ 浓度相似，如图 10-14 所示，PCO_2 增高所产生的效应和 pH 下降完全一样，能使 Hb 对 O_2 的亲和力和氧饱和度下降，氧结合曲线右移。因 CO_2 形成的 H_2CO_3 解离后使 H^+ 浓度增高，故 CO_2 对氧饱和度的影响在很大程度上是通过 H^+ 浓度的改变而实现的。同时，CO_2 和 Hb 结合成氨基甲酸血红蛋白时，也能解离出 H^+ 以影响 Hb 对 O_2 的亲和力。

$$HbNH_2 + CO_2 \rightleftharpoons HbNHCOOH \rightleftharpoons HbNHCOO^- + H^+$$

上式的 HbNH$_2$ 代表 Hb 及其末端氨基，HbNHCOOH 代表氨基甲酸血红蛋白。

由此可见，H$^+$ 浓度的增高和 PCO$_2$ 的增高（因 Hb 结合 H$^+$ 后发生了构象改变）会降低 Hb 对 O$_2$ 的亲和力，促使 HbO$_2$ 解离释出 O$_2$。反之，当 O$_2$ 分压高时，由于 O$_2$ 和 Hb 的结合使 Hb 分子的构象发生改变，促使 Hb 释放 H$^+$（即 Hb 的酸性增强）和 CO$_2$。这是 Hb 表现出的变构效应的又一个方面。此现象最早是由波尔（Bohr）（1910 年）发现的，故称波尔效应（Bohr 效应，图 10-15）。

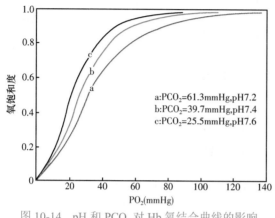

图 10-14　pH 和 PCO$_2$ 对 Hb 氧结合曲线的影响
（1mmHg=0.1333kPa）

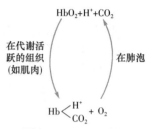

图 10-15　Bohr 效应

Bohr 效应有着重要的生理学意义。在代谢率高的组织，如收缩的肌肉，CO$_2$ 与酸产生得多，CO$_2$ 和 H$^+$ 水平较高，使 Hb 的氧亲和力降低，促进 HbO$_2$ 释出 O$_2$，给代谢活跃组织提供大量 O$_2$。肺部呼出 CO$_2$ 会使毛细血管中的 PCO$_2$ 和 H$^+$ 降低，增加 Hb 对 O$_2$ 的亲和力，使 Hb 在经过 PO$_2$ 较高的肺部时，能达到更大程度的氧饱和。

（三）Hb 的运 CO$_2$ 功能

Hb 不仅是 O$_2$ 的载体，也是 CO$_2$ 的载体，在运输 CO$_2$ 过程中起着重要作用。组织细胞代谢不断产生 CO$_2$，每人每天约产生 15mol CO$_2$，产生的 CO$_2$ 通过血液运输至肺部排出。

大约有 1/4 的 CO$_2$ 是以氨基甲酸血红蛋白的形式运输的，和 Hb 的运 O$_2$ 功能在机体内协调、和谐地进行着。在组织中，CO$_2$ 分压高，Hb 与 CO$_2$ 结合生成氨基甲酸 Hb 并释出 H$^+$，释出的 H$^+$ 结合到 Hb 上，使 Hb 对 O$_2$ 的亲和力降低（Bohr 效应），促使 HbO$_2$ 释出 O$_2$ 供给组织；另外，在生理条件下，Hb 较 HbO$_2$ 能结合更多的 CO$_2$，平均每分子 Hb 能结合 1.6 分子 CO$_2$，而每分子 HbO$_2$ 能结合 0.6 分子 CO$_2$。因此，通过组织的血液，当 HbO$_2$ 释出 O$_2$ 变成 Hb 时，增加了对 CO$_2$ 的结合能力，有利于把组织细胞产生的 CO$_2$ 运到肺部排出。

CO$_2$ 运输的最主要形式是 HCO$_3^-$（约占 2/3），红细胞及其所含的 Hb 参与这种转变（图 10-16）。

CO$_2$ 扩散入红细胞后，在碳酸酐酶的催化下，CO$_2$ 迅速地被水化为 H$_2$CO$_3$，H$_2$CO$_3$ 随即解离成 H$^+$ 和 HCO$_3^-$；同时，HbO$_2$ 释出 O$_2$ 转变成 Hb，Hb 结合 H$^+$ 的

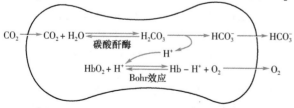

图 10-16　Hb 以 HCO$_3^-$ 形式运输 CO$_2$ 的作用

能力比 HbO$_2$ 强（Bohr 效应），这样就促进 H$_2$CO$_3$ 解离以产生 HCO$_3^-$，以致红细胞内的 HCO$_3^-$ 过量并自细胞逸出进入血浆中。显然，红细胞内碳酸酐酶的存在及 HbO$_2$ 脱 O$_2$ 后对 H$^+$ 结合的增强（Bohr 效应）是使 CO$_2$ 转变成 HCO$_3^-$ 并以这种形式被运输的基础。

（四）Hb 对体液 H^+ 浓度的调节

组织细胞代谢产生的 CO_2 经过体液的转递（组织间液、血浆、红细胞）最后从肺部排出，CO_2 进入体液被水化而解离转变成 HCO_3^-，并产生 H^+（称为呼吸性 H^+），将会显著地增加静脉血中的 H^+ 的浓度。然而，实际上 H^+ 浓度的改变非常微小，这是如何实现的呢？

首先，Hb 像所有的蛋白质一样，是一种缓冲 H^+ 物质，分子中存在结合 H^+ 或者释出 H^+ 的基团，在红细胞内 pH 条件下，Hb 分子中组氨酸残基的异唑环是缓冲 H^+ 的主要基团。

其次，在氧合（或脱氧）过程中，通过 Hb 的变构所表现出来的 Bohr 效应，在限制体内 CO_2 运输时呼吸性 H^+ 对体液 H^+ 浓度的影响更具有十分重要的意义。Hb 比 HbO_2 对 H^+ 的亲和力大，由 HbO_2 释 O_2 转变成 Hb 时，每释放 1mmol O_2 就会有 0.7mmol H^+ 被结合，所以尽管在动脉血抵达毛细血管时，组织细胞产生的 CO_2 通过血浆涌入红细胞内，CO_2 迅速被水化成 H_2CO_3，并解离出 H^+，实际结果是红细胞内的 H^+ 浓度基本不变。当静脉血到达肺毛细血管时，上述变化发生逆转，Hb 与 O_2 结合转变成 HbO_2，并释出 H^+，肺泡中较低的 PCO_2 造成了有利于 CO_2 自红细胞经血浆流至肺泡的 PCO_2 梯度，HCO_3^- 与刚形成的 HbO_2 所释出的 H^+ 结合成 H_2CO_3，由碳酸酐酶催化 H_2CO_3 脱水生成的 CO_2，能从红细胞扩散出去，由肺部排出，H^+ 浓度也基本不变。

（五）2,3-BPG 对 Hb 功能的调节

红细胞中 2,3-BPG 的浓度是调节 Hb 对 O_2 亲和力的重要因素。2,3-BPG 分子的特点是分子量不大，但荷有高密度的负电（由羧基和磷酸根的解离生成）。2,3-BPG 能和 Hb 等分子结合，结合的部位是在 Hb 的 4 个亚基对称中心的孔穴内（图 10-12），荷负电的 2,3-BPG 和 2 条 β 链面向空穴荷正电的基团结合。因 2,3-BPG 的结合稳定了 Hb 的空间构象，这样就降低了 Hb 对 O_2 的亲和力，使氧结合曲线右移。但结合了 O_2 的 HbO_2 就不能和 2,3-BPG 结合了，因为与 O_2 的结合使 Hb 分子的构象改变，中心空穴变小，容纳不下 2,3-BPG。

Hb 对 O_2 的亲和力能被 2,3-BPG 降低这一现象也有重要的生理意义。从图 10-17 可看出，2,3-BPG 使氧结合曲线右移，在曲线的中段尤其明显。血液通过肺部时，PO_2 高，受 2,3-BPG 影响不大；当血液通过组织时，红细胞中 2,3-BPG 的存在就能显著增加 O_2 的释放以供组织的需要，人体可通过红细胞中 2,3-BPG 浓度的改变来调节组织的获 O_2 量，这对人体在某些缺 O_2 情况下的代偿有重要意义。

当一个正常人在短时间内由海平面上升至海拔数千米的高山时，或严重阻塞性肺气肿患者有肺部换气障碍时，红细胞内 2,3-BPG 浓度可代偿性增加，使氧结合曲线右移，有利于组织获取较多的 O_2。在甲状腺功能亢进

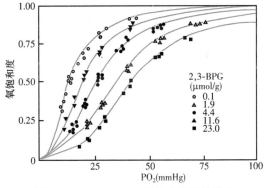

图 10-17　2,3-BPG 对氧结合曲线的影响
（1mmHg=0.1333kPa）

的患者红细胞 2,3-BPG 含量增加，这种增加并不依赖于循环 Hb 的变化，而是甲状腺激素通过改变磷酸甘油酸变位酶（PGM）和 2,3-BPG 合酶的表达，刺激红细胞糖酵解活性的直接结果。

成年 HbA（$\alpha_2\beta_2$）β 链中荷正电的 143 位组氨酸残基是结合 2,3-BPG 的基团，而在胎儿的 HbF（$\alpha_2\gamma_2$）的 γ 链 143 位是不带电荷的丝氨酸残基，导致 HbF 结合 2,3-BPG 的能力比 HbA 弱，而 HbF 对 O_2 的亲和力提高，因此胎儿血液有着高的氧亲和力。在没有 2,3-BPG 时，HbF 和 HbA 对 O_2 的亲和力无多大差别，而胎儿和成年人的红细胞中都存在有 2,3-BPG，2,3-BPG 对 Hb 功能的调节实现了在胎盘母血所能达到的 PO_2 范围内，使胎儿血能有更高程度的氧饱和。

（吕立夏）

思　考　题

1. 血浆渗透压相对稳定的重要性是什么？维持血浆渗透压的物质有哪些？

2. 简述血浆蛋白的专一功能和非专一功能。

3. 体液抗凝系统主要包括哪些成分？说明其作用机制。

4. 如何从别构效应来阐明 H^+、CO_2 和 2,3-BPG 等调节物对 Hb 结合 O_2 的影响？

5. 成熟红细胞的化学成分最主要特点是什么？这与红细胞的功能有何关系？

6. 兴奋剂是违禁药的总称。其本义是"赛马时使用的混合麻醉鸦片制剂"。合成类固醇和促红细胞生成素是众所周知的兴奋剂。它们提高运动成绩的机制是什么？

案例分析题

1. 患者，女，37 岁，因急性腹痛到急诊室就诊，患者激惹，抱怨以前有间歇性腹痛发作，"来去匆匆"。这次腹痛发作特别严重，前几天持续疼痛。患者丈夫说，患者平时是一个头脑冷静、有条理的人，但在过去的一周里，患者"做了一些奇怪的事情，有点不理智"。经过更详细的询问，患者丈夫确认，自从他们结婚后，患者有过这种疼痛周期性的轻微发作。体格检查显示血压为 156/88mm Hg，脉搏为 80 次 / 分，肌力弱，反射也很弱。腹部检查显示部分弥漫性压痛，但未发现肿块。能听到正常的肠鸣音。X 线片、超声波照片、内镜检查没有发现胃肠道肿瘤或结石的迹象。胆红素代谢正常，尿液分析显示新鲜样品中有轻微的粉红色，在实验室接收时呈中棕色。

问题：请分析患者尿液的可能的化学成分，并给出初步诊断和发病机制。

2. 患者，男，59 岁，因疲劳、上腹部疼痛、恶心和脚踝肿胀 3 天就诊。患者体格检查没有明显异常，但实验室研究显示贫血和肝酶升高。外周血涂片检查显示小细胞性贫血、多色性（红细胞增大，略带紫色）和嗜碱性点状物（在细胞质中均匀分布的点状嗜碱性内含物）。医生给患者开了奥美拉唑治疗消化性溃疡病。然而，在一周内，患者的腹痛恶化，出现了一系列不寻常的症状，如行为改变和味觉障碍。患者的血铅水平明显升高，达到 1000μg/L，病情严重。详细询问其职业史并没有发现相关铅中毒的确切来源。患者每天吃饭时会使用一个意大利杯子和一个含铅涂料的勺子。医生给予螯合剂治疗（钙二钠乙二胺四乙酸和 2,3- 二巯基琥珀酸）。

问题：请分析患者的可能诊断、发病机制和药物治疗的机制。

第十一章　肝胆生物化学

内容提要

　　肝脏是人体内最大的多功能实质性器官，它几乎参与体内各类物质的代谢，不仅在糖、脂类、蛋白质、维生素和激素等物质代谢中有重要作用，而且还具有分泌、排泄和生物转化等重要功能。

　　肝脏特有的形态结构和化学组成是其执行复杂多样的生理生化功能的物质基础。肝脏具有肝动脉和门静脉双重血液供应，便于获得充足的氧及各种营养物质；肝脏又存在肝静脉和胆道系统的双重输出，有效排出代谢产物；另外，肝脏特有的丰富细胞器和酶体系，赋予了肝脏在糖、脂类、蛋白质和维生素等代谢中的重要位置。

　　肝脏的生物转化是指在肝内使非营养性物质由脂溶性转变成水溶性，使其易于排出体外的作用。生物转化的第一相反应包括氧化、还原和水解反应，第二相反应是结合反应。参与氧化反应的酶系主要是细胞色素 P450 加单氧酶，参与结合反应的物质主要有葡糖醛酸、硫酸和乙酰基等。生物转化作用受年龄、性别、药物、疾病和遗传因素等影响。

　　胆汁酸是胆固醇的代谢产物，是机体清除胆固醇的主要方式。在肝内合成初级胆汁酸，7α- 羟化酶是胆汁酸合成的限速酶。肝脏在转运蛋白的参与下，主动分泌胆汁酸进入胆汁。肠道内的胆汁酸在肠菌酶作用下生成次级胆汁酸。肠道内约 95% 的胆汁酸被重吸收回到肝脏，形成胆汁酸的肠肝循环，保证其有效供应，以促进脂类消化吸收，防止胆结石生成。

　　胆色素是体内含铁卟啉化合物的分解产物的总称。血红素加氧酶和胆绿素还原酶催化血红素经胆绿素生成胆红素，血红素加氧酶是胆红素生成的限速酶。胆红素主要在肝脏代谢，肝细胞摄取胆红素，与葡糖醛酸结合生成结合胆红素，解除了胆红素的毒性，后随胆汁分泌进入肠道。在肠菌作用下被还原成胆素原排出体外。高胆红素血症可引起组织黄染，称为黄疸。临床上有溶血性、肝细胞性和阻塞性三类黄疸。

　　肝脏特有的形态结构特点赋予了它在物质代谢、生物转化及代谢调节中的重要作用，故有"物质代谢中枢"之称。它不仅在糖、脂类、蛋白质及其他营养物质的代谢中发挥重要作用，而且还与非营养物质的生物转化、胆汁酸代谢及胆色素代谢密切相关。本章主要阐述肝脏在生物转化、胆汁酸代谢和胆色素代谢中的作用，简略介绍肝脏在其他物质代谢中的作用。

　　胆囊是肝脏的附属器官，对肝脏分泌的胆汁起着储存和浓缩作用。肝脏对维持正常生命活动具有重要作用，当人体肝脏功能异常时，体内的物质代谢异常，多种生理功能会受到严重影响，重者危及生命。

第一节　肝脏的解剖结构特点及其生物化学功能

一、肝脏的结构组成是其执行生理功能的物质基础

　　肝脏有丰富的血管网，接受门静脉和肝动脉的双重血液供应，又有肝静脉和胆道系统两条输出通路，在形态结构和化学组成上也有与其特殊功能相适应的特点。

　　1. 肝脏具有双重血液供应、丰富的血窦　　肝脏具有肝动脉和门静脉双重血液供应，肝动

脉使肝细胞获得充足的氧，以保证肝内各种代谢反应的正常进行；门静脉可将由消化系统吸收的大量营养物质运送到肝脏，供其利用，为肝脏执行多种生理功能提供了丰富的物质保障。

2. 肝细胞富含细胞器　比其他组织细胞更多的线粒体、内质网、微粒体及溶酶体等亚细胞结构，为肝脏进行活跃的生物氧化、蛋白质合成、生物转化等代谢提供了结构保证，丰富的线粒体为肝细胞代谢提供能量保证。此外，肝细胞含有三个不同的功能膜域，即血窦域、胆小管域和侧域。血窦域含有多种转运蛋白，是肝细胞与血液进行物质交换的重要部位；而胆小管域具有分泌胆汁酸、胆色素、生物转化产物和胆固醇等作用。

3. 酶含量丰富　已知肝细胞内酶的种类有数百种，有些是肝细胞特有，如酮体和尿素合成需要的酶系几乎仅存在于肝脏；有些酶在其他组织含量极少，在肝细胞内含量最高，如脂肪酸合成酶系，胆固醇、磷脂合成需要的各种酶类等，这与相关物质主要在肝内代谢相适应。

4. 肝脏具有两条输出通路　一条是肝静脉，与体循环相连，可将肝脏内的代谢产物运输到其他组织，或排出体外；另一条是胆道系统，肝脏通过胆道系统与肠道沟通，将肝脏分泌的胆汁酸排入肠道，帮助脂类消化吸收，同时也排出一些代谢产物或毒物。

二、肝脏是机体物质代谢的中心和枢纽

肝脏在物质代谢中的重要作用主要体现在糖、脂类和蛋白质等物质的代谢方面。

（一）肝脏在糖代谢中的作用

肝细胞主要通过调节肝糖原合成与分解、糖异生，维持血糖浓度的正常水平，确保全身各组织，尤其是大脑和红细胞的能量供应，是调节血糖浓度恒定的主要器官。肝细胞膜含有葡萄糖转运蛋白 2（glucose transporter 2，GLUT2），可使肝细胞内的葡萄糖浓度与血糖浓度保持平衡。肝细胞内含有肌肉组织中不存在的葡糖 -6- 磷酸酶，可以将肝糖原分解成葡萄糖进入血液，而当血糖浓度很高时还可以合成肝糖原储存起来，同时肝脏也是人体内糖转化成脂肪、胆固醇及磷脂的主要场所。

肝细胞的磷酸戊糖途径也很活跃，为生物转化作用提供足够的 NADPH；而通过糖醛酸途径生成的 UDP- 葡糖醛酸，可参与肝生物转化的结合反应。

（二）肝脏在脂类代谢中的作用

肝脏在脂类的消化、吸收、分解、合成及运输等代谢过程中均起重要作用，肝细胞合成分泌胆汁酸以帮助脂类物质的消化吸收。

肝脏能合成三酰甘油、磷脂和胆固醇，以极低密度脂蛋白（VLDL）的形式分泌入血，供其他组织器官摄取和利用；转化胆固醇为胆汁酸，随胆汁分泌入肠，促进脂类的消化吸收；同时也是体内产生酮体的唯一器官，生成酮体是肝脏氧化脂肪酸的重要特点，酮体作为易于运输的水溶性能源，供肝外组织氧化利用。饥饿时酮体可提供大脑所需能量的 60% ～ 70%。

肝脏在调节机体胆固醇平衡上起着重要作用。80% 以上的胆固醇由肝细胞合成，肝脏也是胆固醇主要排泄器官，肝功能受损，磷脂合成障碍，将致 VLDL 合成障碍，使肝内脂肪不能正常地转运出肝，堆积形成脂肪肝（fatty liver）。脂肪肝形成的另一原因是肝内脂肪合成增加。

当胆汁淤积时，血胆固醇和磷脂明显增高，胆汁排泄障碍引起脂类消化吸收不良，可出现厌油腻食物、脂肪泻等症状。

（三）肝脏在蛋白质代谢中的作用

肝脏在蛋白质合成、分解和代谢中起重要作用。

1. 合成和分泌血浆蛋白质　肝内蛋白质代谢极为活跃，更新速度较快。肝脏除了合成自

身结构蛋白质外，还合成和分泌 90% 以上的血浆蛋白。严重肝功能损害患者常出现水肿，主要原因是清蛋白合成减少，血浆胶体渗透压降低。患者同时还会出现清蛋白与球蛋白比值（A/G）下降，甚至倒置，临床将其作为肝病诊断的辅助指标之一。

2. 转化和分解氨基酸 除支链氨基酸外，其余氨基酸尤其是芳香族氨基酸主要在肝脏中进行分解代谢。

3. 代谢氨和胺类化合物 氨基酸分解代谢产生的氨在肝脏中合成尿素以解氨毒，严重肝功能受损时，肝脏合成尿素障碍，血氨过高可导致肝性脑病。肝脏也是胺类物质解毒的重要器官，肠道腐败作用产生的芳香胺类有毒物质吸收入血后主要在肝内进行生物转化。

（四）肝脏在维生素和辅酶代谢中的作用

肝脏在维生素的吸收、储存、转化等方面都具有重要的作用。肝脏分泌的胆汁帮助脂溶性维生素的吸收。肝脏是体内储存维生素 A、维生素 K、维生素 B_2、维生素 PP、维生素 B_6 和维生素 B_{12} 等的主要场所，其中维生素 A 占体内总含量的 95%，因此用动物肝脏治疗夜盲症有较好疗效。肝脏还直接参与将 β- 胡萝卜素（维生素 A 原）转变为维生素 A_1，将维生素 D_3 转变为 25- 羟维生素 D_3，将维生素 B_2 转变成 FMN、FAD，将维生素 PP 转变成 NAD^+、$NADP^+$，利用泛酸和维生素 B_6 分别合成 CoA 和磷酸吡哆醛，以及将维生素 B_1 合成 TPP 等多种维生素的转化，在体内物质代谢中起着重要作用。严重肝脏病变会影响维生素 K 的利用，易出现出血倾向。

（五）肝脏在激素代谢中的作用

肝脏可使激素在发挥作用后及时分解转化，降低或失去其生物活性，这个过程称为激素的灭活（inactivation）。激素灭活的过程主要发生在肝脏中，灭活后产物大部分会随尿排出。严重的肝损伤会影响肝脏对激素的灭活功能，引起体内部分激素水平升高而导致病症，如胰岛素升高可引起低血糖；醛固酮水平升高可能引起水钠潴留；雌激素过高可能引起男性乳房女性化、蜘蛛痣或肝掌等。

第二节 肝脏的生物转化作用

一、生物转化是机体的重要保护机制

（一）生物转化的概念

生物转化（biotransformation）是指机体将一些极性或水溶性较低、不容易排出体外的非营养物质进行化学转变，从而增加它们的极性或水溶性，使其容易排出体外的过程。能够进行生物转化的器官有肝、肾、肠、肺、皮肤及胎盘等，其中肝脏是生物转化的重要器官。在肝细胞微粒体、胞液、线粒体等亚细胞部位存在丰富的生物转化酶类，能够有效处理体内的非营养物质。

（二）生物转化的生理意义

生物转化的重要生理意义在于有利于机体处理非营养物质。通过对非营养物质进行生物转化，使其生物学活性降低或丧失，同时增加了这些物质的溶解度，使之容易排出。生物转化对机体起着明显的保护作用，是生命体适应环境、赖以生存的有效措施。一般情况下非营养物质经生物转化作用后，其毒性大多会降低，甚至消失，但不能将生物转化简单地称为解毒作用（detoxification）。有些物质经生物转化后毒性反而增强，如甲醇转变为甲醛；苯并芘本身没有直接的致癌作用，经过生物转化后反而成为致癌物。有些药物如环磷酰胺、水合氯醛和中药大黄等则需经肝脏的生物转化后才能成为有活性的药物。

二、生物转化包括两相反应

肝脏的生物转化，反应多样、复杂，包含多种化学反应类型，按其化学反应的性质分为两相反应。第一相反应包括氧化、还原和水解反应，第二相反应为结合反应，分别在细胞的不同部位进行。有些物质通过第一相反应，水溶性增加即可排出体外，也有些物质通过第一相反应后，水溶性和极性改变不大，须进一步与一些极性基团结合，获得更强的极性和水溶性，才能排出体外。一般地说，生物转化涉及第一相反应和第二相反应，如氧化反应加上结合反应

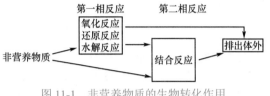

图 11-1　非营养物质的生物转化作用

是代谢异源物最常见的过程。体内各种非营养物质分别或联合通过这些反应进行代谢，最终将它们排出体外（图 11-1）。实际上，许多物质的生物转化反应非常复杂，有些物质需要连续进行几种反应类型才能实现生物转化，这也反映了肝脏生物转化作用的连续性特点。

（一）第一相反应包括氧化、还原及水解反应

进入体内的大多数药物、毒物等需要肝细胞经过生物转化的第一相反应将其非极性基团转化为极性基团，利于排泄。

1. 氧化反应（oxidation reaction）　氧化反应是生物转化第一相反应中最主要的反应类型，肝细胞微粒体、胞液及线粒体中均含有参与反应的各种氧化酶或脱氢酶，催化不同类型的化合物进行氧化反应。大多数非营养物质如醇、醛、胺类及芳香烃类化合物通过氧化反应进行转化。

（1）加单氧酶系：此酶系统存在于肝细胞微粒体，依赖细胞色素 P450 加单氧酶（cytochrome P450 monooxygenase，CYP），该酶是目前已知底物最广泛的生物转化酶类。加单氧酶系是一个复合物，包括两种物质：细胞色素 P450（血红素蛋白质）和 NADPH- 细胞色素 P450 还原酶（以 FAD 为辅基的黄酶）（图 11-2）。其催化的反应可概括为

$$RH + O_2 + NADPH + H^+ \xrightarrow{\text{加单氧酶系}} ROH + NADP^+ + H_2O$$

加单氧酶系酶促反应的特点是能直接激活氧分子，使其中一个氧原子加到产物分子中，故称加单氧酶系。由于在反应中氧分子的一个氧原子将产物氧化产生羟基类化合物，故此酶又称为羟化酶（hydroxylase）；另一个氧原子使 NADPH 氧化生成水，即一分子氧发挥了两种功能，又可称为混合功能氧化酶（mixed functional oxidase）。反应需要细胞色素 P450 和 NADPH 参与，CYP450 为整个酶系中的末端氧化酶。该酶系能催化成千上万种反应，被称为万能催化剂（图 11-2）。

迄今已鉴定有 57 种人类编码 CYP 的功

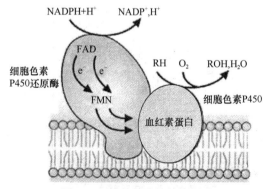

图 11-2　加单氧酶的结构组成

能基因，它们表达的蛋白质至少有 40% 的同源性。这些人 CYP 对底物的特异性既有不同也有重叠。按氨基酸序列同源性在 40% 以上分类，可将人肝细胞 CYP 分为多个家族，包括 CYP1、CYP2、CYP3、CYP7 和 CYP27 等。在同一家族中，按氨基酸序列同源性在 55% ～ 60%，又可分为 A、B、C 等亚家族，每一亚家族又可按照被发现的顺序排序为 CYP1A1、CYP1A2 等。对异源物进行生物转化的主要 CYP 是 CYP3A4、CYP2C9、CYP1A2 和 CYP2E1，这些酶在肝微粒体中含量丰富（表 11-1）。

表 11-1　生物转化有关的主要 CYP

类型	含量（%）	特征性反应	诱导物
CYP1A2	18	乙酰对氨苯甲醚（非那西丁）脱乙酰基反应，咖啡因脱甲基反应，雌二醇的羟化	奥美拉唑、吸烟烧焦的食物
CYP2A6	5	香豆素的羟化	利福平、巴比妥酸
CYP2C9	16	苄甲酮香豆素、甲苯磺丁脲和双氯芬酸的羟化	地塞米松、利福平、巴比妥酸
CYP2E1	10	氯羟苯唑和咖啡因的羟化，二甲基亚硝铵的脱甲基，乙醇的氧化	醇（乙醇）、异烟肼
CYP3A4	39	硝苯地平的氧化，红霉素的脱甲基，氨苯砜的 N-羟基反应，皮质醇的 β-羟化反应	利福平、巴比妥酸、乙醇、地塞米松

加单氧酶系的主要生理意义是可参与多种内源性底物和异源物的氧化，使其羟化后增强水溶性，利于排出体外。维生素 D_3 的羟化、类固醇激素的合成、胆固醇转变成胆汁酸的多步羟化反应也由该酶系催化完成。

该酶系特异性较差，可催化多种化合物进行氧化反应。苯巴比妥类药物可诱导加单氧酶系的合成，长期服用此类药物的患者对异戊巴比妥、氨基比林等多种药物的转化及耐受能力可同时增强。

CYP 通常都有如下几点特征。

1）包含细胞色素 P450，氧化底物和还原氧。

2）含有黄素还原酶亚基，利用 NADPH 而不是 NADH 作为底物。

3）位于光面内质网，因此被认为是微粒体酶（如 CYP2E1 属微粒体乙醇氧化体系 MEOS）。

4）与内质网膜的脂质部分（磷脂酰胆碱）相连。

5）可以被自身最佳底物所诱导，很少被其他 CYP 的底物诱导。

6）可产生一种反应性的自由基化合物作为中间产物。

细胞色素 P450：独特的血红素蛋白酶大家族

已经发现细胞色素 P450（cytochrome P450）有大量的同型异构体（大概 4500 种），该家族以前缀 CYP 命名。Cyt 代表细胞色素，450 表示还原型细胞色素结合 CO 后的光吸收峰在 450nm，它们是血红素蛋白，广泛分布于各个种族。其主要存在于肝脏及其他组织的光面内质网膜上或微粒体中，发生的羟基化反应在胆固醇和类固醇生物合成中发挥重要作用。在人类肝脏的内质网中至少存在 9 种不同的 CYP，每种具有广泛和稍有重叠的底物特异性，可催化多种体内外化合物的羟基化反应。NADPH 参与细胞色素 P450 的反应机制。大多数 CYP 同型异构体是可以诱导的。例如，镇静安眠剂和许多其他药物导致光面内质网的过度生长，并且细胞色素 P450 数量在 4～5 天内增长 3～4 倍。目前普遍认为诱导机制是由于细胞色素 P450 的 mRNA 转录增加引起的。细胞色素 P450 的诱导有重要的临床意义，因为它关系到药物的耐受性及与其他药物相互作用（drug interaction）的生化机制。

（2）单胺氧化酶系（monoamine oxidase，MAO）：存在于肝细胞线粒体，属于含有 FAD 的黄素酶类。各种单胺氧化酶可催化胺类物质，内源性胺（如组胺、5-羟色胺、酪胺）和外源性胺（如苯胺、苯乙醇胺、致幻药麦司卡林等）的氧化脱氨生成相应的醛类化合物。

$$RCH_2NH_2+O_2+H_2O \longrightarrow RCHO+NH_3+H_2O_2$$
$$胺 醛$$

肠道腐败作用产生的组胺、酪胺、尸胺、腐胺等胺类物质都可以经此反应转化排出。

（3）脱氢酶系：肝细胞液含有以 NAD^+ 为辅酶的醇脱氢酶（alcohol dehydrogenase，ADH）和醛脱氢酶（aldehyde dehydrogenase，ALDH），可分别催化细胞内醇或醛脱氢氧化成相应的醛或酸，最终可转变成 CO_2、H_2O。

$$CH_3CH_2OH \xrightarrow{ADH} CH_3CHO \xrightarrow{ALDH} CH_3COOH \longrightarrow CO_2 + H_2O$$
$$\quad 乙醇 \qquad\qquad\qquad 乙醛 \qquad\qquad\quad 乙酸$$

摄入人体的乙醇可被胃（30%）和小肠上端（70%）迅速吸收，约有 2% 直接从肺或尿液排出，绝大部分乙醇均在肝脏中进行生物转化，通过 ADH 氧化成乙醛，再进一步氧化为乙酸。

ADH 是分子量为 40kDa 的含锌二聚体。人体内参与乙醇代谢的 ADH 主要有 4 种：ADH-I 对乙醇具有很高的亲和力（K_m 为 0.1～1.0mmol/L）；ADH-II 和 ADH-IV（胃 ADH）在乙醇浓度很高时才充分发挥作用（K_m 较高，约 34mmol/L），有利于解除高浓度乙醇的毒性效应；而 ADH-III 对乙醇的亲和力最小，K_m 更大（＞1mol/L）。长期饮用乙醇可使肝内质网增多，大量饮酒或慢性乙醇中毒可启动微粒体乙醇氧化系统（microsomal ethanol oxidizing system，MEOS）。MEOS 是乙醇细胞色素 P450 加单氧酶（CYP2E1），它催化乙醇生成乙醛，一般情况下，该系统代谢乙醇总量的 20%～30%，但在持续摄入乙醇或乙醇慢性中毒时，乙醇诱导该酶的大量合成，使其代谢乙醇的量上升至总量的 50%。这里应指出的是，乙醇诱导 MEOS 不但不能使乙醇氧化产生 ATP，还可增加对 NADPH 和氧的消耗，而且还催化脂质的过氧化，产生羟乙基自由基，后者可进一步促进脂质的过氧化和肝损伤。

ADH 与 MEOS 的细胞定位及特性见表 11-2。

表 11-2　ADH 与 MEOS 之间的区别

比较点	ADH	MEOS
细胞内定位	胞质	微粒体
底物与辅酶	乙醇、NAD^+	乙醇、NADPH、O_2
对乙醇的 K_m 值	2mmol/L	8.6mmol/L
乙醇的诱导作用	无	有
与乙醇氧化相关的能量变化	氧化磷酸化释放能量	耗能

乙醇经上述两种途径代谢氧化均生成乙醛。ALDH 催化乙醛代谢的能力很强，约 90% 乙醛在 ALDH 的催化下氧化成乙酸。人肝细胞内 ALDH 活性很高，人体内存在正常纯合子型、无活性纯合子和两者的杂合子等 3 型 *ALDH* 基因，东方人 3 者分布比例是 45：10：45。无活性纯合子表现完全缺乏 ALDH 活性；杂合子型显示酶活性部分缺乏。东方人群有 30%～40% 的人 *ALDH* 基因有变异，部分 ALDH 活性低下者可出现饮酒后乙醛在体内蓄积，引起血管扩张、面部潮红、心动过速、脉搏加快等反应。乙醛对人体有毒，人 ALDH 缺乏能引起肝损害。

2. 还原反应（reduction reaction）　肝细胞微粒体存在的还原酶类主要有硝基还原酶类和偶氮还原酶类。硝基化合物多见于工业试剂、食品防腐剂和杀虫剂等；偶氮化合物常见于食品色素、化妆品、药物和印刷工业，其中有些可能是前致癌剂。硝基还原酶催化硝基苯多次加氢还原成苯胺，偶氮还原酶催化偶氮苯还原生成苯胺。

硝基苯 →（硝基还原酶）→ 亚硝基苯 →（硝基还原酶）→ 羟氨基苯 →（硝基还原酶）→ 苯胺

偶氮苯 →（偶氮还原酶）→ 二氢偶氮苯 →（偶氮还原酶）→ 苯胺

硝基还原酶类和偶氮还原酶类均属于黄素酶类，反应需要 NADPH 及还原型细胞色素 P450 供氢，产物是胺。氯霉素、海洛因等少数物质能进行还原反应，此外催眠药三氯乙醛也可以经肝还原成三氯乙醇，从而失去催眠作用。

3. 水解反应（hydrolysis reaction） 酯酶（esterase）、酰胺酶（amidase）及葡糖苷酶（glucosidase）等是肝细胞微粒体和胞质含有的水解酶类，可分别催化各种酯类、酰胺类及糖苷类化合物分子中酯键、酰胺键及糖苷键水解。通过水解反应后这些物质的生物学活性减弱或丧失，但一般还需要其他生物转化反应进一步转化后才能排出体外，如异烟肼、阿司匹林、普鲁卡因、利多卡因等药物的降解。

$$\text{异丙异烟肼} \xrightarrow{\text{酰胺酶}} \text{异烟酸} + \text{异丙肼}$$

环氧化物水解酶（epoxide hydrolase）也是生物转化中重要的水解酶，主要存在于肝细胞微粒体中。许多芳香族和烯烃族化合物被转化成环氧化物。后者是活性化合物，能与蛋白质和核酸结合，引起细胞坏死或致癌作用。环氧化物主要通过水解清除或与谷胱甘肽 S- 转移酶（glutathione S-transferase，GST）结合。水解反应产生邻二醇，产物与其前体相比是无毒的。

$$\text{1,2-环氧-1,2-二氢萘} + H_2O \xrightarrow{\text{环氧化物水解酶}} \text{1,2-二羟基-1,2-二氢萘}$$

（二）第二相反应是结合反应

第一相反应生成的产物有些可直接排出体外，另一些需要进一步进行第二相反应，生成极性更强的化合物。某些异源物也可不经过第一相反应而直接进行第二相反应。凡含有羟基、羧基或氨基的非营养物质，或在体内可被氧化成含有羟基、羧基等功能基团的非营养物质均可在肝脏内进行结合反应。结合反应一般在肝细胞的微粒体、胞质和线粒体内进行。现已证明可发生结合反应的物质有葡糖醛酸、硫酸、谷胱甘肽、甘氨酸、谷氨酰胺、甲基和乙酰基等。根据所结合的物质不同可将结合反应分为多种类型。

1. 葡糖醛酸结合反应 与葡糖醛酸结合是非营养物质生物转化最重要、最普遍的结合方式。许多亲脂性的内源物和异源物可与葡糖醛酸结合而排出体外，葡糖醛酸的活性形式是 UDP- 葡糖醛酸（UDPGA）。在肝细胞微粒体内的 UDP- 葡糖醛酸转移酶（UDP-glucuronyl transferase，UGT）催化下，葡糖醛酸基被转移到底物—OH、—COOH、—SH 或—NH$_2$ 上，生成相应的葡糖醛酸苷。葡糖醛酸结合反应的通常反应式如下：

$$\text{X-OH+UDPGA} \xrightarrow{\text{UGT}} \text{XO-葡糖醛酸苷+UDP}$$
$$\text{异源物}$$

由于生成的结合物增添葡糖醛酸基，极性和水溶性都增强，而且一般无生物活性，如类固醇激素、胆红素、氯霉素（见反应式）、吗啡、苯巴比妥类药物等均可通过结合反应而灭活排出体外。一个底物分子有时可结合 2 分子葡糖醛酸，如胆红素。临床上使用葡醛内酯（肝泰乐）等葡糖醛酸类制剂治疗肝病的原理就是通过增强患者肝生物转化功能，达到促进非营养物质排泄的作用。

$$\text{氯霉素} \xrightarrow[\text{UDPGA} \quad \text{UDP}]{\text{葡萄糖醛酸转移酶}}$$

2. 硫酸结合反应　存在于肝胞质的磺基转移酶（sulfotransferase，SULT）能催化活性硫酸供体 3′- 磷酸腺苷 5′- 磷酰硫酸（PAPS）中的硫酸根转移到类固醇、醇、酚，或芳香胺等非营养物质羟基上，生成硫酸酯的结合反应，结果使这些物质的水溶性增强，利于排出体外，如雌酮与硫酸结合生成硫酸酯而灭活。

雌酮　＋ PAPS　——硫酸转移酶——→　雌酮硫酸　＋ PAP

3. 谷胱甘肽结合反应　有些亲电子异源物如芳香卤类、烷烃基、硝基化合物等，能够与谷胱甘肽结合进行生物转化反应。参与对致癌物（如黄曲霉素 B_1）、抗癌药物、环境污染物及内源性活性物质的转化。谷胱甘肽结合反应是细胞自我保护的重要反应，由 GST 催化完成。肝细胞含有 2 个 GST 超家族：胞质可溶性 GST 家族和肝微粒体不溶性 GST。参与肝脏生物转化作用的主要是可溶性 GST，在肝脏中含量丰富，占肝细胞可溶性蛋白质的 3% ～ 4%。它们参与对致癌剂、环境污染物、癌症治疗药物及内源性活性物质的生物转化。由于很多内源性底物是受活性氧修饰过的，所有，GST 具有抗氧化作用。

$$黄曲霉素\ B_1 +谷胱甘肽 \xrightarrow{\text{GST}} 谷胱甘肽结合产物$$

谷胱甘肽结合物不能从肾脏排出，而主要随胆汁排出体外，肝细胞膜上存在依赖 ATP 的谷胱甘肽结合物输出泵（glutathione conjugate export pump），具有 ATP 酶活性，分解 ATP 释放能量，将在肝细胞内生成的各种谷胱甘肽结合物逆浓度梯度排到细胞外，经胆汁排至体外。

4. 甘氨酸结合反应　某些药物、外源性毒物或内源性代谢物含有自由羧基，在体内可被激活成酰基 CoA，后者在氨基酸 N- 酰基转移酶催化下可与氨基酸，如甘氨酸、牛磺酸结合生成相应的结合产物，如苯甲酸与甘氨酸结合生成马尿酸。

苯甲酸　——CoASH——→　苯甲酰CoA　——NH_2CH_2COOH——→　马尿酸

胆酸在肝细胞内先生成胆酰 CoA，再分别与甘氨酸及牛磺酸结合，形成结合胆汁酸，这种结合反应对于胆汁的生成是非常重要的。

5. 甲基结合反应　多种转甲基酶存在于肝细胞液及微粒体中，可催化含有羟基、巯基或氨基的化合物甲基化，如烟酰胺（维生素 PP）甲基化生成 N- 甲基烟酰胺；儿茶酚胺在胞液可溶性儿茶酚 -O- 甲基转移酶（catechol-O-methyltransferase，COMT）催化下进行羟基甲基化，生成有活性的儿茶酚化合物；5- 羟色胺、组胺等都可通过相应的胺 N- 甲基转移酶发生甲基化而灭活。甲基化反应的甲基供体是甲硫氨酸的活性形式 S- 腺苷甲硫氨酸（SAM）。

烟酰胺 +SAM ——→ N- 甲基烟酰胺 +S- 腺苷同型半胱氨酸

儿茶酚 +SAM ——→ O- 甲基儿茶酚 +S- 腺苷同型半胱氨酸

6. 乙酰基结合反应　在肝细胞乙酰基转移酶催化下，由乙酰 CoA 提供乙酰基，苯胺等芳香胺类化合物可乙酰化，生成相应的乙酰衍生物，如磺胺类药物、异烟肼（抗结核药）均可通过乙酰基结合反应失去药理作用。

氨苯磺胺　$+CH_3COSCOA$　——乙酰转移酶——→　乙酰氨苯磺胺　$+HSCoA$

结合反应的产物乙酰磺胺通过尿进行排泄。应该指出的是，乙酰化作用不是使化合物的水溶性增高，而是降低，特别是尿液为酸性时，乙酰磺胺容易在肾小管内结晶，阻塞肾小管，导致尿液排出困难，所以在服用磺胺类药物时，要同时服用碱性药物（碳酸氢钠）和多饮水。

肝细胞参与生物转化的酶类归纳总结于表 11-3。

表 11-3 肝细胞参与生物转化的酶类及其亚细胞分布

酶类	亚细胞部位	辅酶或结合物
第一相反应		
氧化酶类		
细胞色素 P450	内质网	NADPH、O_2
胺氧化酶	线粒体	黄素辅酶
脱氢酶类	线粒体或胞液	NAD^+
还原酶类	内质网	NADH 或 NADPH
水解酶类	胞质或内质网	
第二相反应		
转葡糖醛酸酶	内质网	UDPGA
转硫酸酶	细胞质	PAPS
谷胱甘肽转移酶	胞液与内质网	GSH
乙酰转移酶	细胞质	乙酰 CoA
酰基转移酶	线粒体	甘氨酸
甲基转移酶	胞质与线粒体	SAM

三、生物转化具有连续性和多样性、解毒和致毒性双重性的特点

（一）连续性和多样性

一种物质往往需要几种生物转化反应连续进行才能达到转化的目的，如阿司匹林往往先水解成水杨酸后再与葡糖醛酸或甘氨酸结合；还可水解后先氧化成羟基水杨酸，再进行多种结合反应。

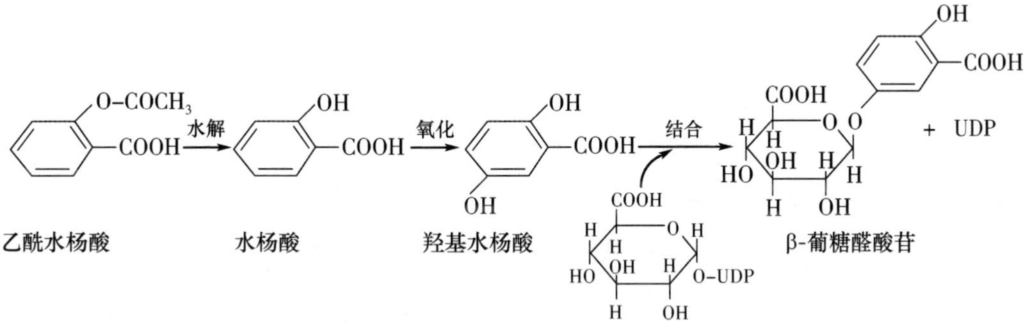

![乙酰水杨酸经水解、氧化、结合生成β-葡糖醛酸苷的反应式，包括乙酰水杨酸、水杨酸、羟基水杨酸、β-葡糖醛酸苷及 UDP]

乙酰水杨酸　　　水杨酸　　　羟基水杨酸　　　β-葡糖醛酸苷

（二）解毒和致毒性的双重性

一般情况下非营养物质经生物转化后其毒性均降低，甚至消失。但少数物质经生物转化后毒性反而增强，或由无毒转变成有毒、有害物质。例如，香烟中苯并芘属于多环芳香烃类化合物，在体外无致癌作用，进入肝脏微粒体经 CYP 作用生成环氧化物，被环氧化物水解酶水解，生成相应的二醇。后者再经 CYP 作用生成 7，8- 二羟 -9，10- 环氧 -7，8，9，10- 四氢苯并芘（图 11-3），后者不易再被环氧化物水解酶水解。此化合物可与 DNA 结合，诱发 DNA 突变而致癌。因此，生物转化的结果具有"解毒"或"致毒"的双重性，不能简单地认为只是解毒过程。

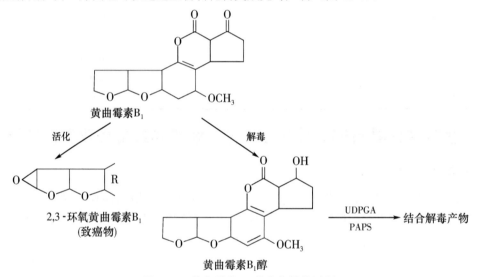

图 11-3 苯并芘的代谢途径

R. 其余结构

许多致癌物质在体内存在多种转化方式，如黄曲霉素 B_1 一方面可通过生物转化反应显示出致癌作用；另一方面也可以通过生物转化转变成无毒产物（图 11-4）。

图 11-4 黄曲霉素 B_1 的生物转化过程

R. 其余结构；UDPGA. UDP 葡糖醛酸；PAPS. 活性硫酸根

很多有毒物质进入人体后可迅速集中在肝内进行解毒，但肝内毒物聚集过多也容易使肝中毒，因此要限制对肝病患者服用主要在肝内解毒的药物，以免中毒。

四、多种因素影响生物转化作用

体内外诸多因素都会影响肝脏的生物转化作用，这些因素主要有年龄、疾病、药物、营养状况、性别、食物和遗传等因素。

（一）人肝脏生物转化能力因年龄大小而不同

不同年龄的人群生物转化作用的能力有明显的差别。新生儿和儿童生物转化的能力比成人低。新生儿因肝脏生物转化酶系发育不全，对药物及毒物的转化能力弱，因此容易发生药物及毒素中毒。老年人肝脏生物转化能力仍属正常，但因肝血流量和肾廓清速率下降，使血浆药物的清除率略有降低，药物在体内的半寿期延长，常规剂量用药后可发生药物作用蓄积，药效增强，副作用也增大，如老年人对氨基比林、保泰松等药物的转化能力较青壮年明显低。所以临床上很多药物使用时都要求儿童和老人慎用或禁用，对新生儿及老年人的用药量较青壮年少。

（二）疾病尤其肝脏疾病对生物转化有影响

肝脏是生物转化的主要器官，肝功能损伤将严重影响肝脏的生物转化作用。肝脏病变时，肝微粒体加单氧酶系、UGT 活性都显著降低，如严重肝脏病变时微粒体加单氧酶系活性可降低 50%；此时肝血流量也减少。这一切都会使患者对许多药物及毒物的摄取、转化作用明显减弱，容易发生在体内积蓄，造成中毒，因此对肝病患者用药要特别慎重。

（三）药物可诱导生物转化酶活性

许多药物或毒物可诱导参与生物转化酶的合成，使肝脏生物转化能力增强，此现象被称为药物代谢酶的诱导。动物实验发现有两种基本类型的诱导作用，一类是巴比妥酸型（巴比妥酸、苯巴比妥、苯妥英等）诱导作用；另一类是多环芳香烃型（苯并蒽衍生物、苯并芘等）诱导作用。例如，长期服用苯巴比妥可诱导肝微粒体加单氧酶系的合成，使机体对苯巴比妥类催眠药的转化能力增强，产生耐药性。另外，在临床治疗过程中还可以利用药物的诱导作用增强对某些药物的代谢，达到解毒的目的，如服用地高辛时用少量苯巴比妥以降低地高辛中毒风险。苯巴比妥还可诱导肝微粒体 UGT 的合成，临床上用其治疗新生儿黄疸，以增加机体对游离胆红素的结合转化反应，减少胆红素的毒性。有些毒物如烟草中的苯并芘可诱导肺泡吞噬细胞中的单加氧酶系的芳香烃羟化酶的合成，因此吸烟者羟化酶的活性明显高于非吸烟者。

（四）营养状态对生物转化作用的影响

摄入蛋白质可以增加肝脏重量和肝细胞酶整体活性，提高肝脏生物转化的效率。饥饿数天（7 天）肝 GST 参加的生物转化反应降低，其作用明显受到影响。大量饮酒，因乙醇氧化为乙醛、乙酸，再进一步氧化成乙酰 CoA，产生 NADH，可使细胞内 NAD/NADH 值降低，从而减少 UDP- 葡萄糖转变成 UDP- 葡糖醛酸，影响肝内葡糖醛酸参与的结合反应。

（五）性别对生物转化作用的影响

对某些非营养物质的生物转化作用存在明显的性别差异，如氨基比林在女性体内半衰期是 10.3h，而男性则需要 13.4h，说明女性对氨基比林的转化能力比男性强。晚期妊娠期妇女体内许多生物转化酶活性都下降，故生物转化能力普遍降低。此外妊娠期妇女清除抗癫痫药的能力是升高的。

（六）食物对生物转化作用的影响

不同食物对生物转化酶活性的影响不同，有的可以诱导生物转化酶系的合成，有的则能抑制生物转化酶系的活性。例如，烧烤食物、萝卜等含有微粒体加单氧酶系诱导物；食物中黄酮类成分可抑制加单氧酶系活性；葡萄柚汁可抑制 CYP3A4 的活性，临床使用的降脂药——他汀类药物（HMG-CoA 还原酶的抑制剂）需要 CYP3A4 的降解。有数据显示，他汀类药物与葡萄柚汁同服，其血药浓度会上升 15 倍，这将显著增加他汀类药对肌肉和肝脏的毒性作用。

第三节　胆汁酸的代谢

一、胆汁是肝细胞分泌液

胆汁（bile）是肝细胞分泌的黄色液体，经肝胆管进入胆囊储存，胆囊将其浓缩后，再经胆总管排泄至十二指肠，参与食物消化和吸收。正常成人每天分泌胆汁 300 ～ 700ml。肝细胞刚分泌出的胆汁称为肝胆汁（hepatic bile），在胆囊中浓缩并掺入黏液成为胆囊胆汁（gall bladder bile），颜色加深为棕绿色或暗褐色。胆汁的固体成分主要是胆汁酸盐，约占固体成分的 50%，此外还有胆固醇、胆色素等代谢产物和药物、毒物、重金属盐等排泄物。肝细胞分泌胆汁具有双重功能：既作为消化液促进脂类消化和吸收，又是排泄液，能将胆红素等代谢产物排入肠腔，随粪便排出体外。

二、胆汁酸按其来源分为初级胆汁酸和次级胆汁酸

胆汁酸（bile acid）是胆汁中存在的一类 24 碳胆烷酸的羟基化合物，为胆固醇在体内主要的代谢产物。正常人胆汁酸按结构分为游离胆汁酸（free bile acid）和结合胆汁酸（conjugated bile acid）两大类。游离胆汁酸的第 24 位羧基分别与甘氨酸或牛磺酸结合生成各种结合胆汁酸，结合胆汁酸的水溶性较游离胆汁酸大，不容易沉淀。根据来源可将胆汁酸分为初级胆汁酸和次级胆汁酸。

以胆固醇为原料，在肝细胞内合成的胆汁酸称为初级胆汁酸（primary bile acid），包括胆酸和鹅脱氧胆酸两类，以及它们分别与甘氨酸或牛磺酸结合所形成的甘氨胆酸、牛磺胆酸、甘氨鹅脱氧胆酸及牛磺鹅脱氧胆酸 4 种结合型胆汁酸。

初级胆汁酸在肠道被细菌作用，第 7 位 α- 羟基脱氧所生成的胆汁酸称为次级胆汁酸（secondary bile acid），包括胆酸脱氧所生成的脱氧胆酸和鹅脱氧胆酸脱氧所生成的石胆酸两类。人胆汁以结合胆汁酸为主，成人胆汁中甘氨胆酸与牛磺胆酸的比例为 3：1，且初级胆汁酸和次级胆汁酸都与 Na^+ 或 K^+ 结合形成胆汁酸盐，简称为胆盐（bile salt）。人体肝细胞胆汁酸代谢池中，胆酸占总量的 10%，其衍生物脱氧胆酸约占 20%，鹅脱氧胆酸则占 30% 左右。在肝脏内转化为胆汁酸是体内胆固醇的主要代谢去路。

（一）肝内生成初级胆汁酸

胆固醇是合成胆汁酸的原料，胆汁酸的生物合成包括胆固醇核的羟化、侧链的缩短和胆汁酸的结合反应。肝细胞微粒体将胆固醇转变为初级胆汁酸（图 11-5），羟化反应是指胆固醇

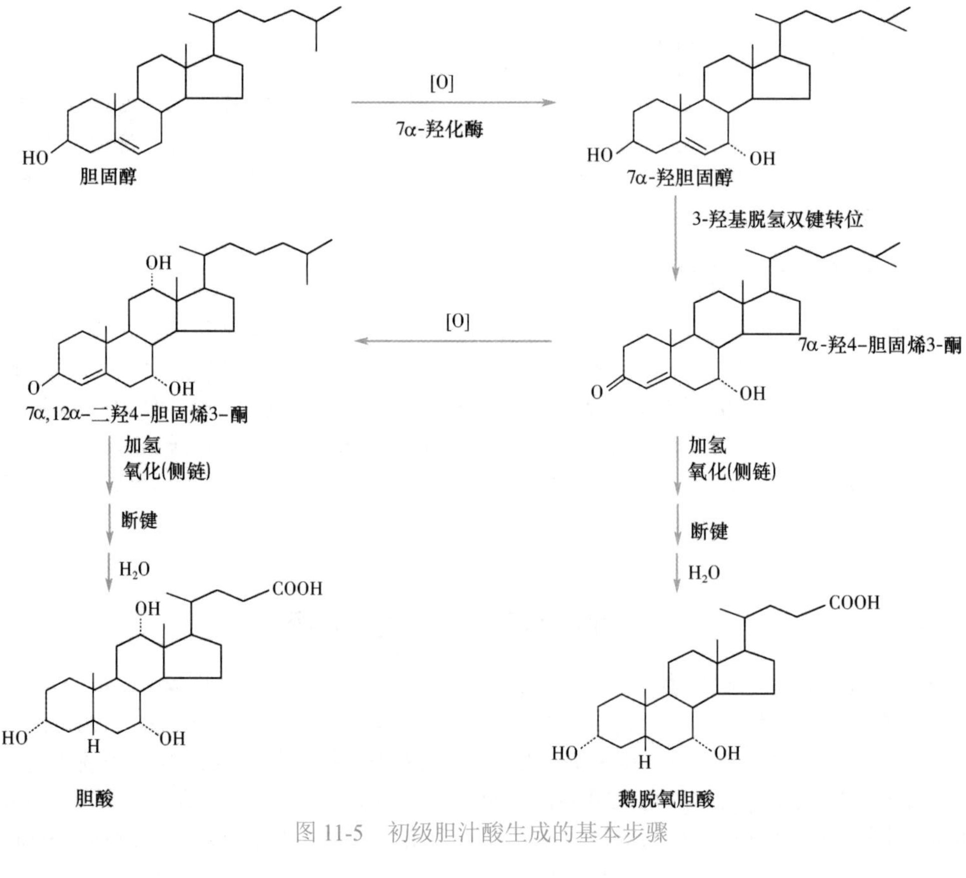

图 11-5　初级胆汁酸生成的基本步骤

在 7α- 羟化酶催化下转变为 7α- 羟胆固醇，7α- 羟化酶是肝微粒体中典型的加单氧酶，反应需要氧、NADPH 和细胞色素 P450，随后的羟基化反应也由加单氧酶催化。胆固醇中的 7α- 羟化作用是胆汁酸生物合成的第一步，同时也是重要的调节步骤。羟化反应是胆汁酸合成最重要的反应。然后再继续经氧化、异构、还原和侧链修饰等多步酶促反应，生成初级胆汁酸（胆酸和鹅脱氧胆酸）。

胆酸和鹅脱氧胆酸均可与甘氨酸及牛磺酸结合生成相应的初级结合型胆汁酸。肝细胞将胆固醇转变成胆汁酸是体内胆固醇代谢的重要途径（图 11-6）。

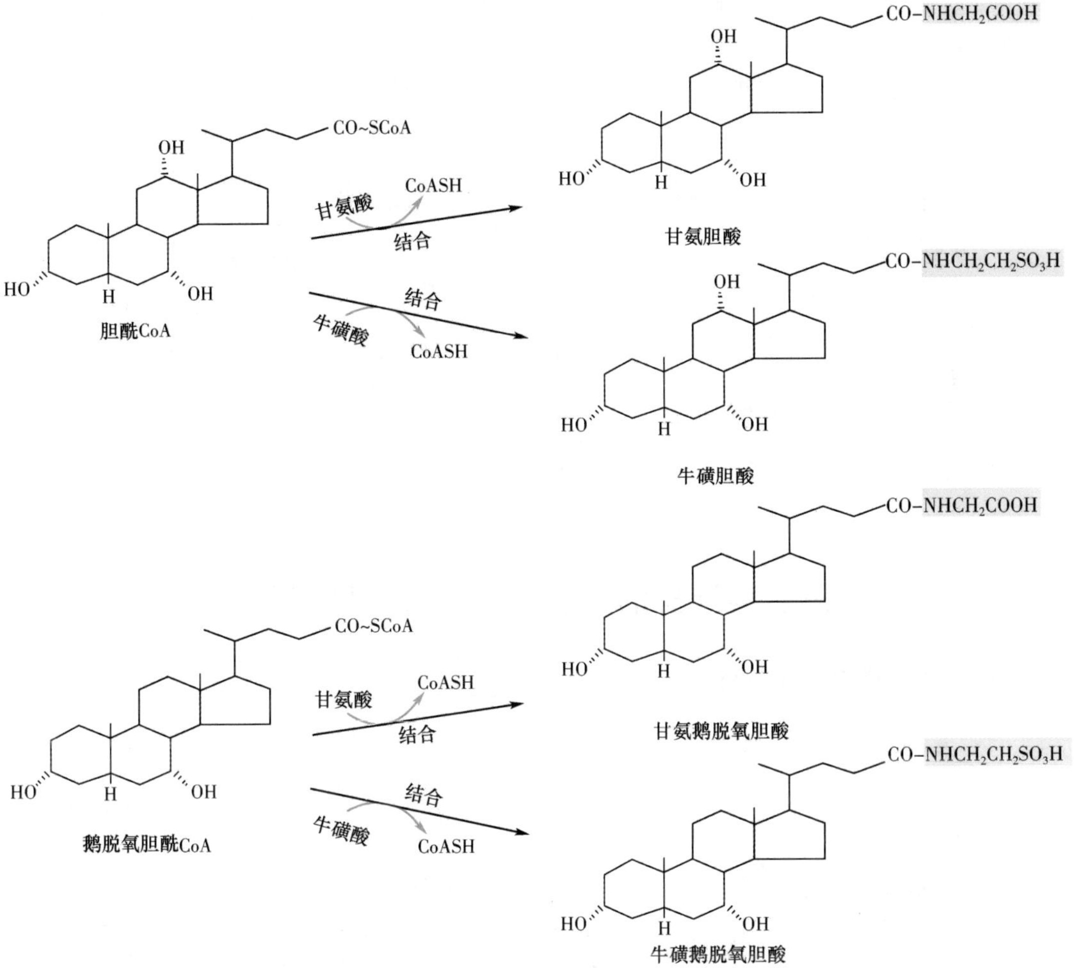

图 11-6 结合胆汁酸的生成

（二）7α- 羟化酶是调节胆汁酸合成的关键酶

7α- 羟化酶是胆汁酸合成途径的关键酶，属微粒体加单氧酶系，受胆汁酸浓度负反馈调节。内质网胆固醇 7α- 羟化酶和胆固醇合成的关键酶 HMG-CoA 还原酶均是诱导酶。7α- 羟化酶是 CYP7A1，反应需要 NADPH 和分子氧，维生素 C 是其辅因子，因此，维生素 C 能促进这步关键酶催化的羟化反应。7α- 羟化酶的活性还可以通过饮食和内源性的胆固醇得到提高，食物胆固醇在抑制 HMG-CoA 还原酶合成的同时，也诱导胆固醇 7α- 羟化酶的合成，肝细胞通过这两个酶的协同作用调节肝细胞内胆固醇的水平。甲状腺素可诱导 7α- 羟化酶的合成，加速初级胆汁酸的合成。所以甲状腺功能亢进患者常表现血清胆固醇浓度偏低，甲状腺功能低下的患者血清胆固醇含量增高。

（三）肠菌作用下生成次级胆汁酸

　　与肝细胞生成初级胆汁酸的反应相反，在肠道细菌酶的催化下，初级胆汁酸发生去结合反应和脱羟化作用。在小肠下段和大肠细菌作用下，部分结合型胆汁酸先水解脱去甘氨酸或牛磺酸，转变成游离胆汁酸，再脱去 7 位 α- 羟基转变成次级胆汁酸（图 11-7），即胆酸转化为脱氧胆酸，鹅脱氧胆酸转化为石胆酸，部分转变为熊脱氧胆酸，即将鹅脱氧胆酸的7α- 羟基转变为 7β- 羟基。熊脱氧胆酸含量很少，对代谢没有重要意义，但有一定的药理作用。熊脱氧胆酸没有细胞毒作用，在慢性肝病时具有抗氧化应激作用，降低肝细胞由于胆汁酸潴留引起的肝损伤，改善肝功能，减缓疾病的进程。

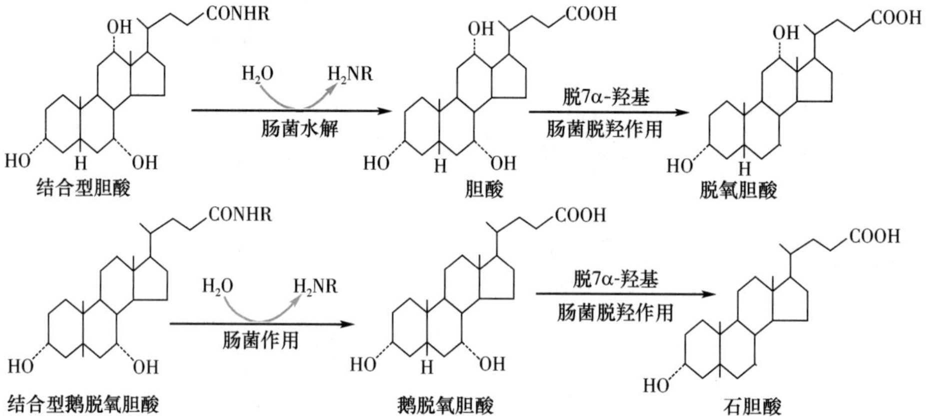

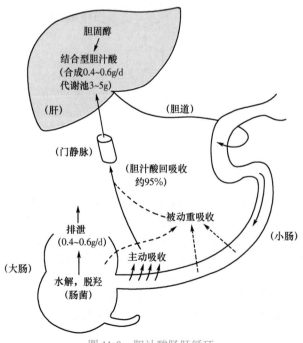

图 11-7　次级胆汁酸的生成

三、胆汁酸的肠肝循环促进其再利用

（一）胆汁酸肠肝循环的概念

　　进入肠道的各种胆汁酸约 95% 被肠壁重吸收进入血液，肠道重吸收的初级与次级胆汁酸、结合型与游离型胆汁酸均可经门静脉回到肝脏。结合型胆汁酸主要在回肠以主动转运方式重吸收，游离型胆汁酸则在小肠各部位及大肠经被动重吸收方式进入肝脏。重吸收进入肝脏的游离胆汁酸可重新转变为结合胆汁酸，并同新合成的胆汁酸一起随胆汁再排入十二指肠，此过程称为胆汁酸的肠肝循环（hepato-enteric circulation of bile acid）（图 11-8）。血清胆酸含量通常随着其重吸收而波动，进餐时最高。胆酸、脱氧胆酸、鹅脱氧胆酸及其结合物反复参与肠肝循环，而石胆酸再次通过肝脏时被硫化，无法重吸收而排出。

图 11-8　胆汁酸肠肝循环

（二）胆汁酸肠肝循环的生理意义

人体每天需要 16～30g 胆汁酸乳化脂类，而正常人体胆汁酸代谢池仅有 3～5g，每日合成胆汁酸只有 0.4～0.6g，远不能满足小肠每日对脂类物质消化吸收的需要。机体依靠每天 6～10 次胆汁酸肠肝循环，向小肠分泌 20～30g 胆盐，弥补胆汁酸合成量不足，故胆汁酸肠肝循环具有重要的生理意义：使有限的胆汁酸反复利用，最大限度地满足机体对胆汁酸的需要，发挥其促进脂类物质消化吸收的生理功能。若因腹泻或回肠大部切除等原因破坏了胆汁酸肠肝循环，一方面会影响脂类的消化吸收；另一方面胆汁中胆固醇含量相对增高，处于饱和状态，极易形成胆固醇结石。

（三）胆汁酸盐的分泌是主动转运过程

胆汁酸的合成在肝脏的中央区，胆汁酸的肠肝循环则由门周区承担。门周区肝细胞的胆汁酸浓度远高于中央区。肝细胞的胆小管区存在众多的转运蛋白，可对抗 100 倍浓度梯度，转运胆盐和一些有机化合物到胆小管。这些转运蛋白多属于 ATP- 结合盒（ATP-binding cassette，ABC）转运蛋白超家族，如胆盐输出泵（bile salt export pump，BSEP）是依赖 ATP 的胆盐转运蛋白，对胆盐的亲和力高。

四、胆汁酸的生理功能

（一）促进脂类消化吸收

胆汁酸分子既含有亲水的羟基、羧基或磺酸基，又含有疏水的烃核和甲基。两类性质不同的基团恰恰位于胆汁酸环戊烷多氢菲核的两侧，使胆汁酸立体构型既具有亲水侧面，赋予胆汁酸的亲水性，又具有疏水侧面，赋予胆汁酸的亲脂性（图 11-9）。胆汁酸是较强的表面活性剂，能在油水界面降低表面张力，促进脂类乳化成 3～10μm 的细小微团，增加脂类与脂酶的接触面积，加速脂类消化吸收。

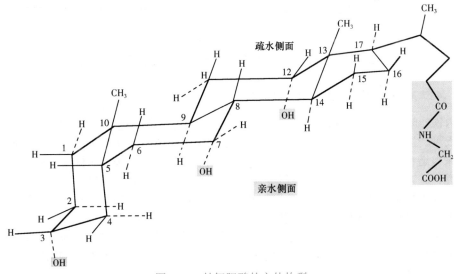

图 11-9　甘氨胆酸的立体构型

（二）防止胆结石生成

人体内约 99% 的胆固醇随胆汁经肠道排出体外，其中 1/3 以胆汁酸形式，2/3 以直接胆固醇形式排出体外。胆固醇难溶于水，在浓缩后的胆囊胆汁中容易沉淀析出。胆汁中的胆汁酸盐和卵磷脂可使胆固醇分散形成可溶性微团，使之不易结晶沉淀，故胆汁酸有防止胆结石生成的作用。肝脏合成胆汁酸能力下降、排入胆汁的胆固醇过多（高胆固醇血症）、消化道丢失过多胆汁酸、胆汁酸肠肝循环减少等均可造成胆汁中胆汁酸、卵磷脂与胆固醇的比例下降，当比值小于 10 ∶ 1 时可使胆固醇沉淀析出形成胆结石。胆固醇结石病因比较复杂，除了前述三者的比例失调外，其他一些因素，如胆囊运动能力下降、黏液分泌过度等，均可成为胆固醇结石的诱因。另外，不同胆汁酸对结石形成的作用不同，鹅脱氧胆酸可使胆固醇结石溶解，而胆酸及脱氧胆酸则无此作用。临床常用鹅脱氧胆酸及熊脱氧胆酸治疗胆固醇结石。

胆固醇结石

　　肝脏将磷脂、胆固醇与胆酸分泌入胆管。由于胆固醇的溶解度较低，胆囊内易形成胆固醇结石。结石形成相对常见，北美高达 20% 人口会形成结石，亚洲地区自然人群发病率约 10%，随着生活条件和营养状况的改善，胆石症发病率有逐年增高趋势，尤其是胆囊结石。胆固醇在水溶液中的溶解度很低，但它可形成脂质 - 胆酸微团而"溶解"。如果肝脏分泌胆固醇过饱和的胆汁，过量的胆固醇会从溶液中结晶析出。由于胆汁与结晶核的接触时间的关系，结晶体通常形成于胆囊而非肝胆管。此外，由于电解质与水的吸收，胆汁在胆囊中浓缩，胆固醇过饱和的胆汁可致结石形成。口服鹅脱氧胆酸可降低胆汁中的胆固醇并溶解结石中的胆固醇以溶解结石。分泌胆固醇过饱和的胆汁倾向具有遗传性，女性多于男性，并与肥胖有关。

第四节　胆色素代谢与黄疸

　　胆色素（bile pigment）是体内血红蛋白、肌红蛋白、细胞色素类、过氧化氢酶及过氧化物酶等铁卟啉化合物分解代谢的终产物，包括胆绿素（biliverdin）、胆红素（bilirubin）、胆素原（bilinogen）和胆素（bilin）等。胆色素代谢主要指胆红素代谢，肝脏在胆色素代谢中起着重要作用。胆红素呈金黄色，是胆汁的主要色素。胆红素的生成、转运及排泄异常关联临床多种病理生理过程。熟悉胆红素代谢途径对于临床上伴有黄疸体征的疾病诊断和鉴别诊断具有重要意义。

一、血红素等铁卟啉化合物的分解生成胆红素

（一）血红素的分解代谢生成胆红素

　　体内铁卟啉类化合物包括血红蛋白、肌红蛋白、细胞色素、过氧化氢酶和过氧化物酶等。成人每天可产生 250 ～ 350mg 胆红素，其中大约 80% 由衰老红细胞释放的血红蛋白分解产生，小部分来自造血过程中红细胞过早破坏的血红蛋白降解产生，仅少量胆红素由肌红蛋白、细胞色素类、过氧化氢酶及过氧化物酶等非血红蛋白铁卟啉化合物分解代谢产生。

　　成人的生理条件下，红细胞寿命约 120 天，每小时有（1 ～ 2）×10^8 的红细胞凋亡。衰老红细胞由于细胞膜的变化，被肝、脾、骨髓组织中单核 - 吞噬细胞系统识别并吞噬破坏，成年人每天释放约 6g 血红蛋白。血红蛋白再分解为珠蛋白和血红素，其中珠蛋白可分解为氨基酸供组织细胞再利用，或参与体内氨基酸代谢；而血红素则由单核 - 吞噬细胞系统分解并代谢生成胆红素释放入血，每克血红蛋白约可产生 35mg 胆红素。

　　因此，含血红素蛋白质的代谢在哺乳动物中的重要性体现在两个方面：对卟啉环产生的疏水性产物进行处理，同时保留和动用血红素中的铁，使其重新被利用。

（二）血红素加氧酶和胆绿素还原酶催化胆红素的生成

　　血红素是 4 个吡咯环由甲烯桥连接形成的环形化合物，并螯合一个铁离子（Fe^{2+}）。血

红素从血红蛋白中释放出来，在微粒体血红素加氧酶（heme oxygenase，HO）的催化下，甲烯桥断裂，释放出 1 分子 CO 和 Fe^{3+}，生成线性水溶性的胆绿素（biliverdin），Fe^{3+} 进入铁池可被细胞再利用。反应至少需要 3 分子 NADPH 和 3 分子氧。胆绿素在胞质胆绿素还原酶（biliverdin reductase）的催化下，迅速还原为胆红素（图 11-10）。由于胆绿素还原酶活性强、分布广，利用 NADH 或 NADPH 还原胆绿素，因此不会发生胆绿素堆积而进入血液。

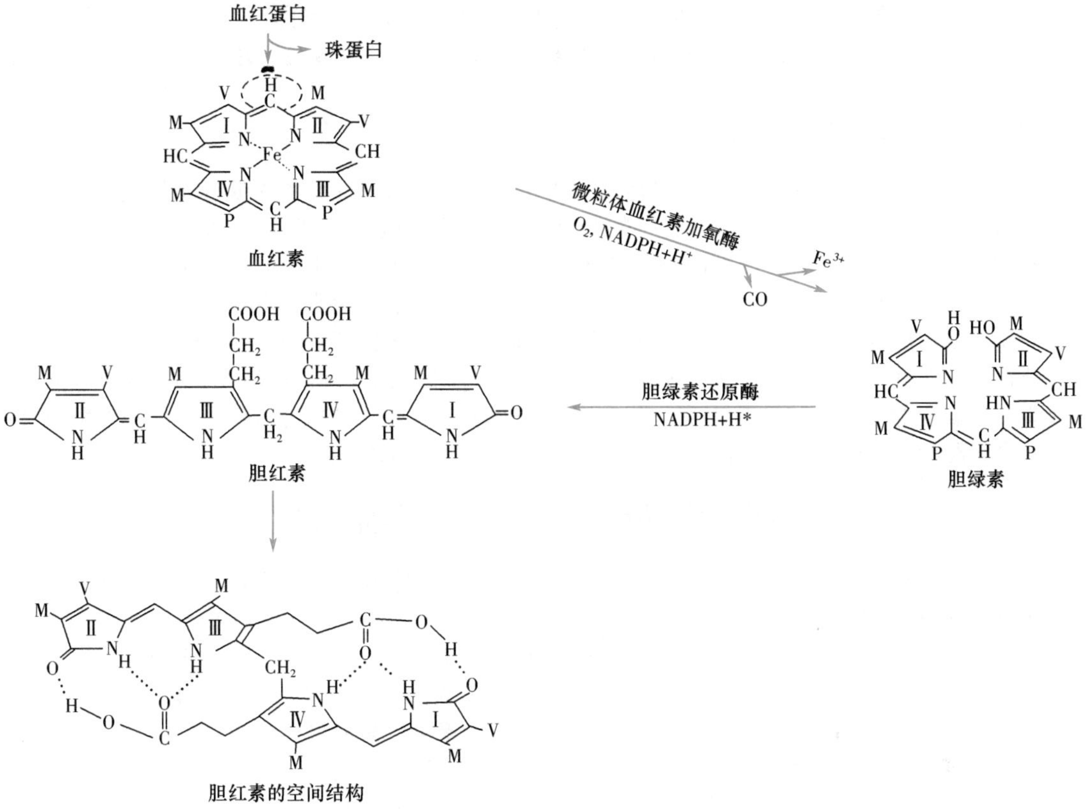

图 11-10　胆红素的生成及空间构型

血红素加氧酶是胆红素生成的关键酶，所催化的反应需要 O_2 和 NADPH，并受底物血红素的诱导，同时血红素又有活化分子氧的作用。用 X 线衍射分析胆红素，可见其分子内形成了 6 个氢键，使整个分子卷曲成稳定的刚性折叠结构，由于极性基团包裹在分子内部，赋予胆红素以亲脂疏水的性质，易自由透过细胞膜进入血液（图 11-10）。

血红素加氧酶是胆红素生成的限速酶，目前已发现有三种同工酶：HO-1、HO-2 和 HO-3。HO-1（32kDa）是诱导酶，为热激蛋白 32（Hsp32），在血红素代谢中的地位尤其重要。其生物合成可被其底物血红素的迅速激活，及时清除循环系统中的血红素。HO-1 主要存在于脾、肝和骨髓等降解衰老红细胞的组织器官。HO-2 是组成酶，主要存在于大脑和睾丸，不受底物的诱导。HO-3 功能尚不清楚。

血红素加氧酶的细胞保护作用

血红素加氧酶有三种同工酶，HO-1（32kDa）是迄今所知的诱导物最多的诱导酶，研究提示 NO、白介素 -10、重金属、内毒素、缺氧、过氧化氢等都有诱导作用。HO-1 在血红素代谢中的地位尤为重要，其生物合成可被底物血红素迅速激活，及时清除循环系统中的血红素。CO 和胆绿素不仅是血红素加氧酶的代谢产物，它们还有特定的生理作用。胆绿素是一种抗氧化剂，它在氧化应激引起的血红素加氧酶作用中发挥重要作用。HO-1 在诸多有害环境刺激和疾病条件下呈现的对机体的保护作用，主要是通过它催化生成的产物实现的，这些产物是 CO、胆绿素和胆红素。HO-2 是组成酶，不受底物的诱导，在大脑中含量稳定，具有清除氧自由基的作用。机体内源性 CO 几乎都来源于血红素的降解，低浓度的 CO 具有与 NO 相似的生理作用，可舒张血管和起神经递质作用。CO 是一种血管舒张剂，已表明对脑卒中等患者具有保护作用。CO 作用机制与 NO 类似，也是通过环磷鸟苷发挥作用。CO 通常发挥保护效应，而 NO 在不同情况下，既可能保护细胞，也可能损伤细胞。为了完成血红素加氧酶的功能，胆红素可以抑制诱导型一氧化氮合酶的表达。

（三）胆红素具有抗氧化作用

胆红素过量对人体有害，但它也是人体内含量最丰富的强有力的内源性抗氧化剂，可以抵御氧化应激，是血清中抗氧化活性的主要成分。氧化应激诱导 HO-1 的表达，从而增加胆红素的量，抵抗氧化应激。大脑中 HO-2 含量恒定，仅约 $10\mu mol/L$，但在氧化应激时能对抗 10 000 倍的过氧化氢。其清除过氧化自由基的作用甚至优于维生素 E 和维生素 C。胆红素具有如此重要的抗氧化作用，是由于胆红素可通过胆绿素还原酶循环（biliverdin reductase cycle）不断再生：胆红素氧化成胆绿素，后者在胆绿素还原酶催化下，利用 NADH 或 NADPH 还原成胆红素。胆绿素还原酶含量丰富，分布广，转换率高，有足够能力将新生成的胆绿素迅速还原成胆红素。胆绿素还原酶循环可使胆红素的作用扩大 10 000 倍。

二、血液中的胆红素与清蛋白结合运输

在生理 pH 条件下单核 - 吞噬细胞系统生成的胆红素是难溶于水的脂溶性有毒物质，能自由透过细胞膜进入血液。在血液中，胆红素和清蛋白非共价结合后溶解率显著增加，形成胆红素 - 清蛋白复合物而被运输。对胆红素而言，每分子清蛋白有两个结合位点：高亲和力位点和低亲和力位点，可结合两分子胆红素。正常人血浆胆红素含量为 $3.4 \sim 17.1\mu mol/L$（$0.2 \sim 1mg/dl$）。在 100ml 的血浆中，约 25mg 的胆红素可以被紧密地结合在清蛋白的高亲和力位点上，故血浆清蛋白结合胆红素的潜力很大，足以阻止胆红素进入组织细胞产生毒性作用。超过这个量的胆红素只能被松弛地结合，可以很容易被分开并散布到组织中。因此，胆红素 - 清蛋白复合物增加了胆红素的水溶性，便于运输；同时也限制了胆红素自由透过各种生物膜，减少其对组织细胞的毒性作用。胆红素 - 清蛋白不能透过肾小球基膜，即使血浆胆红素含量增加，尿液检测也是阴性。

胆红素与清蛋白的结合是非特异性、非共价可逆性的。某些有机阴离子（如磺胺药、水杨酸和胆汁酸等）与胆红素竞争性结合清蛋白上的高亲和力位点，使胆红素游离，增加其透入细胞的可能性。游离胆红素可与脑基底核的脂类结合，干扰脑正常功能，造成胆红素脑病（bilirubin encephalopathy），或称核黄疸（kernicterus）。新生儿由于血脑屏障不健全，如果发生高胆红素血症，过多的游离胆红素很容易进入脑组织，发生胆红素脑病。给新生儿预防性应用磺胺药可能增加胆红素脑病的危险。因此，血浆清蛋白与胆红素的结合仅起到暂时的解毒作用，真正意义上的解毒依赖于与葡糖醛酸的结合反应。这种未经肝脏结合转化的，在血液中与清蛋白结合运输的胆红素称为未结合胆红素（unconjugated bilirubin），或游离胆红素或血胆红素。这种胆红素因分子内存在氢键，不能直接与重氮试剂反应，只有在加入乙醇或尿素等破坏氢键后才能与重氮试剂反应，生成紫红色偶氮化合物，故未结合胆红素又称为间接胆红素（indirect bilirubin）。

三、胆红素在肝中转变为结合胆红素并分泌入胆小管

血液中的胆红素通过血浆 - 清蛋白转运到肝脏。胆红素的进一步代谢反应主要发生在肝脏，

可以分为 3 个步骤：①胆红素被肝细胞摄入；②在肝细胞内质网上胆红素和葡糖醛酸发生结合反应；③结合型胆红素排泄进入胆汁。这三个步骤是依次独立进行的。

（一）肝细胞摄取胆红素

胆红素以胆红素 - 清蛋白复合物形式随血液循环到肝脏，很快与清蛋白分离，被肝细胞摄取。注射具有放射性的胆红素大约 18min 后就有 50% 的胆红素从血浆清除，说明肝细胞摄取胆红素的能力很强。肝脏能迅速从血浆中摄取胆红素是因为肝细胞含有两种载体蛋白，即 Y 蛋白和 Z 蛋白（以 Y 蛋白为主），是胆红素在肝细胞质的主要载体，系 GST 家族成员，含量丰富，占肝细胞质总蛋白的 3% ～ 4%，对胆红素有高亲和力。它们能特异地结合包括胆红素在内的有机阴离子，主动将其摄入细胞内。肝细胞摄取胆红素是可逆、耗能的过程，自由双向通透肝血窦细胞膜表面进入胞内。当肝细胞处理胆红素的能力下降或者胆红素生成量超过肝细胞处理胆红素能力时，已进入肝细胞的胆红素可反流入血，使血胆红素含量增高。

Y 蛋白是一种诱导蛋白，苯巴比妥可诱导其合成。由于新生儿出生 7 周后 Y 蛋白水平才接近成人水平，所以新生儿容易发生生理性黄疸。临床可用苯巴比妥诱导 Y 蛋白合成，治疗新生儿生理性黄疸。Z 蛋白是酸性蛋白，Z 蛋白对胆红素的亲和力弱于 Y 蛋白。配体蛋白与胆红素 1：1 结合将胆红素携带至肝细胞滑面内质网。

胆红素与 Y 蛋白或 Z 蛋白的结合，帮助胆红素在与葡糖醛酸结合前保持溶解状态，也有阻止胆红素反流进入血液的作用。

（二）胆红素在肝细胞内质网中结合葡糖醛酸

在肝细胞滑面内质网，胆红素 -Y 蛋白或胆红素 -Z 蛋白在 UGT 催化下，由 UDP- 葡糖醛酸提供葡糖醛酸基，胆红素与葡糖醛酸以酯键结合转变为胆红素葡糖醛酸酯（bilirubin glucuronide）。未结合胆红素分子内 2 个羧基均可与葡糖醛酸 C_1 位上的羟基结合，故每分子胆红素可结合 2 分子葡糖醛酸，生成胆红素葡糖醛酸二酯（图 11-11）。

$$胆红素 + UDP\text{-}葡糖醛酸 \xrightarrow{UGT} 胆红素葡糖醛酸一酯 + UDP$$

$$胆红素葡糖醛酸一酯 + UDP\text{-}葡糖醛酸 \xrightarrow{UGT} 胆红素葡糖醛酸二酯 + UDP$$

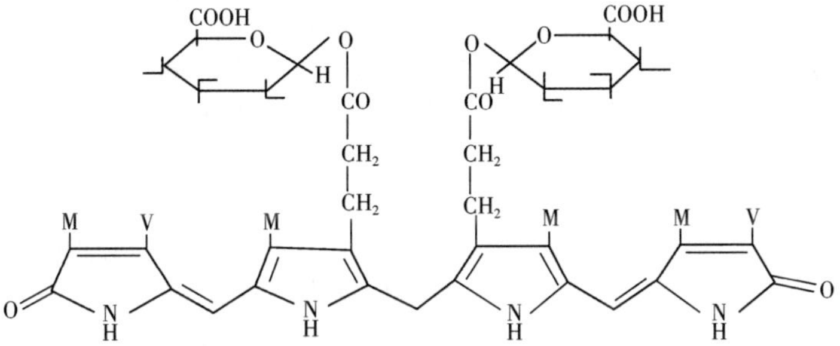

图 11-11　胆红素葡糖醛酸二酯的生成及结构

M. —CH$_3$; V. —CH=CH$_2$

人胆汁中结合胆红素主要是胆红素葡糖醛酸二酯，占 70% ～ 80%，仅有少量胆红素葡糖醛酸一酯，占 20% ～ 30%。但是当血浆中的胆红素结合不正常的时候（如梗阻性黄疸），它们大多成为胆红素葡糖醛酸一酯，二者均可被分泌入胆汁。这两种在肝内质网上与葡糖醛酸结合转化的胆红素称为结合胆红素（conjugated bilirubin），结合胆红素分子内没有氢键，分子内的甲烯桥暴露，可以迅速直接与重氮试剂发生反应（又称凡登白反应，临床试验已停止使用），故结合胆红素又称为直接胆红素（direct bilirubin）或肝胆红素。结合胆红素与未结合胆红素的区别见表 11-4。

表 11-4 两种胆红素的性质和名称区别

	结合胆红素	未结合胆红素
其他名称	直接胆红素，肝胆红素	间接胆红素，血胆红素
葡糖醛酸结合	结合	未结合
重氮试剂反应	迅速、直接反应阳性	慢、间接反应阳性
水中溶解度	大	小
与清蛋白亲和力	小	大
透过细胞膜的能力	小	大
对脑的毒性作用	小	大
随尿排出	能	不能

肝细胞中 UGT 的活性可以被许多药物（包括苯巴比妥）诱导，从而加强胆红素代谢。据此，临床上可应用苯巴比妥治疗新生儿生理性黄疸。此外还有少量胆红素可与硫酸结合生成胆红素硫酸酯，甚至与甲基、乙酰基、甘氨酸等化合物结合形成相应的胆红素结合物。肝脏对胆红素代谢的最重要作用就是将脂溶性、有毒的未结合胆红素通过生物转化的结合反应转变成水溶性、无毒的结合胆红素，这是肝脏对有毒性的胆红素一种根本性的生物转化解毒方式，主要产物是葡糖醛酸胆红素。

肝细胞 UGT 缺乏可造成血中未结合胆红素升高导致黄疸。克-奈（Crigler-Najjar）综合征（又称为先天性高胆红素血症）患者可因肝细胞 UGT 活性的严重缺失，出现严重的高未结合胆红素血症，血清未结合胆红素含量可高达 340μmol/L。吉尔伯（Gilbert）综合征（又称家族性非溶血性黄疸）患者 UGT 活性是正常人的 30%，血清未结合胆红素浓度约为 84μmol/L。

（三）结合胆红素排入胆小管

肝细胞分泌结合胆红素进入胆汁是主动转运过程，被认为是肝脏代谢胆红素的限速步骤。参与转运的蛋白是 ATP 结合转运蛋白家族中的一员，有多耐药相关蛋白 2（multidrug resistance protein 2，MRP2），也称为多特异性有机阴离子转运体（multispecific organic anion-transporter，MOAT）。它位于胆小管膜上，转运胆红素等有机阴离子。实验证明，MRP2 对胆红素葡糖醛酸二酯有很高的亲和力，其 K_m 小于 1μmol/L，是肝细胞膜、胆小管域分泌结合胆红素的主要转运蛋白。由于肝毛细胆管内结合胆红素的浓度远高于肝细胞的浓度，故肝细胞排出胆红素是逆浓度梯度的耗能过程，也是肝脏处理胆红素的薄弱环节，容易发生障碍。若胆红素排泄障碍，结合胆红素就可以反流入血，发生血浆结合胆红素含量增高。可见胆红素的结合反应和排泄系统是一个协调的功能单位。

糖皮质激素不仅能诱导葡糖醛酸转移酶的生成，促进胆红素与葡糖醛酸结合，对结合胆红素的排泄也有促进作用，因此高胆红素血症可用糖皮质激素治疗。

综上所述，肝细胞对胆红素的代谢是多方位全面的，包括摄取、转化和排泄三方面作用，可归纳如图 11-12 所示。

四、结合胆红素在肠道内转换为胆素原和胆素

（一）胆素原是肠菌作用的产物

结合胆红素到达回肠末端和结肠处，在肠道细菌的 β- 葡糖醛酸糖苷酶作用下，大部分被水解脱下葡糖醛酸基，生成未结合胆红素，再逐步还原生成无色的四吡咯化合物，包括中胆

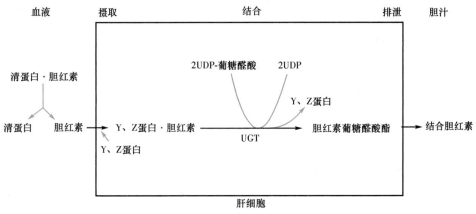

图 11-12　肝细胞对胆红素的摄取、转化与排泄作用

素原、粪胆素原和尿胆素原，三者统称为胆素原（bilinogen）。其中 80% 随粪便排出体外。粪胆素原在肠道下段随粪便排出后，经空气氧化为黄褐色的粪胆素（stercobilin），是粪便颜色的主要来源，当胆管完全梗阻时，因胆红素不能排入肠道，不能形成胆素原及粪胆素，粪便呈灰白色，临床称陶土样便。婴儿肠道细菌少，未被细菌作用的胆红素可随粪便直接排出，粪便可呈胆红素的橙黄色。肠道内胆色素代谢的过程概括为图 11-13。

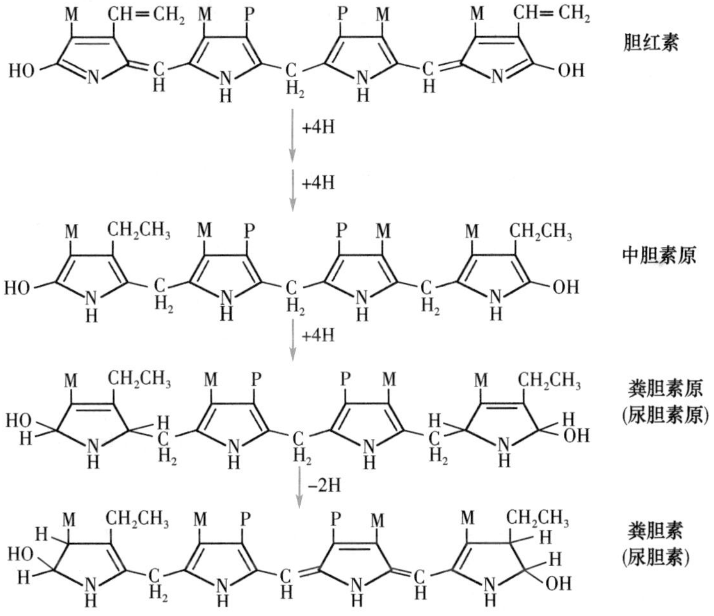

图 11-13　胆素原与胆素的生成

（二）少量胆素原经肠肝循环成为尿胆素原的来源

在生理情况下肠道 10% ～ 20% 的胆素原被肠黏膜细胞重吸收，经门静脉入肝脏。约 90% 重吸收的胆素原以原形又随胆汁排入肠道，形成胆素原肠肝循环（bilinogen enterohepatic circulation）。小部分（2% ～ 5%）胆素原进入体循环，随尿液排出，即为尿胆素原，可氧化为尿胆素（urobilin），是尿液的主要色素。临床上将尿液中胆红素、胆素原、胆素称为尿三胆，作为黄疸类型鉴别诊断的常用指标。体内胆色素代谢的全过程可总结如图 11-14 所示。

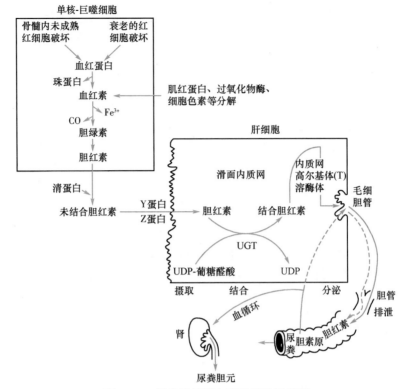

图 11-14　胆色素代谢与胆素原肠肝循环

五、血液胆红素含量增高可引起黄疸

（一）黄疸的定义

正常人血清胆红素浓度为 $3.4 \sim 17.1\mu mol/L$（$0.2 \sim 1mg/dL$），以未结合胆红素为主，结合胆红素不超过总量的 4%。未结合胆红素是有毒的脂溶性物质，易通过细胞膜进入细胞。胆红素可造成富含脂类的神经细胞不可逆的损伤，对新生儿尤其如此。但正常人肝脏对胆红素有强大的处理能力，每天可清除 3000mg 以上的胆红素，不会造成未结合胆红素的堆积。因此，血中胆红素含量很低。临床上凡是能够导致胆红素生成过多或肝细胞对胆红素摄取、转化和排泄能力下降的因素均可使血中胆红素含量增多，浓度超过 $17.1\mu mol/L$（1mg/dl）称为高胆红素血症（hyperbilirubinemia）。胆红素呈金黄色，血中浓度过高可扩散入组织，造成组织黄染，称为黄疸（jaundice）。巩膜、皮肤、指甲床下和上颚因含有较多弹性蛋白，与胆红素有较强亲和力，容易被染黄。黏膜中含有能与胆红素结合的血浆清蛋白，也能被染黄。因此，黄疸是由于胆红素代谢障碍，血浆中胆红素含量增加，使皮肤、巩膜及黏膜等组织被染成黄色的一种病理变化和临床表现。黄疸程度与血清胆红素浓度相关，当血清胆红素浓度升高到 $1 \sim 2mg/dl$ 时，肉眼未见巩膜与皮肤黄染，称为隐性黄疸或亚临床黄疸。当胆红素浓度超过 2mg/dl，肉眼可见巩膜、皮肤、黏膜等组织明显黄染，此时称为显性黄疸。

（二）黄疸的分类

黄疸是一种临床体征，许多疾病都可以引发。按病变部位可分为肝前性、肝性和肝后性黄疸；按病因可分为溶血性黄疸、肝细胞性黄疸和梗阻性黄疸；按血中升高的胆红素的类型则分为高未结合胆红素性黄疸和高结合胆红素性黄疸两类。

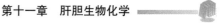

（三）黄疸的成因及发生机制

1. 胆红素形成过多　胆红素在体内形成过多，超过肝细胞的摄取、转化和结合能力，大量未结合胆红素在血中积聚而发生的黄疸。一些药物、疟疾、过敏、镰刀状红细胞贫血、葡糖 -6- 磷酸脱氢酶缺乏和毒物等引起的大量红细胞破坏增加，导致溶血性贫血。血清中未结合胆红素显著增加，结合胆红素变化不大，尿胆红素阴性。

2. 肝细胞处理胆红素的能力下降　又称为肝源性黄疸，肝硬化、肝炎、肝肿瘤等可以损害肝细胞，造成肝脏对胆红素的摄取、结合和排泄能力下降。可见于肝内胆汁淤滞、感染、化学试剂、毒物和肿瘤等所致的肝脏病变及先天性遗传缺陷如吉尔伯特（Gilbert）综合征和克纳（Crigler-Najjar）综合征等。根据肝功能损伤的原因不同，可使血中未结合胆红素和（或）结合胆红素升高。

3. 肝外梗阻性黄疸（obstructive jaundice）　又称肝后性黄疸，各种原因引起的胆道系统堵塞、胆汁排泄障碍所致，可见于胆结石、蛔虫或肿瘤和炎症等所致的胆管梗阻及迪宾 - 约翰逊（Dubin-Johnson）综合征等。胆汁排泄障碍可致血清结合胆红素增加，未结合胆红素可无明显变化。结合胆红素被肾小球滤出，尿胆红素呈阳性反应；而排入肠道的胆红素减少，生成胆素原也减少，粪便颜色变浅呈灰白色即陶土样便。

比较正常人和几类黄疸患者的血、尿、粪便中胆红素及其代谢产物的不同，可对溶血性、肝细胞性和梗阻性黄疸三种类型加以鉴别诊断，见表 11-5。

表 11-5　三种类型黄疸的实验室鉴别诊断

类型	血液		尿液		粪便颜色
	未结合胆红素	结合胆红素	胆红素	胆素原	
正常	有	无或极微	阴性	阳性	棕黄色
溶血性黄疸	高度增加	正常或微增	阴性	显著增加	加深
肝细胞性黄疸	增加	增加	阳性	不定	变浅
梗阻性黄疸	不变或微增	高度增加	强阳性	减少或消失	变浅或陶土色

新生儿黄疸

新生儿黄疸是指新生儿时期由于胆红素代谢异常，引起的体内胆红素水平升高，导致巩膜、皮肤等组织黄染，是新生儿常见的临床疾病。新生儿黄疸可分为生理性黄疸（physiologic jaundice）和病理性黄疸（pathologic jaundice）。

生理性黄疸是新生儿时期所特有的一种现象，新生儿血胆红素可高于成人，当血胆红素浓度＞85μmol/L(5mg/dl) 时，才能觉察皮肤黄染［成人血胆红素浓度＞34μmol/L(2mg/dl)时］。约60%的足月儿和80%的早产儿出现生理性黄疸，足月儿生后2～3天出现黄疸，4～5天达高峰，5～7天消退，最迟不超过2周；早产儿黄疸多于生后3～5天出现，5～7天达高峰，7～9天消退，最长可延迟到4周；每日血清胆红素升高＜85μmol/L(5mg/dl)；血清胆红素足月儿＜221μmol/L(12.9mg/dl)，早产儿＜257μmol/L(15mg/dl)。

如新生儿出现下列情况，需警惕病理性黄疸。①出现早：生后24h 内就出现黄疸。②程度重：血清胆红素浓度足月儿＞221μmol/L(12.9mg/dl)、早产儿＞257μmol/L(15mg/dl)。③发展快：每日上升超过85μmol/L(5mg/dl)。④持续久：黄疸持续时间足月儿＞2周，早产儿＞4周。⑤黄疸退而复现。⑥血清结合胆红素＞34μmol/L(2mg/dl)。

引起新生儿病理性黄疸常见有溶血性黄疸、感染性黄疸、梗阻性黄疸和母乳性黄疸等，药物或某些遗传病也可能会诱发新生儿病理性黄疸。病理性黄疸严重时可引起"核黄疸"，其预后较差，除了造成神经系统损害外，严重的还可能引起死亡。对于生理性黄疸可加强喂养，密切观察，一般可自行消退。而病理性黄疸需及时干预，明确病情、病因，根据病情轻重可采取光疗、换血或药物治疗等治疗方法。

（翟旭光）

思　考　题

1. 简述生物转化反应类型及主要酶类，生物转化的重要生理意义。
2. 举例说明 CYP 在生物转化中的作用。
3. 何谓胆汁酸的肠肝循环？有何生理意义？
4. 严重肝脏疾病可产生水肿、转氨酶升高、黄疸及肝性脑病，试说明这些症状产生的生化机制。
5. 简述肝脏在胆色素代谢方面的作用。
6. 什么叫黄疸？根据发病机制可分为哪几种类型？

案例分析题

1. 一位 42 岁的女性患者，由于间歇性腹部剧痛去内科门诊，主诉喜好甜食油炸品，但摄入后总感觉不适。疼痛部位在上腹部，有时放射至胸部。发作时感到饱胀，呃逆（俗称打嗝）后有所缓解。急性发作期间，患者有严重的恶心和呕吐。患者无黄疸或胃肠道出血史。初步诊断为过敏性结肠综合征，使用奥美拉唑抑酸剂和抗过敏药，病情无明显缓解。作腹部 B 超和胆道造影检查，显示胆囊内有多块结石。行胆囊切除手术，证实为胆固醇结石。

问题：
（1）胆固醇与胆汁酸在代谢上有何关系？
（2）正常胆汁内的胆固醇如何维持溶解状态？

2. 患儿，男，足月剖宫产新生儿，出生时状况正常，但出生后第 2 天下午，发现皮肤发黄。患儿神志清楚，稍有烦躁哭闹，前囟门微凹陷，全身皮肤黄，巩膜黄染，出生后一直母乳喂养，胎粪已排出，小便黄，已注射乙肝疫苗。患儿母亲，30 岁，血型为 O 型，Rh（+），曾患有乙型病毒性肝炎，有慢性宫颈炎、宫颈糜烂史。分娩前 3 天咽喉疼痛、全身不适、纳差。TORCH 系列阴性，HIV 阴性。

患儿辅助检查结果：A 型血，血常规 WBC 11.7×10^9/L（新生儿参考值 $15\times10^9\sim20\times10^9$/L），Hb170g/L，网织红细胞 11%（新生儿参考值 3%～6%）；胆红素经皮 21mg/dl（新生儿参考值＜5mg/dl），血清总胆红素／直接胆红素 357/28μmol/L（新生儿参考值＜221/34μmol/L），CRP10mg/dl（参考值＜8mg/dl）。

初步诊断：新生儿病理性黄疸。

问题：
（1）初步诊断的依据是什么？
（2）结合胆红素的来源和代谢过程，试分析患儿发病的可能原因。
（3）基于可能的发病原因，考虑后期需做哪些检测及可采取哪些治疗策略？

第十二章 维生素代谢

内容提要

维生素（vitamin）是人体内不能合成或合成量很小，必须由食物供给的一类小分子有机化合物。维生素在调节人体物质代谢、促进生长发育和维持生理功能等方面发挥重要作用。人体对维生素的日需要量极少，但如果长期缺乏，可导致维生素缺乏症；而摄入过多，则可引起维生素中毒。按溶解性可将维生素分为脂溶性维生素和水溶性维生素两大类，前者包括维生素 A、维生素 D、维生素 E 和维生素 K，后者包括 B 族维生素（维生素 B_1、维生素 B_2、维生素 PP、维生素 B_6、维生素 B_{12}、生物素、泛酸和叶酸）和维生素 C。

维生素 A 的活性形式为视黄醇、视黄醛和视黄酸，其作用：①构成视觉细胞内感光物质，维持正常视觉功能；②参与糖蛋白合成；③抗氧化；④促进生长、发育及维持生殖功能。维生素 A 缺乏可导致"夜盲症"或"眼干燥病""干眼病"，长期过量摄入可中毒。维生素 D 的活性形式是 $1,25\text{-}(OH)_2\text{-}D_3$，具有调节钙、磷代谢和细胞分化功能。维生素 D 缺乏可导致儿童佝偻病，成年软骨病、骨质疏松症。维生素 E 又称生育酚，具有促生殖、抗氧化、抗衰老、促进血红素代谢的功能。维生素 K 又称凝血维生素，具有促凝血作用，并参与骨代谢，缺乏时易出血。

B 族维生素在体内主要构成酶的辅因子，直接影响某些酶的活性。维生素 B_1 又名硫胺素，活性形式为硫胺素焦磷酸，是脱羧酶和转酮醇酶的辅酶。维生素 B_1 缺乏可引起"脚气病"。维生素 B_2 又名核黄素，活性形式是 FMN 和 FAD，是体内氧化还原酶的辅基，在氧化过程中发挥氢传递体的作用。维生素 B_2 缺乏可引起口角炎等症状。维生素 PP 又名抗癞皮病因子，活性形式是 NAD^+ 和 $NADP^+$，是体内多种不需氧脱氢酶的辅酶，发挥氢传递体的作用。维生素 PP 缺乏引起癞皮症。泛酸又称遍多酸，活性形式是 CoA 与酰基载体蛋白，是酰基转移酶的辅酶。生物素又称维生素 B_7，是多种羧化酶的辅基，参与 CO_2 的固定。维生素 B_6 的活性形式包括吡哆醇、吡哆醛及吡哆胺，是转氨酶、脱羧酶及 ALA 合酶的辅酶，参与氨基酸代谢及血红素生成。叶酸的活性形式是 FH_4，是体内一碳单位转移酶的辅酶。维生素 B_{12} 又称钴胺素，是唯一含金属元素的维生素，活性形式是甲钴胺素和脱氧腺苷钴胺素，是 $N\text{-}$ 甲基 FH_4 转甲基酶的辅酶，参与甲硫氨酸循环。维生素 C 又称为抗坏血酸，作为氢传递体参与体内氧化还原反应和羟化反应，缺乏时可引起坏血病。

维生素（vitamin）是参与生物生长发育和代谢所必需的一类微量有机物质。这类物质由于体内不能合成或者合成量不足，所以虽然需要量很少，但必须由食物供给。维生素与糖、脂肪和蛋白质三大营养物质不同，在天然食物中仅占极少比例，但又为人体所必需。维生素对人体的新陈代谢、生长、发育、健康具有重要作用。许多维生素是辅基或辅酶的组成部分。如果长期缺乏某种维生素，就会引起生理功能障碍而引发疾病。有些物质在化学结构上类似于某种维生素，经过简单的代谢反应即可转变成维生素，此类物质称为维生素原，如 β- 胡萝卜素能转变为维生素 A；7- 脱氢胆固醇可转变为维生素 D_3。

第一节 维生素的特点与分类

一、维生素的特点

各种维生素的化学结构及性质虽然不同，但它们却有着以下共同特点：①维生素或其前体存在于天然食物中；②维生素在体内不提供能量，也不是机体的组成成分；③维生素是机体维持正常生理功能所必需，需要量极少；④维生素一般在体内不能合成或合成量极少，无法满足正常生理功能所需。

二、维生素的分类

维生素是个庞大的家族，已发现的维生素有几十种，根据其溶解特性分为脂溶性维生素和水溶性维生素两大类。前者包括维生素 A、维生素 D、维生素 K、维生素 E 等，后者有 B 族维生素和维生素 C。大多数 B 族维生素是人体内辅酶的组成成分，与辅酶关系密切的维生素主要有维生素 B_1、维生素 B_2、维生素 PP、维生素 B_6、泛酸、生物素、叶酸和维生素 B_{12}。

第二节 脂溶性维生素及代谢

脂溶性维生素有维生素 A、维生素 D、维生素 E、维生素 K 四大类，每一类因其结构的差异又各自有两种或数种的同类物质，如维生素 A 有 A_1 和 A_2 两种亚型。这类维生素均为非极性的疏水分子，它们不溶于水，而溶于脂类及脂肪溶剂。在天然食物中，它们常与脂类共同存在，并随脂类一同吸收入血。血液中的脂溶性维生素与脂蛋白或某些特殊的结合蛋白特异地结合而被转运。脂溶性维生素排泄较缓慢，摄入过多，会蓄积中毒。

一、维 生 素 A

（一）化学结构与化学性质

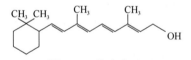

图 12-1 维生素 A_1

维生素 A（vitamin A）又称抗干眼病维生素，是一类含有 β- 白芷酮环的不饱和一元醇（图 12-1）。天然维生素 A 有 A_1 和 A_2 两种类型。维生素 A_1 称为视黄醇（retinol），1931 年 Karrer 等首次从鱼肝油中得到视黄醇纯品并确定其结构。维生素 A_2 又称 3- 脱氢视黄醇。动物体内维生素 A 的活性形式有视黄醇、视黄醛和视黄酸三种类型。其中视黄醇具有维生素 A 的全部活性，另两种只有部分活性。植物中虽然不存在维生素 A，但含有丰富的胡萝卜素，特别是 β- 胡萝卜素，它在小肠黏膜 β- 胡萝卜素加氧酶的作用下，加氧裂解为 2 分子的视黄醛，大部分在视黄醛还原酶的催化下被还原成视黄醇，小部分被氧化成视黄酸。所以，β- 胡萝卜素又称维生素 A 原。

（二）吸收与代谢

食物中的维生素 A 主要以酯的形式存在，在小肠中被水解为视黄醇，后者被吸收后又重新合成视黄醇酯，掺入乳糜微粒，通过淋巴转运。乳糜微粒中的视黄醇酯可被肝细胞和其他组织摄取，在肝细胞中被水解为游离视黄醇。血浆中的视黄醇与视黄醇结合蛋白（retinol-binding protein，RBP）及前清蛋白（prealbumin，PA）形成维生素 A-RBP-PA 复合物进行转运，到达靶细胞后，被细胞膜上的特异受体识别结合摄取。肝细胞内过多的视黄醇被转移到肝内星状细胞，以视黄醇酯的形式储存。

（三）生理作用

1. 构成视觉细胞内感光物质，维持正常视觉功能　视网膜杆状细胞内有感受弱光或暗光的视紫红质，后者由视蛋白与 11- 顺视黄醛所构成。当杆状细胞中视紫红质感光时，视色素中的 11- 顺视黄醛异构转变为全反视黄醛，与视蛋白分离，同时引发细胞膜钙通道开放，Ca^{2+} 内流，产生神经冲动，传导至大脑后产生视觉。分离后的全反视黄醛，在视黄醛还原酶的催化下首先被还原成全反视黄醇，随着血液循环运输至肝脏异构为 11- 顺视黄醇，返回视网膜后重新氧化成 11- 顺视黄醛，合成视紫红质。

2. 参与糖蛋白合成　视黄酸在体内的磷酸化产物磷酸视黄醇（retinyl phosphate）是寡糖穿越磷脂膜的载体。此外，大鼠肝、脑等组织中均发现甘露糖在合成糖蛋白前，在视黄醇磷酸甘露糖合成酶的催化下转变为视黄醇磷酸甘露糖，后者作为甘露糖的活性供体参与 O- 糖苷键的形成。

（1）维护上皮组织的正常分化：维生素 A 参与糖蛋白的合成，为上皮组织形成、发育和分化所必需。

（2）维持免疫球蛋白的功能：免疫球蛋白的化学本质为糖蛋白，维生素 A 能促进其合成，对于机体免疫功能有重要影响，缺乏时，细胞免疫呈现下降。

（3）抗氧化、预防心血管疾病和肿瘤及延缓衰老：维生素 A 能够有效地捕获活性氧，能够防止脂质过氧化，具有抗氧化作用。β- 胡萝卜素在氧分压较低的条件下，能直接消灭自由基；视黄酸能诱导 HL-60 细胞及急性早幼粒细胞白血病的分化。临床试验表明视黄酸有延缓或阻止癌前病变，抵抗化学致癌剂的作用。流行病学调查显示维生素 A 的摄入与癌症的发生呈负相关，动物实验也表明摄入维生素 A 可减轻致癌物质的作用。临床上维生素 A 作为上皮组织肿瘤的辅助治疗剂已取得较好效果。此外，大量报道维生素 A 在预防心血管疾病及延缓衰老中均有重要意义。

（4）促进生长、发育及维持生殖功能：维生素 A 能促进蛋白质的生物合成和骨细胞的分化。当其缺乏时，成骨活动增强，骨质过度增殖。此外，维生素 A 缺乏影响雄性动物精母细胞分化、雌性阴道上皮周期变化，以及胎盘上皮分化。维生素 A 缺乏还会引起诸如催化黄体酮前体形成所需酶的活性降低，抑制肾上腺、生殖腺及胎盘中类固醇的产生。孕期维生素 A 缺乏会直接影响胎儿发育，甚至发生死胎。

（5）维生素 A 过量的危害：由于视黄酸在细胞内可特异地与视黄醇结合蛋白质相结合，后者与核转录因子结合后，对特定基因表达具有调控作用。长期过量（超过需要量的 10 ~ 20 倍）摄取可引起不良反应。动物实验表明维生素 A 过量摄入可引起头痛、恶心、腹泻及肝脾肿大等中毒症状。妊娠期妇女摄入过多，易发生胎儿畸形，因而应当适量摄取。

（四）缺乏症

维生素 A 缺乏，一方面 11- 顺视黄醛含量下降，视紫红质合成不足，对弱光敏感性降低，弱光适应能力减弱；另一方面，视紫红质再生慢且不完全，暗适应恢复时间延长，严重时会发生"夜盲症"。维生素 A 缺乏时，可导致糖蛋白合成的中间体异常，上皮基底层增生变厚，表层组织干燥、异常角化等。眼结膜黏液分泌细胞的丢失与角化及糖蛋白分泌的减少均可引起角膜干燥，出现眼干燥症（xerophthalmia）。

（五）供给量及食物来源

中国膳食维生素 A 的平均需要量（estimated average requirement，EAR）成人男性为 560μg/d，成人女性为 480μg/d。如果长期过量摄入维生素 A 可出现维生素 A 中毒表现。症状主要有头痛、恶心、共济失调等中枢神经系统表现；肝细胞损伤和高脂血症；长骨增厚、高钙血症、软组织钙化等钙稳态失调表现，以及皮肤干燥、脱屑和脱发等表现。维生素 A 主要存在于动物来源的食物中，如肝、奶、蛋黄等，海鱼肝脏中含量尤其丰富。

二、维生素 D

（一）化学结构与化学性质

维生素 D 又称为抗佝偻病维生素，是类固醇衍生物（图 12-2），主要包括维生素 D_2（麦角钙化醇，ergocalciferol）和维生素 D_3（胆钙化醇，cholecalciferol）。机体维生素 D 分为内源性（人体胆固醇代谢转变合成的维生素 D_3）和外源性（动物性食物，如肝、肾、蛋黄、鱼肝油等中的维生素 D_3 及植物麦角固醇转变生成的维生素 D_2）两大类，其中内源性维生素 D_3 是体内维生素 D_3 的主要来源。内源性维生素 D_3 以胆固醇为合成来源，在胆固醇脱氢酶的作用下脱氢生成 7- 脱氢胆固醇，继而在阳光或紫外线的照射下，转变为维生素 D_3。维生素 D_3 在体内的活性形式是 $1,25\text{-}(OH)_2\text{-}D_3$。

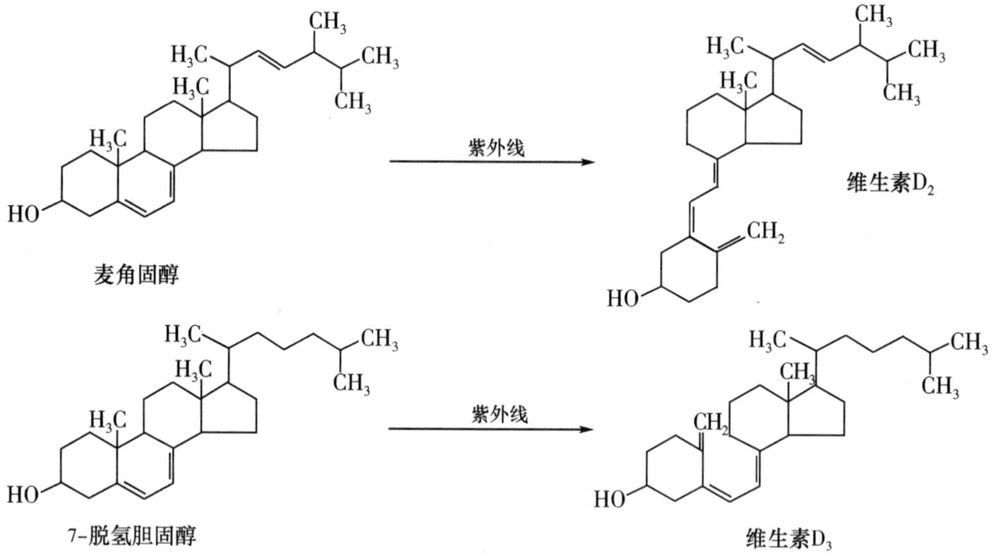

图 12-2 维生素 D

（二）吸收与代谢

无论是食物中吸收的维生素 D_3，或是机体自身合成的维生素 D_3，吸收入血后均必须在维生素 D 结合蛋白的协助下转运至肝脏，在肝细胞微粒体和线粒体 25- 羟化酶催化下，首先生成 $25\text{-}OH\text{-}D_3$ 释放入血，循环至肾脏，在肾小管上皮细胞线粒体 1α- 羟化酶的作用下，二次羟化生成具有生物学活性的 $1,25\text{-}(OH)_2\text{-}D_3$。$25\text{-}OH\text{-}D_3$ 是血浆中维生素 D_3 的主要存在形式，也是维生素 D_3 在肝中的主要储存形式。$25\text{-}OH\text{-}D_3$ 与 $1,25\text{-}(OH)_2\text{-}D_3$ 在血液中均与维生素 D 结合蛋白结合而运输。

（三）生理作用

1. 调节钙、磷代谢　主要通过以下机制：①促进小肠黏膜细胞合成钙结合蛋白，增加肠道钙吸收；②增加肾小管对钙磷的重吸收，特别是磷的重吸收，提高血磷浓度，促进骨钙化；③诱导成骨细胞增殖和破骨细胞分化，促进骨质更新。

2. 影响细胞分化　大量研究证明，肾外组织细胞也具有羟化 $25\text{-}OH\text{-}D_3$ 生成 $1,25\text{-}(OH)_2\text{-}D_3$ 的能力。皮肤、大肠、前列腺、乳腺、心、脑、骨骼肌、胰岛 β 细胞、单核细胞和活化的 T

淋巴细胞及 B 淋巴细胞等均存在维生素 D 受体。1,25-$(OH)_2$-D_3 具有调节这些组织细胞分化等功能。

（四）缺乏症

维生素 D 缺乏或活化障碍造成肠道钙磷吸收减少和低钙血症，进而引起甲状旁腺功能代偿性亢进，甲状旁腺素（PTH）分泌增加，促进骨钙释放，以维持血清钙浓度。与此同时，PTH 抑制了肾小管对磷的重吸收，尿磷排出增加，血磷降低，骨钙化障碍。因此，维生素 D 缺乏可引起钙磷代谢紊乱，儿童发生佝偻病，成年人发生软骨病或骨质疏松症。

（五）供给量及食物来源

中国居民膳食维生素 D 的平均需要量为 $8\mu g/d$。长期过量摄入维生素 D 可引起中毒。中毒症状主要有异常口渴、皮肤瘙痒、厌食、嗜睡、呕吐、腹泻、尿频，以及高钙血症、高钙尿症、高血压及软组织钙化等。由于皮肤储存 7- 脱氢胆固醇有限，多晒太阳不会引起维生素 D 中毒。动物性食物如肝、肾、蛋黄、鱼肝油等中的维生素 D 含量丰富，植物中的麦角固醇可在紫外线照射下转变为维生素 D_2。

三、维 生 素 E

（一）化学结构与化学性质

维生素 E 又称为生育酚，是 6- 羟基苯骈二氢吡喃的衍生物（图 12-3），广泛分布于动植物性食品中，如植物油、蔬菜、豆类及肉、蛋、奶类和鱼肝油等。维生素 E 主要分为生育酚及生育三烯酚两大类。每类又可根据甲基的数目、位置不同而分成 α、β、γ 和 δ 四

图 12-3 维生素 E

种。α- 生育酚是自然界中分布最广泛、含量最丰富的维生素 E。维生素 E 对热、酸都很稳定，但对氧十分敏感，所含的酚羟基极易氧化，因此具有抗氧化作用。

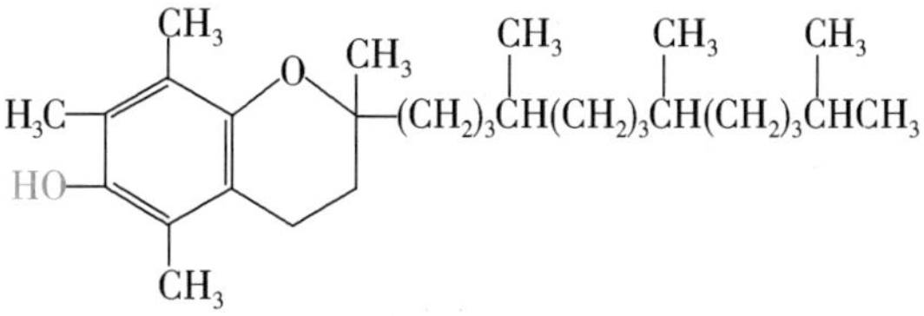

（二）吸收与代谢

正常情况下，20% ～ 40% 的 α- 生育酚可被小肠吸收。在机体内，维生素 E 主要存在于细胞膜、血浆脂蛋白和脂库中。

（三）生理作用

1. 促进生殖 维生素 E 能促进性激素分泌，增加男子精子活力和数量，缺乏时则会出现睾丸退化和生精障碍，孕育异常。维生素 E 能增加女性雌性激素分泌，提高生育能力，预防流产。大鼠缺乏维生素 E 时，雌鼠妊娠后胚胎及胎盘萎缩，易引起流产。

2. 抗氧化作用 机体正常代谢过程经常会产生具有强氧化性的活性氧自由基，如超氧阴离子自由基（$O_2^-\cdot$）、羟自由基（$OH\cdot$）及过氧化自由基（$ROO\cdot$）等，它们能够氧化生物膜（如细胞膜、线粒体膜）磷脂双分子结构中的不饱和脂肪酸，引起生物膜脆性增加，功能紊乱。维生素 E 能够与不饱和脂肪酸竞争性结合强氧化物，被活性氧自由基氧化为醌式生育酚，从而减少脂质过氧化物生成，保护生物膜的结构与功能，是体内最重要的抗氧化剂之一。醌式生育酚可被维生素 C 还原为酚式结构，重新利用，并不断发挥其抗氧化作用。

3. 抗衰老作用 磷脂双分子层是生物膜的基本成分，富含多不饱和脂肪酸。自由基增多或消除障碍时，就会引发多不饱和脂肪酸，发生脂质过氧化反应形成脂褐素（或老年斑），沉积于体表、脑组织、心脏及肝脏等。随着年龄增长沉积增多时，会引起智力减退、记忆力下

降等衰老现象。维生素 E 能抑制脂质过氧化并维护细胞膜结构的完整性，减少脂褐素沉积，延缓衰老。

4. 促进血红素代谢 维生素 E 能提高血红素合成关键酶 ALA 合成酶及 ALA 脱水酶的活性，促进血红素合成。新生儿维生素 E 缺乏时引起贫血，可能与血红素合成减少及红细胞寿命缩短有关。所以，妊娠期妇女、哺乳期妇女和新生儿应注意适当补充维生素 E。

5. 维生素 E 中毒 长期大剂量服用维生素 E 对机体会有潜在毒性，表现为恶心、呕吐、眩晕、视物模糊、胃肠功能及性腺功能紊乱等症状。如果每天长期服用超过 200mg 大剂量维生素 E，还会诱发血栓性静脉炎、肺栓塞等疾病。

（四）缺乏症

维生素 E 一般不易缺乏，在严重脂质吸收障碍和肝严重损伤时可引起缺乏症，表现为红细胞数量减少，脆性增加等溶血性贫血症。偶尔也可引起神经功能障碍。动物缺乏维生素 E 时其生殖器官发育受损，甚至不育。人类尚未发现因维生素 E 缺乏所致的不孕症。临床上常用维生素 E 治疗先兆流产及习惯性流产。维生素 E 缺乏病是由于血中维生素 E 含量低而引起，主要发生在婴儿，特别是早产儿。早产的新生儿由于组织维生素 E 的储备较少和小肠吸收能力较差，可因维生素 E 缺乏引起轻度溶血性贫血。

（五）供给量及食物来源

中国成人膳食维生素 E 的适宜摄入量（adequate intake，AI）为 14mg/d 的 α- 生育酚当量（α-tocopherol equivalent，α-TE）。中国成人可耐受的最高摄入量是 600mg α-TE/d。天然维生素 E 主要存在于植物油、油性种子和麦芽等中，以 α- 生育酚分布最广、活性最高。

四、维 生 素 K

（一）化学结构与化学性质

维生素 K 又称为凝血维生素，属于 2- 甲基萘醌衍生物。天然维生素 K 有 K_1 和 K_2 两种，均为脂溶性，耐热，但遇强酸、强碱、强氧化剂容易破坏。临床上应用的维生素 K_3 和 K_4 为人工合成，水溶性，性质稳定（图 12-4）。

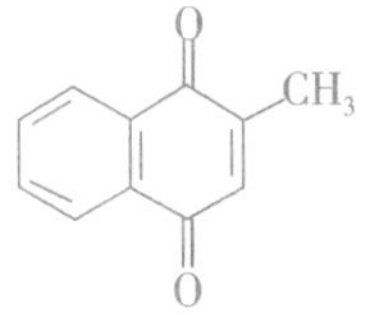

（二）吸收与代谢

图 12-4　维生素 K_3　　　维生素 K 的吸收主要在小肠，随 β- 脂蛋白转运至肝脏储存。

（三）生理作用

维生素 K 能够促进肝细胞合成凝血因子 Ⅱ、凝血因子 Ⅶ、凝血因子 Ⅸ 及凝血因子 Ⅹ 等无活性的前体蛋白，同时参与 γ- 羧化酶活性的维持，后者能催化多种凝血因子前体蛋白谷氨酸残基羧化，激活凝血因子，参与凝血过程。

此外，维生素 K 还参与其他重要组织脏器（如骨、肾、脾、肺和乳腺等）中蛋白质前体谷氨酸残基的羧化，促进其形成有生物学活性的羧化蛋白，如骨骼中的骨钙蛋白羧化后才有调节骨基质钙盐沉积的作用。维生素 K 还可增加胃肠蠕动和分泌，延缓糖皮质激素在肝的分解与灭活作用。

（四）缺乏症

维生素 K 广泛分布于动、植物组织，且在体内肠道菌群也能合成，一般不易缺乏。因维生素 K 不能通过胎盘，新生儿出生后无肠道菌群，所以新生儿有可能出现维生素 K 缺乏，引起组织脏器出血，通常采用新生儿肌内注射维生素 K 的方法预防维生素 K 缺乏引起的出血。

（五）供给量及食物来源

中国成人膳食维生素 K 的适宜摄入量为 $80\mu g/d$。维生素 K_1 主要存在于绿叶蔬菜和动物肝中，维生素 K_2 可由肠道菌群合成，长期服用抗菌药物可抑制细菌合成维生素 K_2。

第三节 水溶性维生素及代谢

水溶性维生素包括 B 族维生素（维生素 B_1、维生素 B_2、维生素 PP、维生素 B_6、泛酸、生物素、叶酸和维生素 B_{12}）和维生素 C。水溶性维生素在体内主要构成酶的辅因子，直接影响某些酶的活性。水溶性维生素依赖食物供给，体内很少蓄积，过多的水溶性维生素可随尿排出体外，一般不发生中毒现象，但供给不足时往往导致缺乏症。

一、维生素 B_1

（一）化学结构与化学性质

维生素 B_1 又名硫胺素（thiamine），该命名源于其分子中同时含硫和氨基结构，由嘧啶和噻唑通过亚甲基桥连接而成（图 12-5）。维生素 B_1 纯品为白色粉末状结晶，易溶于水，微溶于乙醇。在酸性环境中较稳定，加热至 $120℃$ 也不会分解。中性和碱性环境下中稳定，易被氧化。临床上应用的维生素 B_1 是人工合成的硫胺素盐酸盐。体内维生素 B_1 的活性形式为硫胺素焦磷酸（thiamine pyrophosphate，TPP）。

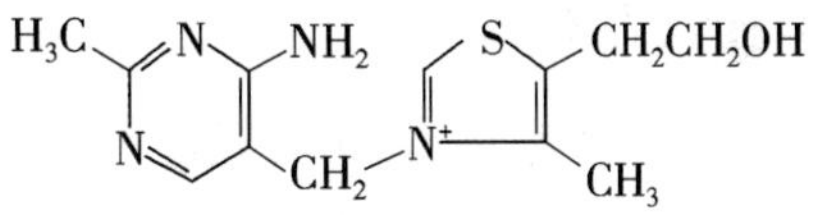

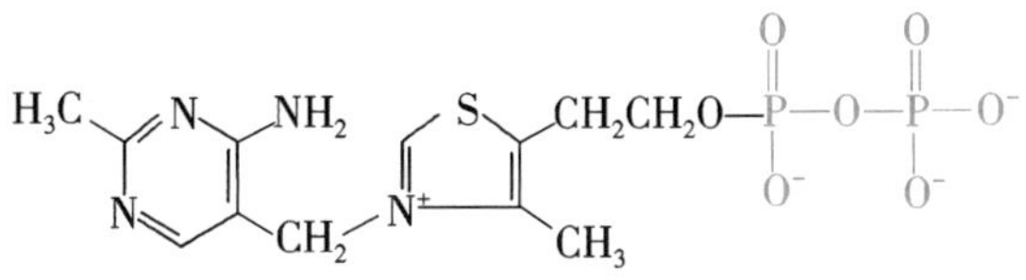

图 12-5 维生素 B_1 与 TPP

（二）吸收与代谢

维生素 B_1 易被小肠吸收，入血后在肝脏、肌肉、大脑、心脏等组织（主要在肝脏）细胞内 TPP 激酶的催化下由 ATP 提供焦磷酸生成 TPP。

（三）生理作用

1. TPP 是糖代谢中 α- 酮酸氧化脱羧酶的辅酶 TPP 分子中位于噻唑环上硫和氮之间的碳原子十分活泼，易释放 H^+ 形成亲核基团——负碳离子，后者能够结合来自 α- 酮酸脱下的羧基，以 CO_2 的形式释放。维生素 B_1 缺乏时，TPP 合成不足，α- 酮酸氧化脱羧反应发生障碍受阻，丙酮酸堆积。神经系统正常情况下主要靠葡萄糖的有氧氧化供能，故维生素 B_1 缺乏时，神经组织糖代谢障碍，能量代谢障碍。

2. TPP 参与乙酰胆碱合成，维持神经冲动传导 体内重要的神经递质乙酰胆碱以乙酰 CoA 与胆碱为原料合成。乙酰 CoA 主要来自丙酮酸的氧化脱羧，维生素 B_1 缺乏时，丙酮酸氧化脱羧受阻，乙酰胆碱合成减少；同时对胆碱酯酶的抑制作用减弱，乙酰胆碱分解增多，神经冲动传导受阻，表现为消化液分泌减少、胃蠕动变慢、食欲缺乏、消化不良等。

3. TPP 是转酮醇酶的辅酶 维生素 B_1 缺乏时，影响磷酸戊糖途径代谢，阻碍核酸合成及影响神经髓鞘中磷酸戊糖代谢，髓鞘合成受阻，导致末梢神经炎及其他神经病变。

（四）缺乏症

维生素 B_1 缺乏时可引起"脚气病"，主要发生在高糖饮食及食用高度精细加工的米、面时，初期表现为末梢神经炎、食欲减退等，进而可发生水肿、神经肌肉变性等，严重者可发生心力衰竭。

（五）供给量及食物来源

中国膳食维生素 B_1 的平均需要量成人男性为 1.2mg/d，成人女性为 1.0mg/d。维生素 B_1 广泛分布于动、植物组织，尤以种子外皮和胚芽含量最为丰富，米糠、麦麸、黄豆芽、酵母及瘦肉也是维生素 B_1 的良好来源。

二、维生素 B_2

（一）化学结构与化学性质

维生素 B_2 是核醇和 6、7- 二甲基异咯嗪的缩合物。因其呈黄色针状结晶，又名核黄素（riboflavin）。维生素 B_2 在酸性溶液中稳定，在碱性溶液中加热易破坏，对紫外线敏感，易降解为无活性产物。由于维生素 B_2 分子异咯嗪环上第 1 和第 10 位氮原子与活泼的双键连接，所以这 2 个氮原子能够可逆性地接受或释放氢，因而具有氧化还原性。还原型维生素 B_2 及其衍生物呈黄色，于 450nm 处有吸收峰，利用此性质可做定量分析。

（二）吸收与代谢

维生素 B_2 主要在小肠上段通过转运蛋白主动吸收，然后在小肠黏膜黄素酶的催化下转变为 FMN，后者在焦磷酸化酶的催化下进一步生成 FAD，FMN 和 FAD 是维生素 B_2 的活性形式（图 12-6）。

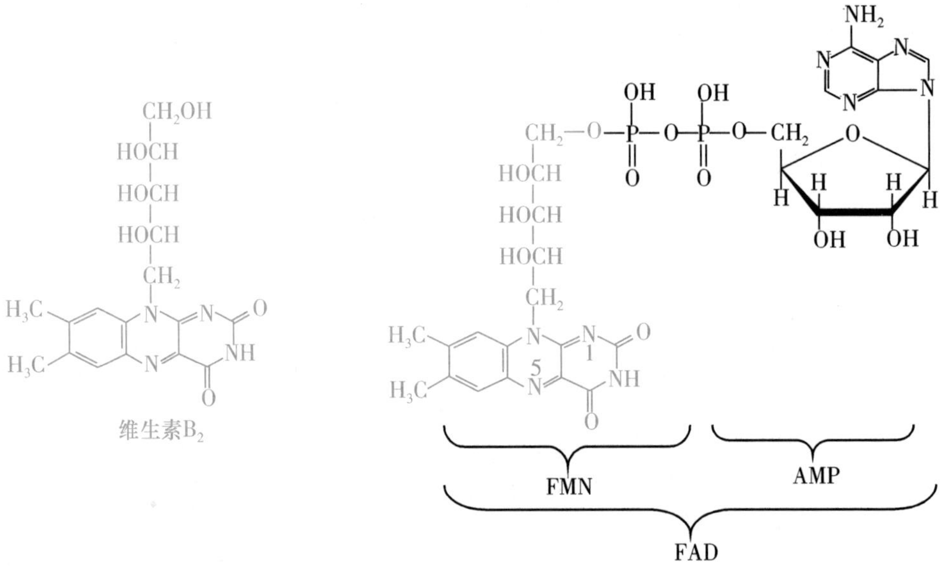

图 12-6　维生素 B_2 及 FMN、FAD

（三）生理作用

FMN 和 FAD 是体内多种酶（如琥珀酸脱氢酶、黄嘌呤氧化酶及 NADH 脱氢酶等）的辅基，在氧化过程中，发挥氢传递体的作用。它们参与呼吸链、脂肪酸和氨基酸的氧化及三羧酸循环。

FMN 和 FAD 分别作为辅酶参与色氨酸转变为烟酸和维生素 B_6 转变为磷酸吡哆醛的反应。

FAD 还可作为谷胱甘肽还原酶的辅酶，参与体内抗氧化防御系统，维持还原型谷胱甘肽的浓度；FAD 与细胞色素 P450 结合，参与药物代谢。

（四）缺乏症

维生素 B_2 缺乏的主要原因是膳食供应不足。机体维生素 B_2 缺乏时，可表现为舌炎、唇炎、口角炎、阴囊皮炎及睑缘炎等。用光照疗法治疗新生儿黄疸时，在破坏皮肤胆红素同时，维生素 B_2 也遭到破坏，引起新生儿维生素 B_2 缺乏症。

（五）供给量及食物来源

中国膳食维生素 B_2 的平均需要量成人男性为 1.4mg/d，成人女性为 1.2mg/d。维生素 B_2 分布广泛，在绿叶蔬菜、黄豆、小麦和动物肝、肾、心及酵母中含量丰富，人体肠道细菌可少量合成。

三、维生素 PP

（一）化学结构与化学性质

维生素 PP 又名抗癞皮病因子，属于吡啶衍生物，包括烟酸（nicotinic acid）和烟酰胺（nicotinamide）。烟酸吡啶 -3- 羧酸，很容易转变为烟酰胺。烟酸为稳定的白色针状结晶，在酸、碱、光、氧或加热条件下不易被破坏，是维生素中最稳定的一种。机体肝细胞能利用色氨酸为原料合成维生素 PP，但效率较低。而色氨酸属于必需氨基酸，所以人体维生素 PP 主要从食物中摄取。

（二）吸收与代谢

食物中的维生素 PP 以 NAD^+ 或 $NADP^+$ 两种形式存在。它们在小肠内被水解生成游离的维生素 PP 并被吸收。运输到组织细胞后，再合成 NAD^+ 或 $NADP^+$。NAD^+ 和 $NADP^+$ 是维生素 PP 在体内的活性形式（图 12-7）。

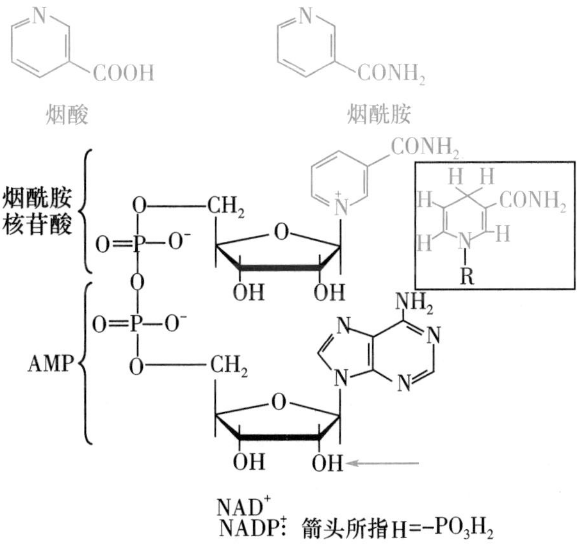

（三）生理作用

NAD^+ 和 $NADP^+$ 是体内多种不需氧脱氢酶的辅酶，分子中烟酰胺的吡啶环能够可逆地加氢及脱氢，常发挥氢传递体的作用，如糖酵解和三羧酸循环中的一些脱氢酶以 NAD^+ 为辅酶；磷酸戊糖途径中的葡糖 -6- 磷酸脱氢酶以 $NADP^+$ 为辅酶。

研究显示烟酸能够抑制游离脂肪酸（FFA）动员及肝中极低密度脂蛋白的合成，扩张血管，降低血清胆固醇，临床上可用于心绞痛和高胆固醇血症的防治。

图 12-7 维生素 PP 及 NAD^+、$NADP^+$

（四）缺乏症

人类维生素 PP 缺乏症称为癞皮症（pellagra），主要表现为皮炎、腹泻及痴呆。皮炎对称性发生于体表暴露部位；痴呆是因神经系统变性所致。

（五）供给量及食物来源

中国膳食维生素 PP 的平均需要量成人男性为 12mg/d 的烟酸当量（niacin equivalent，NE），成人女性为 10mg NE/d。维生素 PP 广泛存在于自然界，在肉类、肝、谷物、花生及酵母中含量丰富。

四、泛　酸

（一）化学结构与化学性质

泛酸（pantothenic acid）又称遍多酸、维生素 B_5，由二甲基羟丁酸和 β- 丙氨酸组成，因广泛存在于动、植物组织中而得名。

（二）吸收与代谢

泛酸在肠内被吸收后，经磷酸化并与半胱氨酸反应生成 4- 磷酸泛酰巯基乙胺，后者是 CoA（图 12-8）及酰基载体蛋白（acyl carrier protein，ACP）的组成部分。

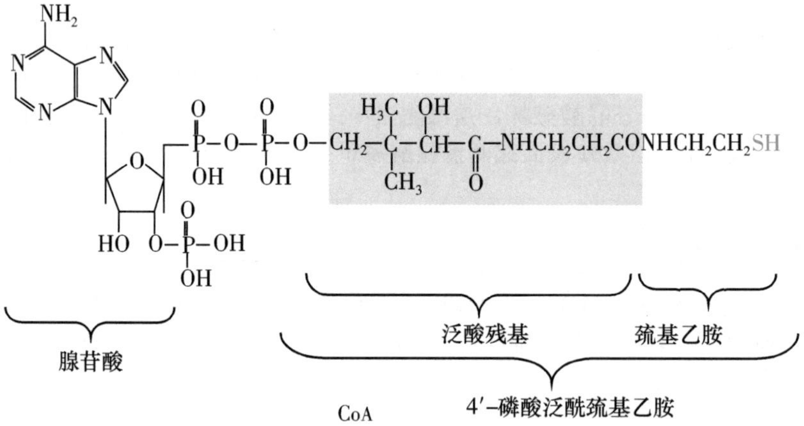

图 12-8　CoA

（三）生理作用

CoA 和 ACP 是泛酸在体内的活性形式，它们构成酰基转移酶的辅酶，广泛参与糖、脂肪、蛋白质代谢及肝的生物转化作用。

（四）缺乏症

泛酸缺乏症很少见。泛酸缺乏的早期易疲劳，引发胃肠功能障碍等疾病，严重时最显著特征是出现肢神经痛综合征，主要表现为脚趾麻木、步行时摇晃、周身酸痛等。若病情继续恶化，则会产生易怒、脾气暴躁、失眠等症状。

（五）供给量及食物来源

中国居民膳食泛酸的适宜摄入量为 5.0mg/d。泛酸广泛分布于动、植物组织中，肝、肾、蛋、瘦肉、菜花、花生等食物中含量丰富。

五、生 物 素

（一）化学结构与化学性质

生物素（biotin）是噻吩与尿素结合的骈环，带有戊酸侧链，又称维生素 B_7、维生素 H、辅酶 R。生物素为白色结晶，耐酸而不耐碱，高温及氧化剂可破坏其活性。

（二）吸收与代谢

食物中的生物素主要以游离形式或与蛋白质结合的形式存在。与蛋白质结合的生物素在肠道蛋白酶的作用下，形成生物胞素，再经肠道生物素酶的作用，释放出游离生物素。生物素吸收的主要部位是小肠的近端。低浓度时，被载体转运主动吸收；浓度高时，则以简单扩散形式吸收。吸收的生物素经门脉循环，运送到肝、肾内储存，其他细胞内也含有生物素，但量较少。

（三）生理作用

生物素是多种羧化酶的辅基，参与 CO_2 的固定，又称羧化作用。生物素运载羧基的活性形式为 N- 羧基生物素 - 酶复合物，即生物素戊酸侧链的羧基与酶蛋白分子中赖氨酸残基上的 ε- 氨基以酰胺键共价结合，又称生物胞素（biocytin）（图 12-9）。在 ATP 与 Mg^{2+} 参与下，生物胞素骈环的一个 N 原子结合 CO_2 生成 N- 羧基生物胞素，作为 CO_2 载体在羧化酶催化下使底物羧化。

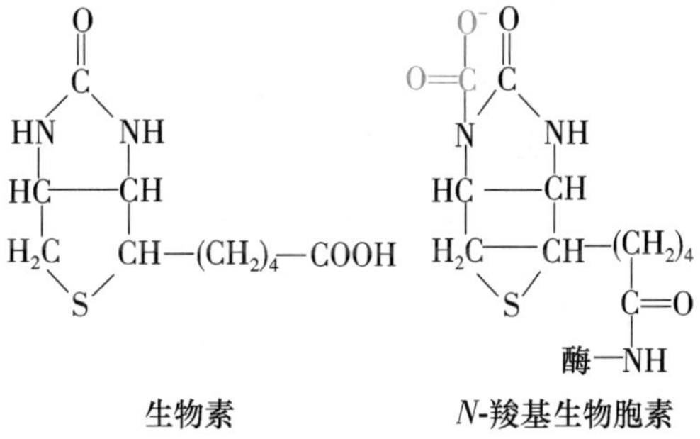

图 12-9　生物素与 N- 羧基生物胞素

（四）缺乏症

生物素来源广泛，很少出现缺乏症。生鸡蛋清中有一种抗生物素的蛋白质（卵蛋白，avidin）能和生物素结合，结合后的生物素不能由消化道吸收。抗生素抑制肠道细菌生长，长期使用可造成生物素缺乏，主要症状为乏力、食欲缺乏、恶心、呕吐、皮炎及脱屑性红皮炎。

（五）供给量及食物来源

中国居民膳食生物素的适宜摄入量为 $40\mu g/d$。生物素来源广泛，在肝、肾、酵母、蛋类、牛乳、鱼类、花生等食物中含量较多，人肠道细菌也能合成。

六、维 生 素 B_6

（一）化学结构与化学性质

维生素 B_6 是吡啶衍生物，包括吡哆醇（pyridoxine）、吡哆醛（pyridoxal）及吡哆胺（pyridoxamine）三种，它们在体内均以磷酸酯的形式存在（图 12-10）。其中磷酸吡哆醛和磷酸吡哆胺可相互转变，二者是维生素 B_6 的活性形式。维生素 B_6 纯品为白色结晶，易溶于水及乙醇，微溶于有机溶剂，在酸性条件下稳定，在碱性条件下

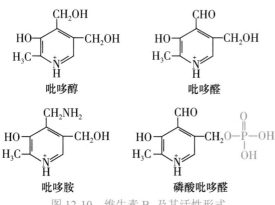

图 12-10　维生素 B_6 及其活性形式

易被破坏。对光敏感，不耐高温。

（二）吸收与代谢

维生素 B_6 的磷酸酯在小肠碱性磷酸酶的作用下水解，以脱磷酸的形式吸收。体内约 80% 的维生素 B_6 以磷酸吡哆醛的形式存在于肌肉组织中，并与糖原磷酸化酶相结合。

（三）生理作用

（1）磷酸吡哆醛是转氨酶的辅酶，参与转氨基、联合脱氨和鸟氨酸循环。此外，其还是脱羧酶的辅酶，参与氨基酸脱羧基生成胺类物质的代谢反应。磷酸吡哆醛促进谷氨酸脱羧时，能增加抑制性神经递质 γ- 氨基丁酸的生成。临床上常用维生素 B_6 治疗小儿惊厥及妊娠呕吐。

（2）磷酸吡哆醛是血红素合成限速酶——ALA 合成酶的辅酶，所以维生素 B_6 缺乏时有可能造成低血色素小细胞性贫血和血清铁增高。

（3）磷酸吡哆醛作为糖原磷酸化酶的重要组成部分，参与糖原分解过程。肌磷酸化酶所含的维生素 B_6 占全身维生素 B_6 的 70% ～ 80%。

（四）缺乏症

人类未发现维生素 B_6 缺乏的典型病例。异烟肼能与磷酸吡哆醛结合，使其失去辅酶的作用，所以在服用异烟肼时，应补充维生素 B_6。

（五）供给量及食物来源

中国居民膳食维生素 B_6 的平均需要量为 1.2mg/d。过量服用维生素 B_6 可引起中毒，日摄入量超过 20mg 可引起神经损伤，表现为周围感觉神经病。维生素 B_6 广泛分布于动、植物食品中，肝、鱼、肉类、全麦、坚果、豆类、蛋黄和酵母均是维生素 B_6 的丰富来源。

七、叶　　酸

（一）化学结构与化学性质

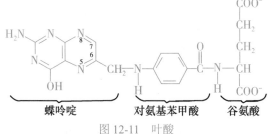

图 12-11　叶酸

叶酸（folic acid）因绿叶植物中含量较高而得名。由于叶酸分子由蝶酸和谷氨酸通过酰胺键连接形成，故而又称为蝶酰谷氨酸（图 12-11）。叶酸分子上的谷氨酸数目视生物种类不同而异，通常植物中叶酸含 7 个谷氨酸，动物肝中叶酸含 5 个谷氨酸；谷氨酸之间连接成 γ- 多肽侧链。参与叶酸分子构成的蝶酸由 2- 氨基 -4- 羟基 -6- 甲基蝶呤啶与对氨基苯甲酸构成，由于动物细胞不能合成对氨基苯甲酸，且不能将第 1 个谷氨酸连接到蝶酸上，所以动物叶酸必须由食物提供。

（二）吸收与代谢

食物中的叶酸在小肠黏膜细胞分泌的蝶酰 -L- 谷氨酸羧肽酶催化下水解为谷氨酸和蝶酰单谷氨酸而吸收。小肠、肝脏、骨髓等组织中富含叶酸还原酶，后者催化叶酸逐步还原为 FH_4，该还原反应由 NADPH 供氢。FH_4 是体内叶酸的活性形式。含单谷氨酸的 N_5-CH_2—FH_4 是叶酸在血液循环中的主要形式。体内各组织中，FH_4 主要以多谷氨酸形式存在。

（三）生理作用

FH_4 是体内一碳单位转移酶的辅酶，在嘌呤核苷酸的从头合成过程中发挥转运一碳单位的作用。叶酸缺乏或活化障碍时，核苷酸合成受阻，进而影响 DNA 合成，骨髓幼红细胞 DNA 合成减少，细胞分裂速度减慢，细胞体积变大，形成巨幼红细胞贫血。

（四）缺乏症

正常人一般不会出现叶酸缺乏症。妊娠期及哺乳期妇女因体内细胞分裂速度加快或因泌乳导致代谢旺盛，应适量补充叶酸。口服避孕药或抗惊厥药可干扰或抑制叶酸的吸收与代谢；抗代谢物甲氨蝶呤因结构与叶酸相似，故而能竞争性抑制二氢叶酸还原酶活性，从而抑制 FH_4 合成，一碳单位转运障碍，嘌呤核苷酸合成受阻，因此具有抗肿瘤作用。

（五）供给量及食物来源

中国居民膳食叶酸的平均需要量为 320μg/d 的叶酸当量（dietary folate equivalent，DFE）。肉类及水果、蔬菜中叶酸含量丰富，肠道细菌也能合成叶酸。

八、维 生 素 B_{12}

（一）化学结构与化学性质

维生素 B_{12} 又称钴胺素（cobalamine），属于含钴（Co^{2+}）的咕啉衍生物，是唯一含金属元素的维生素（图 12-12）。维生素 B_{12} 包括两类组分：咕啉环（类似于血红素的卟啉环）和核糖核苷酸。由于维生素 B_{12} 钴原子上的结合基团不同，形成了包括氰钴胺素、羟钴胺素、甲钴胺素和 5′- 脱氧腺苷钴胺素在内的多种存在形式。其中甲钴胺素和脱氧腺苷钴胺素既是体内维生素 B_{12} 的活性形式，也是其在血液中的主要存在形式，而氰钴胺素、羟钴胺素则是药用维生素 B_{12} 的主要形式。

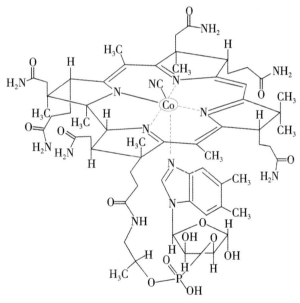

图 12-12 维生素 B_{12}

（二）吸收与代谢

食物中的维生素 B_{12} 常以蛋白质 - 维生素 B_{12} 复合体的形式存在，在胃中盐酸或肠内胰蛋白酶作用下复合体解离。维生素 B_{12} 必须结合来自幽门黏膜的胃液内源因子（intrinsic factor，IF）方能透过肠壁被吸收。两者结合后被肠黏膜吸收后解离，维生素 B_{12} 可与蛋白因子转钴胺素 Ⅱ（transcobalamin Ⅱ，TC Ⅱ）结合在血液中运输。维生素 B_{12}-TC Ⅱ 复合物被肝细胞表面受体识别摄取进入细胞，转变为羟钴胺素、甲钴胺素；进入线粒体后转变为 5′- 脱氧腺苷钴胺素。肝细胞内还有 TC Ⅰ，维生素 B_{12} 与 TC Ⅰ结合后储存于肝内。

（三）生理作用

（1）维生素 B_{12} 是 N_5-CH_2—FH_4 转甲基酶的辅酶，参与甲基转移，促进 FH_4 从 N_5-CH_2—FH_4

中释放，以便转运其他形式的一碳单位供嘌呤核苷酸合成之需，与此同时甲硫氨酸可得到再生，活化形成 S- 腺苷甲硫氨酸，为机体提供甲基。

（2）维生素 B_{12} 作为某些转位酶的辅酶，参与变构反应。例如，5'- 脱氧腺苷钴胺素是 L- 甲基丙二酰 CoA 转位酶的辅酶，参与 L- 甲基丙二酰 CoA 转变为琥珀酰 CoA 的代谢过程。维生素 B_{12} 缺乏，可引起 L- 甲基丙二酰 CoA 堆积，由于其结构与丙二酰 CoA 类似，所以干扰脂肪酸的合成。维生素 B_{12} 缺乏所致的神经疾病正是由于脂酸合成异常而影响了髓鞘的转换，使髓鞘质变性退化，造成进行性脱髓鞘。

（3）维生素 B_{12} 参与了机体正常造血功能的维持。它与叶酸相互配合，共同增强红细胞 DNA 及蛋白质的生物合成能力，促进红细胞发育和成熟。维生素 B_{12} 缺乏，削弱了 FH_4 运转一碳单位的能力，与叶酸缺乏的原理类似，影响 DNA 合成，最终影响细胞分裂，产生巨幼红细胞贫血。

（四）缺乏症

正常膳食者很难发生维生素 B_{12} 缺乏症。维生素 B_{12} 缺乏偶见于有严重吸收障碍疾病的患者及长期素食者。

（五）供给量及食物来源

中国居民膳食维生素 B_{12} 的平均需要量为 2.0μg/d。维生素 B_{12} 广泛存在于动物食品中。

九、维　生　素　C

（一）化学结构与化学性质

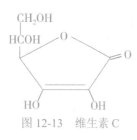

图 12-13　维生素 C

维生素 C 又称为抗坏血酸（ascorbic acid），属于不饱和多羟基内酯化合物（图 12-13）。维生素 C 分子中 C_2 和 C_3 之间烯醇式羟基极易解离释出 H^+，因而呈酸性。同时因其烯醇式结构，C_2 及 C_3 羟基上的氢原子可全部脱下生成脱氢维生素 C，后者在有氢传递体存在时，又能接受 2 个氢原子再转变为维生素 C，所以维生素 C 有氧化型和还原型两种形式。维生素 C 为无色无臭的片状晶体，易溶于水，不溶于脂溶性溶剂。维生素 C 在酸性溶液中比较稳定，在中性、碱性溶液中加热易被氧化破坏。

（二）吸收与代谢

维生素 C 主要通过主动转运由小肠上段吸收进入血液循环。还原型维生素 C 是细胞内与血液中的主要存在形式。

（三）生理作用

1. 作为氢传递体，参与体内氧化还原反应　　与其他水溶性维生素有不同，维生素 C 没有辅酶功能，但其通过氧化型与还原型产物的相互转变，参与体内氧化还原反应。

（1）维生素 C 作为氢传递体通过维持体内巯基蛋白和巯基酶的还原状态，保护其生物学活性。维生素 C 还可在谷胱甘肽还原酶的催化下，发挥氢传递体的作用，促进氧化型谷胱甘肽（GSSG）还原为还原型谷胱甘肽（glutathione，GSH），后者参与胞内脂质过氧化物的清除，保护生物膜的结构和功能。

（2）高浓度维生素 C 通过促进胱氨酸还原为半胱氨酸，参与免疫球蛋白的生物合成，提高机体免疫防御能力。与此同时，维生素 C 被氧化成脱氢维生素 C，后者协助新生免疫球蛋白肽链上—SH 氧化成—S—S—，维系免疫球蛋白的空间结构。

（3）维生素 C 诱导红细胞中的高铁血红蛋白还原为亚铁血红蛋白，恢复对氧的运输。

（4）重金属离子及某些细菌毒素进入机体时，大剂量维生素 C 对其毒性有缓解作用。

（5）保护维生素 A、维生素 E 及维生素 B 免受氧化，还能促使叶酸还原，转变成有活性的 FH_4。

2. 参与体内的羟化反应

（1）促进胶原蛋白合成，有利于创伤愈合：维生素 C 是胶原蛋白脯氨酸羟化酶及赖氨酸羟化酶维持活性所必需的辅因子，参与胶原蛋白的合成。机体发生机械损伤时，维生素 C 通过促进胶原蛋白合成，参与创伤愈合。缺乏时，胶原蛋白合成障碍，毛细血管壁通透性和脆性增加易破裂出血，称为坏血病。维生素 C 对坏血病有很好的治疗作用，故称为抗坏血病维生素。

（2）促进胆固醇转变为胆汁酸：生理状况下，体内 40% 的胆固醇通过转变为胆汁酸进行代谢转变。维生素 C 通过维持 7α- 羟化酶活性，促进胆汁酸的生成。

（3）参与芳香族氨基酸代谢：苯丙氨酸羟化为酪氨酸、酪氨酸羟化为多巴，多巴胺羟化为去甲肾上腺素，色氨酸羟化脱羧生成 5- 羟色胺及对羟苯丙酮酸转变为尿黑酸的代谢过程中都需要维生素 C 的参与。

（四）缺乏症

维生素 C 严重缺乏时可引起坏血病（scurvy），又称维生素 C 缺乏病。坏血病表现为毛细血管脆性增强易破裂、牙龈腐烂、牙齿松动、骨折及创伤不易愈合等。由于机体在正常状态下可储存一定量的维生素 C，坏血病的症状常在维生素 C 缺乏 3 ~ 4 个月后才出现。

（五）供给量及食物来源

中国居民膳食维生素 C 的平均需要量为 85mg/d。维生素 C 广泛存在于新鲜蔬菜及水果中，植物中含有抗坏血酸氧化酶能将维生素 C 氧化为二酮古洛糖酸，所以长期储存的水果、蔬菜中维生素 C 的含量会大量减少。人体不能合成维生素 C，必须从食物中摄取。

十、硫　辛　酸

（一）化学结构与化学性质

硫辛酸（lipoic acid）的化学结构是 6,8- 二硫辛酸，在 C_6 和 C_8 之间以二硫键相连形成内二硫化合物（图 12-14）。被还原时，二硫键断裂接受氢形成硫辛酸。氧化型与还原型可互变。硫辛酸难溶于水，易溶于脂溶剂，故有人将其列为脂溶性维生素，也有人称其为类维生素。

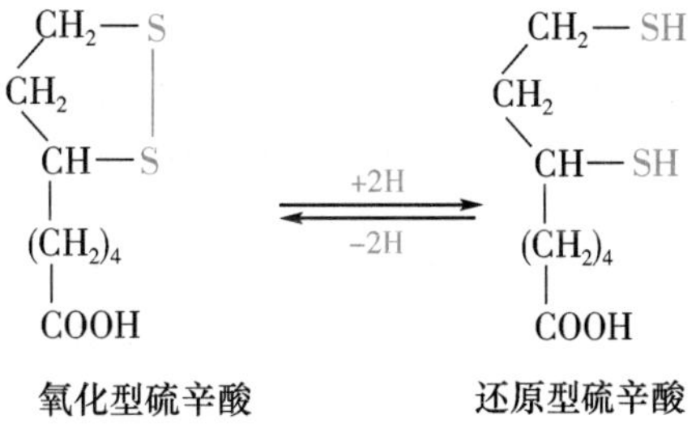

氧化型硫辛酸　　　还原型硫辛酸

图 12-14　硫辛酸结构

（二）吸收与代谢

硫辛酸经肠道可以快速吸收入血。食物中硫辛酸常以多酶复合物形式存在，而人体胃肠道相关的蛋白水解酶不足，所以硫辛酸多以硫辛酰赖氨酸形式被吸收。硫辛酸吸收入血液循环后快速地分布在肝脏、心脏及骨骼肌等全身组织中，以肝脏中的浓度最高。动、植物组织中硫辛酸通常与蛋白质分子赖氨酸残基的 ε- 氨基共价结合，以酰胺键的形式存在。当体内硫辛酸浓度较低时，肝脏摄取过程需要由载体介导，而当硫辛酸浓度较高时，则主要通过易化扩散摄取。

（三）生理作用

（1）硫辛酸是 α- 酮酸氧化脱氢酶系中的辅因子之一，其羧基与二氢硫辛酸乙酰转移酶的赖氨酸残基的 ε- 氨基以酰胺键结合，起着转酰基作用。

（2）硫辛酸具有抗脂肪肝和降低胆固醇的作用。此外，它的化学结构决定了它极易被氧化还原，故可保护巯基酶免受重金属离子的破坏。

（四）缺乏症

目前尚未发现硫辛酸缺乏症。

（五）食物来源

硫辛酸广泛分布于动、植物组织中，在动物体内肝脏和肾脏组织含量丰富。在植物中含量较少，其中含量较高的是菠菜和马铃薯，其次为花椰菜、番茄、豌豆、甘蓝和米糠等，且硫辛酸在植物的花叶中含量高于根部。

（连继勤）

思　考　题

1. 试述临床上用维生素 B_6 治疗小儿惊厥和呕吐的生化机制。
2. B 族维生素及辅酶与机体物质代谢间有哪些联系？

案例分析题

患儿，男，11 个月。夜惊、哭闹、多汗数月而来诊。

患儿数月来一直不明原因入睡后极易惊醒，烦躁、哭闹、多汗，枕巾、枕头常被汗湿，多汗与室温、季节无关。不发热、不呕吐、常"腹泻"。但一直未予诊治。其系第一胎第一产，足月顺产，出生体重 3.1kg。生后母乳喂养，4 个月断乳，改为牛乳、米粉喂养，未添加其他辅食，亦未补充过维生素 D。户外活动少。至今尚未出牙，不能独站。父母健康，非近亲结婚，家族中否认有遗传病史。体格检查：体温 36.8℃，脉搏 108 次 / 分，呼吸 26 次 / 分。体重 8.5kg，头围 46.5cm，精神尚可，反应好。方颅，前囟 1.8cm×1.8cm，平坦。头发稀少。胸部可见明显的肋骨串珠和郝氏沟。心、肺听诊无异常。呈蛙腹，肝、脾无肿大，生理反射存在，病理反射未引出。实验室检查：血常规、尿常规正常。查血钙偏低，血磷低，碱性磷酸酶活性明显升高。初步诊断：维生素 D 缺乏性佝偻病。

问题：

（1）维生素 D 与佝偻病的关系是什么？

（2）诊断患儿患"维生素 D 缺乏性佝偻病"的依据是什么？

第十三章　钙、磷及微量元素代谢

内容提要

　　人体内绝大部分钙（99%）及磷（85%）以羟基磷灰石形式存在于骨和牙齿中。骨是钙、磷储存和代谢的主要场所。除了参与骨的组成外，钙和磷还有多种重要生理功能。维生素 D、PTH 和降钙素是调节钙和磷代谢的主要激素。

　　微量元素在人体中含量低于体重 0.01%，且每日需要量低于 100mg，绝大多数为金属元素。微量元素一般以化合物或络合物形式广泛分布于各组织中，且含量较恒定。微量元素通过与酶等蛋白质、维生素、激素结合，而发挥多种生理功能。铁是血红蛋白、呼吸链中复合物的重要组成部分。铜是构成体内多种酶的辅基。锌是金属酶和锌指蛋白的组成成分。锰也是多种酶的组成成分和激活剂。硒以硒代半胱氨酸形式存在于硒蛋白中。碘参与合成甲状腺激素。钴主要以维生素 B_{12} 的形式发挥作用。铬是铬调素的组成成分。钒能干扰细胞的生化反应过程。镍组成多种酶蛋白，调节多种酶的活性。钼是含钼酶的辅基。锡能促进蛋白质和核酸的合成。氟与骨和牙齿的形成及钙、磷代谢密切相关。硅参与骨的形成，以及维持结缔组织结构完整性。

　　无机元素对维持人体的正常生理功能必不可少，按人体每日需要量的多少可分为常量元素（macroelement）和微量元素（trace element, microelement）。常量元素是指体内含量大于体重的 0.01%，且每日需要量在 100mg 以上的化学元素，主要包括钠、钾、氯、钙、磷、镁等。本章主要关注钙、磷的代谢及其生理功能。

　　微量元素绝大多数为金属元素，主要包括铁、铜、锌、锰、硒、碘、钴、铬、钒、镍、钼、锡、氟、硅等。微量元素广泛分布于各组织中，含量较恒定，在体内一般通过与酶、蛋白质、维生素、激素等结合成化合物或络合物，而发挥多种功能。铁是人体含量、需要量最多的微量元素，已在血液生物化学一章中介绍，本章主要关注铁以外的其他微量元素。

第一节　钙、磷及其代谢

　　钙（calcium）是人体内含量最多的无机元素之一，成年女性体内钙的含量约为 25mol（1000g），成年男性约为 30mol（1200g），仅次于碳、氢、氧和氮。正常成人体内磷（phosphorus）含量为 19.4～29mol（600～900g），约占人体重的 1%，仅次于碳、氢、氧、氮和钙。

一、钙、磷在体内的分布与功能

（一）钙：骨的主要成分及其调节作用

　　人体内绝大部分钙（99%）以羟基磷灰石［hydroxyapatite，$Ca_{10}(PO_4)_6(OH)_2$］形式存在，极少量为无定形钙，后者是羟基磷灰石的前体。钙以羟基磷灰石形式构成骨和牙的主要成分，起支持和保护作用。

　　成人血浆（或血清）中的钙浓度为 2.25～2.75mmol/L（90～110mg/L），仅占人体钙总量的 0.1%，其中约 50% 是游离钙，另 50% 是结合钙。绝大部分结合钙主要与血浆蛋白中的清蛋白结合，少量与球蛋白结合，另有很少部分与柠檬酸、重碳酸盐等结合。在血浆中，游离钙与结合钙呈动态平衡，受到血浆 pH 的影响。当血浆偏酸时，结合钙解离，游离钙增多；当 pH 升高时，结合钙增多，而游离钙减少。平均每增减 1 个 pH 单位，每 100ml 血浆游离钙浓度相应改变 0.42mmol。血钙的正常水平对维持骨骼内骨盐的含量、酶活性调节、细胞膜完整性和通透性维持、血液凝固和神经肌肉兴奋具有重要意义。

存在于体液及其他组织中的钙不足总量的 1%。胞外液游离钙浓度为 1.12～1.23mmol/L。胞内 90% 以上的钙分布在内质网和线粒体内，且浓度极低，胞质钙浓度仅为 0.01～0.1mmol/L。胞质钙作为第二信使在众多信号转导通路中发挥重要生理功能。而肌肉中的钙在启动心肌细胞和骨骼肌收缩中作用重大。

（二）磷：许多重要生物分子的组成成分

在正常成人体内，磷主要分布于骨（600～900g，约 85.7%），其次分布于各种组织细胞（14%），少量（0.03%）分布于体液。正常成人血浆无机磷浓度是 1.1～1.3mmol/L（35～40mg/L）。磷不仅构成骨盐成分、参与成骨作用，还参与组成核酸、核苷酸、磷脂、辅酶等重要生物分子。磷酸参与众多生化反应和代谢调控过程，同时高能磷酸化合物还是能量的载体，而无机磷酸盐是体内重要的缓冲体系。正常人体内，每 100ml 血液中钙与磷浓度（以 mg/dl 计）之积为常数，$[Ca] \times [P] = 35 \sim 40$，血钙降低时，血磷会略有增加。

二、钙、磷的吸收与排泄

人体内钙的主要来源是牛奶、豆类和叶类蔬菜。钙吸收的主要部位是十二指肠和空肠上段，且吸收能力随年龄增长而下降。维生素 D 促进钙和磷的吸收。负荷运动通过增加机体需求，而间接促进钙吸收。由于酸性溶液溶解钙盐，因此能降低消化道 pH 的物质可以通过增加钙盐溶解而利于钙吸收。而一些碱性磷酸盐、草酸盐和植酸盐能在肠道内与钙形成不溶解的钙盐，干扰钙的吸收。正常成人肾小球游离钙滤过量约 9g/ 天，肾小管对钙的重吸收量与血钙浓度呈负相关，并且受甲状旁腺激素（parathyroid hormone，PTH）的调节。

成人每日磷摄入量为 1.0～1.5g，其中的磷脂和有机磷酸酯被消化液中的磷酸酶水解成无机磷酸盐，在小肠上段被吸收。若与钙、镁、铁生成不溶性化合物，则磷酸根的吸收降低。肾小管对血磷的重吸收率与血磷浓度负相关。pH 降低增加磷的重吸收。PTH 抑制磷的重吸收，增加磷的排泄。

三、骨是体内钙和磷代谢的主要场所

由于体内钙和磷主要分布在骨中，所以骨是体内钙和磷代谢的主要场所。骨中的无机盐占 70%，主要为羟基磷灰石，有机物质约占 20%，其中主要为 I 型胶原。骨基质的羟基磷灰石与少量无定形骨盐疏松结合，能与胞外液进行钙交换，与体液钙形成动态平衡。碱性磷酸酶通过分解磷酸酯和焦磷酸盐，使局部无机磷酸盐浓度升高，利于骨化作用。因此，血液碱性磷酸酶活性可作为骨化作用或成骨细胞活动的指标。

四、三种激素调节钙和磷的代谢

维生素 D、PTH 和降钙素是调节钙和磷代谢的主要激素。受调节的主要靶器官有小肠、肾和骨。

（一）维生素 D

活性维生素 D[1,25-(OH)$_2$-D$_3$] 作用的主要靶器官是小肠和骨。1,25-(OH)$_2$-D$_3$ 与小肠黏膜细

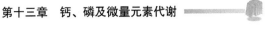

胞的胞内受体结合后，转入细胞核内诱导钙结合蛋白表达。钙结合蛋白促进小肠对钙和磷的吸收。

（二）甲状旁腺激素

PTH 含 84 个氨基酸残基，由甲状旁腺分泌，主要靶器官是骨和肾。

PTH 的总体作用是升高血钙。PTH 通过刺激破骨细胞活化，溶解骨盐，增高血钙。同时，PTH 提高肾小管的钙重吸收率，抑制磷的重吸收。PTH 还可促进肾合成活性维生素 D，从而间接增加小肠对钙、磷的吸收。

（三）降钙素

降钙素（calcitonin，CT）是一种含 32 个氨基酸残基的多肽，由甲状腺 C 细胞分泌，靶器官为骨和肾。降钙素的总体作用是降低血钙和血磷。它通过活化成骨细胞、抑制破骨细胞，促骨盐沉积，而降低血钙和血磷浓度。降钙素还降低肾小管对钙、磷的重吸收。

五、与钙、磷代谢异常相关的疾病

维生素 D 缺乏会引起钙吸收障碍，导致儿童佝偻病（rickets）和成人骨软化症（osteomalacia），还会减少肠道磷酸盐的吸收，从而引起低磷血症。维生素 D 中毒和甲状旁腺功能亢进可引起高钙血症（hypercalcemia）、尿路结石等。而甲状旁腺功能减退症可引起低钙血症（hypocalcemia）。

慢性肾病患者常见高磷血症，与冠状动脉、心瓣膜钙化等严重心血管并发症密切相关，是引起继发性甲状旁腺功能亢进、维生素 D 代谢障碍、肾性骨病等的重要因素。

第二节 微量元素

微量元素绝大多数为金属元素。微量元素广泛分布于各组织中，含量较恒定。微量元素主要来源于食物，在动物性食物中含量较高，种类较植物性食物多。

微量元素在体内一般通过与酶、蛋白质、维生素、激素等结合成化合物或络合物，而发挥多种功能。①酶活性中心或辅因子。人体内一半以上酶的活性中心含有微量元素。许多酶需要金属离子才有活性，或者才能发挥最大活性。②参与体内物质运输，如血红蛋白含 Fe^{2+} 参与氧分子的运输等。③激素和维生素的组成成分，如碘是甲状腺素生成的必需成分，钴是维生素 B_{12} 的组成成分等。

一、铜

正常成年人体内铜（copper）的含量为 80 ～ 110mg，其中约 50% 分布于骨骼肌，10% 分布于肝。正常成年人每日需铜 1 ～ 3mg，妊娠期妇女和成长期青少年需求略为增加。

（一）铜是人体内多种酶的辅基

铜是体内多种含铜酶的辅基，这类酶常以 O_2 或氧的衍生物为底物，如细胞色素氧化酶、多巴胺 β- 羟化酶、单胺氧化酶、胞质超氧化物歧化酶等。

研究发现铜能增高血管内皮生长因子（VEGF）和相关细胞因子的表达，促进血管生成。由于铜蓝蛋白可催化 Fe^{2+} 氧化成 Fe^{3+}，后者更易于结合运铁蛋白，从而促进铁的运输。

（二）铜的运输主要依靠铜蓝蛋白

铜在十二指肠被吸收后，在血液中大部分铜（约 60%）与铜蓝蛋白（ceruloplasmin）结合紧密，其余铜和清蛋白疏松结合。铜主要随胆汁排泄。

（三）铜缺乏或过量相关疾病

铜缺乏表现为小细胞低色素性贫血、白细胞减少、出血性血管改变、骨脱盐、高胆固醇血症和神经疾病等。而铜摄入过多引起中毒，如蓝绿粪便、唾液，以及行动障碍等。

铜代谢异常相关的遗传病有肝豆状核变性（hepatolenticular degeneration，Wilson disease）、门克斯病（Menkes disease）。

二、锌

锌（zinc）是人体中含量仅次于铁的微量元素，含量为 1.5 ～ 2.5g。正常成人每日需锌 15 ～ 20mg。

（一）锌存在于含锌金属酶及锌指蛋白中

人体内超过 80 种酶含有锌元素，如 DNA 聚合酶、RNA 聚合酶、碱性磷酸酶、金属酶、乳酸脱氢酶、超氧化物歧化酶等，参与体内多种重要生理活动，包括物质代谢、促进生长发育、组织再生、调节免疫、抗氧化、抗细胞凋亡等过程。锌还是合成胰岛素所必需的元素。

锌元素存在于一类重要的蛋白模体——锌指蛋白中，人体内有 300 余种锌指蛋白。锌指结构是重要的 DNA 结合域，存在于许多反式作用因子、类固醇激素和甲状腺素受体蛋白中，在转录调控中起重要作用。

（二）锌的运输和储存依靠清蛋白和金属硫蛋白

人体内的锌 60% 在肌肉，22% ～ 30% 在骨髓，8% 在皮肤和毛发等。可通过检测毛发中的锌含量判断人体是否缺锌。锌的吸收主要发生在小肠，但不完全。谷物中的 6- 磷酸肌醇能与锌形成不溶性复合物，而影响锌的吸收。锌与清蛋白结合而在血中运输，血液中锌浓度为 0.1 ～ 0.15mmol/L。锌在体内的主要储存形式是与金属硫蛋白（metallothionein）结合。锌主要随胰液、胆汁排入肠腔，由粪便排出。

（三）锌缺乏可引起多种代谢障碍

锌需要依靠体外摄入补充，所以摄入不足或吸收困难，都可引起锌缺乏，从而导致消化功能紊乱、生长发育滞后、智力发育不良，伤口愈合缓慢、神经精神障碍等。

三、锰

（一）锰存在于多种酶中

人体内正常锰含量为 14 ～ 20mg。成人每日需 2 ～ 5mg。锰是多种酶的组成成分和激活剂。锰金属酶有精氨酸酶、谷氨酰胺合成酶、磷酸烯醇式丙酮酸脱羧酶、RNA 聚合酶等。锰对正常免疫功能、血糖与细胞能量调节、生殖、消化、骨骼生长、抗自由基等均很重要，锰缺乏会影响生长发育。

（二）锰主要依靠 γ- 球蛋白和清蛋白运输

锰主要在小肠吸收，吸收率较低。锰在血液中大部分与 γ- 球蛋白和清蛋白结合而运输。锰主要从胆汁排泄，少量随胰液排出，尿中排泄很少。锰在细胞内主要积聚在线粒体中，在体内则主要储存于骨、肝、胰和肾。

（三）锰中毒

锰摄入过量可引起中毒。锰能抑制呼吸链中复合体 I 和 ATP 酶的活性，从而导致过量氧自由基产生。

锰可引起慢性神经系统中毒，表现为锥体外系的功能障碍，并可引起眼球集合能力减弱、眼球震颤等。锰干扰多巴胺代谢，导致精神病和帕金森神经功能障碍（锰疯狂）。

四、硒

（一）多种重要硒蛋白含有硒代半胱氨酸

硒代半胱氨酸（selenocysteine）是硒在体内的存在方式，而含有硒代半胱氨酸的蛋白质称为硒蛋白，体内有近 30 种硒蛋白。谷胱甘肽过氧化物酶、硒蛋白 P、硫氧还蛋白还原酶、碘甲腺原氨酸脱碘酶都属此类。

谷胱甘肽过氧化物酶作为重要的含硒抗氧化蛋白，通过降低胞内的 H_2O_2 浓度而保护细胞。硫氧还蛋白还原酶调节细胞内氧化还原过程，刺激细胞增殖，参与 DNA 损伤的修复。硒通过含硒酶（碘甲腺原氨酸脱碘酶）调节甲状腺激素的激活或去激活，来维持机体正常生长、发育与代谢。硒蛋白 P 是硒的转运蛋白，也是内皮系统的抗氧化剂。另外，辅酶 Q 和 CoA 的合成也需要硒。

（二）硒主要依靠 α- 和 β- 球蛋白运输

人体内硒含量为 14 ～ 21mg。成人日需要量在 30 ～ 50μg，食物中硒含量与地域有关。硒在十二指肠吸收，入血后与 α- 和 β- 球蛋白结合而运输。硒主要随尿及汗液排泄。

（三）硒缺乏相关疾病

硒缺乏会引起很多疾病，如糖尿病、心血管疾病、神经变性疾病等。不同地区土壤中硒含量不同，影响植物中的硒含量，从而影响人的硒摄取量。农作物地域性的含硒量低可引起一些地方病，如地方性心肌病（又称克山病）、大骨节病等。硒过多会引起中毒症状。

五、碘

成人体内含碘量为 25 ～ 50mg，成人每日需碘 100 ～ 300μg。碘的主要作用是参与合成甲状腺激素；另一重要作用是抗氧化。当细胞中存在 H_2O_2 和脂质过氧化物时，碘作为电子供体，与活性氧竞争细胞成分，中和羟自由基，防止细胞遭受破坏。

人体内的碘约 1/3 存在于甲状腺内，参与合成甲状腺激素。而大部分碘（60% ～ 80%）以非激素形式分散于甲状腺外。从食物中摄取的碘主要在小肠吸收。碘主要由尿排出，其他随粪便、汗腺和毛发排出。

成人缺碘可引起甲状腺肿。严重缺乏可导致发育停滞、痴呆，胎儿期缺碘可致呆小病。而摄入过多碘可致高碘性甲状腺肿，表现为甲状腺功能亢进及一些中毒症状。

六、钴

正常人体钴含量为 1.1mg。人对钴的需要量小于 1μg/d。钴主要以维生素 B_{12} 和维生素 B_{12} 辅酶形式发挥作用，可激活很多酶，如增加唾液中淀粉酶的活性，增加胰淀粉酶和脂肪酶的活性等。

食物来源的钴需在肠内由细菌合成维生素 B_{12} 后才能被吸收，主要以维生素 B_{12} 和维生素 B_{12} 辅酶形式储存于肝。钴主要由尿排泄。人体排泄钴能力强，很少有钴蓄积的现象发生。缺

乏钴可使维生素 B_{12} 缺乏，从而引起巨幼红细胞贫血。因此钴可以治疗巨幼红细胞贫血。

七、铬

铬在成年人体内的含量为 6mg 左右，人体每日需要量为 30 ～ 40μg。肉类是铬的最好来源，尤以肝含量丰富。

（一）铬与胰岛素作用

铬是构成铬调素的成分之一。铬调素是一种由甘氨酸、半胱氨酸、谷氨酸和天冬氨酸等 4 种氨基酸残基组成低分子量的寡肽，每分子可结合 4 个 Cr^{3+}。铬调素能促进胰岛素与其细胞受体的结合，从而增强胰岛素的生物学效应。另外，铬还是葡萄糖耐量因子（glucose tolerance factor，GTF）的构成成分，GTF 能增强胰岛素的生物学作用。此外，动物实验证明铬还能预防动脉硬化和冠心病，并为生长发育所需。

（二）铬的吸收与分布

铬在细胞中约 50% 位于细胞核内，23% 位于胞质，其余分布在线粒体和微粒体中。人体对无机铬的吸收率低，铬的摄入量和机体的状态也影响吸收。六价铬比三价铬好吸收。绝大部分铬随尿排泄。

（三）铬缺乏或过量相关疾病

铬过量可引起中毒。就毒性而言，六价铬比三价铬高约 100 倍，但化合物不同，毒性不同。铬及其化合物毒性主要表现为对皮肤和黏膜的刺激腐蚀作用，出现皮炎、溃疡、咽炎、胃痛、胃肠道溃疡等症状，同时有周身酸痛、乏力等，严重者发生急性肾衰竭。铬缺乏主要导致胰岛素有效性降低，造成葡萄糖耐量受损，血清胆固醇和血糖上升。

八、钒

钒在正常成人体内的含量为 25mg 左右，人体每日需要量为 60μg。日常蔬菜中的钒含量比肉类和水果多。

（一）钒的生物学功能

在生理 pH 条件下，钒的主要形式为 VO_3^-（亚钒酸离子），经离子转运系统或自由进入细胞，在胞内被谷胱甘肽还原成 VO^{2+}（氧钒根离子）。VO_3^- 与磷酸结构类似，而 VO^{2+} 与 Mg^{2+} 大小相当，因此两者可与磷酸和 Mg^{2+} 竞争结合配体，而干扰细胞的生化反应，如抑制核糖核酸酶、磷酸果糖激酶、磷酸甘油醛激酶、葡糖 -6- 磷酸酶、蛋白质酪氨酸激酶等。在细胞中，钒具有多种生物学效应。

（二）钒离子结合转铁蛋白运输

钒由皮肤和肺吸收入人体。钒主要以 VO^{2+} 状态与转铁蛋白结合而在血液中运输，因此钒与铁会相互影响。钒主要随尿排出，也可随胆汁排出。矾主要分布于脂肪组织中，少量存于肝、肾、甲状腺和骨等部位。

（三）钒作为辅助药物治疗疾病

钒有预防龋齿的作用。钒离子可置换到磷灰石分子中，从而增加牙釉质和牙质内羟基磷灰石的硬度。钒可增加铁对红细胞的再生作用，从而促进造血功能，可用于出血后贫血及败血症患者补充钒。钒还具有降血糖、抑制胆固醇合成等作用。

九、镍

正常成年人体内镍含量为 6～10mg，人体每日生理需要量为 25～35μg。

（一）镍调节多种酶的活性

镍参与组成多种酶蛋白，激活多种酶，而影响 NADH 的生成、糖的无氧酵解、三羧酸循环等代谢。缺乏镍时，肝脏内葡糖-6-磷酸脱氢酶、乳酸脱氢酶、异柠檬酸脱氢酶、苹果酸脱氢酶和谷氨酸脱氢酶的合成减少、活性降低。另外，镍还参与激素作用和维持生物大分子的结构稳定及新陈代谢，并具有刺激造血、促进红细胞生成的作用。

（二）清蛋白运输镍

镍主要分布于肾、肺、脑、脊髓、软骨、结缔组织及皮肤等部位。少部分镍可与组氨酸、天冬氨酸、α₂-巨球蛋白结合。镍主要与清蛋白结合而在血液中运输。而组氨酸可以转出清蛋白中的镍，并将其导入细胞。

（三）镍相关疾病

镍缺乏可引起糖尿病、贫血、肝硬化、尿毒症、肝脂质和磷脂代谢异常等。贫血患者的血镍含量降低，同时铁吸收也减少，补充镍可改善造血功能。镍是一种可引起皮肤过敏的潜在致敏因子，约 20% 的人对镍离子过敏，女性高于男性。镍离子可通过毛囊和皮脂腺渗入皮肤而引起皮炎和湿疹。

十、钼

正常健康成年男性体内钼含量约为 9mg。成人适宜每日摄入量为 60μg，最高可耐受摄入量为 350μg/天。钼是多种酶的辅基，包括黄嘌呤氧化酶、醛氧化酶和亚硫酸盐氧化酶等，主要催化底物的羟化反应。

在血液中，钼酸盐与红细胞松散结合而运输，其中大部分由肝、肾摄取。在肝脏中，钼参与合成含钼酶，也可与蝶呤结合而储存。钼随尿排出。体内钼平衡主要通过调节肾脏的排泄来维持。

缺乏钼可使儿童和青少年生长发育不良、智力发育迟缓，并与克山病、肾结石和大骨节病的发生相关。钼缺乏还可使亚硝酸还原成氧降低，导致亚硝酸在体内富集。给低钼地区居民补充钼后，能降低食管癌的发病率。

十一、锡

正常人锡的每日需要量很少，约 3.5μg。正常饮食就能满足人体锡的需求。锡可促进蛋白质和核酸的合成，因此锡的作用主要是促进生长发育、影响血红蛋白的功能和促进伤口的愈合。锡可通过胃肠道、呼吸道吸收，也可通过皮肤及眼结膜进入人体。锡主要随粪便和尿排出。

锡缺乏引起的症状少而不明显。人体明显缺锡时，蛋白质和核酸的代谢异常，生长发育受阻，若儿童严重缺锡，有可能导致侏儒症。锡污染食物可引起恶心、呕吐、腹泻等急性胃肠炎症状。高锡烟尘浓度的工作环境可导致锡尘肺。四氯化锡可引起皮肤溃烂和湿疹，长期接触引起呼吸道刺激症状和消化道症状。

十二、氟

正常成人体内含氟 2～6g，其中绝大部分（90%）分布于骨和牙齿中，少部分分布于指甲、毛发、神经、骨骼肌中。氟的每日生理需要量为 0.5～1.0mg，主要来源是饮用水。

氟与钙、磷代谢密切相关。氟能吸附羟磷灰石，取代其羟基形成氟磷灰石，从而有预防龋齿的作用。此外，氟还可直接刺激 G 蛋白，激活腺苷酸环化酶或磷脂酶 C，从而启动胞内 cAMP 或磷脂酰肌醇信号通路，引起广泛生物效应。氟能较容易且迅速地经胃肠道吸收，然后结合球蛋白而运输，少量以氟化物形式运输。体内氟大部分随尿排出。

氟缺乏时，由于牙釉质中不能形成氟磷灰石，而容易发生龋齿。氟缺乏还可导致骨质疏松，牙釉质受损易碎。另外，氟促进铁的吸收和利用。氟过量可导致骨脱钙和白内障，并影响肾上腺、生殖腺等多种器官的功能。地方性氟中毒是一些地区因环境因素而导致氟长期摄入过量的一种慢性全身性疾病，主要表现为氟斑牙和氟骨症。

十三、硅

正常人体硅含量为 18mg，每日需要量为 20～50µg。硅是人体必需的微量元素，参与骨的钙化作用，能增加钙化的速度，尤其当钙摄入量低时效果更为明显。在胶原形成过程需要脯氨酰羟化酶，此酶的最大活性需要硅的存在。因此，硅是胶原组成成分之一。硅能通过促进黏多糖连接，而增加结缔组织的弹性和强度，维持其结构的完整性。

硅不易吸收，硅的形式对吸收影响很大，稳定的胶体硅吸收较好。在血液中，硅几乎全部以非解离的单晶硅形式存在。因此，血液中的硅迅速被吸收进入细胞或随尿排出。

长期吸入硅粉尘可引起硅沉着病。其主要原因是游离二氧化硅粉尘引起肺部广泛的结节性纤维化，破坏微血管循环。而硅缺乏也可引起一些疾病，如血管壁中硅含量与粥样硬化程度成反比。

（陈利弘）

思 考 题

1. 请总结钙、磷的主要生理作用及其代谢的调控机制。
2. 请总结微量元素的生理功能及其发挥作用的机制。
3. 贫血与哪些微量元素的缺乏有关？发病机制是什么？

案例分析题

患儿，男，12 岁，恶心、呕吐、腹泻等消化系统症状，并伴有手足抖动、流涎、讲话不清。超声检查发现肝大，血清转氨酶升高。24h 尿铜指标高于正常值，铜蓝蛋白含量低于 0.08g/L，角膜 K-F 环阳性。全外显子测序发现 *ATP7B* 基因第 13 号外显子 *Pro992Leu* 突变。

问题：

（1）你认为患儿可能患什么疾病？从生物化学和分子生物学角度简要阐述该疾病的发病机制。

（2）该疾病主要的药物治疗策略是什么？

第十四章　物质代谢的联系与调节

内容提要

　　体内各种物质代谢相互联系又相互制约，具有整体性、有序性、统一性、合理性、可调节性等特点，既能满足正常生长发育的需求，又能适应体内外环境的改变。

　　糖、脂肪和蛋白质三大营养物质在体内氧化分解供能并相互联系，它们的共同中间产物是乙酰CoA，最终分解机制是三羧酸循环，产生能量主要通过氧化磷酸化。从能量供应角度看，三大营养物质可以互相代替，并互相制约。一般情况下，供能以糖、脂肪为主，尽量节约蛋白质的消耗。

　　体内物质代谢受到精细调节。代谢调节可分三级水平：细胞水平调节、激素水平调节和整体水平调节。细胞水平调节是最原始、最基本的调节方式；激素和整体水平的调节最终都要通过细胞水平来实现。细胞水平调节以改变关键酶的活性和含量为主，前者快速、经济，后者缓慢、持久。酶活性调节包括酶原激活、变构调节和共价修饰调节。激素通过与靶细胞受体的特异结合，将激素信号转化为胞内化学反应，最终表现出对代谢的调节。神经系统主要通过内分泌腺间接调节代谢，也可直接对组织、器官施加影响，进行整体调节，使机体代谢处于相对稳定状态。例如，饱食倾向于合成代谢增强；饥饿和应激倾向于分解代谢增强。

　　机体各组织、器官的代谢由于细胞分化、结构不同及功能差异而各具特色。同时各组织、器官的代谢并非孤立进行，而是通过血液循环及神经系统连成统一整体。肝脏是调节和联系全身器官代谢的枢纽和中心。

　　新陈代谢是生命的一个基本特征。组成生命的各种物质在生物体内不断进行合成和分解，形成独特的物质代谢途径，并进一步相互联系，形成复杂的物质代谢网络。通过对物质代谢过程的研究，人们逐渐总结出物质代谢的特点及不同物质代谢之间的联系。复杂的物质代谢网络受到从细胞水平到整体水平的多个层次、多种方式的调控，使得生物体得以维持新陈代谢的动态平衡。

第一节　物质代谢的特点

一、体内各种物质代谢相互联系形成一个整体

　　人体从外界摄取的物质主要包括糖、脂肪、蛋白质、核酸、水、无机盐、微量元素、维生素等。体内各种物质的摄取与排泄、转运和储存、分解与合成及能量的生成与消耗都在同时进行。各种物质在体内的代谢相互联系、相互依存和相互制约，形成了维系生命活动的有效网络，是一个统一的整体（图14-1）。

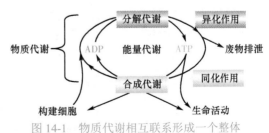

图 14-1　物质代谢相互联系形成一个整体

二、物质代谢过程的有序进行与网络化

细胞代谢的原则和策略是将各类物质分别纳入各自的共同代谢途径，通过少数种类的反应途径转化合成种类繁多的分子，灵活调节，以尽量少的投入得到更多的产出。这样既经济使用原料物质、节省能源、减少副产物，又相对简化反应的类型，使物质代谢过程合理进行。复杂的物质代谢按一定的代谢途径进行，每条途径通过一系列代谢反应的有序进行来实现。代谢途径的不同决定了代谢物质的去向不同和产物的差异。同时，不同的代谢途径之间又相互交织，形成复杂的网络。代谢途径模式主要有以下几种。

（一）直线型代谢途径模式

例如，糖酵解途径、糖原分解作用等（图 14-2）。

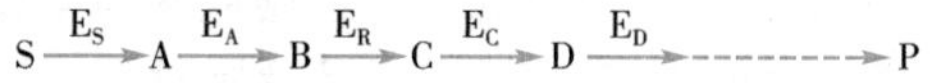

S
ES
A
EA
B
ER
C
EC
D
ED
P

图 14-2 直线型代谢途径模式

（二）分支型代谢途径模式

分支型代谢途径模式分为两种：一种是在分支点前为共同途径，分支点后为不同途径，产物亦不同，称趋散型分支代谢模式（图 14-3）。此种分支型代谢途径模式多为分解代谢途径：如以葡糖 -6- 磷酸为分支点的糖的分解代谢，葡糖 -6- 磷酸可以进入糖酵解途径，也可以进入磷酸戊糖途径等；磷酸二羟丙酮作为糖代谢和脂代谢的分支点等。

S
ES
A
EA
B
EB
C
EC1
D1
ED1
F1
P1
EC2
D2
ED2
F2
P2

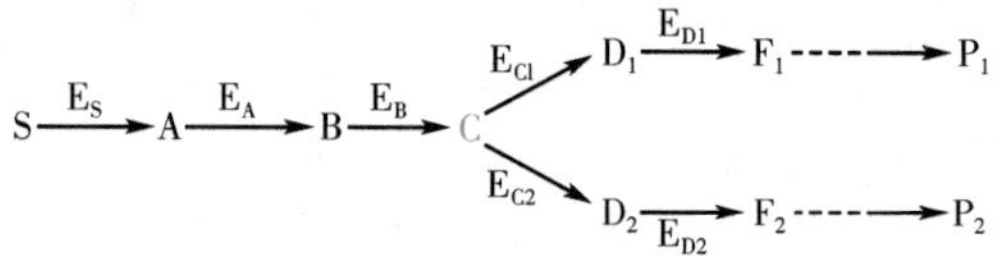

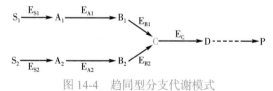

图 14-3 趋散型分支代谢模式

另一种是在分支点后为共同途径，产物亦相同，称趋同型分支代谢模式（图 14-4），多为合成代谢途径，如脂肪的合成、糖异生作用、核苷酸的合成等。

S1
ES1
A1
EA1
B1
EB1
C
EC
D
P
S2
ES2
A2
EA2
B2
EB2

图 14-4 趋同型分支代谢模式

（三）环型代谢途径模式

环型代谢途径模式即各种循环式代谢途径，如三羧酸循环、丙酮酸脱氢酶复合体循环、尿素合成的两个循环、嘌呤核苷酸循环、甲硫氨酸循环等这些闭合式循环。还有一些开放式循环，如脂肪酸的合成、脂肪酸的β- 氧化、DNA 及 RNA 和多肽链的合成、加单氧酶作用等。

（四）网络化代谢途径模式

以上几种模式根据代谢需要也可同时出现在一个代谢途径上，如线粒体呼吸链传递电子生成水和 ATP 的过程是一个多种模式的混合途径。

线型、分枝型、环型等代谢途径在细胞内相互联系，通过一些共同的代谢中间产物形成网络化的物质代谢总图。整合已知的代谢途径、酶和代谢物，可以形成高度复杂的细胞代谢网络。同时，进一步结合基因组学和蛋白质组学的数据，构建完整的代谢反应网络并生成更

整体化的数学模型来解释和预测各种代谢行为已经成为可能。人体代谢网络模型已经被提出，这一模型将对未来的生物化学和药物研究提供指导。

> **人体新陈代谢图**
>
> 2013 年，一支国际生物工程师小组描绘了一幅人体新陈代谢的"地图"，它比之前的代谢图像包含更多的反应途径和更强的"预测能力"，这幅图像是到目前为止最为精确的人体代谢图。研究人员利用捕获了的大部分已知的细胞外代谢产物，生成了 65 个不同人类细胞类型特异性模型，绘制出了包括 2600 多种酶和 1052 种酶复合物的药物作用地图。该研究可帮助分析和预测人类细胞的生理及生化特性。尽管这是一幅到目前为止最为复杂的人体代谢网络图，但并非人体代谢图像的完整版本。实际上，它仅仅覆盖了 1/10 的人体基因编码的蛋白质。

三、各种物质的代谢过程在精细调节下进行

代谢的调节是生命体的一个重要特征，生物体的进化程度越高，其代谢调控越精细复杂。机体存在三级水平的代谢调节，第一是细胞水平调节，主要通过调节关键酶的活性或含量来实现。第二是激素水平调节，通过内分泌细胞分泌的激素与靶细胞受体特异结合，将信号转化为细胞内一系列反应，调节细胞代谢过程。第三是整体水平调节，神经系统通过内分泌腺间接调节代谢或直接影响组织、器官，使机体代谢相对稳定，适应环境。例如，食欲、进食和能量消耗的平衡受到神经、内分泌系统复杂调节，饥饿及应激时通过改变多种激素分泌，整体调节引起体内物质代谢的改变。

四、代谢过程离不开酶的催化作用

代谢过程中的反应大多通过酶的催化作用完成。有超过 2500 种不同的生化反应依靠特异性酶提高它们的反应速率。不同组织细胞产生的酶有些是相同的，有些是不同的，这是不同组织细胞具有不同代谢特征、表现不同功能的基础。机体通过对酶活性的调节，控制机体内的各种代谢反应。对酶活性的调节主要包括酶原激活、变构调节、共价修饰调节和同工酶等。这些调节方式准确、快速，直接影响到体内物质代谢的速度。同时细胞内通过合成和降解对酶的含量进行调节。

五、ATP 是机体能量储存和消耗的共同形式

糖、脂肪和蛋白质在体内分解氧化释放出的能量，大部分转变为细胞有用的高能化合物的化学能。一般来说，约有 40% 储存于 ATP 或其他类似能源物质的高能键中。体内含高能键的物质很多，如磷酸肌酸、NTP、乙酰 CoA 等，都可以同 ATP 进行能量交换。ATP 如同一种能量货币，是能量交换的媒介。有机体通过营养物质的分解代谢释放出能量，将 ADP 转化为 ATP，形成高能磷酸键储存能量；各种耗能过程，如生物合成、肌肉收缩、信号转导等，利用 ATP 为能量来源，将其又降解为 ADP（图 14-5）。

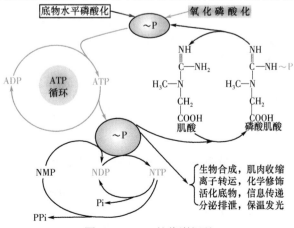

图 14-5　ATP 的代谢概况

六、NADPH 提供合成代谢所需的还原当量

许多参与氧化分解代谢的脱氢酶常以 NAD$^+$ 为辅酶，而参与还原性合成代谢的还原酶则多以 NADPH 为辅酶，提供还原当量。

人体在生命活动中所需要的能量是通过代谢物在体内的氧化而获得的。体内的氧化反应，主要是脱氢反应，而且以不需氧脱氢酶催化的氧化反应为主，特别是以 NAD$^+$ 和 NADP$^+$ 为辅酶的脱氢酶反应生成 NADH 和 NADPH。脱氢酶催化代谢物脱下的氢由 NAD$^+$ 和 NADP$^+$ 接受生成 NADH 和 NADPH；NADH 将 H 和电子通过呼吸链传递至氧分子，并与 ADP 偶联使其磷酸化生成 ATP。在大多数生物合成反应中，生物分子被还原，需要 ATP 及还原能，NADPH 是还原能的传递体，通常 NADPH 是主要的电子供体，提供反应需要的高势能电子。NADPH 主要在糖分解代谢的磷酸戊糖途径中生成，可以为由乙酰 CoA 合成脂酸及合成胆固醇的合成代谢过程提供必需的还原当量。

第二节　物质代谢的相互联系

一、三大营养物质代谢通过中间代谢物而相互联系

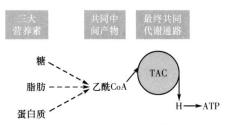

图 14-6　三大营养物的分解供能通路

三大营养物质糖、脂肪、蛋白质可在体内氧化供能。它们的共同中间产物是乙酰 CoA，最终通过三羧酸循环氧化分解（图 14-6）。同时，三大营养物质通过代谢通路中的共同代谢中间产物，可以部分相互转化。

（一）体内糖可转变成脂肪但脂肪酸不能转变为葡萄糖

1. 糖可转变成脂肪　正常饮食摄入的糖量超过体内能量消耗时，除在肝和肌肉合成糖原储存，更多的是将糖代谢产生的乙酰 CoA 合成脂肪酸。糖代谢也能产生甘油。甘油和脂肪酸可合成脂肪在脂肪组织中进行储存。

2. 脂肪的甘油部分能在体内转变为糖　当脂肪大量分解时，在肝、肾、肠甘油激酶的作用下，将甘油转变为磷酸 - 甘油，后者通过糖异生途径生成葡萄糖。但脂肪酸不能转变为葡萄糖，因为脂肪酸分解生成的乙酰 CoA 不能转变为丙酮酸，所以脂肪只有一小部分可转变为糖。

（二）体内糖与大部分氨基酸可以相互转换

1. 生糖氨基酸　体内组成蛋白质的 20 种氨基酸，除生酮氨基酸（亮氨酸、赖氨酸）外，通过转氨或脱氨基后生成相应的 α- 酮酸，可转变为糖代谢的中间产物，如丙酮酸、草酰乙酸、α- 酮戊二酸等，可循糖异生途径转变为糖。

2. 糖代谢的中间产物可氨基化生成某些非必需氨基酸　氨基转移酶所催化的反应是可逆的，除必需氨基酸以外的几乎所有氨基酸（非必需氨基酸）的 α- 酮酸部分都可通过糖代谢的中间产物转变而成，如丙酮酸氨基化为丙氨酸；草酰乙酸氨基化为天冬氨酸；α- 酮戊二酸氨基化为谷氨酸等。

（三）脂肪不能转变成氨基酸但氨基酸能转变成脂肪

1. 蛋白质可以转变为脂肪　所有氨基酸脱氨基后都可转变为乙酰 CoA，后者再合成脂肪酸。生糖氨基酸代谢也能产生甘油，甘油和脂肪酸可合成脂肪。因此蛋白质可以转变为脂肪，摄入过多蛋白质时可转变为脂肪存储。

2. 氨基酸可作为合成磷脂的原料　丝氨酸脱羧可转变为乙醇胺，乙醇胺经甲基化可变为胆碱。丝氨酸、乙醇胺及胆碱分别是合成磷脂酰丝氨酸、磷脂酰乙醇胺及磷脂酰胆碱的原料。

3. 脂肪的甘油部分可转变为非必需氨基酸　脂肪酸不能转变为非必需氨基酸，所以只能说脂肪的甘油部分可转变为非必需氨基酸。

三大营养物质代谢的相互联系见图 14-7。

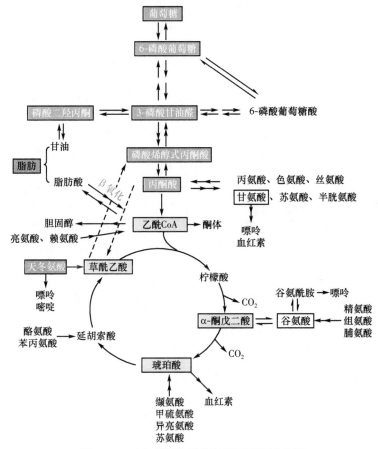

图 14-7　三大营养物质代谢相互联系示意图

二、三大营养物质在能量代谢上相互制约

三大营养物质产生能量主要通过氧化磷酸化，释出的能量均需转化为 ATP 的化学能。从能量供应的角度看，三大营养素可以互相代替，并互相制约。一般情况下，供能以糖、脂肪为主，并尽量节约蛋白质。由于糖、脂肪、蛋白质分解代谢有共同的终末途径，任一供能物质的代谢占优势，常能抑制和制约其他物质的降解。例如，脂肪分解增强，生成的 ATP 增多，ATP/ADP 值增高，ATP 可变构抑制糖分解代谢关键酶 6- 磷酸果糖激酶 -1 的活性，抑制糖的分解代谢；相反，若供能不足，体内 ATP 减少，ADP 增多，则 ADP 可变构激活 6- 磷酸果糖激酶 -1 的活性，加速糖的分解代谢。饥饿、糖供应不足或糖代谢障碍时，脂肪作为主要的供能物质被大量动员，由于缺乏糖代谢产生的草酰乙酸，乙酰 CoA 不能有效地进入三羧酸循环而合成大量酮体，则会导致酮症酸中毒。

三、非营养物质与营养物质代谢的联系

（1）体内合成嘌呤、嘧啶核苷酸需要氨基酸作为原料。甘氨酸的整个分子作为合成嘌呤

核苷酸的原料；天冬氨酸、谷氨酰胺及由一些氨基酸产生的一碳单位既是合成嘌呤核苷酸的原料也是合成嘧啶核苷酸的原料。

（2）合成核苷酸必需的 PRPP 是由磷酸核糖活化而成，磷酸核糖只能由磷酸戊糖途径提供。

（3）血红素合成的主要原料是琥珀酰 CoA 和甘氨酸，琥珀酰 CoA 来自三大营养物质分解代谢的共同路径三羧酸循环。

（4）胆固醇是合成胆汁酸、类固醇激素和维生素 D_3 等物质的前体。胆固醇合成的直接原料是乙酰 CoA，来自葡萄糖、脂肪酸和某些氨基酸在线粒体内的分解代谢。

第三节　物质代谢的调节方式

代谢调节普遍存在于生物界，是生物在进化过程中逐步形成的一种适应。机体物质代谢能够有条不紊地进行，即使在内外环境发生变化时仍能保持相对稳定，主要是机体有一套完整的调节系统。单细胞的微生物受细胞内代谢物浓度变化的影响，改变其各种相关酶的活性和酶的含量，从而调节代谢的速度，这是细胞水平的代谢调节，是生物体在进化上较为原始的调节方式。高等动物则出现了专门的内分泌器官，这些器官所分泌的激素可以对其他细胞发挥代谢调节作用。激素可以改变某些酶的催化活性或含量，也可以改变细胞内代谢物的浓度，从而影响代谢反应的速度，这称为激素水平的调节。高等动物不仅有完整的内分泌系统，还有功能复杂的神经系统。在中枢神经的控制下，或者通过神经递质对效应细胞直接发生影响，或者通过改变某些激素的分泌，来调节某些细胞的功能状态，并通过各种激素的互相协调而对机体各组织、器官的代谢进行整合。

一、细胞水平的代谢调节主要调节关键酶的活性

细胞水平调节是代谢调节的最原始调节，也称初始调节。细胞水平调节的调控点是细胞中催化代谢反应的酶，特别是各代谢途径的限速酶或关键酶。

（一）细胞酶系有特定亚细胞区域的隔离分布

不同代谢途径的酶系统被分隔在不同的细胞组分或亚细胞结构中。例如，糖酵解酶系和糖原合成、分解酶系存在于胞液中；三羧酸循环酶系和脂肪酸 β- 氧化酶系定位于线粒体；DNA 和 RNA 的合成酶系绝大部分集中在细胞核内；蛋白质合成在粗面内质网而降解则在溶酶体和蛋白酶体。这样的酶的隔离分布为代谢调节创造了有利条件，使某些调节因素可以较为专一地影响某一细胞组分中的酶的活性，而不致影响其他组分中的酶的活性，避免了各代谢途径之间相互干扰，保证了整体反应的有序性。各代谢酶系的分布见表 14-1。

表 14-1　细胞内主要代谢酶系的分布

多酶体系	分布	多酶体系	分布
三羧酸循环	线粒体	脂酸合成	胞液
氧化磷酸化	线粒体	胆固醇合成	内质网、胞液
呼吸链	线粒体	磷脂合成	内质网
糖酵解	胞液	DNA 及 RNA 合成	细胞核
磷酸戊糖途径	胞液	蛋白质合成	内质网、胞液
糖异生	胞液	血红素合成	胞液、线粒体
糖原合成	胞液	尿素合成	胞液、线粒体
脂肪酸 β- 氧化	线粒体	多种水解酶	溶酶体

（二）关键酶活性的调节有快速调节和慢速调节

细胞水平的代谢调节主要是通过对关键酶的调节实现的。对关键酶的调节有两种方式：快速调节和慢速调节。快速调节是通过快速改变酶的结构达到改变酶的活性，从而改变代谢的方向和速度。酶活性的快速调节主要有三种机制：①酶原激活；②别构调节；③共价修饰。这部分内容在第三章酶活性调节中讨论。一些重要代谢途径的关键酶见表 14-2，变构酶及其变构效应剂见表 14-3，化学修饰对酶活性的调节见表 14-4。

表 14-2　一些重要代谢途径的关键酶

代谢途径	关键酶	代谢途径	关键酶
糖原分解	磷酸化酶	糖异生	丙酮酸羧化酶
糖原合成	糖原合酶		磷酸烯醇式丙酮酸羧激酶
糖酵解	己糖激酶		果糖二磷酸酶 -1
	磷酸果糖激酶 -1	脂肪合成	乙酰 CoA 羧化酶
	丙酮酸激酶	胆固醇合成	HMG CoA 还原酶
糖有氧氧化	丙酮酸脱氢酶系	血红素合成	ALA 合酶
	柠檬酸合酶		
	异柠檬酸脱氢酶		

表 14-3　一些代谢途径中的变构酶及其变构效应剂

代谢途径	变构酶	变构激活剂	变构抑制剂
糖酵解	己糖激酶	AMP、ADP、FDP、Pi	G-6-P
	磷酸果糖激酶 -1	FDP	柠檬酸
	丙酮酸激酶		ATP、乙酰 CoA
三羧酸循环	柠檬酸合酶	AMP	ATP、长链脂酰 CoA
	异柠檬酸脱氢酶	AMP、ADP	ATP
糖异生	丙酮酸羧化酶	乙酰 CoA、ATP	AMP
糖原分解	磷酸化酶 b	AMP、G-1-P、Pi	ATP、G-6-P
代谢途径	变构酶	变构激活剂	变构抑制剂
脂酸合成	乙酰 CoA 羧化酶	柠檬酸、异柠檬酸	长链脂酰 CoA
氨基酸代谢	谷氨酸脱氢酶	ADP、亮氨酸、甲硫氨酸	GTP、ATP、NADH
嘌呤合成	谷氨酰胺 PRPP 酰胺转移酶		AMP、GMP
嘧啶合成	天冬氨酸氨基甲酰转移酶		CTP、UTP
核酸合成	脱氧胸苷激酶	dCTP、dATP	dTTP

表 14-4　酶促化学修饰对酶活性的调节

酶	化学修饰类型	酶活性改变
糖原磷酸化酶	磷酸化 / 脱磷酸	激活 / 抑制
磷酸化酶 b 激酶	磷酸化 / 脱磷酸	激活 / 抑制
糖原合酶	磷酸化 / 脱磷酸	抑制 / 激活
丙酮酸脱羧酶	磷酸化 / 脱磷酸	抑制 / 激活
磷酸果糖激酶	磷酸化 / 脱磷酸	抑制 / 激活

续表

酶	化学修饰类型	酶活性改变
丙酮酸脱氢酶	磷酸化 / 脱磷酸	抑制 / 激活
HMG-CoA 还原酶	磷酸化 / 脱磷酸	抑制 / 激活
HMG-CoA 还原酶激酶	磷酸化 / 脱磷酸	激活 / 抑制
乙酰 CoA 羧化酶	磷酸化 / 脱磷酸	抑制 / 激活
脂肪细胞三酰甘油脂肪酶	磷酸化 / 脱磷酸	激活 / 抑制
黄嘌呤氧化脱氢酶	—SH/—S—S—	脱氢酶 / 氧化酶

慢速调节是通过改变酶的含量，即改变酶的合成和分解速度，达到调节代谢目的。这部分内容在第三章中已简要叙述，更详细的关于蛋白质合成的调节见第十九章基因表达调控，酶蛋白降解的调控见第八章的蛋白质降解部分。

二、激素水平的代谢调节通过激素作用于特异受体调节代谢过程

激素水平的代谢调节是高等生物体内代谢调节的重要方式。激素作用有较高的组织特异性和效应特异性。激素与靶细胞特异受体结合，触发胞内信号转导过程，最终表现出激素的生物学效应。

按激素受体在细胞的部位不同，可将激素分两大类：膜受体激素和胞内受体激素。膜受体激素与受体结合后，将信息传递到细胞内，通过变构调节、化学修饰来调节相关酶的活性从而调节代谢，也可对基因表达进行调控。胞内受体激素与胞内受体结合，通过影响基因转录，进而促进或阻遏酶的合成，从而对细胞代谢进行调节。激素作用的基本原理在第二十章细胞信号转导部分讨论，具体例子在糖代谢、脂代谢等相关章节中列举。

三、整体水平的代谢调节通过神经系统
及神经 - 体液途径调节体内物质代谢

代谢的整体调节是机体在神经系统的主导下，通过神经 - 体液途径直接调控细胞水平和激素水平的调节。神经系统可以释放神经递质来影响组织中的代谢，又能影响内分泌腺的活动，改变激素分泌的状态，从而实现机体整体的代谢协调和平衡。现以饥饿及应激时的代谢变化为例，说明整体调节的重要意义。

（一）糖、脂肪和蛋白质在不同饥饿状态有不同改变

在早期饥饿时，血糖浓度有下降趋势，这时主要在肾上腺素和胰高血糖素的调节下促进肝糖原分解和肝脏糖异生，在短期内维持血糖浓度的相对稳定，以保障脑组织和红细胞等对葡萄糖的需求。若饥饿时间继续延长，则肝糖原消耗殆尽，这时糖皮质激素也参与发挥调节作用，促进肝外组织蛋白分解为氨基酸，便于肝脏利用氨基酸、乳酸和甘油等物质生成葡萄糖，在一定程度上维持血糖浓度的相对稳定；这时，脂肪动员也加强，脂肪分解为甘油和脂肪酸，肝脏分解脂肪酸生成酮体，酮体此时是脑组织和肌肉等器官重要的能量来源。在饱食情况下，胰岛素促进肝脏合成糖原和将糖转变为脂肪，抑制糖异生；胰岛素还能增进肌肉和脂肪组织的细胞膜对葡萄糖的通透性，使血糖容易进入细胞被氧化利用。

1. 短期饥饿时机体代谢的变化

（1）肝糖原在饥饿早期即可耗尽，糖异生增强。禁食 24h，肝糖原、肌糖原接近耗竭；饥饿 2 天后，糖异生明显增加，用以满足脑和红细胞对糖的需要。肝是饥饿早期糖异生的主要场所，另外约 20% 则在肾皮质中进行。

（2）脂肪动员加强，酮体生成增多。脂肪酸和酮体成为心肌、骨骼肌等的重要燃料，部分酮体可被大脑利用。

（3）肌蛋白质分解加强，用以加速糖异生。蛋白质分解增加出现较迟，肌蛋白质分解的氨基酸大部分转变为丙氨酸和谷氨酰胺释放入血，进入肝后作为氧化供能及糖异生原料。

（4）组织对葡萄糖利用降低，但饥饿初期大脑仍以葡萄糖为主要能源。

2. 长期饥饿时机体代谢的变化　饥饿1周以上为长期饥饿，此时蛋白质降解减少，主要靠脂肪酸和酮体供能。

（1）肾糖异生作用明显加强。每天生成约40g葡萄糖，几乎和肝相等。

（2）脂肪动员进一步加强。肝生成大量酮体，肌肉以脂肪酸为主要能源，保证酮体优先供应脑组织。脑组织以利用酮体为主，不能利用脂肪酸。

（3）肌蛋白质分解减少。乳酸和丙酮酸取代氨基酸成为肝糖异生的主要来源，负氮平衡有所改善。

（二）应激增加糖、脂肪和蛋白质分解的能源供应

应激状态时机体代谢特点是分解代谢增强，合成代谢受到抑制，交感神经兴奋，肾上腺髓质及皮质激素分泌增多，胰高血糖素和生长激素水平增加，胰岛素分泌减少，引起一系列代谢改变（表14-5）。结果使氧摄入增多，能源供应增加，限制能源存积。

1. 血糖升高　肾上腺素、胰高血糖素、肾上腺皮质激素分泌增加，促使肝糖原分解、抑制糖异生、降低周围组织对糖的利用，从而使血糖升高，这对保证大脑、红细胞的供能有重要意义。

2. 脂肪动员加强　血浆脂肪酸升高，成为心肌、骨骼肌及肾等组织的主要能量来源。

3. 蛋白质分解加强　肌肉释出丙氨酸等氨基酸增加，尿素生成及尿氮排出增加，呈负氮平衡。

表 14-5　应激时机体的代谢改变

内分泌腺或组织	代谢改变	血中含量	内分泌腺或组织	代谢改变	血中含量
胰腺 A 细胞	胰高血糖素分泌增加	胰高血糖素↑	肌	酮体生成增加	酮体↑
B 细胞	胰岛素分泌抑制	胰岛素↓		糖原分解增加	乳酸↑
肾上腺髓质	去甲肾上腺素及肾上腺素分泌增加	肾上腺素↑		葡萄糖的摄取利用减少	葡萄糖↑
皮质	皮质醇分泌增加	皮质醇↑	脂肪组织	蛋白质分解增加	氨基酸↑
肝	糖原分解增加	葡萄糖↑		脂酸β-氧化增加	
	糖原合成减少			脂肪分解增强	游离脂酸↑
	糖异生增强			葡萄糖摄取及利用减少	甘油↑
	脂酸β-氧化增加			脂肪合成减少	

现代新兴学科——代谢组学是对低分子量代谢物集合的整体水平的研究

代谢组（metabolome）通常指某一生物或细胞中所有低分子量代谢物；代谢组学（metabonomics）是指对某一生物或细胞中所有低分子量代谢物进行定性和定量检测，分析活细胞中代谢物谱变化的研究领域。代谢组学分析提供的信息比其他组学更接近生物的表现型或生理状态，其研究的基本内容是高通量测定代谢物变化、生物体生化成分谱和功能调节，应用获得的代谢物谱信息通过统计分析阐明相应内在的联系。代谢组学研究需要高通量定量检测技术和大规模的计算，在疾病诊断和新药开发等方面具有应用潜力。

第四节　组织、器官的代谢特点及相互联系

机体各组织、器官的代谢由于细胞分化和结构不同，代谢及能源物质的利用各具特色；同时各组织、器官的代谢并非孤立地进行，而是通过血液循环及神经系统形成统一的整体。各组织、器官的代谢联系见图 14-8。

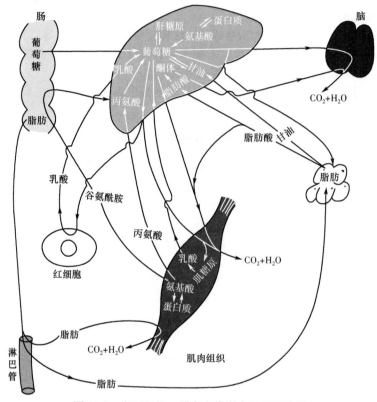

图 14-8　主要组织、器官在代谢中的相互关系

一、肝是人体物质代谢的中心和枢纽

肝是机体物质代谢的枢纽，是调节和联系全身器官代谢的中心，其耗氧量占全身耗氧量的 20%。肝除了在糖、脂肪、蛋白质、水、盐及维生素代谢中发挥其独特和重要的作用外，还可监控和调节血液的化学组成。

（1）肝在为全身各组织器官提供能源方面的特殊贡献：肝有葡糖 -6- 磷酸酶，可快捷地使储存的肝糖原分解为葡萄糖释放入血，维持血糖水平，提供给全身各组织细胞，特别是对只能利用葡萄糖的脑细胞和红细胞等更为重要；而肌肉则缺乏此酶，因而肌糖原不能降解成葡萄糖。肝还有糖异生途径酶系，是糖异生的主要器官，可使氨基酸、乳酸、甘油等非糖物质转变为葡萄糖，以保障全身各组织细胞对葡萄糖的需要，这对在饥饿情况下，肝糖原已被耗尽时，保证血糖浓度有重要意义。肝几乎是体内合成酮体的唯一器官，酮体是脂肪酸在肝内正常的中间代谢产物，是输出供应给其他组织细胞的一种能源物质，酮体能通过血脑屏障及肌肉的毛细血管。脑组织不能氧化脂肪酸，却能利用酮体。在长期饥饿、糖供应不足时，酮体可代替葡萄糖成为脑、肌（心肌）等组织的主要能源。

（2）肝对能源物质在体内储存有重要作用：肝是体内合成及储存糖原的主要器官之一。进食后，血糖升高，肝能及时进行糖原合成，糖原可达肝重的 10%，约 150g，时刻准备供应到全身。正常情况下，肝储存脂肪不多，却是脂肪合成能力最强的器官，并输送到脂肪组织储存。

（3）肝合成尿素：肝是体内合成尿素最主要的器官，氨基酸代谢生成的氨主要以尿素形式排出体外；肾也能合成，但量甚微。

（4）肝合成全部血浆蛋白和几种凝血因子。

（5）肝合成极低密度脂蛋白、高密度脂蛋白、载脂蛋白及其他几种脂蛋白代谢的酶，在脂类的储存、利用等方面起重要作用。

此外，在胆汁酸合成、血红素的代谢、非营养物质的代谢等方面，肝都有重要和独特的作用，这些都在第十一章肝胆生物化学中有详细介绍。

二、脑主要利用葡萄糖

脑不储存能源物质，但却是机体耗能的主要器官之一。

（1）正常情况下脑以葡萄糖为唯一供能物质，其耗氧量占全身耗氧量的 $20\% \sim 25\%$，每天消耗葡萄糖约 100g。由于脑组织无糖原储存，其消耗的葡萄糖随时由血糖供应。

（2）长期饥饿血糖供应不足时，脑主要利用由肝生成的酮体作为能源。饥饿 $3 \sim 4$ 天后，脑每天消耗 50g 酮体，饥饿 2 周后每天消耗酮体可达 100g。

三、骨骼肌主要氧化脂肪酸，剧烈运动产生大量乳酸

（1）骨骼肌静息时通常以氧化脂肪酸为主供能，同时也可利用葡萄糖和酮体氧化供能；在剧烈运动时则以糖的无氧酵解为主供能。

（2）由于缺乏葡糖 -6- 磷酸酶，肌糖原不能直接分解成葡萄糖。

（3）在禁食和长期饥饿情况下，部分骨骼肌蛋白被降解，通过丙氨酸 - 葡萄糖循环等机制为肝脏的糖异生提供原料，维持血糖水平。

四、肾可进行糖异生和酮体生成

肾在代谢中的作用仅次于肝。

（1）糖异生和酮体生成：肾是除肝外唯一可进行此两种代谢的器官。在正常情况下，肾生产葡萄糖量仅占肝糖异生的 10%，而饥饿 $5 \sim 6$ 周后每天由肾生成葡萄糖约 40g，几乎与肝糖异生的量相等。

（2）肾髓质因无线粒体，主要由糖酵解供能，而肾皮质则主要由脂肪酸及酮体的有氧氧化供能。

（3）生成谷氨酰胺：在正常情况下这是一种次要的解氨毒方式，也是储氨和运氨的重要方式，同时有利于调节体液的酸碱度平衡。

五、心肌可利用多种能源物质并以有氧氧化为主

（1）心肌对能源物质的适应性很强，可依次以消耗游离脂肪酸、葡萄糖、酮体等物质提供能量，以保障即使在能源供给十分缺乏的情况下心肌收缩对 ATP 的需求。

（2）心肌细胞线粒体极为丰富，主要利用 ATP，还储存少量磷酸肌酸和糖原。

六、脂肪组织是合成和储存脂肪的重要组织

（1）正常情况下肝合成大部分脂肪但不储存脂肪，肝细胞合成的脂肪以极低密度脂蛋白的形式释放入血，被转运到脂肪组织储存，脂肪组织是合成和储存脂肪的重要组织。

（2）脂肪细胞含有激素敏感三酰甘油脂肪酶，能动用储存的脂肪分解成脂肪酸和甘油，释放入血以供其他组织作为能源。

七、成熟红细胞高效运氧，自身却不耗氧

红细胞成熟时失去了所有的细胞器，如细胞核、核糖体、线粒体等，将细胞的组织机构和代谢机构高度简化，使红细胞中具运氧功能的血红蛋白浓度高达 34%。红细胞中无线粒体，自身不能利用氧，代谢途径只保留了糖酵解途径和磷酸戊糖途径，提供低水平的 ATP 和 NADPH 以维持红细胞（胞膜）的完整和血红蛋白的功能，保护红细胞在应激状态下存活。成熟红细胞在失去很多代谢途径的同时发展了独特的产生 2,3- 二磷酸甘油酸（2,3-BPG）的糖酵解途径的侧支循环，使 2,3-BPG 以高浓度存在于红细胞中，调节血红蛋白的运氧功能，保证了红细胞的高效率运氧。

（李　冲）

思　考　题

1. 体内物质代谢有什么特点？
2. 三大营养物质糖、脂肪、蛋白质代谢如何相互联系？
3. 代谢调节在哪些层次上进行？
4. 何谓关键酶？举例说明关键酶在代谢调节中的作用特点与意义。
5. 在应激状态下激素如何调节物质代谢？
6. 各组织器官对能量物质的利用有何特点？

案例分析题

小明热爱健身和运动，在追求健康饮食方式的理念下，按照某些食谱的指导，经常进行为期 2 周的碳水戒断饮食方式，主要摄入食用鱼油和维生素。前几个月采用此方式并无大碍，本月在一次剧烈运动后出现身体不适。

就医后，检查发现小明严重瘦弱、眼睛凹陷、缺乏肌肉张力；血检发现免疫球蛋白明显低于正常水平，血氨含量明显高于正常水平。询问病史没有发现用药或其他异常情况；进一步询问发现前几个月和本月食用的鱼油是不同品种，查看成分发现前几个月鱼油主要成分为奇数碳原子脂肪酸，本月更改了品牌，主要成分为偶数碳原子脂肪酸。

问题：试从物质代谢角度分析小明为什么出现身体不适？

第三篇　生命信息的传递与调控

生命活动的体现是以物质和物质的变化为基础的，还依赖于信息的传递和调控。本篇共 8 章，分别讨论在生命活动过程中的遗传（基因）信息和细胞间的信息传递与调控。

基因信息的储存、传递与表达是通过核酸和蛋白质这两类生物大分子的相互作用来实现的。基因信息储存于核酸分子的核苷酸排列顺序中（主要为 DNA），基因与基因组这章介绍了基因和基因组的基本概念、基因的结构与功能。在 DNA 的生物合成一章中从分子水平阐明通过 DNA 复制，遗传信息是如何从亲代传递到子代的。在 RNA 的生物合成和蛋白质的生物合成这两章中，从分子水平阐明遗传信息如何从 DNA 传递到 RNA（转录），再从 RNA 传递到蛋白质（翻译）的。通过基因转录和翻译，由 DNA 分子的核苷酸序列决定蛋白质的一级结构，从而决定蛋白质的功能，实现了基因信息的传递和表达。基因表达具有极其严密的时空秩序和精巧复杂的调控机制，以应答和适应内外环境的变化和需求。

多细胞生物体内各器官、组织、细胞、细胞器及生物大分子在空间上是相互分离的，依赖细胞间的信息联系构成一个有生命活动的整体。细胞信号转导一章主要介绍转导细胞间信息的化学物质、转导通路、细胞应答等。癌基因和抑癌基因是一类主要调节细胞增殖、分化、凋亡的基因，绝大部分癌基因表达的产物为具有调控细胞增殖、分化的生长因子及其受体，实际上也都是转导细胞间信息的化学物质，而生长因子受体的介导构成了细胞间信息传递的途径，在正常情况下调控细胞增殖、分化，维持正常细胞功能。如果这些基因有结构和表达的异常，也有可能发生癌变或其他疾病。基因组学及其相关组学为高通量全面揭示生命信息传递与调控规律提供了有效手段。

本教材前三篇的内容是从分子水平用化学的语言来描述在生命活动过程中的物质、能量、信息及三者的相互关系，从而阐明生命的本质。

第十五章　基因与基因组

内容提要

基因是指能够编码生成特定功能产物如 RNA、多肽或蛋白质的某一段核苷酸序列。除 RNA 病毒的基因为 RNA 分子之外，基因的化学本质为 DNA。

病毒和原核生物的基因一般是以多顺反子的形式存在，转录生成一个多顺反子 mRNA，继而翻译生成数种蛋白质；而真核生物基因多为单顺反子，编码生成单一基因产物。基因可分为编码区和非编码区，原核生物基因的编码区多是连续的，被称为连续基因；而绝大多数真核生物基因的编码区是间隔的，被称为断裂基因；病毒基因则有的为连续基因，有的为断裂基因，通常与其宿主细胞基因结构的连续性一致。

基因组是指生物体中所有遗传物质的总和。病毒与原核生物的基因组相对简单和相似，如二者均存在重叠基因，即不同基因共享同一段核苷酸序列以使得较小的基因组携载更多的遗传信息；多数基因为单拷贝序列即在基因组中仅出现一次。真核生物的基因组则较为复杂，其基因组大小、基因数目及非编码序列占比远大于前两者，而且存在大量的重复序列、假基因和基因家族等。假基因是指与相应功能基因序列相似，但通常不编码或不能生成有功能产物的"基因"；基因家族则是指由同一个祖先基因进化而来的一组基因，来源相同、结构往往相似且功能相关。

人类基因组包括核基因组和线粒体基因组，大小分别为~ $3.0×10^9$bp 和 16 569bp，共包含 25 173 个 RNA 基因和 20 296 个蛋白质编码基因。人类基因组的结构特征：基因为单顺反子、绝大多数为断裂基因；仅有~ 1.5% 为蛋白质编码序列；线粒体基因组中存在个别重叠基因；~ 40% 为可移动的 DNA 序列即转座因子；~ 35% 为重复序列；含有 14 424 个假基因；存在基因家族；具有多态性，包括限制性片段长度多态性、串联重复序列多态性、单核苷酸多态性和拷贝数多态性等。

了解各类生物包括人类自身基因和基因组的奥秘对探究生命与疾病及生物进化的本质具有重要意义。

基因（gene）是生物遗传信息的物质载体，传递着掌控生物性状表现和生命活动的各项指令。人类的基因通过生殖细胞由亲代向子代传递，基因是亲子代间遗传性状传递的纽带。生命的一切从基因的角度出发均有迹可循，疾病的发生发展也近乎直接或间接地与基因密不可分，因此可从基因的层面探究生命与疾病的本质。

基因组（genome）是由 gene 和 chromosome 两词缩合而成，原指染色体上的全部基因，如今指生物体中所有遗传物质的总和，包括染色体和染色体外的所有基因及基因间隔区。对于人类而言，人类继承了父母即精卵细胞各提供的一套染色体基因组，因此其体细胞基因组由两套染色体基因组组成，此外还包含多套线粒体基因组。不同种类生物的基因组的复杂程度各不相同，往往与其生物进化程度呈正相关，如病毒、原核生物和真核生物的基因组大小总体上依次递增基本反映进化程度。

本章将重点介绍基因和基因组等的基本概念、基因的结构与功能，分类解析并比对病毒、原核生物和真核生物包括人类的基因组的组成、大小和结构特征等。

第一节　基　　因

基因是生命体中储存遗传信息的基本单位。

一、基因的概念及分类

（一）基因的概念

基因的概念伴随着生命科学的不断发展而日益完善，目前认为基因是指能够编码生成特定功能产物如 RNA、多肽或蛋白质的某一段核苷酸序列。除 RNA 病毒的基因为 RNA 分子之外，基因的化学本质为 DNA。

人类对基因的认知起源于 19 世纪 Mendel GJ 在豌豆杂交实验中提出的"遗传因子"，随后 1909 年 Johannsen W 依据希腊文"给予生命"之义创造了"基因"一词。但真正赋予基因物质内涵的是 Morgan TH 的研究团队，他们通过对果蝇的研究发现基因是位于染色体上呈线性排列的物质实体并于 1926 年发表了经典著作《基因论》。到 1944 年 Avery O 等生物学家通过肺炎双球菌转化实验，证实了基因的化学本质是 DNA 而非早期研究指向的蛋白质分子。1953 年 Watson J 和 Crick F 构建了"DNA 双螺旋结构模型"，揭示了 DNA 作为遗传信息分子的结构基础。随后几年 Crick F 又提出了生物遗传的"中心法则"并证实了"遗传密码"是由 DNA 分子上特定的核苷酸三联体所构成。从此人类明确了基因是生命体中可遗传的特定 DNA 片段，其通过转录和翻译控制 RNA 和蛋白质等产物的合成，并进一步决定生物的性状表现。

（二）基因的分类

1. RNA 基因和蛋白质编码基因　依据基因编码产物的不同，基因可分为 RNA 基因和蛋白质编码基因。

（1）RNA 基因：这类基因只转录不翻译，即以非编码 RNA（non-coding RNA，ncRNA）为表达的最终产物，包括 rRNA 基因、tRNA 基因、长链非编码 RNA（long non-coding RNA，lncRNA）基因和各种小非编码 RNA（small non-coding RNA，sncRNA）基因等，也包括 RNA 领域最新研究热点之一的环状 RNA（circular RNA，circRNA）基因。非编码 RNA 虽不翻译生成蛋白质，却可在多个层面参与和调控相应基因的表达，发挥重要的生理和病理进程的调控功能，也正成为生物医药等研究领域的新热点（详见第十九章基因表达调控）。

（2）蛋白质编码基因：这类基因转录生成 mRNA，再进一步翻译生成多肽链。依据基因功能的不同，蛋白质编码基因又可分为结构基因（structural gene）和调控基因（regulatory gene）。由结构基因编码的多肽链构成了细胞和组织器官的基本蛋白质组分，包括各种结构蛋白和酶等；而调控基因表达生成阻遏蛋白或激活蛋白，从而调控结构基因的表达。调控基因的突变可以导致结构基因编码蛋白质的量或活性的改变，从而影响结构基因的功能。

2. 核基因和核外基因　依据基因所在细胞内位置的不同，真核生物基因可分为核基因和核外基因。核基因位于细胞核内的染色体上；核外基因位于细胞质内，如线粒体基因和叶绿体基因，又可称为胞质基因或细胞器基因。

> **线粒体基因**
>
> 　　线粒体是真核细胞内的一种半自主性细胞器。"内共生学说"认为线粒体起源于数百万年前被真核细胞内吞并与之共生的好氧细菌，因此线粒体的很多特征也与细菌相似。线粒体自身的遗传信息储存于线粒体 DNA（mitochondrial DNA，mtDNA）中，其上含有多种呼吸链相关的蛋白质编码基因。
>
> 　　线粒体基因突变或表达异常会引起很多疾病，如莱伯遗传性视神经病、阿尔茨海默病、线粒体肌病及母系遗传糖尿病等。这些线粒体疾病多表现为母系遗传，研究人员也一度认为每个人的 mtDNA 都来自他 / 她的母亲，因为在受精时只有精子头部（含细胞核而不含线粒体）进入了卵细胞。然而现有很多证据表明，mtDNA 并非一定来自母亲，父亲也可以向后代提供 mtDNA。2002 年，Schwartz M 和 Vissing J 在研究一名 28 岁男性线粒体肌病患者时发现，导致这种疾病的异常 mtDNA 竟然是从患者父亲那里遗传而得。后续也有类似的研究报道，否定了线粒体唯"母系遗传"的特性。

二、基因的结构与功能

（一）基因的结构

1. 多顺反子与单顺反子　在原核生物中，基因一般以多顺反子的形式存在，即编码功能相关的数个结构基因可位于同一转录单位内，转录生成一个 mRNA，被称为多顺反子 mRNA，多顺反子 mRNA 再经翻译生成数种蛋白质（图 15-1）。而真核生物基因一般以单顺反子的形式存在，即编码生成单一基因产物。

2. 连续基因与断裂基因　无论是何种生物的基因均可分为编码区和非编码区。多数原核生物的基因的编码区是连续的，其基因也被称为连续基因；而真核生物基因的编码区即外显子（exon），通常被非编码序列内含子（intron）分隔开（图 15-2），因此被称为不连续基因或断裂基因（split gene）。

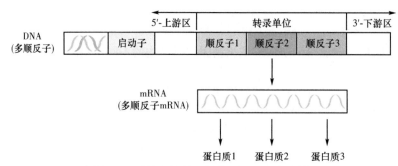

图 15-1   原核生物基因的典型结构及表达模式

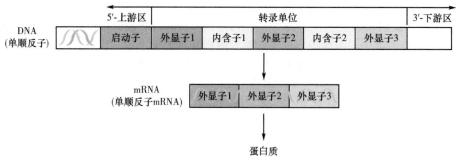

图 15-2   真核生物基因的典型结构及表达模式

断裂基因最早发现于腺病毒中。腺病毒六棱体蛋白基因在与其成熟 mRNA 杂交时，出现了未配对的 DNA 突环，说明成熟 mRNA 中丢失了与之相应的 DNA 模板链上的一些基因片段，这些片段就是内含子。后来研究人员发现除少数真核生物基因如组蛋白基因、α- 干扰素基因和 β- 干扰素基因之外，绝大多数真核生物的基因为断裂基因；此外，一些以真核细胞为宿主的病毒和极少数原核生物的基因中也含有内含子。内含子序列的数量和长度在不同生物中有所差异，一般高等真核生物基因中的内含子相对较多和较长。内含子也在很大程度上决定了生物基因的大小。

但目前我们已知并非所有蛋白质编码基因的外显子都"显"，即都能编码氨基酸，也并非所有内含子都"含而不显"。例如，人类尿激酶原基因的首个外显子就不编码任何氨基酸；而酵母线粒体基因的一些内含子却可以编码生成蛋白质。

3. 顺式作用元件   如图 15-2 所示，在结构基因转录区两侧的侧翼序列通常是该基因的调控区，包含启动子（promoter）、增强子（enhancer）、沉默子（silencer）和终止子（terminator）等。由于其调控方式为顺式作用，即仅能调控同一条 DNA 链上的结构基因，因此，这些调控序列又被称为顺式作用元件（cis-acting element）。顺式作用元件可以通过直接或间接结合相应的酶或蛋白质因子来调控相应结构基因的表达，其中蛋白质因子又被称为转录因子（transcription factor，TF）或反式作用因子（trans-acting factor）。

（1）启动子：启动子通常位于基因转录起始位点的上游，但也有的位于基因的内部。启动子能与 RNA 聚合酶及其转录因子相结合形成转录起始复合体，以决定相应基因转录的起始与否。细菌基因的启动子包含 2 段一致序列，即转录起始位点上游的 -35 框和 -10 框；真核生物的启动子则有 3 类，分别对应于细胞内的 3 种 RNA 聚合酶，其中蛋白质编码基因的启动子的一致序列一般由起始元件、TATA 框和上游启动子元件如 GC 框和 CAAT 框组成。

（2）增强子：增强子在 DNA 分子上的位置和方向不是固定的，其距离所调控的基因近则仅几十个碱基对，远则可达几万个碱基对，但大部分位于相应启动子的上游。增强子可以通过结合特定转录因子，增强启动子启动基因转录的能力，且多数具有组织或细胞特异性。

（3）沉默子：沉默子是顺式作用元件中的一类负性调控元件，通过结合阻遏蛋白抑制

RNA 聚合酶对相应基因的转录，使基因得以沉默。

（4）终止子：终止子通常是位于结构基因 3′ 端具有转录终止功能的一段 DNA 序列。多数细菌基因的终止子包含一段回文序列，可被转录并形成发夹结构，给予 RNA 聚合酶转录终止信号，使 RNA 聚合酶移动减慢或终止，进而终止转录。

（二）基因的功能

1. 遗传信息的储存　基因最基本的功能就是储存生命体的遗传信息。基因包含 4 种核苷酸，核苷酸的不同排列组成 64 种不同的三联体遗传密码，承载着生命体的主要遗传信息。

2. 遗传信息的传递　基因可以通过自我复制将遗传信息从亲代传递给子代，这种复制为半保留复制（详见第十六章 DNA 的生物合成），保证了遗传信息传递的稳定性。环境可诱导遗传信息发生改变，即存在基因突变（gene mutation），以使生物体适应环境的变化，维持生物进化。

3. 遗传信息的表达　基因通过转录和翻译生成 RNA 和蛋白质等特定功能产物，使遗传信息得以表达。基因决定了生物的表型。

第二节　基　因　组

不同种类生物中所含有的基因的总数不等，少则几个，多则数万个。一个生物体所有基因及基因间隔区的总和，被称为基因组。不同种类生物基因组的组成、大小及其结构的复杂程度往往同其生物进化程度一致（表 15-1）。病毒基因组最为简单，由所含的单一、较小的 DNA 或 RNA 组成；原核生物基因组通常由类核中的一条染色体 DNA 组成，有时也包括类核外的质粒 DNA；真核生物基因组则最为复杂，包括核内染色体 DNA 和半自主细胞器即叶绿体和线粒体中的 DNA。

表 15-1　代表性物种的基因组信息

物种	基因组大小均值（Mb）	单倍体染色体数目
T4 噬菌体 *Escherichia* virus T4	0.17	1
大肠杆菌 *Escherichia coli*	5.13	1
酿酒酵母 *Saccharomyces cerevisiae*	11.89	16
秀丽隐杆线虫 *Caenorhabditis elegans*	102.04	6
果蝇 *Drosophila melanogaster*	137.58	4
水稻 *Oryza sativa*	383.24	12
小鼠 *Mus musculus*	2689.66	20
人 *Homo sapiens*	2893.88	23

1Mb=1000kb。数据来源：https://www.ncbi.nlm.nih.gov/genome，截至 2020 年 7 月 8 日

依据 Genomes Online Database（GOLD）于 2020 年 6 月提供的最新数据显示，现已完成 19 026 种生物的全基因组计划。伴随越来越多物种基因组全序列的获知，人们对基因和基因组、对生命与疾病及对生物进化的认知也将逐渐明朗。

一、基因组的概念

基因组一词最早由德国植物学家 Winkler H 于 1920 年提出，由 gene 和 chromosome 两词缩合而成，意指染色体上的全部基因。同"基因"一词一样，基因组的概念也在不断地丰富和完善，现在人们对基因组更为精确的定义是生物体中所有遗传物质的总和，包括基因和基因间隔区，含染色体基因组和染色体外基因组如质粒基因组、叶绿体基因组和线粒体基因组。

二、基因组的特征

（一）病毒基因组的特征

病毒（virus）是一种由核酸和蛋白质构成的非细胞形态的感染性有机物。由于缺乏蛋白质生物合成等生命代谢所需的酶系，病毒不能独立复制，只能依赖合适的宿主细胞完成复制保证其遗传信息的传递。

1.病毒基因组的组成 每一种病毒只含一种类型的核酸分子：DNA 或 RNA（表 15-2）。依据核酸类型，病毒可分为 DNA 病毒和 RNA 病毒。病毒的基因组就是其含有的全部 DNA 或 RNA。组成病毒基因组的 DNA 和 RNA 可以是单链，也可以是双链；可以是线状，也可以是环状。一般来说，DNA 病毒基因组以线性双链 DNA（double-stranded DNA，dsDNA）为主，RNA 病毒基因组以单链 RNA（single-stranded RNA，ssRNA）为主。单链 DNA 或 RNA 又分为正链（+）和负链（−），正链与 mRNA 序列一致，负链与 mRNA 互补。

2.病毒基因组的大小 不同病毒基因组的大小相差较大。目前发现，在 DNA 病毒中，基因组最小的是环状病毒，长度仅为 1.83×10^3nt，编码 2 种蛋白质；基因组最大的是潘多拉病毒，最大长度可达 2.47×10^6bp，编码 1647 种蛋白质，并含有大量内含子。RNA 病毒基因组绝大多数 $< 15 \times 10^3$nt/bp。目前已知基因组最大的 RNA 病毒是冠状病毒，基因组为线性单股正链 RNA，全长为 $(27 \sim 32) \times 10^3$nt。

表 15-2　部分病毒的基因组信息

病毒	宿主	基因组组成	基因组大小	基因数目
人类免疫缺陷病毒	人类	线性 +ssRNA	9.08×10^3nt	9
埃博拉病毒	灵长类动物	线性 −ssRNA	$\sim 19 \times 10^3$nt	7
甲型流感病毒	哺乳动物	线性 −ssRNA	13.13×10^3nt	12
新型冠状病毒	脊椎动物	线性 +ssRNA	29.88×10^3nt	11
乙型肝炎病毒	脊椎动物	环状 dsDNA	3.22×10^3bp	6
环状病毒	多种动物	环状 −ssDNA	1.83×10^3nt	2
烟草花叶病	多种植物	线性 +ssRNA	6.40×10^3nt	6
潘多拉病毒	变形虫	线性 dsDNA	$(1.84 \sim 2.47) \times 10^6$bp	$927 \sim 1647$
ΦX174 噬菌体	大肠杆菌	环状 +ssDNA	5.39×10^3bp	11

数据来源：https://www.ncbi.nlm.nih.gov/genome，截至 2020 年 7 月 8 日

3.病毒基因组的结构

（1）一般为多顺反子：同原核生物一样，病毒基因组中编码功能相关的结构基因往往位于同一转录单位内，可被一起转录生成一个多顺反子 mRNA，再经翻译生成数种功能相关的蛋白质。例如，大肠杆菌 ΦX174 噬菌体的基因组含有 11 个结构基因，但仅能转录生成 3 个 mRNA。

（2）有的为连续基因，有的为断裂基因：病毒基因结构的连续性通常与其宿主细胞基因结构的连续性一致。噬菌体基因同宿主细菌的基因结构相似，无内含子，是连续基因，但也有例外，如大肠杆菌 T4 噬菌体的基因中就含有内含子，其在专一宿主大肠杆菌中可以顺利完成 RNA 剪接，也暗示大肠杆菌基因组中可能含有相似的内含子序列。而真核细胞病毒的基因同宿主真核细胞的基因结构相似，常有内含子将外显子分隔开，是断裂基因，如前面所述的腺病毒六核体蛋白基因。较为有趣的是，一些真核细胞病毒的内含子"时内时外"，即对某一个基因来说其是内含子，而对另外一个基因来说又成了外显子。例如，猴空泡病毒 40（SV40），

一种在猴子和人类中均有发现的致瘤病毒，SV40 的早期基因可编码两种肿瘤抗原（tumor antigen），大 T 抗原和小 T 抗原，而大 T 抗原基因中的一个内含子就是小 T 抗原基因的一段外显子。

（3）绝大多数为编码序列：病毒基因组有编码区和非编码区，其中超过 90% 为编码序列，仅有很少序列不编码 RNA 或多肽链，这些非编码序列多为调控基因表达的顺式作用元件。

（4）存在重叠基因（overlapping gene）：在病毒基因组中发现不同基因可以共享同一段核苷酸序列，也就是说，这段序列参与编码 2 种或 2 种以上的基因功能产物，这样的基因被称为重叠基因。重叠基因的存在使得较小的病毒基因组携载了更多的遗传信息。1977 年 Sanger F 测序 ΦX174 噬菌体的全基因组后发现，ΦX174 噬菌体中的部分 DNA 序列能够编码 2 种不同的蛋白质，这也解释了为何 ΦX174 噬菌体基因组只含有 5387 个核苷酸，理论上最多编码总分子量不足 200kDa 的蛋白质，而实际却编码了总分子量为 262kDa 的蛋白质，原因就在于其中含有重叠基因。这些重叠基因具有不同的重叠方式，有的基因完全重叠，即一个基因完全包含于另一个基因之中，如基因 B 位于基因 A 之中；有的基因部分重叠，甚至仅有 1 个核苷酸的重叠，如基因 D 的最后一个核苷酸是基因 J 的首个核苷酸（图 15-3）。

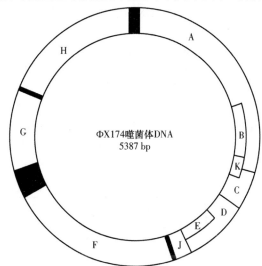

图 15-3 ΦX174 噬菌体的基因组结构
A ～ H 指示 10 个基因，黑色部分指示基因间隔区

（5）主要为单拷贝序列：除逆转录病毒（retrovirus）的基因组是二倍体之外，迄今发现的病毒的基因组都是单倍体，且每个基因在基因组中仅出现一次。逆转录病毒是一类含有逆转录酶和整合酶的 RNA 病毒，如人类免疫缺陷病毒（HIV），其基因组是由 2 条相同的单股正链 RNA 构成，有 2 个拷贝。

（二）原核生物基因组的特征

原核生物是一类无成形细胞核的单细胞生物，包括细菌、古菌、放线菌、蓝细菌、支原体、衣原体、螺旋体和立克次体等。原核生物能够独立生存和繁殖，其中，古菌界定了生命体的极限。古菌常生长于盐湖、热泉和火山口等极端环境之中，迄今发现的生长于最高极限温度下的生物是古菌热网菌，其生长温度可高达 113℃。

1. 原核生物基因组的组成 一些原核生物基因组指的就是其类核（nucleoid）中的染色体 DNA。染色体 DNA 携载了原核生物生存和繁殖所必需的全部遗传信息，其与 RNA 和蛋白质结合形成致密的区域，即被称为类核。原核生物染色体 DNA 一般为闭合环状，但也有例外，如导致莱姆病的博氏疏螺旋体的染色体 DNA 就为线状。除了染色体 DNA 外，许多原核生物还含有另一种 DNA 分子质粒（plasmid）。对于这些原核生物来说，其基因组包括两部分，染色体基因组和质粒基因组。

质粒是多数细菌和古菌胞质中独立于染色体之外的能够自主复制的 DNA 分子，绝大多数为具有超螺旋结构的共价闭合环状双链 DNA（covalently closed circular DNA，cccDNA），但在一些链霉菌属中存在单链和线性 DNA 质粒。质粒伴随宿主细胞的分裂，可将其携载的遗传信息稳定地传递给子代细胞。虽然质粒对宿主细胞的生长并非必需，但往往能赋予宿主细胞一些额外的特性，如抗生素抗性、重金属抗性和致病性等。因此质粒也常与一些致病菌的毒力及耐药性相关。

2. 原核生物基因组的大小 原核生物染色体 DNA 的大小一般在 600kb ～ 10Mb，质粒的大小从几百 bp 到几百 kb 均有。原核生物通常只含有一个染色体 DNA 分子,但也有少数原核生物的染色体 DNA 存在多个拷贝,例如,耐辐射奇球菌,一种迄今所发现的具有最强辐射抗性的极端微生物,其基因组包括 2 个染色体 DNA,1 个为 412kb,另 1 个为 2.65Mb,还包括 2 个质粒,分别为 46kb 和 177kb。在正常生理条件下,原核生物细胞中质粒的拷贝数较为稳定,其数量主要取决于质粒本身的复制特性。依据复制特性,质粒分为严紧型质粒和松弛型质粒,前者在细胞中仅含 1 ～ 2 个,后者则有数十甚至数千个。松弛型质粒多为分子量较小的质粒,在宿主细胞染色体 DNA 复制停止后仍能继续复制,即宿主细胞对此类质粒的控制较为松弛。

3. 原核生物基因组的结构

(1)以操纵子(operon)为转录单位:如前所述,原核生物中功能相关的结构基因常成簇串联排列在一起,它们连同其上下游的调控序列组成一个完整连续的转录单位,即操纵子。操纵子中的结构基因受同一上游启动子和操纵子元件及下游终止子等调控,可转录生成一个多顺反子 mRNA,再经翻译生成多种蛋白质。操纵子由 Jacob F 和 Monod J 于 1961 年发现,他们依据对大肠杆菌中参与乳糖分解代谢的乳糖操纵子(图 15-4)的开创性研究提出了著名的"操纵子学说"(详见第十九章基因表达调控),并荣获了 1965 年的诺贝尔生理学或医学奖。

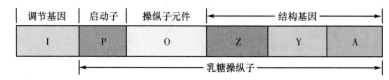

图 15-4　乳糖操纵子的结构

(2)多数为连续基因:原核生物基因多数为连续基因,无内含子,转录后无须剪接,但古菌除外。古菌兼具原核生物和真核生物的特征,虽无核膜,但与真核生物相似,基因中含有内含子,且基因组 DNA 可结合组蛋白形成核小体结构。

(3)约一半为非编码序列:原核生物基因组中非编码序列的占比远高于病毒基因组,约为 50%。这些非编码序列同样多为调控基因表达的调控序列。

(4)少数为重叠基因:在少数细菌的基因组中存在重叠序列。

(5)存在可移动的 DNA 序列:原核生物基因组中存在可移动的 DNA 序列,这些序列可以为基因,也可以为非编码序列。它们可以通过被切离或是被复制从基因组上的一个位置转移到另一个位置,此过程被称为转座(transposition),这些序列又被称为转座因子(transposable element,TE)、移动基因(movable gene)或跳跃基因(jumping gene)等。转座现象由 McClintock B 于 20 世纪 40 年代在玉米的遗传学研究中首次发现,此研究成果荣获了 1983 年的诺贝尔生理学或医学奖。转座因子实际普遍存在于原核生物和真核生物中,包括插入序列(insertion sequence,IS)、转座子(transposon,Tn)和转座质粒等。转座因子可导致基因组 DNA 的插入突变引发染色体畸变或导致相应基因的表达水平发生改变。原核生物的转座子还可携带毒力基因或抗性基因,使得相应性状在生物体之间进行传播。转座子还可以引起基因组重排,改变生物体遗传性状,促进遗传多样性和生物进化。

转 座 子

　　Mende GJ 通过 8 年豌豆杂交试验揭示出遗传学的基本定律,但这一研究被埋没 35 年之久才获认可。同样,McClintock B 与玉米打了近 50 年的交道,在她发现玉米跳跃基因 *Ac-Ds* 后的第 30 个年头,这一研究才被科学界所肯定。1927 年,获得植物遗传学博士学位的 McClintock B 在新成立的华盛顿卡内基研究所获得了一个职位,就此开启了她终生的玉米研究直至 1992 年病逝。McClintock B 在研究中发现玉米籽粒的颜色与其中一条染色体的

断裂相关，提出了"跳跃基因"假说，即基因可以从一条染色体跳跃或转移到另一条染色体上（图 15-5）。而这在当时触犯了"染色体是稳定存在"的信条，直至 30 年后其他分子遗传学家才再次印证了她的这一发现。

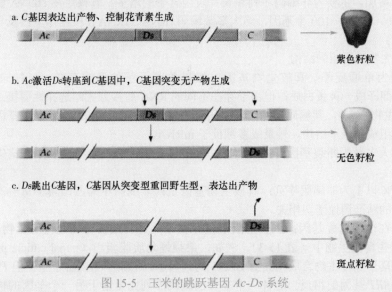

图 15-5　玉米的跳跃基因 *Ac-Ds* 系统

在玉米的跳跃基因 *Ac-Ds* 系统中，*Ac*（activator）代表激活因子，是一种自主调节基因，当它转移到其他基因附近时就可以调节该基因的活性；*Ds*（dissociator）代表解离因子，可被 *Ac* 控制发生转移并引起染色体断裂。玉米中，*Ac* 可以控制 *Ds* 在花青素生成相关的结构基因（假设为 *C* 基因）的内部跳动，从而影响玉米粒的颜色：当 *C* 正常存在时，产生紫色籽粒；当 *Ac* 激活 *Ds*、*Ds* 跳跃进 *C* 中，使 *C* 突变，产生无色籽粒；同时 *Ds* 也可以跳出 *C* 中，使 *C* 从突变型重回野生型，产生斑点籽粒。

（6）结构基因多数为单拷贝序列：在原核生物基因组中，rRNA 基因和 tRNA 基因常有多个拷贝，例如，在大肠杆菌基因组中含有 7 套 rRNA 基因，这样更有利于核糖体的快速组装及蛋白质的迅速合成。但除 RNA 基因之外，原核生物基因组中的结构基因多数为单拷贝。

（三）真核生物基因组的特征

真核生物是指含有以核膜为边界的细胞核的生物的总称，包括原生生物、真菌、植物和动物。

1.真核生物基因组的组成　真核生物基因组包括核基因组（nuclear genome）和细胞器基因组。核基因组是指单倍体细胞核内染色体上的全部 DNA 分子，均为线性双链。细胞器基因组有线粒体基因组（mitochondrial genome）和叶绿体基因组（chloroplast genome）。线粒体和叶绿体是真核细胞内两种半自主性细胞器，自身具有遗传信息的传递与表达系统，同时又依赖于核基因组所编码的蛋白质。依据内共生学说，线粒体和叶绿体分别起源于真核细胞内共生的好氧细菌和蓝细菌，因此二者的基因组特征也与细菌相似。线粒体基因组也可缩写为 mtDNA，每个线粒体中有 2 ～ 10 个拷贝的 mtDNA。mtDNA 通常为环状，但在某些原生生物、真菌和植物中为线性，此外在一些真菌和植物的线粒体中还含有质粒 DNA。叶绿体基因组可缩写为 ctDNA，每个叶绿体中有 15 ～ 20 个拷贝的 ctDNA，ctDNA 也常为环状。

2.真核生物基因组的大小　真核生物基因组的大小为 $10^7 \sim 10^{11}$bp，其中鸟类、爬行类和哺乳类动物的基因组大小均为 10^9bp，而植物、昆虫和两栖动物的基因组大小在各自同类生物中相差较大，例如，在显花植物中，基因组最小的仅为 10^8bp，大的则高达 10^{11}bp。

不同真核生物中 mtDNA 的大小一般差异较大，但几乎所有哺乳动物 mtDNA 的大小均为 16 569bp，共含有 37 个基因，分别编码 2 种 rRNA、22 种 tRNA 和 13 种参与呼吸链与氧化磷酸化的多肽链。与动物相比，植物 mtDNA 通常要大得多，在 300kb ～ 11Mb，但所含基因数并无显著增加，主要为非编码序列和长片段内含子的增多。真核生物 ctDNA 的大小多数为 120 ～ 170kb，含有～ 100 个基因，绝大多数编码 rRNA、tRNA、核糖体蛋白及与光合作用相关的多肽链。

3. 真核生物基因组的结构

（1）多为单顺反子：真核生物基因一般以单顺反子的形式存在，可转录成单顺反子 mRNA，再翻译成一种蛋白质，但由于存在不同的 RNA 剪接方式即选择性剪接（详见第十七章 RNA 的生物合成），其编码产物可以不同。例外的是 ctDNA，ctDNA 上的基因与原核生物的相似，多组成操纵子结构，转录成多顺反子 mRNA。

（2）绝大多数为断裂基因：如前所述，除组蛋白基因等外，绝大多数真核生物的基因为断裂基因。

（3）90% 以上为非编码序列：真核生物基因组内非编码序列占比高于 90%，其多数与真核基因表达的精准调控密切相关。

（4）存在个别重叠基因：重叠基因不仅存在于病毒和细菌等一些低等生物的基因组中，也存在于一些真核生物中（表 15-3）。例如，果蝇蛹角质膜蛋白（pupal cuticle protein，PCP）基因就完全落于嘌呤生物合成相关酶 GART 的编码基因的第一个内含子中，但 *PCP* 基因的转录方向与 *GART* 基因的相反。这种一个基因的编码序列完全落于另一个基因的内含子序列中的特殊重叠方式与低等生物的有所差别。

表 15-3　病毒、原核生物及真核生物基因组特征的比较

基因组特征	病毒	原核生物	真核生物
基因组组成	DNA 或 RNA	染色体 DNA 和质粒 DNA	染色体 DNA 和细胞器 DNA
基因组大小	$10^3 \sim 10^6$nt/bp	$10^5 \sim 10^7$bp	$10^7 \sim 10^{11}$bp
基因存在形式	多顺反子	多顺反子	多为单顺反子
基因的连续性	连续基因或断裂基因	多为连续基因	多为断裂基因
编码序列	> 90%	～ 50%	< 10%
重叠基因	普遍存在	少数存在	个别存在
重复序列	极少数	少数	20% ～ 50%
移动基因	无	有	有
假基因	无	有	有
基因家族	无	无	有

（5）存在可移动的 DNA 序列：转座子存在于原核生物基因组中，也存在于多数真核生物中，例如，前面提及的历史上首个被发现的转座子：控制彩色玉米籽粒颜色的解离因子（dissociator，Ds）基因。而且研究表明小鼠和人类等高等真核生物的基因组中约有 40% 的序列为转座子序列，而在细菌和低等真核生物中这一比例仅为 1% ～ 5%，这也说明转座子在生物的基因组进化过程中发挥着重要的作用。有趣的是，研究人员还发现人类基因组中的 DNA 序列还可以移动到致病菌的基因组中，例如，导致人性病淋病的致病菌淋球菌就可以"偷取"人的一段 L1-DNA 序列，但淋球菌是如何获取这段 DNA 及获取后又有何意义尚不得而知。

（6）存在大量重复序列（repetitive sequence）：真核生物核基因组中重复 DNA 序列占比为 20% ～ 50%，主要分布于非编码区。重复序列依据其组织形式的不同可分为串联重复序列（tandem repetitive sequence，TRS）和散在重复序列（interspersed repetitive sequence，IRS），

前者成簇串联于染色体的特定区域上，后者则散在于染色体的各位点上且部分为可移动的 DNA 序列（图 15-6）。散在重复序列又依据重复序列的长短不同分为短散在元件（short interspersed element，SINE）和长散在元件（long interspersed element，LINE），前者重复序列长 100 ~ 500bp，后者则一般为 1000bp 以上，个别可长达几万 bp。

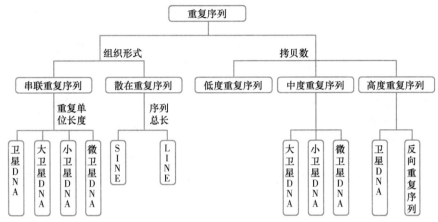

图 15-6　重复序列的分类

重复序列依据其重复拷贝数的不同又可分为低度重复序列、中度重复序列和高度重复序列。①低度重复序列在基因组中有 2 ~ 9 个拷贝。②中度重复序列的拷贝数为 10 ~ 10^5，有的串联排列，也有的分散存在，SINE 和 LINE 绝大多数就为中度重复序列。中度重复序列多数不编码，但也有一部分是编码 rRNA、tRNA 和某些蛋白质如组蛋白的基因。③高度重复序列的拷贝数 > 10^5，甚至高达 10^8，包括反向重复序列（inverted repetitive sequence）和卫星 DNA（satellite DNA）等。反向重复序列是由 2 个序列相同的拷贝在同一条 DNA 链上反向排列而成，2 个拷贝之间可以有核苷酸的间隔，也可以没有。反向重复序列多数是散布存在于基因组之中。卫星 DNA 则是由短的串联重复序列组成，其在碱基组成上含有异常高或低的 G+C 量，经氯化铯密度梯度离心后，可形成不同于 DNA 主带的卫星带，因此被称为卫星 DNA。

真核生物基因组的串联重复序列中，除了卫星 DNA，还有大卫星 DNA（macrosatellite DNA）、小卫星 DNA（minisatellite DNA）和微卫星 DNA（microsatellite DNA）。它们是依据重复单位即核心序列的长短来划分的，重复单位最长的是大卫星 DNA，再依次是卫星 DNA、小卫星 DNA 和微卫星 DNA。与高度重复序列卫星 DNA 不同的是，其他三者均属于中度重复序列。①大卫星 DNA 的重复单位可达数千个 bp，以大卫星 DNA RS447 为例，在人类基因组中其重复单位为 4746bp，重复次数即其拷贝数为 20 ~ 100。RS447 的拷贝数在不同种类哺乳动物基因组中差异较大，呈现高度多态性。②小卫星 DNA 的重复单位为数至数十个 bp，包括端粒 DNA 和高度可变的小卫星 DNA。端粒 DNA 通常由富含鸟嘌呤（G）核苷酸的短核心序列串联构成，拷贝数为数百至数千，在人类基因组中其核心序列为六聚核苷酸 TTAGGG。端粒 DNA 在维持染色体完整性和稳定性及调控细胞寿命中发挥着重要作用（详见第十六章 DNA 的生物合成）。另一类高度可变的小卫星 DNA 也多数位于靠近端粒的区域，其核心序列表现为高度的多态性。③微卫星 DNA 的重复单位为 2 ~ 6bp，多数为二核苷酸，重复次数为 10 ~ 60，总长一般 < 150bp，因此又被称为短串联重复序列（short tandem repeat，STR）或简单重复序列（simple sequence repeat，SSR）。微卫星 DNA 同小卫星 DNA，二者的重复次数在不同个体之间呈现高度的多态性，因此二者又被称为可变数目串联重复序列（variable number of tandem repeated，VNTR），这种个体特异多态性联合分子杂交技术或 PCR 技术可作为 DNA 指纹（DNA fingerprint）鉴定的基础，已被广泛应用于个体识别和亲子鉴定（详见第二十六章基因诊断与基因治疗）。

（7）存在假基因（pseudogene）：原核生物和真核生物基因组中均存在假基因。假基因是指与相应功能基因序列相似，但通常不编码即不能生成有功能产物的"基因"，常用 ψ 表示。假基因最早于 1977 年由 Jacq G 等研究人员在非洲爪蟾的 5S rRNA 基因家族中首次发现，这一假基因 ψG 与 5S rRNA 基因相邻且二者核酸序列基本一致，但 ψG 无 RNA 产物，即无基因表达活性，因此被称为假基因。假基因依据起源和结构的不同可分为两类：复制假基因（duplicated pseudogene）和反转录假基因（retropseudogene）。①复制假基因可能是由相应功能基因通过复制产生的，后来经历突变导致失活。这类假基因往往位于其功能基因的附近，与功能基因序列基本一致或高度同源。②反转录假基因则与其功能基因分散存在于染色体的不同区域上，序列上也有明显差异，如缺少内含子且在 3′ 端有类似于 mRNA 3′-poly(A) 尾的一段多聚（A）核苷酸序列，这些特征提示了这类假基因可能是由功能基因的 mRNA 经逆转录获得的 cDNA 随机整合入基因组中而产生的。有趣的是，假基因并非都"假"。已有越来越多的研究证实部分假基因能够转录生成一些非编码 RNA，而这些非编码 RNA 可以调控相应功能基因或者其他基因的表达。例如，某些假基因能够生成小干扰 RNA（small interfering RNA，siRNA），siRNA 通过与其同源的功能基因的 mRNA 互补结合，引发 mRNA 降解，从而下调功能基因的表达。

（8）存在基因家族（gene family）：真核生物基因组的另一显著特征是存在基因家族。基因家族是指由同一个祖先基因进化而来即来源相同、结构往往相似且功能相关的一组基因。依据家族各成员在染色体上的分布组织形式，基因家族可分为成簇的基因家族（clustered gene family）和散在的基因家族（interspersed gene family）。前者又称为基因簇（gene cluster），即各成员成簇排列于染色体上的集中特定区域，为同一个祖先基因复制进化后的产物；后者各成员则分散存在于同一或不同染色体的多个区域上，序列差异相对较大。基因家族依据各成员之间核酸序列的相似程度，由高到低又可分为序列一致的基因家族、序列高度同源的基因家族和超基因家族（super gene family）等。第一种家族中各成员核酸序列相同或近乎相同，如 rRNA 基因家族、tRNA 基因家族和组蛋白基因家族等。这些家族成员可看作是同一基因的多个拷贝，多属于中度重复序列，拷贝数为数十至数百个。第二种基因家族成员间具有长片段的高度同源的保守序列，例如人生长激素基因家族，成员间 mRNA 序列的同源性可高达92%。也有的基因家族成员的序列同源性较低，仅有一些短片段的保守序列，甚至没有保守序列，如超基因家族。超基因家族是指由一个祖先基因经过变异所产生的在结构和功能上均不尽相似的一类更为庞大的基因家族，如免疫球蛋白超基因家族，迄今已发现有许多与免疫相关的蛋白质的编码基因和一些与免疫无关的基因均属于这一超基因家族。

（四）人类基因组的特征

人类基因组计划（HGP）于 2003 年 4 月 14 日完成，测定了人类基因组的全部核苷酸序列，使得人类对自身基因组的特征有了较为清晰的了解（表 15-4），同时这一"生命之书"的绘制与解读也极大加速了人类对生命与疾病本质的认知。

表 15-4　人类基因组主要信息

项目	数据
基因组组成	染色体 DNA 和线粒体 DNA
基因组大小	～ 3.0×10^9 bp
蛋白质编码基因的数目	20 296 个
RNA 基因的数目	25 173 个
假基因的数目	14 424 个
最大的染色体	1 号染色体

续表

项目	数据
最小的染色体	21 号染色体
含有基因数目最多的染色体	1 号染色体
含有基因数目最少的染色体	Y 性染色体
基因的平均大小	27kb
基因的最大长度	2.4Mb
基因平均含有的外显子数目	10.4
基因含有的最多的外显子数目	178
蛋白质编码序列即外显子比例	～1.5%
可移动的序列比例	～40%
重复序列比例	～35%
单核苷酸多态性位点的数目	～1000 万个

1. 人类基因组的组成 人类基因组包括核基因组和线粒体基因组。因为人类正常体细胞为二倍体，而细胞内含有成百上千的线粒体，每个线粒体中含有 2～10 个拷贝的 mtDNA，所以人类体细胞基因组是由 2 个核基因组和多个线粒体基因组所组成，其中核基因组就是 22 条常染色体和 X 或 Y 性染色体上的全部 DNA 分子。

2. 人类基因组的大小 人类核基因组的大小为～$3.0×10^9$bp，即 30 亿碱基对；线粒体基因组的大小为 16 569bp。依据 ENSEMBL 基因组数据库的最新数据显示，人类基因组中共包含 20 296 个蛋白质编码基因、25 173 个 RNA 基因和 14 424 个假基因。其中，线粒体基因组含有 37 个基因，分别编码 2 种 rRNA（12S rRNA 和 16S rRNA）、22 种 tRNA 和 13 种与线粒体氧化磷酸化相关的蛋白质多肽链（图 15-7）。人类核基因组较为复杂，每条染色体上 DNA 的大小和所含基因的数目都是不同的。其中 1 号染色体 DNA 最长，约 248.96Mb，含有的基因数目也最多，含有 5101 个基因和 1408 个假基因；21 号染色体 DNA 最短，约 46.71Mb，含

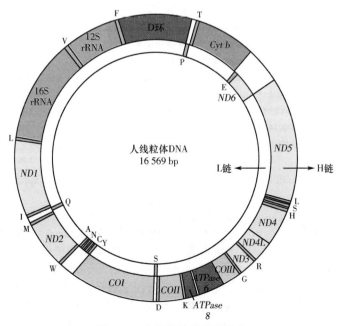

图 15-7 人线粒体基因组结构

有 778 个基因和 209 个假基因；但含有基因数目最少的染色体为 Y 性染色体，仅含有 582 个基因（图 15-8）。此外，人类染色体上的基因并非均匀分布，存在基因丰富区，也存在基因贫乏区和基因沙漠区（gene desert）。基因沙漠区是指在超过 500kb 的长片段 DNA 序列中不含有任何编码序列。目前发现的人类基因组中最大的基因沙漠区存在于 4 号染色体上，但这些基因沙漠区究竟有何具体功能仍在探索中。

▲ Chromosomes

1 2 3 4 5 6 7 8 9 10 11 12 13 14 15 16 17 18 19 20 21 22 X Y

Reference genome:
  ⊟ *Homo sapiens GRCh38.p13*
  Submitter: Genome Reference Consortium

Loc	Type	Name	RefSeq	INSDC	Size (Mb)	GC%	Protein	rRNA	tRNA	Other RNA	Gene	Pseudogene
Chr	1	NC_000001.11	CM000663.2	248.96	42.3	11,096	17	90	4,528	5,101	1,408
Chr	2	NC_000002.12	CM000664.2	242.19	40.3	8,455	-	7	3,804	3,879	1,201
Chr	3	NC_000003.12	CM000665.2	198.3	39.7	7,242	-	4	2,809	2,988	909
Chr	4	NC_000004.12	CM000666.2	190.22	38.3	4,646	-	1	2,231	2,439	805
Chr	5	NC_000005.10	CM000667.2	181.54	39.5	4,803	-	17	2,236	2,595	789
Chr	6	NC_000006.12	CM000668.2	170.81	39.6	5,630	-	138	2,532	3,019	892
Chr	7	NC_000007.14	CM000669.2	159.35	40.7	5,220	-	22	2,408	2,774	914
Chr	8	NC_000008.11	CM000670.2	145.14	40.2	4,087	-	4	1,998	2,174	680
Chr	9	NC_000009.12	CM000671.2	138.4	42.3	4,679	-	3	2,255	2,269	723
Chr	10	NC_000010.11	CM000672.2	133.8	41.6	5,449	-	3	2,186	2,178	643
Chr	11	NC_000011.10	CM000673.2	135.09	41.6	6,715	-	13	2,463	2,923	834
Chr	12	NC_000012.12	CM000674.2	133.28	40.8	5,954	-	9	2,501	2,536	698
Chr	13	NC_000013.11	CM000675.2	114.36	40.2	2,029	-	4	1,242	1,379	475
Chr	14	NC_000014.9	CM000676.2	107.04	42.2	3,497	-	18	1,720	2,063	586
Chr	15	NC_000015.10	CM000677.2	101.99	43.4	3,559	-	9	1,787	1,827	564
Chr	16	NC_000016.10	CM000678.2	90.34	45.1	4,564	-	27	1,803	1,948	478
Chr	17	NC_000017.11	CM000679.2	83.26	45.3	6,115	-	33	2,263	2,452	572
Chr	18	NC_000018.10	CM000680.2	80.37	39.8	2,035	-	1	1,002	986	298
Chr	19	NC_000019.10	CM000681.2	58.62	47.9	6,700	-	6	1,890	2,490	523
Chr	20	NC_000020.11	CM000682.2	64.44	43.9	2,810	-	-	1,329	1,358	341
Chr	21	NC_000021.9	CM000683.2	46.71	42.2	1,283	12	1	708	778	209
Chr	22	NC_000022.11	CM000684.2	50.82	47.7	2,512	-	-	1,010	1,186	355
Chr	X	NC_000023.11	CM000685.2	156.04	39.6	3,811	-	4	1,284	2,199	893
Chr	Y	NC_000024.10	CM000686.2	57.23	45.4	321	-	-	318	582	396
	MT	NC_012920.1	J01415.2	0.02	44.4	13	2	22	-	37	-
Un	-	.	-	183.8	44.3	6,576	33	161	3,995	7,025	2,070

图 15-8 美国国立生物技术信息中心（National Center for Biotechnology Information，NCBI）人类基因组数据

数据来源：https://www.ncbi.nlm.nih.gov/genome/?term=Homo+sapiens，截至 2020 年 7 月 8 日

人类基因组并非生物界基因组中最大的，一些显花植物和两栖类动物的基因组大小可高达 10^{11}bp，超出人类基因组大小 2 个数量级。基因组的大小又被称为 C 值（C value），每种生物均有其特定的 C 值，C 值往往伴随生物进化复杂程度的升高而增加，如高等植物的 C 值远大于同为真核生物的较为低等的真菌的 C 值，但是 C 值也不总是与生物进化复杂程度相关，如人类与部分两栖类动物之间，人类的结构和功能更为复杂，但 C 值较低，这种矛盾现象被

称为 C 值矛盾（C value paradox）。此外还存在 N 值矛盾（N value paradox）。N 值是指一种生物所含有的基因的数目。N 值往往也伴随着生物进化复杂程度的升高而增加，从几个到几万个不等，但 N 值与生物进化复杂程度也存在不对应性，如目前发现的生物界中含有基因数目最多的不是人类，而是一种寄生于人体的毛滴虫，其基因数约为 6 万，但其基因组却比人类的要小，对于这种部分依赖于人体宿主的寄生虫拥有如此多的基因究竟是作何之用，尚不得而知。

　　3. 人类基因组的结构　前述的真核基因组的结构特征基本适用于人类基因组。

　　（1）为单顺反子：人类的基因以单顺反子的形式存在于基因组中。

　　（2）绝大多数为断裂基因：在人类核基因组中，除少数基因如组蛋白基因等外，绝大多数核基因为断裂基因；但人类 mtDNA 与细菌基因组相似，无内含子，其基因为连续基因。

　　（3）～ 1.5% 为蛋白质编码序列：在人类基因组中，蛋白质编码序列即外显子仅占全基因组的～ 1.5%，而非编码序列包括基因间的间隔序列、基因内含子、假基因、转座子和重复序列等则占据了基因组的绝大部分。但人类 mtDNA 不同，其上各基因排列紧密，除 D 环区一小段为非编码序列之外，几乎全部为 RNA 或蛋白质的编码序列。

　　（4）存在个别重叠基因：如 mtDNA 的部分区域有基因重叠。

　　（5）～ 40% 为可移动的 DNA 序列：人类基因组中约有 40% 的序列为转座子。

　　（6）～ 35% 为重复序列：在人类基因组中，～ 65% 的 DNA 序列是单拷贝的，即重复序列占比为 35% 左右，其中～ 60% 为串联重复序列（表 15-5），剩余为散在重复序列。人类串联重复序列卫星 DNA 一般位于异染色质区域如着丝粒，可被划分为 α 型、β 型和 γ 型，其中，α 型卫星 DNA 的重复单位为 171bp，属于灵长类所特有的一类高度重复序列，被发现于人类所有染色体的着丝粒区；β 型和 γ 型卫星 DNA 的重复单位则分别为 68bp 和 220bp，同样位于特定的着丝粒区（表 15-5）。

表 15-5　人类基因组的串联重复序列

类型	重复单位大小（bp）	染色体定位
大卫星 DNA	数千	
卫星 DNA		
α 型	171	所有染色体的着丝粒
β 型	68	特定染色体如 1，9，13，14，15，21，22 号和 Y 性染色体的着丝粒
γ 型	220	特定染色体的着丝粒
小卫星 DNA		
端粒家族	6	所有染色体的端粒
高变家族	9 ～ 24	所有染色体、通常靠近端粒
微卫星 DNA	2 ～ 6	所有染色体

　　（7）存在大量假基因：如前所述，目前已在人类基因组中发现了 14 424 个假基因，其数目接近于真基因的 1/3。如此多的假基因为何在漫长的自然选择中得以保留已成为科学家们研究的热点问题之一。

　　（8）存在基因家族：人类基因组中还存在着许多基因家族，如前述的人生长激素基因家族和 *Alu* 基因家族（*Alu* family）等。*Alu* 基因家族是灵长类基因组所特有的、含量最为丰富的一种高度重复序列基因家族，约占人类全基因组的 10%。由于这种 DNA 序列中含有限制性内切核酸酶（restriction endonuclease）*Alu* Ⅰ 的识别序列 AGCT，所以被称为 *Alu* 基因家族。人 *Alu* 序列的重复单位长约 280bp，拷贝数达 30 万以上，属于 SINE，一般分散存在于基因附近或内含子中，目前在几乎所有已知基因的内含子中都发现存在 *Alu* 序列。*Alu* 序列与 7SL RNA

（信号识别颗粒复合体中的 RNA）基因部分同源，且 3′ 端含有 poly(A) 尾，预示 *Alu* 序列可能是 7SL RNA 经逆转录而生成的反转录假基因。*Alu* 序列在基因组中的广泛存在预示了其可能具有多方面的重要功能，如基因调控，*Alu* 序列的变异也已被证实与人类多种遗传性疾病和肿瘤等疾病的发生及发展密切相关。

（9）具有多态性：在人类基因组 DNA 序列上通常平均每几百个碱基就会出现一些个体差异，当某种差异相对常见、在群体中的出现频率高于 1% 时，即称为 DNA 多态性。DNA 多态性可导致不同个体对疾病的易感程度和对药物的反应不同。人类基因组 DNA 多态性主要有限制性片段长度多态性（restriction fragment length polymorphism，RFLP）、串联重复序列多态性（tandem repetitive sequence polymorphism，TRSP）、单核苷酸多态性（single nucleotide polymorphism，SNP）和拷贝数多态性（copy number polymorphism，CNP）等。① RFLP 中的"R"即"限制性"，指代的是限制性内切核酸酶，如上述的 *Alu* Ⅰ。限制性内切核酸酶简称限制酶，可以特异性识别并切割双链 DNA 分子。当多态性发生在 DNA 的限制酶识别位点上，酶切该 DNA 序列后就会产生不同长度的酶切片段（详见第二十六章）。② TRSP 如前所述主要包括小卫星 DNA 和微卫星 DNA，其重复单元的重复次数在个体之间呈高度变异性。其中微卫星 DNA 数量丰富，可高达十几万种，多态性显著高于 RFLP，被广泛应用于 DNA 指纹的鉴定，且被证实与某些肿瘤和神经系统疾病等关系密切。③ SNP 是指基因组 DNA 序列上单个核苷酸或者说是单个碱基的差异。例如，一些人在某一 DNA 位点上是 A，而另一些人在同一位点上是 T（图 15-9）。SNP 是人类基因组中最简单和最常见的一种多态性，总数预计超过 1000 万个，即平均每 300bp 长的 DNA 中就有 1 个 SNP 的存在。SNP 同样与疾病易感性及药物应答密切相关，在疾病诊治和药物研发等领域尤其是精准医疗中具有重要价值。自HGP 之后，人类开启了以检测 SNP 位点、构建人类 DNA 多态位点常见模式为主要目标的国际人类基因组单体型图计划，简称 HapMap 计划（详见第二十二章）。④ CNP 一般是指长度为 1kb 以上的基因组 DNA 大片段的拷贝数的变异，如在多种癌细胞中发现表皮生长因子受体（epidermal growth factor receptor，EGFR）基因的拷贝数显著增加。目前 *EGFR* 基因的拷贝数变异检测对癌症的诊治和预后评估具有重要指导意义。

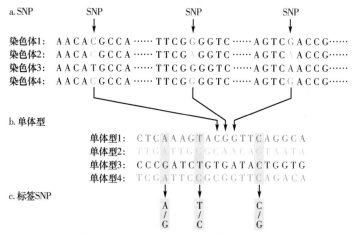

图 15-9　单核苷酸多态性和单体型示意图

a. SNP，不同个体基因组 DNA 序列同一位点上单个核苷酸的差异；b. 单体型，基因组 DNA 某一区域中邻近 SNP 的集合；
c. 标签 SNP，对于识别特定单体型所必需的 SNP

（孙梓暄）

思 考 题

1. 什么是多顺反子？从生物进化角度如何理解基因以多顺反子形式存在的意义？

2. 阐述转座因子与生物进化及人类疾病的关系。

3. 什么是 C 值和 N 值？举例说明什么是 C 值矛盾和 N 值矛盾。

4. 什么是重复序列？给出人类基因组中串联重复序列多态性的实例。

5. 阐述不同个体或人群对疾病易感性和对药物应答多样性的分子遗传学机制。

案例分析题

患者，女，51 岁，右侧乳腺癌术后 7 年，出现胸闷、气短 1 个月，于 2017 年 10 月 9 日就诊，入院后行胸腔穿刺，送检胸腔积液，病理检查显示：查见癌细胞；行胸腔积液基因检测：*EGFR* 基因突变阳性（19 外显子缺失）；胸腔积液引流后复查胸部平扫 CT 显示：双侧胸膜局部增厚，左上胸膜明显增厚呈结节状；双侧斜裂微小结节，纵隔稍大淋巴结，左肺尖多发小叶间隔增厚。临床分期：cT1bN0M1aIVA 期。

患者表示暂不行靶向治疗，于 2017 年 10 月 24 日行一线治疗：紫杉醇脂质体、洛铂及贝伐珠单抗三药联合治疗共 3 个周期。治疗 2 个周期后复查胸部平扫 CT 显示：双侧胸膜局部增厚，左上胸膜明显增厚呈结节状，不除外转移，双侧斜裂微小结节，左侧胸腔积液，左肺尖多发小叶间隔增厚。

2017 年 12 月起给予厄洛替尼 150mg 口服，1 次 / 日，定期复查。2019 年 3 月，口服厄洛替尼 15 个月后，复查 CT 提示：肺部原发肿瘤增大，周围出现新卫星病灶；PET-CT 检查提示：未见远处转移；行左肺上叶肿物针穿活检，基因检测：*EGFR* 基因 19 外显子缺失，20 外显子 *T790M* 突变，PD-L1 高表达（60%）。胸部平扫 CT 显示：双侧胸膜局部增厚，左上、左下胸膜明显增厚呈结节状，左下胸膜较前新发，考虑转移可能性大。肿瘤标志物：癌胚抗原（carcino-embryonic antigen, CEA）2.77ng/ml（参考范围 < 5.5ng/ml），甲胎蛋白（α-fetoprotein, AFP）12.15ng/ml（参考范围 < 7ng/ml）。当日给予甲磺酸奥希替尼 80mg 口服，1 次 / 日。而后分别于 2019 年 5 月、2019 年 8 月复查胸部 CT，疾病稳定，肿瘤标志物较前无明显变化。

问题：

（1）患者 *EGFR* 基因检测结果显示：19 外显子缺失，20 外显子 *T790M* 突变，如何来理解这一结果？简述 *EGFR* 基因结构及 *EGFR* 基因突变与肿瘤的相关性。

（2）患者先后经历了哪些肿瘤靶向药物治疗？这些肿瘤靶向药物治疗与 *EGFR* 基因检测的关联是什么？

（3）患者后期检测了肿瘤标志物，何为肿瘤标志物？其检测结果：CEA 2.77ng/ml，AFP 12.15ng/ml，这对患者肿瘤诊治有何指导意义？

第十六章　DNA 的生物合成

内容提要

生物细胞内 DNA 的合成包括 DNA 指导的 DNA 合成（DNA 复制）和 RNA 指导的 DNA 合成（逆转录）。

DNA 复制是以亲代 DNA 为模板，按照碱基互补配对原则合成子代 DNA 分子的过程，其化学本质是 DNA 模板指导下连续的脱氧核苷酸的酶促聚合反应。DNA 复制以半保留的方式进行，即亲代 DNA 的两条链各自作为模板指导合成互补的新链，在子代 DNA 分子的双链中，一条链来自于亲代 DNA，另一条链则是重新合成。染色体 DNA 复制具有半不连续的特征，即前导链被连续合成，而后随链先被合成为不连续的冈崎片段，再经连接而成。染色体 DNA 复制采用双向复制的形式，即从复制起始点处向两个方向进行复制。DNA 复制具有高度的保真性。

DNA 复制需要多种酶和蛋白质因子的参与，主要包括解螺旋酶、DNA 拓扑异构酶、单链 DNA 结合蛋白（SSB）、引发酶、依赖于 DNA 的 DNA 聚合酶（DDDP 或 DNA-pol）和 DNA 连接酶等。原核细胞 DNA 聚合酶至少有五种，其中 DNA-pol Ⅲ 是真正的 DNA 复制酶。真核细胞 DNA 聚合酶有 α、β、γ、δ、ε 等多种。DNA 聚合酶对碱基的选择功能和即时校读功能是 DNA 复制高度保真性得以实现的重要机制。

原核生物和真核生物染色体 DNA 的复制过程及基本特征相似。真核染色体 DNA 复制受到严密的调控，在增殖细胞中一个细胞周期内 DNA 复制一次，在 DNA 合成期（S 期）进行。原核染色体 DNA 通常只有一个复制起始点，而真核染色体 DNA 复制起始点众多。真核染色体末端的端粒 DNA 由端粒酶合成，以维持染色体 DNA 的完整性。

体内外环境因素等可引起基因组 DNA 分子结构的异常改变，称为 DNA 损伤。DNA 损伤若不能及时修复，可引起稳定可遗传的基因组 DNA 核苷酸序列的改变，即基因突变。生物体内 DNA 损伤的修复机制有直接修复、切除修复、重组修复和 SOS 修复等。切除修复机制普遍存在于各种生物细胞中，也是人体细胞主要的 DNA 修复方式。DNA 修复机制缺陷可引起发育障碍和肿瘤等多种疾病。

逆转录是以 RNA 为模板合成互补 DNA（cDNA）的过程。在感染 RNA 病毒的细胞内，病毒逆转录酶（依赖于 RNA 的 DNA 聚合酶，RDDP）催化逆转录过程的进行。

原核生物通过细胞分裂繁殖后代，后代保持了亲代完整的遗传特征；多细胞的真核生物通过细胞分裂生长和发育，几乎每个细胞在遗传上都具有全能性。在细胞分裂前的一定阶段，染色体 DNA 通过复制（replication），将遗传信息从亲代 DNA 传递到两个子代 DNA 分子，子代 DNA 随后分配到两个子代细胞中。DNA 复制的过程是在 DNA 模板（template）指导下连续的脱氧核苷酸的酶促聚合反应，在多种酶和蛋白质因子的参与下，这一重要的生物合成过程迅速而准确地进行。体内外环境因素等可引起 DNA 损伤，可能导致稳定可遗传的基因突变。细胞内存在多种修复酶系统，参与损伤 DNA 的修复。逆转录病毒的遗传物质是 RNA，通过逆转录（reverse transcription）机制合成互补的 DNA，以传递遗传信息。

第一节　DNA 复制的基本特征

DNA 复制是以亲代 DNA 为模板，按照碱基互补配对原则合成子代 DNA 分子的过程。DNA 复制按照半保留复制（semiconservative replication）的方式进行，且具有半不连续复制（semidiscontinuous replication）的特征。原核细胞和真核细胞的染色体 DNA 普遍采用双向复制（bidirectional replication）的形式。DNA 复制具有高度的保真性（high fidelity）。

一、DNA 复制以半保留的方式进行

DNA 复制按照半保留的方式进行。复制时，亲代 DNA 的双链解开成两条单链，各自作为模板指导合成碱基互补的新链。子代细胞的 DNA 双链中，一条单链是由亲代 DNA 完整地保留下来，另一条单链则是重新合成，这种复制方式称为半保留复制。由于碱基互补配对，两个子代 DNA 分子和亲代 DNA 分子的碱基序列一致（图 16-1）。

Watson J 和 Crick F 在提出 DNA 双螺旋结构模型的同时，即预示了 DNA 半保留复制的可能。1958 年，Meselson M 和 Stahl FW 选用大肠杆菌 E. coli 作为实验材料证实了 DNA 半保留复制的设想（图 16-2）。① E. coli 能够利用 NH_4Cl 作为氮源合成 DNA。采用 $^{15}NH_4Cl$ 为唯一氮源的培养基，将 E. coli 培养十几代以后，其 DNA 被 ^{15}N 所标记（原代 DNA），密度大于 ^{14}N-DNA。经氯化铯（CsCl）密度梯度离心，分离出的 ^{15}N-DNA 位于重密度区域。②将 ^{15}N 标记的 E. coli 放回普通培养基（$^{14}NH_4Cl$ 为唯一氮源），培养一代以后，经密度梯度离心分析发现，子一代 DNA 位于中等密度区域，即介于重密度（^{15}N-DNA）和轻密度（^{14}N-DNA）区域之间，而在重密度和轻密度区域处均检测不到 DNA。结果提示，子一代 DNA 只有一种形式，即为 $^{14}N/^{15}N$-DNA。③ ^{15}N 标记的 E. coli 在普通培养基中培养两代，可以检测到两种密度形式的 DNA，分别出现在轻密度区域和中等密度区域。结果提示，子二代 DNA 有两种形式，分别为 ^{14}N-DNA 和 $^{14}N/^{15}N$-DNA。以上结果与 DNA 复制采取半保留方式的设想相符合。

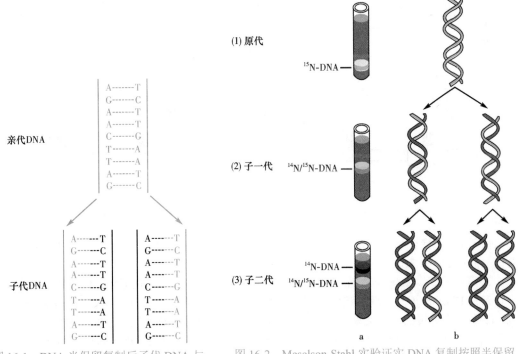

图 16-1　DNA 半保留复制后子代 DNA 与亲代 DNA 的碱基序列一致

图 16-2　Meselson-Stahl 实验证实 DNA 复制按照半保留的方式进行

a. CsCl 密度梯度离心结果；b. 实验结果的解释

将子一代 DNA 分子（$^{14}N/^{15}N$-DNA）经 100℃ 加热变性，变性前后的 DNA 分别经 CsCl 密度梯度离心。结果显示，变性前仅检测到一条中等密度的区带，变性后则可检测到两条区带，分别位于重密度区域和轻密度区域。结果表明，子一代 DNA 分子的双链中，一条为 ^{15}N-DNA 链，另一条为 ^{14}N-DNA 链，从而进一步证实了 DNA 复制按照半保留的方式进行。

按照半保留复制的方式，由于碱基互补配对，子代 DNA 分子和亲代 DNA 分子的碱基序列完全一致，子代 DNA 保留了亲代 DNA 的全部遗传信息，这就是遗传的保守性，有助于维持物种的稳定性。然而，遗传的保守性是相对的，自然界还存在着普遍的基因变异现象，即遗传的变异性，有益于生物的进化，但也可引起疾病。

二、DNA 复制是由 5′→3′ 方向进行的半不连续复制

1. DNA 合成由 5′→3′ 方向进行　DNA 复制的过程是 DNA 模板指导下连续的脱氧核苷酸的酶促聚合反应过程。聚合反应是在依赖于 DNA 的 DNA 聚合酶（DNA-dependent DNA polymerase，DDDP）的催化下完成的。DDDP 又称 DNA 指导的 DNA 聚合酶（DNA-directed DNA polymerase，DDDP），简称 DNA 聚合酶（DNA polymerase，DNA-pol）。DNA 聚合酶以单链 DNA 为模板，按照碱基互补配对的原则在四种脱氧三磷酸核苷（deoxynucleoside triphosphate，dNTP），即 dATP、dGTP、dCTP 和 dTTP 中选择适当的底物掺入反应，通过催化生成磷酸二酯键以聚合形成 DNA 长链。

dNTP 5′ 端的磷酸从靠近脱氧核糖开始，依次为 α-、β- 和 γ- 磷酸（图 16-3）。在聚合反应连续进行的过程中，每一步反应都是由正在延伸的 DNA 链上的 3′-OH 与即将掺入的 dNTP 上的 5′-α- 磷酸进行亲核反应，以生成磷酸二酯键，另一产物焦磷酸（PPi）随后水解释放出自由能（图 16-3）。上述反应不可逆，反应式可简写为

$$(dNMP)_n + dNTP \longrightarrow (dNMP)_{n+1} + PPi$$

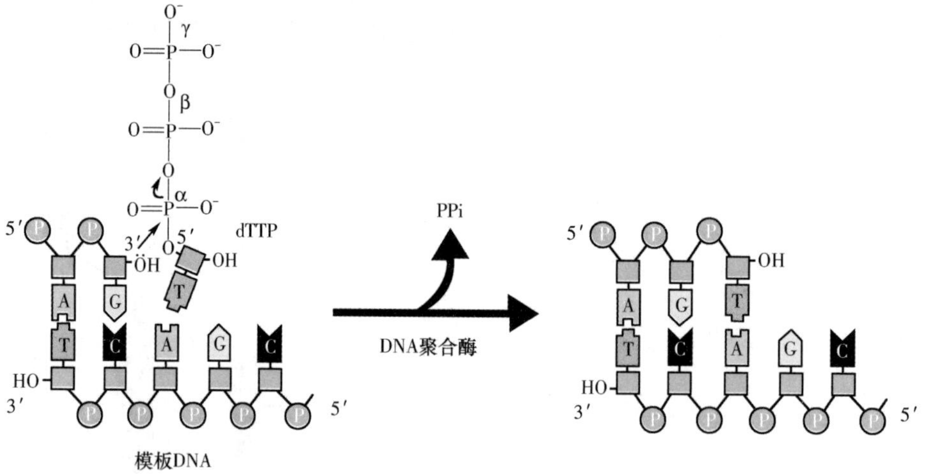

图 16-3　DNA 复制过程中 DNA 聚合酶催化脱氧核苷酸的聚合反应

由于 DNA 聚合酶只能催化在多核苷酸链的 3′-OH 上进行聚合反应，因此，DNA 新链的合成只能由 5′→3′ 方向进行。

2. 前导链连续合成而后随链不连续合成形成半不连续复制　在 DNA 半保留复制的过程中，亲代 DNA 分子的双螺旋链依次解开，形成 Y 字形的结构，称为复制叉（replication fork）（图 16-4）。在伸展的复制叉处，两条链各自作为模板，同时进行复制。双螺旋 DNA 分子中的两条链走向相反，一条链的走向是 5′→3′，另一条是 3′→5′。由于 DNA 只能沿着 5′→3′ 方向合成，因此 3′→5′ 走向的模板链随着复制叉的前进可连续地进行复制，新链由 5′→3′ 方向延伸，而另一条 5′→3′ 的模板链是如何进行复制的呢？

　　Okazaki R 等于 1968 年提出了 DNA 不连续复制的假说，并通过实验证实了这一设想。他们在生长中的 *E. coli* 的培养液中加入 ^{3}H- 胸腺嘧啶核苷（^{3}H-thymidine），脉冲标记（pulse-labeling）后分离纯化 DNA，并变性处理以得到单链的 DNA。蔗糖密度梯度离心分析结果表明，短时间内新合成的 DNA（被 ^{3}H 所标记）是小分子量的 DNA 片段（长度约为 1000 个核苷酸），随后检测到的是高分子量的 DNA；抑制 DNA 连接酶的活性，会引起大量小分子量 DNA 片段的累积。以上结果提示，DNA 以不连续的方式进行复制，即首先合成较短的 DNA 片段，再由 DNA 连接酶连接成大分子的 DNA。这种在复制中产生的不连续的 DNA 片段被称为冈崎片段（Okazaki fragment）。研究表明，DNA 的不连续合成不仅发生于原核生物染色体 DNA 的复制中，真核生物染色体 DNA 的复制也是不连续的。冈崎片段在原核细胞中的长度为 1000～2000 个核苷酸，在真核细胞中的长度为 100～200 个核苷酸。

　　其实，DNA 复制的机制是半不连续的复制（图 16-4）。以 3′→5′ 走向的链为模板进行复制，新链的合成可随着复制叉的前进连续地进行；而以 5′→3′ 走向的链为模板进行的复制，只有当模板链解开至足够长度，才能由 5′ 向 3′ 方向合成一小段 DNA，所以随着复制叉的前进合成许多不连续的冈崎片段，最后由 DNA 连接酶连接成完整的 DNA 链。上述连续复制生成的新链称为前导链（leading strand），不连续复制生成的新链称为后随链（lagging strand）。

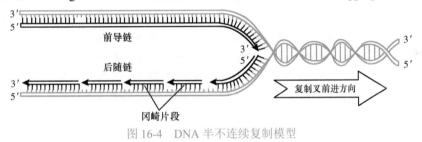

图 16-4　DNA 半不连续复制模型

三、DNA 复制是由复制起始点向两个方向延伸的双向复制

　　DNA 复制从固定的起始点（origin）开始向两个方向进行复制，称为双向复制。

　　1972 年，Prescott DM 和 Kuempel PL 采用同位素标记放射自显影技术观察 *E. coli* 染色体 DNA 的复制后得出了上述结论。他们在含有 ^{3}H- 胸腺嘧啶（^{3}H-thymine）的培养液中启动 *E. coli* 的复制，复制起始点处的 DNA 因此被轻度标记。十几分钟后，将 *E. coli* 移入含有 ^{3}H- 胸腺嘧啶和 ^{3}H- 胸腺嘧啶核苷的培养液中，这将会使随后复制产生的 DNA 链被重度标记。染色体 DNA 的放射自显影图片显示（图 16-5），在低密度标记的复制起始点两端各有一个高密度标记的分支点，从而证明了 *E. coli* 中染色体 DNA 的复制是从同一起始点出发同时向两个方向进行，即具有双向复制的特点。

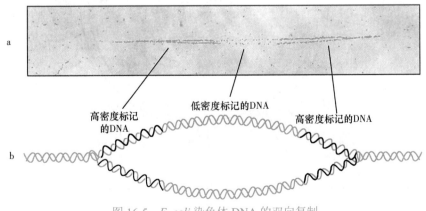

图 16-5　*E. coli* 染色体 DNA 的双向复制

a. 放射自显影结果；b. 实验结果的解释

研究发现，真核生物的染色体 DNA 具有多起点双向复制的特征。双向复制是原核和真核生物染色体 DNA 普遍采用的复制形式。

四、DNA 复制具有高度的保真性

DNA 复制采用半保留的方式，亲代 DNA 的全部遗传信息准确地传递给子代 DNA，此为 DNA 复制的高度保真性。DNA 聚合酶在亲代 DNA 模板链的指导下，严格按照碱基互补配对原则催化 DNA 高度准确地进行复制。据估计，在 DNA 聚合酶催化酵母染色体基因组 DNA 合成过程中，平均每掺入 10^7 个脱氧核苷酸仅出现 1 次错误。据此推测，酵母细胞每增殖 1 代最多有 1 个核苷酸的改变。实际上，DNA 聚合酶的即时校读功能和细胞的错配修复体系使得 DNA 复制的错配概率远远低于这一估计，酵母细胞增殖 250 代才可能出现核苷酸序列的改变。

总之，DNA 半保留复制的高度保真性得以实现，至少依赖以下四种机制：①遵守严格的碱基互补配对规律；② DNA 聚合酶在复制延伸中对碱基的选择功能；③复制过程中 DNA 聚合酶即时校对功能；④ DNA 损伤的错配修复机制。

E. coli 染色体基因组的结构特点及基因的命名

基因组（genome）是指生物体全部的遗传物质，即 DNA 或 RNA（RNA 病毒），包含基因及基因间的连接片段。E. coli 的染色体为闭合环状双链的 DNA（图 16-6）。E. coli K-12 菌株（E. coli K-12）的染色体基因组 DNA 长度 4.64×10^6 bp，包含 4 569 个基因，其中蛋白质编码基因 4 242 个，RNA 基因 180 个（rRNA 基因 22 个，tRNA 基因 86 个，其他 RNA 基因 72 个），假基因 147 个。为了定位方便，把 E. coli K-12 的 DNA 分为 100 等份，复制起始点 oriC（origin C）在 82 位点，复制终止点（termination region）ter 在 32 位点。

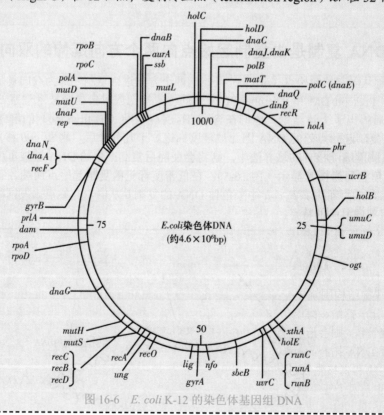

图 16-6 *E. coli* K-12 的染色体基因组 DNA

习惯上，*E. coli* 基因的命名采用三个小写的斜体字母表示，一般能够反应基因的功能。例如，*dna* 是与复制相关的一组基因，并按照基因发现的先后顺序依次命名为 *dnaA*、*dnaB*、*dnaC*、…、*dnaX*；*polA*、*polB* 和 *polC* 分别编码 DNA 聚合酶Ⅰ、DNA 聚合酶Ⅱ和 DNA 聚合酶Ⅲ中的催化亚基；不同的 *hol* 基因分别编码 DNA 聚合酶Ⅲ全酶（holoenzyme）中的不同亚基；*rec* 和 *uvr* 分别是与基因重组（gene recombination）、紫外线（ultra violet，UV）损伤抗性相关的基因。当基因产物的功能确认以后，有时会重新命名，如 *polC* 曾经被命名为 *dnaE*。

基因的编码产物有时使用首字母大写的基因名称表示，如 *dnaA*、*dnaB*、*dnaC* 等相应的蛋白质，依次命名为 DnaA、DnaB、DnaC 等；*recA* 等相应的蛋白质为 RecA 等。

第二节　DNA 复制酶系统

细胞内 DNA 复制的连续化学反应过程，除了要以亲代 DNA 为模板，以 dNTP 为原料外，还需要众多酶和蛋白质因子的参与才能完成，它们被称为 DNA 复制酶系统（DNA replicase system）。*E. coli* 的染色体 DNA 复制大约需要 30 种蛋白质，真核生物的 DNA 复制酶系统则更加复杂。DNA 复制酶系统主要包括解螺旋酶（helicase）、DNA 拓扑异构酶（DNA topoisomerase）、单链 DNA 结合蛋白（single-stranded DNA binding protein，SSB）、引发酶（primase）、DNA 聚合酶和 DNA 连接酶（DNA ligase）等。DNA 复制是整个 DNA 分子的全合成过程，解析这些酶和蛋白质因子的结构和功能调节机制才有可能明晰 DNA 复制的全过程。

一、解螺旋酶解开 DNA 双链

DNA 半保留复制的过程中，亲代 DNA 的两条链各自作为模板指导合成新的互补链，模板对新链合成的指导作用在于碱基的准确配对，而碱基位于 DNA 双螺旋的内部，因此，复制开始时只有把亲代 DNA 分子的双螺旋解开，才能起到模板的作用。解螺旋酶，又称解链酶，是利用 ATP 提供的能量破坏碱基之间的氢键从而解开核酸分子（DNA 和 RNA）双链的一类酶。解螺旋酶参与 DNA 复制、转录、翻译、基因重组、DNA 损伤修复等一系列的细胞生物学过程。

在 *E. coli* 染色体基因组中与复制相关的基因分别名为 *dnaA*、*dnaB*、*dnaC*、…、*dnaX*。相应的蛋白质，使用首字母大写依次命名为 DnaA、DnaB、DnaC、…、DnaX 等。现在已知 DnaB 蛋白就是一种解螺旋酶，同时具有 ATP 酶和解螺旋酶的活性。在复制开始时，同源六聚体的 DnaB 结合在复制起始部位的单链 DNA 上，通过水解 ATP 获得能量以解开 DNA 双链；在其后的复制过程中，DnaB 随着复制叉的伸展沿着模板链不断地移动，从而发挥解链的作用。DnaB 的解链作用还需要 DnaA 和 DnaC 的共同参与（详见本章第三节）。

二、DNA 拓扑异构酶解除 DNA 的扭结现象

DNA 双螺旋结构围绕中心轴旋绕，而复制中的解链是沿着同一中心轴的高速反向旋转，易造成 DNA 分子打结、缠绕和连环等现象。闭环状态的 DNA 还会扭转成超螺旋，如果扭转方向与双螺旋一致，则会形成更加紧密的正超螺旋。这些现象都将阻碍复制的正常进行。因此，复制中还需要 DNA 拓扑异构酶的协助，以克服 DNA 解链过程的扭结现象。拓扑异构酶广泛存在于原核生物和真核生物的细胞核中，主要分为Ⅰ型拓扑异构酶（Topo Ⅰ）和Ⅱ型拓扑异构酶（Topo Ⅱ）两个亚家族，它们分别包括多种亚型。在原核生物中，Ⅰ型拓扑异构酶包括 Topo Ⅰ和 Topo Ⅲ，Topo Ⅰ曾被命名为 ω 蛋白，Ⅱ型拓扑异构酶包括 Topo Ⅱ / 旋转酶（gyrase）和 Topo Ⅳ。

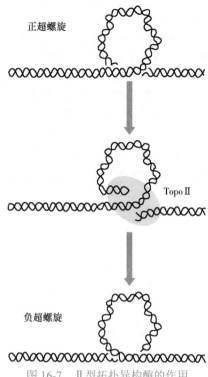

正超螺旋

Topo Ⅱ

负超螺旋

图 16-7　Ⅱ型拓扑异构酶的作用

拓扑异构酶既能使 DNA 链发生断裂，又能将其重新连接。Ⅰ型拓扑异构酶能切断 DNA 双链中的一股，再牵引另一条链通过切口旋转使 DNA 变为松弛状态，然后使断链重新连接。Ⅰ型拓扑异构酶催化的上述反应不需要 ATP。Ⅱ型拓扑异构酶在无 ATP 时，同时断开 DNA 分子双链，双链 DNA 通过切口旋转，使超螺旋松弛；在利用 ATP 供能的情况下，Ⅱ型拓扑异构酶催化断端连接，使 DNA 成为负超螺旋状态（图 16-7）。拓扑异构酶不仅参与复制中 DNA 分子的解链过程，在复制末期，亲代 DNA 链与新合成的子链也会互相缠绕、打结，需要Ⅱ型拓扑异构酶的作用。可见，拓扑异构酶在复制的全过程都起作用。此外，拓扑异构酶在转录、基因重组、染色质分离等过程中调节 DNA 的拓扑状态。

真核拓扑异构酶已成为抗肿瘤药物的重要作用靶点，可用于抗肿瘤药物的筛选。例如，喜树碱（camptothecine）及其衍生物类抗肿瘤药物抑制真核Ⅰ型拓扑异构酶的活性，干扰肿瘤细胞的 DNA 合成从而抑制其增殖。抗肿瘤药物依托泊苷（etoposide）和安吖啶（amsacrine）是Ⅱ型拓扑异构酶的抑制剂。研究表明，拓扑异构酶还与肿瘤的多药耐药性有关。原核拓扑异构酶是多种抗生素的作用靶点，如新生霉素（novobiocin）和萘啶酮酸（nalidixic acid）是旋转酶的抑制剂。

三、单链 DNA 结合蛋白稳定单链的 DNA 模板

在解螺旋酶和拓扑异构酶的共同作用下，亲代 DNA 双链解开成两条单链，分别作为模板指导复制的进行。但是，处于单链状态的 DNA 模板链因为碱基互补配对，有形成双链的倾向，且易被细胞内广泛存在的核酸酶降解。原核和真核细胞内存在的单链 DNA 结合蛋白（SSB）可结合并保护单链的 DNA 模板，此蛋白质也曾被称为螺旋反稳定蛋白（helix destabilizing protein，HDP）。在 *E. coli* 中，SSB 是同源四聚体蛋白，每个亚基由 177 个氨基酸残基组成，其结合单链 DNA 的跨度约 32 个核苷酸单位。

复制时，一旦模板解开成单链，SSB 分子便结合在单链 DNA 分子上，以维持模板处于单链状态，并保护单链模板不被核酸酶所水解。SSB 结合单链 DNA 的作用具有协同效应，即一分子 SSB 的结合能促进其后 SSB 分子与下游区段单链 DNA 的相互作用，使得单链 DNA 能够迅速被 SSB 分子所覆盖。结合了 SSB 的 DNA 片段是不能被复制的，在指导复制反应发生之前，单链 DNA 模板上结合的 SSB 必须解离。因此，在整个复制过程中，随着复制叉的伸展 SSB 不断地结合和解离，反复利用。

四、引发酶在模板指导下催化引物 RNA 的合成

复制是在 DNA 聚合酶催化下脱氧核苷酸聚合的连续化学反应。DNA 聚合酶没有从头催化两个游离的 dNTP 聚合的能力，只能在核苷酸链的 3′-OH 端与按碱基配对进入的 dNTP 进行反应，生成磷酸二酯键，因此，无论是前导链还是后随链中冈崎片段的合成都需要引物（primer），以提供游离的 3′-OH 进行聚合反应。复制中的引物是一段 RNA 分子，在不同生物中，引物的长度从几个到几十个核苷酸不等。

在 DNA 复制中，引发酶能够催化合成与模板 DNA 链碱基互补的引物 RNA 分子。引发酶是一种依赖于 DNA 的 RNA 聚合酶（DNA-dependent RNA polymerase，DDRP），在模板指导下可以催化游离的 NTP 的聚合。引发酶不同于转录过程中催化 NTP 聚合反应的 RNA 聚合酶，是一种催化反应速度较慢且具有差错倾向性的聚合酶。引物最终会被 DNA 所替换，因此成熟的 DNA 分子中不含有 RNA 片段。在 *E. coli* 中，引发酶是一条分子量为 60kDa 的多肽链，是 *dnaG* 基因的表达产物 DnaG。复制中，DnaG 与 DnaB 等复制因子的复合体，结合到模板 DNA 上形成引发体（primosome），引发体的下游解开 DNA 双链，再由 DnaG 催化引物的合成。

五、DNA 聚合酶催化脱氧核苷酸的聚合反应

在前述诸多酶和蛋白质因子的共同作用下，复制所需的单链模板和 RNA 引物等已经准备就绪，引物 3'-OH 后脱氧核苷酸的聚合反应由 DNA 聚合酶催化完成。1956 年，Kornberg A 等在 *E. coli* 中发现了这种酶，将其命名为复制酶（replicase），以后随着其他种类 DNA 聚合酶的发现，最早被发现的这种酶被命名为 DNA-pol Ⅰ。

（一）DNA 聚合酶的三种酶活性和复制的保真性

1. 5'→3' 的聚合活性和对碱基的选择性　原核和真核 DNA 聚合酶均具有如下的共同特点：引物的依赖性、模板的依赖性（碱基的选择性）及延伸 DNA 的方向性（5'→3'）。由于 DNA 聚合酶依赖于引物及其提供的游离 3'-OH 进行聚合反应，因此，其聚合活性有方向性，即 5'→3' 的聚合活性。

DNA 聚合酶对模板的依赖性，是指在模板指导下选择适当的碱基，以使子链与模板链上对应的碱基互补配对。碱基配对的关键在于氢键的形成，A-T 以两个氢键、G-C 以三个氢键维持配对，而错配的碱基之间难以形成氢键。据此推想：复制中脱氧核苷酸之间生成磷酸二酯键应在碱基配对之后。在核苷酸聚合之前或在聚合时，DNA 聚合酶就可以控制碱基的正确选择。DNA 聚合酶依靠其大分子结构来协调这种非共价键（氢键）与共价键（磷酸二酯键）的有序形成。

2. 5'→3' 和 3'→5' 核酸外切酶活性及校读功能　有些 DNA 聚合酶不仅有 5'→3' 聚合的活性，还有 5'→3' 或 3'→5' 核酸外切酶（exonuclease）的活性，即由 5'→3' 或 3'→5' 方向依次水解磷酸二酯键的能力。5'→3' 核酸外切酶的活性使得 DNA 聚合酶参与 RNA 引物的切除，此外还能切除损伤的 DNA 片段，因而参与损伤 DNA 的修复机制。3'→5' 核酸外切酶的活性则允许 DNA 聚合酶切除复制中错配的碱基。一旦一个错误的核苷酸掺入成长中 DNA 链的末端，DNA 聚合酶的聚合活性被抑制，以 3'→5' 核酸外切酶的活性即时将其切除后，复制才可以继续下去。这种功能称为即时校对（proofreading）。

DNA 聚合酶对模板的依赖性、即时校读和损伤修复功能使得 DNA 复制的高度保真性得以实现。

（二）原核生物的 DNA 聚合酶

1. 原核 DNA 聚合酶的分类　已知的 *E. coli* 中的 DNA 聚合酶至少有五种（DNA-pol Ⅰ～Ⅴ），其中参与 DNA 复制的主要有 DNA-pol Ⅰ、DNA-pol Ⅱ和 DNA-pol Ⅲ（表 16-1）。DNA-pol Ⅲ呈现较高的进行性（progressive），即持续合成 DNA 的能力，是在复制延伸中真正催化新链核苷酸聚合的酶。DNA-pol Ⅰ在复制中起切除引物、填补冈崎片段间空隙的作用。DNA-pol Ⅱ只是在没有 DNA-pol Ⅰ和 DNA-pol Ⅲ的情况下才起作用，其真正的生物学功能还不完全清楚。

表 16-1　*E. coli* 中 DNA 聚合酶的性质

	DNA-pol I	DNA-pol II	DNA-pol III
分子量（Da）	103 000	88 000	1 065 400
亚基种类	1	7	9
催化亚基的结构基因	*polA*	*polB*	*polC* (*dnaE*)
聚合速率（nt/s）	10-20	40	250～1 000
进行性（nt）	3～200	1 500	≥ 500 000
3′→5′ 核酸外切酶活性	+	+	+
5′→3′ 核酸外切酶活性	+	−	−

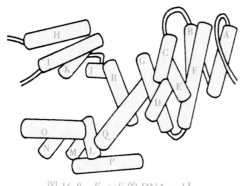

图 16-8　*E. coli* 的 DNA-pol I

2. DNA-pol I　DNA-pol I 是 Kornberg A 等从 *E. coli* 中分离出来的 DNA 聚合酶，又称 Kornberg 酶。每个 *E. coli* 细胞中约有 400 个分子的 DNA-pol I。DNA-pol I 是由 927 个氨基酸残基组成的单一多肽链，其二级结构以 α- 螺旋为主，可划分为 18 个 α- 螺旋肽段（A～R），各肽段之间由一些非螺旋结构的短肽连接（图 16-8）。螺旋 I 与螺旋 O 之间有较大的空隙，可以容纳 DNA 链。而螺旋 H 与螺旋 I 之间的无规则结构较长，由 50 个氨基酸残基构成，它就像一个盖子那样与螺旋 I、O 共同把 DNA 链包围起来，使其向一个方向滑动。

DNA-pol I 分子中有三个相对独立的活性中心，分别具有聚合的活性、5′→3′ 核酸外切酶和 3′→5′ 核酸外切酶的活性。经特异的蛋白酶处理，DNA-pol I 在螺旋 F 和螺旋 G 之间发生断裂，水解为两个片段：N 端 323 个氨基酸残基的小片段，具有 5′→3′ 核酸外切酶活性；C 端 604 个氨基酸残基的大片段，称为 Klenow 片段（Klenow fragment），具有 DNA 聚合酶活性和 3′→5′ 核酸外切酶活性。Klenow 片段是实验室中合成 DNA，进行分子生物学研究的常用工具。

DNA-pol I 的进行性较低，最多只能催化延伸 200 个核苷酸左右，这说明它不是真正在复制延伸过程中起作用的酶。DNA-pol I 基因缺陷的菌株，仍具有 DNA 复制的能力，但 DNA 损伤的修复能力有明显的缺陷。研究表明，DNA-pol I 在活细胞内的功能主要包括切除引物、合成寡核苷酸链以填补复制和修复中出现的空隙。

3. DNA-pol II　每个 *E. coli* 细胞中约有 100 个分子的 DNA-pol II。DNA-pol II 也具有 3′→5′ 核酸外切酶活性，但无 5′→3′ 核酸外切酶活性。DNA-pol II 缺陷的 *E. coli* 变异株，仍然以正常速度生长，表明 DNA-pol II 也不是 DNA 复制中的主要聚合酶。DNA-pol II 可能在 DNA 的损伤修复中起到一定的作用。

4. DNA-pol III　DNA-pol III 是真正的 DNA 复制酶。DNA-pol I 和 DNA-pol II 的突变不会影响 *E. coli* 的生长，而 DNA-pol III 的缺失对 *E. coli* 却是致死的。虽然每个 *E. coli* 细胞中只有 10～20 个 DNA-pol III 分子，但该酶的聚合速率远高于 DNA-pol I 和 DNA-pol II，每分钟可催化多至 10^5 次聚合反应。DNA-pol III 具有 5′→3′ 聚合的功能，对模板的要求很高，仅有缺口＜100bp 的双链 DNA 才可做模板；其 3′→5′ 核酸外切酶的活性和 DNA-pol I 相同，有校读的功能，但不具有 5′→3′ 核酸外切酶的活性。DNA-pol III 全酶可同时催化前导链和后随链中冈崎片段的合成。

DNA-pol III 结构相当复杂，由 9 种 20 余个亚基组成（表 16-2）。DNA-pol III 全酶分子中主要包含三部分结构：核心酶、滑动夹和夹子加载复合体（clamp-loading complex），又称 γ 复合体（γ complex）。三个核心酶和 γ 复合体通过 τ 亚基聚合形成 DNA-pol Ⅲ，每个核心酶再分别结合一对聚合成环状的 β 亚基（滑动夹）就形成了 DNA-pol Ⅲ全酶（图 16-9，仅显示两个核心酶）。DNA-pol Ⅲ全酶分子中核心酶负责合成前导链和后随链中的冈崎片段，由 α、ε 和 θ 亚基组成，α 亚基具有合成 DNA 的能力，ε 亚基具有 3′→5′ 核酸外切酶活性，起到校读的作用，而 θ 亚基可能在组装中发挥功能。DNA-pol Ⅲ中核心酶的进行性是比较低的，通常合成 11 个核苷酸左右就从模板上解离下来，而 β 亚基二聚体形成环状的"滑动夹"夹住模板并沿着模板滑动，每一个滑动夹将一个核心酶结合在模板上，从而大大提高了核心酶的进行性。夹子加载复合体起到装配滑动夹的作用，由 τ、δ、δ′、χ 和 ψ 亚基组成，有的夹子加载复合体中 τ 亚基由 γ 亚基替代，因此又称 γ 复合体。τ 亚基和 γ 亚基均由 *dnaX* 基因编码，γ 亚基与 τ 亚基 N 端的氨基酸序列相同，因翻译提前终止而产生。在冈崎片段合成的过程中，γ 复合体促使开放的 β 亚基二聚体"夹"住 DNA 模板链，形成新的闭合的滑动夹。τ 亚基不仅结合核心酶和 γ 复合体，也可与解螺旋酶 DnaB 结合。DNA-pol Ⅲ全酶可以持续催化完成整个染色体 DNA 的合成。

表 16-2　*E. coli* DNA-pol Ⅲ的亚基组成

亚基（个数）	分子量（Da）	结构基因	功能
α（3）	129 900	*polC*	核心酶：合成 DNA
ε（3）	27 500	*dnaQ*	
θ（3）	8 600	*holE*	
τ（3）	71 100	*dnaX*	夹子加载复合体：β 亚基的装配器
δ（1）	38 700	*holA*	
δ′（1）	36 900	*holB*	
χ（1）	16 600	*holC*	
ψ（1）	15 200	*holD*	
β（6）	40 600	*dnaN*	将酶"夹"到模板上，增加进行性

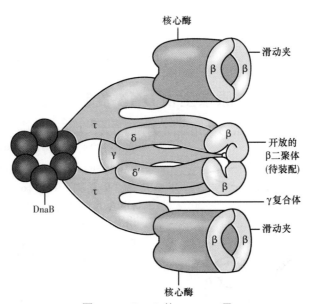

图 16-9　*E. coli* 的 DNA-pol Ⅲ

（三）真核生物的 DNA 聚合酶

已发现的真核生物 DNA 聚合酶至少有 16 种，其中 5 种常见的真核 DNA 聚合酶分别是 DNA-pol α、β、γ、δ 和 ε。细胞核染色体 DNA 的复制由 DNA-pol α、DNA-pol ε 和 DNA-pol δ 共同完成。DNA-pol α 只能延伸约 100 个核苷酸，无 $3' \rightarrow 5'$ 核酸外切酶活性，但具有引发酶的活性，因此主要参与引物的合成。DNA-pol ε 和 DNA-pol δ 可延伸的新链却长得多，又有 $3' \rightarrow 5'$ 核酸外切酶活性和校读的功能，是复制延伸中主要起催化作用的 DNA 聚合酶，相当于原核细胞中的 DNA-pol Ⅲ。DNA-pol ε 合成前导链，DNA-pol δ 合成后随链，它们通过与增殖细胞核抗原（proliferating cell nuclear antigen，PCNA）相结合，增加反应的进行性。PCNA 为同源三聚体蛋白，形成环形的夹子结构，功能类似于 *E.coli* DNA-pol Ⅲ 的 β 亚基，它可以与 DNA 双螺旋链结合，并沿 DNA 链自由滑动，增加 DNA-pol ε 和 DNA-pol δ 的持续合成能力。DNA-pol β 复制的保真性较低，可能参与 DNA 损伤的修复。DNA-pol γ 存在于线粒体内，参与 mtDNA 的复制。

DNA 聚合酶已成为抗病毒药物的分子靶点。许多 DNA 病毒的基因组编码 DNA 聚合酶，因而成为抗病毒药物的重要靶点。目前，阿昔洛韦（acyclovir）等主要用于单纯疱疹病毒的感染，拉米夫定（lamivudine）是常用的抗乙肝病毒药物，它们均通过靶向 DNA 聚合酶从而抑制病毒 DNA 复制。

六、DNA 连接酶接合 DNA 双链中的单链缺口

复制中前导链是连续合成的，而后随链先分段合成冈崎片段，是不连续的，冈崎片段之间要靠 DNA 连接酶接合。DNA 连接酶催化 DNA 链 3′ 端和相邻 DNA 链的 5′ 端生成磷酸二酯键，从而把两段相邻的 DNA 链连接起来。DNA 连接酶的催化作用需要供给能量，*E. coli* 的 DNA 连接酶以 NAD^+ 作为能量来源，真核细胞 DNA 连接酶和 T4 噬菌体 DNA 连接酶则以 ATP 水解供能。

实验证明：DNA 连接酶连接按照碱基互补配对原则形成的双链中的单链缺口（nick），即使 DNA 双链都有单链缺口 DNA 连接酶也可连接，但 DNA 连接酶没有连接单独存在的 DNA 单链或 RNA 单链的作用。DNA 连接酶不但在复制中起最后接合缺口的作用，在 DNA 修复、重组和剪接中也起缝合缺口的作用。DNA 连接酶是基因工程（DNA 体外重组技术）中的重要工具酶之一。

第三节　DNA 复制的过程

一、原核生物 DNA 复制过程

原核生物环状的染色体 DNA 多采用双向复制的方式，从一个复制起始点开始向两个方向进行复制，直到复制的终止点。在电镜下，复制中的环状 DNA 如同眼睛状，因此又称为"θ 复制"（图 16-10）。某些原核生物，DNA 复制的起点和终止点刚好把环状 DNA 分为两个半圆，两个方向各进行 180°，同时在终止点汇合。*E.coli* K-12 复制起始点 *oriC* 在 82 位点，复制终止点 *ter* 在 32 位点。然而，有些原核生物两个方向上复制叉的前进速度并不一定是相等的。

DNA 复制是连续的过程，根据复制过程的特点，分为起始、延伸和终止三个阶段。

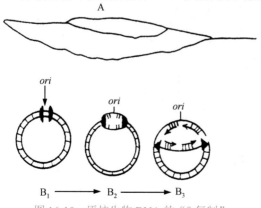

图 16-10　原核生物 DNA 的"θ 复制"

（一）复制的起始

复制的起始简单来说就是辨认复制起始点、DNA 解链形成复制叉、形成引发体（primosome）并生成引物的过程。

1. DnaA 识别并结合复制起始点高度保守的序列　*E. coli* 复制起始点 *oriC* 的 DNA 片段跨度为 245bp，其序列高度保守，含有三个富含 A=T 碱基对的串联重复序列（13bp）和一系列反向重复序列（9bp）（图 16-11 中仅显示四个反向重复序列）。复制起始因子 DnaA 蛋白可辨认并结合于 *oriC* 的反向重复序列。

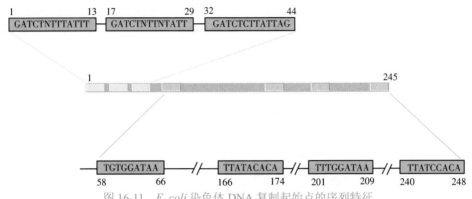

图 16-11　*E. coli* 染色体 DNA 复制起始点的序列特征

DnaA 是一个 52kDa 的同源四聚体蛋白质。复制起始时，十余个 ATP 结合的 DnaA 蛋白识别并结合于 *oriC* 中的反向重复序列，形成类似核小体的 DNA- 蛋白质复合体结构，促使富含 A=T 的串联重复序列局部解链。随后，环状六聚体的 DnaB 蛋白（解螺旋酶）在 DnaC 蛋白的协同下，结合在已解开的局部单链上，沿复制叉移动方向继续解开 DNA 双链，并且逐步置换出 DnaA 蛋白。另外，拓扑异构酶和 SSB 此时也参与进来，拓扑异构酶可消除解链中产生的拓扑张力，SSB 在一定范围内使 DNA 保持单链的状态。

2. DnaB 和 DnaG 结合于复制起始区域形成引发体　复制过程需要引物，引物是由引发酶催化合成的短链 RNA 分子。在上述解链的基础上，已形成了 DnaB 与起始点相结合的复合体，此时 DnaG（引发酶）即可进入。这种由解螺旋酶 DnaB 和引发酶 DnaG 构成的基本功能单位称为引发体（primosome）。由 ATP 提供能量，引发体的蛋白质部分沿着复制叉前进的方向在 DNA 链上移动，到达适当位置即可在模板指导下，由 DnaG 催化 NTP 的聚合以合成引物。每条冈崎片段合成的启动都需要由引发体合成引物，因其合成方向与解链方向相反，引发体需短暂改变其移动方向，所经之处 SSB 被解离，以提供引物合成所需的模板。

与复制起始有关的主要的酶和蛋白质因子列于表 16-3。

表 16-3　参与复制起始的主要蛋白质

名称	功能	名称	功能
DnaA	辨认复制起始点	DnaG（引发酶）	催化 RNA 引物生成
DnaB（解螺旋酶）	解开 DNA 双链	SSB	稳定单链模板
DnaC	协助解螺旋酶	拓扑异构酶	理顺 DNA 链

（二）复制的延伸

复制的延伸是前导链和后随链不断延伸的过程。DNA-pol Ⅲ 催化脱氧核苷酸的聚合反应。由 DNA-pol Ⅲ 中的 β 亚基辨认引物，在核心酶的催化下，新链中与模板对应的第一个 dNTP

与引物的 3′ 端生成磷酸二酯键。聚合中的新链同样在每一次聚合反应完成后留有 3′-OH，β 亚基沿着模板链滑动的过程中聚合反应得以不断进行。DNA-pol Ⅲ 以每秒 1000～2000 核苷酸的速度催化聚合反应的进行，每一个核心酶均具有 3′→5′ 核酸外切酶的活性，对复制过程有校读的功能，可以保证高速进行的 DNA 复制的高保真性。

DNA-pol Ⅲ 全酶分子中的两个核心酶分别催化前导链和后随链中冈崎片段的延伸（图 16-12）。前导链模板沿着 3′→5′ 方向解链，前导链随着复制叉的移动连续地被合成，而后随链先合成不连续的冈崎片段。后随链模板沿着 5′→3′ 方向解链，解开至足够长度后，在模板 - 引物杂交链处，γ 复合体装配 β 亚基形成闭合的滑动夹，模板链开始沿着滑动夹回折，以提供 3′→5′ 方向的模板，指导冈崎片段的合成。冈崎片段延伸至后方的冈崎片段处，滑动夹打开释放 DNA，核心酶脱离。在新的冈崎片段合成前，模板、滑动夹和核心酶需重新装配。DNA-pol Ⅲ 全酶分子有三个核心酶，其中有两个核心酶可能同时参与合成两段冈崎片段。

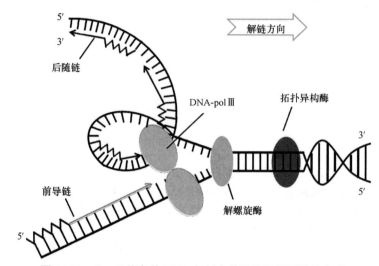

图 16-12　*E. coli* 染色体 DNA 复制中前导链和后随链的合成

冈崎片段的引物被 DNA-pol Ⅲ 延伸后，引物被切除；前方的冈崎片段提供 3′-OH 继续延伸，直至把空隙填满。上述反应由 DNA-pol Ⅰ 而不是 DNA-pol Ⅲ 来催化完成。冈崎片段之间最后的一个磷酸二酯键由 DNA 连接酶催化形成。*E. coli* 的 DNA 连接酶由 NAD⁺ 提供能量来完成连接作用（图 16-12）。

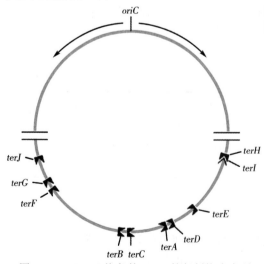

图 16-13　*E. coli* 染色体 DNA 的复制终止序列

（三）复制的终止

E.coli 的复制终止点（*ter*）跨度约有 350bp，含有特异的序列特征，目前已发现十个约 20bp 的 *ter* 序列（图 16-13）。序列 *terH*、*terI*、*terE*、*terD* 和 *terA* 是逆时针方向复制叉的终止区域，而 *terC*、*terB*、*terF*、*terG* 和 *terJ* 是顺时针方向复制叉的终止区域。识别并结合终止点的是 Tus 蛋白，它是 *tus* 基因的编码产物。Tus-*ter* 复合物抑制 DnaB 的解旋作用，从而阻止复制叉的前进。当一个复制叉遭遇 Tus-*ter* 复合物后，便会停止前进，而另一个复制叉遇到这个停顿的复制叉后也将停止前进，复制因此终止。

滚环复制和 D 环复制

1. 滚环复制（rolling circle replication） 是噬菌体中常见的 DNA 复制方式（图 16-14）。噬菌体环状双链的 DNA 分子先在一条单链的复制起始点处产生一个切口，5′ 端伸出环外，DNA 聚合酶则以此切口的 3′ 端作为引物，以另一条环状的单链 DNA 为模板，催化合成环状 DNA 的互补链。这种复制模式中，环状的 DNA 模板如同一边滚动一边进行连续的复制，因此称为滚环复制。伸展出的线性单链 DNA 模板也可以指导新链由 5′→3′ 进行复制。最后的产物可能是两个环状双链 DNA，也可能是一个环状双链 DNA、一个线性双链 DNA。滚环复制可能不需另外合成引物。

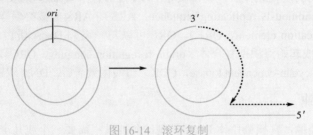

图 16-14　滚环复制

2. D 环复制（D-loop replication） 是真核细胞内线粒体 DNA 的复制方式（图 16-15）。D 环复制的特点是双螺旋中两条链的复制不是同步的，前导链的合成先于后随链。复制起始时，模板先在"起点 1"处打开双链，前导链进行复制；在前导链合成的过程中，后随链模板不断被置换出来，当复制进行到"起点 2"，后随链才开始沿相反方向进行复制，最后形成两条新的 DNA 双螺旋。在这种复制模式中，被置换出的后随链模板的形状如同"D"字，因此称为 D 环复制。

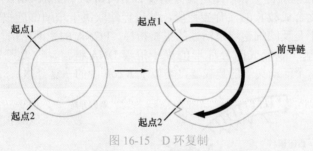

图 16-15　D 环复制

二、真核生物 DNA 复制过程

真核生物染色体 DNA 的复制与细胞周期密切相关。典型的细胞周期分为 G_1、S、G_2 和 M 期（详见第二十一章细胞增殖、分化与凋亡的分子基础）。营养条件良好的培养细胞，细胞周期历程约 24h。染色体 DNA 的复制发生在 S 期（DNA 合成期），此时细胞内 dNTP 的含量和 DNA 聚合酶的活性均达到高峰。

真核生物染色体 DNA 的复制过程与原核生物基本相似，分为起始、延伸和终止三个阶段，但更为复杂，其过程与调控机制仍有很多方面尚未阐明。猿猴病毒 40（simian virus SV40）和酵母菌是研究真核染色体 DNA 复制较为常用的模式系统。SV40 的基因组是环状双链的 DNA（5243bp），依赖宿主细胞的 DNA 复制酶系统进行复制。

（一）复制的起始

真核生物染色体 DNA 含有众多的复制起始点，因而具有多起点双向复制的特点。真核生物的染色体 DNA 与组蛋白紧密结合，以染色质核小体的形式存在。DNA 复制时核小体先解开，因而减慢了复制叉行进的速度（约为每秒50bp）。一个10^8bp长度的典型哺乳动物染色体DNA分子，若以单起点双向复制的形式，复制大约需要持续30天。研究表明，真核生物染色体DNA上每3～300kb就有一个复制起始点，复制在几小时内即可完成。每个复制起始点到两边的复制终止点之间的DNA片段，称为一个复制子（replicon）或复制单位（replication unit）。复制有时序性，即染色体的复制子分组激活而不是同步起动复制。每个复制子在细胞周期中只复制一次。

真核生物复制起始点的DNA序列无固定模式，但大多富含AT序列。酵母细胞的复制起始点大约150bp，包含富含AT的核心保守序列（[A/T]TTTAT[A/G]TTT[A/T]）。这段DNA序列被克隆于原核生物的质粒载体后，使得质粒DNA能够在酵母细胞里进行复制，因此称其为自主复制序列（autonomously replicating sequence，ARS）。ARS的核心保守序列又称为复制起始元件（origin replication element，ORE），ORE可以与一系列DnaA蛋白类似的细胞周期蛋白（cyclin）结合形成起始点识别复合体（origin recognition complex，ORC），当ORC被细胞周期蛋白依赖性激酶（cyclin-dependent kinase，CDK）磷酸化激活后，DNA双链打开以进行复制。

（二）复制的延伸

与原核生物相类似，真核染色体DNA复制的延伸过程需要一个或几个解螺旋酶、拓扑异构酶、单链DNA结合蛋白、引发酶和DNA聚合酶等（图16-16）。复制蛋白A（replication protein A，RPA）也称为复制因子A（replication factor A，RFA），是真核细胞高度保守的单链DNA结合蛋白，在DNA复制、重组和DNA修复中起稳定单链DNA模板的作用。真核细胞核内参与复制延伸的DNA聚合酶有DNA-pol α、δ和ε。DNA-pol ε合成前导链，DNA-pol δ合成后随链，它们均具有3′→5′核酸外切酶的活性和校读的功能。DNA-pol α同时具有引发酶和聚合酶的活性，但不具有外切酶的活性。复制过程中，DNA-pol α合成RNA引物和起始DNA，但很快在前导链上和后随链上分别被DNA-pol ε和DNA-pol δ所代替。DNA-pol ε和DNA-pol δ能催化合成较长的核苷酸片段，其进行性取决于增殖细胞核抗原（PCNA）。细胞核内PCNA的水平是反映细胞增殖活性的重要指标。PCNA的空间结构与功能类似于 *E.coli* DNA-pol Ⅲ的β亚基，即形成闭合环形的夹子沿着DNA链滑动。复制因子C（replication factor C，RFC）是这个活动夹子的装载器，类似于 *E.coli* 中的γ复合体。

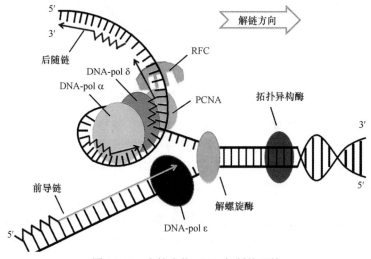

图16-16　真核生物DNA复制的延伸

不同于原核生物，真核生物DNA复制与染色体蛋白质（包括组蛋白和非组蛋白类）的合成同步进行。在S期，除了双链DNA的复制，细胞中组蛋白含量也加倍。DNA复制的同时，DNA与组蛋白随即装配成新的核小体。

（三）复制的终止与端粒酶

　　染色体线性 DNA 复制中，冈崎片段中的引物被切除后，DNA 聚合酶催化前方的冈崎片段延伸以填补空隙。问题是新链 5′ 端的引物被降解后留下的空隙该如何被填补？细胞染色体 DNA 可能面临复制一次就缩短一些的问题。这的确在某些低等生物的特殊生活条件下可以观察到，但只是少数特例。事实上染色体虽经多次复制，却不会越来越短，因为在真核生物染色体的末端有一特殊的结构——端粒（telomere）。

　　端粒是真核生物染色体线性 DNA 分子的末端结构。形态学上，染色体末端膨大成粒状，这是因为末端 DNA 和它的结合蛋白紧密结合，像两顶帽子一样盖在染色体两端，因而得名。端粒 DNA 中有核苷酸重复序列，一般一条链是 T_xG_y，互补链是 C_yA_x，x 与 y 为 $1 \sim 4$。人的端粒 DNA 重复序列是（5′-TTAGGG-3′）$_n$，$n \geq 1000$。此外，端粒 DNA 3′ 端突出 $12 \sim 16$ 个核苷酸的单链，可为端粒的延伸提供 3′-OH。在某些情况下，染色体发生断裂，断裂端可能发生融合或被 DNA 酶降解，但是，正常染色体不会整体地互相融合，也不会在末端出现遗传信息的丢失。可见，染色体末端的端粒在维持染色体的稳定性和 DNA 复制的完整性方面有重要作用。

　　端粒 DNA 由端粒酶（telomerase）合成并维持。端粒酶是一种 RNA- 蛋白质复合体，其中的 RNA 序列与端粒区的重复序列互补，可作为端粒区重复序列延伸的模板，而蛋白质部分具有逆转录酶活性，能以 RNA 为模板合成端粒 DNA。复制终止时，由于引物的去除，染色体线性 DNA 末端确有可能缩短，但端粒酶对端粒 DNA 的延伸作用，可以补偿端粒的末端缩短。端粒 DNA 的延伸方式称为爬行模型（inchworm model）。如图 16-17 所示，a 中借助其分子中富含 C_yA_x 序列的 RNA，端粒酶首先与富含 T_xG_y 序列的端粒 DNA 辨认结合，形成 DNA-RNA 杂交分子；b 中端粒 DNA 3′ 端突出的核苷酸单链提供 -OH，端粒酶以

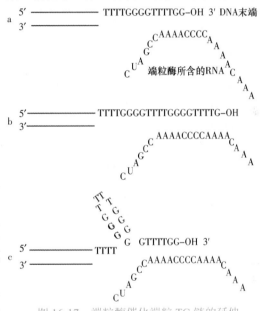

图 16-17　端粒酶催化端粒 TG 链的延伸

其自身 RNA 为模板，以 dTTP 和 dGTP 为原料逆转录延伸单链 DNA；c 中待单链 DNA 延伸到一定长度后，新合成的 DNA 通过非标准的 G-G 配对呈发夹结构，同时端粒酶 RNA 向 3′ 方向移位，以提供进一步延伸所需的模板，聚合反应继续进行，直至端粒 DNA 达到一定长度而终止。

　　端粒 DNA 另一条 C_yA_x 链合成的可能途径如图 16-18 所示，a 中端粒 3′ 端 TG 链聚合到一定长度，b 中富含 G 的序列以非标准的 G-G 配对呈发夹结构，导致 3′ 端 180° 转向，为合成端粒的 CA 互补链提供 3′-OH 为引物，c 中 DNA 聚合酶催化聚合反应，以填补 DNA 末端复制时 5′-RNA 引物水解后的空缺。DNA 末端复制变短和端粒酶增加其长度，这两

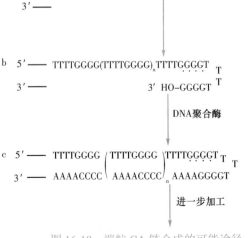

图 16-18　端粒 CA 链合成的可能途径

个过程处于平衡状态，所以染色体保持大致相同的长度。

端粒酶与肿瘤及衰老

2009 年度诺贝尔生理学或医学奖授予 Blackburn EH（University of California）、Greider CW（The Johns Hopkins University School of Medicine）和 Szostak JW（Howard Hughes Medical Institute），以表彰他们发现了端粒和端粒酶保护染色体的机制。随着对端粒和端粒酶研究的不断深入，研究者发现端粒的长度和端粒酶的活性与肿瘤、衰老这两个看似相反的事件均有着密切的关系。

研究发现，基因突变、肿瘤形成时端粒表现缺失、融合或序列缩短等现象。在临床研究中也发现某些肿瘤患者肿瘤细胞的端粒比正常人同类细胞显著缩短。而在一些培养的肿瘤细胞中，又发现有端粒酶活性的增高，这可能是肿瘤细胞能保持稳定复制的主要因素。因此，端粒酶是抗肿瘤药物的重要靶点。Ⅱ期临床研究显示，端粒酶抑制剂伊美司他（imetelstat）有可能开发成为恶性血液肿瘤的治疗药物。

研究发现，早老症患者的成纤维细胞端粒较短；体外培养的人成纤维细胞随着分裂次数的增加，端粒长度逐渐缩短。研究还发现，体细胞端粒长度大大短于生殖细胞，胚胎细胞的端粒长于成年的细胞。正常人的体细胞经多次分裂后，端粒缩短，如果在端粒缩短的同时激活端粒酶，可能会弥补端粒的缺损，使细胞免于衰老死亡而获得生存。经实验证实，增加端粒酶的活性可使细胞分裂次数增加，从而延长细胞的寿命。据此至少可以认为，细胞水平的老化可能与端粒酶的活性下降有关。生物整体的老化，当然是更加复杂的问题。

衰老可能由端粒的缩短引起，这似乎可以通过激活端粒酶来阻止。可是，一旦细胞重新获得有活性的端粒酶，却有可能发展为肿瘤。为了避免衰老而导致肿瘤，这显然不是人们激活端粒酶的初衷。如何能恰当地发挥端粒酶的作用，从而解决衰老、癌症等难题？这为生命科学研究领域提出了一个极具挑战性的课题。

第四节　DNA 损伤与修复

DNA 复制具有高度的保真性，这是生物遗传稳定性的基础。但生物体所具有的遗传信息并不是一成不变的，而是随着生物的世代交替，在外界环境中的射线、化学诱变剂和细胞内活性氧（reactive oxygen species，ROS）等因素的作用下发生着多种形式的改变，如链的断裂或交联、氢键的断裂、碱基的损伤和 DNA 扭曲等。这种由体内外环境因素引起的基因组 DNA 分子结构的改变称为 DNA 损伤（DNA damage）。DNA 损伤如果不能得到及时修复，可能引起稳定可遗传的基因组 DNA 核苷酸序列的改变，即基因突变（gene mutation），诱发各种遗传性疾病或肿瘤。无论是原核生物还是真核生物，都具有一套 DNA 损伤的修复系统，以维持基因组 DNA 的完整性和稳定性，有益于其物种的稳定。

一、体内外环境因素可引起 DNA 损伤

可引起 DNA 损伤的体内外环境因素有很多。细胞内在因素包括 DNA 复制过程中自然发生的错误及正常代谢过程中产生的活性氧引起的损伤。活性氧作用于鸟嘌呤生成 8- 氧鸟嘌呤，引起碱基损伤。DNA 复制在自然条件下发生错误的频率仅为 $10^{-10} \sim 10^{-9}$，但是在外界环境因素的作用下，发生的频率会升高上千倍。可引起 DNA 损伤的外界环境因素包括物理的、化学的和生物的因素等。

（一）物理因素

1. 紫外辐射（ultraviolet radiation，UVR）　DNA 损伤的认识最早从研究紫外辐射效应开始的。过量的紫外辐射增加患皮肤癌、白内障等皮肤和眼部疾病的风险。由于穿透力

有限，紫外辐射主要破坏皮肤细胞中的 DNA。当 DNA 受到过量的紫外辐射（主要是 UV-B：280～315nm）时，易使同一条 DNA 链上相邻的嘧啶碱基共价结合，形成环丁烷嘧啶二聚体（cyclobutanepyrimidine dimer，CPD）或 6-4 光产物（6-hotoproduct，6-4PP），影响复制和转录。相邻的两个 T、两个 C

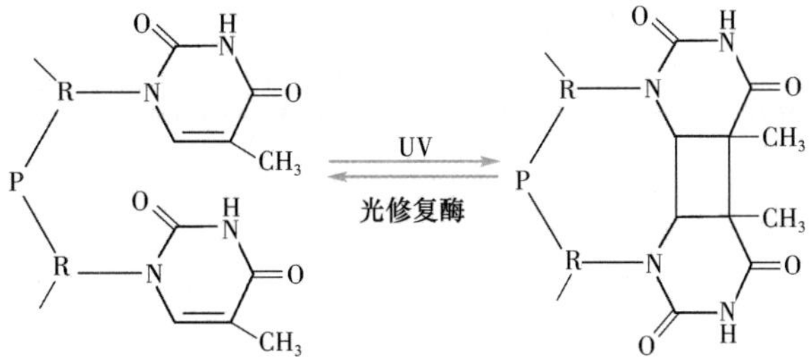

图 16-19　胸腺嘧啶二聚体的形成与修复

或 C 与 T 之间都可以连成二聚体，其中，胸腺嘧啶二聚体的形成是紫外辐射对 DNA 分子的主要损伤方式（图 16-19）。

2. 电离辐射（ionizing radiation，IR）　X 线和 γ 线等可使 DNA 分子中脱氧核糖与磷酸之间的共价键断裂，引起单链断裂或双链断裂，也可以使配对碱基之间的氢键断裂，还可使相邻的嘧啶碱基以共价键连成二聚体。DNA 链的断裂，尤其是双链断裂往往难以修复，从而引起细胞的死亡。肿瘤的放射治疗就是利用增殖活跃的肿瘤细胞的 DNA 对一种或多种电离辐射的敏感性。

（二）化学因素

化学因素对 DNA 损伤的认识最早来自对化学武器杀伤力的研究，以后对癌症化疗、化学致癌作用的研究使人们更重视诱变剂或致癌剂的作用。常见的化学诱变剂及其对 DNA 的损伤作用见表 16-4。

表 16-4　常见的化学诱变剂及其对 DNA 的损伤作用

化学诱变剂	化合物	对 DNA 的损伤作用
脱氨剂	亚硝酸、亚硝酸盐、亚硫酸氢钠	使 C、A、G 脱氨成 U、I（次黄嘌呤）、X（黄嘌呤），导致碱基错配
烷化剂	氮芥、环磷酰胺、硫酸二甲酯	G 被烷化成 7- 甲基鸟嘌呤（7-MG），在特定的糖苷酶的作用下被切除，形成缺失碱基的空隙；使 DNA 同一条链或不同链上 G 连接成二聚体，两条链的交联阻止正常的修复
碱基类似物	6- 巯基嘌呤（6-MP）、氟尿嘧啶（5-FU）	结构与正常的碱基相似，不仅阻断正常的核苷酸合成，还可掺入 DNA 与 RNA 中影响复制、转录与翻译
芳香类化合物	多环芳烃、芳香胺类化合物	代谢后生成环氧化物，结合到 DNA 分子的碱基上，形成一个膨胀而扭曲的双螺旋，阻断复制与转录
羟胺化合物	羟胺	转换 T 为 C，最终使 A=T 配对变为 G≡C 配对
染色剂	原黄素、吖黄素、吖啶橙	结合并嵌入 DNA 双链之间，影响复制与转录

（三）生物因素

1. 黄曲霉素　黄曲霉素有数十种，其中以黄曲霉素 B_1 的致癌作用最强。在 NADPH 存在时，经细胞色素 P450 混合功能氧化酶作用，生成黄曲霉素 B_1-2,3- 环氧化物，具有极强的亲电特性，可与 DNA 中 $G-N^7$ 结合，形成黄曲霉素 B_1-DNA 聚合物，进而影响复制与转录。

2. 抗生素类　放线菌素（actinomycin）、丝裂霉素（mitomycin）和博来霉素（bleomycin）等可插入 DNA 双链之间，破坏 DNA 的模板活性，从而抑制复制和转录。

二、DNA 损伤可诱发基因突变

稳定可遗传的基因组 DNA 核苷酸序列的变化称为基因突变。体细胞的基因突变可能影响其功能或生存，而生殖细胞的基因突变则可能影响到后代。基因突变可以促进生物进化、维持基因及蛋白质的多态性，也可引起疾病，甚至导致生物死亡。研究基因突变对探讨生物的进化与分化、认识遗传性疾病的发病规律及其诊断和治疗都有极其重要的作用。

（一）基因突变的类型

按照 DNA 核苷酸序列改变方式的不同，可将基因突变分为碱基替换、核苷酸的缺失或插入、重排和动态突变等几种类型。

1. 碱基替换（base substitution）　是指 DNA 分子上一个或多个碱基对被其他碱基对所代替。单一碱基的替换称点突变（point mutation），可分为转换（transition）和颠换（transversion）两种形式。转换是指同类碱基之间的互换，如嘌呤与嘌呤、嘧啶与嘧啶之间的替代，有四种方式；颠换是指异类碱基之间的互换，如嘌呤与嘧啶，嘧啶与嘌呤之间的替代，有八种形式。一般而言，颠换比转换导致的遗传后果严重。

碱基替换的遗传后果取决于其发生的位置和方式。碱基替换如果发生在基因的编码区，遗传后果则可能有下列几种情况（图 16-20）。

正常	AAA	CAG	CAG	CAG	CAG	TAC	TTT	ATT	CCC	AGT	TGA		DNA
	Lys	Gln	Gln	Gln	Gln	Tyr	Phe	Ile	Pro	Ser	终止		蛋白质
同义突变	AAA	CAG	CAG	CAG	CAG	TAC	TTC	ATT	CCC	AGT	TGA		DNA
	Lys	Gln	Gln	Gln	Gln	Tyr	Phe	Ile	Pro	Ser	终止		蛋白质
错义突变	AAA	CAG	CAG	CAG	CAG	TAC	TCT	ATT	CCC	AGT	TGA		DNA
	Lys	Gln	Gln	Gln	Gln	Tyr	Ser	Ile	Pro	Ser	终止		蛋白质
无义突变	AAA	CAG	CAG	CAG	CAG	TAA	TTT	ATT	CCC	AGT	TGA		DNA
	Lys	Gln	Gln	Gln	Gln	终止							蛋白质
通读突变	AAA	CAG	CAG	CAG	CAG	TAC	TTT	ATT	CCC	AGT	TCA		DNA
	Lys	Gln	Gln	Gln	Gln	Tyr	Phe	Ile	Pro	Ser	Ser		蛋白质
移码突变	AAA	CAG	CAG	CAG	CAG	TAT	TTA	TTC	CCA	GTT	GA		DNA
	Lys	Gln	Gln	Gln	Gln	Tyr	Leu	Phe	Pro	Val			蛋白质
动态突变	AAA	CAG	CAG	CAG	CAG	CAG	CAG	CAG	CAG	CAG	CAG		DNA
	Lys	Gln	Gln	Gln	Gln	Gln	Gln	Gln	Gln	Gln	Gln		蛋白质

图 16-20　基因突变的类型

（1）同义突变（samesense mutation）：基因突变不引起所编码氨基酸种类的改变，又称沉默突变（silent mutation）。由于氨基酸的遗传密码具有简并性，且遗传密码的特异性主要由前两个碱基决定，故遗传密码第三位上的碱基替换，尤其是转换，常引起同义突变。

（2）错义突变（missense mutation）：基因突变后引起所编码氨基酸的种类发生改变。一般来说，遗传密码前两位的碱基替换容易引起错义突变。人类的镰刀形红细胞贫血病就是由血红蛋白 β 亚基（β 珠蛋白）的编码基因上单个碱基颠换发生错义突变导致的，患者 β 亚基基因上编码第六位氨基酸的核苷酸序列由 CTC 突变为 CAC，相应的氨基酸则由亲水的谷氨酸变为疏水的缬氨酸。

（3）无义突变（nonsense mutation）：基因突变导致编码某种氨基酸的密码子变成了终止密码子（TAA、TAG、TGA），将导致多肽链的合成提前终止，产生一条不完整的多肽链，影响蛋白质的功能与活性。

（4）通读突变（read through mutation）：基因突变使原来的终止密码子转变为可编码某种氨基酸的密码子，多肽链的合成不被终止，造成通读。

碱基替换有时发生在基因的非编码区，如果它们发生在内含子的剪接位点上，就可能使原来的剪接位点消失，甚至产生新的剪接位点；发生在某些关键性调控元件上，就可能改变基因表达的水平与时相。

2. 核苷酸的缺失或插入（nucleotide deletion/insertion） 原黄素、吖黄素和吖啶橙等染色剂可以结合并嵌入 DNA 链上，如果嵌入复制的模板链上，则会在子链相应的位置上引起核苷酸的插入；如果嵌入新合成的子链上，随着染色剂的脱落会引起核苷酸的缺失。一个或一段核苷酸的插入或缺失可诱发移码突变（frameshift mutation）。在基因的编码区内插入或缺失的核苷酸数目不是 3 的整数倍，会使插入或缺失位点后三联体密码子的阅读方式发生改变，从而引起该基因所编码的氨基酸序列完全不同，称为移码突变（图 16-20）。珠蛋白生成障碍性贫血是一组因珠蛋白基因突变导致的遗传性溶血性贫血，主要表现为点突变，少数为核苷酸缺失或插入造成的移码突变。

3. 重排（rearrangement） 指 DNA 分子内发生的较大片段的交换，但不涉及遗传物质的丢失与增加。重排可以发生在一条染色体的内部，也可以发生在两条染色体之间，包括倒位（inversion）、易位（translocation）、融合（fusion）等形式。倒位是指移位的 DNA 片段在新的位点上出现了方向的反置；易位是指 DNA 片段从基因组的某一位置转移或交换到另一位置；融合是指两个染色体发生共价连接，或是线性的染色体被环化。

4. 动态突变（dynamic mutation） 又称为三核苷酸重复扩展（trinucleotide repeat expansion）突变。人类基因组存在的短串联重复序列，尤其是基因编码区及其侧翼，甚至内含子中的三核苷酸重复序列，可随生物世代的传递而出现拷贝数不断增加，进而导致某些遗传病的发生，我们称这种基因突变为动态突变（图 16-20）。它的显著特点是具有遗传不稳定性。重复的三核苷酸序列有 CAG、CGG、CTG 等。例如，亨廷顿病（HD）是由一个变异型亨廷顿基因引起的常染色体显性遗传病，亨廷顿基因位于 4 号染色体短臂上，编码亨廷顿蛋白（Huntingtin），其正常等位基因编码区内三核苷酸序列 CAG 的重复数为 10 ～ 30，而动态突变后等位基因三核苷酸重复数超过 35。动态突变发生的机制尚不完全清楚，可能与姐妹染色单体的不等交换和重复序列的断裂错位有关。

（二）基因突变的后果

生物体发生的非沉默基因突变（nonsilent gene mutation）多数是有害的，部分是中性或近中性的，极少数是有利的。自然选择就是一种保存有利突变、消除有害突变的进化过程。

1. 生物进化的分子基础 基因突变促进生物的进化与分化，是导致当今生物世界丰富多彩的分子基础，即使同一物种也因基因的突变而产生明显的个体差异。

2. 仅改变基因型，不改变表现型 有的基因突变发生后，并不引起编码蛋白质的质和量的改变，如同义突变、非编码区的某些基因突变。这种存在于同种生物不同个体之间的基因型差异的现象，称为 DNA 多态性（DNA polymorphism）。采用核酸杂交技术检测具有多态性的 DNA 序列，被广泛地应用于医学及法医学领域的研究。

3. 产生蛋白质分子的多态性 如果基因突变发生于编码区，且引起了编码蛋白质或多肽的氨基酸序列的改变，但并未改变编码蛋白质或多肽的功能，那么就会产生编码蛋白质分子的多态性现象，如人类的许多血浆蛋白就具有多态性特征。

4. 发生遗传及相关性疾病 人类有数千种疾病的发生与基因突变有关，点突变是导致遗传病发生的重要原因。有些遗传病的发生仅与一个或少数几个基因的突变有关，如异常血红蛋白病、珠蛋白生成障碍性贫血、血友病、酶蛋白病等；而一些常见的疾病，如高血压、糖尿病、动脉粥样硬化和肿瘤等的发生，均涉及多个基因的突变，属多基因遗传病。肿瘤中基因突变是高度复杂和多样的，同一恶性肿瘤在不同患者中存在基因型的差异，同一个体相同的肿瘤组织其细胞间也存在不同的突变基因谱，此为肿瘤的异质性，从而引起肿瘤在生长、侵袭、转移、药物的敏感性等方面产生明显的差异。因此，临床治疗应关注肿瘤的异质性，实施个体化的治疗方案。目前常采用核酸杂交技术等检测有关的基因突变，以帮助遗传病的诊断。

5. 致死性突变〔lethal mutation〕　如果突变发生在对生命极为关键的必需基因序列上，就可能严重影响所编码的蛋白质或酶的结构和功能，甚至导致生物个体或细胞的死亡。

三、DNA 损伤修复机制在生物体内普遍存在

体内外可导致 DNA 损伤的因素有很多，但生物在长期进化过程中建立了一系列 DNA 损伤的修复机制，维持着物种的繁衍与稳定。在多种酶的作用下，生物细胞内的 DNA 分子受到损伤以后恢复结构的现象，称为 DNA 损伤修复（DNA repair）。DNA 损伤修复系统的缺陷，可诱发基因突变，引起细胞功能的障碍、衰老、癌变甚至细胞的凋亡（程序性细胞死亡）。DNA 损伤修复的研究有助于了解基因突变机制、衰老和癌变的原因，还可应用于环境致癌因子的检测。

生物 DNA 损伤修复的机制主要有直接修复、切除修复、重组修复和 SOS 修复等。前两类修复是准确的，为无差错修复（error-free repair）；后两类修复虽不能完全修复 DNA 的损伤，但可降低 DNA 损伤的程度，为倾向差错修复（error-prone repair）。

（一）直接修复

直接修复（direct repair）是指当 DNA 出现单链断裂、嘧啶二聚体及烷基化碱基等损伤时，可直接在损伤处由相应的酶作用完成对损伤的恢复性修复，故又称回复修复。

1. 单链断裂的修复　由电离辐射产生的 DNA 单链裂口，如果 3′ 端与 5′ 端完好，可直接由 DNA 连接酶修复。

2. 光复活〔photoreactivation〕　光复活是最早发现的 DNA 修复方式（图 16-19）。生物体中存在一种 DNA 光修复酶（photoreactivating enzyme），又称光裂合酶或光解酶（DNA photolyase），能特异性识别并结合紫外辐射造成的嘧啶二聚体，这步反应不需要光；结合后光修复酶可吸收紫 / 蓝光（波长 300 ~ 500nm）的光能而被激活，将嘧啶二聚体分解为两个正常的嘧啶单体。光修复酶普遍存在于细菌、真菌、植物和多数动物体内，人体细胞是否存在光复活机制尚未确定。

3. 烷基化碱基的直接修复　烷化剂可引起碱基的烷化损伤，并造成碱基配对错误。*E.coli* 中有一种 O^6-甲基鸟嘌呤-DNA 甲基转移酶（O^6-methylguanine-DNA methyltransferase，MGMT），能直接将甲基转移到酶蛋白自身的半胱氨酸残基上，从而修复损伤的 DNA，该酶因此而失去活性，故此酶被称为一种自杀酶（suicide enzyme）。这个酶的修复能力并不很强，在低剂量烷化剂作用下能诱导出此酶的修复活性。

（二）切除修复

切除修复（excision repair）是指在一系列酶的作用下，将 DNA 一条链上的损伤部分切除掉，并以互补的另一链为模板进行修复，使 DNA 恢复正常结构的过程。切除修复是 DNA 损伤修复最为普遍的方式，普遍存在于各种生物细胞中，也是人体细胞主要的 DNA 修复机制。切除修复有多种类型，如碱基切除修复、核苷酸切除修复和错配修复等。

1. 碱基切除修复〔base excision repair，BER〕　主要修复单一的碱基损伤，如活性氧、脱氨剂和烷化剂等造成的碱基损伤。细胞内有一系列 DNA 糖苷酶（DNA glycosylase），它们特异地识别 DNA 分子中损伤的碱基并将其水解，在 DNA 的一条链上形成无嘌呤（apurinic）或无嘧啶（apyrimidinic）的位点，称为 AP 位点（AP site）；一旦 AP 位点形成，AP 核酸内切酶（AP endonuclease）识别 AP 位点并在 AP 位点附近切开 DNA 链，随后核酸外切酶将包括 AP 位点在内的单链 DNA 片段切除；最后由 DNA 聚合酶（原核细胞为 DNA-polⅠ；真核细胞

为 DNA-pol β）填补空隙，DNA 连接酶封闭缺口，完成切除修复（图 16-21）。

2. 核苷酸切除修复（nucleotide excision repair，NER） 主要修复引起 DNA 扭曲的损伤，如紫外辐射造成的嘧啶二聚体。*E. coli* 基因组中有三个与核苷酸切除修复相关的基因：*uvrA*、*uvrB* 和 *uvrC*，它们的编码产物 UvrA、UvrB 和 UvrC 结合形成依赖 ATP 的 ABC 切除酶（ABC excisionase），该酶其实是一种核酸内切酶，与一般的核酸内切酶不同之处在于它可分别在损伤部位两侧各水解一个磷酸二酯键，从而切除一段包括损伤部位在内的单链 DNA 片段。UvrA 具有 ATP 酶的活性。修复过程如图 16-22：首先由两分子 UvrA 与一分子 UvrB 组成复合体（UvrA₂UvrB）；该复合体可结合 DNA 并沿 DNA 滑动，至 DNA 的损伤处停留下来；UvrA 二聚体（UvrA₂）解离，UvrB 与损伤部位 DNA 紧密结合；UvrC 与 UvrB 结合成复合体（UvrBUvrC）；UvrB 先切开损伤部位 3′ 端第 5 个磷酸二酯键，其后 UvrC 切开损伤部位 5′ 端第 8 个磷酸二酯键；带有损伤部位长 12 ～ 13 个核苷酸的单链 DNA 片段在 UvrD 解螺旋酶作用下被除去；最后由 DNA-pol I 填补空隙，DNA 连接酶封闭缺口。

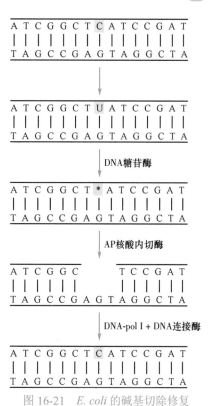

图 16-21　*E. coli* 的碱基切除修复

真核生物的核苷酸切除修复机制与 *E. coli* 相似。真核细胞的核酸切除酶复合体由 16 个多肽组成，水解损伤部位 3′ 端第 6 个磷酸二酯键及 5′ 端第 22 个磷酸二酯键，切除 27 ～ 29 个核苷酸的单链 DNA 片段，由 DNA-pol β 填补空隙，DNA 连接酶封闭缺口。

核苷酸切除修复的缺陷与人类着色性干皮病（xeroderma pigmentosum，XP）、科凯恩综合征（Cockayne syndrome，CS）、毛发低硫营养不良（trichothiodystrophy，TTD）等疾病的发生有关。由于核苷酸切除修复机制是人体细胞修复 DNA 紫外辐射损伤的主要途径，着色性干皮病患者的皮肤和眼睛对紫外线非常敏感，易诱发皮肤癌。

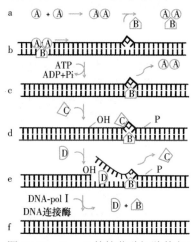

图 16-22　*E. coli* 的核苷酸切除修复

3. 错配修复（mismatch repair，MMR） 是一种纠正 DNA 复制过程中错配碱基的机制。在原核生物 DNA 复制过程中，亲代 DNA 模板链是高度甲基化的，而新合成的子链还没有甲基化，错配修复系统以此区分模板链和子链，在新合成的子链上识别不能形成氢键的错配碱基，并切除一段多核苷酸，缺口由 DNA 聚合酶修补及 DNA 连接酶封口。

E. coli 中，DNA 甲基化酶、MutH、MutL、MutS、DNA 解螺旋酶、SSB、核酸外切酶 I、DNA-pol III 和 DNA 连接酶等组成了错配修复系统。MutL-MutS 复合体识别结合错配的碱基对，MutH 在非甲基化新链上错配碱基的 5′ 端切开磷酸二酯键，而其他的核酸外切酶则在 3′ 端切开磷酸二酯键，从而将错配碱基在内的 DNA 片段切除。最后由 DNA 聚合酶修补缺口，DNA 连接酶封口。

在真核细胞中也存在错配修复系统，目前已经发现多个 MutL 和 MutS 的同源蛋白。人类遗传性非息肉性结肠直肠癌（hereditary nonpolyposis colorectal cancer，HNPCC）与肠内皮细胞错配修复机制的缺陷有关。

（三）重组修复

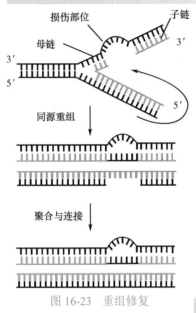

图 16-23　重组修复

重组修复（recombination repair）的直接证据来自对 *E. coli* 和啤酒酵母的重组缺陷突变体的研究。重组修复依赖 DNA 同源重组机制，基本过程如图 16-23：损伤的 DNA 在进行复制时，在损伤部位无法通过碱基配对合成子代 DNA 链，DNA 合成时会跳过损伤部位，结果在子代 DNA 链上留下缺口，这种有缺陷的子代 DNA 分子可利用另一子代 DNA 母链上同源的 DNA 片段加以弥补。重组修复是对有缺口的子链进行先复制再修复，又称复制后修复。重组修复并没有修复模板链原有的损伤，属倾向差错修复。随着 DNA 复制的继续，若干代以后损伤的 DNA 链逐渐被"稀释"，最后无损于正常生理功能，损伤也就得到了修复。

E. coli 中参与重组修复的酶及蛋白较多，主要有 RecA、RecB 和 RecC 蛋白等。研究表明，BRCA2 参与真核染色体 DNA 双链缺口的重组修复。据报道，大约 10 % 的乳腺癌与 BRCA1 或 BRCA2 编码基因的遗传缺陷有关。

（四）SOS 修复

SOS 修复（SOS repair）是在 DNA 损伤极其严重，复制难以继续进行时细胞出现的一种应急修复方式。*E. coli* 中 SOS 修复系统大约由 20 个与 DNA 损伤修复有关的基因组成（包括 *recA* 与 *lexA* 基因），构成一个称为调节子（regulon）的网络式调控系统。*lexA* 基因编码的 LexA 蛋白是调节蛋白，是许多基因表达的阻遏物。在正常情况下，由于调节蛋白 LexA 结合在每个基因上游的操纵序列上，阻遏了各基因的表达，故 SOS 修复系统仅为低水平表达；但当 DNA 被广泛损伤，单链区域暴露出来，单链 DNA 与 RecA 相互作用，激活 RecA，RecA 水解 LexA 使其失去阻遏作用，从而把原来受控的基因解救出来进行大量表达，实现 SOS 修复。当修复完成，DNA 合成转入正常，RecA 失去活性，LexA 又重新关闭 SOS 修复系统。SOS 修复系统是可诱导的，多种化学致癌物是其诱导剂。SOS 修复反应的特异性低，对碱基的识别力差，DNA 中保留的差错仍然很多，属倾向差错修复，但较修复前仍旧有其积极意义。

DNA 损伤修复在生物体内普遍存在，也是正常的生理过程，不仅简单生物（如 *E. coli*），复杂的高等生物（如人类）细胞内也有修复系统。正是如此，不论是复制过程中自发突变，还是环境因素引起的诱发突变都能修复，以保证 DNA 结构的完整性。如 DNA 损伤修复系统发生问题，使 DNA 损伤不能及时修复，可能诱发细胞死亡、衰老或癌变，往往是衰老与疾病发生的原因。例如，着色性干皮病导致的基底细胞癌和鳞状上皮癌，范科尼贫血（Fanconi anemia，FA）和共济失调毛细血管扩张症（ataxia telangiectasia，AT）易发生白血病和淋巴肉瘤等，这些都是人类 DNA 修复缺陷造成的。人的 DNA 修复功能随年龄增长逐渐减弱，同时造成突变细胞增多，是导致老年人肿瘤发病率较高的原因。

第五节　RNA 指导 DNA 的合成

逆转录（reverse transcription）也称为反转录，是以 RNA 为模板合成互补 DNA（complementary DNA，cDNA）的过程。逆转录是逆转录病毒（retrovirus）等特殊的基因组复制方式，包括以下三步反应：①以单链 RNA 的基因组为模板，催化合成一条单链 cDNA，产物与模板生成 RNA:DNA 异源双链；②异源双链中的 RNA 被 RNA 酶（RNase）水解；③以新合成的单链 cDNA 为模板，催化合成与其互补的 DNA 链，形成双链 cDNA 分子（图 16-24）。逆转录病毒的双链 cDNA 分子可以转移到细胞核中并整合入宿主基因组中，随同宿主基因组

DNA 一同复制，其异常表达可能引起疾病。

催化逆转录反应的酶称为逆转录酶（reverse transcriptase），也称反转录酶。在感染病毒的细胞内，上述三步反应都是由逆转录酶催化的。逆转录酶有三种酶活性：① RNA 聚合酶活性；② RNase H 活性；③ DNA 聚合酶活性。逆转录酶的作用需 Zn^{2+} 的辅助，催化合成反应也是从 $5'\to3'$ 方向延伸新链，合成过程中所用引物是病毒本身的一种 tRNA。由于逆转录酶没有 $3'\to5'$ 外切酶的活性，因此没有校读功能，逆转录反应的错误率相对较高，这可能是致病病毒较快地出现新病株的原因之一。流行性感冒病毒（influenza virus），简称流感病毒，是流感的病原体。人流感病毒分为甲（A）、乙（B）、丙（C）三型，其中甲型流感病毒最容易发生变异，导致新的病毒亚型不断出现。不同亚型的甲型流感病毒在感染方式和致病性等方面有很大的差异，而人群对新的亚型缺

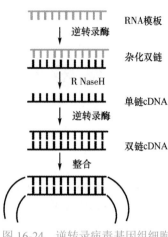

图 16-24　逆转录病毒基因组细胞内的复制方式

乏免疫力，已有的疫苗也不能用于预防，因此给流感的防治带来相当大的困难，往往引起较大规模的流行。可见，逆转录酶在病毒的生命周期中起着关键的作用，已成为抗病毒治疗的重要靶点。

1970 年，Temin H 和 Baltimore D 分别从致癌的 RNA 病毒中发现了逆转录酶。逆转录酶和逆转录现象是分子生物学研究中的重大发现，是对传统的中心法则的补充。对逆转录病毒的研究，拓宽了 20 世纪初已注意到的病毒致癌理论。1975 年 Temin H 和 Baltimore D 获诺贝尔生理学或医学奖。劳氏肉瘤病毒（Rous sarcoma virus，RSV）是一种可使动物致癌的病毒，70 年代从 RSV 中发现了第一个癌基因 *src*，随后在正常细胞基因组中发现了病毒癌基因的同源序列，称为细胞癌基因（又称原癌基因）。至今，癌基因研究仍是病毒学、肿瘤学和分子生物学的重大课题（参见第二十一章）。

人类免疫缺陷病毒（HIV）是 RNA 病毒，也是一类逆转录病毒，它主要侵入表达 CD4 分子的辅助性 T 淋巴细胞（helper T cell，Th cell）和单核 - 巨噬细胞，引发以细胞免疫功能严重受损为主的获得性免疫缺陷综合征（acquired immunodeficiency syndrome，AIDS）。AIDS 简称艾滋病，治疗中需要联合应用多种抗逆转录病毒的药物，以对抗病毒的快速增殖和耐药性。

（侯筱宇）

思　考　题

1. DNA 复制高度保真性的分子基础是什么？
2. 比较 *E. coli* 中前导链和后随链复制过程的异同点。
3. 描述端粒酶的结构特点和功能。
4. 简述喜树碱衍生物的抗肿瘤机制。
5. 试分析甲型流感易大规模暴发的原因。

案例分析题

两岁的女童，面部和手背等暴露处皮肤色素样病变，日晒后加重，并伴有发育迟缓，其父母正常。初步诊断为着色性干皮病。

问题：

（1）着色性干皮病的发病机制。

（2）患者为何易发生皮肤的癌变？

第十七章 RNA 的生物合成

内容提要

转录是以 DNA 为模板合成 RNA 的过程。在转录的过程中，有一系列相关分子参与 RNA 的合成，包括 RNA 聚合酶（RNA polymerase）和许多辅助蛋白。

转录产物包括 rRNA、mRNA 和 tRNA 及一些具有特殊功能的小分子 RNA。各类 RNA 合成的生物化学过程基本相同。原核生物和真核生物的转录过程因 DNA 结构特点、酶、调节方式等的不同而存在差别。

RNA 生物合成的原料为 4 种核苷三磷酸（ATP、GTP、CTP、UTP）。合成 RNA 的碱基与模板 DNA 的碱基依据碱基互补原则相互配对（G-C，T-A，C-G，A-U）。催化 RNA 生物合成的酶是依赖于 DNA 的 RNA 聚合酶。RNA 聚合酶催化的聚合反应无须引物。原核生物 RNA 聚合酶全酶由 5 个亚基（$\alpha_2\beta\beta'\sigma$）组成，$\sigma$ 亚基起识别引导作用，与核心酶（$\alpha_2\beta\beta'$）组成全酶。真核生物的 RNA 聚合酶主要分为 I、II 和 III 三种，它们分别转录 rRNA、mRNA 和包括 tRNA 在内的小 RNA。

转录模板是双链 DNA 中的一股链。作为模板的链称反义链或模板链，也称负链。与其互补的链称有意义链或编码链，也称正链。转录的方式为不对称转录。

RNA 链聚合反应是前一个核苷酸分子的游离 3'-OH 与下一个核苷酸分子的游离 5'-磷酸形成 3'，5' 磷酸二酯键。链延伸的方向是 5'→3'。RNA 的合成可分为 3 个阶段：起始（包括识别）、延伸和终止。启动子是 RNA 聚合酶识别、结合和开始转录的一段 DNA 序列。转录所生成的 RNA 需经过修饰、剪接等一系列加工过程才能成为成熟的、具有特定生物学功能的 RNA。

逆转录病毒以外的 RNA 病毒，以依赖 RNA 的 RNA 聚合酶进行 RNA 复制，也属于 RNA 的生物合成。

生物体以 DNA 或 RNA 分子为模板，以核糖核苷酸为底物合成 RNA 的过程，称为 RNA 的生物合成，其中，以 DNA 为模板合成 RNA 的过程称为转录（transcription），即将 DNA 分子中的脱氧核糖核苷酸序列转变成 RNA 分子中的核糖核苷酸序列。翻译（translation）则是以 RNA 的核糖核苷酸序列信息指导蛋白质的合成。典型的基因表达就是储存于基因中的遗传信息通过转录和翻译产生具有生物功能的多肽及蛋白质的过程。RNA 在基因表达过程中起了重要的中介体作用。

转录的初级产物为 RNA 前体（precursor RNA），还需要经过一系列加工和修饰才能成为成熟的 RNA 并表现出其生物功能。生物体内的 RNA 可分为不同类型，其中 mRNA、tRNA 和 rRNA 参与蛋白质的生物合成，snRNA、miRNA 和 lncRNA 等非编码 RNA 参与 RNA 的剪接及基因表达调控。RNA 是目前已知的唯一具有储存、传递遗传信息和催化（核酶）三重功能的生物大分子。此外细胞中的 RNA，特别是部分 mRNA，往往具有不同的生命周期，这对了解 mRNA 合成和代谢的基本规律具有重要的意义。这些特点直接影响着蛋白质合成的效率，由此而造成代谢和表型的变化，使得所有的细胞和组织能够适应环境的变化，同时也使得分化的细胞结构与功能得以建立和维持。

转录是 DNA 指导下 RNA 的生物合成，复制是 DNA 指导下 DNA 的生物合成，转录和复制都是由聚合酶催化的核苷酸或脱氧核苷酸的聚合过程，必然有许多相似之处，如都以 DNA

为模板，所以都需依赖 DNA 聚合酶；聚合过程都是核苷酸之间生成 3′,5′- 磷酸二酯键；新链都是由 5′→3′ 方向延伸；都遵从碱基配对规律。但相似之中又有区别（表 17-1）。

表 17-1 复制和转录的区别

	DNA 复制	RNA 转录
模板	两股链均复制	模板链转录
原料	dNTP	NTP
酶	DNA 聚合酶（DNA-pol）	RNA 聚合酶（RNA-pol）
产物	子代双链 DNA（半保留复制）	mRNA、tRNA、rRNA 等
配对	A—T，G—C	A—U，T—A，G—C
引物	需要 RNA 引物	从头合成、不需要引物
合成模式	半保留、半不连续性	非对称性、连续性
加工与修饰	不需要	需要

第一节 转录体系主要由 RNA 聚合酶和作为转录模板的 DNA 构成

一、RNA 聚合酶催化 RNA 的生物合成

催化转录的酶是 RNA 聚合酶（RNA polymerase，RNA pol），也称依赖于 DNA 的 RNA 聚合酶（DNA-dependent RNA polymerase，DDRP）或 DNA 指导的 RNA 聚合酶（DNA-directed RNA polymerase，DDRP）。它以 DNA 作为模板，在 Mg^{2+} 和 Zn^{2+} 离子参与下，4 种核糖核苷三磷酸（ATP、GTP、CTP、UTP）作为底物，催化下述反应：

$$(NMP)_n + NTP \xrightarrow{Mg^{2+}} (NMP)_{n+1} + PPi$$

（N 代表：A、G、C、U）

在 RNA 聚合反应中，前一个核苷酸分子的 3′-OH 与另一个核苷三磷酸分子的 5′-α 磷酸基团发生亲核反应，反应的结果是释放出 1 分子焦磷酸，形成 3′,5′- 磷酸二酯键，焦磷酸进一步水解产生 2 分子无机磷酸，水解产生的能量推动反应的进行。聚合反应是沿 5′→3′ 方向进行。RNA 聚合酶和双链 DNA 结合时活性最高，但是只以双链 DNA 中的一股 DNA 链作为模板。新加入的核苷酸以 Watson-Crick 碱基配对原则与模板的碱基互补。

RNA 聚合酶广泛存在于原核生物与真核生物中，原核生物只有一种 RNA 聚合酶，真核生物 RNA 聚合酶有三种，分别催化转录不同种类的 RNA 合成。

（一）原核生物的 RNA 聚合酶是一个多亚基的酶

细菌细胞中只有一种 RNA 聚合酶，它兼有合成 mRNA、tRNA 和 rRNA 的功能。细菌 RNA 聚合酶具有很高的保守性，在组成、分子量及功能上都很相似。目前研究得比较透彻的是 E. coli 的 RNA 聚合酶。该酶分子量约为 465kDa，是由 4 种核心亚基（α、β、β′、σ）组成的五聚体蛋白质（$\alpha_2\beta\beta'\sigma$），含有 2 个 Zn 原子，其中 β 亚基结合 Mg^{2+} 组成催化亚基。$\alpha_2\beta\beta'$ 4 个亚基组成核心酶（core enzyme），核心酶加上 σ 亚基成为全酶（holoenzyme）。此外，在全酶中还存在一种分子量较小的成分，称为 ω 亚基，而核心酶则没有，它的作用目前还不明确。在不同种的细菌中，α、β 和 β′ 亚基的大小比较恒定；σ 亚基有较大变动。各亚基的大小和功能列于表 17-2 中。

表 17-2　*E. coli* RNA 聚合酶各亚基的性质和功能

亚基	基因	分子量（Da）	亚基数目	功能
α	rpo A	40 000	2	与启动子上游元件和活化因子结合
β	rpo B	155 000	1	结合底物催化磷酸二酯键形成，催化中心
β′	rpo C	160 000	1	酶与模板 DNA 结合的主要成分
σ	rpo D	32 000 ～ 92 000	1	识别启动子促进转录的起始
ω		9000	1	未知

　　α 亚基决定转录基因的种类和转录类别，能与调控蛋白、DNA 相互作用控制转录的速度。β 和 β′ 是酶的催化亚基。抗结核菌药物利福霉素（rifamycin）及利福平（rifampicin）能抑制细菌 RNA 聚合酶。其作用机制是该药物与 β 亚基结合，阻止 RNA 链的转录。

　　核心酶参与整个转录过程。σ 亚基与核心酶的结合不紧密，容易脱落。试管内转录实验（含有模板、酶和底物 NTP 等）证明，核心酶已经能够催化 NTP 按模板的指引合成 RNA，但合成的 RNA 没有固定的起始位点。若加入含有 σ 亚基的全酶，则合成能在特定的起始点开始转录，说明 σ 亚基是细菌基因的转录起始因子，其功能是辅助核心酶识别并结合启动子区域的特定寡聚核苷酸序列，形成转录前起始复合体（preinitiation complex，PIC）。此外 σ 因子的辅助作用还能降低 RNA 聚合酶核心酶与一些非启动子区域 DNA 的亲和力，同时增强核心酶与启动子区域 DNA 的亲和力。已发现多种 σ 亚基，并用其分子量命名以区别，如最常见的 σ70（分子量 70kDa）是辨认典型转录起始点的蛋白因子。

　　一个 *E. coli* 细胞约含有 7000 个 RNA 聚合酶分子。RNA 聚合酶的转录速度在 37℃ 约为 50 个核苷酸 / 秒，与多肽链的合成速度（15 个氨基酸 / 秒）大致相当，但远比 DNA 的复制速度（800bp/s）慢。RNA 聚合酶缺乏 3′→5′ 外切酶活性，所以它没有校对功能。RNA 合成的错误率约为 10^{-6}，较 DNA 合成错误率（10^{-10} ～ 10^{-9}）要高几个数量级，但可通过转录后加工校正错误。

（二）真核生物细胞中有 3 种 RNA 聚合酶催化 RNA 的合成

　　真核生物的基因组远比原核生物庞大得多，其 RNA 聚合酶也更为复杂。在迄今所研究的所有真核生物细胞核中都含有 3 种 RNA 聚合酶，即 Ⅰ、Ⅱ、Ⅲ 型，又称 A、B、C 型。RNA 聚合酶 Ⅰ 位于细胞核的核仁，催化合成 45s rRNA 前体，RNA 聚合酶 Ⅱ 催化合成所有 mRNA 前体和大多数核小 RNA（snRNA），以及具有基因表达调节作用的非编码 RNA 如 miRNA、piRNA、lncRNA、circRNA 等。RNA 聚合酶 Ⅲ 位于核仁外，催化合成 tRNA、5S rRNA、U6 snRNA 和不同的胞质小 RNA（scRNA）等小分子转录产物。在真核生物细胞的线粒体中存在另一种 RNA 聚合酶（Mt 型），它负责合成线粒体内的 RNA。真核生物 RNA 聚合酶 Ⅰ、Ⅱ、Ⅲ 都是由多个亚基组成，其中的核心亚基与 *E. coli* RNA 聚合酶的核心亚基一些序列有同源性，这种同源性已经在蛋白质三维结构水平的研究中得到证实。但真核生物 RNA 聚合酶中没有细菌 RNA 聚合酶中 σ 因子的对应物，因此必须借助各种转录因子才能识别或选择启动部位，并结合到启动子上。

　　所有真核生物 RNA 聚合酶都是多亚基组成，并具有核心亚基。真核生物的 RNA 聚合酶 Ⅱ 含有 12 个亚基。最大的 2 个亚基分别为 150kDa 和 190kDa，并且与细菌的 β 亚基和 β′ 亚基具有同源性。与原核生物不同的是，真核生物最大亚基的 C 端有一段共有序列为 Tyr-Ser-Pro-Thr-Ser-Pro-Ser 的重复片段，这是一段由含羟基氨基酸为主体组成的重复序列，称为 C 端结构域（C-terminal domain，CTD）。真核生物的 RNA 聚合酶 Ⅰ 和 Ⅲ 中都没有 CTD，但所有 RNA 聚合酶 Ⅱ 都具有 CTD，只是不同生物种属 7 个氨基酸共有序列的重复程度不同。哺乳动物 RNA 聚合酶Ⅱ的 CTD 有 52 个重复序列。其中 21 个与上述 7 个氨基酸共有序列完全一致。CTD 对于维持细胞的活性是必需的。CTD 上的 Tyr、Ser 和 Thr 可被蛋白激酶催化发生磷酸化。体内外实验证实 CTD 的磷酸化与去磷酸化在转录从起始过渡到延伸过程中起重要作用。

利用 α- 鹅膏蕈碱（α-amanitin）的抑制作用可将真核生物 3 种 RNA 聚合酶区分开：RNA 聚合酶Ⅰ对鹅膏蕈碱不敏感，RNA 聚合酶Ⅱ可被低浓度 α- 鹅膏蕈碱（$10^{-9} \sim 10^{-8}$mol/L）所抑制，RNA 聚合酶Ⅲ只被高浓度 α- 鹅膏蕈碱（$10^{-5} \sim 10^{-4}$mol/L）所抑制。α- 鹅膏蕈碱是一种环八肽化合物，对真核生物有较大毒性，但对细菌的 RNA 聚合酶只有微弱的抑制作用。真核生物 RNA 聚合酶的种类和性质列于表 17-3。

表 17-3　真核生物 RNA 聚合酶的种类和性质

酶的种类	功能	对 α- 鹅膏蕈碱敏感性
RNA 聚合酶Ⅰ	合成 45S rRNA 前体，经加工产生 5.8S rRNA、18S rRNA 和 28S rRNA	不敏感
RNA 聚合酶Ⅱ	合成所有 mRNA 前体（hnRNA）和大多数核小 RNA（snRNA）	敏感
RNA 聚合酶Ⅲ	合成小 RNA，包括 tRNA、5S rRNA、U6 snRNA 和 scRNA	中等敏感
RNA 聚合酶 Mt	合成线粒体内的 RNA	对 α- 鹅膏蕈碱不敏感，对利福平敏感

二、DNA 作为转录模板指导 RNA 的合成

合成 RNA 需要 DNA 作为模板，所合成的 RNA 中的核苷酸（或碱基）的排列顺序与模板 DNA 的碱基排列顺序是互补关系（如 A-U，G-C，T-A，C-G）。

在体外，RNA 聚合酶能使 DNA 的 2 条链同时转录，但在体内则情况不同，实验证明在体内 DNA 2 条链中仅有 1 条链可用于转录。在庞大的细胞基因组中，细胞按不同的发育时序、生理条件和生理需要，只有部分基因发生转录。在 1 个包含许多基因的双链 DNA 分子中，各个基因的模板链并不一定是同一条链。对于某些基因，以某一条链为模板进行转录，而对于另一些基因则模板链在另一条链上（图 17-1）。这种转录方式称"不对称转录"。

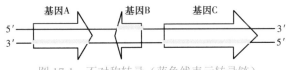

图 17-1　不对称转录（蓝色线表示转录链）

DNA 分子双链结构中的某一基因转录时作为有效转录模板的链，称模板链（template strand），或负链（也称反义链 antisense strand），按碱基配对合成 RNA 链。另一条与模板链互补的 DNA 链不具模板功能，但其碱基序列与新合成的 RNA 链相对应（只是 T 被 U 取代），也就是说新合成的 RNA 链实际上转录了这条链的碱基序列。若转录产物是 mRNA，则可用作蛋白质翻译的模板，按遗传密码决定氨基酸的序列，故称这条链为编码链（coding strand），或正链（sense strand，也称正义链或有意义链）（图 17-2）。合成总是从 $5' \rightarrow 3'$ 方向进行，所以转录总是沿模板链 $3' \rightarrow 5'$ 方向进行。

图 17-2　模板链与编码链

（一）转录始于 DNA 模板的启动子

RNA 聚合酶在催化转录中首先识别 DNA 模板上的转录起始位点——启动子（promoter）。启动子是转录开始时 RNA 聚合酶识别、结合和开始转录的一段 DNA 序列。

1. 原核生物的启动子是相对简单的 DNA 序列　RNA 聚合酶保护实验表明，由于 RNA 聚合酶结合于 DNA 结构基因上游一段跨度为 40～60bp 区域，而不受 DNA 外切酶的水解作用，这段 RNA 聚合酶辨认和结合的 DNA 区域就是转录起始部位，即启动子。原核生物启动子序列包含 3 个不同的功能部位。

（1）起始位点（initiation site）：是 DNA 分子上开始转录的作用位点，标以 +1，以此位点沿转录方向顺流而下（称下游，downstream）的碱基顺序以正数表示；逆流向上（称上游，upstream）的碱基顺序以负数表示。从起始点转录出的第一个核苷酸通常为嘌呤核苷酸，即 A 或 G，G 更为多见。转录是从起始点开始向模板链的 5′ 方向，编码链的 3′ 方向进行。目前在 *E. coli* 的 4.2×10^6 个碱基对中已经发现了约 4×10^3 个转录起始位点。

（2）识别位点（recognition site）：是 RNA 聚合酶 σ 亚基识别 DNA 分子的部位，其中心位于上游 –35bp 处，称 –35 区，该区具有高度的保守性和一致性，其共有序列（consensus sequence）为 5′-TTGACA-3′。

（3）结合位点（binding site）：是 DNA 分子上与 RNA 聚合酶核心酶相结合的部位，其长度约为 7bp，中心位于上游 –10bp 处，称 –10 区，该区碱基序列也具有高度的保守性和一致性，其共有序列为 5′-TATAAT-3′，故也称 TATA 盒（TATA Box）；又因该序列是 D. Pribnow 首次发现，所以又称为 Pribnow Box。在 –10 区段 DNA 富含 A-T 配对碱基，缺少 G-C 配对碱基（图 17-3），故 T_m 值较低，双链比较容易解开，有利于 RNA 聚合酶的作用，从而促使转录的起始。

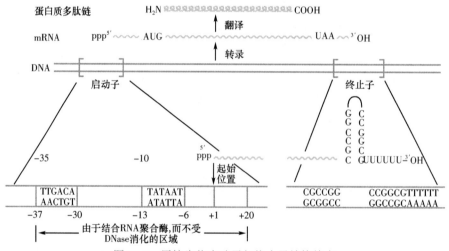

图 17-3　原核生物启动子与终止子结构特点

2. 真核生物有较为多样化的启动子　真核生物的启动子有 3 类，它们的识别启动过程在许多方面都很相似，但各有特点（这里主要介绍 RNA 聚合酶 II 的启动子）。真核生物的转录起始上游区段比原核生物多样化，转录起始时，RNA 聚合酶不直接结合于模板，而是有众多转录因子参与识别启动转录。

（1）真核生物具有高度保守的上游启动序列：真核生物基因组的特点之一是单顺反子。一个真核基因按功能可分为 2 部分，即调节区和它的结构区（结构基因）。结构基因 DNA 序列指导 RNA 转录；调节区由 2 类元件组成，一类决定基因的基础表达，又称启动子；另一类元件决定组织特异性表达或外环境变化及刺激性应答，两者共同调节基因的表达。

与原核生物的启动子相似，真核生物也具有两个高度保守的共有序列。①在 –25bp 附近的一段 A-T 富集序列，其共有序列是 TATAA，也称为 TATA 盒或 Hogness Box，为转录因子结合的部位，通常被认为是启动子的核心序列。人类的 TATA 盒由 34kDa 的 TATA 结合蛋白（TATA-binding protein，TBP）结合。此外有少数基因缺乏 TATA 盒，而是由起始序列 / 起始子

（initiatior sequence，Inr）或者下游启动子元件（downstream promoter element，DPE）与 RNA
聚合酶Ⅱ直接作用启动转录的开始。Inr 元件横跨起始位点（从 –3 到 +5），由通用保守序列
TCA$_{+1}$G/TTT/C（A$_{+1}$为转录起始的第一个碱基）构成，与其结合的蛋白会诱导 RNA 聚合酶Ⅱ
和转录因子 TFⅡ-D 结合，同时具有 TATA 盒和 Inr 元件的启动子的转录启动能力比只有其中
一种元件的启动子更强，效率更高。DPE 具有保守的 A/GGA/GCGTG 序列，位于 +1 起始位
点下游约 25bp 处。与 Inr 类似，DPE 序列也能被 TFⅡ-D 的 TAF 亚基结合。对 200 多个真核
基因的启动子研究发现大约 30% 含有 TATA 盒和 Inr，25% 含有 Inr 和 DPE，15% 含有上述 3
种元件，此外剩下 30% 只含有 Inr。②在多数启动子中，–70bp 附近处有一共有序列 CAAT 区，
称 CAAT 盒。在不同启动子中，CAAT 区的位置也不完全相同。除以上 2 个区域外，有些启
动子中上游还含有 GC 盒。CAAT 盒与 GC 盒多位于 –40 ～ –110bp，它们可影响转录起始的
频率。

　　启动子决定了被转录基因的启动频率与精确性，同时启动子在 DNA 序列中的位置和方向
是严格固定的。这些 DNA 分子上具有可影响（调控）转录的各种 DNA 序列组分统称为顺式
作用元件（cis-acting element）。RNA 聚合酶Ⅱ所需的启动子序列多种多样，基本上由上述各
种顺式作用元件组合而成，它们分散在转录起点上游大约 200bp 的范围内。一个典型的真核
生物基因上游序列示意如图 17-4。

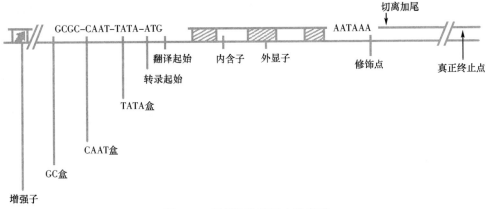

图 17-4　真核生物基因上游序列

　　（2）真核生物的启动子由转录因子识别：一些蛋白质因子可以直接或间接结合 RNA 聚合
酶，通过识别 DNA 序列中的顺式作用元件而调节启动转录，这类转录起始所需要的蛋白质因
子称为转录因子（TF）。真核生物的启动子由转录因子而不是 RNA 聚合酶所识别，这是真核
与原核转录起始的明显区别。多种转录因子和 RNA 聚合酶在起始点上形成转录前起始复合体
（PIC）从而启动和促进转录。

　　RNA 聚合酶Ⅱ的启动子序列多种多样，参与 RNA 聚合酶Ⅱ转录起始的各类转录因子数
目众多，大致分为 3 种类型。①通用转录因子（general transcription factor）：为所有启动子转
录起始所必需，有 TFⅡ-A、TFAⅡ-B、TFⅡ-D、TFⅡ-E、TFⅡ-F 和 TFⅡ-H。它们在生物进化中
高度保守。②上游因子（upstream factor）：识别位于转录起点上游特异的共有序列从而协调基
因表达。③特异转录因子（specific TF）：功能类似上游因子，但一般在特定的时间或组织中
表达进而产生调节作用。

　　需说明的是，转录的起始点往往不是翻译的起始点。转录产物序列分析表明，其 5' 端 1～3
位往往不是 AUG 起始密码子，AUG 密码子多在转录起始点稍后才出现。

（二）终止子为 RNA 的转录提供终止信号

　　模板中提供转录终止信号的 DNA 序列称为终止子（terminator）。原核生物 RNA 转录终

止子有 2 类，即不依赖于 ρ 因子的终止子和依赖于 ρ 因子的终止子。原核生物 2 类转录终止信号有共同的序列特征，即转录终止序列之前有一段回文结构，该回文序列是一段方向相反、碱基互补的序列，这段互补序列之间由几个碱基隔开。真核生物的转录终止与转录后加工修饰有关。

1. 终止序列能形成一定的三维结构促使 RNA 合成反应终止　不依赖 ρ 因子的终止序列的共有回文结构中富含 G-C 碱基对，其下游有 6 ~ 8 个连续的 A（图 17-5a）；这种富含 G-C 碱基对序列转录生成的 RNA 可形成茎 - 环（stem-loop）二级结构，即发夹结构（hairpin structure）（图 17-5b）。这样的二级结构可能与 RNA 聚合酶某种特定的空间结构相嵌合，阻碍了 RNA 聚合酶进一步发挥作用。此外，RNA 发夹结构 3' 端的几个 U 与 DNA 模板上的 A 碱基配对很不稳定，容易使新合成的 RNA 链解离下来，最终使转录终止。

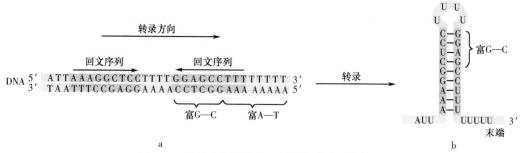

图 17-5　原核生物不依赖 ρ 因子终止序列的转录

2. ρ 因子作为终止蛋白能终止 RNA 的合成　依赖 ρ 因子的终止序列中 G-C 碱基对含量较少，其下游无固定的序列特征。ρ 因子是一种分子量约为 46kDa 的蛋白质，通常以六聚体形式存在，具有依赖于 RNA 的 NTPase 的活力，能破坏新生成的 RNA-DNA 复合体。由此推测，ρ 因子结合在新产生的 RNA 链上，借助水解 NTP 获得的能量推动其沿着 RNA 链移动并解开 RNA：DNA 杂交双螺旋。RNA 聚合酶遇到终止子序列时发生暂停，使 ρ 因子得以追上酶，ρ 因子与酶相互作用，释放 RNA，并使 RNA 聚合酶与该因子一起从 DNA 上脱落下来。ρ 因子还具有 RNA-DNA 解螺旋酶（helicase）的活力，进一步说明了该因子的作用机制。具体作用机制见本章第二节。

不同的终止子的作用也有强弱之分，有的终止子几乎能完全停止转录，有的则只是部分终止转录。部分 RNA 聚合酶能越过这类终止序列继续沿 DNA 移动并转录。如果一串结构基因群中间有这种弱终止子的存在，则前后转录产物的量会有所不同，这也是终止子调节基因群中不同基因表达产物比例不同的一种方式。有的蛋白因子能特异地作用于终止序列，使 RNA 聚合酶得以越过终止子继续转录，这称为通读（readthrough），这种引起抗终止作用（anti-termination）的蛋白因子就称为抗终止子（anti-terminator）。

第二节　转录过程

在转录过程中需要 DNA 为模板，但不需要引物，故 RNA 链可从第一个核苷酸开始合成。转录反应可以分为 3 个阶段：转录的起始（包括模板的识别）、转录的延伸和转录的终止。目前研究得最多的是转录的起始，许多转录起始的相关 DNA 区域及与之结合的蛋白因子已经被鉴定出来。在转录的过程中，当 RNA 聚合酶脱离启动子区域时，第二个 RNA 聚合酶会结合到该启动子，开始新的转录过程。也就是说在同一个转录模板上，可以有多条 RNA 同时合成，使得转录的效率提高。不同基因转录效率会有所不同。RNA 聚合酶能以较低的亲和力结合在 DNA 的许多区域，以 $\geq 10^3$bp/s 的速率沿着 DNA 链扫描，直至识别到特定的 DNA 启动子区域，开始以高亲和力与之结合。

一、原核生物的 RNA 聚合酶通过 σ 亚基结合启动子启动转录

20 世纪 60 年代初，Jacob 和 Monod 发现了细菌基因表达的主要形式——操纵子（operon），即与 1 个启动子控制连在一起的多个结构基因的转录。原核生物的转录过程研究得比较清楚。

（一）σ 因子是转录起始阶段的关键蛋白

在起始阶段，RNA 聚合酶的 σ 因子首先识别 DNA 启动子的识别部位，核心酶则结合在启动子的结合部位，DNA 双链分子的局部区域发生构象改变，结构变得松散，特别是在与 RNA 聚合酶的核心酶结合的 –10 区的 Pribnow 盒附近，双链暂时打开约 17 个碱基对长度，使 DNA 模板链暴露，酶与模板结合，第一个核苷三磷酸 GTP 加入，此时形成转录起始复合体，即 RNA-pol($\alpha_2\beta\beta'\sigma$)-DNA-pppG-OH 3'。

转录起始不需引物，起始点处两个与模板配对的相邻核苷酸，在 RNA 聚合酶催化下以 3',5'- 磷酸二酯键相连。这也是 DNA 聚合酶和 RNA 聚合酶分别对 dNTP 和 NTP 聚合作用最明显的区别。起始生成 RNA 的第一位核苷酸为嘌呤核苷酸，即 5' 端总是 G 或 A，以 G 更常见。当 5'-GTP（5'-pppG-OH-3'）与第二位（5'-pppN-OH-3'）聚合生成磷酸二酯键后，仍保留其 5' 端 3 个磷酸，也就是 1,2 位核苷酸聚合后，生成 5'-pppGpN-OH-3'。这一结构也可理解为四磷酸二核苷酸，它的 3' 端有游离羟基，可以继续加入 NTP 使 RNA 链延伸下去。RNA 链上这种 5' 端结构不但在转录延伸中一直保留，而且直至转录完成，RNA 脱落后仍然保留，并与转录后修饰有关。

转录起始的第一个磷酸二酯键生成后，σ 因子即从转录起始复合体上脱落，核心酶连同四磷酸二核苷酸继续结合于 DNA 模板上并沿 DNA 链向前延伸，进入延伸阶段。实验证明，σ 因子若不脱落，RNA 聚合酶则停留在起始位置，转录不继续进行。转录延伸与 σ 因子无关，推测 σ 因子可反复使用于起始过程。

（二）新合成 RNA 随 RNA 聚合酶在模板 DNA 上移动而不断延伸

在起始阶段第一个磷酸二酯键形成后，σ 因子脱离 DNA 模板及 RNA 聚合酶。RNA 聚合酶核心酶沿着 DNA 模板向下游移动，与模板链互补的核苷三磷酸逐一进入反应体系。在 RNA 聚合酶的催化下，核苷酸之间以 3',5'- 磷酸二酯键相连进行延伸反应，合成方向为 5'→3' 方向，合成处的转录本 RNA 从 3' 端处逐步延伸。RNA 聚合酶具有内在的解旋酶活性，可以打开 DNA 双螺旋结构。此时上文提及的 5'-pppG⋯结构依然保留。由于 RNA 聚合酶分子大，覆盖着解开的 DNA 双链（约 40bp）和 DNA：RNA 异源双链的一部分（约 12bp），而且新合成的 RNA 链与模板之间形成的 RNA-DNA 杂交链呈疏松状态，使 RNA 很容易脱离 DNA，DNA 模板链与编码链之间又重新形成双股螺旋。此时，酶 -DNA-RNA 形成的复合体称为转录复合体（transcription complex，也称转录泡 transcription bubble）。随着 RNA 聚合酶的移动，转录泡也相应行进并贯穿延伸过程的始终，见图 17-6。

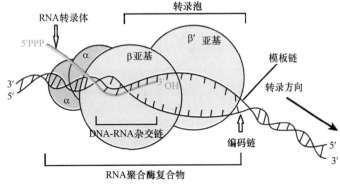

图 17-6　*E. coli* RNA 转录过程中转录泡的形成

（三）转录终止受一些蛋白因子或者序列终止信号调控

当 RNA 聚合酶在 DNA 模板上停顿下来不再前进，转录产物 RNA 链从转录复合体上脱落，

就是转录的终止。原核生物的转录终止依据是否需要蛋白质因子的参与分为依赖 ρ 因子与非依赖 ρ 因子两大类。

1. ρ 因子通过影响 RNA 聚合酶的构象导致转录终止　转录的实验研究发现：①体外转录产物比细胞内转录产物长，说明转录终止点可以跨越而继续转录，还说明细胞内存在某种因素有执行转录终止的功能。②在 *E. coli* 中发现存在能控制转录终止的蛋白质，称 ρ 因子。体外转录实验试管内加入 ρ 因子，转录产物长于细胞内的现象不复存在。③ρ 因子能结合 RNA，又以对 poly（C）的结合力最强，但 ρ 因子对 poly（dC/dG）组成的 DNA 的结合能力就低得多。在依赖 ρ 因子终止的转录中，发现产物 RNA 3′ 端确有较丰富的 C，或有规律地出现 C 碱基。④ρ 因子具有 ATP 酶的活性和解螺旋酶（helicase）的活性。

目前认为，ρ 因子终止转录的作用是与转录产物 RNA 结合（图 17-7），结合后 ρ 因子和 RNA 聚合酶都可能发生构象变化，从而使 RNA 聚合酶的移动停顿，ρ 因子的 ATP 酶和解螺旋酶的活性使 DNA：RNA 异源双链拆离，转录产物 RNA 从转录复合体中释放。

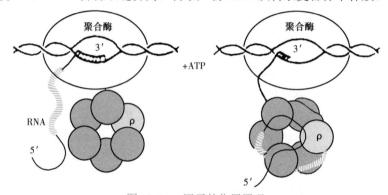

图 17-7　ρ 因子的作用原理

RNA 链上带条纹线代表富含 C 的区段，ρ 因子结合 RNA（右），发挥其 ATP 酶及解螺旋酶活性

2. 不依赖 ρ 因子的转录终止需要 DNA 序列上特异的终止信号　具体机制见本章第一节图 17-5 及相关阐述。

（四）原核生物的转录延伸与蛋白质翻译同时进行

在电子显微镜下观察原核生物的转录，可看到羽毛状的图形（图 17-8），这种图形说明在同一 DNA 模板上有多个转录同时进行。在 RNA 链上观察到的小黑点是核糖体，这是一条 mRNA 链上多个核糖体正在进行下一步的蛋白质翻译过程。可见，转录尚未完成，翻译已经开始。真核生物没有这种现象，因为真核生物转录是在细胞核内，而翻译是在胞质中进行。

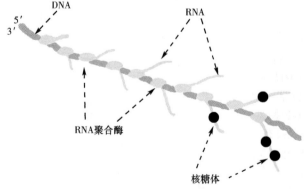

图 17-8　电子显微镜下原核生物的转录现象

原核生物转录的全过程见图 17-9。

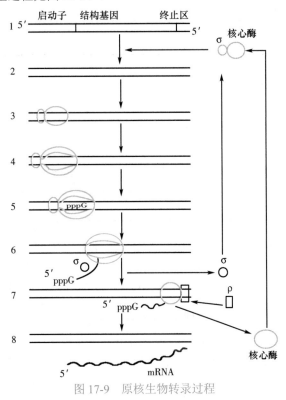

图 17-9　原核生物转录过程

1，2. 待转录的基因；3′→5′ 的单股为模板链；3，4. 起始，全酶结合于启动区；5. 第一个 pppG 加入；6. σ 因子释出后开始延伸；7. 终止，ρ 因子加入，核心酶释出；8. 转录完成

二、真核生物转录由多种蛋白因子共同作用来调节

真核生物的转录过程与原核生物的转录过程主要的区别：①真核生物的 RNA 聚合酶主要有 3 种：RNA 聚合酶Ⅰ、Ⅱ和Ⅲ，分别催化合成 rRNA 前体、mRNA 前体和包括 tRNA 在内的一些小 RNA。②识别转录起始部位的是一类称为转录因子的蛋白质，RNA 聚合酶不直接结合模板。③转录起始上游区段比原核生物多样化（包括启动子、增强子等顺式作用元件）。④转录终止与转录后修饰密切相关。

（一）真核生物转录起始涉及多种蛋白间和蛋白质 -DNA 间相互作用

真核生物 RNA 聚合酶不与 DNA 分子直接结合，而需依靠众多的转录因子。能直接或间接辨认、结合转录上游区段 DNA 的蛋白质统称为反式作用因子（*trans*-acting factor）。反式作用因子中，直接或间接结合 RNA 聚合酶的，则称为转录因子。转录因子之间又需互相辨认、结合，以准确地控制基因是否转录、何时转录。相应于 RNA 聚合酶Ⅰ、Ⅱ和Ⅲ的转录因子分别称为 TFⅠ、TFⅡ 和 TFⅢ。研究得较深入的、已知种类较多的是 TFⅡ，有 TFⅡ-A、TFⅡ-B、TFⅡ-D、TFⅡ-E、TFⅡ-F 和 TFⅡ-H，其中 TFⅡ-D 是目前已知唯一能识别和结合 TATA 盒的蛋白质（含有 TATA 结合蛋白亚基，TATA-binding protein，TBP）。TFⅡ-D 还有一些其他亚基称为 TATA 结合蛋白辅因子（TBP 结合因子，TBP-associated factor，TAF）。TBP 与 TATA 盒的小沟相结合，使 DNA 螺旋弯曲大约 100°，这种弯曲被认为是促进了 TAF 与和其他转录起始复合体、多成分真核启动子及与上游元件结合的可能成分的相互作用。TBP 能够结合 10bp 的 DNA 片段，而 TFⅡ-D 全酶能覆盖 35bp 甚至更大的区域。TBP-TAF TFⅡ-D 复合体结合 TATA

盒通常被认为启动子上转录复合体形成的第一个阶段。单一的 TBP 能够支持基因的基础表达。各转录因子在转录中的功能见表 17-4。

表 17-4　RNA 聚合酶 II 转录所需的转录因子

转录因子	功能
TFII-D（TBP）	特异识别 TATA 盒
TFII-A	稳定 TFII-B 与 TFII-D 对启动子的结合
TFII-B	结合 TFII-D，并结合 RNA 聚合酶 II -TFII-F 复合体
TFII-E	结合 TFII-H，具有 ATP 酶和解旋酶的活性
TFII-F	紧密与 RNA 聚合酶 II 结合，也与 TFII-B 结合，阻遏聚合酶和非特异的 DNA 序列结合
TFII-H	有解旋酶活性，使 DNA 解开双链；使聚合酶 II 最大亚基的 CTD 磷酸化，磷酸化的聚合酶 II 离开启动子区向下游移动，进入延伸阶段

真核生物转录起始也形成 RNA-pol-DNA 开链模板的复合体，但在开链之前，必须先依靠 TF 之间、TF 与反式作用元件之间的相互识别、结合，然后与模板、RNA 聚合酶 II 形成转录前起始复合体（PIC）。以 TFII-D 首先结合 TATA 盒为核心，逐步形成 PIC，见图 19-1。

拼板理论（piecing theroy）

对不同基因转录特性的研究发现了数以百计且数量还在不断增加的转录因子。人类基因约有 2.5 万个，为了保证转录的准确性，不同基因需要不同的转录因子，这是可理解的。转录因子是蛋白质，也需要基因为它们编码。如此扩展下去，约 2.5 万个基因岂不是远不够用？现在公认的拼板理论认为，一个真核生物基因的转录需要 3～5 个转录因子，转录因子之间互相结合、生成有活性、有专一性的复合体。再与 RNA 聚合酶搭配，且有针对性地结合、转录相应的基因。转录因子的相互辨认与结合，恰似儿童玩具七巧板，搭配得当就能拼出多种不同的图形，以满足不同基因转录的需要。此外包括还有上游因子、可诱导因子及它们相应的反式作用因子也有相类似的作用规律。按照拼板理论，人类基因虽数以万计，但需要的转录因子可能约 300 个就能满足表达不同基因的需要。目前不少研究结果都支持这一理论。

一般来说，起始位点的上游序列决定了转录频率，这些区域的突变会降低转录频率 10～20 倍。典型的上游序列元件包括 GC 序列和 CAAT 盒，每个元件都会结合特定的蛋白，如 SP1 蛋白结合 GC 序列，CTF（或者 C/EPB，NF1，NFY）结合 CAAT 盒，都是通过这些蛋白上特定的 DNA 结合域（DNA binding domain，DBD）与这些元件相结合。转录起始的频率正是由这些蛋白质 -DNA 相互作用及转录因子特异结构域［与 DBD 不同——称为激活域（activation domain）］与转录机器（RNA 聚合酶 II，基本转录因子 TFII-A、-B、-D、-E、-F 和其他辅助调节因子如调节子、染色质重塑因子及染色质修饰因子）之间的复合作用所决定的。涉及 RNA 聚合酶 II 和其他转录基本成分的 TATA 盒蛋白质 -DNA 相互作用保证了转录起始的准确。

（二）真核生物转录延伸与原核生物既相似但又具有自身特点

一般而言真核生物转录延伸与原核生物相似。真核生物的 RNA 聚合酶 II 在转录过程中与其他辅助蛋白因子一起结合在 DNA 模板链上形成的转录泡能覆盖大约 20 个碱基对。但与原核生物有所不同的是，真核生物基因组 DNA 在双螺旋结构的基础上与多种蛋白质组成核小体高级结构，所以转录延伸过程可以观察到核小体移位和解聚现象。另外，真核生物转录延伸过程没有转录与翻译的同步现象。

（三）真核生物转录终止和转录后修饰密切相关

日前对真核生物的转录终止信号还了解得不多。已经知道 mRNA 的合成和 3′ 端的形成依赖于 RNA 聚合酶 Ⅱ 的一个亚基（CTD）上的特异结构。真核生物 mRNA 带有多聚腺苷酸〔poly(A)〕尾的结构，是转录后才加进去的，因为在模板链上没有相应的多聚胸苷酸〔poly(dT)〕。但是转录并不是在 poly(A) 的位置上终止，而是超出数百乃至上千个核苷酸后才终止。已发现在模板链读码框架的 3′ 端，常有一组共有序列 AATAAA，再下游还有相当多的 GT 序列，这些序列称为转录终止的修饰点。RNA 聚合酶越过修饰点后继续转录，生成的 mRNA 在修饰点处（保守序列 AAUAAA 的 3′ 端 15 个碱基对处）被 RNA 内切酶切断，随即加入 poly(A) 尾及 5′- 帽子结构。余下的 RNA 虽继续转录，但很快被 RNA 酶降解。因此有理由相信，5′- 帽子和 poly(A) 尾结构保护 RNA 免受降解，因为修饰点以后的转录产物无帽子结构和 poly(A) 尾（图 17-10）。

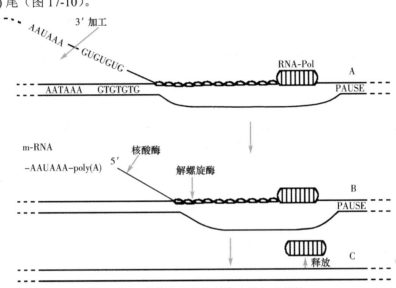

图 17-10　真核生物的转录终止及加尾修饰

第三节　RNA 的转录后加工

在细胞内，由 RNA 聚合酶合成的初级转录产物（primary transcript）是没有生物活性的，需要经过一系列的加工修饰，包括 RNA 链的裂解、5′ 端与 3′ 端的切除和特殊结构的形成、核苷的修饰和糖苷键的改变，以及拼接和编辑等过程，才能转变为成熟的 RNA 分子。此过程总称为转录后加工（post-transcriptional processing），或称为 RNA 的成熟。

各种 RNA 的转录后加工有自己的特点，但加工的类型主要有以下几种。①切割（cleavage）及剪接（splicing）：切割是指切割去部分序列；剪接是指切割后又将某些片段连接起来。②末端添加（terminal addition）：如 tRNA 的 3′ 端添加 -CCA 三个核苷酸。③修饰（modification）：在碱基及核糖分子上发生化学修饰反应，如 tRNA 分子中稀有碱基的形成（尿苷变成假尿苷）。④ RNA 编辑（RNA edition）：某些 RNA，特别是 mRNA 从 DNA 模板上获得的遗传信息，经 RNA 编辑后会发生改变，产生不同的遗传信息容量。

一、原核生物中 RNA 的加工一般只限于 rRNA 和 tRNA

原核生物的基因特点是多顺反子。原核生物的 mRNA 一经转录通常立即进行翻译（除少数例外），一般不进行转录后加工，但稳定的 tRNA 和 rRNA 都要经过一系列加工才能成为有活性的分子。在原核生物中，rRNA 的基因与某些 tRNA 的基因组成混合操纵子。其余 tRNA

基因也成簇存在，并与编码蛋白质的基因组成操纵子。它们在形成多顺反子转录产物后，经断链成为 rRNA 和 tRNA 的前体，然后进一步加工成熟。

（一）原核生物 rRNA 前体的加工多为甲基化修饰

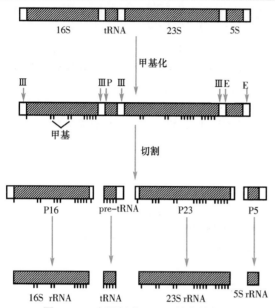

图 17-11　大肠杆菌 rRNA 前体的加工
↓ 表示核酸内切酶的作用

E. coli 基因组共有 7 个 rRNA 的转录单位，它们分散在基因组的各处。每个转录单位由 16S、23S 及 5S 3 种 rRNA 和 1 个或几个 tRNA 的基因所组成。该基因原初转录产物是 30S 的 rRNA 前体，分子量为 2.1×10^6 Da，约含 6500 个核苷酸，5′ 端为 pppA。不同细菌 rRNA 前体的加工过程并不完全相同。但基本过程类似（图 17-11）。

原核生物 rRNA 含有多个甲基化修饰成分，包括甲基化碱基和甲基化核糖，尤其常见的是核糖 2′-OH 甲基化。16S rRNA 含有约 10 个甲基，23S rRNA 约 20 个甲基，5S rRNA 中一般无甲基化修饰成分。

（二）原核生物 tRNA 前体具有多种加工方式

tRNA 前体的加工：① 由核酸内切酶（RNaseP；RNaseF）在 tRNA 5′ 端切除（cutting）多余的核苷酸；② 由核酸外切酶（RNaseD）从 3′ 端逐个切去附加序列，即修剪（trimming）；③ 在核苷酰基转移酶催化下，tRNA 3′ 端加上 -CCA_OH，这是 tRNA 前体加工过程的特有反应；④ 核苷酸碱基的异构化修饰，包括甲基化、脱氨、转位及还原反应。细菌 tRNA 前体的加工如图 17-12 所示。

细菌 tRNA 前体存在 2 类不同的 3′ 端序列。一类其自身具有 -CCA_OH，位于成熟 tRNA 序列与 3′ 端附加序列之间，当附加序列被切除后即显露出该末端结构。另一类其自身并无 -CCA_OH 序列，当切除前体 3′ 端附加序列后，必须另外加入 -CCA_OH 序列。

图 17-12　tRNA 前体分子的加工
↓ 表示核酸内切酶的作用；← 核酸外切酶的作用；↑ 核苷酰转移酶的作用；↘ 异构化酶的作用

成熟的 tRNA 分子中存在众多的修饰成分，tRNA 修饰酶具有高度特异性；每一种修饰核苷都有催化其生成的修饰酶，如 tRNA 假尿嘧啶核苷合酶催化尿苷的糖苷键发生移位反应，由尿嘧啶的 N_1 移位至 C_5。

（三）　原核生物 mRNA 一般很少进行加工

原核生物细胞内没有核膜，染色质存在于胞质中，转录与翻译的场所没有明显的屏障。转录尚未完成，翻译已开始。mRNA 的寿命短暂，如 *E. coli* mRNA 半寿期仅为几分钟。

原核生物中转录作用生成的 mRNA 属于多顺反子 mRNA（polycistrom mRNA），即几个结构基因利用共同的启动子及共同的终止信号，经转录生成的 mRNA 分子可编码几种不同的蛋白质。细菌中用于指导蛋白质合成的 mRNA 大多不需要加工，一经转录即可直接进行翻译。但也有少数多顺反子 mRNA 需通过核酸内切酶切成较小的单位，然后再进行翻译，其意义在于可对 mRNA 的翻译进行调控。

二、真核生物中 RNA 的加工及降解

真核生物 rRNA 和 tRNA 前体的加工过程与原核生物有些相似，但 mRNA 前体则需经过复杂的加工过程，才能成为有活性的成熟 mRNA，这与原核生物大不相同。

（一）真核生物 rRNA 前体的加工与原核生物类似

真核生物的核糖体中有 18S、28S、5.8S 和 5S rRNA。5S rRNA 独立成体系，在成熟过程中加工甚少，不进行修饰和切割。真核生物 rRNA 基因成簇排列在一起，组成一个转录单位，彼此被间隔区分开（注意该间隔不是内含子），由 RNA 聚合酶 I 转录产生一个长的 rRNA 前体。不同生物的 rRNA 前体大小不同，哺乳类动物转录产生 45S rRNA 前体，果蝇转录产物为 38S rRNA 前体，酵母转录产物为 37S 的 rRNA 前体，加工后都产生 18S、28S 和 5.8S rRNA。

真核生物细胞的核仁是 rRNA 合成、加工和装配成核糖体的场所，而这些 rRNA 的基因在每个细胞基因组中具有大量的拷贝以转录出足够 rRNA 来满足合成大约 10^7 个核糖体。rRNA 的成熟需经过多步骤的加工过程。用同位素 ^{3}H- 或 ^{14}C- 尿苷标记 HeLa 细胞的 RNA，可分离得到 45S rRNA 前体及 41S、32S、20S 等加工产物。通过标记动力学实验证明它们是 rRNA 生成过程的前体和中间物。它们的加工过程如图 17-13。

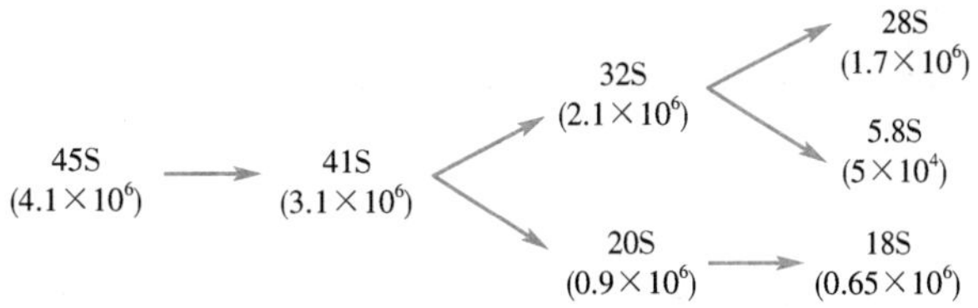

$$45S\ (4.1\times10^6) \longrightarrow 41S\ (3.1\times10^6) \nearrow\searrow$$

$$32S\ (2.1\times10^6) \nearrow\ 28S\ (1.7\times10^6)\ \searrow\ 5.8S\ (5\times10^4)$$

$$20S\ (0.9\times10^6) \longrightarrow 18S\ (0.65\times10^6)$$

图 17-13　真核生物细胞 rRNA 的加工
括号内为分子量（Da）

与原核生物类似，真核生物 rRNA 前体也是先甲基化，然后再被切割。现在知道，真核生物 rRNA 前体的甲基化、假尿苷酸化（pseudouridylation）和切割是由核仁小 RNA（small nucleolar RNA，snoRNA）参与指导，snoRNA 与蛋白质形成小核仁核糖核蛋白颗粒。45S rRNA 前体分子合成后很快与核糖体蛋白和核仁蛋白结合，形成 80S 前核糖核蛋白颗粒（pre-ribonucleo-protein particles，pre-RNP），在细胞核内加工形成一些中间核糖核蛋白颗粒，最后在细胞质中形成核糖核蛋白体的大亚基和小亚基。

RNAse III 及其他核酸内切酶在包括 rRNA 前体在内的 RNA 加工中起重要作用。rRNA、tRNA 和 mRNA 的前体加工可采用自我剪接的方式，由一类具有催化活性的 RNA 即核酶催化完成。

（二）真核生物 tRNA 前体的加工包括多种反应

真核生物 tRNA 基因由 RNA 聚合酶 III 催化转录，转录产物为 4.5S 或稍大的 tRNA 前体，相当于 100 个左右的核苷酸。成熟的 tRNA 分子为 4S，含 70 ～ 80 个核苷酸。

与原核生物类似，真核生物的 RNase P，可切除 5′ 端的附加序列，3′ 端附加序列的切除需要多种核酸内切酶和核酸外切酶的作用。真核生物 tRNA 前体的 3′ 端不含 CCA 序列，成熟 tRNA 3′ 端的 CCA 是由 tRNA 核苷酸转移酶催化加上去的。tRNA 的剪接过程如图 17-14 所示。

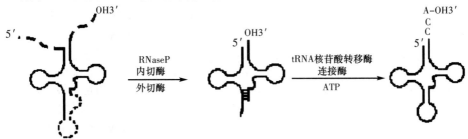

图 17-14　真核生物 tRNA 的剪接过程

真核生物 tRNA 的转录后加工还包括各种稀有碱基的生成。①甲基化：tRNA 甲基转移酶催化某些嘌呤生成甲基嘌呤，如 A→^{m}A，G→^{m}G。②还原反应：某些 U 还原为二氢 U（DHU）。③核苷内转位反应：如 U→ψ。④脱氨反应：如 A 脱氨成为 I。

（三）真核生物 mRNA 前体加工较原核生物复杂

真核生物编码蛋白质的基因以单个基因作为转录单位，其转录产物为单顺反子 mRNA（monocistron mRNA）。真核生物 mRNA 前体又称杂化核 RNA（heterogeneous nuclear RNA，hnRNA），由于在核内加工过程中形成分子大小不等的中间物，也称为核内不均一 RNA。

hnRNA 需要经过较复杂的加工过程生成成熟的 mRNA：① 5′ 端形成特殊的帽子结构（m^{7}G$^{5'}$ppp$^{5'}$NmpNp-）；② 3′ 端加 poly(A) 尾；③ 剪接去除内含子序列并连接外显子；④ 链内部核苷酸甲基化修饰；⑤ RNA 编辑。

1. 真核生物 mRNA 的成熟具有 5′ 端加帽（capping）的过程　前文提到转录产物第一个核苷酸往往是 5′- 三磷酸鸟苷 pppG。在 RNA 成熟过程中，经磷酸酶催化水解，脱去一个磷酸，生成 ppGp-。然后在鸟苷酸转移酶催化下，与另一分子 GTP 反应，以通过不常见的 5′,5′- 三磷酸连接键相连，在新生 RNA 的 5′ 端形成 GpppGp。继而在甲基转移酶催化下，由腺苷甲硫氨酸（SAM）提供甲基，在新加入的 GMP 的 N$_7$ 位甲基化，形成所谓的帽子结构（m^{7}GpppGp）。不同生物体内，由于甲基化程度的不同，可以形成几种不同形式的帽子结构。有些帽子结构仅形成 7- 甲基鸟苷三磷酸 m^{7}GpppNp（图 17-15）称为 Cap O 型；有些在 m^7 Gppp 之后的 N$_1$ 核苷甚至 N$_2$ 核苷的核糖 2′-OH 基上也被甲基化（m^{7}GpppNmp），分别称为 Cap Ⅰ 型和 Cap Ⅱ 型。

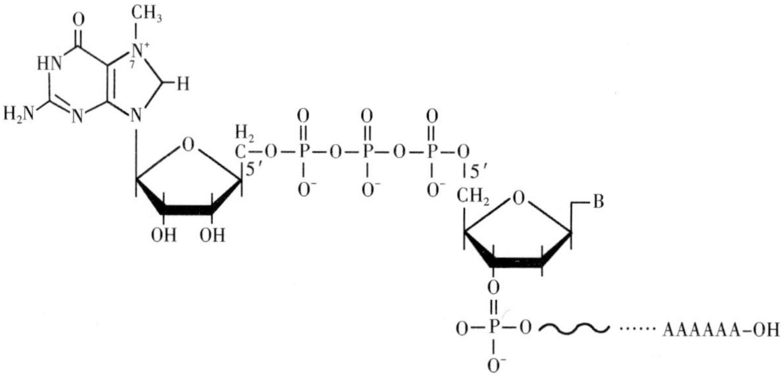

图 17-15　mRNA 帽子结构的详细结构式

5′- 帽子结构常出现于核内 hnRNA，说明 5′- 帽子结构是在核内修饰完成，而且先于 mRNA 的剪接过程。5′- 帽子结构的功能与翻译过程有关，它能在翻译过程中起识别作用及对 mRNA 起稳定作用。防止被 5′→3′ 外切酶降解，并提高翻译起始的效率。

2. 真核生物的 mRNA 成熟还有 3′ 端加 poly(A) 尾的过程　真核生物 mRNA，除了组蛋白的 mRNA，在 3′ 端通常都有 8 ～ 250 个腺苷酸残基构成 poly(A) 的尾部结构。核内 hnRNA 分子中 3′ 端就具有 poly(A)，推测这一过程也应在核内完成，而且也先于 mRNA 中段的剪接。但是在胞液中也有该反应的酶体系，说明在胞液中 poly(A) 加尾还可以继续进行。

poly(A) 尾的形成并不是简单地加入 A，而是先要在 U$_7$-snRNP 的协助下识别 hnRNA 3′ 端转录终止修饰点 AAUAA 保守序列，并在特异的核酸内切酶（RNase Ⅲ）催化下切除一些多余的附加序列，然后由多聚腺苷酸聚合酶［poly(A) polymerase，PAP］催化加入 poly(A)。

poly(A) 的长度很难确定，因其长度随 mRNA 的寿命而缩短。随着 poly(A) 缩短，翻译的活性下降。据此推测，poly(A) 的长短和有无是维持 mRNA 作为模板的活性，以及增加 mRNA 本身稳定性的重要因素。

3. mRNA 的剪接是真核生物 mRNA 成熟过程中所特有的加工方式

（1）断裂基因是真核生物基因组的重要特点：真核生物基因组的另一特点是呈 "断裂基因"。核酸杂交实验表明，hnRNA 与 DNA 模板可以完全配对。而成熟的 mRNA 与模板 DNA 杂交出现部分的配对双链区和中间相当多的鼓泡状突出的单链区。根据杂交实验结果，20 世纪 70 年代末提出了断裂基因的概念：真核生物结构基因由若干编码区和非编码区相互隔开，但又连续镶嵌而成，去除非编码区再连接后，即可翻译出有连续氨基酸组成的完整蛋白质，这些基因称为断裂基因（split gene）。能编码出蛋白质的序列称外显子（exon），不能编码蛋白质的序列称内含子（intron）。由于内含子是插在外显子之间，所以又称插入序列或居间序列。图 17-16 是卵清蛋白基因，图中 A～G 为内含子，1～7 为外显子编码序列，L 为编码信号肽基因的外显子。

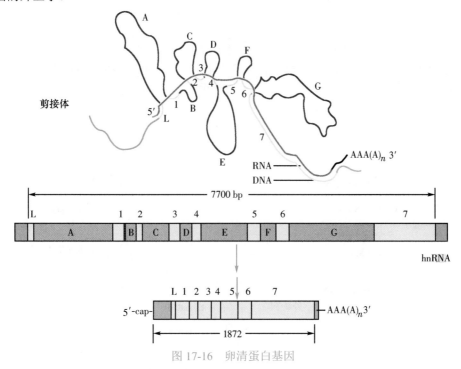

图 17-16 卵清蛋白基因

胰岛素也是一种简单的蛋白质，由 2 个内含子将编码序列隔开。C 肽是胰岛素原才有的部分，转变成有活性的胰岛素时，C 肽被水解掉。C 肽的基因也是被内含子隔断成断裂基因（图 17-17）。大多数真核基因都是断裂基因，但也有少数编码蛋白质的基因及一些 tRNA 和 rRNA 基因是连续的。

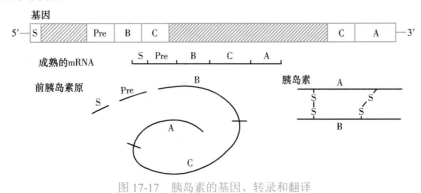

图 17-17 胰岛素的基因、转录和翻译

A，B.胰岛素的 A 链和 B 链；C.C 肽；Pre.前导序列；S.信号肽

（2）核小 RNA（small nuclear RNA，snRNA）具有多种调节功能：snRNA 是一类核内小分子 RNA，由 100～300 个核苷酸组成。因 snRNA 分子中碱基以尿嘧啶含量丰富，故以 U 作为命名。U 系列已发现有 U_1、U_2、U_3、U_4、U_5、U_6 和 U_7 snRNA 等类别。U_3 存在于核仁，不参与 hnRNA 的剪接；U_7 参与 poly(A) 的生成。U 系列与核内蛋白质组成核小核糖核蛋白（small nuclear ribonucleoprotein，snRNP），snRNP 与 hnRNA 结合，使内含子形成套索，并拉

近上下游外显子距离，形成剪接体（splicesome），剪接体是 mRNA 剪接的场所。

（3）内含子通过剪接作用被切除：hnRNA 中内含子与外显子的分界部位存在短的保守序

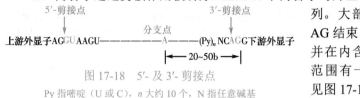

图 17-18　5′- 及 3′- 剪接点

Py 指嘧啶（U 或 C），n 大约 10 个，N 指任意碱基

列。大部分内含子是以 GU 开始，以 AG 结束，即所谓剪接的 GU-AG 规则，并在内含子中离 3′- 切割点 20～50bp 范围有一个 A 是不变的，称分支点，见图 17-18。

剪接作用是通过两次转酯反应，将内含子剪出并把两个外显子连接起来。剪接机制如下：①U₁ snRNA 的 5′ 端序列与内含子 5′ 端保守序列互补结合，U₂ snRNA 与内含子中的分支点区互补结合，见图 17-19a。②U₁、U₂ snRNA 结合后，U₄、U₅、U₆ 加入，形成完整的剪接体，

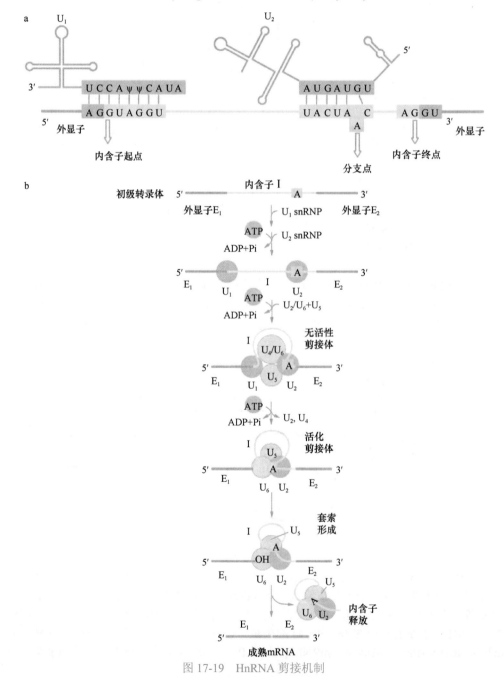

图 17-19　HnRNA 剪接机制

此时内含子（以 I 表示）弯曲成套索状，外显子（E_1）和外显子（E_2）被拉近。③释放 U_1 和 U_4，结构重排，U_2 和 U_6 形成催化中心，催化完成两次转酯反应，见图 17-19b。④第一次转酯反应需要核内的含鸟苷酸 pG、ppG 或 pppG 的辅酶，以 3'-OH 对 E_1/I 之间的磷酸二酯键作亲电子攻击，使 E_1/I 之间的共价键断开，pG 则取代 E_1 成为 I 的 5' 端，E_1 的 3'-OH 游离出，所以称为转酯反应。⑤第二次转酯反应由 E_1 的 3'-OH 对 I/E_2 之间的磷酸二酯键作亲电子攻击，使 I 与 E_2 断开，而由 E_1 取代了 I。至此，2 个外显子相连，而内含子则被切除掉，第二次转酯完成。二次转酯反应见图 17-20。

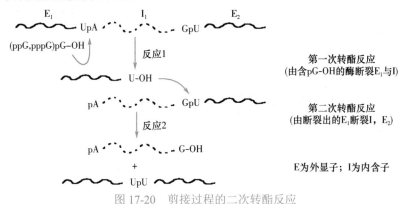

图 17-20 剪接过程的二次转酯反应

E. 外显子；I. 内含子；蓝箭头示核糖 3'-OH 对磷酸二酯键的亲电子攻击

mRNA 的选择性剪接

对人类基因组大规模测序发现，人类基因组所含有的基因数目远少于原来的估计，也远少于细胞中蛋白质的数目。这说明基因表达的复杂性远超过人们的想象。目前已知增加蛋白质种类和数目的方式有 DNA 重组、RNA 编辑和 mRNA 选择性剪接等。mRNA 选择性剪接是产生众多蛋白质的主要机制。

已经发现 mRNA 的选择性剪接形式有多种，几乎包括了所有可能的形式。①通过选择外显子上不同的 5'- 或 3'- 剪接点进行选择性剪接；②针对 5' 端和 3' 端的选择性剪接；③内部外显子可被选择保留或切除；④多个外显子可进行不同组合的可变拼接；⑤内含子可选择保留在 mRNA 中等。这些不同的剪接形式形成了不同的剪接组合，产生了不同的剪接产物。有时候这种剪接组合产生的产物数目极其惊人。例如，果蝇的 *Dscam* 基因经选择性剪接产生的产物达 38 000 余种。超过果蝇整个基因组数目的两倍。

4. 真核生物 mRNA 存在甲基化现象 原核生物 mRNA 分子中不含稀有碱基，但真核生物的 mRNA 中则含有甲基化核苷酸。除了 hnRNA 5' 端帽子中含有 2～3 个甲基化碱基外，在分子内部还有 1～2 个 m^6A 存在于非编码区。m^6A 的生成是在 hnRNA 剪接作用之前发生。

5. RNA 编辑（RNA editing） 真核基因中内含子的发现使中心法则的共线性原则发生动摇，通过 RNA 的选择性剪接，从一个基因可以产生不同的蛋白质产物，但这些都并没有改变基因（DNA）直接产物 RNA 的序列。RNA 编辑是在生成 mRNA 分子后，通过在选择的转录本区域内添加、去除或置换核苷酸，从而改变来自 DNA 模板的遗传信息，翻译生成不同于模板 DNA 所规定的氨基酸序列。这个过程是由被称为编辑体（editosome）的酶复合体催化完成的。RNA 编辑同基因的选择性剪接一样，使得一个基因序列有可能产生几种不同的蛋白质。首次报道这种重要的真核基因转录后加工的特殊方式是荷兰学者 R. Benne，他们发现原生动物锥虫线粒体细胞色素氧化酶的第二个亚基（cox Ⅱ）的成熟 mRNA 中有 4 个 U，但其 DNA 编码序列中没有相应的 T，它们显然是在转录后插入的核苷酸。哺乳动物的载脂蛋白 B（ApoB）mRNA 存在 C→U 转变，由原来的密码子 CAA 变为终止密码子 UAA，使翻译提前终止，产物由原来的分子量为 500 000Da 的 ApoB 100（存在于肝脏）变成分子量为 240 000Da 的 ApoB 48（在小肠）。RNA 编辑的加工方式大大增加了 mRNA 的遗传信息容量。RNA 编辑广泛存在于多种生物基因的转录后加工过程中，RNA 编辑的方式除了碱基插入，还有缺失和取代等，以插入最为普遍。RNA 编辑是基因调控的重要方式之一。

（四）真核生物 mRNA 的降解

真核细胞的 mRNA 降解途径可分为两类：正常转录物的降解和异常转录物的降解。正常转录物是指细胞产生的有正常功能的 mRNA。异常转录物是细胞产生的一些非正常转录物。正常及异常转录物降解均为细胞保持其正常生理状态所必需的（图 17-21）。

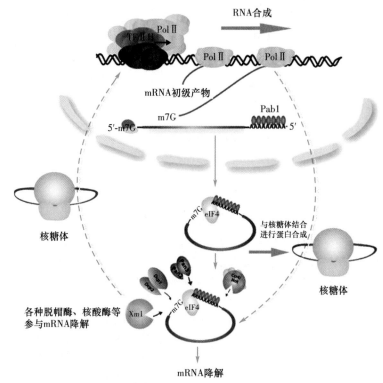

图 17-21　真核生物 mRNA 合成及降解示意图

1. 依赖于脱腺苷酸化的 mRNA 降解是重要的正常 mRNA 代谢途径　当前体 mRNA 的转录后加工完成后，mRNA 分子在 5' 端有一个 7- 甲基鸟苷三磷酸（m^7Gppp）帽状结构，3' 端带有一个 poly(A) 尾。当细胞以 mRNA 作为模板进行蛋白质的生物合成时，mRNA 通过 5' 端结合的 eIF4E、eIF4G 与 3' 端 poly(A) 结合的多聚腺苷酸结合蛋白质（poly adenine binding protein，PABP）相互作用而形成封闭的环状结构，这样可以防止来自脱腺苷酸化酶和脱帽酶的攻击。

依赖于脱腺苷酸化的 mRNA 降解是体内 mRNA 降解的主要方式。多数正常 mRNA 的降解过程的第一步是脱腺苷酸化酶侵入环状结构，进行脱腺苷酸化反应。脱腺苷酸化反应结束后，脱腺苷酸化酶脱离帽状结构，使脱帽酶能够结合 mRNA 的 5' 端，从而对 7- 甲基嘌呤帽状结构进行水解。脱腺苷酸化和脱帽反应结束后，mRNA 被 5'→3' 核酸外切酶识别并水解。也有部分 mRNA 在脱腺苷酸化后不进行脱帽反应，而由 3'→5' 核酸外切酶识别并水解。大部分真核细胞内还存在着其他不依赖于脱腺苷酸化的 mRNA 降解途径，如有少部分 mRNA 可以不经过脱腺苷酸化反应而直接进行脱帽反应，脱帽反应后 mRNA 被 5'→3' 核酸外切酶识别并水解。有些 mRNA 也可以被核糖核酸内切酶参与的降解途径降解，核糖核酸内切酶识别

mRNA 内部特异序列并对 mRNA 进行切割。

其他如微 RNA（microRNA）和 RNA 干扰（RNAi）诱导的 mRNA 降解途径，是细胞内基因表达调控的方式之一，具体可参看其他章节。

2. 无义介导的 mRNA 衰变是一种重要的真核生物细胞 mRNA 质量监控机制 真核细胞，尤其是哺乳动物细胞的前体 mRNA 常具有多个外显子和内含子。细胞在对前体 mRNA 进行剪接加工时，异常的剪接反应会在可读框架内产生无义的终止密码子，称作提前终止密码子（premature termination codon，PTC）。PTC 也可由错误转录或翻译过程中的移码而产生。无义介导的 mRNA 衰变（nonsense-mediated mRNA decay，NMD）是一种广泛存在于真核生物细胞中的 mRNA 质量监控机制，该机制通过识别和降解含有 PTC 的转录产物防止有潜在毒性的截短蛋白的产生。许多遗传性疾病是由出现 PTC 而引起的。

（五）真核生物部分非编码 RNA 的合成与加工

非编码 RNA（non-coding RNA，ncRNA）一般分为组成型 ncRNA 和调控型 ncRNA 两类。组成型非编码 RNA 包括 rRNA、tRNA，以及一些具有自我剪接功能的内含子 RNA，它们的合成加工在上文中已有叙述。这里介绍一些调控型 ncRNA 在真核细胞内的合成加工过程。

（1）长非编码 RNA（long noncoding RNA，lncRNA）的基因位于基因组中不同位置，即 lncRNA 可以从不同的 DNA 序列中转录合成。转录起始的位置可位于蛋白质编码基因内、假基因内或者位于蛋白质编码基因之间。虽然目前证据不足，但据估计大部分 lncRNA 可能具有自身的基因。

反义 lncRNA（antisense lncRNA）的转录起始于蛋白质编码基因内，转录的方向与蛋白质基因相反，并且覆盖外显子。这是由于在蛋白质编码基因内启动蛋白质基因转录的启动子为主要启动子（major promoter），而在一些蛋白质编码基因中还存在次要启动子（minor promoter）。次要启动子结合 RNA 聚合酶 Ⅱ 启动 lncRNA 基因的转录。一些 lncRNA 的转录起始于蛋白质编码基因的内含子内，并且转录的终止不覆盖外显子，这类 lncRNA 被称为内含子 lncRNA（intron lncRNA）。

基因间 lncRNA（intergenic lncRNA）又称为 lincRNA（long intergenic noncoding RNA），是位于蛋白质编码基因之间的独立的转录单位。

（2）微 RNA（microRNA）也由 RNA 聚合酶 Ⅱ 转录产生，其详细合成加工过程在第十九章基因表达调控中有详述，见图 19-7。

（3）内源性的小干扰 RNA（small interference RNA，siRNA）主要是从胞内的双链 RNA 加工而成的，其来源包括 lncRNA 分子内互补区形成的双链 RNA；由于基因的序列存在重叠，当两个距离靠近且转录方向相反的基因转录时，其转录产物在重叠区可形成局部双链 RNA；与主要启动子方向相反的次要启动子的转录产物可以与 mRNA 互补结合，形成双链 RNA 分子。Dicer 识别双链 RNA，并将其切割成约 22nt 的短双链 RNA，其中一条链与 Argonaute2 蛋白结合组装成 RNA 诱导沉默复合体（RISC）。

（4）piRNA 主要在动物细胞中表达。piRNA 具体产生机制很复杂，在不同物种如果蝇、线虫及小鼠中有较大差异，但均与 RNA 聚合酶 Ⅱ 介导的转录有关。piRNA 与 Argonaute 的 Piwi 亚家族结合形成 piRNA 复合体（piRC），与靶 RNA 分子均通过碱基互补的方式进行配对和结合。piRNA 在动物的配子形成、胚胎发育、性别决定及干细胞维持等方面均有重要作用。

（5）环状 RNA 也由 RNA 聚合酶 Ⅱ 转录产生，其详细合成加工过程在第十九章基因表达调控中有详述，见图 19-7。

第四节　RNA 指导 RNA 的合成

以 RNA 作为基因组的病毒称为 RNA 病毒，这类病毒除逆转录病毒外，在宿主细胞都是以病毒的单链 RNA 为模板合成 RNA，这种 RNA 依赖的 RNA 合成称为 RNA 复制（RNA replication）。从感染 RNA 病毒的细胞中可以分离出 RNA 复制酶，又称 RNA 指导的 RNA 聚合酶（RNA directed RNA polymerase，RDRP），这种酶是由病毒 RNA 编码。RNA 复制酶以病毒 RNA 为模板，在有 4 种核苷三磷酸和 Mg^{2+} 存在时合成与模板性质相同的互补 RNA。用 RNA 复制产物去感染细胞，能产生正常的 RNA 病毒。可见，病毒的全部遗传信息，包括合成病毒外壳蛋白质 [包被蛋白（coat protein）] 和各种有关酶的信息均储存在被复制的 RNA 之中。

RNA 病毒的种类很多，其复制方式多种多样，归纳起来有以下几种。

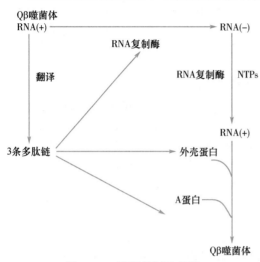

图 17-22　病毒复制示意图

1. 单链 RNA 病毒　单链 RNA 病毒分为正链单链 RNA 病毒和负链单链 RNA 病毒。正链单链 RNA 病毒颗粒中的 RNA 一旦进入宿主细胞，就直接作为 mRNA，翻译出编码蛋白质，包括结构蛋白和 RNA 聚合酶。然后在病毒 RNA 聚合酶的作用下复制病毒 RNA，最后病毒 RNA 和结构蛋白装配成成熟的病毒颗粒。Qβ 噬菌体和灰质炎病毒（poliovirus）即是这种类型的代表。灰质炎病毒是一种小 RNA 病毒（picornavirus），它感染细胞后，病毒 RNA 即与宿主核糖体结合，产生一条长的多肽链，在宿主蛋白酶的作用下水解成 6 个蛋白质，其中包括 1 个复制酶，4 个外壳蛋白和 1 个功能还不清楚的蛋白质。在形成复制酶后，病毒 RNA 才开始复制（图 17-22）。

严重急性呼吸综合征（severe acute respiratory syndrome，SARS）的致病源——SARS 病毒属于冠状病毒科，也是一种正链单链 RNA 病毒，全长 29 725 个核苷酸，具有 11 个开放读码框（ORF），主要编码 RDRP、4 种结构蛋白及 5 种未知蛋白。

狂犬病毒（rabies virus）和马水疱性口炎病毒（vesicular-stomatitis virus）都是负链单链 RNA 病毒。基因组 RNA 不能作为 mRNA 翻译蛋白质。这类病毒侵入细胞后，借助于病毒带进去的复制酶合成出正链 RNA，再以正链 RNA 为模板，合成病毒蛋白质和复制病毒 RNA（图 17-23）。

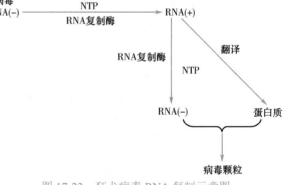

图 17-23　狂犬病毒 RNA 复制示意图

2. 双链 RNA 病毒　如呼肠孤病毒（reovirus），这类病毒以双链 RNA 为模板，在病毒复制酶的作用下通过不对称的转录，合成出正链 RNA，并以正链 RNA 为模板翻译成病毒蛋白质。然后再合成病毒负链 RNA，形成双链 RNA 分子。

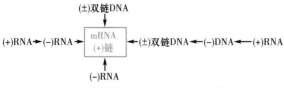

图 17-24　RNA 病毒合成 mRNA 的不同途径

3. 致癌 RNA 病毒　主要包括白血病病毒（leukemia virus）和肉瘤病毒（sarcoma virus），它们的复制需经过 DNA 前病毒阶段，由逆转录酶催化。

不同类型的 RNA 病毒产生 mRNA 的机制大致可分为 4 类（图 17-24）。由病毒

mRNA 合成各种病毒蛋白质，再进行病毒基因组的复制和病毒装配。因此病毒 mRNA 的合成在病毒复制过程中处于核心地位。

（李昌龙　刘　戟　陈利弘）

思 考 题

1. RNA 转录有哪些特点？与 DNA 复制有何区别？

2. 简述原核生物与真核生物 RNA 聚合酶的组成及其作用。

3. 简述原核生物与真核生物中的启动子结构特点及功能。

4. 原核生物转录时，依赖 ρ 因子和不依赖 ρ 因子的终止有何异同？

5. 真核生物 mRNA 转录后加工包括哪些内容？

6. 选择性剪接的含义和意义是什么？与 RNA 编辑的区别是什么？

7. 在用胰腺肿瘤来源的细胞系研究 RNA 的合成过程中，发现这些细胞中没有核小 RNA U$_1$（snRNA U$_1$）。请思考细胞中缺少这种 snRNA 对于 RNA 合成可能产生什么样的影响？

8. 你正在研究一个可能引起卵巢癌的基因的表达情况。通过实验获得基因后，确定了基因的长度大约是 35kb。转录分析发现在正常和肿瘤细胞中，这一基因表达产生多种长度的 mRNA（2.0 ～ 5.5kb）。这个基因产生多种长度 mRNA 的原因是什么？

案例分析题

毒伞菌 *Amanita phalloides*，又称死亡帽，是鹅膏菌科鹅膏菌属的一种真菌，被认为是世界上最毒的蘑菇，含有多种有毒物质，包括 α- 鹅膏蕈碱。α- 鹅膏蕈碱通过高亲和力结合 RNA 聚合酶 Ⅱ 而阻断 RNA 合成的延伸。误食后的初期以消化道症状为主，包括腹痛、腹泻、呕吐等（由其他毒素引起）。之后这些症状消失，但 48h 后，误食者常因肝衰竭死亡。

问题：为什么 α- 鹅膏蕈碱的毒性作用较慢？

第十八章　蛋白质的生物合成

内容提要

蛋白质生物合成（翻译）是以 mRNA 为模板，将 mRNA 分子中 4 种核苷酸序列编码的遗传信息，解读为蛋白质一级结构中 20 种氨基酸排列顺序的过程。

蛋白质合成体系由氨基酸、RNA（涉及 mRNA、tRNA、rRNA 等）、蛋白因子（包括酶、起始因子、延伸因子和释放因子等）、供能物质（ATP、GTP）、无机离子（Mg^{2+}、K^+）等共同组成。mRNA 是翻译的直接模板，通过其上的遗传密码决定蛋白质分子上氨基酸的组成和排列顺序。tRNA 为运载体，氨基酸和相应的 tRNA 结合生成活化的氨酰 tRNA，并由 tRNA 将氨基酸转运至核糖体上，参与蛋白质的合成。rRNA 和多种蛋白质组成的核糖体为蛋白质合成的场所，上有肽链和氨酰 tRNA 附着位点。

活化后的氨基酸，通过"核糖体循环"完成翻译过程。核糖体循环可分为肽链起始、延伸及终止 3 个阶段。在延伸阶段，进位、转肽、移位 3 个步骤重复进行，每重复一次，肽链增加一个氨基酸残基，直至终止密码出现，肽链合成停止。蛋白质的生物合成是耗能过程，由 GTP 和 ATP 供给能量。

大多数新合成的蛋白质需要经过进一步的加工或修饰，才能发挥正常的生物学功能，如共价修饰、水解修饰与折叠等，这称为翻译后修饰。

蛋白质的氨基酸序列中还包含信号肽序列，使新合成的蛋白质能够被精确运输到特定的亚细胞结构中，如细胞核、细胞质、线粒体、细胞膜、内质网、高尔基体等，或分泌到细胞外，这个过程称为蛋白质的靶向运输。

蛋白质合成受多种药物和生物活性物质的干扰和抑制，很多抗生素是通过抑制蛋白质合成而发挥其杀抑菌效应，干扰素可抑制病毒蛋白质的生物合成。

蛋白质是遗传信息表现的功能形式，是生物体生命活动和生物学性状的物质基础，需不断地代谢和更新。因此，细胞内的蛋白质合成是生命现象的主要内容。蛋白质的生物合成与核酸密切相关，受细胞内 DNA 的指导，但储存遗传信息的 DNA 并非蛋白质合成的直接模板（template），经转录生成的 mRNA 才是蛋白质合成的直接模板。mRNA 是由 4 种核苷酸构成的多核苷酸，而蛋白质则是由 20 种常见氨基酸构成的多肽，从多核苷酸序列上所携带的遗传信息，到多肽链上氨基酸序列之间的传递，称为翻译（translation），即以 mRNA 为模板合成蛋白质的过程。mRNA 结构不同，合成的蛋白质也各异。

翻译的过程十分复杂，涉及多种 RNA 和几十种蛋白质因子，包括 rRNA、mRNA、tRNA、氨酰 tRNA 合成酶、转肽酶及一些辅因子等参与的协同作用过程。核糖体是蛋白质生物合成的场所，tRNA 按 mRNA 模板的要求将合成蛋白质的原料——氨基酸运送到核糖体上，氨基酸之间以肽键连接，逐个连接成多肽链，合成反应所需能量由 ATP 和 GTP 提供。图 18-1 为真核生物蛋白质生物合成示意图。

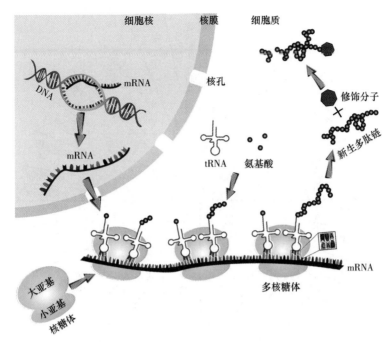

图 18-1 真核生物蛋白质生物合成示意图

在细胞内，蛋白质合成主要是在胞质中核糖体上进行的。多个核糖体（rRNA 参与其中）附着在 mRNA 上，形成多核糖体（polyribosome）。作为原料的各种氨基酸在其特异的搬运工具 tRNA 携带下，在多核糖体上以肽键相连生成特定的多肽链。合成后的多肽链通常还需要经过修饰与加工，才能形成具有生物活性的蛋白质。

第一节 蛋白质生物合成体系

蛋白质生物合成的早期研究是在原核生物大肠杆菌的无细胞体系（cell-free system）中进行的，因而对其蛋白质合成了解比较清楚，真核生物（eukaryote）的蛋白质合成与大肠杆菌相比，大致雷同但也存在诸多差异。翻译体系是一个高度复杂而精确的机构，主要由三种 RNA（mRNA、tRNA、rRNA）在多种酶、蛋白质因子、ATP、GTP 等供能物质和必要的无机离子等的协同作用下，利用 20 种氨基酸为原料，合成多种蛋白质，发挥多样的生物学功能。

一、mRNA 是蛋白质合成的直接模板

mRNA 的核苷酸排列顺序取决于相应 DNA 的碱基排列顺序，它又决定了所形成的蛋白质多肽链中的氨基酸排列顺序，由它指导多肽及蛋白质的合成。这种遗传信息的转换是靠遗传密码（genetic code）来实现的。从数学观点来看，核酸中有 4 种核苷酸，而组成蛋白质的常见氨基酸是 20 种，因此至少需 3 个核苷酸对应一个氨基酸，可能的密码数就是 4^3=64 种，才能满足为 20 种氨基酸编码的需要。Nirenberg MW 等花了 4 年时间，通过人工合成简单的多核苷酸作为 mRNA，于 1965 年弄清了 20 种氨基酸的全部密码，并编制出了遗传密码表（图 18-2）。

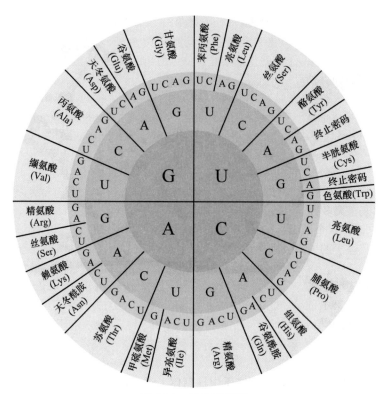

图 18-2　遗传密码图

（一）mRNA 携带遗传密码

mRNA 上携带的这些遗传密码不仅代表了 20 种氨基酸，还决定了翻译过程的起始和终止位置。64 个密码子中有 61 个密码子代表相应的氨基酸，密码子 AUG 不仅代表甲硫氨酸，位于 mRNA 起始部位的 AUG 又是蛋白质生物合成的起始密码子（initiation codon）；3 个密码子（UAA、UAG、UGA）为终止密码子（termination codon），不代表任何氨基酸，为核糖体终止多肽链延伸的信号，也称无意义密码子（nonsense codon）。因此，遗传密码是指 mRNA 中每 3 个相邻的核苷酸的特定排列顺序，在蛋白质生物合成中被转译为某种氨基酸或其合成的终止信号，也称三联体密码（triplet code），或简称为密码子（codon）。

mRNA 上起始密码子到终止密码子之间的核苷酸序列称为开放阅读框（open reading frame，ORF），为编码蛋白质的区域。ORF 内每 3 个碱基组成的三联体，就是决定一个氨基酸的遗传密码。ORF 之外的核苷酸序列为非编码区（或非翻译区）。

（二）遗传密码的特点

mRNA 上的遗传密码具有方向性、连续性、通用性、简并性和摆动性等特点。

1. 方向性（sideness）　mRNA 中遗传密码子的阅读方向与 mRNA 的核苷酸排列方向一致，即起始密码子总是位于编码区的 5′ 端，而终止密码子位于 3′ 端，每个密码子的 3 个核苷酸也是从 5′→3′ 方向，不能倒读。这种方向性决定了蛋白质生物合成过程是从蛋白质的 N 端向 C 端进行。

2. 连续性（commaless）　从 mRNA 上起始密码子 AUG 开始，按 5′→3′ 方向，一次连续阅读 3 个碱基，直至终止密码子出现，密码子之间无任何核苷酸加以隔开和重叠，如插入或删除碱基，就可能导致该位点后的遗传密码发生移码突变（frameshift mutation），引起新合成多肽链的氨基酸排列顺序发生改变，产生变异的蛋白质。

3. 通用性（universal） 高等和低等生物都使用同一套遗传密码，但存在非标准的遗传密码，1979 年研究者发现人线粒体中的遗传密码与密码表中并不完全一致，甚至不同生物的线粒体有不同的遗传密码，如 AUA 为起始密码子，也可编码甲硫氨酸；UGA 非终止密码子而编码色氨酸；AGA 和 AGG 不编码精氨酸，而作为终止密码子等。此外，支原体会将终止密码子 UGA 转译为色氨酸，纤毛虫则将 UAG 转译为半胱氨酸，草履虫将 UAG 转译为谷氨酸等。在一些原核生物中还发现除 AUG 可作为起始密码子外，有时 GUG 也可作起始密码子，但作为起始密码子的 GUG 不代表缬氨酸而代表甲酰甲硫氨酸。假丝酵母的 GUG 不编码缬氨酸而转译为丝氨酸等。

4. 简并性（degeneracy） 是指多个密码子编码同一个氨基酸的现象，20 种常用氨基酸中只有甲硫氨酸（Met）和色氨酸（Trp）仅有一个密码子编码。编码同一个氨基酸的一组密码子称为同义密码子，大多数氨基酸有 2～6 个同义密码子，其中精氨酸（Arg）、亮氨酸（Leu）和丝氨酸（Ser）皆有 6 个同义密码子，是最多的。只是不同生物同义密码子中每个密码子使用频率不同，即密码子的使用具有偏爱性（bias/preference）。

5. 摆动性（wobble） mRNA 上的遗传密码与转运 RNA 上的反密码子配对辨认时，绝大多数情况下遵守碱基互补配对原则，但也会出现不严格配对现象，尤其是在遗传密码的第 3 位碱基与反密码子的第 1 位碱基配对时，这种现象称为摆动配对。当 tRNA 上的反密码子第 1 位碱基为 G 时，不仅可与 mRNA 密码子第 3 位碱基 C 配对，也可与 U 配对（图 18-3a）；反密码子第 1 位碱基 U，可与 A 或 G 配对（图 18-3b）；反密码子第 1 位碱基可为稀有碱基如次黄嘌呤（I），与 A、C 或 U 均可配对（图 18-3c）。摆动性和简并性提示遗传密码的专一性主要由头两位碱基所决定，即使第 3 位碱基发生突变，很多情况下仍能翻译出相同的氨基酸，从而使合成的蛋白质不变，这有利于维持物种的稳定性，可减少有害突变的发生。

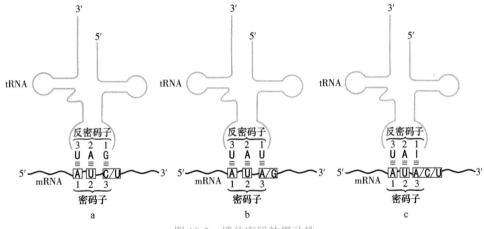

图 18-3 遗传密码的摆动性

二、tRNA 是接合器并携载氨基酸

mRNA 的遗传密码与对应的氨基酸并无直接的相互作用，蛋白质的生物合成是带有氨基酸的一组 tRNA 识别 mRNA 上的密码子并按密码子的排列顺序将氨基酸逐一连接的过程。作为搬运活性氨基酸的工具，每一种编码氨基酸都至少对应一个特异的 tRNA。tRNA 既能识别 mRNA 分子上的遗传密码，又能与相应的氨基酸结合，起着接合器作用，按 mRNA 序列的指示，将氨基酸逐个带到核糖体，以进行多肽链的合成。

（一）tRNA 的反密码子

每一种氨基酸能与 2～6 种特异的 tRNA 结合，已发现的 tRNA 超过 80 种。所有 tRNA

都有相同的二级三叶草形（见第二章图 2-21）和三级倒"L"形（见第二章图 2-22）结构，这种结构的一致性是其功能所必需的。各种 tRNA 上都有核糖体识别位点，特异的反密码子可与 mRNA 上密码子碱基互补，借助于 tRNA 带着各自的氨基酸准确地在 mRNA 上"对号入座"，使氨基酸按照 mRNA 分子中的遗传密码排列成一定的顺序，tRNA 实际上是多肽链和 mRNA 之间的"桥梁"。

tRNA 分子上与蛋白质生物合成有关的位点（图 18-4）主要如下。

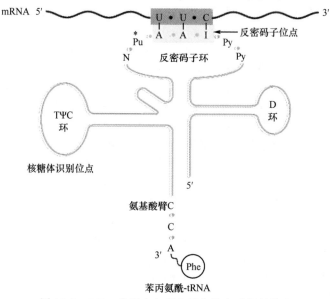

图 18-4　tRNA 分子上与蛋白质生物合成相关位点

1. 氨基酸臂　tRNA 分子 3′ 端 -CCA-OH 为氨基酸结合位点，在特异的氨酰 tRNA 合成酶的作用下，活化氨基酸的羧基可连接到 3′ 端腺苷的核糖 3′-OH 上，形成氨酰 tRNA。氨基酸臂负责携带特异的氨基酸。

2. 氨酰 tRNA 合成酶识别位点　氨酰 tRNA 合成酶催化氨酰 tRNA 的合成，该反应需要三种底物，即氨基酸、tRNA 和 ATP，ATP 提供活化氨基酸所需的能量。一种氨酰 tRNA 合成酶可以识别携带相同氨基酸的 tRNA（最多可达 6 个）。

3. 核糖体识别位点　在多肽链合成的过程中，多肽链通过 tRNA 暂时结合在核糖体的正确位置上，直至合成终止后多肽链才从核糖体上脱下。tRNA 起着连接这条多肽链和核糖体的作用。TψC 环负责和核糖体上的 rRNA 进行识别结合。

4. 反密码子位点　翻译过程氨基酸的正确加入，需要 tRNA 上的反密码子与 mRNA 上的遗传密码的碱基配对辨认。tRNA 上反密码子环通常由 7 个核苷酸组成，从 5′→3′ 方向依次是 2 个嘧啶核苷酸（Py），三联体的反密码子，修饰的嘌呤核苷酸（*Pu）及可变核苷酸（N）。反密码子（anticodon）由 3 个核苷酸组成，与密码子的方向相反，基本遵守碱基配对的原则与密码子以氢键相结合，但密码子第 3 位碱基与反密码子的第 1 位碱基存在摆动配对。这是由反密码子环的空间结构决定的，反密码子第 1 位碱基处于"L"形 tRNA 的顶端，受到的碱基堆积力的束缚较小，因此有着较大的自由度。

研究发现，mRNA 的密码子突变可导致编码蛋白质结构发生变化，依靠 tRNA 上反密码子的改变可校正这种突变，使其携带的氨基酸不变，从而翻译产生的蛋白质结构不变，这类 tRNA 称为抑制型 tRNA（suppressor tRNA）。抑制型 tRNA 可校正无义或错义突变，其效应不仅依赖于反密码子和密码子的亲和力，也受自身胞内浓度和其他因素影响。

能接受和携带相同氨基酸，但分子结构上有差异的 tRNA 称为同工 tRNA（isoacceptor

tRNA），根据它们在细胞内含量的不同，分为主要 tRNA 和次要 tRNA。主要 tRNA 的反密码子可识别 mRNA 中的高频率密码子，次要 tRNA 则识别低频率密码子。

（二）氨酰 tRNA

在 ATP 和酶存在的条件下，tRNA 与对应氨基酸结合成为氨酰 tRNA。氨酰 tRNA 的完整写法如 Ala-tRNA^{Ala}、Met-tRNA$_i^{Met}$、Met-tRNA$_e^{Met}$，其中前三字母的缩写代表已结合的氨基酸残基，tRNA$_i$ 代表起始 tRNA，tRNA$_e$ 代表延伸 tRNA，tRNA 右上角的三字母缩写代表此 tRNA 的结合特异性，有时也可略去。

密码子 AUG 编码甲硫氨酸（Met），同时可作为起始密码子。在原核生物中与 Met 相结合的 tRNA 有两种形式：Met-tRNA^{Met} 和 fMet-tRNA$_i^{fMet}$，后者为起始 tRNA，fMet 表示结合到起始 tRNA 上的 Met 被甲酰化，即 N- 甲酰甲硫氨酸，原核生物的起始因子只能辨认甲酰化的甲硫氨酰 -tRNA。fMet-tRNA$_i^{fMet}$ 的生成，是一碳化合物转移和利用过程之一，甲酰基从 N_{10}- 甲酰 FH$_4$（N_{10}-CHO-FH$_4$）转移到 Met 的 α- 氨基上，由转甲酰酶（transformylase）所催化。真核生物中也有 Met-tRNA$_e^{Met}$ 和 Met-tRNA$_i^{Met}$，后者虽未甲酰化但为起始者 tRNA，可在起始密码子处就位，参与起始复合体的形成；而前者为延伸中起催化作用的酶所辨认，掺入肽链，为延伸中的多肽链添加 Met。

三、核糖体是蛋白质生物合成的场所

在细胞内核糖体有两类，一类附着于内质网，参与清蛋白、胰岛素等分泌蛋白质的合成；另一类游离于胞质中，主要参与细胞内固有蛋白质的合成。核糖体是蛋白质合成的装配机，是 tRNA、mRNA 和蛋白质相互作用的场所。核糖体是一种无膜的细胞器，呈椭圆形。生物体细胞内核糖体数量相当多，原核生物每个细胞内核糖体约为 $2×10^4$ 个，真核生物有 $10^6 \sim 10^7$ 个。核糖体是 rRNA 与蛋白质组成的复合体，是由几十种蛋白质和数种 RNA 组成的亚细胞颗粒，其中蛋白质与 RNA 的质量比约为 1∶2，由大小两个亚基构成，原核和真核生物又各有不同（见第二章核酸的结构与功能）。

核糖体是蛋白质合成的场所，在翻译过程中发挥重要作用。目前所知核糖体的大亚基有转肽酶及 GTP 酶的活性，主要参与肽链延伸过程，此外大亚基上还有内质网膜的结合部位。小亚基主要参与 mRNA 及 tRNA 的识别作用。核糖体在蛋白质生物合成中具有以下作用：①有容纳 mRNA 的通道，只允许单链 RNA 通过，防止翻译过程中链内配对的发生；②能够结合起始因子、延伸因子及终止因子等参与蛋白质合成的因子；③具有结合氨酰 tRNA 的部位，分别称为给位（donor site，D 位，或称肽酰位，peptidyl site，P 位）和受位（acceptor site，A 位，或称氨酰位，aminoacyl site，A 位）；④具有转肽酶活性，催化肽键生成；⑤具有延伸因子依赖的 GTP 酶活性，能为转肽反应提供能量。

与真核生物不同，原核生物的核糖体上有 3 个结合 tRNA 的位点，即除了 P 位和 A 位外，还有第三个 tRNA 结合位点称为出口位（exit site，E 位），是核糖体移位后脱氨酰 tRNA 的结合位点，只能特异性地结合无负载的 tRNA。A 位和 E 位存在空间异位负作用，可相互影响；当 E 位结合 tRNA 时，诱发 A 位处于低亲和状态，反之亦然，而 P 位不受影响。在蛋白质合成时，肽酰 tRNA 和氨酰 tRNA 分别结合在核糖体的 P 位和 A 位上。移位中脱氨酰 tRNA 从 P 位移到 E 位，A 位的氨酰 tRNA 则到达 P 位。由于 E 位上结合有脱氨酰 tRNA，所以 A 位处于低亲和状态，只能对正确的氨酰 tRNA 进行识别，即 A 位的密码子与反密码子互补配对。E 位上脱氨酰 tRNA 释放后，A 位变成高亲和状态，相应的氨酰 tRNA 便牢牢地结合在 A 位上，参与蛋白质合成。如果 A 位的密码子与反密码子之间不配对，就不会诱发移位，E 位的脱氨酰 tRNA 不被释放，A 位点仍处于低亲和态，错误的氨酰 tRNA 在 A 点的结合就不稳定，最终脱落下来，从而保证蛋白质合成的准确进行。三点模型与两点模型不同的是移位后脱氨酰 tRNA 从 P 位移到 E 位而不脱落，这时 A 位对错误的氨酰 tRNA 的结合降到最低点，只识别正确的氨酰 tRNA，只有当 A 位的密码子与氨酰 tRNA 的反密码子完全配对时，脱氨酰 tRNA 才从 E 位脱落，A 位上正确的氨酰 tRNA 参与蛋白质的合成。

第二节　蛋白质生物合成过程

无论原核生物还是真核生物，蛋白质生物合成的过程相当复杂，大致可分为以下几个阶段：①氨基酸的活化；②活化氨基酸的转运；③核糖体循环，即活化氨基酸在核糖体上的缩合使肽链合成，此阶段可分为肽链合成的起始、肽链的延伸和肽链合成的终止与释放。前两步为准备阶段，后一步则是蛋白质生物合成的中心环节。

一、氨基酸的活化

在蛋白质分子中，氨基酸借其所含的氨基与羧基互相连接形成肽键。但氨基与羧基的反应性不强，必须经过活化（activation）获得能量才能彼此相连。氨基酸的羧基活化及其活化后与相应 tRNA 的结合过程，都是由氨酰 tRNA 合成酶（aminoacyl tRNA synthetase）催化的。每个氨基酸活化需净消耗 2 个高能磷酸键，分为两步。

（一）氨酰 -AMP- 酶复合体的形成

在氨酰 tRNA 合成酶的催化下，ATP 分解为焦磷酸与 AMP，此 AMP 与酶及氨基酸结合成为一种中间复合体（氨酰 -AMP- 酶）。在此复合体中，氨基酸的羧基与 AMP 的磷酸基以酸酐键相连，从而获得一个高能磷酸键，生成活化的氨基酸（图 18-5）。

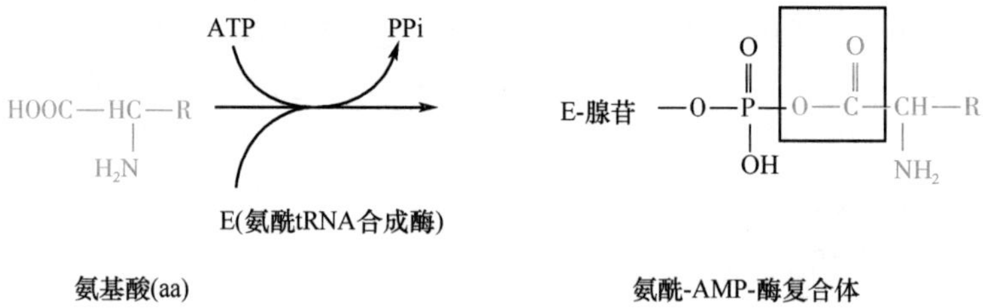

图 18-5　氨酰 -AMP- 酶复合体的形成

（二）氨酰 -tRNA 的生成

活化的氨基酸可转移到 tRNA 分子上，与 tRNA 的 -CCA 中腺苷酸所含的核糖 3′ 位的游离羟基以酯键结合，形成相应的氨酰 tRNA（图 18-6）。细胞中的焦磷酸酶不断分解反应生成的 PPi，促进反应向右持续进行。氨酰 tRNA 的合成伴随着肽链合成的起始、延伸阶段的不断进行。

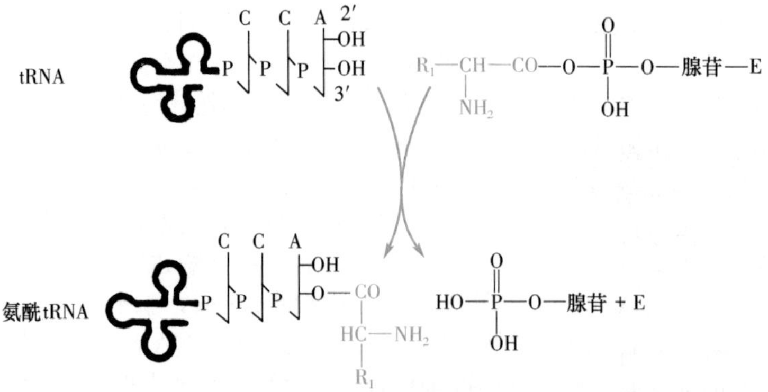

图 18-6　氨酰 tRNA 的生成

氨酰 tRNA 合成酶存在于胞质中，既能识别特异的氨基酸，又能辨认携带该种氨基酸的特异 tRNA 分子。它们对 tRNA 和氨基酸都具有专一性，对氨基酸的识别特异性很高，这是保证遗传信息准确翻译的关键因素。而对 tRNA 识别的特异性较低，一组同工 tRNA 都可被同一种氨酰 tRNA 合成酶识别。催化反应过程中生成氨酰 -AMP- 酶中间产物，有利于酶对氨基酸、tRNA 的特异识别。

氨酰 tRNA 合成酶可通过校对机制排除错误的接载，在氨酰 tRNA 合成酶分子中有两个位点：一个位点能从多种氨基酸中选出与其对应的一种专一氨基酸，若是正确的 tRNA，氨酰 tRNA 合成酶的构象就会改变，使 tRNA 对酶相关位点的结合更加稳定并迅速氨酰化；若是错误的 tRNA，酶的构象就不发生改变，增加了 tRNA 在结合氨基酸之前从酶表面解离的机会；另一位点为水解位点，在酶与 tRNA 分子结合后，若是错配，酶可水解磷酸酯键将错误结合的氨基酸释放，再与正确可配对的氨基酸结合，保证了遗传信息能在核酸和蛋白质之间的正常沟通。氨酰 tRNA 合成酶与 L 形 tRNA 的内侧面结合，结合点包括氨基酸臂、DHU 环和反密码子环（图 18-7）。

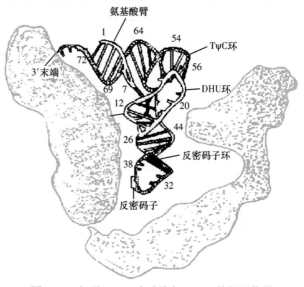

图 18-7　氨酰 tRNA 合成酶与 tRNA 的相互作用

副密码子（paracodon）

不同 tRNA 分子的一级结构和高级结构非常相似，但不同的 tRNA 分子能携带特定的氨基酸，且一种氨酰 tRNA 合成酶可以识别一组同工 tRNA，这表明 tRNA 可能具备某些特征性的结构。1988 年 HouYa-ming 和 Schimmel 等研究发现，大肠杆菌 tRNA^{Ala} 氨基酸臂上的 G3：U70 这两个碱基发生突变会影响到丙氨酰 -tRNA 合成酶的正确识别，研究中对 tRNA^{Ala} 的 36 个非保守碱基（包括反密码子）进行了 28 种定点突变，发现许多突变体都不改变其携带丙氨酸的性质，但若是 G3：U70 被改变，则 tRNA^{Ala} 不能携带丙氨酸。如果将 G3：U70 引入 tRNA^{Cys} 或 tRNA^{Phe} 中，这两种 tRNA 都转变为具有携带丙氨酸的功能。这些研究说明 tRNA 分子上的 G3：U70 是其与丙氨酰 -tRNA 合成酶结合的关键位点，决定其携带氨基酸的专一性，称为副密码子（paracodon）。三种丙氨酰 tRNA（tRNA$^{Alm/CUA}$、tRNA$^{Aim/GGC}$ 和 tRNA$^{Ain/UGC}$）都具有 G3：U70 副密码子，且副密码子也没有固定的位置，可分布在氨基酸臂、反密码子环、D 环或 TψC 环上，也可能并不止一个碱基对。

二、原核生物的核糖体循环

以氨酰 tRNA 形式存在的活化氨基酸，是通过核糖体循环（ribosome cycle）在核糖体上缩合成肽，完成翻译过程的。将多肽链的合成过程人为地分为起始、延伸和终止三个阶段。原核生物中蛋白质合成与真核生物有许多相似之处。

蛋白质生物合成中，除了需要几种 RNA 参与及各种氨基酸作为原料外，还需要多种辅助蛋白质，包括起始因子（initiation factor，IF）、延伸因子（elongation factor，EF）和释放因子（release factor，RF，也称为终止因子）等，在翻译过程中与核糖体发挥作用，之后会从核糖体复合体中解离出来（表 18-1）。

表 18-1　大肠杆菌蛋白质生物合成的辅因子

名称	特性和功能
起始因子	
IF-1	与 30S 小亚基的 A 位结合，阻止氨酰 tRNA 的进入（图 18-8）
IF-2	以不同分子量的两种形式存在，但功能相同，具 GTP 酶活性，促进 fMet-tRNA$_i^{fMet}$ 与 30S 小亚基的结合（图 18-8）
IF-3	与 30S 小亚基结合，促进核糖体大小亚基解离；与 mRNA 的起始部位有一定亲和力，增加 fMet-tRNA$_i^{fMet}$ 对核糖体 P 位的特异性（图 18-8）
延伸因子	
EF-Tu	具 GTP 酶活性，促进氨酰 tRNA 与核糖体 A 位结合（图 18-9）
EF-Ts	置换 EF-Tu-GDP 复合体中的 GDP，生成 Tu-Ts 复合体，促进 EF-Tu 的再利用（图 18-9）
EF-G	催化 GTP 分解供能，促使肽酰 tRNA 移位，有助于 tRNA 的卸载与释放
释放因子	
RF-1	识别并结合终止密码子 UAA 和 UAG
RF-2	识别并结合终止密码子 UAA 和 UGA
RF-3	具 GTP 酶活性，使转肽酶变构；具酯酶活性，从而水解肽 -tRNA 之间的酯键，使 tRNA 与多肽链分离

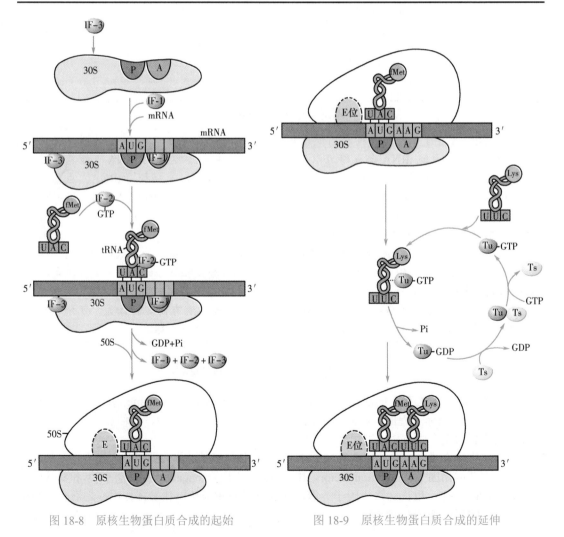

图 18-8　原核生物蛋白质合成的起始　　　　图 18-9　原核生物蛋白质合成的延伸

蛋白质合成的起始并不是从 mRNA 的 5′ 端第一个核苷酸开始的。原核生物的 mRNA 多是多顺反子 mRNA，即同一 mRNA 编码功能相关的好几种多肽链。在翻译时，各种蛋白质都有自己的起始与终止密码子分别控制其合成的起始与终止。mRNA 上的起始密码子为 AUG，那如何区别其与内部的 AUG 密码子呢？

研究表明，在 mRNA 上起始密码子 AUG 上游 5′ 端大约 10 个核苷酸处，存在一段由 4～9 个核苷酸组成的富含嘌呤碱基的序列，称为 SD（Shine-Dalgarno）序列，这段序列正好与 30S 小亚基内部的 16s rRNA 3′ 端的富含嘧啶的一部分序列互补，从而使 mRNA 和小亚基相结合，因此 SD 序列又称为核糖体结合位点（ribosome binding site，RBS）（图 18-10）。紧接 SD 序列的一小段核苷酸又可被核糖体小亚基蛋白 rpS-1 辨认结合，从而协助核糖体将 mRNA 带到适当的起始点，帮助起始密码子确定翻译起点。故原核生物通过两种相互作用确定蛋白质合成的起始部位：一是 mRNA 的 5′ 端 SD 序列与 16S rRNA3′ 端序列的配对；二是 mRNA 上起始密码子与 fMet-tRNA$_i^{fMet}$ 的反密码子的相互识别。

图 18-10　原核生物的 SD 序列

（一）翻译起始复合体形成

在蛋白质生物合成的启动阶段，核糖体的大、小亚基，mRNA 与 fMet-tRNA$_i^{fmet}$ 共同构成翻译起始复合体（translational initiation complex）。这一过程还需起始因子、GTP 和 Mg^{2+} 参与。原核生物多肽链合成的起始可分为以下三个步骤。

1. 核糖体亚基分离　IF-3 首先结合到核糖体 30S 小亚基上，使小亚基从不具活性的 70S 核糖体中释放；IF-1 与小亚基的 A 位结合更能加速此种解离，避免起始氨酰 tRNA 与 A 位的提前结合，同时也有利于 IF-2 结合到小亚基上。

2. 30S 起始复合体的形成　核糖体 30S 小亚基可与 mRNA 及 fMet-tRNA$_i^{fMet}$ 分别结合。mRNA 与小亚基的结合可能是蛋白质合成的限速反应，IF-3 起辅助作用。通过 mRNA 5′ 端的 SD 序列与小亚基中 16S rRNA 3′ 端的互补序列的结合，小亚基上的 P 位对准 mRNA 起始密码子 AUG，fMet-tRNA$_i^{fMet}$ 在 IF-2 参与下进入 P 位，与 GTP 共同形成 fMet-tRNA$_i^{fMet}$-IF-2-GTP 中间复合体。IF-2 具有促进该复合体与小亚基结合的作用，IF-1 也有利于将其结合到小亚基上，通过反密码子辨认 mRNA 上的起始复合体。

3. 70S 起始复合体的形成　30S 起始复合体一经形成，IF-3 即从小亚基释出，大、小亚基重新结合，形成 70S 核糖体并释出 IF-1；最后 IF-2 的 GTP 酶活性被激活，水解 GTP 释出能量并随之脱落，形成了完整的起始复合体 70S-fMet-tRNA$_i^{fMet}$-mRNA（图 18-8）。至此，P 位已被 fMet-tRNA$_i^{fMet}$ 占据，空着的 A 位准备接受一个能与第二个密码子配对的氨酰 tRNA，为多肽链的延伸作好准备。释出的起始因子则参与下一个核糖体的翻译起始。

（二）进位、转肽及移位的多次循环

延伸是将 mRNA 的核苷酸序列转变为多肽链的氨基酸序列的过程，翻译的准确性是该过程的关键所在。延伸阶段以氨酰 tRNA 进入 70S 起始复合体的 A 位为标志，需要 70S 起始复合体、氨酰 tRNA、延伸因子、GTP 和 Mg^{2+} 的参与。此时 fMet-tRNA$_i^{fMet}$ 占据在 P 位上，而 A 位空着，准备接纳新的氨酰 tRNA。根据 mRNA 上的遗传密码，相应的氨基酸不断被特异的 tRNA 运至核糖体受位，形成肽键（图 18-9）。同时，核糖体从 mRNA 的 5′ 端向 3′ 端不断移位推进翻译过程。

1. 进位（entrance）或称注册（registration）　与 mRNA 密码子相对应的氨酰 tRNA 进入 A 位，生成复合体，此步骤需要 GTP、Mg^{2+} 和延伸因子 EF-T 的参与。原核生物的 EF-T 有 2 个亚基，分别为 Tu 及 Ts，当 EF-T 与 GTP 结合时释出 Ts 而形成 Tu-GTP 复合体，随后与氨酰 tRNA 结合，并输送到核糖体受位上，与 mRNA 第 2 个密码子结合。此时 GTP 分解，释出 Tu-GDP 及 Pi。Tu-GDP 再由 Ts 催化，GTP 置换 GDP，再生成 Tu-GTP，参与下一轮反应。EF-Tu 的作用是促进氨酰 tRNA 与核糖体的受位结合，而 EF-Ts 是促进 EF-Tu 的再利用（图 18-9）。

2. 转肽（transpeptidation） 在核糖体大亚基上存在转肽酶（transpeptidase），催化甲酰甲硫氨酰 -tRNA 的甲酰甲硫氨酰基从 P 位转移到 A 位的氨酰 tRNA 的 α- 氨基上形成第一个肽键，此步需要 Mg^{2+} 与 K^+ 的存在。转肽酶位于 P 位和 A 位的连接处，靠近 tRNA 的氨基酸臂，已证实包含 50S 大亚基上的 23S rRNA 和 5 种蛋白质成分。转肽后 P 位的 tRNA 空载。

3. 移位（translocation） EF-G（或称移位酶 translocase）和 GTP 结合到核糖体上，通过催化 GTP 分解供能，促使核糖体向 mRNA 的 3′ 端移动相当于一个密码子的距离，使下一个密码子准确定位在 A 位，原来在大亚基 A 位上的二肽酰 tRNA 也随着移位到 P 位上，使 A 位空出。此步需要 Mg^{2+} 存在，此时空载 tRNA 进入 E 位。这样就完成了一次进位、转肽和移位的一次循环，形成一个肽键，合成了二肽。

随后第 3 个氨酰 tRNA 进入已空出的 A 位，并使空载 tRNA 从 E 位脱落。在转肽酶的作用下，P 位上的二肽酰 tRNA 上的二肽酰基转移到新进入 A 位的第 3 个氨酰 tRNA 的氨基上，又形成一个肽键，生成三肽酰 tRNA。接着核糖体再向 mRNA 的 3′ 方向移动一个密码子，使 A 位上的三肽酰 tRNA 移至 P 位，而空出 A 位，P 位上的空载 tRNA 移至 E 位。如此不断重复循环，肽链逐渐延伸。

在肽链延伸阶段中，每生成一个肽键，都需要直接从 2 分子 GTP（移位时与进位时各 1 分子）获得能量，即消耗 2 个高能磷酸键；但考虑到氨基酸被活化生成氨酰 tRNA 时，已消耗了 2 个高能磷酸键，所以蛋白质合成过程中，每生成一个肽键，至少消耗 4 个高能磷酸键。mRNA 上信息的阅读是从多核苷酸链 5′ 端向 3′ 端方向进行的，多肽链合成自 N 端开始，第一个氨基酸上的羧基与第二个进入受位的氨基酸的氨基之间形成第一个肽键，然后延伸，因此多肽链合成是从 N 端向 C 端方向进行的。

（三）多肽链的终止与释放

当核糖体上的受位上出现终止密码子，即转入终止阶段。终止阶段包括已合成的多肽链的水解释放，以及核糖体与 tRNA 从 mRNA 上脱落下来。这一阶段需要释放因子的参与。

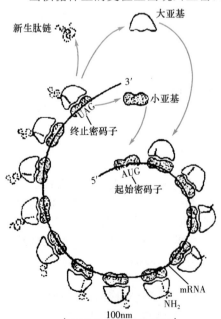

图 18-11　多核糖体

当 mRNA 上的终止密码子（UAA、UAG、UGA）移至核糖体的 A 位时，不能被任何一种氨酰 tRNA 所识别，RF-1 识别终止密码子 UAA 和 UAG，RF-2 可辨认终止密码子 UAA 和 UGA，并进入 A 位与之结合。RF-3 不识别任何终止密码子，可结合 GTP 使之分解，并使核糖体上的转肽酶构象发生改变，表现出酯酶的活性，水解 P 位上 tRNA 与肽链之间的酯键，协助多肽链的释放。终止因子脱落时消耗 GTP。mRNA 与核糖体分离，最后一个 tRNA 脱落，接着核糖体分解为大小两个亚基，重新进入核糖体循环。核糖体的解体需要 IF-3 的参与。

在细胞内合成蛋白质通常是多个核糖体同时与同一 mRNA 的不同部位相连，构成多核糖体，为念珠状（图 18-11）。在一条 mRNA 上可以同时有多条多肽链同时合成，而脱落下来的亚基又可重新投入核糖体循环的翻译过程，这样大大提高了翻译效率，更重要的是还可减少基因的拷贝数，也减轻了基因转录的压力。多核糖体中的核糖体数，可由数个到数十个不等，视其所附着的 mRNA 大小而定。例如，血红蛋白珠蛋白链的 mRNA 分子较小，只能附着 5 ~ 6 个核糖体，而肌球蛋白的多肽链（重链）的 mRNA 较大，可附着 60 个左右的核糖体。多核糖体合成肽链的效率甚高，合成速度也快，其每一个核糖体每秒钟可翻译约 40 个密码子，即每秒钟可以合成相当于一个由 40 个左右氨基酸残基组成的，分子量约为 4000Da 的多肽链。为保持蛋白质生物合成的高度保真性，任何步骤出错都经消耗能量而清除，使多肽链虽以高效、高速进行但错误率低于 10^{-4}。

三、真核与原核生物蛋白质生物合成的异同

真核生物蛋白质合成机制与原核生物相似，也可分为起始、延伸和终止三个阶段，但真核生物蛋白质合成过程中有更多的蛋白质因子参与，有些步骤也更复杂，有其不同的特点。

1. 翻译与转录不偶联 真核生物的 mRNA 前体在细胞核内合成，合成后需经加工，才能成熟为 mRNA，从细胞核内输入胞质，投入蛋白质合成过程。而原核生物的 mRNA 常在其自身的合成尚未结束时已开始翻译，原核生物翻译与转录是偶联的。

2. 仅一个蛋白质生物合成起始和终止点 真核生物的 mRNA 5′ 端有 7- 甲基三磷酸鸟苷形成的帽，3′ 端有 poly(A) 尾，且为单顺反子，合成蛋白质时只有一个起始点，一个合成的终止点。但原核生物的 mRNA 为多顺反子，含有蛋白质合成的多个启动点和终止点，且不带有类似帽与尾的结构。

3. 无 SD 序列与核糖体结合 原核生物的 mRNA 在 5′ 端方向启动信号的上游存在富含嘌呤的 SD 序列，而真核生物的 mRNA 上则无此序列。

4. 核糖体较原核生物更大更复杂 真核生物核糖体为 80S 核糖体，分子量为 4 200 000Da，包括 60S 大亚基和 40S 小亚基。小亚基含 18S rRNA 和 33 种蛋白质，大亚基含 49 种蛋白质和 3 种 rRNA：5S rRNA、28S rRNA 和 5.8S rRNA，其中 5.8S rRNA 是真核生物所特有的。

（一）主要差别在起始阶段

真核生物翻译的起始阶段大致可分 5 步：80S 核糖体的解离，三元复合体和 43S 前起始复合体的形成，43S 前起始复合体与 mRNA 结合产生 48S 起始前复合体，起始密码子的选择，以及 48S 起始前复合体结合 60S 大亚基形成 80S 起始复合体（图 18-12）。与原核生物的差异主要体现在以下方面。

1. 更多起始因子参与反应 真核生物翻译起始至少有 9 种起始因子参与，起始因子皆冠以 e（eukaryote）字头，称为 eIF。eIF-1，eIF-1A 可激活 Met-tRNA$_i^{Met}$ 和 mRNA 与 40S 小亚基结合；eIF-2 是一种 GTP 结合蛋白，可促进 Met-tRNA$_i^{Met}$ 与小亚基结合；eIF-3 能与小亚基结合，促进核糖体解离，稳定三元复合体，激活 mRNA 结合；eIF-4A 是一种 ATP 酶，eIF-4B 是一种解链酶，二者可能有松解 mRNA 二级结构的作用；eIF-4E 又称为帽结合蛋白，是 eIF-4F 的一个亚基，eIF-4F 通过 eIF-4E 与 mRNA 的 5′- 帽结构结合后，在 eIF-3 的参与下，寻找起始密码子 AUG；eIF-4G 是锚定蛋白，参与 mRNA 的结合；eIF-5 为 GTP 酶，可水解与 eIF-2 结合的 GTP，使 eIF-2 和 eIF-3 从小亚基解离。最后，60S 大亚基与 Met-tRNA$_i^{Met}$、mRNA 及小亚基组成的复合体结合形成 80S 起始复合体。起始复合体在 eIF-2A 的协助下，可与 GTP 及 eIF-2 结合，并首先进入小亚基。eIF-3 及 eIF-4C 则促进此种结合。mRNA 的 3′ 端 poly(A) 尾也参与翻译的起始，特定 mRNA 的起始程度与其 poly(A) 长度有关，小亚基、Met-tRNA$_i^{met}$ 与 mRNA 相连时需要 poly(A) 结合蛋白 [poly(A) binding protein，PAB] 的协助（图 18-13）。

2. 起始氨酰 tRNA 非甲酰化 在真核生物中，起始氨酰 tRNA 为非甲酰化的甲硫氨酰 tRNA 即 Met-tRNA$_i^{Met}$，而原核生物中是 fMet-tRNA$_i^{fMet}$。

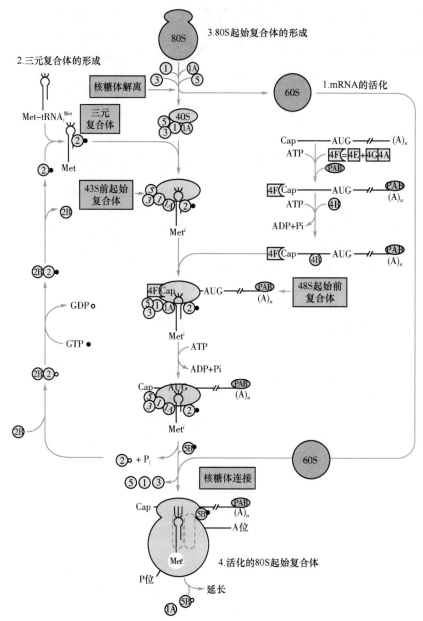

图 18-12　真核生物蛋白质生物合成的起始

3. mRNA、小亚基和起始氨酰 tRNA 的结合顺序不同　在原核细胞中，mRNA 首先与小亚基结合，fMet-tRNA$_i^{fMet}$ 再加入。而在真核细胞中，Met-tRNA$_i^{Met}$ 和 GTP 与 eIF-2 形成一个可分离的复合体，此复合体与小亚基的结合先于与 mRNA 的结合，需要 1 分子 ATP 分解供能。

4. 寻找起始密码子的方式不同　与原核生物依赖 SD 序列启动翻译不同，在真核生物中，核糖体是通过识别 mRNA 的 5′ 端帽子结构而与 mRNA 结合，再沿 mRNA 的 5′→3′ 方向扫描寻找起始密码子，这就是真核生物翻译起始过程的扫描模型（图 18-14）。寻找起始密码子的可能流程：核糖体 40S 亚基首先与起始因子如帽结合蛋白 eIF-4E、Met-tRNA$_i^{Met}$ 及 GTP 等识别 mRNA 5′ 端的 m^{7}G 帽结构，与 mRNA 5′ 端结合；而后 40S 亚基沿着 mRNA 进行扫描，当发现合适的起始密码子时，扫描停止；最后，60S 亚基进入 40S 亚基 -mRNA 复合体，形成 80S 核糖体，在起始密码子处启动翻译。那在扫描过程中，40S 亚基遇到的第一个 AUG 就是

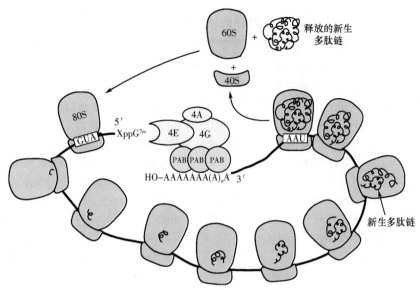

图 18-13　mRNA 上的"帽"和"尾"参与蛋白质生物合成的起始

起始密码子吗？研究发现，大多数 mRNA 是从第一个 AUG 开始起始翻译的，但也存在例外。AUG 能否被选为起始密码子与该 AUG 周围的序列环境有关。Kozak M 在翻译起始的扫描模型研究中发现起始密码子所在序列通常为 GCCRCCAUGG（下画线为 AUG 起始密码子），其中 R 为 A 或 G，这被称为 Kozak 规则或 Kozak 序列。

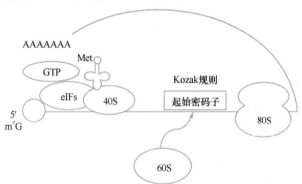

图 18-14　真核生物蛋白质生物合成的起始扫描模型

（二）多肽链延伸过程基本相同

在真核细胞中有延伸因子 eEF-1 和 eEF-2，其中 eEF-1 相当于原核细胞中的 EF-T，参与转运氨酰 tRNA 到核糖体上的反应；eEF-2 相当于原核细胞中的 EF-G，催化肽酰 tRNA 移位，可为白喉毒素所抑制。延伸因子 EF-lα 和 EF-lβγ 与原核生物的 EF-Tu 和 EF-Ts 是极相似的，EF-lα-GTP 使氨酰 tRNA 进入核糖体的 A 位，而 EF-lβγ 催化 EF-lα-GDP 上的 GDP 被 GTP 置换，生成 EF-lα-GTP 再参与下一轮反应。在酿酒酵母、裂殖酵母中还发现 EF-3，具结合和水解 ATP 和 GTP 的能力，可能起保证翻译准确的作用。

（三）终止阶段释放因子种类有异

原核生物的释放因子有 3 种，但真核生物释放因子 eRF 可识别 3 种终止密码子（UAA、UAG 及 UGA），其作用需要 GTP，但 eRF 没有与 GTP 结合的位点，需其他蛋白因子协助才能使多肽链释放。

翻译的异常终止

翻译的准确执行依赖于 mRNA 序列的完整性，而如果由于基因突变、转录错误或转录后加工异常等变异使 mRNA 的阅读框内提前出现终止密码子（premature stop codon，PTC）或失去终止密码子时，则可能导致翻译的失败或产生无功能蛋白质。NMD 是细胞内一种清除含 PTC mRNA 的分子机制。NMD 机制依赖于特定降解分子与 mRNA 前体剪接体相关蛋白的相互作用，因此，NMD 是否发生与 PTC 在 mRNA 分子中最后 2 个外显子连接处的相对位置有关。通常如果 PTC 发生在最后 2 个外显子连接处上游 50 ～ 55nt 处至 mRNA 的正常终止密码子之间时，NMD 不发生，mRNA 可产生翻译成一个较短的多肽或蛋白质分子；如果 PTC 发生在最后两个外显子连接处上游 50 ～ 55nt 处之前，则 mRNA 通常会通过 NMD 机制而降解。无终止的 mRNA 降解（non-stop mRNA decay，NSD）是细胞内一种去除无终止密码子 mRNA 的分子机制（图 18-15）。当 mRNA 无终止密码子时，翻译无法终止，核糖体会继续翻译至 mRNA 的 poly(A) 尾中，产生多聚赖氨酸，此时核糖体进入暂停状态，并招募相关蛋白到 mRNA 的 3′ 端，导致核糖体的解离和 mRNA 从 3′ 端开始降解，C 端富含多聚赖氨酸的多肽也会被蛋白酶降解。

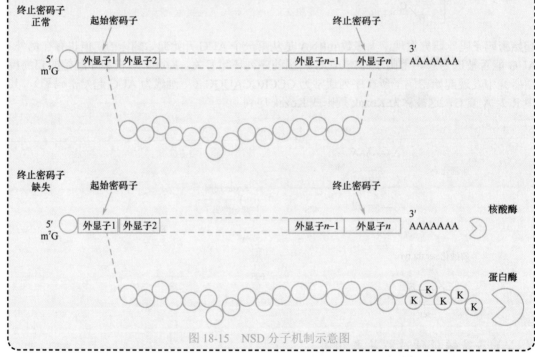

图 18-15　NSD 分子机制示意图

此外，哺乳动物等真核生物线粒体中，存在着自 DNA 到 RNA 及各种有关因子的蛋白合成体系，以合成线粒体的某些多肽。该体系类似原核生物蛋白合成体系。

<h2 style="text-align:center">第三节　翻译后加工</h2>

从核糖体上释放出来的多肽链，按照一级结构中氨基酸序列及氨基酸侧链的情况，自行卷曲，形成一定的空间结构，但多数都不具有正常的生理功能，要经过多种方式的修饰变化，才能表现出生理活性，这过程称翻译后加工（post-translational processing）或翻译后修饰（post-translational modification）。对于不同的蛋白质来说，加工过程各异，没有统一的模式。

一、蛋白质一级产物的修饰

由于不同蛋白质的一级结构与功能不同，修饰作用也有差异，新生多肽链通过肽链水解、化学修饰等作用后成熟。

（一）共价修饰

蛋白质分子的氨基酸残基的共价修饰，包括羟基化（如胶原蛋白）、羧基化（如凝血酶原）、糖基化（糖蛋白）、脂基化（脂蛋白）、磷酸化（如糖原磷酸化酶）、乙酰化（如组蛋白）、甲基化（如细胞色素 c）与泛素化（如抑癌蛋白 P53）等（图 18-16）。这些共价修饰作用，通常在细胞的内质网中进行。由于这些共价修饰，组成蛋白质的氨基酸种类显著增多，已发现100 多种，这些修饰对蛋白质生物学功能的发挥起着重要作用。

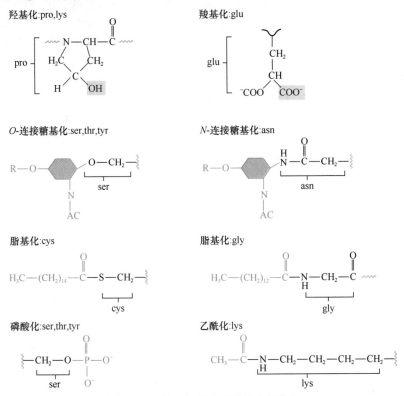

图 18-16　常见氨基酸残基的共价修饰

1. 羟基化　胶原蛋白中常出现羟脯氨酸、羟赖氨酸，这两种氨基酸并无遗传密码，是在多肽链合成后脯氨酸、赖氨酸残基经过羟化产生的，羟化作用有助于胶原蛋白螺旋的稳定。

2. 羧基化　一些蛋白质的谷氨酸和天冬氨酸可发生羧化作用，由羧化酶催化。如参与血液凝固过程的凝血酶原（prothrombin）的谷氨酸在翻译后羧化成 γ- 羧基谷氨酸，后者可以与 Ca^{2+} 螯合。

3. 糖基化　许多膜蛋白和分泌蛋白均为糖蛋白，在多肽链合成中或在合成后常以共价键与单糖或寡糖链连接而生成，这是在内质网或高尔基体中加入的。糖可连接在丝氨酸、苏氨酸或酪氨酸的羟基上（O- 连接寡糖）或连接在天冬酰胺的酰胺基上（N- 连接寡糖）。糖基化过程是在糖基转移酶催化反应下进行的，可以在同一条肽链上的同一位点连接上不同的寡糖，也可在不同位点上连接上寡糖。

4. 脂基化　某些蛋白质如膜结合蛋白在合成后可以共价键与疏水性脂肪酸链或多异戊二

烯链连接形成脂基化蛋白。疏水性脂链可连接在半胱氨酸残基的巯基上或连接在甘氨酸残基的氨基上，以增强这类蛋白在细胞膜上的亲和性。此外，脂基化蛋白在介导细胞信号转导、蛋白质转运及肿瘤等疾病的发生发展方面也具有重要作用。

5. 磷酸化 蛋白质的可逆磷酸化在细胞生长和代谢调节中有重要作用。磷酸化的发生在翻译之后，由多种蛋白激酶催化，将磷酸基团连接于丝氨酸、苏氨酸和酪氨酸的羟基上。而磷酸酯酶则催化脱磷酸作用。

6. 乙酰化 蛋白质的乙酰化广泛存在于原核生物和真核生物中。乙酰化有两种类型：一类是由结合于核糖体的乙酰基转移酶将乙酰 CoA 的乙酰基转移至正在合成的多肽链上，当将 N 端的甲硫氨酸除去后随即乙酰化，如卵清蛋白的乙酰化；另一类是在翻译后由细胞质的酶催化发生乙酰化，如肌动蛋白的乙酰化。此外，细胞核内的组蛋白的内部赖氨酸也可乙酰化。

7. 甲基化 有些蛋白质多肽链中赖氨酸可被甲基化，如细胞色素 c 中含有一甲、二甲基赖氨酸。大多数生物的钙调蛋白含有三甲基赖氨酸。有些蛋白质中的一些谷氨酸羧基也可发生甲基化。

8. 泛素化 泛素化修饰和类泛素化修饰是在特定酶的介导下，将多肽如泛素分子或小分子泛素相关修饰物蛋白（small ubiquitin-related modifier protein，SUMO）等共价修饰到靶蛋白的特定位点，这种修饰是可逆的，可在特定酶的作用下去除修饰。泛素化修饰包括单泛素化和复杂的多泛素化等，不同修饰对蛋白质的影响不同，包括对蛋白质活性、蛋白质稳定性、蛋白质相互作用和基因表达的影响等。泛素化依赖的蛋白酶体途径是重要蛋白质降解途径之一。

（二）水解修饰

有些新合成的多肽链要在专一性的蛋白酶的作用下切除部分肽段才能具有活性，如分泌蛋白质要切除 N 端信号肽从而形成有活性的蛋白质；无活性的酶原转变为有活性的酶，常需要去掉一部分肽链。真核细胞中通常一个基因对应一个 mRNA，一个 mRNA 对应一条多肽链，但是也有些多肽链经过翻译后加工，适当地水解修剪，可以产生几种不同性质的蛋白质或多肽，使真核生物的翻译产物具有多样性。例如，由垂体产生的阿黑皮质素原（pro-opiomelanocortin，POMC），由 265 个氨基酸残基构成，经水解后可产生多个活性肽：β- 内啡肽（β-endorphin，十一肽）、β- 促黑素（β-melanocyte stimulating hormone，β-MSH，十八肽）、促肾上腺皮质激素（corticotropin，ACTH，三十九肽）和 β- 促脂素（β-lipotropin，β-LT，九十一肽）等至少 10 种活性物质。又如，胰岛素生物合成时，并非产生具有正常生理活性的胰岛素，而是其前体即前胰岛素原，N 端为 23 个氨基酸残基的信号肽；A 链为 21 个氨基酸残基，B 链含 30 个氨基酸残基；C 肽又称连接肽含 33 个氨基酸残基；切除信号肽后转变为胰岛素原，再切除连接肽后成为有活性的胰岛素（图 18-17）。

此外，蛋白质合成过程中，N 端氨基酸总是甲酰甲硫氨酸或甲硫氨酸，但天然蛋白质大多不以甲硫氨酸为 N 端第 1 位氨基酸，细胞内的氨肽酶可去除 N 端甲硫氨酸或 N 端的部分肽段，从而形成以不同氨基酸为 N 端的肽链。在大肠杆菌中发现了脱甲酰酶，它可水解甲酰甲硫氨酸的甲酰基；在真核生物中，常在多肽链合成到一定长度时（15 ～ 30 个氨基酸），其 N 端的甲硫氨酸就已被氨肽酶切除，这些 N 端的修饰也属于水解修饰。

（三）二硫键形成

mRNA 上没有胱氨酸的密码子。肽链内或两条肽链间的二硫键是在多肽链形成后，通过 2 个半胱氨酸的巯基氧化而形成的，二硫键的正确形成主要由内质网的蛋白二硫键异构酶催化。二硫键在维系与稳定蛋白质的空间结构中起着重要作用，链间形成二硫键也可使蛋白质分子的亚单位聚合。

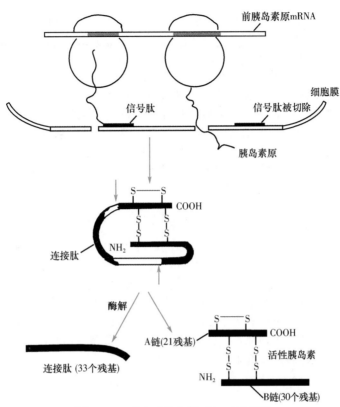

图 18-17　胰岛素的翻译后加工示意图

二、蛋白质高级结构的修饰

蛋白质的高级结构涵盖了蛋白质分子中的每个原子在三维空间的相对位置，它们是蛋白质特有性质和功能的结构基础。高级结构是由一级结构中各个氨基酸残基的侧链共同决定的，肽链释放后可根据其一级结构的特征折叠、盘曲成高级结构。高级结构的修饰包括以下几方面。

（一）新生肽链折叠

新合成的多肽链经过折叠形成一定空间结构才能有生物学活性，研究发现多肽链要形成有生理活性的功能蛋白质还需要其他蛋白质的辅助，如折叠酶（foldase）或分子伴侣（molecular chaperone）等。折叠酶包括蛋白质二硫键异构酶（protein disulfide isomerase，PDI）、脯氨酰顺反异构酶等。PDI 在内质网腔中活性很高，可促进天然二硫键的形成。分子伴侣是一大类参与蛋白质的转运、折叠、聚合、解聚、错误折叠后的重新折叠及原始蛋白质活性调控等一系列功能的保守蛋白质家族。这一家族的蛋白质结构上互不相同，但它们都有共同的特性，可以和部分折叠或没有折叠的蛋白质分子结合，稳定它们的构象，免遭其他酶的水解或促进蛋白质折叠成正确的空间结构。现已发现约 200 种不同的分子伴侣，分为若干家族，近年来研究最多的分子伴侣是热激蛋白（heat shock protein，Hsp）。

Hsp 的 C 端具有一个与非折叠肽链结合的部位，通过结合新生肽链很短的一个疏水片段使新生肽链不发生错误折叠或与其他蛋白质随机结合。Hsp70 的 C 端具有 ATP 酶活性，当其释放新生肽链时伴有 ATP 水解供能。Hsp60 由 16 个分子量为 60kDa 的相同亚基构成，可与 Hsp70 释放的新生肽链结合并接续 Hsp70 的工作，使新生肽链正确折叠，该过程需 ATP 水解供能。自然状态下，大多数蛋白质与 Hsp 结合的位点是被掩盖的，通常形成 β- 折叠而极少为 α- 螺旋结构。

蛋白质的折叠分三种：①不需分子伴侣的作用（目前只在原核细胞中发现）；②仅仅靠一种分子伴侣（Hsp70）的折叠；③在一系列的分子伴侣协助下完成的折叠。大多数蛋白质的折叠过程有一个紧密的、暂时的熔球态（molten globule state），在这种情况下，某些二级结构形成而尚未形成完整的三级结构或四级结构，其特征是暴露出一个疏水区域。使蛋白质更易聚合。分子伴侣的作用就是与这些暴露的疏水区域稳定结合，防止了因疏水区域暴露而发生不可逆的聚合或错误折叠，同时保存了多肽链折叠的能力。当折叠不成功时，可重新折叠。研究发现，多肽链还在核糖体上时 Hsp70 就与之结合，而且帮助新合成的蛋白质折叠，有时也需其他分子伴侣的参与。在没有分子伴侣的情况下进行体外翻译时，大多数多肽链不能折叠，而且 Hsp70 必须在翻译过程中存在，待翻译完成后再加入 Hsp70 则不能使多肽链正确折叠，但其他分子伴侣可继 Hsp70 后发挥作用。

（二）亚基聚合

具有四级结构的蛋白质由 2 条以上的多肽链通过非共价键聚合，形成寡聚体才能形成具有特定构象并具生物活性。各亚基虽各自有独立功能，但又必须相互依存才能发挥生物学功能。这种聚合过程往往有一定顺序，前一步骤常可促进后一步骤的进行。例如，正常成人血红蛋白（HbA）由 2 条 α 链、2 条 β 链及 4 个血红素构成，α 链在多聚核糖体合成后自行释下，并与尚未从多聚核糖体上释下的 β 链相连，然后一并从核糖体上脱下，形成游离的 αβ 二聚体。此二聚体与线粒体合成的 2 个血红素结合，形成半分子血红蛋白，2 个半分子血红蛋白相互结合才成为有功能的 HbA（$\alpha_2\beta_2$ 血红素 $_4$）。

（三）辅基连接

蛋白质分为单纯蛋白及结合蛋白两大类，糖蛋白、脂蛋白及各种带有辅酶的酶，都是常见的重要结合蛋白质。对于结合蛋白来说，含有辅基成分，所以也要与辅基部分结合后才能具有生物功能。辅基与肽链的结合是复杂的生化过程。细胞膜含多种糖蛋白，当多肽链合成后在内质网及高尔基体中，通过糖基转移酶的作用，其天冬酰胺或丝氨酸、苏氨酸残基糖基化而形成糖蛋白，然后向细胞外分泌。某些蛋白质分子中含有共价相连的脂质，这些脂质是肽链在由内质网向高尔基体移行过程中，酰基转移酶催化脂酸与肽链上的丝氨酸或苏氨酸的羟基以酯键结合，而使新生蛋白质棕榈酰化。棕榈酰化的蛋白质大多是定位于膜上的整合蛋白，其中许多是受体蛋白。有的蛋白质也可以进行豆蔻酰化或异戊二酰化修饰。脂质共价修饰可影响蛋白质的生物功能。其他结合蛋白质如血红蛋白、脂蛋白等也是在肽链合成后再与相应的辅基结合而形成结合蛋白质的。

三、蛋白质合成的靶向输送

不论是原核还是真核生物，在核糖体上合成的蛋白质需定向输送到合适地点才能行使生物学功能。在细菌细胞内起作用的蛋白质一般通过扩散作用移动至相应部位。真核生物合成的蛋白质大致有三个去向，其一直接释放到胞质发挥作用；其二定位于特定的区域，如细胞器；其三分泌到细胞外。新合成的多肽链的输送是定向进行的，称为靶向输送（target transport）。蛋白质进入不同的细胞器的靶向输送方式不同，如蛋白质 6- 磷酸甘露糖基化是靶向运送到溶酶体的信号；蛋白质 C 端的滞留信号序列可与内质网受体结合，随囊泡进入内质网；跨膜蛋白质随囊泡转移至高尔基体加工后，再随囊泡转移至细胞膜；线粒体蛋白质以其前体形式靶向输入线粒体；细胞核蛋白在胞质合成后经核孔靶向输送入核。下面简介分泌蛋白质的靶向输送过程。

分泌蛋白质的合成过程实际和其他蛋白质基本一样，但其 mRNA 的起始端往往有一段编码较多疏水氨基酸的区域，使新合成多肽链的 N 端是一段疏水肽段，称为信号肽（signal peptide），其作用是将合成的蛋白质移向内质网，随后切割下信号肽并与胞膜结合，再将合成的蛋白质送出胞外。信号肽的位置大多在新生肽的 N 端，有些蛋白质如卵清蛋白的信号肽位于多肽链的中部，但功能相同。

信号肽段由 15 ～ 30 个氨基酸残基构成，N 端为亲水区段，至少含有一个带正电荷的氨基酸；中心区即疏水中心，是由高度疏水性的氨基酸残基组成的肽段，常见的为丙氨酸、亮氨酸、缬氨酸、异亮氨酸和苯丙氨酸；C 段一般为甘氨酸或丙氨酸等侧链较短的氨基酸。疏水区中央常含脯氨酸或甘氨酸残基，由此可形成 2 个 α- 螺旋区，这 2 个 α- 螺旋区如被破坏，会抑制蛋白质的分泌，若疏水区的某一个氨基酸被置换，信号肽也可能失去功能。在信号肽 C 端有一个可被信号肽酶识别的位点，此位点上游常有一段疏水区较强的五肽，信号肽酶切点上游的第一个（–1）及第三个（–3）氨基酸常为具有一个小侧链的氨基酸如丙氨酸。

真核细胞胞质内存在一种信号肽识别颗粒（signal recognition particle，SRP），是由 6 种蛋白质与一低分子量的 7S RNA 组成的复合体。SRP 被认为是一种分子伴侣，有 2 个功能域，一个用以识别信号肽，结合含有疏水核心的信号肽使其不能折叠而保留其穿越内质网；另一个是使核糖体的翻译暂停，干扰氨酰 tRNA 和肽酰移位酶的反应，以终止多肽链的延伸作用，避免延长的分泌肽在胞质中错误折叠。分泌蛋白质的转运基本过程如图 18-18 所示：①核糖体上进行蛋白质的合成过程；②首先合成信号肽序列；③ SRP 立即辨认、结合新生信号肽，结合后新生肽链的延伸暂时终止或延伸速度大大减低；④ SRP- 核糖体复合体与内质网上的 SRP 受体（亦称为停靠蛋白）相结合，蛋白质合成的延伸作用重新开始，信号肽带动着合成中的蛋白质穿过内质网膜；⑤随后 SRP 与核糖体分离，继续识别胞质内的信号肽序列；⑥信号肽在内质网内被信号肽酶切除，成熟的蛋白质释放至胞外，完成分泌过程；⑦核糖体大小亚基解聚，重新参与新生肽链的合成。

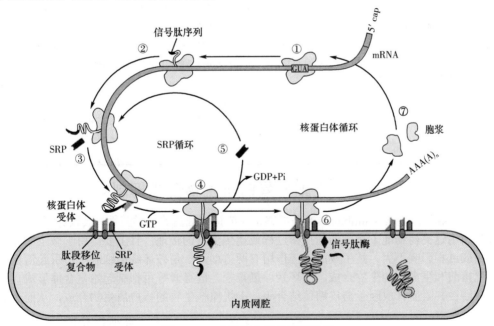

图 18-18　分泌蛋白质的靶向输送

SRP 对蛋白质翻译阶段作用的重要生理意义是，分泌性蛋白及早进入细胞的内质网腔，使新生肽链能正确地折叠并进行必要的后期加工与修饰，从而顺利分泌出细胞。研究蛋白质合成与分泌的关系具有重大的实际意义，通过重组 DNA 技术使非分泌蛋白质的基因上带上一段编码信号肽的核苷酸序列，即可能使该种蛋白质从细胞中分泌至细胞外，这有利于重组蛋白质的分离纯化。

第四节　蛋白质生物合成的干扰和抑制

蛋白质合成受多种药物和生物活性物质的干扰和抑制，如抗生素、干扰素、毒素（如白喉毒素）等（表 18-2）。还有些物质通过作用于 DNA 复制和 RNA 转录，可对蛋白质的生物合成起间接影响，如利福平。

表 18-2　蛋白质合成抑制剂的作用原理及医学应用

分类	名称	作用原理	医学应用
抗生素	四环素（tetracyclin）族	①作用于原核 30S 小亚基，抑制起始复合体的形成 ②抑制氨酰 tRNA 进入核糖体的 A 位，阻断肽链的延伸 ③影响终止因子与核糖体的结合，使已合成的多肽链不能脱离核糖体	
	氯霉素（chloromycetin）	①与原核 50S 大亚基 A 位结合，阻碍氨酰 tRNA 的进入 ②抑制转肽酶活性，阻断肽键的形成	抗菌药
	链霉素（streptomycin） 卡那霉素（kanamycin） 新霉素（neomycin）	①抑制起始复合体的形成，使氨酰 tRNA 从复合体中脱落 ②在肽链延伸阶段，与 30S 小亚基结合，改变其构象，使氨酰 tRNA 与 mRNA 错配 ③在终止阶段，阻碍终止因子与核糖体结合，使已合成的多肽链无法释放，并能抑制 70S 核糖体的解离	
	嘌呤霉素（puromycin）	结构与酪氨酰 tRNA 相似，可进入核糖体受位，使肽链异常，易于从核糖体上释放，从而使肽链合成终止	抗肿瘤药
	放线菌酮（cycloheximide）	抑制真核生物核糖体转肽酶活性，阻断肽链延伸	医学研究
毒素	白喉毒素 （diphtheria toxin）	使真核生物的 eEF-2 共价修饰，生成 eEF-2 腺苷二磷酸核糖衍生物，从而使 eEF-2 失活，抑制肽链的延伸	医学研究
	蓖麻蛋白（ricin）	具有核糖苷酶的活性，可与真核 60S 大亚基结合，切除 28S rRNA 的 4324 位腺苷酸，间接抑制 eEF-2 的作用，阻碍肽链延伸	
干扰素	α- 干扰素 β- 干扰素 γ- 干扰素	①激活 eIF-2 激酶，使 eIF-2 发生磷酸化而失活，从而抑制病毒蛋白质的生物合成 ②激活 2′,5′- 寡聚腺苷酸合成酶，催化 ATP 聚合，生成 2′,5′- 寡聚腺苷酸，后者可活化一种称为 RNase L 的核酸内切酶，促进病毒 RNA 的降解	抗病毒药 免疫调节

一、抗生素与蛋白质生物合成抑制

人工合成的抗生素（antibiotics）是能够杀灭或抑制细菌的一类药物，其设计制造的原则，多数是利用这类药物能干扰、抑制代谢过程或遗传信息的传递，且主要作用于微生物而对人类的相应过程影响不大。抗生素的杀菌作用有两方面：一是破坏细菌细胞壁，引起溶菌；二是干扰核酸和蛋白质的生物合成。四环素、氯霉素、链霉素等可抑制起始复合体形成、抑制转肽酶活性、阻碍释放因子与核糖体结合等，干扰原核生物的蛋白质生物合成，从而达到杀菌效果（表 18-2）。

二、毒素与蛋白质生物合成抑制

毒素（toxin）是能抑制人类蛋白质生物合成的天然蛋白质。白喉毒素与蓖麻蛋白均可通过抑制真核生物 eEF-2 的作用，从而阻碍多肽链的生成（表 18-2）。白喉毒素是由白喉杆菌所产生的一种细菌毒素，只需极微量就能有效地抑制机体内细胞的蛋白质生物合成，给予烟酰胺可拮抗其作用。蓖麻蛋白为一种植物毒素，毒力很强，为等重量氰化钾毒力的 6000 倍，曾被用作生化武器，有些动物仅 0.1μg/kg 即可致死。

三、干扰素阻断病毒蛋白质的生物合成

干扰素（interferon，IFN）是病毒感染宿主细胞后由宿主细胞释放出的小分子蛋白质，其产生实际上是机体对病毒感染的一种保护性反应。病毒进入动物细胞，在繁殖过程中复制产生的双链 RNA（dsRNA）能诱导宿主细胞转录并翻译生成干扰素。干扰素可作用于邻近细胞，诱导生成寡核苷酸合成酶、核酸内切酶和蛋白激酶等多种蛋白，这些蛋白以不同的方式阻断病毒蛋白质的合成，从而抑制病毒的繁殖（表 18-2）。由于干扰素在组织中含量很少，难以大量分离，故可利用基因工程（见第二十四章）大量合成重组干扰素，广泛用于临床抗病毒治疗及免疫调节。

四、靶向蛋白质生物合成的抗肿瘤药物

翻译异常是肿瘤的普遍特征之一，很多癌基因和抑癌基因就是通过影响蛋白质生物合成过程，最终导致了肿瘤细胞内异常的 mRNA 翻译，因此靶向蛋白质生物合成是一个全新抗肿瘤药物研发方向。

研究发现，起始因子 eIF-4F 复合体的异常调控与肿瘤的发展进程密切相关。eIF-4F 复合体中 eIF-4E、eIF-4G 和 eIF-4A 的含量及其磷酸化水平可作为肿瘤预后和耐药的分子标志物（表 18-3）。而逆转翻译分子机器如 eIF 在肿瘤细胞中异常活化的状态则是抗肿瘤药物研发的重要研究方向之一。针对 eIF-4F 复合体的抗肿瘤药物靶点主要有两类（表 18-4），一是靶向 eIF-4F 复合体本身，包括下调 eIF-4E 表达的反义寡核苷酸、破坏 eIF-4F 复合体组装或阻止 eIF-4E 与 mRNA 的 5′端帽子结构相互作用、靶向 eIF-4A 的抗肿瘤药物等。另一类是靶向 eIF-4F 复合体的上游信号通路，如哺乳动物雷帕霉素靶点（mammalian target of rapamycin，mTOR）信号通路。mTOR 信号通路激活会促进 eIF-4E 和 eIF-4G 的结合，进而促进 eIF-4F 复合体的组装。

表 18-3　人类肿瘤中 eIF-4F 复合体的异常

起始因子	异常类型	临床相关性
eIF-4E	表达升高	与乳腺癌、前列腺癌、膀胱癌、头颈癌、肝癌、胃癌的低生存时间相关 与多种肿瘤的恶性进展和化疗耐受相关
	磷酸化	在乳腺癌、结直肠癌、胃癌、肺癌的发生早期磷酸化水平上升 非小细胞肺癌不良预后的分子标志物
eIF-4G	表达升高	在炎性的乳腺癌和宫颈癌中表达升高 与鼻咽癌的不良预后相关
eIF-4A	表达升高	在肺癌和宫颈癌中表达升高、放疗后表达降低

表 18-4　靶向 eIF-4F 复合体的抗肿瘤药物研发

药物靶向分子机制	药物分子	药物研发阶段
直接靶向 eIF-4F 复合体		
下调 eIF-4E 表达	eIF-4E 反义寡核苷酸	实验研究：抑制肿瘤生长和血管生成 临床试验：非小细胞肺癌 I/II 期
抑制 eIF-4E 与 eIF-4G 互作	4EGI-1	实验研究：抑制黑色素瘤和乳腺癌
抑制 eIF-4E 与 mRNA 5′端帽子结合	帽子类似物	实验研究：抑制上皮细胞 - 间充质转化（epithelial-mesenchymal transition，EMT）
抑制 eIF-4A 的解旋酶活性	silvestrol	实验研究：抑制肿瘤发生
靶向 eIF-4F 复合体的 mTOR 信号通路		

药物靶向分子机制	药物分子	药物研发阶段
mTOR 的活性位点抑制	MLNO128	临床试验
mTOR 的间接抑制	metformin	实验研究：抑制肿瘤生长、降低 2 型糖尿病患者的患癌风险
mTOR 复合体 1 的异构抑制	rapamycin	FDA 批准：治疗进展性神经内分泌肿瘤、乳腺癌、肾细胞癌中携带抑癌基因 TSC1 和 TSC2 胚系突变的患者

（李晓曦　钱　晖）

思　考　题

1. 蛋白质生物合成体系包括哪些物质？分别起着什么作用？

2. 蛋白质翻译后修饰有哪些？这些修饰的功能是什么？

3. 如何保证蛋白质生物合成的准确性？

4. 有 A、B 两个突变 DNA 序列均来自同一正常的 DNA 序列，与正常 DNA 相比，突变体 A 在编码区缺失了一个脱氧核苷酸，突变体 B 则丢失了三个相邻的脱氧核苷酸，试问两种突变 DNA 转录、翻译后的蛋白质产物与正常蛋白质产物比，哪个变异更大？为什么？

5. 人类具有细胞质与线粒体两套蛋白质合成系统，迄今已发现约 400 种导致线粒体病的线粒体基因突变，而超过 275 种（＞60%）定位于 22 种线粒体 tRNA 基因中。试问 tRNA 基因突变可能对蛋白质合成产生哪些影响？

案例分析题

患者，女，21 岁，大学生，体态纤细，学习刻苦。轻度咳嗽一周，胸片及胸部 CT 发现左肺仅存上部少许肺叶，纤维支气管镜检查发现左上肺支气管管腔狭窄，左下肺支气管管腔完全闭锁。追问病史，诉说无力、易疲劳现象已近一年，活动后明显气喘现象有半年。诊断：左肺结核，左侧支气管结核。左下肺不张。采用抗结核药物治疗。

一线抗结核药物主要有利福平、异烟肼、乙胺丁醇、吡嗪酰胺和链霉素等 5 种。对于初治的肺结核患者，选用四联抗结核药物，常用的方案是利福平、异烟肼、乙胺丁醇和吡嗪酰胺。前 2 个月为强化期，后 4 个月为巩固期。对于复治的肺结核患者，需要在上述四联的基础上，加用链霉素来进行治疗，疗程是 9 个月，前 3 个月为强化期，后 6 个月为巩固期。大部分患者选用一线的抗结核药物皆可控制病情。

问题：

（1）一线抗结核药物利福平和链霉素的作用机制分别是什么？

（2）在抗结核治疗中采用多种药物联合使用的原因是什么？

（3）本案例引发什么启示？

第十九章 基因表达调控

内容提要

基因表达主要包括转录与翻译这两个过程。生物体只有经过基因表达，才能显露其表型特征及个体多样性。细胞生长、分化、衰老、退变与癌变及其相关基因表达均具有极其严密的时空秩序和精巧、复杂的调控机制。基因表达受复制、转录、转录后加工、mRNA 降解、翻译、翻译后加工修饰、表达产物的转运和降解等诸多环节的调控。转录是控制细胞基因表达水平的关键步骤。结构基因侧翼具有各种各样的 DNA 调节序列，是多种具有转录调节活性的蛋白质（或酶）的特异结合位点。这些能调节转录的 DNA 片段统称顺式作用元件；能调节转录的蛋白质统称反式作用因子。蛋白质/DNA 或蛋白质/蛋白质相互作用，依赖于蛋白质自身某些特异的模体结构。常见的模体有螺旋-转角-螺旋、碱性-亮氨酸拉链、碱性-螺旋-环-螺旋和锌指等。原核细胞基因表达调控为操纵子模式。真核细胞基因表达调控则涉及靶基因染色质结构的重塑、转录（起始、延伸和终止）、转录后加工（包括 mRNA 带帽、剪接、加尾、编辑）和核输出等系列调控机制，远较原核细胞复杂。非编码 RNA 在基因表达过程中的调控作用越发引人关注。无论原核生物和真核生物基因表达均受细胞内外信号分子所左右，随着不同发育阶段或不同环境不断变化，以应答和适应内外环境的各种变化和需求。

除病毒外，所有生命形式都由细胞构成。活细胞具有遗传、变异、生长、繁殖、分化和衰老等一系列特征。细胞内蕴藏遗传信息的整套基因为基因组（genome），它决定生物个体的遗传和表型。人类基因组 DNA 有数以万计呈线性散在分布的基因。基因表达主要涉及转录和翻译过程，其产物包括转录体（如 tRNA、rRNA、mRNA、microRNA 等）、多肽和蛋白质。基因表达调控是在细胞生物学、分子生物学及分子遗传学研究基础上逐步发展起来的领域。对基因表达调控的深入研究可以认识人类如何从一个只具有一套遗传基因组的受精卵细胞逐步发育成为具有不同形态和功能的多细胞、多组织和多器官的复杂个体。同样也使人们初步认识同一个体中不同组织细胞虽然拥有相同的遗传信息却产生各自特异蛋白质的原因。此外，还可以阐明生物体怎样通过不断调控各种基因的表达来适应不同生存环境的规律。

第一节 基因表达调控的基本原理及生物学意义

一、基因表达调控的相关概念

对基因表达调控的深入了解对认识生命现象非常重要。比如，多细胞生物如何从一个受精卵细胞及其所具有的一套遗传基因组发育成具有复杂的不同形态、功能的多组织和多器官的个体。首先需要了解一些相关的基本概念和原理。

（一）基因表达是指基因转录及翻译的过程

基因（gene）是负载特定遗传信息的 DNA 片段，编码具有生物功能的产物，包括 RNA 和蛋白质；基因组（genome）是指含有一个生物体生存、发育、活动和繁殖所需要的全部遗传信息的整套核酸。基因表达（gene expression）是指储存遗传信息的基因经过一系列步骤表现出其生物功能的整个过程。典型的基因表达是基因经过转录、翻译，产生有生物活性的蛋白质的过程。此外，如 rRNA 或 tRNA 等 RNA 的基因经转录和转录后加工产生成熟的 rRNA 或 tRNA，也是 rRNA 或 tRNA 的基因表达。

生物基因组的遗传信息并不是全部、同时表达出来的，即使极简单的生物（如病毒），其基因组所含的全部基因也不是以同样的强度同时表达的。大肠杆菌基因组含有约 4000 个基因，一般情况下只有 5%～10% 处在高水平转录状态，其他大部分基因处于较低水平的表达或暂不表达。人类基因组含有 2 万多个基因，但在同一个组织细胞中通常只有一部分基因表达，多数基因处在沉默状态。典型的哺乳类细胞中开放转录的基因在 1 万个上下，即使是蛋白质合成量比较多、基因开放比例较高的细胞如肝细胞，一般也只有不超过 20% 的基因处于表达状态。

（二）基因表达调控

基因表达调控（gene expression regulation）是指在内外界环境因素信号刺激或适应环境变化过程中，细胞内的相关特定因素调节和控制特定基因表达的规律及其作用机制。在遗传信息传递的各个水平上均可进行基因表达调控。

原核基因转录和翻译在细胞质中几乎同步进行，其调节模式通常为操纵子形式，即一个 5′ 端调控区引导下游几个相关基因表达，一条多顺反子 mRNA 转录体编码几条多肽链的生成。真核细胞基因表达的基本过程与原核细胞类似，但基因转录和翻译分别在细胞核和细胞质中进行，一个 5′ 端调控区通常只引导一个基因表达，转录体为单顺反子 mRNA。其基因的表达会受到包括核染色质的组织结构变化、复制、转录、转录后加工、翻译及翻译后调节、表达产物的转运和降解速率等多个环节的调控。

（三）顺式作用元件是调节转录的 DNA 片段

理论上在遗传信息传递的各个水平上均可进行基因表达调控，但转录水平调控尤其是转录启动的调控是控制基因表达最重要的环节。RNA 聚合酶（RNA polymerase）首先需与基因 5′ 端调节序列相互识别与结合，随后才能启动转录。合成转录体所需的从启动子（含转录起始点）至转录终止子之间的 DNA 节段，称为转录单位（transcription unit）。参与 RNA 聚合酶识别、结合、转录的启动和速率调节的因素繁多，其中调节基因转录的 DNA 片段（称调控序列，regulatory sequence），与被调控的编码序列位于同一条 DNA 链上，统称为顺式作用元件（cis-acting element）或顺式调节元件（cis-regulator element，CRE）。凡对基因转录具有激活效应的顺式元件称为正调控元件；相反，具有阻遏效应的元件称为负调控元件。真核细胞基因组普遍存在正调控元件，负调控元件少见。

（四）反式作用因子是直接或间接与顺式作用元件作用并影响基因表达的蛋白质

能直接或间接与顺式作用元件相互作用并影响基因表达的蛋白质统称为反式作用因子（trans-acting factor），一般具有特定的空间结构。DNA 双螺旋大沟是作为调节蛋白的反式作用因子最容易发生相互作用的部位。真核生物基因组结构较为复杂，反式作用因子可能不直接与 DNA 结合，而通过先形成蛋白 - 蛋白复合体，再与 DNA 结合，进而参与转录调控。刺激转录的称正调控反式因子；抑制转录的称负调控反式因子。通常情况下调节蛋白大多数为正调控反式因子。

二、基因表达调控的基本规律

基因表达调控实质上是细胞或生物体在接受不同环境信号刺激或适应环境变化过程中在基因表达水平上的应答。虽然应对各种刺激、变化的基因表达方式和调节机制有较大的差异，但原核生物和真核生物基因表达调控还具有一些共同的规律。

（一）基因表达具有时间及空间特异性

1. 时间特异性（temporal specificity） 按功能需要，某一特定基因的表达严格按特定的时间顺序发生，称为基因表达的时间特异性。例如，噬菌体、病毒或细菌侵入宿主后，呈现一定的感染阶段。随着感染阶段发展及生长环境变化，这些病原体及宿主的基因表达都有可能发生改变。有些基因开启，有些基因关闭。霍乱弧菌在感染宿主后，44 种基因的表达上调，193 种基因的表达受到抑制，而相伴随的是这些细菌呈现出高传染性的表型。多细胞生物基因的表达的时间特异性又可称为阶段特异性。一个受精卵含有发育成为一个成熟个体的全部遗传信息，在个体发育分化的各个阶段，各种基因极为有序地表达，一般在胚胎时期基因开放的数量最多，随着分化发展，细胞中某些基因关闭，某些基因开放。胚胎发育不同阶段、不同部位的细胞中开放的基因及其开放的程度不一样，合成蛋白质的种类和数量都不相同，显示出基因表达调控在空间和时间上极高的有序性，从而逐步生成形态与功能各不相同、极为协调、巧妙有序的组织脏器。

2. 空间特异性（spatial specificity） 在个体生长全过程中，某种基因产物在个体中按不同组织空间顺序出现，称为基因表达的空间特异性。例如，肝细胞中涉及编码鸟氨酸循环酶类的基因表达水平高于其他组织细胞，某些酶的合成（如精氨酸酶）基本为肝脏所特有。细胞特定的基因表达状态，决定了这个组织细胞特有的形态和功能。基因表达伴随时间顺序所表现出的这种分布上的差异，实际上是由细胞在器官的分布决定的，所以空间特异性又称细胞或组织特异性。

（二）基因表达的方式有组成性和适应性表达

生物体只有适应环境才能生存。当周围的营养、温度、湿度、酸度等条件变化时，生物体就要改变自身基因表达状况，以调整体内执行相应功能蛋白质的种类和数量，从而改变自身的代谢、活动等以适应环境。根据基因表达随环境变化的情况，可以大致把基因表达分成如下两类。

1. 组成性表达（constitutive expression） 是指不大受环境变动影响而变化的一类基因表达，其中某些基因表达产物是细胞或生物体整个生命过程中都持续需要而必不可少的，这类基因可称为管家基因（housekeeping gene）。这些基因可以看成是细胞基本的基因表达。组成性基因表达也不是一成不变的，其表达强弱也是受一定机制调控的。

2. 适应性表达（adaptive expression） 是指环境的变化容易使其表达水平变动的一类基因表达，随环境条件变化基因表达水平高的现象称为诱导（induction），这类基因被称为可诱导的基因；相反，随环境条件变化而基因表达水平降低的现象称为阻遏（repression），相应的基因被称为可阻遏的基因。诱导和阻遏现象在生物界普遍存在，是生物体适应环境的基本途径。在一定机制控制下，功能上相关的一组基因，无论其为何种表达方式，均需协调一致、共同表达，即为协同表达，对这种表达的调节称为协同调节（coordinate regulation）。多细胞生物体生长发育的全过程包括细胞的分化等都充分体现了基因的协同表达和调节的特性。改变基因表达的情况以适应环境，在原核生物、单细胞生物中尤其显得突出和重要，因为细胞的生存环境经常会有剧烈的变化。例如，环境中有充足的葡萄糖，细菌就可以利用葡萄糖作能源和碳源，不必去合成、利用其他糖类的酶类。当外界没有葡萄糖时，细菌就要适应环境中存在的其他糖类（如乳糖、半乳糖等），开放能利用这些糖的酶类基因以满足生长需要。即使是内环境保持稳定的高等哺乳类生物，也要经常变动基因的表达来适应环境。例如，与适宜温度下生活相比较，在适应冷或热环境下生活的动物，其肝脏合成的蛋白质图谱就有明显的不同。所以，基因表达调控是生物适应环境、维持生长和增殖、维持细胞分化和个体发育所必需的。

（三）基因表达呈现多层次性和复杂性

基因表达的多层次和复杂性决定了相应基因表达调控也呈多级调控的形式。遗传信息转录即由 DNA 传向 RNA 的环节，是基因表达调控最重要、最复杂的一个层次。真核细胞初始转录产物需经转录后加工修饰才能成为有功能的成熟 RNA，并由细胞核转运至细胞质，对这些转录后加工修饰及转运过程的控制也是调节某些基因表达的重要方式，例如，对 mRNA 的选择性剪接、RNA 编辑等。蛋白质生物合成即翻译是基因表达的最后一步，影响蛋白质合成的因素同样也能调节基因表达。翻译与翻译后加工可直接、快速地改变蛋白质的结构与功能，因而对此过程的调控是细胞对外环境变化或某些特异刺激应答时的快速反应机制。

遗传信息传递过程中其他任何环节的改变均会导致基因表达水平的变化。一般而言，基因拷贝数越多，其表达产物也会随之增加。为适应某种特定需要如环境应激的改变而进行的 DNA 重排、DNA 修饰等均可影响基因表达水平的变化。此外 RNA 尤其是各种非编码 RNA 对基因表达调控的作用日益引起人们的关注。虽然以上环节均对基因表达水平起调控作用，但转录水平尤其是转录起始水平的调控始终是最重要的环节，是基因表达的基本控制点。

（四）基因表达调控的分子基础是 DNA/ 蛋白质的相互作用

基因表达受顺式作用元件与反式作用因子的调节。如转录的激活往往依赖于效应蛋白质以高亲和力准确结合于特定的 DNA 序列（顺式作用元件），而能直接或间接与顺式作用元件相互作用并影响基因表达的蛋白质则为反式作用因子。

1. 顺式作用元件　本质上就是位于待转录表达的基因同一 DNA 链上 / 下游的 DNA 序列，通过其与调控蛋白的结合，影响结构基因的表达，而其自身序列并不出现在转录体或编码蛋白产物中。顺式作用元件一般包括启动子、增强子、终止子、沉默子、隔离子等。在原核生物中则主要包括启动子、阻遏蛋白结合位点、正调控蛋白结合位点及增强子等（见第十五章基因与基因组）。

2. 反式作用因子的类别

（1）RNA 聚合酶本质上属反式作用因子：真核细胞核内有三类不同的 RNA 聚合酶，负责细胞核内基因转录。RNA 聚合酶 II 催化 mRNA 前体合成，是最重要的转录酶。与原核细胞明显不同，真核细胞 RNA 聚合酶需要多种调节蛋白，才能与基因启动子识别结合并启动转录。体外转录实验证明，一条裸露 DNA 模板，基础转录需要约 30 个蛋白分子参与；而调节性转录则至少需 65 个蛋白分子参与。在体内，RNA 聚合酶与多种调节蛋白进入染色质 DNA 模板的过程显然更为复杂。

（2）通用转录因子：与顺式作用元件特异结合并启动转录的调节蛋白称为转录因子（TF）。通用转录因子是指构成基础转录装置所需的通用转录因子。真核生物 RNA 聚合酶 II 在转录起点形成基础转录装置并启动转录至少需要 6 种通用转录因子：TFII-A、TFII-B、TFII-D、TFII-E、TFII-F 和 TFII-H 等（表 19-1、表 17-4）。其中最典型的 TFII-D 最先与核心启动子（TATA 盒）识别并牢固结合，随后才促使 RNA 聚合酶 II 和其他通用转录因子结合，形成转录前起始复合体（PIC）（图 19-1）。真核细胞启动子由转录因子而不是 RNA 聚合酶所识别，PIC 相当于原核细胞 RNA 聚合酶全酶的功能。已知人类基因组编码大约 3000 种转录因子，约占其基因总量 5% 以上。

表 19-1　转录因子的组成、结构和功能

名称	组成与结构	功能
RNAP II	≥ 100kDa	以 DNA 为模板，催化 RNA 合成
TFII-A	12、19、35kDa，含锌指模体	促 TFII-D/RNAP II / 启动子稳定

续表

名称	组成与结构	功能
TFⅡ-B	33kDa，～300 个残基， N 端含锌指模体	促 TFⅡ-D 与 RNAP Ⅱ结合，决定转录起始位点
TFⅡ-D		
（TBP）	（γ 亚基）38kDa	最先与启动子识别并牢固结合
（TAFs）	250、150、110、80、60、40、30（α）、30（β）kDa	共激活因子，促 TBP 复位和稳定
TFⅡ-E	α 亚基 57kDa，439 个残基	促 TFⅡ-H 在 PIC 复位，并促其解旋酶和蛋白激酶 活性
	β 亚基 34kDa，219 个残基 含锌指模体	
TFⅡ-F	α 亚基 74kDa（RAP74）	促 TBP/DNA/TFⅡ-B 稳定
	β 亚基 30kDa（RAP30）	TFⅡ-E/TFⅡ-H 在 PIC 复位
TFⅡ-H	8～10 个肽链 89kDa（亚基）	具解旋酶和蛋白激酶活性，为转录、DNA 修复和 细胞周期所需
TFⅡ-S	含锌指模体	转录延伸因子

　　有些调节蛋白与上游启动子元件（UPE）或远端增强子元件（DEE）识别和结合，经 DNA/ 蛋白质 / 蛋白质相互作用，激活转录的称为转录激活因子；阻遏转录的称为转录阻遏蛋白。这类因子含特异 DNA 结合区域，另含一个或多个与其他调节蛋白相互作用的结构域。转录激活因子最简单的作用方式是直接经蛋白质 /DNA 相互作用而增强 RNA 聚合酶Ⅱ活性；或直接与通用转录因子接触，促使初装 PIC 中间体稳定或加速 PIC 形成。

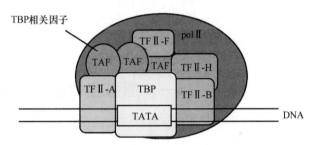

真核RNA聚合酶Ⅱ在转录因子帮助下，形成的转录起始复合体

图 19-1　转录前起始复合体（PIC）的装配

　　另有一类反式作用因子并不直接与 DNA 元件结合（不同于转录因子、转录激活因子或阻遏蛋白），而是通过蛋白质 / 蛋白质相互作用，影响转录因子、激活因子或阻遏蛋白的构象而间接调节转录；若其作用与转录激活因子具有协同效应则称为共激活。

　　（3）激活因子：由激素（配体）调节的核受体（nuclear receptor，NR）超家族成员多属转录激活因子。NR 主要有两种类型：Ⅰ型 NR 为类固醇受体，如糖皮质激素受体（GR）、雌激素受体（ER）、孕酮受体（PR）和雄激素受体（AR）等，在细胞质被配体激活的受体，转至核内形成同二聚体，并与其特异应答元件（HREs）结合而激活转录；Ⅱ型 NR，包括甲状腺激素受体（TR）、维生素 D 受体（VDR）、全反式和 9- 顺式视黄酸受体（RAR 和 RXR）等，此类核内受体与 RXR 形成异二聚体，经配体介导与其特异应答元件结合而激活转录。所有 NR 分子均具有多种功能（如 DNA 结合、配体结合、二聚作用、转录激活或阻遏）的结构域。配体的有无决定其相应 NR 分子构象及其与染色质重塑酶类（如 SWI/SNF）和组蛋白修饰酶类（如 HAT/HDAC）的结合状态。

三、基因表达的生物学意义

　　人体约有数百种不同类型的细胞。就个体而言，这些体细胞基因组 DNA 序列基本相同，但同一个体不同类型细胞，同一细胞在不同发育阶段或环境条件中，各具有独特的基因表达图形及其表型（如形态、结构和功能）特征。如个体不同发育阶段中，肝细胞合成与分泌的蛋白质有所不同。红细胞血红蛋白肽链有 α、β、γ、δ、ε 和 ζ 之分；神经细胞分化为神经元，其形态和表型抗原标志均有明显差异。基因组 DNA 分子仅储存、复制和传递遗传信息，只有基因表达才能显露自然界生物表型的多样性。基因组研究表明：酵母（S. cerevisiae）转录因子 / 基因数大致为 300/6000，果蝇 1000/14 000，线虫（C. elegan）1000/20 000，人 3000/ 约 25 000。这提示生物物种越高级，基因表达调节越精细、复杂。基因表达具有种属特异性、组织细胞特异性和发育阶段特异性。

　　生物体所处的内外环境是千差万别和不断变化的，因此基因是否表达，表达的量、时间和部位必须与细胞结构与功能的需求和内外环境的变化相适应。生物体具有极其严密的基因表达时空秩序、无比精巧和复杂的基因表达调控机制。在人类基因组计划完成后，研究细胞核染色质 DNA/RNA/ 蛋白质相互作用和基因表达（激活 / 阻遏）调控，已成为生命科学关注的焦点。生物遗传、生长、发育、增殖、分化、衰老与退变的奥秘及其相关疾病的防治均有望从对基因表达的深入研究中获得解答。

第二节　原核生物基因表达调控

　　原核生物细胞结构比较简单，特别是其基因组的转录和翻译可以在同一空间内完成，时间前后差异不大。原核生物基因组结构上为超螺旋闭合环状 DNA 分子，基因组中较真核生物而言重复序列少，其结构基因一般为单拷贝基因（rRNA 除外）并连续编码，结构基因在基因组中所占比例远高于真核基因组，且在基因组中以操纵子为单位排列。以上特性决定了原核生物基因表达调控有自身的特殊规律。

一、原核生物基因转录调控的规律

　　原核生物表达调控与真核生物存在很多相似之处，无论原核生物或真核生物，细胞基因表达均随不同发育阶段和环境而变化，受细胞内外信号分子所左右，以适应内外环境各种需求。但原核生物没有细胞核，结构较真核生物简单很多，因此原核生物的表达调控有自己的特点。诱导和阻遏是原核生物转录调控的基本规律，主要以负调控的方式，由诱导物解除阻遏；操纵子是大部分基因簇的调控方式，主要以代谢酶类作为受调控的对象；多顺反子 mRNA 基本只在原核生物出现；多数基因的表达属于组成性表达。转录起始是基因表达的关键步骤，通过多种反式因子与靶 DNA 顺式元件相互作用，影响 RNA 聚合酶的构象及其与顺式元件的亲和力，调节基因转录的启动及其表达水平。

（一）操纵子是原核生物主要转录调节模式

　　原核基因大多串连成簇，几个结构基因的转录受同一操纵子调控，如乳糖操纵子、阿拉伯糖操纵子、色氨酸操纵子等。典型操纵子含有转录起始位点，其上游 –10 启动子区，有高度保守 TATAAT 序列即 TATA 盒（或 Pribnow 盒）；–35 区有保守 TTGACA 序列，为 RNA 聚合酶识别与结合位点。通常一个转录单位包括 2 ～ 6 个结构基因，有的操纵子调节 20 个甚至更多的结构基因。基因转录过程包括转录起始、转录延伸和转录终止。在原核结构基因 3′ 端有依赖 ρ 因子和不依赖 ρ 因子的转录终止子。原核基因转录与翻译几乎在细胞质中同时发生。mRNA 5′ 端在起始密码子 AUG 上游 –3 ～ –11 处，含 A-G 短序列，易与 16S r RNA 3′ 端含 U-C 序列互补配对，对 mRNA 与核糖体有效结合和翻译至关重要。该序列称为 SD 序列（详见第十八章相关内容）。

（二）RNA 聚合酶通过与基因启动子结合对转录起始进行调节

转录起始调节，是指 RNA 聚合酶与启动子元件相互作用的调节。各启动子碱基序列明显不同，与 RNA 聚合酶亲和力各异，因此启动子有强弱的区别。如大肠杆菌基因有的每秒转录一次，有的每代才转录一次。碱基点突变实验证实，基因最大转录速率依赖于启动子碱基序列。在无其他调节蛋白（即基础转录或非调节转录）的情况下，两个启动子序列不同，RNA 聚合酶转录起始频率可相差 1000 倍以上。维持基因启动子两个高度保守（即 -10 区与 -35 区）序列，启动子与 RNA 聚合酶的亲和力最强，转录起始频率最高。此序列碱基突变，与酶的亲和力和起始频率则显著降低。

在分子克隆中，为使外源基因在原核细胞（*E. coli*）和真核细胞中表达，常利用可调节的强启动子。如 λ 噬菌体 PR-PL 启动子、杂合 trp-lac 启动子（或称 Tac）或噬菌体 T7 启动子，构建各种原核表达载体；常用 Rous 肉瘤病毒（RSV）和巨细胞病毒（CMV）的启动子，构建各种真核表达载体。通过体外人工调节载体启动子的活性，可显著提高外源基因的表达水平。

（三）调节蛋白对转录起始的调节

至少三种类型的调节蛋白通过 RNA 聚合酶调节转录起始的活性。第一类是特异性因子，它主要改变 RNA 聚合酶与 DNA 的亲和力，抑制 RNA 聚合酶与非特异性 DNA 结合。*E. coli* RNA 聚合酶的 σ 亚基是典型的特异性因子。RNA 聚合酶含相同 σ 亚基，对不同靶基因亲和力和转录起始频率不同；RNA 聚合酶含不同 σ 亚基，所识别和结合的靶基因启动子也各异。如 *E. coli* RNA 聚合酶全酶含 σ70 亚基（70kDa），则与典型启动子识别结合；若全酶含 σ54 亚基，则与氮代谢相关的基因启动子相互作用。

第二类调节蛋白为阻遏蛋白。阻遏蛋白与其特异操纵子元件识别与结合并阻断转录，操纵子元件常位于启动子附近或部分重叠。若阻遏蛋白与操作子元件结合，RNA 聚合酶则不能启动转录。一些小分子诱导物特异结合并诱导阻遏蛋白变构，若变构有助于阻遏蛋白与操作子的解离，则启动转录；若变构增强阻遏蛋白与操作子的结合，则抑制转录。

与阻遏蛋白相反，另一类调节蛋白即激活因子介导的转录起始调节称为正调节。激活因子与特异 DNA 结合位点也靠近启动子。依赖激活因子的启动子，通常与 RNA 聚合酶亲和力很低或完全不结合，缺少激活因子其转录起始速率极低；只有在激活因子存在时，转录起始速率才显著提高。

二、细菌的操纵子调控模式

通过代谢物与调节蛋白相互作用而激活或抑制基因转录，是原核基因最常见的转录调节方式。

（一）乳糖操纵子

Jacob 和 Monod 首次发现大肠杆菌在乳糖（唯一碳源）介质中生长时，乳糖分解代谢相关的 β- 半乳糖苷酶和通透酶基因等，均受其上游 DNA 元件协同调节，并提出乳糖操纵子（Lac operon）模型（图 19-2）。当环境中没有乳糖时，乳糖代谢酶基因处于关闭状态，而当环境中有乳糖时，这些基因则被诱导开放，合成乳糖代谢所需要的酶。

乳糖操纵子由调节序列和结构基因两部分组成。该调节序列包括：①上游为抑制物基因（inhibitor gene，Ⅰ）区，含 Lac 阻遏蛋白（repressor）编码序列及其启动子。② Lac 启动子（P）区，其 5′ 端为 cAMP-CAP 结合位点；中间为 RNA 聚合酶结合位点；3′ 端为操纵基因或操纵元件（operator，O），具回文序列（22bp），为阻遏蛋白结合位点。乳糖分解相关的酶结构基因依次为 β- 半乳糖苷酶（Z）、半乳糖苷通透酶（Y）、硫半乳糖苷乙酰基转移酶（A）等。Lac 阻遏蛋白为同四聚体，亚基（37kDa）含 347 个氨基酸残基，其 DNA 结合部位含螺旋 -

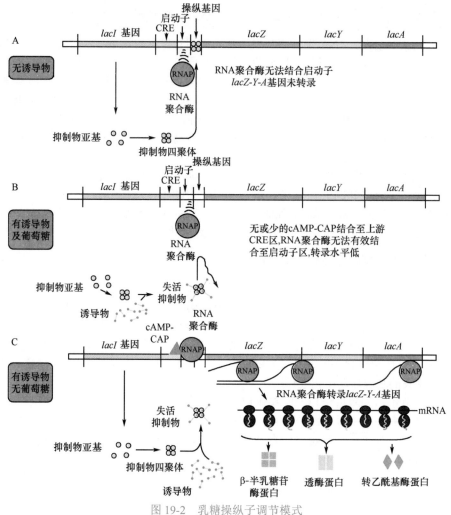

图 19-2　乳糖操纵子调节模式

转角 - 螺旋（HTH）模体，与其操纵基因回文序列相互识别并紧密结合。

1. Lac 操纵子负调控　培养介质乳糖缺乏而以葡萄糖为能源时，抑制物（I）基因表达阻遏蛋白，并与操纵基因相互作用，阻止 RNA 聚合酶启动酶基因转录。若 I 基因缺陷或操纵基因突变，仍有少量酶基因表达；再导入 I 基因或操纵基因，可恢复其阻遏效应。

2. Lac 操纵子正调控

（1）别乳糖诱导：若介质乳糖浓度增高而葡萄糖浓度降低时，少量乳糖分子进入细胞，经 β- 半乳糖苷酶催化生成别乳糖（allolactose），该小分子与 Lac 阻遏蛋白结合并诱导该因子变构，促使阻遏蛋白与操纵基因解离，加速其结构基因转录，可增高 β- 半乳糖苷酶浓度近1000 倍。IPTG（isopropyl-β-D-thiogalactoside）也属强诱导物，能与 Lac 阻遏蛋白亚基结合，其效应与异半乳糖相同。

（2）cAMP-CAP 激活：葡萄糖量降低，其中间代谢产物抑制腺苷酸环化酶和激活磷酸二酯酶的能力减弱，导致菌体内 cAMP 含量增加，cAMP 与分解代谢物激活蛋白质（catabolite activator protein，CAP）形成 cAMP-CAP 复合体。CAP 是含 HTH 模体的重要转录调节蛋白，为同二聚体（亚基 22kDa），具有 cAMP 结合位点和 DNA 结合域，需与 cAMP 结合才具有活性。cAMP-CAP 复合体与其特异位点即 5′-GTGAGTTAGCTCAC-3′ 结合，促 DNA 双螺旋稳定性降低，可提高基因转录速率 50 倍。细菌除 Lac 操纵子外，有近百种基因转录均受 cAMP-CAP 正调控。Lac 操纵子负调控或正调控相互协调一致，及时关闭代谢不需要的酶基因而启动代谢所需要的酶基因转录，合乎细菌最适生理需要。在 Lac 阻遏蛋白与操纵基因结合时，CAP 对该操纵子几乎无作用；阻遏蛋白与操纵基因解离时，只有 cAMP-CAP 复合体存在，才能促使该操纵子转录。葡萄糖和乳糖浓度同时增高时，细菌优先选择葡萄糖作为能源，Lac 操纵子仍以负调控为主。

（二）色氨酸操纵子

原核生物体积小，基因组较真核生物相对简单，其生存受环境影响大。因此，需要尽量减少能源的消耗。对非必需氨基酸而言其编码基因一般处于关闭状态，只要环境中有相应的氨基酸供给，细菌自身就不会开放相关合成基因。大肠杆菌色氨酸操纵子就是这样一个典型的阻遏操纵子。

Trp 操纵子的结构基因（A，B，C，D，E）编码 5 种色氨酸合成代谢必需的酶。结构基因上游的调节序列依次含有：①调节基因 trpR；② Trp 启动子（P）；③操纵元件（O）；④前导序列 trpL。色氨酸操纵子（Trp operon）的表达有阻遏和转录弱化两种负调控机制。

（1）色氨酸操纵子阻遏负调控机制：Trp 阻遏蛋白是由调节基因 trpR 编码，含有两个亚基的二聚体蛋白。当细胞内无色氨酸时，阻遏蛋白不能与操作元件（O）结合，Trp 操纵子的转录不受抑制，结构基因得以表达（图 19-3A）。当细胞内已有大量色氨酸时，阻遏蛋白与色氨酸结合形成的复合体能够与操纵元件（O）结合，抑制结构基因的转录。环境中色氨酸的有无，以这种阻遏负调控机制，使大肠杆菌及时关闭或开放 Trp 合成代谢酶基因的表达，最大限度减少细菌细胞能源消耗。

（2）Trp 操纵子还有另一种负调控机制即转录弱化（transcription attenuation）。这一作用基于原核生物转录与翻译相偶联的特点，利用操纵子中的某些特殊序列（弱化子，attenuator）

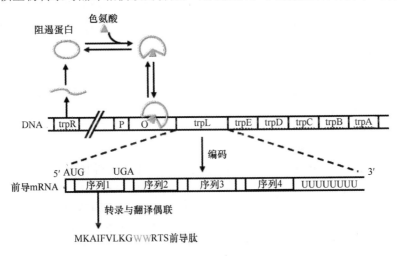

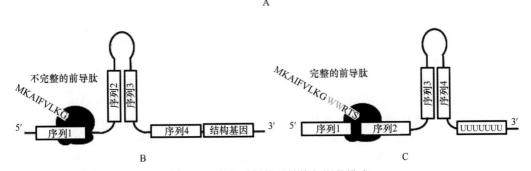

图 19-3　色氨酸操纵子结构与调节模式

A. 色氨酸操纵子的结构与阻遏调节；B. Trp 浓度较低时，结构基因转录；C. Trp 浓度较高时，转录提前终止

来达到转录的精细调控。Trp 操纵子的弱化子位于前导序列 trpL 中。前导序列 trpL 编码一段长度为 162bp 的前导 mRNA,其中含有 4 段特殊序列。序列 1 具有独立的起始和终止密码,编码一个 14 个氨基酸残基的前导肽,其第 10 位和第 11 位是色氨酸。序列 1 上这两个相邻的 Trp 密码子是转录弱化的基础。序列 1 和 2、2 和 3、3 和 4 之间存在一些互补序列,能配对形成发夹结构。序列 3-4 发夹结构之后紧接着一段寡聚尿苷酸(U)序列,共同形成弱化子,这是不依赖 ρ 因子的转录终止信号(图 19-3C)。

Trp 操纵子的转录弱化机制是:①当色氨酸浓度较低时,由于色氨酰 -tRNA 不足,已转录出的前导肽的翻译受阻,核糖体停滞在含有相邻 Trp 密码子的 mRNA 序列 1 上,后续转录出的序列 2 和 3 则正好形成发夹结构,下游的结构基因也接着被转录(图 19-3B);②当色氨酸浓度较高时,前导肽翻译顺利进行,核糖体通过序列 1,并能够前进到序列 2。由于序列 2 被核糖体占据,随后转录出的序列 3 和 4 形成发夹结构,连同下游的寡聚 U 使转录终止,即转录弱化(图 19-3C)。

大肠杆菌等原核生物利用阻遏作用和转录弱化两种负调控机制调节 Trp 操纵子的开发和关闭。其中阻遏作用的调节不如转录弱化灵敏,弱化子能够对色氨酸浓度细微的变化做出反应,是更精细的负调控机制。原核生物中很多其他氨基酸如苯丙氨酸、组氨酸、亮氨酸等的合成代谢的操纵子也具有类似的衰减调节作用。

三、原核生物翻译水平的基因表达调控

一般而言原核生物的基因表达主要在转录水平上进行调控。这样的调控显然更符合生物界的"经济"原则。但是,在 mRNA 被转录出来之后,再从翻译水平予以某些调控可作为转录水平调控的补充,能够在一定程度上使个别基因之间的表达程度有所区分。

(一)原核生物翻译水平的调控具有多种方式

翻译调控的方式是多方面的,包括以下几种形式。

(1)SD 序列决定翻译起始效率:在多顺反子 mRNA 中,每个开放阅读框都有一个起始密码 AUG,在其上游都有一个 SD 序列。不同的 SD 序列有一定差异,其与核糖体 16SrRNA 序列互补的核心序列配对的碱基数目越多,亲和力越高,其翻译起始效率也越高。SD 序列与起始密码子 AUG 之间的距离也会影响到 mRNA 的翻译起始效率。另外,某些蛋白与 SD 序列的结合,也会影响到 mRNA 与核糖体的结合,从而影响翻译起始效率。

(2)有些 mRNA 编码的蛋白质产物本身可对翻译过程产生反馈调节效应。类似于阻遏蛋白结合到 DNA 上阻止了 RNA 聚合酶对启动子的结合那样,阻遏蛋白直接结合到 mRNA 的靶区(通常为含有 AUG 起始密码的序列),也会阻遏核糖体结合,妨碍 mRNA 的翻译。核糖体蛋白质合成的自身调节就是一个经典的范例。核糖体含有 70 余种蛋白质,其中核糖体蛋白是主要成分,有 50 多种,其余的是聚合酶亚基及其辅因子。这些蛋白质合成的协同调控才能使细胞适应其生长条件。核糖体蛋白都具有调控蛋白的作用,在核糖体中直接与 rRNA 相结合。实验证实这些蛋白质在 mRNA 上结合的序列与它们同 rRNA 所结合的序列有很大的同源性,且具有相似的二级结构,只是对 rRNA 的结合能力大于 mRNA。当细胞内有游离的 rRNA 存在时,新合成的核糖体蛋白就首先与它结合,进而启动核糖体的装配完成,使翻译继续进行;但只要 rRNA 的合成减少或停止,游离的核糖体蛋白就开始积累,它们就会与自身的 mRNA 结合,阻断自身的翻译。同时也阻断同一顺反子 mRNA 其他核糖体蛋白编码区的翻译,使核糖体蛋白的合成及 rRNA 的合成几乎同时停止。不过 rRNA 的合成是在转录层次上的调节(与细胞增殖率及氨基酸水平有关),而核糖体蛋白的合成是在翻译层次上的调控。

(3)mRNA 的寿命或稳定性是决定翻译产物量的重要因素,即 mRNA 的降解速度是翻译调控的重要机制。mRNA 自身的二级结构也可以影响翻译的进行。还有细胞内氨基酸的缺乏也会使蛋白质合成受到抑制。

（二）原核生物中反义 RNA 在基因表达中的调控作用

某些细菌及病毒中存在一些调节基因，能转录产生反义 RNA 参与基因表达调控。所谓反义 RNA（antisense RNA）是指能与所调控的 RNA（或有意义的 RNA）互补配对，抑制翻译进行的 RNA 序列。其作用的基本原理是通过碱基配对与 mRNA 结合，形成二聚体，从而阻断后者的表达功能。这种作用的可能途径首先是反义 RNA 与 mRNA 的 SD 序列或编码区互补结合，形成 RNA-RNA 二聚体，使 mRNA 不能与核糖体结合，从而阻止了翻译过程；其次是在复制水平上，反义 RNA 则可与引物 RNA 互补结合，抑制 DNA 复制，从而控制着 DNA 的复制频率；最后是在转录水平上，反义 RNA 还可以与 mRNA 互补结合，阻止 mRNA 完整转录。反义 RNA 的基因表达调控研究具有重要的意义，由于反义 RNA 能高度特异性地与 mRNA 结合，抑制特定基因的表达，因此，在基础研究中为基因分析提供了更好的手段，即不需要改变基因结构就可以分析特定基因在细胞内的功能，从而避免采用对基因进行条件性突变等较为复杂的常规方法。除抑制基因表达外，反义 RNA 还拓宽了原位杂交的应用领域，如利用标记的反义 RNA 为探针便可较容易且又特异、准确地进行基因定位和转录水平检测，在 mRNA 加工和转运过程中追踪观察其在核内外的分布，以及进行病毒在细胞内正义和反义复制与表达的研究。

第三节　真核生物基因表达调控

原核生物基因表达调控规律的阐明为认识真核生物基因表达调控打下了重要基础。此外，动物和人类基因组计划的陆续完成，功能基因的分离，结构和功能关系的分析，信号转导和基因转录偶联机制的研究，以 DNA 和组蛋白特异化学修饰为主要内容的表观遗传学兴起，以及结合各种组学的研究，将基因表达调控的研究尤其是真核生物基因表达调控的研究推上了更新的高度。

一、真核基因组具有独特的结构特征

真核生物具有由核膜围成的细胞核，其基因的转录和翻译分别在细胞核和细胞质中进行，从而将基因的表达过程分成两个阶段。与原核生物相比，真核生物的基因表达处在一个非常纷繁复杂的控制系统中，表达通路的每一步都受到严格的调控。真核基因的组织结构特征的复杂性、非编码序列的重要性，反映了真核基因与原核基因组织结构及其表达调节的显著差异。

（一）真核生物的基因组的特征

真核生物的基因组具有以下特点。

（1）真核生物的基因组比原核生物的基因组庞大很多，例如，人基因组 DNA 序列含有 3.0×10^9 个碱基对。

（2）真核生物的基因组中基因编码序列的比例远小于非编码序列。人基因组 DNA 中仅有 1%～2% 序列编码蛋白质。

（3）真核生物的基因转录产物为单顺反子，即一个基因编码一条多肽链或 RNA 链，每个基因转录有各自的调节元件。

（4）真核生物的基因是断裂基因（split gene 或 interrupted gene），具有不连续性。其原始转录体需经剪接除去内含子，这一过程存在可变剪接，使得基因表达调控的层次更为丰富。

（5）真核生物的基因组含有大量的重复序列（repetitive sequence）。人基因组中重复序列达 50%。根据重复序列的重复频率不同，可将重复序列分为：①高度重复序列（highly repetitive sequence），重复频率 $> 10^6$；②中度重复序列（moderately repetitive sequence），重复

出现 $10 \sim 10^3$ 次；③单拷贝序列（single-copy sequence）或低拷贝序列，在基因组中仅出现一次或数次。

（6）高度重复序列根据结构特征可分为反向重复序列（inverted repeat sequence）和卫星DNA（satellite DNA）。后者主要分布在染色体的着丝粒和端粒区，一般不转录，可能与染色体配对、重排和物种形成等功能有关。中度重复序列依据重复序列的长短可分为短分散重复片段（short interspersed repeat segment）和长分散重复片段（long interspersed repeat segment）。已知具有相同或近似功能的重复序列可按家族归类，如 rRNA、tRNA、组蛋白等基因家族。

（7）真核生物 DNA 与多种蛋白质结合构成染色质，这一复杂结构与真核基因表达调控密切相关。

（8）真核生物遗传信息不仅存在于细胞核染色体上，还存在于线粒体 DNA 上，其表达调控既相互独立又相互协调。

（二）不同功能模体构成的调节蛋白的结构特征

细胞在发育、生长和分化过程中，反式作用因子（或转录因子）依赖各自的模体与靶基因特异顺式元件和（或）其他反式因子相互作用，严格控制基因表达的时空秩序。从细菌和真核细胞 DNA 结合蛋白发现的模体主要有螺旋-转角-螺旋（HTH）、碱性亮氨酸拉链（bLZ）、锌指和"溴"结构域（brm）等。由于调节蛋白 X 线衍射和磁共振（MR）研究进展，有可能从空间结构分析 DNA/ 蛋白质和蛋白质 / 蛋白质相互作用关系。不同 DNA 顺式元件的碱基序列、双螺旋局部结构（如大沟和小沟的深度与宽度）、沟表面化学基团及其构象、双螺旋的柔性等也各具特征。调节蛋白靠各自不同的模体与其相应的顺式元件相互识别与结合。蛋白质的 DNA 结合域（DBD）常含一个 α- 螺旋与 DNA 螺旋大沟或小沟表面形状互补，结构域表面一个氨基酸残基识别一个短（3 ～ 4bp）DNA 序列，彼此靠氢键和范德瓦耳斯力，稳定蛋白质 /DNA 复合体。转录因子通常为多蛋白复合体，具有多种结构域的不同组合，使蛋白质 / DNA 结合更具有特异性，也赋予蛋白质与小分子配体的结合、同二聚体或异二聚体的形成、相关转录因子与共价修饰酶类或染色质重建酶类相互识别等都具有某些重要的结构特征。调节蛋白模体与 DNA 的特异识别为动态诱导契合，影响因素复杂，两者虽有所选择，但并非固定不变。

1. 螺旋 - 转角 - 螺旋（HTH） 从细菌乳糖（Lac）操纵子首次发现螺旋 - 转角 - 螺旋（HTH）结构。细菌分解代谢物激活蛋白质（CAP）是典型的含 HTH 模体的转录调节蛋白，其 N 端有约 60 个高度保守残基的 HTH 模体，为 DNA 结合域（DBD）；C 端 ～ 286 残基为小分子诱导物结合和二聚化的结构域。HTH 模体卷曲成三个 α- 螺旋，其间 4 个残基构成 β 转角（120°）；第二个 α- 螺旋称为识别螺旋（recognition helix），靠侧链基团与 DNA 大沟外露的磷酸基形成氢键（图 19-4）。CAP 同二聚体（亚基 22kDa）或同四聚体 DNA 特异结合位点具有 5′-GTGAGTTAGCTCAC-3′ 结构。

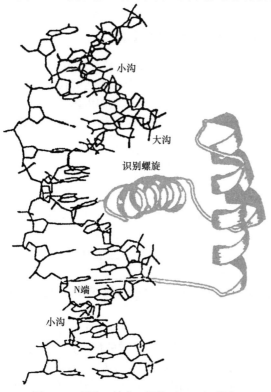

图 19-4 螺旋 - 转角 - 螺旋（HTH）模体

　　另一类转录调节因子含碱性区 / 螺旋 - 环 - 螺旋（bHLH）模体。bHLH 由 60 ～ 100 个保守残基组成，N 端有 15 个碱性残基区，紧随两个（各～ 15 个残基）α- 螺旋，其间有一长度不等的环区。该基序因 N 和 C 端 α- 螺旋分别具有亲水性和疏水性，又称两性 α- 螺旋。bHLH 经诱导契合，促 N 端碱性区随机卷曲成 α- 螺旋并与 DNA 大沟适应；靠 α- 螺旋疏水面形成二聚体。含该模体的调节蛋白有决定神经元 - 胶质分化的 OLIG1/OLIG2，原癌基因 *myc* 表达产物及其结合蛋白（即 Myc/Max）等。

　　2. 碱性亮氨酸拉链（bLZ）模体　　与球形结构的 HTH 不同，另一类转录激活因子大家族为卷曲螺旋或纤维状蛋白质，以同二聚体和（或）异二聚体形成螺旋，两个 N 端碱性 α- 螺旋区插入 DNA 大沟并与其特异 DNA 相互作用，参与转录调节（图 19-5）。哺乳动物 CREB、Jun、Fos 等均属 bLZ 家族成员。bLZ 模体含相同的亮氨酸重复序列，每隔 7 个残基常有亮氨酸，形成左手卷曲螺旋；该模体促使同二聚体和异二聚体形成，二聚体相邻 N 端指导与特异 DNA 序列结合。原癌基因 c-jun 和 c-fos 蛋白产物 Jun 和 Fos，Jun/Jun 同二聚体与 DNA 缺亲和力，不稳定；仅 Jun/Fos 异二聚体（即转录因子 AP-1）才能有效与靶 DNA 位点 5′-ATGACTCAT-3′ 结合，ATGA 为回文结构，间隔 1bp。Fos 为 Jun 的正调控因子，参与细胞增殖与分化调节；Fos 也涉及细胞凋亡和 DNA 甲基化。

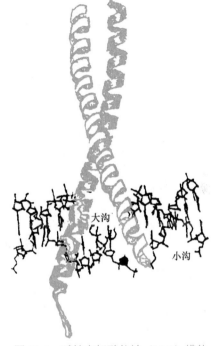

图 19-5　碱性亮氨酸拉链（bLZ）模体

　　3. 锌指模体　　真核细胞很多 DNA 结合蛋白是含锌的金属蛋白。此类调节因子含 25 ～ 30 个保守的组氨酸 - 半胱氨酸残基（His-Cys），与 Zn^{2+} 配位结合并形成稳定而紧凑的结构，称为"锌指"。典型锌指蛋白的共同特征是含重复数不等（2 ～ 37 个）的锌指模体。真核细胞 DNA 结合蛋白中锌指是最普遍的一类模体，已超过 1200 种。如酵母中约有 500 种锌指蛋白，其编码序列占基因组的 1%。人类有 300 ～ 700 个锌指蛋白基因。该模体不仅参与 DNA/ 蛋白质相互作用，也涉及 RNA/RNA、RNA/DNA 和蛋白质 / 蛋白质相互作用。各类锌指模体的框架基本相同，仅改变个别关键残基即具有不同的化学特性，加上模体重复而且重复数不等、间隔长短不同等特点，由此不难理解真核细胞很多转录调节蛋白锌指模体的不同组合，具有识别与结合多种 DNA 顺式元件的特异性（图 19-6）。

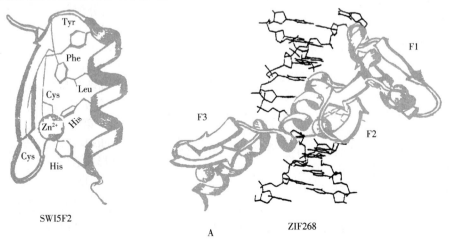

SWI5F2　　　　　　　　　　　　　ZIF268

A

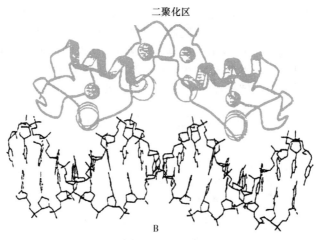

图 19-6   锌指模体

4.**"溴"结构域（布罗莫结构域，bromodomain）**   首次从果蝇 brahma（brm）基因发现具有独特 brahma 的功能域，因 brahma 与 bromo（溴）谐音而命名。实际上它并不含溴，为避免误解，冠以引号称"溴"（brahma 或 brm）结构域。已知"溴"结构域蛋白家族成员超过 50 种。它们主要介导蛋白质 / 蛋白质相互作用，参与多种生物功能的调节，近年来研究还表明"溴"结构域在表观遗传学调控过程中起重要作用。

二、真核生物基因转录水平调控

真核生物各种类型的细胞绝大部分都携带相同遗传信息的基因组，但它们基因表达的程序和状况却不尽相同。各类细胞中特异基因的表达和相应的调控，也正是机体生长和发育分化的重要前提条件。真核生物中编码蛋白质的基因不仅种类繁多，且结构复杂，它们的表达与高等真核生物的发育调控和形态建成息息相关。真核生物 RNA 聚合酶有 RNA 聚合酶 I、RNA 聚合酶 II 和 RNA 聚合酶 III 三种，分别负责三种 RNA 的转录。我们在真核生物基因表达调控的讨论中将侧重于 RNA 聚合酶 II 所转录的这类基因的表达调控。真核染色质基因转录主要步骤有染色质结构重塑，转录（起始、延伸和终止），转录后加工 [5′ 带帽、剪接、编辑和 3′ 加 poly(A) 尾]，以及核输出等。大量调节蛋白如染色质重塑酶类、修饰酶类、PIC、激活因子、共激活因子和 ncRNAs（非编码 RNA，如 miRNAs 和 siRNAs）等均参与转录和转录后加工调节。从核内原始转录体生成开始，直至细胞质成熟 mRNAs 在核糖体翻译，每一步均伴随特异核蛋白因子，以转录体 / 调节蛋白 /ncRNAs/ 信使核蛋白颗粒（mRNP）形式，参与转录、转录后加工和核输出，以防止转录体在细胞核和细胞质被大量核酸酶降解。

（一）染色质结构水平的调控

携带遗传信息的 DNA 分子是以染色质的形式组装在细胞核内的。过去通常认为基因转录的起始首先是由 RNA 聚合酶 II 和通用转录因子 II（TFII-A、-B、-D、-E、-F 和 -H 等）在靶启动子形成预始复合体（PIC，图 19-1）。但是真核生物细胞核中形成的染色质核小体结构是基因转录的屏障，它阻止转录调节蛋白直接与靶启动子相互作用，从而制约了遗传信息的表达。因此，真核生物基因转录水平调控必不可少的重要环节是染色质水平的调控。这一调控的主要机制包括组蛋白修饰、DNA 甲基化修饰及非编码 RNA 的参与，通过各种修饰的组合，改变染色质的结构，从而调控特定染色质区域内基因的转录表达。

1. 活性染色质对核酸酶极为敏感   在真核生物中，由于 DNA 是包装到核心组蛋白上，根据机体发育的需要，基因活性时常发生改变，因而染色质构型的状态对基因表达有着重要的影响。位于常染色质（euchromatin）区的基因活跃转录，而异染色质（heterochromatin）区的基因无或低转录活性，因此常染色质又被称为活性染色质（active chromatin）。

活性染色质的明显特点之一是对核酸酶极为敏感。用核酸酶 DNAase Ⅰ处理时，转录活跃的 DNA 比处于关闭状态的 DNA 更容易受到攻击，会出现一些 DNAase Ⅰ超敏位点（hypersensitive site）。这些位点常位于转录活跃基因的 5′ 或 3′ 侧翼调控区中没有转录调节蛋白或核小体结合的"裸" DNA 中。研究显示，基因活跃转录的常染色质中，其核小体位置有所变动，组蛋白八聚体与 DNA 的结合处于动态变化之中。染色质核小体的修饰有两种形式：一种是核小体或染色质重塑，利用 ATP 水解释放能量，使核小体组蛋白核心改变位置，暂时脱开 DNA，或使核小体核心沿 DNA 滑动，促进高度有序的染色质结构松开。这种在一定能量下核小体移动或改组的过程称为染色质重塑（chromatin remodeling）。而那些有助于核小体移动的蛋白质复合体便称为核小体重塑复合体或染色质重塑复合体。目前研究得最为深入的染色质重塑复合体是在面包酵母中发现的 SWI/SNF（switching inhibition and sucrose nonfermenter）。SWI/SNF 约由 8 个蛋白质组成，它能使组蛋白八聚体沿 DNA 分子侧移，把覆盖于 TATA 序列的核小体移开，使转录因子和 RNA 聚合酶Ⅱ能够与 DNA 接触，促进基因表达。另一种修饰则是通过染色质共价修饰复合体对组蛋白或 DNA 加上或去掉化学基团，如乙酰转移酶可增加组蛋白 N 端的乙酰基团，进而调节染色质结构，激活染色质内那些难以接触到的基因。

2. 组蛋白修饰与组蛋白密码假说 在真核生物中，核小体由 DNA 链缠绕着组蛋白核心颗粒构成。组蛋白的氨基末端伸向核小体外，称为组蛋白尾巴。组蛋白尾巴是发生化学修饰的位点，可发生多种不同类型的化学修饰，包括乙酰化、甲基化、磷酸化、泛素化等。这些化学修饰在种类、时间、空间上的不同组合模式与基因表达调控及生物学功能的关系被视为一种重要的标记或语言，即组蛋白密码（histone code）。组蛋白上特异位点的化学修饰，也会引起染色质结构的改变，从而影响基因转录。

（1）组蛋白乙酰化/去乙酰化与基因表达：组蛋白 N 端的乙酰化修饰与基因表达的增强相关，直接影响核小体的结构，使组蛋白八聚体与 DNA 的结合松动，有利于基因转录。体外实验显示，组蛋白末端的乙酰化能使 DNA 更容易受到 DNA 酶的攻击，也更容易与转录因子结合。其机制可能是被乙酰化的 N 端携带的正电荷减少，以致组蛋白八聚体与 DNA 结合的稳定性降低，而且也降低了核小体排列的紧密程度，为转录因子、RNA 聚合酶等与转录相关的蛋白质因子结合到启动子附近的 DNA 序列，发挥调节作用提供了可能。组蛋白乙酰化是由组蛋白乙酰转移酶（histone acetyltransferase，HAT）介导的。乙酰化作用是可逆的，组蛋白 N 端氨基酸上的乙酰化基团可以被组蛋白脱乙酰酶（histone deacetylase，HDAC）移走。许多研究也显示，启动子附近组蛋白的去乙酰化和 HDAC 在该区域的聚集与基因表达受到抑制有关。

（2）组蛋白甲基化与转录调控：组蛋白 N 端的甲基化发生在精氨酸（R）和赖氨酸（K）残基上。组蛋白甲基化反应由不同的甲基转移酶催化。从目前发现的情况看，组蛋白上精氨酸甲基化常伴随转录的激活，而赖氨酸残基的甲基化则因赖氨酸所在的位置不同而有差异。赖氨酸甲基化发生在组蛋白 H3 的第 4、9、27、36、79（K 4、K 9、K 27、K 36、K 79）位及 H4 第 20（K 20）位上。其中，在酵母和哺乳动物细胞中 H3K4 和 H3K36 位点被甲基化可以激活转录；而 H3K9、H3K27、H3K79 和 H4K20 的赖氨酸甲基化则可抑制转录。

（3）组蛋白密码（histone code）：结合在核小体中的组蛋白，其 N 端尾部从 DNA 缠绕的核小体中伸出，在几个特定位置上的氨基酸能被各种修饰酶所修饰。组蛋白尾部的这些修饰为其效应蛋白提供了结合位点。通过这些效应蛋白本身的作用，或是借助它们募集其他辅助蛋白（辅激活因子或辅阻遏物）的间接作用，来改变核小体的构象及染色质的性质，从而进一步影响 DNA 的复制和基因表达的调控等。不同的修饰酶在组蛋白尾上各具特定的靶位，其修饰作用具有专一性，这种修饰可用以调节基因的活性。由于核心组蛋白 N 端上不同形式的修饰具有不同的作用，可以被阅读，因此被称为组蛋白密码。这些密码能影响与组蛋白 DNA

复合体相互作用的蛋白质及后续的基因表达调控。

3. DNA 甲基化修饰与基因表达调控有密切关系　在染色质中，甲基化作用不仅发生在组蛋白上，也发生在 DNA 上。DNA 中大多数甲基化的位点为胞嘧啶，尤其是 CpG 岛（CpG island）。DNA 甲基化是由 DNA 甲基转移酶（DNA methyltransferase，DNMT）和甲基化酶（DNA methylase）催化，而去甲基化酶（demethylase）则负责去除甲基胞嘧啶上的甲基。哺乳动物约有 5% 的胞嘧啶被甲基化。DNA 的甲基化可调节基因转录活性，真核生物中 DNA 甲基化修饰与否，转录活性的差别可达上百万倍。

（1）DNA 甲基化调节基因的转录：DNA 甲基化对基因表达的调节主要表现为抑制转录活性。在特异表达某些基因的组织中，活性基因启动子区域附近的甲基化程度远低于 30% 左右；而哺乳动物异染色质内的核 DNA 约有 80% 的 CpG 被甲基化，说明甲基化程度与基因表达呈负相关性。DNA 甲基化抑制基因表达的机制目前还不明确，有一种可能是由于 DNA 甲基化直接抑制了转录因子的结合，不能形成转录复合体，从而也就抑制了基因转录活性。

（2）甲基化与基因组印记（genomic imprinting）：20 世纪 90 年代在哺乳动物中发现基因组印记的表观遗传现象。基因组印记是指一个基因的活性依赖其亲本来源决定，即同一等位基因根据其是父方还是母方的来源进行选择性的差异表达。如在小鼠中，编码类胰岛素样生长因子（insulin like growth factor）的 *Igf 2* 基因，由父本而非母本提供时表达。反之，另一个基因 *H19* 则是由母本而非父本提供时才表达。

4. 染色质结构受到非编码 RNA 调控　染色质结构重塑、组蛋白修饰、DNA 甲基化修饰等染色质结构的变化除了受到上述的各种蛋白质复合体、各种修饰酶的影响外，各种非编码 RNA（non-coding RNA，ncRNA），特别是长链非编码 RNA（long non-coding RNA，lncRNA）在染色质结构变化调控中也起着重要作用。lncRNA 调控染色质结构的主要机制是结合募集各种调控染色质结构的蛋白质（染色质重塑复合体、组蛋白修饰酶等），并将它们靶向到特定染色质部位，从而改变染色质的结构和活性。

（1）lncRNA 引导组蛋白修饰酶与染色质结合：lncRNA 通过 RNA- 蛋白质相互作用结合募集组蛋白修饰酶，并通过与 DNA 的相互作用将这些蛋白质引导到染色质上，调控组蛋白修饰，从而调控相应基因的沉默或表达。例如，lncRNA Xist（X inactive specific transcript）介导的染色质调控在哺乳动物 X 染色体失活中起了关键作用。Xist 通过其分子中的重复 A 区（repeat A，RepA）与多梳抑制复合体 2（polycomb repressive complex 2，PRC2）中的 EZH2 和 SUZ12 亚基结合，将 PRC2 靶向到一条 X 染色体。EZH2 是 PRC2 的催化亚基，其甲基转移酶活性使染色质组蛋白 H3 第 27 位赖氨酸三甲基化（H3K27me3），使 X 染色体失活。很多 lncRNA 通过这种方式抑制染色质上特定位点的基因表达，例如，HOTAIR 和 Kcnq1ot1 与 PRC2 结合后，可分别靶向抑制 *HOXD* 位点与 *KCNQ1* 位点的基因表达。

（2）lncRNA 支架（scaffold）募集多个染色质重塑复合体：lncRNA 分子中可以有多个蛋白质结合位点。因此，有部分 lncRNA 可以像支架一样同时和两种或多种染色质重塑复合体结合。lncRNA HOTAIR 就是一个典型的例子。HOTAIR 可以同时结合 PRC2 复合体和 LSD1-CoREST 复合体，从而将两种复合体募集到染色质的 *HOXD* 位点，使该位点的染色质 H3K27 甲基化、H3K4 去甲基化，进而使基因沉默。

除了上述的 lncRNA，有一些微 RNA（miRNA）也能调控组蛋白修饰和 DNA 甲基化。例如，miR-449a 可结合组蛋白去乙酰化酶 1（HDAC1）mRNA 3′-UTR，抑制 HDAC1 表达。而 miR-1、miR-140 等可直接靶向作用于 *HDAC4* 基因，抑制其表达。miR-29 家族的成员可通过调控 *DNMT3a* 和 *DNMT3b* 的表达而影响 DNA 甲基化。

（二）真核基因转录起始调控

真核基因表达调控环节众多，其中最重要的环节就是转录起始的调控。参与转录调控的主要因素是顺势作用元件和反式作用因子（转录因子），不同元件和因子的组合可有效地控制基因转录活性，其具体结构及作用方式在本章已有描述。

真核生物 RNA 聚合酶 Ⅱ 所转录基因的表达调控是研究重点。真核生物 RNA 聚合酶 Ⅱ 最大亚基的羧基端含有一段 7 个氨基酸残基的共有重复序列（YSPTSPS），称为羧基末端结构域（carboxyl-terminal domain，CTD）。所有真核 RNA 聚合酶 Ⅱ（RNA polymerase Ⅱ，RNAP Ⅱ）都具有 CTD，只是共有重复序列的重复次数不同。RNA 聚合酶 Ⅰ 和 Ⅲ 没有 CTD 结构。CTD 的去磷酸化和磷酸化在真核生物转录起始和延伸过程中发挥重要作用。

1. 转录起始步骤 包括靶启动子区双螺旋解链、PIC 形成、转录体第 1 个磷酸二酯键形成等。RNA 聚合酶 Ⅱ CTD 去磷酸化和 PIC 形成、转录起始、延伸、转录后加工（如 5′ 带帽）等反应紧密偶联。体外实验证明，RNAPⅡ/ 通用转录因子 / 靶启动子相互作用和形成 PIC，均需染色质重建酶类 SWI/SNF 复位、启动子区核心组蛋白乙酰化和 RNAPⅡ CTD 去磷酸化。真核基因转录起始位点 5′ 端上游约 -25bp 处典型 TATA 盒（TATAAA）元件为 RNAPⅡ 识别和结合位点。但单一真核 RNAPⅡ 与 TATA 盒亲和力很低，该酶需系列通用转录因子协同作用。首先，TFⅡ-D 关键亚基 TBP（即 TATA 盒结合蛋白）与 TATA 盒识别并牢固结合，再与 TFⅡ-A/TFⅡ-B/TFⅡ-F/RNAPⅡ 结合，随后与 TFⅡ-E/TFⅡ-H 和 TFⅡ-J 相互作用并形成 PIC，才能准确从 TATA 盒启动转录，因其速率低，故称为基础转录装置（basal transcription apparatus）。高速率的激活性转录，尚需与更多激活因子 / 上游激活反应元件结合，并与 PIC 相互作用，才能形成调节性转录装置（图 19-7）。

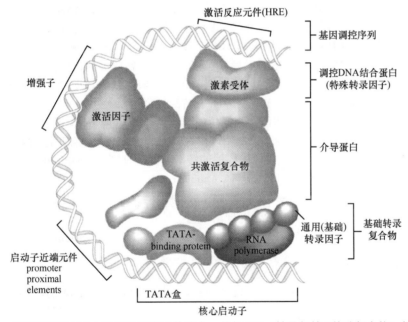

图 19-7 系列激活因子 / 上游激活反应元件结合，并与 PIC（转录起始 / 基础复合体）相互作用形成调节性转录装置

2. RNAPⅡ CTD 磷酸化和转录开始 一旦转录起始，RNAPⅡCTD（Ser5）磷酸化，伴随着核心组蛋白 H2B 泛素化（H2B-K123Ub）和甲基化（H3-K4me3 和 -K63me3）。上述修饰促 RNAPⅡ/ 启动子解离，并加速转录延伸因子和加工因子的复位。RNAPⅡ 脱离启动子，TBP 及其相关因子 TAFs 仍与 TATA 盒牢固结合，这有助于 RNAPⅡ 和其他通用转录因子重新复位并再形成 PIC，如此反复启动转录。三种真核 RNA 聚合酶均需 TBP，但其启动子的部位和类型有所不同。如 RNAP Ⅰ 和 RNAPⅡ 的启动子多位于转录起点上游，RNAPⅢ 启动子多位于转录起点下游。RNAPⅡ 转录基因有的具有典型 TATA 盒，有的只有不甚明确的转录起始子。如管家基因 5′ 端就缺乏 TATA 盒。

（三）真核基因转录后调控

1. 真核细胞原始转录体 5′ 端加帽增加 mRNA 稳定性　除组蛋白转录体外，高等生物 mRNA 前体均有 5′ 端帽结构和长短（100 ～ 200nt）不等的 3′poly(A) 尾。在原始转录体生成（长 20 ～ 30nts）开始，5′ 帽结构即 m7Gppp5NpNp 的结构开始形成。5′ 加帽的作用在于保护 mRNA 不被核糖核酸酶降解；协助 mRNA 的剪接；促进 mRNA 从细胞核向细胞质的输出等。原核或真核 tRNA 和 rRNA 基因及几种病毒 mRNA 等并无 5′ 帽结构，但细胞内仍具有特异的翻译机制。

2. 转录终止和加 3′poly(A) 尾　真核转录体 3′ 端下游有高度保守 poly(A) 信号（AAUAAA 序列），RNAP Ⅱ 转录至该位点下游（10 ～ 30nts）终止并与 DNA 模板解离。3′poly(A) 尾生成可立即形成免遭 RNase 降解的复合体，同时促 80S 核糖体起始复合体形成和翻译起始。

3. 原始转录体剪接　剪除原始转录体内含子并使相邻外显子尾头（3′-5′ 端）相接成为功能性 mRNA，此过程称为 RNA 剪接（splicing）。原始转录体的完整 5′ 帽结构，是随后有效剪接和加 3′poly(A) 尾所必需。帽结合复合体（CBC）促其相邻第一内含子的剪除，随 CBC 与 3′ 加工装置偶联，加速剪接体的形成。许多高等生物都是通过选择性剪接的方式由单一基因来产生许多不同的蛋白质。就人类而言，估计 1/3 以上的基因通过此方式产生多种蛋白质。

4. RNA 编辑　转录前体加工使个别核苷酸变换（插入或缺失），导致 RNA 序列与基因原编码的遗传信息不同，此过程称为 RNA 编辑（RNA editing）。已知 RNA 编辑有尿苷（U）插入、胞苷（C）脱氨变成尿苷（U）、腺苷（A）脱氨变成次黄苷（I）。RNA 编辑总是发生在转录前体双链区域（dsRNA），靠细胞核的编辑复合体完成。RNA 编辑见于所有 RNA 前体（mRNAs、tRNAs 和 rRNAs），不依赖模板，可使单一基因转录前体产生多种功能不同的蛋白质，是病毒至高等动物普遍存在的一种加工调节机制。如人载脂蛋白 B（ApoB）100 基因在肝生成血浆 ApoB 100，含 4536 残基（550kDa）；在小肠细胞该基因 mRNA 第 6666 位碱基胞嘧啶（C）经 dsRNA 胞苷酸脱氨酶催化脱氨而成尿嘧啶（U），使 ApoB 第 2153 位谷氨酸密码子（CAA）变为终止密码子（UAA），从而产生 2152 残基（250kDa）的 ApoB48。

5. 成熟 mRNAs 核输出　真核染色质模板的转录和翻译分别在细胞核和细胞质中进行。核转录体穿过核孔，需运送载体与核孔复合体（nuclear pore complex，NPC）相互作用。细胞核的剪接体、外显子连接复合体（exon junction complexes，EJC）、核孔复合体与细胞质的核糖体翻译装置等均紧密偶联。EJC 至少有 6 种蛋白质，对 mRNAs 核输出、细胞质的定位、翻译、代谢和稳定性等均具有重要作用。

（四）RNA 在真核生物基因表达调控中起重要作用

越来越多的证据表明 RNA 在生命过程中扮演的角色远比我们早先设想的更为重要和复杂。

近年来发现一些 RNA 在基因表达调节过程中以阻碍 mRNA 翻译、降解 mRNA，或是通过控制 mRNA 表达的启动子及发生转录后沉默等方式来抑制其同源基因的表达。这种 RNA 有效阻断同源基因表达的现象被称为 RNA 干扰（RNA interference，RNAi）。RNA 干扰的发现使人们对 RNA 调控基因表达的功能有了全新的认识，更因为可以简化或代替基因敲除成为研究基因功能的有力工具（见常用技术一章）而格外引人注意。在 2002 年度 *Science* 评选的十大科学成就中 RNAi 名列榜首。RNA 干扰现象首先是在研究线虫时发现的，即用正义链也能有效地抑制同源基因的表达。1998 年，Fire 和 Mello 发现，双链 RNA 抑制同源基因表达的能力比反义链或正义链更为有效。后来，类似的现象在动物、真菌、植物细胞中陆续发现。由此看来，RNA 干扰现象在生物界中普遍存在。这可能是一种古老的保护机制，既可用于发育调节，又可作为防御某些病毒入侵的手段。由于双链 RNA 对同源基因破坏的专一性，几乎能使体内任何特定基因发生表达沉默。因此作为一种实验技术，RNA 干扰将有望应用于临床医学和农业等众多领域,用来开发针对病毒感染、心血管疾病和癌症等疾病的新疗法。

最近研究的热点环状 RNA（circular RNA，circRNA）是一类由线性前体 RNA（pre-mRNA）经反向剪接（reverse splicing）后，由 3′ 端和 5′ 端共价结合形成的环状单链非编码 RNA 分子。首先由 Sanger 等在使用电子显微镜观察病毒 RNA 时发现，之后在人类、小鼠、真菌和其他生物体中也陆续发现 circRNA 的普遍存在。circRNA 具有结构稳定、序列保守及细胞/组织表达特异性等基本特征。circRNA 原来被认为表达水平较低，现在发现基因组转录产物中 circRNA 实际所占比例相当大，人类 5.8% ～ 23% 的具有转录活性的基因都可产生 circRNA。在基因表达调控过程中 circRNA 也起了一定的作用。

1. 小 RNA 在基因表达中的调节作用　与一些调节蛋白（阻遏物和激活因子）一样，RNA 在细胞中也具有调节基因表达的作用。其作用方式是通过碱基配对与目的核苷酸序列互补形成双链区，直接阻止后者功能的发挥，或是与目的核苷酸序列中的某一部分形成双链区，以使后者的构象发生改变，抑制其发挥作用。这类由 RNA 介导的调节作用，其目的核苷酸序列是同源目的 mRNA 的一部分。二者相互作用，发生了二级结构变化，形成一个双链 RNA 的发夹结构，阻遏目的序列发挥作用。

RNA 干扰现象发现不久，人们进一步在线虫、拟南芥、链孢霉、衣藻及果蝇等真核生物中鉴定出与基因沉默有关的基因。这些基因表达的抑制都发生在细胞质内，因而称为转录后基因沉默（post-transcriptional gene silence，PTGS）。经序列分析和分子杂交鉴定表明，这类沉默现象和 RNA 干扰一样都是由一种很小的双链 RNA 造成的。这种小双链 RNA 只有 21 ～ 23 个核苷酸长，3′ 端还常有 2 个核苷酸单独伸出。由于它们能够与同源 mRNA 互补配对，进而诱导相关的酶降解其所互补的 mRNA。因此，就把这些极小的 RNA 分子称为小干扰 RNA（small interference RNA，siRNA）。

RNAi 反应的基本特点是：①在 RNAi 过程中目的基因的内源序列没有改变，即 RNAi 并不会造成稳定的遗传变化，但有些 RNAi 的效应可以传递 1 ～ 2 个世代；②目的 mRNA 的衰减发生在细胞质中，并不影响核内的前体 mRNA；③ RNAi 沉默作用的效率极高。少量的 dsRNA 就足以影响一个大的 mRNA 库，促使目标基因彻底关闭；④ RNAi 效应还可以在生物个体内扩散，如秀丽隐杆线虫中，把 dsRNA 注入生殖腺，其效应可扩散到虫体全身。

2. 微 RNA 在基因表达中的调节作用　在动物和植物细胞中，有许多很小的 RNA 分子，它们由 22 个左右的核苷酸组成，称为微 RNA（microRNA，miRNA）。微 RNA 通过与目的 mRNA 序列中的部分碱基序列配对，调节基因的表达。如在秀丽隐杆线虫（*Caenorhabditis elegans*）中发现的 microRNA-lin4-RNA，它与 lin-14mRNA 相互作用，使后者的表达受阻，而 lin-14 基因的作用是调节幼虫发育。在哺乳动物中已发现许多秀丽隐杆线虫 miRNA 同源物；在植物中也有类似情况，如拟南芥（*Arabidopsis*）的 16 个 miRNA 中有 8 个完整地存在于水稻中。由此可见，这种调节机制广泛存在于真核生物中。随着对 miRNA 的研究不断深入，人们逐步认识到：“miRNA 世界”一点都不小（“tiny RNA world” may not be so tiny after all），miRNA 代表了一个新层次上的基因表达调控方式。

miRNA 产生的机制十分恒定，是由非蛋白编码基因转录而来的前体产物加工而成。这种转录物有 70 ～ 90 个核苷酸长，含有形成发夹结构的序列，因而可形成双链区。而这个双链区恰好成为双链 RNA Dicer 酶的靶子对转录本进行加工，产生具有活性的 miRNA（图 19-8）。miRNA 的表达方式对不同生物各不相同。部分线虫和果蝇的 miRNA 在各个发育阶段的全部细胞中都有表达，而其他生物的 miRNA 表达模式具有较为严格的时间和空间特异性，在不同组织、不同发育阶段 miRNA 的水平有显著差异。由此提示 miRNA 有可能作为参与调控基因表达的分子而具有重要意义。

（1）通常可通过部分互补结合到目的 mRNA 的 3′ 非编码区（3′UTRs），以一种未知方式诱发蛋白质翻译被抑制。通过调控一组关键 mRNA 的翻译从而调控生物的发育进程。

（2）对原癌基因作用的 miRNA 可能在细胞分化和组织发育过程中起重要作用。研究表明

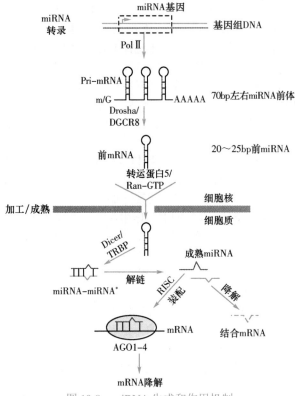

图 19-8　miRNA 生成和作用机制

miRNAs 和癌症之间可能有潜在的关系。

（3）miRNA 参与生命过程中一系列的重要进程，包括早期发育、细胞增殖、细胞凋亡、细胞死亡、脂肪代谢和细胞分化。

3. piRNA 也是一种参与基因表达调控的重要小 RNA　piRNA 被人们由小鼠的睾丸中提取出。piRNA 与 Piwi 蛋白和 RecQ1 蛋白结合，形成 PiRC 复合体（Piwi-interacting RNA complex），这个复合体可以在 DNA 水平、组蛋白水平或转录后水平对基因表达进行调控，从而影响配子的发育。

4. lncRNA 在真核生物基因表达调控过程中起重要作用　人类基因组中存在许多短散布核元件序列（如 *Alu* 序列）。这些元件可以在如热刺激等因素诱导下由 RNA 聚合酶Ⅲ转录产生 lncRNA。而这类 lncRNA 可形成类似蛋白质转录因子的结构，与 RNA 聚合酶Ⅱ结合，抑制转录前活性复合体的形成，阻止转录的起始。某些 lncRNA 可通过影响 RNA 结合蛋白与 mRNA 的结合而促进 mRNA 的降解。例如，一些 mRNA 的 3′-UTR 含有人类基因组中常见的重复序列 *Alu* 元件，某些 lncRNA 中也存在 *Alu* 元件。mRNA 3′-UTR 和 lncRNA 中的 *Alu* 元件通过不完全碱基配对结合，产生 staufen 1 蛋白的结合位点。因此这类 lncRNA 通过募集特定蛋白质如 Staufen 1 而导致 mRNA 的降解。另外，某些 lncRNA 可以和 mRNA 竞争结合 RNA 稳定蛋白，从而导致 mRNA 降解。例如，DNA 损伤诱导 lncRNA gadd7 表达，gadd7 可以竞争结合 RNA 稳定蛋白 TDP-43，这样 TDP-43 就无法与 *CDK6* 的 mRNA 结合，从而加速其降解，下调 CDK6 表达，进而使细胞周期停滞。

5. circRNA 通过竞争影响 mRNA 生成　circRNA 的产生会影响到其线性同源 mRNA 的表达。大部分 circRNA 是由蛋白编码基因位于中部的外显子产生，对其原始亲本转录体的线性剪接会产生必然的影响，进而调控基因表达。一般而言，环化外显子越多，产生的线性 mRNA 则越少，二者间有一定的竞争性关系存在。circRNA 还通过对 miRNA 的海绵吸附作用影响 mRNA 的功能。

三、真核生物基因翻译水平调控

（一）蛋白质合成速率同其细胞内编码 mRNA 的水平和稳定性密切相关

对 mRNA 翻译水平的调控主要是在翻译过程的起始阶段，包括两个水平的调控：一是全局调控（global regulation），这种调控主要涉及蛋白质合成数量的整体变化，对所有 mRNA 的翻译都有影响；二是转录体专一性调控（transcript specific regulation），这种机制只作用于单个转录体或一小群编码相关蛋白的转录体，如哺乳动物中铁蛋白 mRNA 的调节。一般情况下，一种特定蛋白质合成的速率同细胞内编码它的 mRNA 的水平和稳定性成正比。例如，真核细胞中的一些管家基因的转录 mRNA 水平一般较稳定，这是因为由其翻译产生的蛋白质是维持细胞基本功能所必需的。此外，高等真核生物一些高度分化的细胞中，其 mRNA 也十分稳定，如网织红细胞中已没有 RNA 的合成，可是血红蛋白合成速率却很高，原因就在于血红蛋白的 mRNA 极为稳定。事实上某些终末分化的细胞中 mRNA 极其稳定，再加上 DNA 的扩增和强启动子的转录，有时还会出现某种蛋白质的大量合成。但是有些蛋白质，特别是那些决定细胞周期的蛋白质，其合成必须按照严格的顺序开启和关闭，由这些基因转录的 mRNA 必然要相应更替。可见 mRNA 降解速率是其稳定性的衡量标志。因此各种 mRNA 之间降解速率的差别也是真核基因在翻译水平上调控的研究内容之一。

（二）mRNA 非翻译区与翻译调控的关系

真核 mRNA 分子的非翻译区（untranslated region，UTR）既包括 5′ 端的帽子结构和 3′ 端的 poly(A) 尾，也包括在 5′ 和 3′ 端的其他非编码序列。已知蛋白质的生物合成不仅与其 mRNA 的编码序列有关，而且还受到 5′ 端和 3′ 端非翻译区结构的调控。

1. 5′ 端非翻译区与翻译调控有关　翻译起始时，起始因子对"帽子"的识别非常重要。一般来说，尽管未甲基化的帽子结构就可以保护 mRNA 分子不会受 5′ 端核酸外切酶的降解，但研究表明，只有当此帽子被甲基化形成 m7 G 状态时，mRNA 的翻译才更为有效。5′ 端非翻译区除"帽子"外，其起始密码 AUG 所在位置旁侧序列的状况、前导序列的长度及 5′UTR 本身的结构等也都对 mRNA 的翻译有不同的影响。以真核生物 mRNA 为模板的蛋白质生物合成是起始于最靠近其 5′ 端的第一个起始密码 AUG。但是在高等真核生物的细胞中，有些原癌基因和生长调节因子基因所产生的 mRNA，其 5′ 端非翻译区内常有一个以上的 AUG，翻译起始并不一定遵循前述第一个 AUG 规律。作为起始密码 AUG 与其旁侧序列关系密切。对于大多数核糖体来说，只要第一个 AUG 的 –3 位为 A，就基本满足了由这一 AUG 来起始肽链合成的要求。这足以证明 AUG 位置的重要性。AUG 旁侧序列对于翻译起始的效率也很重要。即起始密码 AUG 两侧核苷酸序列在 –3 位的 A 和 +4 位的 G 对于识别 AUG 具有最为显著的促进作用。如果 –3 位不是 A，则 +4 位的 G 是有效翻译起始作用所不可缺少的。在 5′UTR 中由第一个 AUG 至 5′ 帽子间的长度称为前导序列长度，它也会影响起始效率和翻译起始的准确性。5′UTR 中第一个 AUG 密码距 5′ 帽子的位置太近时，不会被 40S 亚基识别。当 5′UTR 长度为 17 ～ 18 个核苷酸时，此时体外翻译效率与其长度成正比。5′UTR 二级结构对 mRNA 翻译也有影响，这是因为 5′UTR 中有时存在碱基配对区，可形成发夹式或茎环状二级结构阻止核糖体 40S 亚基的迁移，对翻译起始有顺式阻抑作用。这种碱基配对区越长或 G+C 的含量越高，发夹结构就越稳定，其抑制作用便越强。总的看来，一个长度适当、没有高级结构，且上游又具有合适起始密码 AUG 的 5′ 端非翻译区，对于 mRNA 的有效翻译是必要的，而一个 G+C 含量高和富含 AUG 的复杂 5′UTR，不论其长度如何都将有碍于翻译的起始作用。

2. 3′ 端非翻译区与翻译的调控　真核 mRNA 的 3′UTR 包括终止密码、poly(A) 尾及前二者间的非编码序列，它们在翻译过程中同样具有重要的调控作用。真核生物 mRNA 翻译中 3 个终止密码的使用情况不同：UGA 在脊椎动物和单子叶植物中的使用频率最高；UAA 是其他真核生物中最主要的终止密码；而 UAG 的使用频率最低。对终止密码旁侧序列相对 GC 含量的分析并与 5′ 端非翻译区进行比较之后，发现终止密码的选用在很大程度上受 mRNA 中 GC 含量的影响。不同种类 mRNA 中，紧邻终止密码 3′ 端的核苷酸在分布上具有一定的倾向性：嘌呤核苷酸（A 与 G）的频率高达 60% ～ 70%，而 C 的出现频率小于 17%。与原核生物 mRNA 相比，后者该位置上的核苷酸多为 U。据推测，可能是此位置上的核苷酸与终止作用的调节有关。对许多编码细胞因子（如生长因子）的 mRNA 及为癌基因编码的 mRNA 3′UTR 序列的分析发现，其中包含着富含 UA 的保守序列，是由几个间隔分布的 UUAUUUAU 八核苷酸序列组成。若除去这段序列，mRNA 的稳定性明显提高。可见 UA 序列是抑制翻译作用的元件，其调控特点是随着它在 3′UTR 中拷贝数的增加，对翻译的抑制效率也提高。UA 抑制翻译的机制估计可能是阻遏核糖体复合体形成起始阶段的某一过程。

（三）翻译起始因子的可逆磷酸化调节蛋白质的合成

翻译起始因子的磷酸化修饰直接关系到翻译的激活和抑制。

（1）eIF-2 的磷酸化对翻译起始具有抑制作用：翻译起始中，eIF-2 参与甲硫氨酰起始 tRNA（Met-tRNAi）的进位。eIF-2 含有 α、β、γ 三个亚基，其 α 亚基的磷酸化可导致蛋白质合成受抑制。例如，血红素可抑制 cAMP 依赖性蛋白激酶的活化，从而减少 eIF-2 的磷酸化，即维持其翻译起始活性，进而促进珠蛋白的翻译合成。

（2）eIF-4F 的磷酸化有翻译激活效应：如 eIF-4F 在 mRNA 翻译中的重要调控作用就是通过其亚基的可逆磷酸化来实现的。研究显示：静止期细胞当被胰岛素激活后，蛋白质的生物合成速度加快，而此时 eIF-4F 的 α 和 γ 亚基的磷酸化作用增加；但当细胞蛋白质合成受到抑制时，eIF-4F 的 α 亚基出现去磷酸化现象。eIF-4E 是识别和结合 mRNA 5′-m7 G 帽子结构的翻译起始因子。在哺乳动物中 eIF-4E 因子由 α、β、γ 三个亚基组成。关于 eIF-4E 的磷酸化作用，一些实验结果表明可能有助于刺激 eIF-4F 的三个亚基形成复合体；或者促进 eIF-4B、eIF-4A 与 eIF-3 组装成更高级的复合体，加快翻译的起始效率。

（四）某些 RNA 结合蛋白参与调节翻译起始

RNA 结合蛋白（RNA binding protein，RBP）参与了基因表达调控的多个环节。一些 RBP 可以通过结合 mRNA 5′-UTR 来抑制翻译起始，或者结合 3′-UTR，干扰 3′ poly(A) 尾与 5′ 帽子结构的联系，而抑制翻译起始。例如，铁反应元件结合蛋白（IRE-binding protein，IRE-BP）是一个 RNA 结合蛋白，调节细胞内铁代谢。铁蛋白和 ALA 合酶是体内铁代谢相关的蛋白质，它们的 mRNA 5′-UTR 中含有一段铁反应元件（IRE），当胞内铁离子浓度高时，IRE-BP 不与 IRE 结合，两种 mRNA 正常翻译；当胞内铁离子浓度低时，IRE-BP 与两种 mRNA 的 5′-UTR 内 IRE 结合，阻碍 40S 小亚基与 mRNA 的结合，从而抑制翻译起始。

（五）miRNA 与蛋白质形成 miRISC 抑制靶 mRNA 翻译

miRNA 属于小分子非编码单链 RNA，一般长度为 22nt，由 70 ～ 90nt 的单链 RNA 前体（pre-miRNA）经过 Dicer 酶切割后形成，其具体作用机制和生成过程本章已有介绍。成熟的 miRNA 需要与其他蛋白质结合形成 RNA 诱导的沉默复合体（RNA-induced silencing complex，RISC）。miRNA 利用其种子区 7 个核苷酸与靶 mRNA 3′-UTR 的序列连续配对结合，将 miRISC 引导到靶 mRNA 处结合，再抑制该 mRNA 的翻译。目前认为其抑制的主要机制有：①直接抑制翻译：miRISC 可抑制真核起始因子活性，进而抑制翻译。②将 mRNA 引入 P 小体而阻止翻译。

（六）lncRNA 也参与调控 mRNA 的翻译

曾经认为长链非编码 RNA 不会参与翻译过程，最近通过 RNA 测序发现很多 lncRNA 和核糖体相结合，这证明 lncRNA 也参与调节 mRNA 的翻译。

一些 lncRNA 可抑制 mRNA 的翻译。lncRNA-P21 被发现和核糖体共定位，并抑制靶 mRNA 的翻译。靶 mRNA CTNNB1（编码 β-catenin）和 JUNB（编码 JunB）的编码区和 UTR 区存在很多与 lncRNA-P21 碱基配对的区域。lncRNA-P21 和 mRNA 形成复合体后，能募集结合翻译抑制蛋白 Rck 和 Fmrp。在此例中，lncRNA 结合 mRNA 并募集翻译阻遏蛋白。另外 lncRNA BC1 能抑制翻译起始复合体的组装。BC1 的 3′ 端一片段能与 eIF-4A 和 PABP 结合，这样 eIF-4A 和 PABP 就无法和 mRNA 结合起始翻译。

某些 lncRNA 与 mRNA 5′ 端结合时，能促进核糖体与 mRNA 结合，从而促进翻译。例如，lncRNA AS Uchl1（antisense Uchl1），它是 Uchl1 泛素羧基端水解酶 L1 基因反向转录而产生的，因此转录区有部分重叠，它能和 Uchl1 mRNA 的 5′ 端互补结合。AS Uchl1 3′ 端有一个

SINEB2 元件，它可以促进 Uch11 mRNA 和核糖体结合，促进翻译起始，并且更容易形成多聚核糖体。另外，lncRNA 还可通过结合来保护 mRNA，防止其受 miRNA 的抑制作用。主要保护机制是 lncRNA 与 mRNA 互补结合后可以封闭 miRNA 的识别位点，防止 miRNA 与 mRNA 结合。还有一些 lncRNA 含有与 miRNA 互补的序列，这些 lncRNA 能够竞争性结合 miRNA，引导 miRISC 结合 lncRNA，从而保护 mRNA。这时的 lncRNA 作用类似"海绵"效应，吸附 miRNA，同时加速 miRNA 的降解。

（七）circRNA 可通过各种不同的机制直接或间接调控翻译

circRNA 通过影响 mRNA 的产生最终调控翻译。如前所述，一方面，与 mRNA 具有相同基因位点来源的 circRNA 通过反向剪接与经典线性剪接形成竞争关系，从而抑制线性 mRNA 的产生，最终对以该线性 mRNA 作为模板指导的翻译产生抑制作用；另一方面，circRNA 通过对 miRNA 的海绵吸附作用，大量结合 miRNA 而导致受这些 miRNA 抑制的靶基因的 mRNA 水平上升，促进其编码蛋白的翻译。circRNA 还具有蛋白吸附的功能，可通过对蛋白的结合影响 mRNA 翻译。如 CDR1as 和 SRY circRNA 可与 miRNA 效应因子 AGO 相结合，从而被降解。ci-ankrd52、circEIF3J 和 circPAIP2 可与 RNA 聚合酶复合体相互作用而调节转录和翻译。此外，circRNA 还可以直接进行编码，产生多肽。

综上所述，真核生物染色质的组织结构及其基因表达调控最突出的特征是：①基因组以染色质形式存在细胞核内。②转录和翻译分别在细胞核和细胞质中进行。③真核基因一般为单顺反子，多为断裂基因，需剪接才能成为功能性 mRNAs 并进行翻译。④基因组顺式元件、外显子、RNAs 编码区等散布在大量的重复和非编码序列中。⑤染色质模板复制和转录均需经染色质的重塑，对靶基因顺式元件与反式因子相互作用的时空次序实施极其严密而又井然有序的调控。⑥转录调节的每个步骤几乎均涉及数种乃至数十种反式因子的协调装配及其与顺式元件的相互作用。这些调节因子均为多蛋白质的巨型复合体，其组成、结构和功能相互交错并紧密相连，对转录（起始、延伸和终止）、加工 [5′ 带帽、剪接、3′poly(A) 尾] 和核输出等步骤均发挥极其重要的作用。⑦非编码 RNA 在真核生物表达调控过程中也起到了重要作用。正是由于上述染色质基因表达调控机制，才显露自然界如此丰富多彩而又变幻无穷的生物表型特征。

（刘 载）

思 考 题

1. 比较原核细胞与真核细胞的组织结构及其基因表达调控的异同。

2. 核心启动子、上游启动子元件、增强子有什么结构特征和相关性？

3. 试述真核生物 RNA 聚合酶 II 的结构、化学修饰及其在基因表达调节中的作用。

4. 外显子编码区仅占基因组的 1% ～ 2%，真核细胞如何利用现今已知的调节机制扩展其基因表达产物以适应内外环境需求？

5. 请分析以下通过对色氨酸操纵子转录引导区 mRNA 的突变操作而造成的转录弱化效应降低的原因：

（1）增加引导肽基因与序列 2 之间的碱基数目。

（2）增加序列 2 与序列 3 之间的距离。

（3）去除序列 4。

（4）将引导肽基因编码两个色氨酸的密码改变为组氨酸。

（5）改变序列 3 的一些核苷酸，使其只能与序列 4 发生碱基配对，但无法与序列 2 发生碱基配对。

（6）去除引导肽基因中的核糖体结合位点。

案例分析题

为研究细菌基因表达调控的机制，构建了如下质粒载体系统，包含如下组分（见下图）：

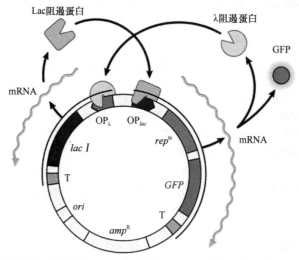

ori：复制起始点；*amp*^R：氨苄青霉素抗性基因；OP*lac*：大肠杆菌 *lac* operon 启动子 - 操纵基因区；OPλ：λ 噬菌体启动子 - 操纵
基因区；*lacI*：乳糖操纵子阻遏蛋白基因，IPTG 的有无决定该基因蛋白产物的表达阻遏或激活；*rep*^ts：编码温度敏感的 λ 阻遏
蛋白基因，37℃ 时该阻遏蛋白强烈抑制 OPλ，42 ℃ 则完全开放表达 OPλ；*GFP*：编码绿色荧光蛋白报告基因；T：转录终止子

该重组质粒系统中 OP*lac* 控制 *rep*^ts，而 OPλ 则控制 *lacI* 表达（交互调控）。而质粒载体系统的具体表达水平由报告基因 *GFP* 的荧光强度代表，该基因亦受 OP*lac* 的调控。

问题：

（1）请分析当质粒表达或不表达 GFP 时，整个系统所有的启动子及相关蛋白所处的状态。

（2）当质粒表达体系中加入 IPTG 之后，其基因会发生怎样的变化？

（3）当质粒表达体系加热至 42℃ 时，其基因又会发生怎样的变化？

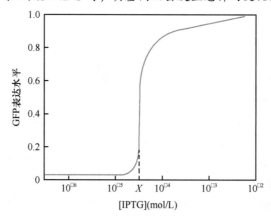

（4）上图表明，在 IPTG 加到 X 浓度时，整个体系的 GFP 表达水平达到最强表达水平的 20%。但当检测具体的某个细胞的 GFP 表达时，发现在 X 浓度下其 GFP 表达水平总是低于或高于 20% 的荧光强度值，请尝试解释此现象。

第二十章 细胞信号转导

内容提要

细胞信号转导是指细胞对环境信号的应答，细胞识别、结合胞外信号，启动细胞内信号转导通路，最终调节基因表达或生理代谢反应。

信号细胞分泌的化学信号分子称第一信使，细胞膜上或胞内能识别并结合第一信使，激活胞内效应分子并产生相应生物学效应的蛋白质或糖脂称受体。细胞膜受体包括离子通道型受体、G蛋白偶联受体和酶联受体等。亲水性化学信号分子结合细胞膜受体进行跨膜信号转导，如通过G蛋白偶联受体激活效应酶产生cAMP、DAG、IP_3及通过离子通道进入细胞质的Ca^{2+}等，这些在跨膜信号转导中产生的胞内小分子物质称作第二信使。脂溶性信号分子则直接进入靶细胞内与核受体结合，调节基因表达，因此核受体又称转录因子型受体。

生长因子受体与配体结合后激活胞内蛋白激酶区，细胞因子受体活化后使受体胞内区酪氨酸磷酸化并募集一些蛋白激酶，此外，多数第二信使变构激活相应的蛋白激酶，继而启动胞浆信号通路，如Ras-MAPK、JAK-STAT、cAMP-PKA、DAG-PKC、cGMP-PKG和Ca^{2+}-CaMKⅡ等信号通路，调节生理代谢反应或基因表达。

细胞信号转导通路构成高度有序的信号网络，信号分子通过信号域直接相互结合，或通过接头蛋白间接相互作用组成信号转导模块。蛋白激酶或蛋白磷酸酶通过对底物蛋白进行磷酸化或去磷酸化修饰，在信号转导过程及信号网络构成中起着关键性的作用。

细胞信号转导不但在调控正常生理活动和基因表达上起重要作用，而且与很多疾病的发生发展有关，信号分子也是药物研发的重要靶点。

生物体的生命活动受到外界环境的影响，细胞的物质代谢、能量代谢及遗传信息的传递和表达受环境变化信息的调节控制。细胞对环境信号的识别应答、胞内信号转导通路的启动及基因表达和代谢生理反应的调节，称为细胞信号转导（cell signal transduction）。细胞信号转导的主要研究内容包括信使、受体跨膜信号转导、细胞质和细胞核内信号转导通路、细胞内信号网络及其对生理功能和基因表达的调控等。

第一节　细胞信号和受体

无论是单细胞生物体还是多细胞生物体，细胞间都互相联系、互相依存、互相制约，这就是细胞的社会性。多细胞生物体的细胞之间存在信息交流，如电信号和化学信号。电信号传递速度非常快，一般通过间隙连接在相邻的细胞之间传递信息。而更多的细胞间信息交流是通过化学信号，如神经递质、激素和生长因子等，作用于靶细胞的受体（receptor）并传递至胞内，诱导胞内活动改变。

一、细胞间的三种通信类型

细胞通信是指信号细胞发出的信息传递到靶细胞，进而产生相应的效应。胞间通信类型有三种：①通过质膜结合分子的直接接触型；②通过间隙连接的直接联系型；③通过分泌化学信号分子的间接联系型（图20-1）。本章仅讨论细胞通过分泌化学信号分子进行通信的机制。

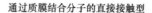

通过质膜结合分子的直接接触型

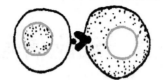

通过间隙连接的直接联系型

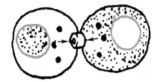

通过分泌化学信号分子的间接联系型

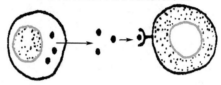

图 20-1　细胞间通信的三种不同类型

二、化学信号分子在细胞间和胞内传递信息

细胞可以感受胞外的化学信号和物理信号，生物体内许多化学物质的主要功能就是在细胞间和细胞内传递信息。

（一）细胞间通信的化学信号分子——第一信使

细胞间通信的化学信号分子主要有激素、神经递质、生长因子和细胞因子等，这些信号细胞分泌的胞间化学信号分子称为第一信使。除类固醇激素和甲状腺素等为亲脂性化合物不溶于水外，其他均属亲水性化学信号分子。

（二）胞内通信的信号分子——第二信使

靶细胞识别并结合胞间信号分子后，经受体介导的跨膜信号转导，产生胞内小分子信号化学物质将信息传递到特定效应部位，最终产生一定生理反应或启动基因的表达。这些胞内小分子信号化学物质又称为第二信使（second messenger）（相对于第一信使而言）。如环腺苷酸（cAMP）、环鸟苷酸（cGMP）、Ca^{2+}、三磷酸肌醇（IP_3）和甘油二酯（DAG）等。气体分子 NO 和 CO 亦是重要的细胞信号分子，它们既是胞间通信分子又是胞内信号分子，参与神经传递、血管调节、炎症和免疫反应等过程。

（三）调控基因表达的转录因子——第三信使

靶细胞第二信使激活蛋白激酶，后者可磷酸化一类能特异结合靶基因 DNA 的核蛋白质，被磷酸化的核蛋白识别靶基因上的特定调节序列并与之结合，引起基因转录的变化。这类核蛋白是在细胞质内合成后进入细胞核内，被称为转录因子，又名第三信使。如 cAMP 别构激活 PKA，PKA 磷酸化 cAMP 反应元件结合蛋白（cAMP response element binding protein，CREB），磷酸化的 CREB 进入细胞核调节靶基因的表达。

三、细胞间化学信号分子的四种作用方式

根据信号分子传递的范围区域，胞间信号的作用方式可分为四种：①内分泌（endocrine），

如内分泌激素被释放到血液中，通过血液循环到体内各部位，作用于靶细胞；②旁分泌（paracrine），指细胞分泌化学信号分子到细胞外液，作用于邻近靶细胞；③自分泌（autocrine），细胞结合自身分泌的化学信号分子产生反应；④神经分泌（neurocrine），是化学突触传递神经信号（neuronal signaling）的方式，突触前神经元分泌神经递质经突触间隙扩散，作用于突触后神经元（图 20-2）。上述各类化学信号分子必须通过靶细胞的受体而发挥作用。

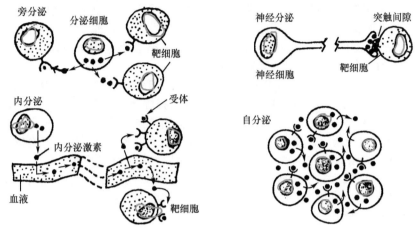

图 20-2　细胞间化学信号作用方式

四、受体介导细胞外信号传递入胞内

（一）受体的概念

受体（receptor）是细胞膜上或细胞内的一些天然分子，能够识别和结合有生物活性的化学信号物质配体（ligand），从而启动一系列信号转导，最后产生相应的生物学效应。受体具有三个相互关联的功能：①识别与结合：通过高亲和力的特异过程，受体识别并结合与其结构上具有一定互补性的配体分子；②信号转导：将受体 - 配体相互作用产生的信号，传递到细胞内，启动一系列生化反应；③生物学效应：产生与胞外信号相应的生理代谢反应或基因的表达。

（二）受体的特征

1. 特异性　配体与受体的结合具有高度特异性。只有具有这种特异受体的细胞才是该配体的靶细胞。这是一种配体只能作用于一定的组织器官，呈现一定生物学效应的基础。这种特异性是由两者结构相互识别所决定的。

2. 亲和性　配体与受体的结合具有高度亲和性，其亲和力的高低一般以其解离常数 Kd 表示。Kd 越小表明亲和力越高。激素的 Kd 值为 $10^{-11} \sim 10^{-9}$ mol/L，所以即使激素的浓度很低，也能与受体结合，引起生物学效应。

3. 饱和性　配体的生物学效应的强弱通常和结合受体的配体的量成正比。但是，由于受体的数目有限，当配体浓度升高至一定程度，配体与受体结合曲线能很快达到饱和状态，表明亲和力高，称为特异性结合。当配体浓度很高时也不能达到饱和，称为非特异性结合，表明亲和力很低。

4. 可逆性　配体与受体的结合，绝大多数是通过氢键、离子键、范德瓦耳斯力等非共价键结合的，因此二者的结合是可逆的。

5. 产生特定的生理效应　配体与其受体结合后，可引起受体变构，将信息传递至胞内下游分子，产生特定的生理效应。由于受体在胞内的分布，从数量到种类均有组织特异性，并表现为特定的作用模式，某类受体与配体结合后能引起某种特定的生理效应。如胰高血糖素与肝细胞膜上相应受体结合后，激活偶联的 G 蛋白，通过腺苷酸环化酶产生 cAMP，继而激活 cAMP 依赖性的蛋白激酶 A，从而抑制糖原合酶、激活糖原磷酸化酶，使糖原迅速分解，升高血糖。

（三）受体的分类与典型结构

　　根据在细胞中的分布位置不同，可将受体分为细胞表面受体（又称膜受体）和核受体（位于胞内）。细胞表面受体根据其分子结构特点及信号转导机制不同，可分为离子通道型受体（如烟碱型乙酰胆碱受体）、G 蛋白偶联受体（如胰高血糖素受体）和酶联受体（如生长因子受体、干扰素受体）等；核受体又称为转录因子型受体。

　　1. 离子通道型受体（ion channel receptor） 是由多亚基组成的筒状寡聚体结构，形成阴离子（如 Cl^-）或阳离子（如 Na^+、K^+、Ca^{2+} 等）的选择性跨膜通道。受体本身即离子通道，故其跨膜信号转导无须其他中间环节。主要见于可兴奋细胞间的突触信号传递。神经递质通过与受体结合开闭离子通道，使离子发生跨膜流动，从而改变突触后细胞的电位。如烟碱型乙酰胆碱受体（nAChR）（图 20-3），当它与乙酰胆碱结合时，膜通道开放，膜外的阳离子（Na^+ 为主）内流，引起突触后膜的去极化；γ- 氨基丁酸受体（$GABA_AR$）被 γ- 氨基丁酸激活时，即引起 Cl^- 内流，使突触后神经元超极化；离子型谷氨酸受体被谷氨酸激活时，引起 Na^+ 和 Ca^{2+} 内流，使突触后神经元去极化。

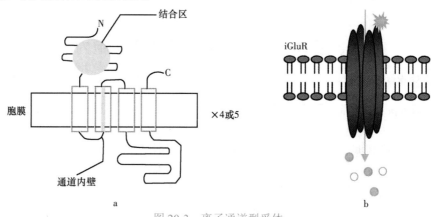

图 20-3　离子通道型受体

a. 亚基跨膜结构；b. 配体门控型离子通道受体示意图

　　2. G 蛋白偶联受体（G-protein coupled receptor） 此类受体分子为单一肽链，含有 7 个疏水结构域，7 次横跨细胞膜。受体分子的大部分在双层脂膜中，N 端位于胞外侧，C 端位于

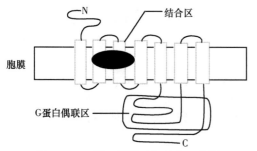

图 20-4　G 蛋白偶联受体结构示意图

胞内侧；在细胞膜内侧有 1 个 G 蛋白（鸟苷三磷酸结合蛋白）识别的序列。配体与受体结合，受体变构，通过 G 蛋白的介导，激活或抑制效应蛋白质的活性（图 20-4）。G 蛋白偶联受体介导许多胞外信号分子的细胞应答，包括蛋白质和多肽类激素（如胰高血糖素）、神经递质（如多巴胺、谷氨酸）和脂肪酸的衍生物（如内源性大麻素）等。

　　3. 酶联受体（enzyme-linked receptor） 包括两大类：第一类受体本身是一种具有跨膜结构的酶蛋白。受体的多肽链分为 3 个结构区：胞外的配体结合区，细胞内部具有酶活性的结构区，以及连接两个部分的一次跨膜疏水结构区。例如，EGF、PDGF 等生长因子和胰岛素的受体，它们具有酪氨酸蛋白激酶活性（图 20-

5）。受体通过胞外域结合配体而被激活，通过胞内侧蛋白激酶反应将胞外信号传至胞内。有的受体具有丝氨酸/苏氨酸蛋白激酶活性，或蛋白磷酸酶活性，或鸟苷酸环化酶活性。

第二类受体本身无内在的催化活性，但是其胞内区与一个有酶活性的细胞质蛋白相偶联，多为酪氨酸蛋白激酶。配体结合受体后使受体单体聚合成寡聚体，后者再与细胞质内一个或多个酪氨酸蛋白激酶结合并激活之，许多细胞因子如干扰素的受体属此类。

4. 核受体（nuclear receptor） 这类受体位于细胞内，或细胞质或细胞核，但大多数位于细胞核内，因而被称为核受体。与膜受体不同的是，其配体必须先穿过细胞膜，才能与核受体结合。故这类配体都是亲脂化合物，例如，糖皮质激素、维生素 D_3 等类固醇激素和甲状腺激素等。其生物学效应是调节转录，因此，这类受体本身就是转录因子。

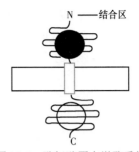

图 20-5　酪氨酸蛋白激酶受体结构示意图

五、分子间相互作用是信号传递的基础

在信号转导过程中，蛋白质是主要的信号载体，这种信号载体蛋白称为信号转导蛋白。信号转导蛋白的结构信号决定细胞间的识别和黏附、决定信号分子与受体的识别与结合、决定信号转导通路中信号分子的连接及信号复合体的形成。

（一）介导信号分子相互作用的结构域——信号域

信号转导蛋白之间相互作用的分子基础是其具有的特殊的结构域，而这种结构域又称为信号域（signal domain）。信号域可以特异性结合其识别位点，作为"分子接头"介导信号分子的靶向定位、聚集、连接和信号复合体的形成。例如，Src 家族 PTK 中 Src 同源结构域 2（Src homology 2，SH2），含高度保守的 FLVRES（Phe-Leu-Val-Arg-Glu-Ser）基序，能与含磷酸酪氨酸残基（pY）的短肽结合；SH3 结构域能与富含脯氨酸的基序结合（表 20-1）。神经元突触后致密集 PSD-95 蛋白含有保守的 PDZ 区，该区具有 GLGF（Gly-Leu-Gly-Phe）基序，能特异识别靶蛋白 C 端的特定序列并与其结合。

表 20-1　信号分子中常见的信号域

信号域	结合位点	存在信号分子
SH2（Src homology 2）domain	含磷酸酪氨酸肽段	Src 家族激酶、Grb2 等
PTB（phosphotyrosine binding）domain	含磷酸酪氨酸肽段	PTP 及其底物等
SH3（Src homology 3）domain	富含脯氨酸序列	Src 家族激酶、Grb2 等
WW domain（protein domain with two conserved Trp）	富含脯氨酸序列	
PDZ（acronym of PSD95, Dlg1 and zonula occludens-1）	膜受体胞内 C 端	脚手架蛋白 PSD95 等
PH（pleckstrin homology）domain	G 蛋白 βγ 二聚体、PKC 及磷脂酰肌醇	苏氨酸蛋白激酶、PTK、激酶底物、PLCr 等
DD（death domain）	死亡结构域	肿瘤坏死因子受体、接头蛋白 FADD、TRADD 等

（二）信号通路成员之间的连接者——接头蛋白

接头蛋白是信号通路成员之间的连接者，其自身没有酶活性，而是通过信号域结合、募集下游信号分子发挥功能。如受体酪氨酸蛋白激酶信号通路主要由含 SH2 的接头蛋白介导，生长因子受体被激活后二聚化并自身酪氨酸磷酸化产生磷酸酪氨酸（pY）位点，pY 位点可与含有 SH2 结构域的接头蛋白 Grb2（growth receptor binding protein 2）结合，Grb2 再通过 SOS 蛋白结合并激活 Ras，启动 Ras-MAPK 信号通路。

（三）信号分子相互作用形成信号转导模块

信号转导蛋白、接头蛋白和锚定蛋白都含有一定的信号域，它们通过信号域直接进行蛋白 - 蛋白相互作用。在某些情况下，通过间接相互作用，例如，借助一种脚手架蛋白（scaffolding protein）将信号通路中各种成员连接在一起。蛋白质 - 蛋白质直接或间接相互作用，形成信号转导的蛋白质复合体，这种复合体称为信号转导模块（signal transduction module）或信号模块（signal module）。如 MAPK 主要包括 ERK、JNK、P38 MAPK 三种激酶，每一种都是被 MAPKKK、MAPKK、MAPK 三种酶组成的级联反应所磷酸化而激活。在 JNK 的激活过程中，JIP-1（JNK-interacting protein-1，JIP-1）作为一种支架蛋白特异性地将 MLK（MAPKKK）、MKK7（MAPKK）、JNK（MAPK）三个激酶结合在该蛋白分子上，形成一个 MLK-MKK7-JNK 信号转导模块。JIP-1 起着双重调控作用：一方面，通过支架蛋白将三个成员共定位保证其精细的调控，并且促进该级联成员的磷酸化；另一方面，将不同的 MAPK 信号通路分隔开，防止功能无关的 MAPK 信号转导模块间的对话（cross talk）。

（四）锚定蛋白介导信号分子区域化分布

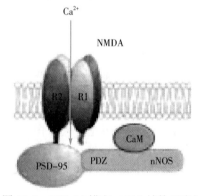

图 20-6　PSD-95 锚定 nNOS 结构示意图

细胞内信号转导蛋白的分布具有区域化分布的特性。如突触后神经元突触后致密区富含受体蛋白和酶，锚定蛋白（anchor protein）PSD-95（postsynaptic density protein 95）含有多个 PDZ 结构域和 SH3 结构域，能依靠其 PDZ 信号域与谷氨酸受体亚型 NMDA 受体 2A 或 2B 亚基的 C 端序列结合；同时，PSD-95 其他信号域与神经元一氧化氮合酶（nNOS）结合，这样既锚定和聚集 NMDA 受体，又将下游信号蛋白 nNOS 拉向 NMDA 受体近处，从而有利于经 NMDA 受体离子通道内流的 Ca^{2+} 激活 nNOS（图 20-6）。

六、信号转导通路是网络状结构

细胞信号转导是由一系列信号通路组成的，它们之间是相互协同和相互制约的，形成了高度有序的复杂的信号转导网络（signal transduction network）。但是，由于信号转导蛋白限定在细胞内特定区域及信号转导蛋白间特异地相互作用，所以，靶细胞对胞外信号分子的应答都是高度有效和精确的。

一种信号可以激活几种不同信号通路。乙酰胆碱既可激活离子通道偶联型受体（N 型），又可激活 G 蛋白偶联受体（M 型）。血管紧张素 II 通过 G 蛋白偶联受体，除了激活 G 蛋白介导的信号通路外，还能激活细胞内 Ras-MAPK 信号通路和 JAK-STAT 信号通路，这就是所谓的信号发散。

不同信号可以在信号通路中发生聚合和整合，产生相同或相似的生物学效应。β- 肾上腺素、促甲状腺激素和加压素等分别通过其受体激活相同的 Gs 从而进行跨膜信号转导。RTK 型受体、细胞因子受体和 G 蛋白偶联受体等都能激活 MAPK 信号通路。细胞对不同信号的会聚体现了细胞对信号的整合能力。

信号通路间既有相互协同又有相互制约。在 MAPK 信号通路中，Raf 的激活是活化 ras 信号通路、PKC 信号通路和产生磷脂酸信号通路共同作用的结果。不同信号通路间能够互相对话。表皮生长因子（EGF）激活其受体，从而激活 MAPK 信号通路，MAPK 可使雌激素受体（ER）的 N 端转录激活区磷酸化从而使其激活，这说明膜受体与核受体间可进行相互对话。第二信使 cAMP 能激活质膜上电压门控的 Ca^{2+} 通道，增加胞内 Ca^{2+}，而 Ca^{2+} 能增加腺苷酸环化酶活性，增加胞内 cAMP 水平，这表现了 cAMP 和 Ca^{2+} 两个第二信使间的对话。胞内 Ca^{2+} 升高可激活磷脂酶 C，水解膜磷脂生成内源性大麻素，作用于突触前内源性大麻素受体 CB1，能反馈抑制突触前神经递质的释放。

七、蛋白质可逆磷酸化是调节信号蛋白活性的重要方式

（一）蛋白激酶与蛋白磷酸酶

蛋白质的磷酸化是指在蛋白激酶的催化下把 ATP 或 GTP 的 γ 位磷酸基转移到底物蛋白质的氨基酸残基上。其逆过程是由蛋白磷酸酶催化的，称为蛋白质的去磷酸化。蛋白质可逆磷酸化是蛋白质翻译后的一种共价修饰，它在信号转导中起着重要的作用，参与调解信号分子的活性、迁移、聚集等。

蛋白质被磷酸化的氨基酸残基主要为丝氨酸（Ser）、苏氨酸（Thr）和酪氨酸（Tyr），催化这些反应的蛋白激酶分别称作蛋白丝氨酸 / 苏氨酸激酶（protein serine/threonine kinase，PSTK）和酪氨酸蛋白激酶。少数蛋白激酶既可使丝 / 苏氨酸残基磷酸化，又可使酪氨酸残基磷酸化，故称为双重专一的蛋白激酶（dual specific protein kinase，DSPK）。同样，催化丝 / 苏氨酸残基脱磷酸的称为蛋白丝氨酸 / 苏氨酸磷酸酶（protein serine/threonine phosphatase，PSTP），而催化酪氨酸残基脱磷酸的称为蛋白酪氨酸磷酸酶（protein tyrosine phosphatase，PTP），同样也有少数双重专一的蛋白磷酸酶。

PKA、PKC 和 CaMK II 均属 PSTK。PTK 又有两大类：受体酪氨酸蛋白激酶（RTK，如表皮生长因子受体）和非受体酪氨酸蛋白激酶（如 Src）。PSTP 有 PP1、PP2A、PP2B、PP2C 等。PTP 也分为受体型 PTP 和非受体型 PTP。

（二）磷酸化是调节信号蛋白活性及相互作用的重要方式

1. 磷酸化参与跨膜信号转导的启动　蛋白激酶分受体型和非受体型两类。受体型胞内区具有内在蛋白激酶活性，如生长因子受体，它们与配体结合后，受体二聚化，受体自身磷酸化形成 SH2 结合的磷酸酪氨酸（pY）位点，许多含有 SH2 结构域的信号转导蛋白与 pY 位点结合，启动胞内的信号转导，非受体型主要有 Src 家族 PTK 和 JAK 家族 PTK。当生长因子或细胞因子受体被激活后，它们借助分子中的 SH2 结构域与受体胞内区 pY 位点结合，在受体跨膜信号转导中发挥重要作用。

2. 磷酸化参与细胞内信号转导　G 蛋白偶联受体激活胞内效应酶产生第二信使，如 cAMP、DAG 和 IP_3 等，它们激活相应的蛋白激酶，蛋白激酶磷酸化下游的底物，将信号转导进行下去。MAPK 信号通路是三酶级联反应：MAPKKK→ MAPKK→ MAPK，通过酶促级联反应导致信号的转录。

3. 磷酸化参与信号转导的调节　信号转导的分子基础关键在于蛋白质 - 蛋白质的相互作用，由于这种作用使蛋白质转位、导靶和聚集，形成蛋白质信号模块。在这些过程中，蛋白质可逆磷酸化参与了调节，有时磷酸化促进蛋白质 - 蛋白质的结合，有时促进蛋白质 - 蛋白质的解离。在细胞信号转导通路中，蛋白质 - 蛋白质结合与解离受磷酸化与去磷酸化动态的调节。

4. 磷酸化参与信号网络的构筑　一个信号通路的蛋白激酶不仅能调控该通路下游底物的活性，而且还能调节其他信号通路成员的活性。例如，cAMP-PKA 信号通路中 PKA 可负调 MAPK 信号通路中的 Raf-1，而 Ca^{2+}-PKC 信号通路中 PKC 则正调 Raf-1。由此可见，不同信号通路的蛋白激酶可能互相交叉作用，起到互相协调和互相制约的作用，构筑细胞内信号转导网络。

第二节　跨膜信号转导及其下游信号通路

一、细胞膜离子通道型受体介导化学信号与电信号的转换

（一）离子通过受体离子通道在细胞内外交换

细胞膜内外离子浓度呈不对称分布，主要表现为胞外高 Na^+ 高 Ca^{2+} 低 K^+，而胞内正好相反。当细胞膜电位改变或神经递质与配体门控性离子通道结合后，可使电压门控性离子通道或配体门控性离子通道打开，产生离子的跨膜流动，导致细胞膜电位改变或激活胞内信号分子，前者是神经细胞电信号传递的主要方式，后者的典型代表是 Ca^{2+} 信号转导过程。

（二）Ca^{2+} 是重要的第二信使

1. 细胞质内 Ca^{2+} 来自细胞外和细胞内钙库　Ca^{2+} 和 cAMP 一样都属于第二信使。细胞钙（总钙）以结合态和自由离子态（Ca^{2+}）两种形式存在，自由离子态 Ca^{2+} 的分布与转移是形成 Ca^{2+} 信号的基础。细胞外组织液中 Ca^{2+} 浓度约为 1mmol/L，而静息态细胞质中 Ca^{2+} 浓度仅为 0.1μmol/L，胞内外浓度相差 10 000 倍之多。此外，胞内被称为"钙库"的细胞器，如内质网和线粒体，其钙含量较高。

细胞在静息态时，细胞质内 Ca^{2+} 浓度低；细胞在兴奋态时，细胞膜和（或）胞内钙库的钙通道开放，胞外 Ca^{2+} 内流和（或）胞内钙库中的 Ca^{2+} 释放，细胞质内 Ca^{2+} 浓度升高，从而使 Ca^{2+} 成为胞内信号。

钙通道有两类：电压门控性 Ca^{2+} 通道和配体门控性 Ca^{2+} 通道。前者通道的开闭受控于质膜电压的变化，后者则由配体结合受体后而调控。质膜上配体门控性 Ca^{2+} 通道主要是离子型谷氨酸受体离子通道，内质网和线粒体膜上配体门控性 Ca^{2+} 通道有 IP_3 受体和 ryanodine 受体。

2. 细胞质内 Ca^{2+} 信号的终止方式　细胞膜和胞内钙库膜上存在钙泵和 Na^+-Ca^{2+} 交换体，钙泵是一种 Ca^{2+}-ATP 酶，它能将细胞质内 Ca^{2+} 转移到胞外或内质网；在转移 Ca^{2+} 时消耗 ATP，并需要 Mg^{2+}，故又称 Ca^{2+}-Mg^{2+}-ATP 酶，它是一种膜结合蛋白。Na^+-Ca^{2+} 交换体不直接消耗 ATP，利用胞内外 Na^+ 的浓度梯度，向胞外排出 1 个 Ca^{2+} 换进 3 个 Na^+（图 20-7）。此外，小清蛋白等钙结合蛋白也参与 Ca^{2+} 信号的终止。

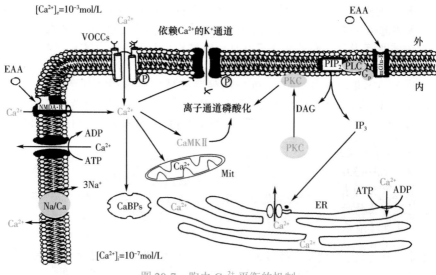

图 20-7　胞内 Ca^{2+} 平衡的机制

当细胞受胞外信号刺激时，Ca^{2+} 分别通过质膜和内质网上的 Ca^{2+} 通道由胞外和内质网进

入细胞质中，使细胞质中 Ca^{2+} 迅速由静息态浓度升到激活态浓度，产生 Ca^{2+} 信号。等到胞外刺激信号消失时，依靠质膜和内质网上钙泵和质膜上 Na^+-Ca^{2+} 交换体，细胞质内 Ca^{2+} 被排出细胞外和转移到内质网中，使胞内 Ca^{2+} 信号消失。应该指出的是，钙离子要准确传递各种复杂信号，Ca^{2+} 信号表现出一种时空性、周期性出现 Ca^{2+} 峰，称为 Ca^{2+} 振荡或 Ca^{2+} 波。

3. 钙调素是介导 Ca^{2+} 信号通路的主要分子　胞内信号产生后，要与其靶分子（靶蛋白或靶酶）作用而传递信息，继而产生生物学效应。例如，cAMP 的靶分子是 PKA、DAG 的靶分子是 PKC、IP_3 的靶分子是 IP_3 受体、Ca^{2+} 的靶分子是 Ca^{2+} 结合蛋白（Ca^{2+} binding protein，CaBP）。在 CaBP 中，已知生理功能的 CaBP 被称为钙调节蛋白（Ca^{2+} regulated protein，CRP），如钙调素（calmodulin，CaM）和肌钙蛋白等。钙调素与 Ca^{2+} 结合后，可调节酶或离子通道的活性。有的 Ca^{2+} 结合蛋白本身就是酶；有的与 Ca^{2+} 结合只起缓冲作用，调节胞内 Ca^{2+} 浓度（图 20-8）。

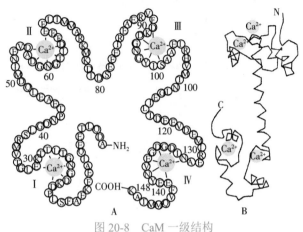

图 20-8　CaM 一级结构
A：一级结构；B：α 碳链骨架

CaM 是胞内最广泛的 Ca^{2+} 的靶分子，或者说，Ca^{2+} 主要通过 CaM 传递其信息。CaM 由 148 个氨基酸组成，分子量为 16.67kDa，含有 4 个结构域，每个结构域可结合 1 个 Ca^{2+}，这样，1 分子的 CaM 可以结合 4 个 Ca^{2+}。结合是通过酸性氨基酸残基中的羧基，以离子键方式结合。

CaM 本身无活性，只有与 Ca^{2+} 结合形成 Ca^{2+}-CaM 复合体，才发挥其调节作用。CaM 与 Ca^{2+} 结合导致构象变化，然后该复合体再与其靶蛋白相互作用，其中 Ca^{2+}-CaM 依赖的蛋白激酶（Ca^{2+}/CaM-dependent protein kinase，CaMK）是 Ca^{2+} 信号传递的主要通路。

4. Ca^{2+} 激活 CaM 激酶信号通路　CaMK 可分为专一性激酶和多功能性激酶。肌球蛋白轻链激酶和磷酸化酶激酶都属特异性 Ca^{2+}-CaM 依赖性蛋白激酶，这两个激酶的底物专一性很强，它们分别是肌球蛋白轻链和磷酸化酶。多功能 CaM 激酶包括 CaMKⅠ、CaMKⅡ 和 CaMKⅣ。CaMKⅡ 在脑组织中含量很高，且在 Ca^{2+} 信息传递中起重要作用。全酶由 50kDa 的 α 亚基和 60kDa 的 β 亚基组成。每个亚基都有催化部位和 CaM 结合部位。该酶活性除受 Ca^{2+}-CaM 调节外，还受自身磷酸化的调节，自身磷酸化导致两种结果：一是酶活性被激活；二是酶活性不再依赖 Ca^{2+}-CaM。这一性质与学习、记忆相关的长时程增强（LTP）的诱导和维持有关。

Ca^{2+} 通过 CaMKⅡ、CaMKⅣ、PKC 和其他信号通路还参与基因表达的调控，与细胞的增殖、分化有关。

光遗传学（optogenetics）是当前迅速发展的一项整合了光学、软件控制、基因操作技术、电生理等多学科交叉的生物工程技术。其主要原理是采用基因工程技术将光感基因（如 ChR2，eBR，NaHR3.0，Arch 或 OptoXR 等）重组子转入特定类型的神经细胞中进行特殊离子通道或 GPCR 的表达，这些特殊的离子通道能够对不同波长的激光刺激做出敏感的反应，还能通过自生特性感染类似的细胞。不同波长的光照刺激能够激活清醒动物的特定类型神经元，并直接演示该神经元激活或抑制表现出的行为结果（图 20-9）。

光遗传技术具有独特的高时空分辨率和细胞类型特异性两大特点，克服了传统手段控制细胞或有机体活动的许多缺点，能对神经元进行非侵入式的精准定位刺激操作而彻底改变了神经科学领域的研究状况，为神经科学提供了革命性的研究手段。光遗传技术可以应用于各种类型的神经细胞，比如大脑的嗅觉、视觉、触觉、听觉细胞等，涵盖多个经典实验动物种系（果蝇、线虫、小鼠、大鼠、绒猴以及食蟹猴等），并涉及神经科学研究的多个方面，包括神经环路基础、学习记忆、药物成瘾、运动障碍、睡眠障碍、帕金森病、抑郁症和焦虑等的分子机制研究。

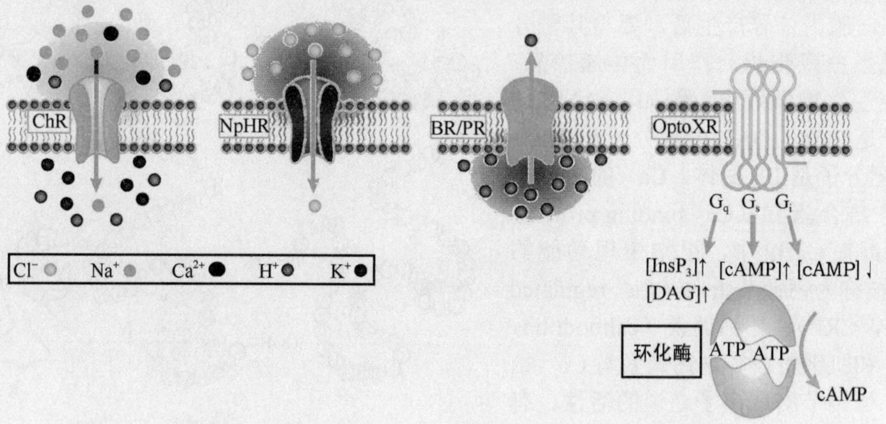

图 20-9　光遗传学

二、G 蛋白偶联受体介导的跨膜信号转导通路

20 世纪 80 年代初，美国科学家 Nathans 和 Hogeness 首先分离了人类 G 蛋白偶联的光受体视紫红质（rhodopsin），接着杜克大学的 Lefkowitz 等又分离纯化了肾上腺素受体。胰高血糖素、肾上腺素和多巴胺等信号分子的受体介导的跨膜信号转导，需要质膜中的 G 蛋白和效应酶，这些受体被称为 G 蛋白偶联受体（G-protein coupled receptor，GPCR）。GPCR 是迄今发现的最大的受体超家族，目前证实的该家族受体成员已超过 1000 种。这些受体的一级结构有很大的相似性：都具有 7 个跨膜区，故 GPCR 又称 7 次跨膜受体。根据这种结构特点，可以很方便地用分子生物学技术从不同种属、不同组织的 cDNA 文库中筛选 GPCR。

GPCR 与细胞外信号分子结合后，并不直接与细胞内侧的效应器作用，而是通过与之偶联的 G 蛋白来调节下游效应器如酶、离子通道等。G 蛋白接受来自信号分子 - 受体复合体的信息，再传递给效应酶，产生第二信使。一般来说，第二信使通常直接或间接通过蛋白激酶传递信息，从而导致较快速的生理代谢效应，或者是迟缓而持久的基因表达调控。

（一）异三聚体 G 蛋白

G 蛋白是一种鸟苷三磷酸结合蛋白（GTP binding protein），一般是指与细胞表面受体偶联的异三聚体 G 蛋白。还有一类单体"小 G 蛋白"（small GTP binding protein），因其分子量较小而得名。本节所讨论的 G 蛋白是指异三聚体 G 蛋白。

1. 由 α、β、γ 亚基组成的异三聚体 G 蛋白　异三聚体 G 蛋白的分子量为 100kDa 左右，由 α、β 和 γ 三种亚基组成。α 亚基分子量为 39 ～ 46kDa，不同 G 蛋白的 α 亚基不同，是 G 蛋白分类的依据，其共同特点是 α 亚基能结合 GDP 或 GTP，并具有 GTP 酶活性，即可把 GTP 水解成 GDP 和无机磷酸。β 亚基分子量为 36kDa 左右，γ 亚基分子量为 7 ～ 8kDa，各种 G 蛋白的 β 和 γ 亚基非常相似，二者以非共价键紧密结合。G 蛋白不是跨膜蛋白，但能够锚定于细胞膜内侧。

2. 多种 G 蛋白激活下游不同信号分子　如上所述，根据 G 蛋白 α 亚基作用的效应酶，将 G 蛋白分为 G_s、G_i、G_q、G_t、G_{olf} 和 G_o 等（表 17-2）。除了 α 亚基能激活下游众多效应器以外，G 蛋白的 βγ 亚基也可以发挥信号转导功能，如结合并激活 PI3K、介导细胞骨架蛋白的重组等。本节将重点介绍 G_s、G_i 和 G_q 的作用。

表 20-2　G 蛋白的分类及偶联受体与效应器

G 蛋白	效应器功能	第二信使	受体	代表性功能
G_s	激活腺苷酸环化酶	cAMP↑	胰高血糖素受体	糖异生、脂肪动员、糖原分解等
G_{olf}	激活腺苷酸环化酶	cAMP↑	嗅觉受体	嗅觉感受等
G_i	抑制腺苷酸环化酶	cAMP↓	多巴胺受体	成瘾、抑郁精神调节等
	开放 K^+ 通道	膜电位↑	促生长素抑制素受体	
G_o	关闭 Ca^{2+} 通道	膜电位↓	5-HT$_{1B}$ 受体	调节神经递质释放等
G_t	激活 cGMP-PDE	cGMP↓	视紫红质	视觉神经元感受光等
G_q	激活 PLCβ1	IP3，DG↑	M1 乙酰胆碱受体	肌肉收缩等
G_{11}	激活 PLCβ2	IP3，DG↑	α1 肾上腺素受体	降低血压等
G_{12}	小 G 蛋白 Rho		凝血酶受体	改变细胞形态等

（二）G_s 激活腺苷酸环化酶启动 cAMP-PKA 信号通路

1. G_s 的作用机制　G_s 是激活型受体（Rs）与腺苷酸环化酶之间的偶联蛋白。当 G_s 处于无活性状态时，它是三聚体状态，α 亚基结合 GDP，此时，受体与腺苷酸环化酶亦无活性。当细胞接受环境信号刺激时，配体与受体结合导致受体构象改变，暴露出与 G_s 结合的位点，从而形成受体 -G_s 复合体；随后 G_s 亚基构象改变，排斥 GDP，结合 GTP 而活化，同时 α 亚基与 βγ 亚基解离，暴露出与腺苷酸环化酶的结合位点；α 亚基与环化酶结合而使后者活化，催化 ATP 生成 cAMP。然后，α 亚基上的 GTP 酶活性使结合的 GTP 水解为 GDP，α 亚基恢复原来的构象，从而与环化酶分离，环化酶活化终止；最后 α 亚基重新与 βγ 亚基复合体结合。如再有胞外信号配体与受体结合，以上过程重复进行。否则，受体、G_s 和环化酶即恢复初始无活性状态（图 20-10）。

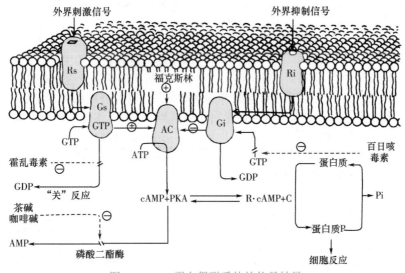

图 20-10　G 蛋白偶联受体的信号转导

霍乱毒素进入胞内，使 α 亚基失去 GTP 酶活性，导致腺苷酸环化酶持续活化，胞内 cAMP 浓度大大增加，使大量水分进入肠腔，造成严重腹泻。这就是霍乱的主要临床症状。

2. cAMP 的产生与灭活　胞外信号分子与靶细胞受体结合，通过 G_s 或 G_i 传递给一个共同的腺苷酸环化酶（adenylate cyclase，AC），使其激活或钝化。当腺苷酸环化酶被激活时，催化 ATP 生成 cAMP。细胞内微量的 cAMP 在短时间内迅速增加数倍至数十倍，作为第二信使传

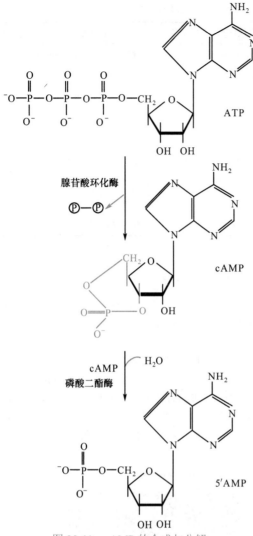

图 20-11　cAMP 的合成与分解

递信号。胞外刺激信号消失后，胞内 cAMP 被环核苷酸磷酸二酯酶（phosphodiesterase, PDE）催化水解生成 5'-AMP，将信号灭活。由此可知，胞内 cAMP 浓度取决于这两种酶活性的高低（图 20-11），但是，胞外信号分子控制胞内 cAMP 浓度，是通过控制腺苷酸环化酶活性而不是通过调节磷酸二酯酶活性来完成的。

3. PKA 信号通路　胞内信使 cAMP 产生后，主要是通过 cAMP 依赖性蛋白激酶（cAMP-dependent protein kinase, PKA）来传递信息。PKA 催化其底物蛋白的丝氨酸或苏氨酸残基的羟基磷酸化，其磷酸基由 ATP 供给。

（1）PKA 的结构与调节：PKA 全酶由 4 个亚基组成（R_2C_2），包括 2 个相同的调节亚基（R）和 2 个相同的催化亚基（C）。R 亚基具有与 cAMP 结合的部位，具有调节功能；C 亚基具有激酶的催化活性。全酶（R_2C_2）无酶活性，因此，R 亚基在全酶中对 C 亚基具有抑制作用。R 亚基具有 2 个 cAMP 结合位点，与 cAMP 结合后导致 R 与 C 亚基的解离，使 C 亚基表现出催化活性，此过程如下方程所示：

$$R_2C_2+4cAMP \longrightarrow R_2(4cAMP)+2C$$
（无活性）　　　　　　　　　（有活性）

（2）PKA 的作用：cAMP 通过 PKA 介导的作用，既有快速的生理代谢反应，又涉及迟缓而持久的基因表达的调控。

在糖代谢中，PKA 催化糖原磷酸化酶激酶磷酸化，后者又使糖原磷酸化酶被磷酸化而激活，催化糖原发生磷酸解，使其非还原性末端葡萄糖基脱下来，生成 1-P- 葡萄糖。与此同时，PKA 催化糖原合酶磷酸化，抑制了该酶活性，从而关闭了糖原合成过程。因此，cAMP 通过 PKA 既促进糖原分解又抑制糖原合成，最大限度地增加肌细胞中葡萄糖含量，并使血糖浓度升高（图 20-12）。

此外，PKA 被激活后其催化亚基由细胞质进入核内，催化转录因子 cAMP 反应元件结合蛋白（CREB）磷酸化，磷酸化的 CREB 能与 DNA 上顺式作用元件 cAMP 反应元件（cAMP response element，CRE）结合，从而启动靶基因的转录（图 20-13）。

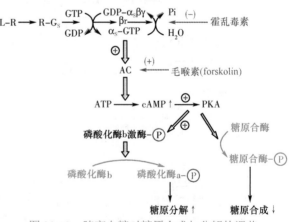

图 20-12　胰高血糖对糖原合成与分解的调节

4. G_s 介导的其他信号通路及受体的脱敏　持续激活 G 蛋白偶联受体会导致受体发生内吞而脱敏。接头蛋白 β-arrestin 是一类线性细胞质分子，能募集 β- 肾上腺素受体激酶（β-ARK）介导受体的脱敏（磷酸化受体的胞内段），以及介导受体的内吞（通过结合 clathrin、AP2 之类内吞相关蛋白和 GPCR 结合）。此外，β-arrestin 还可以连接 GPCR 和下游的信号分子，如 Src、Epac、CaMKII 等激酶和底物。

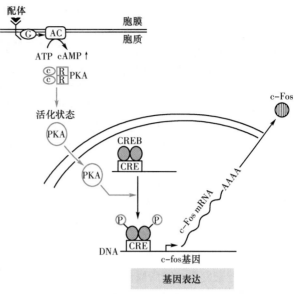

图 20-13　cAMP 信号系统对转录因子 CREB 活性的调节

（三）G_i 抑制腺苷酸环化酶活性

肾上腺素有 β 和 $α_2$ 两种受体，前者为激活型受体（Rs），可激活腺苷酸环化酶，导致胞内 cAMP 浓度升高；后者为抑制型受体（Ri），可抑制腺苷酸环化酶，使胞内 cAMP 浓度下降。G_i 与 G_s 的 βγ 亚基相同，但 α 亚基不同。当 $α_2$ 肾上腺素受体与 G_i 结合时，G_i 代替 GDP 结合 GTP，从而使 G_i 的 α 亚基与 βγ 分离。其抑制 cAMP 的机制有两种可能性：一是 G_i 活化产生的 $α_i$ 亚基与环化酶结合而直接抑制它；另一种是 G_i 活化，使 βγ 水平增加，增强了 G_s 的 $α_s$ 亚基与 βγ 亚基的结合，间接抑制了腺苷酸环化酶的活性（图 20-10）。

百日咳毒素抑制 G_i 结合 GTP，使 G_i 的 α 亚基不能活化，也可能是抑制 G_i 与肾上腺素受体的相互作用，阻断了抑制性肾上腺素受体对环化酶的抑制作用，从而导致 cAMP 升高。

（四）G_q 激活磷脂酶 C 启动 IP_3 和 DAG 双信使通路

胞外信号分子如谷氨酸与质膜代谢型谷氨酸受体 1（mGluR1）结合，通过 G_q 激活磷脂酶 $C_β$（phospholipase $C_β$，$PLC_β$）使质膜上磷脂酰肌醇 -4,5- 二磷酸（PIP_2）水解成 1,4,5- 三磷酸肌醇 ［inositol (1,4,5) triphosphate，IP_3］和甘油二酯（diacylglyceral，DAG/DG）。两个第二信使分别启动 IP_3/Ca^{2+} 和 DAG/PKC 信号通路（双信使系统）。但二者是互相协调，密切配合的（图 20-14）。细胞膜内肌醇磷脂的代谢非常活跃，并且与信号转导相联系，因此，该信号通路又称为肌醇磷脂信号通路。

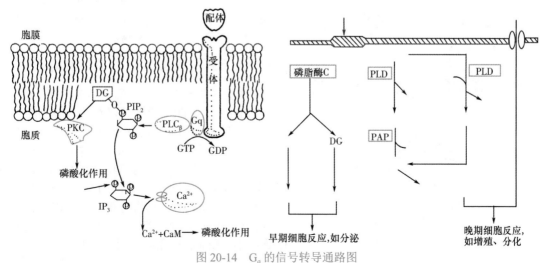

图 20-14　G_q 的信号转导通路图

PA：磷脂酸；PLD：磷脂酶 D；PC：磷脂酰胆碱；PAP：磷脂酸磷酸水解酶；PI：磷脂酰肌醇

1. 双信使的产生与灭活　这里是指 G_q 介导激活 PLC_β 从而降解肌醇磷脂产生双信使分子。肌醇磷脂有三种：磷脂酰肌醇（PI）、磷脂酰肌醇 -4- 磷酸（PIP）和磷脂酰肌醇 4,5- 二磷酸（PIP_2），其中 PIP_2 是 IP_3 和 DAG 的直接前体。信号分子与偶联 G_q 的细胞表面受体结合，激活磷脂酶 C_β（PLC_β），催化 PIP_2 水解生成 IP_3 和 DAG。另外，生长因子通过酪氨酸蛋白激酶受体，无须 G 蛋白的介导而激活 PLC_γ，也可以产生 IP_3 和 DAG 双信使。

IP_3 的代谢有两种途径：一是连续脱磷酸生成肌醇，再进入肌醇磷脂代谢合成 PIP_2；二是继续磷酸化生成 IP_4、IP_5 以至 IP_6 等多磷酸肌醇。DAG 的代谢也有两种途径：一是被磷酸化生成磷脂酸，进入磷脂代谢循环；二是被水解生成脂肪酸，其中花生四烯酸氧化生成前列腺素、白三烯等，这些产物大多数是活性分子。

2. IP_3 信使作用于胞内钙库 IP_3 受体释放 Ca^{2+}　内质网膜上有 IP_3 受体，该受体以四聚体形式构成钙通道。当 IP_3 与其受体结合后，受体变构，钙通道开放，内质网中的 Ca^{2+} 被动员而释放入细胞质内，使细胞质内 Ca^{2+} 浓度升高。Ca^{2+} 作为胞内信使的作用详见本节前述，离子通道受体部分。

3. DAG 和 Ca^{2+} 结合并激活 PKC 信号　如前所述，DAG 是 PLC_β 或 PLC_γ 催化 PIP_2 水解的产物。近来发现，磷脂酰胆碱（卵磷脂）也可被激素、受体、G 蛋白介导的信号所激活的 PLD 水解最终生成 DAG。这几种来源的 DAG 都能激活蛋白激酶 C（protein kinase C，PKC），进而磷酸化许多蛋白质和酶，既涉及细胞表面受体调节、物质代谢调节和生物活性物质的分泌等快速生物学效应，又与基因表达的调节有关。但是，来自 PIP_2 的 DAG 仅引起短暂的 PKC 的激活，与物质代谢调节有关；而由磷脂酰胆碱代谢生成的 DAG 则使 PKC 持久激活，因而与反应迟缓而持久的细胞增殖、分化有关（图 20-14）。

DAG 是脂溶性分子，生成后仍留在细胞膜内。DAG 激活 PKC 的过程需 Ca^{2+} 和磷脂酰丝氨酸的参与。当与 DAG 同时生成的 IP_3 使细胞质内 Ca^{2+} 浓度升高时，Ca^{2+} 与 PKC 结合，促进其转位至细胞膜，膜上的 DAG 才能激活 PKC，磷脂酰丝氨酸则起辅因子的作用。现已知，PKC 有多种同工酶，它们来自于不同的基因，对上述各调节因子依赖性差异很大。

三、酶联受体的信号转导

许多生长因子受体和细胞因子受体属于此类型。转化生长因子 -β（transforming growth factor-β，TGF-β）受体具有丝氨酸 / 苏氨酸蛋白激酶活性；心房钠尿肽（atrial natriuretic peptide，ANP）受体具有鸟苷酸环化酶活性；表皮生长因子（epidermal growth factor，EGF）、血小板衍生生长因子（platelet-derived growth factor，PDGF，也称血小板来源生长因子）和胰岛素等的受体本身具有酪氨酸蛋白激酶活性。

（一）生长因子激活酪氨酸蛋白激酶受体

某些受体本身具有蛋白酪氨酸激酶（protein tyrosine kinase，PTK）活性，又称为受体型酪氨酸蛋白激酶（receptor tyrosine kinase，RTK）。其结构共同点是整个分子可分成三个结构区，即细胞外的配体结合区、细胞内部具有 PTK 活性的区域和连接这两个区域的跨膜结构区。跨膜结构区仅含 1 个疏水结构域，一次跨膜。胞内 PTK 活性区不仅能催化其底物的酪氨酸磷酸化，而且能催化受体自身的酪氨酸磷酸化（图 20-15）。

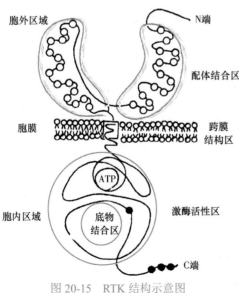

图 20-15　RTK 结构示意图
○为半胱氨酸；●为酪氨酸残基

1. 二聚化是酪氨酸激酶受体激活的主要方式 生长因子与其受体结合，引起受体构象变化，发生二聚化或寡聚化，受体聚合的同时被激活，被激活的受体胞内激酶活性区催化其自身酪氨酸残基磷酸化，并导致其催化活性上调，继而对其蛋白质底物的酪氨酸进行磷酸化，将信息向下游传递。被激活的受体可因与其配体的解离而钝化，恢复到无活性的单体状态（图 20-16）。

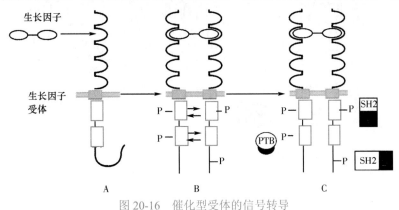

图 20-16　催化型受体的信号转导

2. 生长因子受体通过小 G 蛋白激活的 MAPK 信号通路 自身磷酸化的 RTK 与多种蛋白的 SH_2 结构域结合，募集信号分子从而启动下游信号转导。例如，通过 PLCγ 可产生 IP_3 和 DAG 双信使通路。这里重点讨论 RTK 所启动的 Ras-MAPK 通路。

（1）Ras 蛋白循环：小 G 蛋白 Ras 是一族癌基因产物，对细胞生长、增殖、发育分化及癌细胞产生起重要作用。Ras 蛋白仅有一条多肽链，相当于异三聚体 G 蛋白的 α 亚基；二者的共同特点是都具有 GTP 酶活性，结合 GDP 时为无活性态，结合 GTP 时为活性态。当生长因子与受体结合并使受体自身磷酸化时，其磷酸化位点肽段与生长因子受体结合蛋白（growth factor receptor-bound protein2，Grb2）的 SH2 结构域结合，而 Grb2 的 SH3 结构域又与鸟苷酸释放因子（guanine-nucleotide releasing factors，GRFs）SOS 结合。Ras 在 SOS 作用下释放 GDP，结合 GTP，从而被激活，并激活 Raf-1 蛋白激酶，将信号传递下去。但 Ras 只有较弱的 GTP 水解能力；在 GTP 酶激活蛋白（GTPase activating proteins，GAPs）作用下，可加速活化态 Ras 迅速水解 GTP，从而使其钝化。GAPs 是直接与自身磷酸化的受体相结合的。这样，Ras 分别在 SOS 和 GAP 的作用下，启动和终止其活性，形成 Ras 蛋白循环（图 20-17）。

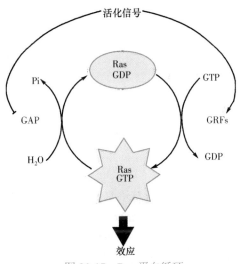

图 20-17　Ras 蛋白循环

（2）蛋白激酶级联反应：活化的 Ras 激活 Raf-1（即 MAPKK 激酶，mitogen-activated protein kinase kinase kinase，MAPKKK，一种丝氨酸 / 苏氨酸蛋白激酶），后者催化 MEK（即 MAPK 激酶）（mitogen-activated protein kinase kinase，MAPKK，一种双重底物特异性蛋白激酶），可使苏氨酸 / 酪氨酸磷酸化而激活，MEK 进一步使 MAPK 家族的 ERK（extracellular signal-regulated kinase，细胞外信号调节激酶）磷酸化而激活。活化的 ERK 进入核内使转录因子磷酸化而被活化，调节与生长有关的基因转录。由此可见，Raf-1→MEK→ERK 形成蛋白激酶级联反应（图 20-18）。ERK 亦可使 MAPK 磷酸酶（MKP1）磷酸化而被激活，反馈作用于 ERK，使其脱磷酸失活，减弱此信号途径产生的反应。

这里应着重指出两点：第一，除生长因子受体能激活 Ras-MAPK 途径外，某些细胞因子

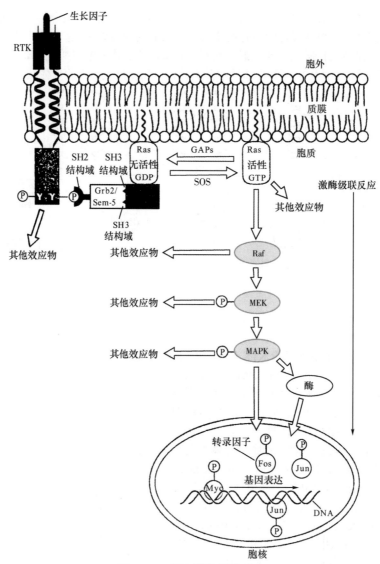

图 20-18　蛋白激酶级联反应

和 G 蛋白偶联受体介导的信号及 Ca^{2+} 信使也可能参与 MAPK 途径的调节；第二，促分裂原活化的蛋白激酶（mitogen-activated protein kinase，MAPK；属于丝氨酸/苏氨酸蛋白激酶）是一个家族，其成员除 ERK 外，还有 SAPK/JNK（stress-activated protein kinase/c-Jun N-terminal kinase）和 p38MAPK。它们与 ERK 一样，通过各自三酶级联反应而被激活。ERK 与细胞增殖、存活有关，而 SAPK/JNK 和 p38MAPK 与炎性细胞因子和细胞应激如紫外线及高渗透性引起的细胞凋亡有关（图 20-19）。

　　3. 生长因子受体也可以激活 PI₃K-Akt（PKB）信号通路　磷脂酰肌醇 -4,5- 二磷酸（PIP_2）除可被 PLCβ 或 PLCγ 催化水解生成双信使 IP_3 和 DAG，还可被磷脂酰肌醇 -3 激酶（PI_3 激酶或 PI_3K）催化生成磷脂酰肌醇 -3,4,5 三磷酸（PIP_3）。PI_3K 有一个催化亚基（P110）和一个调节亚基（P85）。P85 亚基内有 SH2 结构域，生长因子受体被激活后，P85 借助 SH2 结构域与 RTK 的磷酸酪氨酸位点结合，从而激活 P110 的酶活性。RTK 激活后还可以通过 Ras 激活 PI_3K。PI_3K 激活的另一个通路是在 GPCR 被激活时从异三聚体 G 蛋白释放出来的 βγ 复合体介导完成的。生成的 PIP_3 可与 PDK1 和 Akt（又称 protein kinase B，PKB）的 PH 结构结合，从而激活 PDK1 和 Akt。Akt 完全激活还需要 PDK1 对其磷酸化作用。Akt 除参与葡萄糖代谢外还具有抗凋亡效应，也对细胞分裂具有促进效应。一种肿瘤抑制蛋白 PTEN 具有脂类磷酸酶的活性，能够水解 PIP_3 生成 PIP_2，为 PI_3K 催化的逆反应，被认为是 Akt 的一个负调节。由于 Akt 有很强的促细胞增殖和抗凋亡活性，故 PTEN 具有抗增殖和促凋亡效应，因而能够抑制肿瘤的形成。

（二）转化生长因子激活丝/苏氨酸蛋白激酶受体

转化生长因子 β（transforming growth factor β，TGF-β）超家族成员已知有 30 多种。它们不仅参与了许多重要的发育阶段，调节细胞的生长、分化、凋亡、细胞黏附、细胞外基质的合成和储存，在个体发生早期的形态形成中发挥重要作用，还能调节成熟哺乳动物的免疫功能及参与创伤修复，并与多种肿瘤或纤维化的形成等病理状况有关。

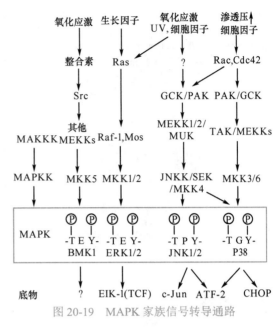

图 20-19　MAPK 家族信号转导通路

哺乳动物的 TGF-β 家族有 TGF-β1、TGF-β2 和 TGF-β3 三个成员，其受体分为 Ⅰ 型（TβR-Ⅰ）和 Ⅱ 型（TβR-Ⅱ）两类，受体激活的基本模式是 TβR-Ⅱ 是配体非依赖的组成型活化的 PSTK，具有配体结合功能。TβR-Ⅱ 与 TGF-β 结合后，再与作为信号转导蛋白的 TβR-Ⅰ 结合，形成异二聚体。之后，TβR-Ⅱ 使 TβR-Ⅰ 胞内区 GS 结构域中 5 个串在一起的丝氨酸和苏氨酸残基（TTSGSGSG）磷酸化，导致 TβR-Ⅰ 的 PSTK 激活。

Ⅰ 型受体的 PSTK 被激活，能特异地磷酸化 Ⅰ 类 Smad。然后，磷酸化的 Ⅰ 类 Smad 与辅 Smad 结合形成二聚体，转入核内促进靶基因的转录。Smad 蛋白因与果蝇的 Mad 蛋白和线虫的 Sma 蛋白具有同源性而得名。

此外，活化受体还能激活 TGF-β 活化蛋白激酶 1（TAK1）（相当于 MAPKKK），启动 JNK 和 P38 信号通路（图 20-20）。

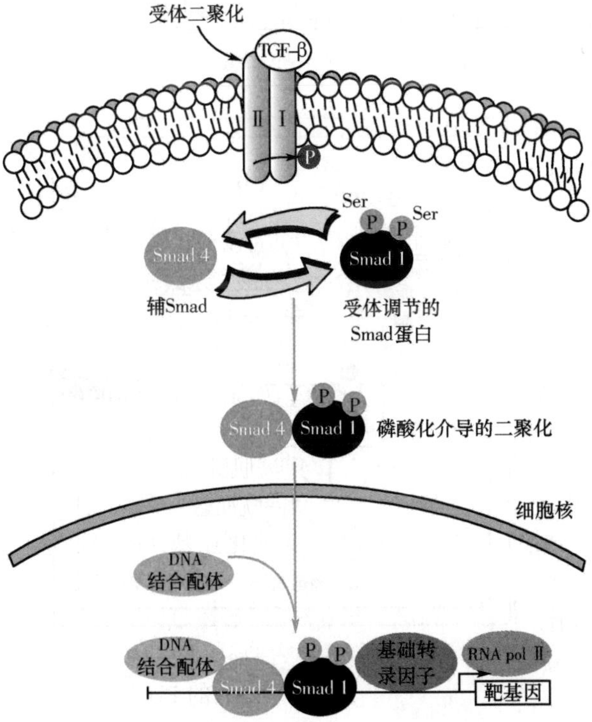

（三）细胞因子受体激活 JAK-STAT 信号通路

1. 受体胞内区结合非受体型酪氨酸蛋白激酶　酪氨酸蛋白激酶联受体（tyrosine kinase-linked receptors）本身不具有内在的催化活性，但其胞内部分含有非受体酪氨酸蛋白激酶的结合位点。这类受体是多亚基组成的不均一复合体，配体与受体结合并使多亚基聚集形成寡聚体，激活与之结合的非受体酪氨酸蛋白激酶，后者磷酸化其靶蛋白实现信号转导。该类受体下游的激酶主要有两个家族：一个是 JAK（just another kinase 或 janus

图 20-20　TGF-β 介导的信号转导通路

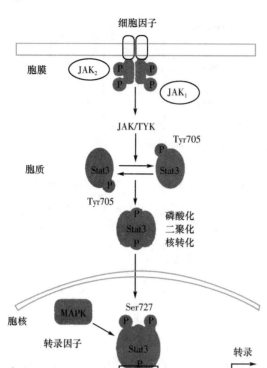

图 20-21　JAK-STAT 信号转导示意图

kinase）PTK 家族，另一个是 Src PTK 家族。很多细胞因子（cytokine）包括白细胞介素（interleukins，ILs）、干扰素（interferons，INFs）等，其受体与 JAK 结合；而 T 淋巴细胞和 B 淋巴细胞抗原受体能与 Src 家族 PTK 结合。

2. 细胞因子受体激活的 JAK-STAT 信号转导通路　与细胞因子受体偶联的 JAK 蛋白激酶家族有 JAK_1、JAK_2、JAK_3 和 TYK2 等。受体聚集后与 JAK 亲和力增强，使其结合到配体 - 受体复合体上，JAK 因而聚集并交互磷酸化其酪氨酸残基使其蛋白激酶激活，从而磷酸化其胞内底物蛋白和受体分子。JAK 的胞内底物蛋白是信号转导及转录激活蛋白（signal transducer and activator of transcription，STAT），STAT 被磷酸化后激活，借助其自身 SH2 结构域形成二聚体，入核结合到 DNA 的特定序列上调节基因表达（图 20-21）。

实际上，细胞因子受体与生长因子受体彼此很难区分，例如，生长因子 EGF、PDGF 等也激活 STAT 蛋白家族成员，而细胞因子也可激活 Ras-MAPK 信号通路。因此，很可能 Ras-MAPK 信号通路和 JAK-STAT 信号通路是生长因子受体和细胞因子受体的共同信号通路。

（四）鸟苷酸环化酶受体产生 cGMP 信号

具有鸟苷酸环化酶的受体又称受体型鸟苷酸环化酶（receptor guanylate cyclase，RGC），它是一次性跨膜受体，胞外部分结合配体，胞内部分具有鸟苷酸环化酶催化结构域。其配体是心房肌细胞分泌的肽类激素心房钠尿肽。受体结合心房钠尿肽后胞体内鸟苷酸环化酶激活，催化 GTP 生成 cGMP。血压升高时，心房肌细胞分泌心房钠尿肽促进肾细胞排水、排钠，同时引起血管平滑肌细胞松弛，使血压降低。

鸟苷酸环化酶有质膜结合型和细胞质内可溶型两种。上述心房钠尿肽激活的是质膜结合型的受体型鸟苷酸环化酶。可溶型鸟苷酸环化酶的配体是一氧化氮（NO）。NO 是由一氧化氮合酶（NOS）催化 L- 精氨酸生成的。NO 与 CGC 分子中的血红素结合，从而激活 CGC，使 cGMP 水平升高。cGMP 作为第二信使所介导的效应蛋白有 cGMP 依赖性蛋白激酶（PKG）；cGMP 门控阳离子通道，促进 Na^+、Ca^{2+} 内流；cGMP 特异性磷酸二酯酶，水解环核苷酸（图 20-22）。

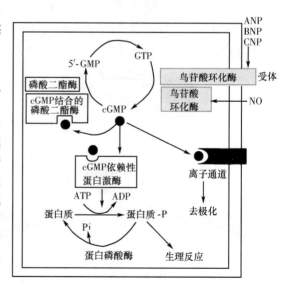

图 20-22　鸟苷酸环化酶介导的信号通路

（五）死亡受体通过募集 caspase 介导细胞凋亡

经典死亡受体包括 Fas、TNFR1（肿瘤坏死因子受体 1）和 TNFR2 等，属于酶联受体，其胞内区短小，含有死亡结构域（death domain，DD）。胞外配体如 FasL、Apo3L、肿瘤坏死因子（tumor necrosis factor，TNF）等结合受体后，导致受体发生三聚化，胞内区 DD 募集接头蛋白 FADD 或 TRADD，继而使胱天蛋白酶原（procaspase）二聚化，主要是 procaspase-8。二聚化的 procaspase-8 相互切割，生成大、小亚基组成具有催化活性的四聚体。活化的 caspase-8 再切割活化 caspase-3，后者切割细胞骨架蛋白、核纤层蛋白、Bid 蛋白等，导致细胞凋亡（图 20-23）。细胞毒性 T 细胞杀死靶细胞即通过该信号转导通路。此外，死亡受体还可以通过 TRADD 结合 RIP（受

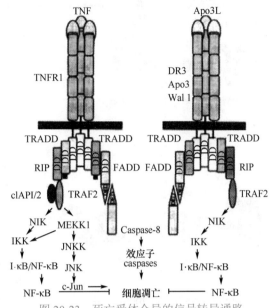

图 20-23　死亡受体介导的信号转导通路

体相互作用蛋白），激活 JNK（c-Jun N-terminal kinase）、诱导活化 NF-κB（核因子 κB），介导淋巴细胞分化、炎症反应等病理生理过程。

第三节　细胞核内信号转导与基因表达调控

信号细胞分泌的化学信号分子作用于靶细胞受体，激活胞内信号转导通路，引起靶细胞快速生理应答和迟缓的基因表达。在靶细胞中，信号转导分为三个阶段：跨膜信号转导、胞质信号通路及核内信号转导。肽类激素、氨基酸类神经递质等水溶性第一信使作用于细胞膜受体，通过跨膜信号转导及胞内信号通路发挥作用；而类固醇激素等脂溶性第一信使直接进入细胞，作用于胞内受体。

一、细胞核受体介导脂溶性激素分子信号转导

类固醇激素（包括糖皮质激素、盐皮质激素、雄激素、雌激素和孕激素）、甲状腺激素、维 A 酸及维生素 D_3 是一些小的疏水分子，它们在结构与功能上均不相同。但是，它们具有类似的作用机制，即直接扩散进入胞内，结合并激活其胞内受体，直接调节特异基因转录。它们的受体一级结构域具有很高的同源性，含有相似的功能结构域；受体激活后都调节基因转录活性，作用位点在细胞核内，称核受体超家族。由于它们的作用机制类似于转录因子，因此又称转录因子型受体。根据其配体的不同，可将核受体超家族分为：①类固醇激素受体，其特点是与激素结合后以同二聚体形式与具有反向重复序列的激素反应元件结合；②非类固醇激素受体，这类受体形成异二聚体，直接与重复形式的反应元件相互作用；③孤儿受体（orphan receptor），是多种具有核受体超家族各成员共同特征的，但尚未发现其内源性配体的核受体。

（一）核受体的结构

核受体一般由约 800 个氨基酸残基组成，含有 2 个锌指结构；共同结构特点是有三个功能区域：C 端为激素结合区，N 端为基因转录激活区，中部为 DNA 结合区。各种受体的 C 端

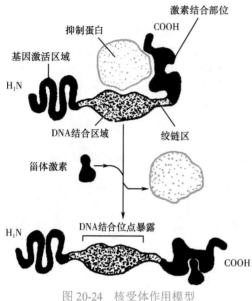

图 20-24 核受体作用模型

氨基酸长度相似，有相当的保守性；而 N 端各种受体长度不同，保守性差。静息状态下，核受体的 C 端和中部与其抑制蛋白（一般为热激蛋白）结合，阻止受体与 DNA 的结合。激素进入细胞后与核受体 C 端结合，改变其构象，使抑制蛋白解离下来，从而使受体 DNA 结合区暴露而活化（图 20-24）。

（二）核受体对基因表达的调控

过去很长一个时期认为类固醇激素受体位于细胞质内，与类固醇激素结合后被激活，即分子构象发生变化，从而容易通过核膜孔进入细胞核内，这就是由细胞质到细胞核的"二步模型"。近年研究认为，类固醇激素受体未结合配体前主要存在于核内，但亦有的存在于细胞质中。激素与受体结合，形成活性激素 - 受体复合体，继而受体二聚化，与 DNA 上的激素反应元件（hormone response element，HRE）结合并调节基因转录。当然，在这个过程中还涉及受体的磷酸化。

类固醇激素诱导的基因转录可分为两个阶段：①直接活化少数特殊基因转录的初级反应，发生迅速；②初级反应的基因产物再活化其他基因，产生延迟的次级反应，对初级反应起放大作用。

二、部分膜受体激活转录因子调控基因表达

水溶性胞外信号分子与膜受体结合后激活细胞信号转导通路，部分激酶可以催化特定的底物转录因子磷酸化，从而引起转录因子的核转位、影响转录因子的 DNA 结合活性及调节转录因子转录激活功能。这是核内信号转导的另一重要内容。

（一）转录因子的活化及核转位

1. STAT 的活化及核转位 信号转导及转录激活蛋白（STAT）是一个转录因子家族。细胞在静息状态下，STAT 以非磷酸化的单体存在，但当细胞被细胞因子刺激后，通过细胞因子受体激活 JAK，将 STAT 磷酸化，磷酸化的 STAT 通过 SH2-pY 的结合形成二聚体，转入核内，与特异的 DNA 序列结合，从而激活相关基因表达。

2. NF-κB 的核转位调节 转录因子 NF-κB（nuclear factor-κB，核因子 -κB）的最初发现是作为免疫球蛋白 κ 轻链基因增强子的结合蛋白。现已证明，NF-κB 参与很多基因表达的调控。NF-κB 由 P50 和 P65 两个亚基组成，在静息细胞中，NF-κB 与其抑制蛋白 IκB 结合，形成异三聚体，锚定 NF-κB 于细胞质内，不显示转录活性。当细胞受到细胞因子和氧化应激等信号刺激时，IκB 被 IκB 激酶（IκK）磷酸化后与 NF-κB 解离，磷酸化的 IκB 可被泛素化修饰并迅速降解，游离的 NF-κB 激活并转位至核内，与 κB 增强子结合，促进基因表达。这是肿瘤坏死因子（tumor necrosis factor，TNF）受体介导的信号通路之一。

（二）磷酸化调节转录因子 DNA 结合能力

1. 活化蛋白 -1（activator protein-1，AP-1） 是一种由 c-Fos 和 c-Jun 蛋白家族成员通过碱基亮氨酸拉链结合形成的二聚体。在静息状态下，细胞内 c-Jun 蛋白邻近 DNA 结合区的 N-

端有一些位点被糖原合成酶激酶 -3（GSK-3）和酪蛋白激酶 - Ⅱ 磷酸化阻碍了 AP-1 与 DNA 特异序列的结合。当生长因子刺激细胞时，抑制 GSK-3 活性，阻止 c-Jun 磷酸化；同时激活 PKC，活化蛋白磷酸酶，引起 c-Jun 去磷酸化，从而提高 AP-1 的 DNA 结合活性。

2. 肿瘤抑制蛋白 P53　是一种转录因子，P53 与靶基因的结合能力是其抑制细胞生长和抗肿瘤作用所必需的。当 P53 被酪蛋白激酶 -Ⅱ 磷酸化时即可显著提高其 DNA 结合活性。

（三）磷酸化调节转录因子的转录激活功能

（1）AP-1 中的 c-Jun 的 N 端第 63、73 位两个丝氨酸被 JNK 磷酸化，从而激活其转录活性。炎性细胞因子和应激刺激能激活 JNK 信号通路，说明它的激活与细胞损伤有关。

（2）cAMP 反应元件（cAMP responsive element，CRE）能与一种转录因子 CRE 结合蛋白（CRE binding protein，CREB）结合，当细胞受到刺激时，第二信使 cAMP 激活 PKA，后者磷酸化 CREB，使 CREB 二聚化，从而激活其转录活性。CREB 还需要与一种 CREB 结合蛋白（CBP）结合，启动转录。

第四节　细胞信号转导与医学

一、信号分子的活性异常是许多疾病的分子基础

细胞信号转导是维持正常细胞代谢和存活所必需的，高度有序而复杂的信号转导网络是细胞对复杂环境信号应答的分子基础，信号转导系统紊乱无疑将会给细胞代谢和存活带来威胁。

（一）细胞增殖调控信号紊乱与肿瘤

恶性肿瘤的发生是由于细胞的生长调控机制紊乱，导致肿瘤细胞自主生长、持续分裂与增殖、失去细胞间及与周围组织间的正常作用关系，因而可向周围组织浸润和扩散。正常细胞的生长、增殖是由两大类基因协调调控的，一类是原癌基因（protooncogene），促进细胞生长和增殖，并且阻止其终端分化，此为正调信号；另一类是抗癌基因（antioncogene），促进细胞成熟，向终末分化，最后凋亡，此为负调信号。一旦两者之间的协调作用关系被破坏，如正调信号基因功能过盛或负调信号基因失活，必将导致细胞增殖调控的混乱而使细胞恶性变。

原癌基因表达产物如生长因子、生长因子受体、Ras 蛋白、蛋白激酶及细胞核中转录因子等参与正常细胞信号转导，维持细胞正常增殖、生长和存活。某些原癌基因在环境因子作用下发生突变、DNA 重排、插入、扩增或调控顺序的改变而激活成癌基因（oncogene），导致其表达产物异常表达或持续激活，就可使正常细胞发生癌变。如 Ras 蛋白，其分子量为 21kDa，简写为 P21，突变的 *H-ras* 基因产物与结肠癌、肺癌、胰腺癌等有关；*K-ras* 与恶性骨髓瘤等有关；*N-ras* 则多见于泌尿系统癌。

抗癌基因的产物亦参与细胞信号转导，它的突变亦能引起细胞癌变。例如，*p53* 突变失活与乳腺癌、肺癌、肠癌有关；Rb 突变缺失与成视网膜纤维瘤、骨肉瘤等有关。

（二）神经退行性疾病中的信号通路异常

神经退行性疾病（Degenerative diseases of the central nervous system，ND）是一组以原发性神经元变性为基础的慢性进行性神经系统疾病，主要包括帕金森病（PD）、阿尔茨海默病（AD）、亨廷顿病（HD）、不同类型脊髓小脑共济失调（spinocerebellar ataxia）及肌萎缩侧索硬化（amyotrophic lateral sclerosis）等。

神经退行性疾病的发病因素较多，包括神经元或神经胶质细胞不能提供充分的营养、轴突传递功能受损、谷氨酸受体活性过高、活性氧水平过高、代谢通路受损、线粒体能量产生减少、折叠错误的蛋白质形成增加或降解不充分、炎症、病毒感染、细胞核或线粒体 DNA 突

变及 RNA 或蛋白质的加工过程不正确所致的特殊蛋白质或脂质部分功能的损失或增加等。虽然诱发这些疾病的病因和病变部位不尽相同，但它们都有一个共同的特征，即发生神经元的退行性病变、启动凋亡信号，并最终导致细胞死亡、神经系统功能损伤。

（三）钙超载介导缺血性脑卒中

脑血管疾病是影响人类健康的重要疾病。在脑血管疾病中以缺血性疾病的发病率占居首位。通常在轻度的缺氧／缺血的情况下，脑的补偿机制保护着中枢神经系统免受损伤，但当缺血程度加重时，便会发生不可逆性神经元损伤，导致一系列的临床症状，甚至死亡。

脑缺血导致神经元死亡有两种：一是急性坏死（necrosis），二是缺血再灌注引起的迟发性脑损伤，可能与细胞凋亡（apoptosis）有关。缺血性脑损伤的经典机制有谷氨酸兴奋毒性、胞内 Ca^{2+} 超载和自由基学说。在正常情况下，Ca^{2+} 作为胞内信使，参与几乎一切胞外信号调控细胞功能的信号转导过程，也是参与细胞内代谢活动的重要离子。脑缺血能量代谢障碍，胞内外离子平衡被破坏，细胞去极化，引起 Ca^{2+} 内流。突触前神经元去极化导致兴奋性氨基酸谷氨酸释放增加和摄取减少，过量谷氨酸过度刺激突触后神经元 NMDA（N- 甲基 -D- 门冬氨酸）受体，胞外 Ca^{2+} 通过该受体通道进入胞内，造成胞内 Ca^{2+} 超载。这是脑缺血 Ca^{2+} 内流的主要途径。Ca^{2+} 激活其靶酶，如蛋白酶（水解细胞骨架）、磷脂酶（水解膜磷脂）、DNA 酶（水解 DNA）、一氧化氮合酶（产生 NO）和蛋白激酶（激活凋亡信号）等。因此，谷氨酸的兴奋毒性主要通过 Ca^{2+} 超载引起。谷氨酸的另一种离子型受体海人藻酸受体（kainate receptor）介导的 JNK 信号通路也与脑缺血引起的神经元凋亡密切相关。

二、信号分子是重要的药物作用靶点

许多疾病的发生往往涉及细胞信号转导系统的异常，因而信号分子是治疗疾病的潜在药物靶点。从基因、受体、酶到接头蛋白等多方面的研究都在不断地进展，为药物的研究开发提供了靶点。如酪氨酸激酶抑制剂博舒替尼、拉帕替尼、阿法替尼及生长因子受体单抗等被用于治疗肿瘤。针对 GPCR 的药物是细胞表面受体药物中最多的一大类，如 GPCR 拮抗剂氯丙嗪被用于治疗精神疾病；M 型胆碱受体抑制剂阿托品被用于解除平滑肌痉挛、抑制腺体分泌、治疗缓慢型心律失常、抗休克、解救有机磷酸酯类中毒等；GPCR 激动剂肾上腺素、多巴胺被用于心血管疾病的急救。钙离子通道拮抗剂尼莫地平、硝苯地平是经典心血管病药物；谷氨酸受体激动剂、GABA 受体抑制剂可用于麻醉等。此外，模拟信号域结构而干扰信号蛋白相互作用、阻断信号通路的人工小肽或有机小分子等也是近年来药物开发的重要研究方向。

选择信号分子靶点进行药物开发有两点需注意：一是该信号通路不应广泛存在于细胞内，以防出现严重的药物副作用；二是特异性要高，药物对信号分子的特异性越高，副作用就越小。此外，在正常生理状态下和病理状态下蛋白表达水平或活性相差大的信号分子，更适合作为药物靶点。

（刘　永）

思　考　题

1. 第二信使有哪些典型分子？为什么命名为"第二"信使？

2. 以霍乱患者腹泻的分子机制为例，简述 G_s 蛋白介导的信号转导通路。

3. 肿瘤治疗药物研发的一个重要方向是酪氨酸蛋白激酶抑制剂，请从细胞信号转导角度谈一谈为什么这一类药物能够抑制肿瘤细胞生长？

案例分析题

2016 年 8 月 8 日，里约奥运会女子 100 米仰泳半决赛，傅园慧以 58 秒 95 的当时个人最好成绩晋级决赛，赛后采访中，她脱口而出的"洪荒之力"更是为人们乐道。"洪荒之力"，其最初的用意是表明自己已经使出浑身解数，完全没有保留。现实中也存在这样的少数情况：人在危难、死亡面前忽然爆发出不可能、不该有的力量，或者在紧张到极点时，能突破身体的极限，如观察能力和反应能力会在紧急时刻大幅度提升。

问题：从信号转导分子机制角度阐述糖代谢的调控机制。

第二十一章　细胞增殖、分化与凋亡的分子基础

内容提要

　　细胞增殖是通过细胞周期实现的。细胞周期分为分裂期（M 期）和分裂间期两个阶段，分裂间期又包括 DNA 合成前期（G_1 期）、DNA 合成期（S 期）和 DNA 合成后期（G_2 期）。细胞周期受到严密的调控，细胞周期调控系统主要由细胞周期蛋白、细胞周期蛋白依赖性激酶及细胞周期蛋白依赖性激酶抑制因子等组成。

　　细胞分化是一种细胞通过细胞分裂逐步形成具有特定形态、结构和生理功能的细胞类群的过程。基因差别表达是细胞分化的基础，细胞分化是内在因素及外部信号共同作用的结果。

　　细胞凋亡是生物体内细胞在特定的内源和外源信号诱导下，在相关基因的控制下发生的自主的、有序的死亡过程。细胞凋亡的途径主要有死亡受体途径、线粒体途径等，常涉及天冬氨酸特异性半胱氨酸蛋白酶的活化。

　　生长因子是一类由活细胞产生的微量活性物质（大多为多肽类分子），通过靶细胞膜上特异受体传递信息，调节细胞的生长、增殖和分化。

　　肿瘤是由于基因水平上的改变导致细胞生长、增殖、分化和凋亡的调控紊乱引起的。已知与肿瘤发生有关的基因主要有两大类：癌基因与抑癌基因。癌基因分为两类：病毒癌基因，存在于逆转录病毒中；原癌基因，存在于正常细胞中，也称细胞癌基因。原癌基因的编码产物包括生长因子、生长因子受体、蛋白激酶、核内蛋白质和细胞周期调节蛋白等。原癌基因异常表达时，可使细胞持续增殖或如同肿瘤细胞一样永生化。抑癌基因是一类其表达产物可抑制细胞生长并有潜在抑制细胞恶性转化作用的基因。当它失活时，可能使原癌基因失去控制，引起癌变。

第一节　细胞增殖

　　细胞增殖（cell proliferation）是生物体生长发育和繁殖的基础，它通过细胞分裂增加细胞数量的过程，是细胞重大生命活动的基本特征之一，它与机体的生长发育、细胞更新、组织再生、创伤修复及肿瘤发生等密切相关。细胞以分裂的方式进行增殖。单细胞的生物通过细胞分裂增加个体数量繁殖后代，多细胞生物可以由一个单细胞（受精卵），经过细胞的有丝分裂和分化，最终发育成一个新的成年个体。细胞增殖既是多细胞的生物生长、发育和繁殖的基础，也是其成年个体进行组织再生与修复，补充衰老病死细胞等生理、病理过程的重要事件。细胞的增殖是通过细胞周期实现的。细胞周期受到严格、精密的调控。

一、细胞增殖是通过细胞周期实现的

　　细胞周期（cell cycle）是指从上一次细胞分裂结束到下一次细胞分裂完成所经历的整个过程。细胞周期主要包括两个阶段：分裂期（mitotic phase，M 期）和分裂间期（interkinesis）。分裂间期依次分为 DNA 合成前期（G_1 phase，G_1 期）、DNA 合成期（DNA synthesis phase，S 期）和 DNA 合成后期（G_2 phase，G_2 期）。同种细胞，细胞周期时间相似或相同；不同种细胞，

细胞周期时间长短不等。其时间长短主要取决于 G_1 期，而 S 期、G_2 期和 M 期总时间基本恒定。

多细胞生物体中，细胞可依据处于 G_1 期时间不同分成三种类型。①增殖细胞又称周期中细胞，细胞能及时由 G_1 期进入 S 期，连续进入细胞周期而持续分裂，如骨髓造血干细胞、表皮与胃肠黏膜的上皮干细胞、神经干细胞等。②终末分化细胞，细胞丧失了分裂能力，终身处于 G_1 期直至衰老死亡，如成熟的红细胞、神经细胞等。③ G_0 期细胞，有些细胞进入 G_1 期后并不转入 S 期，而是暂时进入静息期（G_0 期），既不分裂也不生长，故称为暂不增殖细胞或 G_0 期细胞，如肝细胞、肾小管上皮细胞、心肌细胞等。但是，G_0 期细胞在适当信号（如生长因子）刺激下，可重新进入细胞周期而分裂增殖。如肝脏被部分切除后，剩余的肝细胞会迅速分裂。

二、细胞周期受到精密的调控

细胞周期调控系统主要由细胞周期蛋白（cyclin）、细胞周期蛋白依赖性激酶（cyclin-dependent kinase，CDK）和 CDK 抑制因子（CDK inhibitor，CKI）三大类蛋白家族所组成。细胞周期蛋白与 CDK 以 cyclin-CDK 复合体的形式发挥作用，CKI 能与 CDK 或 cyclin-CDK 复合体结合，抑制其活性，从而调节细胞周期的进行。在细胞周期的不同时相，还有一系列的检查点严密监测细胞周期的进行（称细胞周期检查点或关卡）。细胞周期的启动还受到细胞内外多种因素的影响，它们通过激活特定的信号转导途径，与细胞周期相关蛋白协同作用控制细胞周期有序进行。

（一）参与细胞周期调控的主要蛋白质

1. 细胞周期蛋白 是一类能活化 CDK 的细胞周期调节因子。不同来源的细胞周期蛋白都含有 $100 \sim 150$ 个相当保守的氨基酸残基的同源序列区域，包含 5 个 α- 螺旋（$\alpha_1 \sim \alpha_5$），称为周期蛋白盒（cyclin-box），它是介导细胞周期蛋白与催化亚基 CDK 的结合，形成活性复合体的关键部位。故细胞周期蛋白是组成 CDK 复合体调节细胞周期的关键调节亚基。

多细胞生物中有多种细胞周期蛋白，它们被分成不同类型，分别用大写英文字母来命名。细胞周期蛋白家族的成员，虽在不同的时相与地点发挥作用，但具有一些共同的特征。几乎所有成员都包含一段被称为"细胞周期蛋白盒"的约 100 个氨基酸序列，这段序列与其催化亚基 CDK 的结合有关。目前发现有几十种人类周期蛋白，主要分成五类：cyclin A、cyclin B、cyclin C、cyclin D、cyclin E。此外，近年来还发现一些新的细胞周期蛋白，如 cyclin K、cyclin T 等。细胞周期蛋白周期性表达，分别参与细胞周期不同时相的转换与进行。 cyclinA 在 G_1 期早期即开始表达并逐渐积累，到 G_1/S 期交界处达到峰值并一直持续到 G_2/M 期；cyclin B 则从 G_1 晚期开始表达且随细胞进程增加，到 G_2 期后期达最大值并一直维持到 M 期的中期阶段，然后迅速降解；cyclin D 在细胞周期中持续表达；而 cyclin E 在 M 晚期和 G_1 早期表达并积累，到 G_1 期的晚期达最高，然后逐渐下降，G_2 期的晚期降至最低值（图 21-1）。

M 期高表达的细胞周期蛋白，其 N 端有一段由 9 个氨基酸残基组成的特殊序列（RXXLGXIXN，X 代表任一氨基酸），称为破坏盒（destruction box），主要参与由泛素（ubiquitin）介导的 cyclin A 和 cyclin B 的降解。G_1 期周期蛋白不含破坏盒，但其羧基端含有一段 PEST 序列，对 G_1 期周期蛋白的降解起促进作用。总之，在细胞周期的特定时相，通过细胞周期蛋白的周期性合成、降解，起到对细胞周期的调节作用。

1982 年，Tim Hunt 到美国海洋生物学实验室授课时，利用那里的优越条件做了一个简单的试验：他将 ^{35}S 标记的甲硫氨酸加到受精的和单性发育激活的海胆卵中，每隔一定时间取样，SDS-PAGE 电泳分离以比较受精卵和单性发育激活卵中蛋白质合成的类型和速率。结果发现了几个特殊的蛋白质，其含量随着细胞周期呈现规律性的波动。一般在细胞间期内积累，在细胞分裂期消失，在下一个细胞分裂周期中又重复。他将这类蛋白质命名为细胞周期蛋白

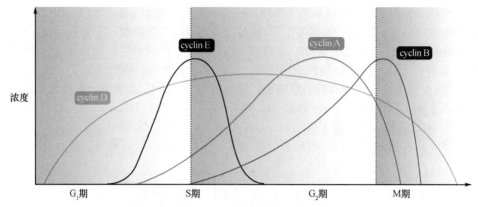

图 21-1 细胞周期蛋白在细胞周期中的变化

（cyclin）。这一研究结果于 1983 年发表在 *Cell* 杂志上。随后，这些蛋白质很快被分离、克隆出来，并被证明广泛存在于从酵母到人类的各种真核生物中。

2001 年度诺贝尔生理学或医学奖授予了三位伟大的科学家：Leland Hartwell、Tim Hunt 和 Paul Nurse，他们的主要贡献是发现了细胞周期的关键分子调控机制。

2. 细胞周期蛋白依赖性激酶（CDK） 是 cyclin-CDK 复合体的催化亚基。它单独存在，没有活性，只有与细胞周期蛋白结合才表现蛋白激酶活性。目前，人体中已发现有 13 种 CDK，它们分别被命名为 CDK1、CDK2、……、CDK13。每种 cyclin-CDK 复合体分别在细胞周期的特定时相被激活或灭活。它们被活化后，通过磷酸化下游靶蛋白，使其激活或被抑制，执行或控制细胞周期事件的进行，如 DNA 复制、细胞有丝分裂等。

（1）CDK 的结构：CDK 是一类长度约 300 个氨基酸残基，分子量为 34 ～ 40kDa 的小分子蛋白质，能催化特异的底物蛋白的 Ser/Thr 磷酸化。它们的共同特征是含有一段相似的蛋白激酶结构域，并在其中有一段相当保守的氨基酸序列，亦称为 PSTAIRE 模体（motif）。此模体位于催化亚基表面，是与细胞周期蛋白盒互相结合的重要部位。CDK 必须与相应的细胞周期蛋白结合并通过磷酸化作用才能被激活，因此活性 CDK 是与细胞周期蛋白以 1:1 的比例共同组成的异二聚体，它们各自单独存在时均无活性。在 cyclin-CDK 复合体中，CDK 作为催化亚基，催化特异的底物蛋白磷酸化；细胞周期蛋白作为调节亚基，具有活化 CDK 的功能。

（2）CDK 的磷酸化调节：相比细胞周期蛋白的含量随着细胞周期不断变化，CDK 在细胞中的表达水平则相对稳定。CDK 对细胞周期的调节作用是通过其活性的改变来实现的。CDK 通常以无活性和有活性两种形式存在，通过与细胞周期蛋白结合和（或）CKI 结合及磷酸化/去磷酸化方式控制两种形式的转换。在哺乳动物细胞中，CDK 的磷酸化活性调节通常发生在与细胞周期蛋白结合之后。CDK 分子中有多个磷酸化调节位点，不同的蛋白激酶或蛋白磷酸酶可作用于 CDK 分子中不同的磷酸化位点，进而调节 CDK 的活性。例如，CDK1 的磷酸化调节位点有三个（Thr161、Thr14、Tyr15），Thr161 位于激酶活性区，Thr14 和 Tyr15 则位于 ATP 结合区。当 CDK1 与相应的细胞周期蛋白结合形成复合体后，在 CDK 活化激酶（CDK activating kinase，CAK）催化下 Thr161 位点被磷酸化，CDK1 与底物的亲和力增加，活性提高 300 倍；反之，Thr14 和 Tyr15 被（wee1/mik1）磷酸化，则阻碍了 CDK1 与 ATP 的结合，其活性受到抑制。Thr14/Tyr15 磷酸化的、无活性的 CDK1 可在磷酸酶（CDC25）催化下去磷酸化，恢复其活性（图 21-2）。

总之，CDK 在细胞周期中的表达是基本稳定的，机体通过细胞周期蛋白的周期性表达与降解调节其总量，周期性调节 CDK 复合体的活性，进而影响细胞周期的进程。除此之外，CDK 还受到细胞周期抑制因子的负调控。

3. CDK 抑制因子（CKI） 是细胞周期的负性调控蛋白，它可以结合 CDK 单体或 cyclin-

CDK 复合体从而抑制 CDK 的活性。依据同源序列和作用模式 CKI 可分为两大家族：一是 INK4 家族，包括 P15^{ink4a}、P16^{ink4b}、P18^{ink4c}、P19^{ink4d}，其结构特征是含有多个由 33 个氨基酸残基组成的锚蛋白重复模体（ankyrin repeat motif）。这个模体是蛋白质之间相互作用区域，CKI 通过这一模体与细胞周期蛋白竞争性结合 CDK，形成稳定的复合体，阻止 cyclin-CDK 复合体的形成。其主要作用是抑制 CDK4 与 CDK6 活性，使细胞阻滞在 G$_1$ 期。另一类是 CIP/KIP 家族，包括 P21^{cip1}、P27^{Kip1}、P57^{Kip2}，它们与所有已知 cyclin-CDK 复合体结合并抑制

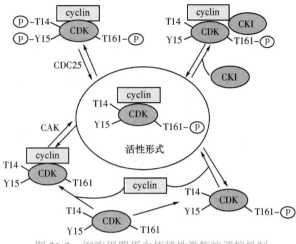

图 21-2 细胞周期蛋白依赖性激酶的调控机制

其活性。初步研究显示，P27 与 cyclin-CDK 复合体结合时，P27 抑制因子的氨基酸残基占据了 CDK 的 ATP 结合位点，使 CDK 失去催化底物磷酸化的能力。研究表明，P21^{cip1}、P27^{Kip1}、P57^{Kip2} 主要抑制 G$_1$ 和 S 期 CDK 复合体的活性，阻滞细胞周期的进行。近年研究表明，14-3-3 家族成员之一 14-3-3σ 能与 CDK1、CDK2 和 CDK4 相互作用，抑制 CDK 活性而阻断细胞周期进展，从而被确定为一种新的 CKI。

（二）细胞周期检查点

细胞周期能准确地发生、发展到完成，取决于四个重要的检查点（checkpoint）：G$_1$/S 期、S 期、G$_2$ 期、M 期检查点。细胞周期检查点的调控机制保证前一步骤准确完成且细胞没有损伤与变异之后，才启动下一个步骤，使细胞周期正确前行。当细胞中出现特殊情况，如 DNA 损伤，细胞周期就会停留在某一检查点，并启动相关程序对损伤的 DNA 加以修复，待修复完毕后再进入下一阶段。这四个检查点包括：① G$_1$/S 期：检查整合内外信号（促有丝分裂原、DNA 损伤等），决定细胞是否进入增殖周期；② S 期：检查 DNA 损伤与修复，保证 DNA 正确复制；③ G$_2$ 期：检查 DNA 损伤及复制是否完成，控制细胞进入 M 期；④ M 期：检查纺锤体组装是否完成，保证姐妹染色单体正确分离到两个子细胞。相比之下，G$_1$/S 期是大多数二倍体细胞周期的主要检查点。在动物细胞中，G$_1$/S 检查点称为限制点（restriction point，R 点），而在酵母细胞中称为起始点（start point），它是控制细胞增殖的关键，此后细胞可能有三种不同的命运：继续增殖、延迟增殖或进入静息期。

G$_1$/S 期限制点主要由 CKI-INK4 的 P16 调控：P16 与 G$_1$ 期的 CDK4 和 CDK6 单体结合，形成稳定的复合体，阻止 cyclinD-CDK4/CDK6 复合体的形成，从而抑制 G$_1$ 期的启动及 G$_1$/S 期的转换。当细胞内外因素作用下诱导 cyclin D 大量表达时，cyclin D 与 P16 竞争结合 CDK4/CDK6，从而通过 R 点的调控。活化的 cyclinD-CDK4/CDK6 复合体磷酸化其底物视网膜母细胞瘤蛋白（retinoblastoma，Rb），使转录因子 E2F 由 Rb-E2F 复合体中释出，DNA 合成启动，持续到有丝分裂结束（图 21-3）。

总之，细胞周期检查点的调控是多因素参与的过程，是一系列基因严格、有序地活化和表达的结果。

（三）细胞周期调控与信号转导

细胞增殖或细胞周期受到内外环境各种信号的影响，通过对内外信号介导的各种信号转导通路进行整合、传递，细胞启动和（或）调控相应细胞周期相关蛋白的表达，如细胞周期

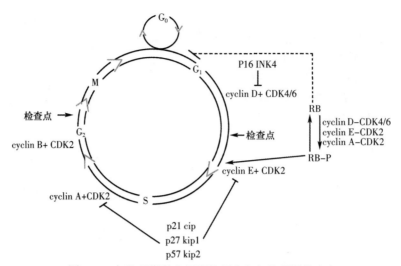

图 21-3　细胞周期的主要调控蛋白与细胞周期检查点

蛋白、CKI 等，调控细胞周期。这些信号通路主要包括：① MAPK 信号通路：通过生长因子等促有丝分裂原与 RTK 结合，借助信号传导及磷酸化级联反应磷酸化并激活 MAPK，并转入核内启动增殖相关蛋白表达，促进细胞增殖。② NF-κB 信号通路：NF-κB 是转录因子，NF-κB 由 P50 和 P65 两个亚基组成，在静息细胞中，NF-κB 与其抑制蛋白 IκB 结合，形成异三聚体，锚定 NF-κB 于细胞质内，不显示转录活性。当细胞受到细胞因子和氧化应激等信号刺激时，IκB 被 IκB 激酶磷酸化后与 NF-κB 解离，磷酸化的 IκB 可被泛素化修饰并迅速降解，游离的 NF-κB 被激活并转位至核内，与 κB 增强子结合，促进基因表达，参与细胞周期调控，促进细胞增殖。③ TGF-β 信号通路：TGF-β 通过与其受体（TβR）结合进行信号传递，TβR 是丝氨酸和苏氨酸蛋白激酶受体，目前发现有 6 种。在细胞周期调控中，TGF-β 通过活化 TβR-I，进而磷酸化其靶蛋白——转录因子 Smad 使其活化。活化的 Smad 进入核内，一方面抑制 G_1 期细胞周期蛋白表达，降低其 CDK 复合体的活性；另一方面诱导 CKI 的表达，抑制 CDK 活性，从而抑制细胞增殖。

三、细胞周期调控与肿瘤发生的关系

细胞周期不仅被细胞周期蛋白和 CDK 调控，而且受 CKI 的监视。在细胞中，cyclin-CDK-CKI 共同组成了一个严密而复杂的调控细胞分裂增殖的分子网络。网络中的任何关键调控蛋白表达异常会导致细胞的增殖失控，诱导肿瘤发生。

现已发现 cyclin D 在鳞状细胞癌、乳腺癌、肝癌、淋巴癌、甲状旁腺癌等多种肿瘤中过度表达；cyclin E 在乳腺癌、白血病及多种实体瘤细胞株中异常表达。另外，抑制 CDK 的重要蛋白如 P16 和 P15 等，其基因在许多肿瘤细胞系和原发性肿瘤中都有不同程度的缺失或突变。可见，调控细胞周期的相关蛋白表达异常或基因缺陷在肿瘤的发生发展中起着重要的作用。

由于 CDK 是细胞周期调控系统中的关键蛋白质，从而被认为是抗癌药物的潜在药物作用靶点。一些小分子 CDK 抑制剂，如 Seliciclib 和 Flavopiridol 等，已在临床试验中显示出较好的抗肿瘤活性。

除此之外，细胞增殖异常不仅能够导致肿瘤，也能够引起其他疾病，如平滑肌细胞过量增殖导致动脉粥样硬化等。

第二节　细胞分化

组成生物个体的所有细胞都是从同一个受精卵分裂而来，然而成熟个体各组织器官的细胞无论形态结构，还是生理功能都有明显差异。在个体发育过程中，由一种细胞通过细胞分裂逐步形成具有特定形态、结构和生理功能的细胞类群，称为细胞分化（cell differentiation）。细胞分化是尚未特化的细胞通过基因的选择性表达实现的，不仅发生在胚胎发育阶段，在成体组织中也一直进行着，以维持组织更新和细胞数量稳定。

细胞全能性（totipotency）是指细胞经分裂和分化仍具有形成完整生命体的潜能或特性，如动物的受精卵及早期胚胎细胞。随着胚胎发育与分化，细胞逐渐丧失全能性，只具有分化成多种细胞类型及构建组织的潜能，称多能性（pluripotency）。干细胞（stem cell）是一类能够自我更新、具有分化潜能的细胞。根据其来源，干细胞可分为胚胎干细胞（embryonic stem cell）和成体干细胞（adult stem cell），成体干细胞又称组织干细胞。根据分化发育的潜能又将干细胞分为三种：①全能干细胞（totipotent stem cell），具有向任何组织细胞方向分化的潜能，甚至发育成完整的个体，如胚胎干细胞；②多能干细胞（pluripotent stem cell），具有分化为特定组织器官细胞的潜能，不具有发育成完整个体的能力，如多能造血干细胞可分化出红细胞、白细胞和血小板等，但却不能分化出造血系统以外的其他细胞；③单能干细胞（unipotent stem cell），只能分化成一种细胞，如单能造血干细胞。干细胞最终形成特化细胞类型的过程称终末分化（terminal differentiation）。

一、分化细胞的特征

一般而言，干细胞首先生成具有分裂能力的前体细胞（progenitor cell），继而逐级分化成具有特化功能的成熟细胞。如各种血细胞均由多能造血干细胞经过逐级分化而来：在发育起步阶段，多能干细胞发育成两种造血系统的前体细胞，即髓样干细胞和淋巴样干细胞，进而继续分化成单能干细胞，最后成熟为 8 个细胞谱（图 21-4）。

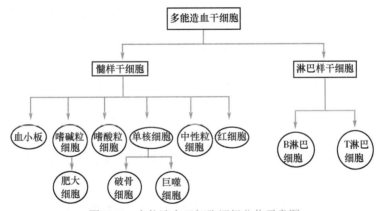

图 21-4　多能造血干细胞逐级分化示意图

前体细胞虽仍能分裂，但它们分裂时不像干细胞那样复制出与分裂前完全相同的干细胞，只能产生更加分化的直至终末分化的细胞。分化细胞不仅表现在分裂能力丧失，更重要的是获得了特别的表型和功能，参与整个机体的正常运转。分化细胞具有以下特征。

1. 分化细胞的表型发生差异　分化细胞与未分化的干细胞比较，细胞表型改变，即各组织器官从外观上表现出形状、大小的不同，它们由相应的具有特定形态和功能的细胞聚集而成。

2. 分化细胞的表型保持稳定　细胞分化完成后，分化细胞的遗传表型保持稳定，不可轻易逆转。

3. 细胞分化的去向在形态差异出现之前确定　细胞在发生表型差异之前，细胞分化方向已被确定。例如，胚胎早期，胚胎的内细胞群保持着受精卵的全能分化潜力，是胚胎发育的基础。内细胞群首先分化出内胚层和原始外胚层，再由后者分化出中胚层和外胚层，虽然三胚层在细胞形态上并无明显差别，但各胚层却各自朝预定的方向分化出特定的组织。

4. 分化细胞的生理状态随分化程度而变 细胞的分化程度不同，其生理状态也不同。细胞有丝分裂指数往往与细胞的分化程度成反比。细胞的分化程度越高，分裂能力越低，终末分化的细胞不再分裂，如成熟红细胞、神经细胞等。同时，随着分化程度的提高，细胞对外界环境因素的反应能力也逐渐变化。如各种组织对电离辐射的敏感性不一样，分化程度高的神经细胞对电离辐射的敏感性很低，而分化程度低的造血干细胞对电离辐射的敏感性较高。

5. 分化细胞的去分化与转分化 分化细胞的表型虽不可轻易逆转，但在某些因素刺激下，分化细胞基因重新编程，使成熟的细胞恢复到未分化状态，称为细胞的去分化（dedifferentiation）。某些已分化的细胞或特定组织的成体干细胞在一定条件下分化成另一种功能、形态完全不同的细胞，这一过程称为细胞的转分化（transdifferentiation）或细胞可塑性。转分化不仅是一种生物现象，而且为组织发育的分子机制研究与临床疾病的治疗提供了新的思路和策略。

6. 分化细胞的细胞核仍保持全能性 植物细胞不同于动物细胞，高度分化的植物组织仍具有发育成完整植株的能力，也就是说仍保持全能性。而成体动物细胞虽然失去了发育成完整个体的潜能，但仍具有多能性。虽然整体动物细胞的全能性随着细胞分化程度的提高而逐渐受到限制，发育潜能变窄，但分化细胞的细胞核含有全部基因遗传物质，故仍保持分化出各组织细胞的潜能。这是克隆动物的基础，如克隆羊多莉（Dolly）的诞生。

二、基因差别表达是细胞分化的基础

分化细胞之所以表现出与其功能相适应的形态特征，其根本原因是细胞内基因表达发生差异。在整个分化过程中，细胞内一系列基因在时间和空间上选择性表达。这些基因可分为两类：一类是维持细胞生存必需的，称为管家基因（house-keeping gene），它们在几乎所有细胞中都表达，如编码糖酵解酶类的基因。第二类是与细胞功能相关的，在不同细胞内选择性、特异性表达的，称为组织特异基因（tissue specific gene）或奢侈基因（luxury gene），如血红蛋白基因只在红细胞中表达。不同组织细胞有自己特异的基因群开放、表达的现象称为差别基因表达（differential gene expression）或组织特异基因表达（tissue-specific gene expression）。从原始的干细胞到终末分化细胞，其细胞核中几乎均含有全套基因组，细胞分化过程中基因为什么会出现差别表达呢？在发育分化过程中细胞遗传信息的表达是受到调控的，大部分基因呈关闭状态，在适当的条件下，仅与细胞形态、功能相关的基因选择性地表达。在细胞逐级分化的过程中，细胞内的基因表达谱也不断随之转变。可见，细胞分化的本质是基因差别表达。

三、细胞分化受到高度精密调控

生物体的个体发育是通过细胞分化实现的，而细胞分化受到高度精密的调控。细胞分化的本质是基因差别表达，细胞分化中基因表达的调控是一个十分复杂的过程。在基因表达的各个阶段，从转录、转录后加工到翻译、翻译后蛋白质的修饰，都有调控的机制；在DNA水平也存在着调控机制，如染色质丢失、基因扩增、基因重排及染色质结构改变等。不同的细胞在其发育过程中基因表达的调控机制不同；相同的细胞在其发育的各阶段中，调控的机制也不尽相同。细胞分化是细胞外信号通过细胞内的信号转导网络协同作用，调节基因特异地、有序地表达的结果。

（一）细胞内部因素的调控

1. 细胞的不对称分裂（asymmetrical division） 在胚胎发育阶段，不对称分裂是常见的现象。卵母细胞中除了一些蛋白质与细胞分化有关外，还有些RNA（mRNA、miRNA等）与分化、发育的启动有关，它们并非均匀分布，而是定位于特定的空间。不对称分裂使得细胞内成分不均等地分配，造成细胞内部的基因调控成分产生差异，这种差异决定了子细胞的分化命运。例如，果蝇神经系统发生时，神经细胞经过连续不对称分裂，像出芽一样产生一些小细胞，即神经节母细胞（ganglion mother cell），再经过一次分裂形成神经元或神经胶质细胞。这种影响细胞分裂向不同方向分化的细胞质成分，称决定子。在哺乳动物中，干细胞的分裂也是不对称的，产生一个祖细胞和另一个干细胞，从而把维持干细胞性状所必需的成分保留在子代干细胞中，而祖细胞只具有有限的自我更新能力，只能分化为终末细胞。

2. 转录因子的调控 转录因子是调节特定基因表达的关键。细胞的特定状态是由一些转录因子的共同作用决定的，而编码这些转录因子的基因称为关键调控基因（master control gene）。例如，*MyoD* 是成肌前体细胞中的关键调控基因，该基因编码的转录因子 MyoD 蛋白可顺序启动 MRF4、Myogenin 及肌肉专一基因的表达，诱导成肌前体细胞逐级分化为肌管、横纹肌细胞（图 21-5）。

图 21-5 肌肉组织细胞分化示意图

转录因子可以不同组合方式调节细胞的分化。例如，肝细胞核因子 -4（hepatocyte nuclear factor 4，HNF-4）是调节肝脏发育和肝细胞分化的重要转录因子，在很多肝细胞功能基因的启动子或增强子上有结合活性，调控多达 40% 的肝细胞特异基因的表达。活化的 HNF-4 激活 HNF-1α，HNF-1α 可与 HNF-4、HNF-3、Fos 及 Jun 等转录因子结合以不同组合方式激活肝组织专一基因的表达。而肾脏中也有转录因子 HNF-1α 的表达，但并未启动肝脏特异基因在肾脏的表达，这就涉及转录因子组织专一特异性组合，即一个基因的转录需多个转录因子组合，形成高度特异性的转录复合体，启动组织特异性基因的表达。

（二）细胞外部环境因素的调控

细胞分化还受到其周围组织及其他外部环境因素的影响。例如，有些细胞能够促使其他细胞向特定方向分化，这一现象称为诱导（induction），也称胚胎诱导（embryonic induction）。如脊索可诱导其顶部的外胚层发育成神经板、神经沟和神经管。分化成熟的细胞可以抑制相邻细胞发生同样的分化，这种作用称为分化抑制（differentiation inhibition）。这些细胞间的相互作用主要是通过分泌化学信号分子来实现的。调节细胞分化的信号分子主要有各类细胞因子和细胞外基质等。

1. 细胞因子 参与调控细胞增殖分化的细胞因子有很多，包括转化生长因子 -β（transforming growth factor-β，TGF-β）家族、Wnt 家族及表皮生长因子（epidermal growth factor，EGF）等，它们通过作用于特定的受体，发挥调节细胞增殖分化的作用。如 Wnts 通过作用于其受体 Frizzled 激活 Dishevelled 家族蛋白，阻止 β-catenin 分解，β-catenin 转位至核内，与 TCF/LEF 家族转录因子结合，促进特异基因的表达，从而调节干细胞的分化。

2. 细胞外基质 细胞外的基质成分能影响特定细胞的分化。如干细胞在 Ⅰ 型胶原和纤维连接蛋白（fibronectin）上分化为纤维细胞，在 Ⅱ 型胶原及软骨粘连蛋白（chondronectin）上发育为软骨细胞，在 Ⅳ 型胶原和层粘连蛋白（laminin）上分化为上皮细胞。而在发育与创伤组织中，透明质酸合成旺盛，促进细胞的增殖和迁移，阻止细胞的分化。

四、细胞分化与肿瘤发生

细胞分化是多细胞生物个体发育的基础和核心，也是生物个体行使正常功能的保证。生物个体通过正常的细胞分化，产生在形态、结构和功能上不同的稳定的各类细胞群，进而形成不同的组织、器官和系统，最终发育为成熟的个体。若细胞分化异常也可能导致疾病的发生，如肿瘤。

肿瘤的发生是多因素（外部的、内在的）、多基因（癌基因、抑癌基因）及多种细胞活动（细胞增殖、分化和凋亡）异常综合、积累的效果。肿瘤细胞是恶性增殖、分化异常的细胞，所以肿瘤细胞都具有无限增殖和去分化或低分化状态（永生性）即肿瘤细胞胚胎化。研究表明，肝脏肿瘤细胞中有胚胎肝组织的特有蛋白——甲胎蛋白。

除此之外，干细胞处于持续增殖、不断分化的状态，受内外环境的影响，其发生突变的概率也远远大于处于增殖不活跃和分化状态的终末细胞，其突变导致分化异常，恶性转化的概率增加。

第三节　细胞凋亡

在生物个体的生长发育过程中，细胞经历生长、增殖、分化、死亡的生命过程，以维持组织更新及机体正常的生理功能。细胞凋亡（apoptosis）是一种重要的细胞死亡方式，也是生命的基本现象。细胞凋亡调控紊乱会导致发育异常或疾病。例如，过度的凋亡会引起退行性疾病、免疫缺陷病等，而凋亡不足与肿瘤、自身免疫性疾病等有关。

一、细胞凋亡是重要的生命过程

（一）细胞凋亡的概念

细胞凋亡是生物体内细胞在特定的内源和外源信号诱导下，在相关基因的控制下发生的自主的、有序的死亡过程。生物体内各种组织细胞的数量经常保持在一种相对恒定的状态，这种稳态的维持有赖于各类细胞有规律地增殖、分化和凋亡。细胞分裂使细胞数量增加，可以补偿因功能丧失或衰老而死亡的细胞；细胞凋亡可以清除体内受损、威胁机体生命的细胞和多余的细胞，是生物体正常发育和产生功能必不可少的正常过程。

细胞凋亡也曾被称为细胞程序性死亡（programmed cell death，PCD）。"细胞程序性死亡"一词最早在发育生物学中提出，用于描述生物个体发育过程中某些细胞的自然性死亡现象，如蝌蚪尾巴的消失、人类胚胎指蹼的消失等，其机制是诱导特定细胞死亡的基因在适当的时间和空间被激活而导致的细胞主动的生理性死亡。严格意义上讲，凋亡和 PCD 是有区别的：PCD 是功能上的概念，强调细胞死亡的分子生物学和生理功能；凋亡则是形态学概念，强调凋亡小体形成和形态学变化过程，可以是病理性的，如疾病所引起的细胞凋亡和抗癌药所致的肿瘤细胞死亡等。但在一般情况下两者通用。

（二）细胞凋亡与细胞坏死

细胞凋亡与细胞坏死（necrosis）是两种细胞死亡形式。引起细胞凋亡和坏死的原因与机制不同，两者在形态学和生物化学特征上也存在明显区别（表 21-1）。

表 21-1　细胞凋亡与细胞坏死的主要区别

		凋亡	坏死
诱发因素		特定生理或病理因素、药物等	多为病理性原因，如严重缺氧、ATP 缺乏、毒素等
形态学特征	细胞体积	缩小，固缩	增大，细胞肿胀
	细胞核	核膜完整，核皱缩，染色质固缩在核膜下，最后核裂成碎片	核浓缩、碎裂、溶解

续表

		凋亡	坏死
生化特征	细胞质	浓缩，有气泡，细胞器大多保持完整，线粒体肿胀、通透性增加	显著肿胀，细胞器多受损，线粒体肿胀、破裂，溶酶体破裂
	细胞膜	完整，形成泡状，内容物不外溢，凋亡后期内陷包裹核与细胞器形成凋亡小体	破裂，内容物外溢
	DNA	在核小体连接处断裂，电泳呈梯度条带	随机断裂，电泳呈弥散分布条带
	蛋白质	凋亡相关蛋白和酶活化	非特异降解
	磷脂	凋亡早期胞膜磷脂酰丝氨酸外翻	降解
	ATP	正常合成并分解提供能量	耗竭，代谢停止
	基因调节	由凋亡相关基因调控，主动进行	离子平衡调节失调，被动进行
	能量代谢	需要能量	不需要能量
	合成代谢	有新 RNA 及蛋白质合成	合成代谢终止
组织分布		单个细胞分布	成片细胞
组织反应		形成凋亡小体，被周围细胞吞噬，不诱发炎症反应	细胞内容物溶解释放，引起炎症反应

多种生理及病理因素可诱发细胞凋亡。细胞凋亡程序启动后，在显微镜下可以观察到一系列形态与结构的变化，主要表现为细胞体积缩小、染色质固缩、核膜破裂、细胞器凝缩、细胞骨架解体、细胞膜出泡等，最后细胞膜下陷，包裹着核碎片和细胞器形成凋亡小体。凋亡小体则被邻近细胞，主要是巨噬细胞清除，不会导致周围组织损伤和炎症反应。除这些形态学改变外，DNA 电泳可见 DNA 梯度化，即 DNA 发生非随机性降解，分解成连续的、大小呈阶梯状的小片段。

细胞坏死通常是由于细胞受到意外损伤，如极端物理、化学因素或严重病理刺激而引起的细胞内外环境失衡、细胞的代谢活动破坏，进而导致细胞膜的破裂死亡，又称细胞意外死亡（accidental cell death）。细胞坏死表现为细胞肿胀、胞膜破裂、细胞内容物外溢、DNA 随机断裂等，由于溶酶体水解酶的释放而导致邻近组织的损伤和炎症反应。

（三）细胞凋亡的生理意义

在生物个体的生长发育过程中，细胞凋亡是维持机体正常生理功能和自身稳定的重要过程，它涉及生命活动的众多领域，如细胞更新、胚胎发育、免疫、衰老及肿瘤学等，是机体生存和发育的基础。

1. 维持组织内细胞数量的恒定 通过细胞凋亡清除衰老的细胞并代之以新生的细胞，从而使特定组织器官的细胞类型和数量保持稳定，维持器官正常形态和功能，如皮肤、血液和黏膜等细胞的更新。

2. 参与发育和分化 在胚胎发育过程中，特定种类的组织细胞在完成其使命后通过凋亡而淘汰，代之以新的组织细胞类型，如指、趾、关节腔的形成，人、蝌蚪尾巴的消失。

3. 调节免疫系统 在免疫系统中，调节免疫应答的过程和强度影响免疫耐受和免疫记忆的产生。例如，一些免疫活性细胞可以通过诱导凋亡来杀伤靶细胞；受抗原刺激活化的 T 淋巴细胞可以诱导自身凋亡，防止过高的免疫应答；在淋巴细胞的发育分化中，自身反应性 B 细胞、T 细胞均可通过凋亡选择性地清除，防止发生自身性免疫疾病。

4. 清除受损伤的细胞 组织损伤后由肉芽组织转变为瘢痕过程，是细胞通过凋亡实现的；损伤严重或无法修复的细胞也可通过凋亡清除；细胞凋亡程序被活化还可使 DNA 损伤的细胞在可能发生突变或退化成为肿瘤之前清除出体外。

5. 与衰老密切相关　随着年龄的增长，许多类型的细胞失去凋亡能力，可能是导致衰老和器官功能普遍下降的原因；胸腺和淋巴细胞可能也丧失触发凋亡信号途径的能力。

现今，人们不仅认识到细胞凋亡对多细胞生物的生长发育和正常生命活动至关重要，而且细胞凋亡失调与许多疾病的发生也密切相关，因此细胞凋亡的研究成为生命科学研究的重要领域。Syney Brenner、Robert Horvitz 和 John E. Sulston，因发现器官发育和细胞程序性死亡（细胞凋亡）的遗传调控机制而获得 2002 年度诺贝尔生理学或医学奖。

二、细胞凋亡的主要途径

细胞凋亡主要通过两条途径活化：一条是细胞内源途径，又称线粒体凋亡途径，由应急信号、DNA 损伤和缺陷引发，通过线粒体释放凋亡相关因子来控制凋亡；另一条是细胞外源途径，又称死亡受体介导凋亡途径，由细胞外信号分子与死亡受体结合，引起细胞凋亡。细胞凋亡除了上述线粒体与死亡受体介导途径外，还有细胞核、颗粒酶（granzyme）和内质网等相关的途径。这些凋亡途径往往涉及半胱氨酸天冬氨酸特异性蛋白酶（cysteine aspartic acid specific protease，caspase）家族的激活。迄今为止，已发现多种凋亡抑制分子和凋亡促进分子，其中 Bcl-2 蛋白家族既参与抗凋亡，也参与促凋亡作用。

（一）caspase 家族

caspase 家族在细胞凋亡过程中常起着重要的作用。caspase 是半胱氨酸天冬氨酸特异性蛋白酶，简称胱天蛋白酶，它的活性位点均包含半胱氨酸残基，能特异性地切割靶蛋白天冬氨酸残基后的肽键，使靶蛋白激活或灭活而非降解。在正常细胞中，caspase 处于非活化的酶原状态（procaspase），凋亡程序一旦开始，caspase 被活化，随后发生凋亡相关蛋白酶的层叠级联反应，发生不可逆的凋亡。

procaspase 结构上包括 N 端的原结构域（prodomain）、大亚基（α 链）和小亚基（β 链）。经特异蛋白酶在其 Asp-x 部位水解，N 端原结构域脱落，形成大小亚基组成的异二聚体，两个这样的异二聚体再聚合成具有两个催化中心的四聚体，这一四聚体就是 caspase 的活性形式（图 21-6）。活化的 caspase 可以自激活（autoactivation）引发级联反应，也可以特异地切割底物，最终导致细胞凋亡。

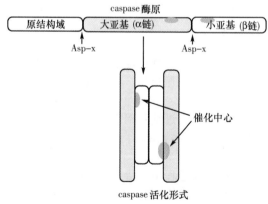

图 21-6　caspase 活化示意图

在哺乳动物中，已发现 15 种 caspase 家族成员，根据其结构的同源性分成 3 个亚家族：① caspase-1 亚家族：caspase-1、4、5、11、12、13、14、15，它们的活化与炎症因子的合成有关，多数情况下不直接参与细胞凋亡的传递。② caspase-2 亚家族：caspase-2。③ caspase-3 亚家族：caspase-3、6、7、8、9、10，它们都直接参与介导细胞凋亡过程。可见，与细胞凋亡相关的主要是 caspase-3 亚家族，它又可按功能分为两类：第一类是起始酶（initiate caspase），参与凋亡的起始，主要有 caspase-8、9、10，具有长的原结构域，可以通过这种长的原结构域与胞膜上的受体和接头蛋白结合，构成 caspase 激活复合体，使起始酶发生聚集，并通过分子间切割而活化，继而切割活化下游的 caspase 分子。另一类是效应酶（execute caspase），参与凋亡的执行，主要有 caspase-3、6、7，它们的原结构域较短，不能相互聚集，只能作为上游 caspase 的底物，活化后切割下游靶蛋白，触发细胞凋亡。如水解核酸酶抑制物、活化脱氧核糖核酸酶（caspase-activated deoxyribonulease，CAD），引起 DNA 非随机性断裂；水解细胞骨架蛋白，破坏细胞结构；水解 DNA 修复有关的酶，阻断细胞 DNA 复制和修复。

（二）Bcl-2 蛋白家族

B 淋巴细胞瘤 -2（B-cell lymphoma-2，Bcl-2）蛋白家族是一组关键的凋亡调节蛋白。目前已知的 Bcl-2 蛋白家族成员有 20 多种，分子中包含两大结构域：数量不等的 Bcl-2 同源（Bcl-2 homology，BH）结构域和 C 端的跨膜结构域（transmembrane region，TM）。所有的家族成员都至少有一个 BH 结构域，多数 Bcl-2 家族蛋白通过 BH 结构域形成二聚体，BH 结构域也是介导与其他分子间相互作用的重要功能区。

按结构和功能可将 Bcl-2 蛋白家族分为 3 个亚族。

（1）Bcl-2 亚家族，包括 Bcl-2、Bcl-XL、A1/Bf-1、Bcl-W、Mcl-1 等，这类蛋白大多具有 4 个 BH 结构域（BH1 ～ BH4）和 C 端的一个疏水的、跨膜的 TM 结构域，具有抗凋亡功能（anti-apoptosis）。在正常细胞中，此类蛋白借助 BH 结构域与促凋亡蛋白结合成异二聚体，抑制其活性，发挥抗凋亡作用。此类蛋白能阻止由 γ 射线、热休克和多种化疗药物等诱导的细胞凋亡。

（2）Bax 亚家族，主要包括 Bax、Bak、Bok/Mtd 等，具有 3 个 BH 结构域（BH1 ～ BH3），与 Bcl-2 亚家族相反，具有促凋亡功能（pro-apoptosis）。它们有的在结构上除了 N 端没有 BH4 结构域外与第一类相似。这类蛋白可以自身结合成同源二聚体，发挥促凋亡作用。

（3）BH3 亚家族，包括 Bid、Bad、Bik、Bim、Blk、Hrk/DP5、Puma、Noxa 等，只含有 BH3 结构域，能够充当细胞内凋亡的"感受器"，作用也是促进凋亡。

（三）细胞凋亡的主要途径

1. 线粒体凋亡途径　是由细胞内因素激活的内源通道。许多与凋亡相关的基因表达产物定位于线粒体，当刺激因素（如 DNA 损伤、氧化应激、生长因子缺乏等）诱导细胞凋亡时，线粒体通透性增加，释放多种促凋亡相关因子，如细胞色素 c、凋亡诱导因子（apoptosis-inducing factor，AIF）等。细胞色素 c 激活 caspase，导致细胞凋亡，而 AIF 激活 caspase 非依赖的凋亡通路。

（1）细胞色素 c 的释放：正常状态下，细胞色素 c 与磷脂结合镶嵌在线粒体内膜上。当凋亡刺激信号发生，促凋亡蛋白异二聚体 Bax/Bak 与 Bcl-2/Bcl-XL 解聚，重新二聚化从细胞质移位到线粒体外膜上，并与膜上的电压依赖性阴离子通道（voltage-dependent anion channel，VDAC）相互作用，使其开放。细胞色素 c 及其他凋亡相关因子通过这个孔道释放到了细胞质，诱发细胞凋亡。Bcl-2 亚家族的 Bcl-2 等，通过 BH 结构域与 Bax 形成异二聚体，从而阻止 Bax 的二聚化，阻断线粒体通道开放，抑制细胞凋亡。

（2）caspase 级联反应的触发：从线粒体释放的细胞色素 c 促成了一个凋亡复合体组装，这个复合体包括细胞色素 c、接头蛋白 Apaf1（apoptosis protease activating factor-1）和 procaspase-9，凋亡复合体的形成需要 ATP 供能。凋亡复合体导致 procaspase-9 被水解并激活，活化的 caspase-9 又可激活 caspase-3，活化的 caspase-3 再进一步水解下游其他的 caspase 及其他靶蛋白。这样的级联反应引起许多底物蛋白水解，DNA 断裂，细胞最终死亡。

2. 死亡受体凋亡途径　细胞外信号分子通过与特异的受体结合而引起细胞死亡，故这一类受体被称为"死亡受体"(death receptor, DR), 属于肿瘤坏死因子受体 (tumor necrosis factor receptor, TNFR) 超家族。TNFR 均为 I 型跨膜蛋白, 其成员的结构特征是包含一个富含半胱氨酸的胞外结构域和一个称为"死亡结构域"(death domain, DD) 的同源胞内结构域。TNFR 主要成员包括 Fas(或称 CD95)、肿瘤坏死因子 α 受体 1(TNFR1)、DR4 和 DR5。这些受体以三聚体形式与胞外同样形成三聚体的配体结合而被激活, 将信号传递到细胞内。通过死亡受体传递的信号可产生多种生物学效应, 包括促凋亡、抗凋亡、抗炎症和促炎症。

（1）Fas/CD95 信号通路：同源三聚体的 Fas 配体(Fas ligand, FasL)与 Fas/CD95 结合引起受体胞内结构域的聚集和活化, Fas 借助胞内"死亡结构域"DD, 募集同样具有 DD 的接头蛋白——Fas 相关死亡结构域蛋白(Fas associated protein with death domain, FADD)和 procaspase-8, 形成死亡诱导信号复合体(death-inducing signaling complex, DISC)。一方面, DISC 使 procaspase-8 水解活化, 活化的 caspase-8 从 Fas-DISC 复合体中释出, 顺序活化下游凋亡蛋白包括 caspase-3, 直接引发广泛的 caspase 级联反应; 另一方面, 活化的 caspase-8 通过水解切割 Bid 与线粒体凋亡通路联系, 且通过促使线粒体释放细胞色素 c 及相关促凋亡因子, 加速细胞凋亡。

（2）TNF 信号通路：TNF 能与两种截然不同的细胞膜受体 ——TNFR1 和 TNFR2 结合, 激活多条信号转导通路。 TNFR1 激活介导了 TNF 的大部分生物活性, 其中最显著的是 caspase-8 的活化和两个主要转录因子的激活。首先, TNF 结合 TNFR1, 引起 TNFR1 聚合并解离胞内结构域上的抑制蛋白, 游离出的胞内结构域与连接蛋白 TNF 受体相关死亡结构域 (TNF receptor-associated death domain, TRADD) 结合并募集更多的连接蛋白, 包括 FADD, 形成多蛋白复合体。该复合体与 procaspase-8 结合并将其激活。被激活的 caspase-8 可激活下游 caspase, 从而引起广泛的 caspase 级联反应, 诱导凋亡的产生。活化的 TNFR1 复合体中的另一类连接蛋白(TRAF)还可以富集并激活蛋白激酶, 通过信号传导激活转录因子 NF-κB 和 JNK, 进而产生其他生物学效应, 如炎症反应等, 同时阻断 caspase 活化并抑制细胞凋亡（图 21-7）。

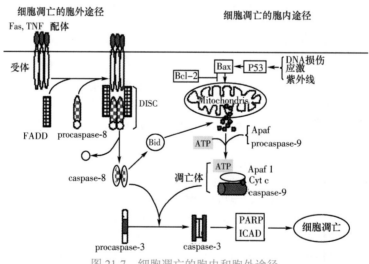

图 21-7　细胞凋亡的胞内和胞外途径

三、细胞凋亡与疾病

细胞凋亡是细胞在正常生理或病理状态下发生的一种自发的、程序化的死亡过程, 是细胞生命活动的重要组成部分。综上所述, 细胞凋亡是受到严密调控的, 其正常进行对多细胞生物的生长发育和健康生理活动至关重要; 若失常或调控异常, 会影响机体健康甚至导致疾病发生。细胞凋亡异常主要表现为两大类：凋亡不足或凋亡过度。

（一）细胞凋亡不足与疾病

研究表明，肿瘤的发生不仅仅是细胞过量增殖，还包括细胞凋亡不足。人类 50% 以上肿瘤都发现存在抑癌基因 *p53* 的突变或丢失，而 *p53* 基因表达产物 P53 蛋白不仅通过 CKI（P21，14-3-3σ）抑制 CDK 活性阻断细胞周期进程，抑制细胞增殖；还能通过 Bax 诱导细胞凋亡。*p53* 基因的丢失或突变，不仅使细胞增殖失控，还导致凋亡下降，从而逐步积累导致肿瘤发生。

研究还发现，在一些 B 细胞淋巴瘤中，由于基因重排导致 Bcl-2 表达增加，从而导致凋亡不足，引起淋巴瘤产生。除此之外，在其他肿瘤（肺癌、肝癌、乳腺癌等）也发现 Bcl-2 的高表达。

死亡受体 Fas 介导的细胞凋亡对淋巴细胞成熟至关重要，此通路发生问题会导致细胞凋亡不足，诱发淋巴瘤和一些自身免疫性疾病。

在一些急慢性白血病患者中，由于染色体易位产生费城染色体，形成融合基因 *abl-bcr* 表达的 ABL-BCR 融合蛋白，具有抑制细胞凋亡作用，导致白血病发生。

（二）细胞凋亡过度与疾病

细胞凋亡不足会导致疾病，反之不该凋亡而凋亡或凋亡过度同样会影响机体健康，甚至导致疾病发生。

除了肿瘤，心脑血管疾病也是影响人类健康，导致人类死亡的主要疾病。心肌缺血（心肌梗死）与脑缺血（脑卒中）及再灌注，不仅会引起相应心肌细胞或神经细胞坏死，也会引起细胞凋亡。其机制是缺血、缺氧产生活性氧自由基及钙超载，引起线粒体损伤，能量耗竭或 Fas 表达增加，导致细胞凋亡上调，损伤相应心肌或脑组织，引发心力衰竭、偏瘫和失语，严重者导致死亡。

艾滋病病毒（HIV）感染 T 淋巴细胞，通过病毒外壳蛋白介导死亡受体途径导致 T 淋巴细胞的过度凋亡，引起机体产生免疫缺陷。还有神经退行性疾病（早老性痴呆、帕金森病）、再生障碍性贫血和器官移植的免疫排斥等都与细胞凋亡过度有关。

第四节　生长因子及其受体

一、生长因子

（一）生长因子的概念

生长因子（growth factor）原指对微生物、植物、家畜等有明显刺激生长作用的物质，也称生长素。后来发现当体外培养细胞时，培养液中虽加入各种营养成分，细胞仍不能正常生长和分裂；而加入新鲜的小牛血清后，细胞可生长和增殖。研究发现，血清中含有易于失活的微量物质，可调节细胞生长与增殖，其化学本质为多肽和类固醇激素，此类物质被称为生长因子。血清中的生长因子主要包括血小板衍生生长因子（PDGF），它是由血小板产生的一种蛋白质，具有刺激结缔组织细胞和平滑肌细胞增殖作用；表皮生长因子（epidermal growth factor，EGF）广泛存在于许多组织与血管中。有些生长因子，如 EGF 可以刺激广泛类型的细胞生长；而另一些只作用于特定细胞。

生长因子具有以下特点：①活细胞产生的微量活性物质，本身不是营养成分；②一般是分子量为 5～80kDa 的多肽，易受各种理化因素影响而变性；③需通过靶细胞膜上特异的受体介导生物学作用；④生物学作用是双向的，即包括细胞生长促进因子和细胞生长抑制因子。部分常见生长因子的来源及主要生物学效应见表 21-2。

表 21-2　常见生长因子的来源和主要生物学效应

生长因子	来源	主要生物学效应
表皮生长因子（EGF）	颌下腺、血小板	促进表皮细胞、上皮细胞及间质的生长
酸性成纤维细胞生长因子（aFGF）	脑、视网膜、骨基质	促进多种中胚层、神经外胚层细胞分裂，诱导血管形成
碱性成纤维细胞生长因子（bFGF）	垂体、胎盘、神经组织等	促进多种中胚层、神经外胚层细胞分裂，诱导血管形成
血小板衍生生长因子（PDGF）	血小板、神经元等	促进间质细胞、胶质细胞、成纤维细胞等多种细胞的生长
转化生长因子 α（TGFα）	肿瘤细胞、垂体、脑等	促进成纤维细胞分裂，诱导上皮形成
转化生长因子 β（TGFβ）	血小板、胎盘、肾等	抑制多种细胞的生长，抑制 B、T 细胞增殖，对某些细胞呈促进和抑制双向作用
胰岛素样生长因子 - I（IGF-I）	多种组织	促进软骨细胞分裂和软骨基质形成对多种细胞类似胰岛素样作用，介导生长激素效应
胰岛素样生长因子 - II（IGF-II）	多种组织	促进软骨细胞分裂和软骨基质形成，在胚胎发育和中枢神经系统发挥作用
神经生长因子（NGF）	颌下腺、神经元等	参与交感神经和某些感觉神经元的发育，刺激 B 细胞生长
红细胞生成素（EPO）	肾、肝、尿	促进成红细胞的发育、生成
肿瘤坏死因子 α（TNF-α）	中性粒细胞、淋巴细胞等	介导其他生长因子、转录因子、炎症因子、受体、急性反应期蛋白等的表达，具有极广泛的作用
肿瘤坏死因子 β（TNF-β）	淋巴细胞等	刺激免疫反应和炎症反应，抗感染、抗肿瘤等
干扰素（IFN）	T 细胞、B 细胞、NK 细胞等	抗病毒、调节免疫应答等

（二）生长因子分泌机制的特殊性

多肽生长因子的分泌与传统概念的由特化腺体细胞分泌的激素不同，生长因子的分泌呈现多样性。首先，生长因子不是由专一细胞合成分泌的，而是由多种组织、多种细胞分泌。其次，生长因子的靶细胞具有广谱性。另外，生长因子的运送方式也多样化。生长因子对靶细胞的作用可通过下列模式：内分泌（endocrine），细胞分泌的生长因子通过血液循环，远距离作用于靶细胞；旁分泌（paracrine），细胞分泌的生长因子作用于其邻近的其他类型细胞；自分泌（autocrine），生长因子作用于合成及分泌该生长因子的细胞本身；胞内分泌（intracrine），生长因子不分泌到细胞外而直接作用于胞内受体。

（三）生长因子作用的多功能性

多肽生长因子的分泌方式多样化，靶细胞的广谱性导致生长因子功能的多样性和复杂性。生长因子的多功能性主要表现在以下三个方面：①一种生长因子可作用于多种靶细胞。如转化生长因子 -β1（transforming growth factor-β1，TGF-β1）在脑损伤时表达增加，提示它在神经损伤过程中起重要作用，同时 TGF-β1 还能强烈抑制淋巴细胞合成免疫球蛋白。②一种细胞可接受多种生长因子作用，产生多种效应。如成纤维细胞生长因子（fibroblast growth factor，FGF）家族有多个成员，它们由不同的细胞合成分泌，都能促进中枢及外周神经元的存活、突触生长、损伤修复与再生。③生长因子作用于不同环境或不同发育阶段的相同细胞，可产生不同效应甚至相反效应。典型的例子是 TGF-β 的双向调节：在转染了癌基因 *myc* 的 3T3 细胞中，有 EGF 存在时，TGF-β 抑制细胞生长；而当 PDGF 存在时，TGF-β 则促进细胞生长。

（四）多种生长因子作用的协同性

细胞的各种生理或病理反应需多种生长因子参与完成。两种或两种以上的生长因子互相作用产生叠加效应或附加反应，称为生长因子的协同效应。已知细胞是否分裂增殖取决于细胞能否跨过 G_0 期进入 G_1 期，PDGF、FGF 等推动 G_0 期细胞启动并越过 G_1 期，两类因子在时间和效应上连续协同作用，促使细胞进行分裂。

二、生长因子受体

（一）生长因子受体的概念

生长因子受体是细胞表面或细胞内的蛋白质，可以特异识别、结合其配体——生长因子，并将生长因子信号传导入胞内，从而激活或启动一系列胞内信号转导通路，产生生物学效应。

（二）生长因子受体的结构和功能

生长因子受体大多是跨膜蛋白，一般可分为 3 个结构域：①N 端位于胞外，为配体结合域，大小近整个受体蛋白的一半，富含半胱氨酸残基，并有糖基化位点。胞外区行使两大功能：一是以高度亲和力与配体结合；二是参与受体变构和信号跨膜传导。②受体的跨膜结构域由 20 ～ 25 个疏水氨基酸残基组成，以 Leu、Val、Ile、Ala、Gly 为主。跨膜结构域也有两个功能：一是使受体锚定于细胞膜上；二是使受体在细胞膜上运动，便于配体与受体的相互作用和活化。③C 端为受体胞内区，是受体信号转导的关键部位。大多数生长因子受体的胞内结构域都有酪氨酸蛋白激酶活性，部分受体含有丝 / 苏氨酸蛋白激酶活性，还有一些受体的胞内结构域无明显的蛋白激酶活性。

三、生长因子与其受体的作用机制

生长因子从细胞中分泌后，与效应细胞的膜受体特异结合，使受体胞内结构域的酪氨酸蛋白激酶或丝 / 苏氨酸蛋白激酶活化，催化自身及细胞内一系列底物蛋白的磷酸化，产生生物效应；或激活其他信号通路，如 PI3K-Akt 通路发挥作用。一些无胞内蛋白激酶的膜受体与特异生长因子结合后，可通过第二信使将信号传导入胞内。还有一些生长因子进入细胞后，与相应胞内受体结合转移到细胞核，直接参与核内反应。生长因子在核内聚集和参与核内反应的机制不清楚。无论哪一种方式，最终都活化核内转录因子，调控基因转录，达到调节生长与分化的作用。

第五节 癌基因与抑癌基因

肿瘤是细胞生长、增殖、分化和凋亡发生紊乱所导致的细胞恶性增殖引发的一种多基因疾病。目前研究与肿瘤发生相关的基因主要分为两大类，一类是促进细胞生长和增殖的基因，多为癌基因（oncogene，onc）；另一类是抑制细胞繁殖，促进分化和凋亡的基因，主要是抑癌基因（tumor suppressor gene，anti-oncogene）。

一、癌 基 因

长期以来，人们利用各种试验探索正常细胞转化成肿瘤细胞的原因，提出三种假说，即突变、去分化和病毒致癌论。自从在逆转录病毒中发现了致癌基因，并证实它和正常细胞基因组某些 DNA 片段同源，即确定了癌基因在癌症发生过程中的重要地位。癌基因根据其来源可分为两类：病毒癌基因（virus oncogene，v-onc），存在于逆转录病毒中；原癌基因（proto-oncogene），又称细胞癌基因（cellular oncogene，c-onc），存在于正常细胞中。研究表明，原癌基因是细胞内控制细胞生长和增殖的基因，在基因突变或异常表达时，其产物可使细胞持续增殖或如同肿瘤细胞一样永生化。每个癌基因通常用三个小写斜体英文字母表示，其命名与它们最终被确定时所在的逆转录病毒或细胞的名称相关，如劳氏肉瘤病毒（Rous sarcoma virus）中癌基因定名为 *src*，病毒中的标为 v-src，细胞中的标为 c-src。

（一）病毒癌基因

病毒癌基因是一类存在于病毒（主要是逆转录病毒）基因组中，可使敏感宿主产生肿瘤、体外诱导和（或）维持培养细胞恶性转化的基因。研究表明，这些基因多与正常细胞内调控细胞生长分化的基因同源，推测病毒癌基因可能来源于细胞癌基因。逆转录病毒是一种 RNA病毒，其特征是含有编码依赖 RNA 的 DNA 聚合酶（逆转录酶）基因。很多逆转录病毒可致宿主细胞恶性转化形成肿瘤，根据其致病性可将逆转录病毒分为非急性（慢性）和急性转化性逆转录病毒。

早在 1911 年，Francis Peyton Rous 发现鸡肉瘤病毒（sarcoma virus）注入健康鸡体内可诱发白血病，首次将病毒与肿瘤联系起来（为此该病毒被命名为 Rous sarcoma virus，RSV），但当时这一发现并未引起注意。数十年后，随着人们对病毒的认识日益深入，发现病毒可在脊椎动物的种系间垂直或横向传递，并在某些种系中引起肿瘤，从而建立了经典的病毒致癌学说。Rous 也因此获得 1966 年诺贝尔生理学或医学奖。20 世纪 70 年代研究发现 RSV 是包含一条 RNA 链的逆转录病毒，其中一个基因（*src*），在所有被 RSV 诱导的肿瘤中都被发现，所以称其为癌基因（oncogene），因其来源于病毒，又称病毒癌基因（v-onc）。

1. 非急性转化性逆转录病毒　基本结构中有两套相同的 RNA 基因组，每一单链 RNA 基因组含有 3 个重要的结构基因，它们的排列为 5′-gag-pol-env-3′。5′ 端有帽子结构，3′ 端有poly(A)。*gag* 基因编码核心蛋白，*pol* 基因编码逆转录酶，*env* 基因编码病毒外壳蛋白。这三个结构基因保证了病毒颗粒在宿主细胞中的繁殖。病毒进入宿主细胞后，首先以自身 *pol* 基因为模板合成逆转录酶，由此逆转录酶催化生成双链病毒 DNA，整合到宿主基因组中。在此过程中，逆转录病毒 5′ 端和 3′ 端形成独特的"长末端重复序列"（long terminal repeats，LTR），LTR 中常具有启动子、增强子等调控序列。这种整合到细胞 DNA 中，两端带有 LTR 的病毒DNA 中间体被称为前病毒（provirus）。前病毒既可以随宿主细胞分裂传代，也能够转录、表达，组装成新的病毒，再感染其他宿主细胞。非急性逆转录病毒可在人体中长期潜伏（5 ~ 10年）不引起疾病。

2. 急性转化性逆转录病毒　如果整合于宿主 DNA 的前病毒通过重排或重组，捕获了宿主DNA 的特定序列，使原来的野生型病毒变成携带恶性转化基因（即外加基因）的病毒。这些外加基因在易感细胞中诱导和（或）维持恶性转化，称为病毒癌基因。含有外加基因的病毒可在短期内引起易感宿主动物发生实体瘤或白血病，故又称为急性逆转录病毒。

由上述可见，病毒癌基因是病毒从宿主细胞 DNA 中获得的特定细胞 DNA 序列，且以不同方式融合进入病毒结构基因中（图 21-8）。病毒癌基因虽来自真核细胞，但在病毒中没有内含子。目前已检测过的急性逆转录病毒包含的癌基因都是相应的细胞癌基因（原癌基因）的突变形式，这种突变的直接结果是表达产物上氨基酸残基序列的改变，继而导致结构上的差异，可能与病毒癌基因的急性转化作用有关。

（二）原癌基因（细胞癌基因）

已知病毒癌基因是 RNA 病毒感染宿主细胞后，从宿主细胞基因组中捕获的一段核苷酸序列，此序列在真核细胞基因组中的复本为细胞癌基因。细胞癌基因是一类普遍存在于正常细胞内调控细胞增殖和分化的重要基因，当它受到物理、化学或病毒等各种因素影响被"活化"而失控时，才会导致正常细胞恶性转化。因为细胞癌基因在正常细胞中以非激活形式存在，不会自发诱导癌症，故又称为原癌基因。实际上原癌基因是一类编码关键性调控蛋白的正常

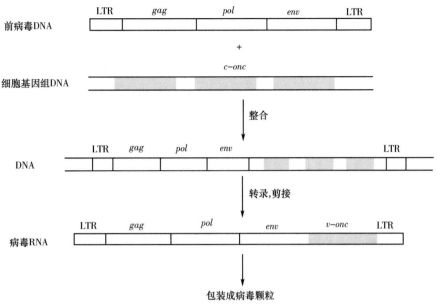

图 21-8 RNA 病毒捕获细胞癌基因示意图

细胞基因。原癌基因广泛分布于生物界，有的原癌基因如 *c-myc*，不但存在于所有脊椎动物的基因组中，而且存在于果蝇和海胆，甚至单细胞酵母的基因组中。从酵母到哺乳动物，原癌基因在进化上高度保守，由此推测它们在正常细胞的生长、生存、发育、分化过程中具有重要的生理功能。

1. 原癌基因的分类 目前已知的原癌基因达百种以上，并且数量仍在不断增加，按其结构特点可分为多个基因家族。

（1）*sis* 基因家族：*sis* 基因编码生长因子样活性物质，首先从分子水平证明了癌基因与生长因子的关系。它编码由 241 个氨基酸残基组成的 28kDa 蛋白质，其 99 ～ 207 位氨基酸序列与血小板衍生生长因子（PDGF）B 链同源。PDGF 由 A、B 两条多肽链组成，也有 AA、BB 异构体。一般认为，PDGF 是血清中重要的细胞分裂素，凝血时从血小板中释出，促进平滑肌细胞、成纤维细胞、内皮细胞的生长增殖。

（2）酪氨酸激酶类基因家族：是一个较大的家族，包括 *src*、*fyn*、*fps*、*fgr*、*yes*、*erb* 等，其表达产物均具有酪氨酸蛋白激酶（PTK）活性，定位于胞膜内或跨膜分布。例如，*src* 基因家族，包括 *src*、*fyn*、*yes*、*lyn*、*lck* 等，其产物为胞内酪氨酸蛋白激酶；*erb* 基因家族，包括 *erbA*、*erbB*、*mas* 等，其中 *erbB* 基因表达表皮生长因子受体，*mas* 基因表达血管紧张素受体，*erbA* 基因表达甲状腺素或类固醇激素受体等。

（3）*ras* 基因家族：是由三个密切相关的成员，即 *H-ras*、*K-ras*、*N-ras* 所组成。*ras* 基因家族结构相似，均由四个外显子组成，其表达产物是含 188 或 189 个氨基酸残基的 21kDa 蛋白质，称为 P21^{ras}。P21^{ras} 是位于细胞膜内的小 G 蛋白，可以与 GTP 结合，有 GTP 酶活性，参与细胞内信号传递。

（4）*myc* 基因家族及其他核内基因：编码核蛋白的原癌基因有 *fos*、*jun*、*myc*、*myb*、*ets*、*ski* 等。*myc* 基因家族包括 *c-myc*、*N-myc*（neuroblastoma，N）、*L-myc*（small cell carcinoma of the lung，L）及 *R-myc*（rhabdomyosarcoma，R）。这些原癌基因编码的蛋白质都具有转录因子特异的结构域，如亮氨酸拉链、锌指结构、螺旋 - 环 - 螺旋等，属于反式作用因子。myc 表达产物的 C 端含有较多的碱性氨基酸，对单双链 DNA 有很强的亲和力。*myc* 基因普遍存在于真核细胞，其表达产物在正常细胞中很难检测到，但在胚胎、再生肝及肿瘤中高表达。提示 myc 表达产物是一种调节细胞增殖的调控蛋白。转录因子 AP-1（activator protein-1，AP-1）是由一个 Fos 蛋白和一个 Jun 蛋白组成的二聚体，通过亮氨酸拉链与 DNA 结合。

2. 原癌基因的功能　原癌基因是正常细胞固有基因成分，具有高度进化保守性，表明它们的表达产物有着重要的生物学功能。原癌基因表达的蛋白质因子都是细胞信号转导途径和调节基因转录的关键分子，参与细胞生长、增殖、分化、凋亡过程中各个环节的调控，也从另一角度说明信号转导异常可引起细胞异常增生、恶性转化。通过对原癌基因的研究，大大促进了人们对细胞正常生长分化过程的认识。

（1）原癌基因与细胞生长调节：原癌基因的表达产物主要包括：①生长因子；②生长因子受体；③胞内信号转导蛋白，包括蛋白激酶、GTP 结合蛋白等；④核内因子，包括核受体、转录因子等。可见，生长因子及其受体与癌基因的关系十分密切，不仅某些生长因子及其受体与癌基因产物高度同源，许多信号转导过程中各步骤的信号分子也与癌基因产物同源（图 21-9）。这些原癌基因的突变产物可以替代正常信号分子，包括生长因子及其受体的作用，并表现恶性转化特征，这可能是肿瘤恶性增殖的原因。从某种意义上讲，细胞的恶性转化是以某些方式干扰和破坏了生长因子的正常信号通路，使细胞的生长、增殖、分化从被精密调控的状态变为失控状态。

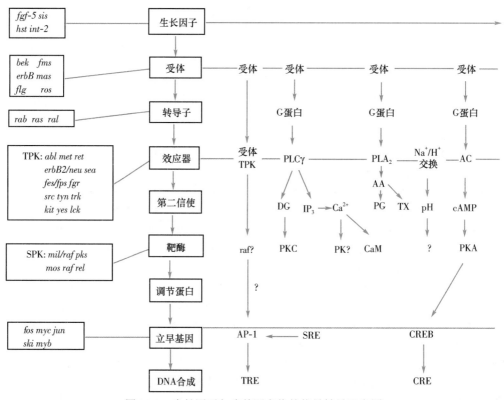

图 21-9　生长因子与癌基因产物的信号转导示意图

（2）原癌基因与细胞分化调节：原癌基因除了参与细胞增殖调节外，对细胞分化的调节也起到重要作用。无论在胚胎组织还是成年组织中，原癌基因的表达呈现严格的组织细胞类型和时相的特异性，可以在分化过程的不同分支点上发挥"正性"或"负性"调控作用。已有许多实验表明原癌基因与细胞分化的关系。例如，*src* 基因表达在鸡神经视网膜和小脑中，随着神经细胞分化的开始与增殖的终止，持续表达至终末分化，可见 *src* 基因与神经元细胞分化的关系；另外，myb 的表达仅限于造血组织中的不成熟细胞，提示 myb 蛋白在正常血细胞生成过程中有一定作用；通过向体外培养细胞导入某些外源基因，可诱导细胞转化。

事实上，细胞的增殖和分化并不是各自孤立的，而是紧密关联、互相制约的过程。某些原癌基因既调节细胞增殖，也参与细胞分化。

二、抑 癌 基 因

人们在探讨一些具有明显遗传倾向的肿瘤时，常发现特定染色体或染色体的某一部分丢失，提示那些丢失的染色体部分对细胞的恶性转化具有抑制作用。细胞杂交实验显示，当肿瘤细胞与正常细胞融合为杂交细胞后，往往不具有肿瘤表型，致癌潜能降低或消失。说明机体对肿瘤的发生和发展不是被动接受，而是有各层次的抑制、防御体系与之对抗，因此推测正常细胞中存在肿瘤抑制基因。目前对抑癌基因的了解尚不及癌基因，但可以肯定抑癌基因与原癌基因一样，也是一类细胞中具有重要生理功能的正常基因。

（一）抑癌基因的基本概念

抑癌基因是一大类可抑制细胞生长并有潜在抑制细胞恶性转化作用的基因。当它失活时，可使细胞过度生长增殖，导致肿瘤形成。

抑癌基因的确定依据：①在某些恶性肿瘤细胞中一对等位基因发生变异或缺失。②在该特定恶性肿瘤的相应正常组织中有正常表达。③将此基因导入该恶性肿瘤细胞中能部分或完全抑制其恶性表型及生长增殖。目前，已发现的十几种抑癌基因，其编码的蛋白质的功能分为三类：①与细胞周期和 DNA 损伤有关，当损伤发生，使细胞周期停止进行损伤修复，修复完成继续增殖。②与细胞凋亡有关，损伤修复失败或不能修复，诱导细胞凋亡，以防止损伤细胞对机体造成危害。③与细胞黏附有关，阻止或抑制癌细胞的扩散与转移。

（二）主要的抑癌基因

1. *p53* 基因 是迄今发现与人类肿瘤相关性最高的基因，涉及一半以上的肿瘤。人类 *p53* 基因定位于染色体 17p13.1，全长 16～20kb，有 11 个外显子，第 1 外显子不编码，第 2、4、5、7、8 外显子分别编码 5 个高度保守的结构域。正常 *p53* 基因转录需要两个启动子共同作用，P53 内含子也起调控作用。*p53* 基因的编码产物是 393 个氨基酸残基的蛋白质，分子量为 53kDa，故称为 P53。

P53 从 N 端到 C 端大致可分三个重要区段：①N 端酸性区，由 1～80 位氨基酸残基组成，含一些特殊的磷酸化位点，易被蛋白酶水解，致使 P53 半衰期较短。②蛋白核心区，位于分子中心，是由 102～290 位氨基酸残基组成的高度保守区，含有与 DNA 结合的特定基序，为重要功能区。③C 端碱性区，由 319～393 位氨基酸残基组成，有多个磷酸化位点，为多种蛋白激酶识别。P53 蛋白通过这一区段互相聚合形成四聚体，如发生突变，C 端也可具备独立转化活性。

P53 蛋白主要集中于核仁区，能与 DNA 特异结合，其活性亦受磷酸化调控。正常 P53 的生物学功能好似"分子警察"，在 G_1 期去磷酸化，为活性形式，检查 DNA 损伤点，监视细胞基因组的完整性。一旦 DNA 发生损伤，P53 蛋白即阻止 DNA 复制，以提供足够的时间修复DNA；如果修复失败，P53 蛋白则启动细胞程序性死亡，阻止具有基因损伤、可能诱发癌变的细胞产生。在 S 期磷酸化，其抑制细胞分裂的活性消失。

2. *Rb* 基因 视网膜母细胞瘤基因（Retinoblastoma gene，*Rb/RB*）是第一个被克隆和完成序列测定的抑癌基因，为视网膜母细胞瘤易感基因，定位于染色体 13q14.1，由 27 个外显子构成，全长 200kb 以上。*Rb* 基因缺失还与成骨肉瘤、前列腺癌、小细胞肺癌、乳腺癌、脑垂体肿瘤等有关。*Rb* 基因转录产物约 4.7kb，表达产物为 928 个氨基酸残基的蛋白质，分子量约 105kDa，称 P105^{Rb}。

Rb 蛋白分布于核内，为 DNA 结合蛋白。Rb 蛋白由一条多肽链组成，至少可分为三个功能域：①N 端是寡聚化区。②中心口袋区有转录因子 E2F 结合位点，多种癌蛋白 E1A、E7 等结合位点，以及其他细胞蛋白质的结合位点。③C端有非特异的DNA结合位点。Rb蛋白有很多Ser/Thr磷酸化位点（图21-10）。

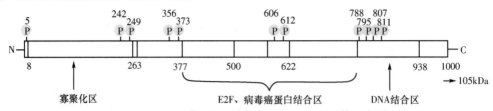

图21-10　视网膜母细胞瘤蛋白（Rb）一级结构示意图

正常细胞中Rb蛋白持续存在，没有明显量的改变。但它的磷酸化/去磷酸化不断改变，是其活性调节的重要形式，与细胞周期密切相关。去磷酸化为活性形式，有丝分裂结束至G_1期调控点，Rb以去磷酸化形式存在，结合并抑制转录因子E2F的活性，阻断G_1/S转换及DNA合成，具有抑制细胞增殖作用；当细胞周期启动并通过调控点后，Rb蛋白被周期蛋白-CDK复合体高度磷酸化，释放转录因子E2F，DNA合成启动，持续到有丝分裂结束。

（三）抑癌基因的功能

目前分离到的几个抑癌基因表达的蛋白质产物在细胞中定位与癌基因类似，也涉及信号传递各部分。说明抑癌基因的抑癌机制与细胞内各个调控细胞分裂和分化的途径密切相关。抑癌基因的功能包括：①诱导细胞终末分化；②触发衰老，诱导细胞程序性死亡；③维持基因稳定（调节DNA损伤修复）；④调节细胞生长（细胞的负性信号传导）；⑤增强DNA甲基化酶活性；⑥调节组织相容性抗原；⑦调节血管生成；⑧促进细胞间联系等。

基于对抑癌基因的了解，从理论上推测，有多少个癌基因就可能对应有多少个抑癌基因。但现在已知的癌基因达百种以上，而抑癌基因仅十来种。之所以出现这种不平衡的现象，是因为抑癌基因一般为隐性基因，要在一对等位基因都丢失或失活后，它们的作用才能被发现，故分离与鉴定比较困难。

三、原癌基因和抑癌基因与肿瘤的发生

正常细胞增殖的调控信号分正、负两大类。正信号（如原癌基因）促使细胞进入增殖周期，阻止分化；负信号（如抑癌基因）则抑制细胞进入分裂周期，促进细胞向终末分化。综上所述，原癌基因和抑癌基因都是生物体包括人体基因组的正常组成成分，在进化上高度保守。在生理状态下，其表达产物精细地调控细胞的生长、分化和增殖，两类基因协调表达是调控细胞生长的重要分子机制。但在某些物理的、化学的和生物学的因素作用下，原癌基因激活和（或）抑癌基因失活，导致细胞恶性转化，引起肿瘤发生。

（一）原癌基因的激活

原癌基因是细胞基因组的组成成分，许多原癌基因的产物是细胞生长增殖的正调节因子，如sis基因（编码生长因子PDGF-B链）、erbB基因（编码生长因子受体EGFR）和ras基因（编码增殖相关信号蛋白Ras蛋白）等。在生理状态下，它调节细胞正常的生长、分化与增殖；而在某些异常情况下，如物理的（放射线）、化学的（黄曲霉素）因素或致瘤病毒感染等作用下，这些基因被异常活化或过度表达，导致细胞生长增殖与分化异常，使细胞发生恶性转化，进而导致肿瘤发生。如表皮生长因子受体EGFR突变会导致非小细胞肺癌；研究还表明，胃癌、乳腺癌、膀胱癌和头颈部鳞癌的EGFR表达增高；而在膀胱癌、乳腺癌、结肠癌、肝癌、胃癌等40多种癌细胞中，发现ras基因突变，被异常激活等。有关原癌基因被激活的机制简述如下。

1. 调节序列（启动子、增强子等）或 v-onc 的插入 逆转录病毒整合进宿主 DNA 时，若该病毒的 v-onc 插入宿主基因组，可能直接导致宿主细胞恶性转化。逆转录病毒两端存在长末端重复序列（long terminal repeat，LTR），而在 LTR 中含有启动子、增强子等调控序列。当它插入原癌基因附近，会引起上游或下游基因的异常表达。例如，当它插入 8 号染色体 *c-myc* 的附近（上游或下游 3 ~ 4kb 处），转录由前病毒 LTR 开始（正向或反向）一直进行到 *c-myc* 基因的下游，因此产生大量的 c-myc 蛋白，其结果好似宿主细胞受到含 v-myc 的病毒感染，过量 c-myc 蛋白的产生可导致 B- 细胞淋巴瘤。

2. 基因突变 各种物理、化学因素，如化学致癌剂、射线等可以使 DNA 发生不同类型的突变，如果突变发生在调节细胞生长、增殖的癌基因中，它们的表达就可能随之发生质与量的变化，从而破坏细胞的正常生长规律。*c-ras* 基因家族的点突变是一个典型的例证。在膀胱癌细胞株中 *c-ras^H* 癌基因与正常细胞 *c-ras^H* 癌基因仅有一个核苷酸差异，即第 35 位核苷酸的 G 突变成 T，导致其野生型 Ras 的第 12 位甘氨酸被缬氨酸取代。很可能就这单一核苷酸的突变激活了 *c-ras^H* 癌基因，造成 *c-ras^H* 的大量表达。同时 Ras 产物中一个关键氨基酸的更换改变了其分子的空间构象，从而改变了它正常的功能（持续活化），使细胞过量增殖。已发现乳腺癌、结肠癌、肝癌、胃癌等 40 多种癌细胞中均存在 *c-ras* 基因家族的点突变。

3. 基因重排 局部基因重排可导致原癌基因活化或与周围基因的交换。研究表明，原癌基因 *trk*（编码产物为跨膜的受体酪氨酸蛋白激酶）附近有非肌肉原肌球蛋白基因。通过基因重排，*trk* 基因的 5′ 端可被非肌肉原肌球蛋白基因 5′ 端取代，其产物变为非肌肉原肌球蛋白氨基端，从而不再定位到细胞膜而是保留在细胞质中，并且由于非肌肉原肌球蛋白氨基端的作用二聚化，使其酪氨酸蛋白激酶活性持续活化，诱导细胞癌变。比如，研究发现一种结肠癌就发现此类基因的重排。

4. 染色体易位 原癌基因遭受各种致癌因子的攻击后，常会从它所处的正常染色体移位到另一条染色体上，使其调控环境发生改变而处于激活状态，称为基因转移或染色体易位。研究发现，人 Burkitt 淋巴细胞瘤细胞中存在染色体易位，即原本处于 8 号染色体 q24 的 *c-myc* 癌基因转移到 14 号染色体 q32- 免疫球蛋白重链基因附近。免疫球蛋白的重链基因区内有一个活跃的增强子，对免疫球蛋白重链基因的激活起关键作用。c-myc 蛋白是细胞增殖调控蛋白，其表达在静止细胞被严密抑制。当 *c-myc* 基因易位至免疫球蛋白重链基因增强子附近时，被激活并大量表达，最终导致细胞恶性转化。染色体易位常常是互换易位。如人慢性髓细胞白血病（CML）可出现 9q34 与 22q11 之间的平衡易位，这种易位中，位于 9q34 的 *c-abl* 与位于 22q11 的 *bcr* 基因换位，形成比原正常最小的 22 号还小的融合费城染色体（Philadelphia chromosome，Ph）。此易位形成 ABL-BCR 融合蛋白，使原 ABL 蛋白具有的酪氨酸蛋白激酶活性持续活化，这可能是 CML 发生的机制之一。研究还表明，在一些急性髓细胞白血病（AML）和急性淋巴细胞白血病的患者也发现 Ph 染色体。

5. 基因扩增 在肿瘤细胞中常可见一种典型的染色体改变，即在染色体的某一部位出现均染色区（HSR）或双微体（DMS，成双的染色小体），原癌基因依靠这种方式在原来的染色体上复制成多个拷贝。基因拷贝数增加，导致其表达蛋白增多，使细胞功能紊乱。例如，研究发现结肠癌、神经母细胞瘤、小细胞肺癌等均存在 *n-myc* 基因的扩增，早幼粒细胞白血病发现 *c-myc* 拷贝数增加，在成骨细胞瘤存在 *c-myc* 和 *c-raf-1* 基因的扩增。

6. 基因偶联 肿瘤的形成需要经过起始、促进、积累多阶段的顺序化过程，需不同的癌基因在不同阶段相继或同时激活，协同完成癌变过程。一般认为，癌变需要两类癌基因，一类是使细胞获得永生性的癌基因，其表达产物主要位于细胞核；另一类是使细胞增殖表现恶性转化的癌基因，表达产物主要分布于细胞膜及细胞液。

实验表明，单一的 myc 或 ras 的转染都不能使大鼠胚胎成纤维细胞恶性转化，当以这两种癌基因的 DNA 重组片段转染时，细胞即发生恶性转化。由此可见，某些原癌基因在特定条件下，可因其他原癌基因的首先激活而贯序活化，称为基因偶联。

7. 基因抑制消除　DNA 上具有顺式作用元件控制基因表达、有化学基团稳定 DNA 分子等，保持原癌基因处于相对静止状态。例如，*c-myc* 基因的第一外显子不编码，可能有抑制 c-myc 转录的作用，当某些因素造成第一外显子丢失，c-myc 逃脱抑制，就有激活的可能。DNA 分子的甲基化增加 DNA 分子双螺旋结构的稳定，抑制启动和转录。病毒感染细胞后，病毒基因组如在细胞内被甲基化，其表达和恶性转化作用也会受到抑制，若病毒抑制或破坏了甲基化酶，v-onc 不被甲基化抑制，则其表达导致宿主细胞恶性转化。

（二）抑癌基因失活

研究表明，不仅癌基因激活或过量表达，引起细胞恶性转化，导致肿瘤发生；而且抑癌基因丢失或失活，也可能导致细胞不断增殖，形成肿瘤。抑癌基因失活主要表现如下。

1. 基因突变与丢失　P53 的发现是一个有趣的过程。最初在 SV40 转化细胞中测得 P53 蛋白可与 SV40T 抗原结合成蛋白复合体，而被视为能与 SV40T 抗原反应的癌蛋白。接着人们在多种转化细胞，甚至正常细胞中发现 *p53* 基因，而且 P53 蛋白在正常细胞内含量甚微，在各种转化细胞中含量增加，能使细胞获得永生性，能与 Ras 癌蛋白协同作用，故 *p53* 被看作癌基因。随着研究的深入才阐明此"癌基因 *p53*"并不是正常的"野生型"，而是突变型。野生型 *p53* 基因是一种抑癌基因，它的失活对肿瘤发生起重要作用。从人们对 *p53* 的认识过程看到，*p53* 作为多种肿瘤易感基因，如发生碱基突变，不但丧失"分子警察"的监管作用，甚至"反叛"抑癌基因，促进癌变。在某些恶性肿瘤中 *p53* 基因完全丢失，而另一些肿瘤则与 *p53* 基因突变有关。如前所述，人类 50% 以上肿瘤都发现存在 *p53* 基因的丢失或突变。这种突变可分为两类，一类是一对 *p53* 等位基因均失活，表现出典型的隐性基因特点。另一类是杂合突变产生纯合突变效应，肿瘤中只有一个 *p53* 基因发生突变，另一个仍是完整的野生型 *p53* 基因拷贝，但突变 *p53* 基因起主流作用，驱动细胞恶性变。其行为有两种解释：其一，因 P53 蛋白以寡聚体形式存在，很可能仅一个亚基缺陷的寡聚体，即无法行使正常功能；第二个解释是某些 *p53* 基因突变产生有缺陷的突变蛋白，促使随同翻译的野生型蛋白进入突变构象。

1971 年，Kundson 系统研究了常呈显性遗传的儿童视网膜母细胞瘤，提出了著名的"二次打击"学说。认为家族型和散发型起源于同一发病基因（*Rb*），家族型的第一次突变已存在于双亲之一的配子中，故胎儿的所有体细胞均含突变，第二次则发生于该儿童视网膜组织的任一细胞。散发型两次突变必须在同一视网膜母细胞，显然这种概率要小得多。Kundson 的假说简单明了，但未确定突变发生的染色体坐标。接着大量研究证实，家族性患者全身体细胞和散发性患者癌细胞的突变相同，都是 13 号染色体特定部位丢失。说明视网膜母细胞瘤的基因突变是一种功能丢失突变，需视网膜母细胞的两个等位基因完全丢失才发生癌变，这是个典型的隐性作用方式。如果婴儿从上代得到一条 *Rb* 基因缺失或失活的 13 号染色体，则其视网膜母细胞中仅留一条正常 *Rb* 基因，承受外界打击的能力自然减半，况且只要一个细胞突变即会变成肿瘤细胞，所以家族型患儿常发生双侧视网膜母细胞瘤。*Rb* 基因的发现首次向人们展示，在家族中呈显性遗传的疾病，其基因作用方式却是隐性的（图 21-11）。

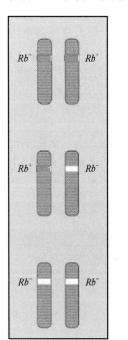

图 21-11　"二次打击"学说

正常人有一对野生型的 *Rb* 基因

携带者失去一个或只有一个突变 *Rb* 基因

患者一对 *Rb* 基因都丢失或突变

2. 病毒癌蛋白的作用　某些 DNA 肿瘤病毒表达癌基因样转化蛋白，这些转化蛋白除转化细胞外，还可以促进侵入宿主细胞的病毒 DNA 复制。Rb 和 P53

蛋白能和这些 DNA 肿瘤病毒的转化蛋白形成稳定的复合体，使 DNA 病毒转化蛋白失去活性，但同时也影响了 Rb 或 P53 负调控 DNA 复制的功能。可见，病毒癌蛋白也是造成 Rb 和 P53 抑癌作用丧失的重要因素之一。

3. 启动子被抑制　抑癌基因启动子高度甲基化导致抑癌基因转录表达不足，使细胞增殖负调控减弱或失效。研究发现，在许多肿瘤发生的早期控制抑癌基因 *p16*、*p53* 等的启动子 CpG 岛高度甲基化，从而抑制这些基因的表达，使细胞增殖失控，容易发生恶性转化。

综上所述，原癌基因活化及抑癌基因失活都能够引起细胞恶性转化，但并不是简单的单一基因突变就能够导致肿瘤的，而是在内外环境影响下多基因突变累加的结果。如结肠癌的发生，是一个包括多个原癌基因活化及抑癌基因失活的长时程积累的过程（图 21-12）。因此，恶性肿瘤发生是由多致癌因素和多基因突变累加导致的，这对于我们预防、诊断和治疗肿瘤具有重要的指导意义。

（陆　梁）

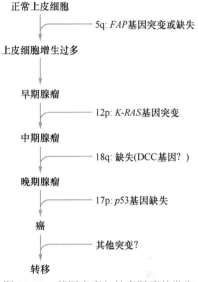

图 21-12　基因突变与结直肠癌的发生

思　考　题

1. 哪些因素参与调控细胞周期？它们如何调控细胞周期？
2. 细胞分化的基础是什么？有哪些因素影响细胞分化？
3. 凋亡细胞的主要形态学特征是什么？简述细胞凋亡的主要途径。
4. 何谓癌基因和抑癌基因？它们各有哪些功能？
5. 通过下面的实验探讨两个关键蛋白（Ras 与 Raf）在生长因子的信号通路的相互关系并做出解释。
（1）当把表皮生长因子（EGF）加到培养的表皮细胞中，Ras 与 Raf 蛋白都被活化。
（2）当把 EGF 加到经基因突变灭活 Ras 蛋白的表皮细胞中，Raf 蛋白不能被活化。
6. 如何理解肿瘤的发生是多因素、多基因导致的？
7. 简述细胞生命活动异常，是如何影响机体健康，进而导致疾病的。
8. 简述生长因子的特点，如何理解生长因子作用的多功能性？

案例分析题

一个 30 岁的妇女，因发现右胸一个肿块去医院做检查。胸部放射检测发现右胸肿块直径约 3cm、具有大量微钙化点，初步诊断为乳腺癌。通过询问了解到她的一个姐姐 38 岁时被诊断为乳腺癌，她的母亲 40 岁左右时因卵巢癌而去世，她的外婆患过乳腺癌和结肠癌。经过进一步检查，发现患者在右侧胸部有一个 3cm 固定的无触痛的肿块，同时伴有右腋下轻度的淋巴结肿大。病理学检查显示：原位导管癌（乳腺）。

问题：
（1）这个临床案例涉及的癌基因可能是什么？
（2）这个病例中的癌基因的作用机制可能是什么？

第二十二章 基因组学与后基因组学

内容提要

组学是研究细胞、组织或是整个生物体内某种分子（DNA、RNA、蛋白质、代谢物或其他分子）的所有组成内容。较早出现的是与 DNA 相关的基因组学。基因组学的研究包括三个方面的内容：以全基因组测序为目标的结构基因组学，以基因功能鉴定为目标的功能基因组学，以及以比较研究不同生物、不同物种之间在基因组结构和功能方面的亲缘关系及其内在联系为目标的比较基因组学。结构基因组学代表基因组分析的早期阶段，以建立生物体高分辨率遗传、物理和转录图谱为主；功能基因组学代表基因组分析的新阶段，是利用结构基因组学提供的信息系统地研究基因功能；而比较基因组学则代表学科发展的更高层次，即向交叉和综合方面发展。

人类基因组计划的完成，标志着对基因组的研究取得了"结构基因组学"阶段的胜利，在此基础上进入了以研究基因组功能为主的新阶段，即"后基因组学"时代。"后基因组学"主要包括功能基因组学、比较基因组学、转录组学、蛋白质组学等。伴随生命科学的发展，基因组学和其他学科交叉、渗透，促进了一些新的学科诞生，如宏基因组学、代谢组学、糖组学、脂质组学、疾病基因组学、药物基因组学、免疫组学、营养基因组学、环境基因组学、病理基因组学、生殖基因组学、群体基因组学等。

分子生物学已经从研究单个基因发展到研究生物整个基因组的结构与功能，即在"组学"水平上对基因的结构和功能进行研究。基因组学和后基因组时代的各种"组学"实际上代表了分子生物学或者生命科学的发展方向和研究水平，基因组与后基因组研究将促进医学革命，有助于解决人类重大疾病的预防、诊断和治疗中的各类问题。

组学（-omics）是研究细胞、组织或是整个生物体内某种分子（DNA、RNA、蛋白质、代谢物或其他分子）的所有组成内容。组学研究包括对基因组及基因产物（转录组和蛋白质组）的系统生物学研究，随后上升到细胞机制、分子机制和系统生物学的水平。由于基因组的信息是用来发现和解释具有普遍意义的生命现象和它们的变化、内在规律和相互关系，因此，学科的交叉合作就成为必然；同时，基因组的复杂性必然导致多学科的引进和介入，如各生物学科、医学、药学、计算机科学、化学、数学、物理学、电子工程学、考古学和地质学等。

从科学研究的历史来看，形成一门学科并非一件易事。但在人类基因组计划（HGP）实施的短短几年间，各种"组学"迅速在生命科学界诞生。最早出现的是与 DNA 相关的"基因组学"（genomics），在人类基因组计划实施和完成以后产生了"后基因组学"（post genomics），随后又形成了许多与各种生物大分子或小分子相关的"组学"。本章将对基因组学及其他相关组学进行简要阐述。

第一节 基 因 组 学

基因组（genome）一词最初由 H. Winkler 于 1920 年提出，原意是指基因（gene）和染色体（chromosome）的组合。现指细胞或生物体中一套完整单倍体的遗传物质的总和，包括所有的基因和基因间区域。例如，人类基因组包含了细胞核染色体（常染色体和性染色体）及线粒体 DNA 所携带的所有遗传物质，其中核基因组大约有 30 亿个碱基对，约 2 万个蛋白编码基因，这些编码区仅占整个基因组很少一部分（不到 3%），而大部分为非编码区。

基因组学指对所有基因进行基因作图（包括遗传图谱、物理图谱、转录图谱）、核苷酸序列分析、基因定位和基因功能分析的一门科学，简言之，就是研究基因组结构和功能的科学。基因组学研究的内容包括基因的结构、组成、存在方式、表达调控模式、功能及相互作用等，是研究与解读生物基因组所蕴藏的生物全部性状的所有遗传信息的一门新的前沿科学。

1986 年美国科学家 Tomas Roderick 首次提出基因组学，但随着 1990 年人类基因组计划（HGP）的启动才开始真正系统地研究基因组、解码生命，并由"后基因组计划"的实施推动其发展。或者说，真正进入基因组学时代，是在 HGP 启动之后。最初人们对基因组学的研究主要停留在结构基因组学的范围，而人类基因组计划的主要任务实际上就是研究结构基因组学。

一、HGP 是 20 世纪自然科学史上最伟大的计划之一

HGP 最先由美国提出并启动，随后英国、日本、法国、德国、中国等国家相继加入，是描述人类基因组和其他模式生物体基因组特征，在整体上破译遗传信息，发展基因组新技术，并阐明与此相关的伦理、法律和社会影响的一个国际性研究项目。作为人类生命科学史上的里程碑，HGP 第一次全面系统地解读和研究了人类的遗传物质 DNA，它不仅具有重大的理论意义，而且对国计民生特别是生物医学的发展具有重大的现实意义和深远的历史意义。HGP 与"曼哈顿原子弹计划""阿波罗登月计划"一起被世界各国普遍誉为 20 世纪自然科学史上"最伟大的三个计划"。

HGP 研究的具体内容表现为 4 张图谱，即遗传图谱、物理图谱、转录图谱和序列图谱，其主要任务是绘制人类基因组序列框架图。简言之，人类基因组计划的主要内容就是制作高分辨率的人类基因遗传图谱和物理图谱，最终完成人类和其他重要模式生物全部基因组 DNA 序列的测定。在基因组学中，HGP 主要属于结构基因组学的范畴。将基因组采用不同的标志和手段进行分解，使之成为小的结构区域而便于测序，这一过程称为作图（mapping）。

1. 遗传图谱（genetic map） 又称连锁图（linkage map），通过计算连锁的遗传标志之间的重组频率，确定它们的相对距离，即以具有遗传多态性的遗传标记作为"位标"，遗传学距离作为"图距"的基因组图，一般用厘摩（cM，即每次减数分裂的重组频率为 1%）来表示。

遗传图谱的绘制需要应用多态性标志。20 世纪 80 年代中期最早应用的标志是限制性酶切片段长度多态性（RFLP）。20 世纪 80 年代后期发展了短串联重复序列（short tandem repeat，STR；又称微卫星，microsatellite，Ms）标志。第三代多态性标志，即单核苷酸多态性（single nucleotide polymorphism，SNP）标志，近来被大量使用。

2. 物理图谱（physical map） 是通过测定遗传标志的排列顺序与位置而绘制成的，即以一段已知核苷酸的 DNA 片段为"位标"，以 DNA 实际长度（Mb 或 kb）为"图距"的基因图谱。

HGP 在整个基因组染色体上每隔一定距离标上序列标签位点（sequence tagged site，STS）之后，随机将每条染色体酶切为大小不等的 DNA 片段，以酵母人工染色体（yeast artificial chromosome，YAC）或细菌人工染色体（bacterial artificial chromosome，BAC）等作为载体构建 YAC 或 BAC 邻接克隆系，确定相邻 STS 间的物理联系，绘制以 Mb、kb、bp 为图距的人类全基因组物理图谱（图 22-1）。

3. 转录图谱（transcription map） 又称 cDNA 图谱或表达图（expression map），是一种以表达序列标签（expressed sequence tag，EST）为位标绘制的分子遗传图谱。通过从 cDNA

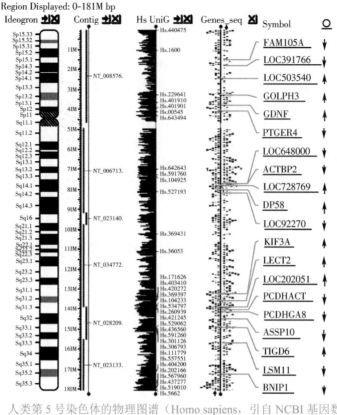

图 22-1　人类第 5 号染色体的物理图谱（Homo sapiens，引自 NCBI 基因数据库）

文库中随机挑取的克隆进行测序所获得的部分 cDNA 的 5′ 端或 3′ 端序列称为表达序列标签（EST），一般长 300～500bp。将 mRNA 逆转录合成的 cDNA 或 EST 的部分 cDNA 片段作为"探针"与基因组 DNA 进行分子杂交，标记转录基因，绘制出可表达基因转录图，最终绘制出人体所有组织、所有细胞及所有发育阶段的全基因组转录图谱。EST 不仅为基因组遗传图谱的构建提供了大量的分子标记，而且来自不同组织和器官的 EST 也为基因的功能研究提供了有价值的信息。此外，EST 还为基因的鉴定提供了候选基因（candidate gene），通过分析基因组序列能够获得基因组结构的完整信息，如基因在染色体上的排列顺序，基因间的间隔区结构，启动子的结构及内含子的分布等。转录图谱实际上就是人类"基因图"的雏形。

4. 序列图谱（sequence map）　即人类基因组核苷酸序列图，是人类基因组在分子水平上最高层次、最详尽的物理图谱。其绘制方法是在遗传图谱和物理图谱基础上，精细分析各克隆的物理图谱，将其切割成易于操作的小片段，构建 YAC 或 BAC 文库，得到 DNA 测序模板，测序得到各片段的碱基序列，再根据重叠的核苷酸顺序将已测定序列依次排列，获得人类全基因组的序列图谱。2000 年 6 月美国、英国、法国、德国、日本与中国几乎同时宣布 HGP 工作草图的完成，成为生命科学研究的一个里程碑。

上述 HGP 的 4 张图谱（图 22-2）被誉为人类"分子水平上的解剖图"，也被称为"生命元素周期表"，为 20 世纪医学和生物学的进一步发展与新的飞跃奠定了基础。

基因组在个体水平代表个体所有遗传表型的总和；在细胞水平代表一个细胞所有染色体的总和；而从分子角度看，基因组则代表了一个物种的所有遗传物质的总和。HGP 实现了人类基因组的破译和解读，对于认识各种基因的结构和功能，了解基因表达及调控方式，理解生物进化的基础，进而阐明所有生命活动的分子基础具有十分重要的意义（表 22-1）。

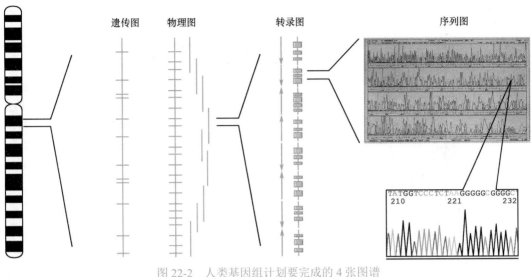

图 22-2　人类基因组计划要完成的 4 张图谱

表 22-1　基因组研究大事表

时间	事件
1980 年	David Hotston 用 DNA 多态性为标记，绘制人染色体遗传连锁图
1983 年	亨廷顿病基因定位在 4 号染色体短臂顶端
1987 年	绘制第一幅人类基因连锁图，有 400 多个位标，定位 1000 多个疾病相关基因
1990 年	美国启动 HGP，进行全基因组测序
1995 年	第一个原核生物嗜血流感菌（H. influenzae）全基因组测序完成
1996 年	第一个单细胞真核生物酿酒酵母（S. cerevisiae）全基因组测序完成
1998 年	第一个多细胞真核生物秀丽新小杆线虫（C. elegans）全基因组测序完成
2000 年	第一个高等生物拟南芥（A. thaliana）全基因组测序完成
2001 年	国际人类基因组测序联盟（IHGSC）和美国 Celera Genomics 公司分别公布了人类基因组测序的初步结果
2004 年	IHGSC 公布了人类基因组的完成图
2006 年	人类最后一个染色体——1 号染色体测序完成

二、基因组学的研究内容

基因组学的研究主要包括三方面的内容：以全基因组测序为目标的结构基因组学（structural genomics），以基因功能鉴定为目标的功能基因组学（functional genomics），以及以比较研究不同生物、不同物种之间在基因组结构和功能方面的亲缘关系及其内在联系为目标的比较基因组学（comparative genomics）。结构基因组学代表基因组分析的早期阶段，以建立生物体高分辨率遗传、物理和转录图谱为主；功能基因组学则代表基因分析的新阶段，是利用结构基因组学提供的信息系统地研究基因功能；而比较基因组学则代表这个学科发展的更高层次，即向交叉和综合方面发展。

（一）结构基因组学

结构基因组学是通过基因组作图、核苷酸序列分析，研究基因组结构，确定基因组成、基因定位的科学。结构基因组学主要是从基因组的水平上研究基因的结构，而 HGP 就是典型的结构基因组学研究。具体包括：①基因组测序；②基因组作图，包括遗传、物理、转录

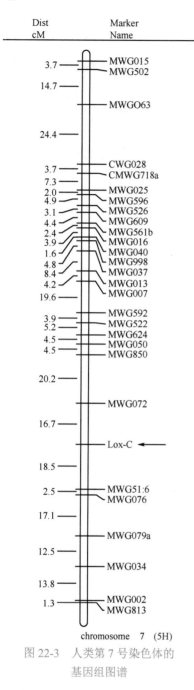

Dist cM	Marker Name
3.7	MWG015
	MWG502
14.7	
	MWGO63
24.4	
3.7	CWG028
7.3	CMWG718a
2.0	MWG025
4.9	MWG596
3.1	MWG526
4.4	MWG609
2.4	MWG561b
3.9	MWG016
1.6	MWG040
4.8	MWG998
8.4	MWG037
4.2	MWG013
19.6	MWG007
3.9	MWG592
5.2	MWG522
4.5	MWG624
4.5	MWG050
	MWG850
20.2	
	MWG072
16.7	
	Lox-C ←
18.5	
2.5	MWG51:6
	MWG076
17.1	
	MWG079a
12.5	
	MWG034
13.8	
	MWG002
1.3	MWG813

chromosome 7 (5H)

图 22-3 人类第 7 号染色体的
基因组图谱

和序列图谱。图 22-3 展示了人类第 7 号染色体的基因组图谱。

（二）功能基因组学

功能基因组学是利用结构基因组学提供的信息和产物，发展和应用新的实验手段，在基因组或系统水平上全面地分析基因组中所有基因功能的学科。这是在基因组静态的碱基序列明确之后转入基因组动态的生物学、功能学研究，相对于检测基因组的碱基对排序而言前进了一大步。主要包括以下几方面。

1. 人类基因的识别和鉴定 需采用计算机生物学（computational biology）技术、生物信息学（bioinformatics）和分子生物学实验手段相结合的方法识别和鉴定人类基因。利用收集的现有数据，不断扩大数据库，并研制、建立更多样化的数据库和分析软件。目前，用于基因识别和鉴定的分子生物学实验技术主要基于：①已知基因序列资料：DNA 一经测序，就可利用计算机在基因组数据库中搜索、分析以确定该片段是否是已知基因的一部分，以及是否与基因数据库中的已知 DNA 片段同源。②表达序列标签（EST）：可利用 EST 作为探针，直接从 cDNA 文库中筛选全长 cDNA 序列，或利用 EST 做基因诊断。③利用染色体特异性柯斯质粒直接筛选 cDNA。④ CpG 岛：长约 1000bp，低甲基化，常出现在脊椎动物基因序列 5′ 端，因富含 CG 序列（大于 60%）而得名。人类基因组中约有 56% 的基因含有 CpG 岛。⑤ RNA 干扰（RNA interference，RNAi）：是短双链 RNA（dsRNA）引发的转录后基因沉默机制，是真核生物中普遍存在的抵抗病毒入侵、抑制转座子活动、调控基因表达的监控机制。利用该原理，可人工合成特定短 dsRNA 导入机体或细胞后，干扰或抑制与它有同源序列的基因表达。目前 RNAi 已成功用于基因功能和信号转导系统上下游分子相互关系及病毒基因沉默的研究。⑥基因表达系列分析法（serial analysis of gene expression，SAGE）：来自 cDNA 的 3′ 端特定位置的 9 ～ 11bp 特定序列称为 SAGE 标签，能够区分基因组 95% 的基因，通过检测标签而反映相应基因是否表达及其表达频率（即基因表达丰度）。该技术的前提是 GenBank 中有足够的某一物种的 DNA 序列资料，尤其是 EST。该技术的不足是不能检测稀有转录本。此外，还包括差异显示技术、DNA 微芯片技术、外显子捕获法、基因定向突变技术、基因组扫描技术等。

2. 分析基因的功能 主要研究策略是利用计算机进行同源搜索，根据已知序列及进化相关性，发现重要的蛋白质功能域；也可对基因序列进行突变或敲除后，结合功能、表型变化的实验鉴定基因的功能。

3. 基因表达谱的研究 基因表达谱包括转录组谱和蛋白质表达谱，反映了一定环境、一定细胞类型、一定细胞生长阶段和一定细胞状态下基因功能的信息。制作的基因表达谱应当包括每种组织、每种细胞的基因表达谱，细胞在不同发育阶段的基因表达谱，正常和疾病状态下的基因表达谱，以及治疗状态下的基因表达谱等。可以利用基因芯片技术、基因表达分析系统（SAGE）、差异显示 PCR、消减杂交法等技术分析基因表达情况，从而绘制基因表达谱。此外，基因的多样性研究、模式生物研究等也是功能基因组学的重要内容。

（三）比较基因组学

比较基因组学是指比较研究不同生物、不同物种之间在基因组结构和功能方面的亲缘关系及其内在联系的学科。比较基因组学是在基因组图谱和测序基础上，对已知的基因和基因组结构进行比较，来了解基因的功能、表达机制和物种进化。与功能基因组学一样，比较基因组学主要聚焦在基因组水平，分析两个或两个以上的物种，目的是发现不同物种基因序列或非基因序列间广泛、特异的相似性和差异，揭示不同物种基因组的进化关系。

比较基因组学的主要研究内容包括：①研究不同生物、不同物种基因组结构和功能上的相似及差异，勾画出一张详尽的系统进化树，并显示进化过程中最主要的变化所发生的时间及特点。据此可以追踪物种的起源和分支路径。②分析了解同源基因的功能。③对序列差异性的研究有助于认识大自然生物多样性的产生基础。

第二节　宏基因组学

宏基因组（metagenome）（微生物环境基因组，或元基因组）是由 Handelsman 等于 1998年提出，其定义为环境中全部微小生物遗传物质的总和。宏基因组学（metagenomics）（微生物环境基因组学、元基因组学，或生态基因组学）指直接提取环境样品中全部微生物的DNA，构建宏基因组文库，利用基因组学的研究策略研究微生物多样性、种群结构、进化关系、功能活性、相互协作关系及与环境之间的关系。宏基因组学研究的对象是特定环境中的总 DNA，不是某特定的微生物或其细胞中的总 DNA。如"人体宏基因组学"研究人体宏基因组的结构和功能、相互之间的关系、作用规律及与疾病的关系，通过测定宏基因组序列信息，研究与人体发育和健康有关的基因功能。其主要特点为不需要对微生物进行分离培养和纯化，这为我们认识和利用 95% 以上的未培养微生物提供了一条新的途径。

一、宏基因组学研究的基本方法

宏基因组学以基因组技术为基础，基本程序包括：提取宏基因组即特定环境样品中所有微生物的 DNA，构建重组 DNA 载体；重组 DNA 载体转化宿主细菌建立宏基因组文库；宏基因文库筛选目的基因；目的基因功能分析、序列分析。近年随着新一代高通量、低成本的基因组测序技术的发展，可对宏基因组片段直接进行测序而不用构建文库，从而避免了在文库构建过程中利用细菌进行基因克隆引起的偏差，简化了宏基因组研究的操作，极大地促进了宏基因组学发展。同时，新的序列分析技术及生物信息学工具和数据库的出现，为宏基因组数据的分析提供了便利。如 J Coast 软件可用于分析原核微生物宏基因组，MEGAN 软件可对多组宏基因组数据进行交互分析和比较。

二、宏基因组学的生物医学应用

1. 发现新基因　自然界中 99% 以上微生物物种及其生物量是未知的，大量不可培养的微生物无法通过培养法进行研究。通过构建宏基因组文库可从中鉴定出大量新基因，利用宏基因组文库发现的新基因有生物催化剂基因、抗生素抗性基因及编码转运蛋白的基因等。如Tyson 等对一个群落结构较简单的嗜酸生物膜的宏基因组进行了测序，从 76Mbp 中鉴定出的新基因超过了 4 000 个。

2. 筛选新型抗生素　宏基因组学在现代医药学中扮演着极其重要的角色，如 Brady 等从土壤宏基因组文库中筛选发现一种长链 N- 酰氨基酸抗生素物质；Gillespie 等构建土壤宏基因组文库筛选获得对革兰氏阴性菌和革兰氏阳性菌具有广谱抗菌活性的 Turbomycin；DiazTorres 等通过构建人唾液宏基因组文库，筛选获得一种新的四环素抗性基因 Tet；Mori 等通过活性污泥宏基因组文库筛选获得两种新的博来霉素抗性基因。

3. 临床微生物诊断　传统微生物诊断方法阳性率低，无法检测混合感染和未知致病微生物。临床宏基因组检测无须纯化培养、能够快速全面地获取序列信息。2014 年首次报道通过宏基因组筛查脑脊液样本，结合生物信息学分析，发现一种尚未报道过的致病菌 leptospira infection，辅助治愈了一位原因不明、反复发热、具有癫痫及脑积水症状的 14 岁男孩的案例。2019 年宏基因组学被写入成人医院获得性肺炎与呼吸机相关性肺炎诊断和治疗指南。基于宏基因组的诊断技术在急危重症感染中的应用已形成专家共识。目前其应用主要集中在脑炎 / 脑膜炎、呼吸道感染及血流感染，适用于常规检测失败或治疗不理想的疑似感染病例、重症感染、免疫力低下感染等。

第三节　转录组学

转录组（transcriptome）是指一种生物基因组表达的全部转录产物（RNA）的总称，所以，有时又称为 RNA 组，包括某一环境条件、某一生命阶段、某一生理或病理（功能）状态下，生命体的细胞或组织所表达的基因种类和水平。以转录组分析为研究内容的研究领域称为转录组学，其重点研究细胞在某一功能状态下基因的转录情况，所含 RNA 的种类、结构与功能及转录调控规律。

一、转录组学的研究方法

转录组学的研究目前大致有三类技术：①基于杂交技术的基因芯片技术（gene chip technique），包括 cDNA 芯片和寡核苷酸芯片；②基于序列分析的基因表达系列分析（SAGE）；③转录组测序（RNA sequencing），是转录组学中最常用的技术，转录组测序的研究对象为特定细胞在某一功能状态下所能转录出来的所有 RNA 的总和，包括 mRNA 和非编码 RNA。转录组学研究是基因功能及结构研究的基础和出发点，通过新一代高通量测序，全面快速地获得某一物种特定组织或器官在某一状态下的几乎所有转录本序列信息。

二、转录组学的意义

转录组学是功能基因组学的重要分支，也是连接基因组结构和功能的一个桥梁、纽带，更是基因调控研究的主要基础。通过系统地研究转录组而得到转录组谱，可以提供生物的哪些基因在何时何种条件下表达或不表达的信息，这些信息能用于推断相应未知基因的功能，或补充已知基因的功能，可以揭示特定调节基因的作用机制，从而有利于更深入地了解基因表达的调控机制。

通过这种基于基因表达谱的分子标签，不仅可以辨别细胞的表型归属，还可以用于疾病的诊断。例如，目前发现在阿尔茨海默病（AD）中，出现神经原纤维缠结的大脑神经细胞基因表达谱就有别于正常神经元；当病理形态学尚未出现纤维缠结时，这种表达谱的差异即可以作为分子标志直接对该病进行诊断。基因表达谱对那些临床表现不明显或者缺乏诊断金标准的疾病也具有诊断意义，如自闭症的诊断。目前对自闭症的诊断要靠长达十多个小时的临床评估。基础研究证实，自闭症不是由单一基因引起，而很可能是由一组不稳定的基因造成的一种多基因病变，通过比对正常人群和患者的转录组差异，筛选出与疾病相关的具有诊断意义的特异性表达差异，一旦这种特异的差异表达谱被建立，就可以用于自闭症的诊断，以便能更早地，甚至可以在出现自闭症临床表现之前就对疾病进行诊断，并及早开始干预治疗。

转录组的研究应用于临床的另一个例子是可以将表面上看似相同的病症分为多个亚型，

尤其是对原发性恶性肿瘤，通过转录组差异表达谱的建立，可以详细描绘出患者的生存期及对药物的反应等。

第四节　蛋白质组学

蛋白质组（proteome）一词，源于蛋白质（protein）与基因组（genome）两个词的组合，由澳大利亚 Macquarie 大学的 Wilkins 和 Williams 于 1994 年首先提出，并于次年 7 月在 *Electrophoresis* 上发表，广义的概念指"一种基因组所表达的全套蛋白质"，即包括一个基因组、一种细胞乃至一种生物所表达的全部蛋白质成分。与基因组不同，蛋白质组是一个动态的概念，狭义的蛋白质组指特定细胞或组织在特定时间表达的全部蛋白。

蛋白质组学是在基因组学的基础上，从整体水平研究细胞内蛋白质的组成、功能及其活动规律的科学。同基因组学一样，蛋白质组学不是一个封闭的、概念化的、稳定的知识体系，而是一个领域。蛋白质组学是基因组 DNA 序列与基因功能之间的桥梁，旨在阐明生物体全部蛋白质的表达模式和功能模式，其研究内容包括分析全部蛋白质组所有成分及它们的数量，确定各种组分所在的空间位置、修饰方法、相互作用机制、生物活性和特定功能等，最终揭示蛋白质功能，是基因组 DNA 序列与基因功能之间的桥梁。

一、蛋白质组与基因组的比较

一种生物有一种基因组，但却能表达出许多蛋白质组。在一个特定的细胞内或在不同的细胞之间，蛋白质的存在形式可能不同；即使是同一细胞，在不同时期、不同的生长条件（正常、疾病或外界环境刺激）下表达的蛋白质也可能不同。要系统地进行蛋白质组学的研究，就应该认识到蛋白质组的特点及它与基因组存在的主要区别。

1. 蛋白质组具有多样性　在转录时，一个基因可以有多种 mRNA 剪接形式，并且同一蛋白可能以许多形式进行翻译后的修饰，细胞内的大部分蛋白质通常被进行过翻译后修饰，故一个蛋白质组不是一个基因组的直接产物。迄今为止，已发现的蛋白质翻译后修饰方式已超过 200 种，主要包括磷酸化、糖基化、酰基化、硝基化、磺基化、脂化、泛素化和水解修饰等。如果把一种修饰蛋白视为一种新的蛋白质，那么蛋白质组的蛋白质数量将远远大于相应的基因组的基因数量。目前估计人类蛋白质组的蛋白质种类在 20 万～ 200 万种。

从蛋白质修饰的角度看，不仅仅是蛋白质种类大大增加，更重要的是，由于不存在度量修饰蛋白质种类的尺度，人们也许永远不能像确定基因组核苷酸序列那样，准确地统计出生物体内蛋白质组的蛋白质总数。从这种意义上来说，对基因组核苷酸序列的测定是一种"有限"的工作，而对蛋白质组中蛋白质种类的确定则是一种相对"无限"的工作。

2. 蛋白质组的研究受时空影响　测定基因组的 DNA 序列时不需要考虑时空的影响。在蛋白质组的研究中，时间和空间的影响都是不可忽视的。在个体发育的不同阶段或细胞的不同活动时期，细胞内产生的蛋白质种类是不一样的。不同蛋白质的寿命也不一样。有些蛋白质在合成后成为细胞的结构成分，相当稳定；而有些蛋白质在产生后被用来进行某种细胞活动，如参与基因转录的调控，工作一旦完成就被迅速降解。因此，在分析蛋白质组的蛋白质成分时，需要把时间作为一个重要的参数。蛋白质组的另一个重要特征是，不同的蛋白质通常分布在细胞的不同部位，它们的功能与其空间定位密切相关。要想真正了解蛋白质的功能，通常还需要知道蛋白质所处的空间位置。更为重要的是，许多蛋白质在细胞中处在一个动态变化的过程中，它们常常通过在不同亚细胞环境中的运动发挥作用。例如，细胞周期的调控、细胞的信号转导和转录调控等过程，都依赖于蛋白质空间位置的变化和运动。

3. 蛋白质间有着直接的影响　某一个蛋白质功能的实现，通常离不开它与其他蛋白质之间的相互作用。换言之，不与其他蛋白质发生作用的"孤立蛋白质"基本不存在。蛋白质之间的相互作用大致有三类：与生命活动相关的蛋白质相互作用；结构型或功能型蛋白质复合体的形成，包括多亚基蛋白质、多成分的蛋白质复合体等；控制着重要细胞内活动的、瞬时的蛋白质相互作用。

4. 蛋白质组学研究对技术的依赖性　在基因组学的研究中，大规模测序技术的建立和成熟促使 HGP 得以提前完成，但是在技术要求上，其基本要求只需满足准确率达到 99.99%（甚至于没有定量的要求）；在技术手段上，基因组研究中普遍使用的 PCR 技术使核酸的扩增变得十分容易和规模化。蛋白质组研究对技术的依赖性和要求更高，需要把时间和空间的要求作为重要的参数来建立相应的技术平台和确定研究工作的技术策略。为了解决蛋白质组学研究中的分离和检测问题，到目前为止，虽然人们已经从化学、生物化学、分子生物学、免疫学、分子遗传学、结构生物学等多个层面提出了许多技术策略，但遗憾的是，目前还没有建立起像"人类基因组测序"那样的对生命科学具有决定性战略意义的技术平台（表 22-2）。

表 22-2　基因组与蛋白质组的比较

	基因组		蛋白质组	
研究对象	DNA		蛋白质	
稳定性	相对稳定，静态		变化大，动态	
研究内容及方法	结构 DNA	测序	结构蛋白质	2-DE
		多态性作图		蛋白芯片
				生物信息学
	mRNA	表达系列分析	功能蛋白质	蛋白芯片
		基因芯片		酵母双（三）杂交技术
		转基因技术		
		RNAi		

二、蛋白质组学研究的内容和方法

蛋白质组学的研究主要包括两方面的内容：一是对蛋白质表达模式的研究，即对蛋白质组成的研究，又称为"结构蛋白质组学（structural proteomics）"，可利用双向聚丙烯酰胺凝胶电泳（two-dimensional polyacrylamide gel electrophoresis, 2-DE）、质谱、高性能的 X 线晶体衍射及磁共振等技术，研究蛋白质的结构、定位、移位及对蛋白质组组分进行分析鉴定。其中，蛋白质组组分的分析鉴定是蛋白质组学中与基因组学相对应的主要内容，它要求对蛋白质组进行表征化，即实现所有蛋白质的分离、鉴定及其图谱化，双向凝胶电泳和质谱技术是当前分离鉴定蛋白质的两大支柱技术；二是对蛋白质功能模式的研究，也称为"功能蛋白质组学（functional proteomics）"，可通过系统地利用中和抗体、小分子化合物等方法干预蛋白质的活性或使其失活，观察对某一生命现象的影响，从而直接描述该蛋白质的功能；或利用酵母双（三）杂交、噬菌体展示技术等研究蛋白质相互作用，有人也将此称为"相互作用蛋白质组学（interactional proteomics）"。目前对蛋白质组功能模式的研究主要集中于蛋白质相互作用网络关系，常用酵母双杂交系统。总体看来，在所有的蛋白质组学相关技术中，双向凝胶电泳技术、质谱技术和计算机图像分析与大规模数据处理技术仍然是蛋白质组研究的三大基本支柱技术（表 22-3）。

表 22-3　蛋白质组学的研究内容及相关技术方法

研究内容	常用的相关技术
样品的制备	组织细胞裂解、蛋白质沉淀、亚细胞组分分离等
样品的分离和分析	双向凝胶电泳、毛细管电泳、质谱等

续表

研究内容	常用的相关技术
蛋白质的鉴定	氨基酸组成及序列分析、MS、蛋白质芯片等
蛋白质的亚细胞定位	荧光蛋白融合技术、免疫荧光技术
蛋白质的三维结构测定	X线晶体衍射、磁共振波谱技术
蛋白质的功能及相互作用	酵母双（三）杂交、噬菌体展示技术、共沉淀技术

质谱技术在蛋白质组学研究中的应用如下。

1. 肽质谱和肽序列分析　蛋白质经双向电泳后，分离到的蛋白质被切割下来，进行胶内酶解，或转移到 PVDF 膜上，进行膜上酶解，然后上样进行测序。虽然目前质谱法还不能够取代 Edman 降解法测序，但其测定速度较快。

2. 鉴定翻译后修饰的蛋白质　质谱可通过特征离子监测的方法很快确定磷酸化肽，通过串联质谱还能确定磷酸化位点；质谱可与蛋白酶解和糖苷酶酶解结合，寻找糖肽，鉴定糖基化位点；质谱还参与糖链组成、结构甚至分支情况等的分析。此外，质谱还可以对蛋白质二硫键进行定量和定位，分析蛋白质与蛋白质的相互作用，蛋白质与其他分子的相互作用，以及蛋白质的二级结构等。目前最常用的质谱有两种：基质辅助激光解吸电离质谱（matrix-assisted laser desorption ionization-MS，MALDI-MS）和电喷雾质谱（electrospray ionization-MS，ESI-MS）。

三、蛋白质组数据库

由于蛋白质组学具有高效率、高通量的特点，它与生物信息技术是密切相关的。与蛋白质组学相关的生物信息技术主要包括：①高效率的分析技术平台，即计算机和网络联合应用；②高通量技术，即运用信息技术分析所得到的巨量数据；③数据挖掘技术，即可从存放在数据库或其他信息库中的大量数据中挖掘信息，应用于分析中；④数据可视化技术，有助于反映生物序列的三维结构模型，表现出生物体错综复杂的相互关系；⑤复杂系统理论。描述系统关系时，必须把核酸、蛋白质、细胞、器官、组织等的作用考虑在内，即用系统的方法来认识生命活动。

蛋白质组数据库是蛋白质组研究水平的标志和基础。目前已有众多与蛋白质组研究相关的数据库，其中应用最多的包括蛋白质序列数据库（SWISS-PROT，TrEMBL）、基因序列数据库（GenBank，EMBL）、蛋白模式数据库（Prosite）、蛋白二维凝胶电泳数据库、蛋白三维结构数据库（PDB，FSSP）、蛋白翻译后修饰数据库（O-GLAYCBASE）、基因组数据库（GDB，OMIM）和代谢数据库（Enzyme）等（表 22-4）。

表 22-4　常用蛋白质数据库

Swiss-prot/TrEMBL	http://www.expasy.ch/
GenBank	http://www.ncbi.nlm.mih.gov/Web/Genbank/index.html
EMBL	http://www.ebi.ac.uk/embl.html
Prosite	http://www.expasy.ch/sprot/prosite.html
PDB	http://www.pdb.bnl.gov/

四、蛋白质组学的应用

目前，蛋白质组学研究成果主要可应用于以下几个方面：①用于寻找疾病相关的蛋白质，如疾病蛋白质标志物；②用于微生物蛋白组研究，彻底阐明病原微生物的致病机制并寻找全新的药物作用靶点；③蛋白质组数据库将成为药物设计的路标；④对不同生物的蛋白质组进行比较性研究，可以为生物进化途径提供参考，为多细胞生物的起源提供线索；⑤追踪胞内信号分子的移位，阐明目标蛋白质在信号转导途径中的位置；⑥药物设计、发现和验证药物新靶点的有效途径。以恶性肿瘤的药物治疗为例，临床上大多数抗肿瘤药物都伴有严重的毒性作用，长期化疗后，经常伴随肿瘤细胞的耐药，如多重抗药性（MDR）的产生。蛋白质组学研究可发现和鉴定表达异常的蛋白质，如能发现与细胞毒性产生密切相关的蛋白质或耐药细胞特异表达或表达异常的蛋白质，就能以此类蛋白质为靶点设计新的治疗药物或新的治疗方法，亦能以此为参考设计避免耐药性或毒性作用的药物。

<h1 style="text-align:center">第五节　代谢组学</h1>

代谢组学是通过考察生物体系受刺激或扰动后（如将某个特定的基因变异或环境变化后）其代谢产物的变化或其随时间的变化，研究生物体系的代谢途径的一门科学。与基因组学、转录组学和蛋白质组学相对应，代谢组学是一门对某一生物或细胞所有低分子量代谢产物进行定性和定量分析，以监测活细胞中化学变化的科学。

一、代谢组学研究的方法

代谢组学主要以体液为研究对象，如血液、尿液等，另外也可以组织样品、组织提取液或细胞培养液进行研究。血液中的内源性代谢产物丰富、信息量大，有利于观测体内代谢的全貌和动态变化。尽管尿液所含的信息相对有限，但样品采集无损伤性。由于代谢物的多样性，常需采用多种分析手段，其中，磁共振（NMR）、气相色谱 - 质谱（GC-MS）及液相色谱 - 质谱（LC-MS）等技术是最主要的分析工具。NMR 可对复杂样品如尿液、血液等进行非破坏性分析，与 MS 法相比，它的缺点是检测灵敏度相对较低、动态范围有限；GC-MS 是代谢组学常用的方法，GC-MS 的分离效率高，易于使用且较为经济。但是 GC-MS 需要对挥发性较低的代谢物进行衍生化预处理，甚至引起样品的变化。受此限制，GC-MS 无法分析热不稳定性的物质和分子量较大的代谢产物。LC-MS 无须进行样品的衍生化处理，检测范围广，可以作为 GC-MS 的补充，非常适合于生物样本中低挥发性或非挥发性、热稳定性差的代谢物。LC-MS 连用可以分析大部分极性代谢物。

在我国有关代谢组学的发展才刚刚起步，还有许多基础工作有待完善。在分析手段方面，各种技术都各有所长，怎样进行优势互补，使得各种分析技术的数据能统一、交叉验证也是一个亟待解决的问题。

二、代谢组学的应用

代谢组学可以从一个生物样品中检测出数百种低分子量的化合物，这些化合物的相互作用可以和细胞的生物化学、生理学相联系。利用代谢组学作为技术手段的研究项目将会越来越多。代谢组学在药物开发、临床诊断、微生物和植物、营养科学中的重要性已越来越显现。目前代谢组学的应用主要表现在：①药物作用（药效和毒性）模型的鉴别和确证；②药物作用机制的研究；③药物的临床前毒性及安全性评价；④疾病诊断。疾病引起机体病理生理过程变化，最终导致代谢产物发生改变。因此，代谢组学研究代谢产物的组成、特性与变化规律，通过对代谢产物进行分析，并与健康人群比较，可发现和筛选得到疾病相关的新的标志物，对疾病做出早期预警，并发展新的诊断方法。例如，通过代谢组学的研究，证实血清中 VLDL、LDL、HDL 和胆碱的含量 / 比值可以判断心脏病的严重程度；通过比较患者与正常人尿样中嘌呤和氨基化合物图谱，能够实现绝大多数核苷酸代谢遗传疾病的诊断。

第六节　其他组学

一、糖　组　学

糖组学是对糖链组成及其功能进行研究的一门新学科，是基因组学的后续和延伸。糖组（glycome）是指细胞内所有的糖链（包括糖复合体），糖组学（glycomics）是研究糖链的表达、调控和生理功能的科学，主要针对糖蛋白，具体内容包括研究糖与糖之间、糖与蛋白质之间、糖与核酸之间的联系和相互作用。

（一）糖组学研究的内容和方法

糖组学主要针对糖蛋白，涉及单个个体的全部糖蛋白结构分析，确定编码糖蛋白的基因和蛋白质糖基化的机制。糖组学主要解决 4 个方面的问题：什么基因编码糖蛋白，即基因信息；可能糖基化位点中实际被糖基化的位点，即糖基化位点信息；聚糖结构，即结构信息；糖基化功能，即功能信息。

糖组学研究技术的关键在于糖蛋白的分离和富集。目前，糖蛋白和聚糖分离策略主要有两条途径：一种是经典的凝集素亲和色谱"糖捕获"方法；另一种是二维电泳结合特殊染色的分离方法。近年来又发展了快捷易于自动化的多维液相色谱分离多糖技术。

①色谱与质谱技术：色谱分离与质谱鉴定技术为糖组学研究的核心技术，广泛地应用于糖蛋白的系统分析。通过与蛋白质组数据库结合使用，这种方法能系统地鉴定可能的糖蛋白和糖基化位点；②糖微阵列技术：是生物芯片中的一种，是将带有氨基的各种聚糖共价连接在包被有化学反应活性表面的玻璃芯片上，可广泛用于糖结合蛋白的糖组分析，以对生物个体产生的全部蛋白聚糖结构进行系统鉴定与表征；③生物信息学：糖蛋白糖链研究的信息处理、归纳分析及糖链结构检索都要借助生物信息学来进行。目前这方面的数据库和网络包括 CFG、CCSD 和 KEGG 等（表 22-5）。

表 22-5　用于糖链结构注解的数据库

数据库	数据信息	网址
Sugabase	基于 NMR 分析的糖链结构数据库	www.boc.chem.uu.nl/sugabase/database.html
Glycan Database	基于 CFG 聚糖阵列和 MALDI-MS 分析数据的聚糖结构数据库	www.functionalglycomics.org/glycomics/molecule/jsp/carbohydrate/carbMoleculeHome.jsp
Glycan Profiling Data	集合来自于小鼠和人的细胞和组织中经 MALDI-MS 分析的糖谱	www.functionalglycomics.org/glycomics/publicdata/glycoprofiling.jsp
Gene Mircoarray Data	包含学者提供的多种细胞和组织中关于糖生物合成等基因表达图谱	www.functionalglycomics.org/glycomics/publicdata/microarray.jsp
KEGG Glycan Database	聚糖结构来源于糖数据库和各实验室并实时更新	www.genome.jp/kegg/glycan/
KEGG Pathways Database	收集了与 15 种糖生物合成途径相关的约 100 种糖合成的酶	www.genome.jp/kegg/pathway.html
Glycan Database	聚糖结构数据库	www.glycosciences.de/sweetdb/structure/
Glycans in Protein Data Bank	来源于 PBD 中的聚糖结构	www.glycosciences.de/sweetdb/start.php?action=form-pbd-data
Glycan NMR Profiles	包含不同聚糖中寡糖发生化学变化的特征	www.glycosciences.de/sweetdb/nmr

续表

数据库	数据信息	网址
Three-dimensional modeling of glycans	收集通过聚糖三维结构模型分析其信息的工具	www.glycosciences.de/modeling/index.php
Computational tools for glycans	收集用于分析和查询多糖结构和预测糖蛋白的糖基化位点的工具	www.glycosciences.de/tools/index.php
GlycoSuiteDB	糖蛋白 N-10- 连接聚糖的结构、生物来源及其文献来源和鉴定聚糖的方法	www.glycosuitedb.org
MultiGlycan	收集质谱来源的聚糖信息及报告特定聚糖的数量，含 MALD1 和 ES1 两个版本	Darwin.informatics.indiana.edu/MultiGlycan

（二）糖组学的应用及进展

1. 糖组学在肿瘤诊断中的应用　糖基化改变普遍存在于肿瘤的发生、发展过程中，分析糖基化修饰对于深入研究肿瘤的机制及诊断、治疗至关重要，通过糖组学的方法分析肿瘤细胞与正常细胞之间所表现出来的糖蛋白的差异，作为诊断和控制疾病的工作焦点。例如，在临床诊断方面，一些岩藻糖化和唾液酸化的糖链被人们广为关注。临床研究发现肝癌患者体内，岩藻糖苷酶活性异常，其与肝癌细胞中含岩藻糖的糖链结构的改变密不可分。α1- 抗胰蛋白酶和 α- 甲胎蛋白的核心岩藻糖基化的增加已经成为肝癌预测与诊断的指标之一。前列腺特异性抗原在早期前列腺癌患者血清中的表达水平升高，但在良性前列腺增生中也存在该现象，α-1,6- 岩藻糖转移酶在转移性前列腺癌组织中高表达。因此，人们通过前列腺特异抗原糖基化结构的变化进一步区分良性和恶性前列腺疾病。另外，将特异存在的糖基化位点或糖链作为靶标开发抑制肿瘤转移的药物也具有一定的临床意义。

2. 糖组学在肝纤维化诊断中的应用　肝纤维化的发生发展是由炎症到纤维化再到实质细胞的病变，是一个渐进的过程。早期肝纤维化具有可逆转性，因此在这一阶段的诊断对整个疾病的进程和疗效至关重要。目前肝纤维化早期诊断仍是临床一大难题。许多急性期蛋白在炎症损伤时，会有不同程度的血清浓度的改变，同时其糖基化的程度和位点也发生改变，可以用来判断肝病的发展程度，作为非创伤性诊断和判断预后的指标。例如，肝细胞表面的去唾液酸化糖蛋白受体及其甘露糖 N- 乙酰葡萄糖受体可以清除体内异常的糖基化蛋白。因此血清中 N- 糖基化蛋白谱可以反映肝细胞功能的变化。已有利用基于 DNA 测序仪的毛细管电泳技术进行血清糖组糖链检测，并用于肝纤维化非创伤性诊断的成功先例，其在纤维化 / 硬化中的诊断价值逐渐引起人们的重视。

二、脂质组学

脂代谢与多种疾病的发生、发展密切相关，如糖尿病、肥胖、癌症等。因此，脂质的分析量化对疾病诊断治疗和发生机制研究，以及医药研发具有重要的生物学意义。脂质组学（lipidomics）就是对样本中脂质进行全面系统的分析，从而揭示其在生命活动和疾病发生中的作用。脂质组学的主要研究内容为分离检测生物体内的所有脂质分子，并以此为依据推测与脂质作用的相关生物分子的变化，揭示脂质在各种生命活动中的作用。脂质组学是代谢组学的一个分支，能够在一定程度上促进代谢组学的发展，并通过代谢组学技术的整合运用建立与其他组学之间的关系，最终实现系统生物学的整体进步。

（一）脂质组学的研究方法

1.分离脂质　脂质主要从组织、细胞、血浆中分离提取。脂质具有极性的头部和非极性的尾部，采用氯仿、甲醇及其他有机溶剂的混合提取液，能够较好地溶出样本中的脂质。

2.脂质鉴定　脂质分析的常规技术有薄层色谱（TLC）、气相色谱-质谱联用（GC-MS）、电喷雾质谱（ESI-MS）、液相色谱-质谱联用（LC-MS）等。

3.数据库检索分析　随着脂质组学的迅速发展，相关数据库也逐步建立。国际上最大的数据库 LIPID Maps（http://www.lipidmaps.org）包含了脂质分子的结构信息、质谱信息、分类信息、实验设计等，能够查询脂质物质结构、质谱信息、分类及实验设计、实验信息等，其功能也越来越完善。其他脂质研究相关的数据库及网站见表22-6。

表 22-6　脂质组学数据库及相关网站

名称	网址	国家	内容
LMSD	http://www.lipidmaps.org/data/structure/index.html	美国	脂质分类，脂质组学研究
LipidBank	http://lipidbank.jp	日本	脂质分类，提供脂质实验数据
Cyberlipid Center	http://www.cyberlipid.org	法国	脂质结构信息和分析方法
SphinGOMAP	http://sphingolab.biology.gatech.edu	美国	鞘脂类的生化合成途径
Lipid Library	http://lipidlibrary.aocs.org	英国	脂质化学、生物和分析等信息
KEGG	http://www.genome.jp/kegg	日本	脂肪酸的合成和降解、胆固醇和磷脂的代谢途径等
Lipidweb	http://www.lipidhome.co.uk	瑞士	与脂质紊乱相关的基因
SOFA	http://sofa.mri.bund.de	德国	植物油及其脂质组成的信息

（二）脂质组学的应用及进展

1.脂质组学在寻找疾病生物标志物研究中的应用　脂质组学从代谢水平研究疾病发生、发展过程的变化规律，寻找疾病相关的脂质分子标志物，提高疾病的诊断效率，为疾病治疗提供可靠的依据。脂质组学被广泛应用于各种肿瘤（如胰腺癌、卵巢癌、乳腺癌等）、遗传疾病（如 Barth 综合征、Gaucher 疾病等）、神经退行性疾病（如阿尔茨海默病等）等生物标志物的研究。例如，有学者利用 LC-MS/MS 的方法对 69 个成年人（包括 32 个 2 型糖尿病患者和 37 个正常人，年龄在 30 ～ 80 岁）的血浆进行磷脂及其代谢物的脂质组学分析，结果发现，2 个磷脂酰胆碱和 2 个磷脂酰乙醇胺可以作为 2 型糖尿病的潜在生物标志物。

2.脂质组学在药物靶点及新药研发中的应用　目前，已经有诸多研究以脂质代谢物及其代谢途径为研究对象找寻新的药物靶点，并成功研发了多种有效药物，在药物领域发挥重要作用，如在蛋白质组与基因组研究的基础上，利用相关性和多变量等统计学方法及代谢控制等方法对给药和不给药、疾病和健康等不同状态下脂质水平的变化进行研究，有助于发现更多脂质相关的药物靶点。此外，生物功能相关的酶类或蛋白质通常通过对脂质极性或非极性部位的识别与脂质发生相互作用，将脂质结构信息通过结构变换和修饰等方式合成新的化学成分，靶向与脂质相互作用的酶类或蛋白质，也是脂质组学在化合物合成的前沿研究。

三、疾病基因组学

基因组学是研究生物基因组的组成，基因组内各基因的精确结构、相互关系及表达调控的一门新兴学科，自人类基因组计划实施以来，随着测序技术的不断探索、发展和成熟，基因组学的发展日新月异，已经渗透到包括医药、工业、农业、能源、生态和人类健康等生命科学领域的各个方面，并显示出强大的发展活力。人类疾病的发生发展都直接或间接地与基因密切相关。正因如此，人们一直在努力寻找某一基因和某一疾病的对应关系。疾病基因组学就是利用高通量、高灵敏度、高特异度的技术平台，整合发生在基因组、转录组、蛋白质组、代谢物组等各层次上的分子生物事件，构建合理的网络作用模型，研究与疾病易感性相关的各种基因的定位、鉴定、关联分析等。

（一）疾病基因组学的研究策略和方法

1. 疾病相关致病基因的定位、连锁与克隆　基因定位指将致病基因定位到人类染色体某一区段上，对于研究基因的结构、功能和相互作用有重要意义，并可应用于基因工程中的重组 DNA 操作。基因定位常用方法有体细胞杂交（somatic cell hybridization）、辐射杂交（radiation hybridization）、原位杂交（in situ hybridization，ISH）和荧光原位杂交（fluorescence in situ hybridization，FISH）、连锁分析基因定位、cDNA 或遗传标记基因定位、基因克隆等。

2. 疾病相关易感基因的鉴定　绝大多数疾病的发生是众多微效（低危险度）的、低外显率的易感基因相互作用及它们与环境因素相互作用的综合结果。易感基因的鉴定就是运用高通量技术，结合遗传分析方法，从疾病患者基因组中一个个地找出变异等位基因。目前正在研究和采用的方法包括：①候选基因关联分析，以序列标记（SNP、突变、微卫星等）为筛查标记，根据疾病患者组与匹配对照组出现频率的显著性差异，从候选基因中筛选出易感基因；②单倍型（haplotype）关联分析：以单倍型域为靶标，进行全基因组扫描，寻找与疾病易感性相关的单倍型域，找到了单倍型域，也就找到了相应的易感基因；③建立小鼠模型以在对致病物质具有不同敏感性的近交系小鼠中对数量性状位点作图，以缩小寻找疾病易感基因的范围；④模式生物基因组测序：用作比较基因组学研究，有助于鉴别人类疾病易感等位基因。

（二）疾病基因组学的应用及进展

恶性肿瘤、心血管疾病、神经系统退行性疾病、自身免疫病及代谢性疾病均涉及基因的先天性缺陷与后天的基因突变。疾病基因或疾病相关基因及疾病易感性的遗传学基础是疾病基因组学研究的两大任务。

HGP 的完成使得疾病基因和疾病易感基因的克隆和鉴定变得更加快捷和方便。一旦疾病基因和疾病易感基因的功能被揭示，或结合 RNA、蛋白质，以及细胞功能表型的综合分析，将会对疾病发生机制产生新的认识。此外，SNP 是疾病易感性的重要遗传学基础，是一种常见的遗传变异类型，在人类基因组中广泛存在。疾病基因组学研究将在全基因组 SNP 制图基础上，通过比较患者和健康人群之间的差异，鉴定与疾病相关的 SNP，从而阐明易感人群的遗传学背景，为疾病的诊断和治疗提供新的理论基础。

四、药物基因组学

药物基因组学（pharmacogenomics）是一新兴的研究领域，主要阐明药物代谢、药物转运和药物靶分子的基因多态性与药物作用包括疗效和毒副作用之间的关系。药物基因组学在药学研究中，特别是药物作用机制研究、药物代谢、提高药物疗效及新药研发等方面具有重要作用，并将从根本上改变药物临床治疗模式和新药开发方式。

（一）药物基因组学的研究方法

药物基因组学的研究内容包括：①人类基因组结构与基因遗传学多态性测定：不同人群基因组结构与基因遗传学变异，尤其是蛋白质编码基因与调控区域 SNP，并根据其多态性变异的不同组合进行基因单倍体型（haplotype）或基因型（genotype）分析；②基因多态性和基因表达与药物反应相关性：研究个体对药物的反应是由遗传、环境、药物间相互作用等多方面因素所决定的。通过分析不同个体目标基因的"单倍体型"或基因亚型与特定药物反应的关系，再通过基因诊断测定待用药个体的基因型即可预测其对药物的反应类型，达到个体化用药的目的；③临床药物基因组学研究：研究不同药物对具有不同单倍体型或基因型个体的治疗效应和不良反应。

药物基因组学的研究，需要应用多学科的方法和技术，其中主要包括：①基因组学研究方法：包括 DNA 序列测定、基因多态性测定和分析、基因表达和调控分析、基因敲除（gene knockout）技术、RNAi 技术等。运用这些技术，可测定不同个体基因 DNA 序列多态性，探讨疾病发生机制和评价药物对基因表达的影响等。②临床药理学研究方法：药物基因组学研究也需借助临床药理学有关方法，收集药物在不同基因型个体的药物动力学和药物效应学资料，以评价个体遗传变异对药物反应的影响。③药物流行病学研究方法：药物基因组学研究中临床试验的设计遵循和应用药物流行病学的设计、资料收集、分析原理和方法。同时，药物流行病学中有关病因推论方法也可用于基因多态性与疾病发生或药物反应的相关性分析等。

（二）药物基因组学的应用及进展

药物基因组学的研究内容涉及药物作用和影响药物作用的多个方面，因此具有广泛的应用前景，可应用到药物研究和药物应用的各个阶段。

1. 为药物开发开辟一个全新领域　药物基因组学以快速增长的人类基因组中所有基因信息指导新药开发，在整体基因组水平研究遗传因素对药物治疗效果的影响，适用于药物设计、临床试验、批准上市、使用等药物开发的整个周期，将使药物开发进入以基因为基础的药物发现和开发的新的历史阶段。从而改变传统的"一个药物适于所有人"的药物开发模式和观点，根据基因的特性为某个群体甚至个体设计药物，推动药物开发的全过程，使药物开发周期缩短，费用降低。

2. 预测药物反应性并指导个体化用药　随着对疾病及药物作用与 DNA 多态性之间关系认识的深入，特别是 SNP 的研究，药物基因组学将指导和优化临床用药，实现个体化治疗和最佳的治疗效果。合理用药的核心是个体化给药。基因多态性决定了患者对药物的不同反应，依据患者的基因组特征优化药物治疗方案，实现药物的个体化治疗，可同时减少药物治疗的费用和风险，降低患者的治疗成本。

3. 药物的临床和临床前研究　通过药物基因组学的研究，可以在人类基因水平解释个体差异，由此选择适合于特定药物的受试对象，使药物不良反应或抗药的危险降到最低程度；或将不同基因类型的受试对象分别处理，从而更客观地评价药物的临床研究，提供新的药物临床应用指导信息，提高临床试验的效率，目前应用药物基因组学的研究结果指导临床研究已经取得了比较理想的结果。

第七节　后基因组学时代生命科学的发展与趋势

随着 HGP 的实施和完成，迎来了后基因组学时代。有人指出后基因组学时代生物医学研究模式将呈现九大变化趋势，即：①由结构基因组学向功能基因组学转变；②由基因组学向蛋白质组学转变；③由以作图为基础的基因鉴定向以序列为基础的基因鉴定转变；④由单基因病研究向多基因病研究转变；⑤由对疾病的特异性 DNA 诊断向疾病易感性监测转变；⑥由分析单个基因向分析基因家族、生化通路和系统中多基因转变；⑦由研究基因的作用向研究基因作用的调控机制转变；⑧由研究疾病的病因（特异性突变）向研究疾病的病理发生（机制）转变；⑨由研究单一种属向研究多种种属转变。

随着理论与技术的快速更新完善，生命科学研究内涵的丰富和范围的扩大，近来科学家们在诸如基因组学、干细胞、脑与认知、生物多样性等重要领域都取得了突破性进展。

（一）人类基因组单体型图（HapMap）计划

2005 年，国际人类基因组单体型图（HapMap）计划的顺利完成是基因组学研究的又一突破。来自美国、中国、英国、日本、加拿大等国的科学家于 2005 年 10 月成功地完成了人类基因组单体型图的绘制。单体型图计划通过整合基因组测序成果，从基因组水平检测多个不同人群样品的 SNP 位点，绘制人类基因组中独立遗传的 DNA "始祖板块"及其 SNP 标签的完整目录，从而建立人类遗传的群体信息资源，使在基因组水平上分析和了解某些特定、复杂的生物过程及疾病成为可能。在"HapMap"工程中，由中国科学院北京基因组所、国家人类基因组南方研究中心、香港大学的科学家携手绘制了"HapMap"计划 10% 的"中国卷"部分，构建了第 3 号、第 21 号染色体和第 8 号染色体短臂的单体型图，为进一步研究我国各人群的基因组多态性及其对疾病的易感性和药物反应的差异性的影响打下了坚实的基础。

（二）ENCODE 计划

人类基因组计划完成以来，科学家们一直在努力阐释基因组信息所代表的生物学意义。自 2003 年开始，美国国家人类基因组研究所（National Human Genome Research Institute，NHGRI）投资近 3 亿美元启动"DNA 元件百科全书（Encyclopedia of DNA Elements，ENCODE）"计划，集结了来自美国、中国、英国、日本、西班牙和新加坡等国家的 32 个实验室的 440 余名科学家，共同鉴定并分析人类基因组中所有的功能调控元件。高通量测序技术等实验手段的发展和生物信息学技术的不断完善使得 ENCODE 计划取得了丰硕的成果：确定了甲基化和组蛋白修饰等表观修饰区域及其对染色质结构的作用，进而确定染色质结构的改变影响基因表达；确定了转录因子及其结合位点的信息，并构建了转录因子调控网络；进一步修订更新了假基因和非编码 RNA 数据库；并确定了与疾病相关联的调控序列的 SNP。这些发现一方面有助于系统解析基因和基因组信息、调控元件的调控作用及非编码区转录调控等分子机制；同时也将为转化医学等生命科学研究领域提供丰富的数据来源。

（三）人类表观基因组计划（HEP）

继 HGP 完成后，人类表观基因组协会（Human Epigenome Consortium，HEC）于 2003 年宣布正式启动人类表观基因组计划（HEP），HEP 是在基因组水平对表观遗传学（epigenetics）改变的研究，遗传学是基于基因序列改变所致的基因表达水平变化（如基因突变、基因杂合丢失等），表观遗传学指基于非基因序列改变所致基因表达水平的变化（如 DNA 甲基化和染色质构象变化等）。

（四）人类癌症基因组计划

在 HapMap 基础上，美国国立癌症研究所与国立基因组研究所于 2005 年共同公布并启动了人类癌症基因组计划，该计划旨在找到所有致癌基因的微小变异，绘制癌症基因图谱，为癌症的诊断、预防与治疗提供线索。该计划将对 1.25 万份癌症肿瘤样本进行基因测序，涉及 50 种癌症，测序工作规模预计比 HGP 大得多。

（五）3D 核小体计划

在过去的 10 年中，科学家已经认识到基因组并非随机存储于细胞核中。但一个核心问题是，基因组和表观基因组的变化是如何影响细胞核的 3D 结构，以及如何进一步影响高度受控的转录平衡体系。为解决这个问题，美国国立卫生研究院（NIH）宣布，将人类染色体的三维结构研究方向视为进一步认知生物学和疾病的重大机遇，并批准立项为共同基金重大项目，于 2015 年予以资助。如果"3D 核小体"（3D-nucleosome）计划能够顺利实施，将有望开启基因组学和生物学的后测序时代。

（严永敏）

思 考 题

1. 什么是组学、基因组学和后基因组学？

2. 基因组学研究是近年来生命科学领域的热点之一，简述结构基因组学、功能基因组学、比较基因组学及宏基因组学的概念和研究内容。

3. 简述蛋白质组学的概念、研究内容及主要方法。

4. 后基因组学包含哪些研究内容？其在医学中的应用有哪些？

案例分析题

患者，女性，55岁，主诉头晕、头痛，血压控制不佳到医院就诊，要求行基因检测调整降压药物。患者25年前怀孕时出现妊娠高血压综合征，生产后血压一直未恢复正常，最高时为220/160mmHg，诊断为高血压3级。患者25年间曾先后使用过卡托普利、硝苯地平、福辛普利、比索洛尔、缬沙坦等多种降压药物，血压控制不理想。使用福辛普利时曾出现剧烈咳嗽，使用比索洛尔时出现过血糖升高现象。目前服用苯磺酸左旋氨氯地平，2.5mg，每日1次；替米沙坦片，80mg，每日1次；氢氯噻嗪片，20mg，每周1次，血压控制不佳，波动较大，为165～180/100～110mmHg，偶尔升高至195/115mmHg。就诊时血压为170/100mmHg，心率90次/分。5年前患甲状腺功能低下，已治愈。否认有高血脂、糖尿病病史，否认吸烟、饮酒史，否认家族遗传病史。本病例部分降压药物相关基因检测结果见下表，基因检测结果显示，氢氯噻嗪疗效差，故建议停用氢氯噻嗪。患者心率较快，考虑选择β受体阻滞剂类降压药物，但患者使用比索洛尔时曾出现血糖升高现象。基因检测结果显示，该患者卡维地洛代谢慢，血药浓度可能增高。结合总体情况建议口服卡维地洛25mg，每日1次。调整用药后3个月随访至今，血压控制平稳，波动在140～150/80～90mmHg，心率控制在65～70次/分。

难治性高血压患者降压药物部分基因检测结果

药品名称	基因	基因型	用药提示
卡维地洛	UGT1A1	GA	代谢慢，血药浓度增高
氢氯噻嗪	PRKCA	GG	疗效差
	YEATS4	CC	
	NEDD4L	GG	
福辛普利	ACE	II	疗效差
卡托普利	ACE	II	疗效好
氯沙坦	ABCB1	GG	疗效好，减少剂量
CYP2C9	AA		

问题：

（1）高血压的诊断标准是什么？如何进行分级？

（2）常用的高血压降压药有哪些种类？如何检测降压药物相关基因？

（3）卡维地洛降低血压的机制是什么？基因检测指导卡维地洛用药有何意义？

第四篇　分子生物学技术与应用

　　分子生物学技术是在分子水平上开展生物学和医学研究的重要工具，其在医药领域的广泛应用也为加快医药现代化发展提供了技术保障。本篇共 4 章，第二十三章着重讲述了研究生物大分子（主要是核酸和蛋白质）结构与功能及其相互作用有关的常用分子生物学技术，其中重点介绍了 PCR、分子杂交和印迹技术。第二十四章讲述了操作和改造遗传物质的重要分子生物学技术——基因工程。基因工程分为上游和下游技术。上游技术通常包括目的基因和载体的制备、目的基因与载体的连接、重组 DNA 导入受体细胞、重组体的筛选与鉴定及 DNA 重组体的扩增等过程；下游技术则涉及含外源基因的重组菌或细胞的大规模培养及外源基因表达产物的分离纯化与鉴定等工艺。

　　基因结构与功能解析是认识基因、发现疾病病因的重要手段。第二十五章介绍了对基因一级结构、基因表达产物及基因功能、疾病相关基因鉴定与克隆等的分析技术。基因一级结构的解析主要是对其碱基序列的测定、启动子的分析和转录起点、转录因子结合位点、基因拷贝数等的分析和鉴定。基因表达产物分析主要是从 RNA 水平和蛋白质 / 多肽水平上进行。采用基因功能获得和（或）基因功能缺失的策略，从正反两方面对基因的功能进行鉴定。此外还介绍了疾病相关基因的鉴定和克隆的常用策略。

　　第二十六章讲述了利用包括基因工程在内的多种分子生物学技术进行基因诊断和治疗的研究现状及未来展望。基因诊断是在 DNA/RNA 水平上检测分析基因的存在和结构、变异及表达状态，从而对疾病做出判断的方法，已广泛应用于多种疾病的诊断和鉴别诊断、疗效判断、分期分型、预测预后、个体疾病易感性判断、组织配型及法医学等方面。基因治疗是指将某种遗传物质转移到患者细胞内，使其在体内表达并发挥作用，以达到治疗疾病目的的方法。目前临床基因治疗尚存在一些亟待解决的理论和技术难题。

第二十三章　常用分子生物学技术

内容提要

　　本章对一些常用分子生物学技术的原理和应用进行概要介绍，其中重点介绍 PCR、分子杂交和印迹技术。PCR 是一种在体外对特定的 DNA 片段进行高效扩增的技术，其基本原理类似于 DNA 的体内复制过程。PCR 有多种衍生技术。在传统 PCR 技术基础上，又建立了用于核酸精确定量分析的实时定量 PCR 技术及数字 PCR，实现了 PCR 技术从定性到定量的飞跃。PCR 技术是一项应用最为广泛和最具生命力的分子生物学技术，广泛用于生物学和医学基础研究、临床诊断和法医鉴定等实践中。分子杂交和印迹技术种类较多，最常用的是分别用于 DNA、RNA 和蛋白质检测的 Southern 印迹、Northern 印迹和 Western 印迹法。DNA 测序主要建立在双脱氧链末端终止法的基础上，目前已经实现自动化，并向着快速、高通量、低成本的方向发展。生物芯片是一种对基因和蛋白质进行大规模、高通量并行检测的技术，包括基因芯片和蛋白质芯片。生物大分子相互作用研究技术包括用于蛋白质 - 蛋白质相互作用检测的酵母双杂交、蛋白质免疫共沉淀、标签融合蛋白结合实验，用于蛋白质 -DNA 相互作用检测的 EMSA 和 ChIP 技术，以及用于蛋白质 -RNA 相互作用检测的 RNA 结合蛋白免疫沉淀、交联免疫沉淀技术及酵母三杂交系统。这些分子生物学技术在生物学和医学研究领域中均具有重要的应用价值。

分子生物学是一门非常注重实验操作的学科，在其发展历史上，几乎每一次重大理论的发现与突破都离不开新技术和新方法的支撑。分子生物学技术也是在分子水平上开展生物学和医学研究的共同工具，一些技术还广泛用于临床疾病的诊断与治疗等。因此，掌握和了解常用的分子生物学技术，不仅有助于进一步加深理解分子生物学的理论知识，而且对于在分子水平上深入认识疾病的发生和发展机制、理解和应用基于分子生物学的诊断和治疗方法极有帮助。

分子生物学技术的种类繁多，但按照其复杂性程度不同可将其大致区分为基本技术和延伸拓展类技术两大类。基本技术包括核酸的分离纯化、PCR 技术、分子杂交和印迹技术、各种分子酶学操作等。延伸拓展类技术包括 DNA 重组技术、测序技术、生物芯片等，此类技术从本质上来讲一般都是在前述基本技术的基础上建立的。需要注意的是，分子生物学技术的学习尤其注重理论与实践相结合，只有不断通过理论学习和实际操作的反复融汇，学习者方可切实理解技术本身的奥妙与真谛。

第一节　PCR 技术

聚合酶链反应（polymerase chain reaction，PCR）技术，是 20 世纪 80 年代发展起来的一种在体外利用酶促反应对特定的 DNA 片段进行高效扩增的技术。1983 年，美国 Cetus 公司的技术人员 Mullis K 发明了该技术，并因此获得 1993 年的诺贝尔化学奖。该技术可以将特定的微量靶 DNA 片段于数小时内扩增至十万乃至百万倍，并且操作简单易行。PCR 技术的创立对于分子生物学的发展具有不可估量的价值，它以敏感度高、特异性强、产率高、重复性好及快速简便等优点迅速成为分子生物学研究中应用最为广泛的方法，极大地推动了分子生物学本身及整个生物医学的快速发展。PCR 技术当之无愧是生物学和医学领域中的一项革命性技术创举和里程碑。近年来，PCR 技术不断发展，从定性分析到定量测定，并且该方法与其他分子生物学技术相结合形成了多种衍生技术，广泛应用于生物、医学等各个领域。

一、PCR 技术的基本原理

PCR 技术的基本工作原理是在体外模拟体内 DNA 复制的过程。在 DNA 聚合酶的作用下，遵循 DNA 半保留复制机制，在体外通过酶促反应来对特异性 DNA 片段进行合成和扩增。

PCR 反应体系包括五种基本成分：①模板（template）：通常是从各种组织或细胞样品中经过分离纯化获得的 DNA，含有待扩增的目的基因或 DNA 片段；②引物（primer）：通常是一对长 18～22nt 的寡核苷酸片段，分别与待扩增区域 DNA 两侧的碱基序列互补，称为上游引物和下游引物，可与模板 DNA 结合、提供 3′-OH 末端、限定待扩增的 DNA 区域；③四种 dNTP：包括 dATP、dTTP、dCTP 和 dGTP，作为 DNA 合成的原料；④耐热性 DNA 聚合酶：常用的是分离自嗜热水生菌（thermus aquaticus）的具有耐热特性的 DNA 聚合酶，称为 Taq 聚合酶或 Taq 酶，最适温度为 72～80℃，具有 5′→3′ 聚合酶活性，但缺乏 3′→5′ 核酸外切酶活性；⑤含有 Mg^{2+} 的缓冲液：为 DNA 聚合酶提供最适反应条件。

PCR 的基本步骤包括变性、退火和延伸。①变性：反应体系的温度升高至约 95℃，使模板 DNA 双链变性成为单链。②退火：即模板 DNA 与引物的复性，将反应体系的温度降低至适宜温度（比引物 T_m 低 5℃，通常约 55℃），使反应体系中的上游和下游引物分别与变性的模板 DNA 单链相应区域的序列通过碱基互补配对结合；③延伸：将反应体系的温度再次升高至耐热 DNA 聚合酶的最适温度即 72℃，以 dNTP 为原料，DNA 聚合酶在引物的 3′-OH 端按碱基互补配对原则，催化生成与模板 DNA 链互补的新链。上述三个步骤称为一个循环，每一循环新合成的 DNA 片段继续作为下一轮反应的模板，经多次循环（25～40 次），即可将引物靶向的特定区域的 DNA 片段迅速扩增至上千万倍（图 23-1）。需要注意的是，在扩增的第一个循环中，新合成的 DNA 单链会长于待扩增区域的 DNA 片段，但从第二轮循环开始，待扩增区域的 DNA 片段便开始被大量富集，因此，在最终的扩增产物中，长于待扩增区域产物的量实际上相对总的扩增产物可以忽略不计。PCR 的反应过程在 PCR 仪（热循环仪）中进行，由操作者设定循环参数。

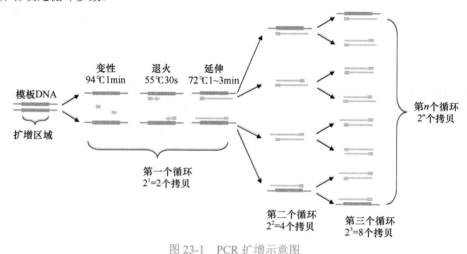

图 23-1　PCR 扩增示意图

二、常用的 PCR 衍生技术

随着 PCR 技术自身的不断发展及与其他分子生物学技术相结合，现已形成各种各样的 PCR 衍生技术，以满足生物和医学领域各种需要和用途。限于篇幅，下面仅介绍几种常用的 PCR 衍生技术。

（一）逆转录 PCR

逆转录 PCR（reverse transcription-PCR，RT-PCR），也称反转录 PCR，是将 RNA 逆转录反应和 PCR 联合应用的一种技术。即首先以 RNA 为模板，在逆转录酶的作用下合成互补 DNA（complementary DNA，cDNA），再以 cDNA 为模板通过 PCR 来扩增目的基因。最终得到的 PCR 产物可通过常规琼脂糖凝胶电泳鉴定和分析。如同时扩增各组织细胞中表达量相对恒定的管家基因作为内参，如 *GAPDH* 或 β 肌动蛋白（β-actin），使用灰度扫描软件分别对目的基因和内参照基因扩增产物的电泳条带进行量化分析，二者的比值可反映 mRNA 的相对表达量，此即为半定量 RT-PCR。RT-PCR 技术是基因定性和半定量分析的最常用技术之一。例如，真核生物基因的 cDNA 克隆、对真核生物基因在 mRNA 水平上的表达分析及临床上对病毒 RNA 的检测分析等。

（二）巢式 PCR

巢式 PCR（nested PCR），也称嵌套式 PCR，该技术主要使用两对位置不同的引物，分别称为内侧引物和外侧引物，即其中一对引物（内侧引物）在模板上的位置位于另一对引物（外侧引物）扩增区域的内部。也就是说，外侧引物扩增的区域，包含了内侧引物扩增的区域。在操作时，一般首先用外侧引物进行 PCR，然后再以该首轮 PCR 产物为模板，使用内侧引物进行第二轮 PCR。巢式 PCR 的本质是使用了两套引物进行了两轮 PCR，因此其突出优点在于检测的灵敏度和特异度大大提高，尤其适用于扩增模板含量较低的样本。

（三）甲基化特异性 PCR

甲基化特异性 PCR（methylation specific PCR，MSP），由美国 Johns Hopkins 医学院的 Baylin SB 和 Herman JG 发明，主要用于检测基因组 DNA 中 CpG 岛的甲基化状态，具有简便、特异和敏感等优点。

MSP 的基本原理是利用亚硫酸氢钠处理基因组 DNA，使未甲基化的胞嘧啶 C 变成尿嘧啶 U，而甲基化的胞嘧啶 C 不变。在 PCR 时，以经亚硫酸氢钠处理的基因组 DNA 为模板，分别使用两组不同的引物对，进行两组 PCR。其中一对引物（M 引物对）针对甲基化 DNA（序列中为甲基化的 C 经处理后不变）；另外一对引物（U 引物对）和 M 引物对几乎完全相同，但针对非甲基化的 DNA（序列中为甲基化的 C 经处理后变为 U）。因此，可以根据两组引物能否扩增出相应产物，从而判断基因组 DNA 中包含 CpG 岛的特定区域是否存在甲基化。

（四）多重 PCR

多重 PCR（multiplex PCR）是指在一个 PCR 体系中同时加入多组引物，同时扩增同一 DNA 模板或不同 DNA 模板中的多个区域，通常每对引物所扩增的产物序列长短不一。

常规 PCR 一般只用一对引物来扩增 DNA 模板中的一个区域，而多重 PCR 实际上是在一个反应体系中进行多个单一的 PCR，具有信息量多、省时、节约成本等优点。多重 PCR 在临床疾病诊断中尤其具有重要的价值，可以利用同一份患者样本对多个致病基因进行检测。

（五）原位 PCR

原位 PCR（*in situ* PCR）是 1990 年由 Haase AT 等建立，它是将 PCR 和原位杂交两种技术有机结合起来，充分利用了 PCR 技术的高效特异敏感和原位杂交的细胞定位特点，从而实现在组织和细胞原位检测单拷贝或低拷贝的特定的 DNA 或 RNA 序列。

该技术是在甲醛固定、石蜡包埋的组织切片或细胞涂片上的单个细胞内进行的 PCR，之后用特异性探针进行原位杂交，即可检测出待测 DNA 或 RNA 是否在该组织或细胞中存在。原位 PCR 既能分辨和鉴定带有靶序列的细胞，又能标出靶序列在细胞内的位置，对于在分子和细胞水平上研究疾病的发病机制、临床过程和病理转归具有重要价值。

三、实时定量 PCR

实时定量 PCR（real-time quantitative PCR），也称定量 PCR（quantitative PCR，Q-PCR）或实时 PCR（real-time PCR），是指在 PCR 体系中加入荧光标志物，通过监测每一个循环 PCR 反应管内荧光信号的变化来实时动态监测整个 PCR 进程，并由此对反应体系中模板的起始量进行精确定量的方法。由于该技术需要使用荧光染料，故也称实时荧光定量 PCR 或荧光定量 PCR。实时定量 PCR 技术于 1996 年推出，该技术克服了常规 PCR 采用终产物检测进行定性定量的缺陷，并具有特异性更强、灵敏度更高等特点，真正实现了 PCR 技术从定性到定量的飞跃，堪称 PCR 技术史上一个重大的里程碑式发现。该技术目前已经被广泛应用于生物学和医学基础研究中的基因表达水平分析，以及临床实践中的基因诊断等领域。

（一）实时定量 PCR 的原理

本质上来讲，PCR 是 DNA 聚合酶催化的酶促反应，因此其同样具有酶促反应动力学的特点。根据动力学特点，可将 PCR 过程大致分为三个阶段。

1. 指数扩增期　在早期阶段，PCR 体系中各种成分的量非常充足，PCR 产物的量以 2^n 的指数增长方式迅速增加，称为指数扩增期。

2. 非指数扩增期　随着 PCR 体系中 dNTP 原料和引物的不断消耗，以及产物的不断增加，PCR 扩增效率降低，扩增产物量的增加速度有所下降，不再呈指数增长，称为非指数扩增期或趋向平台期（leveling off stage）。

3.平台期　反应体系中各种原料接近耗尽，PCR产物的量不再增加，称为平台期。

其中在指数扩增期，扩增产物的量主要取决于三个因素，包括初始模板DNA的量、PCR扩增效率及循环次数。可用如下数学关系式描述：

$$X_n=X_0(1+Ex)^n$$

式中，n代表循环数；X_n为第n次循环后的产物量；X_0为初始模板量；Ex为扩增效率。

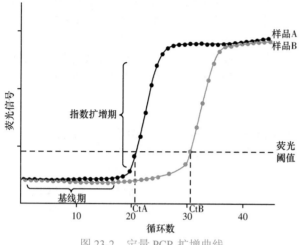

图23-2　定量PCR扩增曲线

在实时荧光定量PCR过程中，由于反应体系中加入了可与DNA产物结合的荧光染料或荧光标记探针，故可通过实时监测荧光信号强度变化来监测产物量的变化，每经过一个循环，仪器自动收集一次荧光强度信号，PCR过程完成后，以循环数为横坐标，以荧光信号强度为纵坐标，即可绘制出一条扩增曲线（图23-2）。扩增曲线可分为三个阶段：①荧光背景信号阶段（即基线期）；②荧光信号指数扩增阶段（即对数期）；③平台期。在荧光背景信号阶段，扩增的荧光信号被荧光背景信号所掩盖，故无法判断产物量的变化。在平台期，扩增产物不再呈指数级的增加，终产物量与起始模板量之间没有线性关系，故也无法根据最终PCR产物的量来计算起始DNA的拷贝数。PCR理论方程只在对数期成立，即只有在荧光信号指数扩增阶段，PCR产物量的对数值与起始模板量之间存在线性关系。

定量PCR理论中，特别引入了循环阈值（cycle threshold，Ct）的概念。Ct是指在PCR扩增过程中，扩增产物的荧光信号达到设定的荧光阈值时所经历的循环数。而荧光阈值（threshold）一般是以PCR前15个循环的荧光信号作为荧光本底信号（baseline），缺省设置是3～15个循环的荧光信号的标准偏差的10倍。因此，荧光阈值实际上就是荧光信号开始由本底信号进入指数增长阶段的拐点时的荧光信号强度。

根据PCR的动力学原理，达到Ct值时的产物量为：$X_{Ct}=X_0(1+Ex)^{Ct}$。

两边同时取对数，则得：$\log X_{Ct}=\log X_0(1+Ex)^{Ct}$。

简单运算，则为：$\log X_0=-Ct\times\log(1+Ex)+\log X_{Ct}$。

其中X_{Ct}为荧光信号达到阈值线时扩增产物的量，阈值线一旦设定后，它可视为一个常数；Ex为常变数，即Ex在PCR的某一个循环中是一个常数，在不同的循环数中，Ex的数值不同。

由此可以推导出：起始模板量的对数值与其Ct值呈线性关系，这就是实时定量PCR精确定量的重要依据。起始模板量越多，则Ct值越小。利用已知起始模板量的标准品（稀释成不同浓度梯度）可绘制出标准曲线，纵坐标是Ct值，横坐标是起始模板量的对数。因此，只要获得待测样品的Ct值，即可根据标准曲线计算出该样品的起始模板量（图23-3）。

综上所述，实时定量PCR技术的基本原理就是它将荧光信号强弱与PCR扩增情况结合在一起，通过监测PCR反应管内荧光信号的变化来实时检测PCR反应进行的情况。根据上述Ct值与起始模板量之间的线性对数关系，可对待测样品中的目的基因的起始模板量进行准确地绝对和（或）相对定量。而常规的PCR技术只能对PCR扩增的终产物进行定量和定性分析，不能消除扩增反应进入平台期而产生的误差，因此无法对起始模板准确定量，也无法对扩增反应实时监测。

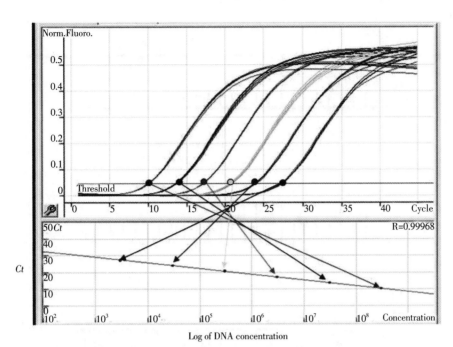

图 23-3　实时荧光定量 PCR 扩增曲线与标准曲线

（二）常用的定量 PCR 技术

按照定量 PCR 中是否使用探针，可以区分为不使用探针的非探针类定量 PCR 和使用探针的探针类定量 PCR。

1. 非探针类定量 PCR　也称荧光染料类定量 PCR，此类定量 PCR 方法和常规 PCR 的主要不同之处在于加入了能与双链 DNA 结合的荧光染料，由此来实现对 PCR 过程中产物量的全程监测。

最常用的荧光染料为 SYBR Green I，它能结合到 DNA 双螺旋小沟区域。该染料处于游离状态未与 DNA 结合时，荧光信号强度较低，一旦与双链 DNA 结合之后，荧光信号强度大大增强，约为游离状态的 1000 倍。荧光信号的强度和其结合的双链 DNA 的量成正比。因此，可以将其加入 PCR 反应体系中，用来实时监测 PCR 的产物量。在 PCR 扩增过程中，随着新合成的双链 DNA 扩增产物的逐渐增多，结合的 SYBR Green I 也不断增多，荧光信号不断增强（图 23-4）。荧光信号的检测在每一轮循环的延伸期完成后进行。

该技术的优点在于荧光染料的实验成本低廉、操作简便易行，因此应用非常广泛。然而，由于 SYBR Green I 染料能与任何双链 DNA 结合，没有序列特异性，因此，PCR 扩增过程中出现的非特异产物和引物二聚体也属于双链 DNA，也能与之结合并发出荧光而被仪器检测到。这也正是该类定量 PCR 的缺点，即特异性稍差且本底较高。但由于特异性扩增产物与非特异性扩增产物和引物二聚体的序列不同，故可通过做熔解曲线分析来对扩增的特异性做出评价。

2. 探针类定量 PCR　和非探针类定量 PCR 方法相比，该类定量 PCR 方法并非向反应体系中加入荧光染料，而是通过使用荧光标记的探针来产生荧光信号。该探针除了能产生荧光信号用于监测 PCR 进程之外，还能与模板 DNA 的待扩增区域通过互补识别而结合，从而大大提高了 PCR 的特异性。因此，与荧光染料类定量 PCR 相比，探针类定量 PCR 由于在使用引物的同时又使用了探针，故其特异性和定量精确性显著提高；又由于其额外增加了探针合成和标记的技术环节、费用，故技术操作更加复杂，实验成本更高。

目前，探针类定量 PCR 中常用的探针包括 TaqMan 探针、分子信标探针和双杂交探针等。

（1）TaqMan 探针：是最早用于实时荧光 PCR 的探针，属于水解类探针。在 TaqMan 探针

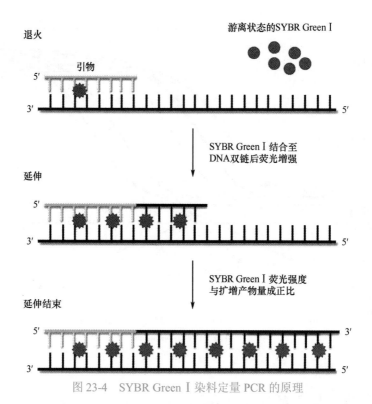

图 23-4 SYBR Green Ⅰ 染料定量 PCR 的原理

法的定量 PCR 反应体系中，包括一对引物和一条 TaqMan 探针。探针和引物一样也是寡核苷酸，能与模板 DNA 特异性地结合，但其结合位点在两条引物之间。探针采用双荧光标记，5′端标记荧光报告基团（reporter，R），3′ 端标记荧光淬灭基团（quencher，Q）。常见的用于 5′端标记的 R 包括 FAM、HEX 和 VIC 等荧光染料；用于 3′ 端标记的 Q 包括 TAMRA 荧光染料、Eclipse 和 BHG 系列非荧光染料。

在反应初始即当探针完整时，R 与 Q 的距离较近，导致两个基团之间发生荧光共振能量转移（fluorescence resonance energy transfer，FRET）现象，此时 R 在激发因素下发出的激发荧光被 Q 所吸收，故仪器检测不到荧光信号。而在 PCR 扩增时，当 Taq DNA 聚合酶在沿着模板链合成延伸新链过程中遇到与模板互补结合的探针时，发挥其 5′→3′ 核酸外切酶活性，逐步将探针水解，使 R 与 Q 分离，R 所发射的荧光能量不能被 Q 淬灭，故可检测到荧光信号（图 23-5）。这样含靶序列的 DNA 链每扩增一次，就对应产生一个游离的荧光分子（R），而荧光信号的累积和 PCR产物的生成完全同步，因此通过检测荧光信号就可以实时监控 PCR 进程，从而准确定量起始模板量。

TaqMan 探针是在定量 PCR 技术中应用最为广泛的探针，具有灵敏度和特异性高等多种优势，但也存在因探针两端基团距离较远而导致荧光淬灭不彻

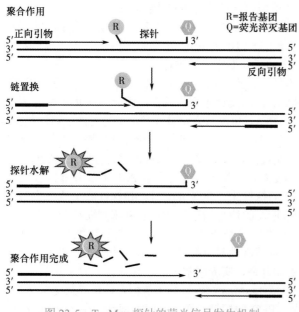

图 23-5 TaqMan 探针的荧光信号发生机制

底的问题。为此，研究者又设计出了一种特殊的新型 TaqMan 探针，即 MGB（minor groove binder）探针，该探针的 3′ 端还连接了一个能够与 DNA 双螺旋小沟结合的 MGB 基团，可大大稳定探针与模板的结合，从而使用较短的探针即可达到较高的 T_m 值，且 R 与 Q 之间的距离更加接近，因此荧光淬灭效果更好，荧光背景更低，信噪比更高。

（2）分子信标（molecular beacon）探针：与 TaqMan 探针相似，探针的两个末端分别标记有荧光报告基团（R）和淬灭基团（Q），但不同的是分子信标探针的空间结构为茎环样发夹结构，即其两端的核苷酸序列互补配对，中间区域的环状部分与靶序列互补。当没有目的基因序列存在时，探针会形成发夹样结构，R 和 Q 靠近，发生 FRET，R 所发射的荧光能量被 Q 吸收淬灭，此时检测不到荧光信号。但当目的基因序列存在时，探针与靶序列结合，发夹结构展开，R 与 Q 分开，前者发出的荧光不被淬灭，故可检测到荧光信号（图 23-6）。荧光信号的强度与模板成正比，由此实现对目的基因的定量分析。与一般的线性探针相比，茎环样结构的分子信标探针的检测特异度和灵敏度更高，能够检测靶序列中单个碱基的变化，所以除了定量分析之外，还特别适用于基因突变和 SNP 分析。

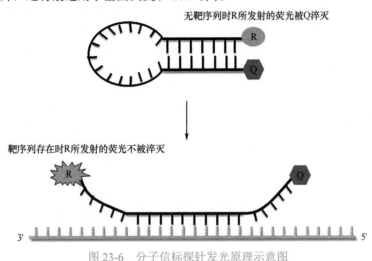

图 23-6　分子信标探针发光原理示意图

（3）双杂交探针：又称 Light Cycler 探针或 FRET 探针，由两条与模板 DNA 互补且相邻的特异探针组成（距离仅间隔 1～5 个碱基），上游探针的 3′ 端标记供体荧光基团（D），下游探针的 5′ 端标记受体荧光基团（R），并且该下游探针的 3′ 端游离羟基还必须用一个磷酸基团封闭以避免 DNA 聚合酶以其作为引物启动 DNA 合成。在 PCR 扩增的退火（复性）步骤中，除了引物外，两条探针也同时结合至模板 DNA 链上，此时 D 和 R 紧密相邻，激发光使 D 产生的能量转移至 R（即产生 FRET），使后者发出其特定波长的荧光，可被仪器检测到（图 23-7）。但在 PCR 扩增的变性步骤中，两探针游离，D 和 R 距离远，不发生 FRET，所以检测不到 R 产生的荧光。因此，使用此类探针的定量 PCR，对荧光信号的检测在退火后进行并且是实时信号。荧光信号的强度与扩增产物量成正比，由此实现定量分析的目的。在该方法中，只有当两条探针都正确结合至目的基因序列时才能检测到荧光，因此特异性更强。但也正是由于使用了两条探针，会导致扩增效率降低和实验成本升高等劣势。

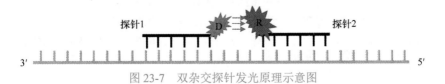

图 23-7　双杂交探针发光原理示意图

（三）定量 PCR 的数据分析

1. 绝对定量　如前所述，根据实时定量 PCR 的动力学分析，其定量的重要依据就是起始模板量的对数值与其 Ct 值呈线性关系，起始模板的拷贝数越多，相应的 Ct 值就越小，可以采用标准曲线法对待测样品 DNA 进行绝对定量（图 23-3）。用于绝对定量的标准品可以是将靶基因扩增片段转入质粒构建而成，也可以是直接将靶基因的扩增产物进行纯化。使用标准曲线法进行绝对定量注意考虑以下两点：第一，标准曲线的线性检测范围有时难以覆盖待测样品中可能出现的更高或更低的浓度；第二，标准品与待测样品之间的扩增效率可能有差异，如需要更高的定量精确度，应考虑对两者的扩增效率差异进行校正。

2. 相对定量　较绝对定量更为简单和方便。常用的相对定量方法有两种。

（1）双标准曲线法：在绝对定量中，因为标准品中的靶基因拷贝数是已知的，所以只需构建靶基因的标准曲线。但是，进行相对定量时，因为标准品中的靶基因拷贝数是未知的，所以需要同时构建靶基因和内参基因两条标准曲线。具体做法有两步：第一步，将标准品进行 10 倍的梯度浓度稀释，同时扩增各标准品和待测样本中的靶基因与内参基因，并制作相应的标准曲线；第二步，根据两个标准曲线来计算待测样本中靶基因的相对表达量，计算公式为：$F=$（待测样本靶基因浓度 / 待测样本内参基因浓度）/（对照样本靶基因浓度 / 对照样本内参基因浓度）。由此可见，通过此法得到的待测样本中靶基因的表达量是相对于对照样本中相应基因的表达量而言的，是一个相对表达或含量值。其中，内参基因通常选用在各组织细胞中表达量相对恒定的管家基因如 *GAPDH* 和 β-*actin* 等，使用内参基因的目的在于对不同样本的操作或取样误差进行校正。

（2）$2^{-\Delta\Delta Ct}$ 法：也称比较 Ct 法，此法不需要制作任何标准曲线，直接将待测样本和对照样本中的靶基因、内参基因进行实时定量 PCR。计算公式为：靶基因的相对表达量 $=2^{-\Delta\Delta Ct}$，其中 $\Delta\Delta Ct =$（$Ct_{待测样本靶基因}-Ct_{待测样本内参基因}$）$-$（$Ct_{对照样本靶基因}-Ct_{对照样本内参基因}$）。此法的优点是简单易行，无须制作标准曲线，且其结果非常直观，能很方便地看出实验组与对照组之间靶基因表达量的差异。但其缺点是：①它是以靶基因和内参基因的扩增效率基本一致为前提的，但实际操作中，靶基因和内参基因的扩增效率总会存在一定的偏差；②其计算方式是将 PCR 的扩增效率默认为 100%，这在实际扩增中是很难达到的。这些缺点导致了其准确性低于上述两种方法，但由于其简便易行和结果直观的突出优点，在准确性要求不是很高的一些基础生物学和医学研究中的应用较为广泛。

四、数字 PCR 技术

数字 PCR 技术（digital PCR，dPCR）是一种基于分割体系的绝对定量 PCR 技术，利用有线稀释法和泊松分布统计原理对核酸的拷贝数进行准确定量。1999 年 Vogelstein B 等建立了此方法的流程，采用 384 孔板检测了肠癌患者粪便样品中 *k-Ras* 突变，由此正式提出了 dPCR 的概念。此后，随着微流控芯片、微滴分析仪等的应用，dPCR 发展为芯片式 dPCR 和微滴式 dPCR 两类。

dPCR 的原理是将原始的反应体系采用特定方法有限分割成大量的微小反应单元，使每个单元中只含有一个或不包含待测模板分子，并作为独立的微反应体系进行 PCR 扩增。多轮 PCR 扩增结束后，采用荧光标记探针对每个反应单元进行检测。当反应单元中存在模板分子时，会产生扩增产物并释放出荧光信号（读取结果计为 "1"）；否则，无扩增产物及荧光信号（读取结果计为 "0"）。最后根据泊松分布原理及阳性反应单元的比例，分析计算出原始体系中待检模板的绝对拷贝数。与实时荧光定量 PCR 比较，dPCR 无须标准参照物，也无须建立标准曲线，而直接对样品进行靶分子的绝对定量，具有灵敏度高、样品需求量低、可重复性好等特点，故也被称为第三代 PCR 技术。

dPCR 作为新的核酸绝对定量技术，虽然由于实验操作复杂和成本较高，目前尚未普及，但应用前景极为广阔。

五、PCR 技术的应用

由于分子生物学发展迅速，在分子生物学发展史上很多技术建立后应用不久便很快被其他新技术所取代。但 PCR 技术则不然，其建立后不仅得到了广泛的应用，而且还不断地被众多研究者加以改进和完善，产生了众多 PCR 衍生技术，进一步扩大了其应用范围。可以说，PCR 技术是一项应用最为广泛和最具生命力的分子生物学技术。此处仅从生物和医学研究，以及临床诊断应用等方面做简要介绍。

（一）PCR 在生物和医学研究方面的应用

目前，在从事分子水平操作的生物与医学研究实验室，几乎无一例外都要用到 PCR 技术。

1. 目的基因的获得　这是对基因进行研究的首要步骤，先利用 PCR 或 RT-PCR 技术对基因组 DNA 的特定区域、生物混合样本中的目的 DNA 或 RNA 片段进行选择性扩增并加以分离。起始样本类型多种多样，可以是正常或异常人体新鲜的组织标本，也可以是几千年的化石甚至木乃伊标本。通过 PCR 操作获得目的基因片段后，根据研究目的用于后续的基因克隆、突变分析和序列分析等。

2. 核酸的定量分析　即 DNA 和 RNA 的定量分析，包括人类及各种微生物的基因组中基因的拷贝数、基因转录产物 mRNA 表达水平的分析等。一般来讲，分析基因的拷贝数时主要采用常规定量 PCR 技术，而分析 mRNA 表达水平时，主要采用半定量 RT-PCR 或定量 RT-PCR 技术。

3. 基因突变分析　用于基因缺失、突变、易位等基因结构异常的鉴定，以及外源致病基因（如 DNA 或 RNA 病毒）的检测。PCR 结合其他技术可进一步提高基因突变检测的敏感性，例如，PCR- 单链构象多态性分析、PCR- 等位基因特异性寡核苷酸探针分析、基因芯片技术、DNA 序列分析等。

4. 基因的体外突变　可以通过灵活地设计引物，利用 PCR 技术在体外对目的基因片段进行插入、缺失、点突变、嵌合等改造。

5. DNA 序列分析　PCR 技术与 DNA 测序相结合，既简化了测序过程，又提高了测序速度，是实现高通量 DNA 测序的基础（见本章第三节）。待测 DNA 片段可以克隆到特定的载体后测序，也可直接测定。

（二）PCR 在临床诊断和刑侦法医等方面的应用

PCR 技术因在诊断方面的应用价值，最早出现时即受到众多商业公司的青睐。随着荧光定量 PCR 技术的建立与完善，目前已广泛应用于医学临床诊断、检验检疫、法医刑侦等各个领域。

在临床诊断方面，PCR 技术主要用于疾病的早期诊断，用途十分广泛。PCR 技术可用于先天性单基因遗传病、肿瘤等多基因疾病、感染性疾病病原体的检测。利用 PCR 技术，可对基因突变等进行定性分析，还可以利用定量 PCR 技术进行精确的基因表达定量分析。此外，PCR 技术还可用于单核苷酸多态性（SNP）分析、HLA 分型、药物疗效观察、预后判断和流行病学调查等。

PCR 技术也常用于动植物检验检疫领域，对于目前出入境要求检疫的各种动植物传染病及寄生虫病病原体，几乎都有商业化实时定量 PCR 检测试剂盒。在法医刑侦方面，通过 PCR 技术对痕量的毛发、血斑、精斑等样品中的核酸进行检测，结合 DNA 指纹图谱分析，即可判断犯罪嫌疑人是否作案。同理，PCR 技术也可以用于亲子鉴定。

第二节　分子杂交和印迹技术

分子杂交和印迹技术也是目前生物与医学研究中最为常用的基本分子生物学技术，可进行 DNA、RNA 和蛋白质的定性或定量分析。

一、分子杂交和印迹技术简介

（一）分子杂交技术

1.分子杂交的概念　分子杂交在分子生物学中一般指核酸分子杂交，是指核酸分子在变性后再复性的过程中，来源不同的 DNA 或 RNA 单链在一定条件下按碱基互补配对的原则相互结合形成杂合双链（DNA/DNA、DNA/RNA、RNA/RNA）的特性或现象。而依据此特性建立的一种对目的核酸分子进行定性和定量分析的技术则称为分子杂交技术，通常是将一种核酸单链用同位素或非同位素标记即制备为探针，再与另一种核酸单链进行分子杂交，通过对探针的检测而实现对未知核酸分子的检测和分析。

2.分子杂交技术的发展与分类　分子杂交技术最早始于 1961 年，Hall BD 等将探针与靶序列在溶液中杂交，通过密度梯度离心法来分离杂交体，这实际为液相杂交，过程烦琐、费力且不精确。1962 年，Bolton ET 等设计了一种简单的固相杂交方法，他将变性 DNA 固定在琼脂中，DNA 不能复性，但能与其他互补核酸序列杂交。这些早期的开拓性工作奠定了分子杂交技术的基础，但并未普及。直到 20 世纪 70 年代，随着限制性内切酶、印迹技术、核酸自动合成技术的发展和应用，一系列成熟的分子杂交技术才得以建立、完善和广泛应用。分子杂交技术可按作用环境分为液相杂交和固相杂交两种类型。

液相杂交指所参加反应的核酸和探针都游离在溶液中，是最早建立的分子杂交类型，主要缺点是杂交后过量的未杂交探针在溶液中难去除、误差较大、操作烦琐复杂，因此应用较少。

固相杂交指将参加反应的核酸等分子先固定在硝酸纤维素膜、尼龙膜、乳胶颗粒、磁珠和微孔板等固相支持物上，然后再进行杂交反应。其中以硝酸纤维素膜和尼龙膜最为常用，因此又称为滤膜杂交或膜上印迹杂交。固相杂交后，未杂交的游离探针片段可容易地漂洗除去，操作简便，重复性好，最为常用。

固相杂交技术按照操作方法不同可分为原位杂交、印迹杂交、斑点杂交和反向杂交等。原位杂交是用标记探针与细胞或组织切片中的核酸进行杂交，包括菌落原位杂交和组织原位杂交等技术。现在常用的基因芯片技术，在本质上也属于原位杂交。印迹杂交则包括 Southern 印迹法、Northern 印迹法等技术。

（二）印迹技术

1.基本概念　印迹或转印（blotting）技术是指将核酸或蛋白质等生物大分子通过一定方式从电泳凝胶转移并固定至尼龙膜等固相支持介质上的一种方法，此技术类似于用吸墨纸吸收纸张上的墨迹，故称为印迹技术。在实际操作中，需先将生物大分子电泳分离，再从凝胶转移并固定至膜上，之后用带有标记的核酸探针或抗体对膜上的待测分子进行检测。一般将核酸分子杂交技术用于检测 DNA 和 RNA。若检测分子是蛋白质，则利用带有标记的特异性抗体通过抗原 - 抗体结合反应而间接显色，故又特称为免疫印迹（immunoblotting）技术。

2.常用的转印支持介质　印迹技术中常用的固相支持介质多为滤膜类支持载体，如尼龙膜、硝酸纤维素膜和 PVDF 膜。

尼龙膜具有很强的核酸结合能力，可达 $480 \sim 600\mu g/cm^2$，且可结合短至 10bp 的核酸片段，多用于核酸分子的转印。经烘烤或紫外线照射后，核酸中的部分嘧啶碱基可与膜上的正电荷结合，与膜结合的探针杂交后还可经碱变性洗脱下来。尼龙膜韧性较好，具有很好的机械强度，可耐受多次重复杂交试验。

硝酸纤维素膜和PVDF膜与核酸的结合能力低于尼龙膜。硝酸纤维素膜的韧性较差，较脆，易破碎，不能重复使用，但其优点是无须活化处理，可用于核酸和蛋白质分子的转印。PVDF膜具有很强的蛋白质结合能力，且韧性好，可以重复使用，尤其适用于蛋白质分子的转印。但PVDF膜在使用时需要甲醇浸泡处理以活化其表面的正电荷，继而与带负电荷的蛋白质结合。

3. 常用的转印方法　按照操作方式或原理不同，常用的转印方法主要有毛细管虹吸转移法、电转移法和真空转移法。

（1）毛细管虹吸转移法：是指利用上层吸水纸的毛细管虹吸作用使容器中的转移缓冲液做向上运动，带动凝胶中的生物大分子垂直向上转移至平铺于其上的滤膜。

（2）电转移法：是利用电泳原理，利用有孔的海绵和有机玻璃板将凝胶和滤膜夹成"三明治"形状，浸入盛有电泳缓冲液的转移槽中，利用两个平行电极进行电泳，使凝胶中的核酸或蛋白质沿着与凝胶平面垂直的方向泳动而从凝胶中移出，结合到膜上，形成印迹。常用的电转移法有水浴式电转移（即湿转）和半干转两种方法，后者转移时间更短。电转移法快速、简单、高效，特别适用于大片段分子的转移。

（3）真空转移法：是利用真空泵将转移缓冲液从上层容器中通过凝胶抽到下层真空室中，同时带动核酸分子转移到凝胶下面的滤膜。

通常核酸样品多用毛细管虹吸转移法，是最经典的印迹方式，也可采用真空转移法，蛋白质样品的印迹则采用电转移法进行。

二、探针的种类及其制备

在核酸分子杂交技术中，探针是必需的检测工具。探针（probe）是一种用同位素或非同位素标记的核酸单链，具有特定的序列，能够按照碱基互补配对原则与待测的核酸片段结合，从而用于检测样品中是否存在特定的核酸分子。探针的序列已知，通过碱基互补配对原则与印迹至滤膜上的待检核酸结合，通过检测探针上的标志物即可获取或判断待检核酸样品的相关信息。探针通常是人工合成的寡核苷酸片段，也可以是基因组DNA片段、cDNA全长或片段、RNA片段。

（一）探针的种类

按照标志物的类型，可将探针分为放射性标记探针和非放射性标记探针。

1. 放射性标记探针　是曾经应用最多的一类探针，由于放射性同位素与相应的元素之间具有完全相同的化学性质，因此不影响碱基互补配对的特异性和稳定性。放射性标记探针灵敏度极高，在最适条件下可以检测出样品中少于1000个分子的核酸。此外，放射性核素的检测特异性极强，假阳性率较低。但主要缺点是存在放射线污染，且半衰期短，探针必须随用随标记，不能长期放存。目前用于核酸标记的放射性核素主要有^{32}P、^{3}H和^{35}S等，其中^{32}P在核酸分子杂交中应用最多。制备探针时，通常利用商品化的核糖核苷酸（^{32}P-NTP）和脱氧核糖核苷酸（^{32}P-dNTP）进行合成反应即可获得标记探针。

2. 非放射性标记探针　鉴于放射性标记探针的局限性，在许多实验中逐渐被非放射性标记探针取代，这有力地推动了分子杂交和印迹技术的迅速发展与广泛应用。非放射性标记探针的优点是无放射性污染、稳定性好、标记探针可以保存较长时间、处理方便，主要缺点是灵敏度和特异性还不太理想。

目前，常用的非放射性标志物主要有三种。

（1）生物素：是最早使用的非放射性标志物，属于半抗原类标志物。生物素是一种小分子水溶性维生素，可连接至dUTP或UTP的嘧啶环C5。生物素化的dUTP或UTP通过取代

dTTP 从而掺入核酸探针中。生物素可以与亲和素（avidin，也称抗生物素蛋白）或链霉亲和素（streptavidin）特异性结合。因此，生物素标记的探针在与相应的核酸样品杂交后，可利用偶联有荧光素或酶（如碱性磷酸酶、辣根过氧化物酶等）的亲和素或链霉亲和素进行检测。

（2）地高辛：和生物素一样，也是半抗原。其修饰核苷酸的方式与生物素类似，也是通过一个连接臂和核苷酸分子相连。地高辛标记的探针杂交后可利用偶联有荧光素或酶的地高辛抗体进行检测。

（3）荧光素：主要有罗丹明（rhodamine）和异硫氰酸荧光素（fluorescein isothiocyanate，FITC）等。荧光素标记探针杂交后可直接在荧光显微镜下观察结果。使用不同颜色荧光素标记的探针可进行多重原位杂交，用于同时检测多个靶分子。此外，荧光素也可作为半抗原，此时荧光素标记探针的灵敏度与地高辛和生物素相似，杂交后利用酶联荧光素抗体检测。

（二）探针的制备

探针的制备大致分为合成、标记和纯化三个步骤。探针的合成与标记可以是先合成再标记，也可以边合成边标记。DNA 探针标记结束后，反应体系中仍存在未掺入到探针中去的 dNTP（标记的和未标记的）等小分子，如不去除，有时会干扰随后的杂交反应。因此还要借助多种 DNA 纯化技术将标记的探针进行纯化后方可使用。

探针的标记大致可以分为化学法和酶法两类方法。

1. 化学法　是利用标志物分子上的活性基团与探针分子上的基团（如磷酸基团）发生的化学反应将标志物直接结合到探针分子上。不同标志物有各自不同的标记方法，最常用的是 ^{32}P 标记和生物素标记。采用该标记方法的探针多为寡核苷酸探针，可直接委托公司完成。

2. 酶法　也称为酶促标记法，将标志物预先标记到核苷酸（NTP 或 dNTP）上，然后利用酶促反应将标记的核苷酸分子掺入到探针分子中去。此类标记方法是目前最常用的方法，主要有切口平移法、随机引物标记法及末端标记法等，各类酶促标记法一般都有商品化试剂盒可供使用。

（1）切口平移法：利用大肠杆菌 DNA 聚合酶 I 兼具的多种酶促活性将标记的 dNTP 掺入到新合成的 DNA 链中去，从而合成高比活的均匀标记的 DNA 探针。标记反应体系的主要成分有 DNA 酶 I（DNase I）、DNA 聚合酶 I、4 种 dNTP（其中 1 种或 2 种带 ^{32}P 标记）和待标记 DNA 片段。基本过程是：使用极微量 DNA 酶 I 在双链 DNA 分子的一条链上随机切开若干切口，然后 DNA 聚合酶 I 通过其 5′→3′ 聚合酶活性于切口的 3′-OH 端逐个加入新的核苷酸，同时发挥其 5′→3′ 核酸外切酶活性切除 5′ 端游离的核苷酸，3′ 端核苷酸的加入和 5′ 端核苷酸的切除同时进行，导致切口沿着 DNA 链移动。由于核苷酸是以另一互补链为模板按碱基互补原则加入新链的，所以新旧链的核苷酸序列完全相同。由于反应体系中含有一种或两种核素标记的单核苷酸，使新合成的链带有核素标记，所以切口平移实际上是核素标记的核苷酸取代了原 DNA 链中未标记的同种核苷酸。DNA 酶 I 是在两条链的不同部位随机打开切口，从而使两条链都被核素均匀地标记，使得标记的 DNA 具有较高的放射比活性。

（2）随机引物标记法：随机引物是人工合成的长度为 6 个核苷酸残基的寡聚核苷酸片段的混合物。对于任意一个用作探针的 DNA 片段，随机引物混合物中都会有一些与之配对结合，起到 DNA 合成引物的作用。将这些随机引物与变性后的 DNA 单链结合，然后以此结合的随机引物为引物，以变性后的 DNA 单链为模板，在大肠杆菌 DNA 聚合酶 I Klenow 片段的催化下，以 4 种 dNTP（其中 1 种带有标记）为底物，合成与模板 DNA 互补的且带有标志物的 DNA 探针。

（3）末端标记法：是将标志物导入线型 DNA 或 RNA 的 3′ 端或 5′ 端的一类标记法，可分为 3′ 端标记法、5′ 端标记法和 T4 聚合酶替代法。末端标记法标记的活性不高，主要用于标记寡核苷酸探针或短的 DNA 或 RNA 探针。

1) 5′ 端标记法：需 T4 多聚核苷酸激酶，最常用的标志物是 [γ-^{32}P]ATP，T4 多聚核苷酸

激酶能特异地将 [γ-^{32}P]ATP 中的 ^{32}P 转移到 DNA 或 RNA 的 5′-OH 端，因此被标记的探针必须有一个 5′-OH 端，而大多数 DNA 或 RNA 的 5′ 端都因磷酸化而含有磷酸基团。因此标记前需先用碱性磷酸酶去掉磷酸基团。

2）3′ 端标记法：通过末端脱氧核糖核苷酸转移酶（terminal deoxynucleotidyl transferase，TdT）的作用，将标记的 dNTP 加到单链或双链 DNA 的 3′ 端。

3）T4 DNA 聚合酶替代法：T4 DNA 聚合酶具有 5′→3′ 聚合酶活性和 3′→5′ 核酸外切酶活性，其中后者在 4 种 dNTP 存在时可被抑制。首先，在缺乏 dNTP 的情况下，利用 T4 DNA 聚合酶外切酶活性从 3′→5′ 端对双链 DNA 进行水解，产生 3′ 端带凹缺的 DNA 分子；之后加入 4 种 dNTP，T4 DNA 聚合酶外切酶活性被抑制而发挥其 5′→3′ 聚合酶活性，使带有标记的核苷酸掺入到 DNA 的 3′ 端。

（4）PCR 标记法：在 PCR 的反应底物中，将 1 种 dNTP 换成标记的 dNTP，这样标记的 dNTP 就可在 PCR 扩增过程中掺入到新合成的 DNA 链上。

三、常用的分子杂交和印迹法

如前所述，分子杂交和印迹法的种类多种多样，此处介绍常用的几种分子杂交和印迹法，其中重点介绍分别用于 DNA、RNA 和蛋白质分子检测的 Southern 印迹、Northern 印迹和 Western 印迹法（图 23-8）。

（一）Southern 印迹法

Southern 印迹法（Southern blotting），或称 Southern 杂交，是由 Southern EM 于 1975 年建立的用于基因组 DNA 样品检测的技术，故又称 DNA 印迹。

一般来讲，Southern 印迹法主要包括如下几个主要过程：①将待测定的核酸样品转移并结合到固相支持物（如硝酸纤维素膜或尼龙膜）上，即印迹（blotting）；②探针的制备与标记；③固定于固相支持物上的核酸样品与标记的探针在一定的温度和离子强度下退火，即分子杂交过程；④杂交信号检测与结果分析。

以哺乳动物基因组 DNA 的检测为例，Southern 印迹法的基本流程如下。

1. DNA 样品的制备　从组织或细胞样本中提取制备基因组 DNA，利用 DNA 限制性内切酶消化切割成大小不同的片段。

2. DNA 样品的凝胶分离　主要采用琼脂糖凝胶电泳对经过酶切消化后的基因组 DNA 片段按照分子量大小进行分离。

3. 凝胶中核酸的变性　对凝胶中的 DNA 进行碱变性，使之形成单链片段，以便于转移操作及与探针杂交。通常先使用 0.25mol/L 的 HCl 溶液进行短暂的脱嘌呤处理，再用碱性溶液浸泡使 DNA 变性并断裂形成单链 DNA 片段，最后使用 pH 中性的缓冲液中和。

4. 转移　即将凝胶中的单链 DNA 片段转移至固相支持物上。该过程中 DNA 是沿与凝胶垂直的方向移出并转移至膜上的，因此转移后各个 DNA 片段在膜上的相对位置与其在凝胶中的相对位置保持一致。

5. 探针的制备与标记　用于 Southern 印迹法的探针是纯化的 DNA 片段或寡核苷酸片段，可使用放射性同位素或地高辛标记。

6. 预杂交　将固定于膜上的 DNA 片段与探针进行杂交之前，必须先进行预杂交。由于能结合 DNA 片段的膜同样能够结合探针 DNA，故在进行杂交前，必须将膜上所有能与 DNA 结合的位点全部封闭，这就是预杂交的目的。预杂交液主要含有鲑鱼精子 DNA（该 DNA 与哺乳动物 DNA 的同源性极低，不会与 DNA 探针杂交）、牛血清等，可封闭膜上的非特异性吸附位点。

7. 杂交　使用杂交液，即向预杂交液中加入标记的探针 DNA（探针 DNA 预先经热变性

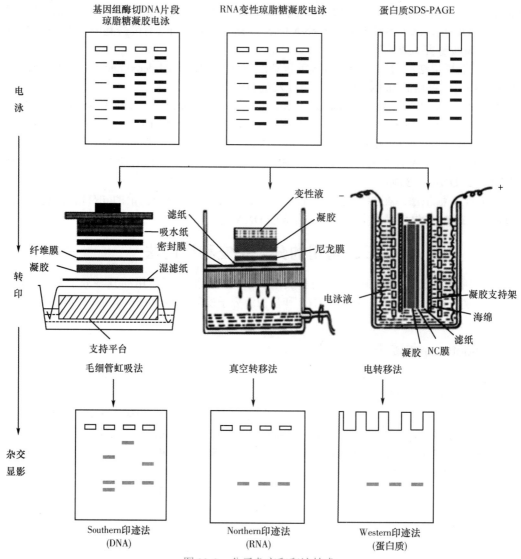

电泳

转印

杂交
显影

图 23-8　分子杂交和印迹技术

成为单链 DNA 分子），进行杂交反应，一般杂交需过夜。

8. 洗膜　杂交完成后必须将膜上未与 DNA 杂交的，以及非特异性结合的探针通过洗膜去除，一般在较高温度下采用一定离子强度的盐溶液洗膜。

9. 显影与结果分析　根据探针的标记方法选择合适的显影方法，然后根据杂交信号的相对位置和强弱判断目标 DNA 的分子量大小、拷贝数多少。同时根据所使用的限制性内切酶并结合实际情况对结果进行分析。

作为分子生物学的经典实验方法，DNA 印迹技术已经被广泛应用于生物学和医学研究、遗传病检测、DNA 指纹分析等临床诊断工作中。它主要用于基因组 DNA 的分析，可以检测基因组中某一特定基因的大小、拷贝数、酶切图谱（反应位点的异同）和在染色体上的位置。例如，基因缺失或扩增可导致相应条带信号减少或增加，基因突变则可能会出现不同于正常的条带。

（二）Northern 印迹法

继分析 DNA 的 Southern 印迹法出现后，1977 年 Alwine JC 等建立了基于类似原理用于分析细胞 RNA 样品中特定 mRNA 分子大小和丰度的分子杂交技术，并将这种 RNA 印迹方法命名为 Northern 印迹法（Northern blotting）。

与 Southern 印迹法非常相似，Northern 印迹法也是首先采用琼脂糖凝胶电泳，将分子量大小不同的 RNA 分离开来，随后将其原位转移至尼龙膜等固相支持物上，再用放射性或非放射性标记的 DNA 或 RNA 探针进行杂交，最后进行放射自显影或化学显影，根据目标 RNA 显影位置与信号强度判断其大小、丰度（图 23-8）。但与 Southern 印迹法不同的是，由于 RNA 分子小，所以不需要提前进行限制性内切酶处理即可直接应用于电泳；此外，由于碱性溶液可使 RNA 水解，因此不使用碱变性，而是采用甲醛等进行变性琼脂糖凝胶电泳。Northern 印迹法应用广泛，主要用于检测特定组织或细胞中某已知序列的 mRNA 和非编码 RNA 的表达与否及表达差异。与实时定量 PCR 技术相比，尽管 Northern 印迹法的敏感性较低，但特异性强，假阳性率低，因此仍然是 mRNA 和非编码 RNA 定量分析常用的经典方法。

（三）Western 印迹法

印迹技术不仅可用于核酸分子的检测，也可以用于蛋白质的检测。蛋白质在电泳分离之后转移并固定于膜上，相对应于检测 DNA 的 Southern 印迹法和 RNA 的 Northern 印迹法，此印迹方法称为 Western 印迹法（Western blotting）。

蛋白质印迹技术的过程与 DNA 和 RNA 的印迹技术基本类似（图 23-8），不同之处在于 Western 印迹法是采用变性聚丙烯酰胺凝胶电泳进行蛋白质分离，利用免疫学的抗原 - 抗体反应来检测被转印的蛋白质，被检测物是蛋白质，"探针"是抗体，"显色"采用标记的二抗。因为此技术涉及利用免疫学的抗原 - 抗体反应来检测被转印的蛋白质，故也被称为免疫印迹（immuno-blotting）。

Western 印迹法的基本步骤如下。

1. 蛋白质样品的制备　根据样品的组织来源、细胞类型和待测蛋白质的性质选择合适的蛋白质样品制备方法。不同来源的组织、细胞、目标蛋白，蛋白质样品的制备方法存在差异。例如，膜蛋白、核蛋白和可溶性蛋白的制备方法明显不同。蛋白质样品制备好后可用 Bradford 比色法、Lowry 法、二喹啉甲酸（BCA）比色法等来测定蛋白质浓度。

2. 蛋白质样品的电泳分离　主要采用 SDS-PAGE 即变性聚丙烯酰胺凝胶电泳对蛋白质样品按照分子量大小进行分离。通常同时使用强阴离子去污剂 SDS 和某一还原剂（如巯基乙醇），通过加热使蛋白质变性后再进行电泳。

3. 转印　将经过电泳分离的蛋白质样品转移到固相膜载体上，后者通过非共价键吸附蛋白质。需注意的是蛋白质的转印只能采用电转移法。

4. 抗体结合　在进行抗原 - 抗体反应之前，一般需用去脂奶粉等作为封闭剂对固相膜载体进行封闭处理，以降低背景信号和非特异性结合。然后将膜置于含有针对特定蛋白质的抗体（第一抗体）的反应液中，使膜上的抗原和反应液中的抗体特异性结合。经充分洗膜后，再使用辣根过氧化物酶（或碱性磷酸酶等）标记或放射性核素标记的第二抗体与之结合。

5. 检测与结果分析　用酶 - 底物显色或放射自显影来检测蛋白质区带的信号，底物也可与化学发光剂相结合以提高敏感度，由此判断目的蛋白的存在与否和分子量大小。

Western 印迹法作为分子生物学的经典实验方法，已被广泛应用于分子医学领域，主要用于检测样品中特定蛋白质的存在与否、比较不同样品中蛋白质的含量差异，是分析和鉴定蛋白质的最有效技术之一。

（四）斑点印迹

斑点印迹（dot blotting），也称斑点杂交，将被测的 DNA 或 RNA 变性后直接点样固定于滤膜上，再使用标记好的 DNA 或 RNA 探针进行杂交，主要用于核酸定性和半定量分析。此方法无须对核酸样品进行限制性内切酶消化和凝胶电泳分离，因此耗时短，操作简单，在同一张膜上可同时进行多个样品的检测。缺点是不能鉴定所测基因的片段大小，特异性较差，有一定比例的假阳性。

（五）反向杂交

与常规的分子杂交技术不同，反向杂交（reverse hybridization）是用标记的样品核酸与未标记的固化探针 DNA 杂交，故称为"反向杂交"。这种杂交方法的优点是在一次杂交反应中，可同时检测样品中几种核酸。这种杂交方式主要用于核酸转录实验和多种病原微生物的检测。

（六）原位杂交

原位杂交（*in situ* hybridization）是以特异性探针与细菌、细胞或组织切片中的核酸进行杂交并对其进行检测和定性、定量、定位分析的方法。原位杂交在杂交过程中不改变核酸原本所在的位置，包括用于基因克隆筛选的菌落原位杂交，用于检测基因在细胞内的表达、定位及在染色体上定位的组织或细胞原位杂交等。

1. 菌落原位杂交　于 1975 年由 Grunstein M 和 Hogness D 建立，主要用于基因克隆和基因文库的筛选，旨在从大量的细菌克隆中鉴定出含有目的基因片段的阳性克隆。基本过程是：首先将细菌菌落从琼脂培养板上转印到硝酸纤维素膜上，然后将膜上的菌落裂解以释放出 DNA，烘干固定于膜上，再与放射性标记的探针杂交，采用放射自显影检测菌落杂交信号，通过与平板上的菌落位置比对获得杂交结果，从而确定含有目的基因片段的阳性克隆。

2. 组织或细胞原位杂交　此技术最早应用于 20 世纪 60 年代末，依据检测物的不同分为细胞内原位杂交和组织切片内原位杂交两种，两种原位杂交都必须经过组织细胞的固定、预杂交、杂交和冲洗等一系列步骤，最后依据探针标记的不同，采用放射自显影、酶 - 底物显色或荧光显示杂交结果。其中，以生物素或地高辛标记核酸探针进行杂交反应，使用荧光素标记的亲和素或地高辛抗体进行检测的原位杂交又专称为荧光原位杂交（fluorescence *in situ* hybridization，FISH），可直接在荧光显微镜下观察结果，也可利用计算机将荧光信号数字化后进行定量分析。FISH 的应用非常广泛，且该技术不断发展，衍生出了多种新的技术，如多色 FISH、DNA 纤维 FISH、单分子 RNA FISH 等。

在进行组织或细胞原位杂交时，细胞需经适当处理以增加其通透性，使探针进入细胞内与 DNA 或 RNA 杂交，因此组织原位杂交可以确定探针的互补序列在细胞内的空间位置，这一点具有重要的生理和病理学意义。例如，致密染色体 DNA 的原位杂交可用于显示特定序列的位置；分裂期间核 DNA 的杂交可确定特定核酸序列在染色体上的精确定位；细胞 RNA 的杂交可精确分析任何一种 RNA 在细胞和组织中的分布。利用特异性的细菌和病毒的核酸作为探针，可确定组织、细胞中有无病原体感染等。此外，由于原位杂交能在成分复杂的组织中进行单一细胞的研究而不受同一组织中其他成分的影响，能更方便地研究细胞数量少且散在于其他组织中的细胞内 DNA 或 RNA。原位杂交也不需要从组织中提取核酸，检测组织中含量极低的靶序列有极高的敏感性，并可完整地保持组织和细胞的形态，能更准确地反映出组织细胞的相互关系及功能状态。

第三节　DNA 测序技术

DNA 序列测定（DNA sequencing），即 DNA 一级结构的测定，是基因结构分析的一项基本技术。此项技术已成为基础生物学研究的重要工具之一，通过此技术获取 DNA 序列信息是生物技术、疾病诊断与预测、法医学、病毒学、系统生物学等多领域实践应用的基础。

早期的测序技术是 1977 年 Sanger F 建立的双脱氧链末端终止法（又称 Sanger 法），以及 Maxam AM 和 Gilbert W 建立的化学降解法（又称 Maxam-Gilbert 测序法）。这两种方法的建立对于 DNA 测序技术的发展影响深远，这三位科学家因此获得 1980 年的诺贝尔化学奖。

此后，在 Sanger 法测序原理的基础上衍生出自动激光荧光测序技术（第一代测序技术），对基因组学研究起到了重要的作用。数十年来，DNA 测序技术伴随分子生物学的发展而不断改进，出现了第二代（循环芯片）和第三代（单分子）测序技术，极大地推动了生物学和医学等多领域的理论完善与应用研究。

一、双脱氧链末端终止法

双脱氧链末端终止法也称为 Sanger 法，是目前应用最为广泛的方法。

（一）双脱氧链末端终止法测序的基本原理

此测序技术巧妙地利用了 DNA 复制的原理，即利用 2',3'- 双脱氧核苷三磷酸（ddNTP）来部分代替常规的 2'- 脱氧核苷酸（dNTP）作为底物进行 DNA 合成反应。在 DNA 合成时，一旦 ddNTP 掺入到合成的 DNA 链中，由于 ddNTP 脱氧核糖的 3'- 位碳原子上缺少羟基而不能与下一位核苷酸的 5'- 位磷酸基之间形成 3',5'- 磷酸二酯键，从而使得正在延伸的 DNA 链在此 ddNTP 位点终止。

Sanger 测序流程通常包括六个步骤：待测 DNA 模板制备、测序反应、凝胶制备、电泳、放射自显影和序列判读分析。在进行测序反应时，通常使用四个独立的反应体系，除了加入待测 DNA 模板、DNA 聚合酶、引物和 dNTP 等共同成分，需在四个体系中分别加入四种不同的 ddNTP（^{32}P 或 ^{35}S 标记）底物。依据 ddNTP 终止 DNA 合成的原理，测序反应完成后即可得到终止于四种不同碱基的、长度不同的一系列寡核苷酸片段，其长度即为 ddNTP 掺入的位置与引物 5' 端之间的距离。然后，采用高分辨率（可分辨一个核苷酸差别）的变性聚丙烯酰胺凝胶电泳，对上述寡核苷酸片段进行分离。最后，借助这些片段所携带的 ^{32}P 或 ^{35}S 进行放射自显影，即可判读出模板 DNA 的序列（图 23-9）。

（二）双脱氧链末端终止法测序的自动化

早期，上述这种基于放射性标记的 Sanger 测序常用于手工测序法。在 Sanger 测序基础上发展起来的全自动激光荧光 DNA 测序技术（又称第一代测序技术）的应用更为普遍，它可实现制胶、进样、电泳、检测、数据分析的全自动化。该测序技术的基本原理也是双脱氧链末端合成终止法，但对测序过程中的多个步骤均进行了技术改进（图 23-9）。第一，它采用毛细管电泳技术取代传统的聚丙烯酰胺平板电泳，分辨率和精确度大大提高了。第二，它采用四种不同的荧光染料分别标记在四种不同的终止底物 ddNTP 上（或标记在同一测序引物的 5' 端以形成四种标记不同而序列相同的引物），这样测序反应就可以直接在同一个反应体系中进行，生成的测序反应产物则是相差一个碱基的、3' 端（或 5' 端）为四种不同荧光染料的单链 DNA 混合物，使得四种荧光染料的测序反应产物可在一根毛细管内进行电泳分离检测，从而避免了传统 Sanger 手工测序法因不同泳道间迁移率存在差异而对结果产生的影响，大大提高了测序的精确度。第三，它采用激光激发测序反应产物 DNA 片段上的荧光基团，并进行自动化信号采集分析。当大小不同的携带四种不同荧光的测序反应产物经电泳分离后，在依次通过检测窗口时，激光检测器窗口中的摄影机检测器就可对荧光分子进行逐个检测，激发的荧光经光栅分光，以区分代表不同碱基信息的不同颜色的荧光，并在摄影机上同步成像，分析软件可自动将不同荧光转变为 DNA 序列，分析结果能以凝胶电泳图谱、荧光吸收峰图或碱基排列顺序等多种形式输出。例如，ABI 公司的 3730XL 型全自动基因分析仪，拥有 96 道毛细管，添加一次试剂可连续测定 9600 个样品的序列，实现了 DNA 测序的全自动化。全自动激光荧光 DNA 测序读长可超过 1000bp，数据的准确率高达 99.999%；但缺点是通量低、速度慢、成本高。第一代测序技术早期在噬菌体基因组测序和人类基因组计划中发挥了重要作用，也是目前生物和医学研究中的常规测序技术。

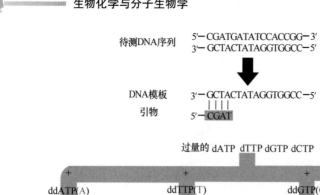

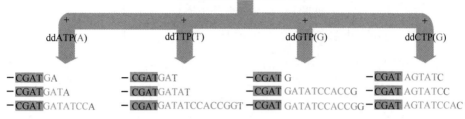

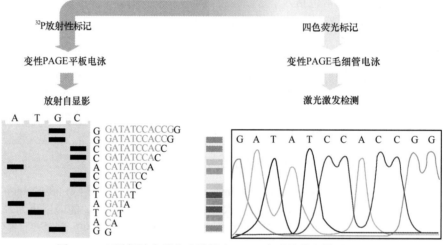

图 23-9　双脱氧链末端终止法测定 DNA 序列的基本原理

二、新型的 DNA 测序技术

人类基因组计划完成后，要开展人群及个体全基因组序列分析，并将这些研究成果应用于临床疾病诊疗及法医鉴定等实践中，迫切需要 DNA 测序技术的快速化、低成本化和微量化，由此新的高通量 DNA 测序技术及相应的分析仪器应运而生。这些相对于传统测序技术的划时代革新技术，被统称为下一代测序技术（next generation sequencing），主要包含第二代、第三代乃至第四代测序技术。

（一）第二代测序技术

第二代测序技术又称循环芯片测序（cyclic-array sequencing），是对布满 DNA 样品的芯片重复进行基于 DNA 聚合酶或连接酶的化学反应（引物退火及延伸，或探针杂交及 DNA 连接）及荧光序列读取反应，通过设备检测并记录连续测序循环中的光学信号，确定 DNA 序列。此类技术以 Roche 公司的 454 测序仪、美国 Illumina 公司的 Solexa 测序平台和 ABI 公司的 SOLiD 测序仪为代表，基本流程都包括：①将基因组 DNA 随机切割成小片段并连接上接头构建 DNA 文库，固定于固相表面；② DNA 文库经原位成簇、微乳液 PCR 或桥式 PCR 扩增，制备成 PCR 集落芯片，即为可同时测序的模板；③测序过程，在聚合酶或连接酶催化下进行重复的 DNA 聚合或连接反应，对每一轮反应中释放出的光学信号、荧光或化学发光进行读取和采集，经过计算机数据分析最终获得模板序列结果。454 测序仪采用焦磷酸测序（DNA 聚合产生的焦磷酸经连续酶促反应转变为荧光信号）。Illumina/Solexa 测序仪采用边合成边测序法（每个 dNTP 都携带一个可去除的终止基团和一种荧光基团）。SOLiD 测序仪采用 DNA 连接测序法（DNA 连接酶催化连接荧光标记寡核苷酸探针）。第二代测序技术一次实验可以读取 40 万～ 400 万条序列，1G ～ 14G 不等的碱基数，数据产出通量高，所需样品和试剂量少，费用大幅降低。但缺点是读出的 DNA 序列较短，大致在 50 ～ 500bp；构建文库的 PCR 扩增反应增加了测序错误率；光学读取和数据拼接产生的数据分析工作量大。

第二代 DNA 测序技术实现了大规模平行测序，可在短期内对一个物种的基因组和转录组进行细致全貌的分析，故又称为深度测序（deep sequencing）。其用途十分广泛，除用于人和其他物种的全基因组测序（whole genome sequencing，WGS）和转录组测序（RNA sequencing，RNA-seq），也可用于 mRNA、miRNA 等小分子 RNA 的测序，另外还可用于与染色质免疫共沉淀等技术相结合分析蛋白质与核酸之间的相互作用。

（二）第三代测序技术

第三代测序技术可直接对单分子进行序列分析，测序过程无须 PCR 扩增，主要包括 HeliScope 测序技术、单分子实时技术（single molecule real time technology，SMRT）、基于 FRET 的测序技术等。其中 HeliScope 测序技术由于其原理仍为循环芯片测序法且序列读长较短，也可归类为第二代测序技术。

第三代测序技术仍需通过检测掺入的荧光标记核苷酸来实现。近几年研发出的直接测序法，既不需要电泳分离也不需要使用荧光或者化学发光标记，主要有纳米孔测序、碳纳米管测序、石墨烯测序等。其中纳米孔测序又称第四代测序技术，基本原理是利用不同分子在通过配置了电极的纳米孔时产生电流的差异，来识别 DNA 中碱基（对）的排列顺序。此技术不再依赖光学检测系统，而是采用电子传导检测，具有超高读长（可达 150kb）、通量更高、测序时间更短、数据分析更简单等优势。

测序技术在过去四十多年取得了突飞猛进的进展，各代测序技术各具优缺点，优势互补，一段时期内仍将共存，以适应不同需求。不久的将来，随着技术的不断进步，DNA 测序技术将会更臻完善，得到更广泛的应用和普及。

第四节　生物芯片技术

生物芯片（biochip）技术是以微电子系统技术和生物技术为依托，在固相基质表面构建微型生物化学分析系统，将生命科学研究中的多个独立操作过程（如样品制备、生化反应、检测等步骤）在一块普通邮票大小的芯片上集成化、连续化、微型化，以实现对核酸、蛋白质等生物大分子的准确、快速、高通量检测。根据芯片上探针的不同，生物芯片可以分为基因芯片和蛋白质芯片。

基因芯片、蛋白质芯片通常是指包埋在固相载体（如硅片、玻璃和塑料等）上的高密度 DNA、cDNA、寡核苷酸、蛋白质等微阵列芯片，这些微阵列由生物活性物质以点阵的形式有序地固定在固相载体上形成。在一定的条件下进行生化反应，将反应结果用化学荧光法、酶标法或电化学法显示，然后用生物芯片扫描仪或电子信号检测仪采集数据，最后通过专门的计算机软件进行数据分析。

一、基因芯片

基因芯片（gene chip）又称 DNA 芯片（DNA chip）、DNA 微阵列（DNA microarray）或寡核苷酸微芯片（oligonucleotide microchip）等，是 1991 年 Fodor SP 等基于核酸分子杂交原

理建立的一种对 DNA 进行高通量、大规模、并行分析的技术。基本原理是将大量寡核苷酸分子固定于支持物上，然后与标记的待测样品进行杂交，通过检测杂交信号的强弱对待测样品中的核酸进行定性和定量分析。基本技术流程大致包括芯片微阵列制备、样品制备、分子杂交、信号检测与分析。

1. 芯片微阵列制备 在玻璃、尼龙膜等支持物表面整齐、有序地固化高密度的、成千上万的不同的寡核苷酸探针。将寡核苷酸探针制备于固相支持物上的策略有两种：一是在固相支持物上直接合成一系列寡核苷酸探针（如光引导原位合成法等）；二是先合成寡核苷酸探针，再按一定的设计方式在固相支持物上点样（如化学喷射法、接触式点涂法等）。

2. 样品制备 采用合适的方法提取待测样品中的 DNA 或 RNA，并进行适当的酶切、逆转录或扩增处理，标记荧光。

3. 分子杂交 选择合适的反应条件使样品中含有标记的各种核酸片段与芯片上的探针进行杂交。

4. 信号检测与分析 由于核酸片段上已标记有荧光素，激发后产生的荧光强度就与样品中所含有的相应核酸片段的量成正比，经激光共聚焦荧光检测系统等扫描后，所获得的信息经专用软件分析处理，即可对待测样品中的核酸进行定性和定量分析。

以传统的双色基因芯片检测两组不同的生物样品基因表达差异为例，首先需要提取两组不同来源样品的 mRNA，然后经逆转录合成 cDNA，再用不同的荧光分子（红色和绿色）进行标记，标记的 cDNA 等量混合后与基因芯片进行杂交，通过检测荧光获得两组样品在芯片上的杂交信号，最后通过软件分析处理，即可获得这两组样品中成千上万种基因表达的差异（图 23-10）。

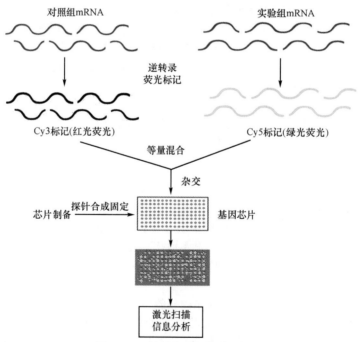

图 23-10 基因芯片分析基本流程

基因芯片的最大优势在于能够对生物样品的基因进行平行、大规模和高通量的定性和定量分析，包括基因表达谱分析、基因突变检测、基因多态性分析、大规模测序等，具有快速、高效和敏感等多种优点，广泛应用于疾病诊断和治疗、司法鉴定、食品卫生监督、环境监测等许多领域。

二、蛋白质芯片

蛋白质芯片（protein chip），或称蛋白质微阵列（protein microarray），与基因芯片原理相似，但芯片上固定的是蛋白质或多肽，检测的基本原理是基于蛋白质 - 蛋白质相互作用，如抗原 - 抗体、受体 - 配体、酶 - 底物的特异性识别与结合。目前发展成熟的蛋白质芯片有抗原芯片、抗体芯片和细胞因子芯片等。此外，还可以利用蛋白质与核酸、蛋白质与其他分子的特异性结合，来检测靶蛋白质分子与核酸或其他分子的相互作用。

蛋白质芯片作为一种新的高通量、平行、自动化、微型化的蛋白质表达、结构和功能分析的技术，是蛋白质组学研究的重要手段之一，已广泛应用于蛋白质表达谱、蛋白质功能、蛋白质间相互作用的研究，尤其在寻找疾病生物标志物，用于疾病诊断、治疗及发现新药靶点上有很大的应用前景。

基于基因芯片原理的扩展应用还有组织芯片（tissue microarray 或 tissue array）、细胞芯片技术和芯片实验室（Lab-on-A-Chip）。组织或细胞芯片是将不同来源的组织或细胞，固定于载玻片表面，形成组织或细胞的微阵列，实现同时对不同组织或细胞中特定基因表达情况进行快速检测。芯片实验室是指将样品制备、生化反应及检测分析等过程集约化形成的微型分析系统。

第五节　生物大分子相互作用研究技术

正如社会中人与人之间有广泛的交流活动、生态系统中不同物种之间相互影响、相互制约，细胞内的各种生物大分子也并非孤立的，而是存在广泛的相互作用。这种生物大分子间的相互作用也正是每个生物大分子发挥其各种生物学功能的基础，即生物大分子要通过和其他生物大分子或小分子相互作用才能发挥作用。因此，研究生物大分子之间相互作用的方式及机制，包括蛋白质与蛋白质、蛋白质与核酸之间的相互作用，是理解正常生命活动的基础，也是探讨疾病发生和发展分子机制的一个重要手段。此处简要介绍常用的几个蛋白质与蛋白质、蛋白质与核酸相互作用的研究技术。

一、蛋白质与蛋白质相互作用研究技术

目前常用的研究蛋白质与蛋白质相互作用的技术包括酵母双杂交、蛋白质免疫共沉淀、标签融合蛋白结合实验、FRET 分析、荧光共定位、表面等离激元共振等蛋白质组学技术。

（一）酵母双杂交技术

酵母双杂交系统（yeast two-hybrid system）的建立得益于对真核生物调控转录起始过程的认识。在真核生物的转录起始阶段，需要有转录激活因子的参与。酵母蛋白 GAL4 是一典型的真核细胞转录激活因子，其转录激活作用是由功能相对独立的 DNA 结合域（binding domain，BD）和转录激活域（activation domain，AD）共同完成的，这两个结构域通过共价或非共价连接建立起特有的空间联系，是导致结合和激活发生的关键。

酵母双杂交系统主要由三个部分组成：①与 BD 融合的蛋白表达载体，表达的蛋白质称"诱饵蛋白"；②与 AD 融合的蛋白表达载体，表达的蛋白质称"捕获蛋白"或"猎物蛋白"；③带报告基因的宿主酵母细胞。通常是将编码某一蛋白质 X 的编码序列与 BD 的编码序列构建融合表达载体，将编码另一蛋白质 Y 的编码序列与 AD 的编码序列构建融合表达载体。当两个融合表达载体共转化含带报告基因的酵母细胞后，报告基因被激活而表达。若 X 和 Y 没有相互作用，则 AD 和 BD 均不能单独激活报告基因的转录；若 X 与 Y 之间发生相互作用时，就可使 BD 和 AD 在空间结构上靠近形成一个功能性转录激活因子，从而结合 DNA 调控区并激活转录，使其下游报告基因得到表达。因此，最后通过简便的酵母遗传表型分析，即对报

告基因的转录进行检测，可判断蛋白质 X 和 Y 之间是否存在相互作用（图 23-11）。

酵母双杂交系统主要应用于：①验证已知蛋白质间可能的相互作用，并可以进一步确定蛋白质特异相互作用的关键结构域和氨基酸；②寻找与已知蛋白质相互作用的新分子及其编码基因。将感兴趣的已知蛋白质基因 X 与 BD 基因构建成"诱饵 X"表达质粒，将某一器官或组织的 cDNA 文库与 AD 基因构建成"猎物 Y"基因库，共转化酵母细胞，可筛选出与已知蛋白质相互作用的蛋白质的 cDNA 序列，并推测其蛋白质序列。该方法的优点是敏感度高，尤其对于微弱表达的瞬时蛋白质相互作用具有优势；此外，蛋白质相互作用发生在酵母细胞内，接近体内天然状态。但该方法的缺点也较明显：①它并非对所有蛋白质适用，由于两个融合蛋白通过相互作用形成有功能的转录因子进而激活报告基因是在细胞核内发生的，因此融合蛋白必需定位至细胞核内。②在某些酵母菌株中大量表达外源蛋白质常会带来毒性作用，影响菌株生长和报告基因的表型。因此，对于筛选对象和范围，应有一个合适的选择。另外，"假阳性"也是困扰酵母双杂交的一个突出问题。近年来，随着一些新开发的技术，如蛋白质组学技术在蛋白质相互作用研究方面的应用，酵母双杂交技术在某些方面的应用已被这些技术所取代。

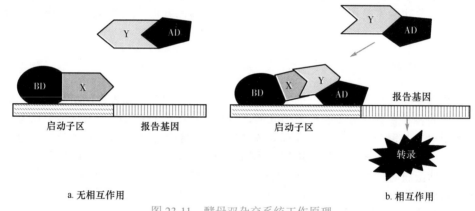

图 23-11　酵母双杂交系统工作原理

（二）蛋白质免疫共沉淀技术

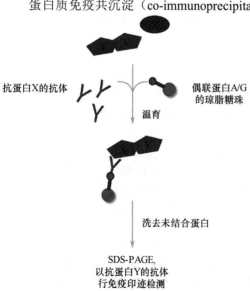

图 23-12　Co-IP 工作原理

蛋白质免疫共沉淀（co-immunoprecipitation，Co-IP）是以抗体和抗原之间的特异性结合为基础建立的用于研究蛋白质相互作用的经典方法，可以确定两种蛋白质在细胞内的生理性相互作用。基本原理为：当细胞在非变性条件下裂解时，完整细胞内存在的许多"蛋白质 - 蛋白质"复合体被保留了下来。如果用针对某种特定蛋白质的抗体与细胞裂解液孵育，使该抗体与特定蛋白质发生特异性结合，那么与该蛋白质在体内结合的其他蛋白质也能同时沉淀下来，最后通过蛋白质免疫印迹技术检测其他蛋白质是否被沉淀下来即可确认其相互作用是否存在（图 23-12）。基本实验流程包括三大步骤：细胞裂解液制备、孵育与复合体沉淀、Western 印迹法检测。沉淀步骤中通常使用偶联有 Protein A 或 Protein G 的琼脂糖珠进行，Protein A 或 Protein G 是一种能与免疫球蛋白 Fc 片段特异性结合的细菌表面蛋白。该技术的突出优点是它在非变性实验条件下进行，这样蛋白质之间的天然相互作用得以最大程度的保留，可以比较真实地反映细胞内蛋白质之间的相互作用。但需要注意的是，与目的蛋白质抗体共沉淀下来的也可能是含有多种蛋白质的复合体，该技术并不能区分蛋白质之间是直接还是间接的相互作用。当没有针对目的蛋白质的合适抗体时，可通过将目的蛋白质与特定标签融合，在细胞中外源性表达后，采用针对标签的抗体进行检测。

（三）标签融合蛋白结合实验

标签融合蛋白结合实验主要基于亲和层析的原理：将目的蛋白质的基因和一些标签蛋白质基因通过 DNA 重组技术操作，表达为融合蛋白，并将该融合蛋白在体外与相应的待检测的纯化蛋白质孵育，然后用可与标签蛋白结合的琼脂糖珠将该融合蛋白吸附并沉淀回收（即 pull-down），与之结合的蛋白质会同时被沉淀，接着用特定的洗脱液将该融合蛋白及其结合的蛋白质从琼脂糖珠上洗脱下来，再采用 Western 印迹等方法检测洗脱液中相互作用蛋白质是否存在（图 23-13）。最常用的标签是谷胱甘肽 S- 转移酶（GST）标签，GST 与其底物——还原型谷胱甘肽（glutathione）之间具有强的结合特性，因此可使用偶联有后者的琼脂糖珠沉淀回收 GST 融合蛋白及其相互作用蛋白质。另外一个常用的标签是组氨酸六肽（6×His），采用可与其结合的镍离子琼脂糖珠回收。标签融合蛋白结合实验可以确认一对蛋白质之间的直接相互作用，并可进一步分析该相互作用的关键区域或氨基酸。另外，使用标签融合蛋白结合实验时也可将融合蛋白与细胞裂解液（非纯化的蛋白质）共孵育，用于筛选细胞中是否存在与融合蛋白相互作用的蛋白质。

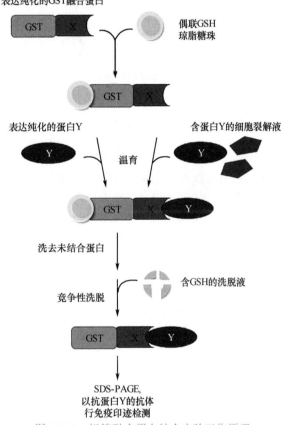

图 23-13 标签融合蛋白结合实验工作原理

（四）FRET 分析技术

FRET 是通过实时动态分析两个分别带有不同荧光标记的蛋白质在单个活细胞内结合时发生的荧光信号改变，从而确定蛋白质是否存在直接相互作用，属于物理学方法。基本原理是：当两个荧光基团足够靠近时，外源激发光激发供体分子时，供体分子发射的荧光作为邻近受体荧光基团的激发光，供体分子自身的荧光减弱或消失，能量转移至受体分子，检测到的主要是受体分子的荧光。常用的荧光主要有青色荧光蛋白（cyan fluorescent protein，CFP）、黄色荧光蛋白（yellow fluorescent protein，YFP）等。FRET 可用于分析蛋白质之间的相互作用及其具体结合部位，也可用于分析蛋白质单体是否形成多聚体。此外，通过将两种荧光蛋白标记至底物蛋白质，FRET 还可实时动态分析活细胞内酶活性，并同时观察底物的定位及其变化。

（五）荧光共定位技术

将免疫荧光组织化学（immunofluorescence histochemistry）和显微技术相结合，观察不同蛋白质在细胞内的共定位。采用不同荧光标记的抗体作为分子探针，与组织细胞内相应的目的蛋白（抗原）反应，形成含有不同荧光素的抗原 - 抗体复合体，在激发光照射下即可发出各自特定的荧光。再利用荧光显微镜或激光扫描共聚焦显微镜（confocal laser scanning microscope）获取荧光图像，从而显示出目的蛋白在细胞内的定位信息。若蛋白质之间存在相互作用，即可出现用于标记相应抗体的不同荧光在细胞特定区域的共定位。此外，也可将荧光蛋白基因与待研究的目的蛋白基因相融合，构建为融合蛋白并在细胞内实现外源表达，再借助荧光或激光扫描共聚焦显微镜进行共定位研究。

（六）表面等离激元共振技术

表面等离激元共振（surface plasmon resonance，SPR，又称表面等离子共振）技术属于生物传感分析技术。将目的分子偶联到专用的金属膜传感器芯片表面作为固定相，而将与之相互作用的分子作为流动相，当二者发生相互结合时，目的分子量的改变会导致芯片表面的折光率随之发生变化。通过检测该折光率的变化可实时反映和动态监测生物分子之间的相互作用。该技术可用于研究蛋白质与蛋白质、脂类、核酸及小分子之间，以及配体 - 受体之间的相互作用。

二、蛋白质与核酸相互作用研究技术

蛋白质与核酸（特别是 DNA）的相互作用在 DNA 的复制、DNA 的损伤与修复、基因表达及其精确调控等生物学过程中均有重要体现，因此对蛋白质与核酸相互作用的研究也是分子生物学的重要方向。目前常用的蛋白质与核酸相互作用研究技术包括电泳迁移率变动分析、染色质免疫沉淀、RNA 结合蛋白免疫沉淀与交联免疫沉淀、酵母三杂交技术等。

（一）电泳迁移率变动分析技术

电泳迁移率变动分析（electrophoretic mobility shift assay，EMSA），也称凝胶迁移分析（gel shift assay）或凝胶阻滞分析（gel retardation assay），是一种体外研究蛋白质与核酸相互作用的技术，是基因转录调控研究的经典方法。该技术最初用于研究 DNA 结合蛋白和特定 DNA 序列的相互作用，目前也用于研究 RNA 结合蛋白和特定 RNA 序列的相互作用。EMSA 的基本原理是：蛋白质与带有标记的核酸（DNA 或 RNA）探针结合形成复合体，这种复合体在电泳时比无蛋白质结合的游离探针在凝胶中的泳动速度慢，条带相对滞后，根据结果即可判断蛋白质与核酸的相互作用。

EMSA 的基本实验流程包括五大步骤：探针的合成标记与纯化、细胞核或细胞质提取液的制备、探针与蛋白质的结合反应、电泳与检测。当检测转录调控因子等 DNA 结合蛋白质时，多用细胞核提取液；当检测 RNA 结合蛋白质时，可用细胞核或细胞质提取液。为尽可能保证蛋白质与核酸均处于天然构象以维持相互结合状态，电泳需在非变性的聚丙烯酰胺凝胶中进行。如果探针采用放射性标记，可在电泳结束后直接进行放射自显影；如果探针采用非放射性标记（如生物素标记），则需在电泳后先将其转印至硝酸纤维素膜等固相支持载体上，再进行显色。最后，根据标记探针的位置来推测该探针是否与目的蛋白质结合。如果探针信号全部集中出现在凝胶的前端，则为游离探针，未与目的蛋白质结合；如果探针信号也在靠近加样孔的地方出现，则为探针与目的蛋白质形成的复合体。为证明所检测到的"核酸 - 蛋白质"复合体的特异性，还可以通过加入过量的未标记探针，即"冷探针"，进行竞争性结合实验。由于冷探针存在时可竞争性地抑制标记探针与目的蛋白质的结合，会导致"目的蛋白质 - 标记探针"复合体的量减少；或者通过加入特异性的目的蛋白质的抗体，进一步检测是否能形成更为滞后的"核酸 - 蛋白质 - 抗体"复合体，即"抗体 - 目的蛋白质 - 探针"三者形成的复合体，该分析称作超迁移率分析（supershift assay）（图 23-14）。

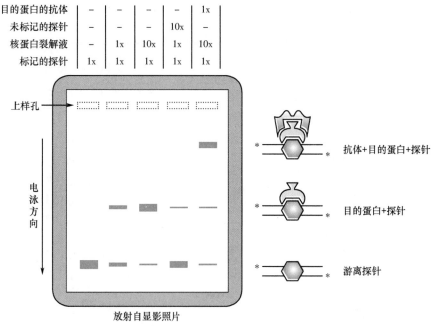

图 23-14　EMSA 原理示意图

（二）染色质免疫沉淀技术

染色质免疫沉淀（chromatin immunoprecipitation，ChIP）是一种主要用来研究细胞内基因组 DNA 的某一区域与特定蛋白质（包括组蛋白、非组蛋白）相互作用的技术。如前所述，EMSA 可用于研究 DNA 与蛋白质的体外结合，但这并不能说明这种结合在细胞内也是同样真实存在的，而 ChIP 则可以用来证实 DNA 与蛋白质在细胞内的特异性结合。因此，在研究 DNA 与蛋白质的相互作用时，EMSA 和 ChIP 往往联合使用，互为佐证。

ChIP 的基本原理和流程是：①利用化学交联剂直接处理活细胞，使非组蛋白与所结合的 DNA 交联固定起来（由于组蛋白与 DNA 结合紧密，故通常无须固定交联；而非组蛋白与 DNA 的亲和力相对较弱，故需要固定交联）；②裂解细胞，释放染色质，经超声或酶切处理将其随机切割为一定长度范围的染色质 DNA 片段，一般为 200 ～ 1000bp；③利用目的蛋白质的特异性抗体通过免疫沉淀方法沉淀"蛋白质 -DNA"复合体，从而特异性富集与目的蛋白质结合的 DNA 片段；④通过解交联释放出 DNA 片段，并进行纯化；⑤利用 PCR、基因芯片、DNA 测序等技术对所纯化的 DNA 片段进行分析，从而判断目的蛋白质与哪些 DNA 序列在细胞内存在相互作用（图 23-15）。将 ChIP 与芯片结合进行检测的技术称为 ChIP 芯片（ChIP-on-chip），而将 ChIP 与第二代测序结合的技术称为 ChIP 测序（ChIP-seq），两者均可实现在全基因组范围筛选与组蛋白、转录因子等目的蛋白结合的 DNA 序列。

（三）RNA 结合蛋白免疫沉淀与交联免疫沉淀技术

RNA 结合蛋白免疫沉淀技术（RNA binding protein immunoprecipitation，RIP）是研究细胞内目的 RNA 结合蛋白与 RNA 结合情况的一种技术，原理、流程与 ChIP 类似。活细胞裂解后，采用针对目的蛋白质的抗体进行免疫沉淀，将目的"蛋白质 -RNA"复合体沉淀下来后，从中分离纯化出 RNA，所结合的 RNA 序列可通过芯片（RIP-chip）、实时定量 PCR 或高通量测序（RIP-seq）等技术进行鉴定。

由 RIP 技术衍生的交联免疫沉淀法（cross linking-immunoprecipitation，CLIP），首先采用紫外线照射使蛋白质与 RNA 交联形成稳定复合体，再采用 RNA 结合蛋白的特异性抗体进行

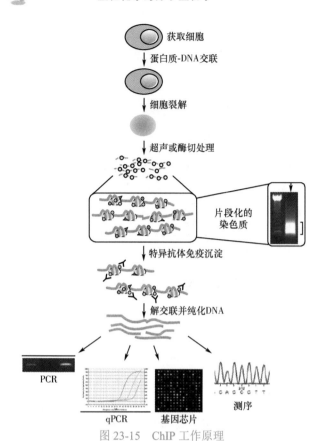

图 23-15　ChIP 工作原理

免疫沉淀和后续检测。CLIP 与高通量测序技术结合即 CLIP-seq，可用于规模化研究 RNA 的蛋白质结合位点、RNA 修饰位点、miRNA 作用靶点等。

（四）酵母三杂交技术

酵母三杂交系统（yeast three-hybrid system）是用于分析蛋白质与 RNA 体内相互作用的一种技术。原理与酵母双杂交相似，区别在于：酵母三杂交系统是将 DNA 结合域（如 LexA 的 BD）与一个已知的 RNA 结合蛋白 X 构建为第一个融合蛋白；将 AD 与待测的 RNA 结合蛋白 Y 构建为第二个融合蛋白；同时构建和表达一个杂合 RNA，包含可以与已知 RNA 结合蛋白 X 结合的 RNA 序列，以及可能与待测 RNA 结合蛋白 Y 相结合的待测 RNA 序列。当杂合 RNA 中的待测 RNA 与 RNA 结合蛋白 Y 之间存在相互作用时，可使 BD 和 AD 连接形成具有功能的转录因子，从而激活报告基因的转录和表达（图 23-16）。

该方法可用于验证蛋白质 -RNA 之间的相互作用并确定关键结合部位或结构域，用于筛选与特定蛋白质结合的未知 RNA，也可用于检测或鉴定与特定 RNA 结合的 RNA 结合蛋白。

（李　霞）

思 考 题

1. 请对 Southern 印迹法、Northern 印迹法、Western 印迹法三种方法进行比较。

2. 研究人员发现了小鼠的一个新基因，目前仅知道该基因及转录产物 RNA 的序列信息，请设计相应实验检测该基因在小鼠各组织中的表达情况。

3. X 是一个功能未知的蛋白质，研究人员准备从寻找其相互作用的分子入手，研究该蛋白质的功能，请设计相应的实验，并解释原理。

4. 研究人员发现转录因子 X 可能具有调控基因 Y 表达的活性，现已知 Y 基因上游的潜在转录因子结合序列，请设计实验证实 X 对 Y 的调控关系。

5. 请简述 PCR 技术概念、原理和基本步骤，该技术在生物和医学方面有哪些用途？

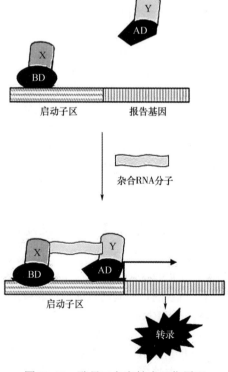

图 23-16　酵母三杂交技术工作原理

案例分析题

1. 患者，男，42岁，乏力、发热、间断干咳1周。10天前曾乘国际航班从国外返回。查体阳性发现有体温38.4℃，脉搏92次/分，双肺呼吸音粗。辅助检查的主要阳性发现：CT显示双肺中下叶胸膜下散在数个局灶性磨玻璃密度影，伴小叶间隔增厚，考虑间质性病变。现高度疑似诊断新型冠状病毒感染。

问题：

（1）需进一步做什么检查以确定诊断？并解释所选用检测方法的基本原理。

（2）欲了解致病病毒是否发生突变，应进一步做什么检测？并解释该方法的基本原理。

2. 结肠癌是一种严重威胁人类健康的消化道恶性肿瘤，其发病率和死亡率均较高。X为一个最新报道的癌基因，其编码产物为蛋白质。新近研究报道该基因表达水平与胃癌、肝癌患者的预后呈负相关，并且在肿瘤细胞中过表达该基因后可促进肿瘤细胞增殖、侵袭、裸鼠体内成瘤等恶性表型。但X是否参与结肠癌的发生发展目前尚未报道。现研究人员拟利用现有的100例临床结肠癌患者的手术切除标本，首先明确结肠癌组织中X是否存在分子层面的异常，在此基础上拟进一步探讨X在结肠癌中的作用。

问题：

（1）欲了解该基因在结肠癌患者肿瘤组织中是否存在基因扩增、基因突变等遗传学改变，可以使用哪些方法进行检测？请解释这些实验的基本原理。

（2）为明确该基因在结肠癌患者癌组织和癌旁组织中是否存在表达差异，研究人员可以怎么做？

第二十四章　基因工程

内容提要

在自然界，生物体中的 DNA 序列可发生多种形式的重新组合，这些重新组合导致基因的新连锁关系或基因内可变量的最小单位新的连锁关系的形成，称为基因重组。自然界发生的基因重组主要有同源重组、位点特异性重组、转座重组等多种方式。

基因工程是一项受自然界的基因重组启发，对携带遗传信息的 DNA 分子进行设计和改造的分子工程，其采用的技术称为 DNA 重组技术。基因工程基本程序包括制备目的基因和相关载体、目的基因和载体的连接、重组 DNA 导入受体细胞、重组体的筛选和鉴定、重组体的扩增和其他研究。

进行基因工程操作需要工具酶，包括限制性内切核酸酶、DNA 连接酶、DNA 聚合酶、末端转移酶等。限制性内切酶中常用的是 II 型酶，能在特异的位点识别和切割双链 DNA。

载体是供插入目的基因并将其导入宿主细胞内表达或复制的运载工具，常用的有质粒、噬菌体 DNA 和病毒 DNA。为便于目的基因与载体 DNA 之间的连接，应根据它们各自的序列特点，选择适宜的限制性内切核酸酶和连接方式。

为了使重组 DNA 分子进行扩增及获得目的基因的表达产物，需将重组 DNA 分子导入受体细胞，并通过遗传学、免疫学、分子生物学等方法进行筛选与鉴定。

获得基因工程菌后，要想进一步获得目的基因的表达产物，还需进行基因工程菌的发酵培养、目的产物的分离纯化和分析鉴定等基因工程的下游阶段。基因工程已渗透到生命科学研究的各个学科，在基因工程药物、疫苗、抗体、转基因动植物等方面取得了令人瞩目的成就。

基因工程（genetic engineering），是指将一种生物体（供体）的基因与载体在体外进行拼接重组，转入另一生物体（受体）或细胞内，使之扩增并表达出新产物或新性状的技术。其核心是在体外将不同来源的 DNA 分子通过磷酸二酯键连接成一个新的嵌合 DNA 分子（chimeric DNA molecule），即 DNA 重组技术（DNA recombinant technology）。以获得基因或 DNA 片段的大量拷贝为目的的基因工程又称为基因克隆（gene cloning）或分子克隆（molecular cloning）。以获得基因表达产物为目的的基因工程可分为上游和下游技术，上游技术包括外源基因的重组、克隆和表达，即通常意义上的基因工程；下游技术则包括含外源基因的重组菌或细胞的大规模培养和外源基因表达产物的分离纯化等工艺。基因工程已然成为生物技术领域的核心技术。

1972 年 Berg P 等首次在体外将 SV40 病毒 DNA 与噬菌体 P22 DNA 重组成功，诞生了第一个重组 DNA 分子；1973 年，Cohen S 等将体外构建的重组 DNA 分子导入大肠杆菌并且稳定复制，宣告了基因工程的诞生。1972～1976 年，科学家们对 DNA 重组所涉及的载体和受体系统的安全性进行了有效改造，同时还建立了一套严格的 DNA 重组实验室设计和操作规范。DNA 重组技术凭借众多安全可靠的相关技术及巨大的潜力迅速发展起来。

第一节　自然界的基因重组

基因重组（gene recombination）是指一段 DNA 在细胞内或细胞间的交换或重新组合，按其发生原因可分为自然界的基因重组和人工条件下的基因重组。自然界的基因重组是普遍发生的遗传现象，也是遗传多样性和物种进化的基础，既可以发生于病毒、原核生物和真核生物内，也可以发生于不同物种或个体之间。基因重组的分子机制和过程复杂多样，最基本的重组形式是 DNA 链的断裂和重接。基因重组有多种方式，下面着重介绍同源重组、非同源重组和转座重组等方式。

一、同 源 重 组

同源重组（homologous recombination）是指发生在含有同源序列的两个 DNA 分子间或分子内的重新组合，需要一系列特定蛋白质和酶的参与，是自然界最基本的 DNA 重组方式。同源重组可以双向交换 DNA 分子，也可以单向转移 DNA 分子，后者又被称为基因转换（gene conversion）。下面以 Holliday 模型为例介绍同源重组的基本机制。

Holliday 模型由美国科学家 Holliday R 在 1964 年提出，是第一个被广泛接受的重组模型，几经修改核心如下（图 24-1）：①两个同源 DNA 分子相互靠近；②一个 DNA 分子的一条单链断裂，与另一个 DNA 分子对应链交换并连接，形成十字形结构的 Holliday 连接体；③通过分叉迁移（branch migration）产生异源双链，形成 Holliday 中间体；④ Holliday 连接体拆分为两个重组 DNA 分子。

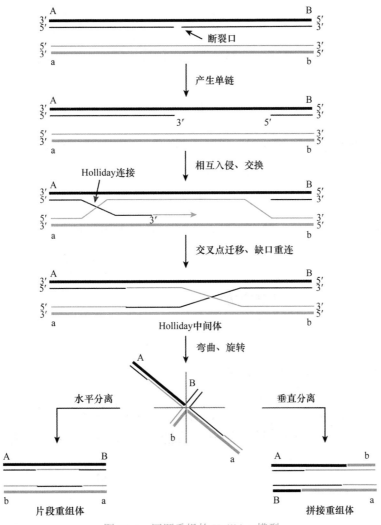

图 24-1　同源重组的 Holliday 模型

二、非同源重组

非同源重组（nonhomologous recombination）是发生在非同源基因间的重组情况，主要包括位点特异性重组和非常规重组。

位点特异性重组（site-specific recombination）是指发生在同源短序列范围之内的 DNA 特定位点上的重组，如 λ 噬菌体 DNA 与宿主大肠杆菌染色体 DNA 的整合（图 24-2）：λ 噬菌体 DNA 的重组位点 *attP* 与大肠杆菌基因组 DNA 的重组位点 *attB* 含有 15bp 的相同保守序列，在整合酶（integrase，Int）和整合宿主因子（IHF）作用下发生特异性整合。在细菌中存在另一种位点特异性重组方式：如鼠伤寒沙门氏菌 H 鞭毛抗原基因片段的倒位。鼠伤寒沙门氏菌的鞭毛抗原分为 H1 和 H2 鞭毛蛋白，在一个特定的细胞内，通常只有一种类型鞭毛蛋白表达，偶然会出现表达一种鞭毛蛋白的沙门菌细胞转变为表达另一种蛋白，这种现象称为抗原相变异（phase variation），是由倒位性位点特异性重组所控制（图 24-3）。

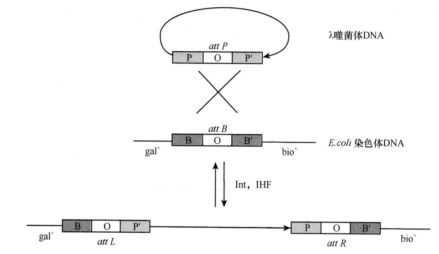

图 24-2 λ 噬菌体的位点特异性重组

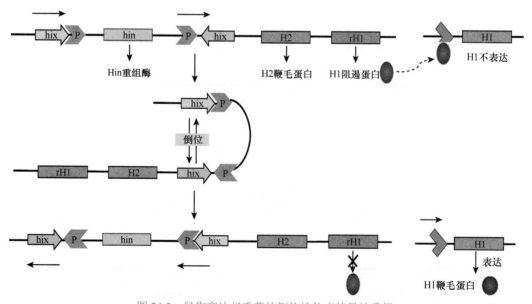

图 24-3 鼠伤寒沙门氏菌的倒位性位点特异性重组

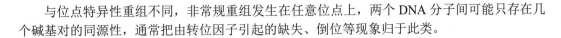

　　与位点特异性重组不同，非常规重组发生在任意位点上，两个 DNA 分子间可能只存在几个碱基对的同源性，通常把由转位因子引起的缺失、倒位等现象归于此类。

三、转座重组

　　转座重组（transpositional recombination）是指细菌、病毒和真核细胞的染色体上可移动的 DNA 片段的重组方式，包括基因移位或重排，是一种特殊的非同源基因重组方式。携带与转座有关的基因并可在染色体上移动的 DNA 序列被称为转座子（transposon，Tn），转座子和它的靶位点之间并不存在同源性。转座子通常由反向重复序列、转座酶基因和其他可能存在的特殊基因组成。转座重组按照转座后是否在原位保留转座子，分为复制型和保守型两种。转座重组可能导致基因的失活、激活，也可能使得基因组序列发生转移、缺失、倒位或重复等多种改变。此外，基因组两个拷贝的同一种转座子之间会发生同源重组，从而引起缺失、插入、倒位和易位。

四、原核生物中的其他基因重组方式

　　原核生物的遗传除了依赖自身的基因组外，还与质粒、噬菌体等可转移的其他遗传物质密切相关，因此除了上述基因组相关的重组方式，原核细胞还可以通过接合、转化和转导等方式或途径实现基因的重组。

　　1. 接合作用（conjugation）　是指细菌的遗传物质在不同的细菌细胞之间，通过细胞 - 细胞、细菌菌毛进行传递，从而使受体细胞遗传物质发生重组的方式。例如，自然界中的大肠杆菌就能通过接合作用转移致育因子，实现不同细菌个体间的基因重组。

　　2. 转化作用（transformation）　是指通过自动获取或人为地供给外源 DNA，使细胞或培养的受体细胞获得新遗传表型的重组方式。例如，溶菌时，裂解的 DNA 片段作为外源 DNA 被另一细菌摄取，并通过重组机制将该外源 DNA 整合到基因组上，受体菌就会获得新的遗传性状，这就是自然界发生的转化作用。但是，由于较大的外源 DNA 不易透过细胞膜，因此自然界发生的转化作用效率并不高。

　　3. 转导作用（transduction）　是指当病毒从被感染的（供体）细胞释放出来、再次感染另一（受体）细胞时，发生在供体细胞与受体细胞之间的 DNA 转移及基因重组。自然界常见的例子就是由噬菌体感染宿主时伴随发生的基因转移事件。

第二节　基因克隆

　　基因克隆是以获得基因或 DNA 片段的大量拷贝为目的的 DNA 重组技术。通过酶的作用，在体外将目的基因或 DNA 片段同能够自我复制的载体 DNA 连接形成重组子，然后将其转入宿主细胞产生大量的重组 DNA 分子，需要大量酶、载体、宿主细胞等共同参与。

一、基因克隆的工具酶

　　在基因克隆中，工具酶（tool enzyme）是必不可少的，它们在 DNA 分子的切割、合成、补平、连接和修饰等基因操作过程中起重要作用。常用的主要有限制性内切核酸酶、DNA 聚合酶Ⅰ、DNA 连接酶、碱性磷酸酶、核酸酶 S1 等，在重组 DNA 各个环节中发挥作用。

（一）限制性内切核酸酶

　　1. 限制性内切核酸酶的概念　限制性内切核酸酶（restriction endonuclease，RE）又称限制性内切酶，是一类能够识别双链 DNA 分子内部的特异性序列，并在识别位点或其周围产生切割作用的核酸水解酶。限制性内切酶存在于细菌体内，与甲基化酶（methylase）共同构成

细菌的限制 - 修饰系统，保护自身 DNA 的同时分解外来的 DNA，其名称中"限制"二字由此而来，对细菌遗传性状的稳定遗传具有重要意义。

2. 限制性内切酶的命名与分类　酶的命名按照来源的细菌属、种名而定，取属名的第一个字母与种名的头两个字母组成的三个斜体字母作略语表示；如有株名，再加上一个字母，最后按发现的先后顺序以罗马数字进行编号。例如，从流感嗜血杆菌 d 株（Haemophilus influenzae d）中先后分离到 3 种限制酶，分别命名为 *Hind*Ⅰ 、*Hind*Ⅱ 和 *Hind*Ⅲ 。

Hin d Ⅲ

属　系　株　序

Haemophilus influenzae d 株
流感嗜血杆菌 d 株的第三种酶

根据酶的结构、所需因子及裂解 DNA 方式的不同，可将限制性内切核酸酶分为Ⅰ、Ⅱ和Ⅲ三型（表 24-1）。重组 DNA 技术中常用的限制性内切核酸酶为Ⅱ类酶，其优点在于识别位点与切割位点的序列是特异、固定的，切割作用通常发生在识别位点范围内，也是基因克隆中最重要的工具酶。Ⅰ类酶与Ⅲ类酶也具有限制与修饰两种作用，但特异性不强，因而在基因克隆中的实际应用价值并不大。

表 24-1　三类限制性内切核酸酶的作用

作用	Ⅰ	Ⅱ	Ⅲ
酶活性	核酸内切酶	核酸内切酶	核酸内切酶
	甲基化酶		
	ATP 酶		甲基化酶
	DNA 解旋酶		
DNA 链上的特异识别位点	无	有	有
DNA 链上的特异切割位点	无	在识别序列内	在识别序列外

3. 限制性内切核酸酶的作用模式　大部分Ⅱ类限制性内切核酸酶识别 4 个或者 6 个碱基对（偶有识别 8 个或者 8 个以上）、具有回文结构（palindrome）的 DNA 片段，水解 DNA 分子的磷酸二酯键产生含 5′-磷酸基团和 3′-羟基的末端。有两种切割方式：错位切割和垂直切割，分别产生黏性末端（sticky end，cohesive end）和平末端（blunt end）（图 24-4）。

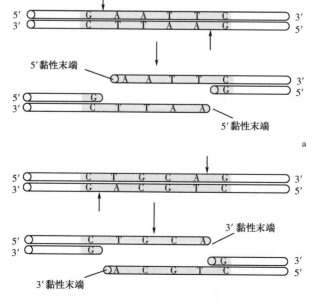

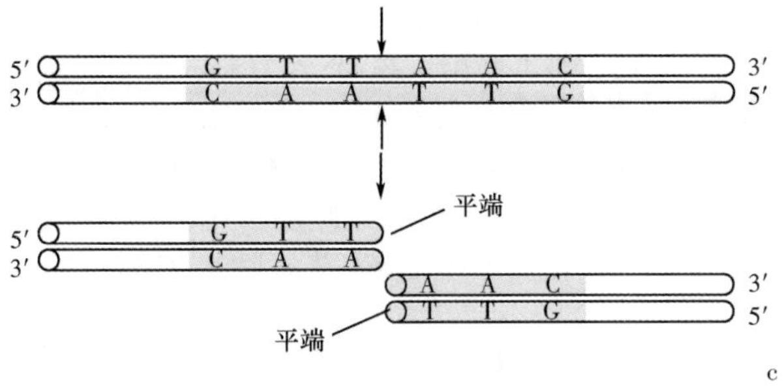

图 24-4　Ⅱ类限制性内切核酸酶的切割作用

a. *Eco*RⅠ识别序列与切割产生的 5′ 端突出的黏性末端；b. *Pst*Ⅰ识别序列与切割产生的 3′ 端突出的黏性末端；
c. *Hpa*Ⅰ识别序列与切割产生的平末端

DNA 分子中的核苷酸序列是随机排列的，一个识别四核苷酸序列的限制性内切核酸酶平均每隔 256bp（4^4）出现一次该酶的识别切割位点，同样的对识别六核苷酸序列的限制性内切核酸酶则大致每隔 4096bp（4^6）出现一次识别切割位点。按此可估计一个未知的 DNA 分子中可能存在的限制性内切核酸酶酶切位点数量及产生片段的大小，以便选用合适的内切酶。

（二）其他工具酶

1. DNA 聚合酶

（1）DNA 聚合酶Ⅰ：大肠杆菌 DNA 聚合酶Ⅰ（DNA polymeraseⅠ，DNA-polⅠ）是单一肽链的多功能酶，分子量为 103kDa。它具有 3 种酶活性：① 5′→3′ 聚合酶活性；② 3′→5′ 核酸外切酶活性；③ 5′→3′ 核酸外切酶活性。主要用于 DNA 的合成，在 DNA 的复制过程中具有即时校读功能，保证 DNA 复制的准确性。

在基因克隆中，我们主要利用的是 Klenow 片段，其是由大肠杆菌 DNA 聚合酶Ⅰ经枯草杆菌蛋白酶裂解后产生的大片段，它保留了 5′→3′ 聚合酶活性和 3′→5′ 核酸外切酶活性。主要功能是：①合成双链 cDNA 的第二条链；②修复 DNA 片段的 3′ 端；③标记探针的 3′ 端；④ DNA 序列分析。

（2）Taq DNA 聚合酶：简称 Taq 酶，是从一种水生嗜热菌株分离提取的一种耐热的聚合酶，分子量为 65kDa，最佳作用温度是 70～80℃，是 PCR 体外扩增 DNA 最常用的聚合酶。Taq DNA 聚合酶具有 5′→3′ 聚合酶活性和 5′→3′ 外切酶活性，而无 3′→5′ 外切酶活性，因此不具有 Klenow 片段的 3′→5′ 校对活性。此外，Taq 酶还具有末端转移酶活性，能够在其 PCR 扩增产物的 3′ 端加上一个脱氧腺苷酸（dA），此类 PCR 扩增产物就能够与带有 3′-dT 的线性化载体重组连接实现 T-A 克隆。

（3）逆转录酶（reverse transcriptase）：是依赖 RNA 的 DNA 聚合酶，它以 RNA 为模板、4 种 dNTP 为底物，催化合成 DNA，此过程称为逆转录，所合成的 DNA 为互补 DNA（complementary DNA，cDNA）。

逆转录酶是多功能酶，其功能主要有：①逆转录作用：以单链 RNA 为模板，由引物 RNA 提供 3′-OH 端，沿 5′→3′ 方向合成 cDNA 单链，催化合成 RNA:DNA（cDNA）异源双链；②核酸酶 H 的水解作用：沿 3′→5′ 方向特异地水解 RNA:DNA 异源双链中的 RNA 单链；③依赖 DNA 的 DNA 聚合酶作用：以异源双链中的单链 cDNA 为模板，催化合成 cDNA 的互补链。

（4）末端转移酶：是末端脱氧核苷酸转移酶（terminal deoxynucleotidyl transferase，TDT）的简称，来源于小牛胸腺，分子量为 60kDa，是一种不需要模板的 DNA 聚合酶，其作用是催化脱氧核糖核苷酸转移到单链或双链 DNA 分子 3′ 端的羟基上，可用于标记探针或者构建人工黏性末端。

2. DNA 连接酶（DNA ligase） 被称为基因工程的缝纫针，催化 DNA 双链上相邻的 5′-磷酸基团与 3′-羟基生成磷酸二酯键，使原来断开的切口重新封合，或连接两个 DNA 分子。

DNA 连接酶包括大肠杆菌 DNA 连接酶和 T₄ DNA 连接酶两种类型，大肠杆菌 DNA 连接酶只能连接黏性末端，与 DNA 聚合酶 I 联用，在 DNA 复制、修复和重组中发挥重要的作用。T₄ DNA 连接酶则既能连接黏性末端也能连接平末端，但连接效率较低。

3. 碱性磷酸酶（alkaline phosphatase） 其作用是去除 DNA、RNA 或 dNTP 上的 5′- 磷酸基团，其主要用途有：①除去 DNA 片段上的 5′- 磷酸基团，以防分子自身连接，保持线性结构。②在 T₄ 多核苷酸激酶和 ³²P 同位素标记探针之前，先行除去 RNA 或 DNA 分子上 5′ 端的磷酸基团。

4. 核酸酶 S1 可水解双链 DNA、RNA 或 DNA-RNA 杂交分子中的单链部分，其作用是除去双链 DNA 的黏性末端以产生平末端、除去 cDNA 合成时形成的发夹结构及分析 RNA 的茎环结构和 DNA-RNA 分子的杂交情况等。

二、基因克隆的载体

外源 DNA 通常没有自主复制能力，必须依赖载体（vector）将其携带进入宿主细胞，从而实现外源 DNA 的扩增与表达。常用的载体有质粒、噬菌体、黏粒、酵母质粒和病毒载体等。载体大都经过改造，如质粒改造后携带某些选择性标记和克隆位点的遗传信息；λ 噬菌体改造后只保留同一种限制酶的单个或两个切点等。理想的基因克隆载体应具备以下几个条件：①能够稳定自主复制，具有较高的拷贝数；②具有多个限制性内切酶的单一位点（即在载体的其他部位无这些酶的相同切点），称为多克隆位点（multiple cloning site，MCS），易于外源基因的插入；③具有遗传筛选标记（如抗生素的抗性基因、β- 半乳糖苷酶基因等），用于阳性克隆的筛选；④分子量小，一般应 < 10kb，而允许插入外源基因的容量较大。DNA 重组技术中的载体根据功能通常分为克隆载体和表达载体两大类。

（一）克隆载体

能将 DNA 片段在受体细胞中复制扩增并产生足够数量目的基因的载体称为克隆载体（cloning vector）。克隆载体按来源分为质粒、噬菌体和病毒载体。常用的基因工程载体通常是在天然的质粒、噬菌体、病毒 DNA 的基础上，经过人工构建而成的。

1. 质粒载体 质粒（plasmid）DNA 是一类存在于细菌细胞中、独立于染色体 DNA、能自主复制的双链环状结构的 DNA 分子，小的为 2 ～ 3kb，大的可达数百 kb。按质粒复制的调控及其拷贝数可分两类：一类是严紧控制（stringent control）型质粒，其复制常与宿主的繁殖偶联，拷贝数较少，每个细胞中只有一个到十几个拷贝；另一类是松弛控制（relaxed control）型质粒，其复制与宿主不偶联，每个细胞中可有多达几十至几百个拷贝。不同的质粒分子带有不同的抗药性基因和其他遗传标记，所以会赋予宿主细胞一些遗传性状以检测质粒 DNA 的存在。

目前，各生物公司有一系列符合上述条件的人工改建的质粒商品供应。DNA 重组技术发展初期常用的大肠杆菌质粒 pBR322，全长为 4.3kb，其 DNA 分子中含有氨苄西林和四环素的抗性基因（*Amp^r* 和 *Tet^r*）及限制性内切酶位点，此外这个质粒还含有一个复制起始点（ori）及与 DNA 复制调控有关的序列（图 24-5）。而应用较为广泛的

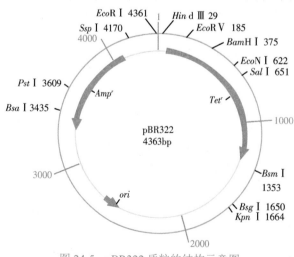

图 24-5　pBR322 质粒的结构示意图

大肠杆菌克隆载体是 pUC 系列质粒，全长 2.6kb 左右，由 pBR322 的 *Amp^r*、*ori* 及大肠杆菌 *lacZ* 基因片段（*lacZ'* 基因）构成，在 *lacZ'* 基因中间加入了多克隆位点，用于外源基因的插入，同时利用 *lacZ'* 基因表达进行筛选（图 24-6）。质粒作为载体最大的缺点是容量不大，插入的外源基因一般小于 10kb，插入的外源片段越长，则质粒的稳定性越差。

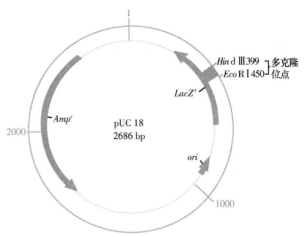

图 24-6　pUC18 质粒的结构示意图

2. 噬菌体载体　噬菌体（phage）是感染细菌的病毒，通过尾管将基因组 DNA 注入细菌，而将其蛋白质外壳留在菌体外。常用作克隆载体的噬菌体有 λ 噬菌体载体和 M13 噬菌体载体。

（1）λ 噬菌体载体：野生型 λ 噬菌体为双链线性 DNA 分子，全长 48.5kb，其两端带有 12 个碱基的互补单链黏性末端（cos 位点），感染时，λ 噬菌体 DNA 进入细菌后凭借其黏性末端环化成环状双链结构。λ 噬菌体含有 61 个基因，按照功能来分布和排列，根据执行功能的不同可将基因组分为三段：左臂包含噬菌体 DNA 的包装和噬菌体颗粒的形成所必需的基因；中段包含编码基因调节、溶原状态的发生和维持及重组有关的基因，其中许多基因对裂解生长是非必需的，在构建载体时可以去掉，由外源 DNA 片段替代；右臂则包含噬菌体复制和裂解宿主菌所必需的基因。

λ 噬菌体 DNA 必须包装上蛋白质外壳且成熟后才能感染大肠杆菌，包装对 λDNA 的大小有严格的要求，只有相当于野生型基因组 75% ～ 105% 长度的 λDNA 才能够被成功包装成噬菌体颗粒。现在经改造构建了两类 λ 噬菌体载体：一类是插入型载体，允许外来序列插入中间区域，常用的 λgt 系列载体如 λgt10 载体，大小为 43.34kb，允许插入的片段大小为 0 ～ 7kb，主要用于 cDNA 的克隆。另一类是取代型载体，由外源 DNA 替代中间区域，如 EMBL 系列载体，主要用于大片段基因组 DNA 的克隆，允许克隆的外源 DNA 片段可达 20kb。

黏性质粒（cosmid）：又称黏粒，是由 λDNA 的 cos 区序列与质粒重新构建而成的双链环状 DNA 载体。其特点是：①含有质粒的 *Amp^r* 或 *Tet^r*、复制序列及多克隆位点，可按质粒的方式进行自主复制、筛选；②具有 λ 噬菌体的 cos 序列，可像噬菌体一样进行体外包装；③黏性质粒本身不大，通常只有几个 kb，但克隆容量可高达 40 ～ 50kb；④非重组体很小，因而不能在体外进行包装，有利于阳性克隆的筛选、获得。黏性质粒是构建基因组文库的有效载体。

（2）M13 噬菌体载体：该噬菌体基因组是单链闭环状 DNA 分子，全长 6.5kb。M13 噬菌体感染宿主菌后，即在菌体内酶的作用下，以感染性单链 DNA 为模板，复制转变为双链 DNA，称作复制型 DNA（replicative form DNA,RF DNA）。一般当每一个细胞内有 100 ～ 200 个 RF DNA 拷贝时，即停止复制，产生大量单链 DNA 并包装至有感染性的丝状噬菌体颗粒中，分泌排出菌体。噬菌体颗粒所含有的单链 M13 DNA 可用于 DNA 序列分析、核酸杂交、体外定点突变等分子生物学技术。

M13 噬菌体基因组中绝大多数为必需基因，且排列紧密，人工改建仅限于以基因 Ⅱ 和基因 Ⅳ 之间的区域作为外源 DNA 插入区，mp 系列载体即是在该区域插入一段带有多克隆位点的 *lacZ'* 基因改造而成的，利用 *lacZ'* 基因表达鉴定外源基因的插入与否（图 24-7）。

3. 病毒载体　目前常用的病毒载体有猿猴空泡病毒 40（Simian vacuolating virus 40，SV40）、逆转录病毒（retrovirus）、昆虫杆状病毒、腺病毒（adenovirus，AD）和腺相关病毒（adeno-associated virus，AAV）等。病毒载体构建时一般都把细菌质粒复制起始序列放置其中，使载体及其携带的外源 DNA 片段能方便地在细菌中繁殖和克隆，然后再转入真核细胞。经过质

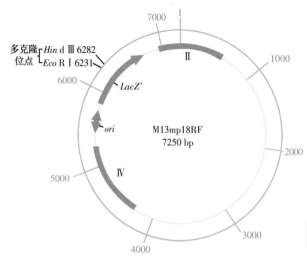

图 24-7 M13mp18RF 载体的结构示意图

粒化改建后的病毒载体通常由病毒启动子、包装元件、遗传标记和质粒复制起始点四部分组成。

除了上述的载体系统以外，在人类基因组计划研究中，为了描绘基因组物理图谱，建立基因组大片段文库，相继构建了酵母人工染色体（yeast artificial chromosome，YAC）载体、细菌人工染色体（bacterial artificial chromosome，BAC）载体等，其克隆容量高达百万碱基对，用于大片段 DNA 的克隆。

（二）表达载体

外源 DNA 片段与克隆载体重组后导入受体细胞，便可进行扩增，但要在宿主细胞中表达，还必须将它放入表达载体中。表达载体（expression vector）是指用于在受体细胞中表达（转录和翻译）外源基因的载体。这类载体除了具有克隆载体所具备的特性外，还带有转录和翻译所必需的元件。对不同的表达系统，需要构建不同的表达载体。在这里，以大肠杆菌表达载体和哺乳动物细胞表达载体为例来介绍表达载体。

1. 原核表达载体 目前，原核表达体系中使用和研究最广泛的是大肠杆菌表达载体，是在克隆载体的基础上发展起来的，其除了含有克隆所需的复制起始点、抗性基因及多克隆位点外，还导入了表达所需的启动子、核糖体结合位点、转录终止序列等表达系统调控元件。

（1）启动子：用于启动外源基因的表达，启动子的强弱是对表达量有决定性影响的因素之一。大肠杆菌表达载体中常用的是 trc 启动子、λ 噬菌体 P_L 和 P_R 启动子、T7 噬菌体启动子。

1）trc 启动子：又称 tac 启动子，是 trp 启动子和 lac 启动子的杂合启动子，由 trp 启动子与 lac 操纵子中的操作元件、SD 序列构建而成，具有比 trp 启动子更高的转录效率和受 lac I 阻遏蛋白调控的强启动子特性。能高表达 lacI 阻遏蛋白的 lacIq 突变菌株常被选为该表达载体的受体菌株。

2）λ 噬菌体 P_L 和 P_R 启动子：由 λ 噬菌体载体转录启动子 P_L、P_R 构建的这两个强启动子受控于 λ 噬菌体 cI 基因产物，是一种温度诱导的启动子。cI 基因的温度敏感突变体 cI857(ts) 在低温（30℃）下阻遏启动子的转录，但在高温（42℃）下解除抑制开放转录。同样含 P_L 和 P_R 启动子的表达载体需要在携带 cI857(ts) 的菌株中才能调控表达，也可以直接在表达载体上构建 cI857(ts) 基因，从而有更大的宿主选择空间。

3）T7 噬菌体启动子：是一个高表达效率的启动子，其表达受控于 T7 RNA 聚合酶。由于大肠杆菌本身不含 T7 噬菌体 RNA 聚合酶，需要将外源的 T7 噬菌体 RNA 聚合酶引入宿主菌构建成特殊的受体菌，如 JM109 等。

（2）核糖体结合位点（ribosome binding site，RBS）：是形成翻译起始复合体所必需的。位于转录起始位点上游 8 ~ 13 个核苷酸处，为富含嘌呤的短片段，又称 SD 序列（Shine-Dalgarno sequence），因能与核糖体 30S 小亚基中的 16S rRNA 3′ 端的部分序列互补结合而得名。

（3）转录终止序列：此序列对于外源基因在大肠杆菌中的高效表达有重要作用。控制转录 RNA 的长度，提高稳定性；位于启动子上游的转录终止序列还可以防止其他启动子的通读，从而降低本底。在构建表达载体时，若在多克隆位点的下游插入一段强转录终止序列可以防止外源基因表达干扰载体的稳定性。

2. 真核表达载体 真核细胞与原核细胞相比较，在基因表达系统包括转录、转录后加工、翻译、翻译后修饰等方面有明显的优点。

真核表达载体也是由克隆载体发展而来的，包含：①原核生物的序列，来自质粒的复制起始序列、抗生素抗性基因；②真核表达调控的元件，包括启动子、增强子、转录终止和加poly(A)信号序列；③真核细胞的复制起始序列、真核筛选标志基因等。哺乳动物细胞的表达载体通常由动物病毒DNA改造而得，常用的病毒有猿猴空泡病毒SV40、逆转录病毒、腺病毒和腺相关病毒等。

（1）SV40病毒载体：SV40是一种小型的二十面体病毒，以猿猴和人类为宿主。其基因组为双链环状DNA，全长5.2kb，结构简单，很适于基因操作，被首选应用于真核生物复制的研究，同时它也是第一个完成基因组DNA全序列分析的动物病毒。人工改建的SV40病毒载体有取代型重组病毒载体和重组病毒质粒载体两类。由于SV40病毒存在着宿主细胞的局限性，只能在受体细胞中增殖，并最终导致宿主细胞的死亡，所以使得这种载体的应用受到一定程度的限制。

（2）逆转录病毒载体：逆转录病毒为致瘤RNA病毒，其核酸分子中含有位于两端的长末端重复序列（long terminal repeat，LTR），一段病毒颗粒包装时必需的非编码序列ψ和三个编码基因。构建载体时，通常将逆转录病毒DNA插入pBR322质粒之后，删除三个编码基因，再加入供筛选的标记基因。逆转录病毒载体具有较高整合和表达外源基因的能力，广泛用于转基因动物和基因治疗的研究，但其安全性问题必须考虑。逆转录病毒载体中使用最多的是慢病毒（lentivirus）载体，它是以人类免疫缺陷Ⅰ型病毒（HIV-1）为基础发展起来的基因治疗载体。有别于一般的逆转录病毒载体，它对分裂细胞和非分裂细胞均具有感染能力。

（3）腺病毒载体：腺病毒是二十面体的无包膜病毒，其基因组为线形双链DNA，全长约36kb，分为编码区和非编码区两部分。编码区基因主要编码病毒的调节蛋白和结构蛋白。在非编码区，病毒两侧各含有一末端反向重复序列（inverted terminal repeat，ITR）。ITR含有病毒进行复制和包装所必需的顺式作用元件及DNA复制起始点，其内侧为病毒包装信号ψ。目前，应用于基因治疗的腺病毒载体去除了腺病毒所有的编码基因，仅保留了5′和3′端ITR与包装信号ψ，病毒载体外壳的包装则需要辅助病毒提供编码序列，具有高容量、长时间转基因表达及低毒性和低免疫原性的优点。

（4）腺相关病毒载体（AAV载体）：AAV是微小DNA病毒，基因组全长4.7kb。载体构建时，通常以外源基因的表达序列代替AAV的编码序列（rep/cap基因），仅保留其基因组两端长145bp负责病毒的获救、复制、包装与整合的反向重复序列。当AAV载体与携带AAV编码序列（rep/cap）的辅助质粒共转染辅助病毒（腺病毒）感染的细胞时，即能获救、复制并包装成重组AAV病毒颗粒。AAV载体拥有众多其他载体不具备的优点：无致病性、整合至人的19号染色体上而持续表达、感染效率高、不引起明显的炎症和免疫反应、病毒稳定。

三、基因克隆的一般过程

基因的克隆过程主要包括：制备目的基因和相关载体、将目的基因和载体进行连接、重组DNA导入受体细胞、重组体的筛选和鉴定、DNA重组体的扩增和其他研究（图24-8）。

（一）目的基因的获取

要研究的某一基因或DNA序列称为目的基因（或靶基因），即需要克隆或表达的基因，可通过不同的途径获得目的基因。

1. 从基因组文库中获取 基因组文库（genomic library）是指包含有某一个生物细胞或组织或整个机体全部基因组DNA序列的随机克隆群体，以DNA片段的形式储存所有的基因组DNA信息。要获得基因组DNA片段，首先构建基因组文库，然后从中筛选出感兴趣的目的片段。

基因组文库的构建过程就是DNA的重组过程，首先分离染色体DNA，利用限制性内切

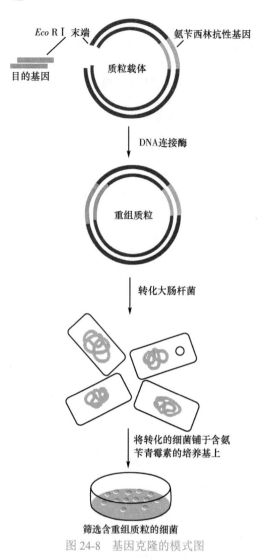

图 24-8 基因克隆的模式图

酶将其片段化，与适当的克隆载体连接，尽可能使每一 DNA 片段都与载体连接成重组 DNA 分子，将所有的重组 DNA 分子都导入宿主细胞进而扩增，建立基因组 DNA 文库。理想状态下基因组文库应该包含该机体基因组的全部遗传信息。

2. 从 cDNA 文库中获取　cDNA 文库（cDNA library）是指包含某一细胞、组织或生物体在一定条件下所表达的全部 mRNA 信息的随机克隆群，mRNA 经逆转录以 cDNA 的形式储存。cDNA 文库的构建方式与上述基因组 DNA 文库构建类似。因为在同一机体不同的细胞或者同一细胞不同的生长阶段，以及受到不同因素的作用，基因表达的种类与数量是不同的，所以构建的 cDNA 文库有其特异性。

3.PCR 扩增获取　PCR 技术是一种在体外利用酶促反应特异性扩增目的 DNA 片段的技术。利用 PCR 法可直接从细胞基因组中获得感兴趣的基因片段，且方法简便、快速、灵敏。是目前实验室常用的一种目的基因获取方法。

4. 人工合成 DNA 片段　如果目的基因的核苷酸序列是已知的，或可根据基因产物的氨基酸序列推导出核苷酸序列，则可以利用 DNA 合成仪通过化学方法人工合成该段 DNA 序列。不足之处在于目前仪器合成的片段长度有限，较长的 DNA 分子需分段合成，再连接组装而成，且价格比较昂贵。

（二）克隆载体的选择与制备

制备的目的基因或外源性 DNA 片段必须与合适的载体连接，才能进入受体细胞进行复制和表达。选择载体主要依据克隆的目的，同时还要考虑载体中应有合适的限制性内切酶位点及相应的宿主细胞。目前，各大生物公司提供了众多人工构建的载体，包括克隆载体和表达载体，基本上能够满足各种需要。

（三）目的基因与载体的连接

获取目的基因，选择适当的克隆载体后，需要进一步选择适当的策略将二者连接成重组体，以转入宿主细胞。通常是在限制性内切酶酶切的基础上开展的。目的基因与载体之间的连接大致有以下三种方法。

1. 黏性末端连接

（1）同一限制性内切酶位点连接：大多数限制性内切酶错位切割 DNA 片段，产生 5′ 突出或 3′ 突出的黏性末端，如果用同一种酶分别切割目的基因和载体分子，即可产生相同的黏性末端，适当条件下两个片段之间通过碱基互补配对，然后在连接酶催化作用下，形成环状重组 DNA 分子。

载体 DNA 由同一种限制性内切酶错位切割产生的两个黏性末端属于互补序列，在重组时，线性结构载体容易自身环化，形成原来的空载体，从而影响重组的效率。因此，载体 DNA 酶切之后，可以先用碱性磷酸酶去除 5′ 端的磷酸基团，这样去磷酸的载体 DNA 只能与带相同突出末端的外源 DNA 片段连接重组，有效防止载体自身环化（图 24-9），但仍然存在双向连接的缺陷。

（2）不同限制性内切酶位点连接：用两种不同的限制酶如 *Eco*R Ⅰ、*Bam*H Ⅰ 分别切割目的基因和载体时，将产生不同的黏性末端，载体 DNA 片段将不会自身环化。在这种情况下，目的基因将定向插入载体中，其重组效率与特异性是显而易见的。

（3）同聚物加尾连接：黏性末端的产生除了限制性内切酶切割外，还可通过同聚物加尾（homopolymer tailing）来实现。同聚物加尾是指用末端脱氧核苷酸转移酶将某种脱氧核苷酸（如多聚 dA）加到目的基因 DNA 的 3′ 端的羟基上，又将与之互补的脱氧核苷酸（如多聚 dT）加到载体 DNA 3′ 端的羟基上，制造出黏性末端，这样改造后的目的基因与载体之间的连接相当于黏性末端连接，从而有效提高重组的效率。

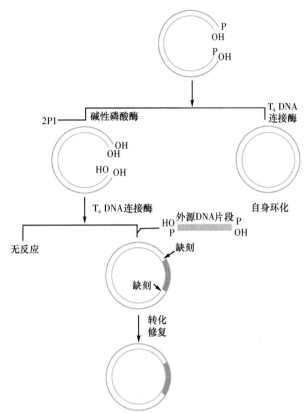

图 24-9　碱性磷酸酶防止载体自身环化

（4）人工接头连接：产生黏性末端的另一办法是加人工接头（synthetic linker）后酶切来实现。某些限制性内切酶垂直切割 DNA 分子，产生带平端的 DNA 片段，这种情况下采用人工接头进行连接是比较有效的。所谓人工接头是指化学合成的含一种或一种以上限制性内切酶酶切位点的平端双链寡核苷酸片段。将人工接头加在平端 DNA 片段（通常是目的基因）的两端，然后用人工接头中相应的限制性内切酶进行切割产生黏性末端（图 24-10）。

（5）PCR 制造黏性末端后连接：PCR 技术的出现大大方便了基因的克隆，利用该技术也可将平端 DNA 改造成黏性末端。一种方法是引入特异性的引物：设计时在目的基因的一对引物 5′ 端分别加上不同的限制性酶切位点序列，以目的基因为模板，经 PCR 扩增获得带有引物序列的目的基因，用相应的限制性内切酶切割产生黏性末端。另一种方法是利用 Taq 酶的末端转移酶活性，在其 PCR 扩增产物的 3′ 端加上一

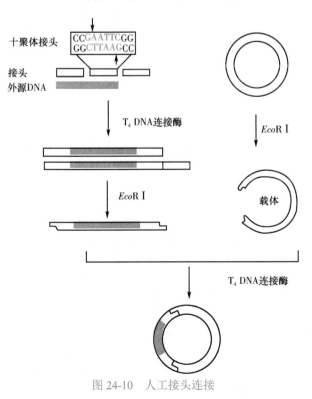

图 24-10　人工接头连接

个脱氧腺苷酸（dA），获得的 PCR 扩增产物就能够与带有 3′-dT 的线性化载体连接实现黏性末端连接。

2. 平末端连接　不同方式产生的平端 DNA 片段，除了改造成黏性末端外，还可以在 T_4 DNA 连接酶作用下，直接利用平端将目的基因与载体连接起来，但其重组效率远远低于黏性末端的连接，且不能避免载体分子的自身环化及目的基因双向插入的可能性。

3. 黏 - 平末端连接　目的基因插入载体还可通过一端为黏端，另一端为平端的方式连接。"黏 - 平"方式连接得到的重组子，其目的基因可定向插入载体，并避免了载体分子的自身环化。但其连接效率显然低于纯黏性末端的连接，故通常只作为目的基因片段中没有可供选择的产生两种不同黏性末端的限制性内切酶存在时的权宜之计。

（四）重组体导入宿主细胞

目的基因与载体在体外连接成重组体后，为了使重组 DNA 分子进行扩增及获得目的基因的表达产物，需先将重组 DNA 分子导入受体细胞。受体细胞也称宿主细胞，有原核细胞和真核细胞两类。其中靶向原核细胞的导入过程称为转化，靶向真核细胞的过程称为转染。基因工程中，常用原核细胞如大肠杆菌、枯草杆菌等细菌，以大肠杆菌为主；真核细胞包括酵母、哺乳动物细胞及昆虫细胞等。

基因工程中，重组 DNA 是在体外进行的，将其导入宿主细胞可能会受到宿主限制酶的切割而破坏外源 DNA，因此宿主菌（如大肠杆菌）必须是限制酶缺陷型，即 R^-（restriction negative）菌株。为确保不改变导入宿主菌的外源 DNA 的特性，宿主菌还应为 DNA 重组缺陷型，即 Rec^-（recombination negative）菌株。

下面就重组 DNA 分子导入大肠杆菌及导入哺乳动物细胞作简要介绍。

1. 重组 DNA 导入大肠杆菌

（1）氯化钙转化法：细菌处于容易吸收外源 DNA 的状态称感受态（competence），这种状态的细菌细胞称感受态细胞。本法的关键是采用低浓度低温 $CaCl_2$ 溶液增加细胞膜的通透性，诱导细胞具备感受态特性。此方法操作简便，转化效率可以满足一般的基因工程实验。

（2）电穿孔法：最初用于将 DNA 导入真核细胞，后来被用于转化大肠杆菌和其他细菌。制备电击的细胞与制备感受态细胞一样简便。电击法转化效率很高，可达 $10^9 \sim 10^{10}$ 转化子 /μg DNA，但成本也较高。因此，它一般在要求有较高转化效率的情况下使用，如基因组文库的构建。

（3）体外包装感染法：以 λDNA 或黏性质粒为载体构建的重组 DNA 导入大肠杆菌可采用此法。在试管中将重组 DNA 与 λ 头部及尾部蛋白混合，使其包装入头部蛋白外壳中，成为完整的噬菌体，然后感染大肠杆菌。此法的优点是效率高于 $CaCl_2$ 法，且线性 DNA 分子有利于体外包装成病毒颗粒及感染细菌。

2. 重组 DNA 导入哺乳动物细胞　哺乳动物细胞基因转移的效率大大低于大肠杆菌，因而发展了多种基因转移技术，包括物理、化学和生物方法。具体实施时应根据受体细胞的种类选择相应的导入方法。

（1）DNA- 磷酸钙共沉淀：DNA 与磷酸钙形成共沉淀物，并黏附到培养的哺乳动物单层细胞表面，这种共沉淀物可被细胞吞噬，从而使 DNA 分子进入细胞质，然后进入细胞核。此法既可使外源 DNA 在细胞中瞬时表达，也可以建立带有整合外源 DNA 的稳定表达的细胞系。

（2）病毒感染法：包括 RNA 病毒（逆转录病毒）感染和 DNA 病毒（如腺病毒）感染。当重组携带外源基因的逆转录病毒或重组 DNA 病毒进入相应的包装细胞后，可以形成完整的病毒颗粒，并释放到培养基上清中。在 polybrene 作用下，培养基上清中的病毒颗粒可有效地感染受体细胞（哺乳动物细胞），从而实现基因转移。

（3）显微注射法：本法借助显微注射器直接将 DNA 分子注入受体细胞核内，使之整合入受体细胞基因组中。但此技术需要无菌操作及专业设备，常用于转基因动物的研究。

（4）脂质体介导法：用人工合成的脂质膜包裹待转染的 DNA 分子，形成脂质体（liposome）结构，这种脂质体会与受体细胞膜发生融合，DNA 片段随即进入细胞。此方法简单而有效，目前有商品化的脂质体试剂供使用。

（五）重组体的筛选与鉴定

将外源基因导入宿主细胞以后，需要筛选出含有目的基因的阳性克隆并进行扩增，因而重组体的筛选和鉴定是 DNA 体外重组技术中的一个至关重要的环节。主要步骤包括：①首先筛选出带有载体的克隆；②然后筛选出带有重组体的克隆；③最后筛选出带有特异目的基因的克隆。

根据克隆所选择的载体、宿主细胞及外源基因在宿主细胞的表达情况等，选择适当的筛选与鉴定方法，主要有遗传学方法、免疫学方法、分子生物学方法等。

1. 遗传学方法　DNA 重组所用的载体常常携带有一个或几个可供选择的遗传标记或标记基因，外源基因插入载体并导入宿主细胞后，宿主细胞可获得或缺失这些标记的表型，从而可筛选出所需要的携带阳性克隆的特定细胞。

（1）抗生素抗性筛选：载体携带的最常见遗传标志是抗生素抗性基因，如抗氨苄西林、抗四环素、抗卡那霉素（Kan^r）等。当培养基中含有某种抗生素时，只有携带相应抗性基因载体的宿主菌才能生存繁殖，这样即可将转化菌与非转化菌区分开，筛选出带有载体的克隆。如果重组时将外源 DNA 片段插入到载体的抗生素抗性基因中间，使抗性基因失活，即可将质粒重组体与非重组体区分开，筛选出带有重组体的克隆。例如，质粒 pBR322 含有 Amp^r 和 Tet^r 两个抗性基因，若将外源 DNA 片段插入 Tet^r 基因序列中，转化大肠杆菌，将细菌放在含氨苄西林或四环素的培养基上培养。凡在两种培养基上都能生长的细菌所携带的质粒没有外源 DNA 片段的插入；凡在氨苄西林培养基中能生长，而在四环素培养基中不能生长的细菌就很可能是含有外源 DNA 片段的重组质粒（图 24-11）。

（2）遗传标志补救筛选：所谓的标志补救（marker rescue）是指克隆的基因若能够在宿主菌表达，且表达产物与

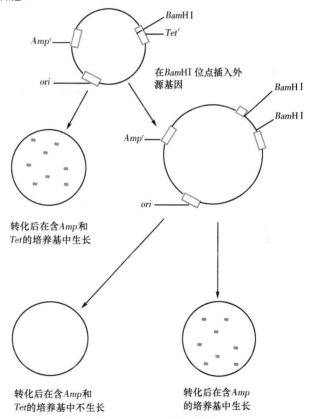

图 24-11　抗生素抗性筛选

宿主菌的营养缺陷互补，那么就可以利用营养突变菌株进行筛选。

外源基因导入哺乳动物细胞后的阳性克隆筛选常用这种方法。真核载体上如带有二氢叶酸还原酶（DHFR）标记基因，DHFR 可催化二氢叶酸还原成四氢叶酸，四氢叶酸再合成胸腺嘧啶。$dhfr^-$ 表型的真核细胞则不能合成四氢叶酸，培养基中如不加入胸腺嘧啶，该细胞就会死亡。将含目的基因及 $dhfr$ 基因的重组载体转入 $dhfr^-$ 细胞后，该细胞就能合成四氢叶酸，并且在无胸腺嘧啶的培养基中存活，从而筛选得到阳性克隆。

另一种常用的标志互补筛选是 α- 互补（α-complementation）。pUC 质粒、pGEM 质粒及

M13 噬菌体系列等载体携带的 *lacZ'* 基因为 *lacZ* 基因的 N 端 146 个氨基酸残基的编码基因，其编码产物为 β- 半乳糖苷酶的 α 片段。突变型 *lac⁻ E.coli* 可表达该酶的 ω 片段（酶的 C 端）。单独存在的 α 或 ω 片段均无 β- 半乳糖苷酶活性，只有宿主细胞与克隆载体同时共表达两个片段时，宿主细胞内才有 β- 半乳糖苷酶活性，在诱导剂存在时使特异性底物转变为蓝色化合物，菌落呈现蓝色，这就是所谓的 α- 互补。重组时外源 DNA 片段插入载体 *lacZ'* 基因中并使其失活，则不能表达 α 片段，结果转化菌呈现白色菌落，即为蓝白斑筛选。

（3）噬菌斑筛选：利用噬菌体包装对 λDNA 大小的严格要求这一特性来实现筛选。噬菌体系列载体包装外源 DNA 后形成的重组分子的长度必须达到其野生型长度的 75% ~ 105%，方能形成有活性的噬菌体颗粒，在培养平板上出现清晰的噬菌斑，而不含外源 DNA 的单一载体 DNA 因其长度太小不能被包装成活的噬菌体颗粒，感染细菌后不形成噬菌斑，从而达到初步筛选的目的。

2. 免疫学方法　如果克隆的外源基因的表达产物是已知的，并且在转化细菌扩增期间表达，即可用各种免疫学技术检测其表达产生的蛋白质，从而达到筛选的目的。

3. 分子生物学方法

（1）限制性内切酶酶切图谱分析：目的基因插入载体会使载体 DNA 的限制性内切酶酶切图谱发生变化。将转化菌中的质粒 DNA 分离纯化出来，用 1 ~ 2 种限制性内切酶酶切之后结合电泳分析，可检测有无外源 DNA 片段的插入及插入片段的大小，也可判断插入片段的方向。

（2）核酸探针杂交检测法：根据目的基因的核苷酸序列，设计寡核苷酸探针并予以标记，再与转化细胞的 DNA 进行分子杂交（如菌落或噬菌斑原位杂交），可以直接筛选和鉴定目的序列克隆。

（3）PCR 检测法：外源基因插入载体后，可根据外源基因两侧的序列即载体的序列设计上、下游引物，或直接利用目的基因的 5′ 端和 3′ 端序列设计特异性引物，以转化菌的 DNA 为模板进行扩增，若能得到预期长度的 PCR 产物，则说明该转化细菌可能含有目的序列。

（4）核苷酸序列测定：无论何种方法克隆的外源基因，最后都要通过序列测定来鉴定。DNA 序列测定是验证插入载体中的外源基因是否正确的最确凿证据。

总之，重组体检测的方法有很多，应根据实际情况选择两种甚至两种以上的方法联合运用，直至获得所需要的阳性克隆。

第三节　克隆基因的表达

基因工程的目的有二：其一是通过克隆获得感兴趣的目的基因；其二是通过表达获得目的基因表达产物。如何使克隆的目的基因能正确且大量表达有特殊意义的蛋白质已成为重组 DNA 技术中一个专门的领域，这就是蛋白质表达（protein expression），核心任务之一是构建适当的表达系统。一般说来，原核基因选择在原核细胞中表达，而真核基因既可选择真核细胞，也可选择原核细胞进行表达。

一、原核生物表达系统

DNA 重组技术的伟大成就之一就是能够保证目的基因编码产物的大量生产，而利用大肠杆菌系统高效表达外源基因已经成为基因工程应用最为广泛、也最成熟的一项技术。

（一）大肠杆菌表达体系

1. 目的基因　大肠杆菌细胞缺乏转录后加工机制，无法切割断裂基因中的内含子，因此只能表达来自真核生物目的基因的 cDNA，不宜表达真核基因组 DNA。真核基因 mRNA 缺乏结合细菌核糖体的 SD 序列，其逆转录生成的 cDNA 分子的起始密码子上游的非编码序列（及信号肽序列）是无用的，必须去除。

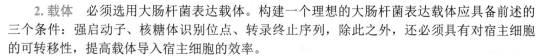

2. 载体 必须选用大肠杆菌表达载体。构建一个理想的大肠杆菌表达载体应具备前述的三个条件：强启动子、核糖体识别位点、转录终止序列，除此之外，还必须具有对宿主细胞的可转移性，提高载体导入宿主细胞的效率。

3. 受体菌株 野生型的细菌一般不能直接用作基因工程的受体细胞，因为它对外源DNA的转化效率较低，并且有可能对其他种群存在感染寄生性，因此必须对野生型菌株进行遗传学的改造，使之成为集限制、重组、感染寄生缺陷为一体的基因工程菌。

此外，还要根据目的基因表达的蛋白质性质，选择并且改建合适的宿主菌。在大肠杆菌中表达的重组外源蛋白按其在细胞中的定位可分为两种形式：以可溶性或不溶性（包涵体）状态存在于细胞质中；通过运输或分泌方式定位于细胞周质，甚至穿过细胞外膜进入培养基中。最后根据选用的表达载体上启动子的类型选择合适的宿主菌。

（二）提高外源基因表达水平的策略

包括大肠杆菌在内的所有原核细菌高效表达真核基因，都涉及促进蛋白质生物合成（包括复制、转录、翻译三个层面）、抑制蛋白质降解、维持和恢复蛋白质特异空间结构等方面，最终在重组DNA分子和构建宿主菌过程中，通过相应表达调控元件的精确组装来实现。

大肠杆菌及其噬菌体的启动子是控制外源基因转录的重要元件，启动子的强弱取决于启动子本身的序列，同时也与启动子和外源基因转录起始位点之间的距离有很大相关，要使目的基因恰好插在启动子最佳作用的距离。调整SD序列与起始密码子之间的距离确保mRNA在核糖体上定位后，翻译起始密码子正好进入核糖体的P位，从而提高蛋白合成的效率。

宿主菌的生长与外源蛋白的表达在某种意义上说是一对矛盾体。质粒的扩增过程通常发生在受体细胞的对数生长期，而此期正是细菌生理代谢最为旺盛的阶段，二者势必相互影响，进而导致重组质粒的不稳定及外源基因整体表达水平的下降。解决的有效策略是利用一些温度敏感或药物诱导基因来协调宿主菌的生长周期与外源基因的表达周期。此外，还可以通过将外源蛋白与宿主菌自体蛋白以融合蛋白的形式进行表达，提高表达效率的同时又大大增加其稳定性。另一有效的途径是通过构建蛋白酶缺陷型的大肠杆菌突变株，抑制受体细胞内外源蛋白的降解。

作为一种成熟的基因克隆原核表达宿主，大肠杆菌被广泛应用于分子生物学研究的各个领域，由于其培养方法简单、迅速，而又适合大规模生产工艺，因此利用DNA重组技术构建大肠杆菌工程菌，规模化生产真核生物尤其是人类基因的表达产物，具有重大的经济价值。但是，正是由于其原核性，在一定程度上制约了它的应用。

原核系统表达真核基因存在许多不足之处：①缺乏真核转录后加工的功能，不能进行mRNA的剪接，所以只能表达cDNA而不能表达真核的基因组基因；②缺乏真核生物蛋白质加工的系统，表达产生的蛋白质若不能进行糖基化、磷酸化等修饰，则难以形成正确的二硫键和空间构象折叠，因而产生的蛋白质通常没有足够的生物学活性；③高表达的外源蛋白质会在细胞内聚集成包涵体（inclusion body），尤其当表达的目的蛋白质量超过细菌总蛋白质量的10%时，就很容易形成包涵体，而且蛋白质复性困难，易出现肽链的不正确折叠等问题；④细菌本身产生的致热原、内毒素不易除去，产品的纯化问题较多。

二、真核生物表达系统

以大肠杆菌为代表的原核表达体系在表达生产分子量较小、结构较为简单的外源蛋白质方面显示出巨大的优越性，但对一些结构复杂的大分子蛋白质并不适合，尤其是那些空间结构和生物学活性依赖于糖基化或磷酸化等修饰的蛋白质，必须选用真核生物细胞进行生产才能保证蛋白质进行正确折叠和加工。

哺乳动物细胞的表达载体通常由动物病毒DNA改造而得，常用的病毒如SV40、逆转录病毒、腺病毒和腺相关病毒等。为了高效表达外源蛋白质，对表达载体进行的人工改造有二：

其一，构建了质粒来源的复制起始序列、抗生素抗性标志基因及某些诱导或调节基因，使重组分子能够在大肠杆菌中克隆并且扩增；其二，构建了病毒或细胞来源的强启动子及有效的翻译起始信号，使重组分子在哺乳动物细胞中高效表达。此外，有些表达载体还含有蛋白质分泌编码序列，使产物蛋白质能以分泌微粒的形式特异性地定位在某些细胞器中，利于分离纯化。

真核表达体系常用的有酵母、昆虫和哺乳类动物细胞等，与原核表达体系比较，特别是将哺乳动物细胞作为宿主的真核表达系统具有如下优点：①重组质粒转染的细胞具有遗传的稳定性和可重复性；②既可表达基因组 DNA，也可表达 cDNA；③具有蛋白质加工系统，能进行二硫键的精确形成、糖基化、磷酸化、寡聚体的形成等加工；④可表达分泌型蛋白质，有利于下游工程的操作；⑤产物蛋白质对宿主细胞的影响不大，且自身也很少被降解。当然，真核表达也存在着操作技术难、费时、成本昂贵等缺点。随着动物转基因技术的不断发展，以转基因动物生产重组蛋白质则可有效克服上述困难。目前已能利用转基因小鼠、家兔、绵羊、猪、奶牛规模化生产多种转基因产物，如人凝血因子Ⅷ、人组织型纤溶酶原激活剂（t-PA）、人白细胞介素 -2（IL-2）、乳铁蛋白、牛乳清蛋白等，更多的转基因产物正在研究之中。对外源基因的克隆与表达而言，受体细胞的选择至关重要，它直接关系到基因工程的成败。表24-2 比较了几种常见蛋白质表达系统的优缺点。

表 24-2　常用蛋白质表达系统的比较

系统	优点	缺点
大肠杆菌系统	使用最广泛；遗传背景清楚；技术成熟；操作简便、成本低；外源蛋白表达高效	蛋白质产物非分泌型；缺乏加工系统，蛋白质活性低或无；潜在致热原、病原体
芽孢杆菌系统	安全；遗传背景清楚；分泌型；活性蛋白质；培养简单，生长迅速	外源蛋白质产量低；高水平的蛋白酶（胞内和胞外）；没有糖基化
蓝藻系统	兼具微生物和植物的优点；遗传简单、便于操作；培养方便；自身营养价值高	外源蛋白质表达量低；外源基因转化率低；产物活性不高
酵母系统	安全；遗传背景清楚；糖基化修饰和翻译后加工；可分泌产物；规模化操作	外源蛋白质表达水平低；有时分泌不理想；有超糖基化趋势
丝状真菌系统	技术成熟；分泌大量同源蛋白质；糖基化修饰和翻译后加工	外源蛋白质表达率低；可生产蛋白水解酶
杆状病毒系统	糖基化修饰和翻译后加工；分泌型蛋白质	终端死亡系统；外源蛋白质表达率低；培养成本高；难以大规模生产
哺乳动物细胞	分泌型外源蛋白质；糖基化修饰和表达加工系统；产物不易降解	外源蛋白质表达率低；操作技术难；培养成本高；难以大规模生产

第四节　基因工程的下游技术

获得基因工程菌后，要想进一步获得目的基因的表达产物，还需进行基因工程菌的发酵培养、目的产物的分离纯化和分析鉴定，一般将这些过程称为基因工程的下游阶段，相应地将获得基因工程菌的过程称为上游阶段。在基因工程产品的生产中，下游阶段尤其是分离纯化阶段所需费用占了生产成本的很大比重，甚至高达 80% ～ 90%。因此，基因工程下游技术的进步，对于保持和提高各国在基因工程领域内的经济竞争力是至关重要的。

一、基因工程菌的发酵

基因工程菌发酵生产的水平最基本的是取决于工程菌的性能，但有了优良的工程菌之后，还需要有最佳的环境条件即发酵工艺加以配合，才能使其生产能力充分表现出来。一般先通过摇瓶操作了解工程菌生长的基础条件如温度、pH、培养基各种组分及碳氮比；分析表达产物的合成、积累对受体细胞的影响；然后通过培养罐操作确定培养参数和控制的方案及顺序。

基因工程菌的发酵首先要选择恰当的培养方式。常用的培养方式有补料分批培养、连续培养和透析培养等。补料分批培养是指将种子接入发酵反应器中进行培养，经过一段时间后，间歇或连续地补加新鲜培养基，使菌体进一步生长的培养方式。连续培养是将种子接入发酵反应器中，搅拌培养至一定浓度后，开动进料和出料的蠕动泵，以控制一定稀释率进行不间断的培养。透析培养则是利用膜的半透性原理使代谢产物和培养基分离，通过去除培养液中的代谢产物来解除对生产菌的不利影响。多数工程菌采用补料分批培养方式。

确定培养方式后，发酵参数的优化是基因工程菌发酵工艺的核心内容。发酵参数包括培养基组成、接种量、诱导时间、温度、pH、溶氧等。培养基组成主要考虑碳源、氮源及碳氮比的选择。接种量大小取决于生产菌种在发酵中的生长繁殖速度，小接种量不利于外源基因的表达，大接种量有利于对基质的利用，缩短生长延迟期，并使生产菌能迅速占领整个培养环境，减少污染机会，但接种量过高又会抑制后期菌体的生长。一般在工程菌的对数生长期或对数生长后期诱导外源基因表达。温度和pH对工程菌的正常生长和外源基因的表达及目的蛋白的活性都有影响，因此确定合适的温度和pH非常重要。外源基因的高效表达还需要维持较高的溶氧水平。

此外，基因工程菌的培养设备对发酵也有重要影响。发酵罐的组成部分包括发酵罐体、保证高传导作用的搅拌器、精细的温度控制和灭菌系统、空气无菌过滤装置、残留气体处理装置、参数测量与控制系统及培养液配置与连续操作装置等。高径比和搅拌方式是选择发酵罐的重要考虑因素。

二、目的蛋白的分离纯化

发酵完成后，从发酵液中分离纯化目的蛋白需要面对很多困难。首先，发酵液组成复杂。不仅有大分子的核酸、蛋白质、多糖、类脂、磷脂和脂多糖，还有小分子的代谢中间产物如氨基酸、有机酸和碱；既有可溶性物质，也有胶体悬浮液和粒子形态存在的组分如细胞、细胞碎片、培养基残余组分、沉淀物等。其次，发酵液中目的蛋白含量很低。最后，目的蛋白稳定性较差，蛋白质只能在一定的温度和pH范围内保持活性，有机溶剂和蛋白酶等都会使其失活。此外，由于很多蛋白质产品是医药、生物试剂等精细产品，必须达到药典、试剂标准的要求，对纯度、杂质含量和活性等都有严格的标准。因此，发酵产物的分离纯化非常复杂、难度很大、成本很高且收率不高。

目的蛋白分离纯化一般包括细胞破碎、固液分离、浓缩与初步纯化、高度纯化直至得到纯品及成品加工等环节（图 24-12）。胞外产物不需要细胞破碎步骤。

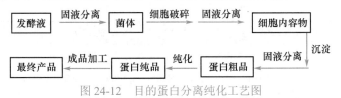

图 24-12　目的蛋白分离纯化工艺图

目的蛋白分离纯化技术应满足下列要求：①技术条件要温和；②选择性要好；③收率要高；④两个技术之间要能直接衔接；⑤整个分离纯化过程要快。基因工程中常用的目的蛋白分离纯化单元操作技术见表 24-3。从蛋白粗品到蛋白纯品的纯化过程是最复杂、成本最高、难度最大、最具特异性的环节，是分离纯化工艺的核心。选择纯化方法应根据目的蛋白和杂蛋白的物理、化学和生物学方面性质的差异，尤其重要的是表面性质的差异。色谱技术是最主要的纯化蛋白质的手段，纯化一种蛋白质往往要采用多种色谱技术。在纯化过程中，需特别注意 3 种可能存在的非蛋白类杂质，它们是 DNA、热原和病毒，多数情况下需要将它们去除。

表 24-3　常用目的蛋白质分离纯化单元操作技术

单元操作	技术	原理
细胞破碎	高压匀浆法、超声破碎法、高速珠磨法、高压挤压法等	机械破碎
	酶溶法、化学渗透法、热处理法、渗透压冲击法等	非机械破碎
固液分离	高速离心和超速离心	沉降系数或密度差异
	滤膜过滤	分子大小差异
沉淀	盐析法	破坏水化膜和中和表面电荷
	选择性沉淀	等电点、热变性、酸碱变性等沉淀作用
	有机溶剂沉淀	脱水作用和降低介电常数
纯化	凝胶过滤色谱	分子筛的排阻效应
	离子交换色谱	各组分与离子交换剂亲和力不同
	亲和色谱	蛋白质与配体之间特殊的亲和力
	高效液相色谱（HPLC）	凝胶过滤、离子交换、反向色谱等

很多原核表达的重组蛋白以不溶状态（包涵体）存在于细胞中。包涵体一般含有 50% 以上的重组蛋白，其余为核糖体元件、RNA 聚合酶、外膜蛋白、质粒 DNA、脂多糖等，大小为 $0.5 \sim 1.0 \mu m$，难溶于水，只溶于变性剂。包涵体需要经过溶解和复性环节才能得到高纯度的活性目的蛋白。复性是指通过缓慢去除变性剂使目的蛋白从变性的完全伸展状态恢复到正常的折叠结构，同时去除还原剂使二硫键正常形成。常用的复性方法有稀释复性、透析复性、超滤复性和柱上复性等。

三、目的蛋白的分析鉴定

为保证生产工艺的稳定和最终产品的质量，在分离纯化的各个环节都要进行目的蛋白的浓度测定和纯度分析。纯度分析包括目的蛋白质含量测定和杂质限量分析两个方面。杂质有蛋白类杂质和非蛋白类杂质。非蛋白类杂质主要有病毒和细菌等微生物、热原、内毒素、致敏原及 DNA，需要分别采用相应的测定方法。对最终蛋白产品还要进行分子量测定、结构分析和生物活性分析。常用蛋白质分析方法见表 24-4。

表 24-4　常用蛋白质分析方法

分析项目	分析方法
蛋白质浓度	考马斯亮蓝法、双缩脲法、福林 - 酚法和紫外光谱法
蛋白质纯度	SDS-PAGE 电泳、等电聚焦电泳、HPLC、毛细管电泳和 Western 印迹法
分子量粗略测定	凝胶过滤法和 SDS-PAGE 电泳
分子量准确测定	生物质谱
蛋白质结构分析	肽图分析、氨基酸成分分析和氨基酸序列分析
蛋白质二硫键分析	对氯汞苯甲酸法（PCMB）和 5,5'- 二硫双基 -2- 硝基苯甲酸法（DTNB）
生物活性分析	细胞实验和动物实验

DNA 重组技术生产人胰岛素

胰岛素是由胰岛 β 细胞产生的多肽类激素，它由 51 个氨基酸残基组成，分子量近 6kDa。它是第一个由 DNA 重组技术生产的药品，目前基因工程胰岛素产品主要有以下几类。

1. 速效胰岛素　胰岛素 b 链羧基端的第 28 和 29 两个位点，是使胰岛素聚合成六聚体的关键部位。应用基因重组技术将人胰岛素 b28 位点的脯氨酸和 b29 位点的赖氨酸位置互换而形成了新胰岛素类药物即速效胰岛素类药物，这种互换改变了 b 链末端的空间结构，减少了二聚体内胰岛素单体间的非极性接触和 β 片层间的相互作用，使胰岛素的自我聚合特性发生改变，注射后能较快分解，因此起效更快、持续时间更短。此外，另一种速效胰岛素类药物是用天冬氨酸取代了胰岛素 b28 位点的脯氨酸，通过引进电荷排斥来阻止胰岛素单体或二聚体的自我聚合，使之在皮下注射后 10～20 分钟迅速起效，并在 45 分钟达到血药高峰。

2. 长效胰岛素　这类基因工程胰岛素通过延缓皮下组织的吸收来延长其作用时间，适用于低基础胰岛素患者的替代治疗。改造包括用甘氨酸取代 a 链羧基端的最后一个天冬氨酸，在 b 链羧基端的 31 和 32 位点连接了两个精氨酸。获得的胰岛素分子在酸性条件下呈无色透明溶液状，而在生理条件下的溶解度则很低。经皮下注射后立即聚合形成晶体，因此其吸收延迟，作用时间延长。临床试验显示，此类胰岛素类药物作用缓慢，可在糖尿病患者体内持续发挥药效 24 小时，并且无明显的血药高峰。

新的速效胰岛素和长效胰岛素联合应用，可帮助糖尿病患者更准确地模拟正常人在生理状态下的胰岛素代谢过程；可以最大限度地将血糖控制在正常范围，从而极大程度地改善众多糖尿病患者的健康水平、生活水平，甚至于挽救糖尿病患者的生命。相信，随着基因工程技术的进一步发展，必将生产出药代动力学更佳的胰岛素类药物，服务广大糖尿病患者。

第五节　基因工程技术的应用及意义

作为生物技术的重要组成部分，DNA 重组及基因工程技术给生命科学带来了革命性变化，促进着生命科学各学科研究和应用的进步，对推动医学和生命科学各领域的发展起着重要的作用。

一、DNA 重组技术促进了人类对遗传信息的认识

遗传信息决定生物的形态和特征，是生物生存之本。DNA 重组技术的出现和发展，使人们有机会去深入探索这个重大的课题。1985 年提出的人类基因组计划（HGP）研究的目标就是要阐明人类遗传信息的组成和表达，是迄今全球性生物学、医学领域最引人注目的巨大研究工程。DNA 重组是提前完成这个任务的主要手段。HGP 表明人类的基因组 DNA 约有 $2.85×10^9$bp，约含有 20 000 个基因，但至今人类对自己赖以生存繁衍的这个庞大的遗传信息库还知之甚少。在这个基础上要搞清楚全部人类基因的功能、各基因间的关系、基因表达调控、人类遗传信息的多样性等还要经历更长期和更艰苦的努力。生命的基础在于蛋白质与蛋白质、蛋白质与核酸之间的相互作用，生物大分子的结构与功能的联系正是生命本质之所在。凭借基因工程人们可以克隆获得天然的或任意设计的核酸序列，可以大量获得过去难以得到的生物体内极微量的活性蛋白质，可以设计获得任意定点突变的基因和蛋白质，这就为研究蛋白质与核酸的结构与功能、揭示生命的本质提供了很有力的手段。

二、采用基因工程技术生产药物与疫苗

利用基因工程技术生产有应用价值的药物是当今医药发展的一个重要方向，利用基因工程技术生产药物有两个不同的途径：一是利用基因工程技术改造传统的制药工业，例如，用DNA 重组技术改造制药所需要的菌种或创建新的菌种，提高抗生素、维生素、氨基酸产量等；二是用克隆的基因表达生产有用的肽类和蛋白质药物或疫苗。

1. 基因工程疫苗 乙型肝炎是常见的传染病，过去从患者血液中分离乙肝病毒的表面抗原作为疫苗，来源有限，价格昂贵，有潜在交叉感染的危险。现在通过克隆得到病毒编码的 HbsAg 基因，使其表达获得大量 HbsAg 用作疫苗。1986 年美国正式批准基因工程乙肝疫苗投放市场。2006 年，美国批准宫颈癌疫苗上市，这是全球首个预防恶性肿瘤的疫苗，这种疫苗可以预防 HPV-16 或 HPV-18 引起的宫颈癌，这两型病毒诱发的宫颈癌占宫颈癌总量的70%～75%。

2. 基因工程药物 由免疫细胞和其他细胞分泌的细胞因子是具有很高活性的肽类分子，在调节细胞生长分化、调节免疫功能、参与炎症反应和创伤修复中起重要作用，但其生成量极微，难以提取获得，通过基因工程技术可克隆其基因，使之表达获得大量产物。例如，碱性成纤维细胞生长因子是一种可以用来治疗进行性肌萎缩、神经性耳聋、膀胱子宫瘘的药物，它由脑垂体细胞合成，从 600 头牛的脑垂体中只能取得 150μg，价格比黄金还贵百万倍。而利用基因工程技术生产出来的生长因子就不是以微克计算而是以千克计算了。传统的肽类激素，血液中的微量活性成分、酶类等同样均可通过基因工程手段获得。20 世纪 80 年代初世界上第一个基因工程产品胰岛素在美国被批准上市，表 24-5 列出少部分已上市的基因工程药物。

表 24-5　基因工程药物

名称	作用
各种干扰素（interferon，IFN）	抗病毒、抗肿瘤、免疫调节
各种细胞介素（interleukins，IL）	免疫调节、促进造血
各种集落刺激因子（colony-stimulating factor，CSF）	刺激造血
促红细胞生成素（erythropoietin，EPO）	促进红细胞生成，治疗贫血
肿瘤坏死因子（tumor necrosis factor,TNF）	杀伤肿瘤细胞、免疫调节、参与炎症和全身性反应
表皮生长因子（epidermal growth factor，EGF）	促进细胞分裂、创伤愈合、胃肠道溃疡防治
神经生长因子（nerve growth factor,NGF）	促进神经纤维再生
骨形成蛋白（bone morphogenetic protein，BMP）	骨缺损修复、促进骨折愈合
组织型纤溶酶原激活剂（tissue-type plasminogen activator，t-PA）	溶解血栓、治疗血栓疾病
凝血因子Ⅷ、Ⅸ	治疗血友病
生长激素（growth hormone，GH）	治疗侏儒症
胰岛素（insulin）	治疗糖尿病
超氧化物歧化酶（superoxide dismutase，SOD）	清除自由基、抗组织损伤、抗衰老

3. 基因工程抗体 传统细胞融合杂交瘤技术制备的单克隆抗体大多数是鼠源性抗体，用于人体会产生免疫排斥反应，杂交瘤方法制备人源性抗体又遇到难以克服的困难，而基因工程的方法可以不经过杂交瘤技术而直接获得特定的人的抗体基因克隆。也可以计算机辅助设计，通过 DNA 重组技术将鼠源性抗体基因人源化，再表达产生人源化抗体。目前我国已成功克隆得到多种抗肿瘤、抗病毒、抗细胞因子、抗细胞受体等不同单克隆的基因，鼠源性抗体

基因的人源化工作正在进行，并已成功直接获得人源性抗乙型肝炎病毒抗体基因。不同类型的抗体基因已分别在细菌、昆虫细胞、哺乳动物细胞和植物中表达。基因工程抗体被称为第三代抗体，已展示出良好的应用前景。

三、利用基因工程技术制造转基因动物和植物

转基因动物是指在其基因组内稳定地整合有外源基因，并能遗传给后代的动物。利用转基因动物可以建立人类疾病的动物模型，为进行人类疾病的病因研究和治疗方法提供了有力手段。如中国科学院上海生命科学研究院神经科学研究所仇子龙团队把人类自闭症 MECP2 基因转入猕猴中，发现猴子有很多自闭症行为，如非常执着的刻板行为、缺少社交等，成功建立了自闭症猕猴模型。转基因动物也可以用来生产药物蛋白，将生物活性蛋白基因导入动物的受精卵，在发育成的转基因动物体液或血液、乳汁、尿、腹水中收获基因产物，通常将此动物称为"动物生物反应器"。英国用转基因绵羊来试行生产人类抗胰蛋白酶因子，在每升羊奶中可获得 35g 目标蛋白。此外，转基因动物还可能为因患病而导致某个器官功能衰退的患者提供健康的器官，如心、肝、肾等。英国剑桥的几位科学家为一只猪胚胎导入了人的基因，因而培育出了世界上首例具有人的基因的转基因猪，在世界上引起强烈反响。科学家希望这类转基因动物能成为未来的器官工厂，为人类提供健康的器官。

转基因动物研究的一个重要目标是改良品种、增加产量（更多肉、蛋、奶、毛）、提高质量（营养更好、口感更佳）、降低成本（生长快、耗料少、抗病）。科学家将克隆的生长激素基因显微注射入小鼠受精卵细胞核内，所得转基因小鼠比原个体大好几倍，称为"巨鼠"，使人们意识到转基因技术的巨大潜力。2015 年美国食品药品监督管理局（FDA）做出了一个标志性的决定：批准首个转基因动物——转基因三文鱼 AquAdvantage 作为商业化食品用于人类消费。正常情况下养殖的三文鱼需要 3 年才能收获，而转基因品种则仅需一半时间即可。我国科学家也研发成功生长快速的转基因"冠鲤"、肉质改良的转脂肪性脂肪酸结合蛋白基因肉牛、抗结核病的转基因牛等转基因动物。

转基因植物即转基因作物，是指为了更好地满足人类对植物产品的需求而经基因工程技术导入外源基因或抑制内源基因的表达从而使某些性状得到改良的作物，是基因工程在生产领域最主要的应用。2019 年，全球有 29 个国家 1800 万农户种植了超过 1.9 亿公顷的转基因作物。转基因作物的改良性状主要集中在抗除草剂和抗虫，主要的转基因作物是大豆、玉米、棉花和油菜。近几年，转基因的作物种类不断增加，转基因的性状也不断扩展。如抗晚疫病的马铃薯 Innate™ 于 2015 年获批种植（马铃薯晚疫病是造成 19 世纪中叶 100 万人饥饿而死的爱尔兰饥荒的原因，目前仍然造成每年高达 75 亿美元的损失），耐旱大豆 HB4、低棉酚的转基因棉花、防褐变苹果品种 Arctic®Gala 也都先后批准商业化。备受关注的含有维生素 A 原转化体 GR2E 的转基因黄金大米终于在研发成功近 20 年后获得了批准。除了在农业上的广泛应用，转基因植物在医药业也大有可为。转基因植物可以作为"植物生物反应器"，用于生产重要的蛋白质，如利用转基因水稻可以产出人类乳汁中常见的溶菌酶、乳铁蛋白及人血清白蛋白，也可产出 HIV 中和蛋白。转基因植物也可以用于"口服疫苗"的生产。

四、运用 DNA 重组技术进行基因诊断与基因治疗

相关内容见第二十六章。

（金 晶 钟连进）

思 考 题

1.DNA 重组中如何选择适当的限制性内切酶？在此基础上的连接方式又有何特点？

2.在实际科研中，我们通常将重组DNA技术的基本过程形象归纳为"分、切、接、转、筛"等几个步骤，与书中描述的步骤有何不同？如何开展？

3.请谈一谈基因工程技术的应用前景。

案例分析题

1.患者，女，76岁，有高血压病史10年，平常服药控制。2年前诊断为"糖尿病"，予药物治疗之后改善，但未监测血糖。2个月前出现双足趾麻木刺痛，夜间明显，无腰痛，无发热。为进一步治疗，拟"糖尿病、糖尿病周围神经病变"收住院。实验室检查：随机血糖26mmol/L。

初步诊断：2型糖尿病；糖尿病周围神经病变；高血压。

治疗方案及实施：入院后予胰岛素泵治疗（赖脯胰岛素）＋其他降血压、调节血脂等治疗。根据下图血糖情况调整治疗方案：

床旁血糖记录单

姓名 ___ 住院号 ___ 床号 ___ 临床诊断 糖尿病 单位：mmol/l

日　期	早餐前半小时	早餐后两小时	中餐前半小时	中餐后两小时	晚餐前半小时	晚餐后两小时	10PM	2AM	备　注
2020-04-21						31.5	26	22	
2020-04-22	18.2	13	19.1	21.3	21.4	17.2	14.7	15.5	
2020-04-23	13.3	18.1	18	13.7	17.5	20.7	19.5	16.5	
2020-04-24	12.8	10.1	5.9	12.6	14.8	11.3	8.2	6	
2020-04-25	3.6	10.6	8.6	4.3	8.2	16.4	9.9	7.4	06:15　4.5
2020-04-26	11	8.9	5.8	8	12.5	19.1	12.2	9.7	
2020-04-27	7.4	8.8	16.4	8	6.9	8.7	6.5	7.8	
2020-04-28	7.3	8.7	6.7	5.8	6.9	8.9	6.7	7.9	
2020-04-29	6.5								

日期	方案	日期	方案
4月21日	基础量：24iu　餐前大剂量：6iu，每日3次，餐前5分钟	4月25日	改餐前大剂量：早4iu、中3iu、晚3iu；改基础量：40iu
4月22日	改基础量：34iu	4月28日	停餐前大剂量
4月23日	改基础量：48iu	4月29日	停胰岛素泵；改为甘精胰岛素注射液40iu
4月24日	改基础量：52iu；格华止（盐酸二甲双胍片）0.5g，每日3次；安达唐（达格列净片）10mg，每日1次	出院观察	血糖水平基本维持4月29日水平

问题：请根据用药方案，说明赖脯胰岛素、甘精胰岛素两种药物的作用特点，并分析基因工程技术生产这两种药物的设计策略。

2.2011年2月，美国西北大学的研究人员Anderson MT在对临床淋病患者样本中分离出来的淋球菌进行基因组序列分析时，在15例样本中分离到了3例含有一段与人类L1-DNA相同的序列。

问题：请谈一谈对人类DNA转移事件的看法。

第二十五章　基因结构与功能分析技术

内容提要

基因结构与功能解析是认识基因、发现疾病病因的重要手段。其主要包括对基因一级结构（即 DNA 序列）、基因表达产物及基因功能、疾病相关基因鉴定与克隆等的分析。

基因一级结构的解析主要是对其碱基序列的测定、启动子的分析和转录起点、转录因子结合位点、基因拷贝数等的分析和鉴定。对基因一级结构解析最根本和最精确的技术就是 DNA 测序。

基因表达产物包括 RNA（编码 RNA 或非编码 RNA）和蛋白质／多肽，因此分析基因表达主要是从 RNA 水平和蛋白质／多肽水平上进行。检测 RNA 的技术包括 RNA 印迹、原位杂交、核糖核酸酶保护实验、cDNA 芯片等；检测蛋白质／多肽的技术包括蛋白质印迹、酶联免疫吸附测定、免疫组化、流式细胞术、蛋白芯片等。

基因的研究，最终要落脚到其功能。尽管利用生物信息学等方法可初步预测和推断基因的功能，但要最终鉴定基因的功能仍需通过实验来验证。通常采用基因功能获得和（或）基因功能缺失的策略，观察基因在细胞或生物个体中所导致的细胞生物学行为或个体遗传表型的变化，从而从正反两方面对基因的功能进行鉴定。功能获得可通过如转基因、基因敲入技术来实现，而功能缺失则可通过如基因敲除、基因沉默技术来实现。此外，基于正向遗传学的随机突变筛选技术也成为揭示基因功能的重要手段。

疾病相关基因的鉴定和克隆常用的策略为定位克隆和非染色体定位的基因功能鉴定。定位克隆主要是采用包括体细胞杂交法、原位杂交法、连锁分析及染色体异常定位来克隆疾病相关基因。非染色体定位的基因功能鉴定则主要通过功能克隆、表型克隆及采用位置非依赖的 DNA 序列信息和动物模型来鉴定、克隆疾病相关基因。

基因是有特定功能的 DNA 片段，其结构与功能的异常往往会导致多种人类疾病。因此，通过对基因结构与功能的分析可以为诸多疾病发生的分子机制提供病因学上的依据，进而为临床上制订合理的诊疗措施提供科学依据。

第一节　基因结构解析技术

基因的一级结构即其 DNA 序列，通常由编码序列和非编码序列组成。对于基因一级结构的解析主要是对其碱基序列的测定，启动子的分析，以及转录起点、转录因子结合位点、基因拷贝数等的分析和鉴定。

一、基因碱基序列测定及拷贝数解析技术

（一）基因碱基序列测定

基因的一级结构是指脱氧核苷酸的排列顺序，解析一级结构最精确的技术就是 DNA 测序（DNA sequencing）。关于 DNA 测序技术的原理及主要方法见第二十三章，在这里仅简要介绍全基因组测序。

对一个细胞、一个个体基因组进行测序及分析，即全基因组测序。全基因组测序分为从头测序（de novo sequencing）和重测序（re-sequencing）。从头测序不需要任何参考基因组信息即可对某个物种的基因组进行测序，利用生物信息学分析方法进行拼接、组装，获得该物种的基因组序列图谱，从而推进该物种的后续研究。基因组重测序是对有参考基因组物种的不同个体进行的基因组测序，并在此基础上对个体或群体进行差异性分析。全基因组重测序主要用于辅助研究者发现单核苷酸多态性（single nucleotide polymorphism，SNP）位点、拷贝数变异（copy number variation，CNV）、插入/缺失（insertion and deletion，InDel）等变异类型，以较低的价格将单个参考基因组信息扩增为生物群体的遗传特征。全基因组重测序在人类疾病和动植物育种研究中广泛应用。

（二）基因拷贝数分析

基因拷贝数（copy number）是指某一种基因或某一段特定的DNA序列在单倍体基因组中出现的数目。分析某种基因的种类及拷贝数，实质上就是对基因进行定性和定量分析，DNA测序是最精确的鉴定基因拷贝数的方法。常用的技术包括DNA印迹法（Southern印迹法）、实时定量PCR技术等。DNA印迹是根据探针信号出现的位置和次数判断基因的拷贝数。一般情况下，DNA印迹可以准确地检测位于基因组不同位置上的相同拷贝基因，但如果基因的多个拷贝成簇地排列在基因组上，则应配合DNA测序进行分析。DNA印迹除了作为基因拷贝数的检测方法外，还常用于基因定位、基因酶切图谱、基因突变和基因重排等分析。实时定量PCR是通过被扩增基因在数量上的差异推测模板基因拷贝数的异同。

二、基因启动子分析技术

基因启动子是RNA聚合酶识别、结合和开始转录的一段DNA序列，它含有RNA聚合酶特异性结合和转录起始所需的保守序列。分析启动子结构对于研究基因表达调控具有重要意义。研究启动子结构的方法除了传统的启动子克隆法外，还可利用核酸与蛋白质相互作用的方法进行研究，以及利用生物信息学方法预测启动子。

（一）用生物信息学预测启动子

目前，出现了很多启动子预测程序。常见的启动子预测软件有Promoter Scan、Promoter 2.0、NNPP、EMBOSS Cpgplot和CpG Prediction等。启动子及转录因子结合位点预测依托的主要数据库也很多，包括：①真核生物启动子数据库（EPD），主要收集了真核生物RNA聚合酶Ⅱ启动子的相关数据，这些启动子均是已经被注释的，转录的起始位点也是通过试验证的。用户可以通过输入核苷酸序列查找到启动子所在的位置。数据库将会为这些启动子提供转录起始点扫描数据、相关数据库的链接和原始文献的介绍。②植物DNA顺式作用调控元件（PLACE）数据库，是从已发表文献中搜集的植物DNA顺式作用元件的基序（motif）。该数据库标注了每个基序和相关文献摘要。③植物顺式作用调控元件（Plant. CARE）数据库，不仅收录了植物顺式作用元件，而且收录了植物增强子和抑制子。④转录因子（TRANS. FAC）数据库，是关于转录因子（TF）在基因组上的结合位点的数据库，数据搜集的对象从酵母到人类。⑤转录调控区数据库（TRRD），是通过不断积累真核生物基因调控区结构、功能特性信息而构建的。生物信息学的发展为在线软件预测基因启动子提供了众多有重要价值的参考信息。生物信息学初步预测启动子相关信息和分析启动子序列及其调控元件，为深入研究启动子及确定其结构和功能奠定了基础。

1. 用数据库和预测算法定义启动子　由于启动子通常涉及基因的上游区域，含有调控基因适度活化或抑制的信息，因此，在定义启动子或预测分析启动子结构时应包括启动子区域的三个部分，即：①核心启动子（core promoter）；②近端启动子（proximal promoter）：含有几个调控元件的区域，其范围一般涉及转录开始位点（transcription start site，TSS）上游几百个碱基；③远端启动子（distal promoter）：范围涉及 TSS 上游几千个碱基，含有增强子和沉默子等元件。

2. 启动子其他结构特征的预测 启动子区域的其他结构特征包括 GC 含量、CpG 比率、TFBS（transcriptional factor binding sites）密度、碱基组成及核心启动子元件。大约 70% 以上哺乳动物基因 5′ 端非翻译区都含有 CpG 岛，常与启动子序列重叠或交叉覆盖，故可用于鉴定启动子。也可以根据始祖启动子与 mRNA 转录本之间的相似性鉴定启动子。

根据启动子的共有序列进行预测可以鉴定一定数量的启动子，例如，人类基因组中含有 TATA 盒的启动子有 5% ～ 30%，但显然是有限的。另有研究显示，可根据长的、伸展 DNA 的一些特性预测核心启动子，例如，Eps（easy promoter prediction program）是利用 DNA 的 GC 含量等结构特征预测基因组中的核心启动子，这些结构特征包括 GC 序列特征、DNA 理化特性、DNA 变性值、蛋白质诱导的 DNA 可变形性、DNA 双链解离能量等，其中 TSS 附近的 GC 含量是启动子的一个重要特征。因此，基因 TSS 数据库（DBTSS）资源也成为启动子预测的辅助工具。

（二）用 PCR 结合测序技术分析启动子结构

根据基因的启动子序列，设计一对引物，然后以 PCR 法扩增启动子，经测序分析启动子序列结构。此方法最为简单和直接。

（三）用核酸 - 蛋白质相互作用技术分析启动子结构

1. 足迹法分析启动子中潜在的调节蛋白结合位点 足迹法（footprinting）是利用 DNA 电泳条带连续性中断的图谱特点判断与蛋白质结合的 DNA 区域，它是研究核酸 - 蛋白质相互作用的方法，而不是专门用于研究启动子结构的方法，但由于启动子也是一种顺式作用元件，所以足迹法也常用于启动子结构与功能分析。足迹法需要对被检 DNA 进行切割，根据切割 DNA 试剂的不同，足迹法可分为酶足迹法和化学足迹法。

（1）用核酸酶进行足迹分析：酶足迹法（enzymatic footprinting）是利用能切割 DNA 的酶处理 DNA- 蛋白质复合体，然后通过电泳分析蛋白质结合序列。常用的酶有 DNA 酶Ⅰ（DNaseⅠ）和核酸外切酶Ⅲ。

1）DNaseⅠ足迹法的基本原理（图 25-1）：将可能含有目的启动子序列的双链 DNA 片段进行单链末端标记，然后与核抽提物（含核蛋白）进行体外结合反应，进而经 DNaseⅠ随机切割，从而产生一系列长短不同的 DNA 片段，最后经变性聚丙烯酰胺凝胶电泳分离，形成仅相差一个核苷酸的一系列 DNA 条带。由于 DNA 结合蛋白可保护相应的 DNA 序列不

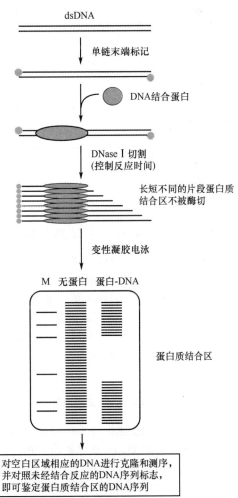

图 25-1 DNaseⅠ足迹法的原理

受 DNase I 的消化，从而在凝胶电泳的感光胶片上出现无条带的空白区域，该现象类似蛋白质在 DNA 上留下的足迹，通过对空白区域相应的 DNA 进行克隆和测序，并对照未经结合反应的 DNA 序列标志，即可鉴定蛋白质结合区的 DNA 的精确序列（图 25-1）。

如果根据生物信息学检索已经获得潜在的特异调节蛋白结合位点信息，在进行结合反应时，可直接加入纯化的调节蛋白（往往采用重组蛋白），利用 DNase I 足迹法很容易确定结合蛋白质的 DNA 序列。

2）核酸外切酶Ⅲ足迹法的基本原理：与 DNase I 足迹法相类似，即利用核酸外切酶Ⅲ的 3′外切酶活性，从 3′端切割双链 DNA，从而确定蛋白质在 DNA 上的结合位点。然而，此方法不如 DNase I 足迹法常用。

（2）用化学试剂进行足迹分析：化学足迹法（chemical footprinting）是利用能切断 DNA 骨架的化学试剂处理 DNA- 蛋白质复合体，由于化学试剂无法接近结合了蛋白质的 DNA 区域，因此在电泳上形成空白区域的位置就是 DNA 结合蛋白的结合位点。最常用的化学足迹法是羟自由基足迹法（hydroxyl radical footprinting）。

羟自由基足迹法的原理：利用化学试剂产生的羟自由基攻击 DNA 分子表面的脱氧核糖骨架，若 DNA 结合蛋白将脱氧核糖遮盖，则使自由羟基无法靠近，于是便可在凝胶电泳中出现缺失条带的现象。由于羟自由基分子量小，不受本身空间位阻的影响，相对于 DNase I 和核酸外切酶Ⅲ足迹法而言，羟自由基足迹法产生的足迹更小，更有利于确定蛋白质在 DNA 上的结合位点。尽管因羟自由基也能攻击蛋白质而存在一些缺陷，但通过缩短反应时间来避免蛋白质降解等改进措施，羟自由基足迹法已经在探讨核酸 - 蛋白质相互作用、蛋白质折叠及瞬间作用方面显示出了广泛的应用前景。

2. 电泳迁移率变动分析和染色质免疫沉淀技术鉴定启动子　电泳迁移率变动分析（EMSA）和染色质免疫沉淀（ChIP）技术的原理见第二十三章。由于 EMSA 和 ChIP 均只能确定 DNA 序列中含有核蛋白结合的位点，故尚需结合 DNA 足迹实验和 DNA 测序等技术来确定具体结合序列。

三、基因转录起点分析技术

转录起点（TSS）是基因转录的开始点，RNA 聚合酶通过识别和结合启动子而在 TSS 启动基因的转录。

（一）用 cDNA 克隆直接测序法鉴定 TSS

直接对 cDNA 克隆进行测序分析是最早对 TSS 的鉴定方法。以 mRNA 为模板，经逆转录合成 cDNA 第一链，同时利用逆转录酶的末端转移酶活性，在 cDNA 第一链的末端加上 poly (C) 尾，并以此引导合成 cDNA 第二链。将双链 cDNA 克隆于适宜载体，通过对克隆 cDNA 的 5′端进行测序分析即可确定基因的 TSS 序列。此方法比较简单，尤其适于对特定基因 TSS 的分析。但此方法依赖于逆转录合成全长 cDNA，一旦 cDNA 的 5′端延伸不全，或在逆转录之前或过程中 mRNA 的 5′端出现部分降解，便可导致 5′端部分缺失，从而影响对 TSS 的序列鉴定。

（二）用 5′-cDNA 末端快速扩增技术鉴定 TSS

5′-cDNA 末端快速扩增（5′-rapid amplification of cDNA end，5′-RACE）技术是一种基于 PCR 从低丰度的基因转录本中快速扩增 cDNA 5′端的有效方法。以下简要介绍一种利用高特异性 5′-RACE 法鉴定 TSS 的技术：①用牛小肠碱性磷酸酶（calf intestinal alkaline phosphatase，CIAP）去掉总 RNA 中裸露的 5′-磷酸基团。②用烟草酸焦磷酸酶（tobacco acid pyrophosphatase，TAP）去掉 mRNA 的 5R- 帽子结构，保留一个磷酸基团。③用 T4 RNA 连接酶将 5′-RACE 适配体（5′-RACE adapter）连接到去帽 mRNA 的 5′ 端。④以上述带有 5′-RACE 适配体的 mRNA 为模板，用逆转录酶和随机寡核苷酸引物进行逆转录合成 cDNA。⑤巢式 PCR 反应：先用下游外侧基因特异性引物和 5′-RACE 外侧引物进行外侧 PCR 反应；然后再使用下游内侧基因特异性引物和 5′-RACE 内侧引物进行内侧 PCR 反应。⑥通过对最终的 PCR 产物直接进行 DNA 测序或先进行 DNA 克隆后再测序，从而明确特定基因的 TSS 序列。

在 5′-RACE 的基础上，通过在转录本 5′ 端引入特殊的 II 型限制性内切酶识别位点，可将多个 5′ 端短片段串联在一起，进而通过对串联片段的一次测序可获得多个基因的 TSS 序列信息。常用的技术包括 5′ 端基因表达系列分析（5′-end serial analysis of gene expression，5′-SAGE）和帽分析基因表达（cap analysis gene expression，CAGE）技术。

四、基因编码序列分析技术

编码序列是在成熟 mRNA 中能指导蛋白质翻译的核苷酸序列，分析基因编码序列的主要技术包括如下几种。

（一）用数据库分析基因编码序列

在基因数据库中，对各种方法所获得的 cDNA 片段的序列进行同源性比对，通过染色体定位分析、内含子/外显子分析、可读框（open reading frame，ORF）分析及表达谱分析等，可以初步明确基因的编码序列，并可对其编码产物的基本性质如跨膜区、信号肽序列等进行分析。由于基因数据库的信息量不断增大，利用有限的序列信息即可通过同源性搜索获得全长基因序列。然后，利用 NCBI 的 ORF Finder 软件或 EMBOSS 中的 getorf 软件进行 ORF 分析，并根据编码序列和非编码序列的结构特点，便可确定基因的编码序列。

（二）用 cDNA 文库法分析基因编码序列

对 cDNA 进行克隆测序或构建 cDNA 文库是最早分析基因编码序列的方法。cDNA 文库能否提供基因完整的序列和功能信息，有赖于文库中重组 cDNA 片段的长度。全长 cDNA 文库一般可以通过 mRNA 的结构特征进行判断，因为尽管细胞中各 mRNA 的序列互不相同，但基本上都由三部分组成，即 5′-UTR、编码序列和 3′-UTR，其中编码序列含有以起始密码子开头、终止密码子结尾的 ORF。

以 cDNA 文库作为编码序列的模板，利用 PCR 法即可将目的基因的编码序列钓取出来，如果按基因的保守序列合成 PCR 引物，即可从 cDNA 文库中克隆未知基因的编码序列；还可通过分析 PCR 产物来观察 mRNA 的不同拼接方式。

cDNA 末端快速扩增（RACE）技术（包括 5′- 和 3′-RACE）是高效钓取未知基因编码序列的一种方法，此方法可以 mRNA 内很短的一段序列来扩增与其互补的 cDNA 末端序列，以此为线索，经过多次扩增及测序分析，最终可以获得基因的全部编码序列。

此外，采用核酸杂交法可从 cDNA 文库中获得特定基因编码序列的 cDNA 克隆，此方法为寻找同源编码序列提供了可能，其做法是根据其他生物的基因序列合成一段 DNA 探针，然后以核酸杂交法筛选所构建的 cDNA 文库，进而对阳性克隆的 cDNA 片段进行序列分析。

（三）用 RNA 剪接分析法确定基因编码序列

通常情况下，选择性剪接的转录产物可以通过基因表达序列标签（expressed sequence tag，EST）的比较进行鉴定，但这种方法需进行大量的 EST 序列测定；同时由于大多数 EST 文库来源于非常有限的组织，故组织特异性剪接变异体也很可能丢失。目前，高通量分析 RNA 剪接的方法主要有 3 种：①基于 DNA 芯片的分析法：常用的是代表外显子的 DNA 芯片（如 Affymetrix 外显子芯片）或外显子/外显子交界的 DNA 片段芯片（如 ExonHit 或 Jivan 芯片）。

以 cDNA 为探针，通过芯片技术筛选 RNA 剪接体，以此为线索可以确定基因的编码序列。②交联免疫沉淀（cross linking-immunoprecipitation，CLIP）法：用紫外线将蛋白质和 RNA 交联在一起，然后用蛋白质特异性抗体将蛋白质 -RNA 复合体沉淀下来，通过分析蛋白质结合的 RNA 序列，便可确定 RNA 的剪接位点，以此为线索即可推导基因编码序列和内含子交界区序列。③体外报告基因测定法：即将报告基因克隆到载体中，使 RNA 剪接作为活化报告基因的促进因素，通过分析报告基因的表达水平，即可推测克隆片段的 RNA 剪接情况，以此为线索便可分析基因的编码序列。

五、基因其他顺式作用元件分析技术

顺式作用元件（*cis*-acting element）指存在于基因非编码序列中，能影响编码基因表达的序列，除上文所描述的顺式作用元件外，增强子、沉默子、绝缘子等都可以参与基因表达调控。

增强子指能增加同它连锁的基因转录效果的 DNA 序列。增强子是通过启动子来增加转录的。有效的增强子可以位于基因的 5′ 端，也可位于基因的 3′ 端，有的还可位于基因的内含子中。增强子的效应很明显，一般能使基因转录效果增加 10～200 倍，有的甚至可以高达上千倍。例如，人珠蛋白基因的表达水平在巨细胞病毒（cytomegalovirus，CMV）增强子作用下可提高 600～1000 倍。增强子的作用同增强子的方向无关，甚至远离靶基因达几千 kb 仍有增强作用。常用于鉴定增强子的方法包括染色质免疫沉淀技术（ChIP）、ChIP 结合测序技术（ChIP-seq）和位点特异性整合荧光激活细胞分选测序技术（site-specific integration fluorescence-activated cell sorting followed by sequencing，SIF-seq）分析法。

沉默子是基因的负调控元件。真核细胞中沉默子的数量远远少于增强子。沉默子的 DNA 序列被调控蛋白质结合后阻断了转录起始复合体的形成或活化，使基因表达活性关闭。

绝缘子（insulator）是一类特殊的顺式作用元件，它不同于增强子，其功能是阻止真核基因调节蛋白对远距离的基因施加影响。绝缘子可以缓冲异染色质的阻遏作用，当其位于基因及其调控区旁侧时，该基因不论其在基因组中位置如何，都能正常表达。然而，当绝缘子位于靶基因的增强子与启动子之间时，则可阻断增强子的作用。

近几年来，利用 ChIP 技术、染色体构象捕获（chromosome conformation capture，3C）等表观遗传学技术，结合芯片或新一代测序技术等高通量技术平台，以及生物信息学分析手段来鉴定这些具有调节基因表达的顺式作用元件，已经成为后基因时代的研究热点和发展趋势。

第二节 基因表达产物的分析技术

基因表达产物包括 RNA（编码 RNA 或非编码 RNA）和蛋白质 / 多肽，因此分析基因表达主要是从 RNA 水平和蛋白质 / 多肽水平上进行。

一、RNA 水平的分析技术

根据分析方法的原理和功能特性，可将基因转录水平分析分为封闭和开放性系统研究方法。封闭性系统研究方法（如 DNA 芯片、RNA 印迹、实时 RT-PCR 等）的应用范围仅限于已知基因。开放性系统研究方法（如差异显示 PCR、双向基因表达指纹图谱、分子索引法、随机引物 PCR 指纹分析等）可用于发现和分析未知基因。此处主要介绍常用的针对已知基因的转录水平分析技术。

（一）用核酸杂交法分析 RNA

1. 用 RNA 印迹分析 RNA 表达 RNA 印迹被广泛应用于 RNA 表达分析，并作为鉴定 RNA 转录本、分析其大小的标准方法。尽管 RNA 印迹并不适合高通量分析，但对于那些通过差异显示 RT-PCR 或 DNA 芯片等技术获得的差异表达的 RNA，可用 RNA 印迹来确证；对于新克隆 cDNA 序列，以其为探针对组织或细胞的 RNA 样品进行 RNA 印迹分析，可确定与之互补的 RNA 真实存在。

2. 用核糖核酸酶保护实验分析 RNA 水平及其剪接情况　核糖核酸酶保护实验（ribonuclease protection assay，RPA）是一种基于杂交原理分析 RNA 的方法，既可对 RNA 进行定量分析，又可研究其结构特征。具体过程为（图 25-2）：用含特定 DNA 序列的质粒为模板，经体外转录，制备 RNA 探针；将标记的 RNA 探针与样品 RNA 杂交后，经核糖核酸酶（RNase）A 或 T1 处理，去除游离探针及双链 RNA 中的单链区域。由于所用的 RNase 只水解单链，从而使异源双链 RNA 免受消化，故该方法被称为核糖核酸酶保护实验。回收异源双链并进行变性聚丙烯酰胺凝胶电泳后，通过检测探针标志物便可显示对应于探针大小的 RNA 片段。

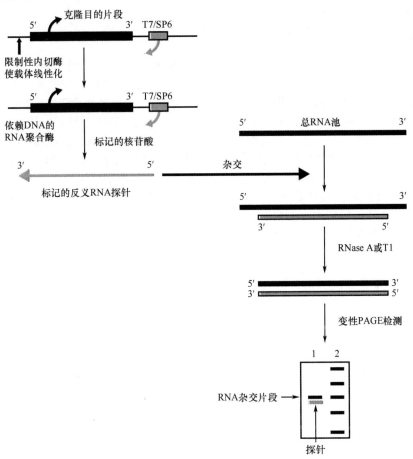

图 25-2　核糖核酸酶保护实验的原理

RNA 剪接可以直接影响基因的表达水平和产物特性，使一个基因表达多种编码产物（如多肽链），这也是导致基因功能多样化的一个原因。RPA 技术可对 RNA 分子的末端及外显子 / 内含子的交界处进行定位，确定转录后 RNA 的剪接途径。此外，RPA 还可用于特定 RNA 的丰度分析。与 RNA 印迹相比，RPA 的灵敏度和分析效率更高，该方法可在一次实验中同时分析几种 mRNA，但因每一个探针的实验条件需认真优化，因此这一方法不适用于高通量分析。

3. 用原位杂交进行 RNA 区域定位　原位杂交（*in situ* hybridization，ISH）是通过设计与目标 RNA 碱基序列互补的寡核苷酸探针，利用杂交原理在组织原位检测 RNA 的技术，其可对细胞或组织中原位表达的 RNA 进行区域定位，同时也可作为定量分析的补充。

（二）用 PCR 技术检测 RNA 表达水平

逆转录 PCR（RT-PCR）一般用于 RNA 的定性分析；如果设置阳性参照，则可对待测 RNA 样品进行半定量分析（即对基因的相对表达水平进行比较）。实时定量 PCR 是定量分析 RNA 的最通用、最快速、最简便的方法，此方法是对 PCR 反应进行的实时监测，具有很高的 灵敏度和特异度。

（三）用基因芯片分析 RNA

基因芯片是基因表达谱分析的常用方法。目前常用的 cDNA 芯片、微小 RNA 芯片、长链 非编码 RNA（long noncoding RNA，lncRNA）芯片、环状 RNA 芯片等，均可用于编码及非 编码 RNA 的表达差异及表达特点分析。

（四）用高通量测序技术分析 RNA

RNA-seq 即转录组测序技术，是基于第二代测序技术的转录组学研究方法，就是把 mRNA 和非编码 RNA 等用高通量测序技术进行测序分析，反映出它们的表达水平。其可以 用于转录本结构研究（基因边界鉴定、可变剪接研究等）、转录本变异研究（如基因融合、编 码区 SNP 研究）、非编码区域功能研究（非编码 RNA、microRNA 前体研究等）、基因表达水 平研究及全新转录本发现。其具体流程为：①获得细胞总 RNA 并根据所测的 RNA 性质（如 mRNA、lncRNA、microRNA 等）进行相应样品处理；②进行 RNA 片段化，如将其打断成 约 200nt 的片段；③逆转录成 cDNA，获得 cDNA 文库；④在 cDNA 两端进行末端修复、加 接头，再行 PCR 扩增；⑤借助新一代高通量测序（如 Illumina 测序等），最后进行数据分析 （图 25-3）。此方法的优势为：①数字化信号：直接测定每个转录本片段序列，不存在传统微 阵列杂交的荧光模拟信号带来的交叉反应和背景噪声问题。②高灵敏度：能够检测到细胞中 少至几个拷贝的稀有转录本。③全转录组分析：无须预先设计特异性探针，因此无须了解物

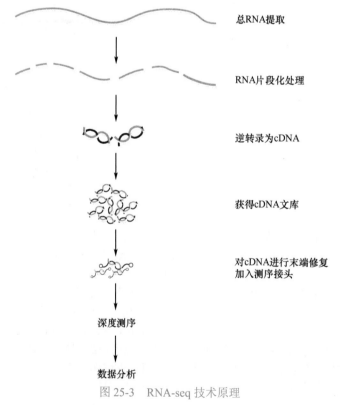

总RNA提取

RNA片段化处理

逆转录为cDNA

获得cDNA文库

对cDNA进行末端修复
加入测序接头

深度测序

数据分析

图 25-3　RNA-seq 技术原理

种基因信息，能够直接对任何物种进行转录组分析。同时能够检测未知基因，发现新的转录本，并精确地识别可变剪接位点及 SNP、UTR 区域。④检测范围大：高于 6 个数量级的动态检测范围，能够同时鉴定和定量稀有转录本、正常转录本。RNA-seq 与芯片技术比较，在检测丰度较高的基因时，RNA-seq 和芯片的结果基本一致，但在检测表达水平低的基因时，RNA-seq 更加准确；芯片技术对于样本量比较大的研究及临床研究则具备一定优势。在 RNA-seq 基础上，现在可进展为对单个细胞的转录组进行测序，即单细胞转录组测序，其可对细胞亚型、异质性等进行界定，从而广泛用于肿瘤、心脑血管疾病等多种疾病的病因学研究及临床诊断。

二、蛋白/多肽水平的分析技术

蛋白质/多肽是结构基因表达的最终产物，其质和量的变化直接反映了基因的功能。以下简要介绍几种检测蛋白质/多肽的技术。

（一）蛋白质印迹法

蛋白质印迹法即 Western 印迹法，基本原理见第二十三章。此方法现已广泛应用于基因在蛋白水平的表达研究、抗体活性检测和疾病早期诊断等多个方面。

（二）酶联免疫吸附测定

酶联免疫吸附测定（ELISA）是一种建立在抗原-抗体反应基础上的蛋白质/多肽分析方法，其主要用于测定可溶性抗原或抗体，此方法需要将已知抗原或抗体包被于固相载体（如聚苯乙烯微量反应板）表面，使抗原-抗体反应在固相表面进行。常用的 ELISA 方法包括双抗体夹心法、间接法、酶联免疫斑点试验（ELISPOT）及生物素-亲和素系统-ELISA（biotin avidin system ELISA，BAS-ELISA）。目前的 ELISA 检测多使用商品化的检测试剂盒完成。

（三）免疫组化试验

免疫组化试验包括免疫组织化学（immunohistochemistry）和免疫细胞化学（immunocytochemistry）试验，二者原理相同，都是用标记的抗体在组织/细胞原位对目标抗原（目标蛋白质/多肽）进行定性、定量、定位检测。按照标志物的种类可分为免疫荧光法、免疫酶法、免疫铁蛋白法、免疫金法及放射免疫自显影法等。在免疫组化结果评判上，主要方法为：①阳性上色细胞计数法。在 40 倍光镜下，随机挑选不重叠的 10 个视野，人工或机器计数阳性上色细胞，每组 3～6 张不同动物组织切片，然后进行组间比较即可。②灰密度剖析法。经过在不同组别和不同动物组织切片上挑选相同区域、相同条件下用 image j 进行灰密度剖析，然后进行统计剖析即可。③评分法。经过在光学显微镜下对组织切片分别按染色程度（0～3分为阴性上色、淡黄色、浅褐色、深褐色）、阳性规模进行评分（1～4分为0%～25%、26%～50%、51%～75%、76%～100%），最终分数相加，再进行比较。

（四）流式细胞术

流式细胞术（flow cytometry）通常利用荧光标记抗体与抗原的特异性结合，经流式细胞仪分析荧光信号，从而根据细胞表达特定蛋白质的水平对某种蛋白质阳性细胞（即特异基因表达的细胞）做出判断。流式细胞术是单克隆抗体及免疫细胞化学技术、激光和电子计算机科学等高度发展及综合利用的高技术产物。流式细胞术既可检测活细胞，也可检测用甲醛固定的细胞，被广泛用于细胞表面和细胞内分子表达水平的定量分析，并能根据各种蛋白质的表达模式区分细胞亚群。此外，流式细胞术可使用多种荧光标记的抗体同时对多个基因产物进行标记和监测，是对细胞进行快速分析、分选、特征鉴定的一种有效方法。

随着流式细胞术的发展，其不仅能对细胞膜蛋白成分到细胞内蛋白成分进行分析，而且可对液体中可溶性成分进行分析，并能应用到分子表型分析中。此外，应用流式荧光原位杂交（Flow-FISH）法可测定染色体端粒长度，这对肿瘤的发生与发展、治疗与预后等的研究有一定价值。

（五）蛋白质芯片法

蛋白质芯片是一种高通量的蛋白功能分析技术，可用于蛋白质表达谱分析，研究蛋白质与蛋白质的相互作用，甚至 DNA- 蛋白质、RNA- 蛋白质的相互作用，筛选药物作用的蛋白靶点等。蛋白芯片法原理是对固相载体进行特殊的化学处理，再将已知的蛋白分子产物固定其上（如酶、抗原、抗体、受体、配体、细胞因子等），根据这些生物分子的特性，捕获能与之特异性结合的待测蛋白（存在于血清、血浆、淋巴、间质液、尿液、渗出液、细胞溶解液、分泌液等），经洗涤、纯化，再进行确认和生化分析；它为获得重要生命信息（如未知蛋白组分序列）、目的蛋白表达水平、生物学功能及与其他分子的相互调控关系、药物的筛选、药物靶位的选择等均提供了有力的技术支持。根据制作方法和用途不同，可将其分为蛋白质检测和功能芯片两大类，前者用以识别生物样品溶液中的目标多肽；后者可用来研究蛋白质修饰，以及蛋白质 - 蛋白质 / 蛋白质 -DNA/ 蛋白质 -RNA、蛋白质与脂质、蛋白质与药物、酶与底物、蛋白质 - 小分子等的相互作用。

蛋白质芯片法具有以下特点：①特异性强：这是由抗原和抗体之间、蛋白和配体之间的特异性结合决定的；②敏感度高：可以检测出样品中微量蛋白的存在，检测水平达到纳克级；③通量高：在一次实验中对上千种目标蛋白同时进行检测，效率极高；④重复性好：不同批次实验间相同两点之间的差异很小；⑤应用性强：样品的前处理简单，只需对少量实际样本进行沉降分离和标记后，即可加于芯片上进行分析和检测；⑥适用范围广：适用于包括组织、细胞、体液在内的多种生物样本。蛋白质芯片的出现对于生物学、临床检验、遗传学、肿瘤学、药理学和毒理学等多学科的进步具有极大的推动作用，从根本上改变了生物医学实验和诊断的现状。

（六）蛋白双向电泳分析法

双向聚丙烯酰胺凝胶电泳，又称二维电泳（two-dimensional electrophoresis，简称 2-D 电泳），此技术根据蛋白质分子的两个属性（等电点和分子量）对蛋白质混合物进行分离。蛋白双向电泳是等电聚焦电泳和 SDS-PAGE 的组合，即先进行等电聚焦电泳，然后再进行 SDS-PAGE，经染色得到的电泳图是个二维分布的蛋白质图。进而，可以从凝胶中将特定的蛋白质点切下，经胰蛋白酶消化后得到短肽片段，利用质谱技术进行定性分析，对差异表达的蛋白质进行鉴定。

（七）质谱法

质谱法（mass spectrometry，MS）即用电场和磁场将运动的离子（带电荷的原子、分子或分子碎片）按它们的质荷比分离后进行检测的方法。测出离子的准确质量即可确定离子的化合物组成。质谱法不仅能检测蛋白质 / 多肽的分子量及氨基酸序列，还能发现蛋白质的结合位点和翻译后修饰情况。因此，其已成为蛋白质鉴定和表达丰度分析的首选方法，也是蛋白质组学研究的重要手段。

第三节　基因生物学功能的研究技术

对基因的研究，最终要落脚到其功能。尽管利用生物信息学等方法可初步预测和推断基因的功能，但要最终鉴定基因的功能仍需通过实验来验证。通常采用基因功能获得和（或）

基因功能缺失的策略，观察基因在细胞或生物个体中所导致的细胞生物学行为或个体表型遗传性状的变化，从而从正反两方面对基因的功能进行鉴定。此外，基于正向遗传学的随机突变筛选技术也成为揭示基因功能的重要手段。

一、用生物信息学预测基因功能

依据分子进化的理论，核酸或氨基酸序列相似的基因，应表现出类似的功能，这就是生物信息学对基因功能进行预测的理论基础。通过以往的研究，已经对大量的基因功能有了比较详尽的了解，获得了足够多的信息，建立了共享资源数据库（表25-1），其中最为著名的就是美国的 GenBank。这些数据库是进行基因序列比对、诠释基因功能的基础。序列同源比较是得到新基因后预测其功能的第一步，这些序列相似的基因称为同源基因。利用同源比较算法，将待检测的新基因序列在 DNA 或蛋白质序列数据库中进行同源检索，得到系列与该新基因同源性较高的基因或片段，这些基因或片段的已知功能信息就为进一步研究该新基因的功能提供了导向。

表 25-1　常用生物信息数据库及网址

数据库名称	网址
GenBank	http://www.ncbi.nlm.nih.gov/
EBI	http://www.ebi.ac.uk/
GSDB	http://www.ncgr.org:80/gsdb
NDB	http://ndbserver.rutgers.edu
SWISS-PROT	http://www.ebi.ac.uk.swissprot/
PROSITE	http://www.expasy.ch/prosite/

二、用功能获得策略鉴定基因功能

基因功能获得策略（gain of function）的本质是将目的基因直接导入某一细胞或个体中，使其获得新的或更高水平的表达，通过细胞或个体生物性状的变化来研究基因功能。常用的方法有转基因技术和基因敲入技术。常用的功能获得的具体方法有基因过表达技术及 CRISPR-SAM 技术等。

基因转入及敲入技术，即使原来不表达的基因表达或使原来表达的基因表达更为显著。该技术可以在细胞层面实现，也可在动物层面实现。

（一）细胞层面的基因转入及敲入技术

1. 过表达技术　将目的基因构建到组成型启动子或组织特异性启动子的下游，通过载体转入某一特定细胞中，实现基因的表达量增加的目的，可以使用的载体类型有慢病毒载体、腺病毒载体、腺相关病毒载体等多种类型。当基因表达产物超过正常水平时，观察该细胞的生物学行为变化，从而了解该基因的功能。基因过表达技术可用于在体外研究目的基因在 DNA、RNA 和蛋白质水平上的变化，以及对细胞增殖、细胞凋亡等生物学过程的影响。

2. CRISPR-SAM 技术　CRISPR-SAM 系统由三部分组成：第一部分是 dCas9 与 VP64 融合蛋白；第二部分是含 2 个 MS2 RNA adapter 的 sgRNA；第三部分是 MS2-P65-HSF1 激活辅助蛋白。CRISPR-SAM 系统借助 dCas9-sgRNA 的识别能力，通过 MS2 与 MS2 adapter 的结合作用，将 P65/HSF1/VP64 等转录激活因子拉拢到目的基因的启动子区域，成为一种强效的选择性基因活化剂，从而达到增强基因表达的作用。

（二）动物层面的基因转入及敲入技术

1. 转基因技术（transgenic technique） 是指将外源基因导入受精卵或胚胎干细胞（embryonic stem cell），即 ES 细胞，通过随机重组使外源基因插入细胞染色体 DNA，随后将受精卵或 ES 细胞植入假孕受体动物的子宫，使得外源基因能够随细胞分裂遗传给后代。转基因动物（transgenic animal）是指应用转基因技术培育出的携带外源基因，并能稳定遗传的动物，其制备步骤主要包括转基因表达载体的构建、外源基因的导入和鉴定、转基因动物的获得和鉴定、转基因动物品系的繁育等。在转基因动物中，以转基因小鼠最为常见。建立转基因小鼠的常用方法有两种，一是直接将目的 DNA 显微注射到受精卵的雄性原核，然后植入假孕母鼠体内，使之发育成幼仔；二是将带有目的基因的 ES 细胞注射到囊胚，然后在小鼠体内发育成幼仔。在出生的动物中即含有在一个等位基因的位点进行了 DNA 整合的小鼠，即转基因杂合子。经子代杂合子交配，在其后代中可筛选到纯合子（图 25-4）。利用转基因动物模型研究外源基因，能够接近真实地再现基因表达所导致的结果及其在整体水平的调控规律，把复杂的系统简单化，具有系统性和独立性。利用转基因技术建立的疾病动物模型具有遗传背景清楚、遗传物质改变简单、更自然更接近疾病的真实症状等优点。然而，转基因动物模型仍存在一些亟待解决的问题，如外源基因插入宿主基因组是随机的，可能产生插入突变，破坏宿主基因组功能；外源基因在宿主染色体上整合的拷贝数不等；整合的外源基因遗传丢失而导致转基因动物症状的不稳定遗传等。

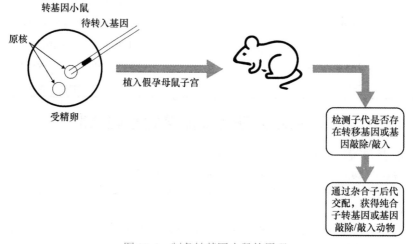

图 25-4　制备转基因小鼠的原理

2. 基因敲入技术 基因敲入（gene knock-in）是通过同源重组的方法，用某一基因替换另一基因，或将一个设计好的基因片段插入到基因组的特定位点，使之表达并发挥作用。这是一种按预期方式准确改造生物遗传信息的实验手段，其将 ES 细胞技术和 DNA 同源重组技术结合起来，实现对染色体上某一基因的定向修饰和改造，从而深入地了解基因的功能。其原理为：首先，从小鼠囊胚分离出未分化的 ES 细胞，然后利用细胞内的染色体 DNA 与导入细胞的外源 DNA 在相同序列的区域内发生同源重组的原理，用含有筛选标记的打靶载体，对 ES 细胞中的特定基因实施"打靶"，之后将"中靶"的 ES 细胞移植回小鼠囊胚（受精卵分裂至 8 个细胞左右即为囊胚，此时受精卵只分裂不分化），进而与囊胚一起分化发育成相应的组织和器官，最后产生出具有基因功能改变的"嵌合鼠"。由于"中靶"的 ES 细胞保持分化的全能性，因此它可以发育成为嵌合鼠的生殖细胞，使得经过定向改造的遗传信息可以代代相传（图 25-5）。

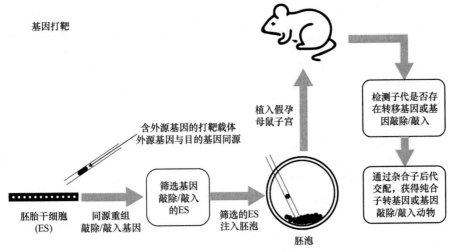

图 25-5　制备基因打靶小鼠的原理

三、用功能缺失策略鉴定基因功能

基因功能失活策略的本质是将细胞或个体的某一基因功能部分或全部失活后,通过观察细胞生物学行为或个体遗传表型的变化来鉴定基因的功能。常用的方法主要有基因敲除和基因沉默技术。

(一)用基因敲除技术使基因功能完全缺失

基因敲除(gene knock-out)包括整体敲除和条件性敲除。整体敲除即利用同源重组的原理,在 ES 细胞中定点破坏内源基因,然后利用 ES 细胞发育的全能性,获得带有预定基因缺陷的杂合子,通过遗传育种最终获得目的基因缺陷的纯合个体。然而,基因被完全敲除之后使得表型分析受到很多限制,例如,有些重要的靶基因被敲除后会引起胚胎早期死亡,使得无法分析该基因在胚胎发育晚期和成年期的功能;某些基因在不同的细胞类型中执行不同的功能,完全敲除会导致突变小鼠出现复杂的表型,使研究者很难判断异常的表型是由一种细胞引起的,还是由几种细胞共同引起的。为了克服以上不足,条件性基因敲除(conditional gene knockout)技术应运而生,该技术可以更加明确地在时间和空间上操作基因靶位,敲除效果更加精确可靠,理论上可达到对任何基因在不同发育阶段和不同器官、组织的选择性敲除。

1. 基因敲除的主要技术

(1)CRISPR/CAS 基因敲除技术:CRISPR(clustered regularly interspaced short palindromic repeat)/Cas(CRISPR associated)系统是古细菌的免疫防御系统,用来抵抗外来遗传物质的入侵,如噬菌体病毒等。同时,它为细菌提供了获得性免疫(类似于哺乳动物的二次免疫),其能够把病毒基因的一小段存储到自身 DNA 里的 CRISPR 序列中。当病毒二次入侵时,细菌能够根据存写的片段识别病毒,进而可引导 Cas 编码的核酸酶切断病毒核酸,沉默病毒基因的表达,抵抗病毒的干扰。CRISPR/CAS 基因敲除技术即根据这一原理,通过人工设计的 sgRNA(guide RNA)来识别目的基因组序列,并引导 Cas 蛋白酶进行有效切割 DNA 双链,形成双链断裂,损伤后修复会造成基因敲除或敲入等,最终达到对基因组 DNA 进行修饰的目的。该技术可实现基因敲除、基因敲入、基因抑制、基因激活,可对靶基因多个位点或多个基因同时编辑和功能基因组筛选。该方法效率高,实验周期短,价格低,可应用于大、小鼠等,无物种限制。

(2)TALEN 基因敲除技术:TALEN [transcription activator-like (TAL) effector nucleases] 靶向基因敲除基因修饰基于植物病原菌 Xanthomonas 中的 TAL 蛋白核酸结合域的氨基酸序列与

其靶位点的核酸序列有较恒定的对应关系。利用此恒定对应关系，构建与核酸内切酶的融合蛋白，在特异位点打断目标基因组 DNA 序列，从而敲除基因功能。其具体过程包括 TAL 靶点识别模块构建、将（两个相邻）靶点识别模块（分别）克隆入真核表达载体、将 TALEN 质粒对共转入细胞中实现靶基因敲除、目标基因敲除突变体筛选确证。该方法的特点为无基因序列、细胞、物种限制；实验周期短、成功率高、操作简便、成本低等。

以上两种技术除了用于基因敲除外，同样可用于基因敲入。

2. 条件性敲除的主要方法

（1）Cre/loxP 系统条件性敲除技术：Cre 重组酶属于位点特异性重组酶，能介导两个 34bp 的 loxP 位点之间的特异性重组，使 loxP 位点间的序列被删除。重组酶介导的条件性基因敲除通常需要两种小鼠，一种是在特定阶段、特定组织或细胞中，表达 Cre 重组酶的转基因小鼠；另一种是在基因组中引入了 loxP 位点的小鼠，即靶基因或其重要功能域片段被两个 loxP 位点锚定的小鼠。两种小鼠交配后，Cre 基因表达产生的 Cre 重组酶就会介导靶基因两侧的 loxP 间发生切除反应，结果将一个 loxP 和靶基因切除。由于可以控制 Cre 重组酶在特定阶段、特定组织或细胞中表达，使得 Cre 介导的重组可以发生在特定的阶段、组织或细胞中，导致这些组织或细胞中的靶基因在特定的阶段被敲除，而其他组织或细胞中因不表达 Cre 而使得靶基因不被敲除（图 25-6）。

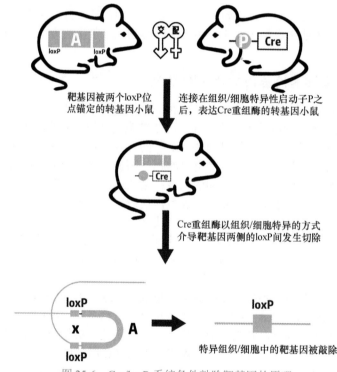

图 25-6　Cre/loxP 系统条件敲除靶基因的原理

（2）Flp/FRT 系统条件性敲除技术：此系统与 Cre/loxP 系统相类似，也是由一个重组酶和一段特殊的 DNA 序列组成。从进化的角度考虑，Flp/FRT 系统是 Cre/loxP 系统在真核细胞内的同源系统。其中，重组酶 Flp 是酵母细胞内的一个由 423 个氨基酸残基组成的单体蛋白。与 Cre 相似，Flp 发挥作用也不需要任何辅因子，同时在不同的条件下具有良好的稳定性。此系统的另一个成分 Flp 识别位点（Flp recognition target，FRT）与 loxP 位点非常相似，同样由两个长度为 13bp 的反向重复序列和一个长度为 8bp 的核心序列构成。在此系统发挥作用时，FRT 位点的方向决定了目的片段的缺失还是倒转。与 Cre/loxP 系统相比，二者较明显的区别是它们发挥作用的最佳温度不同，Cre 重组酶发挥作用的最佳温度为 37℃，而 Flp 重组酶为

30℃。因此，Cre/loxP 系统最适宜在动物体内使用。

（3）基于 Cas9 系统的条件性敲除技术：原理上和传统的条件性敲除类似，差别在于利用 Optimized Cas9/CRISPR System（OCAS）技术在基因组上加入 loxP 序列，可以快速获得 loxP 位点插入的小鼠。一般只需要 4～5 个月。价格也比传统方法大大降低。

（二）用基因沉默技术可使基因功能部分缺失

基因沉默策略通常是利用反义技术，在转录或翻译水平特异性阻断（或封闭）某些基因的表达（即沉默相应基因），然后通过观察细胞生物学行为或个体遗传表型的变化来鉴定基因的功能。以下简要介绍几种常用的基因沉默技术。

1. 用 RNA 干扰技术研究基因功能　RNA 干扰（RNAi）是指双链 RNA 通过介导同源序列的 mRNA 特异性降解而导致的转录后基因沉默。利用 RNAi 能在短时间内高效特异地抑制靶基因表达的特点，可以很方便地研究基因的功能。

目前有 5 种方法可用于制备小干扰 RNA（siRNA），包括化学合成法、体外转录法、长链 dsRNA 的 RNase Ⅲ 体外消化法、siRNA 表达载体法和 siRNA 表达框架法。前三种方法是在体外制备然后导入细胞中；后两种则是基于具有合适启动子的载体或转录元件，在哺乳动物或细胞中转录生成。目前多采用 RNA 聚合酶Ⅲ启动子构建 siRNA 的表达载体或表达框架，常用的 RNA 聚合酶Ⅲ的启动子有人 / 鼠 U6 启动子、人 H1 启动子。研究者既可以将 siRNA 导入特定细胞，在细胞水平上研究基因的功能；也可以通过转基因的方法，在动物体内实现特异、稳定、长期地抑制靶基因的表达，从而在整体水平上研究基因的功能。

2. 用其他基因沉默技术研究基因功能　其他基因沉默技术主要包括：①肽核酸（peptide nucleic acid，PNA）技术：PNA 是一种人工合成的 DNA 类似物，其以中性的肽链酰胺 2- 氨基乙基甘氨酸键取代了 DNA 中的戊糖磷酸二酯键骨架，其他结构与 DNA 一致。PNA 可按 Watson-Crick 碱基配对的原则识别并结合 DNA 或 RNA 序列，从而干扰基因的转录或翻译。PNA 具有结构稳定、不被核酸酶和蛋白酶降解、细胞毒性低等特点。②反义 RNA 技术：即通过反义 RNA（与 mRNA 互补的一段 RNA 序列）与细胞中的 mRNA 特异性结合，从而抑制相应 mRNA 的翻译。③三链 DNA 技术：又称反基因（antigene）技术，其通过设计脱氧寡核苷酸，使之与 DNA 双螺旋分子形成三股螺旋，此即三链 DNA。三链 DNA 的形成可阻止或调节基因转录。④核酶（ribozyme）技术：天然的核酶通常是单一 RNA 分子，具有自我切割作用。另外，核酶也可由两个 RNA 分子组成，二者通过互补序列相结合，形成锤头状二级结构，并组成核酶的核心序列，进而发挥切割作用。核酶通过切割靶 RNA 分子（即破坏靶 RNA 分子）而抑制基因的表达。

四、用随机突变策略鉴定基因功能

相对于前述转基因、基因敲入 / 敲除、基因沉默等技术从特定基因的改造到整体动物表型分析等的"反求遗传学"研究策略而言，随机突变策略是基于"正向遗传学"的、从异常表型到特定基因突变的随机突变筛选策略。随机突变筛选策略的第一步是通过物理诱变、化学诱变或生物技术产生大量的基因组 DNA 突变。例如，乙基亚硝基脲（ENU）是一种化学诱变剂，它通过对基因组 DNA 碱基的烷基化修饰，诱导 DNA 在复制时发生错配而产生突变。它主要诱发单碱基突变，造成单个基因发生突变（双突变的情况非常少），更接近于人类遗传性疾病的基因突变情况。此外，基因捕获（gene trapping）技术也是一种产生大规模随机插入突变的便利手段，对于揭示基因序列所对应的基因功能具有重要的应用价值。其原理是利用一含报告基因（包括 *LacZ* 或 *EGFP* 等）的 DNA 载体通过电转化或者病毒转染的方式随机插入宿主细胞基因组，形成内源基因和报告基因的融合转录本，产生内源基因失活突变，通过报告基因的表达提示插入突变的存在及突变内源基因的时空表达特点。具体过程是：首先，获取被捕获基因的 ESCs，确定捕获载体在基因内的精确插入位点；其次，借助 RT-PCR 技术证实捕获载体的插入及表达，利用 X-gal 染色或其他报告基因证实捕获载体的插入及表达；然后提取基因组 DNA 进行基因分型；最后通过 X-gal 染色或其他报告基因研究被捕获基因内源性启动子活性，获得被捕获基因在胚胎、器官、组织中的表达谱。

随机突变筛选策略能够获得研究基因功能的新材料及人类疾病的新模型，这种"表型驱动"的研究模式有可能成为功能基因组学研究最有前景的手段和捷径之一。

第四节　疾病相关基因研究策略及技术

在人类诸多疾病中，有的是单基因相关性疾病，最常见的如单基因遗传病；而更多的则是多基因性疾病，即疾病的发生与多种基因异常密切相关。尽管人类基因组计划的完成为疾病相关基因的鉴定提供了诸多便利，但明确地解析疾病和某种或某些基因的关系还需要借助鉴定疾病相关基因策略原则和技术进行相关研究和确定。首先，需要确定疾病表型和基因实质联系；其次，需要采用多途径、多种方法鉴定克隆疾病相关基因；最后，通过上述基础与临床的分析、综合，进而确定候选基因的异常与疾病表型的真实关系。

一、疾病相关基因的筛选策略

（一）基于疾病表型的筛选

表型克隆（phenotype cloning）是基于对疾病表型和基因结构或基因表达的特征联系已经有所认识的基础上来分离鉴定疾病相关基因。依据 DNA 或 mRNA 的改变与疾病表型的关系，有如下几种可供选择的方式。

1. 从疾病的表型出发　比较患者基因组 DNA 与正常人基因组 DNA 的不同，直接对产生变异的 DNA 片段进行克隆，而不需要基因的染色体位置或基因产物的其他信息。例如，在一些遗传性神经系统疾病中，患者基因组中含有的三联重复序列的拷贝数可发生改变，并随世代的传递而扩大，称为基因的动态突变。此时，采用基因组错配筛选（genome mismatch scanning）、代表性差异分析（representative difference analysis，RDA）等技术即可检测患者的 DNA 是否有三联重复序列的拷贝数增加，从而确定患病原因。

2. 从已知基因出发　如果高度怀疑某种疾病是由于某个特殊的已知基因所致，可通过比较患者和正常对照间该基因表达的差异，来确定该基因是否为该疾病相关基因。常用分析方法有 Northern 印迹法、RNA 酶保护试验、RT-PCR 及实时定量 RT-PCR 等。

3. 从未知基因出发　可通过比较疾病和正常组织中的所有 mRNA 的表达种类和含量间的差异，从而克隆疾病相关基因。这种差异可能源于基因结构改变，也可能源于表达调控机制的改变。常用的技术有 mRNA 差异显示（mRNA differential display，mRNA-DD）、抑制消减杂交（suppression subtractive hybridization，SSH）、基因表达系列分析（SAGE）、cDNA 微阵列（cDNA microarray）和基因鉴定集成法（integrated procedure for gene identification）等。

（二）基于已知蛋白功能的筛选

功能克隆（functional cloning）是指在掌握基因功能产物蛋白质的基础上，鉴定蛋白质编码基因的方法。此方法采用的是从蛋白质到 DNA 的研究路线，针对的是一些对影响疾病的功能蛋白具有一定了解的疾病，如血红蛋白病、苯丙酮尿症等出生缺陷引起的分子病可以采用这个方法筛选疾病基因。

1. 依据蛋白质的一级结构信息筛选疾病相关基因　如果疾病相关的蛋白质在体内表达丰富，可分离纯化得到一定纯度的足量蛋白质，就可用质谱或化学方法进行蛋白质一级结构分析——氨基酸序列分析，获得全部或部分氨基酸序列信息。在此基础上设计寡核苷酸探针，用于筛查 cDNA 文库，从而筛选出目的基因。使用这种策略时，必须考虑到密码子的简并性特点，即除了甲硫氨酸和色氨酸仅有 1 个密码子外，其余氨基酸均有 2 个或 2 个以上的密码子。设计探针时应尽量避开有简并密码子的区域，但实际上往往难以做到。为此可以设计 1 套可能含有全部简并密码子信息的寡核苷酸探针，用此混合探针去筛查 cDNA 文库，"钓出"目的基因克隆。除 cDNA 文库筛查技术外，目前还可采用部分简并混合寡核苷酸作为 PCR 引物，采用多种 PCR 引物组合，以获得候选基因的 PCR 产物。

2. 用蛋白质的特异性抗体筛选疾病基因　有些疾病相关基因的蛋白质在体内含量很低，难以得到足够纯度的蛋白质用于氨基酸序列测定。但是少量低纯度的蛋白质仍可用于免疫动物获得特异性抗体，用以鉴定基因。获得的抗体一方面可用于直接结合正在翻译过程中的新生肽链，此时会获得同时结合在核糖体上的 mRNA 分子，最终克隆未知基因；另外，特异性抗体也可用来筛查可表达的 cDNA 文库，筛选出可与该抗体反应的表达蛋白质的阳性克隆，进而可获得候选基因。

（三）基于动物模型的筛选

人类的部分疾病，已经有相应的动物模型。如果动物某种表型的突变基因定位于染色体的某一部位，而具有相似人类疾病表型的基因很有可能存在于人染色体的同源部位。近交系动物遗传背景清晰，动物实验可控制环境因素的干扰，以及转基因动物在研究基因功能中独特的作用，应用动物模型为筛选鉴定人类复杂性疾病的易感基因提供了不可替代的工具。

二、疾病相关基因的鉴定

（一）生物信息学分析鉴定

借助生物信息学分析的主要思路为：通过已获得的序列与数据库中核酸序列及蛋白质序列进行同源性比较，或对数据库中不同物种间的序列比较分析、拼接，预测新的全长基因等，进而通过实验证实，从组织细胞中克隆该基因。

目前常用的数据库为 EST 数据库。随着计算机生物信息技术向分子生物学的渗透及庞大 EST 数据库的建立，近来，EST 为人类寻找新的未知基因及克隆不同时空差异表达基因和疾病相关基因提供了重要支撑。应用同源比较，在人类 EST 数据库中，识别和拼接与已知基因高度同源的人类新基因的方法包括：①以已知基因 cDNA 序列对 EST 数据库进行搜索分析，即 BLAST（basic local alignment search tool），找出与已知基因 cDNA 序列高度同源的 EST；②用 Seqlab 的 Fragment Assembly 软件构建重叠群，并找出重叠的一致序列；③比较各重叠群的一致序列与已知基因的关系；④对编码区蛋白质序列进行比较，并与已知基因的蛋白质的功能域进行比较分析，推测新基因的功能；⑤用新基因序列或 EST 序列对序列标签位点（sequence-tagged site，STS）数据库进行 BLAST 分析，如果某一 EST（非重复序列）与某一种 STS 有重叠，那么，STS 的定位即确定了新基因的定位。生物信息学分析充分利用网络资源，可大大提高克隆新基因的速度和效率。但由于数据库的不完善、错误信息的存在及分析软件的缺陷，生物信息学分析结果只能起到辅助作用。

（二）定位克隆法鉴定

定位克隆（positional cloning）是鉴定疾病相关基因的经典方法，即仅根据疾病基因在染色体上的大体位置，鉴定克隆疾病相关基因。定位克隆的起点是基因定位（gene localization），即确定疾病相关基因在染色体上的位置，然后根据这一位置信息，应用 DNA 标记将经典的遗传学信息转换为遗传标记所代表的特定基因组区域，再以相关基因组区域的相连重叠群筛选候选基因，最后比较患者和正常人这些基因的差异，确定基因和疾病的关系。

1. 基因定位的方法　基因定位的目的是确定基因在染色体上的位置及基因在染色体上的

线性排列顺序和距离。可从家系分析、细胞、染色体和分子水平等几个层次进行基因定位，由于使用手段的不同可派生出多种方法，不同方法又可联合使用，相互补充。基因定位是基因分离和克隆的基础。

（1）体细胞杂交法：体细胞杂交（somatic hybridization）又称细胞融合（cell fusion），是将来源不同的两种细胞融合成一个新细胞，新细胞称为杂种细胞（hybrid cell），含有双亲本不同的染色体。大多数体细胞杂交是用人的细胞与小鼠、大鼠或仓鼠的体细胞进行杂交。由于在培养液中，有部分细胞融合成杂种细胞，而还有大部分的细胞为未融合的双亲细胞，因此，细胞融合后，要进行异核体的筛选。所用方法是：①根据双亲细胞的形态特征，用不同荧光染料标记，人工挑选或用荧光激活细胞分拣机分离，或通过显微操作直接挑选。②在合适的选择压力下，只允许杂种细胞生长，淘汰双亲和同源融合细胞。如生长激素自主选择、代谢互补选择、白化互补选择、营养缺陷型互补选择、药物抗性互补选择等。但是，在杂种细胞繁殖传代过程中，杂种细胞会出现保留啮齿类一方染色体而人类染色体逐渐丢失的现象，最后只剩一条或几条，其原因至今不明。

（2）染色体原位杂交法：染色体原位杂交（in situ chromosomal hybridization）是核酸分子杂交技术在基因定位中的应用，是在细胞水平定位基因的常用方法。染色体原位杂交是固相杂交方法，主要步骤为：获得组织培养的分裂中期细胞，将染色体 DNA 变性，与带有标记的互补 DNA 探针杂交，显影后可将基因定位于某染色体及染色体的某一区段。染色体原位杂交技术特别适用于那些不转录的重复序列，这些重复序列很难用其他方法进行基因定位。如利用原位杂交技术将卫星 DNA 定位于染色体的着丝粒和端粒附近。如果用荧光染料标记染色体杂交中的探针，即为荧光原位杂交（fluorescence in situ hybridization，FISH）。FISH 是 20 世纪 80 年代末期发展起来的一种非放射性原位杂交技术。目前这项技术已经广泛应用于动植物基因组结构研究、染色体结构变异分析、病毒感染分析、人类产前诊断、肿瘤遗传学和基因组进化研究等许多领域。

（3）染色体畸变法：从基因定位克隆的角度来看，对于任何已知与染色体畸变（chromosome aberration）直接相关的疾病来说，染色体的畸变本身就成为疾病定位基因克隆的一个很好的位置信息。畸变常涉及两个位点，如果这两个位点之一正好是某一功能基因所在位置，则染色体的畸变肯定会破坏该基因的功能而引起疾病。因此，根据染色体畸变的位置和疾病发生的关系，可将致病基因定位于染色体的某一特定位置上。染色体的异常有时可替代连锁分析，用于定位疾病基因。在一些散发性、严重的显性遗传病，染色体畸变分析是获得候选基因的唯一方法。有时可直接获得基因的正确位置，而无须进行连锁分析，如染色体的平衡易位和倒位等。诸如多囊肾、巨肠症、假肥大型肌营养不良基因的定位在很大程度上借助于染色体的异常核型表现。

（4）连锁分析法：基因定位的连锁分析（linkage analysis）是根据基因在染色体上呈直线排列，不同基因相互连锁成连锁群的原理，即应用被定位的基因与同一染色体上另一基因或遗传标记相连锁的特点进行定位。如果待定基因与标记基因呈连锁遗传，即可推断待定基因与标记基因处于同一染色体上，并且依据和多个标记基因连锁的程度（用两者间的重组率度量），可确定待定基因在染色体上的排列顺序及和标记基因间的遗传距离。生殖细胞在减数分裂时发生交换，一对同源染色体上存在两两相邻的基因座位，若两者距离较远，则出现重组的次数就较多；如果两者距离较近，则出现重组的机会就较小。随着重组 DNA 和分子克隆技术的出现，发现了许多遗传标记——多态位点，利用某个拟定位的基因是否与某个遗传标记存在连锁关系及连锁的紧密程度就能将该基因定位到染色体的一定部位，使经典连锁方法获得新的广阔用途，成为人类基因定位的重要手段。例如，已知血型基因 Xs 定位于 X 染色体上，普通鱼鳞病和眼白化病基因与其连锁，因此判定这两个基因也在 X 染色体上，计算患者子代的重组率即可确定这些基因间的相对距离。尽管连锁分析在实际研究中已经证实可靠有效，但对于复杂疾病的研究，却存在很大的局限性。首先，连锁分析更适用于单基因疾病的遗传研究，而在目前已知的疾病当中，复杂疾病占了绝大多数。其次，连锁分析对于致病性高、数量少的遗传变异具有较好的适用性，但对于中效甚至弱效的突变则显得力不从心。

2. 定位克隆疾病相关基因的过程　定位克隆疾病相关基因是鉴定遗传性疾病基因的主要手段，其根据功能基因在基因组中都有相对较稳定的基因座，利用连锁分析将基因定位到染色体的某个具体位置，再通过构建高密度的分子连锁图，找到与目的基因紧密连锁的分子标记，不断缩小候选区域进而克隆该基因，并阐明其功能和疾病的生化机制。不过，定位克隆也存在一定的局限性：需要构建跨叠克隆群和精细遗传图谱，耗费大量的人力、物力和时间。因此，人们也试图不断改进它。定位候选克隆（positional candidate cloning）就是定位克隆的一种改进方法，它克服了经典的定位克隆纯粹依靠连锁分析进行染色体定位的烦琐而缓慢的弊端，大大加快了克隆工作的进程，而且它也不仅仅局限于遗传病，现在已更多地运用于肿瘤易感基因的克隆。其具体过程如下。

（1）染色体区域定位：定位克隆疾病基因困难的大小取决于染色体候选区域的宽窄。为此要尽可能地缩小疾病相关基因在染色体上的候选区域。定位候选克隆的基因区域多采用PCR法、FISH技术、染色体显微切割和辐射图谱等方法筛选致病基因（包括肿瘤易感基因）的基因组杂合性丢失（loss of heterozygosity，LOH）的高频率区，从而对致病基因进行定位候选克隆。

（2）致病基因的候选cDNA筛选：在致病基因被界定于狭窄的DNA重叠克隆区域的基础上，对该区域中的基因位点进行测序，将变异位点的核苷酸序列与正常序列进行比较，可确定致病基因的位置。随着区域性基因图谱的构建和标记位点的增多，从相互重叠的克隆群中筛选候选cDNA即筛选致病基因的表达序列和基因定位的步伐会大大加快。目前，cDNA筛选策略主要有以下三种：依赖cDNA文库的方法、依赖特征序列的方法及表达依赖法。

（3）全长cDNA及基因结构与功能分析和鉴定：获得了大量的候选cDNA后，通过筛选cDNA文库或采用RACE等方法克隆全长基因。确定其中致病基因的重要环节是对定位候选克隆进行功能分析，这需要对患病家系中的可能致病基因进行检测。功能分析往往是定位克隆中的一个难点，因为不同的疾病有不同的特征，也就需要用不同的功能检测系统进行分析。常用的如细胞水平的正义或反义基因的表达后细胞形态和功能变化的研究、在肿瘤研究中检测细胞形态和接触抑制的变化、软琼脂生长能力的变化及裸鼠致瘤性分析等。更进一步的功能分析则包括个体水平的基因敲除实验等。

随着研究的深入，越来越多的EST定位工作完成，基因转录图谱不断完善，我们完全可以直接跳过定位克隆的第二个步骤而直接进入功能鉴定和基因全长的克隆工作，这可能将是定位克隆中最快的方法。在分析分离手段不断提高，各种新思路、新方法层出不穷，定位克隆方法的周期也将不断缩小，为人类最终克隆各种疾病基因提供了可能性。

（三）细胞及动物实验鉴定

对疾病相关基因的鉴定，还要在细胞水平和动物水平层面对基因功能进行研究。细胞实验一般采用原代细胞进行，若难于实现，则可采用多种细胞系进行实验。动物实验需要建立2种以上的疾病模型。总的来说基因功能研究主要是通过增强或抑制候选基因的方法，观察增强或抑制后对细胞、组织、疾病表型和功能的影响。常用增强基因功能的方法有过表达、外源补充、激活剂等；常用的抑制基因功能的方法有基因敲除、敲低、拮抗剂等。除了细胞和动物实验外，疾病相关基因功能研究常常还需要加入临床研究，有临床样本的分析和临床干预实验等。

（戴双双）

思 考 题

1. 简述基因结构分析的常用技术。
2. 简述目前有哪些常用的 RNA 分析技术。
3. 简述蛋白质分析的常用方法和特点。
4. 简述鉴定基因功能的主要策略。

案例分析题

患者，女，36 岁，主因"发现右侧乳房肿块 1 周"入院。查体：右侧乳房右上象限可扪及一直径约 1cm 的肿物，质硬，触痛，固定于胸壁，活动度差，乳房皮肤未见明显改变。腋窝淋巴结未触及。超声检查见直径约 1cm 不规则损伤，明显回声增强。针吸活细胞涂片检查可见高度癌变的细胞。

问题：

（1）请问该病例的初步诊断及依据。

（2）该患者行手术治疗，术后病理结果提示：浸润性导管癌。追问病史，患者的母亲及一个妹妹均患乳腺癌，遂给予乳腺癌相关基因 *ER*、*PR*、*HER2*、*BRCA1/2* 等的检测，均未发现异常，故该病例家族中可能有一种新的乳腺癌相关基因。结合所学分子生物学知识，简要设计一个方案来筛查并鉴定此基因，并简述其中用到的分子生物学技术。

第二十六章 基因诊断与基因治疗

内容提要

基因诊断就是利用分子生物学和分子遗传学的技术，从 DNA/RNA 水平检测、分析基因的存在和结构、变异及表达状态，从而对疾病做出判断。它具有特异性强、灵敏度高、稳定性好、检测速度快、诊断范围广、临床应用前景好等优点。基因诊断的常用技术包括 PCR、核酸分子杂交、DNA 限制性片段长度多态性分析、核酸芯片、基因测序等。根据疾病类型和基因诊断目的的不同，应选择恰当的基因诊断策略。目前，基因诊断已广泛应用于遗传病、感染性疾病、恶性肿瘤、心血管疾病等重大疾病，除在早诊早治、鉴别诊断、分期分型、预测预后中发挥作用外，在判断个体疾病易感性、法医学鉴定、疗效评价和指导用药、器官移植组织配型等方面均起着重要作用。

基因治疗是指将某种遗传物质转移到患者细胞内，使其在体内表达并发挥作用，以达到治疗疾病目的的方法。基因治疗的总体策略包括基因替代和基因矫正、基因代偿、基因补偿、基因失活、基因调控、应用"自杀基因"或免疫修饰基因或化疗保护基因、特异性启动细胞杀伤基因等。据靶细胞种类的不同可将基因治疗分为体细胞和生殖细胞基因治疗；根据转移基因在靶细胞染色体上整合特点的不同可将基因治疗分为同源重组与随机整合法；根据实施路线的不同可将基因治疗分为间接体内法和直接体内法，其中以间接体内法使用最多。间接体内法的基本程序包括获得目的基因、选择靶细胞、选择适宜基因载体和基因转移系统进行基因转移、筛检目的基因在体外培养细胞中的表达、将基因修饰过的靶细胞回输体内并观察疗效等。目前基因治疗已从实验室过渡到临床，但其作为治疗疾病的一项新兴技术，尚存在许多理论和技术上的难题，有待在实践中进一步发展和完善。

随着分子生物学和分子遗传学理论与技术的发展，人们逐渐认识到人类的绝大多数疾病（急性外伤除外）都与基因密切相关。总体而言，将基因或其组成部分发生异常的疾病统称为基因病（genopathy）。一般将基因病分为三大类：①单基因病：是由于单个基因突变所引起的一类疾病，如血友病、珠蛋白生成障碍性贫血等，其特点是每一病种发病率大多数不高，但病种多，其遗传方式符合一般显性、隐性、伴性遗传规律，其发病机制主要通过其编码蛋白质或酶的质或量上的异常而引起机体功能障碍。②多基因病：是由多个基因改变的综合作用所引起的疾病，这类疾病虽不如单基因病种类多，但有不少属常见病，如恶性肿瘤、高血压、动脉粥样硬化、糖尿病及某些先天畸形（唇裂、腭裂、先天性心脏病等）等。在多基因病中，单个基因改变的作用影响不大，不足以引起疾病，称为微效基因，只有多个基因的累积效应加上环境因素才易表现疾病，其遗传方式不遵循孟德尔遗传规律。③获得性基因病：是指外源性基因（DNA/RNA）侵入机体，在体内通过其本身或其编码产物，致使机体发病，一旦将其清除便可获得痊愈，如艾滋病及各种微生物感染病即属此类。在以上三类基因病中，前两类是由内源基因变异所致，第三类是由外源基因入侵所致。内源基因的变异可分为基因结构突变和表达异常。结构突变包括点突变、缺失或插入突变、染色体易位、基因重排、基因扩增等。突变若发生在生殖细胞，可能引起各种遗传性疾病；若发生在体细胞，则可导致肿瘤、心血管疾病等；有些内源基因（如原癌基因）的表达异常则可能导致细胞增殖失衡而发生肿瘤或其他类型紊乱。鉴于此，以"从基因水平上探测、分析病因和疾病的发病机制，并采用针对性的手段矫正疾病紊乱状态"为主要内容的基因诊断和基因治疗便成为近年来基础和临床医学研究中的热点之一。

第一节 基因诊断

基因诊断（gene diagnosis）就是利用分子生物学和分子遗传学的技术，从 DNA/RNA 水平检测分析基因的存在和结构、变异及表达状态，从而对疾病做出判断。它是 20 世纪 70 年代末迅速发展起来的一项应用技术，人们将之称为第四代实验室诊断技术。

> **四代实验室诊断技术**
>
> 第一代实验室诊断技术是指早期的细胞学检查技术；第二代实验室诊断技术是指 20 世纪 50 年代发展起来的生化指标分析技术；第三代实验室诊断技术是指 20 世纪 60 年代兴起的免疫学诊断技术；第四代实验室诊断技术是指 20 世纪 70 年代末发展起来的基因诊断技术。其中第一至三代实验室诊断技术的共同特点都是以疾病的表型改变，如细胞形态结构变化、生化代谢产物异常、特定蛋白质分子识别差异等为依据，而第四代实验室诊断技术则是以 DNA/RNA 的改变为依据。

一、基因诊断的特点

同以疾病表型改变为依据的前三代实验室诊断技术相比，基因诊断具有如下特点。

1. 特异性强 其原因是：①基因诊断检测的目标是基因，而各基因的碱基序列是特异的；②检测基因的分子生物学方法亦是高度特异的，可以检测出 DNA 片段的缺失、插入、重排，甚至单个碱基的突变。

2. 灵敏度高 如使用 PCR 技术与高灵敏度的基因探针杂交等手段可以检测微量标本（如一滴血迹、一根发丝）中的靶标基因。

3. 稳定性好 人类基因的化学组成是 DNA，它比蛋白质稳定得多，长期保存的石蜡标本中的 DNA 也能顺利检出。而且被检测的基因不需要一定处于活性状态，这一点有利于检测长期保存的标本或用较为粗放的条件处理的标本；同时亦可用于产前（或孕早期、植入前）基因诊断（孕早期人类绝大多数基因处于封闭状态）。相反，如检测 mRNA 或蛋白质（酶）则一定要求基因处于活性状态。

4. 检测速度快 同前三代实验室诊断技术相比，基因诊断所需时间更短，速度更快。

5. 诊断范围广，适用性强 基因诊断不仅能对某些疾病做出确切的诊断（如确定有遗传病家族史的人或胎儿是否携带致病基因等），也能确定与疾病有关联的状态（如疾病的易感性、发病类型和阶段、是否具有抗药性等）。

6. 临床应用前景好 随着分子生物学技术和分子遗传学技术的普及，在配备有一定的仪器和试剂盒的情况下，在临床开展基因诊断是完全可能的。

二、基因诊断的内容与基本步骤

（一）基因诊断的内容

基因诊断是以基因作为检查材料和探查目标，旨在鉴定基因的存在或异常。其内容主要包括：①检测正常基因；②检测与致病有关的突变基因：这些突变包括 DNA 中碱基的缺失、倒位、重复、插入、点突变或重排等；③进行基因连锁分析；④检测基因中酶切位点的改变；⑤检测基因转录产物 mRNA 或非编码 RNA（non coding RNA）；⑥检测导致感染性疾病的病原体基因。基因诊断的主要对象包括先天性遗传病、后天基因突变引起的疾病、侵入机体的病原体、法医学涉及的个体或物证等。

（二）基因诊断的基本步骤

1.获得待检样品　待检样品可来自新鲜或冻存的组织、细胞、微生物或寄生虫、毛发、痰液、精液等，以及石蜡包埋的同类标本。一般先提取核酸，用适当方法处理后，以合适的方式与标记核酸探针进行分子杂交。石蜡包埋组织经切片后，需进行原位杂交。由于在微量样品中，基因拷贝数太少，不易检出，因而常采用 PCR 等基因扩增技术来提高检测灵敏度。

2.制备和标记核酸探针　针对涉及核酸分子杂交技术的基因诊断，需要制备和标记核酸探针。核酸探针可源自重组质粒 DNA，也可来自 cDNA 或 RNA 或根据已知基因序列人工合成的寡核苷酸。探针标记可使用放射性同位素（如 ^{32}P、^{35}S 等），也可使用非同位素（如地高辛、生物素、酶、荧光素等）。

3.基因检测分析　参见下述"基因诊断常用的技术方法"。

三、基因诊断常用的技术方法

基因诊断的技术方法主要建立在 PCR、核酸分子杂交、DNA 多态性和 DNA 序列分析等技术或几种技术联合的基础之上。以下简述一些基因诊断常用的技术方法。

（一）PCR 技术

PCR 是目前基因诊断中应用最多的方法。有关 PCR 技术的原理及主要类型见第二十三章。以下仅简要介绍几类 PCR 在基因诊断中的主要用途。

1.实时定量 PCR　主要用于定量检测 DNA/RNA 的改变。

2.常规 PCR　主要用于检测特定基因或 DNA 片段的存在，并常与核酸分子杂交技术联合使用，分析鉴定基因突变。

3.RT-PCR　主要用于检测特定基因的表达水平，鉴别和诊断 RNA 病毒。

4.PCR-SSCP　不同的单链 DNA（即使只差一个碱基）具有不同的空间构象，即 DNA 单链构象多态性（single strand conformation polymorphism，SSCP）。这些不同构象的单链 DNA在聚丙烯酰胺凝胶电泳中的迁移率是不同的，据此，将 PCR 扩增产物变性成单链 DNA，经上述电泳即可测知 DNA 碱基序列有无变异（PCR-SSCP 的原理如图 26-1 所示）。如 Leber 遗传性神经病是由于线粒体 DNA（mitochondria DNA，mt DNA）第 11 778 位 G→A 突变所致，用 PCR扩增 mtDNA 相应片段，再作 SSCP 分析即可对患者做出诊断。

图 26-1　PCR-SSCP 原理

5.多重 PCR　主要用于一些"超大"基因中大片段缺失分析。

6.原位 PCR　主要用于鉴定含有靶 DNA 或 RNA 序列的细胞，以及确定靶 DNA 或 RNA序列在染色体上或细胞内的位置。

7.全基因组扩增技术　全基因组扩增（whole genome amplification，WGA）是对全基因组序列进行非选择性扩增的技术，其目的是在没有序列偏向性的前提下大幅度增加 DNA的总量。利用所扩增的产物进行全基因组的遗传变异分析（包括单细胞的遗传差异分析）。WGA 技术主要包括多次退火环状循环扩增（multiple annealing and looping-based amplification cycle，MALBAC）、多重置换扩增（multiple displacement amplification，MDA）、简并寡核苷酸引物 PCR（degenerate oligonucleotide primed PCR，DOP-PCR）、引物延伸预扩增 PCR（primer extension preamplification PCR，PEP-PCR）、连接介导的 PCR（ligation mediated PCR，LM-PCR）、基于引发酶的 WGA（primase-based WGA，pWGA）等。几种 WGA 技术的比较见表 26-1。

表 26-1　几种 WGA 技术的比较

技术名称	基本原理	主要优点	主要缺点	主要应用
MALBAC	多次退火环状循环扩增	操作简单，产量高，最低起始模板只需几个 pg，结果可靠，重复性好	起始模板量极低时，将使扩增难度加大	二代测序、CGH、SNP 分型、STR 分型、基因克隆、荧光定量分析
MDA	多重置换扩增	产量高，50ng 起始模板量可产生 10 ~ 20μg 产物，最低起始模板量可达 10pg，忠实性好	起始模板量低时，扩增偏差大	CGH、RFLP 分析、SNP 分型、STR 分型
DOP-PCR	部分随机引物法	操作简单，最低起始模板量达 50pg，产物片段大小 0.5 ~ 10kb	起始模板量低时，扩增偏差大	CGH、SSCP 分析、SNP 分型、STR 分型
PEP-PCR	完全随机引物法	对模板 DNA 质和量要求低，操作简单，易改进，50ng 起始模板可产生 0.2 ~ 0.5μg 产物，最低起始模板量可达 5pg	产量低，保真性差	LOH 分析、SNP 分型、STR 分型
LM-PCR	连接介导的 PCR 反应	产量高，片段长，对模板 DNA 质和量要求低	操作烦琐，多步操作易丢失模板 DNA	CGH、LOH 分析、STR 分型
pWGA	体外再造 T7 噬菌体 DNA 复制	产量高，对模板质和量要求低，操作简单，最低起始模板量可达 100fg	保真性稍差	SNP 分型、STR 分型

CGH: comparative genomic hybridization, 比较基因组杂交；SNP: single nucleotide polymorphism, 单核苷酸多态性；STR: short tandem repeat，短串联重复序列；RFLP: restriction fragment length polymorphism，限制性片段长度多态性；LOH: loss of heterozygosity，杂合性缺失

（二）核酸分子杂交技术

关于核酸分子杂交的概念及主要方法参见第二十三章。以下仅简要介绍等位基因特异性寡核苷酸（allele-specific oligonucleotide，ASO）探针杂交技术。

ASO 探针杂交技术的原理如图 26-2 所示：根据已知基因突变位点的核苷酸序列，人工合成两条寡核苷酸探针（19bp 左右），其中一条是对应于突变基因碱基序列的寡核苷酸（M），另一条是对应于正常基因碱基序列的寡核苷酸（N），用它们分别与受检者 DNA 进行分子杂交。若受检者 DNA 能与 M 杂交，而不能与 N 杂交，说明受检者是这种突变的纯合子；若受检者 DNA 与 M、N 都能结合，说明受检者是这种突变基因的杂合子；若受检者 DNA 不能与

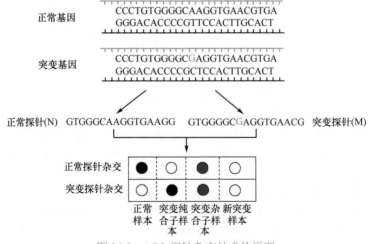

图 26-2　ASO 探针杂交技术的原理

M 结合，但能与 N 结合，表明受检者不存在这种突变基因；如果受检者 DNA 与 M、N 均不结合，提示其缺陷基因可能是一种新的突变类型。所以 ASO 探针杂交法不仅可以确定已知突变，还为发现新的基因突变类型提供了有效途径。

将 ASO 探针杂交技术与 PCR 联合应用，则形成 PCR/ASO 探针杂交法（PCR/ASO probe hybridization），其是一种检测基因点突变的简便方法，即先用 PCR 扩增包含突变位点的序列，然后将扩增产物与 ASO 探针杂交，从而明确诊断突变的纯合子和杂合子。此法对一些已知突变类型的遗传病，如珠蛋白生成障碍性贫血、苯丙酮尿症等纯合子和杂合子的诊断很方便；也可分析癌基因如 *H-ras* 和抑癌基因如 *p53* 的点突变。

（三）DNA 限制性片段长度多态性分析

在人类基因组中，平均约 200 个碱基对中有一个碱基对发生变异，这称为中性突变。中性突变导致个体间核苷酸序列差异，称为 DNA 多态性。不少 DNA 多态性发生在限制性内切酶识别位点上，酶解该 DNA 片段就会产生长度不同的片段，称为 DNA 限制性片段长度多态性（restriction fragment length polymorphism，RFLP）。RFLP 按孟德尔方式遗传。在某一特定家族中，如果某一致病基因与特异的多态性片段紧密连锁，就可用这一多态性片段作为一种"遗传标志"，来判断家庭成员或胎儿是否为致病基因的携带者（即通过鉴定"遗传标志"的存在，间接判断受检者是否带有致病基因）。RFLP 主要有以下两种类型。

1. 点多态性 表现为 DNA 链中发生单碱基突变，且突变导致一个原有酶切位点的丢失或形成一个新的酶切位点。据此，样品 DNA 经特定内切酶消化和 Southern 印迹法即可诊断某些疾病。例如，镰状细胞贫血是因 β 珠蛋白基因第六个密码子发生单个碱基突变（A→T），谷氨酸被缬氨酸取代所致。由于这一突变而使该基因内部一个 *Mst* Ⅱ 限制酶位点丢失。因此，将正常人和带有突变基因个体的基因组 DNA 用 *Mst* Ⅱ 消化后，以 β 珠蛋白基因探针进行 Southern 杂交，即可将正常人、突变携带者及镰状细胞贫血患者区别开来（图 26-3）。

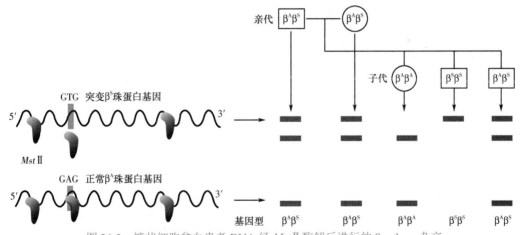

图 26-3 镰状细胞贫血患者 DNA 经 *Mst* Ⅱ 酶解后进行的 Southern 杂交

2. 序列多态性 因 DNA 链内发生较大片段的缺失、重复、插入等变异，其结果是内切酶位点本身碱基序列虽未改变，但原有内切酶位点在基因组中的相对位置发生了改变，从而导致 RFLP。可用 Southern 杂交诊断。

（四）核酸芯片

核酸芯片包括 DNA/RNA 芯片（DNA/RNA chip），又称核酸（DNA/RNA）阵列（DNA/RNA array）。有关该技术的原理参见第二十三章。

（五）基因测序

分离患者的有关基因，测定其碱基序列，找出其变异所在，这是基因诊断中最为直观、准确可靠的技术，只是由于费时、价格昂贵等原因尚不能在临床上普遍应用。但随着快速、廉价 DNA 测序技术的不断发展，DNA 测序的临床应用将有望逐渐普及。目前，基因测序往往用于配合其他基因诊断技术来使用。例如，PCR-SSCP 分析只能回答有无突变，而不能回答是什么突变，这时，要想完成最终的基因突变分析，就要配合使用基因测序，即先用 PCR-SSCP 进行大批量筛查，筛出有突变的样本（PCR 产物），然后再行测序即可明确该基因的突变性质。

四、基因诊断的应用

（一）遗传性疾病的基因诊断

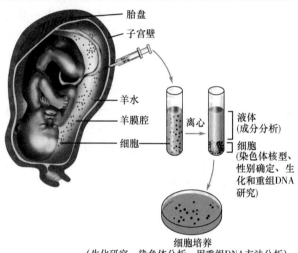

图 26-4　胎儿的产前诊断

目前已发现的人类遗传性疾病达数千种之多，分为单基因缺陷造成的遗传病、多基因缺陷导致的复杂因素遗传病及染色体数目异常的遗传病。据统计，各种遗传病占人口总数的 1% 左右，特别是在胎儿出生前夭亡事件中可高达 50%。综合运用基因诊断技术，配合免疫化学、蛋白质化学和酶活性测定等其他检验技术及传统的病理学检查，目前临床上已成功地检测出几百种遗传病，特别是用于胎儿的产前基因诊断（图 26-4）和对于致病基因携带者的预防性监测，这对于优生优育和遗传病的防治具有重要的实际意义。

关于遗传性疾病基因诊断的基本策略如下。

1. 检测已知的能产生某种特定功能蛋白质的基因及其突变　其基础是这些基因已根据其编码的特定功能蛋白质而被克隆，基因序列亦被测定，而且其与疾病的对应关系已经明确。因此，通过检测有关基因的缺失与否及突变情况，便可诊断相关疾病。

2. 检测与某种遗传标志连锁的致病基因　针对许多遗传病，通过染色体分析已知其基因在染色体上的定位，但尚未被克隆，对其基因结构亦不清楚，因此很难分析。研究表明，同一染色体上相邻的两个或两个以上的基因或限制酶切位点，由于其位置十分靠近，在遗传时两者分离的概率很低，常一起遗传，称为连锁。经过长期研究与家系分析，已用限制性内切酶酶切位点作为遗传标志，定位了许多与之相连锁的正常基因与致病基因，建立了染色体的基因连锁图。通过 DNA 连锁分析确定待分离基因在染色体上的大致位置，利用距该基因最近的 DNA 标志筛选基因文库，找到相应基因后，对其核苷酸序列及其编码蛋白质的氨基酸序列进行分析，推测其功能；如果是一个致病基因，则应分析其结构中有无各类突变。这种通过遗传连锁图定位基因并进行克隆的策略称为定位性克隆。通过比较正常和异常基因的差别，就可以找出导致遗传病的分子缺陷，进而阐明正常和异常基因产物的生理功能、病理效应。

3. 检测表型克隆基因　针对多基因病（如高血压、恶性肿瘤等），由于疾病的发生和多个基因与环境相互作用有关，使得上述两种基因诊断策略对这类疾病无能为力。1995 年确立的表型克隆策略，使基因诊断有可能从简单性状走向复杂性状。表型克隆是将有关表型与基因结构结合起来，直接分离该表型的相关基因。其方法是先从分析正常和异常基因组的相同或差异入手，如用差异显示 - 逆转录 - 聚合酶链反应（differential displayed-reverse transcriptional-polymerase chain reaction，DD-RT-PCR）寻找两者之间的差异序列（图 26-5），或用基因组错配筛选技术寻找两者的全同序列，从而分离、鉴定与所研究疾病相关的基因，确定导致该病的分子缺陷。这种策略既不需预先知道基因的生化功能或图谱定位，也不受基因数目及其相互作用方式的影响。它是对疾病相关的一组基因进行克隆，然后根据所克隆的各个序列设计多个探针，来诊断多基因病。

（二）感染性疾病的基因诊断

采用形态学、生物化学或血清学方法诊断细菌、病毒、寄生虫和真菌等感染性疾病，有时存在灵敏度低、特异性差及速度慢等不足之处。基因诊断技术则可克服这些不足，它既能检出正在生长的病原体，也能检出潜伏期的病原体；既能确定既往感染，也能确定现行感染。例如，PCR 技术可直接灵敏地探测病毒基因组或病毒基因转录产物，而不依赖于血清学检验所要求的病毒抗原表达，因此可在感染的潜伏期内诊断感染源，以利于及时采取相应治疗措施（图 26-6）。利用分子杂交和 PCR 筛选输血用的血源及各种生物细胞制剂，可以灵敏地检测出十万分之一（乃至百万分之一）携带病毒的细胞，从而为保证安全提供血源和生物制剂，防止包括人类免疫缺陷病毒（HIV）、乙型肝炎病毒（hepatitis B virus，HBV）等感染提供了一个重要措施。对于那些不容易体外培养（如产毒性大肠杆菌）和不能在常规实验室安全培养（如立克次体）的病原体，也可用基因诊断进行检测，因而扩大了临床实验室的诊断范围。

基因诊断技术还可用于病原生物流行病学的大量筛查工作。某些传染性流行病病原体由于突变或外来毒株入侵常导致地域性流行，用经典的生物学

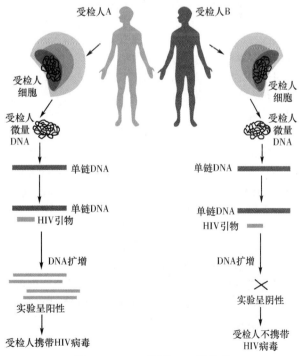

图 26-5　利用 DD-RT-PCR 寻找差异基因　　　　图 26-6　PCR 检测 HIV 携带者

及血清学方法只能确定其血清型别，不能深入了解相同血清型内各分离株的遗传差异。采用基因诊断分析同血清型中不同地域、不同年份分离株的同源性和变异性，有助于研究病原体遗传变异趋势，指导暴发流行病的预测，在预防医学中占有重要地位。

关于感染性疾病基因诊断的基本策略如下。

1. 病原体的一般性检出策略　是指针对病原体的特异性核酸序列，利用分子生物学技术检测相应的 DNA/RNA，其目的主要是提供某种病原体是否存在的证据。该策略可用以判断有无病原体感染及被何种病原体感染，是快速诊断感染性疾病的首选方法。在实际工作中，通常选择病原体基因组的保守序列作为检测靶标来设计 PCR 引物或制备特异性探针。

2. 病原体的完整性检出策略　是指在一般性检出策略的基础上，进一步检测病原体载量，鉴定病原体基因型和亚型，分析病原体耐药基因等，从而为感染性疾病的临床诊治提供更为丰富而重要的信息。例如，①通过病毒的定量检测可区分出显性感染、隐性感染和潜伏性感染者；②不同基因型的 HIV 对药物治疗的敏感性不同，准确地对 HIV 进行基因分型可为治疗药物的选择提供依据；③长期使用拉米夫定可诱导 HBV 的 YMDD 基序发生变异，从而导致耐药，而耐药基因的检测可有效监控药物疗效、预判病情复发情况。

（三）恶性肿瘤的基因诊断

恶性肿瘤是由于多阶段、多步骤、累积性的 DNA 突变和损伤发生于调控细胞分化生长功能的基因上而造成的。致病性的 DNA 突变和损伤可由先天遗传而来，也可在后天由多种特定因素诱发。DNA 突变和损伤包括基因的点突变、基因缺失、基因扩增、DNA 重排、非正常的基因融合及 DNA 的核苷酸修饰（如甲基化）等。在特定的癌变过程中，常常伴有多个基因有顺序的分子变化；同时，某些基因的分子病变与疾病的不同阶段有直接对应性的关联。因此，能够明确分子病变的基因诊断不仅可用于细胞癌变机制的研究，还可用于肿瘤诊断、分类分型和预后监测，从而在不同的环节上指导肿瘤治疗。例如，目前已经比较明确 *Rb* 基因与成视网膜细胞瘤相关，*wt1* 基因与肾母细胞瘤和 I 型神经纤维瘤相关，*apc* 基因与结肠癌相关，*brca* 基因与乳腺癌相关等。

关于恶性肿瘤基因诊断的基本策略如下。

1. 检测肿瘤相关基因　肿瘤相关基因是指与肿瘤形成密切相关的核酸类物质，主要包括癌基因、抑癌基因、肿瘤血管生成相关基因、细胞凋亡相关基因、肿瘤转移相关基因等，同时也包括单核苷酸多态性、DNA 甲基化、非编码 RNA 和循环 DNA 等。选择检测靶标时，应选用与特定肿瘤相关程度高的靶基因，且靶基因在拟诊肿瘤中具有较高的突变频率，并存在突变热点。在检测已知肿瘤相关基因无果时，可用前述检测表型克隆基因的策略筛选新的肿瘤相关基因。

2. 检测肿瘤相关病毒的基因　肿瘤相关病毒是一类能使敏感宿主产生肿瘤或使体外培养细胞转化为癌细胞的动物病毒，分为 DNA 病毒和 RNA 病毒（逆转录病毒）。①致瘤性 DNA 病毒：如人乳头状瘤病毒（human papilloma virus，HPV）、HBV、EB 病毒（Epstein-Barr virus，EBV）、人类疱疹病毒 -8（human herpesvirus-8，HHV-8）等；②致瘤性 RNA 病毒：如人类 T 细胞白血病 / 淋巴瘤病毒 1（human T-cell leukemia/lymphoma virus 1，HTLV-1）、丙型肝炎病毒（hepatitis C virus，HCV）等。这些肿瘤相关病毒感染与 15% ～ 20% 的人类肿瘤发生有关，检测这些肿瘤相关病毒的基因，可为某些肿瘤的诊断提供重要依据。

3. 检测肿瘤标志物基因或 mRNA　肿瘤标志物（tumor marker）通常是指由恶性肿瘤细胞产生或由肿瘤刺激宿主细胞产生，能反映恶性肿瘤的发生、发展、转移或治疗抵抗的物质。肿瘤标志物在细胞中的表达水平或在体液中的含量变化与肿瘤的发生、发展、转移或治疗抵抗密切相关。因此，通过检测肿瘤标志物基因或 mRNA，可对肿瘤的上述状态进行判断。

（四）基因诊断在法医学鉴定中的应用

基因诊断在这一领域的应用主要是针对人类 DNA 遗传差异进行个体识别和亲子鉴定。其中所用基因诊断技术主要有 DNA 指纹技术、建立在 PCR 技术基础之上的扩增片段长度多态性（amplification fragment length polymorphism，Amp-FLP）分析技术、检测基因组中短串联重复序列（short tandem repeat，STR）遗传特征的 PCR-STR 技术和检测 mtDNA 的 PCR-mt DNA 技术。DNA 指纹技术于 1985 年由英国科学家 Jeffreys AJ 首先创立，其基本原理是：在人类基因组 DNA 非编码区（特别是染色体端粒部位）存在高度可变的小卫星 DNA，又称可变数目串联重复序列（variable number of tandem repeat，VNTR），在以 VNTR 核心序列为探针与同一限制性内切酶酶切的人类 DNA 进行 Southern 杂交后，在所得杂交图上，同一个体的不同组织来源的 DNA 谱带完全一样，而不同个体之间（除非单卵双生）的谱带都不相同，就像人的指纹一样具有高度个体特异性，故称这种 Southern 印迹图为 DNA 指纹。Amp-FLP 的原理是：设计一对与 VNTR 区两侧保守区互补的引物，对 VNTR 区进行 PCR 扩增，对扩增产物经琼脂糖或聚丙烯酰胺凝胶电泳和染色后直接观察判断。PCR-STR 技术是指借助 PCR 对组成微卫星 DNA 的 STR 区域进行扩增，据扩增结果进行个体识别（图 26-7）。目前 PCR-STR 技术在个体识别和亲子鉴定中逐渐占据了主导地位，基本上取代了基于 Southern 杂交的 DNA 指纹技术。PCR-mtDNA 技术的原理是：在不同个体 mtDNA 非编码区 D 环附近序列存在着明显差异，通过对这些序列进行 PCR 扩增、测序，就可以进行个体识别。由于 mtDNA 存在于细胞质中，有利于检测分析无核细胞样品（如发干、指甲等）。基因诊断的高灵敏度解决了法医学检测中存在的犯罪物证少的问题，即便是一根毛发、一滴血、少量精液甚至单个精子都可用于分析。

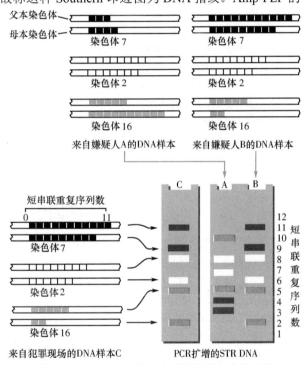

图 26-7 PCR-STR 技术在法医学鉴定中的应用

（五）疾病易感性的基因诊断

基因诊断在判断个体对某种疾病的易感性方面起着重要作用。如人类白细胞抗原（human leukocyte antigen，HLA）复合体的多态性与一些疾病的遗传易感性有关。白种人类风湿关节炎患者 HLA-DR4 携带者高达 70%，而正常人阳性率仅 28%。运用 HLA 基因分型对 HLA 多态性进行分析，能检出血清学和细胞学分析方法无法检出的型别，根据所检测的结果即可进行疾病易感性判断。

（六）基因诊断在疗效评价和用药指导中的应用

基因诊断可用于临床疗效评价。例如，针对急性淋巴细胞白血病患者，经化疗等综合治疗后，大部分可缓解，但容易复发，其复发的主要原因是患者体内残留的少量白血病细胞。PCR 等基因诊断方法可用于检测和跟踪残留白血病细胞，从而为白血病复发的预测、化疗效果的判断和合理治疗方案的制订提供有价值的信息。

基因诊断还可为指导临床用药提供有益参考。例如，①氨基糖苷类抗生素的致耳聋作用与 mtDNA 12s rRNA 基因第 1555 位 A→G 同质性点突变有关。利用基因诊断技术筛查带有这种突变的个体，可指导医生避免使用氨基糖苷类抗生素，从而防止药物中毒性耳聋的发生。②药物代谢酶类（如细胞色素 P450）基因的遗传多态性是导致个体对某些药物的反应性差异的重要因素。借助基因诊断技术测定相关酶类基因的遗传多态性或其单倍型，可预测不同个体对药物的代谢情况或疗效，从而指导临床用药。

（七）基因诊断在器官移植组织配型中的应用

器官或组织移植的主要难题是如何解决机体对移植物的排斥反应。理想的方法是进行术前组织配型。基因诊断技术能够分析和显示基因型，更好地完成组织配型，从而有利于提高器官或组织移植的成功率。

第二节　基　因　治　疗

基因治疗（gene therapy）是以基因转移为基础，将某种遗传物质导入患者细胞内，使其在体内表达并发挥作用，从而达到治疗疾病目的的一种方法。基因治疗导入的遗传物质可以是与缺陷基因对应的、在体内表达具有特异功能蛋白的同源基因，以补充、替代或纠正由于基因缺陷所造成的功能异常；也可以是与缺陷基因无关的治疗基因或其他遗传物质。笼统地讲，所有在核酸水平上开展的针对疾病的治疗均属基因治疗的范畴。目前，基因治疗的研究已从单基因病扩大到多基因病（如恶性肿瘤、心血管疾病等）及获得性基因病（如病毒性肝炎、艾滋病等）。然而，由于基因治疗是一种不同于以往任何治疗手段的新方法，因此，要将其作为疾病的常规疗法还有待时日。

一、基因治疗的分类

1. 依据靶细胞分类　根据靶细胞（即受体细胞）的不同，可将基因治疗分为生殖细胞基因治疗（germ line gene therapy）与体细胞基因治疗（somatic cell gene therapy）。生殖细胞基因治疗的可能对象主要是遗传病，即将正常基因导入遗传病患者的生殖细胞（特别是在受精卵细胞分化之前），可望其后代不患这种遗传病。然而，用显微注射的方法将正常基因转移至受精卵，其效率尚不适用于排卵周期较长且通常每次仅排一个卵的人类；同时，因生殖细胞基因治疗对后代遗传性状会有影响，从而对人类的发展也有着深远影响，这涉及医学研究活动中的伦理道德问题，自然会引发许多争议。因此，目前对于生殖细胞的基因治疗研究主要限于动物。体细胞基因治疗是将遗传物质导入患者体细胞，以达到治疗疾病的目的，其基因信息不会传至下一代。目前临床上已采用的基因治疗方案均属于体细胞基因治疗，如对因腺苷脱氨酶（adenosine deaminase，ADA）缺陷而产生的重症联合型免疫缺陷（severe combined immunodeficiency，SCID）患者的治疗（图 26-8）。

世界首例基因治疗

1990 年，美国科学家 Blaese RM 等开展了世界上首例基因治疗，患者是一名 4 岁女童，其因 ADA 缺陷而导致 T、B 淋巴细胞发育阻滞，进而引发 SCID。Blaese RM 等采用的基因治疗方案是：体外培养来源于患儿的单核细胞，继而用携带 *ada* 基因的逆转录病毒感染细胞，数日后将细胞回输患者体内。在十个半月中，先后共 7 次给患儿回输了携带 *ada* 基因的逆转录病毒感染的自体单核细胞。经 PCR 检测证实，治疗后患儿的单核细胞群中，有相当于正常儿童 20%～25% 的 *ada* 基因转染细胞。临床观察表明，治疗后患儿的免疫功能增强，较少发生感染，同时未见细胞回输和 *ada* 基因转移自身带来的副作用。

---

2. 依据基因治疗实施路线分类
可分为间接体内（*ex vivo*）基因治疗
（又称回体法）与直接体内（*in vivo*）
基因治疗（又称体内法）。回体法是先
将合适的靶细胞从患者体内取出，在
体外培养增殖，并将外源基因导入细
胞内使其表达，然后再将这种基因修
饰过的靶细胞回输患者体内，使外源
基因在体内表达，从而达到治疗的目
的（图 26-8）。体内法是将外源基因
或直接或通过基因转移系统导入体内
有关组织器官，使其进入相应的细胞
并进行表达。体内组织细胞以骨骼肌
对这种基因转移反应较好，而其他种
类组织细胞多表现出转移基因不稳定，
表达持续时间短或不表达。

**3. 依据转移基因在靶细胞染色体
上整合特点分类**　可分为同源重组与
随机整合法。同源重组法是将正常基
因定点导入受体细胞染色体上的基因

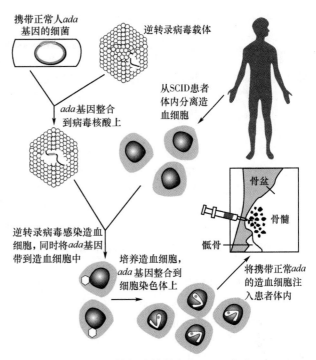

图 26-8　体细胞基因治疗 SCID 患者

缺陷部位以替换缺陷基因。由于基因转移中同源重组的自然发生率极低，约百万分之一，故
一般不采用该方法。随机整合法是指导入的正常基因在染色体基因组上整合的位点是不固定
的，转移基因不修复异常基因，而只补偿异常基因的功能缺陷。目前在载体介导的基因转移中，
整合几乎都是随机的（图 26-8）。

二、基因治疗的总体策略

目前，基因治疗的总体策略主要包括以下几种。

1. 基因替代和基因矫正　基因替代是指以正常基因原位替代缺陷基因（或变异基因）。基
因矫正是指将致病基因的异常碱基序列进行纠正，而正常部分予以保留。这两种策略最为理
想，因为它们均是对缺陷基因精确地原位修复，而不涉及靶细胞基因组的其他变化。

2. 基因代偿　通过正调控有代偿功能的基因，来代偿功能异常的基因。例如，以某些刺
激剂提高 γ 或 δ 珠蛋白基因的表达以治疗 β 珠蛋白生成障碍性贫血。

3. 基因补偿　指将目的基因导入病变细胞或其他细胞，不去除异常基因，而是通过目的
基因的非定点整合，使其表达产物补偿缺陷基因的功能或使原有的功能得以加强。理论上讲，
基因补偿并不去除或修正原有的变异基因，故相对来讲较容易。因此，目前基因治疗多采用
此种策略。

4. 基因失活　指利用反义核酸、核酶（ribozyme）、反基因策略（anti-gene strategy）、肽
核酸（peptide nucleic acid，PNA）、基因敲除、RNA 干扰（RNA interference，RNAi）、micro
RNA 等技术，将目的基因灭活或沉默，从而阻断某些基因的异常表达，以达到治疗疾病的
目的。

5. 基因调控　通过导入编码调控蛋白的基因以治疗基因表达异常的疾病，如以野生型
tp53 基因治疗肺癌或急性白血病。

6. 应用"自杀基因"　此策略也称活化前体药物性基因治疗。某些病毒或细菌产生的酶能
将对人体无毒或低毒的药物前体，在人体细胞内一系列酶的催化下转变为细胞毒性物质，从

而导致细胞死亡。由于携带该基因的受体细胞本身也被杀死，故称这类基因为"自杀基因"。常用的有单纯疱疹病毒胸苷激酶（*HSV-tk*）基因，大肠杆菌胞嘧啶脱氨酶（*EC-CD*）基因等。如果将这类"自杀基因"导入肿瘤细胞，其表达产物即可催化无毒性的药物前体转变成细胞毒物质，从而杀死肿瘤细胞；而正常细胞不含这种外源基因，故不受影响。

7. 应用免疫修饰基因 即导入能使机体产生抗病毒或抗肿瘤免疫力的基因以达到治疗的目的。例如，B7 共刺激分子基因及各种淋巴细胞因子基因的导入和表达、直接注射抗原基因等。

8. 应用化疗保护基因 向正常细胞内导入单相或多相细胞毒性药物的抗性基因，使得正常细胞耐受化疗药物的能力大大提高。针对肿瘤化疗来讲，该策略有利于使用大剂量化疗药物来杀伤残余瘤细胞，从而提高肿瘤治愈率。例如，通过向造血干细胞内导入二氢叶酸还原酶（dihydrofolate reductase，DHFR）基因，可使正常细胞获得对甲氨蝶呤的抗性；通过导入多相耐药（multidrug resistance，MDR）基因（如 *MDR1* 基因），可使正常细胞获得广泛的化疗药物耐受性，这样就可在不损伤正常细胞的前提下，使用大剂量化疗药物清除残留的肿瘤细胞。

9. 特异性启动细胞杀伤基因 某些基因在肿瘤细胞相对特异性高表达（如在原发性肝细胞癌患者，甲胎蛋白基因在癌细胞中高水平表达），因此，可将编码细胞毒素或其他杀细胞蛋白的基因置于这些肿瘤相对特异性高表达基因的启动子下游，当这样的重组基因转染细胞后，细胞毒素或其他杀细胞蛋白只高水平表达于肿瘤细胞，从而对肿瘤细胞造成相对特异性杀伤，而对正常细胞无明显毒副作用。

10. 生殖细胞基因治疗 指以生殖细胞或胚胎干细胞为靶标进行的基因治疗，是更为有效的基因矫正方式，但因受伦理道德限制等原因，使用该策略时应合理而慎重。

三、基因治疗的基本程序

以间接体内基因治疗（回体法）为例，将基因治疗的基本步骤概括如下。

（一）获得目的基因

要进行基因治疗，必须首先获得目的基因并对其表达调控进行详细研究。目的基因的来源有多种，主要包括含目的基因的基因组 DNA 或经限制性内切酶消化后的 DNA 片段、预先分离克隆的基因、经 RT-PCR 扩增得到的 cDNA、人工合成的 DNA 片段等。

（二）合理选择靶细胞

虽然基因治疗的靶细胞可以是体细胞，也可以是生殖细胞，但出于安全性和伦理学考虑，目前人类基因治疗通常仅限于使用体细胞。已被应用的靶细胞有淋巴细胞、造血细胞、间质干细胞、上皮细胞、角质细胞、内皮细胞、成纤维细胞、肝细胞、肌细胞、肿瘤细胞等。一般而言，在选择基因治疗靶细胞时，应就以下因素综合考虑。

1. 发病的器官及位置 可以选择病变本身器官的细胞，也可以选择病变器官以外的细胞作为基因治疗的靶细胞。同时，体内的一些屏障结构也是必须考虑的因素之一。例如，血脑屏障的存在，可阻挡许多大分子物质进入中枢神经系统，故对中枢神经系统疾病进行基因治疗时，要保证选择的靶细胞中目的基因的表达产物能在中枢神经系统发挥作用。

2. 获取和移植靶细胞的难易程度 基因治疗的一般途径是：将靶细胞从体内取出，经转基因后再回植体内，目的基因在体内特定部位得到表达，以达到基因治疗的目的。这就要求靶细胞容易从体内取出和回植体内。最容易取出和移植的细胞当属血液系统的细胞。

3. 体外培养靶细胞的难易程度 作为基因治疗的靶细胞要求在体外培养的条件下容易存活，而且要有一定的分裂和自我更新能力。

4.靶细胞的寿命　基因治疗，特别是某些单基因遗传缺陷性疾病的基因治疗，最终目标是要求外源基因长期、稳定地表达，甚至是终生的，因此，必须使基因治疗的靶细胞具有较长的寿命。体内许多干细胞能够满足这一条件。如果选择某些短寿命的细胞作为基因治疗的靶细胞，就需要每隔一定时间进行一轮同样的操作，以维持基因治疗的作用。这种烦琐的反复操作虽有其不足之处，但对那些不需要长期表达外源基因的基因治疗来说，或许是个优点。再有，目前基因治疗技术还不十分成熟，在发现某些不良反应需要停止外源基因表达时，选择具有一定寿命的靶细胞，也是控制外源基因表达时限的一个重要手段。

（三）选择适宜的基因载体和基因转移系统

目前使用的基因载体有非病毒载体和病毒载体两大类，相应的基因转移系统也有两类：一类是非病毒介导的基因转移，另一类是病毒介导的基因转移。在实际应用中不同方法各有优缺点。

1.非病毒介导的基因转移方法

（1）物理方法：包括显微注射法、电穿孔法等。有关各方法的原理参见第二十四章。

（2）化学方法：包括DNA-磷酸钙共沉淀法、多聚阳离子（polycation）-DNA复合体法、脂质体-DNA复合体法、受体介导的基因转移法等。有关各方法的原理参见第二十四章。

（3）融合法：通过原生质球相互融合的方法，将目的基因导入靶细胞。

（4）直接注射法：直接将裸露DNA注入动物肌肉或特定组织器官内，方法简单，导入基因不需整合即可表达，可反复使用。

（5）纳米载体法：纳米颗粒具有良好的生物相容性，将DNA固定或包埋于纳米微粒中可高效转染入靶细胞中。

2.病毒介导的基因转移　此类方法是以病毒为载体，将目的基因导入靶细胞或器官，并使之表达。一般在基因转移中，所使用的病毒载体都是经过改建的有复制缺陷的病毒。这些病毒缺失了其自身复制所必需的一些基因，然后将治疗性基因、一些基因的调控元件（如启动子和增强子）及poly(A)信号等插入，使之成为表达性载体。目前在基因转移中所使用的病毒载体主要有以下几类。

（1）逆转录病毒（retrovirus，RV）载体：RV是一些小的单链RNA病毒。由于缺失了自身包装所必需的蛋白（结构蛋白Gag，多聚酶Pol，包膜糖蛋白Env）的编码基因，因此其复制需依赖辅助细胞系。RV感染效率高，理论上可高达100%。感染后，前病毒基因组（经逆转录后形成的DNA）可与靶细胞基因组随机整合，因而能较稳定地表达外源基因。该类载体也有一定的缺陷，表现在：①只能感染处于增殖状态的细胞，对静止期细胞无效。②所携带的外源基因不能太大，否则会影响病毒的效价和稳定性。③RV的感染依赖于靶细胞表面适宜受体的存在，因而限制了它的应用，特别是体内基因治疗的应用。④理论上讲，从包装细胞释放出来的复制缺陷的RV，只能一次性感染靶细胞，不会扩散到其他细胞。但在某种情况下，也会造成野生型病毒的暴发，这方面的例子已经有报道。⑤由于病毒的基因组是随机整合到靶细胞基因组的，因而具有致细胞癌变的可能。⑥RV不能耐受纯化和浓缩等处理过程，否则会使其感染活性大大下降。

（2）腺病毒（adenovirus，AV）载体：AV属双链DNA病毒。目前基因治疗中所用的AV载体通常是一些复制缺陷病毒。AV既能感染增殖期细胞，也能感染静止期细胞。这类病毒较稳定，且浓缩和纯化对其感染活性的影响不大。其不足之处在于：①病毒基因组一般不与靶细胞基因组整合，因而其表达外源基因是暂时的和不稳定的，外源基因表达时间的长短依靶细胞类型而定。②在AV的生活周期中，有一些具有不同生物学活性的蛋白质暂时性表达，其中也包括一些与细胞恶性转化相关的蛋白质。③感染细胞内较多病毒蛋白的表达，可使机体对受染细胞产生较强烈的免疫应答，这一毒副作用在体内基因治疗时必须引起足够的重视。现已经有报道利用Cre-loxp重组构建"无内脏（gutless）"AV载体可望解决AV的免疫原性问题。④ AV 几乎可以感染所有细胞，缺乏特异性。

（3）腺相关病毒（adeno-associated virus，AAV）载体：AAV 是一类小的单链 DNA 病毒，非常稳定。本身无致病性，需辅助病毒（常为 AV）存在时才能复制。AAV 可感染人的细胞，并能整合至非分裂相细胞。大部分 AAV 基因组可去除，从而可使外源基因得以大量补足。有趣的是：在感染细胞中，野生型 AAV 基因组可高效定点整合于人类 19 号染色体长臂的特定位置上，这种整合可导致染色体基因组重排，而这种重排与慢性 B 淋巴细胞白血病相关。然而携带治疗性基因的 AAV 载体似乎不像它的野生型亲本，没有定点整合于 19 号染色体的相同特征。因此，从安全的角度来考虑，这种 AAV 的定点整合较随机整合有多大的优越性，尚值得进一步探讨。

（4）单纯疱疹病毒（herpes simplex virus，HSV）载体：HSV 为双链 DNA 病毒，具有嗜神经细胞的特性，能在神经细胞内形成"终生隐性感染"。将外源基因导入并使之长久存在于中枢神经系统是此类病毒载体的一大特点。如果能够选择性地调节目的基因的表达而不诱导病毒基因的表达，这将对中枢神经系统疾病（如帕金森病或脑肿瘤）的基因治疗大有帮助。HSV 的缺点是：一方面仅能感染分裂细胞，从而使之在成人脑组织中的应用受到了限制；另一方面，这类病毒（包括无复制能力的病毒）对靶细胞具有毒害作用，因此，要用于人体试验，还必须慎重考虑。

（5）慢病毒（lentivirus）载体：其属 RV 科，分为灵长类病毒如 HIV-1（人类免疫缺陷病毒 -1）、SIV（猴免疫缺陷病毒）和非灵长类病毒如 EIAV（马传染性贫血病毒）。它与 RV 不同，能感染非分裂细胞。目前研究较多的是来源于 HIV-1 的慢病毒载体。大量研究表明，HIV 较容易感染一些用其他病毒较难进行转基因的组织，且不会引发明显的免疫反应。

（6）其他病毒载体：除以上常用病毒载体外，为了适应一些特殊要求，人们还构建了一些相应的其他病毒载体，如牛痘病毒载体、乳头瘤病毒载体、SV40 载体和其他几种 RNA 病毒载体等。

（四）筛检目的基因在体外培养细胞中的表达

借助病毒或非病毒载体将目的基因转移入体外培养的靶细胞后，需对目的基因的表达进行检测，只有有效表达目的基因的细胞在患者体内才能发挥治疗作用。关于目的基因表达的检测，可采用 PCR、Northern 印迹法、Western 印迹法和酶联免疫吸附测定（ELISA）等方法；关于目的基因是否整合入宿主细胞基因组及整合位点的检测，可使用核酸杂交等方法。

（五）回输体内

将治疗性目的基因修饰的靶细胞以不同的方式回输体内以发挥治疗效果，如淋巴细胞可以静脉回输入血，造血细胞可采用自体骨髓移植的方法，皮肤成纤维细胞经胶原包裹后可埋入皮下组织等。

（六）目的基因在体内表达水平的监测和疗效观察

将治疗性目的基因修饰的靶细胞回输体内后，除了需要利用上述方法监测目的基因在体内的正确表达情况外，更重要的是要认真观察基因治疗的效果（即患者病情的缓解情况）。根据治疗性基因的表达水平、时限及疗效的维持情况，决定再次给予细胞输注的时机和次数。

四、基因治疗的应用现状

总的来说，基因治疗作为一项新兴的疾病治疗技术，其研究进展非常迅速，在很短时间内就从实验室过渡到临床。1990 年 9 月，全世界第一例用基因治疗手段尝试治疗 ADA-SCID 获得可喜成果；此后，基因治疗在遗传性疾病、心血管疾病、恶性肿瘤、感染性疾病和神经系统疾病等多种病种中都取得了一定的进展，已被批准的基因治疗方案有 200 个以上。以下简要列举了由美国重组 DNA 咨询委员会（RAC）批准的部分基因治疗方案（表 26-2）。在我国，以凝血因子Ⅸ（F Ⅸ）基因治疗血友病 B、以血管内皮生长因子基因治疗心血管疾病、以 *tp53* 基因治疗恶性肿瘤等的基因治疗方案已进入临床试验。

表 26-2 由美国 RAC 批准的部分基因治疗方案举例

疾病（相关基因）	靶细胞（载体）	主要研究者
1. 遗传病		
腺苷脱氨酶缺乏症（*ada*）	单核细胞（RV）	Blaese RM
腺苷脱氨酶缺乏症（*ada*）	骨髓 CD34$^+$ 干细胞（LV）	Kohn DB
囊性纤维化（*cftr*）	呼吸道上皮细胞（AV）	Crystal RG
囊性纤维化（*cftr*）	呼吸道上皮细胞（脂质体）	Boucher RC
囊性纤维化（*cftr*）	呼吸道上皮细胞（AV）	Welsh MJ
囊性纤维化（*cftr*）	呼吸道上皮细胞（AV）	Wilmott RW
囊性纤维化（*cftr*）	呼吸道上皮细胞（AV）	Wilson JM
家族性高胆固醇血症（*ldlr*）	肝细胞（RV）	Wilson JM
戈谢病（葡萄糖脑苷酯酶）	干细胞（RV）	Barranger JA
戈谢病（葡萄糖脑苷酯酶）	干细胞（RV）	Karlsson S
戈谢病（葡萄糖脑苷酯酶）	干细胞（RV）	Kohn DB
戈谢病（葡萄糖脑苷酯酶）	干细胞（RV）	Schuening FG
2. 恶性肿瘤		
急性淋巴细胞白血病（*cd19*）	T 细胞（LV）	Porter DL
B 细胞淋巴瘤（*cd20*）	肿瘤细胞（质粒 DNA）	Palomba ML
B 细胞淋巴瘤（*cd19*）	T 细胞（RV）	Rosenberg SA
脑肿瘤（*mdr-1*）	干细胞（RV）	Hesdorffer C
原发及转移脑肿瘤（*HSV-tk*）	肿瘤细胞（RV）	Culver K
原发脑肿瘤（*HSV-tk*）	肿瘤细胞（RV）	Kun LE
原发及转移脑肿瘤（*HSV-tk*）	肿瘤细胞（RV）	Oldfield E
原发及转移脑肿瘤（*HSV-tk*）	肿瘤细胞（RV）	Prados MD
原发脑肿瘤（*HSV-tk*）	肿瘤细胞（RV）	Raffel C
原发及转移脑肿瘤（*HSV-tk*）	肿瘤细胞（RV）	Van Gilder J
乳腺癌（*il-4*）	成纤维细胞（RV）	Lotze MT
乳腺癌（*mdr-1*）	干细胞（RV）	Hesdorffer C
乳腺癌（*mdr-1*）	干细胞（RV）	O'Shaughnessy J
乳腺癌（*il-12*）	肿瘤细胞（AV）	Sung MW
结肠癌（*il-4*）	成纤维细胞（RV）	Lotze MT
结肠癌（*il-2* 或 *tnfα*）	肿瘤细胞（RV）	Rosenberg SA
结肠癌（*il-2* 或 *tnfα*）	肿瘤细胞（RV）	Rubin J
结肠癌（*il-2*）	成纤维细胞（RV）	Sobol RE
脑脊膜癌（*HSV-tk*）	肿瘤细胞（RV）	Oldfield EH

续表

疾病（相关基因）	靶细胞（载体）	主要研究者
恶性黑色素瘤（*il-4*）	肿瘤细胞（RV）	Chang AE
恶性黑色素瘤（*il-2*）	肿瘤细胞（RV）	das Gupta TK
恶性黑色素瘤（*il-2*）	肿瘤细胞（RV）	Economou JS
恶性黑色素瘤（*il-2*）	肿瘤细胞（RV）	Gansbacher B
恶性黑色素瘤（*ifnα-2b*）	肿瘤细胞（RV）	Riker AI
恶性黑色素瘤（*il-4*）	成纤维细胞（RV）	Lotze MT
恶性黑色素瘤（*hla-b7*）	肿瘤细胞（脂质体）	Nabel GJ
恶性黑色素瘤（*hla-b7* 和 β2 微球蛋白基因）	肿瘤细胞（脂质体）	Nabel GJ
恶性黑色素瘤（*tnfα* 或 *il-2*）	T 细胞或肿瘤细胞（RV）	Rosenberg SA
恶性黑色素瘤（*ifnγ*）	肿瘤细胞（RV）	Siegler HF
恶性黑色素瘤（*hla-b7*）	肿瘤细胞（RV）	Sznol M
神经细胞肉瘤（*il-2*）	肿瘤细胞（RV）	Brenner MK
非小细胞肺癌（*p53* 或反义 *K-ras*）	肿瘤细胞（RV）	Jack AS
卵巢癌（*HSV-tk*）	肿瘤细胞（RV）	Freeman SM
卵巢癌（*mdr-1*）	干细胞（RV）	Deisseroth AB
卵巢癌（*mdr-1*）	干细胞（RV）	Hesdorffer C
卵巢癌（*NY-ESO-1*）	肿瘤细胞（质粒 DNA）	Odunsi K
肾癌（*il-2*）	肿瘤细胞（RV）	Gansbacher B
肾癌（*il-4*）	成纤维细胞（RV）	Lotze MT
肾癌（*tnfα* 或 *il-2*）	成纤维细胞（RV）	Rosenberg SA
肾癌（*gm-csf*）	肿瘤细胞（RV）	Simons J
小细胞肺癌（*il-2*）	肿瘤细胞（DNA 转染）	Cassileth PA
小细胞肺癌（*p53*）	树突状细胞（AV）	Antonia SJ
3. 病毒感染性疾病		
HIV 感染（突变型 *rev*）	T 细胞（RV）	Nabel GJ
HIV 感染（HIV-1 Ⅲ *env*）	肌肉（RV）	Galpin JE
HIV 感染（HIV-1 Ⅲ *env* 和 *rev*）	肌肉（RV）	Haubrich R
HIV 感染（HIV-1 核酶）	T 细胞（RV）	Wong-Staal F

五、基因治疗面临的问题与展望

目前基因治疗面临的主要问题有：①安全性问题：由于基因治疗涉及内、外源性基因的重组，因此有可能引起细胞基因突变、原癌基因的激活或抑癌基因的失活，从而导致细胞恶性变（尽管这种概率很低）。另外，如果外源基因的产物在宿主体内大量出现，而该产物又是体内原来不存在的，那么就有可能导致严重的免疫反应。②体内表达目的基因的可控性问题：在很多情况下，向体内导入的外源性目的基因，必须具有特异性和可控性，才能真正达到基因治疗的目的。目前，这方面的研究虽然有了一定进展，但还不尽如人意。③外源基因不能在体内长期稳定表达的问题：许多情况下，需要外源基因在体内长期稳定表达，才能达到基因治疗目的。然而，由于细胞在体内的生存期有限、目的基因的丢失及机体的免疫排斥等原因，往往使上述目标难以实现。④目的基因转移效率不高的问题：尽管人们做了很多努力来提高基因转移效率，但到目前为止，还没有哪一种方法和途径是十全十美的。可见，构建安全、高效、靶向、可控的载体是一长期而又迫切需要解决的难题。⑤基因治疗的复杂性问题：将基因治疗用于单基因或一簇相连锁基因的缺失或突变所导致的疾病时，相对较容易；而用于高血压、糖尿病、恶性肿瘤、某些神经系统疾病等多基因和多因素所造成的疾病时，复杂性则大大增加。⑥基因治疗中靶细胞生物学特性改变的问题：目前的基因治疗方案多采用间接体内法，但靶细胞经体外长期培养和增殖后，细胞生物学特性有可能发生改变。如体外试验已证实肿瘤浸润淋巴细胞能特异性杀伤肿瘤细胞，回输体内后，除少部分分布在肿瘤组织外，更多的是集结在肝和肾脏中，而且基因表达效率也降低了。因此，研究体细胞移植和重建的生物学，是今后基因治疗研究的一个重要方向。⑦伦理学方面的问题：由于基因治疗涉及基因干预，因而引发了伦理学方面的激烈争议，特别是对于在生殖细胞中进行基因操作的问题上，人们的意见更加有分歧。

由于基因治疗中还存在上述诸多尚未解决的问题，故将基因治疗目标定得较窄，把进行临床基因治疗研究所应满足的条件定得比较苛刻。例如，对于单基因遗传病进行基因治疗研究，一般需满足的条件包括：①研究仅限于体细胞基因治疗，因此，治疗个体不会把遗传改变传给下一代；②已在 DNA 水平上明确了该病为单基因缺陷疾病，相应的正常基因已经被克隆；③基因治疗的靶细胞便于临床操作，即容易从患者机体获取、培养，进行遗传操作后，容易回输患者体内；④治疗效果必须胜过对患者的危害；⑤转移基因的表达无须精密调控，且其相对较低水平的表达即可使疾病得以缓解且无副作用；⑥所设计的基因治疗方案在进行人体试验之前，必须经过动物实验证明符合严格的安全标准；⑦所选疾病如不经治疗将有严重后果或很难用其他方法进行治疗。当然，对于恶性肿瘤、高血压、糖尿病、某些神经系统疾病及感染性疾病的基因治疗研究，也有相应的条件要求，在此不逐一列举。

基因治疗的历史虽短，但所取得的成就令人瞩目，业已显示出令人鼓舞的应用前景。随着分子生物学技术的不断完善和发展，以及人类后基因组计划的不断实施，必将使越来越多疾病的发生机制得以澄清，其相关基因的定位更加精确；同时也将促进高效、安全的基因转移和治疗方案不断诞生。可以相信，当对疾病复杂的分子病理机制有了清楚的认识、对各种靶细胞的生物学特性有了完全的掌握、对基因编辑和转移技术有了进一步发展及对外源基因在体内的表达有了较精细的调控后，在符合社会伦理学和相关法规的范畴内，基因治疗将成为人类征服多种疾病的重要手段之一。

（何凤田）

思 考 题

1. 联用多种技术方法对同一疾病进行基因诊断的理论依据何在？
2. 简要说明在法医学上如何运用基因诊断技术进行亲子鉴定和犯罪嫌疑人排查。
3. 为何基因治疗的总体策略多种多样？如何破解基因治疗中面临的问题？

案例分析题

1. 患者，男，2 岁 3 个月，因"面色苍白且进行性加重 1 年余"入院。体格检查发现：体重 8.5kg，体温 37.2℃，脉搏 136 次 / 分，呼吸 29 次 / 分，一般情况差，全身皮肤黏膜苍白，头颅偏大，双肺呼吸音正常，心律齐、无杂音，脾脏肿大，肝脏未触及。

辅助检查主要阳性发现：①血分析：红细胞数目 $2.1×10^{12}/L$ ［参考值（$4.0～5.5$）$×10^{12}/L$］，白细胞数目 $12.7×10^9/L$ ［参考值（$4～10$）$×10^9/L$］，血红蛋白（Hb）45g/L（参考值 120～160g/L），红细胞比容 16%（参考值 42%～49%），平均红细胞体积 68fL（参考值 80～

100fL），平均红细胞 Hb 含量 21pg（参考值 27～33pg），平均红细胞 Hb 浓度 305g/L（参考值 320～360g/L），血小板数目 325×10⁹/L［参考值（100～300）×10⁹/L］，网织红细胞百分比 4.2%（参考值 0.8%～2%）。②Hb 电泳 HbA 59.6%（参考值 95%），HbA 234.1%（参考值 1.6%～3.5%），HbF 48.5%（参考值 0.2%～2.0%）。

初步诊断：重型 β 珠蛋白生成障碍性贫血（重型 β 地中海贫血），建议用基因诊断技术进行确诊。

问题：

（1）为何初步诊断该患者为重型 β 地中海贫血？

（2）β 地中海贫血发生的分子机制是怎样的？

（3）联系 β 地中海贫血发生的分子机制，拟定基因诊断策略，并简述基因诊断在预防 β 地中海贫血中的意义。

2. 患者，男，5 岁，体重 22kg。出生 8 个月开始于双侧腋下、背部反复出血，常有皮肤瘀斑，外伤后出血不止。双侧膝关节、肘关节、肩关节及踝关节反复肿痛，每月关节出血 1～2 次。鼻和牙龈出血。

实验室检查：

血分析：红细胞数目 3.57×10¹²/L［参考值（4.0～5.5）×10¹²/L］，白细胞数目 12.3×10⁹/L［参考值（4～10）×10⁹/L］，血红蛋白 123g/L（参考值 120～160g/L），红细胞比容 42%（参考值 42%～49%），血小板数目 188×10⁹/L［参考值（100～300）×10⁹/L］。

凝血全套：活化部分凝血活酶时间 112.8s（参考值 24～36s），凝血酶原时间 12s（参考值 12～16s），国际标准化比值 0.94（参考值 0.8～1.5），凝血酶时间 15.2s（参考值 11～18s），纤维蛋白原 2.62g/L（参考值 2～4g/L）。

凝血因子检测：凝血因子Ⅱ（FⅡ）113.2%（参考值 70%～120%），FⅤ 133.1%（参考值 70%～140%），FⅦ 115.2%（参考值 70%～120%），FⅧ 146.6%（参考值 70%～150%），FⅨ 0.9%（参考值 70%～120%），FⅩ 116.8%（参考值 70%～120%），FⅪ 113.6%（参考值 70%～120%），FⅫ 125.2%（参考值 70%～150%）。

血沉正常，束臂试验阴性。

诊断结果：重型血友病 B。

问题：

（1）为何诊断该患者为重型血友病 B？

（2）血友病 B 发生的分子机制是怎样的？

（3）联系血友病 B 发生的分子机制，拟定基因治疗策略，并简述其优缺点。